신소재 · 화공계열을 위한

공학수학

Engineering Mathematics

 북스힐

신소재·화공계열을 위한 공학수학

초판 1쇄 인쇄 | 2024년 1월 05일
초판 1쇄 발행 | 2024년 1월 10일

지은이 | 이재원·정연구
펴낸이 | 조승식
펴낸곳 | (주)도서출판 북스힐

등 록 | 1998년 7월 28일 제22-457호
주 소 | 서울시 강북구 한천로 153길 17
전 화 | (02) 994-0071
팩 스 | (02) 994-0073

홈페이지 | www.bookshill.com
이메일 | bookshill@bookshill.com

정가 30,000원

ISBN 979-11-5971-554-9

Published by bookshill, Inc. Printed in Korea.

북힐

신소재 · 화공계열을 위한

공학수학

이재원 · 정연구 지음

Engineering
Mathematics

 북스힐

저자소개

이재원 ljaewon@kumoh.ac.kr

성균관대학교 수학과를 졸업하고, 동 대학교 대학원에서 이학 석사, 이학 박사를 취득하였다.
1996년부터 국립 금오공과대학교 응용수학과에 재직하고 있으며, 미국 아이오와대학교에서 객원 교수를 지냈고,
한국수학교육학회, 대한수학회, 영남수학회 회원으로 활동하고 있다.
저서로는 《만화로 즐기는 확률과 통계》, 《기초통계학》, 《확률과 통계》, 《확률과 보험통계》, 《통계수학》, 《수리통계학의 이해》, 《쉽게 배우는 생활 속의 통계학》, 《금융수학》, 《기초수학》, 《기초 미분적분학》, 《미분적분학》, 《대학수학》, 《Mathematica로 배우는 대학수학》, 《미분방정식》, 《공업수학》 등이 있으며, 역서로 《미분적분학 바이블》, 《미분적분학 에센스》, 《공학도라면 반드시 알아야 할 최소한의 수학》 등이 있다.

정연구 jeongyk@kumoh.ac.kr

서울대학교 토목공학과 도시공학 전공을 졸업하였고, 한국과학기술원 토목공학과에서 환경공학 전공으로 석사
및 박사학위를 취득하였다. 1996년부터 현재까지 국립 금오공과대학교 환경공학과에 재직하고 있으며, 미국
조지아공대에서 방문연구원을 지냈다. 현재 대한환경공학회, 한국폐기물자원순환학회 회원으로 활동하고 있다.
주요 강의 분야는 공학수학, 이동현상, 기기분석, 폐기물자원순환 등을 강의하고 있다.

머리말

공학수학이라 하면 제일 먼저 떠오르는 인상은 양이 방대하고 어렵다는 것이다. 사실 공학수학은 공학의 각 학문 분야에서 필요로 하는 수학적 내용을 다루고 있으며, 이러한 내용들은 수학을 전공하는 학생이 최소한 3년을 공부하는 분량이다. 따라서 그 양이 방대할 수밖에 없으며 공학 계열의 2학년 학생이 소화해내기에는 내용이 어려운 것이 사실이다. 이러한 현실에서 지금까지 출판된 공학수학 교재들 중에는 훌륭하고 참신한 도서도 꽤 많이 있으나 모든 공학의 내용을 교재 안에 담을 수 없는 것이 현실이다. 따라서 저자의 취향에 따라 특정 학문에 편협되어 집필되고 있으며, 화학과 관련된 공학적 내용과 적용 문제가 부족하다.

공학수학은 대부분 2학년에 편성되는 교과목으로 학생들이 전공 분야의 교과목을 깊이 있게 학습하지 않은 상태에서 배운다. 이에 따라 학생들은 왜 이러한 내용을 배워야 하는지 모르는 상태에서 학습하고 있으며, 교수자는 공학수학 개개의 내용에 적합한 전공 분야의 지식을 전달하는 데 어려움이 있다. 이러한 이유로 저자들은 화학공학, 신소재공학 및 환경공학, 고분자공학 등 관련 학문에 적용되는 기본적인 수학적 내용과 이와 관련된 공학적 문제를 소개하고, 문제 해결 능력을 키울 수 있는 교재의 필요성을 느끼게 되었다.

다양한 수학 분야가 화학과 관련된 제반 공학적 학문에 기초가 되는 것을 보여 줌으로써 수학의 필요성을 인식하고 학습 의욕을 고취시키고자 하는 목적으로 전공과 관련된 내용과 문제를 교재에 담으려고 노력하였다. 가능한 한 화학공학과 관련된 공학적 학문의 기초 내용을 담으려고 했으며 일부 내용과 문제는 심화 영역과 관련된 것이 수록되었다.

한편 전공 지식은 개별 교과목에서 다시 학습할 기회가 있으므로 수학적 내용은 개략적인 소개 및 설명만으로도 충분할 것으로 생각된다. 또한 심화 과정과 관련된 일부 전공의 예제와 문제는 세부 풀이를 생략하고 단순히 관련 내용을 소개하는 것만으로도 충분할 것으로 생각한다.

끝으로 이 교재를 통하여 학생들이 개별 학문 분야에서 문제 해결 능력을 최대한 발휘할 수 있기를 희망하며, 이 교재가 출판되기까지 지원을 아끼지 않으신 북스힐 관계자 여러분께 감사의 말씀을 드린다.

저자 일동

이 책의 특징

  이 책은 공학적 내용을 백화점식으로 나열하는 대신 화학과 관련된 공학에 집중하였으며, 공학수학의 지식을 전달하는 교수의 입장을 탈피하고 학생의 눈높이에서 멘토와 멘티의 입장으로 집필하였다. 특히 이 책의 특징을 나열하면 다음과 같다.

① 미적분학의 기초적인 내용을 수록하였다.

  공학수학을 공부하면서 기초적인 내용을 상기하기 위해 수시로 미적분학 도서를 찾아보는 경우가 있다. 이러한 불편함을 해소하기 위해 공학수학에 반드시 필요한 미적분학의 기본적인 내용을 수록함으로써 별도의 미적분학 도서를 찾아보지 않도록 하였다.

② 수학적 개념을 이해하고 쉽게 문제를 해결할 수 있도록 유형에 따라 구분하였다.

  동일한 문제를 어떤 학생은 간단하게 해결하는가 하면 어떤 학생은 매우 복잡하게 해결하기도 한다. "모로 가도 서울만 가면 된다."라는 속담이 있다. 멀리 돌아서 가더라도 문제를 해결하면 되겠지만 가능한 한 쉽고 간단하게 해결하는 것이 바람직하다. 이 책은 다양한 형태의 문제를 쉽게 해결할 수 있도록 유형에 따라 수학적 개념을 소개하고 문제 해결 능력을 높이도록 하였다.

③ 가능한 한 그림이나 그래프를 이용하여 수학적 내용을 이해할 수 있도록 했다.

  매우 간단한 수학적 개념이라 하더라도 수식만으로는 이해하는 데 많은 어려움이 있다. 이러한 경우 개념을 확실하게 이해하는 방법은 시각적으로 직접 보는 것이 최상이다. 이 책에서는 수학적 개념에 대해 가능한 한 많은 그림과 그래프를 이용했으며, 그림을 통하여 도출된 해를 공학적으로 해석할 수 있도록 노력했다.

④ 문제 해결을 위해 생각해야 할 키 포인트인 주안점을 제시하였다.

문제 해결에서 학생들이 가장 어려워하는 것은 문제에서 요구하는 키 포인트를 찾지 못하는 것이다. 이러한 어려움을 극복하여 문제를 해결할 수 있도록 주어진 문제의 해결 방향을 설정하였다.

⑤ 문제 해결을 위해 단계에 따라 풀이를 하였다.

문제 해결에 대한 학생들의 반응은 다양하다. 처음부터 시도를 못하는 경우, 시도는 하지만 중간에 멈추는 경우 그리고 완전히 문제를 해결하는 경우가 있다. 처음부터 시도를 못하는 경우는 문제에서 요구하는 키 포인트를 찾지 못한 이유가 대부분이지만, 중간에 멈추는 경우는 대부분 다음 단계의 풀이 과정을 이어가지 못하기 때문이다. 이 책에서는 단계별 문제풀이를 숙달시킴으로써 문제 해결 능력을 함양할 수 있도록 하였다.

⑥ 각 장별 연습문제를 가능한 한 많이 수록하였다.

문제를 유형화하면 주어진 수학 문제 해결에 도움이 된다. 이를 위한 가장 좋은 방법은 문제에 숙달하는 것이다. 따라서 유형별로 분리된 문제를 가능한 한 많이 제시하여 각 문제의 유형을 쉽게 찾을 수 있도록 하였다.

⑦ 각 장별로 주요 내용을 상기할 수 있도록 요약 내용을 수록하였다.

각 장별로 반드시 알아야 할 주요 내용에 대한 요약을 수록하여 기본적이고 주요한 내용을 다시 한번 생각할 수 있도록 하였다.

⑧ 각 단원별로 화학과 관련된 공학적 내용을 수록하였다.

각 단원별로 화학과 관련된 공학적 이론과 적용 예제 및 연습문제를 수록하여 학생들은 각 단원에 대한 학습 의욕이 고취되고, 교수자는 학생들의 이해도를 극대화시킬 수 있도록 구성하였다.

이 책의 구성

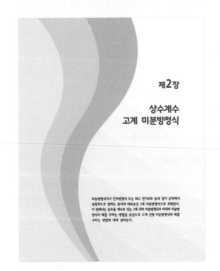

학습 내용

각 장에 수록된 학습 내용과 더불어 본문 내용이 공학에서 '왜' 필요한지 소개한다.

정의

기본 용어 및 수학적 정의를 소개한다.

정리

문제 해결을 위해 반드시 필요한 내용을 정리로 소개한다.

예제
예제를 해결하기 위한 주안점과 단계별 풀이 과정을 제시한다.

내용의 정형화
문제를 유형화하여 유형별로 문제 해결을 할 수 있도록 하였다.

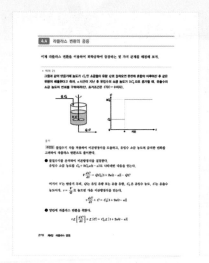

응용
화학 공학과 관련된 내용을 수록하여 본문 내용이 전공에 어떻게 적용되는지 제시한다.

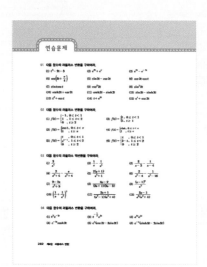

연습문제
본문과 관련된 문제를 유형별로 제시한다.

요약
각 장의 마지막에 본문의 주요 내용을 정리한다.

학습 로드맵

이 책에서 다루는 각각의 주제에 대한 연관성과 흐름을 나타낸다. 전체 10장으로 구성되어 있으며, 0장 미적분학 기초는 생략할 수 있다. 로드맵에 따라 두 학기로 나누어 수업과 학습을 운영할 수 있다.

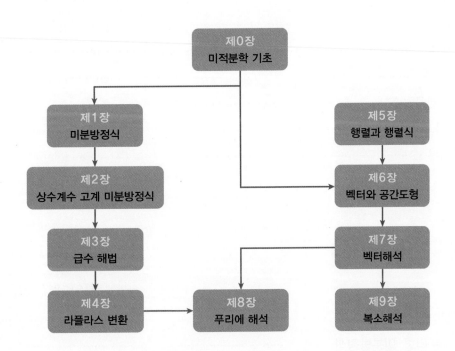

차 례

제2장   상수계수 고계 미분방정식

제3장   급수 해법

각 장의 연습문제 홀수번 해답은 북스힐 홈페이지(www.bookshill.com)에서 다운로드하여 이용할 수 있습니다.

제0장

미적분학 기초

대부분의 공학수학은 해석 분야와 대수 분야로 구성되어 있으며, 해석 분야의 근간은 미적분학이고 대수 분야의 근간은 선형대수학이다. 선형대수학을 대표하는 행렬과 행렬식, 벡터에 대한 내용은 5장, 6장에서 자세히 살펴볼 것이며, 이 장에서는 공학수학을 이해하기 위한 해석 분야의 기본인 미적분학의 내용을 간단히 정리한다.

공학수학은 보편적으로 실수를 포함하는 복소수 체계로 확장한 수의 체계를 다루며, 이 절에서는 복소수에 대하여 간단히 정리한다.

복소수의 정의

임의의 실수 x를 제곱하면 반드시 음이 아닌 실수, 즉 $x^2 \geq 0$이 된다. 한편 삼차방정식 $x^3 - x^2 + x - 1 = 0$의 해를 풀면 $(x-1)(x^2+1) = 0$이므로 $x = 1$ 또는 $x^2 = -1$을 얻는다. 이는 제곱하여 음수인 -1이 되는 어떤 수 x가 존재함을 의미한다. 그러나 이와 같은 실수는 존재하지 않는다. $x^2 = -1$을 만족하는 수가 존재한다면 실수와 동일하게 x를 다음과 같이 표현할 수 있을 것이다.

$$x = \sqrt{-1} \ \text{ 또는 } \ x = -\sqrt{-1}$$

특히 $x = \sqrt{-1}$과 같은 음수의 제곱근은 현실에 존재하지 않으나 이러한 수를 프랑스 수학자 데카르트[René Descartes, 1596~1650]는 존재하지 않는 수라는 의미에서 허수라는 이름을 붙였으며, $\sqrt{-1}$을 허수단위[imaginary unit]라 하고 다음과 같이 나타냈다.

$$i = \sqrt{-1}$$

허수단위 i를 포함하는 수는 가상의 수이므로 실수와 달리 두 허수의 크기를 비교할 수 없다. 즉, $2i < 3i$라고 할 수 없다. 한편 임의의 두 실수 a, b에 대하여 다음과 같이 정의되는 수를 복소수[complex number]라 한다.

$$z = a + bi$$

이때 실수 a를 복소수 z의 실수부[real part], b를 z의 허수부[imaginary part]라 하고 $a = \text{Re}(z)$, $b = \text{Im}(z)$로 나타낸다. 허수부가 0인 복소수, 즉 $z = a + 0i$는 실수를 나타내며, 실수부가 0인 복소수, 즉 $a = 0$인 복소수 $z = 0 + bi$를 순허수[pure imaginary number]라 한다. 한편 복소수 $z = a + bi$는 단독으로 나타나지 않으며 이 복소수의 허수부가 $-b$로 대체된 또 다른 복소수를 동반한다. 이와 같이 복소수 z의 허수부 부호가 반대인 복소수를 다음과 같이 나타내며, 이 수를 z의 **켤레복소수** 또는 **공액복소수**^{conjugate}
라 한다.

$$\overline{z} = a - bi$$

즉, 복소수 $z = a + bi$의 공액복소수는 $\overline{a + bi} = a - bi$이다.

복소수는 기본적으로 다음과 같은 성질을 갖는다.

① 순허수 $z = bi$에 대하여 $\overline{z} = \overline{bi} = -bi = -z$이므로 $z = -\overline{z}$이다.

② 실수 $z = a$에 대하여 $\overline{z} = \overline{a} = a = z$이므로 $z = \overline{z}$이다.

이와 같은 복소수에 대한 상등과 사칙연산을 다음과 같이 정의한다.

정의 1   **복소수의 상등과 사칙연산**

두 복소수 $z = a + bi$, $w = c + di$에 대하여 다음과 같이 정의한다.

(1) $z = w \Leftrightarrow a = c,\ b = d$ 복소수의 상등

(2) $z + w = (a + bi) + (c + di) = (a + c) + (b + d)i$ 복소수의 합

(3) $z - w = (a + bi) - (c + di) = (a - c) + (b - d)i$ 복소수의 차

(4) $z \cdot w = (a + bi) \cdot (c + di) = (ac - bd) + (ad + bc)i$ 복소수의 곱

(5) $\dfrac{1}{z} = \dfrac{1}{a + bi},\ z \neq 0$ 복소수의 역수

(6) $kz = k(a + bi) = ka + kbi$ (단, k는 실수)   실수 배

정의에 의해 복소수 $z = x + iy$에 대하여 다음이 성립한다.

$$z + \overline{z} = (x + iy) + (x - iy) = 2x = 2\,\mathrm{Re}\,(z)$$

$$z - \overline{z} = (x + iy) - (x - iy) = 2yi = 2\,\mathrm{Im}\,(z)i$$

따라서 복소수 z의 실수부와 허수부는 각각 다음과 같이 표현된다.

③ $\mathrm{Re}\,(z) = \dfrac{z + \overline{z}}{2}$ ④ $\mathrm{Im}\,(z) = \dfrac{z - \overline{z}}{2i}$

특히 $i = \sqrt{-1}$이므로 다음을 얻는다.

$$i^2 = i \cdot i = \sqrt{-1}\sqrt{-1} = -1$$

$$i^3 = i \cdot i^2 = i(-1) = -i$$

$$i^4 = i^2 \cdot i^2 = (-1)(-1) = 1$$

즉, 허수단위 $i = \sqrt{-1}$ 에 대하여 다음이 성립한다.

$$i^2 = -1, \ i^3 = -i, \ i^4 = 1$$

복소수 $z = a + bi$ 와 공액복소수 $\bar{z} = a - bi$ 는 다음을 만족한다.

$$z\bar{z} = (a+bi)(a-bi) = (a^2 - b^2 i^2) + (ba - ab)i = a^2 + b^2$$

따라서 복소수 $z = a + bi$ 와 공액복소수 $\bar{z} = a - bi$ 의 곱은 실수부 $a = \mathrm{Re}(z)$ 와 허수부 $b = \mathrm{Im}(z)$ 의 제곱의 합인 실수이다.

$$z\bar{z} = a^2 + b^2$$

이 관계를 이용하여 복소수 $\dfrac{1}{z} = \dfrac{1}{a+bi}$ 의 분모와 분자에 각각 공액복소수 $a - bi$ 를 곱하면 다음을 얻는다.

$$\frac{1}{z} = \frac{a}{a^2 + b^2} - \frac{b}{a^2 + b^2} i$$

복소평면과 복소수의 길이

임의의 복소수 $z = x + yi$ 를 순서쌍 (x, y) 로 나타내기도 하며, 이렇게 표현하면 [그림 0.1]과 같이 복소수를 좌표평면 위의 점으로 대응시킬 수 있다. 이 좌표평면을 복소평면^{complex plane}이라 하며 수평축을 실수부, 수직축을 허수부로 택한다. 그리고 수평축과 수직축을 각각 실수축^{real axis}, 허수축^{imaginary axis}이라 하며 $\mathrm{Re}(z)$, $\mathrm{Im}(z)$ 또는 간단히 x, y 로 나타낸다.

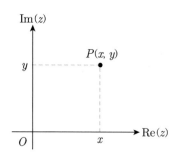

[그림 0.1] 복소수 z의 좌표

[그림 0.2]와 같이 복소평면에서 원점과 복소수 $z = a + bi$의 길이를 z의 길이^{length} 또는 크기^{magnitude} 라 하며, $|z|$로 나타낸다.

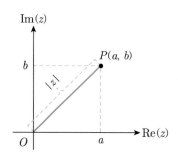

[그림 0.2] 복소수 z의 크기

피타고라스 정리에 의해 z의 길이는 다음과 같다.

$$|z| = \sqrt{a^2 + b^2}$$

복소수의 성질

앞에서 정의한 복소수의 사칙연산과 복소수의 크기에 대한 성질을 요약하면 다음과 같다.

> **정리 1**   **복소수의 연산 성질**
>
> 임의의 세 복소수 z_1, z_2, z_3에 대하여 다음이 성립한다.
>
> (1) $z_1 + z_2 = z_2 + z_1$, $z_1 z_2 = z_2 z_1$ 교환법칙
>
> (2) $(z_1 + z_2) + z_3 = z_1 + (z_2 + z_3)$, $(z_1 z_2) z_3 = z_1 (z_2 z_3) = z_2 (z_1 z_3)$ 결합법칙

(3) $z_1(z_2 + z_3) = z_1 z_2 + z_1 z_3$, $(z_1 + z_2)z_3 = z_1 z_3 + z_2 z_3$ 분배법칙

(4) $z_1 + 0 = 0 + z_1 = z_1$ 덧셈에 관한 항등원 0

(5) $(-z_1) + z_1 = z_1 + (-z_1) = 0$ 덧셈에 관한 역원 $-z_1$

(6) $1 \cdot z_1 = z_1$ 곱셈에 관한 항등원 1

(7) $z_1 \cdot \dfrac{1}{z_1} = \dfrac{1}{z_1} \cdot z_1 = 1$ (단, $z_1 \neq 0$)   곱셈에 관한 역원 $\dfrac{1}{z_1}$

정리 2   공액복소수의 성질

임의의 세 복소수 z_1, z_2, z_3에 대하여 다음이 성립한다.

(1) $\overline{\overline{z_1}} = z_1$

(2) $\overline{z_1 + z_2} = \overline{z_1} + \overline{z_2}$

(3) $\overline{z_1 - z_2} = \overline{z_1} - \overline{z_2}$

(4) $\overline{k z_1} = k \overline{z_1}$ (단, k는 실수)

(5) $\overline{z_1 z_2} = \overline{z_1} \cdot \overline{z_2}$

(6) $\overline{\left(\dfrac{z_1}{z_2}\right)} = \dfrac{\overline{z_1}}{\overline{z_2}}$ (단, $z_2 \neq 0$)

정리 3   복소수 크기의 성질

임의의 두 복소수 z, w에 대하여 다음이 성립한다.

(1) $|z| \geq 0$ 이며, $|z| = 0 \Leftrightarrow z = 0$

(2) $|z| = |\overline{z}|$, $|zw| = |z||w|$

(3) $|z + w| \leq |z| + |w|$ 삼각부등식

(4) $|z| - |w| \leq |z + w|$

미분적분학에서 살펴본 대부분의 함수는 다음과 같이 실수의 집합 $\mathbb{R}$에서 실수의 집합 $\mathbb{R}$로 대응시키는 관계이다.

정의 2 **함수**

실수 전체의 집합 $\mathbb{R}$의 각 실수 x에 오직 한 실수 y와 대응시키는 대응 관계 f를 $\mathbb{R}$에서 $\mathbb{R}$로의 **함수**^{function}라 하고, $f : \mathbb{R} \to \mathbb{R}$로 나타낸다.

함수 f에 대하여 실수 x에 대응하는 실수 y를 $y = f(x)$로 나타내며, $y = f(x)$를 x에서 f의 **함숫값**^{value of function}이라 한다. 함수 $y = f(x)$에 대하여 x를 **독립변수**^{independent variable}, y를 **종속변수**^{dependent variable}라고 하며 함수 f에 의한 함숫값 y가 존재하는 x의 집합을 함수 f의 **정의역**^{domain}, 함수 f에 의한 함숫값 y의 집합을 함수 f의 **치역**^{range}이라 한다. 특히 실수 전체의 집합 $\mathbb{R}$에 대하여 함수 $f : \mathbb{R} \to \mathbb{R}$, $y = f(x)$를 **실함수**^{function of real variables} 또는 **실숫값 함수**^{real valued function}라 하며, 두 변수 x와 y의 순서쌍 (x, y)의 집합을 함수 $y = f(x)$의 **그래프**^{graph}라고 한다.

두 함수 $f : \mathbb{R} \to \mathbb{R}$, $g : \mathbb{R} \to \mathbb{R}$가 다음 두 조건을 만족하면 두 함수 f와 g는 동일하다고 하며 $f = g$로 나타낸다.

① f의 정의역과 g의 정의역이 같다.
② 정의역의 모든 x에 대하여 $f(x) = g(x)$이다.

함수에 대한 사칙연산을 다음과 같이 정의한다.

정의 3 **함수의 사칙연산**

두 함수 f, g에 대하여 다음과 같이 정의한다.

(1) $(kf)(x) = kf(x)$	함수의 상수 배
(2) $(f + g)(x) = f(x) + g(x)$	함수의 합
(3) $(f - g)(x) = f(x) - g(x)$	함수의 차
(4) $(f \cdot g)(x) = f(x) \cdot g(x)$	함수의 곱
(5) $\left(\dfrac{f}{g}\right)(x) = \dfrac{f(x)}{g(x)}$ (단, $g(x) \neq 0$)	함수의 몫

여러 가지 함수

함수의 특성에 따라 다음과 같이 분류한다.

(1) 합성함수

두 함수 $f: \mathbb{R} \to \mathbb{R}$, $g: \mathbb{R} \to \mathbb{R}$ 이 각각 $y = f(x)$, $z = g(y)$로 정의될 때, [그림 0.3]과 같이 x를 z로 대응시키는 함수를 g와 f의 합성함수^{composite function}라 하며, 다음과 같이 나타낸다.

$$z = (g \circ f)(x) = g(f(x))$$

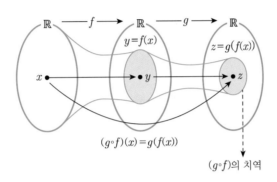

[**그림 0.3**] 합성함수 $g \circ f$

(2) 단사함수와 전사함수

다음과 같이 정의역의 두 실수가 서로 다르면 두 실수의 함숫값도 같지 않은 함수 $y = f(x)$를 단사함수^{injective function} 또는 일대일 함수^{one-to-one function}라 한다.

$$x_1 \neq x_2 \Rightarrow f(x_1) \neq f(x_2) \text{ 또는 } f(x_1) = f(x_2) \Rightarrow x_1 = x_2$$

임의의 실수 y에 대하여 $y = f(x)$를 만족하는 x가 정의역에 적어도 하나 존재하는 함수 f를 전사함수^{surjective function} 또는 위로의 함수^{onto function}라 한다. 특히 단사함수이면서 전사함수인 함수를 전단사함수^{bijective function} 또는 일대일 대응^{one-to-one correspondence}이라 한다.

(3) 역함수

전단사함수 $y = f(x)$에 대하여 f의 치역에 있는 y를 정의역의 x로 대응시키는 f의 역대응 관계 $x = g(y)$가 존재하며, 이 역대응 관계를 함수 $y = f(x)$의 역함수^{inverse function}라 하고 $g = f^{-1}$로 나타낸다. 두 함수 f와 f^{-1} 사이에 다음 성질이 성립한다.

③ f의 정의역과 치역은 각각 f^{-1}의 치역과 정의역이다.

④ $f^{-1}(f(x)) = x$

⑤ $f(f^{-1}(y)) = y$

⑥ $y = f(x)$와 $y = f^{-1}(x)$는 직선 $y = x$에 대하여 대칭이다.

(4) 조각마다 정의되는 함수

다음과 같이 임의의 실수 x에 대하여 절댓값 $|x|$로 정의되는 함수를 절댓값 함수$^{absolute\ function}$라
한다.

$$|x| = \sqrt{x^2} = \begin{cases} -x, & x < 0 \\ x, & x > 0 \end{cases}$$

절댓값 함수와 같이 주어진 실수 x의 구간마다 함수식 $f(x)$의 형태가 다른 함수를 조각마다 정의되는
함수$^{piecewise\ defined\ function}$라 한다. 특히 다음과 같이 일정한 간격의 구간마다 함수의 그래프가 동일한
함수를 주기함수$^{periodic\ function}$라 한다.

$$f(x) = f(x + np), \quad n\text{은 정수}$$

이때 $f(x+p) = f(x)$를 만족하는 가장 작은 양수 p를 함수 $f(x)$의 주기^{period}라 한다.

(5) 우함수와 기함수

함수 f의 정의역에 있는 모든 x에 대하여 다음을 만족하는 함수를 우함수$^{even\ function}$라 한다.

$$f(-x) = f(x)$$

한편 함수 f의 정의역에 있는 모든 x에 대하여 다음을 만족하는 함수를 기함수$^{odd\ function}$라 한다.

$$f(-x) = -f(x)$$

우함수의 그래프는 y축에 대하여 대칭이고, 기함수의 그래프는 원점에 대하여 대칭이다.

(6) 다항함수

상수 a_i, $i = 0, 1, \cdots, n$ $(a_0 \neq 0)$에 대하여 다음과 같은 n차 다항식으로 정의되는 함수를 n차 다항함수$^{\text{polynomial function}}$라 한다.

$$f(x) = a_0 x^n + a_1 x^{n-1} + a_2 x^{n-2} + \cdots + a_{n-1} x + a_n$$

특히 $y = f(x) = ax + b$ $(a \neq 0)$를 일차함수 또는 선형함수$^{\text{linear function}}$, $y = ax^2 + bx + c$ $(a \neq 0)$를 이차함수$^{\text{quadratic function}}$라 한다. 이때 최고차항의 계수 a를 기울기^{slope}라 하며, 함수의 그래프와 x축, y축이 만나는 점을 절편^{intercept}이라 한다. 즉, x절편은 $f(x) = 0$인 점 $(x, 0)$이고, y절편은 $y = f(0)$인 점 $(0, y)$이다.

(7) 유리함수와 무리함수

임의의 두 다항함수 $p(x)$, $q(x)$에 대하여 다음과 같이 유리식으로 정의되는 함수를 유리함수$^{\text{rational function}}$라 한다.

$$f(x) = \frac{p(x)}{q(x)}$$

두 자연수 n, m에 대하여 $f(x) = x^{m/n} = \sqrt[n]{x^m}$ 형태를 포함하는 함수를 무리함수$^{\text{irrational function}}$라 하며, 다항함수에 사칙연산과 제곱근을 유한 번 적용하여 얻는 함수를 대수함수$^{\text{algebraic function}}$, 대수함수가 아닌 함수를 초월함수$^{\text{transcendental function}}$라 한다. 지수함수, 로그함수, 삼각함수, 역삼각함수, 쌍곡선함수, 역쌍곡선함수 등은 초월함수이다.

지수함수와 로그함수

임의의 양수 a $(a \neq 1)$에 대하여 실수 x를 수 a^x으로 대응시키는 함수 $f(x) = a^x$을 밑^{base}이 a인 지수함수$^{\text{exponential function}}$라 하고, 특히 $a = e$인 지수함수 $f(x) = e^x$을 자연지수함수$^{\text{natural exponential function}}$라 한다. 지수함수 $f(x) = a^x$은 다음과 같은 기본적인 성질을 갖는다.

[표 0.1] 지수함수의 기본 성질

	$0 < a < 1$	$a > 1$
(1)	정의역: $-\infty < x < \infty$	정의역: $-\infty < x < \infty$
(2)	치역: $0 < y < \infty$	치역: $0 < y < \infty$
(3)	y 절편: $(0,\ 1)$	y 절편: $(0,\ 1)$
(4)	감소함수	증가함수
(5)	일대일 대응	일대일 대응
(6)	$x \to \infty$ 이면 $a^x \to 0$, $x \to -\infty$ 이면 $a^x \to \infty$	$x \to \infty$ 이면 $a^x \to \infty$, $x \to -\infty$ 이면 $a^x \to 0$

지수함수 $y = a^x$ 의 역함수가 존재하며, 이 역함수를 밑이 a인 **로그함수**^{logarithmic function}라 하고 $y = \log_a x$ 로 나타낸다. 특히 자연지수함수의 역함수를 **자연로그함수**^{natural logarithmic function}라 하며, $y = \ln x$ 로 나타낸다. 지수함수와 로그함수가 서로 역함수 관계이므로 직선 $y = x$ 에 대하여 대칭이다. 로그함수 $y = \log_a x$ 는 다음과 같은 기본적인 성질을 갖는다.

[표 0.2] 로그함수의 기본 성질

	$0 < a < 1$	$a > 1$
(1)	정의역: $0 < x < \infty$	정의역: $0 < x < \infty$
(2)	치역: $-\infty < y < \infty$	치역: $-\infty < y < \infty$
(3)	x 절편: $(1,\ 0)$	x 절편: $(1,\ 0)$
(4)	감소함수	증가함수
(5)	일대일 대응	일대일 대응
(6)	$x \to \infty$ 이면 $\log_a x \to -\infty$, $x \to 0^+$ 이면 $\log_a x \to \infty$	$x \to \infty$ 이면 $\log_a x \to \infty$, $x \to 0^+$ 이면 $\log_a x \to -\infty$

로그함수 $y = f(x) = \log_a x$ 의 역함수는 지수함수 $x = f^{-1}(y) = a^y$ 이므로 다음이 성립한다.

① $f(f^{-1}(y)) = \log_a a^y = y$, $-\infty < y < \infty$ ② $f^{-1}(f(x)) = a^{\log_a x} = x$, $x > 0$

③ $\ln e^x = x$, $-\infty < x < \infty$ ④ $e^{\ln x} = x$, $x > 0$

삼각함수

[그림 0.4]와 같이 반지름의 길이가 r 인 원 위의 점 $P(x,\ y)$에서 x 축에 내린 수선의 발을 A, 직각삼각형 POA 의 빗변과 밑변이 이루는 각을 θ 라 하자.

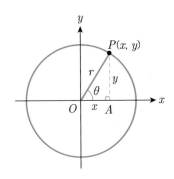

[그림 0.4] 삼각비

밑변의 길이가 x, 높이가 y인 직각삼각형 POA의 빗변의 길이는 다음과 같다.

$$r = \sqrt{x^2 + y^2}$$

이때 각 변의 길이에 대한 비례식을 편각^{argument} θ에 대한 **삼각비**$^{\text{trigonometric ratios}}$라 하며, [표 0.3]과 같이 정의한다.

[표 0.3] 삼각비의 정의

삼각비	정의	삼각비	정의
사인^{sine}	$\sin\theta = \dfrac{y}{r}$	코사인^{cosine}	$\cos\theta = \dfrac{x}{r}$
탄젠트^{tangent}	$\tan\theta = \dfrac{y}{x} = \dfrac{\sin\theta}{\cos\theta}$ (단, $x \neq 0$)	시컨트^{secant}	$\sec\theta = \dfrac{r}{x} = \dfrac{1}{\cos\theta}$ (단, $x \neq 0$)
코시컨트^{cosecant}	$\csc\theta = \dfrac{r}{y} = \dfrac{1}{\sin\theta}$ (단, $y \neq 0$)	코탄젠트^{cotangent}	$\cot\theta = \dfrac{x}{y} = \dfrac{1}{\tan\theta}$ (단, $y \neq 0$)

삼각비 사이에 여러 성질이 성립하며, 이 성질을 나열하면 다음과 같다.

정리 4   **삼각비의 항등식**

(1) $\cos^2\theta + \sin^2\theta = 1$

(2) $1 + \tan^2\theta = \sec^2\theta$

(3) $1 + \cot^2\theta = \csc^2\theta$

정리 5   일반각의 삼각비

(1) $\sin(\theta + 2n\pi) = \sin\theta$ (2) $\cos(\theta + 2n\pi) = \cos\theta$

(3) $\tan(\theta + n\pi) = \tan\theta$

정리 6   음의 각에 대한 삼각비

(1) $\sin(-\theta) = -\sin\theta$ (2) $\cos(-\theta) = \cos\theta$

(3) $\tan(-\theta) = -\tan\theta$

정리 7 $\pi \pm \theta$에 대한 삼각비

(1) $\sin(\pi + \theta) = -\sin\theta$ (2) $\cos(\pi + \theta) = -\cos\theta$

(3) $\tan(\pi + \theta) = \tan\theta$ (4) $\sin(\pi - \theta) = \sin\theta$

(5) $\cos(\pi - \theta) = -\cos\theta$ (6) $\tan(\pi - \theta) = -\tan\theta$

정리 8 $\pi \pm \dfrac{\theta}{2}$에 대한 삼각비

(1) $\sin\left(\dfrac{\pi}{2} + \theta\right) = \cos\theta$ (2) $\cos\left(\dfrac{\pi}{2} + \theta\right) = -\sin\theta$

(3) $\tan\left(\dfrac{\pi}{2} + \theta\right) = -\cot\theta$ (4) $\sin\left(\dfrac{\pi}{2} - \theta\right) = \cos\theta$

(5) $\cos\left(\dfrac{\pi}{2} - \theta\right) = \sin\theta$ (6) $\tan\left(\dfrac{\pi}{2} - \theta\right) = \cot\theta$

정리 9   덧셈정리

(1) $\sin(\alpha + \beta) = \sin\alpha\cos\beta + \cos\alpha\sin\beta$

(2) $\sin(\alpha - \beta) = \sin\alpha\cos\beta - \cos\alpha\sin\beta$

(3) $\cos(\alpha + \beta) = \cos\alpha\cos\beta - \sin\alpha\sin\beta$

(4) $\cos(\alpha - \beta) = \cos\alpha\cos\beta + \sin\alpha\sin\beta$

(5) $\tan(\alpha + \beta) = \dfrac{\tan\alpha + \tan\beta}{1 - \tan\alpha\tan\beta}$

(6) $\tan(\alpha - \beta) = \dfrac{\tan\alpha - \tan\beta}{1 + \tan\alpha\tan\beta}$

배각공식

(1) $\sin 2\alpha = 2\sin\alpha\cos\alpha$

(2) $\cos 2\alpha = \cos^2\alpha - \sin^2\alpha = 1 - 2\sin^2\alpha = 2\cos^2\alpha - 1$

(3) $\tan 2\alpha = \dfrac{2\tan\alpha}{1 - \tan^2\alpha}$

정리 11 **반각공식**

(1) $\sin^2\alpha = \dfrac{1 - \cos 2\alpha}{2}$ 　　　　　(2) $\cos^2\alpha = \dfrac{1 + \cos 2\alpha}{2}$

(3) $\tan^2\alpha = \dfrac{1 - \cos 2\alpha}{1 + \cos 2\alpha}$

정리 12 **곱을 합 또는 차로 나타내는 공식**

(1) $\sin\alpha\cos\beta = \dfrac{1}{2}\{\sin(\alpha+\beta) + \sin(\alpha-\beta)\}$

(2) $\cos\alpha\sin\beta = \dfrac{1}{2}\{\sin(\alpha+\beta) - \sin(\alpha-\beta)\}$

(3) $\cos\alpha\cos\beta = \dfrac{1}{2}\{\cos(\alpha+\beta) + \cos(\alpha-\beta)\}$

(4) $\sin\alpha\sin\beta = -\dfrac{1}{2}\{\cos(\alpha+\beta) - \cos(\alpha-\beta)\}$

정리 13 **합 또는 차를 곱으로 나타내는 공식**

(1) $\sin\alpha + \sin\beta = 2\sin\dfrac{\alpha+\beta}{2}\cos\dfrac{\alpha-\beta}{2}$

(2) $\sin\alpha - \sin\beta = 2\cos\dfrac{\alpha+\beta}{2}\sin\dfrac{\alpha-\beta}{2}$

(3) $\cos\alpha + \cos\beta = 2\cos\dfrac{\alpha+\beta}{2}\cos\dfrac{\alpha-\beta}{2}$

(4) $\cos\alpha - \cos\beta = -2\sin\dfrac{\alpha+\beta}{2}\sin\dfrac{\alpha-\beta}{2}$

특히 사인과 코사인의 합을 다음과 같이 하나의 사인 또는 코사인으로 합성할 수 있다.

$$a\sin\theta + b\cos\theta = \sqrt{a^2+b^2}\,\sin\left(\theta+\alpha\right)\ (\text{단},\ \tan\alpha = \frac{b}{a})$$

$$a\sin\theta + b\cos\theta = \sqrt{a^2+b^2}\,\cos\left(\theta-\beta\right)\ (\text{단},\ \tan\beta = \frac{a}{b})$$

호도법으로 주어진 편각의 크기 x 에 삼각비의 값을 대응시키는 함수를 삼각함수^{trigonometric function}라 한다. 이때 임의의 편각 x 에 대하여 함수 $f(x) = \sin x$ 를 사인함수^{sine function}, $f(x) = \cos x$ 를 코사인함수^{cosine function}, $f(x) = \tan x$ 를 탄젠트함수^{tangent function}라 한다. 이 세 함수는 다음 성질을 갖는다.

① $\sin x$, $\cos x$ 는 모든 실수 $\mathbb{R}$ 에서 정의되며 치역은 $[-1, 1]$ 이다.

② $\tan x$ 는 $x \ne \dfrac{\pi}{2} + n\pi$ 인 모든 실수에서 정의되며 치역은 $(-\infty,\ \infty)$ 이다.

③ $\sin x$, $\cos x$ 는 주기 2π 인 주기함수이고, $\tan x$ 는 주기 π 인 주기함수이다.

④ $\sin x$, $\tan x$ 는 기함수이고, $\cos x$ 는 우함수이다.

⑤ 모든 정수 n 에 대하여 $\sin x$ 의 x 절편은 $(n\pi,\ 0)$ 이다.

⑥ 모든 정수 n 에 대하여 $\cos x$ 의 x 절편은 $\left(n\pi + \dfrac{\pi}{2},\ 0\right)$ 이다.

⑦ 모든 정수 n 에 대하여 $\tan x$ 의 x 절편은 $(n\pi,\ 0)$ 이다.

코탄젠트함수^{cotangent function} $f(x) = \cot x$, 시컨트함수^{secant function} $f(x) = \sec x$, 코시컨트함수^{cosecant function} $f(x) = \csc x$ 는 각각 탄젠트함수, 코사인함수, 사인함수의 역수로 정의되는 함수이다.

역삼각함수

삼각함수가 일대일 대응이 되도록 정의역을 제한하면 역함수를 가지며, 제한된 영역에서 삼각함수의 역함수를 역삼각함수^{inverse trigonometric function}라 한다. 이때 제한된 정의역을 주치^{principal value}라 하며, 역삼각함수와 주치를 [표 0.4]와 같이 정의한다.

[표 0.4] 삼각함수와 역삼각함수의 정의역 및 주치

역삼각함수	정의역	주치	삼각함수
$x = \sin^{-1} y$	$-1 \leq y \leq 1$	$-\dfrac{\pi}{2} \leq x \leq \dfrac{\pi}{2}$	$y = \sin x$
$x = \cos^{-1} y$	$-1 \leq y \leq 1$	$0 \leq x \leq \pi$	$y = \cos x$
$x = \tan^{-1} y$	$-\infty < y < \infty$	$-\dfrac{\pi}{2} < x < \dfrac{\pi}{2}$	$y = \tan x$
$x = \sec^{-1} y$	$y \leq -1, \ y \geq 1$	$0 \leq x \leq \pi, \ x \neq \dfrac{\pi}{2}$	$y = \sec x$
$x = \csc^{-1} y$	$y \leq -1, \ y \geq 1$	$-\dfrac{\pi}{2} \leq x \leq \dfrac{\pi}{2}, \ x \neq 0$	$y = \csc x$
$x = \cot^{-1} y$	$-\infty < y < \infty$	$0 < x < \pi$	$y = \cot x$

쌍곡선함수

두 자연지수함수 $y = e^x$, $y = e^{-x}$ 에 대하여 쌍곡선사인함수^{hyperbolic sine function} $y = \sinh x$ 와 쌍곡선코사인함수^{hyperbolic cosine function} $y = \cosh x$ 를 각각 다음과 같이 정의한다.

$$\sinh x = \frac{e^x - e^{-x}}{2}, \quad \cosh x = \frac{e^x + e^{-x}}{2}$$

그러면 이 두 함수는 다음과 같은 기본적인 성질을 갖는다.

① $y = \sinh x$ 는 기함수이고 $-\infty < \sinh x < \infty$ 이다.
② $y = \cosh x$ 는 우함수이고 $\cosh x \geq 1$ 이다.

다른 쌍곡선함수는 [표 0.5]와 같이 정의한다.

[표 0.5] 쌍곡선함수의 정의와 성질

쌍곡선함수	정의역	치역	대칭성
$\tanh x = \dfrac{\sinh x}{\cosh x} = \dfrac{e^x - e^{-x}}{e^x + e^{-x}}$	$-\infty < x < \infty$	$-1 < y < 1$	원점 대칭(기함수)
$\text{sech } x = \dfrac{1}{\cosh x} = \dfrac{2}{e^x + e^{-x}}$	$-\infty < x < \infty$	$0 < y \leq 1$	y축 대칭(우함수)
$\text{csch } x = \dfrac{1}{\sinh x} = \dfrac{2}{e^x - e^{-x}}$	$-\infty < x < \infty, \ x \neq 0$	$-\infty < y < \infty, \ y \neq 0$	원점 대칭(기함수)
$\coth x = \dfrac{\cosh x}{\sinh x} = \dfrac{e^x + e^{-x}}{e^x - e^{-x}}$	$-\infty < x < \infty, \ x \neq 0$	$-\infty < y < -1, \ 1 < y < \infty$	원점 대칭(기함수)

$y = \cosh x$와 $y = \sinh x$의 정의로부터 e^x과 e^{-x}을 다음과 같이 두 함수의 합과 차로 나타낼 수 있다.

③ $e^x = \cosh x + \sinh x$

④ $e^{-x} = \cosh x - \sinh x$

쌍곡선함수의 성질은 삼각함수와 매우 흡사하며, 특히 다음 항등식이 성립한다.

정리 14   **쌍곡선함수의 항등식**

(1) $\cosh^2 x - \sinh^2 x = 1$ (2) $1 - \tanh^2 x = \operatorname{sech}^2 x$

(3) $\coth^2 x - 1 = \operatorname{csch}^2 x$

역쌍곡선함수

정의역을 제한하여 쌍곡선함수가 일대일 대응이 되도록 제한하면 쌍곡선함수는 역함수를 가지며, 이 함수를 **역쌍곡선함수**$^{\text{inverse hyperbolic function}}$라 한다. [표 0.6]은 역쌍곡선함수를 나열한 것이다.

[표 0.6] 역쌍곡선함수와 정의역

역쌍곡선함수	정의역		쌍곡선함수
$y = \sinh^{-1} x$	$-\infty < x < \infty$	$\Leftrightarrow$	$x = \sinh y$
$y = \cosh^{-1} x$	$x \geq 1$	$\Leftrightarrow$	$x = \cosh y$
$y = \tanh^{-1} x$	$-1 < x < 1$	$\Leftrightarrow$	$x = \tanh y$
$y = \operatorname{sech}^{-1} x$	$0 < x \leq 1$	$\Leftrightarrow$	$x = \operatorname{sech} y$
$y = \coth^{-1} x$	$|x| > 1$	$\Leftrightarrow$	$x = \coth y$
$y = \operatorname{csch}^{-1} x$	$x \neq 0$	$\Leftrightarrow$	$x = \operatorname{csch} y$

쌍곡선함수는 자연지수함수에 의해 생성된 함수이므로 역쌍곡선함수는 [표 0.7]과 같이 자연로그를 이용하여 표현된다.

[표 0.7] 역쌍곡선함수의 로그 표기법

역쌍곡선함수의 로그 표기법	정의역
$\sinh^{-1}x = \ln\left(x + \sqrt{x^2 + 1}\right)$	$-\infty < x < \infty$
$\cosh^{-1}x = \ln\left(x + \sqrt{x^2 - 1}\right)$	$x \geq 1$
$\tanh^{-1}x = \dfrac{1}{2}\ln\left(\dfrac{1+x}{1-x}\right)$	$-1 < x < 1$
$\coth^{-1}x = \dfrac{1}{2}\ln\left(\dfrac{x+1}{x-1}\right)$	$|x| > 1$
$\operatorname{sech}^{-1}x = \ln\left(\dfrac{1+\sqrt{1-x^2}}{x}\right)$	$0 < x \leq 1$
$\operatorname{csch}^{-1}x = \ln\left(\dfrac{1}{x} + \dfrac{\sqrt{1+x^2}}{|x|}\right)$	$x \neq 0$

극좌표

평면 위에 한 정점 O를 택하고 수평축의 오른쪽 방향으로 반직선 OX를 그으면 평면 위의 한 점 $P(x, y)$는 [그림 0.5]와 같이 $r = \overline{OP}$와 사잇각 θ에 의해 결정된다. 이와 같이 평면 위의 점을 **동경**$^{\text{radius vector}}$ r과 **편각**^{argument} θ의 순서쌍 (r, θ)로 표현하는 좌표계를 **극좌표계**$^{\text{polar coordinate system}}$라 하며, 정점 O를 극좌표계의 **극**^{pole}이라 한다.

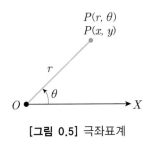

[그림 0.5] 극좌표계

동경 r은 선분 OP의 길이이므로 항상 양수이다. 편각 θ는 반시계 방향으로 회전할 때 양의 부호를 부여하고, 시계 방향으로 회전할 때 음의 부호를 부여한다. 편각 θ에 대한 일반각 α는 다음과 같다.

$$\alpha = \theta + 2n\pi, \ n \text{은 정수}$$

따라서 평면 위의 점 P를 극좌표는 다음과 같이 무수히 많이 나타낼 수 있다.

$$(r, \theta) = (r, \theta + 2n\pi), \ n\text{은 정수}$$

특히 [그림 0.6]과 같이 극좌표계의 극과 수평선을 각각 직교좌표계의 원점과 양의 x축으로 놓으면 직교좌표계에서 양의 x축은 동경이 $r \geq 0$, $\theta = 0$인 직선이 되며 양의 y축은 동경이 $r \geq 0$, $\theta = \dfrac{\pi}{2}$인 직선이 된다.

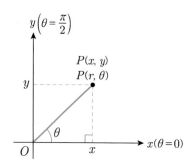

[그림 0.6] 극좌표계와 직교좌표계

다음 관계식을 이용하면 직교좌표계의 점 (x, y)를 극좌표계의 점 (r, θ)로 나타낼 수 있다.

$$r^2 = x^2 + y^2, \quad \tan\theta = \frac{y}{x}$$

반대로 사인과 코사인을 이용하여 극좌표계의 점 (r, θ)를 직교좌표계의 점 (x, y)로 나타낼 수도 있다.

$$x = r\cos\theta, \quad y = r\sin\theta$$

0.3 도함수

이 절에서는 함수의 연속성과 도함수의 개념 및 미분법을 간단히 소개한다.

함수의 극한

정점 a를 포함하는 임의의 개구간에서 a가 아닌 x가 정점 a에 한없이 가까워질수록 함숫값 $f(x)$가 어떤 유한하고 유일한 값 L에 가까워지면 다음과 같이 나타내며, L을 x가 a에 가까워짐에 따른 $f(x)$의 극한^{limit}이라 한다.

$$\lim_{x \to a} f(x) = L$$

이때 $f(x)$는 $x = a$에서 정의되지 않아도 무방하다. $x < a$이고 $x \to a$일 때 $f(x) \to L$이면 이 극한 L을 $f(x)$의 좌극한$^{\text{left hand limit}}$이라 하며, 다음과 같이 나타낸다.

$$\lim_{x \to a^-} f(x) = L$$

또한 $x > a$이고 $x \to a$일 때 $f(x) \to L$이면 이 극한을 $f(x)$의 우극한$^{\text{right hand limit}}$이라 하며, 다음과 같이 나타낸다.

$$\lim_{x \to a^+} f(x) = L$$

함수 $f(x)$가 극한 L을 갖기 위한 필요충분조건은 다음과 같다.

$$\lim_{x \to a} f(x) = L \iff \lim_{x \to a^-} f(x) = \lim_{x \to a^+} f(x) = L$$

함수의 극한은 다음과 같은 성질을 갖는다.

정리 15 **극한의 기본 정리 1**

(1) $\displaystyle\lim_{x \to a} k = k$ (단, k는 상수)   (2) $\displaystyle\lim_{x \to a} x = a$

정리 16 **극한의 기본 정리 2**

$\displaystyle\lim_{x \to a} f(x)$, $\displaystyle\lim_{x \to a} g(x)$가 존재할 때 다음이 성립한다.

(1) $\displaystyle\lim_{x \to a} \{f(x) \pm g(x)\} = \lim_{x \to a} f(x) \pm \lim_{x \to a} g(x)$

(2) $\displaystyle\lim_{x \to a} kf(x) = k\lim_{x \to a} f(x)$ (단, k는 상수)

(3) $\displaystyle\lim_{x \to a} f(x)g(x) = \lim_{x \to a} f(x)\lim_{x \to a} g(x)$

(4) $\displaystyle\lim_{x \to a} \frac{f(x)}{g(x)} = \frac{\displaystyle\lim_{x \to a} f(x)}{\displaystyle\lim_{x \to a} g(x)}$ (단, $\displaystyle\lim_{x \to a} g(x) \neq 0$)

정리 17   **합성함수의 극한**

두 함수 f, g에 대하여 $\displaystyle\lim_{x \to a} f(x) = b$, $\displaystyle\lim_{x \to b} g(x) = g(b)$이면 다음이 성립한다.

$$\lim_{x \to a} g(f(x)) = g(b)$$

정리 18   **지수함수의 극한**

(1) $0 < a < 1$이면 $\displaystyle\lim_{x \to -\infty} a^x = \infty$, $\displaystyle\lim_{x \to \infty} a^x = 0$

(2) $a > 1$이면 $\displaystyle\lim_{x \to -\infty} a^x = 0$, $\displaystyle\lim_{x \to \infty} a^x = \infty$

(3) $\displaystyle\lim_{x \to -\infty} e^x = 0$, $\displaystyle\lim_{x \to \infty} e^x = \infty$

정리 19   **로그함수의 극한**

(1) $0 < a < 1$이면 $\displaystyle\lim_{x \to 0^+} \log_a x = \infty$, $\displaystyle\lim_{x \to \infty} \log_a x = -\infty$

(2) $a > 1$이면 $\displaystyle\lim_{x \to 0^+} \log_a x = -\infty$, $\displaystyle\lim_{x \to \infty} \log_a x = \infty$

(3) $\displaystyle\lim_{x \to 0^+} \ln x = -\infty$, $\displaystyle\lim_{x \to \infty} \ln x = \infty$

삼각함수의 정의역에 있는 실수 a에 대하여 다음이 성립한다.

삼각함수의 극한

(1) $\displaystyle\lim_{x \to a} \sin x = \sin a$

(2) $\displaystyle\lim_{x \to a} \cos x = \cos a$

(3) $\displaystyle\lim_{x \to a} \tan x = \tan a$

(4) $\displaystyle\lim_{x \to a} \csc x = \csc a$

(5) $\displaystyle\lim_{x \to a} \sec x = \sec a$

(6) $\displaystyle\lim_{x \to a} \cot x = \cot a$

연속함수

함수 $y = f(x)$가 다음 세 조건을 만족하면 $y = f(x)$는 $x = a$에서 연속^{continuous}이라 한다.

① $f(a)$가 존재한다.

② $\displaystyle\lim_{x \to a} f(x)$가 존재한다.

③ $\displaystyle\lim_{x \to a} f(x) = f(a)$

따라서 이 세 조건 중 어느 하나라도 만족하지 않으면 함수 $f(x)$는 $x = a$에서 불연속^{discontinuous}이라 한다. 함수의 연속성에 대한 극한의 성질이 다음과 같이 그대로 적용된다.

연속성의 성질

두 함수 $f(x)$, $g(x)$가 $x = a$에서 연속이면 다음 함수도 $x = a$에서 연속이다.

(1) $f(x) \pm g(x)$

(2) $k f(x)$ (단, k는 상수)

(3) $f(x) g(x)$

(4) $\dfrac{f(x)}{g(x)}$ (단, $g(a) \neq 0$)

함수 g가 $x = a$에서 연속이고, 함수 f가 $g(a)$에서 연속이면 합성함수 $(f \circ g)(x) = f(g(x))$는 $x = a$에서 연속이다. 이때 $f(x)$가 정의역 안의 모든 점에서 연속인 함수를 연속함수$^{continuous\ function}$라 한다. 함수의 극한에서 살펴본 것처럼 지수함수, 로그함수, 삼각함수, 쌍곡선함수는 각 정의역에서 연속함수이다.

도함수

함수 $y = f(x)$의 정의역에 있는 $x = a$에 대하여 다음 극한 $f'(a)$를 $x = a$에서 함수 $f(x)$의 **순간변화**

율^{instantaneous rate of change} 또는 미분계수^{differential coefficient}라 한다.

$$f'(a) = \lim_{h \to 0} \frac{f(a+h) - f(a)}{h}$$

$f'(a)$가 존재할 때 함수 $f(x)$는 $x = a$에서 미분가능하다^{differentiable}라고 하며, 이때 $f'(a)$는 기하학적으로 곡선 위의 점 $(a, f(a))$에서 접선의 기울기를 나타낸다. 즉, 곡선 위의 점 $(a, f(a))$에서 접선의 방정식은 다음과 같다.

$$y = f'(a)(x-a) + f(a)$$

다음과 같이 $f(x)$의 정의역에 있는 임의의 점 x에서의 미분계수를 $f(x)$의 도함수^{derivative}라 한다.

$$f'(x) = \lim_{h \to 0} \frac{f(x+h) - f(x)}{h}$$

이와 같은 도함수를 다음과 같이 여러 방법으로 표현한다.

$$y', \ f'(x), \ \frac{dy}{dx}, \ \frac{df}{dx}, \ \frac{d}{dx}f(x), \ Df(x)$$

이때 함수 $y = f(x)$에 대한 도함수 $f'(x)$를 구하는 방법을 미분법^{differentiation}이라 한다.

미분법

주어진 함수의 도함수를 구하는 방법을 살펴보면 다음과 같이 요약할 수 있다.

정리 22   **거듭제곱함수의 미분법**

상수 c와 자연수 n에 대하여 다음이 성립한다.

(1) $\dfrac{dc}{dx} = 0$ (2) $\dfrac{dx^n}{dx} = n x^{n-1}$

두 함수 $f(x)$, $g(x)$가 미분가능하면 다음이 성립한다.

(1) $\dfrac{d}{dx}(k\,f(x)) = kf'(x)$ (단, k는 상수)

(2) $\dfrac{d}{dx}(f(x) \pm g(x)) = f'(x) \pm g'(x)$

(3) $\dfrac{d}{dx}(f(x)\,g(x)) = f'(x)g(x) + f(x)g'(x)$

(4) $\dfrac{d}{dx}\left(\dfrac{f(x)}{g(x)}\right) = \dfrac{f'(x)g(x) - f(x)g'(x)}{\{g(x)\}^2}$ (단, $g(x) \neq 0$)

임의의 실수 α에 대하여 다음이 성립한다.

$$\frac{d}{dx}(x^\alpha) = \alpha\,x^{\alpha - 1}$$

함수 $f(u)$가 u에 대하여 미분가능하고, $u = g(x)$가 x에 대하여 미분가능하면 합성함수 $y = f(g(x))$의 도함수는 다음과 같다.

$$\frac{dy}{dx} = \frac{dy}{du}\frac{du}{dx} = f'(g(x))\,g'(x)$$

전단사함수 $x = f(y)$가 y에 대하여 미분가능하면 $y = f^{-1}(x)$의 도함수는 다음과 같다.

$$\frac{dy}{dx} = \frac{1}{dx/dy} = \frac{1}{f'(y)}$$ (단, $f'(y) \neq 0$)

$x = f(t)$, $y = g(t)$로 나타낸 방정식을 매개변수^{parameter} t에 관한 매개변수방정식$^{\text{parametric equations}}$이라 한다. 이때 매개변수 t를 소거하면 변수 y를 x의 함수로 표현할 수 있으며 $f(t)$, $g(t)$가 t에 대하여 미분가능하면 도함수 $\dfrac{dy}{dx}$를 다음과 같이 구할 수 있다.

매개변수방정식의 미분법

두 함수 $x = f(t)$, $y = g(t)$가 미분가능하면 다음이 성립한다.

$$\frac{dy}{dx} = \frac{dy/dt}{dx/dt} = \frac{g'(t)}{f'(t)} \quad (단, \ f'(t) \neq 0)$$

초월함수의 도함수는 다음과 같다.

정리 28　　**지수함수와 로그함수의 미분법**

(1) $\left(a^x\right)' = a^x \ln a$ (단, $a > 0$, $a \neq 1$) 　　(2) $\left(e^x\right)' = e^x$

(3) $\left(\log_a x\right)' = \dfrac{1}{x \ln a}$ (단, $a > 0$, $a \neq 1$) 　　(4) $(\ln x)' = \dfrac{1}{x}$

정리 29　　**삼각함수의 미분법**

(1) $(\sin x)' = \cos x$ 　　(2) $(\cos x)' = -\sin x$

(3) $(\tan x)' = \sec^2 x$ 　　(4) $(\cot x)' = -\csc^2 x$

(5) $(\sec x)' = \sec x \tan x$ 　　(6) $(\csc x)' = -\csc x \cot x$

정리 30　　**역삼각함수의 미분법**

(1) $\left(\sin^{-1} x\right)' = \dfrac{1}{\sqrt{1 - x^2}}$, $|x| < 1$ 　　(2) $\left(\cos^{-1} x\right)' = -\dfrac{1}{\sqrt{1 - x^2}}$, $|x| < 1$

(3) $\left(\tan^{-1} x\right)' = \dfrac{1}{1 + x^2}$, $-\infty < x < \infty$ 　　(4) $\left(\sec^{-1} x\right)' = \dfrac{1}{|x|\sqrt{x^2 - 1}}$, $|x| > 1$

(5) $\left(\csc^{-1} x\right)' = -\dfrac{1}{|x|\sqrt{x^2 - 1}}$, $|x| > 1$ 　　(6) $\left(\cot^{-1} x\right)' = -\dfrac{1}{1 + x^2}$, $-\infty < x < \infty$

정리 31　　**쌍곡선함수의 미분법**

(1) $(\sinh x)' = \cosh x$ 　　(2) $(\cosh x)' = \sinh x$

(3) $(\tanh x)' = \operatorname{sech}^2 x$ 　　(4) $(\coth x)' = -\operatorname{csch}^2 x$

(5) $(\operatorname{sech} x)' = -\operatorname{sech} x \tanh x$ 　　(6) $(\operatorname{csch} x)' = -\operatorname{csch} x \coth x$

역쌍곡선함수의 미분법

(1) $\left(\sinh^{-1}x\right)' = \dfrac{1}{\sqrt{x^2+1}}$, $-\infty < x < \infty$ (2) $\left(\cosh^{-1}x\right)' = \dfrac{1}{\sqrt{x^2-1}}$, $x > 1$

(3) $\left(\tanh^{-1}x\right)' = \dfrac{1}{1-x^2}$, $-1 < x < 1$ (4) $\left(\operatorname{sech}^{-1}x\right)' = -\dfrac{1}{x\sqrt{1-x^2}}$, $0 < x < 1$

(5) $\left(\operatorname{csch}^{-1}x\right)' = -\dfrac{1}{x\sqrt{1+x^2}}$, $|x| > 1$ (6) $\left(\coth^{-1}x\right)' = -\dfrac{1}{x^2-1}$, $|x| > 1$

0.4 적분

이 절에서는 적분의 개념과 적분법을 간단히 소개한다.

부정적분

미분가능한 함수 $F(x)$와 정의역 D에서 연속인 함수 $f(x)$에 대하여 다음이 성립할 때, $F(x)$를 $f(x)$의 **원시함수**^{primitive function}라 한다.

$$F'(x) = f(x), \ x \in D$$

원시함수 $F(x)$는 다음과 같이 나타내며, 적분은 미분의 역연산이다.

$$F(x) = \int f(x)\,dx$$

$f(x)$의 원시함수는 무수히 많이 존재하며, 두 원시함수 $F(x)$, $G(x)$ 사이에 다음과 같이 상수만큼의 차이가 있다.

$$G(x) = \int f(x)\,dx = F(x) + C$$

$f(x)$의 한 원시함수 $F(x)$에 대하여 $\displaystyle\int f(x)\,dx = F(x) + C$를 $f(x)$의 **부정적분**^{indefinite integral}이라 한다.

함수 $y = f(x)$가 닫힌구간 $[a, b]$에서 연속이고 이 구간에서 $f(x) \geq 0$일 때, $[a, b]$에서 $y = f(x)$와 x축으로 둘러싸인 부분의 넓이를 I라 하자. 닫힌구간 $[a, b]$를 n등분한 각 소구간의 길이 $\Delta x = \dfrac{b-a}{n}$를 밑변, 소구간의 임의의 점 x_k^*의 함숫값 $f(x_k^*)$를 높이로 갖는 사각형들의 넓이의 합 S_n은 다음과 같이 구할 수 있다.

$$S_n = \sum_{k=1}^{n} f(x_k^*)(x_{k+1} - x_k) = \sum_{k=1}^{n} f(x_k^*) \Delta x$$

소구간의 개수를 충분히 크게 늘리면 닫힌구간 $[a, b]$에서 함수의 그래프와 x축으로 둘러싸인 부분의 넓이는 다음과 같다.

$$I = \lim_{n \to \infty} S_n = \lim_{n \to \infty} \sum_{k=1}^{n} f(x_k^*) \Delta x$$

이때 극한 I가 유한하면 이 극한을 닫힌구간 $[a, b]$에서 함수 $f(x)$의 정적분$^{\text{definite integral}}$이라 하며, 다음과 같이 나타낸다.

$$I = \int_a^b f(x) \, dx$$

적분법

부정적분을 쉽게 구하기 위한 기본적인 적분법은 다음과 같다.

정리 33 **선형성과 지수함수의 부정적분**

임의의 두 상수 a, b와 두 연속함수 $f(x)$, $g(x)$에 대하여 다음이 성립한다.

(1) $\displaystyle \int (a f(x) + b g(x)) \, dx = a \int f(x) \, dx + b \int g(x) \, dx$

(2) $\displaystyle \int x^a \, dx = \frac{x^{a+1}}{a+1} + C$ (단, a는 $a \neq -1$인 실수)

정리 34 **지수함수와 로그함수의 부정적분**

(1) $\displaystyle \int a^x \, dx = \frac{1}{\ln a} a^x + C$ (단, $a > 0$, $a \neq 1$)

(2) $\displaystyle \int e^x \, dx = e^x + C$

(3) $\displaystyle \int \ln x \, dx = x(-1 + \ln x) + C$

(4) $\displaystyle \int \frac{1}{x} \, dx = \ln|x| + C$

---

(1) $\displaystyle\int \sin x\, dx = -\cos x + C$ 　　　 $\displaystyle\int \frac{1}{\sqrt{1-x^2}}\, dx = \sin^{-1} x + C$

(2) $\displaystyle\int \cos x\, dx = \sin x + C$ 　　　 $\displaystyle\int \frac{1}{\sqrt{1-x^2}}\, dx = -\cos^{-1} x + C$

(3) $\displaystyle\int \tan x\, dx = -\ln|\cos x| + C$ 　　　 $\displaystyle\int \frac{1}{1+x^2}\, dx = \tan^{-1} x + C$

(4) $\displaystyle\int \sec x\, dx = \ln|\sec x + \tan x| + C$ 　　　 $\displaystyle\int \frac{1}{x\sqrt{x^2-1}}\, dx = \sec^{-1} x + C$

(5) $\displaystyle\int \csc x\, dx = -\ln|\csc x + \cot x| + C$ 　　　 $\displaystyle\int \frac{1}{x\sqrt{x^2-1}}\, dx = -\csc^{-1} x + C$

(6) $\displaystyle\int \sec^2 x = \tan x + C$ 　　　 $\displaystyle\int \frac{1}{1+x^2}\, dx = -\cot^{-1} x + C$

(7) $\displaystyle\int \csc^2 x\, dx = -\cot x + C$

(8) $\displaystyle\int \sec x \tan x\, dx = \sec x + C$

(9) $\displaystyle\int \csc x \cot x\, dx = -\csc x + C$

(1) $\displaystyle\int \cosh x\, dx = \sinh x + C$ 　　　 $\displaystyle\int \frac{1}{\sqrt{x^2+1}}\, dx = \sinh^{-1} x + C$

(2) $\displaystyle\int \sinh x\, dx = \cosh x + C$ 　　　 $\displaystyle\int \frac{1}{\sqrt{x^2-1}}\, dx = \cosh^{-1} x + C$

(3) $\displaystyle\int \operatorname{sech}^2 x\, dx = \tanh x + C$ 　　　 $\displaystyle\int \frac{1}{1-x^2}\, dx = \tanh^{-1} x + C$

(4) $\displaystyle\int \operatorname{csch}^2 x\, dx = -\coth x + C$ 　　　 $\displaystyle\int \frac{1}{x\sqrt{1-x^2}}\, dx = -\operatorname{sech}^{-1} x + C$

(5) $\displaystyle\int \operatorname{sech} x \tanh x\, dx = -\operatorname{sech} x + C$ 　　　 $\displaystyle\int \frac{1}{x\sqrt{1+x^2}}\, dx = -\operatorname{csch}^{-1} x + C$

(6) $\displaystyle\int \operatorname{csch} x \coth x\, dx = -\operatorname{csch} x + C$ 　　　 $\displaystyle\int \frac{1}{x^2-1}\, dx = -\coth^{-1} x$

함수 $f(x)$가 닫힌구간 $[a, b]$에서 연속이라 하자.

(1) $a \leq x \leq b$에 대하여 $G(x) = \int_a^x f(t)\,dt$는 닫힌구간 $[a, b]$에서 연속이고 (a, b)에서 미분가능하며, 다음이 성립한다.

$$G'(x) = \frac{d}{dx} \int_a^x f(t)\,dt = f(x)$$

(2) $F(x)$가 $[a, b]$에서 $f(x)$의 한 원시함수이면 다음이 성립한다.

$$\int_a^b f(x)\,dx = F(b) - F(a) = \left[F(x) \right]_a^b$$

0.5 거듭제곱급수

이 절에서는 거듭제곱급수의 수렴성과 테일러급수에 대하여 간단히 소개한다.

무한급수

수열 $\{a_n\}_{n=1}^{\infty}$의 모든 항의 합을 무한급수$^{\text{infinite series}}$라 하며, 다음과 같이 나타낸다.

$$\sum_{n=1}^{\infty} a_n = a_1 + a_2 + a_3 + \cdots + a_n + \cdots$$

또한 다음과 같이 수열 $\{a_n\}$의 첫째항부터 제n항까지의 합으로 이루어진 새로운 수열 $\{s_n\}$을 $\{a_n\}$의 부분합 수열$^{\text{sequence of partial sum}}$이라 한다.

$$s_n = \sum_{k=1}^{n} a_k$$

부분합 s_n이 수렴하고 그 극한이 L이면 무한급수 $\sum a_n$은 합 L에 수렴^{converge}한다고 하며, 다음과 같이 나타낸다.

$$\lim_{n \to \infty} s_n = \lim_{n \to \infty} \sum_{k=1}^{n} a_k = \sum_{k=1}^{\infty} a_k = L$$

무한급수가 수렴하지 않는 경우, 급수는 발산^{diverge}한다고 한다. 특히 0이 아닌 실수 a에 대하여 다음과 같은 무한급수를 무한등비급수$^{\text{infinite geometric series}}$라 한다.

$$a + ar + ar^2 + ar^3 + \cdots + ar^{n-1} + \cdots = \sum_{n=0}^{\infty} ar^n$$

다음과 같이 $|r| < 1$일 때 무한등비급수는 수렴하며, r이 이외의 값일 때는 발산한다.

$$\sum_{n=0}^{\infty} ar^n = \frac{a}{1-r}$$

특히 이웃하는 두 항의 부호가 서로 반대인 무한급수를 교대급수$^{\text{alternative series}}$라 한다.

$$\sum_{n=1}^{\infty} (-1)^{n+1} a_n = a_1 - a_2 + a_3 - a_4 + \cdots + (-1)^{n+1} a_n + \cdots$$

무한급수를 이루는 각 항의 형태에 따라 이 급수의 수렴 여부를 판정할 수 있는 경우가 있으며, 3장과 9장에서 사용하는 절대비판정법을 소개한다.

정리 38 절대비판정법

모든 n에 대하여 $a_n \neq 0$일 때, $\displaystyle\lim_{n \to \infty} \left| \frac{a_{n+1}}{a_n} \right| = \rho$라 하자.

(1) $\rho < 1$이면 $\displaystyle\sum_{n=1}^{\infty} a_n$은 수렴한다.

(2) $\rho > 1$이면 $\displaystyle\sum_{n=1}^{\infty} a_n$은 발산한다.

(3) $\rho = 1$이면 수렴 여부를 판정할 수 없다.

거듭제곱급수

다음과 같이 각 항이 변수 x를 포함하는 무한급수를 $x = c$에 관한 거듭제곱급수$^{\text{power series}}$라 하고, a_n을 급수의 계수^{coefficient}라 한다.

$$\sum_{n=0}^{\infty} a_n (x-c)^n = a_0 + a_1 (x-c) + a_2 (x-c)^2 + \cdots + a_n (x-c)^n + \cdots$$

거듭제곱급수는 x가 변수이므로 x의 값에 따라 수렴 또는 발산하며, 수렴하는 경우는 다음과 같이 나눌 수 있다.

① $x = c$에서만 수렴한다.
② 네 구간 $(c-R, c+R)$, $(c-R, c+R]$, $[c-R, c+R)$, $[c-R, c+R]$에서 수렴한다.
③ 모든 실수 범위 $(-\infty, \infty)$에서 수렴한다.

이때 ②와 같이 거듭제곱급수가 수렴하는 x의 범위를 수렴구간$^{\text{interval of convergence}}$, $x = c$를 수렴중심$^{\text{center of convergence}}$, R을 수렴반지름$^{\text{radius of convergence}}$이라 한다. 예를 들어 [표 0.8]은 몇몇 거듭제곱급수에 대한 수렴구간과 수렴반지름을 보여 주며, 수렴구간을 구할 때 절대비판정법을 이용한다.

[표 0.8] 거듭제곱급수와 수렴구간의 예

거듭제곱급수	수렴구간	수렴중심	수렴반지름
$\sum_{n=0}^{\infty} (n!) x^n$	$x = 0$	$x = 0$	$R = 0$
$\sum_{n=1}^{\infty} x^{n-1}$	$-1 < x < 1$	$x = 0$	$R = 1$
$\sum_{n=0}^{\infty} \dfrac{(x-1)^n}{n+1}$	$0 < x \leq 2$	$x = 1$	$R = 1$
$\sum_{n=0}^{\infty} (-1)^n \dfrac{x^{2n+1}}{2n+1}$	$-1 \leq x \leq 1$	$x = 0$	$R = 1$
$\sum_{n=0}^{\infty} \dfrac{x^n}{n!}$	$(-\infty, \infty)$	$x = 0$	$R = \infty$

거듭제곱급수로 주어진 함수 $f(x)$가 수렴구간에서 미분가능하면 이 급수의 각 항을 미분하여 도함수를 구할 수 있다.

정리 39   거듭제곱급수의 도함수

거듭제곱급수 $f(x) = \sum a_n (x-c)^n$이 어떤 수렴구간 $I = (c-R, c+R)$에서 수렴할 때, 이 급수의 1계 도함수와 2계 도함수는 각각 다음과 같다.

$$f'(x) = \sum_{n=1}^{\infty} n\, a_n (x-c)^{n-1},$$

$$f''(x) = \sum_{n=2}^{\infty} n(n-1)\, a_n (x-c)^{n-2}$$

모든 도함수는 구간 I 에서 수렴한다.

마찬가지로 거듭제곱급수로 주어진 함수 $f(x)$ 가 수렴구간에서 적분가능하면 이 급수의 각 항을 적분하여 거듭제곱급수의 부정적분을 구할 수 있다.

정리 40 **거듭제곱급수의 부정적분**

거듭제곱급수 $f(x) = \sum a_n (x-c)^n$ 이 어떤 수렴구간 $I = (c-R, c+R)$ 에서 수렴할 때, 이 급수의 부정적분은 다음과 같다.

$$\int f(x)\, dx = \sum_{n=0}^{\infty} \frac{a_n}{n+1} (x-c)^{n+1} + C$$

이 부정적분은 구간 I 에서 수렴한다.

[정리 39]와 [정리 40]을 이용하면 $-1 < x < 1$ 에서 수렴하는 다양한 거듭제곱급수를 얻는다.

[표 0.9] $-1 < x < 1$ 에서 수렴하는 거듭제곱급수의 예

(1)	$\dfrac{1}{1+x} = 1 + x + x^2 + x^3 + x^4 + x^5 + \cdots$
(2)	$\dfrac{1}{1+x} = \dfrac{1}{1-(-x)} = 1 - x + x^2 - x^3 + x^4 - x^5 + \cdots$
(3)	$\dfrac{1}{1-x^2} = 1 + x^2 + x^4 + \cdots + x^{2n} + \cdots$
(4)	$\dfrac{1}{1+x^2} = \dfrac{1}{1-(-x^2)} = 1 - x^2 + x^4 - x^6 + \cdots$
(5)	$\dfrac{1}{(1+x)^2} = \dfrac{1}{(1-(-x))^2} = 1 - 2x + 3x^2 - 4x^3 + 5x^5 - 6x^5 + \cdots$
(6)	$\ln(1+x) = \ln(1-(-x)) = x - \dfrac{x^2}{2} + \dfrac{x^3}{3} - \dfrac{x^4}{4} + \dfrac{x^5}{5} - \dfrac{x^6}{6} + \cdots$

테일러급수와 매클로린급수

함수 $f(x)$가 $x = c$에서 반복적으로 미분가능하면 이 함수를 다음과 같이 $x = c$에 관한 거듭제곱급수로 나타낼 수 있다.

$$f(x) = f(c) + \frac{f'(c)}{1!}(x-c) + \frac{f''(c)}{2!}(x-c)^2 + \cdots + \frac{f^{(n)}(c)}{n!}(x-c)^n + \cdots$$

$$= \sum_{n=0}^{\infty} \frac{f^{(n)}(c)}{n!}(x-c)^n$$

이 거듭제곱급수를 $x = c$에 관한 $f(x)$의 테일러급수$^{\text{Taylor series}}$라 하고, 특히 다음과 같은 $c = 0$인 테일러급수를 매클로린급수$^{\text{Maclaurin series}}$라 한다.

$$f(x) = f(0) + \frac{f'(0)}{1!}x + \frac{f''(0)}{2!}x^2 + \cdots + \frac{f^{(n)}(0)}{n!}x^n + \cdots = \sum_{n=0}^{\infty} \frac{f^{(n)}(0)}{n!}x^n$$

주요 함수에 대한 매클로린급수와 수렴구간은 [표 0.10]과 같다.

[표 0.10] 매클로린급수와 수렴구간

	매클로린급수	수렴구간
(1)	$\dfrac{1}{1-x} = \displaystyle\sum_{n=0}^{\infty} x^n = 1 + x + x^2 + x^3 + \cdots$	$-1 < x < 1$
(2)	$\dfrac{1}{1+x} = \displaystyle\sum_{n=0}^{\infty} (-1)^n x^n = 1 - x + x^2 - x^3 + \cdots$	$-1 < x < 1$
(3)	$\ln(1+x) = \displaystyle\sum_{n=1}^{\infty} (-1)^{n-1}\dfrac{x^n}{n} = x - \dfrac{x^2}{2} + \dfrac{x^3}{3} - \dfrac{x^4}{4} + \cdots$	$-1 < x < 1$
(4)	$e^x = \displaystyle\sum_{n=0}^{\infty} \dfrac{x^n}{n!} = 1 + x + \dfrac{x^2}{2!} + \dfrac{x^3}{3!} + \dfrac{x^4}{4!} + \cdots$	$-\infty < x < \infty$
(5)	$\sin x = \displaystyle\sum_{n=0}^{\infty} (-1)^n \dfrac{x^{2n+1}}{(2n+1)!} = x - \dfrac{x^3}{3!} + \dfrac{x^5}{5!} - \dfrac{x^7}{7!} + \cdots$	$-\infty < x < \infty$
(6)	$\cos x = \displaystyle\sum_{n=0}^{\infty} (-1)^n \dfrac{x^{2n}}{(2n)!} = 1 - \dfrac{x^2}{2!} + \dfrac{x^4}{4!} - \dfrac{x^6}{6!} + \cdots$	$-\infty < x < \infty$
(7)	$\sinh x = \displaystyle\sum_{n=0}^{\infty} \dfrac{x^{2n+1}}{(2n+1)!} = x + \dfrac{x^3}{3!} + \dfrac{x^5}{5!} + \dfrac{x^7}{7!} + \cdots$	$-\infty < x < \infty$
(8)	$\cosh x = \displaystyle\sum_{n=0}^{\infty} \dfrac{x^{2n}}{(2n)!} = 1 + \dfrac{x^2}{2!} + \dfrac{x^4}{4!} + \dfrac{x^6}{6!} + \cdots$	$-\infty < x < \infty$
(9)	$\tan^{-1} x = \displaystyle\sum_{n=0}^{\infty} (-1)^n \dfrac{x^{2n+1}}{2n+1} = x - \dfrac{x^3}{3} + \dfrac{x^5}{5} - \dfrac{x^7}{7} + \cdots$	$-1 < x < 1$

0.6 편미분

이 절에서는 편미분의 개념과 편미분법을 간단히 소개한다.

이변수함수의 극한과 연속

평면 안에 있는 어떤 영역 D의 한 점 (x, y)를 유일한 실수 z로 대응시키는 함수 $f: \mathbb{R}^2 \to \mathbb{R}$을 이변수함수$^{\text{function of two variables}}$라 하고, 공간에 있는 어떤 영역 D의 한 점 (x, y, z)를 유일한 실수 w로 대응시키는 함수 $f: \mathbb{R}^3 \to \mathbb{R}$을 삼변수함수$^{\text{function of three variables}}$라 한다. 이변수함수 $z = f(x, y)$ 또는 삼변수함수 $w = f(x, y, z)$가 존재하는 평면 $\mathbb{R}^2$ 또는 공간 $\mathbb{R}^3$의 점들의 집합을 함수 f의 정의역^{domain}이라 하며, 정의역의 각 점에 대한 함숫값들의 집합을 함수 f의 치역^{range}이라 한다.

이변수함수의 경우 [그림 0.7]과 같이 주어진 점 (a, b)를 중심으로 반지름의 길이가 r인 원의 내부 D를 열린 원판$^{\text{open disk}}$이라 한다.

$$D = \{(x, y) \mid (x-a)^2 + (y-b)^2 < r^2, \ r > 0\}$$

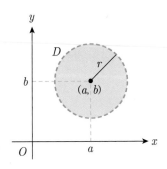

[그림 0.7] 열린 원판

열린 원판 D의 임의의 점 (x, y)가 (a, b)에 접근하는 방법은 무수히 많다. 임의의 경로를 따라 $(x, y) \to (a, b)$일 때 함수 $f(x, y)$의 극한값이 모두 동일하게 L이면 $f(x, y)$는 (a, b)에서 극한^{limit} L에 수렴한다^{converge}라고 하며, 다음과 같이 나타낸다.

$$\lim_{(x, y) \to (a, b)} f(x, y) = L$$

함수 $f(x, y)$가 다음 세 조건을 만족하면 함수 $f(x, y)$는 $(x, y) = (a, b)$에서 연속^{continuous}이라 한다.

① $f(a, b)$가 존재한다.　　　　　② $\lim\limits_{(x, y) \to (a, b)} f(x, y)$가 존재한다.

③ $\lim\limits_{(x, y) \to (a, b)} f(x, y) = f(a, b)$이다.

정의역 D의 모든 점에서 함수 $f(x, y)$가 연속이면 이 함수를 연속함수$^{\text{continuous function}}$라 한다. 이변수함수의 극한과 연속성은 일변수함수의 극한과 연속성에 대한 성질을 그대로 갖는다.

편미분

[그림 0.8(a)]는 곡면 $z = f(x, y)$ 위의 점 $(a, b, f(a, b))$에서 $x = a$와 $y = b$에 의해 절단된 절단곡면을 이루는 곡선을 보여 주며, 두 곡선의 방정식은 각각 $z = f(a, y)$, $z = f(x, b)$이다. $z = f(a, y)$는 y만의 함수이고 $z = f(x, b)$는 x만의 함수이다. $z = f(a, y)$가 $y = b$에서 미분가능하고 $z = f(x, b)$가 $x = a$에 대하여 미분가능하면, 즉 다음과 같은 y와 x에 관한 미분계수가 존재하면 $z = f(x, y)$는 각각 점 (a, b)에서 y와 x에 관하여 편미분 가능$^{\text{partial differentiable}}$하다고 한다.

$$\lim_{h \to 0} \frac{f(a, b+h) - f(a, b)}{h}, \quad \lim_{k \to 0} \frac{f(a+k, b) - f(a, b)}{k}$$

이때 두 미분계수를 각각 점 (a, b)에서 y와 x에 관한 f의 편미분계수$^{\text{partial derivative}}$라 하며, 각각 $f_y(a, b)$, $f_x(a, b)$로 나타낸다. [그림 0.8(a)]와 같이 두 편미분계수 $f_y(a, b)$, $f_x(a, b)$는 각각 곡면 위의 점 $(a, b, f(a, b))$에서 y축 방향, x축 방향에서 접선의 기울기를 나타낸다.

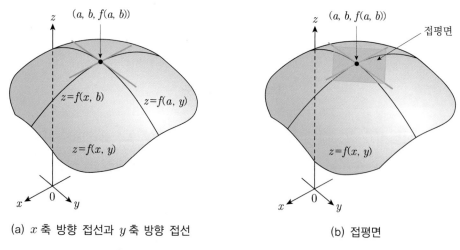

(a) x축 방향 접선과 y축 방향 접선　　　　(b) 접평면

[그림 0.8] x축 방향, y축 방향 접선과 접평면

[그림 0.8(b)]와 같이 점 $(a, b, f(a, b))$에서 x축 및 y축 방향의 두 접선을 포함하는 평면을 이

점에서의 접평면^{tangent plane}이라 하며, 접평면의 방정식은 다음과 같다.

$$z - f(a, b) = f_x(a, b)(x - a) + f_y(a, b)(y - b)$$

한편 함수 $z = f(x, y)$가 편미분 가능한 임의의 점 (x, y)에서의 편미분계수를 편도함수^{partial derivative}라 하며, 다음과 같이 나타낸다.

$$x \text{ 편도함수} : f_x, \ f_x(x, y), \ z_x, \ \frac{\partial z}{\partial x}, \ \frac{\partial f}{\partial x}, \ D_x f(x, y), \ D_x z$$

$$y \text{ 편도함수} : f_y, \ f_y(x, y), \ z_y, \ \frac{\partial z}{\partial y}, \ \frac{\partial f}{\partial y}, \ D_y f(x, y), \ D_y z$$

함수 $f(x, y)$를 x와 y에 대하여 각각 두 번씩 편미분하여 얻은 함수를 f의 2계 편도함수라 하며, 다음과 같이 나타낸다.

$$f_{xx} = z_{xx} = \frac{\partial^2 f}{\partial x^2} = \frac{\partial^2 z}{\partial x^2} = D_{xx}f, \ f_{xy} = z_{xy} = \frac{\partial^2 f}{\partial y \partial x} = \frac{\partial^2 z}{\partial y \partial x} = D_{xy}f,$$

$$f_{yx} = z_{yx} = \frac{\partial^2 f}{\partial x \partial y} = \frac{\partial^2 z}{\partial x \partial y} = D_{yx}f, \ f_{yy} = z_{yy} = \frac{\partial^2 f}{\partial y^2} = \frac{\partial^2 z}{\partial y^2} = D_{yy}f$$

$f(x, y)$와 f_x, f_y, f_{xy}, f_{yx}가 점 (a, b)를 포함하는 열린 원판에서 정의되고 (a, b)에서 연속이면 $f_{xy}(a, b) = f_{yx}(a, b)$가 성립한다.

편미분법

이변수함수의 합성함수에 대한 편도함수는 다음과 같이 구할 수 있다.

정리 41 **연쇄법칙**

(1) 함수 $z = f(x, y)$가 편미분 가능하고 $x = g(t)$, $y = h(t)$가 미분가능하면 다음이 성립한다.

$$\frac{dz}{dt} = \frac{\partial f}{\partial x}\frac{dx}{dt} + \frac{\partial f}{\partial y}\frac{dy}{dt}$$

(2) 함수 $y = f(x)$가 미분가능하고 $x = g(s, t)$가 편미분 가능하면 다음이 성립한다.

$$\frac{\partial y}{\partial s} = \frac{dy}{dx}\frac{\partial x}{\partial s}, \ \frac{\partial y}{\partial t} = \frac{dy}{dx}\frac{\partial x}{\partial t}$$

(3) 함수 $z = f(x, y)$가 편미분 가능하고 $x = g(s, t)$와 $y = h(s, t)$가 편미분 가능하면 다음이 성립한다.

$$\frac{\partial z}{\partial s} = \frac{\partial f}{\partial x} \frac{\partial x}{\partial s} + \frac{\partial f}{\partial y} \frac{\partial y}{\partial s}, \quad \frac{\partial z}{\partial t} = \frac{\partial f}{\partial x} \frac{\partial x}{\partial t} + \frac{\partial f}{\partial y} \frac{\partial y}{\partial t}$$

0.7 중적분

이 절에서는 중적분에 대하여 간단히 소개한다.

이변수함수의 중적분

이변수함수 $z = f(x, y)$가 닫힌 직사각형 영역 $D = \{(x, y) | a \leq x \leq b, \, c \leq y \leq d\}$에서 연속이고 $f(x, y) \geq 0$이라 하자. D에서 함수 $f(x, y)$와 xy평면으로 둘러싸인 입체의 부피를 V라 하자. 닫힌 영역 D를 nm개의 작은 사각형으로 분할하여 i, j번째 작은 닫힌 사각형 D_{ij}의 임의의 점 (x_i^*, y_j^*)에서 함숫값 $f(x_i^*, y_j^*)$를 높이로 갖는 직육면체의 부피를 ΔV_{ij}라 하면 $\Delta V_{ij} = f(x_i^*, y_j^*) \Delta x \Delta y$이고 nm개의 작은 사각형으로 분할된 각 영역에 대한 직육면체의 부피를 모두 합하면 다음과 같다.

$$\sum_{j=1}^{m} \sum_{i=1}^{n} \Delta V_{ij} = \sum_{j=1}^{m} \sum_{i=1}^{n} f(x_i^*, y_j^*) \Delta x \Delta y$$

이제 소영역을 미세하게 분할하면 xy평면의 직사각형 D에서 함수 $f(x, y)$로 둘러싸인 부분의 부피는 다음과 같다.

$$V = \lim_{n, m \to \infty} \sum_{j=1}^{m} \sum_{i=1}^{n} \Delta V_{ij} = \lim_{n, m \to \infty} \sum_{j=1}^{m} \sum_{i=1}^{n} f(x_i^*, y_j^*) \Delta x \Delta y$$

이때 극한 V가 유한하면 이 극한을 닫힌 직사각형 영역 D에서 함수 $f(x, y)$의 **이중적분**^{double integral}이라 하며, 다음과 같이 나타낸다.

$$\iint_D f(x, y) \, dA = \int_c^d \int_a^b f(x, y) \, dx \, dy = \int_a^b \int_c^d f(x, y) \, dy \, dx$$

이와 같은 이중적분은 임의의 닫힌 영역 D의 유형에 따라 다음과 같이 구한다.

유형 1 $D = \{(x, y) | a \le x \le b, g_1(x) \le y \le g_2(x)\}$인 경우

$$\iint_D f(x, y) \, dA = \int_a^b \int_{g_1(x)}^{g_2(x)} f(x, y) \, dy \, dx$$

유형 2 $D = \{(x, y) | c \le y \le d, h_1(y) \le x \le h_2(y)\}$인 경우

$$\iint_D f(x, y) \, dA = \int_c^d \int_{h_1(y)}^{h_2(y)} f(x, y) \, dx \, dy$$

동일한 방법으로 공간의 입체 영역 R에서 삼중적분을 정의할 수 있으며, 영역 R의 유형에 따라 다음과 같이 삼중적분을 구할 수 있다.

유형 1 xy평면 위의 닫힌 영역 D에 대하여 $(x, y) \in D$이고 $u_1(x, y) \le z \le u_2(x, y)$인 경우 중적분의 경우와 동일하게 닫힌 영역 D의 유형에 따라 다음과 같이 삼중적분을 구한다.

- [그림 0.9(a)]와 같이 $D = \{(x, y) | a \le x \le b, g_1(x) \le y \le g_2(x)\}$이거나 [그림 0.9(b)]와 같이 D 가 $a \le x \le b$에서 $y = g_1(x)$, $y = g_2(x)$로 둘러싸인 경우

$$\iiint_R f(x, y, z) \, dV = \int_a^b \int_{g_1(x)}^{g_2(x)} \int_{u_1(x, y)}^{u_2(x, y)} f(x, y, z) \, dz \, dy \, dx$$

- [그림 0.9(c)]와 같이 $D = \{(x, y) | c \le y \le d, g_1(y) \le x \le g_2(y)\}$이거나 [그림 0.9(d)]와 같이 D 가 $c \le y \le d$에서 $x = g_1(y)$, $x = g_2(y)$로 둘러싸인 경우

$$\iiint_R f(x, y, z) \, dV = \int_c^d \int_{g_1(y)}^{g_2(y)} \int_{u_1(x, y)}^{u_2(x, y)} f(x, y, z) \, dz \, dx \, dy$$

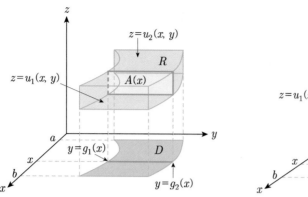

(a) $a \leq x \leq b$, $g_1(x) \leq y \leq g_2(x)$인 경우

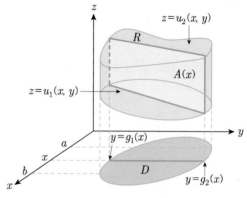

(b) $g_1(x)$와 $g_2(x)$로 둘러싸인 경우

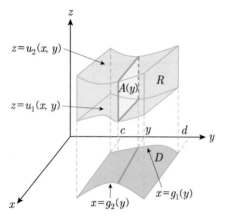

(c) $c \leq y \leq d$, $g_1(y) \leq x \leq g_2(y)$인 경우

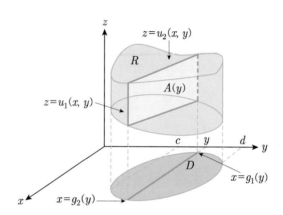

(d) $g_1(y)$와 $g_2(y)$로 둘러싸인 경우

[그림 0.9] 삼중적분에서 적분 영역의 유형

유형 2 yz평면 위의 닫힌 영역 D에 대하여 $(y, z) \in D$이고 $u_1(y, z) \leq x \leq u_2(y, z)$인 경우

• $D = \{(x, y) | r \leq z \leq s, g_1(z) \leq y \leq g_2(z)\}$ 또는 D가 $r \leq z \leq s$에서 $y = g_1(z)$, $y = g_2(z)$로 둘러싸인 경우

$$\iiint_R f(x, y, z)\,dV = \int_r^s \int_{g_1(z)}^{g_2(z)} \int_{u_1(y, z)}^{u_2(y, z)} f(x, y, z)\,dx\,dy\,dz$$

• $D = \{(x, y) | c \leq y \leq d, g_1(y) \leq z \leq g_2(y)\}$ 또는 D가 $c \leq y \leq d$에서 $z = g_1(y)$, $z = g_2(y)$로 둘러싸인 경우

$$\iiint_R f(x, y, z)\,dV = \int_c^d \int_{g_1(y)}^{g_2(y)} \int_{u_1(y, z)}^{u_2(y, z)} f(x, y, z)\,dx\,dz\,dy$$

유형 3 xz평면 위의 닫힌 영역 D에 대하여 $(x, z) \in D$이고 $u_1(x, z) \le y \le u_2(x, z)$인 경우

• $D = \{(x, y) | r \le z \le s, g_1(z) \le x \le g_2(z)\}$ 또는 D가 $r \le z \le s$에서 $x = g_1(z)$, $x = g_2(z)$로 둘러싸인 경우

$$\iiint_R f(x, y, z) \, dV = \int_r^s \int_{g_1(z)}^{g_2(z)} \int_{u_1(x, z)}^{u_2(x, z)} f(x, y, z) \, dy \, dx \, dz$$

• $D = \{(x, y) | a \le x \le b, g_1(x) \le z \le g_2(x)\}$ 또는 D가 $a \le x \le b$에서 $z = g_1(x)$, $z = g_2(x)$로 둘러싸인 경우

$$\iiint_R f(x, y, z) \, dV = \int_a^b \int_{g_1(x)}^{g_2(x)} \int_{u_1(x, z)}^{u_2(x, z)} f(x, y, z) \, dy \, dz \, dx$$

극좌표에서의 이중적분

적분 영역이 극좌표계로 주어지는 경우, 이중적분을 살펴보기 위해 xy평면 위의 영역 D가 다음과 같고 $f(x, y)$가 D에서 연속이라 하자.

$$D = \{(r, \theta) | g_1(\theta) \le r \le g_2(\theta), a \le g_1(\theta) < g_2(\theta) \le b, \alpha \le \theta \le \beta\}$$

$x = r\cos\theta$, $y = r\sin\theta$이므로 $f(x, y) = f(r\cos\theta, r\sin\theta)$를 $f(r, \theta)$로 나타내고, 영역 D를 [그림 0.10]과 같이 분할하고 k번째 소영역 D_k의 임의의 한 점을 (r_k, θ_k), 이 소영역의 넓이를 ΔA_k라 하자.

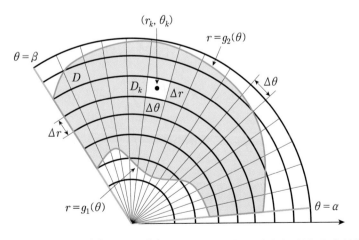

[그림 0.10] $r = g_1(\theta)$, $r = g_2(\theta)$, $\alpha \le \theta \le \beta$로 둘러싸인 영역 D의 분할

그러면 이 소영역의 넓이는 다음과 같다.

$$\Delta A_k = \frac{1}{2}\left(r_k + \frac{\Delta r}{2}\right)^2 \Delta\theta - \frac{1}{2}\left(r_k - \frac{\Delta r}{2}\right)^2 \Delta\theta = r_k \Delta r \Delta\theta$$

따라서 (r_k, θ_k)에서 함숫값 $f(r_k, \theta_k)$를 높이로 갖는 극사각기둥의 부피는 다음과 같다.

$$\Delta V_k = f(r_k, \theta_k)\Delta A_k = f(r_k, \theta_k)r_k \Delta r \Delta\theta$$

닫힌 영역 D에서 함수 $f(r, \theta)$로 둘러싸인 입체의 부피는 다음과 같다.

$$V = \lim_{n \to \infty} \sum_{k=1}^{n} \Delta V_k = \lim_{n \to \infty} \sum_{k=1}^{n} f(r_k, \theta_k)r_k \Delta r \Delta\theta$$

이때 극한 V가 유한하면 이 극한을 극좌표계의 닫힌 영역 $D = \{(r, \theta) \mid g_1(\theta) \le r \le g_2(\theta), \alpha \le \theta \le \beta\}$에서 함수 $f(x, y)$의 이중적분이라 하고 다음과 같이 표현한다.

$$\iint_D f(x, y)\,dA = \int_{\alpha}^{\beta}\int_{g_1(\theta)}^{g_2(\theta)} f(r\cos\theta, r\sin\theta)r\,dr\,d\theta$$

이와 같이 극좌표계를 이용하면 직교좌표계에서 계산하기 힘든 $\int_0^{\infty} e^{-x^2}dx$를 쉽게 구할 수 있다. 이 적분을 구하기 위해 $I = \int_0^{\infty} e^{-x^2}dx$라 하고, I^2을 다음과 같이 표현한다.

$$I^2 = \left(\int_0^{\infty} e^{-x^2}dx\right)\left(\int_0^{\infty} e^{-y^2}dy\right) = \int_0^{\infty}\int_0^{\infty} e^{-(x^2+y^2)}dx\,dy$$

그러면 적분 영역 D은 xy평면의 제1사분면 전체이고, 이 영역을 극좌표계로 나타내면 다음과 같다.

$$D = \left\{(r, \theta) \mid 0 \le \theta \le \frac{\pi}{2},\ 0 \le r < \infty\right\}$$

이제 극좌표계로 변환된 영역에서 I^2을 구하면 다음과 같다.

$$I^2 = \int_0^{\pi/2}\int_0^{\infty}\left(e^{-r^2}\right)r\,dr\,d\theta = \int_0^{\pi/2}\int_0^{\infty} re^{-r^2}dr\,d\theta$$

$$= \int_0^{\pi/2}\left(\lim_{a \to \infty}\int_0^{a} re^{-r^2}dr\right)d\theta = \int_0^{\pi/2}\left(-\frac{1}{2}\lim_{a \to \infty}\left[e^{-r^2}\right]_0^{a}\right)d\theta$$

$$= \int_0^{\pi/2}\frac{1}{2}d\theta = \left[\frac{1}{2}\theta\right]_0^{\pi/2} = \frac{\pi}{4}$$

이때 $I > 0$이므로 $I = \int_0^{\infty} e^{-x^2}dx = \frac{\sqrt{\pi}}{2}$이다.

제1장

미분방정식

미분방정식은 '미분'과 '방정식'이라는 두 개념이 합성된 것이다. 즉, 어떤 함수의 도함수 또는 편도함수를 포함하는 방정식을 의미한다. 공학에서 많은 현상이 미분방정식을 포함하는 형태의 수학적 모형으로 나타나며, 따라서 미분방정식은 공학 전반의 문제를 해결하는 기본적인 도구로 사용된다. 미분방정식은 상미분방정식과 편미분방정식으로 구분되며, 여기서는 상미분방정식의 해를 구하는 방법에 대하여 살펴본다.

미분방정식의 개념을 이해하기 위해 지수함수 $y = e^x$ 을 생각하자. 이 함수를 미분하면 $y' = e^x$ 이므로 다음과 같이 도함수를 포함한 방정식을 얻는다.

$$y = y'$$

이변수함수 $z = \dfrac{1}{x - y}$ 의 편도함수를 구하면 다음과 같다.

$$\frac{\partial z}{\partial x} = -\frac{1}{(x-y)^2}, \quad \frac{\partial z}{\partial y} = \frac{1}{(x-y)^2}$$

위 두 식을 더하면 다음과 같이 편도함수를 포함한 방정식을 얻는다.

$$\frac{\partial z}{\partial x} + \frac{\partial z}{\partial y} = 0$$

정의 1 **미분방정식**

하나 또는 둘 이상의 독립변수에 관한 종속변수와 그 종속변수의 도함수를 포함하는 방정식을 미분방정식$^{\text{differential equation}}$이라 하며, 미분방정식을 만족하는 함수 $y(x)$ 또는 $f(x, y) = c$를 미분방정식의 해^{solution}라 한다.

$y = y'$ 과 같이 독립변수가 하나이고 종속변수의 도함수를 포함하는 미분방정식을 상미분방정식$^{\text{ordinary differential equation}}$이라 하고, $\dfrac{\partial z}{\partial x} + \dfrac{\partial z}{\partial y} = 0$ 과 같이 독립변수가 두 개 이상이고 종속변수의 편도함수를 포함하는 미분방정식을 편미분방정식$^{\text{partial differential equation}}$이라 한다. 미분방정식에 포함된 도함수의 최대 미분 횟수를 계수^{order}라 하고, 가장 큰 계수를 갖는 도함수의 거듭제곱 횟수를 차수^{degree}라 한다. 예를 들어 $(y'')^3 + y' = 2y$ 의 경우 최대 미분 횟수는 2 이고, 2 계 도함수의 차수가 3 이므로 이 미분방정식은 2 계 3 차 미분방정식이다.

미분방정식의 해

C 가 임의의 상수일 때, $y = Ce^x$ 의 도함수 $y' = Ce^x$ 으로부터 $y = y'$ 을 얻는다. 따라서 $y = Ce^x$

도 미분방정식 $y = y'$ 의 해이며, 이와 같이 임의의 상수 C 를 포함하는 미분방정식의 해를 일반해^{general} ^{solution}라 한다. 특히 [그림 1.1]과 같이 미분방정식 $y = y'$ 의 일반해 $y = Ce^x$ 에서 $x = 0$ 이면 $y = 1$ 을 만족하는 해는 $y = e^x$ 뿐이다. 이와 같이 어떤 특정한 조건 $y_0 = y(x_0)$ 을 만족하는 미분방정식의 해를 특수해$^{particular\ solution}$라 하며, 주어진 조건 $y_0 = y(x_0)$ 을 초기조건$^{initial\ condition}$이라 한다.

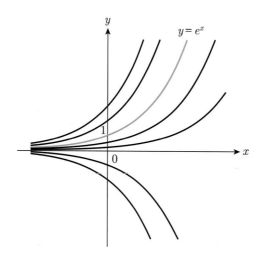

[그림 1.1] $y = y'$ 의 해곡선과 특수해

임의의 상수 C 에 대하여 함수 $y = (x + C)^3$ 은 미분방정식 $(y'')^3 = 216y^3$ 을 만족하므로 일반해이다. 이때 $y = 0$ 도 미분방정식 $(y'')^3 = 216y^3$ 을 만족하지만 이 해는 일반해가 아니며, 일반해로부터 얻는 특수해도 아니다. 이와 같이 일반해로부터 얻을 수 없는 해를 미분방정식의 특이해$^{singular\ solution}$라 한다.

미분방정식의 해는 일반적으로 $y = f(x)$ 또는 $f(x, y) = 0$ 형태로 나타난다.

1.2 변수분리형 미분방정식

미분방정식 $y' = f(x, y)$ 에서 $f(x, y) = g(x)h(y)$ 라 하면 이 미분방정식은 다음과 같이 두 변수 x, y 에 관하여 분리할 수 있다.

$$\frac{dy}{dx} = g(x)h(y),\ \ 즉\ \ \frac{1}{h(y)}dy = g(x)dx$$

변수분리형 미분방정식

다음과 같이 두 변수 x, y에 관하여 분리되는 미분방정식을 변수분리형 미분방정식$^{\text{separable differential}}$ ^{equation}이라 한다.

$$p(y)\frac{dy}{dx} = g(x) \text{ 또는 } p(y)dy = g(x)dx$$

이 미분방정식의 해를 $y = q(x)$라 하면 $p(q(x))q'(x) = g(x)$이므로 다음을 얻는다.

$$\int p(q(x))q'(x)dx = \int g(x)dx$$

이때 $y = q(x)$이므로 $dy = q'(x)dx$이고, 치환적분법을 이용하면 다음 변수분리형 미분방정식의 해법을 얻는다.

$$\int p(y)dy = \int g(x)dx$$

▶ 예제 1

다음 미분방정식의 해를 구하여라.

(1) $x + yy' = x^2$ (2) $y' = (1 + x^2)(1 + y^2)$

풀이

주안점 두 변수를 분리할 수 있는지 관찰하고, 분리할 수 있으면 분리한다.

(1) ❶ 변수를 분리한다.

$$y\frac{dy}{dx} = x^2 - x, \ ydy = (x^2 - x)dx$$

❷ 좌변과 우변을 각각 y, x에 관하여 적분한다.

$$\int y\,dy = \int (x^2 - x)dx, \ \frac{1}{2}y^2 = \frac{1}{3}x^3 - \frac{1}{2}x^2 + C_1$$

❸ 미분방정식의 일반해를 구한다.

$$3y^2 = 2x^3 - 3x^2 + C \ (단, \ C = 6C_1)$$

(2) ❶ 변수를 분리한다.

$$\frac{dy}{dx} = (1 + x^2)(1 + y^2), \ \frac{1}{1 + y^2}dy = (1 + x^2)dx$$

❷ 좌변과 우변을 각각 y, x에 관하여 적분한다.

$$\int \frac{1}{1+y^2}\,dy = \int (1+x^2)\,dx, \quad \tan^{-1} y = x + \frac{1}{3}x^3 + C$$

❸ 미분방정식의 일반해를 구한다.

$$y = \tan\left(x + \frac{1}{3}x^3 + C\right)$$

1.3 동차형 미분방정식

두 변수 x, y에 관한 함수 $f(x, y)$가 음이 아닌 상수 n에 대하여 다음을 만족하면 함수 $f(x, y)$를 n차 동차함수$^{\text{homogeneous function}}$라 한다.

$$f(tx, ty) = t^n f(x, y)$$

예를 들어 함수 $f(x, y) = xy$에 대하여 $f(tx, ty) = (tx)(ty) = t^2(xy) = t^2 f(x, y)$이므로 $f(x, y)$는 2차 동차함수이며, $g(x, y) = xy + 1$이면 다음과 같은 이유로 $g(x, y)$는 동차함수가 아니다.

$$g(tx, ty) = (tx)(ty) + 1 = t^2(xy) + 1 \neq t^2 g(x, y)$$

정의 3 **동차형 미분방정식**

두 동차함수 $g(x, y)$와 $h(x, y)$에 대하여 다음 형태의 미분방정식을 동차형 미분방정식$^{\text{homogeneous differential equation}}$이라 한다.

$$g(x, y)\,dx + h(x, y)\,dy = 0$$

동차형 미분방정식은 다음과 같이 변형할 수 있다.

$$\frac{dy}{dx} = f\left(\frac{y}{x}\right)$$

$v = \dfrac{y}{x}$로 치환하면 $y = vx$이고 v가 x의 함수이므로 다음을 얻는다.

$$\frac{dy}{dx} = v + x\frac{dv}{dx}$$

따라서 주어진 미분방정식은 다음과 같이 v, x에 관한 변수분리형으로 변환된다.

$$v + x\frac{dv}{dx} = f(v) \ \Rightarrow \ x\frac{dv}{dx} = f(v) - v \ \Rightarrow \ \frac{dv}{f(v) - v} = \frac{dx}{x}$$

이제 변수분리형 미분방정식 해법에 따라 마지막 미분방정식의 해를 구한 다음 $v = \dfrac{y}{x}$를 대입하면 동차형 미분방정식의 해를 구할 수 있다.

▶ 예제 2

다음 미분방정식의 해를 구하여라.

(1) $x^3 y' = x^2 y + y^3$ (2) $(3xy^2 - x^3)y' = 3x^2 y - y^3$, $y(1) = -1$

풀이

주안점 $\dfrac{y}{x}$ 형태로 변형하고 변수분리형 미분방정식 해법으로 일반해를 구한다.

(1) ❶ 주어진 미분방정식의 양변을 x^3으로 나눈다.

$$y' = \frac{y}{x} + \left(\frac{y}{x}\right)^3$$

❷ $v = \dfrac{y}{x}$로 치환한다.

$\dfrac{dy}{dx} = v + x\dfrac{dv}{dx}$ 이므로 $v + x\dfrac{dv}{dx} = v + v^3$

❸ 변수분리형으로 변형한다.

$$\frac{dv}{v^3} = \frac{dx}{x}$$

❹ 좌변과 우변을 각각 v, x에 관하여 적분한다.

$\displaystyle\int \frac{dv}{v^3}\,dv = \int \frac{dx}{x}\,dx$ 에서 $-\dfrac{1}{2v^2} = \ln|x| + C_1$

❺ $v = \dfrac{y}{x}$를 대입하여 정리한다.

$-\dfrac{x^2}{2y^2} = \ln|x| + C_1$ 이므로 $2y^2 = \dfrac{x^2}{-\ln|x| + C}$ (단, $C = -C_1$)

(2) ❶ 주어진 미분방정식의 양변을 x^3 으로 나눈다.

$$\left(3\left(\frac{y}{x}\right)^2 - 1\right)y' = 3\frac{y}{x} - \left(\frac{y}{x}\right)^3$$

❷ $v = \frac{y}{x}$ 로 치환한다.

$\frac{dy}{dx} = v + x\frac{dv}{dx}$ 이므로 $(3v^2 - 1)\left(v + x\frac{dv}{dx}\right) = 3v - v^3$

❸ 변수분리형으로 변형한다.

$$\frac{3v^2 - 1}{4v(1 - v^2)}\,dv = \frac{1}{x}\,dx$$

❹ 좌변을 부분분수로 분해한다.

$$-\frac{1}{4}\left(\frac{1}{v} + \frac{1}{v-1} + \frac{1}{v+1}\right)dv = \frac{1}{x}\,dx$$

❺ 좌변과 우변을 각각 v, x에 관하여 적분한 후 정리한다.

$$-\frac{1}{4}\int\left(\frac{1}{v} + \frac{1}{v-1} + \frac{1}{v+1}\right)dv = \int\frac{1}{x}\,dx$$

$$-\frac{1}{4}\left[\ln|v| + \ln|v-1| + \ln|v+1|\right] = \ln|x| + C_1$$

$$-\ln|v(v^2 - 1)| = \ln|x^4| + 4C_1 , \quad \frac{1}{v(v^2 - 1)} = C_2 x^4$$

❻ $v = \frac{y}{x}$ 를 대입하여 정리한다.

$$\frac{x^3}{y(y^2 - x^2)} = C_2 x^4 , \quad xy(y^2 - x^2) = C$$

❼ 임의의 상수 C를 구한다.

$y(1) = -1$ 이므로 일반해로부터 $C = 0$

❽ 초기조건을 만족하는 특수해를 구한다.

$$xy(y^2 - x^2) = 0$$

다음 미분방정식과 같이 동차형이 아니지만 대수적으로 간단히 변형하여 변수분리형 또는 동차형으로 변환할 수 있는 경우가 있다.

$$(Ax + By + C)y' = ax + by + c \quad 또는 \quad \frac{dy}{dx} = \frac{ax + by + c}{Ax + By + C}$$

경우 1 $\dfrac{a}{A} = \dfrac{b}{B}$ 인 경우

$\dfrac{a}{A} = \dfrac{b}{B} = k$ 로 놓고 주어진 방정식을 다음과 같이 변형한다.

$$\frac{dy}{dx} = \frac{k(Ax + By) + c}{Ax + By + C}$$

$v = Ax + By$ 로 놓으면 $\dfrac{dv}{dx} = A + B\dfrac{dy}{dx}$, $\dfrac{dy}{dx} = \dfrac{kv + c}{v + C}$ 이므로 다음과 같이 변수분리형으로 변형할 수 있다.

$$\frac{dv}{dx} = A + B\frac{kv + c}{v + C}$$

경우 2 $\dfrac{a}{A} \neq \dfrac{b}{B}$ 인 경우

다음 연립방정식의 해를 $x = p$, $y = q$ 라 하고 $X = x - p$, $Y = y - q$ 로 치환한다.

$$\begin{cases} ax + by + c = 0 \\ Ax + By + C = 0 \end{cases}$$

$dX = dx$, $dY = dy$ 이고 $x = X + p$, $y = Y + q$ 이므로 미분방정식은 다음과 같은 동차형 미분방정식으로 변형된다.

$$\frac{dY}{dX} = \frac{aX + bY}{AX + BY}$$

▶ 예제 3

다음 미분방정식의 해를 구하여라.

(1) $(x - y + 2)dy + (2x - 2y - 1)dx = 0$　　　(2) $(3x + y - 5)dx + (x - 3y - 5)dy = 0$

풀이

주안점 x 와 y 의 계수가 비례하는지 확인한다.

(1) 두 변수 x, y 의 계수가 비례하므로 변수분리형으로 변형한다.
　❶ $v = x - y$ 로 놓으면 $dv = dx - dy$ 이므로 $dy = dx - dv$, $2x - 2y = 2v$ 이다.
　❷ 변수분리형으로 변형한다.

$$(2v - 1)dx + (v + 2)(dx - dv) = 0, \ 3dx = \left(1 + \frac{5}{3v + 1}\right)dv$$

❸ 좌변과 우변을 각각 x, v에 관하여 적분한다.

$$\int 3dx = \int\left(1+\frac{5}{3v+1}\right)dv, \quad 3x = v+\frac{5}{3}\ln|3v+1|+C_1$$

❹ $v = x-y$를 대입하여 정리한다.

$$3x = x-y+\frac{5}{3}\ln|3(x-y)+1|+C_1$$

$$6x+3y = 5\ln|3(x-y)+1|+C \quad (\text{단}, \ C = 3C_1)$$

(2) 두 변수 x, y의 계수가 비례하지 않으므로 동차형으로 변형한다.

❶ 연립방정식 $3x+y-5 = 0$, $x-3y-5 = 0$을 풀어 $x = 2$, $y = -1$을 얻는다.

❷ $X = x-2$, $Y = y+1$로 치환한다.

$dX = dx$, $dY = dy$이므로 $(3X+Y)dX+(X-3Y)dY = 0$

❸ 양변을 X로 나눈다.

$$\left(3+\frac{Y}{X}\right)dX+\left(1-3\frac{Y}{X}\right)dY = 0$$

❹ $V = \dfrac{Y}{X}$로 치환한다.

$dY = VdX+XdV$이므로 $(3+V)dX+(1-3V)(VdX+XdV) = 0$

❺ 변수분리형으로 변형한다.

$$\frac{3V-1}{3V^2-2V-3}dV = -\frac{dX}{X}$$

❻ 좌변과 우변을 각각 V, X에 관하여 적분한 후 정리한다.

$$\int\frac{3V-1}{3V^2-2V-3}dV = -\int\frac{dX}{X}$$

$$\frac{1}{2}\ln|3V^2-2V-3| = -\ln|X|+C_1$$

$$\ln|3V^2-2V-3|+2\ln|X| = C \quad (\text{단}, \ C = 2C_1)$$

$$(3V^2-2V-3)X^2 = C$$

❼ $V = \dfrac{Y}{X}$를 대입하여 정리한다.

$$\left(3\left(\frac{Y}{X}\right)^2-2\frac{Y}{X}-3\right)X^2 = C$$

$$3Y^2-2XY-3X^2 = C$$

❽ $X = x - 2$, $Y = y + 1$를 대입하여 정리한다.

$$3(y + 1)^2 - 2(x - 2)(y + 1) - 3(x - 2)^2 = C$$

$$3y^2 - 3x^2 - 2xy + 10x + 10y - 5 = C$$

1.4 완전미분형 미분방정식

미분방정식 $P(x, y)\,dx + Q(x, y)\,dy = 0$의 좌변이 다음과 같이 어떤 함수 $z = f(x, y)$의 전미분이라 하자.

$$dz = \frac{\partial z}{\partial x}\,dx + \frac{\partial z}{\partial y}\,dy$$

$dz = 0$이므로 미분방정식의 일반해는 $z = C$, 즉 $f(x, y) = C$ 형태가 된다. 또한 미분방정식의 좌변과 전미분 dz의 식으로부터 다음을 얻는다.

$$P(x, y) = \frac{\partial f}{\partial x}, \quad Q(x, y) = \frac{\partial f}{\partial y}$$

이때 $P(x, y)$와 $Q(x, y)$가 연속인 1계 편도함수를 가지면 다음 관계가 성립한다.

$$\frac{\partial P}{\partial y} = \frac{\partial}{\partial y}\left(\frac{\partial f}{\partial x}\right) = \frac{\partial}{\partial x}\left(\frac{\partial f}{\partial y}\right) = \frac{\partial Q}{\partial x}$$

즉, $P(x, y)\,dx + Q(x, y)\,dy$가 함수 $z = f(x, y)$의 전미분이면 다음을 만족한다.

$$\frac{\partial P}{\partial y} = \frac{\partial Q}{\partial x}$$

역으로 평면 위의 어떤 영역 R에서 $\dfrac{\partial P}{\partial y} = \dfrac{\partial Q}{\partial x}$가 성립하면 $dz = P(x, y)\,dx + Q(x, y)\,dy$를 만족하는 함수 $z = f(x, y)$를 구할 수 있다. 이를 위해 $z = f(x, y)$를 다음과 같이 정의하자.

$$f(x, y) = \int P(x, y)\,dx$$

$f(x, y)$는 모든 $(x, y) \in R$에서 연속이고, $\frac{\partial f}{\partial x} = P(x, y)$이므로 다음을 얻는다.

$$\frac{\partial P}{\partial y} = \frac{\partial^2 f}{\partial x \, \partial y} = \frac{\partial^2 f}{\partial y \, \partial x} = \frac{\partial Q}{\partial x}$$

따라서 첫 번째 편도함수와 마지막 편도함수에 대하여 다음이 성립한다.

$$\frac{\partial}{\partial x}\left(\frac{\partial f}{\partial y} - Q\right) = 0$$

이때 $\frac{\partial f}{\partial y} - Q$를 x에 관하여 편미분한 결과가 0이므로 $\frac{\partial f}{\partial y} - Q$는 y만의 함수이고, 이 함수를 $g(y)$라 하면 다음을 얻는다.

$$Q(x, y) = \frac{\partial}{\partial y} f(x, y) - g(y)$$

따라서 $dz = P(x, y)dx + Q(x, y)dy$를 만족하는 함수 z는 다음과 같다.

$$
\begin{aligned}
P(x, y)dx + Q(x, y)dy &= \frac{\partial f}{\partial x}dx + \left(\frac{\partial f}{\partial y} - g(y)\right)dy \\
&= \left(\frac{\partial f}{\partial x}dx + \frac{\partial f}{\partial y}dy\right) - g(y)dy \\
&= df(x, y) - d\left(\int g(y)dy\right) \\
&= d\left(f(x, y) - \int g(y)dy\right)
\end{aligned}
$$

즉, $z = f(x, y) - \displaystyle\int g(y)dy$ 이다.

정의 4　　**완전미분형 미분방정식**

미분방정식 $P(x, y)dx + Q(x, y)dy = 0$이 다음 조건을 만족할 때, 이 미분방정식을 완전미분형 미분방정식$^{\text{exact differential equation}}$이라 한다.

$$\frac{\partial P}{\partial y} = \frac{\partial Q}{\partial x}$$

완전미분형 미분방정식의 일반해는 $P(x, y)$의 정의역에 있는 적당한 x_0과 $Q(x, y)$의 정의역에 있는 적당한 y_0에 대하여 다음과 같다.

$$\int_{x_0}^{x} P(t,\,y)\,dt + \int_{y_0}^{y} Q(x_0,\,t)\,dt = C$$

특히 초기조건 $y_0 = y(x_0)$을 만족하는 특수해는 다음과 같다.

$$\int_{x_0}^{x} P(t,\,y)\,dt + \int_{y_0}^{y} Q(x_0,\,t)\,dt = 0$$

▶ 예제 4

다음 미분방정식의 해를 구하여라.

(1) $(x^3 + 2xy + y)\,dx + (y^3 + x^2 + x)\,dy = 0$, $y(1) = 0$

(2) $(\cos y + y\cos x)\,dx + (\sin x - x\sin y)\,dy = 0$, $y(0) = 2$

풀이

주안점 $\dfrac{\partial P}{\partial y} = \dfrac{\partial Q}{\partial x}$ 를 만족하면 완전미분형 미분방정식 해법으로 일반해를 구한다.

(1) ❶ 두 함수 P, Q를 지정한다.

$$P(x,\,y) = x^3 + 2xy + y,\quad Q(x,\,y) = y^3 + x^2 + x$$

❷ $\dfrac{\partial P}{\partial y} = \dfrac{\partial Q}{\partial x}$ 인지 조사한다.

$$\frac{\partial P}{\partial y} = \frac{\partial Q}{\partial x} = 2x + 1$$

❸ 초기조건 $x = 1$, $y = 0$ 을 이용하여 완전미분형을 적용한다.

$Q(1,\,y) = y^3 + 2$ 이므로

$$\int_{1}^{x} (t^3 + 2ty + y)\,dt + \int_{0}^{y} (t^3 + 2)\,dt$$

$$= \left[\frac{1}{4}t^4 + t^2 y + ty \right]_{t=1}^{t=x} + \left[\frac{1}{4}t^4 + 2t \right]_{t=0}^{t=y}$$

$$= \left(\frac{1}{4}x^4 + x^2 y + xy \right) - \left(\frac{1}{4} + 2y \right) + \frac{1}{4}y^4 + 2y = 0$$

❹ 특수해를 구한다.

$$x^4 + 4x^2 y + 4xy + y^4 = 1$$

(2) ❶ 두 함수 P, Q를 지정한다.

$$P(x, y) = \cos y + y \cos x, \quad Q(x, y) = \sin x - x \sin y$$

❷ $\dfrac{\partial P}{\partial y} = \dfrac{\partial Q}{\partial x}$ 인지 조사한다.

$$\frac{\partial P}{\partial y} = \frac{\partial Q}{\partial x} = \cos x - \sin y$$

❸ 초기조건 $x = 0$, $y = 2$를 이용하여 완전미분형을 적용한다.
$Q(0, y) = 0$이므로

$$\int_0^x (\cos y + y \cos t) \, dt + \int_2^y 0 \, dt = \Big[t \cos y + y \sin t \Big]_0^x$$
$$= x \cos y + y \sin x = 0$$

❹ 특수해를 구한다.

$$x \cos y + y \sin x = 0$$

1.5 적분인자형 미분방정식

미분방정식 $y \, dx - x \, dy = 0$에서 $P(x, y) = y$, $Q(x, y) = -x$로 놓으면 $\dfrac{\partial P}{\partial y} \neq \dfrac{\partial Q}{\partial x}$ 이므로 완전미분형이 아니다. 한편 미분방정식의 양변에 $R(x, y) = \dfrac{1}{x^2}$을 곱하면 다음을 얻는다.

$$\frac{y}{x^2} \, dx - \frac{1}{x} \, dy = 0$$

이 미분방정식에서 $P(x, y) = \dfrac{y}{x^2}$, $Q(x, y) = -\dfrac{1}{x}$로 놓으면 다음이 성립하므로 완전미분형이 된다.

$$\frac{\partial P}{\partial y} = \frac{\partial Q}{\partial x} = \frac{1}{x^2}$$

이와 같이 $P(x, y) \, dx + Q(x, y) \, dy = 0$이 완전미분형이 아니지만 적당한 함수 $R(x, y)$를 양변에 곱하면 완전미분형이 되는 경우가 있다.

미분방정식 $P(x, y)dx + Q(x, y)dy = 0$ 의 양변에 적당한 함수 $R(x, y)$ 를 곱하면 다음이 성립하는 형태의 미분방정식을 **적분인자형 미분방정식**^{integrating factor differential equation}이라 하며, 함수 $R(x, y)$ 를 **적분인자**^{integrating factor}라 한다.

$$\frac{\partial PR}{\partial y} = \frac{\partial QR}{\partial x}$$

적분인자형 미분방정식은 다음 두 단계를 수행하여 일반해를 구한다.

① 적분인자 $R(x, y)$ 를 구하여 미분방정식의 양변에 곱한다.
② 완전미분형 미분방정식 해법으로 일반해를 구한다.

이제 적분인자형의 일반해를 구하기 위한 유형을 살펴본다.

전미분을 이용하는 방법

함수 $z = f(x, y)$ 가 $f(x, y) = xy$ 인 경우 전미분이 $dz = ydx + xdy$ 임을 알고 있다. 따라서 미분방정식 $ydx + xdy = 0$ 은 $dz = d(xy) = 0$ 이고 일반해는 $z = C$, 즉 $xy = C$ 이다. 이와 같이 전미분을 이용하여 미분방정식의 해를 구할 수 있으며, 널리 사용하는 전미분 공식은 다음과 같다.

정리 1   전미분 공식

(1) $d(xy) = ydx + xdy$

(2) $d(x^2 \pm y^2) = 2xdx \pm 2ydy$

(3) $d\left(\dfrac{y}{x}\right) = \dfrac{-ydx + xdy}{x^2}$, $d\left(\dfrac{x}{y}\right) = \dfrac{ydx - xdy}{y^2}$

(4) $d\left(\ln\dfrac{y}{x}\right) = \dfrac{-ydx + xdy}{xy}$, $d\left(\ln\dfrac{x}{y}\right) = \dfrac{ydx - xdy}{xy}$

(5) $d\left(\tan^{-1}\dfrac{y}{x}\right) = \dfrac{xdy - ydx}{x^2 + y^2}$, $d\left(\tan^{-1}\dfrac{x}{y}\right) = \dfrac{ydy - xdx}{x^2 + y^2}$

(6) $d\left(\ln\dfrac{x - y}{x + y}\right) = \dfrac{2ydx - 2xdy}{x^2 - y^2}$, $d\left(\ln\dfrac{x + y}{x - y}\right) = \dfrac{-2ydx + 2xdy}{x^2 - y^2}$

(7) $d\left(\dfrac{x + y}{x - y}\right) = \dfrac{2xdy - 2ydx}{(x - y)^2}$, $d\left(\dfrac{x - y}{x + y}\right) = \dfrac{2ydx - 2xdy}{(x + y)^2}$

▶ 예제 5

다음 미분방정식의 일반해를 구하여라.

(1) $2y\,dx - 2x\,dy = x^2\,dy$　　　　　　　　(2) $x\,dy - y\,dx = y(x^2 - y^2)\,dy$

풀이

주안점 전미분을 이용할 수 있는 형태로 변형한다.

(1) ❶ 양변을 $-2x^2$으로 나눈다.

$$\frac{-y\,dx + x\,dy}{x^2} = -\frac{1}{2}\,dy$$

❷ 전미분으로 나타낸다.

$$d\left(\frac{y}{x}\right) = -\frac{1}{2}\,dy$$

❸ 양변을 적분하면 다음 일반해를 얻는다.

$$\frac{y}{x} = -\frac{y}{2} + C_1, \ y = \frac{Cx}{2+x} \ \ (\text{단}, \ C = 2C_1)$$

(2) ❶ 양변에 $\dfrac{2}{x^2 - y^2}$를 곱한다.

$$\frac{2x\,dy - 2y\,dx}{x^2 - y^2} = 2y\,dy$$

❷ 전미분으로 나타낸다.

$$d\left(\ln\frac{x+y}{x-y}\right) = 2y\,dy$$

❸ 양변을 적분하여 일반해를 얻는다.

$$\ln\frac{x+y}{x-y} = y^2 + C_1, \ x + y = C(x-y)e^{y^2} \ \ (\text{단}, \ C = e^{C_1})$$

미정계수법

$R(x, y) = x^a y^b$이 적분인자, 즉 $\dfrac{\partial\, P(x, y)\, x^a y^b}{\partial y} = \dfrac{\partial\, Q(x, y)\, x^a y^b}{\partial x}$이 되도록 두 상수 a, b를 결정한다.

▶ 예제 6

미분방정식 $3y\,dx + 2x\,dy = 0$ 의 일반해를 구하여라.

풀이

주안점 $R(x, y) = x^a y^b$ 이 적분인자가 되도록 두 상수 a, b를 결정한다.

❶ 양변에 $R(x, y) = x^a y^b$ 을 곱한다.

$$3x^a y^{b+1}\,dx + 2x^{a+1} y^b\,dy = 0$$

❷ 완전미분형이 되도록 두 상수 a, b를 결정한다.

$$\frac{\partial (3x^a y^{b+1})}{\partial y} = \frac{\partial (2x^{a+1} y^b)}{\partial x}$$

$$3(b+1)x^a y^b = 2(a+1)x^a y^b$$

$3(b+1) = 2(a+1)$ 에서 $a = 2$, $b = 1$ 로 정한다.

❸ 완전미분형 미분방정식을 얻는다.

$$3x^2 y^2\,dx + 2x^3 y\,dy = 0$$

❹ 두 함수 P, Q를 지정한다.

$$P(x, y) = 3x^2 y^2, \quad Q(x, y) = 2x^3 y$$

❺ $x = 0$, $y = 0$ 을 이용하여 완전미분형을 적용한다.

$Q(0, y) = 0$ 이므로

$$\int_0^x (3t^2 y^2)\,dt + \int_0^y 0\,dt = \left[t^3 y^2\right]_0^x = x^3 y^2 = C$$

❻ 일반해를 구한다.

$$x^3 y^2 = C$$

적분인자 $R(x, y)$가 x만의 함수인 경우

미분방정식 $P(x, y)dx + Q(x, y)dy = 0$ 에 대하여 $F(x) = \dfrac{\dfrac{\partial Q}{\partial x} - \dfrac{\partial P}{\partial y}}{Q}$ 가 x만의 함수이면 적분인자는 다음과 같다. 여기서 $\exp[x] = e^x$ 이다.

$$R(x, y) = \exp\left[-\int F(x)\,dx\right]$$

▶ 예제 7

미분방정식 $(x^2 + y^2 + x)\,dx + xy\,dy = 0$ 의 일반해를 구하여라.

풀이

주안점 적분인자 $R(x, y)$를 구한다.

❶ 두 함수 P, Q를 지정한다.

$$P(x, y) = x^2 + y^2 + x, \quad Q(x, y) = xy$$

❷ $F(x)$를 구한다.

$$\frac{\partial Q}{\partial x} - \frac{\partial P}{\partial y} = y - 2y = -y, \quad F(x) = -\frac{y}{Q} = -\frac{1}{x}$$

❸ 적분인자를 구한다.

$$R(x, y) = \exp\left[-\int\left(-\frac{1}{x}\right)dx\right] = \exp(\ln x) = e^{\ln x} = x$$

❹ 미분방정식의 양변에 적분인자 x를 곱한다.

$$(x^3 + xy^2 + x^2)\,dx + x^2y\,dy = 0$$

❺ 이 식에서 두 함수 P, Q를 다시 지정한다.

$$P(x, y) = x^3 + xy^2 + x^2, \quad Q(x, y) = x^2y$$

❻ 완전미분형 해법으로 일반해를 구한다.
  $x = 0$을 선택하면 $Q(0, y) = 0$이므로

$$\int_0^x (t^3 + ty^2 + t^2)\,dt = \left[\frac{1}{4}t^4 + \frac{1}{2}t^2y^2 + \frac{1}{3}t^3\right]_{t=0}^{t=x}$$

$$= \frac{1}{4}x^4 + \frac{1}{2}x^2y^2 + \frac{1}{3}x^3 = C_1$$

$$3x^4 + 4x^3 + 6x^2y^2 = C \quad (\text{단}, \ C = 12C_1)$$

적분인자 $R(x, y)$가 y만의 함수인 경우

미분방정식 $P(x, y)dx + Q(x, y)dy = 0$에서 $F(y) = \dfrac{\dfrac{\partial Q}{\partial x} - \dfrac{\partial P}{\partial y}}{P}$가 y만의 함수이면 적분인자는 다음과 같다.

$$R(x,\,y) = \exp\left[\int F(y)\,dy\right]$$

▶ 예제 8

미분방정식 $2xy\,dx + (y^2 - 3x^2)\,dy = 0$ 의 일반해를 구하여라.

풀이

주안점 적분인자 $R(x,\,y)$를 구한다.

❶ 두 함수 P, Q를 지정한다.

$$P(x,\,y) = 2xy,\ \ Q(x,\,y) = y^2 - 3x^2$$

❷ $F(y)$를 구한다.

$$\frac{\partial Q}{\partial x} - \frac{\partial P}{\partial y} = -6x - 2x = -8x,\ \ F(y) = -\frac{8x}{P} = -\frac{4}{y}$$

❸ 적분인자를 구한다.

$$R(x,\,y) = \exp\left[\int\left(-\frac{4}{y}\right)dx\right] = \exp(-4\ln y) = e^{\ln\frac{1}{y^4}} = \frac{1}{y^4}$$

❹ 미분방정식의 양변에 적분인자 $\dfrac{1}{y^4}$ 을 곱한다.

$$\frac{2x}{y^3}\,dx + \frac{y^2 - 3x^2}{y^4}\,dy = 0$$

❺ 이 식에서 두 함수 P, Q를 다시 지정한다.

$$P(x,\,y) = \frac{2x}{y^3},\ \ Q(x,\,y) = \frac{y^2 - 3x^2}{y^4}$$

❻ 완전미분형 해법으로 일반해를 구한다.

$x = 0$ 을 선택하면 $Q(0,\,y) = \dfrac{1}{y^2}$ 이므로

$$\int_0^x \frac{2t}{y^3}\,dt + \int_1^y \frac{1}{t^2}\,dt = \left[\frac{t^2}{y^3}\right]_{t=0}^{t=x} + \left[-\frac{1}{t}\right]_{t=1}^{t=y} = \frac{x^2}{y^3} + \frac{1}{y} + 1 = C_1$$

$$\frac{x^2}{y^3} + \frac{1}{y} = C\ \ \text{또는}\ \ x^2 + y^2 = Cy^3$$

일반적으로 x 의 세 함수 $a_0(x)$, $a_1(x)$, $g(x)$에 대하여 다음 형태의 미분방정식을 **선형 미분방정식**^{linear} $^{differential\ equation}$이라 한다.

$$a_1(x)\frac{dy}{dx} + a_0(x)y = g(x)$$

$\frac{dy}{dx}$의 계수인 함수 $a_1(x)$로 양변을 나누면 다음과 같은 선형 미분방정식의 표준형을 얻는다.

$$\frac{dy}{dx} + p(x)y = r(x)$$

이 미분방정식을 풀기 위해 $(p(x)y - r(x))dx + dy = 0$으로 변형한 후, 두 함수 P, Q를 다음과 같이 놓는다.

$$P(x,\,y) = p(x)y - r(x), \quad Q(x,\,y) = 1$$

이때 $\frac{\partial Q}{\partial x} - \frac{\partial P}{\partial y} = -p(x)$에서 $F(x) = -\frac{p(x)}{Q} = -p(x)$이므로 적분인자는 다음과 같다.

$$R(x,\,y) = \exp\left[\int p(x)\,dx\right]$$

따라서 주어진 미분방정식의 양변에 $R(x,\,y)$를 곱하여 다음을 얻는다.

$$\exp\left[\int p(x)\,dx\right]\frac{dy}{dx} + \exp\left[\int p(x)\,dx\right]p(x)y = r(x)\exp\left[\int p(x)\,dx\right]$$

좌변은 x 의 함수 y 에 대하여 $y\exp\left[\int p(x)\,dx\right]$의 도함수임을 쉽게 확인할 수 있으며, 다음을 얻는다.

$$\frac{d}{dx}\left(y\exp\left[\int p(x)\,dx\right]\right) = r(x)\exp\left[\int p(x)\,dx\right] \quad \text{또는}$$

$$d\left(y\exp\left[\int p(x)\,dx\right]\right) = r(x)\exp\left[\int p(x)\,dx\right]dx$$

이제 양변을 적분하면 다음을 얻는다.

$$y \exp\left[\int p(x)\,dx\right] = \int r(x)\exp\left[\int p(x)\,dx\right]dx$$

즉, 미분방정식 $\dfrac{dy}{dx} + p(x)y = r(x)$의 일반해는 다음과 같다.

$$y = \exp\left[-\int p(x)\,dx\right] \int r(x)\exp\left[\int p(x)\,dx\right]dx$$

▶ 예제 9

다음 미분방정식의 해를 구하여라.

(1) $y' + \dfrac{y}{x} = x^2$ 　　　　　　　　(2) $y' + y\sin x = \sin x$, $y(0) = 2$

풀이

주안점 선형이므로 $p(x)$, $r(x)$를 지정한 후, 선형 미분방정식 해법으로 구한다.

(1) ❶ 두 함수 $p(x)$, $r(x)$를 지정한다.

$$p(x) = \frac{1}{x} ,\ r(x) = x^2$$

❷ $p(x)$의 원시함수를 구한다.

$$\int p(x)\,dx = \int \frac{1}{x}\,dx = \ln x$$

❸ $p(x)$와 $-p(x)$의 원시함수를 지수로 갖는 지수함수를 각각 구한다.

$$\exp\left[\int p(x)\,dx\right] = e^{\ln x} = x,\ \exp\left[-\int p(x)\,dx\right] = e^{-\ln x} = \frac{1}{x}$$

❹ $\displaystyle\int r(x)\exp\left[\int p(x)\,dx\right]dx$ 를 구한다.

$$\int r(x)\exp\left[\int p(x)\,dx\right]dx = \int (x^2)x\,dx$$
$$= \int x^3\,dx = \frac{1}{4}x^4 + C$$

❺ 일반해를 구한다.

$$y = \exp\left[-\int p(x)\,dx\right]\int r(x)\exp\left[\int p(x)\,dx\right]dx$$
$$= \frac{1}{x}\left(\frac{1}{4}x^4 + C\right) = \frac{1}{4}x^3 + \frac{C}{x}$$

(2) ❶ 두 함수 $p(x)$, $r(x)$를 지정한다.

$$p(x) = \sin x, \ r(x) = \sin x$$

❷ $p(x)$의 원시함수를 구한다.

$$\int p(x)\,dx = \int \sin x\,dx = -\cos x$$

❸ $p(x)$와 $-p(x)$의 원시함수를 지수로 갖는 지수함수를 각각 구한다.

$$\exp\left[\int p(x)\,dx\right] = e^{-\cos x}, \ \exp\left[-\int p(x)\,dx\right] = e^{\cos x}$$

❹ $\int r(x)\exp\left[\int p(x)\,dx\right]dx$를 구한다.

$$\int r(x)\exp\left[\int p(x)\,dx\right]dx = \int \sin x\, e^{-\cos x}\,dx = e^{-\cos x} + C$$

❺ 일반해를 구한다.

$$y = \exp\left[-\int p(x)\,dx\right]\int r(x)\exp\left[\int p(x)\,dx\right]dx$$
$$= e^{\cos x}(e^{-\cos x} + C) = 1 + Ce^{\cos x}$$

❻ 특수해를 구한다.

$y(0) = 2$이므로 $2 = 1 + Ce^{\cos 0} = 1 + Ce$에서 $C = e^{-1}$

따라서 $y = 1 + e^{-1+\cos x}$이다.

1.7 베르누이 미분방정식

선형이 아닌 미분방정식을 적절하게 변형하면 선형 미분방정식이 되는 경우가 있다. 이와 같이 선형이 아니지만 선형으로 변환할 수 있는 다음 미분방정식을 베르누이 미분방정식^{Bernoulli differential equation}이라 한다.

$$\frac{dy}{dx} + p(x)y = r(x)y^n \ (\text{단}, \ n \neq 0, \ n \neq 1)$$

이 방정식은 $n = 0$이면 선형 미분방정식이고, $n = 1$이면 변수분리형 미분방정식이다. 베르누이 미분방정식은 다음 단계에 따라 해를 구한다.

① 양변을 y^n으로 나누어 $y^{-n}\dfrac{dy}{dx} + p(x)y^{-n+1} = r(x)$로 변형한다.

② $v = y^{-n+1}$이라 하면 $\dfrac{dv}{dx} = (1-n)y^{-n}\dfrac{dy}{dx}$, 즉 $y^{-n}\dfrac{dy}{dx} = \dfrac{1}{1-n}\dfrac{dv}{dx}$ 이므로 다음 선형 미분방

정식으로 변형할 수 있다.

$$\frac{1}{1-n}\frac{dv}{dx} + p(x)v = r(x), \quad 즉 \quad \frac{dv}{dx} + (1-n)p(x)v = (1-n)r(x)$$

③ 선형 미분방정식의 해법으로 해를 구한다.

④ 마지막으로 변수 v를 y^{-n+1}으로 돌려놓는다.

▶ 예제 10

다음 미분방정식의 일반해를 구하여라.

(1) $y' + xy = \dfrac{x}{y}$

(2) $xy' + y = y^2 \ln x$, $y(1) = \dfrac{1}{2}$

풀이

주안점 선형으로 변형하고 선형 미분방정식 해법으로 구한다.

(1) ❶ 양변에 y를 곱한다.

$$yy' + xy^2 = x$$

❷ $v = y^2$으로 치환하여 선형 미분방정식을 얻는다.

$\dfrac{dv}{dx} = 2y\dfrac{dy}{dx}$, $yy' = \dfrac{1}{2}v'$ 이므로 $yy' + xy^2 = x$, 즉 $\dfrac{1}{2}v' + xv = x$에서

$$v' + 2xv = 2x$$

❸ 두 함수 $p(x)$, $r(x)$를 지정한다.

$$p(x) = 2x, \ r(x) = 2x$$

❹ $p(x)$의 원시함수를 구한다.

$$\int p(x)\,dx = \int 2x\,dx = x^2$$

❺ $p(x)$와 $-p(x)$의 원시함수를 지수로 갖는 지수함수를 각각 구한다.

$$\exp\left[\int p(x)\,dx\right] = e^{x^2}, \ \exp\left[-\int p(x)\,dx\right] = e^{-x^2}$$

❻ $\displaystyle\int r(x)\exp\left[\int p(x)\,dx\right]dx$ 를 구한다.

$$\int r(x)\exp\left[\int p(x)\,dx\right]dx = \int (2x)e^{x^2}\,dx = e^{x^2} + C$$

(2) ❶ 양변에 $\dfrac{1}{y^2}$ 을 곱한다.

$$\frac{x}{y^2}\,y' + \frac{1}{y} = \ln x\,, \quad \frac{1}{y^2}\,y' + \frac{1}{x}\frac{1}{y} = \frac{\ln x}{x}$$

❷ $v = \dfrac{1}{y}$ 로 치환하여 선형 미분방정식을 얻는다.

$\dfrac{dv}{dx} = -\dfrac{1}{y^2}\dfrac{dy}{dx}$ 이므로

$$-v' + \frac{1}{x}\,v = \frac{\ln x}{x}\,, \quad v' - \frac{1}{x}\,v = -\frac{\ln x}{x}$$

❸ 두 함수 $p(x)$, $r(x)$ 를 각각 지정한다.

$$p(x) = -\frac{1}{x}\,, \quad r(x) = -\frac{\ln x}{x}$$

❹ $p(x)$ 의 원시함수를 구한다.

$$\int p(x)\,dx = -\int \frac{1}{x}\,dx = -\ln x$$

❺ $p(x)$ 와 $-p(x)$ 의 원시함수를 지수로 갖는 지수함수를 각각 구한다.

$$\exp\left[\int p(x)\,dx\right] = e^{-\ln x} = \frac{1}{x}\,, \quad \exp\left[-\int p(x)\,dx\right] = e^{\ln x} = x$$

❻ $\displaystyle\int r(x)\exp\left[\int p(x)\,dx\right]dx$ 를 구한다.

$u = \ln x$, $v' = \dfrac{1}{x^2}$ 로 놓고 부분적분법을 이용한다.

$$\int r(x)\exp\left[\int p(x)\,dx\right]dx = -\int \frac{\ln x}{x}\left(\frac{1}{x}\right)dx$$
$$= -\int \frac{\ln x}{x^2}\,dx = \frac{1 + \ln x}{x} + C$$

❼ 선형 미분방정식의 일반해를 구한다.

$$v = \exp\left[-\int p(x)\,dx\right]\int r(x)\exp\left[\int p(x)\,dx\right]dx$$
$$= x\left(\frac{1+\ln x}{x} + C\right) = 1 + \ln x + Cx$$

❽ $v = \dfrac{1}{y}$ 을 대입하여 일반해를 구한다.

$$\frac{1}{y} = 1 + \ln x + Cx$$

❾ 초기조건을 만족하는 특수해를 구한다.

$y(1) = \dfrac{1}{2}$ 이므로 $C = 1$

$$\frac{1}{y} = 1 + x + \ln x, \ \ \text{즉} \ \ y = \frac{1}{1 + x + \ln x}$$

1.8 리카티 미분방정식

다음 형태의 비선형 미분방정식을 **리카티 미분방정식**^{Riccati's equation}이라 하며, 리카티 미분방정식은 하나의 특수해 $y = y_1$ 이 주어지는 경우에 사용한다.

$$y' + P(x) + Q(x)y + R(x)y^2 = 0$$

리카티 미분방정식은 특수해 $y = y_1$ 을 이용하여 선형 미분방정식으로 변형할 수 있다. 먼저 $y = y_1 + u$ 로 놓고 $\dfrac{dy}{dx} = \dfrac{dy_1}{dx} + \dfrac{du}{dx}$ 를 리카티 미분방정식에 대입한다. 그러면 $y = y_1$ 이 리카티 미분방정식의 특수해이므로 다음을 얻는다.

$$
\begin{aligned}
\frac{dy}{dx} + P(x) + Q(x)y + R(x)y^2 &= (y_1' + u') + P(x) + Q(x)(y_1 + u) + R(x)(y_1 + u)^2 \\
&= y_1' + P(x) + Q(x)y_1 + R(x)y_1^2 \\
&\quad + u' + (Q(x) + 2R(x)y_1)u + R(x)u^2 \\
&= u' + (Q(x) + 2R(x)y_1)u + R(x)u^2
\end{aligned}
$$

따라서 다음과 같은 u 에 관한 베르누이 미분방정식을 얻는다.

$$u' + (Q(x) + 2R(x)y_1)u + R(x)u^2 = 0$$

▶ 예제 11

$y' = e^{2x} + (1 + 2e^x)y + y^2$ 의 한 특수해가 $y_1 = -e^x$ 일 때, 이 미분방정식의 일반해를 구하여라.

풀이

주안점 선형으로 변형하고 선형 미분방정식 해법으로 구한다.

❶ $y = -e^x + u$ 로 놓는다.

$y' = -e^x + u'$ 이므로 $u' - u = u^2$ 이다.

$$-e^x + u' = e^{2x} + (1 + 2e^x)(-e^x + u) + (-e^x + u)^2$$
$$= -e^x + u + u^2$$

❷ 양변을 u^2 으로 나눈다.

$$\frac{1}{u^2}\frac{du}{dx} - \frac{1}{u} = 1$$

❸ $v = \frac{1}{u}$ 로 치환하여 선형 미분방정식을 얻는다.

$\dfrac{dv}{dx} = -\dfrac{1}{u^2}\dfrac{du}{dx}$ 이므로

$$-\frac{dv}{dx} - v = 1 , \quad \frac{dv}{dx} + v = -1$$

❹ 두 함수 $p(x)$, $r(x)$ 를 지정한다.

$$p(x) = 1 , \quad r(x) = -1$$

❺ $p(x)$ 의 원시함수를 구한다.

$$\int p(x)\,dx = \int 1\,dx = x$$

❻ $p(x)$ 와 $-p(x)$ 의 원시함수를 지수로 갖는 지수함수를 각각 구한다.

$$\exp\left[\int p(x)\,dx\right] = e^x , \quad \exp\left[-\int p(x)\,dx\right] = e^{-x}$$

❼ $\int r(x)\exp\left[\int p(x)\,dx\right]dx$ 를 구한다.

$$\int r(x)\exp\left[\int p(x)\,dx\right]dx = \int(-1)e^x\,dx = -e^{x^2} + C$$

❽ 선형 미분방정식의 일반해를 구한다.

$$v = \exp\left[-\int p(x)\,dx\right]\int r(x)\exp\left[\int p(x)\,dx\right]dx$$
$$= e^{-x}(-e^x + C) = -1 + Ce^{-x}$$

❾ $v = \dfrac{1}{u} = \dfrac{1}{y + e^x}$ 을 대입하여 일반해를 구한다.

$$\frac{1}{y + e^x} = -1 + Ce^{-x}, \ \text{즉} \ y = \frac{1 - C + e^x}{-1 + Ce^{-x}}$$

1.9 도함수의 함수를 포함하는 미분방정식

함수 $y = y(x)$ 의 1계 도함수를 $p = \dfrac{dy}{dx}$ 라 할 때, p 의 함수를 포함하는 미분방정식을 생각할 수 있다. 이러한 유형의 미분방정식으로 클레로 미분방정식과 라그랑주 미분방정식이 있으며, 이 절에서는 이러한 유형의 미분방정식에 대하여 살펴본다.

클레로 미분방정식

1계 도함수 $p = \dfrac{dy}{dx}$ 를 포함하는 다음 형태의 미분방정식을 클레로 미분방정식^{Clairaut's equation}이라 한다.

$$y = px + f(p)$$

이 미분방정식의 해를 구하기 위해 다음과 같이 양변을 x 에 관하여 미분한다.

$$p = p + \left(x + \frac{df}{dp}\right) \frac{dp}{dx}$$

양변의 p 를 소거하여 간단히 나타낸다.

$$\left(x + \frac{df}{dp}\right) \frac{dp}{dx} = 0$$

이 미분방정식의 해는 다음과 같이 일반해와 특이해를 갖는다.

① $\dfrac{dp}{dx} = 0$ 이면 $p = C$ 이므로 일반해는 $y = Cx + f(C)$ 이다.

② $x + \dfrac{df}{dp} = 0$ 이면 p 를 소거하여 특이해를 구할 수 있다.

▶ 예제 12

미분방정식 $2y = 2xp + p^2$ 의 일반해와 특이해를 구하여라.

풀이

주안점 도함수 p 를 포함하므로 클레로 미분방정식이다.

❶ 미분방정식을 표준형으로 변형한다.

$$y = px + \dfrac{p^2}{2} \, , \ f(p) = \dfrac{p^2}{2}$$

❷ 일반해를 구한다.

$$y = Cx + \dfrac{C^2}{2}$$

❸ 특이해를 구하기 위해 $f'(p)$ 를 구한다.

$$f'(p) = p$$

❹ 특이해를 구한다.

$$x + \dfrac{df}{dp} = x + p = x + \dfrac{dy}{dx} = 0 \text{ 에서}$$

$$x + \dfrac{dy}{dx} = 0 \, , \ \text{즉} \ y = -\dfrac{x^2}{2}$$

라그랑주 미분방정식

1계 도함수 $p = \dfrac{dy}{dx}$ 를 포함하는 다음 형태의 미분방정식을 라그랑주 미분방정식$^{\text{Lagrange's equation}}$이라 한다.

$$y = xf(p) + g(p)$$

이 미분방정식의 해를 구하기 위해 먼저 양변을 x 에 관하여 미분하면 다음을 얻는다.

$$\frac{dy}{dx} = p = f(p) + \left(x\frac{df}{dp} + \frac{dg}{dp}\right)\frac{dp}{dx}$$

$$\left(x\frac{df}{dp} + \frac{dg}{dp}\right)\frac{dp}{dx} = p - f(p) \tag{1}$$

이제 방정식 (1)의 해를 구하기 위하여 다음 두 가지 경우를 생각한다.

경우 1 $p - f(p) \neq 0$인 경우

마지막 방정식을 다음과 같이 변형한다.

$$\frac{dp}{dx} = \frac{p - f(p)}{x\dfrac{df}{dp} + \dfrac{dp}{dp}}$$

이 식에 역수를 취하면 다음과 같이 p의 함수 x에 대한 선형 미분방정식으로 변형할 수 있다.

$$\frac{dx}{dp} = \frac{\dfrac{df}{dp}}{p - f(p)}x - \frac{\dfrac{dg}{dp}}{p - f(p)} , \quad 즉 \quad \frac{dx}{dp} + \frac{\dfrac{df}{dp}}{f(p) - p}x = \frac{\dfrac{dg}{dp}}{f(p) - p}$$

이제 선형 미분방정식의 해법에 의해 일반해 $x = F(p, C)$를 구하고, 주어진 식으로부터 p를 소거한다.

경우 2 $p - f(p) = 0$인 경우

이 식의 해 p를 구하여 얻은 값을 주어진 미분방정식에 대입하여 p를 소거하면 특이해를 얻는다.

▶ 예제 13

미분방정식 $y = p^2(x + 1)$의 일반해를 구하여라.

풀이

주안점 우변을 전개하면 $p^2 x + p$이므로 라그랑주 미분방정식이다.

❶ 양변을 x에 관하여 미분한다.

$$\frac{dy}{dx} = p = 2p(x+1)\frac{dp}{dx} + p^2$$

$$\frac{dp}{dx} = \frac{1 - p}{2(x+1)}$$

❷ 역수를 취하여 선형 미분방정식을 구한다.

$$\frac{dx}{dp} = \frac{2(x+1)}{1-p}, \ \ \text{즉} \ \ \frac{dx}{dp} + \frac{2}{p-1}x = -\frac{2}{p-1}$$

❸ 두 함수 $q(p)$, $r(p)$를 각각 지정한다.

$$q(p) = \frac{2}{p-1}, \ r(p) = -\frac{2}{p-1}$$

❹ $q(p)$의 원시함수를 구한다.

$$\int q(p)\,dp = \int \frac{2}{p-1}\,dp = \ln(p-1)^2$$

❺ $q(p)$와 $-q(p)$의 원시함수를 지수로 갖는 지수함수를 각각 구한다.

$$\exp\left[\int q(p)\,dp\right] = e^{\ln(p-1)^2} = (p-1)^2,$$

$$\exp\left[-\int q(p)\,dp\right] = e^{-\ln(p-1)^2} = (p-1)^{-2}$$

❻ $\int r(p)\exp\left[\int q(p)\,dp\right]dp$ 를 구한다.

$$\int r(p)\exp\left[\int q(p)\,dp\right]dp = \int\left(-\frac{2}{p-1}\right)(p-1)^2\,dp = -p^2 + 2p + C$$

❼ 선형 미분방정식의 일반해를 구한다.

$$x = \exp\left[-\int q(p)\,dp\right]\int r(p)\exp\left[\int q(p)\,dp\right]dx = \frac{-p^2+2p+C}{(p-1)^2}$$

❽ 주어진 미분방정식에 x를 대입하여 y를 구한다.

$$y = p^2\left(\frac{-p^2+2p+C}{(p-1)^2}+1\right) = \frac{(C+1)p^2}{(p-1)^2}$$

❾ 일반해를 구한다.

$$x = \frac{-p^2+2p+C}{(p-1)^2}, \ y = \frac{(1+C)p^2}{(p-1)^2}$$

1.10 자율 미분방정식

변수분리형 미분방정식 중 하나인 다음 방정식은 도함수 y' 이 오로지 종속변수 y 에만 의존하며, 이와 같은 미분방정식을 자율 미분방정식^autonomous differential equation 이라 한다.

$$\frac{dy}{dx} = f(y)$$

예를 들어 미분방정식 $y' = (y-1)(y+2)$ 는 자율 미분방정식이지만 $y' = xy$ 는 자율 미분방정식이 아니다.

미분방정식 $\dfrac{dy}{dx} = f(y)$ 에서 $f(c) = 0$, 즉 $f(y) = 0$ 을 만족하는 $y = c$ 를 자율 미분방정식의 임계점^critical point 또는 평형점^equilibrium point 이라 한다. 이와 같은 자율미분방정식은 해 $y = y(x)$ 를 구하지 않고 함수 $f(y)$ 를 이용하여 해곡선의 모양을 분석할 수 있다. 이를 살펴보기 위해 미분방정식 $y' = (y-1)(y+2)$ 를 고려하자.

해곡선의 증가와 감소

해곡선 $y = y(x)$ 의 경우 1계 도함수 판정법에 의해 $y' = 0$ 이 되는 임계점 $x = a$ 의 좌우에서 $y' > 0$ 이면 증가하고 $y' < 0$ 이면 감소함을 알고 있다. 이제 종속변수 y 만을 이용하여 1계 도함수 판정법을 미분방정식 $y' = (y-1)(y+2)$ 에 적용한다. 그러면 $y' = f(y)$ 이므로 $y' = 0$, 즉 $f(y) = (y-1)(y+2) = 0$ 을 만족하는 두 평형점 $y = 1$, $y = -2$ 에 의해 [표 1.1]과 같이 해곡선의 증가와 감소 부분이 구분된다.

[표 1.1] 평형점과 $y = y(x)$ 의 증감

y	$\cdots$	-2	$\cdots$	1	$\cdots$
y' 의 부호	$+$	0	$-$	0	$+$
$y = y(x)$ 의 증감	증가		감소		증가

두 평형점 $y = -2$, $y = 1$ 을 기준으로 y 축은 세 부분으로 분할되며, 해곡선의 증감은 다음과 같다.

① $y < -2$ 이면 $y' > 0$ 이므로 해곡선 $y = y(x)$ 는 증가한다.
② $-2 < y < 1$ 이면 $y' < 0$ 이므로 해곡선 $y = y(x)$ 는 감소한다.

③ $y > 1$ 이면 $y' > 0$ 이므로 해곡선 $y = y(x)$는 증가한다.

해곡선의 볼록성

함수의 2계 도함수와 볼록성의 관계로부터 $y'' = 0$이 되는 변곡점 $x = c$를 경계로 $y'' > 0$이면 함수의 그래프는 아래로 볼록이고, $y'' < 0$이면 함수는 위로 볼록임을 알고 있다. 이 사실을 자율 미분방정식에 적용하면 $y' = (y-1)(y+2)$이므로 $y = y(x)$의 2계 도함수를 구하면 다음과 같다.

$$y'' = y'(y+2) + (y-1)y' = 2yy' + y' = (y-1)(y+2)(2y+1)$$

$y'' = 0$, 즉 $(y-1)(y+2)(2y+1) = 0$을 만족하는 세 평형점 $y = -2$, $-\dfrac{1}{2}$, 1을 중심으로 해곡선의 볼록성에 대한 [표 1.2]를 얻는다.

[표 1.2] $y = y(x)$의 볼록성

y	$\cdots$	-2	$\cdots$	$-\dfrac{1}{2}$	$\cdots$	1	$\cdots$
y''의 부호	$-$	0	$+$	0	$-$	0	$+$
$y = y(x)$의 볼록성	⌒↘		⌣↗		⌒↘		⌣↗

세 평형점 $y = -2$, $-\dfrac{1}{2}$, 1을 중심으로 해곡선 $y = y(x)$의 볼록성은 다음과 같다.

① $y < -2$, $-\dfrac{1}{2} < y < 1$에서 해곡선 $y = y(x)$는 위로 볼록이다.

② $-2 < y < -\dfrac{1}{2}$, $y > 1$에서 해곡선 $y = y(x)$는 아래로 볼록이다.

해곡선의 증감과 볼록성으로부터 자율 미분방정식 $y' = (y-1)(y+2)$에 대하여 다음 사실을 얻는다.

① 평형점은 $y = -2$, 1이고 이 두 점에서 $y = y(x)$는 수평선이다.
② $y < -2$이면 $y' > 0$, $y'' < 0$이므로 해곡선 $y = y(x)$는 증가하고 위로 볼록이다.
③ $y > 1$이면 $y' > 0$, $y'' > 0$이므로 해곡선 $y = y(x)$는 증가하고 아래로 볼록이다.
④ $-2 < y < 1$이면 $y' < 0$이므로 해곡선 $y = y(x)$은 감소하고, 특히 $-2 < y < -\dfrac{1}{2}$에서 $y'' > 0$이 므로 $y = y(x)$는 아래로 볼록이고, $-\dfrac{1}{2} < y < 1$에서 $y'' < 0$이므로 위로 볼록이다.

이를 기반하여 $y = y(x)$의 그래프를 그리면 [그림 1.2]와 같다.

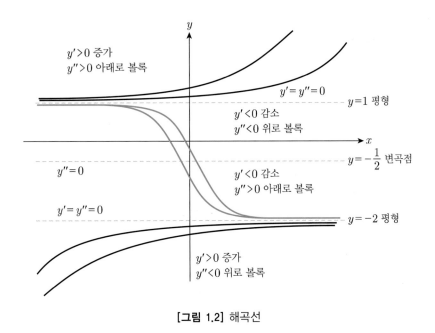

[그림 1.2] 해곡선

해곡선의 분석

[그림 1.2]로부터 초깃값 $y_0 = y(x_0)$에 대하여 다음 사실을 얻는다.

① $y_0 < -2$이면 $y(x)$는 경계선 아래 놓이며, $x \to \infty$일 때 평형점 $y = -2$에 수렴한다.

② $y_0 > 1$이면 $y(x)$는 경계선 위에 놓이며, $x \to -\infty$이면 평형점 $y = 1$에 수렴하고 $x \to \infty$이면 $y(x)$는 지속적으로 증가한다.

③ $-2 < y_0 < 1$이면 $y(x)$는 $x \to -\infty$이면 $y = 1$에 수렴하고 $x \to \infty$이면 $y = -2$에 수렴한다.

이로부터 미분방정식의 초깃값 y_0과 두 평형점 $y = c_1$, $c_2 (c_1 < c_2)$에 대하여 다음이 성립한다.

① $y_0 = c_1$, c_2이면 평형을 이룬다.

② $y_0 > c_2$이면 $y(x)$는 x가 커질수록 평형점 $y = c_2$로부터 점점 멀어지고 $\dfrac{dy}{dx}$도 계속 증가한다. 이 경우 평형점 $y = c_2$를 **불안정한 평형점**^{unstable equilibrium}이라 한다.

③ $y_0 < c_1$이면 $y(x)$는 x가 커질수록 평형점 $y = c_1$에 수렴하며, 이 경우 평형점 $y = c_1$을 **안정한 평형점**^{stable equilibrium}이라 한다.

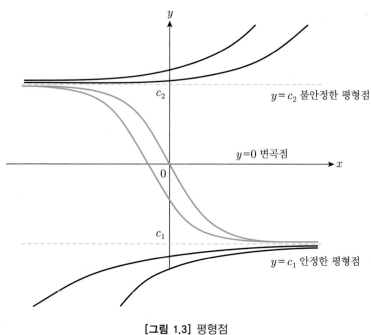

c_2

$y = c_2$ 불안정한 평형점

$y = 0$ 변곡점

x

0

c_1

$y = c_1$ 안정한 평형점

[그림 1.3] 평형점

▶ 예제 14

미분방정식 $y' = y^2 - 1$ 의 평형점을 구한 다음, 해곡선을 그려라.

풀이

주안점 평형점을 구하고 해곡선의 증감과 볼록성을 조사한다.

❶ 평형점을 구한다.

$$f(y) = (y+1)(y-1) = 0 \text{ 에서 } y = -1, \ y = 1$$

❷ 평형점을 중심으로 y' 의 부호를 조사한다.

y	$\cdots$	-1	$\cdots$	1	$\cdots$
y' 의 부호	$+$	0	$-$	0	$+$
$y = y(x)$ 의 증감	증가		감소		증가
해곡선	↗		↘		↗

❸ 해곡선의 증감을 구한다.

(i) $y < -1$ 이면 $y' > 0$ 이므로 해곡선 $y = y(x)$ 는 증가한다.

(ii) $-1 < y < 1$ 이면 $y' < 0$ 이므로 해곡선 $y = y(x)$ 는 감소한다.

(iii) $y > 1$ 이면 $y' > 0$ 이므로 해곡선 $y = y(x)$ 는 증가한다.

❹ 해곡선의 2계 도함수를 구한다.

$$y'' = y'(y+1) + (y-1)y' = 2yy' = 2y(y+1)(y-1)$$

❺ 변곡점의 y 의 값을 구한다.

$$y'' = 2y(y+1)(y-1) = 0 \text{에서 } y = -1, \ y = 0, \ y = 1$$

❻ 변곡점의 y 의 값을 중심으로 y'' 의 부호를 조사한다.

y	$\cdots$	-1	$\cdots$	0	$\cdots$	1	$\cdots$
y'' 의 부호	$-$	0	$+$	0	$-$	0	$+$
$y = y(x)$ 의 볼록성	⌢		⌣		⌢		⌣

❼ 해곡선의 볼록성을 구한다.
  (i) $y < -1$, $0 < y < 1$ 이면 $y'' < 0$ 이므로 해곡선 $y = y(x)$는 위로 볼록이다.
  (ii) $-1 < y < 0$, $y > 1$ 이면 $y'' > 0$ 이므로 해곡선 $y = y(x)$는 아래로 볼록이다.

❽ 해곡선은 다음과 같다.

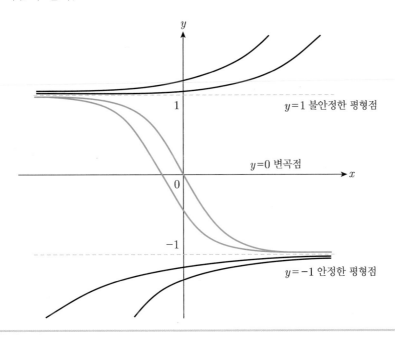

이와 같은 자율 미분방정식 $\dfrac{dy}{dx} = f(y)$를 페르휼스트[Rombout Verhulst, 1624~1696]의 로지스틱 모형에 적용할 수 있다.

맬서스의 지수성장 모형^{exponential growth model}

맬서스^{Thomas Robert Malthus, 1766~1834}의 지수성장 모형은 일정 기간 동안 인구의 변화율은 전체 인구수에 비례한다는 것이다. 따라서 현재 인구를 P_0이라 할 때, 어느 한 시점 t에서의 인구 $P(t)$는 비례상수 k에 대하여 다음 미분방정식을 만족한다.

$$\frac{dP}{dt} = kP$$

여기서 비례상수 k는 인구증가율을 나타낸다. 이 미분방정식이 변수분리형이고 초깃값이 $P_0 = P(0)$ 이므로 해는 다음과 같다.

$$P = P_0 e^{kt}$$

즉, $k > 0$이면 $P(t)$는 지수적으로 성장한다. 그러나 현실적으로는 생산한 식량이나 생활공간 등의 영향으로 이러한 성장은 제한을 받을 수밖에 없다. 이를 고려하여 벨기에의 수학자 페르홀스트는 맬서스의 지수성장 모형을 수정했다.

페르홀스트의 로지스틱 모형^{logistic model}

이 모형은 초기에는 인구수가 지수적으로 급격하게 증가하지만 특정한 환경에서 생존할 수 있는 인구의 한계수준(환경수용력)에 의해 인구의 증가율이 완만해지며, 결국은 인구수가 일정하게 유지된다는 것이다. 페르홀스트가 제시한 일반적인 로지스틱 모형은 다음과 같다.

$$\frac{dP}{dt} = P(a - bP)$$

여기서 a와 b는 양수이다. 즉, 이 미분방정식의 평형점은 $P(a - bP) = 0$을 만족하는 $P = 0$, $P = \frac{a}{b}$ 이고, 이 모형에 대한 $P(t)$의 증감은 [표 1.3]과 같다.

[표 1.3] 로지스틱 모형의 증감과 화살표 방향

P	0	⋯	$\frac{a}{b}$	⋯
P'의 부호	0	+	0	−
$P(t)$의 증감		증가		감소

볼록성을 조사하기 위해 P''을 구하면 다음과 같다.

$$P'' = P'(a - bP) - bP'P = P(a - bP)(a - bP) - bP(a - bP)$$
$$= P(a - bP)(a - 2bP)$$

$P'' = 0$을 만족하는 변곡점은 $P = 0$, $P = \dfrac{a}{2b}$, $P = \dfrac{a}{b}$이고, 볼록성은 [표 1.4]와 같다.

[표 1.4] 로지스틱 모형의 볼록성

P	0	⋯	$\dfrac{a}{2b}$	⋯	$\dfrac{a}{b}$	⋯
P'' 의 부호	0	+	0	−	0	+
$P(t)$ 의 볼록성		⌣		⌢		⌣

이로부터 미분방정식 $\dfrac{dP}{dt} = P(a - bP)$에 대하여 다음 사실을 얻는다.

① $P > 0$에서 평형점은 $P = \dfrac{a}{2b}$, $\dfrac{a}{b}$이므로 이 두 점에서 $P(t)$는 수평선이다.

② $0 < P < \dfrac{a}{2b}$이면 $P' > 0$, $P'' > 0$이므로 해곡선 $P = P(t)$는 증가하고 아래로 볼록이다.

③ $\dfrac{a}{2b} < P < \dfrac{a}{b}$이면 $P' > 0$, $P'' < 0$이므로 해곡선 $P = P(t)$는 증가하고 위로 볼록이다.

④ $P > \dfrac{a}{b}$이면 $P' < 0$, $P'' > 0$이므로 해곡선 $P = P(t)$는 감소하고 아래로 볼록이다.

이를 기반으로 해곡선 $P(t)$를 그리면 [그림 1.4]와 같다.

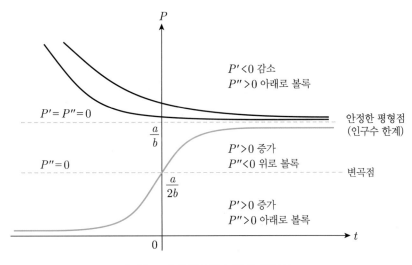

[그림 1.4] 로지스틱 모형의 해곡선

[그림 1.4]로부터 $t = t_0$에서 인구수가 P_0일 때 다음 사실을 얻는다.

① $t > 0$에서 $0 < P_0 < \dfrac{a}{b}$이면 $P(t)$가 증가하므로 $t \to \infty$일 때 $P(t)$는 안정한 평형점 $\dfrac{a}{b}$에 수렴한다. 특히 $0 < P_0 < \dfrac{a}{2b}$이면 $P(t)$는 S자 모양을 이루면서 평형점에 수렴한다.

② $P_0 > \dfrac{a}{b}$이면 $P(t)$가 감소하므로 $t \to \infty$일 때 $P(t)$는 안정한 평형점 $\dfrac{a}{b}$에 수렴한다.

초기조건 $P_0 = P(0)$을 만족하는 미분방정식 $\dfrac{dP}{dt} = P(a - bP)$의 해를 직접 구하면 다음과 같다.

$$\frac{dP}{dt} = P(a - bP), \quad \left(\frac{1}{P} + \frac{b}{a - bP} \right) dP = a\,dt$$

$$\int \left(\frac{1}{P} + \frac{b}{a - bP} \right) dP = \int a\,dt = at + C_1$$

$$\ln|P| - \ln|a - bP| = at + C_1$$

$$\ln \left| \frac{P}{a - bP} \right| = at + C_1, \quad \left| \frac{P}{a - bP} \right| = Ce^{at}$$

초기조건이 $P_0 = P(0)$이므로 $C = \left| \dfrac{P_0}{a - bP_0} \right|$이고, 이 미분방정식의 해는 다음과 같다.

$$P(t) = \frac{aP_0}{bP_0 + (a - bP_0)e^{-at}}$$

▶ 예제 15

로지스틱 모형 $\dfrac{dP}{dt} = P(4 - 2P)$의 평형점을 구한 다음, 해곡선을 그려라(단, $P \geq 0$).

풀이

주안점 평형점을 구하고 해곡선의 증감과 볼록성을 조사한다.

❶ 평형점을 구한다.

$$P(4 - 2P) = 0 \text{에서 } P = 0, \ P = 2$$

❷ 평형점을 중심으로 P'의 부호를 조사한다.

P	$\cdots$	0	$\cdots$	2	$\cdots$
P'의 부호	$-$	0	$+$	0	$-$
$P(t)$의 증감	감소		증가		감소

❸ 해곡선의 증감을 구한다.
  (i) $P < 0$, $P > 2$이면 $P' < 0$이므로 해곡선 $P(t)$는 감소한다.
  (ii) $0 < P < 2$이면 $P' > 0$이므로 해곡선 $P(t)$는 증가한다.

❹ 해곡선의 2계 도함수를 구한다.

$$P'' = P'(4-2P) - 2PP' = P(4-2P)(4-2P) - 2P(4-2P)$$
$$= P(4-2P)(4-4P)$$

❺ 변곡점의 P의 값을 구한다.

$$P'' = 0 \text{에서 } P = 0, \ P = 1, \ P = 2$$

❻ 변곡점의 P의 값을 중심으로 P''의 부호를 조사한다.

P	$\cdots$	0	$\cdots$	1	$\cdots$	2	$\cdots$
P''의 부호	$-$	0	$+$	0	$-$	0	$+$
$P(t)$의 볼록성	⤵		⤴		⤵		⤴

❼ 해곡선의 볼록성을 구한다.
  (i) $0 < P < 1$, $P > 2$이면 $P'' > 0$이므로 해곡선 $P(t)$는 아래로 볼록이다.
  (ii) $P < 0$, $1 < P < 2$이면 $P'' < 0$이므로 해곡선 $P(t)$는 위로 볼록이다.

❽ 해곡선은 그림과 같다.

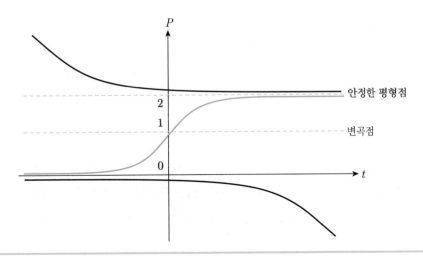

1계 상미분방정식이 화학공학, 재료공학, 환경공학에 적용되는 여러 예를 살펴본다.

▸ **예제 16 로지스틱 형태의 생물 개체군 성장 모형**

생물의 개체 수는 비교적 짧은 시간 동안은 기하급수적으로 증가할 수 있지만 이는 먹이 부족, 자원에 대한 상호 경쟁, 포식, 질병 등 생태계가 갖는 현실적 제한을 고려하면 매우 비현실적이다. 이 경우 개체 수 N은 다음과 같은 로지스틱 모형으로 나타낼 수 있다.

$$\frac{dN}{dt} = rN\left(1 - \frac{N}{K}\right)$$

여기서 N은 생물의 개체 수, r은 고유성장률$^{intrinsic\ rate\ of\ increase}$로서 번식률과 사망률의 차이로 정의할 수 있다. K는 환경용량$^{carrying\ capacity}$이며, 환경이 수용할 수 있는 최대 개체 수를 나타낸다. 초기조건 $N(0) = N_0$에서 미분방정식의 해를 구하여라.

풀이

주안점 이 미분방정식은 변수분리형이다.

❶ 주어진 미분방정식을 변수분리형으로 변형하고, 부분분수로 분해한다.

$$\frac{dN}{dt} = rN\left(1 - \frac{N}{K}\right) = rN\frac{K-N}{K}$$

$$\frac{K}{N(K-N)}\,dN = r\,dt$$

$$\left(\frac{1}{N} - \frac{1}{N-K}\right)dN = r\,dt$$

❷ 양변을 각각 N과 t에 관하여 적분한다.

$$\int\left(\frac{1}{N} - \frac{1}{N-K}\right)dN = \int r\,dt$$

$$\ln|N| - \ln|K-N| = rt + C_1$$

$$\ln\left|\frac{N}{K-N}\right| = rt + C_1$$

$$\frac{N}{K-N} = e^{rt+C_1} = Ce^{rt}$$

$$N = \frac{CKe^{rt}}{1 + Ce^{rt}}$$

❸ 초기조건 $N(0) = N_0$을 이용하여 임의의 상수 C를 구한다.

$N_0 = \dfrac{CK}{1 + C}$ 에서 $N_0(1 + C) = CK$, $C = \dfrac{N_0}{K - N_0}$

❹ 초기조건을 만족하는 특수해를 구한다.

$$N = \frac{CKe^{rt}}{1 + Ce^{rt}} = \frac{\dfrac{KN_0}{K - N_0}e^{rt}}{1 + \dfrac{N_0}{K - N_0}e^{rt}} = \frac{KN_0 e^{rt}}{(K - N_0) + N_0 e^{rt}} = \frac{K}{1 + \left(\dfrac{K - N_0}{N_0}\right)e^{-rt}}$$

[예제 16]에서 초기조건 $N_0 = N(0)$이 개체 수에 미치는 영향을 예측하면 [그림 1.5]와 같다. 초기 개체 수가 환경용량(K)을 초과하면 개체 수는 시간에 따라 감소하여 환경용량에 이른다. 반면, 초기 개체 수가 환경용량(K)보다 작으면 시간이 지날수록 개체 수는 증가한다. 이 그림에서 시간이 지날수록 개체 수는 환경용량에 의해 $K = 100{,}000$에 수렴함을 알 수 있다.

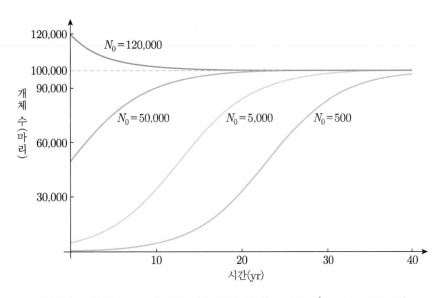

[그림 1.5] 초기 개체 수에 따른 성장곡선 변화($r = 0.231/\mathrm{yr}$, $K = 100{,}000$)

▶ 예제 17 **오염 물질의 가수분해**

시안은 의약품 산업에서 중간 원료를 생산하는 데 사용된다. 중간 원료를 생산하는 과정에서 합성된 유기 시안이 포함된 폐수는 고온 가수분해 반응으로 처리할 수 있으며, 유기 시안의 고온 가수분해 반응은 다음과 같이 표현된다.

$$\text{R} \longrightarrow \text{CN} + 2\text{H}_2\text{O} \longrightarrow \text{NH}_3 + \text{R} \longrightarrow \overset{\displaystyle \text{C}}{\underset{\displaystyle \text{OH}}{|}} = \text{O}$$

유기 시안의 가수분해 반응은 1차 반응이며, 170℃에서 반응속도 상수는 $8\,\text{hr}^{-1}$이다. 초기 농도가 2,000mg/L인 폐수를 170℃에서 가수분해 반응으로 유기 시안을 처리하여 폐수의 농도가 5mg/L로 줄어드는 데 소요되는 시간을 구하여라.

풀이

[주안점] 이 미분방정식은 변수분리형이다.

❶ 방정식을 세운다.

반응물인 유기 시안의 농도 C에 대하여 반응속도 상수는 $8\,\text{hr}^{-1}$이므로 1차 반응의 반응속도식은 $r = -8\,C$, $r = \dfrac{dC}{dt}$이다. 이로부터 다음 미분방정식을 얻는다.

$$\frac{dC}{dt} = -8\,C, \quad \frac{dC}{C} = -8\,dt$$

❷ 양변을 각각 C와 t에 관하여 적분한다.

$$\int \frac{dC}{C} = \int -8\,dt$$

$$\ln C = -8\,t + D_1, \quad C = De^{-8t}$$

❸ $t = 0$에서 유기 시안의 농도는 2,000mg/L이므로 초기조건 $C(0) = 2000$을 이용하여 임의의 상수 D를 구한다.

$$2000 = De^{-8(0)} = D \text{에서 } D = 2000$$

❹ 초기조건을 만족하는 특수해를 구한다.

$$C = 2000\,e^{-8t}$$

❺ 유기 시안의 농도가 5mg/L로 감소하는 데 소요되는 시간을 구한다.

$5 = 2000\,e^{-8t}$ 에서

$$e^{-8t} = \frac{1}{400}, \quad -8t = \ln\frac{1}{400} = -\ln 400$$

따라서 $t \approx 0.7489\,\mathrm{hr} \approx 45\,\mathrm{min}$ 이다.

▶ 예제 18 **2차 반응**

어떤 반응이 다음과 같이 2차 반응으로 진행될 때, 반응물의 농도에 대한 식을 구하여라(단, 초기조건은 $C(0) = C_0$ 이다).

$$\frac{dC}{dt} = -kC^2$$

풀이

주안점 이 미분방정식은 변수분리형이다.

❶ 주어진 미분방정식을 변수분리형으로 변형한다.

$\dfrac{dC}{dt} = -kC^2$ 에서 $\dfrac{dC}{C^2} = -k\,dt$

❷ 양변을 각각 C와 t에 관하여 적분한다.

$$\int \frac{1}{C^2}\,dC = \int -k\,dt$$

$$-\frac{1}{C} = -kt + D$$

❸ 초기조건 $C(0) = C_0$을 적용하여 적분상수 D를 결정한다.

$$D = -\frac{1}{C_0}$$

❹ 초기조건을 만족하는 특수해를 구한다.

$-\dfrac{1}{C} = -kt - \dfrac{1}{C_0}$ 에서 $\dfrac{1}{C} = kt + \dfrac{1}{C_0}$, $\quad C = \dfrac{C_0}{kt\,C_0 + 1}$

[그림 1.6]은 초기 농도가 $C(0) = 50\,\mathrm{mg/L}$일 때 $k = 0.005$, 0.03, $0.1\,\mathrm{L(mg\cdot min)}$인 경우의 농도를 나타낸 그래프이다.

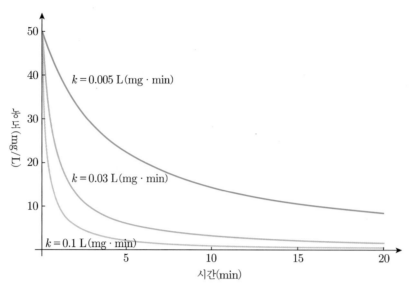

[그림 1.6] 반응속도 상수 k에 따른 농도 변화(초기 농도 50mg/L)

▶ 예제 19 미카엘리스-멘텐 식^{Michaelis-Menten equation}

기질 S에 효소 E가 관여하여 생성물 P로 전환되는 일반적인 생물반응 $S \xrightarrow{E} P$ 는 다음과 같은 미카엘리스-멘텐 반응속도 식으로 표현된다.

$$-\frac{dS}{dt} = \frac{dP}{dt} = v_{\max} \frac{S}{K_m + S}$$

여기서 K_m 은 미카엘리스-멘텐 상수이고, $v_{\max}$ 는 최대 속도를 나타낸다. 어떤 생물반응이 초기조건 $S(0) = S_0$ 에서 회분식 반응기로 진행하는 경우, 반응 시간에 따른 기질 농도에 대한 식을 구하여라.

풀이

주안점 이 미분방정식은 변수분리형이다.

❶ 주어진 미분방정식을 변수분리형으로 변형한다.

$$-\frac{K_m + S}{S} \frac{dS}{dt} = v_{\max}$$

❷ 양변을 각각 S와 t에 관하여 적분한다.

$$-\int \frac{K_m + S}{S} dS = \int v_{\max} dt$$

$$-\int \left(\frac{K_m}{S} + 1\right) dS = v_{\max} t$$

$$K_m \ln S + S = -v_{\max} \cdot t + D$$

❸ 초기조건 $S(0) = S_0$ 을 이용하여 적분상수 D를 결정한다.

$K_m \ln S_0 + S_0 = -v_{\max} \cdot (0) + D$ 에서 $D = K_m \ln S_0 + S_0$

❹ 초기조건을 만족하는 특수해를 구한다.

$$K_m \ln S + S = -v_{\max} \cdot t + K_m \ln S_0 + S_0$$

$$K_m \ln \frac{S}{S_0} + (S - S_0) = -v_{\max} \cdot t$$

미카엘리스–멘텐 식의 해가 음함수이므로 시행착오법으로 해를 구해야 한다. 한편 이와 같은 미카엘리스–멘텐 식은 생화학에서 효소 반응속도론으로 가장 잘 알려진 모형 중 하나이며, $v_{\max}$ 는 주어진 효소 농도에 대한 포화 기질 농도에서 달성되는 최대 속도를 나타낸다. 이때 미카엘리스–멘텐 상수의 값이 S(기질 농도)와 같다면, 즉 $K_m = S$이면 [그림 1.7]과 같이 초기 반응속도는 최대 속도 $v_{\max}$ 의 $\frac{1}{2}$이다.

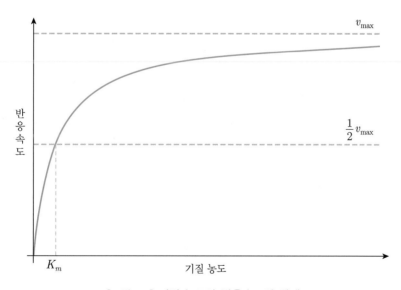

[그림 1.7] 기질 농도와 반응속도의 관계

▶ 예제 20 **이분자 반응의 반응속도**

두 물질 A, B가 반응하여 물질 P를 생성하는 반응 $A + B \rightarrow P$의 반응속도는 다음과 같이 나타낼 수 있다.

$$\frac{dx}{dt} = k(a-x)(b-x)$$

여기서 x는 반응에 따라 감소한 반응물의 농도이고 a, $b\,(a \neq b)$는 각각 두 물질 A, B의 초기 농도이다. 반응 초기 생성물 P가 존재하지 않으면 생성 물질 P의 농도와 같을 때, 초기조건 $x(0) = 0$을 만족하는 해를 구하여라.

풀이

주안점 이 미분방정식은 변수분리형이다.

❶ 주어진 미분방정식을 변수분리형으로 변형하고, 부분분수로 분해한다.

$$\frac{1}{(a-x)(b-x)}dx = k\,dt$$

$$\frac{1}{b-a}\left(\frac{1}{a-x} - \frac{1}{b-x}\right)dx = k\,dt$$

❷ 양변을 각각 x와 t에 관하여 적분한다.

$$\frac{1}{b-a}\int\left(\frac{1}{a-x} - \frac{1}{b-x}\right)dx = \int k\,dt$$

$$\frac{1}{b-a}\left(-\ln|a-x| + \ln|b-x|\right) = kt + C$$

$$\frac{1}{b-a}\ln\left|\frac{b-x}{a-x}\right| = kt + C$$

❸ 초기조건 $x(0) = 0$을 이용하여 적분상수 C를 결정한다.

$$C = \frac{1}{b-a}\ln\left|\frac{b}{a}\right|$$

❹ 초기조건을 만족하는 특수해를 구한다.

$$\frac{1}{b-a}\ln\left|\frac{b-x}{a-x}\right| = kt + \frac{1}{b-a}\ln\left|\frac{b}{a}\right|$$

$$\ln\left|\frac{a(b-x)}{b(a-x)}\right| = kt, \quad \frac{b-x}{a-x} = \frac{b}{a}e^{kt(b-a)}$$

$$x = \frac{ab\left(1 - e^{kt(b-a)}\right)}{a - be^{kt(b-a)}}$$

[예제 20]의 반응량 $x(t)$는 [그림 1.8]과 같이 어느 순간부터 변화가 거의 없는 형태로 나타나며, 두 물질의 초기 농도 a, b에 대하여 다음 두 가지 형태를 보인다.

① $a > b$인 경우: $\displaystyle\lim_{t \to \infty} x(t) = \lim_{t \to \infty} \frac{ab(1 - e^{kt(b-a)})}{a - be^{kt(b-a)}} = b$

② $a < b$인 경우: $\displaystyle\lim_{t \to \infty} x(t) = \lim_{t \to \infty} \frac{ab(1 - e^{kt(b-a)})}{a - be^{kt(b-a)}} = a$

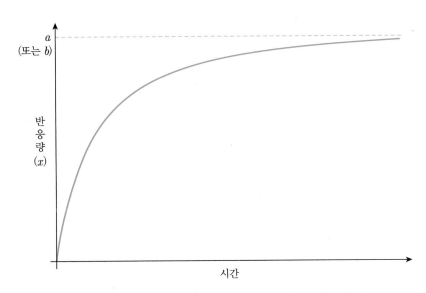

[그림 1.8] 물질 P를 생성하는 반응 A+B→P의 반응량

▶ 예제 21 **전염병 확산 모형**

SI 모형은 전염병 확산을 설명하기 위한 가장 간단한 모형이다. 개체 수가 N인 집단에서 임의의 시간에서 개체는 비감염자(S, susceptible)와 감염자(I, infected)로 분류되며, 감염자와 비감염자의 합은 개체 수 N과 같다. 비감염자 수, 감염자 수를 각각 S, I라 하면 감염속도는 다음 미분방정식으로 나타낼 수 있다.

$$\frac{dI}{dt} = \beta SI = \beta(N - I)I$$

여기서 β는 상수이다. 초기조건이 $I(0) = I_0$일 때, 이 미분방정식의 해를 구하여라.

풀이

주안점 이 미분방정식은 변수분리형이다.

❶ 주어진 미분방정식을 변수분리형으로 변형하고, 부분분수로 분해한다.

$$\frac{dI}{dt} = \beta(N-I)I, \quad \text{즉} \quad \frac{dI}{(N-I)I} = \beta dt$$

$$\frac{1}{N}\left(\frac{1}{I} + \frac{1}{N-I}\right)dI = \beta dt$$

❷ 양변을 각각 I와 t에 관하여 적분한다.

$$\frac{1}{N}\int\left(\frac{1}{I} + \frac{1}{N-I}\right)dI = \int \beta dt$$

$$\frac{1}{N}\left(\ln|I| - \ln|N-I|\right) = \beta t + C_1$$

$$\frac{1}{N}\ln\left|\frac{I}{N-I}\right| = \beta t + C_1$$

$$\frac{I}{N-I} = Ce^{\beta Nt} \quad (\text{난}, \quad C = e^{NC_1})$$

❸ 초기조건 $I(0) = I_0$을 이용하여 적분상수 C를 결정한다.

$$\frac{I_0}{N-I_0} = C$$

❹ 초기조건을 만족하는 특수해를 구한다.

$\dfrac{I}{N-I} = \dfrac{I_0}{N-I_0}e^{\beta Nt}$ 이므로

$$I = \frac{I_0 N e^{\beta Nt}}{N - I_0 + I_0 e^{\beta Nt}}$$

$$= \frac{I_0 N}{(N-I_0)e^{-\beta Nt} + I_0}$$

[예제 21]과 같은 SI 모형은 다음 두 가지 전제 조건을 가정한다.

① 개체 수 N은 변하지 않고 고정된다.
② 감염은 두 개체 사이에 무작위한 접촉에 의해 이루어지며, 감염된 개체는 치료되거나 사망하지 않고 계속 감염된 상태라고 가정한다.

감염자 수와 비감염자 수의 합은 전체 개체 수와 같아야 하므로 $S(t) + I(t) = N$이고, 이 식을 시간 t에 관하여 미분하면 다음을 얻는다.

$$\frac{dS}{dt} + \frac{dI}{dt} = 0 \,, \ \ \frac{dS}{dt} = -\frac{dI}{dt}$$

이 모형은 감염자가 치료되지 않고 그대로 감염자로 남아 있는 것을 가정하므로 다음과 같이 시간이 무한히 경과하면 모든 개체가 감염자가 되어 $I = N$이 된다.

$$\lim_{t \to \infty} I(t) = \lim_{t \to \infty} \frac{I_0 N}{(N - I_0)e^{-\beta N t} + I_0} = \frac{I_0 N}{I_0} = N$$

따라서 감염자가 치료나 회복되는 경우와 감염에 따른 개체 수 변화 등이 반영되지 않은 매우 단순한 모델이다. 이 단순한 모형에 전염병에서 회복된 개체(R, recovered)를 고려한 SIR 모형이 개발됐으며, 더욱이 SIR 모형에 접촉군(E, exposed)을 추가한 SEIR 모형으로 발전하고 있다.

▶ 예제 22 **암세포의 증식**

암세포의 크기(부피) V는 어떤 두 양의 상수 α, λ에 대하여 시간이 지남에 따라 다음 방정식으로 표현된다.

$$\frac{dV}{dt} = \lambda e^{-\alpha t} V$$

초기조건이 $V(0) = V_0$일 때, 암세포의 크기에 대한 식을 구하여라.

풀이

주안점 이 미분방정식은 변수분리형이다.

❶ 주어진 미분방정식을 변수분리형으로 변형한다.

$$\frac{dV}{V} = \lambda e^{-\alpha t} dt$$

❷ 양변을 각각 V와 t에 관하여 적분한다.

$$\int \frac{1}{V} dV = \int \lambda e^{-\alpha t} dt$$

$$\ln V = -\frac{\lambda}{\alpha} e^{-\alpha t} + C$$

❸ 초기조건 $V(0) = V_0$을 이용하여 적분상수 C를 결정한다.

$$\ln V_0 = -\frac{\lambda}{\alpha} + C, \ \ \text{즉} \ \ C = \ln V_0 + \frac{\lambda}{\alpha}$$

❹ 초기조건을 만족하는 특수해를 구한다.

$\ln V = -\dfrac{\lambda}{\alpha}e^{-\alpha t} + \ln V_0 + \dfrac{\lambda}{\alpha}$ 이므로

$$\ln\dfrac{V}{V_0} = \dfrac{\lambda}{\alpha}(1-e^{-\alpha t}),\ \ 즉\ \ V = V_0\exp\left[\dfrac{\lambda}{\alpha}(1-e^{-\alpha t})\right]$$

암세포의 성장은 시간이 지남에 따라 [그림 1.9]와 같이 점차 느려지고 결국에는 $V_0 e^{\lambda/\alpha}$ 에 근접하게 된다.

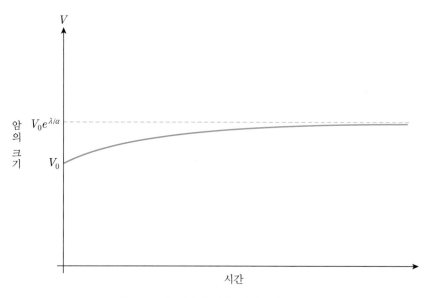

[그림 1.9] 시간에 따른 암세포의 증식

대류 열전달 문제는 뉴턴의 냉각법칙을 적용하여 변수분리형 미분방정식으로 해결할 수 있다. 대류에 의한 열에너지 q (W)는 물체의 접촉 면적 A 에 비례하고, 외부 환경의 온도 T_∞ 와 물체 표면의 온도 T 의 차에 비례한다. 또한 유동 조건에 따라 열에너지가 변하기 때문에 대류 열전달계수[convective heat transfer coefficient]라 하는 상수 h $(\mathrm{W}^2/\mathrm{m}^2 \cdot \mathrm{K})$ 를 도입하여 다음과 같이 표현된다.

$$q = hA(T_\infty - T)$$

또한 물체의 질량 m 과 정압비열[specific heat at constant pressure] c_p, 물체 표면의 온도 T 와 열에너지 q 사이에 다음 관계가 성립한다.

$$q = m c_p \dfrac{dT}{dt}$$

따라서 대류 열전달은 다음과 같이 뉴턴의 냉각법칙으로 나타낼 수 있다.

$$m\,c_p\frac{dT}{dt} = h\,A\,(T_\infty - T), \ \ \text{즉} \ \ \frac{dT}{dt} = \frac{h\,A}{m\,c_p}\,(T_\infty - T) = \lambda\,(T_\infty - T)$$

여기서 $h\,A/m\,c_p$ 는 상수 λ 이다.

▶ 예제 23 **뉴턴의 냉각법칙**

4℃로 유지되는 냉장고에서 오래 보관돼 있던 물을 꺼내 27℃ 실내에 두었다. 10분 후 측정한 물의 온도는 6℃라면 온도가 26℃가 되는 데 걸리는 시간을 구하여라.

풀이

주안점 이 미분방정식은 변수분리형이다.

❶ 주어진 미분방정식을 변수분리형으로 변형한다.

$$\frac{dT}{dt} = \lambda\,(T_\infty - T) = \lambda\,T_\infty - \lambda\,T, \ \ \text{즉} \ \ \frac{dT}{T_\infty - T} = \lambda\,dt$$

❷ 양변을 각각 T와 t에 관하여 적분한다.

$$\int \frac{dT}{T_\infty - T} = \int \lambda\,dt$$

$$-\ln(T_\infty - T) = \lambda t + C_1, \ \ \ln(T_\infty - T) = -\lambda t - C_1$$

$$T_\infty - T = Ce^{-\lambda t}, \ \ T = T_\infty - Ce^{-\lambda t}$$

❸ 초기조건 $T(0) = 4\,℃$를 이용하여 적분상수 C를 결정한다.

$$4 = 27 - C, \ \ \text{즉} \ \ C = 23$$

❹ 주어진 조건을 이용하여 상수 λ를 구한다.
   10분 후 물의 온도가 6℃이므로

$$6 = 27 - 23\,e^{-10\lambda}, \ \ -10\,\lambda = \ln\frac{21}{23} \approx -0.091, \ \ \lambda = 0.0091$$

❺ 초기조건을 만족하는 특수해를 구한다.

$$T = 27 - 23\,e^{-0.0091\,t}$$

❻ 물의 온도가 26℃가 되는 데 필요한 시간을 구한다.

$$26 = 27 - 23\,e^{-0.0091\,t}, \quad e^{-0.0091\,t} = \frac{1}{23}$$

$$-0.0091\,t = \ln\frac{1}{23} = -\ln 23$$

$$t = \frac{\ln 23}{0.0091} \approx 344.6\,\text{min}$$

지금까지 변수분리형 미분방정식의 활용을 살펴봤으며, 이제 선형 미분방정식의 응용에 대한 예제를 살펴본다.

▶ **예제 24 낙하 물체**

대기 중에서 낙하하는 물체에 작용하는 공기저항은 속도에 비례하는 것으로 알려져 있다. 질량이 m 인 우박의 낙하속도를 구하는 미분방정식을 세운 다음, 초기조건 $v(0) = 0$ 에서 해를 구하여라(단, 낙하하는 동안 우박의 크기 및 중량은 변하지 않는다고 가정한다).

풀이

주안점 이 미분방정식은 선형이다.

❶ 미분방정식을 세운다.

뉴턴의 운동 제2법칙을 낙하하는 우박에 적용하면 다음을 얻는다.

$$\sum F_i = m\,a = m\frac{dv}{dt} = m\frac{d^2 x}{dt^2}$$

$$m\,a = m\frac{dv}{dt} = mg - kv$$

$$m\,v' + kv = mg$$

$$v' + \frac{k}{m}v = g$$

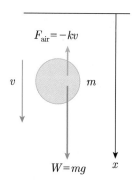

❷ 두 함수 $p(t)$, $r(t)$ 를 지정한다.

$$p(t) = \frac{k}{m}, \quad r(t) = g$$

❸ $p(t)$ 의 원시함수를 구한다.

$$\int p(t)\,dt = \int \frac{k}{m}\,dt = \frac{k}{m}\,t$$

❹ $p(t)$, $-p(t)$ 의 원시함수를 지수로 갖는 지수함수를 각각 구한다.

$$\exp\left[\int p(t)\,dt\right] = e^{\frac{kt}{m}}, \ \exp\left[-\int p(t)\,dt\right] = e^{-\frac{kt}{m}}$$

❺ $\int r(t)\exp\left[\int p(t)\,dt\right]dt$ 를 구한다.

$$\int r(t)\exp\left[\int p(t)\,dt\right]dt = \int g\,e^{\frac{kt}{m}}\,dt = \frac{mg}{k}e^{\frac{kt}{m}} + C$$

❻ 일반해를 구한다.

$$v = \exp\left[-\int p(t)\,dt\right]\int r(t)\exp\left[\int p(t)\,dt\right]dt$$
$$= e^{-\frac{kt}{m}}\left(\frac{mg}{k}e^{\frac{kt}{m}} + C\right) = \frac{mg}{k} + Ce^{-\frac{kt}{m}}$$

❼ 초기조건 $v(0) = 0$ 을 만족하는 특수해를 구한다.

$0 = \dfrac{mg}{k} + C$ 이므로 $C = -\dfrac{mg}{k}$

$$v = \frac{mg}{k} - \frac{mg}{k}e^{-\frac{kt}{m}} = \frac{mg}{k}\left(1 - e^{-\frac{kt}{m}}\right)$$

▶ **예제 25 소금물 혼합 문제**

그림과 같은 용기에 소금물 20L가 채워져 있으며, 소금 농도는 30g/L이다. 이 용기에 농도가 30g/L인 소금물을 유량 1L/min으로 주입하면서 동시에 깨끗한 물을 2L/min으로 주입한다. 주입된 물은 용기에서 완전히 혼합된 후 출구를 통해 3L/min의 유량으로 배출될 때, 배출되는 소금물의 농도를 구하여라.

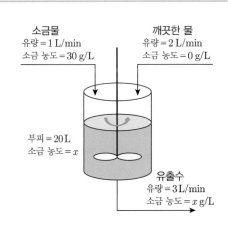

소금물
유량 = 1 L/min
소금 농도 = 30 g/L

깨끗한 물
유량 = 2 L/min
소금 농도 = 0 g/L

부피 = 20 L
소금 농도 = x

유출수
유량 = 3 L/min
소금 농도 = x g/L

풀이

주안점 용기에서 혼합이 완전하게 이루어진다고 가정하면 용기의 소금 농도와 유출되는 물의 소금 농도는 동일하다. 또한 총 유입량과 유출량이 같으므로 용기 안의 소금물의 부피는 처음 부피 20L를 유지한다.

❶ 미분방정식을 세운다.
   [변화량 = 유입량 − 유출량]이므로 다음을 얻는다.

$$20\frac{dx}{dt} = (1\text{L/min})(30\text{g/L}) - (3\text{L/min})(x\,\text{kg/L})$$

$$20\frac{dx}{dt} = 30 - 3x\,, \quad \text{즉} \quad \frac{dx}{dt} + 0.15x = 1.5$$

❷ 두 함수 $p(t)$, $r(t)$를 지정한다.

$$p(t) = 0.15\,, \ r(t) = 1.5$$

❸ $p(t)$의 원시함수를 구한다.

$$\int p(t)\,dt = \int 0.15\,dt = 0.15\,t$$

❹ $p(t)$, $-p(t)$의 원시함수를 지수로 갖는 지수함수를 각각 구한다.

$$\exp\left[\int p(t)\,dt\right] = e^{0.15t}\,, \ \exp\left[-\int p(t)\,dt\right] = e^{-0.15t}$$

❺ $\int r(t)\exp\left[\int p(t)\,dt\right]dt$를 구한다.

$$\begin{aligned}
\int r(t)\exp\left[\int p(t)\,dt\right]dt &= \int 1.5\,e^{0.15t}\,dt \\
&= \frac{1.5}{0.15}\,e^{0.15t} + C \\
&= 10\,e^{0.15t} + C
\end{aligned}$$

❻ 일반해를 구한다.

$$\begin{aligned}
x &= \exp\left[-\int p(t)\,dt\right]\int r(t)\exp\left[\int p(t)\,dt\right]dt \\
&= e^{-0.15t}\left(10\,e^{0.15t} + C\right) \\
&= 10 + Ce^{-0.15t}
\end{aligned}$$

❼ 초기조건 $x(0) = 30$을 만족하는 특수해를 구한다.

$30 = 10 + Ce^{(-0.15)(0)} = 10 + C$에서 $C = 20$이므로

$$x = 10 + 20\,e^{-0.15t}$$

[예제 25]에서 유출된 소금물의 소금 농도는 [그림 1.10]과 같이 시간이 흐르면 감소하며, 결국에는 10g/L가 된다. 이는 농도가 30g/L인 소금물을 깨끗한 물로 3배 희석하여 배출하기 때문이다. 만일 깨끗한 물의 유입량을 4L/min으로 주입하면 소금물은 5배 희석되어 최종적으로 6g/L의 농도로 배출될 것이다.

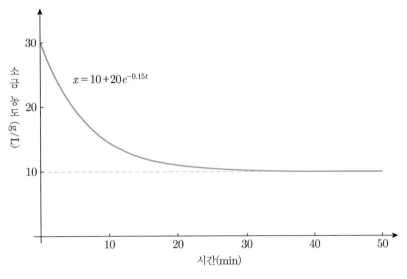

$$x = 10 + 20e^{-0.15t}$$

[그림 1.10] 시간에 따른 소금 농도의 변화

연속류식 완전혼합형 반응기 안에서 반응물의 농도를 구할 때는 선형 미분방정식을 이용한다. 이때 **연속류식 완전혼합형 반응기**^{continuous stirred tank reactor}(CSTR)는 [그림 1.11]과 같이 표현되며 완전혼합을 가정하는 이상적인 반응기의 한 종류이며, 다음과 같은 특징이 있다.

① 연속류식 반응기로 유입과 유출이 연속적으로 이루어지고, 그 양이 동일하여 반응부피가 일정하게 유지된다.

② 완전혼합형이므로 유입되는 반응물은 순간적으로 반응기 전체로 혼합되고, 반응기 내부에서 위치에 따른 반응물 또는 생성물의 농도 차이가 없다. 즉, 반응기 내부 모든 위치에서 물질의 농도는 일정하다.

③ 반응기에서 유출되는 반응물 또는 생성물의 농도는 반응기 내 반응물 또는 생성물의 농도와 같다.

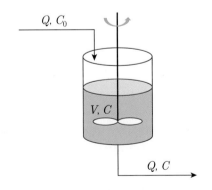

[그림 1.11] 연속류식 완전혼합형 반응기 모식도

CSTR 반응기에서 1차 반응($r = -kC$)이 진행될 때, 초기조건 $C(0) = C_0$을 고려하여 반응물의 농도를 구하여라. 이때 k는 반응속도 상수이다.

풀이

❶ 미분방정식을 세운다.

반응기에서의 반응물 물질수지를 분석하면 [변화량 = 유입량 − 유출량 + 반응에 의한 소비 또는 생성량]이므로 다음을 얻는다.

$$\frac{d(VC)}{dt} = V\frac{dC}{dt} = QC_0 - QC + Vr$$

여기서 Q는 유입량 또는 유출량, C_0은 반응기 유입부에서의 유입농도, C는 반응기 내 반응물질의 농도(=유출하는 반응물질의 농도), V는 반응기 부피, r은 반응속도식이다.

❷ 반응기 내 반응물의 부피가 일정하다고 가정하고, 반응속도식이 1차 반응임을 이용한다.

$r = -kC$이므로 위 미분방정식은 다음과 같다.

$$V\frac{dC}{dt} = QC_0 - QC + V(-kC)$$

$$\frac{dC}{dt} = \frac{Q}{V}C_0 - \frac{Q}{V}C - kC = \frac{Q}{V}C_0 - \left(\frac{Q}{V} + k\right)C$$

$$\frac{dC}{dt} + \beta C = \frac{QC_0}{V}, \quad \beta = \frac{Q}{V} + k$$

❸ 두 함수 $p(t)$, $r(t)$를 지정한다.

$$p(t) = \beta, \; r(t) = \frac{QC_0}{V}$$

❹ $p(t)$의 원시함수를 구한다.

$$\int p(t)dt = \int \beta dt = \beta t$$

❺ $p(t)$, $-p(t)$의 원시함수를 지수로 갖는 지수함수를 각각 구한다.

$$\exp\left[\int p(t)dt\right] = e^{\beta t}, \; \exp\left[-\int p(t)dt\right] = e^{-\beta t}$$

❻ $\int r(t)\exp\left[\int p(t)dt\right]dt$를 구한다.

$$\int r(t)\exp\left[\int p(t)dt\right]dt = \int \frac{QC_0}{V}e^{\beta t}dt = \frac{QC_0}{\beta V}e^{\beta} + D$$

여기서 D는 적분상수이다.

❼ 일반해를 구한다.

$$C = \exp\left[-\int p(t)\,dt\right]\int r(t)\exp\left[\int p(t)\,dt\right]dt$$

$$= e^{-\beta t}\left(\frac{QC_0}{\beta V}e^{\beta t} + D\right) = \frac{QC_0}{\beta V} + De^{-\beta t}$$

❽ 초기조건 $C(0) = C_0$ 을 만족하는 특수해를 구한다.

$C_0 = \dfrac{QC_0}{\beta V} + D$에서 $D = C_0 - \dfrac{C_0 Q}{\beta V}$

$$C = \frac{QC_0}{\beta V} + C_0 e^{-\beta t} - \frac{QC_0}{\beta V}e^{-\beta t}$$

$$= \frac{QC_0}{\beta V}(1 - e^{-\beta t}) + C_0 e^{-\beta t}$$

[예제 26]에서 $t \to \infty$ 이면 반응물의 농도 $C(t)$의 극한은 다음과 같다.

$$\lim_{t\to\infty} C(t) = \lim_{t\to\infty}\left[\frac{QC_0}{\beta V}(1 - e^{-\beta t}) + C_0 e^{-\beta t}\right] = \frac{QC_0}{\beta V}$$

즉, 반응물질의 농도는 시간 t가 무한히 증가하면 일정한 값 $\dfrac{QC_0}{\beta V}$ 에 수렴함을 알 수 있다. 이때 $C(t)$의 극한을 다음과 같이 표현할 수 있으며, $\dfrac{V}{Q}$ 를 체류시간$^{\text{retention time}}$이라 한다.

$$C = \frac{QC_0}{\beta V} = \frac{QC_0}{V\left(\dfrac{Q}{V} + k\right)} = \frac{C_0}{1 + k\dfrac{V}{Q}}$$

반응속도 상수 k가 반응물의 정상상태 농도에 미치는 영향은 [그림 1.11]과 같다. 반응속도 상수가 증가할수록 정상상태의 농도는 감소하며, 정상상태에 도달하는 데 소요되는 시간도 단축된다. [그림 1.12]는 초기 농도 $C_0 = 100$, $\dfrac{Q}{V} = 0.2$ 에 대하여 $k = 0.1\,\text{hr}^{-1}$, $k = 0.3\,\text{hr}^{-1}$, $k = 0.5\,\text{hr}^{-1}$를 적용한 반응물의 정상상태의 농도 변화를 나타낸다.

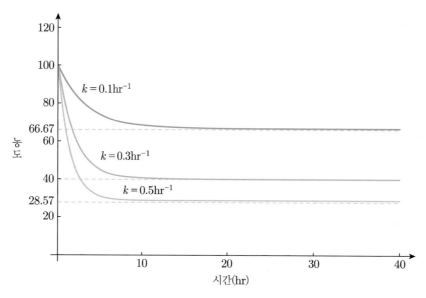

[그림 1.12] 반응속도 상수에 따른 반응물의 정상상태 농도

[그림 1.13]은 초기 농도가 $C_0 = 100$ 이고 반응속도 상수가 $0.3\,\mathrm{hr}^{-1}$ 이며 $\dfrac{Q}{V}$ 가 $0.1\,\mathrm{hr}^{-1}$, $0.5\,\mathrm{hr}^{-1}$, $0.8\,\mathrm{hr}^{-1}$ 로 변할 때 반응물의 농도 변화를 나타낸다.

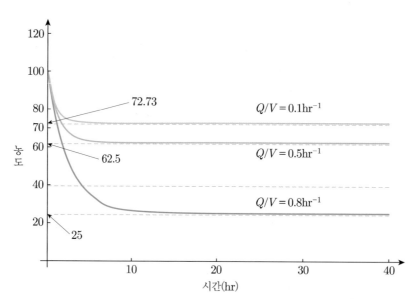

[그림 1.13] $\dfrac{Q}{V}$ 에 따른 반응물의 정상상태 농도

01 다음 미분방정식의 일반해를 구하여라.

(1) $1 - \dfrac{y}{x}\,y' = 0$

(2) $x\,dx + y^2\,dy = 0$

(3) $y\,dx - x\,dy = dx$

(4) $x^2 + x + y\,y' = 0$

(5) $x^2 - 2x + 1 + (y-1)y' = 0$

(6) $y' = \dfrac{1+y}{1-x}$

(7) $y' = \dfrac{y}{x^2+1}$

(8) $\sqrt{1-y^2}\,dx = \sqrt{1-x^2}\,dy$

(9) $\sqrt{1+x}\,dy = (1+y^2)\,dx$

(10) $\sin x\,dx - \cos y\,dy = 0$

(11) $y' = x\tan y$

(12) $y' = 1 + e^{3x}$

(13) $y\,y' = x\,e^{-y}\sin x$

(14) $2e^y\sin x - (e^{2y} - y)y' = 0$

02 다음 미분방정식의 일반해를 구하여라.

(1) $y' = 1 + \dfrac{y}{x} + \left(\dfrac{y}{x}\right)^2$

(2) $x^3 y' = x^2 y - y^3$

(3) $\dfrac{dy}{dx} = \dfrac{y}{x} - \dfrac{x}{y}$

(4) $\dfrac{dy}{dx} = \dfrac{y}{x} + \dfrac{x}{y}$

(5) $(x^2 + y^2)y' + 2xy = 0$

(6) $y + (x+y)y' = 0$

(7) $(y - x + 5)y' = y - x + 1$

(8) $(x - y - 1) + (x - y + 2)y' = 0$

(9) $(2x - 3y + 2)\,dx - (3x - 4y + 5)\,dy = 0$

(10) $(2x + y - 3)\,dx + (x - 2y - 4)\,dy = 0$

03 다음 미분방정식의 일반해를 구하여라.

(1) $(x + 2y + 2) + (2x + y - 5)y' = 0$

(2) $(x^2 + y^2 + 1)\,dx + (2xy - 5)\,dy = 0$

(3) $(3x^2 + y)\,dx + (2y + x)\,dy = 0$

(4) $(3x^2 + 3y)\,dx + (2y + 3x)\,dy = 0$

(5) $\left(2y - \dfrac{1}{y}\right)dx + \left(2x + \dfrac{x}{y^2}\right)dy = 0$

(6) $1 - \dfrac{3}{x} + y + \left(1 - \dfrac{3}{y} + x\right)y' = 0$

(7) $(3x^2 - y\cos x)\,dx - \sin x\,dy = 0$

(8) $(\cos y + y\cos x)\,dx = (-\sin x + x\sin y)\,dy$

(9) $(\cos x\sin x - xy^2)\,dx + y(1 - x^2)\,dy = 0$

(10) $2x(y e^{x^2} - 1) = -y' e^{x^2}$

(11) $(3y e^{3x} - 2x) + e^{3x} y' = 0$

(12) $\left(1 + e^{\frac{y}{x}} - \frac{y}{x} e^{\frac{y}{x}}\right) dx + e^{\frac{y}{x}} dy = 0$ (**힌트:** $\dfrac{d}{dx}\left(x e^{\frac{y}{x}}\right) = e^{\frac{y}{x}} - \dfrac{y}{x} e^{\frac{y}{x}}$)

04 다음 미분방정식의 일반해를 구하여라.

(1) $x\,dy - y\,dx = x^2 y\,dy$

(2) $-y\,dx + x\,dy = 2x^2 y\,dx$

(3) $(x^2 + xy^3 - x)\,dx + x^2 y^2\,dy = 0$

(4) $(xy^2 - 1)\,dx + 2x^2 y\,dy = 0$

(5) $(x^2 + y^2 + x)\,dx + xy\,dy = 0$

(6) $2xy\,dx - (y^2 - 3x^2)\,dy = 0$

(7) $2y\,dx + (1 + x + y^2)\,dy = 0$

(8) $4xy\,dx + (y + 3x^2)\,dy = 0$

(9) $(y^4 - 2x^3 y)\,dx + (x^4 - 2xy^3)\,dy = 0$

(10) $2y\,dx + 3x\,dy = \dfrac{3}{x}\,dy$

05 다음 선형 미분방정식의 일반해를 구하여라.

(1) $y' + y = x^2$

(2) $y' - xy = x$

(3) $y' + 2xy = x^3$

(4) $y' + y = (1 + x)^2$

(5) $y\,dx - (3x + y^4)\,dy = 0$

(6) $y' + 2y = e^x$

(7) $y' - 2y = e^{2x}$

(8) $y' - 2xy = e^{x + x^2}$

(9) $xy' - 2y = x^3 e^{3x}$

(10) $y' + y\tan x = \cos^2 x$

(11) $\dfrac{dy}{dx} + y\cot x = \sec x$

(12) $y' + y\cot x = \sec^2 x$

(13) $y' + y = e^{-x}\sin x$

(14) $y' - 5y = e^{5x}\sin x$

(15) $y' + y\cos x = e^{-\sin x}$

(16) $y' - \dfrac{4x}{x^2 + 1}y = (1 + x^2)^3 e^x$

(17) $y' - 2y = x(e^x - 1)e^{2x}$

(18) $y' + y = \dfrac{1}{1 + e^x}$

(19) $y\ln y\,dx + (x - \ln y)\,dy = 0$

(20) $xy' + (1 + x)y = e^x$

(21) $x^2\,dy - \sin 2x\,dx + 3xy\,dx = 0$

(22) $x^2 y' + xy = x^3\sin x$

06 다음 미분방정식의 일반해를 구하여라.

(1) $xy' + y = x^2 y^2$

(2) $y' + y = y^2 e^x$

(3) $y' + xy = xy^2$

(4) $xy' + (1 - x)y = x^2 y^2$

(5) $y' + \dfrac{y}{x} = 2xy^5$

(6) $y' + \dfrac{y}{x} = -2xy^{5/2}$

(7) $y' + y\tan x = y^2$

(8) $x^2 y' - xy = e^x y^3$

(9) $xy' + y = y^2 \ln x$

(10) $y' - \dfrac{y}{3x} = y^4 \ln x$

07 특수해가 y_1 일 때, 다음 미분방정식의 일반해를 구하여라.

(1) $y' = 2x^2 + \dfrac{y}{x} - 2y^2$, $y_1 = x$

(2) $y' + \dfrac{x-2}{x-x^2}\, y = \dfrac{y^2}{x^3 - x^2}$, $y_1 = x$

(3) $y' + \dfrac{x}{x-1} - \dfrac{2x-1}{x-1}\, y = -y^2$, $y_1 = 1$

(4) $y' + \dfrac{4x}{2x^2 - x} - \dfrac{4x+1}{2x^2 - x}\, y = -\dfrac{1}{2x^2 - x}\, y^2$, $y_1 = 1$

(5) $y' \cos x + y^2 = 1$, $y_1 = \sin x$

(6) $y' + y \tan x = y^2 + \sec^2 x$, $y_1 = \tan x$

08 $p = \dfrac{dy}{dx}$ 일 때, 다음 미분방정식의 일반해를 구하여라.

(1) $y = 2p^2$
(2) $y = (2x+3)p$

(3) $y = (x+1)p^2$
(4) $y = p \cos p - \sin p$

(5) $y = p \cos p - \sin p + \ln p$
(6) $y = 3xp + p^2$

(7) $p^3 - 2xyp + 4y^2 = 0$
(8) $y = 2px + p^4 x^2$

(9) $16x^2 + 2p^2 y - p^3 x = 0$
(10) $y = (2+p)x - p^2$

09 다음 초기조건을 만족하는 미분방정식의 해를 구하여라.

(1) $(1-x)\,dy + 2y\,dx = 0$, $y(2) = 1$

(2) $x^2 dx - y\,dy = 0$, $y(1) = 1$

(3) $\dfrac{dy}{dx} = \dfrac{x^3 - 2x + 1}{y^2 - 1}$, $y(1) = 2$

(4) $x(1-y^2)\,dx - y(1+x^2)\,dy = 0$, $y(1) = 0$

(5) $y^2 dx - x\,dy = -dx$, $y(1) = 1$

(6) $x(y-1)y' - y(y-2) = 0$, $y(1) = 3$

(7) $yy' = x\sqrt{(1+y^2)/(1+x^2)}$, $y(1) = -1$

(8) $xy^4 + (y^2 + 2)e^{-3x} y' = 0$, $y(0) = -1$

(9) $x^2 y' = xy - y^2$, $y(1) = 1$

(10) $xy^2 y' = x^3 + y^3$, $y(1) = -1$

(11) $(3x^2 y - y^3) - (3xy^2 - x^3)y' = 0$, $y(1) = 2$

(12) $xy' = y + xe^{y/x}$, $y(1) = -1$

(13) $(x^2 + 2xy + 1)dx + (y^3 + x^2 - 1)dy = 0$, $y(0) = 2$

(14) $(x + y)^2 + (2xy + x^2 - 1)y' = 0$, $y(0) = -1$

(15) $(x^2 - y^2)dx + (y^2 - 2xy)dy = 0$, $y(1) = 1$

(16) $(y + e^x) + (2 + x + ye^y)y' = 0$, $y(0) = 0$

(17) $xdx + ydy = y^2dy$, $y(1) = 1$

(18) $ydx - xdy = 2x^2ydx$, $y(1) = 1$

10 처음 N_0 마리의 박테리아가 1시간 후 $\dfrac{5N_0}{2}$ 마리로 증가했다. t 시간 후 박테리아의 증가율이 그 시각에서의 박테리아의 수에 비례할 때, 이 박테리아의 수가 4배로 증가하는 데 걸리는 시간을 구하여라(단, $\ln\dfrac{5}{2} = 0.9163$, $\ln 2 = 0.6931$).

11 선형가속기는 물리학에서 대전입자를 가속할 때 쓴다. 알파 입자가 가속기에 들어가서 10^{-3} 초 동안 10^3m/sec에서 10^4m/sec로 증가하는 일정한 가속을 받는다고 하자. 이 입자의 가속도 a 를 구하고, 10^{-3}초 동안 입자가 이동한 거리를 구하여라.

12 난방기를 끈 순간의 실내온도 T가 64°F이고 2시간 후 측정한 실내온도는 61°F라 할 때, 온도를 측정한 지 7시간 후 실내온도를 구하여라. 여기서 온도의 냉각 과정은 실외온도 T_0 에 좌우되며, 이 온도는 32°F로 일정하다고 가정한다. 이때 뉴턴의 냉각법칙 $\dfrac{dT}{dt} = -k(T - T_0)$를 적용한다.

13 구 모양으로 생긴 물방울의 반지름의 길이는 시간이 지남에 따라 증발하는 물방울의 겉넓이에 비례하여 줄어든다고 한다. 처음에 반지름의 길이가 1cm인 물방울이 20분 후 0.5cm로 줄었다고 한다.
(1) t 시간 후 물방울의 반지름의 길이를 나타내는 식을 구하여라.
(2) t 시간 후 물방울의 부피를 나타내는 식을 구하여라.
(3) 몇 시간 후 물방울의 반지름의 길이가 0.001cm가 되는지 구하여라.

14 방사성 동위원소 토륨 24는 처음 양에 비례하며 붕괴된다. 100mg의 토륨 24가 일주일 후 82.04mg으로 감소했을 때, t 시간 후 토륨 24의 양을 나타내는 식을 구하여라. 100mg의 양이 반으로 감소하는 데 걸리는 시간을 구하여라.

15 구 모양의 풍선에 헬륨가스가 매초 90cm^{3}씩 새고 있다. 풍선의 반지름의 길이가 360cm일 때, 구의 표면적이 줄어드는 속도를 구하여라.

16 미생물을 이용하여 오염된 토양을 생물학적으로 분해하는 토양 슬러리 반응기$^{\text{soil slurry reactor}}$에서 BTEX는 1차 반응으로 제거되며, 12℃에서의 반응속도 상수는 $0.041\,\text{day}^{-1}$로 측정됐다. 이 온도에서 BTEX가 $1,200\,\text{mg/kg}$에서 $10\,\text{mg/kg}$로 감소하는 데 걸리는 시간을 구하여라.

> 참고 토양 슬러리 반응기$^{\text{soil slurry reactor}}$: 토양 오염물질을 생물학적으로 처리하기 위해 이용하는 반응기로 굴착된 오염 토양과 물을 혼합하여 슬러리 상태로 운전한다. 오염물을 생물학적으로 처리하기 위해 미생물 및 영양물질을 공급하며, 산소를 사용하는 호기성 반응기와 사용하지 않는 혐기성 반응기로 구분할 수 있다. 여기서 BTEX는 Benzene, Toluene, Ethyl Benzene, Xylene을 통칭하는 단어이다.

17 에틸아세테이트$^{\text{ethyl acetate}}$는 산성 수용액에서 물과 반응하여 다음 식과 같이 아세트산과 에틸알코올로 가수분해된다. 반응속도는 에틸아세테이트와 물의 농도에 비례하여 2차 반응이지만, 묽은 수용액에서 반응이 진행되는 경우 반응물인 물 농도는 에틸아세테이트에 비해 매우 높아서(묽은 수용액 1L에는 약 55.6M의 물이 존재) 반응이 진행해도 거의 변화하지 않는다. 이에 따라 반응속도식에서 물의 농도를 상수로 간주할 수 있으며, 이를 의사 1차 반응$^{\text{pseudo-first order reaction}}$이라 한다. 온도 25℃에서 0.35N 염산을 이용하여 에틸아세테이트를 가수분해했더니 반응속도 상수(k')는 $0.196\,\text{hr}^{-1}$로 측정됐다. 에틸아세테이트의 반감기를 구하여라.

$$\underset{\text{에틸아세테이트}}{CH_3COOC_2H_5} + 2H_2O \xrightarrow{\ H^+\ } \underset{\text{아세트산}}{CH_3COOH} + \underset{\text{에틸알코올}}{C_2H_5OH}$$

$$r = k[CH_3COOC_2H_5][H_2O]$$

$$r = k'[CH_3COOC_2H_5]$$

18 오염물 tert-butyl chloride는 가수분해되어 tert-butyl alcohol로 전환된다. 이 반응은 1차 반응으로 진행되는 것으로 알려져 있다. 25℃ 수용액에서의 반응속도 상수가 $0.0288\,\text{sec}^{-1}$일 경우에 90%의 tert-butyl chloride가 처리되는 데 걸리는 시간을 구하여라.

$$\underset{\text{tert-butyl chloride}}{H_3C-\overset{\overset{\displaystyle CH_3}{|}}{\underset{\underset{\displaystyle CH_3}{|}}{C}}-Cl} + H_2O \longrightarrow \underset{\text{tert-butyl alcohol}}{H_3C-\overset{\overset{\displaystyle CH_3}{|}}{\underset{\underset{\displaystyle CH_3}{|}}{C}}-OH} + HCl$$

19 효소로 탄수화물을 분해하는 반응의 속도는 미카엘리스-멘텐 식으로 표현된다. 이 식에 포함된 K_M, $v_{\max}$는 각각 $200\,\text{mol/m}^3$, $100\,\text{mol/(m}^3 \cdot \text{min)}$로 측정되었다. 회분식 반응기에서 초기 탄수화물의 농도 $300\,\text{mol/m}^3$가 $15\,\text{mol/m}^3$가 되는 데 걸리는 시간을 구하여라.

20 pH가 8.3이고 암모니아의 농도가 34mg/L인 하수처리시설 처리수를 소독하기 위해 차아염소산 (hypochlorous acid) 0.001M을 첨가하였다. 암모니아와 차아염소산의 반응은 다음과 같이 진행된다고 한다.

$$NH_3 + HOCl \rightarrow NH_2Cl + H_2O$$

반응속도식이 다음과 같고, 15℃에서 반응속도 상수 k는 5.5×10^6(L/mole·sec)로 알려져 있다. 차아염소산의 농도가 초기 농도의 10%가 되는 데 걸리는 시간을 구하여라.

$$반응속도식: \frac{d[NH_3]}{dt} = \frac{d[HOCl]}{dt} = -k[NH_3][HOCl]$$

21 소독제를 이용한 세균의 살균 반응을 홈[Hom(1972)]은 다음과 같이 나타냈다.

$$\frac{dN}{dt} = -kNC^m t^{h-1}$$

살균 속도는 해당 시간에 살아 있는 세균의 수, 소독제의 농도, 접촉 시간에 의해 결정됨을 의미한다. 또한 소독제의 농도는 반응이 진행되는 동안 일정하게 유지되는 것으로 간주하였다. 이때 초기조건 $N(0) = N_0$에서 다음 미분방정식을 풀어라. 여기서 N은 살아 있는 세균의 수, C는 소독제의 농도, t는 소독 시간을 의미한다. 그리고 k는 속도상수이고 m, h도 상수이다.

22 어느 섬에 토끼 200마리가 서식하고 있었으며, 한 달 동안 조사한 결과 토끼의 수 증가율은 4%로 나타났다. 이 섬의 환경용량은 750마리일 때, 로지스틱 모델을 이용하여 1년 후 토끼의 수를 예측하여라.

23 그림과 같이 $t = 0$인 시점에서 순수한 물 500L가 탱크에 채워져 있고, 소금 농도가 0.1kg/L인 물이 20L/min의 유량으로 주입된다. 탱크에서 완전히 혼합된 다음 20L/min으로 물이 배출될 때, 탱크에 있는 소금의 양을 구하고, 최댓값을 구하여라.

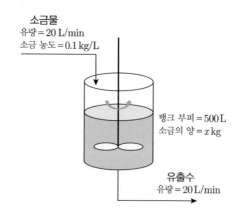

24 탱크에 S_0kg의 소금이 녹아 있는 물 200L가 채워져 있으며, $t = 0$인 시점부터 농도가 0.5kg/L인 소금물을 4L/min의 유량으로 탱크에 주입했다. 탱크에 설치된 교반장치에 의해 소금물은 완전히 혼합된 다음 4L/min의 유량으로 유출된다. 탱크 내 소금의 농도가 변하는 식을 구하여라.

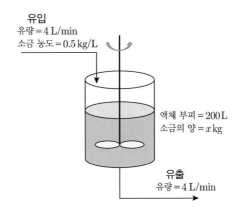

유입
유량 = 4 L/min
소금 농도 = 0.5 kg/L

액체 부피 = 200 L
소금의 양 = x kg

유출
유량 = 4 L/min

25 그림과 같이 부피가 500L인 통에 100L의 깨끗한 물이 채워져 있다. $t = 0$에서 오염 농도가 1%인 폐수를 탱크에 3L/min의 유량으로 주입하고, 용기에서 완전히 혼합된 물을 1L/min으로 배출한다. 용기가 넘치는 순간의 물의 오염 농도를 구하여라.

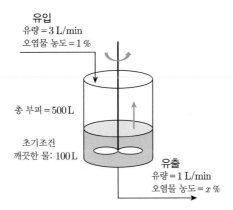

유입
유량 = 3 L/min
오염물 농도 = 1 %

총 부피 = 500 L

초기조건
깨끗한 물: 100 L

유출
유량 = 1 L/min
오염물 농도 = x %

26 크기가 20m³인 흡연실이 있으며, $t = 0$일 때 흡연실의 일산화탄소 농도는 0이다. 일산화탄소 농도가 4%인 담배 연기가 유량 0.01m³/min으로 흡연실에 유입된 다음, 실내 공기와 완전히 섞인 다음과 같은 유량으로 배출된다고 가정한다. 흡연실의 일산화탄소 농도가 0.012%가 되는 데 소요되는 시간을 구하여라(일산화탄소 농도 0.012%에 장시간 노출되면 사망의 위험이 있다고 한다).

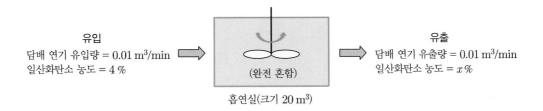

유입
담배 연기 유입량 = 0.01 m³/min
일산화탄소 농도 = 4 %

(완전 혼합)

유출
담배 연기 유출량 = 0.01 m³/min
일산화탄소 농도 = x %

흡연실(크기 20 m³)

	미분방정식 유형	해법
1	변수분리형 $$p(y)\,dy = g(x)\,dx$$	$$\int p(y)\,dy = \int g(x)\,dx$$
2	동차형 $g(x,y)\,dx + h(x,y)\,dy = 0$, g와 h는 동차함수	$v = \dfrac{y}{x}$ 로 치환하여 변수분리형으로 변형
3	동차형 $$\frac{dy}{dx} = \frac{ax+by+c}{Ax+By+C}$$	$\dfrac{a}{A} = \dfrac{b}{B}$ 인 경우: $v = Ax + By$로 치환 $\dfrac{a}{A} \neq \dfrac{b}{B}$ 인 경우: 연립방정식의 해 $x = p$, $y = q$에 대하여 $X = x - p$, $Y = y - q$로 치환
4	완전미분형 $Pdx + Qdy = 0$, $\dfrac{\partial P}{\partial y} = \dfrac{\partial Q}{\partial x}$	$$\int_{x_0}^{x} P(t,y)\,dt + \int_{y_0}^{y} Q(x_0,t)\,dt = C$$
5	적분인자형 $P(x,y)\,dx + Q(x,y)\,dy = 0$, $\dfrac{\partial P}{\partial y} \neq \dfrac{\partial Q}{\partial x}$	$F(x) = \dfrac{\dfrac{\partial Q}{\partial x} - \dfrac{\partial P}{\partial y}}{Q}$ 가 x만의 함수이면 $$R(x,y) = \exp\left[-\int F(x)\,dx\right]$$ $F(y) = \dfrac{\dfrac{\partial Q}{\partial x} - \dfrac{\partial P}{\partial y}}{P}$ 가 y만의 함수이면 $$R(x,y) = \exp\left[\int F(y)\,dy\right]$$
6	선형 미분방정식 $$\frac{dy}{dx} + p(x)\,y = r(x)$$	$$y = \exp\left[-\int p(x)\,dx\right] \int r(x)\exp\left[\int p(x)\,dx\right]dx$$
7	베르누이 미분방정식 $\dfrac{dy}{dx} + p(x)\,y = r(x)\,y^n$, $n \neq 0$, $n \neq 1$	양변을 y^n으로 나누어 선형 미분방정식으로 변형
8	리카티 미분방정식 $y' + P(x) + Q(x)\,y + R(x)\,y^2 = 0$	$y = y_1 + u$로 치환하여 베르누이 미분방정식으로 변형
9	클레로 미분방정식 $y = px + f(p)$, $p = \dfrac{dy}{dx}$	$$\frac{dy}{dx} = p = p + \left(x + \frac{df}{dp}\right)\frac{dp}{dx}$$
10	라그랑주 미분방정식 $y = xf(p) + g(p)$, $p = \dfrac{dy}{dx}$	$p - f(p) \neq 0$ 이면 $\dfrac{dp}{dx} = \dfrac{p - f(p)}{x\dfrac{df}{dp} + \dfrac{dp}{dp}}$

제2장

상수계수
고계 미분방정식

파동방정식이나 진자방정식 또는 RLC 전기회로 등과 같이 공학에서 실질적으로 접하는 문제의 대부분은 2계 미분방정식으로 표현된다. 이 장에서는 상수를 계수로 갖는 2계 제차 미분방정식과 비제차 미분방정식의 해를 구하는 방법을 중심으로 고계 선형 미분방정식의 해를 구하는 방법에 대해 살펴본다.

구간 I에서 정의되는 n개의 함수 $y_1(x)$, $y_2(x)$, $\cdots$, $y_n(x)$와 상수 c_1, c_2, $\cdots$, c_n에 대하여 다음과 같이 정의되는 함수 $y(x)$를 y_1, y_2, $\cdots$, y_n의 일차결합$^{\text{linear combination}}$이라 한다.

$$y(x) = c_1 y_1(x) + c_2 y_2(x) + \cdots + c_n y_n(x)$$

예를 들어 세 함수 $y_1(x) = x$, $y_2(x) = x^2$, $y_3(x) = 3x^2 - 2x$에 대하여 함수 $y_3(x)$는 다음과 같이 $y_1(x)$, $y_2(x)$의 일차결합으로 나타낼 수 있다.

$$y_3(x) = 3x^2 - 2x = (-2)y_1(x) + 3y_2(x)$$

일차독립과 일차종속

n개의 함수 y_1, y_2, $\cdots$, y_n의 일차결합이 0이면 다음과 같이 n개의 상수 c_1, c_2, $\cdots$, c_n 중 적어도 하나가 0이 아닌 경우와 모든 상수가 0인 경우로 분류된다.

정의 1 **일차독립과 일차종속**

n개의 함수 y_1, y_2, $\cdots$, y_n의 일차결합을 $c_1 y_1(x) + c_2 y_2(x) + \cdots + c_n y_n(x) = 0$이라 하자.

(1) 구간 I에서 적어도 하나가 0이 아닌 n개의 상수 c_1, c_2, $\cdots$, c_n에 대하여 등식이 성립할 때, n개의 함수 y_1, y_2, $\cdots$, y_n은 구간 I에서 일차종속$^{\text{linear dependent}}$이라 한다.

(2) 구간 I에서 모든 상수가 $c_i = 0$, $i = 1, 2, \cdots, n$인 경우에만 등식이 성립할 때, 이 n개의 함수는 일차독립$^{\text{linearly independent}}$이라 한다.

예를 들어 두 함수 $y_1(x) = 2x$, $y_2(x) = 4x$에 대하여 다음 등식이 성립한다고 하자.

$$c_1 y_1(x) + c_2 y_2(x) = 0$$

$c_1(2x) + c_2(4x) = (2c_1 + 4c_2)x = 0$이므로 $c_1 = -2c_2$ (예를 들어 $c_1 = -2$, $c_2 = 1$)이면 임의의 실수 x에 대하여 일차결합 $c_1 y_1(x) + c_2 y_2(x) = 0$이 성립한다. 한편 두 함수 $y_1(x) = x^2 + 1$, $y_2(x) = x^2 + x$에 대하여 다음 등식이 성립한다고 하자.

$$c_1 y_1(x) + c_2 y_2(x) = 0$$

$c_1(x^2 + 1) + c_2(x^2 + x) = (c_1 + c_2)x^2 + c_2 x + c_1 = 0$ 에서 $c_1 + c_2 = 0$, $c_1 = 0$, $c_2 = 0$ 이므로 $c_1 = 0$, $c_2 = 0$ 일 때만 등식이 성립한다. 따라서 두 함수 y_1, y_2 는 일차독립이다.

▶ 예제 1

다음 세 함수가 일차독립인지 일차종속인지 판정하여라.

(1) $y_1 = 2x$, $y_2 = x^2$, $y_3 = 4x - x^2$ (2) $y_1 = e^{-x}$, $y_2 = e^x$, $y_3 = x e^x$

풀이

주안점 일차결합의 상수를 구한다.

(1) ❶ 세 함수 y_1, y_2, y_3 의 일차결합을 0 으로 놓는다.

$$c_1 y_1 + c_2 y_2 + c_3 y_3 = 2c_1 x + c_2 x^2 + c_3(4x - x^2) = 0$$

❷ 세 상수 c_1, c_2, c_3 을 구한다.

$$(2c_1 + 4c_3)x + (c_2 - c_3)x^2 = 0$$

$$2c_1 + 4c_3 = 0, \ c_2 - c_3 = 0$$

$c_2 = c_3 = 1$ 이면 $c_1 = -2$

❸ 일차독립 여부를 판정한다.
y_1, y_2, y_3 은 일차종속이다.

(2) ❶ 세 함수 y_1, y_2, y_3 의 일차결합을 0 으로 놓는다.

$$c_1 y_1 + c_2 y_2 + c_3 y_3 = c_1 e^{-x} + c_2 e^x + c_3 x e^x = 0$$

❷ 세 상수 c_1, c_2, c_3 을 구한다.

$$c_1 e^{-x} + (c_2 + c_3 x)e^x = 0$$

$$c_1 = 0, \ c_2 = 0, \ c_3 = 0$$

❸ 일차독립 여부를 판정한다.
y_1, y_2, y_3 은 일차독립이다.

[예제 1]에서 일차종속인 세 함수 $y_1 = 2x$, $y_2 = x^2$, $y_3 = 4x - x^2$에 대하여 다음 관계식을 얻는다.

$$y_1 = \frac{1}{2}(4x - x^2) + \frac{1}{2}x^2 = \frac{1}{2}y_3 + \frac{1}{2}y_2$$

이와 같이 n개의 함수 y_1, y_2, $\cdots$, y_n이 일차종속이면 이 함수들 중 한 함수 y_i, $i = 1, 2, \cdots, n$을 나머지 $(n-1)$개의 함수에 의한 일차결합으로 나타낼 수 있다. 역으로 n개의 함수 중 한 함수가 나머지 함수들의 일차결합으로 표현되면 n개의 함수는 일차종속이 된다. 반면, y_1, y_2, $\cdots$, y_n이 일차독립이면 어느 한 함수를 나머지 함수들의 일차결합으로 나타낼 수 없다.

이제 주어진 구간에서 n개의 함수가 일차독립인지 쉽게 판정하는 방법을 알기 위해 론스키 행렬식을 소개한다. 함수 n개의 y_1, y_2, $\cdots$, y_n이 구간 I에서 $(n-1)$번 미분가능할 때, 이 함수들과 도함수에 의한 다음과 같은 함수 행렬식을 이 함수들의 **론스키 행렬식**^{Wronski determinant}이라 한다.

$$W(y_1, \cdots, y_n) = \begin{vmatrix} y_1 & y_2 & \cdots & y_n \\ y_1{}' & y_2{}' & \cdots & y_n{}' \\ & & \vdots & \\ y_1^{(n-1)} & y_2^{(n-1)} & \cdots & y_n^{(n-1)} \end{vmatrix}$$

행렬식은 6장에서 자세히 다룰 것이며, 2차 행렬식과 3차 행렬식은 다음과 같이 구한다.

$$\begin{vmatrix} a & b \\ c & d \end{vmatrix} = ad - bc$$

$$\begin{vmatrix} a_{11} & a_{12} & a_{13} \\ a_{21} & a_{22} & a_{23} \\ a_{31} & a_{32} & a_{33} \end{vmatrix} = a_{11}a_{22}a_{33} + a_{13}a_{21}a_{32} + a_{12}a_{23}a_{31} - (a_{13}a_{22}a_{31} + a_{12}a_{21}a_{33} + a_{11}a_{23}a_{32})$$

다음과 같이 론스키 행렬식으로 n개의 함수 y_1, y_2, $\cdots$, y_n의 일차독립 여부를 판정할 수 있다.

정리 1　　**일차독립 여부 판정**

(1) 구간 I의 모든 x에서 $W(y_1, \cdots, y_n) = 0$이면 n개의 함수 y_1, y_2, $\cdots$, y_n은 일차종속이다.

(2) 구간 I의 모든 x에서 $W(y_1, \cdots, y_n) \neq 0$이면 n개의 함수 y_1, y_2, $\cdots$, y_n은 일차독립이다.

▶ 예제 2

다음 세 함수가 일차독립인지 일차종속인지 판정하여라.

(1) $y_1 = 2x$, $y_2 = x^2$, $y_3 = 4x - x^2$ 　　　　(2) $y_1 = e^{-x}$, $y_2 = e^x$, $y_3 = xe^x$

풀이

주안점 론스키 행렬식을 구한다.

(1) ❶ 세 함수 y_1, y_2, y_3의 론스키 행렬식을 구한다.

$$W(y_1, y_2, y_3) = \begin{vmatrix} 2x & x^2 & 4x - x^2 \\ 2 & 2x & 4 - 2x \\ 0 & 2 & -2 \end{vmatrix} = 0$$

❷ 일차독립 여부를 판정한다.
y_1, y_2, y_3은 일차종속이다.

(2) ❶ 세 함수 y_1, y_2, y_3의 론스키 행렬식을 구한다.

$$W(y_1, y_2, y_3) = \begin{vmatrix} e^{-x} & e^x & xe^x \\ -e^{-x} & e^x & (x+1)e^x \\ e^{-x} & e^x & (x+2)e^x \end{vmatrix} = 2e^x \ (\neq 0)$$

❷ 일차독립 여부를 판정한다.
y_1, y_2, y_3은 일차독립이다.

2.2 상수계수 제차 미분방정식

지금까지 함수 $y = f(x)$의 1계 도함수 y'을 포함한 미분방정식을 살펴봤다. 함수 $y = f(x)$의 n계 도함수 $y^{(n)}$을 포함한 미분방정식의 일반적인 형태는 다음과 같으며, 이 방정식을 n계 선형 미분방정식이라 한다.

$$y^{(n)} + a_1(x)y^{(n-1)} + \cdots + a_{n-1}(x)y' + a_n(x)y = r(x)$$

이때 $r(x) = 0$이면 이 미분방정식을 제차 선형 미분방정식$^{\text{homogeneous linear differential equation}}$이라 하고, $r(x) \neq 0$이면 비제차 선형 미분방정식$^{\text{nonhomogeneous linear differential equation}}$이라 한다. 특히 n개의 상수 c_i, $i = 1, 2, \cdots, n$에 대하여 다음 미분방정식을 상수계수 n계 제차 미분방정식이라 한다.

$$y^{(n)} + c_1 y^{(n-1)} + c_2 y^{(n-2)} + \cdots + c_{n-1}y' + c_n y = 0$$

이 절에서는 상수계수 제차 선형 미분방정식의 해를 구하는 방법에 대하여 알아본다. 다음 예제를 살펴보자.

▶ 예제 3

두 함수 $y_1 = e^{-x}$, $y_2 = e^x$ 을 생각하자.

(1) y_1, y_2 가 일차독립임을 보여라.

(2) y_1, y_2 가 $y'' - y = 0$의 해임을 보여라.

(3) $y = c_1 y_1 + c_2 y_2$ 가 $y'' - y = 0$의 해임을 보여라.

풀이

`주안점` y_1, y_2와 이의 도함수를 미분방정식에 대입한다.

(1) ❶ y_1, y_2의 론스키 행렬식을 구한다.

$$W(y_1, y_2) = \begin{vmatrix} e^{-x} & e^x \\ -e^{-x} & e^x \end{vmatrix} = e^{-x}e^x - (-e^{-x})e^x = 2\,(\neq 0)$$

❷ 일차독립 여부를 판정한다.

$W(y_1, y_2) \neq 0$ 이므로 y_1, y_2 는 일차독립이다.

(2) ❶ $y_1 = e^{-x}$의 도함수를 구한다.

$$y_1' = -e^{-x}\,,\ y_1'' = e^{-x}$$

❷ $y_2 = e^x$의 도함수를 구한다.

$$y_2' = e^x\,,\ y_2'' = e^x$$

❸ y_1, y_2를 미분방정식에 대입한다.

$$y_1'' - y_1 = e^{-x} - e^{-x} = 0\,,\ y_2'' - y_2 = e^x - e^x = 0$$

(3) ❶ $y = c_1 y_1 + c_2 y_2 = c_1 e^{-x} + c_2 e^x$ 의 도함수를 구한다.

$$y' = -c_1 e^{-x} + c_2 e^x\,,\ y'' = c_1 e^{-x} + c_2 e^x$$

❷ 각 도함수를 미분방정식에 대입한다.

$$y'' - y = (c_1 e^{-x} + c_2 e^x) - (c_1 e^{-x} + c_2 e^x) = 0$$

[예제 3]에서 미분방정식 $y'' - y = 0$의 일차독립인 해 y_1, y_2에 대하여 일차결합 $y = c_1 y_1 + c_2 y_2$도 미분방정식의 해임을 알 수 있다. 이를 일반화해 본다.

해의 중첩 원리

[예제 3]에서 살펴본 것처럼 n계 제차 선형 미분방정식의 독립인 해 y_1, y_2, $\cdots$, y_n에 대하여 다음 성질이 성립한다.

정리 2 **해의 중첩 원리**

y_1, y_2, $\cdots$, y_n이 n계 제차 선형 미분방정식의 독립인 해이면 $y = c_1 y_1 + \cdots + c_n y_n$도 미분방정식의 해이다.

---

n개의 함수 y_1, y_2, $\cdots$, y_n이 n계 제차 선형 미분방정식의 일차독립인 해이면 이 미분방정식의 일반해는 일차결합으로 나타나므로 y_1, y_2, $\cdots$, y_n을 해의 기본계$^{\text{fundamental system of solutions}}$라 한다. 비제차 선형 미분방정식이나 비선형 미분방정식에는 해의 중첩 원리를 적용할 수 없다. 예를 들어 $y_1 = 1 + \cos x$, $y_2 = 1 + \sin x$의 론스키 행렬식은 다음과 같다.

$$W(y_1, y_2) = \begin{vmatrix} 1 + \cos x & 1 + \sin x \\ -\sin x & \cos x \end{vmatrix} = 1 + \sin x + \cos x \neq 0$$

두 함수 y_1, y_2는 일차독립이고 미분방정식 $y'' + y = 1$을 만족한다. 그러나 $y = c_1 y_1 + c_2 y_2$에 대하여 다음을 얻는다.

$$\begin{aligned} y'' + y' &= (c_1 y_1{}'' + c_2 y_2{}'') + (c_1 y_1 + c_2 y_2) \\ &= (-c_1 \cos x - c_2 \sin x) + c_1 (1 + \cos x) + c_2 (1 + \sin x) \\ &= c_1 + c_2 \neq 1 \end{aligned}$$

따라서 y_1, y_2가 $y'' + y = 1$의 독립인 해이지만 일차결합 $y = c_1 y_1 + c_2 y_2$는 이 미분방정식의 해가 아니다. 그 이유는 미분방정식이 제차 미분방정식이 아니기 때문이다. 두 함수 $y_1 = x^2$, $y_2 = 1$은 $y y'' - x y' = 0$의 독립인 해이지만 일차결합 $y = c_1 y_1 + c_2 y_2$는 미분방정식의 해가 되지 않음을 쉽게 확인할 수 있다.

▶ 예제 4

세 함수 $y_1 = e^x$, $y_2 = e^{2x}$, $y_3 = e^{3x}$ 이 $y''' - 6y'' + 11y' - 6y = 0$ 의 일차독립인 해임을 보이고 일반해를 구하여라.

풀이

주안점 y_1, y_2, y_3 의 론스키 행렬식을 구하고 일차결합을 구한다.

독립성

❶ y_1, y_2, y_3 의 론스키 행렬식을 구한다.

$$W(y_1, y_2, y_3) = \begin{vmatrix} e^x & e^{2x} & e^{3x} \\ e^x & 2e^{2x} & 3e^{3x} \\ e^x & 4e^{2x} & 9e^{3x} \end{vmatrix} = 2e^{6x} \neq 0$$

❷ 일차독립 여부를 판정한다.

$W(y_1, y_2, y_3) \neq 0$ 이므로 y_1, y_2, y_3 은 일차독립이다.

일반해

❶ $y_1 = e^x$ 의 도함수를 구한다.

$$y_1' = e^x, \quad y_1'' = e^x, \quad y_1''' = e^x$$

❷ 미분방정식에 대입한다.

$$y_1''' - 6y_1'' + 11y_1' - 6y_1 = e^x - 6e^x + 11e^x - 6e^x = 0$$

❸ 동일한 방법에 의해 y_2, y_3 이 미분방정식을 만족한다.

❹ 일반해를 구한다.

$$y = c_1 y_1 + c_2 y_2 + c_3 y_3 = c_1 e^x + c_2 e^{2x} + c_3 e^{3x}$$

특성방정식과 특성근

상수계수 제차 선형 미분방정식의 일반해를 구하는 방법을 살펴보기 위해 연산자법을 이용한다. 변수 x 의 함수인 y 의 도함수를 구하는 연산 $D = \dfrac{d}{dx}$ 를 미분연산자$^{\text{differential operator}}$라 하며 $Dy = \dfrac{dy}{dx}$ 를 의미한다. 그러면 임의의 두 상수 c_1, c_2 와 미분가능한 두 함수 y_1, y_2 에 대하여 다음이 성립한다.

$$D(c_1 y_1 + c_2 y_2) = \frac{d}{dx}(c_1 y_1 + c_2 y_2) = c_1 \frac{d}{dx} y_1 + c_2 \frac{d}{dx} y_2 = c_1 D y_1 + c_2 D y_2$$

▶ 예제 5

다음 식을 간단히 하여라.

(1) $D(x^3 + \cos x + \sin x)$ (2) $(2D + 3)(e^{2x})$

풀이

`주안점` 주어진 식을 분해하여 미분연산자를 적용한다.

(1) $D(x^3 + \cos x + \sin x) = D(x^3) + D(\cos x) + D(\sin x) = 3x^2 - \sin x + \cos x$

(2) $(2D + 3)(e^{2x}) = 2D(e^{2x}) + 3e^{2x} = 2(2e^{2x}) + 3e^{2x} = 7e^{2x}$

미분연산자 D를 이용하여 함수 y의 2계 도함수를 다음과 같이 나타낼 수 있다.

$$y' = \frac{dy}{dx} = Dy, \ \ y'' = \frac{d}{dx}(Dy) = D(Dy) = D^2 y$$

이를 반복하면 n계 도함수에 대한 미분연산자 표현은 다음과 같다.

$$y^{(n)} = \frac{d}{dx}(D^{(n-1)}y) = D^n y$$

그러면 상수계수 제차 선형 미분방정식을 다음과 같이 나타낼 수 있다.

$$y^{(n)} + c_1 y^{(n-1)} + \cdots + c_{n-1} y' + c_n y = D^n y + c_1 D^{n-1} y + \cdots + c_{n-1} Dy + c_n y$$
$$= (D^n + c_1 D^{n-1} + \cdots + c_{n-1} D + c_n)y = 0$$

이때 다음과 같이 미분연산자 D에 대한 우변의 식을 연산자 다항식^{operator polynomial}이라 한다.

$$F(D) = D^n + c_1 D^{n-1} + c_2 D^{n-2} + \cdots + c_{n-1} D + c_n$$

$F(D) = 0$을 제차 미분방정식의 특성방정식^{characteristic equation} 또는 보조방정식^{auxiliary equation}이라 하고, 특성방정식의 해를 특성근^{characteristic root}이라 한다.

▶ 예제 6

$y'' - 3y' + 2y = 0$에 대한 특성방정식과 특성근을 구하여라.

풀이

주안점 미분연산자를 이용하여 미분방정식을 나타낸다.

❶ 미분연산자를 이용하여 미분방정식을 표현한다.

$$y'' - 3y' + 2y = (D^2 - 3D + 2)y = 0$$

❷ 특성방정식을 구한다.

$$D^2 - 3D + 2 = 0$$

❸ 특성근을 구한다.

$D^2 - 3D + 2 = (D-1)(D-2) = 0$에서 $D = 1$, $D = 2$

이제 미분방정식 $y' - ay = 0$의 특성근과 일반해 사이의 관계를 살펴본다. 미분연산자를 이용하여 $y' - ay = 0$을 나타내면 $(D-a)y = 0$이고 일반해는 변수분리형 해법에 따라 다음과 같이 구한다.

$$(D-a)y = y' - ay = 0, \quad \frac{dy}{dx} - ay = 0$$

$$\frac{dy}{y} = a\,dx, \quad y = Ce^{ax}$$

특성방정식 $D - a = 0$의 특성근은 $D = a$이며, 일반해는 특성근을 이용하여 $y = Ce^{ax}$임을 보인다.

2계 제차 선형 미분방정식의 일반해

2계 선형 미분방정식 $y'' + ay' + by = (D^2 + aD + b)y = 0$의 특성근의 유형과 일반해 사이의 관계를 살펴본다.

유형 1 특성근이 서로 다른 실수인 경우

특성방정식 $D^2 + aD + b = (D-\alpha)(D-\beta) = 0$의 특성근이 서로 다른 실수 $D = \alpha$, $D = \beta$라 하자. $(D-\beta)y = u$라 하면 다음과 같이

$$(D-\alpha)(D-\beta)y = (D-\alpha)[(D-\beta)y] = (D-\alpha)u = 0$$

에서 미분방정식 $(D-\alpha)u=0$을 얻는다. 즉, $u=Ce^{\alpha x}$이고, $(D-\beta)y=u$이므로 1계 선형 미분방정식 $y'-\beta y=Ce^{\alpha x}$을 얻는다. 따라서 미분방정식의 일반해는 다음과 같다.

$$y = e^{\beta x}\left(\int Ce^{(\alpha-\beta)x}\,dx + C_2\right) = e^{\beta x}\left(\frac{C}{\alpha-\beta}e^{(\alpha-\beta)x} + C_2\right)$$

$$= \frac{C}{\alpha-\beta}e^{\alpha x} + C_2 e^{\beta x} = C_1 e^{\alpha x} + C_2 e^{\beta x}\left(\text{단, } C_1 = \frac{C}{\alpha-\beta}\right)$$

서로 다른 두 실수인 특성근 $D=\alpha$, $D=\beta$를 갖는 미분방정식의 일반해는 다음과 같다.

$$y = C_1 e^{\alpha x} + C_2 e^{\beta x}$$

유형 2 특성근이 동일한 실수인 경우

특성방정식 $D^2+aD+b=(D-\alpha)^2=0$의 특성근 $D=\alpha$가 중복되는 실수라 하자. 이때 $(D-\alpha)y=u$라 하면 다음과 같이

$$(D-\alpha)^2 y = (D-\alpha)[(D-\alpha)y] = (D-\alpha)u = 0$$

에서 미분방정식 $(D-\alpha)u=0$을 얻는다. 즉, $u=Ce^{\alpha x}$이고, $(D-\alpha)y=u$이므로 1계 선형 미분방정식 $y'-ay=Ce^{\alpha x}$을 얻는다. 따라서 미분방정식의 일반해는 다음과 같다.

$$y = e^{\alpha x}\left(\int Ce^{(\alpha-\alpha)x}\,dx + C_1\right) = e^{\alpha x}\left(\int C\,dx + C_1\right)$$

$$= e^{\alpha x}(C_1 + Cx) = (C_1 + C_2 x)e^{\alpha x}(\text{단, } C_2 = C)$$

특성근이 중근인 실수 $D=\alpha$이면 미분방정식의 일반해는 다음과 같다.

$$y = (C_1 + C_2 x)e^{\alpha x}$$

유형 3 특성근이 두 복소수인 경우

특성방정식 $D^2+aD+b=0$의 특성근이 두 무리수 $D=\alpha+i\beta$, $D=\alpha-i\beta$이면 서로 다른 두 특성근을 가지므로 [유형 1]과 같이 일반해는 다음과 같다.

$$y = c_1 e^{(\alpha+i\beta)x} + c_2 e^{(\alpha-i\beta)x}$$

오일러 공식^{Euler's formula} $e^{(\alpha+i\beta)x} = e^{\alpha x}(\cos\beta x + i\sin\beta x)$를 이용하면 일반해를 다음과 같이 나타낼 수 있다.

$$
\begin{aligned}
y &= c_1 e^{(\alpha+i\beta)x} + c_2 e^{(\alpha-i\beta)x} \\
&= c_1 e^{\alpha x}(\cos\beta x + i\sin\beta x) + c_2 e^{\alpha x}(\cos\beta x - i\sin\beta x) \\
&= (c_1 + c_2)e^{\alpha x}\cos\beta x + i(c_1 - c_2)e^{\alpha x}\sin\beta x \\
&= e^{\alpha x}(C_1\cos\beta x + C_2\sin\beta x) \quad (\text{단, } C_1 = c_1 + c_2,\ C_2 = i(c_1 - c_2))
\end{aligned}
$$

특성근이 두 무리수인 $D = \alpha + i\beta$, $D = \alpha - i\beta$이면 미분방정식의 일반해는 다음과 같다.

$$
y = e^{\alpha x}(C_1\cos\beta x + C_2\sin\beta x)
$$

종합하면 다음 정리를 얻는다.

정리 3　**2계 제차 선형 미분방정식의 일반해**

미분방정식 $y'' + ay' + by = 0$의 특성근에 따라 일반해는 다음과 같다.

(1) 특성근이 서로 다른 두 실근 $D = \alpha$, $D = \beta$일 때

$$
y = C_1 e^{\alpha x} + C_2 e^{\beta x}
$$

(2) 특성근이 중근 $D = \alpha$일 때

$$
y = (C_1 + C_2 x)e^{\alpha x}
$$

(3) 특성근이 두 허근 $D = \alpha + i\beta$, $D = \alpha - i\beta$일 때

$$
y = e^{\alpha x}(C_1\cos\beta x + C_2\sin\beta x)
$$

▶ 예제 7

다음 미분방정식의 일반해를 구하여라.

(1) $y'' - y' - 2y = 0$　　　　　　　　(2) $y'' - 2y' + y = 0$

(3) $y'' + 2y' + 2y = 0$

풀이

주안점 특성방정식과 특성근을 구한다.

(1) ❶ 특성방정식을 세운다.

$$D^2 - D - 2 = 0$$

❷ 특성근을 구한다.
$(D + 1)(D - 2) = 0$에서 $D = -1$, $D = 2$

❸ 일반해를 구한다.

$$y = C_1 e^{-x} + C_2 e^{2x}$$

(2) ❶ 특성방정식을 세운다.

$$D^2 - 2D + 1 = 0$$

❷ 특성근을 구한다.
$D^2 - 2D + 1 = 0$, $(D - 1)^2 = 0$에서 $D = 1$ (중근)

❸ 일반해를 구한다.

$$y = (C_1 + C_2 x) e^x$$

(3) ❶ 특성방정식을 세운다.

$$D^2 + 2D + 2 = 0$$

❷ 특성근을 구한다.
판별식에 의해 $D = \dfrac{-2 \pm \sqrt{4 - 8}}{2} = -1 \pm i$ (허근)

❸ 일반해를 구한다.

$$y = e^{-x}(C_1 \sin x + C_2 \cos x)$$

고계 제차 선형 미분방정식의 일반해

미분연산자를 이용한 2계 선형 미분방정식의 해법을 적용하면 n계 제차 선형 미분방정식의 일반해를 얻을 수 있다.

특성근이 모두 서로 다른 실수인 경우

특성방정식 $F(D) = 0$의 근이 모두 서로 다른 실수 α_1, α_2, $\cdots$, α_n이면 미분방정식의 독립인 해는 $y_i = e^{\alpha_i x}$, $i = 1, 2, \cdots, n$이고, 해의 중첩 원리에 의해 일반해는 다음과 같다.

$$y = c_1 e^{\alpha_1 x} + c_2 e^{\alpha_2 x} + \cdots + c_n e^{\alpha_n x}$$

특성근이 k개의 중복된 실수이고, 나머지가 모두 서로 다른 실수인 경우

특성방정식 $F(D) = 0$의 근이 k개의 중복된 실수 β이고, 나머지가 모두 서로 다른 실수 α_1, α_2, $\cdots$, α_{n-k}이면 미분방정식의 독립인 해는 다음과 같다.

① k개의 중복된 실근 β에 대한 독립인 해

$$y_1 = e^{\beta x}, \; y_2 = x e^{\beta x}, \; \cdots, \; y_k = x^{k-1} e^{\beta x}$$

② 서로 다른 실수 α_1, α_2, $\cdots$, α_{n-k}에 대한 독립인 해

$$y_i = e^{\alpha_i x}, \; i = 1, 2, \cdots, n-k$$

③ 해의 중첩 원리에 의해 일반해는 다음과 같다.

$$y = (d_1 + d_2 x + \cdots + d_k x^{k-1}) e^{\beta x} + c_1 e^{\alpha_1 x} + c_2 e^{\alpha_2 x} + \cdots + c_{n-k} e^{\alpha_{n-k} x}$$

특성근이 $D = \alpha + i\beta$, $D = \alpha - i\beta$인 무리수이고, 나머지가 모두 실수인 경우

특성방정식 $F(D) = 0$의 근이 두 무리수인 $\alpha + i\beta$, $\alpha - i\beta$이고 나머지가 모두 실수이면 미분방정식의 독립인 해는 다음과 같다.

① 두 무리수 $\alpha + i\beta$, $\alpha - i\beta$에 대한 독립인 해

$$y_1 = e^{\alpha x} \sin \beta x, \; y_2 = e^{\alpha x} \cos \beta x$$

② 서로 다른 실수 α_1, α_2, $\cdots$, α_{n-2}에 대한 독립인 해

$$y_i = e^{\alpha_i x}, \; i = 1, 2, \cdots, n-2$$

③ 해의 중첩 원리에 의해 일반해는 다음과 같다.

$$y = e^{\alpha x}(d_1 \sin \beta x + d_2 \cos \beta x) + c_1 e^{\alpha_1 x} + c_2 e^{\alpha_2 x} + \cdots + c_{n-2} e^{\alpha_{n-2} x}$$

특성방정식이 중근, 서로 다른 실근, 허근을 갖는 각 경우 특성근에 대한 유형을 적용하여 일반해를 구한다. 특히 두 허근 $\alpha + i\beta$, $\alpha - i\beta$가 중복된 경우, 이 중복 허근에 대한 해는 다음과 같다.

$$y = e^{\alpha x}[(c_1 + c_2 x)\sin \beta x + (c_3 + c_4 x)\cos \beta x]$$

▶ 예제 8

다음 미분방정식의 일반해를 구하여라.

(1) $y''' + 2y'' - 3y' = 0$ (2) $y''' - 3y'' + 3y' - y = 0$

(3) $y''' - 3y'' + 9y' + 13y = 0$ (4) $y^{(4)} - 81y = 0$

풀이

주안점 특성방정식과 특성근을 구한다.

(1) ❶ 특성방정식을 세운다.

$$D^3 + 2D^2 - 3D = 0$$

❷ 특성근을 구한다.
$D(D-1)(D+3) = 0$에서 $D = -3$, $D = 0$, $D = 1$

❸ 일반해를 구한다.

$$y = C_1 e^{-3x} + C_2 e^x + C_3 e^{0x} = C_1 e^{-3x} + C_2 e^x + C_3$$

(2) ❶ 특성방정식을 세운다.

$$D^3 - 3D^2 + 3D - 1 = 0$$

❷ 특성근을 구한다.
$(D-1)^3 = 0$에서 $D = 1$ (삼중근)

❸ 일반해를 구한다.

$$y = (C_1 + C_2 x + C_2 x^2)e^x$$

(3) ❶ 특성방정식을 세운다.

$$D^3 - 3D^2 + 9D + 13 = 0$$

❷ 특성근을 구한다.

$(D+1)(D^2-4D+13)=0$ 에서 $D=1$, $D=2\pm3i$

❸ 일반해를 구한다.

$$y = C_1 e^x + (C_2 \sin 3x + C_3 \cos 3x)e^{2x}$$

(4) ❶ 특성방정식을 세운다.

$$D^4 - 81 = 0$$

❷ 특성근을 구한다.

$(D-3)(D+3)(D^2+9)=0$ 에서 $D=\pm3$, $D=\pm3i$

❸ 일반해를 구한다.

$$y = C_1 e^{-3x} + C_2 e^{3x} + C_3 \cos 3x + C_4 \sin 3x$$

2.3 오일러-코시 미분방정식

지금까지 상수계수 제차 선형 미분방정식의 해법을 살펴봤다. 일반적으로 변수계수를 갖는 미분방정식의 해를 구하는 방법은 3장에서 살펴보지만, 간단한 치환에 의해 특성근을 얻을 수 있는 경우가 있다. 이 절에서는 변수계수를 갖는 특수한 미분방정식의 해법을 살펴본다.

임의의 두 실수 a, b 에 대하여 다음 형태의 미분방정식을 오일러-코시 미분방정식^{Euler-Cauchy differential equation}이라 한다.

$$x^2 y'' + axy' + by = 0$$

$x = e^z$ 으로 치환한 다음 미분연산자를 $D = \dfrac{d}{dz}$ 라 하면 y', y'' 은 다음과 같다.

$$\frac{dy}{dx} = \frac{dy}{dz}\frac{dz}{dx} = \frac{dy}{dz}\frac{1}{dx/dz} = \frac{1}{x}Dy, \quad xy' = Dy$$

$$\frac{d^2y}{dx^2} = \frac{d}{dx}\left(\frac{dy}{dx}\right) = \frac{d}{dx}\left(\frac{1}{x}Dy\right) = -\frac{1}{x^2}Dy + \frac{1}{x^2}D^2y, \quad x^2y'' = (D^2-D)y$$

따라서 오일러-코시 미분방정식은 다음과 같이 미분연산자 $D = \dfrac{d}{dz}$ 를 이용하여 나타낼 수 있다.

$$x^2 y'' + axy' + by = (D^2 - D)y + aDy + by$$
$$= (D^2 + (a-1)D + b)y = 0$$

특성방정식 $D^2 + (a-1)D + b = 0$ 의 특성근을 이용하여 일반해 $y = f(z)$ 를 구한 다음 $z = \ln x$ 를 대입한다.

유형 1 특성근이 서로 다른 두 실수인 경우

특성방정식이 $D^2 + (a-1)D + b = (D-\alpha)(D-\beta) = 0$ 이고 특성근이 서로 다른 두 실수 $D = \alpha$, $D = \beta$ 인 경우 일반해는 다음과 같다.

$$y = C_1 e^{\alpha z} + C_2 e^{\beta z} = C_1 e^{\alpha \ln x} + C_2 e^{\beta \ln x} = C_1 x^\alpha + C_2 x^\beta$$

유형 2 특성근이 동일한 실수인 경우

특성방정식이 $D^2 + (a-1)D + b = (D-\alpha)^2 = 0$ 이고 특성근이 중복되는 실수 $D = \alpha$ 인 경우 일반해는 다음과 같다.

$$y = (C_1 + C_2 z)e^{\alpha z} = (C_1 + C_2 \ln x)e^{\alpha \ln x} = x^\alpha (C_1 + C_2 \ln x)$$

유형 3 특성근이 두 무리수인 경우

특성방정식 $D^2 + aD + b = 0$ 의 특성근이 서로 다른 두 무리수 $D = \alpha + i\beta$, $D = \alpha - i\beta$ 이면 일반해는 다음과 같다.

$$y = e^{\alpha z}(C_1 \cos \beta z + C_2 \sin \beta z) = x^\alpha [C_1 \cos(\beta \ln x) + C_2 \sin(\beta \ln x)]$$

종합하면 다음 정리를 얻는다.

정리 4 **오일러-코시 미분방정식의 일반해**

미분방정식 $x^2 y'' + axy' + by = 0$ 에 대한 특성방정식 $D^2 + (a-1)D + b = 0$ 의 특성근에 대하여 일반해는 다음과 같다.

(1) 특성근이 서로 다른 두 실근 $D = \alpha$, $D = \beta$일 때

$$y = C_1 x^{\alpha} + C_2 x^{\beta}$$

(2) 특성근이 중복되는 실근 $D = \alpha$일 때

$$y = x^{\alpha}(C_1 + C_2 \ln x)$$

(3) 특성근이 서로 다른 두 허근 $D = \alpha + i\beta$, $D = \alpha - i\beta$일 때

$$y = x^{\alpha}[C_1 \cos(\beta \ln x) + C_2 \sin(\beta \ln x)]$$

▶ 예제 9

다음 미분방정식의 일반해를 구하여라.

(1) $x^2 y'' - 2xy' + 2y = 0$ 　　　　(2) $x^2 y'' - xy' + y = 0$

(3) $x^2 y'' + 3xy' + y = 0$ 　　　　(4) $x^2 y'' + 3xy' + 2y = 0$

풀이

주안점 $x = e^z$으로 놓고 특성방정식과 특성근을 구한다.

(1) ❶ 특성방정식을 세운다.

$$D^2 - 3D + 2 = 0$$

❷ 특성근을 구한다.
　$(D-1)(D-2) = 0$ 에서 $D = 1$, $D = 2$

❸ 일반해를 구한다.

$$y = C_1 x + C_2 x^2$$

(2) ❶ 특성방정식을 세운다.

$$D^2 - 2D + 1 = 0$$

❷ 특성근을 구한다.
　$(D-1)^2 = 0$ 에서 $D = 1$ (중근)

❸ 일반해를 구한다.

$$y = x(C_1 + C_2 \ln x)$$

(3) **❶** 특성방정식을 세운다.

$$D^2 + 2D + 1 = 0$$

❷ 특성근을 구한다.

$(D+1)^2 = 0$ 에서 $D = -1$ (중근)

❸ 일반해를 구한다.

$$y = \frac{1}{x}(C_1 + C_2 \ln x)$$

(4) **❶** 특성방정식을 세운다.

$$D^2 + 2D + 2 = 0$$

❷ 특성근을 구한다.

$$D = -1 \pm i$$

❸ 일반해를 구한다.

$$y = \frac{1}{x}[C_1 \cos(\ln x) + C_2 \sin(\ln x)]$$

오일러–코시 미분방정식을 다음과 같은 변수계수 n 계 미분방정식으로 확대할 수 있다.

$$x^n y^{(n)} + a_1 x^{n-1} y^{(n-1)} + \cdots + a_{n-1} x y' + a_n y = 0$$

마찬가지로 $x = e^z$ 으로 치환하고 미분연산자 $D = \dfrac{d}{dz}$ 를 이용하여 $x^2 y''$, xy' 을 구한 방법과 동일하게 $x^k y^{(k)}$, $k = 1, 2, \cdots, n$ 을 구하면 다음과 같다.

$$x^k y^{(k)} = D(D-1)(D-2) \cdots (D-k+1)y$$

그러면 n 계 오일러–코시 미분방정식의 특성방정식은 다음과 같다.

$$D(D-1) \cdots (D-n+1) + a_1 D(D-1) \cdots (D-n+2) + \cdots + a_{n-1} D + a_n = 0$$

특성방정식의 특성근을 이용하여 일반해 $y = f(z)$ 를 구한 다음 $z = \ln x$ 를 대입한다.

▶ 예제 10

다음 미분방정식의 일반해를 구하여라.

(1) $x^3 y''' + 2x^2 y'' - x y' + y = 0$ (2) $x^3 y''' + 5x^2 y'' + 7x y' + 8y = 0$

풀이

주안점 $x = e^z$ 으로 놓고 특성방정식과 특성근을 구한다.

(1) ❶ 특성방정식을 세운다.

$$D(D-1)(D-2) + 2D(D-1) - D + 1 = 0$$

❷ 특성근을 구한다.

$(D+1)(D-1)^2 = 0$ 에서 $D = -1$, $D = 1$ (중근)

❸ 일반해를 구한다.

$$y = \frac{C_1}{x} + x(C_2 + C_3 \ln x)$$

(2) ❶ 특성방정식을 세운다.

$$D(D-1)(D-2) + 2D(D-1) + 2D + 4 = 0$$

❷ 특성근을 구한다.

$(D+1)(D^2 - 2D + 4) = 0$ 에서 $D = -1$, $D = 1 \pm \sqrt{3}\, i$

❸ 일반해를 구한다.

$$y = \frac{C_1}{x} + x[C_2 \cos(\sqrt{3} \ln x) + C_3 \sin(\sqrt{3} \ln x)]$$

오일러-코시 미분방정식의 일반화

오일러-코시 미분방정식를 일반화한 다음 방정식을 생각하자.

$$(px + q)^n y^{(n)} + a_1(px + q)^{n-1} y^{(n-1)} + \cdots + a_{n-1}(px + q)y' + a_n y = 0$$

마찬가지로 $px + q = e^z$ 으로 치환하고 미분연산자를 $D = \dfrac{d}{dz}$ 라 하면 다음을 얻는다.

$$(px + q)y' = pDy, \quad (px + q)^2 y'' = p^2 D(D-1)y,$$

$$(px+q)^k y^{(k)} = p^k D(D-1)\cdots(D-k+1)y,\ \ k=1,2,\cdots,n$$

즉, 특성방정식은 다음과 같다.

$$p^n D(D-1)\cdots(D-n+1) + p^{n-1}a_1 D(D-1)\cdots(D-n+2) + \cdots + a_{n-1}pD + a_n = 0$$

특성방정식의 특성근을 이용하여 일반해 $y = f(z)$를 구한 다음 $z = \ln(px+q)$를 대입한다.

▶ 예제 11

다음 미분방정식의 일반해를 구하여라.

(1) $(x+2)^2 y'' + 3(x+2)y' + y = 0$ (2) $(3x+2)^2 y'' - 4(3x+2)y' + 6y = 0$

풀이

주안점 각각 $x+2 = e^z$, $3x+2 = e^z$으로 놓고 특성방정식과 특성근을 구한다.

(1) ❶ 특성방정식을 세운다.

$$D(D-1) + 3D + 1 = 0$$

❷ 특성근을 구한다.

$(D+1)^2 = 0$에서 $D = -1$ (중근)

❸ 일반해를 구한다.

$$y = \frac{1}{x+2}\left(C_1 + C_2 \ln(x+2)\right)$$

(2) ❶ 특성방정식을 세운다.

$$9D(D-1)(D-2) - 12D + 6 = 0$$

❷ 특성근을 구한다.

$(D-2)(3D-1) = 0$에서 $D = 2$, $D = \dfrac{1}{3}$

❸ 일반해를 구한다.

$$y = C_1(3x+2)^{\frac{1}{3}} + C_2(3x+2)^2$$

지금까지 제차 선형 미분방정식에 대한 일반해를 구하는 방법을 살펴봤다. 이 절에서는 다음과 같이 비제차항이 $r(x) \neq 0$인 경우인 2계 비제차 선형 미분방정식의 해법을 알아본다.

$$y'' + ay' + by = r(x)$$

비체자항이 $r(x) = 0$인 제차 선형 미분방정식을 **여방정식**$^{\text{complementary equation}}$이라 하며, 다음과 같은 여방정식의 일반해 y_h를 **여함수**$^{\text{complementary function}}$라 한다.

$$y_h = C_1\,y_1 + C_2\,y_2$$

미분방정식의 여함수 y_h에 대하여 다음이 성립한다.

$$y_h'' + ay_h' + by_h = 0$$

비제차 미분방정식의 특수해를 y_p라 하면

$$y_p'' + ay_p' + by_p = r(x)$$

이고, 비제차 미분방정식의 여함수 y_h와 특수해 y_p에 대하여 $y = y_h + y_p$는 다음을 만족한다.

$$y'' + by' + c_n y = (y_h' + y_p'') + a(y_h' + y_p') + b(y_h + y_p)$$
$$= (y_h' + ay_h' + by_h) + (y_p'' + ay_p' + by_p) = 0 + r(x) = r(x)$$

즉, 비제차 선형 미분방정식의 일반해에 대하여 다음 정리를 얻는다.

정리 5 **비제차 선형 미분방정식의 일반해**

n계 비제차 선형 미분방정식의 일반해는 여함수 y_h와 특수해 y_p에 대하여 $y = y_h + y_p$이다.

▶ 예제 12

미분방정식 $y'' - 2y' + y = 2e^x$에 대하여 물음에 답하여라.

(1) $y_p = x^2 e^x$이 특수해임을 보여라.

(2) 여함수 y_h를 구하여라.

(3) $y = y_h + y_p$ 가 미분방정식의 해임을 보여라.

풀이

주안점 y_p 를 미분방정식에 대입한다.

(1) ❶ y_p 의 도함수를 구한다.

$$y_p' = (x^2 + 2x)e^x , \ \ y_p'' = (x^2 + 4x + 2)e^x$$

❷ 미분방정식에 대입하여 특수해임을 보인다.

$$y_p'' - 2y_p' + y_p = (x^2 + 4x + 2)e^x - 2(x^2 + 2x)e^x + x^2 e^x = 2e^x$$

(2) 여방정식 $y'' - 2y' + y = 0$ 의 일반해를 구하기 위해 특성근을 구한다.
   ❶ 특성방정식을 세운다.

$$D^2 - 2D + 1 = 0$$

❷ 특성근을 구한다.

$$(D - 1)^2 = 0 \text{ 에서 } D = 1 \text{ (중근)}$$

❸ 여함수를 구한다.

$$y_h = (C_1 + C_2 x)e^x$$

(3) $y = y_h + y_p = (C_1 + C_2 x + x^2)e^x$ 을 미분방정식에 대입한다.
   ❶ 도함수를 구한다.

$$y' = [C_1 + C_2(x + 1) + (x^2 + 2x)]e^x ,$$

$$y'' = [C_1 + 2 + C_2(x + 2) + (x^2 + 4x)]e^x$$

❷ 미분방정식에 대입하여 일반해임을 보인다.

$$y'' - 2y' + y = [C_1 + 2 + C_2(x + 2) + (x^2 + 4x)]e^x$$
$$- 2[C_1 + C_2(x + 1) + (x^2 + 2x)]e^x$$
$$+ (C_1 + C_2 x + x^2)e^x = 2e^x$$

[예제 12]와 같이 $r(x) = 0$ 인 여방정식의 일반해 y_h 와 $r(x) \neq 0$ 을 만족하는 특수해 y_p 를 구하면 비제차 미분방정식의 일반해를 구할 수 있다. 여함수를 구하는 방법은 2.2절, 2.3절에서 살펴봤으므로 특수해를 구하는 방법에 대하여 살펴본다.

미정계수법

미정계수법은 비제차 선형 미분방정식의 특수해를 구하기 위해 보편적으로 사용하는 방법이다. [표 2.1]과 같이 $r(x)$의 형태에 따라 y_p를 설정하여 미분방정식에 대입하고 미정계수를 결정한다.

[표 2.1] $r(x)$에 따른 y_p의 형태

	$r(x)$의 형태	y_p의 형태
(1)	임의의 상수 k	A
(2)	x^n	$A_0 x^n + A_1 x^{n-1} + \cdots + A_{n-1} x + A_n$
(3)	e^{ax}	$A e^{ax}$
(4)	$x^n e^{ax}$	$(A_1 x^n + A_2 x^{n-1} + \cdots + A_n x + A_{n+1}) e^{ax}$
(5)	$\sin ax$, $\cos ax$	$A \sin ax + B \cos ax$
(6)	$x^n \sin ax$, $x^n \cos ax$	$(A_0 x^n + A_1 x^{n-1} + \cdots + A_{n-1} x + A_n) \sin ax$ $+ (B_0 x^n + B_1 x^{n-1} + \cdots + B_{n-1} x + B_n) \cos ax$
(7)	$x^n e^{ax} \cos bx$, $x^n e^{ax} \sin bx$	$(A_0 x^n + A_1 x^{n-1} + \cdots + A_{n-1} x + A_n) e^{ax} \sin bx$ $+ (B_0 x^n + B_1 x^{n-1} + \cdots + B_{n-1} x + B_n) e^{ax} \cos bx$

$r(x)$가 $\dfrac{1}{x}$, $\ln x$, $\tan x$, $\sin^{-1} x$, $\cdots$일 때에는 미정계수법을 적용하기 곤란하다.

▶ 예제 13

다음 미분방정식의 일반해를 구하여라.

(1) $y'' - y' - 2y = 2x^2 - 1$ (2) $y'' + 2y' + 2y = e^x$

(3) $y'' - 2y' + y = x e^{-x}$

풀이

주안점 여함수를 구하고, 비제차항의 구조에 따른 특수해를 설정한다.

(1) 여방정식은 $y'' - y' - 2y = 0$ 이다.

  ❶ 여방정식의 특성근을 구한다.

    $D^2 - D - 2 = (D-2)(D+1) = 0$ 에서 $D = 2$, $D = -1$

  ❷ 여함수를 구한다.

$$y_h = C_1 e^{-x} + C_2 e^{2x}$$

❸ 특수해를 설정한다.

$r(x) = 2x^2 - 1$ 이므로 $y_p = ax^2 + bx + c$

❹ 특수해의 도함수를 구한다.

$$y_p{}' = 2ax + b, \quad y_p{}'' = 2a$$

❺ 도함수를 미분방정식에 대입하여 미정계수를 결정한다.

$$y_p{}'' - y_p{}' - 2y_p = -2ax^2 - 2(a+b)x + 2(a-c) = 2x^2 - 1$$

$$-2a = 2, \quad -2(a+b) = 0, \quad 2(a-c) = -1$$

$$a = -1, \quad b = 1, \quad c = -1$$

❻ 특수해를 구한다.

$$y_p = -x^2 + x - 1$$

❼ 일반해를 구한다.

$$y = y_h + y_p = C_1 e^{-x} + C_2 e^{2x} - x^2 + x - 1$$

(2) 여방정식은 $y'' + 2y' + 2y = 0$ 이다.

❶ 여방정식의 특성근을 구한다.

$D^2 + 2D + 2 = 0$ 에서 $D = -1 \pm i$

❷ 여함수를 구한다.

$$y_h = e^{-x}(C_1 \sin x + C_2 \cos x)$$

❸ 특수해를 설정한다.

$r(x) = e^x$ 이므로 $y_p = ae^x$

❹ 특수해의 도함수를 구한다.

$$y_p{}' = ae^x, \quad y_p{}'' = ae^x$$

❺ 도함수를 미분방정식에 대입하여 미정계수를 결정한다.

$$y'' + 2y' + 2y = e^x$$

$$y_p{}'' + 2y_p{}' + 2y_p = 5ae^x = e^x$$

$$a = \frac{1}{5}$$

❻ 특수해를 구한다.

$$y_p = \frac{1}{5} e^x$$

❼ 일반해를 구한다.

$$y = y_h + y_p = e^{-x}(C_1 \sin x + C_2 \cos x) + \frac{1}{5} e^x$$

(3) 여방정식은 $y'' - 2y' + y = 0$ 이다.

❶ 여방정식의 특성근을 구한다.

$D^2 - 2D + 1 = (D - 1)^2 = 0$ 에서 $D = 1$ (중근)

❷ 여함수를 구한다.

$$y_h = (C_1 + C_2 x) e^x$$

❸ 특수해를 설정한다.

$r(x) = x e^{-x}$ 이므로 $y_p = (ax + b)e^{-x}$

❹ 특수해의 도함수를 구한다.

$$y_p' = (-ax + a - b)e^{-x}, \quad y_p'' = (ax - 2a + b)e^{-x}$$

❺ 도함수를 미분방정식에 대입하여 미정계수를 결정한다.

$$y_p'' - 2y_p' + y_p = 4(ax - a + b)e^{-x} = x e^{-x}$$

$$4a = 1, \ 4(a - b) = 0$$

$$a = \frac{1}{4}, \ b = \frac{1}{4}$$

❻ 특수해를 구한다.

$$y_p = \frac{1}{4}(x + 1)e^{-x}$$

❼ 일반해를 구한다.

$$y = y_h + y_p = (C_1 + C_2 x)e^x + \frac{1}{4}(x + 1)e^{-x}$$

▶ 예제 14

다음 미분방정식의 일반해를 구하여라.

(1) $y'' + 2y' + y = \cos x$ (2) $y'' + 2y' + 3y = \cos 2x + 2\sin x$

풀이

주안점 여함수를 구하고, 비제차항의 구조에 따른 특수해를 설정한다.

(1) 여방정식은 $y'' + 2y' + y = 0$ 이다.

❶ 여방정식의 특성근을 구한다.

$D^2 + 2D + 1 = 0$ 에서 $D = -1$ (중근)

❷ 여함수를 구한다.

$$y_h = (C_1 + C_2 x)e^{-x}$$

❸ 특수해를 설정한다.

$r(x) = \cos x$ 이므로 $y_p = a\cos x + b\sin x$

❹ 특수해의 도함수를 구한다.

$$y_p' = -a\sin x + b\cos x, \quad y_p'' = -a\cos x - b\sin x$$

❺ 이 도함수를 미분방정식에 대입하여 미정계수를 결정한다.

$$y_p'' + 2y_p' + y_p = (-a\cos x - b\sin x) + 2(-a\sin x + b\cos x) + (a\cos x + b\sin x)$$
$$= 2b\cos x - 2a\sin x = \cos x$$

$2b = 1, \ 2a = 0$

$a = 0, \ b = \dfrac{1}{2}$

❻ 특수해를 구한다.

$$y_p = \frac{1}{2}\sin x$$

❼ 일반해를 구한다.

$$y = y_h + y_p = (C_1 + C_2 x)e^{-x} + \frac{1}{2}\sin x$$

(2) 여방정식은 $y'' + 2y' + 3y = 0$ 이다.

❶ 여방정식의 특성근을 구한다.

$D^2 + 2D + 3 = 0$ 에서 $D = -1 \pm \sqrt{2}\,i$

❷ 여함수를 구한다.

$$y_h = (C_1 \cos \sqrt{2}\, x + C_2 \sin \sqrt{2}\, x)e^{-x}$$

❸ 특수해를 설정한다.

$r(x) = \cos 2x + 2\sin x$ 이므로

$$y_p = a\cos 2x + b\sin 2x + c\cos x + d\sin x$$

❹ 특수해의 도함수를 구한다.

$$y_p{}' = -2a\sin 2x + 2b\cos 2x - c\sin x + d\cos x,$$

$$y_p{}'' = -4a\cos 2x - 4b\sin 2x - c\cos x - d\sin x$$

❺ 이 도함수를 미분방정식에 대입하여 미정계수를 결정한다.

$$
\begin{aligned}
y_p{}'' + 2y_p{}' + 3y_p &= (-4a\cos 2x - 4b\sin 2x - c\cos x - d\sin x)\\
&\quad + 2(-2a\sin 2x + 2b\cos 2x - c\sin x + d\cos x)\\
&\quad + 3(a\cos 2x + b\sin 2x + c\cos x + d\sin x)\\
&= (-a + 4b)\cos 2x - (4a + b)\sin 2x\\
&\quad + 2(c + d)\cos x + 2(-c + d)\sin x\\
&= \cos 2x + 2\sin x
\end{aligned}
$$

$$-a + 4b = 1,\ -(4a + b) = 0,\ 2(c + d) = 0,\ 2(-c + d) = 2$$

$$a = -\frac{1}{17},\ b = \frac{4}{17},\ c = -\frac{1}{2},\ d = \frac{1}{2}$$

❻ 특수해를 구한다.

$$y_p = -\frac{1}{17}\cos 2x + \frac{4}{17}\sin 2x - \frac{1}{2}\cos x + \frac{1}{2}\sin x$$

❼ 일반해를 구한다.

$$
\begin{aligned}
y = y_h + y_p &= (C_1 \cos \sqrt{2}\, x + C_2 \sin \sqrt{2}\, x)e^{-x}\\
&\quad -\frac{1}{17}\cos 2x + \frac{4}{17}\sin 2x - \frac{1}{2}\cos x + \frac{1}{2}\sin x
\end{aligned}
$$

비제차항 $r(x)$가 [표 2.1]에 제시된 함수들의 유한합이면 특수해 y_p는 각 경우에 대한 특수해들의 혼합형이다.

다음 미분방정식의 일반해를 구하여라.

(1) $y'' - 2y' - 3y = x - 2 + 3x\,e^{2x}$ (2) $y'' - y = 2x + 1 + \sin 3x$

풀이

주안점 여함수를 구하고, 비제차항의 구조에 따른 특수해를 설정한다.

(1) 여방정식은 $y'' - 2y' - 3y = 0$ 이다.

❶ 여방정식의 특성근을 구한다.

$D^2 - 2D - 3 = 0$ 에서 $D = 3$, $D = -1$

❷ 여함수를 구한다.

$$y_h = C_1 e^{-x} + C_2 e^{3x}$$

❸ 특수해를 설정한다.

$r(x) = x - 2 + 3x\,e^{2x}$ 이므로 $y_p = a\,x + b + (c\,x + d)e^{2x}$

❹ 특수해의 도함수를 구한다.

$$y_p{}' = a + (c + 2d + 2c\,x)e^{2x}, \quad y_p{}'' = (4c + 4d + 4c\,x)e^{2x}$$

❺ 도함수를 미분방정식에 대입하여 미정계수를 결정한다.

$$\begin{aligned}
y_p{}'' - 2y_p{}' - 3y_p &= (4c + 4d + 4c\,x)e^{2x} - 2[a + (c + 2d + 2c\,x)e^{2x}] \\
&\quad - 3[a\,x + b + (c\,x + d)e^{2x}] \\
&= -3a\,x + (-2a - 3b) + (2c - 3d - 3c\,x)e^{2x} \\
&= x - 2 + 3x\,e^{2x}
\end{aligned}$$

$-3a = 1$, $-2a - 3b = -2$, $2c - 3d = 0$, $-3c = 3$

$a = -\dfrac{1}{3}$, $b = \dfrac{8}{9}$, $c = -1$, $d = -\dfrac{2}{3}$

❻ 특수해를 구한다.

$$y_p = -\frac{1}{3}x + \frac{8}{9} - \left(x + \frac{2}{3}\right)e^{2x}$$

❼ 일반해를 구한다.

$$y = C_1 e^{-x} + C_2 e^{3x} = -\frac{1}{3}x + \frac{8}{9} - \left(x + \frac{2}{3}\right)e^{2x}$$

(2) 여방정식은 $y'' - y = 0$ 이다.

❶ 여방정식의 특성근을 구한다.

$D^2 - 1 = (D - 1)(D + 1) = 0$ 에서 $D = -1$, $D = 1$

❷ 여함수를 구한다.

$$y_h = C_1 e^{-x} + C_2 e^x$$

❸ 특수해를 설정한다.

$r(x) = 2x + 1 + \sin 3x$ 이므로 $y_p = ax + b + c\sin 3x + d\cos 3x$

❹ 특수해의 도함수를 구한다.

$$y_p' = a + 3c\cos 3x - 3d\sin 3x, \quad y_p'' = -9(c\sin 3x + d\cos 3x)$$

❺ 도함수를 미분방정식에 대입하여 미정계수를 결정한다.

$$\begin{aligned} y_p'' - y_p &= -9(c\sin 3x + d\cos 3x) - (ax + b + c\sin 3x + d\cos 3x) \\ &= -ax - b - 10c\sin 3x - 10d\cos 3x \\ &= 2x + 1 + \sin 3x \end{aligned}$$

$$-a = 2, \ -b = 1, \ -10c = 1, \ -10d = 0$$

$$a = -2, \ b = -1, \ c = -\frac{1}{10}, \ d = 0$$

❻ 특수해를 구한다.

$$y_p = -2x - 1 - \frac{1}{10}\sin 3x$$

❼ 일반해를 구한다.

$$y = y_h + y_p = C_1 e^{-x} + C_2 e^x - 2x - 1 - \frac{1}{10}\sin 3x$$

$y'' + ay' + by = r(x)$ 에 대한 여방정식의 특성근이 α, β 이고 $r(x)$ 에 $e^{\lambda x}$ 이 포함된 경우 특수해의 형태는 다음과 같다.

① $\lambda \neq \alpha$, $\lambda \neq \beta$ 이면 $e^{\lambda x}$ 에 대응하는 특수해는 $y_p = A e^{\lambda x}$ 이다.

② $\lambda = \alpha$, $\lambda \neq \beta$ 이면 $e^{\lambda x}$ 에 대응하는 특수해는 $y_p = A x e^{\lambda x}$ 이다.

③ $\lambda = \alpha = \beta$ 이면 $e^{\lambda x}$ 에 대응하는 특수해는 $y_p = A x^2 e^{\lambda x}$ 이다.

④ $r(x) = x^m e^{\lambda x}$ 이면 각 경우에 대하여 특수해는 $y_p = A x^{m+k} e^{\lambda x} \ (k = 0, 1, 2)$ 이다.

미분방정식 $y'' + 6y' + 9y = (x^3 + x)e^{-3x}$ 의 일반해를 구하여라.

풀이

주안점 여함수를 구하고, 비제차항의 구조에 따른 특수해를 설정한다.

❶ 여방정식 $y'' + 6y' + 9y = 0$ 의 특성근을 구한다.

$D^2 + 6D + 9 = 0$ 에서 $D = -3$ (중근)

❷ 여함수를 구한다.

$$y_h = (C_1 + C_2 x)e^{-3x}$$

❸ 특수해를 설정한다.

$r(x) = (x^3 + x)e^{-3x}$ 이고 지수의 계수가 두 특성근과 동일하므로

$$y_p = x^2(ax^3 + bx)e^{-3x} = (ax^5 + bx^3)e^{-3x}$$

❹ 특수해의 도함수를 구한다.

$$y_p' = (-3ax^5 + 5ax^4 - 3bx^3 + 3bx^2)e^{-3x},$$

$$y_p'' = (9ax^5 - 30ax^4 + (9b + 20a)x^3 - 18bx^2 + 6bx)e^{-3x}$$

❺ 도함수를 미분방정식에 대입하여 미정계수를 결정한다.

$$y_p'' - 6y_p' + 9y_p = (20ax^3 + 6bx)e^{-3x} = (x^3 + x)e^{-3x}$$

$$20a = 1, \ 6b = 1$$

$$a = \frac{1}{20}, \ b = \frac{1}{6}$$

❻ 특수해를 구한다.

$$y_p = \left(\frac{1}{20}x^5 + \frac{1}{6}x^3\right)e^{-3x}$$

❼ 일반해를 구한다.

$$y = \left(C_1 + C_2 x + \frac{1}{20}x^5 + \frac{1}{6}x^3\right)e^{-3x}$$

매개변수 변화법

비제차 선형 미분방정식의 여함수에 포함되어 있는 임의의 상수를 함수로 변환하여 특수해를 구하는 매개변수 변화법이 있다. 매개변수 변화법을 이용하면 미정계수법으로 구할 수 없는 특수해를 구할 수 있다. 미분방정식 $y'' - 2y' = e^x \sin x$ 를 생각하자. 특성방정식 $D^2 - 2D = 0$ 의 특성근이 $D = 0$, $D = 2$ 이므로 여함수는 $y_h = C_1 + C_2 e^{2x}$ 이다. 두 상수 C_1, C_2 를 미지의 두 함수 $c_1(x)$, $c_2(x)$ 로 놓은 다음 함수를 특수해로 지정한다.

$$y_p = c_1(x) + c_2(x) e^{2x}$$

이제 다음 과정을 수행하여 두 함수 $c_1(x)$, $c_2(x)$ 를 구한다.

(i) $y_p{}'$ 을 구하여 $c_1{}'(x) + c_2{}'(x) e^{2x} = 0$ 으로 놓는다.

$$\begin{aligned} y_p{}' &= c_1{}'(x) + c_2{}'(x) e^{2x} + 2c_2(x) e^{2x} \\ &= \left[c_1{}'(x) + c_2{}'(x) e^{2x} \right] + 2c_2(x) e^{2x} \\ &= 2c_2(x) e^{2x} \end{aligned}$$

(ii) $y_p{}''$ 을 구한다.

$$y_p{}'' = 2c_2{}'(x) e^{2x} + 4c_2(x) e^{2x}$$

(iii) y_p, $y_p{}'$, $y_p{}''$ 을 미분방정식에 대입하여 $c_2{}'(x)$ 를 구한다.

$$y_p{}'' - 2y_p{}' = \left[2c_2{}'(x) e^{2x} + 4c_2(x) e^{2x} \right] - 2 \left[2c_2(x) e^{2x} \right] = e^x \sin x$$

$$c_2{}'(x) = \frac{1}{2} e^{-x} \sin x$$

(iv) $c_2(x)$ 를 구한다.

$$c_2(x) = \frac{1}{2} \int e^{-x} \sin x \, dx = -\frac{1}{4} e^{-x} (\cos x + \sin x)$$

(v) (i)으로부터 $c_1{}'(x)$ 를 구한다.

$$c_1{}'(x) = -c_2{}'(x) e^{2x} = -\frac{1}{2} e^{-x} \sin x \, e^{2x} = -\frac{1}{2} e^x \sin x$$

(vi) $c_1(x)$를 구한다.

$$c_1(x) = -\frac{1}{2}\int e^x \sin x\, dx = -\frac{1}{4}e^x(-\cos x + \sin x)$$

(vii) 특수해 y_p를 구한다.

$$y_p = c_1(x) + c_2(x)e^{2x}$$

$$= -\frac{1}{4}e^x(-\cos x + \sin x) - \frac{1}{4}e^{-x}(\cos x + \sin x)e^{2x} = -\frac{1}{2}e^x\sin x$$

(viii) 일반해를 구한다.

$$y = C_1 + C_2\,e^{2x} - \frac{1}{2}e^x\sin x$$

매개변수 변화법을 정리하면 다음 정리를 얻는다.

정리 6   **매개변수 변화법**

비제차 선형 미분방정식 $y'' + ay' + by = r(x)$의 여함수 $y_h = C_1 y_1(x) + C_2 y_2(x)$에 대하여 특수해를 $y_p = c_1(x)y_1(x) + c_2(x)y_2(x)$라 하자. 특수해는 다음 조건을 만족하는 두 함수 $c_1(x)$, $c_2(x)$에 대하여 $y_p = c_1 y_1 + c_2 y_2$ 이다.

$$c_1{}'(x)y_1(x) + c_2{}'(x)y_2(x) = 0,$$
$$c_1{}'(x)y_1{}'(x) + c_2{}'(x)y_2{}'(x) = r(x)$$

▶ 예제 17

다음 미분방정식의 일반해를 구하여라.

(1) $y'' + y' - 2y = 4e^x$ (2) $y'' + y = \sin x$

풀이

주안점 여함수를 구하고, 특수해를 $y_p = c_1(x)y_1 + c_2(x)y_2$로 놓는다.

(1) ❶ 여방정식의 특성근을 구한다.
$D^2 + D - 2 = 0$에서 $D = -2$, $D = 1$

❷ 여함수를 구하고, 특수해를 지정한다.

$$y_h = C_1 e^{-2x} + C_2 e^x , \ y_p = c_1(x) e^{-2x} + c_2(x) e^x$$

❸ $y_p{}'$ 을 구한다.

$c_1{}'(x) e^{-2x} + c_2{}'(x) e^x = 0$ 에서

$$y_p{}' = [c_1{}'(x) e^{-2x} + c_2{}'(x) e^x] - 2c_1(x) e^{-2x} + c_2(x) e^x$$
$$= -2c_1(x) e^{-2x} + c_2(x) e^x$$

❹ $y_p{}''$ 을 구한다.

$$y_p{}'' = [-2c_1{}'(x) e^{-2x} + c_2{}'(x) e^x] + 4c_1(x) e^{-2x} + c_2(x) e^x$$

❺ y_p , $y_p{}'$, $y_p{}''$ 을 미분방정식에 대입한다.

$$y_p{}'' + y_p{}' - 2y = -2c_1{}'(x) e^{-2x} + c_2{}'(x) e^x = 4e^x$$

❻ ❸과 ❺를 연립하여 $c_1{}'(x)$, $c_2{}'(x)$ 를 구한다.

$$c_1{}'(x) e^{-2x} + c_2{}'(x) e^x = 0 , \ -2c_1{}'(x) e^{-2x} + c_2{}'(x) e^x = 4e^x$$

$$c_1{}'(x) = -\frac{4}{3} e^{3x} , \ c_2{}'(x) = \frac{4}{3}$$

❼ $c_1(x)$, $c_2(x)$ 를 구한다.

$$c_1(x) = -\frac{4}{3} \int e^{3x} \, dx = -\frac{4}{9} e^{3x} , \ c_2(x) = \int \frac{4}{3} \, dx = \frac{4}{3} x$$

❽ 특수해 y_p 를 구한다.

$$y_p = c_1(x) e^{-2x} + c_2(x) e^x = -\frac{4}{9} e^x + \frac{4}{3} x e^x = -\frac{4}{9} (1 - 3x) e^x$$

❾ 일반해를 구한다.

$$y = C_1 e^{-2x} + C_2 e^x - \frac{4}{9} (1 - 3x) e^x$$

(2) ❶ 여방정식의 특성근을 구한다.

$D^2 + 1 = 0$ 에서 $D = \pm i$

❷ 여함수를 구하고, 특수해를 지정한다.

$$y_h = C_1 \cos x + C_2 \sin x , \ y_p = c_1(x) \cos x + c_2(x) \sin x$$

❸ $y_p{}'$ 을 구한다.

$c_1{}'(x)\cos x + c_2{}'(x)\sin x = 0$ 에서

$$y_p{}' = [c_1{}'(x)\cos x + c_2{}'(x)\sin x] - c_1(x)\sin x + c_2(x)\cos x$$
$$= -c_1(x)\sin x + c_2(x)\cos x$$

❹ $y_p{}''$ 을 구한다.

$$y_p{}'' = [1 - c_1{}'(x)\sin x + c_2{}'(x)\cos x] - c_1(x)\cos x - c_2(x)\sin x$$

❺ y_p, $y_p{}''$ 을 미분방정식에 대입한다.

$$y_p{}'' + y_p = -c_1{}'(x)\sin x + c_2{}'(x)\cos x = \sin x$$

❻ ❸과 ❺를 연립하여 $c_1{}'(x)$, $c_2{}'(x)$ 를 구한다.

$$c_1{}'(x)\cos x + c_2{}'(x)\sin x = 0, \ -c_1{}'(x)\sin x + c_2{}'(x)\cos x = \sin x$$

$$c_1{}'(x) = -\sin^2 x, \ c_2{}'(x) = \sin x \cos x$$

❼ $c_1(x)$, $c_2(x)$ 를 구한다.

$$c_1(x) = -\int \sin^2 x \, dx = -\frac{1}{4}(2x + \sin 2x),$$

$$c_2(x) = \int \sin x \cos x \, dx = -\frac{1}{2}\cos^2 x$$

❽ 특수해 y_p 를 구한다.

$$y_p = c_1(x)\cos x + c_2(x)\sin x = -\frac{1}{4}(2x + \sin 2x)\cos x - \frac{1}{2}\cos^2 x \sin x$$

❾ 일반해를 구한다.

$$y = C_1 \cos x + C_2 \sin x - \frac{1}{4}(2x + \sin 2x)\cos x - \frac{1}{2}\cos^2 x \sin x$$

2계 비제차 선형 미분방정식의 여함수를 구성하는 기본계 y_1 과 y_2 의 론스키 행렬식 $W(y_1, y_2)$ 를 이용하면 다음과 같이 특수해를 쉽게 구할 수 있다.

론스키 행렬식을 이용한 매개변수 변화법

$y'' + ay' + by = r(x)$ 의 여함수가 $y_h = C_1 y_1 + C_2 y_2$ 일 때, 특수해는 다음과 같다.

$$y_p = -y_1 \int \frac{y_2 r(x)}{W(y_1, y_2)} dx + y_2 \int \frac{y_1 r(x)}{W(y_1, y_2)} dx$$

비제차항 $r(x)$ 가 $\dfrac{1}{x}$, $\ln x$, $\tan x$, $\sin^{-1} x$, $\cdots$ 이면 미정계수법에 의해 특수해를 구할 수 없음을 언급했지만 [정리 7]을 이용하면 이러한 비제차항에 대하여도 특수해를 구할 수 있음을 다음 예제들을 통해 알 수 있다.

▶ **예제 18**

다음 미분방정식의 일반해를 구하여라.

(1) $y'' - 4y = e^{2x}$ 　　　　　　　　　　　(2) $y'' + y = \tan x$

풀이

주안점 　여함수를 구하고, y_1 과 y_2 의 론스키 행렬식 $W(y_1, y_2)$ 를 구한다.

(1) ❶ 특성근을 구한다.

$D^2 - 4 = 0$ 에서 $D = -2$, $D = 2$

❷ 여함수를 구하고, 기본계를 설정한다.

$$y_h = C_1 e^{-2x} + C_2 e^{2x}, \ y_1 = e^{-2x}, \ y_2 = e^{2x}$$

❸ y_1, y_2 의 론스키 행렬식을 구한다.

$$W(y_1, y_2) = \begin{vmatrix} e^{-2x} & e^{2x} \\ -2e^{-2x} & 2e^{2x} \end{vmatrix} = 4$$

❹ 특수해 y_p 를 구한다.

$$y_p = -y_1 \int \frac{y_2 r(x)}{W(y_1, y_2)} dx + y_2 \int \frac{y_1 r(x)}{W(y_1, y_2)} dx$$

$$= -e^{-2x} \int \frac{e^{2x} e^{2x}}{4} dx + e^{2x} \int \frac{e^{-2x} e^{2x}}{4} dx$$

$$= -\frac{1}{16} e^{2x} + \frac{1}{4} x e^{2x}$$

❺ 일반해를 구한다.

$$y = C_1 e^{-2x} + C_2 e^{2x} + \frac{1}{16}(4x-1)e^{2x}$$

(2) ❶ 특성근을 구한다.

$D^2 + 1 = 0$ 에서 $D = \pm i$

❷ 여함수를 구하고, 기본계를 설정한다.

$$y_h = C_1 \cos x + C_2 \sin x, \ y_1 = \cos x, \ y_2 = \sin x$$

❸ $y_1, \ y_2$ 의 론스키 행렬식을 구한다.

$$W(y_1, y_2) = \begin{vmatrix} \cos x & \sin x \\ -\sin x & \cos x \end{vmatrix} = 1$$

❹ 특수해 y_p 를 구한다.

$$\begin{aligned} y_p &= -\cos x \int \sin x \tan x \, dx + \sin x \int \cos x \tan x \, dx \\ &= \cos x (\sin x - \ln|\sec x + \tan x|) + \sin x (-\cos x) \\ &= -\cos x \ln|\sec x + \tan x| \end{aligned}$$

❺ 일반해를 구한다.

$$y = C_1 \cos x + C_2 \sin x - \cos x \ln|\sec x + \tan x|$$

비제차 오일러-코시 미분방정식

비제차항이 $r(x) \neq 0$ 인 오일러-코시 미분방정식 $x^2 y'' + axy' + by = r(x)$ 의 특수해를 구할 때엔 2.3절에서 살펴본 것처럼 $x = e^z$ 으로 치환한다. 그다음 미분연산자 $D = \dfrac{d}{dz}$ 를 이용하여 변수 z 에 관한 일반해를 구하고 $z = \ln x$ 를 대입한다. 같은 방법으로 $(px+q)^2 y'' + a(px+q)y' + by = r(x)$ 의 특수해를 구하기 위해 $px + q = e^z$ 으로 치환하여 미분연산자 $D = \dfrac{d}{dz}$ 를 이용하여 특수해를 구한다. 그다음 변수 z 에 관한 일반해를 구하여 $z = \ln(px+q)$ 를 대입한다.

▶ 예제 19

다음 미분방정식의 일반해를 구하여라.

(1) $x^2 y'' - 2x y' + 2y = \ln x$ 　　　　　　　　　(2) $y'' - \dfrac{3}{x} y' + \dfrac{4}{x^2} y = \dfrac{1}{x} + \ln x$

풀이

주안점 $x = e^z$으로 놓고 $D = \dfrac{d}{dz}$ 에 대한 특성방정식 $D^2 + (a-1)D + b = 0$의 특성근을 구한다.

(1) ❶ z 에 관한 미분방정식으로 변형한다.

$$(D^2 - 3D + 2) y = z$$

❷ 특성근을 구한다.

$D^2 - 3D + 2 = 0$ 에서 $D = 1$, $D = 2$

❸ 여함수를 구하고, 기본계를 지정한다.

$$y_h = C_1 e^z + C_2 e^{2z}, \ y_1 = e^z, \ y_2 = e^{2z}$$

❹ y_1, y_2 의 론스키 행렬식을 구한다.

$$W(y_1, y_2) = \begin{vmatrix} e^z & e^{2z} \\ e^z & 2e^{2z} \end{vmatrix} = e^{3z}$$

❺ 특수해 y_p 를 구한다.

$$y_p = -e^z \int \frac{z e^{2z}}{e^{3z}} dz + e^{2z} \int \frac{z e^z}{e^{3z}} dz = -e^z \int z e^{-z} dz + e^{2z} \int z e^{-2z} dz$$

$$= -e^z [-(z+1) e^z] + e^{2z} \left[-\frac{1}{4} (2z+1) e^{-2z} \right]$$

$$= z + 1 - \frac{1}{4} (2z+1) = \frac{1}{2} z + \frac{3}{4}$$

❻ z 에 관한 일반해를 구한다.

$$y = C_1 e^z + C_2 e^{2z} + \frac{1}{2} z + \frac{3}{4}$$

❼ $z = \ln x$ 를 대입하여 x 에 관한 일반해를 구한다.

$$y = C_1 x + C_2 x^2 + \frac{3}{4} + \frac{1}{2} \ln x$$

(2) ❶ 주어진 식을 표준형으로 변형한다.

$$x^2 y'' - 3x\,y' + 4y = x + x^2 \ln x$$

❷ z 에 관한 미분방정식으로 변형한다.

$$(D-2)^2 y = e^z + z\,e^{2z}$$

❸ 특성근을 구한다.

$(D-2)^2 = 0$ 에서 $D = 2$ (중근)

❹ 여함수를 구하고, 기본계를 지정한다.

$$y_h = (C_1 + C_2 z)\,e^{2z}\ ,\ \ y_1 = e^{2z}\ ,\ \ y_2 = z\,e^{2z}$$

❺ y_1, y_2 의 론스키 행렬식을 구한다.

$$W(y_1,\,y_2) = \begin{vmatrix} e^{2z} & z e^{2z} \\ 2e^{2z} & (1+2z)e^{2z} \end{vmatrix} = e^{4z}$$

❻ 특수해 y_p 를 구한다.

$$
\begin{aligned}
y_p &= -e^{2z}\int \frac{z\,e^{2z}(e^z + z\,e^{2z})}{e^{4z}}\,dz + z\,e^{2z}\int \frac{e^{2z}(e^z + z\,e^{2z})}{e^{4z}}\,dz \\
&= -e^{2z}\int (z\,e^{-z} + z^2)\,dz + z\,e^{2z}\int (e^{-z} + z)\,dz \\
&= (z+1)e^z - \frac{1}{3}z^3 e^{2z} - z\,e^z + \frac{1}{2}z^3 e^{2z} = e^z + \frac{1}{6}z^3 e^{2z}
\end{aligned}
$$

❼ z 에 관한 일반해를 구한다.

$$y = (C_1 + C_2 z)\,e^{2z} + e^z + \frac{1}{6}z^3 e^{2z}$$

❽ $z = \ln x$ 를 대입하여 x 에 관한 일반해를 구한다.

$$y = (C_1 + C_2 \ln x)\,x^2 + x + \frac{1}{6}x^2 (\ln x)^3$$

2.5 선형 미분방정식의 응용

2계 선형미분방정식의 대표적인 응용으로 전기회로와 진동운동을 생각할 수 있다. 이 절에서는 전기회로와 진동운동에서 2계 선형 미분방정식이 어떻게 활용되는지 살펴보고 화학공학, 재료공학 및 환경공학에 적용되는 여러 예를 살펴본다.

(1) 전기회로

시각 t에서 전기회로에 흐르는 전류를 $i(t)$(ampere), 전압을 $E(t)$(volt)라 하자. 전기회로를 이해하기 위해 키르히호프[Gustav R. Kirchhoff, 1824~1887]가 발견한 전류와 전압에 대한 다음 두 법칙을 사용한다.

① 키르히호프의 제1법칙(전류법칙)

전기회로에서 어느 점을 택하여도 그 점에 흘러들어오는 전류의 양은 흘러나가는 전류의 양이 동일하다.

② 키르히호프의 제2법칙(전압법칙)

임의의 폐쇄회로에서 모든 전압 강하의 합은 0이다. 즉, 임의의 폐쇄회로에서 기전력의 총합은 각 저항에 의한 전압 강하의 총합과 같다.

예를 들어 [그림 2.1(a)]에서 회로 내의 접점 C에 들어오는 전류의 양 i는 C에서 흘러나가는 전류의 양 i_A와 i_B의 합과 같다. 즉, $i = i_A + i_B$이다. 또한 [그림 2.1(b)]에서 세 저항에서의 전압 강하 E_A, E_B, E_C의 합은 기전력 E와 같다.

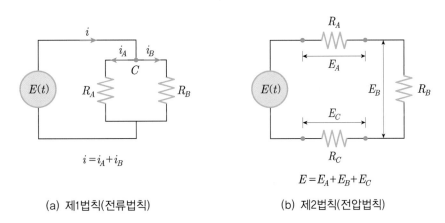

(a) 제1법칙(전류법칙)　　　(b) 제2법칙(전압법칙)

[그림 2.1] 키르히호프의 법칙

RLC 회로

[그림 2.2]와 같은 저항, 유도기, 축전기가 직렬로 연결된 전기회로를 RLC 회로라 한다.

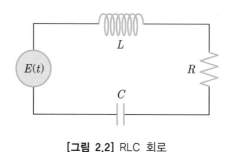

[그림 2.2] RLC 회로

이 회로에서 키르히호프의 제2법칙에 의해 저항에 걸리는 전압 Ri, 유도기에 걸리는 전압 $L\dfrac{di}{dt}$, 축전기에 걸리는 전압 $\dfrac{q}{C}$ 의 합은 전체 전압 E와 같다. 여기서 R(ohm)은 저항, L(henry)은 인덕턴스, C(farad)는 축전기의 용량, q(coulomb)는 축전기 전하를 나타낸다. 그러면 키르히호프의 제2법칙으로부터 다음 미분방정식을 얻는다.

$$L\frac{di}{dt} + Ri + \frac{q}{C} = E(t)$$

전류 $i(t)$와 축전기 전하 q 사이에 $i = \dfrac{dq}{dt}$ 가 성립하므로 다음 2계 상미분방정식을 얻을 수 있다.

$$L\frac{d^2q}{dt^2} + R\frac{dq}{dt} + \frac{q}{C} = E(t)$$

이 방정식에 대한 특성방정식 $LD^2 + RD + \dfrac{1}{C} = 0$ 의 특성근은 다음과 같다.

$$D = \frac{-R \pm \sqrt{R^2 - \dfrac{4L}{C}}}{2L}$$

판별식 $R^2 - \dfrac{4L}{C}$ 의 값에 따라 이 미분방정식의 일반해는 다르게 나타나며, 각 경우 RLC 회로는 다음과 같이 구분된다.

① $R^2 - \dfrac{4L}{C} > 0$ 이면 일반해는 $q(t) = C_1 e^{(-R+\alpha)t/2L} + C_2 e^{(-R-\alpha)t/2L}$ 이고, RLC 회로는 과도감

쇠회로이다.

② $R^2 - \dfrac{4L}{C} = 0$ 이면 일반해는 $q(t) = (C_1 + C_2 x)e^{-Rt/2L}$ 이고, RLC 회로는 임계감쇠회로이다.

③ $R^2 - \dfrac{4L}{C} < 0$ 이면 일반해는 $q(t) = e^{-Rt/2L}(C_1 \cos \alpha t + C_2 \sin \alpha t)$ 이고, RLC 회로는 과소감쇠

회로이다.

여기서 $\alpha = \sqrt{R^2 - (4L/C)}$ 이다. 세 경우 모두 축전기 전하 q 에 대한 2계 선형 미분방정식의 일반해는 $e^{-Rt/2L}$ 항을 포함하고 있으므로 $t \to \infty$ 이면 $q(t) \to 0$ 이다. 특히 과소감쇠회로에서 $q(0) = q_0$ 이면 축전기 전하는 $t \to \infty$ 에 따라 진동한다.

전류 $i(t)$ 에 대하여 다음 2계 선형 미분방정식이 성립한다.

$$L\frac{d^2 i}{dt^2} + R\frac{di}{dt} + \frac{1}{C}i = \frac{d}{dt}E(t)$$

기전력이 $E(t) = E_0 \sin \omega t$ 인 교류로 주어지는 RLC 회로에 흐르는 전류 $i(t)$ 를 정상전류^{steady-state} ^{current}라 하며, 이 경우 정상전류 $i(t)$ 에 대한 미분방정식은 다음과 같다.

$$L\frac{d^2 i}{dt^2} + R\frac{di}{dt} + \frac{1}{C}i = E_0 \omega \cos \omega t$$

미정계수법을 사용하여 이 미분방정식의 특수해를 구하기 위해 다음과 같이 놓는다.

$$i_p(t) = A \cos \omega t + B \sin \omega t$$

따라서 $i_p(t)$ 의 1계 도함수와 2계 도함수는 다음과 같다.

$$i_p'(t) = -A\omega \sin \omega t + B\omega \cos \omega t,$$

$$i_p''(t) = -A\omega^2 \cos \omega t - B\omega^2 \sin \omega t$$

미분방정식에 도함수를 대입하여 A 와 B 에 대한 연립방정식을 얻는다.

$$\left(-L\omega^2 + \frac{1}{C}\right)A + R\omega B = E_0 \omega, \quad -R\omega A + \left(-L\omega^2 + \frac{1}{C}\right)B = 0$$

연립방정식으로부터 두 미정계수 A, B를 구하면 다음과 같다.

$$A = \frac{E_0 \omega \left(-L\omega^2 + 1/C\right)}{\left(-L\omega^2 + 1/C\right)^2 + R^2\omega^2} = -\frac{E_0 S}{S^2 + R^2},$$

$$B = \frac{E_0 R\omega^2}{\left(-L\omega^2 + 1/C\right)^2 + R^2\omega^2} = \frac{E_0 R}{S^2 + R^2}$$

여기서 $S = L\omega - \dfrac{1}{\omega C}$ 이며, 이를 리액턴스^{reactance}라 한다. 따라서 구하는 특수해는 다음과 같다.

$$i_p(t) = \frac{-E_0 S}{S^2 + R^2}\cos\omega t + \frac{E_0 R}{S^2 + R^2}\sin\omega t$$

$$= \frac{E_0}{\sqrt{S^2 + R^2}}\sin\left(\omega t - \theta\right)$$

이때 $\tan\theta = \dfrac{S}{R}$ 이며, 상수 $\sqrt{S^2 + R^2}$ 을 임피던스^{impedance}라 한다.

▸ 예제 20

RLC 전기회로에서 $L = 0.2$, $R = 10$, $C = 0.002$, $E(t) = 0$ 일 때, 초기조건 $q(0) = q_0$, $i(0) = 0$ 을 만족하는 축전기의 전하 $q(t)$를 구하여라.

풀이

❶ 미분방정식을 세운다.

$\dfrac{1}{C} = 500$ 이므로 다음 미분방정식을 얻는다.

$$\frac{1}{5}\frac{d^2 q}{dt^2} + 10\frac{dq}{dt} + 500q = 0, \ \ 즉 \ \ \frac{d^2 q}{dt^2} + 50\frac{dq}{dt} + 2500q = 0$$

❷ 특성방정식과 특성근을 구한다.

$D^2 + 50D + 2500 = 0$ 에서 $D = -25 \pm 43.3i$

❸ 일반해를 구한다.

주어진 RLC 회로는 과소감쇠회로이므로

$$q(t) = e^{-25t}\left(C_1\cos 43.3t + C_2\sin 43.3t\right)$$

❹ 초기조건 $q(0) = q_0$, $i(0) = 0$ 을 만족하는 두 상수 C_1, C_2를 구한다.

$i(t) = \dfrac{dq}{dt}$ 이므로

$$q(0) = C_1 = q_0, \ i(0) = -25C_1 + 43.3C_2 = 0$$

$$C_1 = q_0, \ C_2 = 0.58q_0$$

❺ 특수해를 구한다.

$$q(t) = e^{-25t}(\cos 43.3t + 0.58\sin 43.3t)q_0$$
$$= 1.156q_0e^{-25t}\sin(43.3t + 1.045)$$

▶ 예제 21

RLC 전기회로에서 $L = 100$, $R = 200$, $C = 0.005$, $E(t) = 100\cos t$일 때, 이 회로에 흐르는 정상전류 $i(t)$를 구하여라(단, $q(0) = 0$, $i(0) = 0$).

풀이

❶ 미분방정식을 세운다.

RLC 회로에서 전류 $i(t)$에 관한 방정식은 다음과 같다.

$$100\frac{d^2i}{dt^2} + 200\frac{di}{dt} + 200i = 100\cos t$$

❷ 여방정식의 특성근을 구한다.

여방정식은 $\dfrac{d^2i}{dt^2} + 2\dfrac{di}{dt} + 2i = 0$이므로 특성방정식 $D^2 + 2D + 2 = 0$에서 $D = -1 \pm i$이다.

❸ 이 방정식의 여함수를 구한다.

$$i_h(t) = e^{-t}(C_1\cos t + C_2\sin t)$$

❹ 특수해를 구한다.

리액턴스는 $S = 100 - \dfrac{1}{0.005}$ 이고, $S^2 + R^2 = 50000$ 이므로

$$i_p(t) = \frac{(-100)(-100)}{50000}\cos t + \frac{(100)(200)}{50000}\sin t = \frac{1}{5}\cos t + \frac{2}{5}\sin t$$

❺ 일반해를 구한다.

$$i(t) = i_h(t) + i_p(t) = e^{-t}(C_1\cos t + C_2\sin t) + \frac{1}{5}\cos t + \frac{2}{5}\sin t$$

❻ 초기조건 $i(0) = 0$, $q(0) = 0$ 을 만족하는 두 상수 C_1, C_2 를 구한다.

$i(0) = 0$ 에서 $i(0) = C_1 + \dfrac{1}{5} = 0$, 즉 $C_1 = -\dfrac{1}{5}$

전류 i 와 축전기 전하 q 사이의 1계 상미분방정식으로부터 다음을 얻는다.

$$100 \frac{di}{dt} + 200\,i + 200\,q = 100\cos t$$

$$\frac{di}{dt} + 2\,i(t) + 2q(t) = \cos t$$

$$\frac{di}{dt} = \cos t - 2\,i(t) - 2q(t), \ 즉 \ i'(0) = 1$$

❺로부터

$$i'(t) = e^{-t}\left[(C_2 - C_1)\cos t - (C_1 + C_2)\sin t\right] - \frac{1}{5}\sin t + \frac{2}{5}\cos t$$

$$i'(0) = C_2 - C_1 + \frac{2}{5} = 1, \ 즉 \ C_2 = \frac{2}{5}$$

❼ 해를 구한다.

$$i(t) = \frac{1}{5}\left[e^{-t}(-\cos t + 2\sin t) + \cos t + 2\sin t\right]$$

RC 회로

[그림 2.3]과 같이 유도기가 없는 전기회로를 RC 회로라 한다.

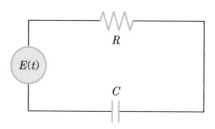

[그림 2.3] RC 회로

RC 회로는 $L = 0$ 인 RLC 회로이므로 전류 i 와 축전기 전하 q 사이에 다음이 성립한다.

$$Ri + \frac{q}{C} = E(t)$$

따라서 RC 회로에서 축전기 전하와 전류에 대한 다음 미분방정식을 얻는다.

① $L\dfrac{d^2q}{dt^2} + R\dfrac{dq}{dt} + \dfrac{q}{C} = E(t)$ 이므로 $R\dfrac{dq}{dt} + \dfrac{q}{C} = E(t)$

② 양변을 t에 관하여 미분하면 $i = \dfrac{dq}{dt}$ 이므로 $R\dfrac{di}{dt} + \dfrac{1}{C}i = \dfrac{d}{dt}E(t)$

상수 k에 대하여 $E(t) = k$이면 축전기 전하에서 $\dfrac{dq}{dt} + \dfrac{1}{RC}q = \dfrac{k}{R}$ 이므로 q에 대한 선형 미분방정식이고, 전류에서 $\dfrac{di}{dt} = -\dfrac{1}{RC}i$ 이므로 변수분리형 미분방정식을 얻는다. 따라서 축전기 전하와 전류에 대한 일반해는 각각 다음과 같다.

③ $q(t) = Ck + De^{-t/RC}$ (단, D는 적분상수)

④ $i(t) = De^{-t/RC}$

따라서 $E(t)$가 상수이고 $t \to \infty$ 이면 $q(t) \to Ck$, $i(t) \to 0$ 이므로 기전력이 일정하면 시간이 경과함에 따라 축전기 전하는 축전기의 용량과 기전력의 곱에 가까워지며, 전류는 소멸하게 된다. $E(t) = E_0 \sin \omega t$ 이면 ①, ②의 두 미분방정식은 비제차 선형미분방정식이며, 임의의 상수 D에 대하여 일반해는 각각 다음과 같다.

⑤ $\tan\theta = -\omega RC$ 에 대하여

$$q(t) = De^{-t/RC} - \frac{CE_0}{1 + (\omega RC)^2}(CR\omega \cos\omega t - \sin\omega t)$$

$$= De^{-t/RC} + \frac{CE_0}{\sqrt{1 + (\omega RC)^2}}\sin(\omega t + \theta)$$

⑥ $\tan\theta = \dfrac{1}{\omega RC}$ 에 대하여

$$i(t) = De^{-t/RC} + \frac{CE_0\omega}{1 + (\omega RC)^2}(\cos\omega t + \omega RC \sin\omega t)$$

$$= De^{-t/RC} + \frac{CE_0\omega}{\sqrt{1 + (\omega RC)^2}}\sin(\omega t + \theta)$$

따라서 $E(t) = E_0 \sin \omega t$ 이면 $t \to \infty$ 일 때 다음을 얻는다.

$$q(t) \rightarrow \frac{CE_0}{\sqrt{1 + (\omega RC)^2}} \sin(\omega t + \theta)$$

$$i(t) \rightarrow \frac{CE_0 \omega}{\sqrt{1 + (\omega RC)^2}} \sin(\omega t - \theta)$$

즉, 기전력이 주기 $\frac{2\pi}{\omega}$ 인 사인파이면 [그림 2.4]와 같이 시간이 경과함에 따라 축전기 전하와 전류 역시 주기 $\frac{2\pi}{\omega}$ 인 사인파로 나타난다.

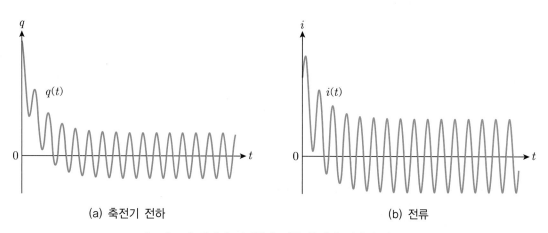

(a) 축전기 전하   (b) 전류

[그림 2.4] 시간이 경과함에 따른 축전기 전하와 전류

▶ 예제 22

RC 전기회로에서 $R = 200$, $C = 0.02$, $E(t) = \cos 2t + \sin 2t$ 라 하자.
(1) 축전기 전하 $q(t)$를 구하여라(단, $q(0) = 0$).
(2) 전류 $i(t)$를 구하여라(단, $i(0) = 2$).

풀이

(1) ❶ 미분방정식을 세운다.
    ①로부터 다음을 얻는다.

$$200 \frac{dq}{dt} + \frac{1}{0.02} q = \cos 2t + \sin 2t$$

$$\frac{dq}{dt} + \frac{1}{4} q = \frac{1}{200} (\cos 2t + \sin 2t)$$

❷ 일반해를 구한다.
$p(x) = \frac{1}{4}$, $r(x) = \frac{1}{200} (\cos 2t + \sin 2t)$라 하면 임의의 상수 k에 대하여

$$q(t) = \exp\left[\int (-1/4)\,dt\right]\left\{\int \frac{1}{200}\left(\cos 2t + \sin 2t\right)\exp\left[\int (1/4)\,dt\right]dt + k\right\}$$

$$= \frac{1}{3250}\left(9\sin 2t - 7\cos 2t\right) + k\,e^{-t/4}$$

❸ 임의의 상수 k를 구한다.

초기조건이 $q(0) = 0$ 이므로

$$q(0) = -\frac{7}{3250} + k = 0, \ \ 즉 \ k = \frac{7}{3250}$$

❹ 축전기 전하를 구한다.

$$q(t) = \frac{1}{3250}\left(9\sin 2t - 7\cos 2t + 7\,e^{-t/4}\right)$$

(2) ❶ 미분방정식을 세운다.

$E'(t) = -2\sin 2t + 2\cos 2t$ 이므로 ②로부터 다음을 얻는다.

$$200\frac{di}{dt} + \frac{1}{0.02}i = \frac{d}{dt}\left(\cos 2t + \sin 2t\right)$$

$$\frac{di}{dt} + \frac{1}{4}i = \frac{1}{100}\left(-\sin 2t + \cos 2t\right)$$

❷ 일반해를 구한다.

$p(x) = \frac{1}{4}$, $r(x) = \frac{1}{100}\left(-\sin 2t + \cos 2t\right)$라 하면 임의의 상수 k에 대하여

$$i(t) = \exp\left[\int (-1/4)\,dt\right]\left\{\int \frac{1}{100}\left(-\sin 2t + \cos 2t\right)\exp\left[\int (1/4)\,dt\right]dt + k\right\}$$

$$= \frac{1}{1625}\left(9\cos 2t + 7\sin 2t\right) + k\,e^{-t/4}$$

❸ 임의의 상수 k를 구한다.

초기조건이 $i(0) = 2$ 이므로

$$i(0) = \frac{9}{1625} + k = 2, \ \ 즉 \ k = \frac{3241}{1625}$$

❹ 전류를 구한다.

$$i(t) = \frac{1}{1625}\left(9\cos 2t + 7\sin 2t\right) + \frac{3241}{1625}\,e^{-t/4}$$

RL 회로

이제 [그림 2.5]와 같이 축전기가 없는 RL 회로를 생각하자.

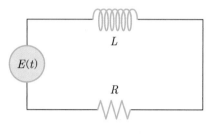

[그림 2.5] RL 회로

이 경우 축전기가 없으므로 전류 i 에 대한 다음 선형 미분방정식을 얻는다.

① $L\dfrac{di}{dt} + Ri = E(t)$ 또는 $\dfrac{di}{dt} + \dfrac{R}{L}i = \dfrac{1}{L}E(t)$

$p(x) = \dfrac{R}{L}$, $r(x) = \dfrac{1}{L}E(t)$ 라 하면 임의의 상수 k 에 대하여 일반해는 다음과 같다.

$$i(t) = e^{-Rt/L}\left(\int \frac{1}{L}E(t)e^{Rt/L}dt + k\right)$$

$$= \frac{1}{L}e^{-Rt/L}\int E(t)e^{Rt/L}dt + ke^{-Rt/L}$$

기전력이 $E(t) = E_0$ 과 같이 상수이면 $i(t)$ 는 다음과 같다.

② $i(t) = \dfrac{1}{L}e^{-Rt/L}\displaystyle\int e^{Rt/L}E_0\,dt + ke^{-Rt/L} = \dfrac{E_0}{R} + ke^{-Rt/L}$

한편 기전력이 $E(t) = E_0\sin\omega t$ 이면 $\tan\theta = \dfrac{\omega L}{R}$ 에 대하여 $i(t)$ 는 다음과 같다.

③ $i(t) = \dfrac{1}{L}e^{-Rt/L}\displaystyle\int E_0 e^{Rt/L}\sin\omega t\,dt + ke^{-Rt/L}$

$$= \frac{E_0}{R^2 + (\omega L)^2}(R\sin\omega t - \omega L\cos\omega t) + ke^{-Rt/L}$$

$$= \frac{E_0}{\sqrt{R^2 + (\omega L)^2}}\sin(\omega t - \theta) + ke^{-Rt/L}$$

따라서 $t \to \infty$, 즉 시간이 흐름에 따라 전류 $i(t)$는 다음과 같이 나타난다.

④ 기전력이 일정한 경우 $i(t) \to \dfrac{E_0}{R}$

⑤ $E(t) = E_0 \sin \omega t$ 이면 $i(t) \to \dfrac{E_0}{\sqrt{R^2 + (\omega L)^2}} \sin(\omega t - \theta)$

즉, [그림 2.6]과 같이 기전력이 일정하면 전류 $i(t)$는 상수 $\dfrac{E_0}{R}$ 으로 단조증가하고, 기전력이 주기 $\dfrac{2\pi}{\omega}$ 인 사인파이면 전류 역시 주기 $\dfrac{2\pi}{\omega}$ 인 사인파에 가까워진다.

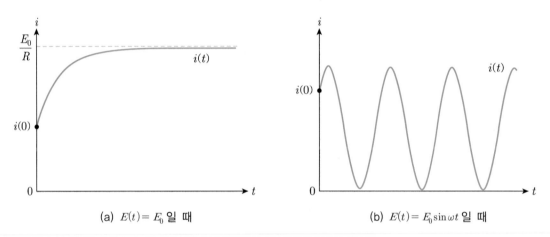

(a) $E(t) = E_0$ 일 때

(b) $E(t) = E_0 \sin \omega t$ 일 때

[그림 2.6] 시간이 경과함에 따른 전류의 변화

▶ 예제 23

RL 전기회로에서 $R = 6$, $L = 2$, $E(t) = \cos 2t + \sin 2t$ 일 때, 전류 $i(t)$를 구하여라(단, $i(0) = 1/2$).

풀이

❶ 미분방정식을 세운다.

$R = 6$, $L = 2$ 이므로 ①로부터 다음을 얻는다.

$$\frac{di}{dt} + 3i = \frac{1}{2}(\cos 2t + \sin 2t)$$

❷ 일반해를 구한다.

③으로부터 다음이 성립한다.

$$i(t) = \frac{1}{2} e^{-3t} \int e^{3t}(\cos 2t + \sin 2t)\, dt + k e^{-3t}$$

$$= \frac{1}{26}(\cos 2t + 5\sin 2t) + k e^{-3t}$$

❸ 임의의 상수 k를 구한다.

초기조건이 $i(0) = \dfrac{1}{2}$ 이므로 $i(0) = \dfrac{1}{26} + k = \dfrac{1}{2}$ 에서 $k = \dfrac{12}{26}$

❹ 전류를 구한다.

$$i(t) = \frac{1}{26}\left(\cos 2t + 5\sin 2t + 12e^{-3t}\right)$$

(2) 진동운동

[그림 2.7(a)]와 같이 자연상태에서 길이가 l인 용수철이 고정된 지지대에 수직으로 매달려 있다고 하자. 이 용수철의 아랫부분에 질량이 m인 물체를 매달면 [그림 2.7(b)]와 같이 s만큼의 길이가 늘어나게 되며, 이때 물체가 정지해 있는 위치를 평형위치$^{equilibrium\ position}$라 한다.

이 물체가 수직운동을 하면 중력가속도 $g = 9.8\,\mathrm{m/sec^2}$이 물체에 작용하는 힘은 $F_1 = mg$ 이다. 용수철을 잡아당길 때, 용수철에 생기는 힘은 후크의 법칙에 의해 다음과 같다.

$$F = ks$$

여기서 k는 비례상수인 용수철계수$^{spring\ modulus}$이다. 평형위치에서 중력은 아랫방향으로 작용하고 용수철에 의한 힘은 반대 방향으로 작용하며, 물체가 움직이지 않으므로 두 힘의 합은 0이고 따라서 다음을 얻는다.

$$mg = ks$$

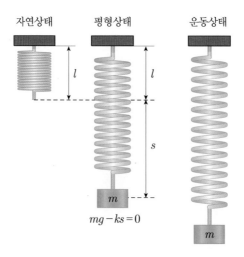

[그림 2.7] 용수철계

$x = x(t)$를 평형상태로부터 아랫방향으로 작용한 물체의 변위라 하면 후크의 법칙에 의해 x에 대응하는 용수철의 힘은 다음과 같다.

$$F_2 = -ks - kx$$

그러므로 이 용수철계에 작용한 힘은

$$F = F_1 + F_2 = mg - k(s + x)$$

$$= (mg - ks) - kx = -kx$$

와 같이 $F = -kx$가 된다. 뉴턴의 제2법칙 $F = ma$로부터 가속도 a는 $\dfrac{d^2x}{dt^2}$이므로 다음 선형 미분방정식을 얻는다.

$$m\frac{d^2x}{dt^2} = -kx$$

이 미분방정식의 특성방정식과 특성근은 각각 다음과 같다.

$$mD^2 = -k, \quad D = \pm i\sqrt{\frac{k}{m}} = \pm i\omega, \quad \omega = \sqrt{\frac{k}{m}}$$

이 방정식의 일반해는

$$x(t) = C_1 \cos \omega t + C_2 \sin \omega t$$

이며, 이러한 운동을 주기가 $\dfrac{2\pi}{\omega}$ sec이고 진동수가 $\dfrac{\omega}{2\pi}$ cycle/sec인 단순조화운동^{simple harmonic motion}이라 한다. 이 운동은 움직이는 물체를 지연시키는 힘이 없다는 조건이 전제되며, 따라서 단순조화운동은 어떤 면에서 비현실적이다.

▶ 예제 24

다음 단순조화운동의 해를 구하여라.

$$\frac{d^2x}{dt^2} = -100x, \quad x(0) = x'(0) = 5$$

풀이

❶ 일반해를 구한다.

$m = 1$, $k = 100$, $\omega = \sqrt{100} = 10$ 이므로

$$x(t) = C_1 \cos 10t + C_2 \sin 10t$$

❷ 초기조건 $x(0) = x'(0) = 5$ 를 만족하는 C_1, C_2 를 구한다.

$x(0) = 5$ 에서 $x(t) = C_1 = 5$

$x'(0) = 5$ 에서

$$x'(t) = -10 C_1 \sin 10t + 10 C_2 \cos 10t$$

$$x'(0) = 10 C_2 = 5, \text{ 즉 } C_2 = \frac{1}{2}$$

❸ 초기조건을 만족하는 해를 구한다.

$$x(t) = 5\cos 10t + \frac{1}{2} \sin 10t$$

물체를 완전한 진공 속에 매달지 않는다면 물체 주위에 기인하는 저항력이 발생하므로 물체에 작용하는 감쇠력을 고려해야 한다. 이러한 감쇠력은 순간속도의 힘, 즉 $\frac{dx}{dt}$ 의 상수 배에 비례한다고 가정하면 다음 미분방정식을 얻는다.

$$m \frac{d^2 x}{dt^2} = -kx - \alpha \frac{dx}{dt}$$

$$\frac{d^2 x}{dt^2} + \frac{\alpha}{m} \frac{dx}{dt} + \frac{k}{m} x = 0$$

여기서 양수인 비례상수 α 를 감쇠상수^{damping constant}라 하며, 음의 부호는 감쇠력이 운동의 반대 방향으로 작용함을 나타낸다. 이러한 운동을 자유감쇠운동^{free damped motion}이라 하며, $2\lambda = \frac{\alpha}{m}$, $\omega^2 = \frac{k}{m}$ 라 하면 이 방정식은 특성방정식과 특성근은 각각 다음과 같다.

$$D^2 + 2\lambda D + \omega^2 = 0, \quad D = -\lambda \pm \sqrt{\lambda^2 - \omega^2}$$

자유감쇠운동은 특성방정식의 판별식 $\lambda^2 - \omega^2$ 에 따라 다음과 같이 세 유형으로 나타나며, 세 경우

모두 감쇠인자^{damping factor} $e^{-\lambda t}$, $\lambda > 0$을 포함한다.

① $\lambda^2 - \omega^2 > 0$ 인 경우

감쇠상수 α가 용수철계수 k보다 클 때 나타나며, 이 운동을 과감쇠진동^{over-damped motion}이라 한다. 일반해는 다음과 같다.

$$x(t) = e^{-\lambda t}\left(C_1 \exp\left[t\sqrt{\lambda^2 - \omega^2}\,\right] + C_2 \exp\left[-t\sqrt{\lambda^2 - \omega^2}\,\right]\right)$$

② $\lambda^2 - \omega^2 < 0$ 인 경우

감쇠상수 α가 용수철계수 k보다 작을 때 나타나며, 이 운동을 저감쇠진동^{under-damped motion}이라 한다. 일반해는 다음과 같다.

$$x(t) = e^{-\lambda t}\left(C_1 \cos\left[t\sqrt{\omega^2 - \lambda^2}\,\right] + C_2 \sin\left[t\sqrt{\omega^2 - \lambda^2}\,\right]\right)$$

③ $\lambda^2 - \omega^2 = 0$ 인 경우

과감쇠운동과 비슷하지만 물체가 많아야 한 번 평형위치를 지난다는 특성이 있으며, 이 운동을 임계감쇠진동^{critically damped motion}이라 한다. 일반해는 다음과 같다.

$$x(t) = e^{-\lambda t}(C_1 + C_2 t)$$

다음 예제는 $\alpha < k$, $\alpha = k$, $\alpha > k$인 경우 자유진동에 대한 일반해의 유형과 운동 형태를 보여준다.

▶ 예제 25

용수철계수가 $k = 2$인 수직 방향으로 매달려 있는 용수철에 질량이 $m = 1$인 물체가 달려 있다. 감쇠상수가 $\alpha = 0, 1, 2, 3$일 때, 운동 함수 $x(t)$를 구하여라(단, $x(0) = 1$, $v(0) = 0$).

풀이

(1) $\alpha = 0$인 경우

❶ 감쇠운동 방정식을 세운다.

$$\frac{d^2 x}{dt^2} + 2x = 0$$

❷ 특성방정식과 특성근을 구한다.

$$D^2 + 2 = 0, \ D = \pm \sqrt{2}\,i$$

❸ 일반해를 구한다.

$$x(t) = C_1 \cos \sqrt{2}\,t + C_2 \sin \sqrt{2}\,t$$

❹ 초기조건에 의한 두 상수 C_1, C_2를 구한다.
$x(0) = 1$에서 $C_1 = 1$이고, $v(0) = 0$에서

$$v(t) = x'(t) = -C_1 \sqrt{2} \sin \sqrt{2}\,t + C_2 \sqrt{2} \cos \sqrt{2}\,t, \ \ \stackrel{\lower0.5ex\hbox{즉}}{} \ C_2 = 0$$

❺ 해를 구한다.

$$x(t) = \cos \sqrt{2}\,t$$

(2) $\alpha = 1$인 경우
  ❶ 감쇠운동 방정식을 세운다.

$$\frac{d^2 x}{dt^2} + \frac{dx}{dt} + 2x = 0$$

❷ 특성방정식과 특성근을 구한다.

$$D^2 + D + 2 = 0, \ D = \frac{-1 \pm \sqrt{7}\,i}{2}$$

❸ 일반해를 구한다.

$$x(t) = e^{-t/2} \left(C_1 \cos \frac{\sqrt{7}}{2}\,t + C_2 \sin \frac{\sqrt{7}}{2}\,t \right)$$

❹ 초기조건에 의한 두 상수 C_1, C_2를 구한다.
  $x(0) = 1$이므로 $C_1 = 1$이고, $v(0) = 0$에서

$$v(t) = x'(t) = \frac{1}{2} e^{-t/2} \left[(-C_1 + \sqrt{7}\,C_2) \cos \frac{\sqrt{7}}{2}\,t - (\sqrt{7}\,C_1 + C_2) \sin \frac{\sqrt{7}}{2}\,t \right],$$

즉 $C_2 = \dfrac{1}{\sqrt{7}}$

❺ 해를 구한다.

$$x(t) = e^{-t/2} \left(\cos \frac{\sqrt{7}}{2}\,t + \frac{1}{\sqrt{7}} \sin \frac{\sqrt{7}}{2}\,t \right)$$

(3) $\alpha = 2$인 경우

❶ 감쇠운동 방정식을 세운다.

$$\frac{d^2 x}{dt^2} + 2\frac{dx}{dt} + 2x = 0$$

❷ 특성방정식과 특성근을 구한다.

$$D^2 + 2D + 2 = 0 , \; D = -1 \pm i$$

❸ 일반해를 구한다.

$$x(t) = e^{-t}(C_1 \cos t + C_2 \sin t)$$

❹ 초기조건에 의한 두 상수 C_1, C_2를 구한다.

$x(0) = 1$에서 $C_1 = 1$이고, $v(0) = 0$에서

$$v(t) = x'(t) = e^{-t}[(-C_1 + C_2)\cos t - (C_1 + C_2)\sin t], \; 즉 \; C_2 = 1$$

❺ 해를 구한다.

$$x(t) = e^{-t}(\cos t + \sin t)$$

(4) $\alpha = 3$인 경우

❶ 감쇠운동 방정식을 세운다.

$$\frac{d^2 x}{dt^2} + 3\frac{dx}{dt} + 2x = 0$$

❷ 특성방정식과 특성근을 구한다.

$$D^2 + 3D + 2 = 0 , \; D = -1 , \; D = -2$$

❸ 일반해를 구한다.

$$x(t) = C_1 e^{-t} + C_2 e^{-2t}$$

❹ 초기조건에 의한 두 상수 C_1, C_2를 구한다.

$x(0) = 1$에서 $C_1 + C_2 = 1$이고, $v(0) = 0$에서 $v(t) = x'(t) = -C_1 e^{-t} - 2C_2 e^{-2t}$,

즉 $-C_1 - 2C_2 = 0$이므로 $C_1 = 2$, $C_2 = -1$

❺ 해를 구한다.

$$x(t) = 2e^{-t} - e^{-2t}$$

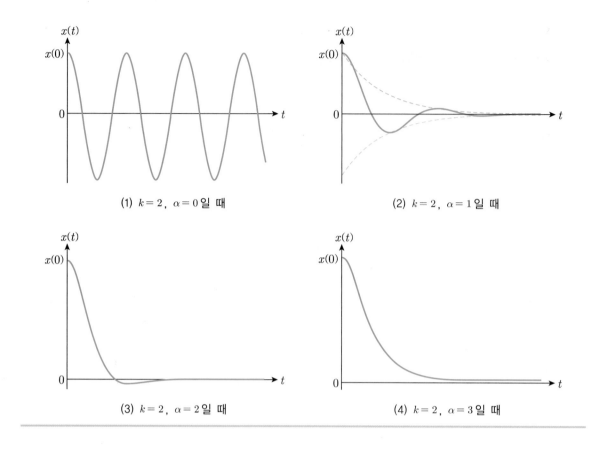

(1) $k=2$, $\alpha=0$일 때

(2) $k=2$, $\alpha=1$일 때

(3) $k=2$, $\alpha=2$일 때

(4) $k=2$, $\alpha=3$일 때

(3) 화학공학, 재료공학, 환경공학에의 응용

2계 선형 미분방정식을 화학반응이 있는 1차원 확산과 1차원 열전도방정식에 적용해 보자. [그림 2.8]과 같이 두께가 L이고 움직임이 없는 얇은 막에 물질이 확산되며 반응이 진행된다고 하자. 이때 반응물질을 1차원 흐름으로 가정하면 정상상태에서 1차원 물질전달은 다음 미분방정식으로 표현된다.

$$-\frac{dN}{dx} + r = 0$$

여기서 N은 반응물질 플럭스[flux]이고 r은 반응속도 $r = -kC$이다. 특히 얇은 막의 움직임이 없다고 가정하면 물질전달 플럭스는 $N = -D_A \dfrac{dC}{dx}$로 표현되며, 다음과 같은 물질전달 방정식을 얻는다.

$$D_A \frac{d^2C}{dx^2} - kC = 0$$

여기서 D_A는 확산계수($\mathrm{m^2/sec}$), k는 반응속도를 나타내는 상수($\mathrm{sec^{-1}}$)이다.

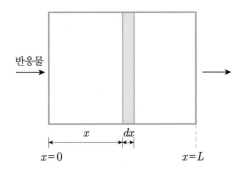

[그림 2.8] 화학반응이 있는 1차원 확산

▶ 예제 26

반응물질이 완전히 분자확산에 의해서만 이동하며 1차 반응($r = -kC$)을 가정할 때, 다음 경계조건을 만족하는 미분방정식의 일반해를 구하여라.

$$C(0) = C_0, \; \left[\frac{dC}{dx}\right]_{x=L} = 0$$

풀이

❶ 미분방정식 $D_A \dfrac{d^2 C}{dx^2} - kC = 0$에 대한 특성방정식과 특성근을 구한다.

$$D_A D^2 - k = 0, \; D = \pm \sqrt{\frac{k}{D_A}}$$

❷ 일반해를 구한다.

$$C = d_1 e^{x\sqrt{k/D_A}} + d_2 e^{-x\sqrt{k/D_A}} \text{(단, } d_1, d_2 \text{는 임의의 상수)}$$

❸ 경계조건 $C(0) = C_0$, $C'(L) = 0$을 만족하는 C_1, C_2를 구한다.

$C(0) = C_0$에서 $C_0 = d_1 e^{(0)\sqrt{k/D_A}} + d_2 e^{-(0)\sqrt{k/D_A}} = d_1 + d_2$, $C_0 = d_1 + d_2$

$C'(L) = 0$에서

$$\frac{dC}{dx} = d_1 \sqrt{\frac{k}{D_A}} e^{x\sqrt{k/D_A}} - d_2 \sqrt{\frac{k}{D_A}} e^{-x\sqrt{k/D_A}}$$

$$d_1 \sqrt{\frac{k}{D_A}} e^{L\sqrt{k/D_A}} - d_2 \sqrt{\frac{k}{D_A}} e^{-L\sqrt{k/D_A}} = 0$$

$$d_1 e^{L\sqrt{k/D_A}} = d_2 e^{-L\sqrt{k/D_A}}, \; d_2 = d_1 e^{2L\sqrt{k/D_A}}$$

$$C_0 = d_1 + d_1 e^{2L\sqrt{k/D_A}}, \; \text{즉} \; d_1 = \frac{C_0}{1 + e^{2L\sqrt{k/D_A}}}$$

❹ 두 상수 d_1, d_2를 쌍곡선함수로 나타낸다.

$$d_1 = \frac{C_0}{1 + e^{2L\sqrt{k/D_A}}} = \frac{C_0}{e^{L\sqrt{k/D_A}}e^{-L\sqrt{k/D_A}} + e^{2L\sqrt{k/D_A}}}$$

$$= \frac{C_0}{e^{L\sqrt{k/D_A}}\left(e^{L\sqrt{k/D_A}} + e^{-L\sqrt{k/D_A}}\right)}$$

$$= \frac{C_0}{2e^{L\sqrt{k/D_A}}\cosh\sqrt{\frac{k}{D_A}}L} = \frac{C_0 e^{-L\sqrt{k/D_A}}}{2\cosh L\sqrt{\frac{k}{D_A}}}$$

$$d_2 = \frac{C_0 e^{-L\sqrt{k/D_A}}e^{2L\sqrt{k/D_A}}}{2\cosh L\sqrt{\frac{k}{D_A}}} = \frac{C_0 e^{L\sqrt{k/D_A}}}{2\cosh L\sqrt{\frac{k}{D_A}}}$$

❺ 경계조건을 만족하는 해를 구한다.

$$C = \frac{C_0 e^{-L\sqrt{k/D_A}}}{2\cosh L\sqrt{\frac{k}{D_A}}}e^{x\sqrt{k/D_A}} + \frac{C_0 e^{L\sqrt{k/D_A}}}{2\cosh L\sqrt{\frac{k}{D_A}}}e^{-x\sqrt{k/D_A}}$$

$$= \frac{C_0}{2\cosh L\sqrt{\frac{k}{D_A}}}\left(e^{-L\sqrt{k/D_A}}e^{x\sqrt{k/D_A}} + e^{L\sqrt{k/D_A}}e^{-x\sqrt{k/D_A}}\right)$$

$$= \frac{C_0}{2\cosh L\sqrt{\frac{k}{D_A}}}\left(e^{-(L-x)\sqrt{k/D_A}} + e^{(L-x)\sqrt{k/D_A}}\right)$$

$$= \frac{C_0}{2\cosh L\sqrt{\frac{k}{D_A}}}\left(2\cosh(L-x)\sqrt{\frac{k}{D_A}}\right)$$

$$= C_0\frac{\cosh(L-x)\sqrt{\frac{k}{D_A}}}{\cosh L\sqrt{\frac{k}{D_A}}}$$

[예제 26]의 일반해에서 상수 $L\sqrt{\frac{k}{D_A}}$를 1차 반응에서의 **틸레계수**$^{\text{Thiele modulus}}$라 하며, 분자확산 속도에 대한 반응속도의 비를 의미한다. [그림 2.9]는 틸레계수의 변화에 따른 물질의 상대 농도의 변화를 나타내며, 틸레계수가 작으면 반응속도가 상대적으로 작아서 높은 농도를 유지하는 반면, 틸레계수가 크면 반응속도가 빨라지며 농도가 낮아짐을 알 수 있다.

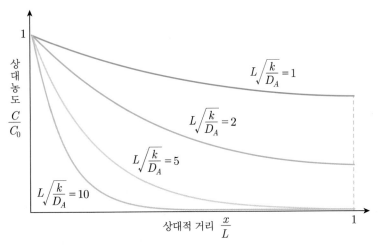

[그림 2.9] 틸레계수에 따른 상대적 거리와 상대농도의 관계

쌍곡선함수에 대한 항등식

$$\cosh(x-y) = \cosh x \cosh y - \sinh x \sinh y$$

을 이용하여 [예제 26]의 해를 다르게 나타낼 수 있다. $\cosh(L-x)\sqrt{\dfrac{k}{D_A}}$ 는 다음과 같다.

$$\cosh\left(L\sqrt{\dfrac{k}{D_A}} - x\sqrt{\dfrac{k}{D_A}}\right) = \cosh L\sqrt{\dfrac{k}{D_A}}\cosh x\sqrt{\dfrac{k}{D_A}} - \sinh L\sqrt{\dfrac{k}{D_A}}\sinh x\sqrt{\dfrac{k}{D_A}}$$

양변을 $\cosh L\sqrt{\dfrac{k}{D_A}}$ 로 나누면 다음을 얻는다.

$$\frac{\cosh(L-x)\sqrt{\dfrac{k}{D_A}}}{\cosh L\sqrt{\dfrac{k}{D_A}}} = \frac{\cosh L\sqrt{\dfrac{k}{D_A}}\cosh x\sqrt{\dfrac{k}{D_A}} - \sinh L\sqrt{\dfrac{k}{D_A}}\sinh x\sqrt{\dfrac{k}{D_A}}}{\cosh L\sqrt{\dfrac{k}{D_A}}}$$

$$= \cosh x\sqrt{\dfrac{k}{D_A}} - \tanh L\sqrt{\dfrac{k}{D_A}}\sinh x\sqrt{\dfrac{k}{D_A}}$$

따라서 [예제 26]에서 경계조건을 만족하는 해를 다음과 같이 나타낼 수 있다.

$$C(t) = C_0\cosh x\sqrt{\dfrac{k}{D_A}} - C_0\tanh L\sqrt{\dfrac{k}{D_A}}\sinh x\sqrt{\dfrac{k}{D_A}}$$

 하나의 매체 또는 물질에서 온도 차이가 있는 경우 매체 또는 물질 내에서 자연스럽게 열에너지가 이동하며, 이러한 열에너지의 이동을 **열전도**^{conduction}라 한다. 예를 들어 금속 막대의 한쪽 면에 촛불을 대면 금속 막대에서 열전도가 이루어져서 막대의 반대쪽 면이 뜨거워진다. 온도 분포가 $T(x)$인 1차원 평면 벽에 대한 열전도 방정식은 다음과 같으며, 이 방정식을 **푸리에 법칙**Fourier's law이라 한다.

$$q = -kA\frac{dT}{dx}$$

여기서 q는 열에너지, A는 금속 막대의 면적(m^2), 비례상수 k는 열전도율thermal conductivity를 나타내며 단위는 W/m · K이다. 이 방정식에서 음의 부호는 온도가 감소하는 방향으로 열이 전달됨을 의미한다. 고체가 온도가 다른 유체에 노출되는 경우 두 매체 사이에서 발생하는 에너지 이동을 **대류 열전달**convection이라 한다. 예를 들어 가열한 금속을 실험실에 두고 온도를 낮추게 되면 금속과 공기 사이의 열전달이 이루어지는 현상이 대류 열전달이다. 대류 열전달계수convection heat transfer coefficient가 h $(\text{W}^2/\text{m}^2 \cdot \text{K})$일 때, 뉴턴의 냉각법칙Newton's law of cooling에 의해 다음이 성립한다.

$$q = hA(T_s - T_\infty)$$

[그림 2.10]과 같은 사각형 핀이 있는 방열판을 생각하자. 여기서 핀 아랫부분의 온도가 T_b이고, 외부 기체의 온도가 T_∞이다. 그림의 미소변위 Δx에 열역학 제1법칙을 적용하면 정상상태에서 다음 미분방정식을 얻을 수 있다. 이때 y방향과 z방향의 온도는 변화가 없다고 가정한다.

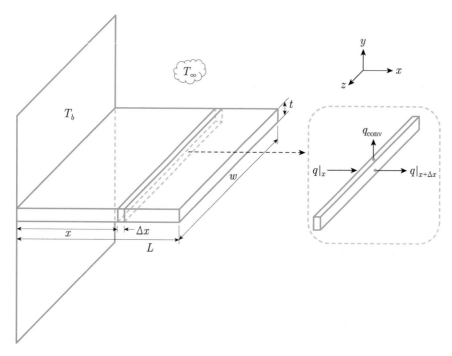

[그림 2.10] 사각형 핀이 있는 방열판

$$\frac{d^2 T}{dx^2} - \frac{hP}{kA}(T - T_\infty) = 0$$

여기서 P는 단위 길이(x)당 대류 열전달이 이루어지는 넓이로 $2(w+t)$이고, k는 열전도율, h는 대류열전달계수, A는 열전도가 일어나는 넓이 $A = wt$이다. $\theta = T - T_\infty$라 하면 정상상태의 미분방정식은 다음과 같다.

$$\frac{d^2\theta}{dx^2} - n^2\theta = 0, \ n = \sqrt{\frac{hP}{kA}}$$

▶ 예제 27

다음 경계조건을 만족하는 θ에 관한 미분방정식의 해를 구하여라.

$$\theta(0) = T_b - T_\infty = \theta_b, \ \left[\frac{d\theta}{dx}\right]_{x=L} = 0$$

풀이

❶ 미분방정식 $\dfrac{d^2\theta}{dx^2} - n^2\theta = 0$에 대한 특성방정식과 특성근을 구한다.

$$D^2 - n^2 = 0, \ D = \pm n$$

❷ 일반해를 구한다.

$$\theta = C_1 e^{nx} + C_2 e^{-nx}$$

❸ 경계조건 $\theta(0) = \theta_b$, $\theta'(L) = 0$을 만족하는 C_1, C_2를 구한다.

$\theta(0) = \theta_b$에서 $C_1 + C_2 = \theta_b$

$\theta'(L) = 0$에서 $\theta'(L) = nC_1 e^{nL} - nC_2 e^{-nL} = 0$이므로 $C_2 e^{-2nL} + C_2 = \theta_b$, 즉

$$C_1 = \frac{\theta_b e^{-2nL}}{1 + e^{-2nL}}, \ C_2 = \frac{\theta_b}{1 + e^{-2nL}}$$

❹ 두 상수 C_1, C_2를 쌍곡선함수로 나타낸다.

$$C_1 = \frac{\theta_b e^{-2nL}}{1 + e^{-2nL}} = \frac{\theta_b e^{-2nL}}{e^{nL} \times e^{-nL} + e^{-2nL}} = \frac{\theta_b e^{-2nL}}{e^{-nL}(e^{nL} + e^{-nL})} = \frac{\theta_b e^{-nL}}{2\cosh nL},$$

$$C_2 = \frac{\theta_b}{1 + e^{-2nL}} = \frac{\theta_b}{e^{nL} \times e^{-nL} + e^{-2nL}} = \frac{\theta_b}{e^{-nL}(e^{nL} + e^{-nL})} = \frac{\theta_b e^{nL}}{2\cosh nL}$$

❺ 경계조건을 만족하는 해를 구한다.

$$\theta(x) = \frac{\theta_b\,e^{-nL}}{2\cosh nL}e^{nx} + \frac{\theta_b\,e^{nL}}{2\cosh nL}e^{-nx} = \frac{\theta_b}{\cosh nL}\left(\frac{e^{-nL}e^{nx} + e^{nL}e^{-nx}}{2}\right)$$

$$= \frac{\theta_b}{\cosh nL}\left(\frac{e^{-n(L-x)} + e^{n(L-x)}}{2}\right) = \theta_b\,\frac{\cosh n(L-x)}{\cosh nL}$$

[예제 27]에서 n의 값에 따른 온도 분포를 살펴보면 [그림 2.11]과 같다. 핀의 소재 및 형상에 따라 결정되는 $n = \sqrt{\dfrac{hP}{kA}}$ 에 의해 핀의 온도 분포가 크게 변하며, n이 크면 대류 열전달이 활발하여 핀의 온도가 빠르게 떨어짐을 알 수 있다.

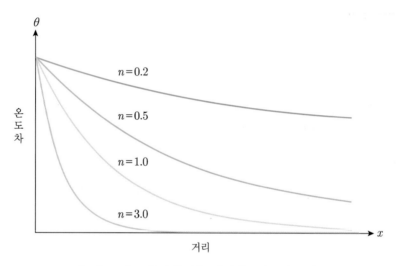

[그림 2.11] n의 값에 따른 핀의 온도 분포($L=5$)

01 다음 함수들의 일차독립 여부를 판정하여라.

(1) $y_1 = x - 1$, $y_2 = 2x - 2$

(2) $y_1 = 2x + 1$, $y_2 = 5x - 3$

(3) $y_1 = e^{-x}$, $y_2 = e^x$

(4) $y_1 = e^{-x}$, $y_2 = e^{2x}$

(5) $y_1 = e^{ax} \sin bx$, $y_2 = e^{ax} \cos bx$

(6) $y_1 = \sin^2 x$, $y_2 = 1 - \cos 2x$

(7) $y_1 = x + 2$, $y_2 = x^2 + x - 1$, $y_3 = x^2 + 3x + 3$

(8) $y_1 = x + 1$, $y_2 = x^2 - 3$, $y_3 = 3x^2 + 2x - 7$

(9) $y_1 = x$, $y_2 = x^2$, $y_3 = x^3$

(10) $y_1 = x$, $y_2 = x^2$, $y_3 = 4x - 3x^2$

(11) $y_1 = e^{-x}$, $y_2 = e^x$, $y_3 = e^{3x}$

(12) $y_1 = e^x$, $y_2 = xe^x$, $y_3 = x^2 e^x$

(13) $y_1 = \sin 2x$, $y_2 = \sin x$, $y_3 = \cos x$

(14) $y_1 = \cos x$, $y_2 = \sin x$, $y_3 = \sin x \cos x$

(15) $y_1 = \log x$, $y_2 = x \log x$, $y_3 = x^2 \log x$

(16) $y_1 = 3$, $y_2 = \cos^2 x$, $y_3 = \sin^2 x$

02 다음 미분방정식의 일반해를 구하여라.

(1) $y'' - 9y = 0$

(2) $y'' - 4y = 0$

(3) $y'' + y' = 0$

(4) $y'' - y' = 0$

(5) $y'' + 6y' + 9y = 0$

(6) $y'' - 6y' + 9y = 0$

(7) $y'' - 8y' + 16y = 0$

(8) $y'' + 4y' + 4y = 0$

(9) $y'' + 9y = 0$

(10) $y'' + 4y' + 5y = 0$

(11) $y'' + 2y' + 5y = 0$

(12) $y'' + 2y' + 4y = 0$

(13) $y''' + 4y'' - 5y' = 0$

(14) $y''' - 5y'' + 8y' - 4y = 0$

(15) $y''' - 3y'' + 3y' - y = 0$

(16) $y''' - y = 0$

(17) $y^{(4)} - 81y = 0$

(18) $y^{(4)} - 4y'' + 16y' + 32y = 0$

03 다음 초깃값 문제를 구하여라.

(1) $y'' - y' = 0$, $y(0) = 1$, $y'(0) = 1$

(2) $y'' + 6y' + 9y = 0$, $y(0) = 1$, $y'(0) = -1$

(3) $y'' + 4y' + (4 + \pi^2)y = 0$, $y(1) = e^{-2}$, $y'(1) = 0$

(4) $y'' + 2y' - 2y = 0$, $y(0) = 1$, $y'(0) = 0$

(5) $y'' + 2y' + 2y = 0$, $y(0) = 1$, $y'(0) = -1$

(6) $y'' - 3y' + 3y = 0$, $y(0) = 1$, $y'(0) = 2$

(7) $y'' + 2y' + 3y = 0$, $y(0) = 2$, $y'(0) = 0$

(8) $y'' - 2y' + 4y = 0$, $y(0) = 1$, $y'(0) = 4$

(9) $y'' - 4y' + 13y = 0$, $y(0) = 1$, $y'(0) = 2$

(10) $y'' - 2y' - y = 0$, $y(0) = 0$, $y'(0) = 1$

04 미정계수법을 이용하여 다음 미분방정식의 일반해를 구하여라.

(1) $y'' - y' - 2y = x + 1$

(2) $y'' + 4y' - 2y = x^2 - 2x + 4$

(3) $y'' + 2y' - 3y = 3x^2 + 2x + 3$

(4) $y'' + 4y' + 4y = x^2 - x$

(5) $y'' - 6y' + 9y = -3x^2 + 3x - 1$

(6) $y'' - 2y' - 3y = x^3 - 2x + 1$

(7) $y'' - 2y' = e^{3x}$

(8) $y'' + y' = e^x$

(9) $y'' - 4y' + 4y = 4e^{-2x}$

(10) $y'' - 2y' + y = e^{-x}$

(11) $y'' + 4y' + 6y = 2x + 1 + 3e^x$

(12) $y'' + 4y' + 5y = 5x + 2 + e^{-x}$

(13) $y'' + 3y' + 3y = x e^{-2x}$

(14) $y'' + 2y' + y = x e^{3x}$

(15) $y'' + 4y' + 3y = x^2 e^x$

(16) $y'' - 2y' - y = x^2 e^{3x}$

(17) $y'' + 2y' + y = e^{-x} + e^x$

(18) $y'' - 2y' + y = 2e^{-x} + e^x$

(19) $y'' + 6y' + 9y = (x^3 + x) e^{-3x}$

(20) $y'' + 25y = 6\sin x$

(21) $y'' - y' + y = 2\sin 3x$

(22) $y'' + 4y = \sin x - \cos x$

(23) $y'' + y = \sin x + \cos x$

(24) $y'' + 2y' + y = \sin 2x + \cos 3x$

(25) $y'' + 2y' + 2y = 2e^x \cos x$

(26) $y'' - 2y' + 2y = e^x \sin 2x$

(27) $y'' + 4y = (-3 + x^2)\sin 2x$

(28) $y'' - 4y' + 3y = 2x e^{3x} + 3e^x \cos x$

(29) $y''' - 3y'' + 3y' - y = x - 4e^x$

(30) $y''' - 2y'' - 5y' + 6y = e^{2x}$

05 론스키 행렬식을 이용하여 다음 미분방정식의 일반해를 구하여라.

(1) $y'' - y' - 2y = 2x - 1$

(2) $y'' - 2y' + y = x^2 + 1$

(3) $y'' - 3y' + 2y = e^{-x}$

(4) $y'' - 2y' + 2y = 2e^{-2x}$

(5) $y'' - y' - 2y = 2x - 1 + e^x$

(6) $y'' - 2y' - 3y = 4x + 2x e^{2x}$

(7) $y'' + 3y' + 2y = x^2 + 1 + e^{2x}$

(8) $y'' + 2y' + y = e^x + e^{-x}$

(9) $y'' - 4y' + 3y = \dfrac{e^x}{1 + e^x}$

(10) $y'' - 2y' + y = \dfrac{e^x}{1 + x^2}$

(11) $y'' - 6y' + 9y = \dfrac{e^{3x}}{x^2}$

(12) $y'' + 4y' - 12y = x e^{4x}$

(13) $y'' + y = 2\sin x$

(14) $y'' - 2y' - 3y = 4\cos x$

(15) $y'' + 3y' + 2y = \cos 2x$

(16) $y'' + y = 2x\sin x$

(17) $y'' + 4y = x\sin 2x$

(18) $y'' + 4y = x^2\sin 2x$

(19) $y'' - 2y' - 3y = \cos 2x + \sin 2x$

(20) $y'' + y = x\cos x - \sin x$

(21) $y'' - 2y' + 2y = e^x\sin 2x$

(22) $y'' + 2y' + 2y = 2e^x\cos x$

(23) $y'' - 2y' + 2y = x\,e^x\sin x$

(24) $y'' + y = \tan x$

(25) $y'' + 9y = \csc 3x$

(26) $y'' + 4y = \csc 2x$

06 다음 미분방정식을 풀어라.

(1) $x^2 y'' + x y' + 4y = 4$

(2) $x^2 y'' + x y' + y = x$

(3) $x^2 y'' - x y' + y = x$

(4) $x y'' + y' = x^2$

(5) $x^2 y'' - 2x y' + 2y = x^3$

(6) $x^2 y'' - 4x y' + 4y = x^2 + x^4$

(7) $x^2 y'' + 9x y' - 20y = \dfrac{5}{x^3}$

(8) $x^2 y'' - x y' + y = \ln x$

(9) $4x^2 y'' + 8x y' + y = \ln x$

(10) $x y'' + y' = x\ln x$

(11) $x^2 y'' - x y' + y = x^2\ln x$

(12) $x^2 y'' - 3x y' + 3y = 2x^3\ln x$

(13) $x^2 y'' - 2x y' + 2y = x^3\ln x$

(14) $x^2 y'' - 3x y' + 4y = x + x^2\ln x$

(15) $x^2 y'' - 2x y' + 2y = (x^2 + x)\ln x$

(16) $x^2 y'' - 3x y' + 3y = \cos(\ln x)$

(17) $x^2 y'' - 2x y' + 2y = \sin(\ln x)$

(18) $x^2 y'' - 4x y' + 4y = x\sin(\ln x)$

(19) $(x + 2)^2 y'' + (x + 2)y' + y = 0$

(20) $(x - 1)^2 y'' - 2(x - 1)y' - 4y = 0$

(21) $(2x + 1)^2 y'' - 2(2x + 1)y' - 12y = 0$

(22) $(3x + 1)^2 y'' - 4(3x + 1)y' + 6y = 0$

(23) $(x + 2)^2 y'' - (x + 2)y' + y = 3x + 4$

(24) $(x + 3)^2 y'' + 3(x + 3)y' + 2y = 3x + 9$

(25) $(2x + 1)^2 y'' + 2(2x + 1)y' + y = 4x$

(26) $(2x - 1)^2 y'' - 2(2x - 1)y' - 12y = 6x$

07 RLC 전기회로에서 $L = 100$, $R = 200$, $C = 0.005$, $E(t) = 100\cos t$ 일 때, 시각 t 에서의 전하 $q(t)$와 전류 $i(t)$를 구하여라(단, $q(0) = 0$, $i(0) = 0$).

08 RLC 전기회로에서 $L = 0.1$, $R = 200$, $C = 0.002$, $E(t) = 100\sin 125t$ 일 때, 전류 $i(t)$를 구하여라(단, $q(0) = 0$, $i(0) = 0$).

09 고정된 지지대에 수직 방향으로 매달린 용수철이 있다. 하단에 무게가 $16\,\mathrm{lb}$인 물체를 매달고 평형위치에서 $\dfrac{1}{6}\,\mathrm{ft}$만큼 아랫방향으로 잡아당긴 후 놓았다. 다음 물음에 답하여라.

(1) 이 물체의 운동 방정식을 구하여라(단, 용수철계수는 $k = 48\,\mathrm{lb/ft}$, 중력가속도는 $32\,\mathrm{ft/sec^2}$이고 공기저항은 무시한다).

(2) 이 물체가 $\dfrac{v}{64}\,\mathrm{lb}$의 저항을 줄 때, 물체의 운동 방정식을 구하여라(단, v의 단위는 ft/sec이다).

(3) 이 물체가 $64v\,\mathrm{lb}$의 저항을 줄 때, 물체의 운동 방정식을 구하여라.

10 무게가 $W = 89\,\mathrm{nt}$인 물체가 용수철을 $10\,\mathrm{cm}$만큼 잡아당기고 있을 때, 다음을 구하여라.

(1) 용수철계의 진동수

(2) 이 물체를 $15\,\mathrm{cm}$만큼 잡아당길 때, 물체의 운동 방정식

11 [연습문제 10]에서 물체가 용수철을 $15\,\mathrm{cm}$만큼 잡아당기고 있다고 하자. 다음과 같은 감쇠를 가질 때, 이 물체의 운동 방정식을 구하여라.

(1) $\alpha = 200\,\mathrm{kg/sec}$ (2) $\alpha = 179.8\,\mathrm{kg/sec}$ (3) $\alpha = 100\,\mathrm{kg/sec}$

12 직경이 $2\,\mathrm{ft}$인 원통형 부표가 밀도가 $62.4\,\mathrm{lb/ft^3}$의 수면에 수직으로 떠 있다. 부표를 눌렀다가 가만히 놓았을 때 진동 주기가 2초인 경우, 부표의 무게를 구하여라.

13 충분히 작은 θ에 대하여 $\sin\theta \approx \theta$이므로 진자 방정식 $\dfrac{d^2\theta}{dt^2} + \dfrac{g}{L}\sin\theta = 0$은 다음과 같이 나타낼 수 있다.

$$\frac{d^2\theta}{dt^2} + \frac{g}{L} = 0$$

이 미분방정식을 풀어서 충분히 작은 θ에 대한 진자운동의 일반해와 주기를 구하여라.

14 그림과 같이 기체 A가 액체 B로 용해되면서 B와 반응하는 시스템이 있다. 즉, 물질 A는 x 방향의 1차원으로 전달되어 B성분과 반응한다. 따라서 일정한 깊이($x = L$)가 되면 A의 농도는 0이 된다. 액체 표면에서 A의 농도가 C_{A_0}이고, A와 B의 반응은 1차 반응이라 가정한다. 등온에서 정상상태를 가정하고, 다음 경계조건에서 깊이에 따른 물질 A의 농도 변화를 구하여라.

$$C_A(0) = C_{A_0}, \quad C_A(L) = 0$$

> 힌트   기체 A에 대하여 화학반응이 있는 1차원 확산을 이용한다.

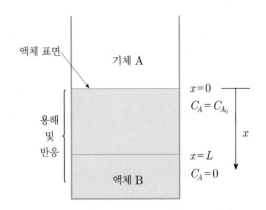

液체 표면 (액체 표면)

기체 A

용해 및 반응 (용해 및 반응)

$x = 0$
$C_A = C_{A_0}$

$x = L$
$C_A = 0$

x

액체 B

15 경계조건이 다음과 같을 때, [예제 27]의 열전도 문제 $\dfrac{d^2\theta}{dx^2} - n^2\theta = 0$, $n = \sqrt{\dfrac{hP}{kA}}$ 의 해를 구하여라.

$$\theta(0) = T_b - T_\infty = \theta_b, \quad \left[-k\dfrac{d\theta}{dx}\right]_{x=L} = h\theta(L)$$

16 방열판의 길이가 $L = 0.5\,\mathrm{m}$ 이고 핀 아랫부분의 온도가 $T_b = 200\,℃$, 외부 기체의 온도가 $T_\infty = 15\,℃$, $n = \dfrac{hP}{kA} = 4$ 인 방열판의 냉각 문제를 생각하자. 이때 경계조건은 $T_b = T(0) = 200\,℃$, $\left[\dfrac{dT}{dx}\right]_{x=L} = 0$ 이다.

(1) 미분방정식의 해를 구한 다음 $x = 0.5\,\mathrm{m}$ 에서 온도를 구하여라.

(2) $n = \dfrac{hP}{kA} = 16$ 인 경우 해를 구하고 (1)과 비교하여라.

17 공공하수처리시설에서 처리된 하수는 수계로 방류하기 전 자외선으로 살균함으로써 병원성 미생물에 의한 수질 오염을 방지한다. 자외선 살균 장치는 빛이 투과할 수 있는 재료를 사용하여 그림과 같이 긴 튜브 형태로 만들어 내부로 하수가 흐르고, 자외선 램프를 주위에 설치하는 구조로 되어 있다. 따라서 자외선은 모든 방향에서 일정하게 조사되고, 튜브 내에서도 위치에 따른 자외선 세기의 차이가 없다고 가정한다. 튜브형 반응기는 내부 유체의 흐름속도에 따라 혼합되는 특성이 결정되며, 축 방향으로 분산dispersion이 이루어진다고 가정한다. 살균은 1차 반응으로 진행되므로 정상상태에서 다음 미분방정식이 성립한다.

$$\dfrac{d^2\phi}{d\delta^2} - P_e\dfrac{d\phi}{d\delta} - P_e D_a \phi = 0$$

$P_e = 2.7$, $D_a = 2$ 일 때, 다음 경계조건에서 이 미분방정식의 해를 구하여라. 이때 경계조건은 $\left[\dfrac{d\phi}{d\delta}\right]_{\delta=0} = P_e(\phi - 1)$, $\left[\dfrac{d\phi}{d\delta}\right]_{\delta=1} = 0$ 이고, C_N 은 세균의 농도, C_{N_0} 은 초기 세균 농도

$C_N(0) = C_{N_0}$, $\phi = \dfrac{C_N}{C_{N_0}}$은 무차원화된 세균 농도, $\delta = \dfrac{x}{L}$ 는 무차원화된 길이, $P_e = \dfrac{uL}{D}$ 은 페클렛 수$^{\text{Peclet number}}$(무차원 상수, 튜브형 반응기에서 분산에 의한 물질 이동에 대한 대류에 의한 물질 이동의 비를 의미), $D_a = \dfrac{kL}{u}$ 은 담쾰러 수$^{\text{Damköhler number}}$(무차원 상수, 물질 이동량에 대한 반응속도의 비를 의미)이다.

자외선 살균 시설

18 생체 세포에서의 열전달은 대사과정에서 발생하는 열전달과 혈류에 의해 주위 세포조직으로 열전달이 동시에 이루어지므로 일반적인 열전달 문제보다 복잡하다. 페네스^{Pennes}는 열전달 이론을 생체 세포에 적용하여 페네스 식$^{\text{Pennes equation}}$ 또는 생체 열방정식$^{\text{Bioheat equation}}$을 제안했다. 이 식이 다소 제한적인 부분이 있기는 하지만 정상상태에서 1차원 열전달(표면으로의 전달) 등을 가정하여 단순화하면 다음과 같다. 이때 생체 세포의 열전도율(k)도 일정하다고 가정한다.

$$\text{생체 열방정식: } \frac{d^2 T}{dx^2} + \frac{q_m + q_p}{k} = 0$$

여기서 q_m 은 세포의 대사활동으로 인해 생성되는 열이고, q_p 는 혈류에 의해 전달되는 열이다. 한편 혈류에 의해 전달되는 열은 $q_p = \omega \rho_b c_b (T_a - T)$로 표현할 수 있다. 여기서 ρ_b 는 혈액의 밀도, c_b 는 혈액 비열$^{\text{specific heat}}$, ω 는 혈류 속도, T_a 는 혈액 온도이다. 이를 반영하면 생체 열방정식은 $\dfrac{d^2 T}{dx^2} + \dfrac{q_m + \omega \rho_b c_b (T_a - T)}{k} = 0$ 이 된다. 또한 온도 변화 θ 를 $\theta = T - T_a - \dfrac{q_m}{\omega \rho_b c_b}$으로 놓고 T_a, q_m, ω 가 일정하다고 가정하면 다음 식이 성립한다.

$$\frac{d^2 \theta}{dx^2} - \widetilde{m}^2 \theta = 0$$

여기서 $\widetilde{m}^2 = \dfrac{\omega \rho_b c_b}{k}$ 이고 경계조건이 $\theta(0) = \theta_b$, $\theta(L) = \theta_L$ 일 때, 이 미분방정식의 해를 구하여라.

힌트 지배방정식은 기본적으로 방열판의 정상상태 1차원 열전달과 같은 형태이고, 경계조건만 다르다.

1. 2계 제차 선형 미분방정식 $y'' + ay' + by = 0$ 의 일반해

① 특성근이 서로 다른 두 실근 $D = \alpha$, $D = \beta$ 일 때 $y = C_1 e^{\alpha x} + C_2 e^{\beta x}$

② 특성근이 중근 $D = \alpha$ 일 때 $y = (C_1 + C_2 x) e^{\alpha x}$

③ 특성근이 두 허근 $D = \alpha + i\beta$, $D = \alpha - i\beta$ 일 때 $y = e^{\alpha x}(C_1 \cos \beta x + C_2 \sin \beta x)$

2. 오일러-코시 제차 미분방정식 $x^2 y'' + axy' + by = 0$ 의 일반해

① 특성근이 서로 다른 두 실근 $D = \alpha$, $D = \beta$ 일 때 $y = C_1 x^{\alpha} + C_2 x^{\beta}$

② 특성근이 중근 $D = \alpha$ 일 때 $y = x^{\alpha}(C_1 + C_2 \ln x)$

③ 특성근이 두 허근 $D = \alpha + i\beta$ 와 $D = \alpha - i\beta$ 일 때 $y = x^{\alpha}[C_1 \cos (\beta \ln x) + C_2 \sin (\beta \ln x)]$

3. 미정계수법에 따른 비제차항 유형별 특수해 형태

$r(x)$ 의 형태	y_p 의 형태
임의의 상수 k	A
x^n	$A_0 x^n + A_1 x^{n-1} + \cdots + A_{n-1} x + A_n$
e^{ax}	$A e^{ax}$
$x^n e^{ax}$	$(A_1 x^n + A_2 x^{n-1} + \cdots + A_n x + A_{n+1}) e^{ax}$
$\sin ax$, $\cos ax$	$A \sin ax + B \cos ax$
$x^n \sin ax$, $x^n \cos ax$	$(A_0 x^n + A_1 x^{n-1} + \cdots + A_{n-1} x + A_n) \sin ax$ $+ (B_0 x^n + B_1 x^{n-1} + \cdots + B_{n-1} x + B_n) \cos ax$
$x^n e^{ax} \cos bx$, $x^n e^{ax} \sin bx$	$(A_0 x^n + A_1 x^{n-1} + \cdots + A_{n-1} x + A_n) e^{ax} \sin bx$ $+ (B_0 x^n + B_1 x^{n-1} + \cdots + B_{n-1} x + B_n) e^{ax} \cos bx$

4. 매개변수 변화법에 의한 특수해

다음을 만족하는 두 함수 $c_1(x)$, $c_2(x)$ 에 대하여 $y_p = c_1 y_1 + c_2 y_2$

$$c_1{}'(x) y_1(x) + c_2{}'(x) y_2(x) = 0, \ c_1{}'(x) y_1{}'(x) + c_2{}'(x) y_2{}'(x) = r(x)$$

5. 론스키 행렬식을 이용한 특수해

$$y_p = -y_1 \int \frac{y_2 r(x)}{W(y_1, y_2)} dx + y_2 \int \frac{y_1 r(x)}{W(y_1, y_2)} dx$$

제3장

급수 해법

지금까지 상수계수 미분방정식, 오일러-코시 미분방정식이나 리카티 미분방정식과 같이 특수한 경우의 변수계수 미분방정식과 비제차미분방정식에 대한 해법을 살펴봤다. 공학에서 나타나는 대부분의 미분방정식은 변수계수와 비제차항으로 구성된다. 이러한 미분방정식의 해를 얻기 위해 널리 사용하는 방법이 급수 해법이며, 이 장에서는 급수해를 구하는 방법과 특수한 형태의 변수계수 미분방정식을 살펴본다.

임의의 상수 c_0, c_1, $\cdots$, c_n, $\cdots$에 대하여 $x = a$에 관한 거듭제곱급수를 다음과 같이 정의했으며, 절대비판정법을 이용하여 이 급수가 수렴하는 x의 범위인 수렴구간을 구할 수 있다.

$$\sum_{n=0}^{\infty} c_n (x - a)^n = c_0 + c_1 (x - a) + c_2 (x - a)^2 + \cdots + c_n (x - a)^n + \cdots$$

다항함수의 덧셈, 뺄셈과 곱셈과 동일한 방법으로 수렴구간에서 두 거듭제곱급수는 다음과 같이 거듭제곱급수로 나타낼 수 있다.

① $\displaystyle\sum_{n=0}^{\infty} b_n (x - a)^n + \sum_{n=0}^{\infty} c_n (x - a)^n = \sum_{n=0}^{\infty} (b_n + c_n)(x - a)^n$

② $\displaystyle\sum_{n=0}^{\infty} b_n (x - a)^n - \sum_{n=0}^{\infty} c_n (x - a)^n = \sum_{n=0}^{\infty} (b_n - c_n)(x - a)^n$

③ $\displaystyle\sum_{n=0}^{\infty} b_n (x - a)^n \sum_{n=0}^{\infty} c_n (x - a)^n = b_0 c_0 + (b_0 c_1 + c_0 b_1)(x - a) + (b_0 c_2 + b_1 c_1 + b_2 c_0)(x - a)^2 + \cdots$

두 거듭제곱급수의 나눗셈은 분모가 0이 아닌 x의 범위에서 직접 나눗셈을 수행하는 장제법을 통해 거듭제곱급수로 나타낼 수 있다. 차수가 다른 두 거듭제곱급수를 더하거나 뺄 때, 다음과 같이 차수를 맞춰야 함에 유의해야 한다.

$$\sum_{n=0}^{\infty} b_n (x - a)^n + \sum_{n=2}^{\infty} c_n (x - a)^n = b_0 + b_1 (x - a) + \sum_{n=2}^{\infty} b_n (x - a)^n + \sum_{n=2}^{\infty} c_n (x - a)^n$$

$$= b_0 + b_1 (x - a) + \sum_{n=2}^{\infty} (b_n + c_n)(x - a)^n$$

▶ 예제 1

각 거듭제곱급수의 수렴구간을 구하고, 두 거듭제곱급수의 합을 구하여라.

$$f(x) = \sum_{n=0}^{\infty} (-1)^n \frac{x^n}{n!}, \quad g(x) = \sum_{n=2}^{\infty} (-1)^n x^n$$

풀이

주안점 절대비판정법으로 수렴구간을 구하고, 차수를 맞춰 나타낸다.

먼저 $f(x)$의 수렴구간을 구한다.

❶ $a_n = (-1)^n \dfrac{x^n}{n!}$ 으로 놓고 절대비판정법을 이용한다.

$$\lim_{n \to \infty} \left| \frac{a_{n+1}}{a_n} \right| = \lim_{n \to \infty} \left| \frac{(-1)^{n+1} x^{n+1}/(n+1)!}{(-1)^n x^n/n!} \right| = \lim_{n \to \infty} \frac{|x|}{n+1} = |x|(0) = 0 < 1$$

❷ 수렴구간을 구한다.

모든 실수 x에서 극한이 성립하므로 $-\infty < x < \infty$ 이다.

이제 $g(x)$의 수렴구간을 구한다.

❶ $a_n = (-1)^n x^n$ 으로 놓고 절대비판정법을 이용한다.

$$\lim_{n \to \infty} \left| \frac{a_{n+1}}{a_n} \right| = \lim_{n \to \infty} \left| \frac{(-1)^{n+1} x^{n+1}}{(-1)^n x^n} \right| = \lim_{n \to \infty} |(-1)x| = |x| < 1$$

❷ 오른쪽 끝점에서의 수렴 여부를 판정한다.

$x = 1$ 이면 $\displaystyle\sum_{n=0}^{\infty} (-1)^n = 1 - 1 + 1 - 1 + \cdots$ 이므로 발산한다.

❸ 왼쪽 끝점에서의 수렴 여부를 판정한다.

$x = -1$ 이면 $\displaystyle\sum_{n=0}^{\infty} (-1)^{2n} = 1 + 1 + 1 + \cdots$ 이므로 발산한다.

❹ 수렴구간을 구한다.

$$-1 < x < 1$$

따라서 구간 $-1 < x < 1$ 에서 두 급수의 합은 다음과 같다.

$$f(x) + g(x) = \sum_{n=0}^{\infty} (-1)^n \frac{x^n}{n!} + \sum_{n=2}^{\infty} (-1)^n x^n$$

$$= 1 - x + \sum_{n=2}^{\infty} (-1)^n \frac{x^n}{n!} + \sum_{n=2}^{\infty} (-1)^n x^n$$

$$= 1 - x + \sum_{n=2}^{\infty} (-1)^n \frac{1 + n!}{n!} x^n$$

해석함수

$x = a$를 포함하는 어떤 구간 I에서 함수 $f(x)$를 $x - a$에 관한 거듭제곱급수 $f(x) = \sum_{n=0}^{\infty} c_n(x-a)^n$으로 표현할 수 있으면 이 함수는 $x = a$에서 **해석적**^{analytic}이라 한다. 예를 들어

$$\sum_{n=0}^{\infty} x^n = 1 + x + x^2 + \cdots + x^n + \cdots = \frac{1}{1-x}$$

과 같이 첫째항이 1, 공비가 x인 무한등비급수는 $|x| < 1$일 때 수렴한다. 이때 $f(x) = \dfrac{1}{1-x}$로 놓으면 $-1 < x < 1$에서 $f(x)$는 $x = 0$에 관한 거듭제곱급수로 나타낼 수 있으므로 $x = 0$에서 해석적이다.

이러한 해석함수는 다음 성질을 갖는다.

정리 1   **해석함수의 성질**

두 함수 $f(x)$, $g(x)$가 $x = a$에서 해석적이고 구간 I에서 $f(x)$의 거듭제곱급수가 다음과 같다고 하자.

$$f(x) = \sum_{n=0}^{\infty} c_n(x-a)^n$$

그러면 다음이 성립한다.

(1) $f \pm g$, fg, $\dfrac{f}{g}$ $(g(a) \neq 0)$는 $x = a$에서 해석적이다.

(2) 모든 다항함수는 임의의 점에서 해석적이다.

(3) $f(x)$는 구간 I에서 미분가능하며, 도함수는 다음과 같다.

$$f'(x) = c_1 + 2c_2(x-a) + 3c_3(x-a)^2 + \cdots = \sum_{n=1}^{\infty} nc_n(x-a)^{n-1}$$

(4) $f(x)$는 구간 I에서 적분가능하며, 부정적분은 다음과 같다.

$$\int f(x)\,dx = c_0(x-a) + \frac{c_1}{2}(x-a)^2 + \frac{c_2}{3}(x-a)^3 + \cdots = \sum_{n=0}^{\infty} \frac{c_n}{n+1}(x-a)^{n+1} + C$$

급수 해법에 의한 미분방정식의 풀이를 위해 0장에서 설명한 매클로린급수를 사용한다. 함수 $f(x)$가 $x = 0$에서 반복적으로 미분가능하면 $f(0)$과 $f^{(n)}(0)$, $n = 1, 2, \cdots$에 대하여 $f(x)$는 다음과 같이 거듭제곱급수로 표현할 수 있으며, 이러한 거듭제곱급수를 매클로린급수라 한다.

$$f(x) = f(0) + f'(0)x + \frac{f''(0)}{2!}x^2 + \cdots + \frac{f^{(n)}(0)}{n!}x^n + \cdots = \sum_{n=0}^{\infty} \frac{f^{(n)}(0)}{n!}x^n$$

▶ 예제 2

다음 함수의 매클로린급수를 구하여라.

(1) $f(x) = e^{x^2}$ (2) $g(x) = \dfrac{1}{1-4x^2}$

풀이

주안점 [표 0.10]에서 표준형을 택한다.

(1) ❶ e^x 의 매클로린급수를 택한다.

$$e^x = 1 + x + \frac{x^2}{2!} + \frac{x^3}{3!} + \cdots = \sum_{n=0}^{\infty} \frac{x^n}{n!}$$

❷ x 대신 x^2 을 대입한다.

$$e^{x^2} = 1 + x^2 + \frac{(x^2)^2}{2!} + \frac{(x^2)^3}{3!} + \cdots = \sum_{n=0}^{\infty} \frac{x^{2n}}{n!}$$

❸ 수렴구간을 구한다.

모든 실수 x 에 대하여 $x^2 \geq 0$ 이므로 $-\infty < x < \infty$ 이다.

(2) ❶ $\dfrac{1}{1-x}$ 의 매클로린급수를 택한다.

$$\frac{1}{1-x} = 1 + x + x^2 + x^3 + \cdots = \sum_{n=0}^{\infty} x^n$$

❷ x 대신 $(2x)^2$ 을 대입한다.

$$\frac{1}{1-(2x)^2} = 1 + (2x)^2 + ((2x)^2)^2 + ((2x)^2)^3 + \cdots$$

$$= \sum_{n=0}^{\infty} ((2x)^2)^n = \sum_{n=0}^{\infty} 4^n x^{2n}$$

❸ 수렴구간을 구한다.

$-1 < 2x < 1$ 이므로 $-\dfrac{1}{2} < x < \dfrac{1}{2}$ 이다.

▶ 예제 3

함수 $f(x) = e^x + e^{2x}$ 의 매클로린급수를 구하여라.

풀이

주안점 두 함수의 매클로린급수를 구한다.

❶ e^x 과 e^{2x} 의 매클로린급수를 구한다.

$$e^x = 1 + x + \frac{x^2}{2!} + \frac{x^3}{3!} + \cdots = \sum_{n=0}^{\infty} \frac{x^n}{n!},$$

$$e^{2x} = 1 + 2x + \frac{(2x)^2}{2!} + \frac{(2x)^3}{3!} + \cdots = \sum_{n=0}^{\infty} \frac{(2x)^n}{n!}$$

❷ 두 매클로린급수의 합을 구한다.

$-\infty < x < \infty$ 에서

$$e^x + e^{2x} = \sum_{n=0}^{\infty} \frac{x^n}{n!} + \sum_{n=0}^{\infty} \frac{(2x)^n}{n!} = \sum_{n=0}^{\infty} \frac{1}{n!} x^n + \sum_{n=0}^{\infty} \frac{2^n}{n!} x^n$$

$$= \sum_{n=0}^{\infty} \frac{1 + 2^n}{n!} x^n$$

3.2 거듭제곱급수에 의한 해법

급수 해법으로 미분방정식의 일반해를 구하는 방법을 살펴보기 위해 미분방정식 $y' - 2xy = 0$ 을 생각하자. 이 미분방정식의 일반해 y 가 다음과 같이 거듭제곱급수로 표현된다고 가정한다.

$$y = \sum_{n=0}^{\infty} c_n x^n$$

이 급수해를 항별로 미분하면 다음을 얻는다.

$$y' = \sum_{n=1}^{\infty} n c_n x^{n-1}$$

y 와 y' 의 급수식을 미분방정식 $y' - 2xy = 0$ 에 대입하여 미정계수 c_n 을 결정한다.

$$y' - 2xy = \sum_{n=1}^{\infty} n c_n x^{n-1} - 2x \sum_{n=0}^{\infty} c_n x^n = \sum_{n=1}^{\infty} n c_n x^{n-1} - \sum_{n=0}^{\infty} 2 c_n x^{n+1}$$

이때 $\sum_{n=1}^{\infty} n c_n x^{n-1}$ 의 최저 차수는 0 차이고, $\sum_{n=0}^{\infty} 2 c_n x^{n+1}$ 의 최저 차수는 1 차이므로 두 급수의 합을 구하기 위해 다음과 같이 차수를 맞춘 형태로 변형한다.

$$y' - 2xy = 1 \cdot c_1 x^0 + \sum_{n=2}^{\infty} n c_n x^{n-1} - \sum_{n=0}^{\infty} 2 c_n x^{n+1}$$

첫 번째 급수에서 $k = n - 2$ 로 놓으면 $n = k + 2$ 이므로 다음과 같이 변형할 수 있다.

$$\sum_{n-2}^{\infty} n c_n x^{n-1} = \sum_{k=0}^{\infty} (k+2) c_{k+2} x^{k+1} = \sum_{n=0}^{\infty} (n+2) c_{n+2} x^{n+1}$$

두 급수의 첨자를 일치시키기 위해 마지막 급수에서 첨자 k 를 n 으로 바꿔 표현했다. 주어진 미분방정식은 다음과 같이 표현된다.

$$y' - 2xy = c_1 + \sum_{n=0}^{\infty} (n+2) c_{n+2} x^{n+1} - \sum_{n=0}^{\infty} 2 c_n x^{n+1}$$

$$= c_1 + \sum_{n=0}^{\infty} [(n+2) c_{n+2} - 2 c_n] x^{n+1} = 0$$

마지막 급수가 항등식이 되려면 계수는 모두 0 이어야 하므로 다음과 같은 계수 사이의 관계식을 얻는다.

$$c_1 = 0, \; (n+2) c_{n+2} - 2 c_n = 0, \; n = 0, 1, 2, \cdots$$

$n + 2 \neq 0$ 이므로 계수 사이의 관계식을 다음과 같이 나타낼 수 있다.

$$c_1 = 0, \; c_{n+2} = \frac{2}{n+2} c_n, \; n = 0, 1, 2, \cdots$$

여기서 계수 c_n 은 다음과 같다.

$$n = 0, \; c_2 = \frac{2}{2} c_0 = c_0 \qquad\qquad n = 1, \; c_3 = \frac{2}{3} c_1 = 0$$

$$n = 2, \; c_4 = \frac{2}{4} c_2 = \frac{1}{2} c_0 = \frac{1}{2!} c_0 \qquad\qquad n = 3, \; c_5 = \frac{2}{5} c_3 = 0$$

$$n = 4 , \quad c_6 = \frac{2}{6} c_4 = \frac{1}{3} c_4 = \frac{1}{3 \cdot 2!} c_0 = \frac{1}{3!} c_0 \qquad\qquad n = 5 , \quad c_7 = \frac{2}{7} c_5 = 0$$

$$n = 6 , \quad c_8 = \frac{2}{8} c_6 = \frac{1}{4} c_6 = \frac{1}{4 \cdot 3!} c_0 = \frac{1}{4!} c_0 \qquad\qquad n = 7 , \quad c_9 = \frac{2}{9} c_7 = 0$$

$$\vdots \qquad\qquad\qquad\qquad\qquad\qquad \vdots$$

따라서 최초에 설정한 일반해 y 의 급수식은 다음과 같다.

$$y = \sum_{n=0}^{\infty} c_n x^n = c_0 + c_1 x + c_2 x^2 + c_3 x^3 + c_4 x^4 + c_5 x^5 + \cdots$$

$$= c_0 + 0 + c_0 x^2 + 0 + \frac{1}{2!} c_0 x^4 + 0 + \frac{1}{3!} c_0 x^6 + 0 + \cdots$$

$$= c_0 \left(1 + x^2 + \frac{1}{2!} x^4 + \frac{1}{3!} x^6 + \cdots \right)$$

$$= c_0 \sum_{n=0}^{\infty} \frac{1}{n!} x^{2n}$$

[예제 2]와 마찬가지로 마지막 급수는 함수 $y = e^x$ 의 매클로린급수에서 x 를 x^2 으로 대치한 식이므로 구하는 일반해는 $y = c_0 e^{x^2}$ 이고, 여기서 c_0 은 임의의 상수이다.

▶ 예제 4

미분방정식 $y' - y = 0$ 의 일반해를 구하여라.

풀이

주안점 일반해를 급수로 표현하고 계수의 관계식을 구한다.

❶ 일반해를 급수로 표현한다.

$$y = \sum_{n=0}^{\infty} c_n x^n$$

❷ y' 을 구한다.

$$y' = \sum_{n=1}^{\infty} n c_n x^{n-1}$$

❸ y 와 y' 의 급수식을 미분방정식에 대입하여 정리한다.

$$y' - y = \sum_{n=1}^{\infty} n c_n x^{n-1} - \sum_{n=0}^{\infty} c_n x^n$$

❹ 첫 번째 급수에서 $k = n-1$로 놓고 정리한다.

$$y' - y = \sum_{k=0}^{\infty} (k+1) c_{k+1} x^k - \sum_{n=0}^{\infty} c_n x^n = \sum_{n=0}^{\infty} (n+1) c_{n+1} x^n - \sum_{n=0}^{\infty} c_n x^n$$

$$= \sum_{n=0}^{\infty} [(n+1) c_{n+1} - c_n] x^n = 0$$

❺ 계수 사이의 관계식을 얻는다.

$$(n+1) c_{n+1} - c_n = 0, \ \text{즉} \ c_{n+1} = \frac{c_n}{n+1}, \ n = 0, 1, 2, \cdots$$

❻ 계수를 구한다.

$$n = 0, \ c_1 = c_0 \qquad\qquad n = 1, \ c_2 = \frac{c_0}{2} = \frac{c_0}{2!}$$

$$n = 2, \ c_3 = \frac{c_2}{3} = \frac{c_0}{3 \cdot 2!} = \frac{c_0}{3!} \qquad\qquad n = 3, \ c_4 = \frac{c_3}{4} = \frac{c_0}{4 \cdot 3!} = \frac{c_0}{4!}$$

$$n = 4, \ c_5 = \frac{c_4}{5} = \frac{c_0}{5 \cdot 4!} = \frac{c_0}{5!} \qquad\qquad n = 5, \ c_6 = \frac{c_5}{6} = \frac{c_0}{6 \cdot 5!} = \frac{c_0}{6!}$$

$$\vdots \qquad\qquad\qquad\qquad\qquad \vdots$$

❼ 급수해를 구한다.

$$y = \sum_{n=0}^{\infty} c_n x^n = c_0 + c_1 x + c_2 x^2 + c_3 x^3 + c_4 x^4 + c_5 x^5 + \cdots$$

$$= c_0 + c_0 x + \frac{c_0}{2!} x^2 + \frac{c_0}{3!} x^3 + \frac{c_0}{4!} x^4 + \frac{c_0}{5!} x^5 + \cdots$$

$$= c_0 \left(1 + x + \frac{1}{2!} x^2 + \frac{1}{3!} x^3 + \frac{1}{4!} x^4 + \frac{1}{5!} x^5 + \cdots \right)$$

$$= c_0 \sum_{n=0}^{\infty} \frac{1}{n!} x^n = C e^x \ (C = c_0)$$

여기서 C는 임의의 상수이다.

정상점에서의 급수해

2계 선형 미분방정식 $c_0(x)y'' + c_1(x)y' + c_2(x)y = 0$의 양변을 $c_0(x)$로 나누면 다음과 같은 표준형으로 변형할 수 있다.

$$y'' + P(x)y' + Q(x)y = 0$$

이때 두 함수 $P(x)$, $Q(x)$가 $x = a$에서 해석적인지에 따라 다음을 정의한다.

정의 1 **정상점과 특이점**

두 함수 $P(x)$, $Q(x)$가 $x = a$에서 해석적이면 $x = a$를 정상점$^{\text{regular point}}$이라 하고, 정상점이 아닌 점을 특이점$^{\text{singular point}}$이라 한다.

예를 들어 미분방정식 $x^2 y'' + (x+1)y' - xy = 0$을 표준형으로 변형하면 다음과 같다.

$$y'' + \frac{x+1}{x^2}y' - \frac{1}{x}y = 0$$

$P(x) = \dfrac{x+1}{x^2}$, $Q(x) = \dfrac{1}{x}$ 은 $x = 0$에서 미분가능하지 않으므로 $x = 0$에 관한 거듭제곱급수로 표현할 수 없다. 즉, $x = 0$은 두 함수 $P(x)$, $Q(x)$의 특이점이다. 한편 $P(x)$, $Q(x)$는 $x \neq 0$인 모든 실수에서 미분가능하므로 거듭제곱급수로 표현할 수 있으며, $a \neq 0$인 모든 점 $x = a$는 함수 $P(x)$와 $Q(x)$의 정상점이다. 이로부터 공통인수를 갖지 않는 세 다항함수 $c_0(x)$, $c_1(x)$, $c_2(x)$에 대하여 다음 두 가지 결론을 얻는다.

① $c_0(a) \neq 0$이면 $x = a$는 정상점이다.
② $c_0(a) = 0$이면 $x = a$는 특이점이다.

정상점을 갖는 경우, 다음 정리와 같이 거듭제곱급수에 의한 해가 존재한다.

정리 2 **해의 존재 정리 1**

2계 미분방정식 $y'' + P(x)y' + Q(x)y = 0$에 대하여 $x = a$가 두 함수 $P(x)$, $Q(x)$의 정상점이면 일반해는 $x = a$에서 해석적이다. 즉, 이 미분방정식의 해는 다음과 같으며 수렴반경은 $P(x)$, $Q(x)$의 수렴반경과 동일하다.

$$y = \sum_{n=0}^{\infty} c_n(x-a)^n$$

▶ 예제 5

미분방정식 $y'' - 2xy' + y = 0$의 일반해를 구하여라.

풀이

주안점 $P(x)$, $Q(x)$의 정상점을 확인한 후 일반해를 급수로 표현한다.

❶ 정상점을 확인한다.

$P(x) = -2x$, $Q(x) = 1$이므로 $x = 0$이 정상점이다.

❷ 일반해를 급수로 표현한다.

$$y = \sum_{n=0}^{\infty} c_n x^n$$

❸ y'과 y''을 구한다.

$$y' = \sum_{n=1}^{\infty} n c_n x^{n-1}, \ y'' = \sum_{n=2}^{\infty} n(n-1) c_n x^{n-2}$$

❹ y와 y'의 급수식을 미분방정식에 대입하여 정리한다.

$$y'' - 2xy' + y = \sum_{n=2}^{\infty} n(n-1) c_n x^{n-2} - 2x \sum_{n=1}^{\infty} n c_n x^{n-1} + \sum_{n=0}^{\infty} c_n x^n$$

$$= \sum_{n=0}^{\infty} (n+2)(n+1) c_{n+2} x^n - \sum_{n=1}^{\infty} 2n c_n x^n + \sum_{n=0}^{\infty} c_n x^n$$

$$= (2c_2 + c_0) + \sum_{n=1}^{\infty} \left[(n+2)(n+1) c_{n+2} - (2n-1) c_n \right] x^n = 0$$

❺ 계수 사이의 관계식을 얻는다.

$$2c_2 + c_0 = 0, \ (n+2)(n+1) c_{n+2} - (2n-1) c_n = 0, \ n = 1, 2, 3, \cdots$$

$$c_2 = -\frac{c_0}{2}, \ c_{n+2} = \frac{2n-1}{(n+2)(n+1)} c_n, \ n = 1, 2, 3, \cdots$$

❻ 계수를 구한다.

$n = 1$, $c_3 = \frac{1}{3 \cdot 2} c_1 = \frac{1}{3!} c_1$ $n = 2$, $c_4 = \frac{3}{4 \cdot 3} c_2 = -\frac{3}{4!} c_0$

$n = 3$, $c_5 = \frac{5}{5 \cdot 4} c_3 = \frac{5}{5!} c_1$ $n = 4$, $c_6 = \frac{7}{6 \cdot 5} c_4 = -\frac{21}{6!} c_0$

$n = 5$, $c_7 = \frac{9}{7 \cdot 6} c_5 = \frac{45}{7!} c_1$ $n = 6$, $c_8 = \frac{11}{8 \cdot 7} c_6 = -\frac{231}{8!} c_0$

$\vdots$ $\vdots$

❼ 급수해를 구한다.

계수가 홀수항과 짝수항으로 분리된다.

$$y = \sum_{n=0}^{\infty} c_n x^n$$

$$= \sum_{n=0}^{\infty} c_{2n+1} x^{2n+1} + \sum_{n=0}^{\infty} c_{2n} x^{2n}$$

$$= c_1 \left(x + \frac{1}{3!} x^3 + \frac{5}{5!} x^5 + \frac{45}{7!} x^7 + \cdots \right) + c_0 \left(1 - \frac{1}{2!} x^2 - \frac{3}{4!} x^4 - \frac{21}{6!} x^6 + \cdots \right)$$

여기서 c_0, c_1 은 임의의 상수이다.

비제차 미분방정식 $y'' + P(x)y' + Q(x)y = R(x)$ 에서 $R(x) \neq 0$ 이고 다항함수이면 다음 예제와 같이 $R(x)$의 차수를 맞추어 c_n 을 결정한다.

▶ 예제 6

미분방정식 $y'' + y = x^2$ 의 일반해를 구하여라.

풀이

주안점 $P(x)$, $Q(x)$의 정상점을 확인한 후 일반해를 급수로 표현한다.

❶ 정상점을 확인한다.

$P(x) = 0$, $Q(x) = 1$ 이므로 $x = 0$ 이 정상점이다.

❷ 일반해를 급수로 표현한다.

$$y = \sum_{n=0}^{\infty} c_n x^n$$

❸ y' 과 y'' 을 구한다.

$$y' = \sum_{n=1}^{\infty} n c_n x^{n-1}, \; y'' = \sum_{n=2}^{\infty} n(n-1) c_n x^{n-2}$$

❹ y 와 y' 의 급수식을 미분방정식에 대입하여 정리한다.

$$y'' + y = \sum_{n=2}^{\infty} n(n-1) c_n x^{n-2} + \sum_{n=0}^{\infty} c_n x^n$$

$$= \sum_{n=0}^{\infty} (n+2)(n+1) c_{n+2} x^n + \sum_{n=0}^{\infty} c_n x^n$$

$$= \sum_{n=0}^{\infty} \left[(n+2)(n+1)c_{n+2} + c_n \right] x^n = x^2$$

❺ 계수 사이의 관계식을 얻는다.

$n = 2$ 이면 $(4 \cdot 3)c_4 + c_2 = 1$, $(n+2)(n+1)c_{n+2} + c_n = 0$, $n = 0, 1, 3, \cdots$

$$c_4 = \frac{1-c_2}{12}, \quad c_{n+2} = -\frac{1}{(n+2)(n+1)}c_n, \quad n = 0, 1, 3, \cdots$$

❻ 계수를 구한다.

$n = 0$, $c_2 = -\frac{1}{2}c_0$ $\qquad\qquad$ $n = 1$, $c_3 = -\frac{1}{3 \cdot 2}c_1 = -\frac{1}{3!}c_1$

$n = 2$, $c_4 = \frac{1-c_2}{12} = \frac{2+c_0}{4!}$ $\qquad$ $n = 3$, $c_5 = -\frac{1}{5 \cdot 4}c_3 = \frac{1}{5!}c_1$

$n = 4$, $c_6 = -\frac{1}{6 \cdot 5}c_4 = -\frac{2+c_0}{6!}$ $\qquad$ $n = 5$, $c_7 = -\frac{1}{7 \cdot 6}c_5 = -\frac{1}{7!}c_1$

$n = 6$, $c_8 = -\frac{1}{8 \cdot 7}c_6 = \frac{2+c_0}{8!}$ $\qquad$ $n = 7$, $c_9 = -\frac{1}{9 \cdot 8}c_5 = \frac{1}{9!}c_1$

$\qquad\qquad \vdots \qquad\qquad\qquad\qquad\qquad\qquad \vdots$

❼ 급수해를 구한다.

$$y = c_0 + c_1 x + c_2 x^2 + c_3 x^3 + c_4 x^4 + c_5 x^5 + c_6 x^6 + \cdots$$

$$= c_0 + c_1 x - \frac{c_0}{2!}x^2 - \frac{c_1}{3!}x^3 + \frac{2+c_0}{4!}x^4 + \frac{c_1}{5!}x^5 - \frac{2+c_0}{6!}x^6 - \frac{c_1}{7!}x^7 + \cdots$$

$$= \left(c_0 - \frac{1}{2!}x^2 + \frac{2+c_0}{4!}x^4 - \frac{2+c_0}{6!}x^6 + \frac{2+c_0}{8!}x^8 + \cdots \right)$$

$$\quad + c_1 \left(x - \frac{1}{3!}x^3 + \frac{1}{5!}x^5 - \frac{1}{7!}x^7 + \frac{1}{9!}x^9 + \cdots \right)$$

$$= c_0 \left(1 - \frac{1}{2!}x^2 + \frac{1}{4!}x^4 - \frac{1}{6!}x^6 + \frac{1}{8!}x^8 + \cdots \right)$$

$$\quad + 2 \left(\frac{1}{4!}x^4 - \frac{1}{6!}x^6 + \frac{1}{8!}x^8 + \cdots \right) + c_1 \sin x$$

$$= c_0 \cos x + c_1 \sin x + 2 \left(1 - \frac{1}{2!}x^2 + \frac{1}{4!}x^4 - \frac{1}{6!}x^6 + \frac{1}{8!}x^8 + \cdots \right) - 2 + x^2$$

$$= c_0 \cos x + c_1 \sin x + 2\cos x - 2 + x^2$$

$$= (c_0 + 2)\cos x + c_1 \sin x - 2 + x^2 = C_0 \cos x + C_1 \sin x - 2 + x^2$$

여기서 $C_0 = c_0 + 2$, $C_1 = c_1$ 은 임의의 상수이다.

특이점에서의 급수해

미분방정식 $y'' + P(x)y' + Q(x)y = 0$에 대하여 두 함수 $P(x)$, $Q(x)$가 $x = a$에서 특이점을 갖는 반면, 다음 함수가 $x = a$에서 정상점인 경우를 생각할 수 있다.

$$(x-a)P(x), \ (x-a)^2 Q(x)$$

예를 들어 미분방정식 $x^2(x+1)^2 y'' + (x^2-1)y' + xy = 0$은 $x = -1$, $x = 0$에서 특이점을 가지며, 표준형으로 변형하면 다음과 같다.

$$y'' + \frac{x-1}{x^2(x+1)} y' + \frac{1}{x(x+1)^2} y = 0$$

$P(x) = \dfrac{x-1}{x^2(x+1)}$, $Q(x) = \dfrac{1}{x(x+1)^2}$로 놓으면 다음 함수는 $x = -1$에 관한 거듭제곱급수로 나타낼 수 있으므로 $x = -1$에서 정상점을 갖는다.

$$(x+1)P(x) = \frac{x-1}{x^2}, \ (x+1)^2 Q(x) = \frac{1}{x}$$

이 경우 주어진 미분방정식은 $x+1$에 관한 급수해를 갖는다. 그러나 특이점인 $x = 0$에 대하여 $xP(x)$와 $x^2 Q(x)$는

$$xP(x) = \frac{x-1}{x(x+1)}, \ x^2 Q(x) = \frac{x}{(x+1)^2}$$

와 같고, $xP(x)$는 $x = 0$에 관한 거듭제곱급수로 표현할 수 없다. 이 경우 함수 $x^2 Q(x)$는 $x = 0$에서 정상점을 갖는 반면, $xP(x)$는 $x = 0$에서 정상점을 갖지 않으므로 주어진 미분방정식은 $x = 0$에 관한 급수해를 갖지 않는다.

> **정의 2** **특이점의 분류**
>
> 미분방정식 $y'' + P(x)y' + Q(x)y = 0$에 대하여 $(x-a)P(x)$, $(x-a)^2 Q(x)$가 $x = a$에서 해석적인 특이점 $x = a$를 정칙특이점[regular singular point]이라 하고, 정칙특이점이 아닌 특이점을 비정칙특이점[irregular singular point]이라 한다.

앞에서 언급한 것처럼 두 함수 $P(x)$, $Q(x)$가 $x = a$에서 정칙특이점을 갖는다면 주어진 미분방정식은 다음과 같은 급수해를 갖는다.

프로베니우스$^{\text{Frobenius, 1849~1917}}$ **정리**

2계 미분방정식 $y'' + P(x)y' + Q(x)y = 0$에 대하여 $x = a$가 두 함수 $P(x)$, $Q(x)$의 정칙특이점이면 일반해는 다음과 같다.

$$y = (x - a)^\lambda \sum_{n=0}^\infty c_n(x - a)^n = \sum_{n=0}^\infty c_n(x - a)^{n+\lambda}$$

여기서 λ는 결정해야 할 상수이며, 이 미분방정식의 해는 $P(x)$, $Q(x)$의 수렴반경과 동일하다. 이때 $y = \sum_{n=0}^\infty c_n(x - a)^{n+\lambda}$의 도함수들을 미분방정식 $y'' + P(x)y' + Q(x)y = 0$에 대입하여 최저 차수를 갖는 항의 계수에 포함된 λ에 관한 방정식을 결정방정식$^{\text{indicial equation}}$이라 하며, 결정방정식을 만족하는 $\lambda = \lambda_1$, $\lambda = \lambda_2$에 대응하는 독립인 두 해 y_1, y_2를 얻는다.

▶ 예제 7

미분방정식 $x^2 y'' + x y' + \left(x^2 - \dfrac{1}{9}\right)y = 0$의 일반해를 구하여라.

풀이

주안점 정칙특이점 $x = 0$에 대하여 프로베니우스 정리를 적용한다.

❶ 정칙특이점을 찾는다.

$P(x) = \dfrac{1}{x}$, $Q(x) = 1 - \dfrac{1}{9x^2}$로 놓으면 $xP(x) = 1$, $x^2 Q(x) = x^2 - 1$이 미분가능하므로 $x = 0$은 정칙특이점이다.

$$x^2 y'' + x y' + \left(x^2 - \frac{1}{9}\right)y = 0, \text{ 즉 } y'' + \frac{1}{x}y' + \left(1 - \frac{1}{9x^2}\right)y = 0$$

❷ 일반해를 급수로 표현한다.

$$y = \sum_{n=0}^\infty c_n x^{n+\lambda}$$

❸ y'과 y''을 구한다.

$$y' = \sum_{n=0}^\infty (n+\lambda)c_n x^{n+\lambda-1}, \ y'' = \sum_{n=0}^\infty (n+\lambda-1)(n+\lambda)c_n x^{n+\lambda-2}$$

❹ y와 y'의 급수식을 미분방정식에 대입하여 정리한다.

$$x^2 y'' + x y' + \left(x^2 - \frac{1}{9}\right) y = x^2 \sum_{n=0}^{\infty} (n+\lambda-1)(n+\lambda) c_n x^{n+\lambda-2}$$

$$+ x \sum_{n=0}^{\infty} (n+\lambda) c_n x^{n+\lambda-1} + \left(x^2 - \frac{1}{9}\right) \sum_{n=0}^{\infty} c_n x^{n+\lambda}$$

$$= \sum_{n=0}^{\infty} (n+\lambda-1)(n+\lambda) c_n x^{n+\lambda} + \sum_{n=0}^{\infty} (n+\lambda) c_n x^{n+\lambda}$$

$$+ \sum_{n=0}^{\infty} c_n x^{n+\lambda+2} - \frac{1}{9} \sum_{n=0}^{\infty} c_n x^{n+\lambda}$$

$$= \sum_{n=0}^{\infty} \left[(n+\lambda-1)(n+\lambda) + (n+\lambda) - \frac{1}{9} \right] c_n x^{n+\lambda}$$

$$+ \sum_{n=0}^{\infty} c_n x^{n+\lambda+2}$$

$$= \left(\lambda^2 - \frac{1}{9}\right) c_0 x^{\lambda} + \left[(\lambda+1)^2 - \frac{1}{9} \right] c_1 x^{\lambda+1}$$

$$+ \sum_{n=0}^{\infty} \left[(n+\lambda+2)^2 - \frac{1}{9} \right] c_{n+2} x^{n+\lambda+2} + \sum_{n=0}^{\infty} c_n x^{n+\lambda+2}$$

$$= \left(\lambda^2 - \frac{1}{9}\right) c_0 x^{\lambda} + \left[(\lambda+1)^2 - \frac{1}{9} \right] c_1 x^{\lambda+1}$$

$$+ \sum_{n=0}^{\infty} \left\{ \left[(n+\lambda+2)^2 - \frac{1}{9} \right] c_{n+2} + c_n \right\} x^{n+\lambda+2}$$

❺ 결정방정식과 계수 사이의 관계식을 얻는다.

$$\lambda^2 - \frac{1}{9} = 0 \,, \ \left((\lambda+1)^2 - \frac{1}{9} \right) c_1 = 0$$

$$\left((n+\lambda+2)^2 - \frac{1}{9} \right) c_{n+2} + c_n = 0 \,, \ n = 0, 1, 2, \cdots$$

❻ 결정방정식의 해를 구한다.

$\lambda^2 - \dfrac{1}{9} = 0$ 에서 $\lambda_1 = -\dfrac{1}{3}$, $\lambda_2 = \dfrac{1}{3}$

(i) $\lambda_1 = -\dfrac{1}{3}$ 에 대응하는 계수 c_n 을 구한다. ❺로부터 다음을 얻는다.

$$c_1 = 0 \,, \ c_{n+2} = -\frac{3}{(3n+4)(n+2)} c_n \,, \ n = 0, 1, 2, \cdots$$

$n = 0 \,, \ c_2 = -\dfrac{3}{2 \cdot 4} c_0$ $\qquad\qquad\qquad n = 1 \,, \ c_3 = -\dfrac{3}{7 \cdot 3} c_1 = 0$

$n = 2 \,, \ c_4 = -\dfrac{3}{10 \cdot 4} c_2 = \dfrac{(-3)^2}{2^2 \cdot 2! \cdot 4 \cdot 10} c_0$ $\qquad n = 3 \,, \ c_5 = -\dfrac{3}{13 \cdot 5} c_3 = 0$

$$n=4, \quad c_6 = -\frac{3}{16 \cdot 6}c_4 = \frac{(-3)^3}{2^3 \cdot 3! \cdot 4 \cdot 10 \cdot 16}c_0 \qquad n=5, \quad c_7 = -\frac{3}{19 \cdot 7}c_3 = 0$$

$$n=6, \quad c_{2n} = \frac{(-3)^n}{2^{2n} \cdot n! \cdot 2 \cdot 5 \cdots (3n-1)}c_0$$

$$\vdots \qquad\qquad\qquad\qquad\qquad \vdots$$

❼ $\lambda_1 = -\frac{1}{3}$ 에 대응하는 해 y_1 을 구한다.

$$y_1 = c_0 x^{-1/3}\left(1 - \frac{3}{2 \cdot 4}x^2 + \frac{(-3)^2}{2^2 \cdot 2! \cdot 4 \cdot 10}x^4 + \cdots + \frac{(-3)^n}{2^n \cdot n! \cdot 4 \cdot 10 \cdots (6n-2)}x^{2n} + \cdots\right)$$

$$= c_0 x^{-1/3}\left(1 + \sum_{n=1}^{\infty}\frac{(-3)^n}{2^n \cdot n! \cdot 4 \cdot 10 \cdots (6n-2)}x^{2n}\right)$$

$$= x^{-1/3}\left[1 + \sum_{n=1}^{\infty}\frac{(-3)^n}{n! \cdot 2 \cdot 5 \cdots (3n-1)}\left(\frac{x}{2}\right)^{2n}\right]$$

(ii) $\lambda_1 = \frac{1}{3}$ 에 대응하는 계수 c_n 을 구한다. 관계식 ❺로부터 다음을 얻는다.

$$c_1 = 0, \quad c_{n+2} = -\frac{3}{(3n+8)(n+2)}c_n, \quad n = 0, 1, 2, \cdots$$

$$n=0, \quad c_2 = -\frac{3}{2 \cdot 8}c_0 \qquad\qquad\qquad n=1, \quad c_3 = -\frac{3}{7 \cdot 3}c_1 = 0$$

$$n=2, \quad c_4 = -\frac{3}{4 \cdot 14}c_2 = \frac{(-3)^2}{2^4 \cdot 2! \cdot 4 \cdot 7}c_0 \qquad n=3, \quad c_5 = -\frac{3}{13 \cdot 5}c_3 = 0$$

$$n=4, \quad c_6 = -\frac{3}{6 \cdot 20}c_4 = \frac{(-3)^3}{2^6 \cdot 3! \cdot 4 \cdot 7 \cdot 10}c_0 \qquad n=5, \quad c_7 = -\frac{3}{19 \cdot 7}c_3 = 0$$

$$n=2k, \quad c_{2k} = \frac{(-3)^k}{2^{2k} \cdot k! \cdot 4 \cdot 7 \cdots (3k+1)}c_0$$

$$\vdots \qquad\qquad\qquad\qquad\qquad \vdots$$

❽ $\lambda_1 = \frac{1}{3}$ 에 대응하는 해 y_2 를 구한다.

$$y_2 = c_0 x^{1/3}\left[1 - \frac{3}{2^2 \cdot 4}x^2 + \frac{(-3)^2}{2^4 \cdot 2! \cdot 4 \cdot 7}x^4 + \cdots + \frac{(-3)^n}{2^{2n} \cdot n! \cdot 4 \cdot 7 \cdots (3n+1)}x^{2n} + \cdots\right]$$

$$= c_0 x^{1/3}\left[1 + \sum_{n=1}^{\infty}\frac{(-3)^n}{n! \cdot 4 \cdot 7 \cdots (3n+1)}\left(\frac{x}{2}\right)^{2n}\right]$$

❾ 주어진 미분방정식의 일반해를 구한다.

$$y = C_0 x^{-1/3} \left[1 + \sum_{n=1}^{\infty} \frac{(-3)^n}{n! \cdot 2 \cdot 5 \cdots (3n-1)} \left(\frac{x}{2} \right)^{2n} \right]$$

$$+ C_1 x^{1/3} \left[1 + \sum_{n=1}^{\infty} \frac{(-3)^n}{n! \cdot 4 \cdot 7 \cdots (3n+1)} \left(\frac{x}{2} \right)^{2n} \right]$$

미분방정식이 정칙특이점을 갖는 경우, 결정방정식의 두 근 $\lambda = \lambda_1$, $\lambda = \lambda_2$ 에 대응하는 두 해 y_1, y_2 가 [예제 7]과 같이 항상 일차독립인 것은 아니다. 결정방정식의 두 근 λ_1 과 λ_2 의 형태에 따라 일차독립인 두 해 y_1, y_2 의 유형은 다음과 같다.

① $\lambda_1 - \lambda_2$ 가 양의 정수가 아닌 경우

$$y_1 = \sum_{n=0}^{\infty} c_n x^{n+\lambda_1}, \ \ y_2 = \sum_{n=0}^{\infty} b_n x^{n+\lambda_2}$$

② $\lambda_1 - \lambda_2$ 가 양의 정수인 경우

$$y_1 = \sum_{n=0}^{\infty} c_n x^{n+\lambda_1}, \ \ y_2 = C y_1(x) \ln x + \sum_{n=0}^{\infty} b_n x^{n+\lambda_2}, \ \ C \text{는 임의의 상수}$$

③ $\lambda_1 - \lambda_2 = \lambda$ 인 경우

$$y_1 = \sum_{n=0}^{\infty} c_n x^{n+\lambda}, \ \ y_2 = y_1(x) \ln x + \sum_{n=1}^{\infty} b_n x^{n+\lambda}$$

3.3 특수 2계 미분방정식

공학을 비롯한 다양한 분야에서 미분방정식 $y'' + P(x)y' + Q(x)y = 0$ 형태와 이 미분방정식의 일반해를 활용하고 있다. 이 절에서는 $x = 0$ 에서 정상점 또는 정칙특이점을 갖는 특수한 미분방정식의 해법과 그 성질을 살펴본다.

에르미트^{Charles Hermite, 1822~1901} **미분방정식**

양자역학에서 매우 중요한 역할을 하는 에르미트 방정식과 에르미트 다항식을 살펴보기 위해 미분방정식 $y'' - 2xy' + \lambda y = 0$ (단, λ 는 상수)의 일반해를 구해 보자. 이 미분방정식에서 $P(x) = -2x$, $Q(x) = \lambda$ 는 $x = 0$ 에서 해석적이므로 $x = 0$ 은 정상점이며, 이 방정식의 급수해는 다음과 같은 형태이다.

$$y = \sum_{n=0}^{\infty} c_n x^n$$

따라서 급수해의 1계 도함수와 2계 도함수는 다음과 같다.

$$y' = \sum_{n-1}^{\infty} n c_n x^{n-1}, \ \ y'' = \sum_{n=2}^{\infty} n(n-1) c_n x^{n-2}$$

이 도함수를 미분방정식에 대입하여 정리한다.

$$y'' - 2xy' + \lambda y = \sum_{n=2}^{\infty} n(n-1) c_n x^{n-2} - 2x \sum_{n=1}^{\infty} n c_n x^{n-1} + \lambda \sum_{n=0}^{\infty} c_n x^n$$

$$= \sum_{n=0}^{\infty} (n+2)(n+1) c_{n+2} x^n - 2 \sum_{n=1}^{\infty} n c_n x^n + \sum_{n=0}^{\infty} \lambda c_n x^n$$

각 거듭제곱급수의 최저 차수가 1차항이 되도록 다음과 같이 나타낼 수 있다.

첫 번째 급수: $\displaystyle\sum_{n=0}^{\infty} (n+2)(n+1) c_{n+2} x^n = 2c_2 + \sum_{n=1}^{\infty} (n+2)(n+1) c_{n+2} x^n$ (최저 차수 1차)

두 번째 급수: $\displaystyle\sum_{n=1}^{\infty} n c_n x^n$ (최저 차수 1차)

세 번째 급수: $\displaystyle\sum_{n=0}^{\infty} \lambda c_n x^n = \lambda c_0 + \sum_{n=1}^{\infty} \lambda c_n x^n$ (최저 차수 1차)

그러면 에르미트 미분방정식은 다음과 같다.

$$y'' - 2xy' + \lambda y = (2c_2 + \lambda c_0) + \sum_{n=1}^{\infty} [(n+2)(n+1) c_{n+2} - (2n - \lambda) c_n] x^n = 0$$

따라서 다음과 같은 계수 사이의 관계식을 얻는다.

$$2c_2 + \lambda c_0 = 0, \ \ (n+2)(n+1) c_{n+2} - (2n - \lambda) c_n = 0, \ \ n = 1, 2, 3, \cdots$$

$$c_2 = -\frac{\lambda}{2}c_0, \quad c_{n+2} = 2n - \frac{\lambda}{(n+2)(n+1)}c_n, \quad n = 1, 2, 3, \cdots$$

몇 개의 계수 c_n 을 구하면 다음과 같으며, 여기서 c_0 과 c_1 은 임의의 상수이다.

$$n = 1, \quad c_3 = \frac{2-\lambda}{3 \cdot 2}c_1 = -\frac{\lambda - 2}{3!}c_1$$

$$n = 2, \quad c_4 = \frac{4-\lambda}{4 \cdot 3}c_2 = -\frac{(4-\lambda)\lambda}{4!}c_0 = \frac{(\lambda - 4)\lambda}{4!}c_0$$

$$n = 3, \quad c_5 = \frac{6-\lambda}{5 \cdot 4}c_3 = -\frac{(6-\lambda)(\lambda - 2)}{5!}c_1 = \frac{(\lambda - 6)(\lambda - 2)}{5!}c_1$$

$$n = 4, \quad c_6 = \frac{8-\lambda}{6 \cdot 5}c_4 = \frac{(8-\lambda)(\lambda - 4)\lambda}{6!}c_0 = -\frac{(\lambda - 8)(\lambda - 4)\lambda}{6!}c_0$$

$$n = 5, \quad c_7 = \frac{10-\lambda}{7 \cdot 6}c_5 = \frac{(10-\lambda)(\lambda - 6)(\lambda - 2)}{7!}c_1 = -\frac{(\lambda - 10)(\lambda - 6)(\lambda - 2)}{7!}c_1$$

$$n = 6, \quad c_8 = \frac{12-\lambda}{8 \cdot 7}c_6 = -\frac{(12-\lambda)(\lambda - 8)(\lambda - 4)\lambda}{8!}c_0 = \frac{(\lambda - 12)(\lambda - 8)(\lambda - 4)\lambda}{8!}c_0$$

임의의 두 상수 c_0 과 c_1 에 대하여 미분방정식 $y'' - 2xy' + \lambda y = 0$ 의 독립인 두 급수해는 다음과 같다.

$$y_1 = c_1\left[x - \frac{\lambda - 2}{3!}x^3 + \frac{(\lambda - 6)(\lambda - 2)}{5!}x^5 - \frac{(\lambda - 10)(\lambda - 6)(\lambda - 2)}{7!}x^7 + \cdots\right],$$

$$y_2 = c_0\left[1 - \frac{\lambda}{2!}x^2 + \frac{(\lambda - 4)\lambda}{4!}x^4 - \frac{(\lambda - 8)(\lambda - 4)\lambda}{6!}x^6 + \cdots\right]$$

음이 아닌 자연수 k 에 대하여 $\lambda = 2k$ 인 경우, 즉 다음 미분방정식을 에르미트 방정식$^{\text{Hermite's equation}}$이라 한다.

$$x^2 y'' + axy' + by = 0$$

에르미트 방정식의 일차독립인 두 급수해는 다음과 같다.

$$y_1 = c_1\left[x - \frac{2(k-1)}{3!}x^3 + \frac{2^2(k-1)(k-3)}{5!}x^5 - \frac{2^3(k-1)(k-3)(k-5)}{7!}x^7 + \cdots\right]$$

$$= c_1\left[x + \sum_{n=1}^{\infty}(-1)^n\frac{2^n(k-1)(k-3)\cdots(k-2n+1)}{(2n+1)!}x^{2n+1}\right],$$

$$y_2 = c_0 \left[1 - k x^2 + \frac{2^2 k (k-2)}{4!} x^4 - \frac{2^3 k (k-2)(k-4)}{6!} x^6 + \cdots \right]$$

$$= c_0 \left[1 + \sum_{n=1}^{\infty} (-1)^n \frac{2^n k (k-2) \cdots (k-2n+2)}{(2n)!} x^{2n} + \cdots \right]$$

따라서 에르미트 방정식의 일반해는 $y = y_1 + y_2$ 이다. 에르미트 방정식은 k 에 의해 다음과 같이 분류된다.

① k 가 짝수이면 y_2 는 유한 차수를 갖는 다항식이고, y_1 은 무한급수이다.
② k 가 양의 홀수이면 y_1 은 유한 차수를 갖는 다항식이고, y_2 는 무한급수이다.

예를 들어 $k = 4$ 이면 다음과 같이 y_2 는 4차 다항식이지만, y_1 은 무한급수이다.

$$y_2 = c_0 \left(1 - 4x^2 + \frac{2^2 \cdot 4 \cdot 2}{4!} x^4 \right) = c_0 \left(1 - 4x^2 + \frac{4}{3} x^4 \right)$$

$k = 5$ 이면 다음과 같이 y_1 은 5차 다항식이지만, y_2 는 무한급수이다.

$$y_1 = c_1 \left(x - \frac{2 \cdot 4}{3!} x^3 + \frac{2^2 \cdot 4 \cdot 2}{5!} x^5 \right) = c_1 \left(x - \frac{4}{3} x^3 + \frac{4}{15} x^5 \right)$$

이와 같은 방법으로 얻은 k 차 다항식을 에르미트 다항함수$^{\text{Hermite Polynomial}}$라 하며, $H_k(x)$ 로 나타낸다. [표 3.1]은 에르미트 미분방정식의 특수해 $H_k(x)$ (단, k 는 음이 아닌 정수)를 나타낸 것이다.

[표 3.1] 에르미트 미분방정식과 특수해

k	미분방정식	특수해
$k = 0$	$y'' - 2xy' = 0$	$H_0(x) = 1$
$k = 1$	$y'' - 2xy' + 2y = 0$	$H_1(x) = x$
$k = 2$	$y'' - 2xy' + 4y = 0$	$H_2(x) = 1 - 2x^2$
$k = 3$	$y'' - 2xy' + 6y = 0$	$H_3(x) = x - \frac{2}{3} x^3$
$k = 4$	$y'' - 2xy' + 8y = 0$	$H_4(x) = 1 - 4x^2 + \frac{4}{3} x^4$
$k = 5$	$y'' - 2xy' + 10y = 0$	$H_5(x) = x - \frac{4}{3} x^3 + \frac{4}{15} x^5$

[그림 3.1]은 $k = 1, 2, 3, 4, 5$ 에 대한 에르미트 다항함수를 나타낸 것이다.

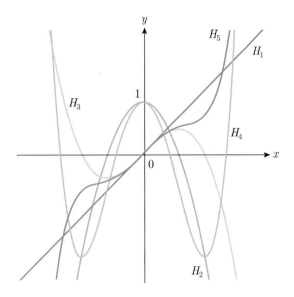

[그림 3.1] 에르미트 다항함수

르장드르^{Adrien Marie Legendre, 1752~1833} **미분방정식**

에르미트 미분방정식처럼 $x = 0$에서 정상점을 갖는 특수한 미분방정식으로 르장드르 미분방정식이 있다. 르장드르 방정식^{Legendre's equation}의 형태는 다음과 같으며, 구상도체 또는 열분포의 경곗값 문제 등에서 매우 유용하게 사용된다.

$$(1 - x^2)y'' - 2xy' + k(k+1)y = 0$$

여기서 k는 음이 아닌 정수이다. 이 미분방정식을 다음과 같이 변형한 다음 $P(x) = -\dfrac{2x}{1 - x^2}$, $Q(x) = \dfrac{k(k+1)}{1 - x^2}$ 로 놓는다.

$$y'' - \frac{2x}{1 - x^2}y' + \frac{k(k+1)}{1 - x^2}y = 0$$

한편 다음 급수는 $-1 < x < 1$에서 수렴함을 알고 있다.

$$\frac{1}{1 - x} = 1 + x + x^2 + x^3 + \cdots$$

x 대신 x^2을 대입하면 다음 급수 역시 $-1 < x < 1$에서 수렴한다.

$$\frac{1}{1-x^2} = 1 + x^2 + x^4 + x^6 + \cdots$$

그러면 $P(x)$와 $Q(x)$는 다음과 같이 $x=0$에 관한 거듭제곱급수로 나타낼 수 있으며, $x=0$은 정상점이다.

$$P(x) = \frac{2x}{1-x^2} = 2x\,(1+x^2+x^4+x^6+\cdots),$$

$$Q(x) = \frac{k\,(k+1)}{1-x^2} = k\,(k+1)\,(1+x^2+x^4+x^6+\cdots)$$

그러므로 르장드르 미분방정식은 다음과 같은 급수해를 갖는다.

$$y = \sum_{n=0}^{\infty} c_n x^n$$

급수해의 1계 도함수와 2계 도함수는 다음과 같다.

$$y' = \sum_{n=1}^{\infty} n\,c_n x^{n-1}, \quad y'' = \sum_{n=2}^{\infty} n\,(n-1)\,c_n x^{n-2}$$

따라서 이 미분방정식은 다음과 같다.

$$(1-x^2)\,y'' - 2x\,y' + k\,(k+1)\,y$$

$$= (1-x^2) \sum_{n=2}^{\infty} n\,(n-1)\,c_n x^{n-2} - 2x \sum_{n=1}^{\infty} n\,c_n x^{n-1} + k\,(k+1) \sum_{n=0}^{\infty} c_n x^n$$

$$= \sum_{n=2}^{\infty} n\,(n-1)\,c_n x^{n-2} - \sum_{n=2}^{\infty} n\,(n-1)\,c_n x^n - 2 \sum_{n=1}^{\infty} n\,c_n x^n + k\,(k+1) \sum_{n=0}^{\infty} c_n x^n$$

한편 각 거듭제곱급수를 최저 차수가 2차항이 되도록 다음과 같이 나타낼 수 있다.

첫 번째 급수: $\displaystyle\sum_{n=2}^{\infty} n\,(n-1)\,c_n x^{n-2} = 2c_2 + 6c_3 x + \sum_{n=4}^{\infty} n\,(n-1)\,c_n x^{n-2}$ (최저 차수 2차)

두 번째 급수: $\displaystyle\sum_{n=2}^{\infty} n\,(n-1)\,c_n x^n$ (최저 차수 2차)

세 번째 급수: $\displaystyle\sum_{n=1}^{\infty} n\,c_n x^n = 2c_1 x + \sum_{n=2}^{\infty} n\,c_n x^n$ (최저 차수 2차)

네 번째 급수: $\displaystyle\sum_{n=0}^{\infty} c_n x^n = c_0 + c_1 x + \sum_{n=2}^{\infty} c_n x^n$ (최저 차수 2차)

따라서 르장드르 미분방정식은 다음과 같다.

$$(1-x^2)y'' - 2xy' + k(k+1)y$$
$$= [k(k+1)c_0 + 2c_2] + [k(k+1)c_1 - 2c_1 + 6c_3]x$$
$$+ \sum_{n=4}^{\infty} n(n-1)c_n x^{n-2} - \sum_{n=2}^{\infty} n(n-1)c_n x^n - 2\sum_{n=2}^{\infty} nc_n x^n + k(k+1)\sum_{n=2}^{\infty} c_n x^n$$

거듭제곱급수에서 미지수를 x^n 형태로 나타내기 위해 첫 번째 급수에서 $j = n-2$로 놓으면 $n = j+2$ 이므로 다음과 같이 변형한다.

$$\sum_{n=4}^{\infty} n(n-1)c_n x^{n-2} = \sum_{j=2}^{\infty} (j+2)(j+1)c_{j+2} x^j \;\Rightarrow\; \sum_{n=2}^{\infty} (n+2)(n+1)c_{n+2} x^n$$

나머지 세 급수의 계수를 정리하면 다음과 같다.

$$-n(n-1)c_n - 2n + k(k+1) = (k-n)(k+n+1)$$

이로부터 급수해를 이용한 르장드르 미분방정식을 다음과 같이 정리할 수 있다.

$$(1-x^2)y'' - 2xy' + k(k+1)y = [k(k+1)c_0 + 2c_2] + [(k-1)(k+2)c_1 + 6c_3]x$$
$$+ \sum_{n=2}^{\infty} [(n+2)(n+1)c_{n+2} + (k-n)(k+n+1)c_n]x^n = 0$$

따라서 계수에 관한 다음 관계식을 얻는다.

$$k(k+1)c_0 + 2c_2 = 0, \quad (k-1)(k+2)c_1 + 6c_3 = 0,$$

$$(n+2)(n+1)c_{n+2} + (k-n)(k+n+1)c_n = 0, \quad n = 2, 3, \cdots$$

즉, 계수 사이에 다음과 같은 관계가 성립한다.

$$c_2 = -\frac{k(k+1)}{2}c_0, \quad c_3 = -\frac{(k-1)(k+2)}{3!}c_1,$$

$$c_{n+2} = -\frac{(k-n)(k+n+1)}{(n+2)(n+1)}c_n, \quad n = 2, 3, \cdots$$

이 관계식으로부터 몇 개의 계수를 구하면 다음과 같다.

$$c_4 = -\frac{(k-2)(k+3)}{4\cdot 3}c_2 = \frac{(k-2)k(k+1)(k+3)}{4!}c_0,$$

$$c_5 = -\frac{(k-3)(k+4)}{5\cdot 4}c_3 = \frac{(k-3)(k-1)(k+2)(k+4)}{5!}c_1,$$

$$c_6 = -\frac{(k-4)(k+5)}{6\cdot 5}c_4 = -\frac{(k-4)(k-2)k(k+1)(k+3)(k+5)}{6!}c_0,$$

$$c_7 = -\frac{(k-5)(k-3)(k+4)(k+6)}{7\cdot 6}c_5$$

$$= -\frac{(k-5)(k-3)(k-1)(k+2)(k+4)(k+6)}{7!}c_1$$

일반적으로 짝수 차수와 홀수 차수의 계수는 다음과 같다.

$$c_{2n} = (-1)^n \frac{(k-2n+2)\cdots(k-2)k(k+1)(k+3)\cdots(k+2n-1)}{(2n)!}c_0,$$

$$c_{2n+1} = (-1)^n \frac{(k-2n+1)\cdots(k-3)(k-1)(k+2)(k+4)\cdots(k+2n)}{(2n+1)!}c_1$$

임의의 두 상수 c_0과 c_1에 대하여 르장드르 미분방정식의 독립인 두 급수해는 각각 다음과 같으며, 두 급수해의 거듭제곱급수는 $-1 < x < 1$에서 수렴한다.

$$y_1 = c_0\left[1 + \sum_{n=1}^{\infty}(-1)^n \frac{(k-2n+2)\cdots(k-2)k(k+1)(k+3)\cdots(k+2n-1)}{(2n)!}x^{2n}\right],$$

$$y_2 = c_1\left[x + \sum_{n=1}^{\infty}(-1)^n \frac{(k-2n+1)\cdots(k-3)(k-1)(k+2)(k+4)\cdots(k+2n)}{(2n+1)!}x^{2n+1}\right]$$

따라서 르장드르 방정식의 일반해는 $y = y_1 + y_2$이다. 르장드르 방정식은 k에 의해 다음과 같이 분류된다.

① k가 음이 아닌 짝수이면 y_1은 유한 차수를 갖는 다항식이고, y_2는 무한급수이다.
② k가 양의 홀수이면 y_2는 유한 차수를 갖는 다항식이고, y_1은 무한급수이다.

예를 들어 $k=4$이면 다음과 같이 y_1은 4차 다항식이지만 y_2는 무한급수이다.

$$y_1 = c_0\left(1 - \frac{4 \cdot 5}{2!}x^2 + \frac{2 \cdot 4 \cdot 5 \cdot 7}{4!}x^4\right) = c_0\left(1 - 10x^2 + \frac{35}{3}x^4\right)$$

$k = 5$이면 다음과 같이 y_2는 5차 다항식이지만, y_1은 무한급수이다.

$$y_2 = c_1\left(x - \frac{4 \cdot 7}{3!}x^3 + \frac{2 \cdot 4 \cdot 7 \cdot 9}{5!}x^5\right) = c_1\left(x - \frac{14}{3}x^3 + \frac{21}{5}x^5\right)$$

y_1, y_2의 일차결합 역시 르장드르 방정식의 해이므로 관습적으로 k가 짝수인지 홀수인지에 따라 c_0, c_1의 값을 다음과 같이 지정한다.

③ k가 짝수인 경우: $k = 0$이면 $c_0 = 1$, $c_0 = (-1)^{k/2}\dfrac{1 \cdot 3 \cdots (k-1)}{2 \cdot 4 \cdots k}$, $k = 2, 4, 6, \cdots$

④ k가 홀수인 경우: $k = 1$이면 $c_1 = 1$, $c_1 = (-1)^{(k-1)/2}\dfrac{1 \cdot 3 \cdots k}{2 \cdot 4 \cdots (k-1)}$, $k = 3, 5, 7, \cdots$

예를 들어 $k = 4$, $k = 5$인 경우 y_1, y_2는 각각 다음과 같다.

$$y_1 = (-1)^2\frac{1 \cdot 3}{2 \cdot 4}\left(1 - 10x^2 + \frac{35}{3}x^4\right) = \frac{1}{8}(35x^4 - 30x^2 + 3),$$

$$y_2 = (-1)^2\frac{1 \cdot 3 \cdot 5}{2 \cdot 4}\left(x - \frac{14}{3}x^3 + \frac{21}{5}x^5\right) = \frac{1}{8}(63x^5 - 70x^3 + 15x)$$

이와 같은 방법으로 얻은 함수를 k차 르장드르 다항함수$^{\text{Legendre polynomial}}$라 하며, $P_k(x)$로 나타낸다. [표 3.2]는 르장드르 미분방정식의 특수해 $P_k(x)$(단, k는 음이 아닌 정수)를 나타낸 것이다.

[표 3.2] 르장드르 미분방정식과 특수해

k	미분방정식	특수해
$k = 0$	$(1 - x^2)y'' - 2xy' = 0$	$P_0(x) = 1$
$k = 1$	$(1 - x^2)y'' - 2xy' + 2y = 0$	$P_1(x) = x$
$k = 2$	$(1 - x^2)y'' - 2xy' + 6y = 0$	$P_2(x) = \dfrac{1}{2}(3x^2 - 1)$
$k = 3$	$(1 - x^2)y'' - 2xy' + 12y = 0$	$P_3(x) = \dfrac{1}{2}(5x^3 - 3x)$
$k = 4$	$(1 - x^2)y'' - 2xy' + 20y = 0$	$P_4(x) = \dfrac{1}{8}(35x^4 - 30x^2 + 3)$
$k = 5$	$(1 - x^2)y'' - 2xy' + 30y = 0$	$P_5(x) = \dfrac{1}{8}(63x^5 - 70x^3 + 15x)$

[그림 3.2]는 $k = 1, 2, 3, 4$에 대한 르장드르 다항함수를 나타낸 것이다.

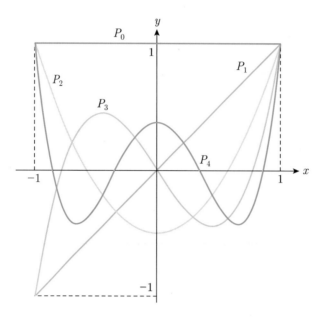

[그림 3.2] 르장드르 다항함수

[표 3.2], [그림 3.2]와 같이 k가 짝수이면 $P_k(1) = 1$, $P_k(-1) = 1$이고 $P_k(x)$가 우함수이며, $P_k'(x)$는 변수항으로만 이루어진 기함수이므로 $P_k'(0) = 0$이다. 반면, k가 홀수이면 $P_k(1) = 1$, $P_k(-1) = -1$이고 $P_k(x)$는 기함수이며 $P_k(0) = 0$이다. 따라서 르장드르 다항함수는 다음과 같은 기본적인 성질을 갖는다.

⑤ $P_k(-x) = (-1)^k P_k(x)$

⑥ $P_k(1) = 1$

⑦ $P_k(-1) = (-1)^k$

⑧ $P_k(0) = 0$, k는 홀수

⑨ $P_k'(0) = 0$, k는 짝수

공학에서 많이 사용하는 르장드르 다항함수의 성질은 다음과 같다.

정리 4 **르장드르 다항함수의 성질**

(1) $P_k(x) = \dfrac{1}{2^k \, k!} \dfrac{d^k}{d\,x^k} (x^2 - 1)^k$ 로드리게스 공식

$$(2) \quad \int_{-1}^{1} P_k(x)P_n(x)dx = \begin{cases} 0 & , \quad k \neq n \\ \dfrac{2}{2k+1} & , \quad k = n \end{cases}$$

(3) $-1 < x < 1$ 에서 $f(x) = \displaystyle\sum_{k=0}^{\infty} c_k P_k(x)$ 이면 계수 c_k 는 다음과 같다.

$$c_k = \frac{2k+1}{2} \int_{-1}^{1} f(x) P_k(x)\, dx \,, \quad k = 0, 1, 2, \cdots$$

$$(4) \quad (k+1)P_{k+1}(x) = (2k+1)x P_k(x) - k P_{k-1}(x), \quad k = 1, 2, 3, \cdots$$

▶ 예제 8

함수 $f(x) = x^2 + 2x$ 를 르장드르 다항함수의 합으로 나타내어라.

풀이

주안점 $n = 0, 1, 2$ 에 대한 c_n 을 구한다.

❶ $f(x)$ 를 P_0, P_1, P_2 의 일차결합으로 놓는다.

$$f(x) = x^2 + 2x = c_0 P_0(x) + c_1 P_1(x) + c_2 P_2(x)$$

❷ $n = 0, 1, 2$ 에 대한 c_n 을 구한다.

$n = 0$ 이면 $P_0(x) = 1$, $c_0 = \dfrac{1}{2} \displaystyle\int_{-1}^{1} (x^2 + 2x)\, dx = \dfrac{1}{3}$ 이다.

$n = 1$ 이면 $P_1(x) = x$, $c_1 = \dfrac{3}{2} \displaystyle\int_{-1}^{1} x(x^2 + 2x)\, dx = 2$ 이다.

$n = 2$ 이면 $P_2(x) = \dfrac{1}{2}(3x^2 - 1)$, $c_2 = \dfrac{5}{2} \displaystyle\int_{-1}^{1} \dfrac{1}{2}(x^2 + 2x)(3x^2 - 1)\, dx = \dfrac{2}{3}$ 이다.

❸ $f(x)$ 를 구한다.

$$f(x) = x^2 + 2x = \frac{1}{3} P_0(x) + 2P_1(x) + \frac{2}{3} P_2(x)$$

베셀^{Friedrich Wilhelm Bessel, 1784~1846} **미분방정식**

현이나 막의 주기적 진동, 파동의 진행 및 원통형 도체에서 전류의 전도 또는 원통 안에서의 유체의 흐름 등에서 자주 사용되는 다음 형태의 미분방정식을 베셀 미분방정식^{Bessel's equation}이라 한다.

$$x^2 y'' + x y' + (x^2 - p^2) y = 0 , \quad p \geq 0$$

이 미분방정식을

$$y'' + \frac{1}{x} y' + \frac{1}{x^2} (x^2 - p^2) y = 0$$

과 같이 변형한 다음 $P(x) = \dfrac{1}{x}$, $Q(x) = \dfrac{x^2 - p^2}{x^2}$ 이라 하자. $x P(x) = 1$, $x^2 Q(x) = x^2 - p^2$ 이므로 $x = 0$은 정칙특이점이고, 따라서 이 미분방정식의 급수해는 다음과 같다.

$$y = \sum_{n=0}^{\infty} c_n x^{n+\lambda}$$

이 급수해의 1계 도함수와 2계 도함수는 다음과 같다.

$$y' = \sum_{n=0}^{\infty} (n+\lambda) c_n x^{n+\lambda-1}, \quad y'' = \sum_{n=0}^{\infty} (n+\lambda)(n+\lambda-1) c_n x^{n+\lambda-2}$$

따라서 이 미분방정식은 다음과 같이 나타낼 수 있다.

$$x^2 y'' + x y' + (x^2 - p^2) y = x^2 \sum_{n=0}^{\infty} (n+\lambda)(n+\lambda-1) c_n x^{n+\lambda-2} + x \sum_{n=0}^{\infty} (n+\lambda) c_n x^{n+\lambda-1}$$

$$+ (x^2 - p^2) \sum_{n=0}^{\infty} c_n x^{n+\lambda}$$

$$= \sum_{n=0}^{\infty} (n+\lambda)(n+\lambda-1) c_n x^{n+\lambda} + \sum_{n=0}^{\infty} (n+\lambda) c_n x^{n+\lambda} + \sum_{n=0}^{\infty} c_n x^{n+\lambda+2}$$

$$- p^2 \sum_{n=0}^{\infty} c_n x^{n+\lambda}$$

마지막 식에서 세 번째 급수의 최저 차수는 $\lambda + 2$ 이고, 다른 급수들의 최저 차수는 λ 이다. 따라서 결정방정식을 얻기 위해 최저 차수인 x^λ 항의 식을 구하면 다음과 같다.

첫 번째 급수: $\displaystyle \sum_{n=0}^{\infty} (n+\lambda)(n+\lambda-1) c_n x^{n+\lambda} = \lambda(\lambda-1) c_0 x^\lambda + \sum_{n=1}^{\infty} (n+\lambda)(n+\lambda-1) c_n x^{n+\lambda}$

두 번째 급수: $\displaystyle \sum_{n=0}^{\infty} (n+\lambda) c_n x^{n+\lambda} = \lambda c_0 x^\lambda + \sum_{n=1}^{\infty} (n+\lambda) c_n x^{n+\lambda}$

네 번째 급수: $-p^2 \sum_{n=0}^{\infty} c_n x^{n+\lambda} = -p^2 c_0 x^{\lambda} - p^2 \sum_{n=1}^{\infty} c_n x^{n+\lambda}$

그러면 이 미분방정식은 다음과 같이 변형된다.

$$x^2 y'' + x y' + (x^2 - p^2) y = [\lambda(\lambda - 1) + \lambda - p^2] c_0 x^{\lambda}$$

$$+ x^{\lambda} \sum_{n=1}^{\infty} [(n+\lambda)(n+\lambda-1) + (n+\lambda) - p^2] c_n x^n + x^{\lambda} \sum_{n=0}^{\infty} c_n x^{n+2}$$

$$= (\lambda^2 - p^2) c_0 x^{\lambda} + x^{\lambda} \sum_{n=1}^{\infty} [(n+\lambda)^2 - p^2] c_n x^n + x^{\lambda} \sum_{n=0}^{\infty} c_n x^{n+2}$$

이제 결정방정식 $\lambda^2 - p^2 = 0$ 의 근 $\lambda = p$, $\lambda = -p$ 에 대응하는 미분방정식의 두 해 y_1, y_2 를 구한다.

(i) $\lambda = p$ 이면 미분방정식은 다음과 같으며, 이에 대응하는 해 y_1 을 구하기 위해 계수들의 관계식을 구한다.

$$x^2 y'' + x y' + (x^2 - p^2) y = x^{\lambda} \sum_{n=1}^{\infty} [(n+\lambda)^2 - p^2] c_n x^n + x^{\lambda} \sum_{n=0}^{\infty} c_n x^{n+2}$$

$$= x^p \sum_{n=1}^{\infty} n(n+2p) c_n x^n + x^p \sum_{n=0}^{\infty} c_n x^{n+2}$$

$$= x^p \left[(2p+1) c_1 x + \sum_{n=2}^{\infty} n(n+2p) c_n x^n + \sum_{n=0}^{\infty} c_n x^{n+2} \right]$$

$$= x^p \left[(2p+1) c_1 x + \sum_{n=0}^{\infty} (n+2)(n+2p+2) c_{n+2} \right] = 0$$

두 번째 급수에서 $k = n - 2$ 라 하면 $n = k + 2$ 이므로 다음을 얻는다.

$$\sum_{n=2}^{\infty} n(n+2p) c_n x^n = \sum_{k=0}^{\infty} (k+2)(k+2+2p) c_{k+2} x^{k+2}$$

첨자를 일치시키기 위해 k 를 n 으로 바꾸어 다음과 같은 계수 사이의 관계식을 얻는다.

$$(2p+1) c_1 = 0, \quad (n+2)(n+2p+2) c_{n+2} + c_n = 0, \quad n = 0, 1, 2, \cdots$$

$$c_1 = 0, \quad c_{n+2} = -\frac{1}{(n+2)(n+2p+2)} c_n, \quad n = 0, 1, 2, \cdots$$

$c_1 = 0$ 이므로 홀수 차수 항의 계수는 $c_3 = c_5 = c_7 = \cdots = 0$ 이고, 짝수 차수 항의 계수는 다음과 같다.

$$c_2 = -\frac{1}{2(2p+2)}c_0 = -\frac{1}{2^2 \cdot (p+1)}c_0 ,$$

$$c_4 = -\frac{1}{4(2p+4)}c_2 = \frac{1}{2^4 \cdot 2!\,(p+1)(p+2)}c_0 ,$$

$$c_6 = -\frac{1}{6(2p+6)}c_2 = -\frac{1}{2^6 \cdot 3!\,(p+1)(p+2)(p+3)}c_0 .$$

짝수 차수 항의 계수에 대한 규칙성을 구하면 일반적으로 c_{2n} 은 다음과 같다.

$$c_{2n} = -\frac{1}{2n(2p+2n)}c_{2n-2} = \frac{(-1)^n}{2^{2n} \cdot n!\,(p+1)(p+2)\cdots(p+n)}c_0$$

이때 $c_0 = \dfrac{1}{2^p\,\Gamma(1+p)}$ 로 놓고 다음과 같은 감마함수의 성질을 이용한다.

$$\Gamma(n+p+1) = (p+n)(p+n-1)\cdots(p+1)\,\Gamma(1+p)$$

그러면 c_{2n} 은 다음과 같이 간단하게 표현된다.

$$c_{2n} = \frac{(-1)^n}{2^{2n} \cdot n!\,(p+1)(p+2)\cdots(p+n)} \cdot \frac{1}{2^p\,\Gamma(1+p)}$$

$$= \frac{(-1)^n}{2^{2n+p} \cdot n!\,\Gamma(n+p+1)}$$

따라서 $\lambda = p$ 에 대응하는 급수해 y_1 은 다음과 같으며, $p \geq 0$ 이면 이 급수해는 음이 아닌 모든 실수에서 수렴한다.

$$y_1 = \sum_{n=0}^{\infty} \frac{(-1)^n}{n!\,\Gamma(n+p+1)} \left(\frac{x}{2}\right)^{2n+p}$$

(ii) $\lambda = -p$ 이면 같은 방법으로 급수해 y_2 를 구할 수 있으나 그 결과는 $\lambda = p$ 인 경우에 대하여 p 를 $-p$ 로 대체한 것과 동일하다. 그러므로 $\lambda = -p$ 에 대응하는 급수해 y_2 는 다음과 같으며, $p \geq 0$ 이면 이 급수해 역시 음이 아닌 모든 실수에서 수렴한다.

$$y_2 = \sum_{n=0}^{\infty} \frac{(-1)^n}{n!\,\Gamma(n-p+1)} \left(\frac{x}{2}\right)^{2n-p}$$

베셀 미분방정식을 만족하는 두 해 y_1, y_2를 구했지만 이 두 해가 항상 일차독립인 것은 아니다. 두 해 y_1, y_2는 p에 따라 다음 경우와 같이 일차독립일 수도 일차종속일 수도 있다.

경우 1 $p=0$인 경우

두 급수해 y_1, y_2는 동일한 식이고 결정방정식의 두 근이 $\lambda=0$이므로 일차종속이다. 따라서 y_1과 일차독립인 해를 구하기 위해 다음과 같은 y_2를 구해야 한다.

$$y_2 = y_1(x)\ln x + \sum_{n=1}^{\infty} b_n x^{n+\lambda}$$

경우 2 p가 정수가 아닌 경우

정수가 아닌 p에 대하여 결정방정식의 두 근이 $\lambda_1 = p$, $\lambda_2 = -p$이므로 $\lambda_1 - \lambda_2 = 2p$는 양의 정수가 아니다. 즉, 베셀 미분방정식의 두 급수해 y_1, y_2는 독립이며, 따라서 일반해는 다음과 같다.

$$y = C_0 y_1 + C_1 y_2, \quad C_0 \text{과} \ C_1 \text{은 임의의 상수}$$

$\lambda = p$, $\lambda = -p$에 대응하는 두 급수해를 다음과 같이 표현하며, $J_p(x)$, $J_{-p}(x)$를 각각 차수 p와 $-p$의 **제1종 베셀함수**^{Bessel function of the first kind}라 한다.

$$J_p(x) = \sum_{n=0}^{\infty} \frac{(-1)^n}{n!\,\Gamma(n+p+1)} \left(\frac{x}{2}\right)^{2n+p},$$

$$J_{-p}(x) = \sum_{n=0}^{\infty} \frac{(-1)^n}{n!\,\Gamma(n-p+1)} \left(\frac{x}{2}\right)^{2n-p}$$

따라서 p가 정수가 아니면 베셀 미분방정식의 일반해는 $x>0$에서 다음과 같다.

$$y = C_1 J_p(x) + C_2 J_{-p}(x)$$

[예제 7]에 주어진 미분방정식 $x^2 y'' + x y' + \left(x^2 - \dfrac{1}{9}\right)y = 0$은 $p = \dfrac{1}{3}$이므로 베셀함수를 이용하여 이 미분방정식의 일반해를 나타내면 다음과 같다.

$$y = C_0 x^{-1/3} \left[1 + \sum_{n=1}^{\infty} \frac{(-3)^n}{n! \cdot 2 \cdot 5 \cdots (3n-1)} \left(\frac{x}{2} \right)^{2n} \right]$$

$$+ C_1 x^{1/3} \left[1 + \sum_{n=1}^{\infty} \frac{(-3)^n}{n! \cdot 4 \cdot 7 \cdots (3n+1)} \left(\frac{x}{2} \right)^{2n} \right]$$

$$= C_1 J_{-1/3}(x) + C_0 J_{1/3}(x)$$

세 베셀함수 $J_0(x)$, $J_1(x)$, $J_2(x)$의 그래프는 [그림 3.3]과 같다.

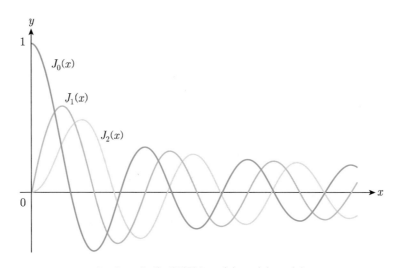

[그림 3.3] 세 베셀함수 $J_0(x)$, $J_1(x)$, $J_2(x)$

경우 3 p가 음이 아닌 정수인 경우

음이 아닌 정수 p에 대하여 베셀함수 $J_p(x)$는 다음 성질을 갖는다.

① $J_0(0) = 1$

② $J_p(0) = \begin{cases} 0, & p > 0 \\ 1, & p = 0 \end{cases}$

③ $J_{-p}(x) = (-1)^p J_p(x)$

④ $J_p(-x) = (-1)^p J_p(x)$

성질 ④는 p가 짝수이면 $J_p(x)$는 우함수이고 p가 홀수이면 $J_p(x)$는 기함수임을 보여 준다. 성질 ③은 p가 음이 아닌 정수일 때 $J_p(x)$와 $J_{-p}(x)$는 일차종속임을 보여 준다. 따라서 이 경우 베셀 미분방정식의 한 해 $y_1 = J_p(x)$와 일차독립인 급수해 y_2를 구해야 한다. 이때 $J_p(x)$와 일차독립인 해를 $y = u(x)J_p(x)$로 놓고 매개변수 변화법을 이용하면 다음을 얻는다.

$$u(x) = C_1 \int \frac{dx}{x \, J_p^2} + C_0 \, , \ C_0 은 \ 임의의 \ 상수$$

따라서 $J_p(x)$와 일차독립인 다른 한 해는 다음과 같다.

$$y_2 = u(x) \, J_p(x) = C_0 \, J_p(x) + C_1 \, J_p(x) \int \frac{dx}{x \, J_p^2(x)}$$

$Y_p(x)$를 다음과 같이 정의하자.

$$Y_p(x) = J_p(x) \int \frac{1}{x \, J_p^2(x)} \, dx$$

그러면 음이 아닌 정수 p에 대한 베셀 미분방정식의 일반해는 다음과 같다.

$$y = C_0 \, J_p(x) + C_1 \, Y_p(x)$$

$p \, (\geq 0)$가 정수가 아닌 경우로 확장하여 일차독립인 급수해 $J_p(x)$, $J_{-p}(x)$에 대하여 다음과 같은 일차결합을 정의하면 $Y_p(x)$는 $J_p(x)$와 일차독립인 베셀 미분방정식의 해가 된다.

$$Y_p(x) = \frac{\cos p \pi \, J_p(x) - J_{-p}(x)}{\sin p \pi}$$

특히 음이 아닌 정수 n에 대하여 로피탈 법칙을 이용하면 다음 극한이 성립한다.

$$\lim_{p \to n} Y_p(x) = Y_n(x)$$

따라서 정수가 아닌 p에 대한 베셀 미분방정식의 또 다른 형태로 표현한 일반해는 다음과 같다.

$$y = C_1 \, J_p(x) + C_2 \, Y_p(x)$$

이렇게 정의된 함수 $Y_p(x)$를 p차의 제2종 베셀함수 또는 p차의 노이만함수^{Neumann's function}라 한다.
[그림 3.4]는 $p = 0, \frac{1}{2}, 1, 2$인 경우에 대한 제2종 베셀함수의 그래프를 나타내며, 이로부터 $\lim_{x \to 0^+} Y_p(x) = -\infty$ 임을 알 수 있다.

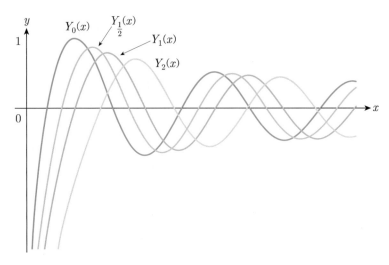

[그림 3.4] 제2종 베셀함수 $Y_0(x)$, $Y_{\frac{1}{2}}(x)$, $Y_1(x)$, $Y_2(x)$

▶ 예제 9

$\Gamma(1/2) = \sqrt{\pi}$ 를 이용하여 $J_{1/2}(x) = \sqrt{\dfrac{2}{\pi x}} \sin x$ 임을 보여라.

풀이

주안점 감마함수의 성질과 $\sin x = \displaystyle\sum_{n=0}^{\infty} \dfrac{(-1)^n}{(2n+1)!} x^{2n+1}$ 임을 이용한다.

❶ $p = \dfrac{1}{2}$ 에 대한 $J_{1/2}(x)$의 급수식을 구한다.

$$J_{1/2}(x) = \sum_{n=0}^{\infty} \frac{(-1)^n}{n! \, \Gamma\left(n + \dfrac{1}{2} + 1\right)} \left(\frac{x}{2}\right)^{2n + \frac{1}{2}}$$

❷ $\Gamma\left(\dfrac{1}{2}\right) = \sqrt{\pi}$ 와 감마함수의 성질을 이용하여 $\Gamma\left(n + 1 + \dfrac{1}{2}\right)$을 구한다.

$$\Gamma\left(0 + 1 + \frac{1}{2}\right) = \frac{1}{2}\,\Gamma\left(\frac{1}{2}\right) = \frac{1}{2}\,\sqrt{\pi}\,,$$

$$\Gamma\left(1 + 1 + \frac{1}{2}\right) = \Gamma\left(1 + \frac{3}{2}\right) = \frac{3}{2}\,\Gamma\left(\frac{3}{2}\right) = \frac{3}{2^2}\,\sqrt{\pi} = \frac{1 \cdot 2 \cdot 3}{2^3}\,\sqrt{\pi}\,,$$

$$\Gamma\left(2 + 1 + \frac{1}{2}\right) = \Gamma\left(1 + \frac{5}{2}\right) = \frac{5}{2}\,\Gamma\left(\frac{5}{2}\right) = \frac{1 \cdot 2 \cdot 3 \cdot 4 \cdot 5}{2^3 \cdot 4 \cdot 2}\,\sqrt{\pi} = \frac{5!}{2^5 \cdot 2!}\,\sqrt{\pi}\,,$$

$$\Gamma\left(3 + 1 + \frac{1}{2}\right) = \Gamma\left(1 + \frac{7}{2}\right) = \frac{7}{2}\,\Gamma\left(\frac{7}{2}\right) = \frac{7 \cdot 6 \cdot 5!}{2 \cdot 2^5 \cdot 6 \cdot 2!}\,\sqrt{\pi} = \frac{7!}{2^7 \cdot 3!}\,\sqrt{\pi}$$

일반적으로 자연수 n에 대하여 대음을 얻는다.

$$\Gamma\left(n+1+\frac{1}{2}\right) = \frac{(2n+1)!}{2^{2n+1} \cdot n!}\sqrt{\pi}$$

❸ ❷에서 구한 감마함수 값을 대입하여 $J_{1/2}(x)$의 급수식을 정리한다.

$$J_{1/2}(x) = \sum_{n=0}^{\infty} \frac{(-1)^n}{n!\,\Gamma(n+\frac{1}{2}+1)}\left(\frac{x}{2}\right)^{2n+\frac{1}{2}} = \sum_{n=0}^{\infty} \frac{(-1)^n}{\frac{n!\,(2n+1)!}{2^{2n+1}\cdot n!}\sqrt{\pi}}\left(\frac{x}{2}\right)^{2n+\frac{1}{2}}$$

$$= \sqrt{\frac{2}{\pi x}} \sum_{n=0}^{\infty} \frac{(-1)^n}{(2n+1)!} x^{2n+1} = \sqrt{\frac{2}{\pi x}} \sin x$$

[예제 9]와 동일한 방법을 $J_{-1/2}(x)$에 적용하면 두 함수 $J_{-1/2}(x)$, $\cos x$ 사이에 다음 관계를 얻는다.

$$J_{-1/2}(x) = \sqrt{\frac{2}{\pi x}} \cos x$$

서로 다른 차수를 갖는 베셀함수 사이의 점화식을 여러 면에서 응용할 수 있는데, 그 결과는 다음과 같다.

정리 5　　**베셀함수의 성질**

(1) $x\dfrac{d}{dx}J_p(x) = pJ_p(x) - xJ_{p+1}(x)$

(2) $J_p{'}(x) - \dfrac{p}{x}J_p(x) = -J_{p+1}(x)$

(3) $2pJ_p(x) = xJ_{p-1}(x) + xJ_{p+1}(x)$

▶ 예제 10

$J_3(x)$를 $J_0(x)$와 $J_1(x)$로 나타내어라.

풀이

주안점 [정리 5]의 (3)을 이용한다.

❶ $J_1(x)$와 $J_2(x)$에 [정리 5]의 (3)을 적용한다.

$$J_1(x) = \frac{1}{2}x[J_0(x) + J_2(x)], \quad J_2(x) = \frac{1}{4}x[J_1(x) + J_3(x)]$$

❷ $J_3(x)$를 $J_0(x)$와 $J_1(x)$로 표현한다.

$$J_3(x) = \frac{4}{x} J_2(x) - J_1(x) = \left(\frac{8}{x^2} - 1 \right) J_1(x) - \frac{4}{x} J_0(x)$$

3.4 급수 해법의 응용

급수 해법을 원기둥형 촉매 펠릿 문제에 적용하는 경우를 살펴본다. 다공성 원기둥형 촉매 펠릿은 $A \xrightarrow{k}$ 생성물 반응에 촉매로 작용하므로 이는 물질 확산과 반응이 결합한 형태이다. 물질 A는 원기둥형 펠릿의 중심에서 원주 방향으로 확산되며, 펠릿의 직경에 대한 길이의 비가 3보다 커지면 펠릿의 길이 방향의 확산은 무시할 수 있다. 원기둥형 촉매에 질량 보존의 법칙을 적용하면 다음 관계식을 얻는다. 즉, 질량의 유출, 유입, 반응량의 차이가 대상부피 내의 물질 축적량으로 나타난다.

대상부피로 들어오는 물질의 유입속도	−	대상부피에서 나가는 물질의 유출속도	+	대상부피 안에서 반응속도	=	대상부피 안에서 물질의 축적속도

[그림 3.5]는 두께가 Δr이고 길이가 L인 고리 모양의 대상부피를 나타내며, 물질은 두 개의 표면, 즉 반경이 각각 r과 $r + \Delta r$인 고리가 갖는 표면을 통과한다.

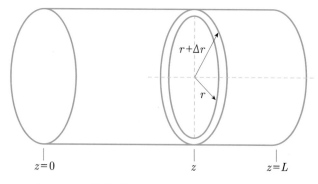

[그림 3.5] 원기둥형 펠릿에서 고리 모양의 대상부피

이때 축 방향의 확산을 무시($N_{A,z} = 0$)한 정상상태의 물질수지 식은 다음과 같다.

$$(2\pi r L N_A)|_r - (2\pi r L N_A)|_{r+\varDelta r} + (2\pi r \varDelta r L) R_A = 0$$

여기서 $R_A = -k C_A$ (mol/volume·time)는 반응속도(1차 반응), $N_A = -D_A \dfrac{d C_A}{d r}$ 는 확산속도(flux, mol/area·time), L은 펠릿의 길이, r은 펠릿의 반지름의 길이, k는 1차반응의 속도 상수, D_A는 물질 A의 확산계수이다. 이와 같은 정상상태 물질수지 분석으로 다음 미분방정식을 얻는다.

$$-(r N_A)|_{r+\varDelta r} + (r N_A)|_r + (r \varDelta r) R_A = 0$$

$$(-1) \lim_{\varDelta r \to 0} \frac{(r N_A)|_{r+\varDelta r} - (r N_A)|_r}{\varDelta r} + r R_A = 0$$

$$-\frac{d}{d r}(r N_A) - r R_A = 0$$

이 미분방정식에 반응속도와 확산속도를 대입하면 r과 유체의 농도 C_A에 대한 2계 미분방정식을 얻는다.

$$-\frac{d}{d r}\left(-D_A r \frac{d C_A}{d r}\right) - r k C_A = 0$$

$$D_A \frac{d}{d r}\left(r \frac{d C_A}{d r}\right) - r k C_A = 0$$

$$D_A \frac{d C_A}{d r} + D_A r \frac{d}{d r}\left(\frac{d C_A}{d r}\right) - r k C_A = 0$$

$$D_A r \frac{d^2 C_A}{d r^2} + D_A \frac{d C_A}{d r} - r k C_A = 0$$

양변에 r을 곱한 다음 D_A로 나누면 다음을 만족한다.

$$r^2 \frac{d^2 C_A}{d r^2} + r \frac{d C_A}{d r} - r^2 \frac{k}{D_A} C_A = 0$$

이 식에서 $x = r \sqrt{\dfrac{k}{D_A}}$ 로 놓으면 $\dfrac{d x}{d r} = \sqrt{\dfrac{k}{D_A}}$ 이므로 다음을 얻는다.

$$r \frac{d\,C_A}{dr} = r \frac{d\,C_A}{dx} \frac{dx}{dr} = r \sqrt{\frac{k}{D_A}} \frac{d\,C_A}{dx} = x \frac{d\,C_A}{dx}$$

$$r^2 \frac{d^2 C_A}{dr^2} = r^2 \frac{d}{dr}\left(\frac{d\,C_A}{dr}\right) = r^2 \frac{d}{dr}\left(\frac{d\,C_A}{dx}\frac{dx}{dr}\right) = r^2 \sqrt{\frac{k}{D_A}} \frac{d}{dr}\left(\frac{d\,C_A}{dx}\right)$$

$$= r^2 \sqrt{\frac{k}{D_A}} \frac{d}{dx}\left(\frac{d\,C_A}{dx}\right)\frac{dx}{dr} = r^2 \frac{k}{D_A} \frac{d^2 C_A}{dx^2} = x^2 \frac{d^2 C_A}{dx^2}$$

따라서 유체의 농도에 대한 다음 변수계수 2계 미분방정식을 얻으며, 이 미분방정식은 $p = 0$ 인 베셀 미분방정식이다.

$$x^2 \frac{d^2 C_A}{dx^2} + x \frac{d\,C_A}{dx} - x^2 C_A = 0$$

편의상 $C_A = y$ 로 놓으면 $x^2 y'' + x y' - x^2 y = 0$ 이고, $x = 0$ 이 정칙특이점이므로 프로베니우스 정리에 의해 미분방정식의 일반해는 다음과 같다.

$$y = x^\lambda \sum_{n=0}^{\infty} c_n x^n = \sum_{n=0}^{\infty} c_n x^{n+\lambda}$$

따라서 $y' = \sum_{n=0}^{\infty} (n+\lambda) c_n x^{n+\lambda-1}$, $y'' = \sum_{n=0}^{\infty} (n+\lambda-1)(n+\lambda) c_n x^{n+\lambda-2}$ 을 위 미분방정식에 대입하여 다음을 얻는다.

$$x^2 y'' + x y' - x^2 y = \sum_{n=0}^{\infty} (n+\lambda-1)(n+\lambda) c_n x^{n+\lambda} + \sum_{n=0}^{\infty} (n+\lambda) c_n x^{n+\lambda} - \sum_{n=0}^{\infty} c_n x^{n+\lambda+2}$$

$$= \lambda^2 c_0 x^\lambda + (\lambda+1)^2 c_1 x^{\lambda+1} + \sum_{n=2}^{\infty} [(n+\lambda) c_n - c_{n-2}] x^{n+\lambda}$$

이 관계식으로부터 결정방정식과 계수 사이의 관계식을 구하면 다음과 같다.

$$\lambda^2 = 0\,, \ (\lambda+1)^2 c_1 = 0$$

$$(n+\lambda)^2 c_n - c_{n-2} = 0\,, \ n = 2, 3, 4, \cdots$$

결정방정식의 두 근이 $\lambda = 0$ (중근)이고 $c_1 = 0$ 과 $n^2 c_n - c_{n-2} = 0$, $n = 2, 3, 4, \cdots$ 를 얻는다.

$$n = 2, \quad c_2 = \frac{1}{2^2} c_0 \qquad\qquad n = 3, \quad c_3 = \frac{1}{9} c_1 = 0$$

$$n = 4, \quad c_4 = \frac{1}{4^2} c_2 = \frac{1}{2^2 \cdot 4^2} c_0 \qquad\qquad n = 5, \quad c_5 = \frac{1}{25} c_3 = 0$$

$$n = 6, \quad c_6 = \frac{1}{6^2} c_4 = \frac{1}{2^2 \cdot 4^2 \cdot 6^2} c_0 \qquad\qquad n = 7, \quad c_7 = \frac{1}{49} c_5 = 0$$

$$n = 2k, \quad c_{2k} = \frac{1}{2^{2k} \cdot (k!)^2} c_0 \qquad\qquad n = 2k+1, \quad c_{2k+1} = \frac{1}{(2k+1)^2} c_{2k-3} = 0$$

$$\vdots \qquad\qquad\qquad\qquad\qquad\qquad \vdots$$

따라서 $\lambda = 0$에 대한 방정식의 해는 다음과 같으며, $I_0(x)$를 제1종 수정된 베셀함수$^{\text{modified Bessel function of the first kind}}$라 한다.

$$y = x^\lambda \sum_{n=0}^\infty c_n x^n = c_0 \sum_{n=0}^\infty \frac{1}{2^{2n}(n!)^2} x^{2n} = c_0 \sum_{n=0}^\infty \left(\frac{x}{2}\right)^{2n} \frac{1}{(n!)^2} = c_0 I_0(x),$$

$$I_0(x) = \sum_{n=0}^\infty \left(\frac{x}{2}\right)^{2n} \frac{1}{(n!)^2}$$

이제 $\lambda = 0$에 대한 미분방정식의 해 $y_1 = I_0(x)$에 독립인 또 다른 한 해를 구하기 위해 $y_2 = u(x) I_0(x)$로 놓는다. 또 다른 해 y_2를 구하는 과정을 생략하고 그 결과만 구하면 다음과 같으며, $K_0(x)$를 제2종 수정된 베셀함수$^{\text{modified Bessel function of the second kind}}$라 한다.

$$y_2 = b_0 I_0(x) \ln x - b_0 \sum_{n=0}^\infty \frac{1}{(n!)^2} \left(1 + \frac{1}{2} + \frac{1}{3} + \cdots + \frac{1}{n}\right)\left(\frac{x}{2}\right)^{2n} = b_0 K_0(x),$$

$$K_0(x) = I_0(x) \ln x - \sum_{n=0}^\infty \frac{1}{(n!)^2} \left(1 + \frac{1}{2} + \frac{1}{3} + \cdots + \frac{1}{n}\right)\left(\frac{x}{2}\right)^{2n}$$

이 결과는 3.2절 특이점에서의 급수해 ③에서 언급한 형태인 것을 알 수 있으며, 유체 농도는 다음과 같다.

$$C_A = c_0 I_0(x) + b_0 K_0(x)$$

▶ 예제 11 베셀 미분방정식의 예

방열판은 열을 전달할 수 있는 표면적을 크게 하여 설치하는 것으로 소형 열교환기에서 많이 사용한다. 그림은 두께가 t 인 원형 방열판을 나타낸 것이다. 원형의 대칭성과 방열판 소재의 높은 열전도율 k 로 인해 방열판의 온도 T 는 지름 방향으로만 변한다. 열은 뉴턴의 냉각법칙에 따라 방열판의 양면으로부터 주위 공기로 전달된다. 문제를 단순화하기 위해 외부 공기의 온도를 $T_\infty = 0$ 이라 하고, 대류 열전달계수 h, 에너지 보존의 법칙, 푸리에의 열전도 법칙, 뉴턴의 냉각법칙 등을 이용하여 방열판의 온도 변화를 나타내는 미분방정식을 유도하여라.

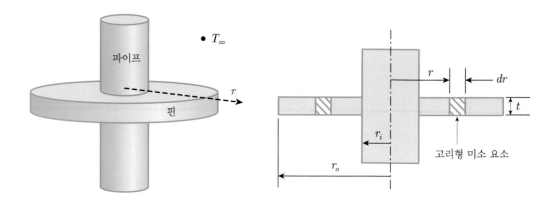

풀이

중심으로부터 r 만큼 떨어진 거리에서 두께가 Δr 인 원형 방열판에 에너지 보존의 법칙을 적용하면 다음을 얻는다.

$$\boxed{\begin{array}{c}\text{위치 } r \text{ 로 전도되어}\\\text{들어오는 열}\end{array}} - \boxed{\begin{array}{c}\text{위치 } r+\Delta r \text{ 에서}\\\text{전도되어 나가는 열}\end{array}} + \boxed{\begin{array}{c}\text{대류에 의해 공기로}\\\text{전달되는 열}\end{array}}$$

열전도 관련 법칙을 적용하면 이러한 관계는 다음과 같이 나타낼 수 있다.

$$\left[-kA\frac{dT}{dr}\right]_r = \left[-kA\frac{dT}{dr}\right]_{r+dr} + hA_c(T-T_\infty)$$

여기서 A 는 열전도가 일어나는 면적으로서 $A = 2\pi rt$ 이고, A_c 는 대류 열전달이 이루어지는 표면의 면적(두께는 Δr)으로서 $A_c = 2(2\pi r\Delta r) = 4\pi r\Delta r$ 이다. k 는 열전도율$^{\text{thermal conductivity}}$, h 는 대류 열전달계수$^{\text{convective heat transfer coefficient}}$이다.

$$\left[-kA\frac{dT}{dr}\right]_{r+\Delta r} - \left[kA\frac{dT}{dr}\right]_r - hA_c(T-T_\infty) = 0$$

$$\left[\frac{dT}{dr}\right]_{r+\Delta r} - \left[r\frac{dT}{dr}\right]_r - \frac{h}{k}\frac{4\pi r\Delta r}{2\pi t}(T-T_\infty) = 0$$

양변을 Δr로 나누어 정리하면 다음과 같다.

$$\frac{\left[r\dfrac{dT}{dr}\right]_{r+\Delta r} - \left[r\dfrac{dT}{dr}\right]_r}{\Delta r} - \frac{2hr}{kt}(T-T_\infty) = 0$$

$$\lim_{\Delta r \to 0}\frac{\left[r\dfrac{dT}{dr}\right]_{r+\Delta r} - \left[r\dfrac{dT}{dr}\right]_r}{\Delta r} - \frac{2hr}{kt}(T-T_\infty) = 0$$

$$\frac{d}{dr}\left(r\frac{dT}{dr}\right) - \frac{2hr}{kt}(T-T_\infty) = 0$$

$$r\frac{d^2T}{dr^2} + \frac{dT}{dr} - \frac{2hr}{kt}(T-T_\infty) = 0$$

이 식에 r을 곱하고 $T_\infty = 0$을 대입하면 다음을 얻는다.

$$r^2\frac{d^2T}{dr^2} + r\frac{dT}{dr} - \frac{2hr^2}{kt}T = 0$$

이제 $\lambda^2 = \dfrac{2h}{kt}$로 놓고 새로운 변수 $x = \lambda r$를 도입하면 $\dfrac{dx}{dr} = \lambda$이므로 다음이 성립한다.

$$r\frac{dT}{dr} = r\frac{dT}{dx}\frac{dx}{dr} = \lambda r\frac{dT}{dx} = x\frac{dT}{dx}$$

$$r^2\frac{d^2T}{dr^2} = r^2\frac{d}{dr}\left(\frac{dT}{dr}\right) = r^2\frac{d}{dr}\left(\frac{dT}{dx}\frac{dx}{dr}\right)$$

$$= \lambda r^2\frac{d}{dr}\left(\frac{dT}{dx}\right) = \lambda r^2\frac{d}{dx}\left(\frac{dT}{dx}\right)\frac{dx}{dr}$$

$$= \lambda^2 r^2\frac{d^2T}{dx^2} = x^2\frac{d^2T}{dx^2}$$

따라서 미분방정식 $r^2\dfrac{d^2T}{dr^2} + r\dfrac{dT}{dr} - (\lambda r)^2 T = 0$은 다음과 같이 변형된다.

$$x^2\frac{d^2T}{dx^2} + x\frac{dT}{dx} - x^2T = 0$$

그러므로 방열판의 온도 변화를 나타내는 미분방정식은 $p = 0$인 베셀 미분방정식이며, 해는 앞에서 구한 것과 동일한 $T = c_0 I_0(x) + b_0 K_0(x)$이다.

01 다음 미분방정식을 풀어라.

(1) $y' - xy = 0$

(2) $xy' - 3y = 0$

(3) $y'' - y = 0$

(4) $y'' - 2xy = 0$

(5) $y'' - x^2 y = 0$

(6) $y'' - xy' + y = 0$

(7) $y'' + 2xy' - 2y = 0$

(8) $(x^2 + 1)y'' + xy' - y = 0$

(9) $2xy'' - y' + 2y = 0$

(10) $2xy'' + (1 - 2x)y' - y = 0$

(11) $2x^2 y'' + xy' - (x+1)y = 0$

(12) $x^2 y'' + \left(x^2 + \dfrac{3}{16} \right) y = 0$

02 $p = -\dfrac{1}{2}$ 에 대한 베셀함수가 $J_{-1/2}(x) = \sqrt{\dfrac{2}{\pi x}} \cos x$ 임을 보여라.

03 [정리 5]의 베셀함수의 성질을 이용하여 다음 베셀함수를 $\sin x$, $\cos x$, x 의 거듭제곱으로 나타내어라.

(1) $J_{3/2}(x)$

(2) $J_{5/2}(x)$

(3) $J_{7/2}(x)$

(4) $J_{-3/2}(x)$

(5) $J_{-5/2}(x)$

(6) $J_{-7/2}(x)$

04 다음 함수를 르장드르 다항함수의 합으로 나타내어라.

(1) $f(x) = x^2$

(2) $f(x) = x^2 - x$

(3) $f(x) = x^2 - 2x + 3$

(4) $f(x) = 2x^3 + x^2 + 2x - 1$

요약

---

1. 정상점에서의 급수해

$y'' + P(x)\,y' + Q(x)\,y = 0$에서 $P(x)$, $Q(x)$가 $x = a$에서 해석적인 경우의 급수해는 다음과 같다.

$$y = \sum_{n=0}^{\infty} c_n (x-a)^n$$

---

2. 정칙특이점에서의 급수해

$y'' + P(x)\,y' + Q(x)\,y = 0$에서 $(x-a)\,P(x)$, $(x-a)^2\,Q(x)$가 $x = a$에서 해석적인 경우의 급수해는 다음과 같다.

$$y = (x-a)^{\lambda} \sum_{n=0}^{\infty} c_n (x-a)^n = \sum_{n=0}^{\infty} c_n (x-a)^{n+\lambda}$$

---

3. 에르미트 미분방정식

미분방정식 $y'' - 2xy' + 2ky = 0$ (단, k는 음이 아닌 자연수)의 독립인 두 해는 다음과 같다.

$$y_1 = c_1 \left[x + \sum_{n=1}^{\infty} (-1)^n \frac{2^n (k-1)(k-3)\cdots(k-2n+1)}{(2n+1)!} x^{2n+1} \right],$$

$$y_2 = c_0 \left[1 + \sum_{n=1}^{\infty} (-1)^n \frac{2^n k(k-2)\cdots(k-2n+2)}{(2n)!} x^{2n} + \cdots \right]$$

---

4. 르장드르 미분방정식

미분방정식 $(1-x^2)\,y'' - 2xy' + k(k+1)\,y = 0$ (단, k는 음이 아닌 정수)의 독립인 두 해는 다음과 같다.

$$y_1 = c_0 \left[1 + \sum_{n=1}^{\infty} (-1)^n \frac{(k-2n+2)\cdots(k-2)\,k(k+1)(k+3)\cdots(k+2n-1)}{(2n)!} x^{2n} \right],$$

$$y_2 = c_1 \left[x + \sum_{n=1}^{\infty} (-1)^n \frac{(k-2n+1)\cdots(k-3)(k-1)(k+2)(k+4)\cdots(k+2n)}{(2n+1)!} x^{2n+1} \right]$$

---

5. 베셀 미분방정식

미분방정식 $x^2 y'' + xy' + (x^2 - p^2)\,y = 0$ (단, $p \geq 0$)에서 p가 정수가 아닌 경우 독립인 두 해는 다음과 같다.

$$J_p(x) = \sum_{n=0}^{\infty} \frac{(-1)^n}{n!\,\Gamma(n+p+1)} \left(\frac{x}{2} \right)^{2n+p},$$

$$J_{-p}(x) = \sum_{n=0}^{\infty} \frac{(-1)^n}{n!\,\Gamma(n-p+1)} \left(\frac{x}{2} \right)^{2n-p}$$

제4장

라플라스 변환

지금까지 $R(x)$가 상수이거나 연속함수인 경우에 대하여 상미분방정식 $a(x)y'' + b(x)y' + c(x)y = R(x)$를 살펴봤다. 공학에서는 실제로 $R(x)$가 불연속인 경우가 빈번하며, 이 경우 라플라스 변환을 이용하여 미분방정식의 해를 구할 수 있다. 특히 통신공학 및 전파공학에서 시간 영역의 함수를 주파수 영역의 함수로 변환할 때 라플라스 변환을 이용하여 공학 문제를 단순화시킨다.

$f(t)$가 시간을 나타내는 변수 t의 함수로 $t \geq 0$에서 정의되며, 고정된 실수 s에 대하여 다음 이상적분이 존재한다고 하자.

$$\int_0^\infty e^{-st} f(t)\, dt$$

두 변수 t와 s의 함수인 피적분함수 $e^{-st} f(t)$를 변수 t에 대하여 적분함으로써 이 이상적분은 변수 s의 함수가 된다. 즉, 적분구간 $[0, \infty)$에서 함수 $e^{-st} f(t)$의 이상적분을 $F(s)$로 나타내면 [그림 4.1]과 같이 이상적분은 t의 함수 $f(t)$를 s의 함수 $F(s)$로 변환시키는 역할을 한다. 이러한 변환을 $f(t)$의 라플라스 변환$^{\text{Laplace transform}}$이라 하며, $\mathcal{L}\,[f(t)]$로 나타낸다.

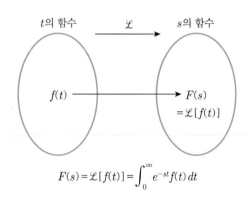

$$F(s) = \mathcal{L}[f(t)] = \int_0^\infty e^{-st} f(t)\, dt$$

[그림 4.1] $f(t)$의 라플라스 변환

시간의 함수 $f(t)$의 라플라스 변환 $F(s)$, 즉 $\mathcal{L}\,[f(t)]$는 다음과 같이 정의한다.

$$F(s) = \mathcal{L}\,[f(t)] = \int_0^\infty e^{-st} f(t)\, dt = \lim_{b \to \infty} \int_0^b e^{-st} f(t)\, dt$$

앞에서 언급한 것처럼 라플라스 변환은 항상 $t \geq 0$에서 정의하므로 특별한 언급이 없는 한 $t \geq 0$ 조건은 생략한다.

▶ 예제 1

다음 함수의 라플라스 변환을 구하여라.

(1) $f(t) = e^{at}$ 　　　　　　　　　　　　　　(2) $f(t) = \sin 2t$

풀이

주안점 　t에 관한 함수 $e^{-st}f(t)$의 이상적분을 구한다.

(1) ❶ 라플라스 변환의 정의에 의해 식을 세운다.

$$\mathcal{L}\left[e^{at}\right] = \int_0^\infty e^{at}e^{-st}\,dt = \lim_{b \to \infty} \int_0^b e^{-(s-a)t}\,dt$$

❷ 수렴구간에서 이상적분을 구한다.

$s > a$일 때 수렴하며, $\displaystyle\int e^{-(s-a)t}\,dt = -\frac{1}{s-a}e^{-(s-a)t}$이므로 구하는 라플라스 변환은 다음과 같다.

$$\begin{aligned}
\mathcal{L}\left[e^{at}\right] &= \lim_{b \to \infty}\left[-\frac{1}{s-a}e^{-(s-a)t}\right]_0^b \\
&= \lim_{b \to \infty}\left(\frac{1}{s-a} - \frac{1}{s-a}e^{-(s-a)b}\right) \\
&= \frac{1}{s-a}
\end{aligned}$$

(2) ❶ 라플라스 변환의 정의에 의해 식을 세운다.

$$\mathcal{L}\left[\sin 2t\right] = \int_0^\infty e^{-st}\sin 2t\,dt = \lim_{b \to \infty}\int_0^b e^{-st}\sin 2t\,dt$$

❷ 수렴구간에서 이상적분을 구한다.

$s > 0$일 때 수렴하며, $\displaystyle\int e^{-st}\sin 2t\,dt = -\frac{e^{-st}}{s^2+4}(2\cos 2t + s\sin 2t)$이므로 구하는 라플라스 변환은 다음과 같다.

$$\begin{aligned}
\mathcal{L}\left[\sin 2t\right] &= \lim_{b \to \infty}\left[-\frac{e^{-st}}{s^2+4}(2\cos 2t + s\sin 2t)\right]_0^b \\
&= \frac{1}{s^2+4}\lim_{b \to \infty}\left(2 - e^{-bs}(2\cos 2b + s\sin 2b)\right) \\
&= \frac{2}{s^2+4} - \frac{1}{s^2+4}\lim_{b \to \infty}e^{-bs}(2\cos 2b + s\sin 2b)
\end{aligned}$$

이때 $-2 \leq 2\cos 2b \leq 2$, $-s \leq s\sin 2b \leq s$이므로 다음을 얻는다.

$$-e^{-bs}(2+s) \leq e^{-bs}(2\cos 2b + s\sin 2b) \leq e^{-bs}(2+s)$$

$\lim\limits_{b \to \infty} e^{-bs}(2+s) = 0$ 이므로 구하는 라플라스 변환은 다음과 같다.

$$\mathcal{L}[\sin 2t] = \frac{2}{s^2+4}$$

두 함수 $f(t)$, $g(t)$의 라플라스 변환을 $\mathcal{L}[f(t)]$, $\mathcal{L}[g(t)]$라 하고 α, β를 임의의 상수라 하면 이상적분의 선형성에 의해 다음이 성립한다.

$$\mathcal{L}[\alpha f(t) + \beta g(t)] = \int_0^\infty e^{-st}(\alpha f(t) + \beta g(t))\,dt$$

$$= \alpha \int_0^\infty e^{-st}f(t)\,dt + \beta \int_0^\infty e^{-st}(t)\,dt$$

$$= \alpha \mathcal{L}[f(t)] + \beta \mathcal{L}[g(t)]$$

즉, 두 함수 $f(t)$, $g(t)$의 일차결합에 대한 라플라스 변환은 다음과 같으며, 이 성질을 라플라스 변환의 선형성$^{\text{linear property}}$이라 한다.

$$\mathcal{L}[\alpha f(t) + \beta g(t)] = \alpha \mathcal{L}[f(t)] + \beta \mathcal{L}[g(t)]$$

[예제 1]과 쌍곡선함수의 정의를 이용하면 다음과 같이 두 쌍곡선함수 $\cosh \omega t$, $\sinh \omega t$의 라플라스 변환을 얻을 수 있다.

$$\mathcal{L}[\cosh \omega t] = \frac{1}{2}\left(\mathcal{L}[e^{\omega t}] + \mathcal{L}[e^{-\omega t}]\right) = \frac{1}{2}\left(\frac{1}{s-\omega} + \frac{1}{s+\omega}\right) = \frac{s}{s^2-\omega^2},$$

$$\mathcal{L}[\sinh \omega t] = \frac{1}{2}\left(\mathcal{L}[e^{\omega t}] - \mathcal{L}[e^{-\omega t}]\right) = \frac{1}{2}\left(\frac{1}{s-\omega} - \frac{1}{s+\omega}\right) = \frac{\omega}{s^2-\omega^2}$$

지금까지 라플라스 변환을 실수 범위에서 정의했으며, 복소수 범위로 확장할 수 있다. 예를 들어 함수 $f(t) = e^{i\omega t}$의 라플라스 변환은 다음과 같다.

$$\mathcal{L}[e^{i\omega t}] = \int_0^\infty e^{-st}e^{i\omega t}\,dt = \lim_{b \to \infty}\int_0^b e^{-(s-i\omega)t}\,dt = \lim_{b \to \infty}\left[-\frac{1}{s-i\omega}e^{-(s-i\omega)t}\right]_0^b$$

$$= \frac{1}{s-i\omega} - \frac{1}{s-i\omega}\lim_{b \to \infty}e^{-(s-i\omega)b} = \frac{1}{s-i\omega}$$

같은 방법에 의해 $f(t) = e^{-i\omega t}$의 라플라스 변환은 다음과 같다.

$$\mathcal{L}[e^{-i\omega t}] = \frac{1}{s + i\omega}$$

이때 $\mathcal{L}[e^{i\omega t}]$, $\mathcal{L}[e^{-i\omega t}]$은 $s > 0$에서 정의된다. 오일러 공식에 의해 $e^{i\omega} = \cos\omega + i\sin\omega$이므로 $\cos\omega t$와 $\sin\omega t$의 라플라스 변환을 구할 수 있다. 오일러 공식에서 $i\omega$를 $-i\omega$로 대체하고 $\cos\omega t$, $\sin\omega t$를 $e^{i\omega t}$, $e^{-i\omega t}$으로 나타내면 다음과 같다.

$$\cos\omega t = \frac{1}{2}(e^{i\omega} + e^{-i\omega}), \ \sin\omega t = \frac{1}{2i}(e^{i\omega} - e^{-i\omega})$$

선형성에 의해 $\cos\omega t$와 $\sin\omega t$의 라플라스 변환은 각각 다음과 같다.

$$\mathcal{L}[\cos\omega t] = \frac{1}{2}(\mathcal{L}[e^{i\omega}] + \mathcal{L}[e^{-i\omega}]) = \frac{1}{2}\left(\frac{1}{s - i\omega} + \frac{1}{s + i\omega}\right) = \frac{s}{s^2 + \omega^2},$$

$$\mathcal{L}[\sin\omega t] = \frac{1}{2i}(\mathcal{L}[e^{i\omega}] - \mathcal{L}[e^{-i\omega}]) = \frac{1}{2i}\left(\frac{1}{s - i\omega} - \frac{1}{s + i\omega}\right) = \frac{\omega}{s^2 + \omega^2}$$

이와 같이 라플라스 변환의 정의와 선형성을 이용하면 [표 4.1]과 같이 기본 함수의 라플라스 변환을 얻는다.

[표 4.1] 기본 함수의 라플라스 변환

$f(t)$	$\mathcal{L}[f(t)]$	$f(t)$	$\mathcal{L}[f(t)]$
1	$\dfrac{1}{s}$	$\cos\omega t$	$\dfrac{s}{s^2 + \omega^2}$
t^n (n은 자연수)	$\dfrac{n!}{s^{n+1}}$	$\sin\omega t$	$\dfrac{\omega}{s^2 + \omega^2}$
t^α (α는 실수)	$\dfrac{\Gamma(\alpha+1)}{s^{\alpha+1}}$	$\cosh\omega t$	$\dfrac{s}{s^2 - \omega^2}$
e^{at}	$\dfrac{1}{s - a}$	$\sinh\omega t$	$\dfrac{\omega}{s^2 - \omega^2}$

특히 [정리 1]의 두 조건을 만족하는 함수의 라플라스 변환은 항상 존재하며, 각 함수에 대한 라플라스 변환은 유일하게 결정된다. 즉, 두 함수의 라플라스 변환이 동일하면 그 두 함수는 $t \geq 0$에서 동일한 함수이다.

$t \geq 0$ 에서 정의되는 함수 $f(t)$ 가 다음을 만족하면 $s > r$ 인 모든 s 에 대하여 $\mathcal{L}\left[f(t)\right]$ 가 존재한다.

(1) 유한구간 $0 \leq t < T$ 에서 부분적으로 연속이다.

(2) 어느 두 양수 M, r 에 대하여 무한구간 $T < t < \infty$ 에서 $|f(t)| < Me^{rt}$ 이다.

▶ 예제 2

함수 $f(t)$ 의 라플라스 변환 $\mathcal{L}\left[f(t)\right]$ 를 구하여라.

$$f(t) = \begin{cases} 0, & 0 \leq t < 1 \\ t, & 1 \leq t < 2 \\ 2, & t \geq 2 \end{cases}$$

풀이

$s > 0$ 에서 $f(t)$ 의 라플라스 변환은 다음과 같다.

$$\mathcal{L}\left[f(t)\right] = \int_0^\infty f(t) e^{-st} dt = \int_0^1 f(t) e^{-st} dt + \int_1^2 f(t) e^{-st} dt + \int_2^\infty f(t) e^{-st} dt$$

$$= \int_0^1 (0) e^{-st} dt + \int_1^2 t e^{-st} dt + \int_2^\infty (2) e^{-st} dt$$

$$= \int_1^2 t e^{-st} dt + \int_2^\infty 2 e^{-st} dt = \left[-\frac{1}{s^2} e^{-st} (1 + st) \right]_1^2 + \left[-\frac{2}{s} e^{-st} \right]_2^\infty$$

$$= \frac{1}{s^2} e^{-2s} (s e^s + e^s - 1)$$

여기서 마지막 적분 결과 $\left[-\dfrac{2}{s} e^{-st} \right]_2^\infty$ 는 다음을 의미한다.

$$\left[-\frac{2}{s} e^{-st} \right]_2^\infty = \lim_{x \to \infty} \left[-\frac{2}{s} e^{-st} \right]_2^x = \lim_{x \to \infty} \left(-\frac{2}{s} e^{-sx} + \frac{2}{s} e^{-2s} \right) = \frac{2}{s} e^{-2s}$$

라플라스 역변환

함수 $f(t)$ 의 라플라스 변환 $\mathcal{L}\left[f(t)\right]$ 가 존재하면 이 변환은 유일하므로 [그림 4.2]와 같이 라플라스 변환 $F(s)$ 가 주어질 때 $F(s) = \mathcal{L}\left[f(t)\right]$ 를 만족하는 함수 $f(t)$ 가 존재한다. 이와 같이 $F(s) = \mathcal{L}\left[f(t)\right]$ 를 만족하는 함수 $f(t)$ 를 $F(s)$ 의 라플라스 역변환Laplace inverse transform이라 하며, $f(t) = \mathcal{L}^{-1}\left[F(s)\right]$ 로 나타낸다.

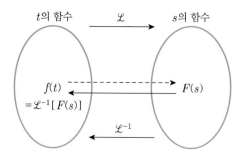

t의 함수 $\mathscr{L}$ s의 함수

$f(t)$
$=\mathscr{L}^{-1}[F(s)]$

$F(s)$

$\mathscr{L}^{-1}$

[그림 4.2] 라플라스 역변환

[표 4.1]로부터 [표 4.2]와 같이 기본 함수의 역변환을 살펴볼 수 있다.

[표 4.2] 기본 함수의 라플라스 역변환

$F(s)$	$\mathscr{L}^{-1}[F(s)]$	$F(s)$	$\mathscr{L}^{-1}[F(s)]$
$\dfrac{1}{s}$	1	$\dfrac{s}{s^2+\omega^2}$	$\cos\omega t$
$\dfrac{1}{s^{n+1}}$ (n은 자연수)	$\dfrac{t^n}{n!}$	$\dfrac{\omega}{s^2+\omega^2}$	$\sin\omega t$
$\dfrac{1}{s^{\alpha+1}}$ (α는 실수)	$\dfrac{t^\alpha}{\Gamma(\alpha+1)}$	$\dfrac{s}{s^2-\omega^2}$	$\cosh\omega t$
$\dfrac{1}{s-a}$	e^{at}	$\dfrac{\omega}{s^2-\omega^2}$	$\sinh\omega t$

$F(s)$가 함수 $f(t)$의 라플라스 변환이면 정의에 의해 다음이 성립하며, 이 변환은 s의 함수이다.

$$F(s) = \int_0^\infty e^{-st} f(t)\, dt$$

다음과 같이 무한대에서 $F(s)$의 극한은 0이 된다.

$$\lim_{s\to\infty} F(s) = \lim_{s\to\infty} \int_0^\infty e^{-st} f(t)\, dt = \int_0^\infty \left[\lim_{s\to\infty} e^{-st} f(t) \right] dt = 0$$

따라서 다음 정리를 얻는다.

라플라스 역변환의 존재성 여부

(1) $\mathcal{L}^{-1}[F(s)]$가 존재하면 $\lim_{s \to \infty} F(s) = 0$ 이다.

(2) $\lim_{s \to \infty} F(s) \neq 0$ 이면 $\mathcal{L}^{-1}[F(s)]$는 존재하지 않는다. 이는 (1)의 대우 명제이다.

$F(s) = \mathcal{L}[f(t)]$, $G(s) = \mathcal{L}[g(t)]$라 하면 다음이 성립한다.

$$\mathcal{L}[\alpha f(t) + \beta g(t)] = \alpha F(s) + \beta G(s)$$

따라서 $f(t) = \mathcal{L}^{-1}[F(s)]$, $g(t) = \mathcal{L}^{-1}[G(s)]$라 하면 $F(s) = \mathcal{L}[f(t)]$, $G(s) = \mathcal{L}[g(t)]$이고, 다음이 성립한다.

$$\mathcal{L}^{-1}[\alpha F(s) + \beta G(s)] = \alpha f(t) + \beta g(t) = \alpha \mathcal{L}^{-1}[F(s)] + \beta \mathcal{L}^{-1}[G(s)]$$

즉, 라플라스 역변환은 선형성이 성립한다.

▶ 예제 3

함수 $F(s)$의 라플라스 역변환 $\mathcal{L}^{-1}[F(s)]$를 구하여라.

(1) $F(s) = \dfrac{8s - 6}{s^2 - 16}$ 　　　　　　　　(2) $F(s) = \dfrac{4}{s^2(s^2 - 4)}$

풀이

주안점 $F(s)$를 부분분수로 분해하여 [표 4.2]의 식으로 나타낸다.

(1) ❶ 부분분수로 분해한다.

$$F(s) = \frac{8s - 6}{s^2 - 16} = (8)\frac{s}{s^2 - 4^2} - \frac{3}{2}\frac{4}{s^2 - 4^2}$$

❷ 라플라스 역변환을 구한다.

$$\mathcal{L}^{-1}[F(s)] = \mathcal{L}^{-1}\left[(8)\frac{s}{s^2 - 4^2} - \frac{3}{2}\frac{4}{s^2 - 4^2}\right]$$

$$= 8\mathcal{L}^{-1}\left[\frac{s}{s^2 - 4^2}\right] - \frac{3}{2}\mathcal{L}^{-1}\left[\frac{4}{s^2 - 4^2}\right]$$

$$= 8\cosh 4t - \frac{3}{2}\sinh 4t$$

(2) ❶ 부분분수로 분해한다.

$$F(s) = \frac{4}{s^2(s^2-4)} = \frac{1}{2}\frac{2}{s^2-2^2} - \frac{1}{s^2}$$

❷ 라플라스 역변환을 구한다.

$$\mathcal{L}^{-1}[F(s)] = \mathcal{L}^{-1}\left[\frac{1}{2}\frac{2}{s^2-2^2} - \frac{1}{s^2}\right] = \frac{1}{2}\mathcal{L}^{-1}\left[\frac{2}{s^2-2^2}\right] - \mathcal{L}^{-1}\left[\frac{1}{s^2}\right]$$

$$= \frac{1}{2}(-2t + \sinh 2t)$$

4.2 라플라스 변환의 성질

함수 $f(t)$의 라플라스 변환을 구할 때마다 정의를 이용하는 것은 매우 지루하며 번거롭다. 이 절에서는 이러한 문제점을 극복하고 라플라스 변환을 쉽게 구하기 위한 다양한 성질을 살펴본다.

제1이동정리

함수 $f(t)$의 라플라스 변환을 $F(s)$라 하면 정의에 의해 다음을 만족한다.

$$F(s) = \mathcal{L}[f(t)] = \int_0^\infty e^{-st} f(t)\,dt$$

$g(t) = e^{at}f(t)$의 라플라스 변환 $G(s)$는 다음과 같다.

$$G(s) = \int_0^\infty e^{-st}e^{at}f(t)\,dt = \int_0^\infty e^{-(s-a)t}f(t)\,dt$$

이때 $u = s - a$로 놓으면 다음과 같이 두 라플라스 변환 $G(s)$, $F(s)$ 사이의 관계를 얻는다.

$$G(s) = \int_0^\infty e^{-(s-a)t}f(t)\,dt = \int_0^\infty e^{-ut}f(t)\,dt = F(u) = F(s-a)$$

즉, 함수 $f(t)$의 라플라스 변환 $F(s)$에 대하여 $g(t) = e^{at}f(t)$의 라플라스 변환은 $F(s)$를 이용하여 구할 수 있으며, 그 결과는 다음과 같다.

$$\mathcal{L}\left[e^{at}f(t)\right] = F(s-a)$$

[그림 4.3]과 같이 함수 $F(s-a)$는 $F(s)$를 s축을 따라 a만큼 오른쪽으로 평행이동한 것을 의미한다.

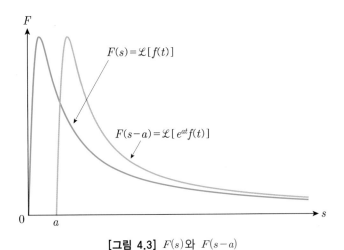

[그림 4.3] $F(s)$와 $F(s-a)$

따라서 $a>0$일 때 t의 영역에서 $f(t)$에 e^{at}을 곱하면 라플라스 변환은 s의 영역에서 $F(s)$를 a만큼 오른쪽으로 평행이동시키며, 이 성질을 제1이동정리^{first shifting theorem, s-shifting}라 한다. [정리 3]은 이를 요약한 것이다.

정리 3 　제1이동정리

함수 $f(t)$의 라플라스 변환을 $F(s) = \mathcal{L}\left[f(t)\right]$라 하면 임의의 상수 a에 대하여 다음이 성립한다.

(1) $\mathcal{L}\left[e^{at}f(t)\right] = F(s-a), \ s>a$

(2) $\mathcal{L}^{-1}\left[F(s-a)\right] = e^{at}f(t) = e^{at}\mathcal{L}^{-1}\left[F(s)\right]$

[표 4.3]은 [표 4.1]에 주어진 기본 함수 $f(t)$에 대하여 $e^{at}f(t)$의 라플라스 변환을 구한 것이다.

[표 4.3] $e^{at}f(t)$의 라플라스 변환(n은 자연수, α는 실수)

$f(t)$	$\mathcal{L}\left[f(t)\right]$	$f(t)$	$\mathcal{L}\left[f(t)\right]$
$t^n e^{at}$	$\dfrac{n!}{(s-a)^{n+1}}$	$e^{at}\sin\omega t$	$\dfrac{\omega}{(s-a)^2+\omega^2}$
$t^\alpha e^{at}$	$\dfrac{\Gamma(\alpha+1)}{(s-a)^{\alpha+1}}$	$e^{at}\cos\mathrm{h}\,\omega t$	$\dfrac{s-a}{(s-a)^2-\omega^2}$
$e^{at}\cos\omega t$	$\dfrac{s-a}{(s-a)^2+\omega^2}$	$e^{at}\sinh\omega t$	$\dfrac{\omega}{(s-a)^2-\omega^2}$

다음 함수의 라플라스 변환을 구하여라.

(1) $t^3 e^{2t}$ (2) $e^{-2t} \cos 3t$

풀이

주안점 $g(t) = e^{at} f(t)$에 대하여 $f(t)$의 라플라스 변환을 구한다.

(1) ❶ t^3의 라플라스 변환을 구한다.

$$F(s) = \mathcal{L}[t^3] = \frac{6}{s^4}$$

❷ $t^3 e^{2t}$의 라플라스 변환을 구한다.

$$\mathcal{L}[t^3 e^{2t}] = F(s-2) = \frac{6}{(s-2)^4}$$

(2) ❶ $\cos 3t$의 라플라스 변환을 구한다.

$$F(s) = \mathcal{L}[\cos 3t] = \frac{s}{s^2 + 9}$$

❷ $e^{-2t} \cos 3t$의 변환을 구한다.

$$\mathcal{L}[e^{-2t} \cos 3t] = F(s+2) = \frac{s+2}{(s+2)^2 + 9}$$

다음 함수의 라플라스 역변환을 구하여라.

(1) $F(s) = \dfrac{2}{(s-2)^2 + 16}$ (2) $F(s) = \dfrac{s}{(s+2)^2 - 4}$

풀이

주안점 $F(s)$를 $F(s-a)$ 형태로 변형한 후 기본 함수의 라플라스 역변환을 구한다.

(1) ❶ 기본 함수의 라플라스 역변환을 구한다.

$$\mathcal{L}^{-1}\left[\frac{4}{s^2 + 16}\right] = \sin 4t$$

❷ $F(s)$의 역변환을 구한다.

$$\mathcal{L}^{-1}\left[\frac{2}{(s-2)^2 + 16}\right] = e^{2t} \mathcal{L}^{-1}\left[\frac{2}{s^2 + 16}\right]$$

$$= \frac{e^{2t}}{2} \mathcal{L}^{-1} \left[\frac{4}{s^2 + 16} \right] = \frac{e^{2t}}{2} \sin 4t$$

(2) ❶ $F(s)$를 $F(s + 2)$ 형태로 변형한다.

$$F(s) = \frac{s}{(s+2)^2 - 4} = \frac{(s+2) - 2}{(s+2)^2 - 4}$$

$$= \frac{s+2}{(s+2)^2 - 4} - \frac{2}{(s+2)^2 - 4}$$

❷ 기본 함수의 역변환을 구한다.

$$\mathcal{L}^{-1} \left[\frac{s}{s^2 - 4} \right] = \cosh 2t , \quad \mathcal{L}^{-1} \left[\frac{2}{s^2 - 4} \right] = \sinh 2t$$

❸ $F(s)$의 라플라스 역변환을 구한다.

$$\mathcal{L}^{-1} \left[\frac{s}{(s+2)^2 - 4} \right] = \mathcal{L}^{-1} \left[\frac{s+2}{(s+2)^2 - 4} - \frac{2}{(s+2)^2 - 4} \right]$$

$$= e^{-2t} \mathcal{L}^{-1} \left[\frac{s}{s^2 - 4} - \frac{2}{s^2 - 4} \right]$$

$$= e^{-2t} \mathcal{L}^{-1} \left[\frac{s}{s^2 - 4} \right] - e^{-2t} \mathcal{L}^{-1} \left[\frac{2}{s^2 - 4} \right]$$

$$= e^{-2t} (\cosh 2t - \sinh 2t)$$

라플라스 변환의 미분과 적분

이제 $f(t)$의 라플라스 변환 $F(s)$를 이용하여 함수 $g(t) = t^n f(t)$의 변환을 구하는 방법을 살펴본다. 다음과 같이 $f(t)$의 라플라스 변환 $F(s)$를 s에 관하여 미분한다.

$$\frac{d}{ds} F(s) = \frac{d}{ds} \int_0^\infty e^{-st} f(t) \, dt = \int_0^\infty \left(\frac{d}{ds} e^{-st} f(t) \right) dt$$

$$= \int_0^\infty e^{-st} (-t) f(t) \, dt = - \int_0^\infty e^{-st} [t f(t)] \, dt$$

이때 마지막 적분은 함수 $t f(t)$의 라플라스 변환이며, 이 변환은 다음과 같이 $F(s)$의 도함수에 (-1)을 곱한 것과 같다.

$$\mathcal{L}\left[tf(t)\right] = (-1)\frac{d}{ds}F(s)$$

$F(s)$를 s에 관하여 두 번 미분하면 다음을 얻는다.

$$\frac{d^2}{ds^2}F(s) = \frac{d}{ds}\left(\frac{d}{ds}F(s)\right) = -\frac{d}{ds}\int_0^\infty e^{-st}[tf(t)]\,dt$$

$$= -\int_0^\infty \left(\frac{d}{ds}e^{-st}[tf(t)]\right)dt$$

$$= -\int_0^\infty e^{-st}(-t)[tf(t)]\,dt$$

$$= (-1)^2 \int_0^\infty e^{-st}[t^2f(t)]\,dt$$

마지막 적분은 함수 $t^2f(t)$의 라플라스 변환이며, 이 변환은 다음과 같이 $F(s)$의 2계 도함수와 같다.

$$\mathcal{L}\left[t^2f(t)\right] = (-1)^2\frac{d^2}{ds^2}F(s) = \frac{d^2}{ds^2}F(s)$$

이 과정을 n번 반복하면 다음을 얻는다.

$$\mathcal{L}\left[t^nf(t)\right] = (-1)^n\frac{d^n}{ds^n}F(s)$$

즉, t의 영역에서 $f(t)$에 t^n을 곱하면 라플라스 변환은 s의 영역에서 $F(s)$의 n계 도함수에 부호 $(-1)^n$을 부여한 것과 동일하며, 이러한 성질을 라플라스 변환의 미분이라 한다. [정리 4]는 이 성질을 요약한 것이다.

정리 4　라플라스 변환의 미분

함수 $f(t)$의 라플라스 변환을 $F(s) = \mathcal{L}[f(t)]$라 하면 양의 정수 n에 대하여 다음이 성립한다.

(1) $\mathcal{L}\left[t^nf(t)\right] = (-1)^n\dfrac{d^n}{ds^n}\mathcal{L}[f(t)] = (-1)^n\dfrac{d^n}{ds^n}F(s)$

(2) $\mathcal{L}^{-1}\left[\dfrac{d^n}{ds^n}F(s)\right] = (-t)^n\mathcal{L}^{-1}[F(s)] = (-t)^nf(t)$

$$\text{(3)} \quad \mathcal{L}^{-1}[F(s)] = \left(-\frac{1}{t}\right)^n \mathcal{L}^{-1}\left[\frac{d^n}{ds^n}F(s)\right]$$

▶ 예제 6

다음 함수의 라플라스 변환을 구하여라.

(1) $t^2 e^{3t}$ (2) $t \sinh 3t$

풀이

주안점 $g(t) = t^n f(t)$에 대하여 $f(t)$의 라플라스 변환을 구한다.

(1) ❶ e^{3t}의 라플라스 변환을 구한다.

$$F(s) = \mathcal{L}[e^{3t}] = \frac{1}{s-3}$$

❷ $F(s)$의 2계 도함수를 구한다.

$$F''(s) = \frac{2}{(s-3)^3}$$

❸ $t^2 e^{3t}$의 라플라스 변환을 구한다.

$$\mathcal{L}[t^2 e^{3t}] = (-1)^2 F''(s) = \frac{2}{(s-3)^3}$$

(2) ❶ $\sinh 3t$의 라플라스 변환을 구한다.

$$F(s) = \mathcal{L}[\sinh 3t] = \frac{3}{s^2 - 9}$$

❷ $F(s)$의 1계 도함수를 구한다.

$$F'(s) = -\frac{6s}{(s^2-9)^2}$$

❸ $t \sinh 3t$의 라플라스 변환을 구한다.

$$\mathcal{L}[t \sinh 3t] = (-1)F'(s) = \frac{6s}{(s^2-9)^2}$$

함수 $t^2 e^{3t}$의 라플라스 변환은 함수 t^2에 제1이동정리를 적용하여 구할 수도 있다.

$$\mathcal{L}[t^2 e^{3t}] = \mathcal{L}[t^2]_{s \to s-3} = \left[\frac{2}{s^3}\right]_{s \to s-3} = \frac{2}{(s-3)^3}$$

▶ 예제 7

다음 함수의 라플라스 역변환을 구하여라.

(1) $F(s) = \dfrac{2s}{(s^2 + 4)^2}$ 　　　　　　　(2) $F(s) = \dfrac{s^2 + 9}{(s^2 - 9)^2}$

풀이

주안점 미분하여 $F(s)$가 되는 함수를 구한다.

(1) ❶ 미분하여 $\dfrac{2s}{(s^2 + 4)^2}$ 가 되는 함수를 구한다.

$$\frac{d}{ds}\left(-\frac{1}{s^2 + 2^2}\right) = \frac{2s}{(s^2 + 4)^2}$$

❷ $\dfrac{1}{s^2 + 2^2}$ 의 라플라스 역변환을 구한다.

$$\mathcal{L}^{-1}\left[\frac{1}{s^2 + 2^2}\right] = \frac{1}{2}\mathcal{L}^{-1}\left[\frac{2}{s^2 + 2^2}\right] = \frac{1}{2}\sin 2t$$

❸ $F(s)$의 라플라스 역변환을 구한다.

$$\mathcal{L}^{-1}\left[\frac{2s}{(s^2 + 4)^2}\right] = (-1)\mathcal{L}^{-1}\left[\frac{d}{ds}\left(\frac{1}{s^2 + 2^2}\right)\right] = (-1)(-t)\mathcal{L}^{-1}\left[\frac{1}{s^2 + 2^2}\right]$$

$$= \frac{t}{2}\mathcal{L}^{-1}\left[\frac{2}{s^2 + 4}\right] = \frac{t}{2}\sin 2t$$

(2) ❶ 미분하여 $\dfrac{s^2 + 9}{(s^2 - 9)^2}$ 가 되는 함수를 구한다.

$$\frac{d}{ds}\left(-\frac{s}{s^2 - 3^2}\right) = \frac{s^2 + 9}{(s^2 - 3^2)^2}$$

❷ $\dfrac{s}{s^2 - 3^2}$ 의 라플라스 역변환을 구한다.

$$\mathcal{L}^{-1}\left[\frac{s}{s^2 - 3^2}\right] = \cosh 3t$$

❸ $F(s)$의 라플라스 역변환을 구한다.

$$\mathcal{L}^{-1}\left[\frac{s^2 + 9}{(s^2 - 9)^2}\right] = (-1)\mathcal{L}^{-1}\left[\frac{d}{ds}\left(\frac{s}{s^2 - 3^2}\right)\right]$$

$$= (-1)(-t)\mathcal{L}^{-1}\left[\frac{s}{s^2 - 3^2}\right] = t\cosh 3t$$

제1이동정리와 라플라스 변환의 미분을 이용하면 함수 $f(t) = te^{-2t}\cos t$의 라플라스 변환을 쉽게 구할 수 있다. 우선 $\cos t$의 라플라스 변환을 구한다.

$$F(s) = \mathcal{L}\left[\cos t\right] = \frac{s}{s^2 + 1}$$

제1이동정리를 이용하면 $e^{-2t}\cos t$의 라플라스 변환은

$$\mathcal{L}\left[e^{-2t}\cos t\right] = F(s+2) = \frac{s+2}{(s+2)^2 + 1}$$

이고, [정리 4]를 이용하면 $f(t)$의 라플라스 변환을 얻는다.

$$\mathcal{L}\left[te^{-2t}\cos t\right] = -\frac{d}{ds}\left(\frac{s+2}{(s+2)^2 + 1}\right) = \frac{s^2 + 4s + 3}{(s^2 + 4s + 5)^2}$$

한편 함수 $f(t)$의 라플라스 변환 $F(s)$를 $[s, \infty)$에서 적분하면 다음을 얻는다.

$$\int_s^\infty F(u)\,du = \int_s^\infty \left(\int_0^\infty e^{-ut}f(t)\,dt\right)du = \int_0^\infty \left(\int_s^\infty e^{-ut}f(t)\,du\right)dt$$

$$= \int_0^\infty f(t)\left(\int_s^\infty e^{-ut}\,du\right)dt = \int_0^\infty f(t)\left[-\frac{1}{t}e^{-ut}\right]_s^\infty dt$$

$$= \int_0^\infty f(t)\frac{1}{t}e^{-st}\,dt = \int_0^\infty e^{-st}\left[\frac{1}{t}f(t)\right]dt$$

$$= \mathcal{L}\left[\frac{1}{t}f(t)\right]$$

따라서 t의 영역에서 $f(t)$에 $\frac{1}{t}$을 곱하면 라플라스 변환은 s의 영역에서 $F(s)$를 $[s, \infty)$에서 적분한 결과와 동일하며, 이러한 성질을 라플라스 변환의 적분이라 한다.

정리 5   라플라스 변환의 적분

함수 $f(t)$의 라플라스 변환 $F(s)$와 극한 $\lim_{t \to 0+}\dfrac{f(t)}{t}$가 존재하면 다음이 성립한다.

(1) $\mathcal{L}\left[\dfrac{1}{t}f(t)\right] = \displaystyle\int_s^\infty F(u)\,du$

(2) $\mathcal{L}^{-1}\left[\displaystyle\int_s^\infty F(u)\,du\right] = \dfrac{1}{t}\mathcal{L}^{-1}[F(s)] = \dfrac{1}{t}f(t)$

다음 함수의 라플라스 변환을 구하여라.

(1) $\dfrac{e^{2t} - e^{-2t}}{t}$ (2) $\dfrac{\sin 4t}{t}$

풀이

주안점 $g(t) = \dfrac{f(t)}{t}$ 에 대하여 $f(t)$의 라플라스 변환을 구한다.

(1) ❶ $e^{2t} - e^{-2t}$ 의 라플라스 변환을 구한다.

$$F(s) = \mathcal{L}\left[e^{2t} - e^{-2t}\right] = \frac{1}{s-2} - \frac{1}{s+2}$$

❷ $[s, \infty)$에서 $F(u)$의 적분을 구한다.

$$\int_s^\infty \left(\frac{1}{u-2} - \frac{1}{u+2}\right) du = \Big[\ln|u-2| - \ln|u+2|\Big]_s^\infty = \left[\ln\left|\frac{u-2}{u+2}\right|\right]_s^\infty$$

$$= -\ln\frac{s-2}{s+2} = \ln\frac{s+2}{s-2}$$

❸ $\dfrac{e^{2t} - e^{-2t}}{t}$ 의 라플라스 변환을 구한다.

$$\mathcal{L}\left[\frac{e^{2t} - e^{-2t}}{t}\right] = \ln\frac{s+2}{s-2}$$

(2) ❶ $\sin 4t$ 의 라플라스 변환을 구한다.

$$F(s) = \mathcal{L}\left[\sin 4t\right] = \frac{4}{s^2 + 16}$$

❷ $[s, \infty)$에서 $F(u)$의 적분을 구한다.

$$\int_s^\infty \frac{4}{u^2 + 16}\, du = \left[\tan^{-1}\frac{u}{4}\right]_s^\infty = \frac{\pi}{2} - \tan^{-1}\frac{s}{4}$$

❸ $\dfrac{\sin 4t}{t}$ 의 라플라스 변환을 구한다.

$$\mathcal{L}\left[\frac{\sin 4t}{t}\right] = \frac{\pi}{2} - \tan^{-1}\frac{s}{4}$$

도함수의 라플라스 변환

$t > 0$에서 $f(t)$가 미분가능하고 $\displaystyle\lim_{t \to \infty} e^{-st} f(t) = 0$을 만족한다고 하자. $f(t)$의 라플라스 변환을 $F(s)$라 하면 부분적분법을 이용하여 $f'(t)$의 라플라스 변환을 구할 수 있다.

$$\mathcal{L}\left[f'(t)\right] = \int_0^\infty e^{-st} f'(t) \, dt = \left[e^{-st} f(t)\right]_0^\infty + s \int_0^\infty e^{-st} f(t) \, dt$$

$$= -f(0) + s\mathcal{L}\left[f(t)\right]$$

즉, 함수 $f(t)$의 도함수에 대한 라플라스 변환은 다음과 같다.

$$\mathcal{L}\left[f'(t)\right] = -f(0) + s\mathcal{L}\left[f(t)\right]$$

동일한 방법으로 $f''(t)$의 라플라스 변환이 존재하면 부분적분법에 의해 2계 도함수의 라플라스 변환을 구할 수 있다.

$$\mathcal{L}\left[f''(t)\right] = \int_0^\infty e^{-st} f''(t) \, dt = \left[e^{-st} f'(t)\right]_0^\infty + s \int_0^\infty e^{-st} f'(t) \, dt$$

$$= -f'(0) + s\mathcal{L}\left[f'(t)\right]$$

$f'(t)$의 라플라스 변환을 대입하면 $f''(t)$의 라플라스 변환을 얻는다.

$$\mathcal{L}\left[f''(t)\right] = -f'(0) + s\mathcal{L}\left[f'(t)\right]$$

$$= -f'(0) + s\left(-f(0) + s\mathcal{L}\left[f(t)\right]\right)$$

$$= s^2 \mathcal{L}\left[f(t)\right] - sf(0) - f'(0)$$

즉, 다음이 성립한다.

$$\mathcal{L}\left[f''(t)\right] = s^2 \mathcal{L}\left[f(t)\right] - sf(0) - f'(0)$$

이 과정을 반복하면 $f(t)$의 n계 도함수에 대한 라플라스 변환을 얻는다.

정리 6　　**도함수의 라플라스 변환**

n번 미분가능한 함수 $f(t)$에 대하여 $f^{(n)}(t)$의 라플라스 변환은 다음과 같다.

$$\mathcal{L}\left[f^{(n)}(t)\right] = s^n \mathcal{L}\left[f(t)\right] - s^{n-1} f(0) - s^{n-2} f'(0) - \cdots - f^{(n-1)}(0)$$

▶ 예제 9

다음 함수의 라플라스 변환을 구하여라.

(1) $\cos^2 t$ (2) $\sin^2 2t$ (3) $t\cos t + \sin t$

풀이

주안점 도함수에 대한 라플라스 변환을 구한다.

(1) ❶ $f(t) = \cos^2 t$ 의 도함수를 구한다.

$$f'(t) = -2\sin t \cos t = -\sin 2t$$

❷ 도함수 $f'(t)$의 라플라스 변환을 구한다.
$f(0) = 1$ 이므로

$$\mathcal{L}\left[f'(t)\right] = \mathcal{L}\left[-\sin 2t\right] = -\frac{2}{s^2 + 4} = s\mathcal{L}\left[f(t)\right] - 1$$

❸ $f(t)$의 라플라스 변환을 구한다.

$$s\mathcal{L}\left[f(t)\right] - 1 = -\frac{2}{s^2 + 4}$$

$$\mathcal{L}\left[f(t)\right] = \frac{1}{s}\left(1 - \frac{2}{s^2 + 4}\right) = \frac{s^2 + 2}{s(s^2 + 4)}$$

(2) ❶ $f(t) = \sin^2 2t$ 의 도함수를 구한다.

$$f'(t) = 4\sin 2t \cos 2t = 2\sin 4t$$

❷ 도함수 $f'(t)$의 라플라스 변환을 구한다.
$f(0) = 0$ 이므로

$$\mathcal{L}\left[f'(t)\right] = \mathcal{L}\left[2\sin 4t\right] = \frac{8}{s^2 + 16} = s\mathcal{L}\left[f(t)\right]$$

❸ $f(t)$의 라플라스 변환을 구한다.

$$\mathcal{L}\left[f(t)\right] = \frac{8}{s(s^2 + 16)}$$

(3) ❶ $f(t)$를 도함수의 식으로 변형한다.

$$f(t) = t\cos t + \sin t = \frac{d}{dt}(t\sin t)$$

❷ $t\sin t$를 $g(t)$로 놓는다.
$g(t) = t\sin t$ 로 놓으면 $g'(t) = f(t)$, $g(0) = 0$ 이다.

❸ [정리 6], [정리 4]에 의해 $f(t)$의 라플라스 변환을 구한다.

$$\mathcal{L}\left[t\cos t + \sin t\right] = \mathcal{L}\left[\frac{d}{dt}(t\sin t)\right] = s\mathcal{L}\left[t\sin t\right] - g(0)$$

$$= s\left[(-1)\frac{d}{ds}\mathcal{L}\left[\sin t\right]\right] = s\left[(-1)\frac{d}{ds}\frac{1}{s^2+1}\right] = \frac{2s}{s^2+1}$$

두 함수 $\cos^2 t$, $\sin^2 2t$의 라플라스 변환을 구하기 위해 다음 반각공식을 활용할 수 있다.

$$\cos^2 t = \frac{1+\cos 2t}{2}, \quad \sin^2 2t = \frac{1+\cos 4t}{2}$$

초깃값 문제

도함수의 라플라스 변환의 역변환을 이용하면 초깃값이 주어진 비제차 선형 미분방정식의 해를 구할 수 있다. 이는 변수 t의 영역에 대한 미분방정식을 변수 s의 영역에서 대수식으로 변환하여 구할 수 있음을 의미한다. 다음 미분방정식을 생각하자.

$$y'' - y' - 2y = 2x^2 - 1, \ y(0) = 0, \ y'(0) = 1$$

$y = f(t)$라 하면 초기조건은 $f(0) = 0$, $f'(0) = 1$이다. 이제 다음 순서에 따라 초깃값 문제를 해결할 수 있다.

① 미분방정식의 양변에 라플라스 변환을 취한다.

$$\mathcal{L}\left[y'' - y' - 2y\right] = \mathcal{L}\left[2x^2 - 1\right]$$

$$\mathcal{L}\left[y''\right] - \mathcal{L}\left[y'\right] - 2\mathcal{L}\left[y\right] = 2\mathcal{L}\left[x^2\right] - \mathcal{L}\left[1\right] = \frac{2}{s^3} - \frac{1}{s} = \frac{4-s^2}{s^3}$$

② 좌변에 도함수의 라플라스 변환을 적용한다.

$\mathcal{L}\left[y'\right] = -f(0) + s\mathcal{L}\left[f(t)\right]$, $\mathcal{L}\left[y''\right] = s^2\mathcal{L}\left[f(t)\right] - sf(0) - f'(0)$이므로 다음을 얻는다.

$$\mathcal{L}\left[y''\right] - \mathcal{L}\left[y'\right] - 2\mathcal{L}\left[y\right] = \left\{s^2\mathcal{L}\left[f(t)\right] - sf(0) - f'(0)\right\} - \left\{s\mathcal{L}\left[f(t)\right] - f(0)\right\} - 2\mathcal{L}\left[f(t)\right]$$

$$= \left\{s^2\mathcal{L}\left[f(t)\right] - 1\right\} - \left\{s\mathcal{L}\left[f(t)\right]\right\} - 2\mathcal{L}\left[f(t)\right]$$

$$= (s^2 - s - 2)\mathcal{L}\left[f(t)\right] - 1$$

③ 변수 s에 대한 $\mathcal{L}[f(t)]$의 대수식을 얻는다.

$$(s^2 - s - 2)\mathcal{L}[f(t)] - 1 = \frac{4 - s^2}{s^3}$$

$$\mathcal{L}[f(t)] = \frac{4 - s^2 + s^3}{s^3(s^2 - s - 2)}$$

④ 부분분수로 분해한다.

$$\mathcal{L}[f(t)] = \frac{1}{3}\frac{1}{s-2} + \frac{2}{3}\frac{1}{s+1} - \frac{1}{s} + \frac{1}{s^2} - \frac{2}{s^3}$$

⑤ 라플라스 역변환을 구한다.

$$f(t) = \mathcal{L}^{-1}\left[\frac{1}{3}\frac{1}{s-2} + \frac{2}{3}\frac{1}{s+1} - \frac{1}{s} + \frac{1}{s^2} - \frac{2}{s^3}\right]$$

$$= \frac{1}{3}\mathcal{L}^{-1}\left[\frac{1}{s-2}\right] + \frac{2}{3}\mathcal{L}^{-1}\left[\frac{1}{s+1}\right] - \mathcal{L}^{-1}\left[\frac{1}{s}\right] + \mathcal{L}^{-1}\left[\frac{1}{s^2}\right] - \mathcal{L}^{-1}\left[\frac{2}{s^3}\right]$$

$$= \frac{1}{3}e^{2t} + \frac{2}{3}e^{-t} - 1 + t - t^2$$

⑥ 초깃값 문제의 해를 구한다.

$$y = \frac{1}{3}e^{2t} + \frac{2}{3}e^{-t} - t^2 + t - 1$$

[그림 4.4]는 풀이 과정을 도식화한 것이다.

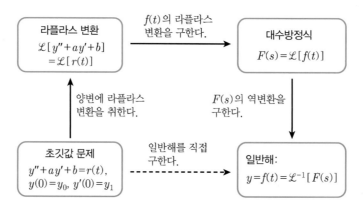

[그림 4.4] 라플라스 변환을 이용한 초깃값 문제 해결 과정

라플라스 변환을 이용하면 [그림 4.4]와 같이 미분방정식의 해를 직접 구하는 것보다 복잡해 보이지만, 상수계수를 갖는 초깃값 문제의 해를 구하는 데 다음과 같은 편리함이 있다.

① 여함수를 구할 필요가 없다.
② 특수해를 구할 필요가 없다.
③ 초기조건을 만족하는 임의의 상수에 대한 방정식을 풀 필요가 없다.

[정리 6]을 이용하면 초기조건 $y(0) = y_0$, $y'(0) = y_0'$, $\cdots$, $y^{(n-1)}(0) = y_0^{(n-1)}$이 주어진 다음 형태의 n계 선형 미분방정식으로 확장할 수 있다.

$$a_0 y^{(n)} + a_1 y^{(n-1)} + \cdots + a_{n-1} y' + a_n y = r(t)$$

이 미분방정식의 해 $y = y(t)$를 구하기 위해 $Y(s) = \mathcal{L}[y(t)]$, $F(s) = \mathcal{L}[r(t)]$로 놓은 후, 양변에 라플라스 변환을 취한다.

$$a_0 \mathcal{L}[y^{(n)}] + a_1 \mathcal{L}[y^{(n-1)}] + \cdots + a_{n-1} \mathcal{L}[y'] + a_n \mathcal{L}[y] = \mathcal{L}[r(t)]$$

각 도함수의 라플라스 변환을 구하기 위해 [정리 6]을 적용한다.

$$\mathcal{L}[y^{(n)}] = s^n Y(s) - s^{n-1} y(0) - s^{n-2} y'(0) - \cdots - y^{(n-1)}(0)$$

$$\mathcal{L}[y^{(n-1)}] = s^{n-1} Y(s) - s^{n-2} y(0) - s^{n-3} y'(0) - \cdots - y^{(n-2)}(0)$$

$$\vdots$$

$$\mathcal{L}[y'] = s Y(s) - y(0)$$

그러면 다음과 같은 $Y(s)$에 대한 대수방정식을 얻는다.

$$a_0 \big(s^n Y(s) - s^{n-1} y_0 - s^{n-2} y_0' - \cdots - y_0^{(n-1)} \big) + \cdots + a_{n-1} (s Y(s) - y_0) + a_n Y(s) = F(s)$$

$$Y(s) = \frac{1}{a_0 s^n + a_1 s^{n-1} + \cdots + a_n} \big[a_0 (s^{n-1} y_0 + \cdots + y_0^{(n-1)}) + \cdots + a_{n-1} y_0 + F(s) \big]$$

마지막으로 양변에 라플라스 역변환을 취하면 초깃값 문제의 해 $y(t) = \mathcal{L}^{-1}[Y(s)]$를 얻는다.

다음 초기조건을 만족하는 미분방정식의 해를 구하여라.

(1) $y'' + 2y' + y = \cos t$, $y(0) = 1$, $y'(0) = 0$

(2) $y'' - 2y' + y = \cos t + 2\sin t$, $y(0) = 0$, $y'(0) = 0$

풀이

주안점 $Y(s) = \mathcal{L}[y(t)]$ 로 놓은 후 양변에 라플라스 변환을 취한다.

(1) ❶ 미분방정식의 양변에 라플라스 변환을 취한다.

$$\mathcal{L}[y'' + 2y' + y] = \mathcal{L}[\cos t] = \frac{1}{s^2 + 1}$$

❷ 좌변에 도함수의 라플라스 변환을 적용한다.

$$\mathcal{L}[y'' + 2y' + y] = \{s^2 \mathcal{L}[f(t)] - s f(0) - f'(0)\} + 2\{s \mathcal{L}[f(t)] - f(0)\} + \mathcal{L}[f(t)]$$
$$= \{s^2 Y(s) - s\} + 2\{-1 + s Y(s)\} + Y(s)$$
$$= (s^2 + 2s + 1)Y(s) - s - 2$$

❸ $Y(s)$를 구한다.

$$(s^2 + 2s + 1)Y(s) - s - 2 = \frac{s}{s^2 + 1}$$

$$Y(s) = \frac{s^3 + 2s^2 + 2s + 2}{(s+1)^2 (s^2 + 1)} = \frac{1}{2}\frac{1}{(s+1)^2} + \frac{1}{s+1} + \frac{1}{2}\frac{1}{s^2 + 1}$$

❹ 라플라스 역변환을 구한다.

$$f(t) = \mathcal{L}^{-1}\left[\frac{1}{2}\frac{1}{(s+1)^2} + \frac{1}{s+1} + \frac{1}{2}\frac{1}{s^2 + 1}\right]$$
$$= \frac{1}{2}\mathcal{L}^{-1}\left[\frac{1}{(s+1)^2}\right] + \mathcal{L}^{-1}\left[\frac{1}{s+1}\right] + \frac{1}{2}\mathcal{L}^{-1}\left[\frac{1}{s^2 + 1}\right]$$
$$= \frac{1}{2}t e^{-t} + e^{-t} + \frac{1}{2}\sin t$$

❺ 초깃값 문제의 해를 구한다.

$$y = \frac{1}{2}(t e^{-t} + 2e^{-t} + \sin t)$$

(2) ❶ 미분방정식의 양변에 라플라스 변환을 취한다.

$$\mathcal{L}\left[y'' - 2y' + y\right] = \mathcal{L}\left[\cos t + 2\sin t\right] = \frac{s}{s^2 + 1} + \frac{2}{s^2 + 1}$$

❷ 좌변에 도함수의 라플라스 변환을 적용한다.

$$\mathcal{L}\left[y'' - 2y' + y\right] = \left\{s^2 \mathcal{L}\left[f(t)\right] - s f(0) - f'(0)\right\} - 2\left\{s \mathcal{L}\left[f(t)\right] - f(0)\right\} + \mathcal{L}\left[f(t)\right]$$

$$= s^2 Y(s) - 2s Y(s) + Y(s)$$

$$= (s^2 - 2s + 1) Y(s)$$

❸ $Y(s)$를 구한다.

$$(s^2 - 2s + 1) Y(s) = \frac{s + 2}{s^2 + 1}$$

$$Y(s) = \frac{s + 2}{(s - 1)^2 (s^2 + 1)} = \frac{3}{2} \frac{1}{(s - 1)^2} - \frac{1}{s - 1} + \frac{1}{2} \frac{2s - 1}{s^2 + 1}$$

❹ 라플라스 역변환을 구한다.

$$f(t) = \mathcal{L}^{-1}\left[\frac{3}{2} \frac{1}{(s - 1)^2} - \frac{1}{s - 1} + \frac{1}{2} \frac{2s - 1}{s^2 + 1}\right]$$

$$= \frac{3}{2} \mathcal{L}^{-1}\left[\frac{1}{(s - 1)^2}\right] - \mathcal{L}^{-1}\left[\frac{1}{s - 1}\right] + \mathcal{L}^{-1}\left[\frac{s}{s^2 + 1}\right] - \frac{1}{2} \mathcal{L}^{-1}\left[\frac{1}{s^2 + 1}\right]$$

$$= \frac{3}{2} t e^t - e^t + \cos t - \frac{1}{2} \sin t$$

❺ 초깃값 문제의 해를 구한다.

$$y = \frac{1}{2}\left(3t e^t - 2e^t + 2\cos t - \sin t\right)$$

합성곱

두 함수 $F(s)$, $G(s)$의 라플라스 역변환을 각각 $f(t)$, $g(t)$라 할 때, $H(s) = F(s)G(s)$의 역변환 $h(t)$를 구하는 방법을 살펴보자. $f * g$로 나타내는 두 함수 $f(t)$, $g(t)$의 합성곱convolution을 다음과 같이 정의한다.

$$(f * g)(t) = \int_0^t f(u) g(t - u) du$$

예를 들어 두 함수 $f(t) = e^{at}$, $g(t) = \cos \omega t$ 의 합성곱은 다음과 같다.

$$(f * g)(t) = \int_0^t e^{au} \cos \omega (t - u) \, du$$

$v = t - u$ 로 놓으면 $u = t - v$, $du = -dv$ 이고 적분구간은 $[0, t]$에서 $[t, 0]$으로 바뀌므로 다음을 얻는다.

$$(f * g)(t) = \int_t^0 e^{a(t-v)} \cos \omega v (-1) \, dv = e^{at} \int_0^t e^{-av} \cos \omega v \, dv$$

$$= e^{at} \left[\frac{e^{-av}}{a^2 + \omega^2} (-a \cos \omega v + \omega \sin \omega v) \right]_0^t$$

$$= \frac{1}{a^2 + \omega^2} (a e^{at} - a \cos \omega t + \omega \sin \omega t)$$

이제 두 함수 $f(t)$, $g(t)$의 라플라스 변환 $F(s)$, $G(s)$의 곱 $H(s) = F(s)G(s)$의 역변환을 구해 보자. 두 변환의 곱 $H(s)$는 다음과 같다.

$$H(s) = \left(\int_0^\infty e^{-su} f(u) \, du \right) \left(\int_0^\infty e^{-sv} g(v) \, dv \right)$$

$$= \int_0^\infty \int_0^\infty e^{-s(u+v)} f(u) g(v) \, du \, dv$$

변수 u를 고정하고 $t = u + v$로 놓으면 $v = t - u$이고 적분구간은 [그림 4.5]와 같이 바뀐다.

$$\{(u, v) | u > 0, v > 0\} \Rightarrow \{(u, t) | t > u > 0\}$$

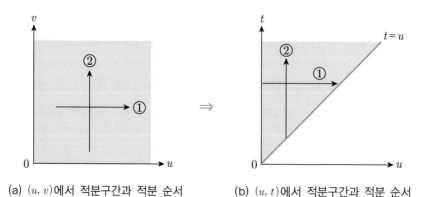

(a) (u, v)에서 적분구간과 적분 순서   (b) (u, t)에서 적분구간과 적분 순서

[그림 4.5] 변수변환에 의한 적분구간과 적분 순서

따라서 $H(s)$는 다음과 같다.

$$H(s) = \int_0^\infty \int_0^t e^{-st} f(u)\, g(t-u)\, du\, dt$$

$$= \int_0^\infty e^{-st} dt \int_0^t f(u)\, g(t-u)\, du$$

$$= \int_0^\infty e^{-st} \left(\int_0^t f(u)\, g(t-u)\, du \right) dt$$

$$= \int_0^\infty e^{-st} (f * g)(t)\, dt$$

$$= \mathcal{L}\left[(f * g)(t) \right]$$

즉, 두 함수의 합성곱에 대한 라플라스 변환과 역변환은 다음 성질을 만족한다.

> **정리 7** **합성곱의 라플라스 변환과 역변환**
>
> 두 함수 $f(t)$, $g(t)$의 라플라스 변환 $F(s)$, $G(s)$에 대하여 다음이 성립한다.
>
> (1) $\mathcal{L}\left[(f * g)(t) \right] = F(s)\, G(s)$
>
> (2) $\mathcal{L}^{-1}\left[H(s) \right] = \mathcal{L}^{-1}\left[F(s)\, G(s) \right] = (f * g)(t)$

▶ **예제 11**

다음 함수의 라플라스 역변환을 구하여라.

(1) $\dfrac{1}{s^2 (s^2 + 4)}$ 　　　　　　(2) $\dfrac{s}{(s^2 + 4)^2}$

풀이

주안점 두 함수의 곱으로 나타낸 후 각 역변환의 합성곱을 구한다.

(1) ❶ 두 분수식의 곱으로 나타낸다.

$$\frac{1}{s^2 (s^2 + 4)} = \frac{1}{s^2} \frac{1}{s^2 + 4}$$

❷ 두 함수의 역변환을 구한다.

$$f(t) = \mathcal{L}^{-1}\left[\frac{1}{s^2} \right] = t, \quad g(t) = \mathcal{L}^{-1}\left[\frac{1}{s^2 + 4} \right] = \frac{1}{2}\sin 2t$$

❸ 역변환의 합성곱 식을 얻는다.

$$\mathcal{L}^{-1}\left[\frac{1}{s^2(s^2+4)}\right] = (f * g)(t) = \frac{1}{2}\int_0^t u\sin 2(t-u)\,du$$

❹ 합성곱을 구한다.

$v = t - u$로 놓으면 $u = t - v$이고 부분적분법에 의해 다음을 얻는다.

$$\int_0^t u\sin 2(t-u)\,du = \int_0^t (t-v)\sin 2v\,dv$$

$$= \left[-\frac{1}{2}(t-v)\cos 2v - \frac{1}{4}\sin 2v\right]_0^t$$

$$= -\frac{1}{4}\sin 2t + \frac{1}{2}t$$

❺ 라플라스 역변환을 구한다.

$$\mathcal{L}^{-1}\left[\frac{1}{s^2(s^2+4)}\right] = \frac{1}{8}(-\sin 2t + 2t)$$

(2) ❶ 두 분수식의 곱으로 표현한다.

$$\frac{s}{(s^2+4)(s^2+4)} = \frac{s}{s^2+4}\frac{1}{s^2+4}$$

❷ 두 함수의 역변환을 구한다.

$$f(t) = \mathcal{L}^{-1}\left[\frac{s}{s^2+4}\right] = \cos 2t, \quad g(t) = \mathcal{L}^{-1}\left[\frac{1}{s^2+4}\right] = \frac{1}{2}\sin 2t$$

❸ 역변환의 합성곱 식을 얻는다.

$$\mathcal{L}^{-1}\left[\frac{s}{(s^2+4)^2}\right] = (f * g)(t) = \frac{1}{2}\int_0^t \cos 2u\sin 2(t-u)\,du$$

$$= \frac{1}{4}\int_0^t [\sin 2t + \sin(2t-4u)]\,du$$

$$= \frac{1}{4}\left[u\sin 2t + \frac{1}{4}\cos(2t-4u)\right]_{u=0}^{u=t}$$

$$= \frac{1}{4}t\sin 2t$$

❹ 라플라스 역변환을 구한다.

$$\mathcal{L}^{-1}\left[\frac{s}{(s^2+4)^2}\right] = \frac{1}{4}t\sin 2t$$

[정리 7]에서 $g(t) = 1$ 이라 하면 $G(s) = \dfrac{1}{s}$ 이므로 다음을 얻는다.

$$(f * g)(t) = \int_0^t f(u)\,g(t-u)\,du = \int_0^t f(u)\,du$$

$$H(s) = F(s)\,G(s) = \frac{F(s)}{s}$$

따라서 $f(t)$의 적분에 대한 라플라스 변환은 다음과 같다.

$$\mathcal{L}\left[(f * g)(t)\right] = \mathcal{L}\left[\int_0^t f(u)\,du\right] = F(s)\,G(s) = \frac{1}{s}F(s)$$

이로부터 적분에 대한 라플라스 변환을 얻는다.

> **정리 8**   **적분의 라플라스 변환**
>
> $f(t)$가 부분적으로 연속이고 라플라스 변환 $F(s)$가 존재하면 다음이 성립한다.
>
> (1) $\mathcal{L}\left[\displaystyle\int_0^t f(u)\,du\right] = \dfrac{1}{s}\mathcal{L}\left[f(t)\right] = \dfrac{1}{s}F(s)$
>
> (2) $\mathcal{L}^{-1}\left[\dfrac{1}{s}F(s)\right] = \displaystyle\int_0^t f(u)\,du = \int_0^t \mathcal{L}^{-1}\left[F(s)\right]ds$

▶ 예제 12

다음 함수의 라플라스 변환을 구하여라.

(1) $\sin 2t - 2t\cos 2t$
(2) $\dfrac{1}{13}\left(2e^{2t}\cos 3t + 3e^{2t}\sin 3t - 2\right)$

풀이

주안점 $f(t)$를 적분 형태로 나타낸 후 [정리 8]을 이용한다.

(1) ❶ $f(t)$를 적분 형태로 나타낸다.

$$f(t) = \sin 2t - 2t\cos 2t = \int_0^t 4u\sin u\,du$$

❷ 적분의 라플라스 변환을 구한다.

$$\mathcal{L}\left[\sin 2t - 2t\cos 2t\right] = \mathcal{L}\left[\int_0^t 4u\sin 2u\,du\right] = \frac{4}{s}\mathcal{L}\left[t\sin 2t\right]$$

$$= \frac{4}{s}(-1)\frac{d}{ds}\mathcal{L}[\sin 2t] = -\frac{4}{s}\frac{d}{ds}\left(\frac{2}{s^2+4}\right)$$

$$= -\frac{4}{s}\left(-\frac{4s}{(s^2+4)^2}\right) = \frac{16}{(s^2+4)^2}$$

(2) ❶ $f(t)$를 적분 형태로 나타낸다.

$$f(t) = \frac{1}{13}(2e^{2t}\cos 3t + 3e^{2t}\sin 3t - 2) = \int_0^t e^{2u}\cos 3u\,du$$

❷ 적분의 라플라스 변환을 구한다.

$$\mathcal{L}\left[\frac{1}{13}(2e^{2t}\cos 3t + 3e^{2t}\sin 3t - 2)\right] = \mathcal{L}\left[\int_0^t e^{2u}\cos 3u\,du\right] = \frac{1}{s}\mathcal{L}[e^{2t}\cos 3t]$$

❸ $\cos 3t$ 의 라플라스 변환을 구한다.

$$F(s) = \mathcal{L}[\cos 3t] = \frac{s}{s^2+9}$$

❹ $e^{2t}\cos 3t$ 의 라플라스 변환을 구한다.

$$\mathcal{L}[e^{2t}\cos 3t] = F(s-2) = \frac{s-2}{(s-2)^2+9}$$

❺ $f(t)$의 라플라스 변환을 구한다.

$$\mathcal{L}\left[\frac{1}{13}(2e^{2t}\cos 3t + 3e^{2t}\sin 3t - 2)\right] = \frac{s-2}{s[(s-2)^2+9]}$$

▶ 예제 13

다음 함수의 라플라스 역변환을 구하여라.

(1) $\dfrac{1}{s(s^2+9)}$ (2) $\dfrac{1}{s^2(s^2-1)}$

풀이

주안점 $\dfrac{1}{s}$ 을 제외한 함수의 라플라스 역변환을 구하여 적분한다.

(1) $\mathcal{L}^{-1}\left[\dfrac{1}{s(s^2+9)}\right] = \displaystyle\int_0^t \mathcal{L}^{-1}\left[\dfrac{1}{s^2+9}\right]du = \dfrac{1}{3}\int_0^t \mathcal{L}^{-1}\left[\dfrac{3}{s^2+3^2}\right]du$

$$= \frac{1}{3}\int_0^t \sin 3u\,du = \frac{1}{9}(1-\cos 3t)$$

(2) ❶ $\dfrac{1}{s\,(s^2-1)}$ 의 라플라스 역변환을 구한다.

$$\mathcal{L}^{-1}\left[\frac{1}{s\,(s^2-1)}\right]=\int_0^t\mathcal{L}^{-1}\left[\frac{1}{s^2-1}\right]du=\int_0^t\sinh u\,du=-1+\cosh t$$

❷ 주어진 함수의 라플라스 역변환을 구한다.

$$\mathcal{L}^{-1}\left[\frac{1}{s^2\,(s^2-1)}\right]=\int_0^t\mathcal{L}^{-1}\left[\frac{1}{s\,(s^2-1)}\right]du$$

$$=\int_0^t(-1+\cosh u)\,du=-t+\sinh t$$

크기 변환

시간 t의 함수 $f(t)$에 대하여 시간 t의 비율을 at로 조정한 함수 $f(at)$의 라플라스 변환을 구하는 방법을 살펴보자. a가 양수이고 $f(t)$의 라플라스 변환을 $F(s)$라 하면 $f(at)$의 라플라스 변환은 다음과 같다.

$$\mathcal{L}\,[f(at)]=\int_0^\infty e^{-st}f(at)\,dt$$

$u=at$로 놓으면 $t=\dfrac{u}{a}$ 이므로 $dt=\dfrac{du}{a}$ 이고, $\mathcal{L}\,[f(at)]$는 다음과 같이 변형된다.

$$\mathcal{L}\,[f(at)]=\int_0^\infty e^{-st}f(at)\,dt=\int_0^\infty e^{-s(u/a)}f(u)\frac{1}{a}\,du$$

$$=\frac{1}{a}\int_0^\infty e^{-(s/a)u}f(u)\,du=\frac{1}{a}F\left(\frac{s}{a}\right)$$

이로부터 라플라스 변환에 대한 다음 성질을 얻으며, 이 성질을 확대의 라플라스 변환이라 한다.

정리 9 　 **확대의 라플라스 변환**

함수 $f(t)$의 라플라스 변환을 $F(s)$라 하면 임의의 양수 a에 대하여 다음이 성립한다.

(1) $\mathcal{L}\,[f(at)]=\dfrac{1}{a}F\left(\dfrac{s}{a}\right)$

(2) $\mathcal{L}^{-1}[F(as)]=\dfrac{1}{a}f\left(\dfrac{t}{a}\right)=\dfrac{1}{a}\left[\mathcal{L}^{-1}[F(s)]\right]_{t\,\to\,t/a}$

▶ 예제 14

다음 함수의 라플라스 변환을 구하여라.

(1) $t\cos 2t$ (2) $e^{3t}\sinh 3t$

풀이

주안점 변수를 일치시킨다.

(1) ❶ $f(t)$의 변수를 일치시킨다.

$$f(t) = \frac{1}{2}(2t)\cos 2t, \quad \mathcal{L}[t\cos 2t] = \frac{1}{2}\mathcal{L}[(2t)\sin 2t]$$

❷ $\mathcal{L}[t\cos t]$의 라플라스 변환을 구한다.
라플라스 변환의 미분을 이용하면

$$F(s) = \mathcal{L}[t\cos t] = (-1)\frac{d}{ds}\mathcal{L}[\cos t]$$

$$= (-1)\frac{d}{ds}\left(\frac{s}{s^2+1}\right) = \frac{s^2-1}{(s^2+1)^2}$$

❸ $\mathcal{L}[t\cos 2t] = \frac{1}{2}F\left(\frac{s}{2}\right)$를 구한다.

$$\mathcal{L}[t\cos 2t] = \frac{1}{2}\left[\frac{1}{2}F\left(\frac{s}{2}\right)\right] = \frac{s^2-4}{(s^2+4)^2}$$

(2) ❶ $\sinh t$의 라플라스 변환을 구한다.

$$\mathcal{L}[\sinh t] = \frac{1}{s^2-1}$$

❷ $e^t\sinh t$의 라플라스 변환을 구한다.
제1이동정리에 의해

$$F(s) = \mathcal{L}[e^t\sinh t] = \frac{1}{(s-1)^2-1} = \frac{1}{s^2-2s}$$

❸ $\mathcal{L}[e^{3t}\sinh 3t] = \frac{1}{3}F\left(\frac{s}{3}\right)$를 구한다.

$$\mathcal{L}[e^{3t}\sinh 3t] = \frac{1}{3}F\left(\frac{s}{3}\right) = \frac{3}{s(s-6)}$$

▶ 예제 15

다음 함수의 라플라스 역변환을 구하여라.

(1) $\dfrac{s}{9s^2+4}$
(2) $\dfrac{1}{3s+2}$

풀이

주안점 분모와 분자의 변수를 일치시킨다.

(1) ❶ 변수를 일치시킨다.

$$\frac{s}{9s^2+4} = \frac{1}{3}\,\frac{3s}{(3s)^2+4}$$

❷ $\dfrac{s}{s^2+4}$ 의 라플라스 역변환을 구한다.

$$f(t) = \mathcal{L}^{-1}\left[\frac{s}{s^2+4}\right] = \cos 2t$$

❸ 주어진 함수의 라플라스 역변환을 구한다.

$$\mathcal{L}^{-1}\left[\frac{s}{9s^2+4}\right] = \frac{1}{3}\,\mathcal{L}^{-1}\left[\frac{3s}{(3s)^2+4}\right] = \frac{1}{3}\left[\frac{1}{3}f\left(\frac{t}{3}\right)\right] = \frac{1}{9}\cos\frac{2t}{3}$$

(2) ❶ $\dfrac{1}{s+2}$ 의 역변환을 구한다.

$$f(t) = \mathcal{L}^{-1}\left[\frac{1}{s+2}\right] = e^{-2t}$$

❷ 주어진 함수의 라플라스 역변환을 구한다.

$$\mathcal{L}^{-1}\left[\frac{1}{3s+2}\right] = \frac{1}{3}f\left(\frac{t}{3}\right) = \frac{1}{3}e^{-\frac{2t}{3}}$$

4.3 주기함수의 라플라스 변환

다음과 같이 $t < a$ 에서 0이고 $t \geq a$ 에서 1인 함수 $u_a(t)$를 **단위계단함수**^{unit step function} 또는 **헤비사이드 함수**^{Heaviside function}라 한다.

$$u(t-a) = \begin{cases} 0, & t < a \\ 1, & t \geq a \end{cases}$$

이 함수의 그래프는 [그림 4.6]과 같다.

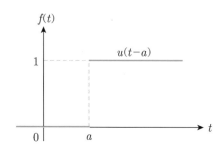

[**그림 4.6**] 단위계단함수

이와 같은 함수는 공학에서 어떤 시각에서 시스템의 'on' 또는 'off'를 나타내기 위해 사용하며, 주어진 함수 $f(t)$, $t > a$의 그래프를 t축을 따라 a만큼 오른쪽으로 평행이동시킬 때 사용한다. 함수 $f(t)$의 그래프를 t축을 따라 a만큼 오른쪽으로 평행이동시킨 함수 $u(t-a)f(t-a)$의 그래프는 [그림 4.7]과 같다.

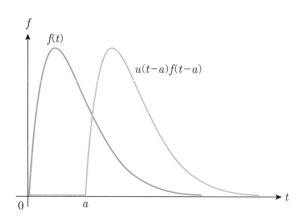

[**그림 4.7**] $f(t)$를 평행이동시킨 함수 $u(t-a)f(t-a)$

즉, t축을 따라 $f(t)$의 그래프를 a만큼 오른쪽으로 평행이동시킨 함수는 다음과 같이 단위계단함수에 의해 표현된다.

$$u(t-a)f(t-a) = \begin{cases} 0 & , t < a \\ f(t-a), & t \geq a \end{cases}$$

$s > 0$에 대하여 단위계단함수 $u(t-a)$의 라플라스 변환은 다음과 같다.

$$\mathcal{L}\left[u(t-a)\right] = \int_0^\infty e^{-st} u(t-a)\,dt$$

$$= \int_0^a e^{-st} u(t-a)\,dt + \int_a^\infty e^{-st} u(t-a)\,dt$$

$$= \int_0^a e^{-st}(0)\,dt + \int_a^\infty e^{-st}(1)\,dt$$

$$= \left[-\frac{e^{-st}}{s}\right]_a^\infty = \frac{e^{-as}}{s}$$

따라서 단위계단함수의 라플라스 변환과 그 역변환은 다음과 같다.

정리 10   **단위계단함수의 라플라스 변환과 그 역변환**

단위계단함수 $u(t)$와 임의의 양수 a에 대하여 다음이 성립한다.

(1) $\mathcal{L}\left[u(t-a)\right] = \dfrac{e^{-as}}{s}$, $\mathcal{L}^{-1}\left[\dfrac{e^{-as}}{s}\right] = u(t-a)$

(2) $\mathcal{L}\left[u(t)\right] = \dfrac{1}{s}$, $\mathcal{L}^{-1}\left[\dfrac{1}{s}\right] = u(t)$

▶ 예제 16

함수 $f(t)$의 그래프가 그림과 같다. 단위계단함수를 이용하여 이 함수를 나타낸 후 라플라스 변환을 구하여라.

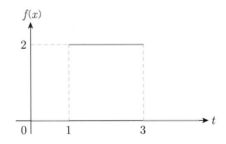

풀이

❶ $f(t)$를 단위계단함수로 나타낸다.

$$f(t) = \begin{cases} 0, & 0 < t \le 1 \\ 2, & 1 < t \le 3 \\ 0, & t > 3 \end{cases}$$

$$= 2u(t-1) - 2u(t-3)$$

❷ $f(t)$의 라플라스 변환을 구한다.

$$\mathcal{L}[f(t)] = \mathcal{L}[2u(t-1) - 2u(t-3)]$$
$$= 2\mathcal{L}[u(t-1)] - 2\mathcal{L}[u(t-3)]$$
$$= 2\left(\frac{e^{-s}}{s} - \frac{e^{-3s}}{s}\right) = \frac{2}{s}(e^{-s} - e^{-3s})$$

$F(s) = \mathcal{L}[f(t)]$인 함수 $f(t)$에 대하여 $u(t-a)f(t-a)$의 라플라스 변환을 구해 보자.

$$\mathcal{L}[u(t-a)f(t-a)] = \int_0^\infty e^{-st} u(t-a)f(t-a)\,dt$$
$$= \int_0^a e^{-st} u(t-a)f(t-a)\,dt + \int_a^\infty e^{-st} u(t-a)f(t-a)\,dt$$
$$= \int_0^\infty e^{-st}(0)\,dt + \int_a^\infty e^{-st} f(t-a)\,dt$$
$$= \int_a^\infty e^{-st} f(t-a)\,dt$$

마지막 적분에서 $x = t - a$라 하면 $t = x + a$, $dt = dx$이고 적분구간은 $[0, \infty)$로 바뀌므로 다음이 성립한다.

$$\mathcal{L}[u(t-a)f(t-a)] = e^{-as}\int_0^\infty e^{-sx} f(x)\,dx$$
$$= e^{-as}\mathcal{L}[f(t)] = e^{-as}F(s)$$

즉, t축을 따라 $f(t)$를 a만큼 오른쪽으로 평행이동시킨 함수에 대하여 제2이동정리^{second shifting theorem,} ^{t-shifting}다음 성질을 얻는다.

정리 11   제2이동정리

$F(s) = \mathcal{L}[f(t)]$인 함수 $f(t)$에 대하여 다음이 성립한다.

(1) $\mathcal{L}[f(t-a)u(t-a)] = e^{-as}\mathcal{L}[f(t)] = e^{-as}F(s)$

(2) $\mathcal{L}^{-1}[e^{-as}F(s)] = f(t-a)u(t-a)$

제1이동정리는 s축에서 라플라스 변환 $F(s)$의 평행이동을 나타내는 반면, 제2이동정리는 t축에서 역변환 $f(t)$의 평행이동을 나타낸다. 제2이동정리는 [그림 4.8]과 같이 $f(t)$를 t축에서 a만큼 오른쪽으로 평행이동시키면 라플라스 변환은 s축에서 e^{-as}을 곱한 것에 대응함을 알 수 있다.

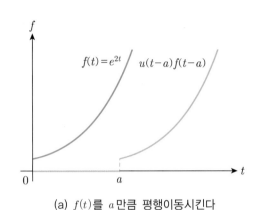

(a) $f(t)$를 a만큼 평행이동시킨다   (b) $F(s)$에 e^{-as}을 곱한다

[그림 4.8] 제2이동정리

▶ 예제 17

다음 함수의 라플라스 변환을 구하여라.

(1) $u(t-2\pi)\cos t$ (2) $u(t-1)e^{2t}$

풀이

주안점 주어진 함수를 $u(t-a)f(t-a)$ 형태로 변형한다.

(1) ❶ $\cos t$는 주기 2π인 주기함수임을 이용한다.

$\cos t = \cos(t-2\pi)$이므로 주어진 함수는 다음과 같다.

$$u(t-2\pi)\cos t = u(t-2\pi)\cos(t-2\pi)$$

❷ $\cos t$의 라플라스 변환을 구한다.

$$\mathcal{L}[\cos t] = \frac{s}{s^2+1}$$

❸ 주어진 함수의 라플라스 변환을 구한다.

$$\mathcal{L}[u(t-2\pi)\cos t] = \frac{s\,e^{-2\pi s}}{s^2+1}$$

(2) ❶ $e^{2t} = e^{2(t-1)+2} = e^2 e^{2(t-1)}$임을 이용한다.

$u(t-1)e^{2t}$은 다음과 같다.

$$u(t-1)e^{2t} = e^2 u(t-1) e^{2(t-1)}$$

❷ e^{2t} 의 라플라스 변환을 구한다.

$$\mathcal{L}\left[e^{2t}\right] = \frac{1}{s-2}$$

❸ 주어진 함수의 라플라스 변환을 구한다.

$$\mathcal{L}\left[u(t-1)e^{2t}\right] = e^2 \mathcal{L}\left[u(t-1)e^{2(t-1)}\right]$$

$$= e^2 e^{-s} \frac{1}{s-2} = \frac{e^{2-s}}{s-2}$$

▶ 예제 18

다음 함수의 라플라스 역변환을 구하여라.

(1) $\dfrac{e^{-3s}}{s^2-4}$ (2) $\dfrac{e^{-s}}{s^3}$ (3) $\dfrac{e^{-4s}}{s^2}$

풀이

주안점 e^{as} 을 제외한 함수의 라플라스 역변환을 구한다.

(1) ❶ $\dfrac{1}{s^2-4}$ 의 라플라스 역변환을 구한다.

$$f(t) = \mathcal{L}^{-1}\left[\frac{1}{s^2-4}\right] = \frac{1}{2}\sinh 2t$$

❷ 주어진 함수의 라플라스 역변환을 구한다.

$$\mathcal{L}^{-1}\left[\frac{e^{-3s}}{s^2-4}\right] = f(t-3)u(t-3)$$

$$= \frac{1}{2}u(t-3)\sinh 2(t-3)$$

(2) ❶ $\dfrac{1}{s^3}$ 의 라플라스 역변환을 구한다.

$$f(t) = \mathcal{L}^{-1}\left[\frac{1}{s^3}\right] = \frac{1}{2}t^2$$

❷ 주어진 함수의 라플라스 역변환을 구한다.

$$\mathcal{L}^{-1}\left[\frac{e^{-s}}{s^3}\right] = f(t-1)u(t-1) = \frac{1}{2}u(t-1)(t-1)^2$$

(3) ❶ $\dfrac{1}{s^2}$ 의 라플라스 역변환을 구한다.

$$\mathcal{L}^{-1}\left[\frac{1}{s^2}\right] = t$$

❷ 주어진 함수의 라플라스 역변환을 구한다.

$$\mathcal{L}^{-1}[F(s)] = \mathcal{L}^{-1}\left[\frac{e^{-4s}}{s^2}\right] = u(t-4)\mathcal{L}^{-1}\left[\frac{1}{s^2}\right]_{t \to t-4}$$

$$= u(t-4)(t-4)$$

$$= \begin{cases} 0 & , \ t < 4 \\ t-4 & , \ t > 4 \end{cases}$$

단위충격함수

전기회로에서 매우 짧은 시간 동안 매우 큰 양의 전기를 발생하는 힘^{emf} 또는 외부의 힘에 의해 작동하는 기계 시스템$^{mechanical\ system}$을 종종 접하게 된다. 이러한 힘에 대한 수학 모형을 제공하기 위해 영국의 물리학자 디락$^{Paul\ Dirac,\ 1902\sim1984}$이 고안한 다음 함수를 생각하자.

$$\delta_\varepsilon(t-a) = \begin{cases} \dfrac{1}{\varepsilon} & , \ a < t < a+\varepsilon \\ 0 & , \ \text{이외의 곳에서} \end{cases}$$

함수 $\delta_\varepsilon(t-a)$는 [그림 4.9]와 같이 구간 $[a,\ a+\varepsilon]$에서 넓이가 1, 즉 $\displaystyle\int_{-\infty}^{\infty}\delta_\varepsilon(t-a)\,dt = 1$ 이다.

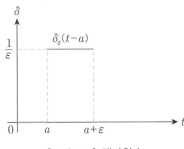

[그림 4.9] 델타함수

특히 이 함수는 ε이 작을수록 한없이 커지며, 실제 공학 문제에서는 $\varepsilon \to 0$에 대한 $\delta_\varepsilon(t-a)$의 극한을 다루게 된다. 이 극한함수를 디락 델타함수$^{Dirac\ delta\ function}$ 또는 단위충격함수$^{unit\ impulse\ function}$라 하며, 다음과 같이 정의한다.

$$\delta(t-a) = \lim_{\varepsilon \to 0} \delta_\varepsilon(t-a)$$

디락 델타함수 $\delta(t-a)$의 정의로부터 다음 두 성질을 얻는다.

① $\delta(t-a) = \begin{cases} \infty, & t = a \\ 0, & t \neq a \end{cases}$ ② $\displaystyle\int_{-\infty}^{\infty} \delta(t-a)\,dt = 1$

함수 $\delta_\varepsilon(t-a)$는 단위계단함수를 이용하여 다음과 같이 나타낼 수 있다.

$$\delta_\varepsilon(t-a) = \frac{1}{\varepsilon}\left[u(t-a) - u(t-(a+\varepsilon))\right]$$

이때 $\delta_\varepsilon(t-a)$의 라플라스 변환을 구하면 다음과 같다.

$$\mathcal{L}\left[\delta_\varepsilon(t-a)\right] = \frac{1}{\varepsilon}\,\mathcal{L}\left[u(t-a) - u(t-(a+\varepsilon))\right]$$

$$= \frac{1}{\varepsilon}\left(\mathcal{L}\left[u(t-a)\right] - \mathcal{L}\left[u(t-(a+\varepsilon))\right]\right)$$

$$= \frac{1}{\varepsilon}\left(\frac{e^{-as}}{s} - \frac{e^{-(a+\varepsilon)s}}{s}\right)$$

$$= \frac{e^{-as}}{s}\,\frac{1-e^{-\varepsilon s}}{\varepsilon}$$

따라서 디락 델타함수의 라플라스 변환은 다음과 같다.

$$\mathcal{L}\left[\delta(t-a)\right] = \mathcal{L}\left[\lim_{\varepsilon \to 0}\delta_\varepsilon(t-a)\right] = \lim_{\varepsilon \to 0}\mathcal{L}\left[\delta_\varepsilon(t-a)\right]$$

$$= \frac{e^{-as}}{s}\lim_{\varepsilon \to 0}\frac{1-e^{-\varepsilon s}}{\varepsilon}$$

로피탈 법칙에 의해 $\displaystyle\lim_{\varepsilon \to 0}\frac{1-e^{-\varepsilon s}}{\varepsilon} = s$ 이므로 다음과 같은 디락 델타함수의 라플라스 변환을 얻는다.

정리 12 **디락 델타함수의 라플라스 변환과 그 역변환**

(1) $\mathcal{L}\left[\delta(t-a)\right] = e^{-as}$

(2) $\mathcal{L}^{-1}\left[e^{-as}\right] = \delta(t-a)$

특히 $a = 0$ 이면 $\mathcal{L}[\delta(t)] = 1$ 이 된다.

▶ 예제 19

$t \geq 0$ 에서 초깃값 문제 $y'' - y' - 2y = \delta(t-1)$, $y(0) = y'(0) = 0$ 을 풀어라.

풀이

주안점 [정리 6], [정리 12]를 이용한다.

❶ 미분방정식의 양변에 라플라스 변환을 취한다.

$$\mathcal{L}[y'' - y' - 2y] = \mathcal{L}[\delta(t-1)] = e^{-s}$$

❷ $y(0) = y'(0) = 0$ 이므로 도함수의 라플라스 변환에 의해 다음을 얻는다.

$$\mathcal{L}[y'' - y' - 2y] = \mathcal{L}[y''] - \mathcal{L}[y'] - 2\mathcal{L}[y]$$
$$= \{s^2 Y(s) - sf(0) - f'(0)\} - \{s Y(s) - f(0)\} - 2 Y(s)$$
$$= s^2 Y(s) - s Y(s) - 2 Y(s) = (s^2 - s - 2) Y(s)$$

❸ $Y(s)$에 대한 대수방정식을 얻는다.

$$(s^2 - s - 2) Y(s) = e^{-s}$$

$$Y(s) = \frac{e^{-s}}{s^2 - s - 2} = \frac{1}{3}\left(\frac{e^{-s}}{s-2} - \frac{e^{-s}}{s+1}\right)$$

❹ $Y(s)$의 라플라스 역변환을 구한다.

$$\mathcal{L}^{-1}\left[\frac{e^{-s}}{s-2}\right] = u(t-1)e^{2(t-1)}, \quad \mathcal{L}^{-1}\left[\frac{e^{-s}}{s+1}\right] = u(t-1)e^{-(t-1)} \text{ 이므로}$$

$$y(t) = \mathcal{L}^{-1}[Y(s)] = \frac{1}{3}\mathcal{L}^{-1}\left[\frac{e^{-s}}{s-2} - \frac{e^{-s}}{s+1}\right]$$

$$= \frac{1}{3}u(t-1)[e^{2(t-1)} - e^{-(t-1)}]$$

주기함수의 라플라스 변환

주기 p 인 주기함수 $f(t)$에 대하여 $f(t) = f(t+p)$가 성립하므로 주기함수 $f(t)$의 라플라스 변환은 다음과 같다.

$$\mathcal{L}\left[f(t)\right] = \int_0^\infty e^{-st}f(t)\,dt$$

$$= \int_0^p e^{-st}f(t)\,dt + \int_p^{2p} e^{-st}f(t)\,dt + \int_{2p}^{3p} e^{-st}f(t)\,dt + \cdots$$

두 번째 적분에서 $t = u + p$ 라 하면 $dt = du$ 이고 u 의 적분구간은 $[0, p]$ 이며 $f(u + p) = f(u)$ 이므로 다음을 얻는다.

$$\int_p^{2p} e^{-st}f(t)\,dt = \int_0^p e^{-s(u+p)}f(u+p)\,du = e^{-ps}\int_0^p e^{-su}f(u)\,du$$

세 번째 적분에서 $t = u + 2p$ 라 하면 $dt = du$ 이고 u 의 적분구간은 $[0, p]$ 이며 $f(u + 2p) = f(u)$ 이므로 다음이 성립한다.

$$\int_{2p}^{3p} e^{-st}f(t)\,dt = \int_0^p e^{-s(u+2p)}f(u+2p)\,du = e^{-2ps}\int_0^p e^{-su}f(u)\,du$$

같은 방법으로 n 번째 적분에서 $t = u + (n-1)p$ 라 하면 다음을 얻는다.

$$\int_{(n-1)p}^{np} e^{-st}f(t)\,dt = \int_0^p e^{-s(u+(n-1)p)}f(u+(n-1)p)\,du$$

$$= e^{-(n-1)ps}\int_0^p e^{-su}f(u)\,du$$

따라서 $f(t)$ 의 라플라스 변환은 다음과 같다.

$$\mathcal{L}\left[f(t)\right] = \int_0^p e^{-st}f(t)\,dt + e^{-ps}\int_0^p e^{-su}f(u)\,du + e^{-2ps}\int_0^p e^{-su}f(u)\,du + \cdots$$

$$= \left(1 + e^{-ps} + e^{-2ps} + e^{-3ps} + \cdots\right)\int_0^p e^{-st}f(t)\,dt$$

$$= \frac{1}{1 - e^{-ps}}\int_0^p e^{-st}f(t)\,dt$$

이로부터 주기 p 인 주기함수 $f(t)$ 의 라플라스 변환은 다음과 같이 한 주기에서의 적분에 의해 얻을 수 있다.

$$\mathcal{L}\left[f(t)\right] = \frac{1}{1 - e^{-ps}}\int_0^p e^{-st}f(t)\,dt$$

▸ 예제 20

그래프가 그림과 같은 함수의 라플라스 변환을 구하여라.

(1)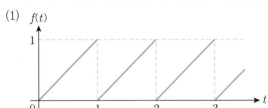

(2)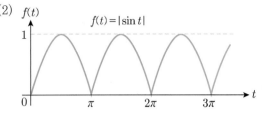

풀이

주안점 [정리 6], [정리 12]를 이용한다.

(1) ❶ 함수를 파악한다.

주어진 함수는 $0 \le t < 1$ 에서 $f(t) = t$ 이고, 주기 1인 주기함수이다.

❷ 주어진 함수의 라플라스 변환을 구한다.

$$
\begin{aligned}
\mathcal{L}\left[f(t)\right] &= \frac{1}{1 - e^{-s}} \int_0^1 t e^{-st} dt \\
&= \frac{1}{1 - e^{-s}} \left[-\frac{e^{-st}(1 + st)}{s^2} \right]_0^1 \\
&= \frac{1}{1 - e^{-s}} \frac{1 - (s + 1)e^{-s}}{s^2} \\
&= \frac{e^s - (s + 1)}{s^2(e^s - 1)}
\end{aligned}
$$

(2) ❶ 함수를 파악한다.

주어진 함수는 $0 \le t < \pi$ 에서 $f(t) = \sin t$ 이고, 주기 π 인 주기함수이다.

❷ 주어진 함수의 라플라스 변환을 구한다.

$$
\begin{aligned}
\mathcal{L}\left[f(t)\right] &= \frac{1}{1 - e^{-\pi s}} \int_0^\pi e^{-st} \sin t \, dt \\
&= \frac{1}{1 - e^{-\pi s}} \left[\frac{e^{-st}}{s^2 + 1}(-s \sin t - \cos t) \right]_0^\pi \\
&= \frac{1 + e^{-\pi s}}{(s^2 + 1)(1 - e^{-\pi s})}
\end{aligned}
$$

이제 라플라스 변환을 이용하여 화학공학에 등장하는 몇 가지 문제를 해결해 보자.

▶ 예제 21

그림과 같이 반응기에 농도가 C_0 인 소금물이 유량 Q 로 들어오면 완전히 혼합이 이루어진 후 같은 유량이 배출된다고 하자. a 시간이 지난 후 유입수의 소금 농도가 $3C_0$ 으로 증가할 때, 유출수의 소금 농도의 변화를 구하여라(단, 초기조건은 $C(0) = 0$ 이다).

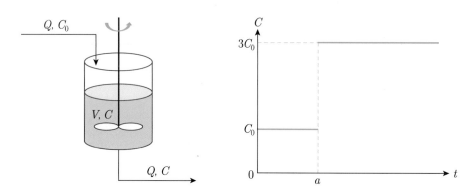

풀이

주안점 물질수지 식을 적용하여 미분방정식을 도출하고, 유입수 소금 농도의 급격한 변화를 고려하여 라플라스 변환으로 풀이한다.

❶ 물질수지를 분석하여 미분방정식을 설정한다.
  유입수 소금 농도를 $C_0 + 2C_0 u(t-a)$ 로 나타내면 다음을 얻는다.

$$V \frac{dC}{dt} = Q C_0 [1 + 2u(t-a)] - QC$$

여기서 V 는 반응기 부피, Q 는 유입 유량 또는 유출 유량, C_0 은 유입수 농도, C 는 유출수 농도이다. $\tau = \dfrac{V}{Q}$ 로 놓으면 다음 미분방정식을 얻는다.

$$\tau \frac{dC}{dt} + C = C_0 [1 + 2u(t-a)]$$

❷ 양변에 라플라스 변환을 취한다.

$$\tau \mathcal{L} \left[\frac{dC}{dt} \right] + \mathcal{L} [C] = C_0 \mathcal{L} [1 + 2u(t-a)]$$

$$\tau s \mathcal{L}[C] + \tau C(0) + \mathcal{L}[C] = C_0\left(\frac{1}{s} + \frac{2e^{-as}}{s}\right), \ C(0) = 0$$

$$\tau s \mathcal{L}[C] + \mathcal{L}[C] = C_0\left(\frac{1}{s} + \frac{2e^{-as}}{s}\right)$$

$$\mathcal{L}[C] = \frac{C_0}{\tau s + 1}\left(\frac{1}{s} + \frac{2e^{-as}}{s}\right)$$

$$= \frac{\dfrac{C_0}{\tau}}{s + \dfrac{1}{\tau}}\left(\frac{1}{s} + \frac{2e^{-as}}{s}\right)$$

$$= \frac{1}{s}\frac{\dfrac{C_0}{\tau}}{s + \dfrac{1}{\tau}} + \frac{2e^{-as}}{s}\frac{\dfrac{C_0}{\tau}}{s + \dfrac{1}{\tau}}$$

❸ 라플라스 역변환을 구한다.

$$\mathcal{L}^{-1}\left[\frac{1}{s}\frac{\dfrac{C_0}{\tau}}{s + \dfrac{1}{\tau}}\right] = \frac{C_0}{\tau}\int_0^t e^{-\frac{t}{\tau}}dt = \frac{C_0}{\tau}(-\tau)\left(e^{-\frac{t}{\tau}} - 1\right) = C_0\left(1 - e^{-\frac{t}{\tau}}\right)$$

이므로

$$\mathcal{L}^{-1}\left[\frac{1}{s}\frac{\dfrac{C_0}{\tau}}{s + \dfrac{1}{\tau}} + \frac{2e^{-as}}{s}\frac{\dfrac{C_0}{\tau}}{s + \dfrac{1}{\tau}}\right] = C_0\left(1 - e^{-\frac{t}{\tau}}\right) + 2C_0\left(1 - e^{-\frac{t-a}{\tau}}\right)u(t-a)$$

$$C = C_0\left(1 - e^{-\frac{t}{\tau}}\right) + 2C_0\left(1 - e^{-\frac{t-a}{\tau}}\right)u(t-a)$$

❹ 초기조건을 만족하는 해를 구한다.

$$C = \begin{cases} C_0\left(1 - e^{-\frac{t}{\tau}}\right) & , \ 0 < t < a \\ C_0\left(3 - e^{-\frac{t}{\tau}} - 2e^{-\frac{t-a}{\tau}}\right), \ t > a \end{cases}$$

[그림 4.10]은 유입된 소금물의 농도가 $C_0 = 30\,\mathrm{g/L}$ 이고 유입된 소금의 농도를 증가시킨 시점 $a = 20\,\mathrm{hr}$ 인 조건 아래 $\tau = 10\,\mathrm{hr}$, $5\,\mathrm{hr}$, $1\,\mathrm{hr}$ 일 때 소금의 농도에 대한 그래프를 나타낸 것이다. $\tau = 10\,\mathrm{hr}$ 일 때 반응기의 초기 소금의 농도가 0이므로 소금 농도는 점차 증가하여 정상상태인 유입수

농도와 같아지며, 20시간 후 소금의 농도는 대략 $30(1-e^{-2}) \approx 26 \, \text{g/L}$이다. 이때부터 유입수 소금의 농도가 $90 \, \text{g/L}$로 증가하므로 소금의 농도는 다시 증가하여 점점 유입 농도인 $90 \, \text{g/L}$에 근접한다. $\tau = \dfrac{V}{Q}$ 가 감소함에 따라(유입수 유량이 증가함에 따라) 유출수 소금의 농도는 유입수 소금의 농도와 유사한 형태로 변화함을 알 수 있다.

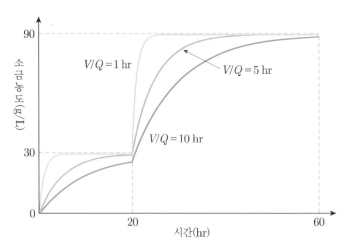

[그림 4.10] 완전혼합형 반응기의 유입수 소금의 농도 변화에 따른 유출수 소금의 농도 변화

액주형 압력계

[그림 4.11]과 같은 액주형 압력계의 액주 높이는 압력이 작용하기 전에는 서로 같다. 최초 시각 $t = 0$에서 전체 길이가 L인 액주의 압력 P_1, P_2가 그림과 같이 작용하면 액주 높이는 변한다. 이때 액주의 흐름은 층류이며, 이에 해당하는 항력이 작용한다고 가정하면 높이 h에 대하여 두 압력의 차이 ΔP가 발생한다. 운동량 보존의 법칙에 의해 다음과 같이 유체에 작용하는 힘의 합은 유체의 운동량 변화 속도로 나타난다.

$$\boxed{\text{유체 흐름을 일으키는 힘의 합}} = \boxed{\text{유체의 운동량 변화 속도}}$$

유체의 흐름을 일으키는 힘은 압력과 흐름에 저항하는 마찰력(압력과 반대 방향)의 합이므로 각각을 계산하면 다음과 같다.

① (흐름을 유발하는 압력) $= (P_1 - P_2)\dfrac{\pi D^2}{4} - \rho g h \dfrac{\pi D^2}{4}$

② 마찰력: (관 내부면의 마찰응력)×(접촉 면적)이므로 $\dfrac{8\mu\,\overline{V}}{D}(\pi D L) = \dfrac{8\mu}{D}\left(\dfrac{1}{2}\dfrac{dh}{dt}\right)(\pi D L)$

여기서 관 내부면의 마찰응력은 층류인 경우 하겐–푸아죄유 법칙에 의해 $\dfrac{8\mu\,\overline{V}}{D}$ 이고, $\overline{V}$ 는 유체의 평균유속으로 $\overline{V} = \dfrac{1}{2}\dfrac{dh}{dt}$ 이고 μ 는 점성계수이다. 이때 합력에 의해 발생하는 유체의 운동량 변화 속도는 다음과 같다.

③ (유체의 운동량 변화 속도) $= \dfrac{d}{dt}$ (질량 × 유속 × 운동량 보정계수)

$$= \left(\rho\,\dfrac{\pi D^{2}}{4}L\right)(\beta)\dfrac{d\overline{V}}{dt} = \left(\rho\,\dfrac{\pi D^{2}}{4}L\right)(\beta)\left(\dfrac{1}{2}\dfrac{d^{2}h}{dt^{2}}\right)$$

여기서 β 는 운동량 보정계수이며, 층류인 경우 $\beta = \dfrac{4}{3}$ 이다.

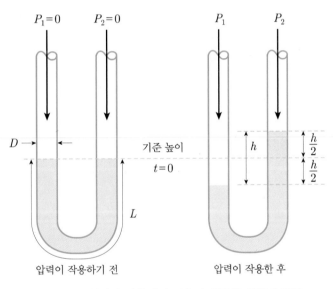

[그림 4.11] 압력이 작용하기 전후의 액주형 압력계 변화

따라서 다음 방정식을 얻는다.

$$\left(\rho\,\dfrac{\pi D^{2}}{4}L\right)(\beta)\left(\dfrac{1}{2}\dfrac{d^{2}h}{dt^{2}}\right) = (P_{1} - P_{2})\dfrac{\pi D^{2}}{4} - \rho g h\dfrac{\pi D^{2}}{4} - \left(\dfrac{8\mu}{D}\right)\left(\dfrac{1}{2}\dfrac{dh}{dt}\right)(\pi D L)$$

이 식을 다시 정리한 후 양변을 $\rho g\left(\dfrac{\pi D^{2}}{4}\right)$ 으로 나누어 간단히 나타낼 수 있다.

$$\left(\rho \frac{\pi D^2}{4} L\right)\left(\frac{4}{3}\right)\left(\frac{1}{2}\frac{d^2 h}{dt^2}\right) + \left(\frac{8\mu}{D}\right)\left(\frac{1}{2}\frac{dh}{dt}\right)(\pi D L) + \rho g h \frac{\pi D^2}{4} = (P_1 - P_2)\frac{\pi D^2}{4}$$

$$\frac{2L}{3g}\frac{d^2 h}{dt^2} + \left(\frac{16\mu L}{\rho D^2 g}\right)\frac{dh}{dt} + h = \frac{P_1 - P_2}{\rho g} = \frac{\Delta P}{\rho g}$$

편의상 $\frac{2L}{3g} = \tau^2$, $\frac{16\mu L}{\rho D^2 g} = 2\zeta\tau$ 라 하면 다음과 같은 간단한 형태의 2계 미분방정식을 얻는다.

$$\tau^2 \frac{d^2 h}{dt^2} + 2\zeta\tau \frac{dh}{dt} + h = \frac{\Delta P}{\rho g}$$

여기서 $\tau = \sqrt{\frac{2L}{3g}}$ hr이고, $\zeta = \frac{8\mu}{\rho D^2}\sqrt{\frac{3L}{2g}}$ 은 단위가 없는 양의 실수이다. 이와 같은 액주형 압력계 문제를 단순화하기 위해 $t = 0$ 인 순간 $\Delta P = \rho g$ 인 힘이 작용한다면 이는 단위계단함수 $u(t-0)$ 으로 근사할 수 있으며, 일반적인 경우 $\frac{\Delta P}{\rho g} u(t-0)$ 이다.

▶ 예제 22

액주형 압력계 문제의 풀이를 단순화하기 위해 $\zeta^2 = 1$ 인 경우에 대하여 라플라스 변환을 이용하여 해를 구하여라. 압력이 작용하기 전에는 정지상태이므로 초기조건은 $h(0) = 0$, $h'(0) = 0$ 이다.

풀이

주안점 $\Delta P = \rho g$ 이므로 미분방정식은 $\tau^2 \frac{d^2 h}{dt^2} + 2\zeta\tau\frac{dh}{dt} + h = 1$ 이다.

❶ 초기조건을 이용하여 라플라스 변환을 구한다.

$$\tau^2 (s^2 \mathcal{L}[h] - s h(0) - h'(0)) + 2\zeta\tau(s\mathcal{L}[h] - h(0)) + \mathcal{L}[h] = \mathcal{L}[1]$$

$$\tau^2 s^2 \mathcal{L}[h] + 2\zeta\tau s \mathcal{L}[h] + \mathcal{L}[h] = \mathcal{L}[1]$$

$$\mathcal{L}[h] = \frac{1}{s}\frac{1}{\tau^2 s^2 + 2\zeta\tau s + 1} = \frac{1}{\tau^2}\frac{1}{(s - s_a)(s - s_b)}$$

여기서 $s_a = -\frac{\zeta}{\tau} + \frac{\sqrt{\zeta^2 - 1}}{\tau}$, $s_b = -\frac{\zeta}{\tau} - \frac{\sqrt{\zeta^2 - 1}}{\tau}$ 이다.

❷ 양변에 라플라스 역변환을 취한다.

$\zeta^2 = 1$ 이므로 $s_a = s_b = -\frac{1}{\tau}$ 이다.

$$h(t) = \mathcal{L}^{-1}\left[\frac{1/\tau^2}{s(s-s_a)(s-s_b)}\right] = \mathcal{L}^{-1}\left[\frac{1/\tau^2}{s\left(s+\dfrac{1}{\tau}\right)^2}\right]$$

$$= \frac{1}{\tau^2}\int_0^t t\,e^{-t/\tau}dt$$

$$= \frac{1}{\tau^2}\left[-\tau t e^{-t/\tau} - \tau^2 e^{-t/\tau}\right]_0^t = \frac{1}{\tau^2}\left(-\tau t e^{-t/\tau} - \tau^2 e^{-t/\tau} + \tau^2\right)$$

$$= -\frac{t}{\tau}e^{-t/\tau} - e^{-t/\tau} + 1 = 1 - \left(\frac{t}{\tau}+1\right)e$$

액주형 압력계 시스템은 $\zeta^2 - 1$의 값에 따라 [표 4.4]와 같이 세 가지 형태의 해를 갖는다.

[표 4.4] $\zeta^2 - 1$에 따른 해의 특성

유형	근의 종류	해의 특성
$\zeta = 1$	실수 중근	임계감쇠
$\zeta < 1$	복소근	비감쇠 또는 진동
$\zeta > 1$	서로 다른 실근	과감쇠 또는 비진동

$\zeta \neq 1$인 경우의 해는 다음과 같다.

① $\zeta < 1$인 경우

$$h(t) = 1 - \frac{1}{\sqrt{1-\zeta^2}}e^{-\frac{\zeta t}{\tau}}\sin\left[\sqrt{1-\zeta^2}\,\frac{t}{\tau} + \tan^{-1}\left(\frac{\sqrt{1-\zeta^2}}{\zeta}\right)\right]$$

② $\zeta > 1$인 경우

$$h(t) = 1 - e^{-\frac{\zeta t}{\tau}}\left(\cosh\sqrt{\zeta^2-1}\,\frac{t}{\tau} + \frac{\zeta}{\sqrt{\zeta^2-1}}\sinh\sqrt{\zeta^2-1}\,\frac{t}{\tau}\right)$$

▶ 예제 23

액주형 압력계에 물이 채워져 있으며, 압력계의 제원과 물의 특성이 다음과 같다.

$$L = 200\,\text{cm}, \quad g = 980\,\text{cm}^2/\text{s}, \quad \mu = 1\,cP = 0.01\,\text{g/cm}\cdot\text{s},$$

$$\rho = 1.0\,\text{g/cm}^3, \quad \frac{\Delta P}{\rho g} = \begin{cases} 0 & , \ t < 0 \\ 10\,\text{cm} & , \ t \geq 0 \end{cases}$$

초기조건이 $h(0) = 0$, $h'(0) = 0$ 일 때, 튜브의 직경이 $0.11\,\mathrm{cm}$, $0.21\,\mathrm{cm}$, $0.31\,\mathrm{cm}$ 인 경우에 대하여 각각 해를 구하여라.

풀이

`주안점` 주어진 값을 이용하여 미분방정식을 정리한다.

❶ 상수 τ 와 ζ 는 다음과 같다.

$$\tau = \sqrt{\frac{2L}{3g}} = \sqrt{\frac{2 \times 200}{3 \times 980}} \approx 0.369\,\mathrm{sec},$$

$$\zeta = \frac{8\mu}{\rho D^2}\sqrt{\frac{3L}{2g}} = \frac{8 \times 0.01}{1.0 D^2}\sqrt{\frac{3 \times 200}{2 \times 980}} = \frac{0.0443}{D^2}$$

❷ 튜브의 직경에 따른 방정식에 포함된 상수를 구한다.

직경(cm)	τ	τ^2	ζ	$2\zeta\tau$
0.11	0.369	0.136	3.66	2.70
0.21	0.369	0.136	1.0	0.738
0.31	0.369	0.136	0.46	0.340

❸ ζ 의 크기에 따른 해를 구한다.

압력 변화는 단위계단함수를 10배한 것임을 감안하고, $t \geq 0$ 이면 $\dfrac{\Delta P}{\rho g} = 10\,\mathrm{cm}$ 이다.

· $\zeta = 1$ 인 경우

$$h(t) = 10\left[1 - \left(\frac{t}{\tau} + 1\right)e^{-\frac{t}{\tau}}\right] = 10\left[1 - \left(\frac{t}{0.369} + 1\right)e^{-\frac{t}{0.369}}\right]$$

· $\zeta < 1$ 인 경우

$$h(t) = 10\left[1 - \frac{1}{\sqrt{1-\zeta^2}}e^{-\frac{\zeta t}{\tau}}\sin\left(\sqrt{1-\zeta^2}\,\frac{t}{\tau} + \tan^{-1}\left(\frac{\sqrt{1-\zeta^2}}{\zeta}\right)\right)\right]$$

$$= 10\left[1 - \frac{1}{\sqrt{1-0.46^2}}e^{-0.46t/0.369}\sin\left(\sqrt{1-0.46^2}\,\frac{t}{0.369} + \tan^{-1}\left(\frac{\sqrt{1-0.46^2}}{0.46}\right)\right)\right]$$

· $\zeta > 1$ 인 경우

$$h(t) = 10\left[1 - e^{-\frac{\zeta t}{\tau}}\left(\cosh\sqrt{\zeta^2-1}\,\frac{t}{\tau} + \frac{\zeta}{\sqrt{\zeta^2-1}}\sinh\sqrt{\zeta^2-1}\,\frac{t}{\tau}\right)\right]$$

$$= 10\left[1 - e^{-\frac{3.66t}{0.369}}\left(\cosh\sqrt{3.66^2-1}\,\frac{t}{0.369} + \frac{3.66}{\sqrt{3.66^2-1}}\sinh\sqrt{3.66^2-1}\,\frac{t}{0.369}\right)\right]$$

[예제 23]에서 세 가지 조건에 대한 구한 해를 그래프로 나타내면 [그림 4.12]와 같으며, 액주형 압력계의 튜브의 직경에 따라 액주의 운동이 달라짐을 알 수 있다. 이때 튜브의 직경이 커지면 ζ의 값이 작아져 진동 운동을 하게 된다.

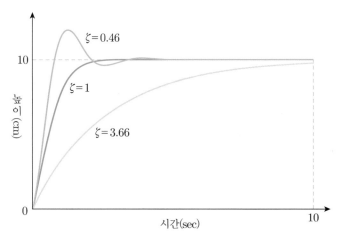

[그림 4.12] 시간에 따른 튜브 안의 물의 높이

▶ 예제 24

당뇨병은 인슐린 문제로 혈액 안의 당을 적절히 소비하지 못해 혈액 또는 소변의 당 농도가 높아지는 병이다. 통상적으로 공복 혈당 또는 당화혈색소 측정으로 당뇨병을 진단하지만, 보다 예민한 포도당 부하 검사$^{\text{glucose tolerance test, GTT}}$를 실시하여 진단하기도 한다. 포도당 부하 검사는 공복 상태에서 일정량의 포도당을 섭취하는 방식으로 진행하며, 포도당 복용 전과 복용 후 일정 시점의 혈당을 측정하여 당뇨병 여부를 진단한다. 포도당 부하 검사 시 측정되는 혈당 농도를 단순화하여 표현하면 다음 미분방정식과 같다.

$$\frac{d^2 g}{dt^2} + \alpha \frac{dg}{dt} + \omega_0^2 g = f(t) = F\delta(t-0)$$

이때 $f(t)$는 디락 델타함수로 표현되며, 포도당 부하 검사에서 섭취하는 포도당을 나타낸다. 초기조건이 $g(0) = 0$, $g'(0) = 0$일 때, 이 미분방정식의 해를 구하여라. 여기서 g는 공복 혈당을 기준으로 한 혈당 증가량이고 α, ω_0은 양의 상수이다.

풀이

❶ 주어진 미분방정식의 양변에 라플라스 변환을 취한다.

$$\mathcal{L}\left[g'' + \alpha g' + \omega_0^2 g\right] = \mathcal{L}\left[F\delta(t-0)\right]$$

$$s^2 \mathcal{L}[g] - s g(0) - g'(0) + \alpha(s \mathcal{L}[g] - g(0)) + \omega_0^2 \mathcal{L}[g] = F\mathcal{L}\left[\delta(t-0)\right]$$

❷ 라플라스 변환에 초기조건 $g(0) = 0$, $g'(0) = 0$을 대입한다.

$$s^2 \mathcal{L}[g] + \alpha s \mathcal{L}[g] + \omega_0^2 \mathcal{L}[g] = F$$

$$\mathcal{L}[g](s^2 + \alpha s + \omega_0^2) = F$$

$$\mathcal{L}[g] = \frac{F}{s^2 + \alpha s + \omega_0^2}$$

$$= \frac{F}{\left(s + \dfrac{\alpha}{2}\right)^2 + \omega_0^2 - \left(\dfrac{\alpha}{2}\right)^2}$$

$$= \frac{F}{\left(s + \dfrac{\alpha}{2}\right)^2 + \omega^2}, \quad \omega = \sqrt{\omega_0^2 - \left(\dfrac{\alpha}{2}\right)^2}$$

❸ 라플라스 역변환을 구한다.

$$g(t) = \mathcal{L}^{-1}\left[\frac{F}{\left(s + \dfrac{\alpha}{2}\right)^2 + \omega^2}\right] = \frac{F}{\omega} e^{-\frac{\alpha t}{2}} \sin \omega t$$

[예제 24]에서 $\alpha = 0.35\,\mathrm{hr}^{-1}$, $F = 47\,\mathrm{mg/mL \cdot hr}$, $\omega = 0.46\,\mathrm{hr}^{-1}$인 경우 해곡선은 [그림 4.13]과 같으며, 포도당을 섭취한 지 약 2.62시간 후 최대 혈당 농도를 보인다.

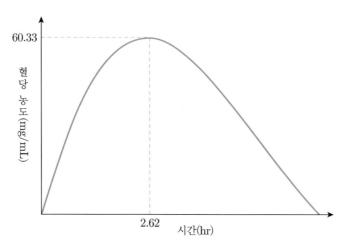

[그림 4.13] 시간에 따른 혈당 농도

▶ 예제 25

그림은 어느 하수처리시설에 유입되는 하수의 오염물 농도 변화를 나타낸 것이다. 즉, 평상시 하수의 농도는 C_0 으로 유지되다가 시각 $t = 0$ 에서 $3C_0$ 으로 높아진다. 높아진 오염물 농도는 시각 $t = a$ 이후 다시 평상시 농도 C_0 으로 낮아진다. 반응기는 완전혼합형이며, 오염물은 유입 농도와 무관하게 1차 반응으로 처리된다고 할 때, $t = 0$ 에서 처리된 하수의 오염물 농도는 정상상태를 가정하면 $C = \dfrac{C_0}{1 + k\tau}$ ($\tau = V/Q$)이다. 시간에 따른 처리된 하수의 오염물 농도를 구하여라(단, k 는 1차 반응속도 상수이다).

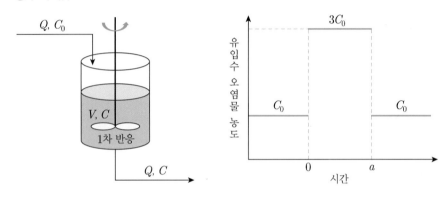

풀이

주안점 (변화량) = (유입량) − (유출량) + (반응량)이다.

❶ 미분방정식을 세운다.

유입하수의 오염물 농도를 함수로 나타내면 $3C_0 - 2C_0 u(t - a)$이므로

$$V\frac{dC}{dt} = Q[3C_0 - 2C_0 u(t - a)] - QC + V(-kC)$$

$$= Q[3C_0 - 2C_0 u(t - a)] - QC - V(kC)$$

이며, 이때 $\dfrac{V}{Q} = \tau$로 놓으면 다음을 얻는다.

$$\tau\frac{dC}{dt} = 3C_0 - 2C_0 u(t - a) - C - k\tau C = [3C_0 - 2C_0 u(t - a)] - (1 + k\tau)C$$

❷ 초기조건 $C(0) = \dfrac{C_0}{1 + k\tau}$ 을 이용하여 라플라스 변환을 취한다.

$$\tau \mathcal{L}\left[\frac{dC}{dt}\right] + (1 + k\tau)\mathcal{L}[C] = \mathcal{L}[3C_0 - 2C_0 u(t - a)]$$

$$\tau(s\mathcal{L}[C] - C(0)) + (1 + k\tau)\mathcal{L}[C] = \frac{3C_0}{s} - \frac{2C_0 e^{-as}}{s}$$

$$\tau s \, \mathcal{L}\,[C] - \frac{\tau C_0}{1+k\tau} + (1+k\tau)\,\mathcal{L}\,[C] = \frac{3C_0}{s} - \frac{2C_0 e^{-as}}{s}$$

$$(\tau s + 1 + k\tau)\,\mathcal{L}\,[C] = \frac{\tau C_0}{1+k\tau} + \frac{3C_0}{s} - \frac{2C_0 e^{-as}}{s}$$

$$\mathcal{L}\,[C] = \frac{1}{\tau\left(s + \dfrac{1+k\tau}{\tau}\right)}\left(\frac{\tau C_0}{1+k\tau} + \frac{3C_0}{s} - \frac{2C_0 e^{-as}}{s}\right)$$

❸ 항별로 라플라스 역변환을 구한다.

$$\left(\frac{\tau C_0}{1+k\tau}\right)\mathcal{L}^{-1}\left[\frac{1}{\tau\left(s + \dfrac{1+k\tau}{\tau}\right)}\right] = \frac{C_0}{1+k\tau}\,e^{-\frac{(1+k\tau)t}{\tau}}$$

$$\frac{3C_0}{\tau}\mathcal{L}^{-1}\left[\frac{1}{s\left(s + \dfrac{1+k\tau}{\tau}\right)}\right] = \frac{3C_0}{\tau}\int_0^t e^{-\frac{(1+k\tau)v}{\tau}}\,dv = -\frac{3C_0}{\tau}\left[\frac{\tau}{1+k\tau}\,e^{-\frac{(1+k\tau)v}{\tau}}\right]_0^t$$

$$= \frac{3C_0}{1+k\tau}\left(1 - e^{-\frac{(1+k\tau)t}{\tau}}\right)$$

$$\frac{2C_0}{\tau}\mathcal{L}^{-1}\left[\frac{e^{-as}}{s\left(s + \dfrac{1+k\tau}{\tau}\right)}\right] = \frac{2C_0}{\tau}\,e^{-as}\int_0^t e^{-\frac{(1+k\tau)v}{\tau}}\,dv$$

$$= \frac{2C_0 e^{-as}}{\tau}\frac{\tau}{1+k\tau}\left(1 - e^{-\frac{(1+k\tau)t}{\tau}}\right)$$

$$= \frac{2C_0\,u(t-a)}{1+k\tau}\left(1 - e^{-\frac{(1+k\tau)(t-a)}{\tau}}\right)$$

❹ 해를 구한다.

· $0 < t < a$ 인 경우

$$C = \frac{3C_0}{1+k\tau}\left(1 - e^{-\frac{(1+k\tau)t}{\tau}}\right) + \frac{C_0}{1+k\tau}\,e^{-\frac{(1+k\tau)t}{\tau}} = \frac{3C_0}{1+k\tau}\left(1 - \frac{2}{3}e^{-\frac{(1+k\tau)t}{\tau}}\right)$$

· $t > a$ 인 경우

$$C = \frac{3C_0}{1+k\tau} - \frac{2C_0}{1+k\tau}\,e^{-\frac{(1+k\tau)t}{\tau}} - \frac{2C_0}{1+k\tau}\left(1 - e^{-\frac{(1+k\tau)(t-a)}{\tau}}\right)$$

$$= \frac{C_0}{1+k\tau} - \frac{2C_0}{1+k\tau}\left(e^{-\frac{(1+k\tau)t}{\tau}} - e^{-\frac{(1+k\tau)(t-a)}{\tau}}\right)$$

[예제 25]에서 $C_0 = 100\,\mathrm{mg/L}$, $\tau = 5\,\mathrm{hr}$, $a = 6\,\mathrm{hr}$, $k = 0.4\,\mathrm{hr}^{-1}$를 만족하는 해곡선은 [그림 4.14]와 같다. 초기 농도를 정상상태 농도인 $C(0) = \dfrac{C_0}{1 + k\tau} = 33.3\,\mathrm{mg/L}$로 설정했으므로 유입 오염물의 농도가 세 배 증가함에 따라 처리수의 오염물 농도는 점차 증가하여 최대 98.2mg/L에 이른다. 한편 유입수 농도가 평상 시 농도로 다시 떨어진 6시간 이후에는 점차 낮아져 다시 정상상태의 농도가 됨을 알 수 있다. 1차 반응속도상수가 감소하면(즉, 오염물 처리속도가 감소하면) 처리수의 오염물 농도가 증가하는 양상을 보인다.

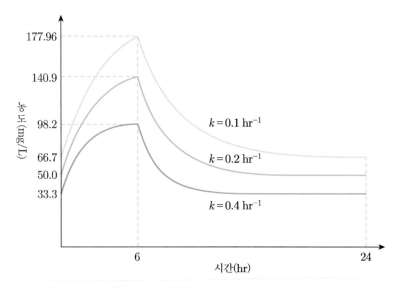

[그림 4.14] 유입하수 오염물 농도 변화에 따른 처리수질 변화

01 다음 함수의 라플라스 변환을 구하여라.

(1) $t^3 - 2t - 3$

(2) $e^{2t} + e^t$

(3) $e^{2t} - e^{-2t}$

(4) $\cos\left(2t + \dfrac{\pi}{4}\right)$

(5) $\sin 2t - \cos 2t$

(6) $\cos 2t \cos t$

(7) $\sin t \cos t$

(8) $\cos^2 2t$

(9) $\sin^2 2t$

(10) $\cosh 2t + \cos 2t$

(11) $\cosh 2t - \sinh 2t$

(12) $\sin 3t - \sinh 3t$

(13) $t^2 + \cos t$

(14) $t + e^{2t}$

(15) $e^t + \cos 2t$

02 다음 함수의 리플라스 변환을 구하어라.

(1) $f(t) = \begin{cases} -1, & 0 \leq t < 1 \\ 1, & 1 \leq t < 2 \\ 0, & t \geq 2 \end{cases}$

(2) $f(t) = \begin{cases} t, & 0 \leq t < 1 \\ 1, & t \geq 1 \end{cases}$

(3) $f(t) = \begin{cases} \cos t, & 0 \leq t < \pi \\ 1, & t \geq \pi \end{cases}$

(4) $f(t) = \begin{cases} \sin t, & 0 \leq t < \pi \\ 1, & t \geq \pi \end{cases}$

(5) $f(t) = \begin{cases} t, & 0 \leq t < 1 \\ e^{t-1}, & 1 \leq t < 2 \\ 0, & t \geq 2 \end{cases}$

(6) $f(t) = \begin{cases} t, & 0 \leq t < 1 \\ 2-t, & 1 \leq t < 2 \\ 0, & t \geq 2 \end{cases}$

03 다음 함수의 라플라스 역변환을 구하여라.

(1) $\dfrac{3}{s^4}$

(2) $\dfrac{1}{s} - \dfrac{1}{s^4}$

(3) $\dfrac{3}{s-3} - \dfrac{1}{s-4}$

(4) $\dfrac{2}{s^2+4} - \dfrac{s}{s^2+4}$

(5) $\dfrac{2(s+1)}{s^2+1}$

(6) $\dfrac{2}{s^2-4} - \dfrac{1}{s^2-16}$

(7) $\dfrac{9-2s}{s^2+9}$

(8) $\dfrac{4s-2}{(2s+1)(2s-3)}$

(9) $\dfrac{(s-1)^2}{s^3}$

(10) $\left(\dfrac{1}{s} + \dfrac{1}{s^2}\right)^2$

(11) $\dfrac{2s+1}{(s^2-1)(s^2+4)}$

(12) $\dfrac{3s-1}{s^3(s^2+4)}$

04 다음 함수의 라플라스 변환을 구하여라.

(1) $t^2 e^{-3t}$

(2) $t^{-\frac{1}{2}} e^{2t}$

(3) $e^{2t} e^{4t}$

(4) $e^{-3t} \cosh 2t$

(5) $e^t (\cos 2t - 3\sin 2t)$

(6) $e^{-t}(\sinh 3t - 2\sin 3t)$

05 다음 함수의 라플라스 역변환을 구하여라.

(1) $\dfrac{1}{(s+1)^2+4}$

(2) $\dfrac{s}{(s+1)^2-1}$

(3) $\dfrac{s+1}{(s-1)(s+3)^2}$

(4) $\dfrac{s+1}{(s+2)^3}$

(5) $\dfrac{4}{(s+3)^2+4}$

(6) $\dfrac{s-1}{(s+1)^2-9}$

06 다음 함수의 라플라스 변환을 구하여라.

(1) t^2e^{2t}

(2) $t\sin 2t$

(3) $t\cosh 3t$

(4) $t^2\sin 2t$

(5) $t\sin(2t+\omega)$

(6) $t^2e^{-t}\cos 2t$

07 다음 함수의 라플라스 역변환을 구하여라.

(1) $\dfrac{1}{(s-1)^3}$

(2) $\dfrac{4(3s^2-4)}{(s^2+4)^3}$

(3) $\dfrac{4s}{(s^2-4)^2}$

(4) $\dfrac{s^2+2s}{(s^2+2s+2)^2}$

(5) $\dfrac{2s}{(s^2-4)^2}$

(6) $\dfrac{a^2-s^2}{(s^2+a^2)^2}$

08 다음 함수의 라플라스 변환을 구하여라.

(1) $\dfrac{e^{2t}-e^{-2t}}{t}$

(2) $\dfrac{1-e^{2t}}{t}$

(3) $\dfrac{e^{2t}-e^{-t}}{t}$

(4) $\dfrac{\sin t}{t}$

(5) $\dfrac{\sinh t}{t}$

(6) $\dfrac{\sin^2 t}{t}$

09 도함수의 라플라스 변환을 이용하여 다음 함수의 라플라스 변환을 구하여라.

(1) $\sinh 3t$

(2) $\cos 2t$

(3) $2t\cos 2t+\sin 2t$

(4) $t^2+\sin 2t$

10 다음 함수의 라플라스 변환을 구하여라.

(1) $\displaystyle\int_0^t \cos u\,du$

(2) $\displaystyle\int_0^t \sinh 2u\,du$

(3) $\displaystyle\int_0^t e^{-u}\,du$

(4) $\displaystyle\int_0^t e^{-u}\cos 2u\,du$

(5) $\displaystyle\int_0^t e^u\sin(\omega-u)\,du$

(6) $\displaystyle\int_0^t \sin 2u\sin u\,du$

11 다음 함수의 라플라스 역변환을 구하여라.

(1) $\dfrac{2}{s\left((s+1)^2+4\right)}$

(2) $\dfrac{1}{s^2(s^2-1)}$

(3) $\dfrac{2}{s\left((s-1)^2+9\right)}$

(4) $\dfrac{1}{s^2(s^2+1)}$

12 다음 함수의 라플라스 변환을 구하여라.

(1) $4t^2\cos 2t$

(2) $e^{2t}\cos 2t$

(3) $e^{2t}\sin 3t$

(4) $t\,e^{3t}$

(5) $\dfrac{\sin 2t}{t}$

(6) $t^2\cosh 3t$

13 다음 함수의 라플라스 역변환을 구하여라.

(1) $\dfrac{s}{4s^2-9}$

(2) $\dfrac{1}{2s-1}$

(3) $\dfrac{s}{2s^2+1}$

(4) $\dfrac{3s}{(s^2-1)^2}$

(5) $\dfrac{s}{4s^2+9}$

(6) $\dfrac{12}{3s-4}$

14 다음 함수의 라플라스 변환을 구하여라.

(1) $(t-3)^2 u(t-3)$

(2) $e^{-t}u(t-3)$

(3) $u(t-\pi)\sin 2t$

(4) $u(t-\pi)\cos t$

(5) $u(t-1)\cosh t$

(6) $t\,e^t\,u(t-1)$

15 다음 함수의 라플라스 역변환을 구하여라.

(1) $\dfrac{e^{-3s}}{s^4}$

(2) $\dfrac{e^{-3s}}{s^3}$

(3) $\dfrac{e^{-\frac{\pi s}{2}}}{s^2+4}$

(4) $\dfrac{e^{-s}}{(s-1)^3}$

(5) $\dfrac{s\,e^{-2s}}{s^2-9}$

(6) $\dfrac{s\,e^{-\frac{s}{2}}}{s^2-2s+2}$

16 다음 주기함수의 라플라스 변환을 구하여라.

(1)

(2)

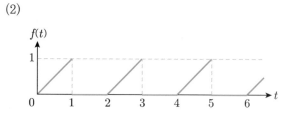

(3)
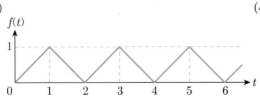

(4)
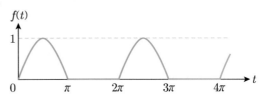

(5)
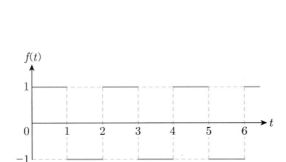

(6)
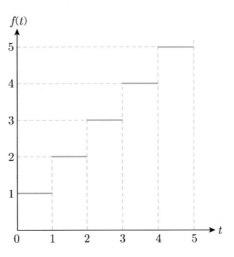

17 다음 합성곱의 라플라스 변환을 구하여라.

(1) $(t+1) * e^{2t}$

(2) $t * \cos 2t$

(3) $e^{-t} * e^{2t}$

(4) $e^t * \sin t$

(5) $\cos t * t^2$

(6) $\sin t * \sin t$

(7) $\cos t * \cos t$

(8) $\sin 2t * \cos 2t$

(9) $e^t * t\sinh 3t$

(10) $e^{2t} * e^{-t}\sin t$

18 다음 함수의 라플라스 역변환을 구하여라.

(1) $\dfrac{1}{(s-1)(s+2)}$

(2) $\dfrac{1}{s^4(s-3)^2}$

(3) $\dfrac{1}{(s^2+\omega^2)^2}$

(4) $\dfrac{s^2}{(s^2+4)^2}$

(5) $L^{-1}\left[\dfrac{1}{s(s^2+9)}\right]$

(6) $L^{-1}\left[\dfrac{1}{s^2(s^2+9)}\right]$

19 다음 미분방정식의 해를 구하여라.

(1) $y' - 2y = e^t$, $y(0) = 1$

(2) $y' + 2y = 4t^2$, $y(0) = 1$

(3) $y'' - 3y' + 2y = 4t - 6$, $y(0) = 1$, $y'(0) = -3$

(4) $y'' + 2y' + 2y = t$, $y(0) = y'(0) = 1$

(5) $y'' - 3y' + 2y = 4t - 6$, $y(0) = 1$, $y'(0) = -3$

(6) $y'' - 2y' + y = e^{3t}$, $y(0) = 1$, $y'(0) = -1$

(7) $y'' + 16y = \cos 4t$, $y(0) = 0$, $y'(0) = 1$

(8) $y'' + 2y' + 5y = e^{-t} \sin t$, $y(0) = 0$, $y'(0) = 1$

(9) $y'' - 2y' - 3y = e^t \sinh 2t$, $y(0) = 0$, $y'(0) = 1$

(10) $y'' + y = \delta\left(t - \dfrac{1}{2}\right)$, $y(0) = y'(0) = 0$

(11) $y'' + 4y = f(t)$, $y(0) = 0$, $y'(0) = 1$, $f(t) = \begin{cases} \sin 2t , & 0 \le t < \pi \\ 0 & , \ t \ge \pi \end{cases}$

(12) $y'' + 16y = f(t)$, $y(0) = 0$, $y'(0) = 1$, $f(t) = \begin{cases} \cos 4t , & 0 \le t < \pi \\ 0 & , \ t \ge \pi \end{cases}$

20   그림과 같이 완전혼합이 이루어지는 이상적인 탱크(부피 V)에 깨끗한 물이 유량 Q로 들어오고 같은 유량이 배출되고 있다. 시각 $t = 0$에 순간적으로 $M\,\text{kg}$의 소금을 투입할 때, 시간에 따른 소금의 농도를 계산하여라. 투입한 소금은 즉시 물에 녹는 것으로 가정하고, 초기조건은 $C(0) = 0$ 이다.

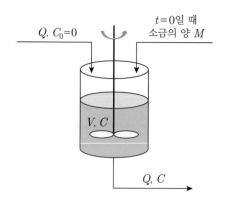

21   그림과 같이 부피가 V로 같고 완전혼합이 이루어지는 이상적인 탱크 2개가 연결되어 있다. 탱크 1에는 깨끗한 물이 유량 Q로 들어오고 같은 유량이 배출되고 있다. 시각 $t = 0$에 순간적으로 $M\,\text{kg}$의 소금을 탱크 1에 투입했다.

(1) 탱크 2에서 유출되는 물의 소금의 농도를 구하여라(단, 투입한 소금은 즉시 물에 녹는 것으로 가정하고, 초기조건은 $C_1(0) = 0$, $C_2(0) = 0$ 이다).

(2) $M = 15\,\text{kg}$, $V = 300\,\text{L}$, $\dfrac{V}{Q} = 10\,\text{hr}$인 경우, 각 탱크 유출수의 소금의 농도에 대한 그래프를 그려라.

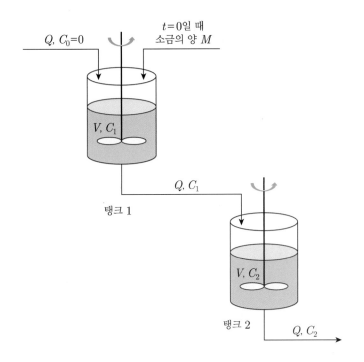

22 스프링과 감쇠장치가 그림과 같은 시스템이 있다. 물체의 질량은 $1\,\mathrm{kg}$이며, 정적 평형위치의 물체에 $e^{-t}\,\mathrm{N}$의 외력이 처음에 작용했고, 5초 후 $3\,\mathrm{N\cdot s}$의 충격이 순간적으로 추가됐다. 시간에 따른 물체의 위치를 구하여라(단, 초기조건은 $x(0)=0$, $v(0)=0$ 이다).

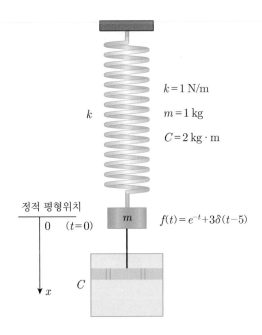

$k=1\,\mathrm{N/m}$

$m=1\,\mathrm{kg}$

$C=2\,\mathrm{kg\cdot m}$

정적 평형위치

$0 \quad (t=0)$

m $f(t)=e^{-t}+3\delta(t-5)$

x

C

특성	라플라스 변환	라플라스 역변환
1. 제1이동정리	$\mathcal{L}\left[e^{at}f(t)\right] = F(s-a), \ s > a$	$\mathcal{L}^{-1}\left[F(s-a)\right] = e^{at}\mathcal{L}^{-1}\left[F(s)\right]$
2. 라플라스 변환의 미분	$\mathcal{L}\left[t^{n}f(t)\right] = (-1)^{n}\dfrac{d^{n}}{ds^{n}}F(s)$	$\mathcal{L}^{-1}\left[F(s)\right] = \left(-\dfrac{1}{t}\right)^{n}\mathcal{L}^{-1}\left[\dfrac{d^{n}}{ds^{n}}F(s)\right]$
3. 라플라스 변환의 적분	$\mathcal{L}\left[\dfrac{1}{t}f(t)\right] = \displaystyle\int_{s}^{\infty}F(u)\,du$	$\mathcal{L}^{-1}\left[\displaystyle\int_{s}^{\infty}F(u)\,du\right] = \dfrac{1}{t}\mathcal{L}^{-1}\left[F(s)\right]$
4. 도함수의 변환	$\mathcal{L}\left[f'(t)\right] = -f(0) + s\,\mathcal{L}\left[f(t)\right]$ $\mathcal{L}\left[f''(t)\right] = s^{2}\mathcal{L}\left[f(t)\right] - s\,f(0) - f'(0)$	
5. 합성곱의 변환	$\mathcal{L}\left[(f*g)(t)\right] = F(s)\,G(s)$	$\mathcal{L}^{-1}\left[F(s)\,G(s)\right] = (f*g)(t)$
6. 적분의 변환	$\mathcal{L}\left[\displaystyle\int_{0}^{t}f(u)\,du\right] = \dfrac{1}{s}\mathcal{L}\left[f(t)\right]$	$\mathcal{L}^{-1}\left[\dfrac{1}{s}F(s)\right] = \displaystyle\int_{0}^{t}\mathcal{L}^{-1}\left[F(s)\right]ds$
7. 확대의 변환	$\mathcal{L}\left[f(at)\right] = \dfrac{1}{a}F\left(\dfrac{s}{a}\right)$	$\mathcal{L}^{-1}\left[F(as)\right] = \dfrac{1}{a}\left[\mathcal{L}^{-1}\left[F(s)\right]\right]_{t \to t/a}$
8. 계단함수의 변환	$\mathcal{L}\left[u(t-a)\right] = \dfrac{e^{-as}}{s}$	$\mathcal{L}^{-1}\left[\dfrac{e^{-as}}{s}\right] = u(t-a)$
9. 제2이동정리	$\mathcal{L}\left[f(t-a)\,u(t-a)\right] = e^{-as}\mathcal{L}\left[f(t)\right]$	$\mathcal{L}^{-1}\left[e^{-as}F(s)\right] = f(t-a)\,u(t-a)$
10. 델타함수의 변환	$\mathcal{L}\left[\delta(t-a)\right] = e^{-as}$	$\mathcal{L}^{-1}\left[e^{-as}\right] = \delta(t-a)$
11. 주기함수의 변환	$\mathcal{L}\left[f(t)\right] = \dfrac{1}{1-e^{-ps}}\displaystyle\int_{0}^{p}e^{-st}f(t)\,dt$	

라플라스 변환표

	$f(t)$	$\mathcal{L}[f(t)]$
1	1	$\dfrac{1}{s}$
2	t^n, n은 자연수	$\dfrac{n!}{s^{n+1}}$
3	t^α, α는 실수	$\dfrac{\Gamma(\alpha+1)}{s^{\alpha+1}}$
4	e^{at}	$\dfrac{1}{s-a}$
5	$t^n e^{at}$, n은 자연수	$\dfrac{n!}{(s-a)^{n+1}}$
6	$t^\alpha e^{at}$, α는 실수	$\dfrac{\Gamma(\alpha+1)}{(s-a)^{\alpha+1}}$
7	$e^{at}-e^{bt}$	$\dfrac{a-b}{(s-a)(s-b)}$
8	$e^{at}+e^{bt}$	$\dfrac{2s-(a+b)}{(s-a)(s-b)}$
9	$\dfrac{e^{at}-e^{-at}}{t}$	$\ln\left(\dfrac{s+a}{s-a}\right)$
10	$\sin\omega t$	$\dfrac{\omega}{s^2+\omega^2}$
11	$\cos\omega t$	$\dfrac{s}{s^2+\omega^2}$
12	$t\sin\omega t$	$\dfrac{2s\omega}{(s^2+\omega^2)^2}$
13	$t\cos\omega t$	$\dfrac{s^2-\omega^2}{(s^2+\omega^2)^2}$
14	$t^2\sin\omega t$	$\dfrac{2\omega(3s^2-\omega^2)}{(s^2+\omega^2)^3}$
15	$t^2\cos\omega t$	$\dfrac{2s(s^2-3\omega^2)}{(s^2+\omega^2)^3}$
16	$\dfrac{1}{t}\sin\omega t$	$\tan^{-1}\dfrac{\omega}{s}$
17	$e^{at}\sin\omega t$	$\dfrac{\omega}{(s-a)^2+\omega^2}$
18	$e^{at}\cos\omega t$	$\dfrac{s-a}{(s-a)^2+\omega^2}$

19	$te^{at}\sin\omega t$	$\dfrac{2\omega(s-a)}{((s-a)^2+\omega^2)^2}$
20	$te^{at}\cos\omega t$	$\dfrac{(s-a)^2-\omega^2}{((s-a)^2+\omega^2)^2}$
21	$\sin\omega t+\omega t\cos\omega t$	$\dfrac{2s^2\omega}{(s^2+w^2)^2}$
22	$\sin\omega t-\omega t\cos\omega t$	$\dfrac{2\omega^3}{(s^2+\omega^2)^2}$
23	$\cos\omega t+\omega t\sin\omega t$	$\dfrac{s(s^2+3\omega^2)}{(s^2+w^2)^2}$
24	$\cos\omega t-\omega t\sin\omega t$	$\dfrac{s(s^2-\omega^2)}{(s^2+w^2)^2}$
25	$\sin^2\omega t$	$\dfrac{2\omega^2}{s(s^2+4\omega^2)}$
26	$\cos^2\omega t$	$\dfrac{s^2+2\omega^2}{s(s^2+4\omega^2)}$
27	$\sinh\omega t$	$\dfrac{\omega}{s^2-\omega^2}$
28	$\cosh\omega t$	$\dfrac{s}{s^2-\omega^2}$
29	$t\sinh\omega t$	$\dfrac{2s\omega}{(s^2-\omega^2)^2}$
30	$t\cosh\omega t$	$\dfrac{s^2+\omega^2}{(s^2-\omega^2)^2}$
31	$t^2\sinh\omega t$	$\dfrac{2\omega(3s^2+\omega^2)}{(s^2-\omega^2)^3}$
32	$t^2\cosh\omega t$	$\dfrac{2s(s^2+3\omega^2)}{(s^2-\omega^2)^3}$
33	$e^{at}\sinh\omega t$	$\dfrac{\omega}{(s-a)^2-\omega^2}$
34	$e^{at}\cosh\omega t$	$\dfrac{s-a}{(s-a)^2-\omega^2}$
35	$te^{at}\sinh\omega t$	$\dfrac{2\omega(s-a)}{((s-a)^2-\omega^2)^2}$
36	$te^{at}\cosh\omega t$	$\dfrac{(s-a)^2+\omega^2}{((s-a)^2-\omega^2)^2}$
37	$\sin\omega t+\sinh\omega t$	$\dfrac{2s^2\omega}{s^4-\omega^4}$

38	$\sin \omega t - \sinh \omega t$	$\dfrac{2\omega^3}{\omega^4 - s^4}$
39	$\cos \omega t + \cosh \omega t$	$\dfrac{2s^3}{s^4 - \omega^4}$
40	$\sin \omega t - \sinh \omega t$	$\dfrac{2s\,\omega^2}{\omega^4 - s^4}$
41	$\cos \omega t + \sinh \omega t$	$\dfrac{s^2(s+\omega) - \omega^2(s-\omega)}{s^4 - \omega^4}$
42	$\cos \omega t - \sinh \omega t$	$\dfrac{s^2(s-\omega) - \omega^2(s+\omega)}{s^4 - \omega^4}$
43	$\sin \omega t + \cosh \omega t$	$\dfrac{s^2(s+\omega) + \omega^2(s-\omega)}{s^4 - \omega^4}$
44	$\sin \omega t - \cosh \omega t$	$\dfrac{s^2(s-\omega) + \omega^2(s+\omega)}{\omega^4 - s^4}$
45	$u(t-a)$	$\dfrac{e^{-as}}{s}$
46	$\delta(t-a)$	e^{-as}

제5장

행렬과 행렬식

연립일차방정식의 풀이를 위해 계수와 미지수를 분리하여 나타낸 행렬과 행렬식은 공학뿐 아니라 자연과학, 사회과학 등에서 발생하는 현상을 수식으로 모형화하는 데 필수적이며, 이 장에서는 행렬과 행렬식의 개념과 연립일차방정식에 대한 다양한 해법을 소개한다.

nm 개의 실수 또는 복소수 a_{11}, $\cdots$, a_{1m}, a_{21}, $\cdots$, a_{2m}, a_{n1}, $\cdots$, a_{nm} 을 다음과 같이 직사각형 모양의 괄호로 배열한 것을 행렬^{matrix}이라 하며, 일반적으로 영문 대문자로 나타낸다.

$$A = \begin{pmatrix} a_{11} \cdots a_{1j} \cdots a_{1m} \\ \vdots \\ a_{i1} \cdots a_{ij} \cdots a_{im} \\ \vdots \\ a_{n1} \cdots a_{nj} \cdots a_{nm} \end{pmatrix}$$

행렬 A 의 가로 방향에 놓이는 수의 배열을 행^{row} 또는 행벡터$^{\text{row vector}}$라 하며, 세로 방향에 놓이는 수의 배열을 열^{column} 또는 열벡터$^{\text{column vector}}$라 한다. 특히 i 번째 행에 있는 수의 배열 $\mathbf{r}_i$를 행렬 A 의 i 행 또는 i 행벡터라 하고, j 번째 열에 있는 수의 배열 $\mathbf{c}_j$를 행렬 A 의 j 열 또는 j 열벡터라 한다.

$$\mathbf{r}_i = \begin{pmatrix} a_{i1}, \cdots, a_{ij}, \cdots, a_{im} \end{pmatrix}, \quad \mathbf{c}_j = \begin{pmatrix} a_{1j} \\ \vdots \\ a_{ij} \\ \vdots \\ a_{nj} \end{pmatrix}$$

행렬 A 와 같이 행의 개수가 n 이고 열의 개수가 m 인 행렬을 $n \times m$ 행렬이라 하며, 다음과 같이 나타낸다.

$$A_{n \times m}, \quad A_{nm}, \quad A = \begin{pmatrix} a_{ij} \end{pmatrix}_{\substack{i=1,2,\cdots,n \\ j=1,2,\cdots,m}}, \quad A = \begin{pmatrix} a_{ij} \end{pmatrix}$$

행렬 A 의 i 번째 행과 j 번째 열에 있는 수 a_{ij}를 A 의 (i, j) 성분^{entry} 또는 원소^{element}라 하며, 이 성분이 실수인 행렬을 실행렬$^{\text{real matrix}}$, 성분이 복소수인 행렬을 복소행렬$^{\text{complex matrix}}$이라 한다. 또한 모든 성분이 0 인 $n \times m$ 행렬을 영행렬$^{\text{null matrix}}$이라 하며, O 로 나타낸다. 다음과 같이 행의 개수와 열의 개수가 동일하게 n 인 행렬을 n 차 정방행렬$^{\text{square matrix}}$이라 한다.

$$A = \begin{pmatrix} a_{11} \cdots a_{1n} \\ \vdots \\ a_{n1} \cdots a_{nn} \end{pmatrix}$$

n 차 정방행렬에서 a_{11}, a_{22}, $\cdots$, a_{nn}을 주대각원소$^{\text{main diagonal elements}}$라 하며, 다음과 같이 주대각원소를 제외한 모든 원소가 0 인 행렬 D 를 대각행렬$^{\text{diagonal matrix}}$이라 한다.

$$D = \begin{pmatrix} a_{11} & 0 & \cdots & 0 & 0 \\ & & \vdots & & \\ 0 & \cdots & a_{ii} & \cdots & 0 \\ & & \vdots & & \\ 0 & 0 & \cdots & 0 & a_{nn} \end{pmatrix}$$

특히 주대각원소가 모두 1인 n 차 대각행렬을 단위행렬^{unit matrix}이라 하며, I 또는 I_n 으로 나타낸다.

$$I_n = \begin{pmatrix} 1 & 0 & \cdots & 0 & 0 \\ 0 & 1 & \cdots & 0 & 0 \\ & & \vdots & & \\ 0 & & \cdots & 0 & 1 \end{pmatrix}$$

다음과 같이 주대각원소 위의 모든 성분이 0인 행렬 L을 하삼각행렬^{lower triagular matrix}, 주대각원소 아래의 모든 성분이 0인 행렬 U를 상삼각행렬^{upper triagular matrix}이라 한다.

$$L = \begin{pmatrix} a_{11} & 0 & 0 & \cdots & 0 & \cdots & 0 & 0 \\ a_{21} & a_{22} & 0 & \cdots & 0 & \cdots & 0 & 0 \\ & & \vdots & & & \vdots & & \\ a_{i1} & a_{i2} & a_{i3} & \cdots & a_{ii} & \cdots & 0 & 0 \\ & & \vdots & & & \vdots & & \\ a_{n1} & a_{n2} & a_{n3} & \cdots & a_{in} & \cdots & a_{n\,n-1} & a_{nn} \end{pmatrix}, \quad U = \begin{pmatrix} a_{11} & a_{12} & a_{13} & \cdots & a_{1i} & \cdots & a_{1\,n-1} & a_{1n} \\ 0 & a_{22} & a_{23} & \cdots & a_{2i} & \cdots & a_{2\,n-1} & a_{2n} \\ & & \vdots & & & \vdots & & \\ 0 & 0 & 0 & \cdots & a_{ii} & \cdots & a_{i\,n-1} & a_{in} \\ & & \vdots & & & \vdots & & \\ 0 & 0 & 0 & \cdots & 0 & \cdots & 0 & a_{nn} \end{pmatrix}$$

[그림 5.1]과 같이 주대각원소는 고정시키고 성분 a_{ij}와 성분 a_{ji}를 서로 바꾼 행렬을 A의 전치행렬^{transpose matrix}이라 하며, A^t로 나타낸다.

$$A = \begin{pmatrix} a_{11} & a_{12} & a_{13} \\ a_{21} & a_{22} & a_{23} \\ a_{31} & a_{32} & a_{33} \end{pmatrix} \Rightarrow A^t = \begin{pmatrix} a_{11} & a_{21} & a_{31} \\ a_{12} & a_{22} & a_{32} \\ a_{13} & a_{23} & a_{33} \end{pmatrix}$$

[그림 5.1] 행렬 A의 전치행렬

즉, $n \times m$ 행렬 A의 전치행렬 A^t는 다음과 같이 A의 모든 행을 열로 교체한 $m \times n$ 행렬이다.

$$A = \begin{pmatrix} a_{11} & \cdots & a_{1j} & \cdots & a_{1m} \\ & & \vdots & & \\ a_{i1} & \cdots & a_{ij} & \cdots & a_{im} \\ & & \vdots & & \\ a_{n1} & \cdots & a_{nj} & \cdots & a_{nm} \end{pmatrix} \Rightarrow A^t = \begin{pmatrix} a_{11} & \cdots & a_{i1} & \cdots & a_{n1} \\ & & \vdots & & \\ a_{1j} & \cdots & a_{ij} & \cdots & a_{nj} \\ & & \vdots & & \\ a_{1m} & \cdots & a_{im} & \cdots & a_{nm} \end{pmatrix}$$

다음과 같이 두 행렬 A, B의 동일한 위치에 놓이는 모든 성분이 서로 같은 경우 A와 B는 동치^{equivalent}라 하며, $A = B$로 나타낸다.

$$a_{ij} = b_{ij}, \quad i = 1, 2, \cdots, n, \quad j = 1, 2, \cdots, m$$

예를 들어 두 행렬 $A = \begin{pmatrix} x & 0 \\ 1 & 2 \end{pmatrix}$, $B = \begin{pmatrix} 1 & 0 \\ 1 & y \end{pmatrix}$ 가 서로 같기 위한 필요충분조건은 $x = 1$, $y = 2$ 이다.

한편 n 차 정방행렬 A 에 대하여 $a_{ij} = a_{ji}$ 이면 **대칭행렬**^{symmetric matrix}이라 하고, $a_{ij} = -a_{ji}$ 이면 **교대행렬**^{alternative matrix} 또는 **반대칭행렬**^{anti-symmetric matrix}이라 한다. 즉, 정방행렬 A 가 다음과 같이 전치행렬과 같으면 A 는 대칭행렬이다.

$$A^t = A$$

반면, 행렬 A 의 전치행렬이 모든 성분의 부호를 바꾼 행렬 $-A$ 와 같으면 이 행렬은 교대행렬이다.

$$A^t = -A$$

예를 들어 다음 행렬 A 는 대칭행렬이고, 행렬 B 는 교대행렬이다.

$$A = \begin{pmatrix} 1 & 2 & 3 \\ 2 & 4 & 1 \\ 3 & 1 & 2 \end{pmatrix}, \quad B = \begin{pmatrix} 1 & 2 & 3 \\ -2 & 4 & -1 \\ -3 & 1 & 2 \end{pmatrix}$$

다음과 같이 복소행렬 A 의 각 성분의 공액복소수로 이루어진 행렬을 A 의 **공액행렬**^{conjugate matrix}이라 하며, $\overline{A}$ 로 나타낸다.

$$A = \begin{pmatrix} 1 + i & 2 - 3i \\ 2 & 4 + i \end{pmatrix}, \quad \overline{A} = \begin{pmatrix} 1 - i & 2 + 3i \\ 2 & 4 - i \end{pmatrix}$$

복소행렬 A 는 다음 성질을 갖는다.

① $\overline{\overline{A}} = A$

② $\overline{A^t} = (\overline{A})^t$

복소수 z 의 공액복소수 $\overline{z}$ 의 공액복소수는 $\overline{\overline{z}} = z$ 이므로 성질 ①은 명백히 성립하며, 성질 ②는 복소행렬 A 의 전치행렬에 대한 공액행렬은 공액행렬의 전치행렬과 동일함을 의미한다. 이와 같이 전치행렬의 모든 성분을 공액복소수로 대체한 행렬 $A' = \overline{A^t}$ 를 행렬 A 의 **공액전치행렬**^{conjugate transpose matrix}이라 한다. 예를 들어 복소행렬 A 에 대하여 A' 은 A 의 공액전치행렬이다.

$$A = \begin{pmatrix} 1+i & 2-3i & i \\ 2 & 4+i & 1-i \end{pmatrix}, \quad A' = (\overline{A})^t = \begin{pmatrix} 1-i & 2 \\ 2+3i & 4-i \\ -i & 1+i \end{pmatrix}$$

특히 다음 복소행렬 A의 공액행렬에 대한 전치행렬을 구하면 행렬 A가 됨을 알 수 있다.

$$A = \begin{pmatrix} 1 & -i & 1-i \\ i & 2 & 2+3i \\ 1+i & 2-3i & 3 \end{pmatrix}, \quad \overline{A} = \begin{pmatrix} 1 & i & 1+i \\ -i & 2 & 2-3i \\ 1-i & 2+3i & 3 \end{pmatrix}, \quad (\overline{A})^t = \begin{pmatrix} 1 & -i & 1-i \\ i & 2 & 2+3i \\ 1+i & 2-3i & 3 \end{pmatrix} = A$$

이와 같이 $A = (\overline{A})^t$를 만족하는 행렬을 에르미트 행렬$^{\text{hermitian matrix}}$이라 한다.

행렬의 기본 연산

두 행렬의 합과 스칼라 곱을 다음과 같이 정의한다.

> **정의 1** **행렬의 합과 스칼라 곱**
>
> (1) 두 행렬 $A = (a_{ij})$, $B = (b_{ij})$의 합 $A+B$는 동일한 위치의 성분끼리 더한 행렬이다.
>
> $$A + B = (a_{ij} + b_{ij})$$
>
> (2) 두 행렬 $A = (a_{ij})$, $B = (b_{ij})$의 차 $A-B$는 동일한 위치의 성분끼리 뺀 행렬이다.
>
> $$A - B = (a_{ij} - b_{ij})$$
>
> (3) 행렬 $A = (a_{ij})$의 스칼라 곱은 행렬 A의 모든 성분에 스칼라 k를 곱한 행렬이다.
>
> $$kA = (ka_{ij})$$

두 행렬의 합 또는 차를 정의하기 위해서는 두 행렬의 행의 개수와 열의 개수가 각각 동일해야 한다. 즉, 행의 개수가 다르거나 열의 개수가 다른 두 행렬의 합 또는 차는 정의할 수 없다.

▶ 예제 1

두 행렬 $A = \begin{pmatrix} 1 & 2 \\ 2 & 1 \end{pmatrix}$, $B = \begin{pmatrix} 1 & 3 \\ 2 & 4 \end{pmatrix}$에 대하여 다음 행렬을 구하여라.

(1) $A+B$ (2) $2A$ (3) $-A$ (4) $A-2B$ (5) $A+B^t$

(1) $A + B = \begin{pmatrix} 1 & 2 \\ 2 & 1 \end{pmatrix} + \begin{pmatrix} 1 & 3 \\ 2 & 4 \end{pmatrix} = \begin{pmatrix} 1+1 & 2+3 \\ 2+2 & 1+4 \end{pmatrix} = \begin{pmatrix} 2 & 5 \\ 4 & 5 \end{pmatrix}$

(2) $2A = \begin{pmatrix} 2 \cdot 1 & 2 \cdot 2 \\ 2 \cdot 2 & 2 \cdot 4 \end{pmatrix} = \begin{pmatrix} 2 & 4 \\ 4 & 8 \end{pmatrix}$

(3) $-A = (-1)A = \begin{pmatrix} -1 \cdot 1 & -1 \cdot 2 \\ -1 \cdot 2 & -1 \cdot 1 \end{pmatrix} = \begin{pmatrix} -1 & -2 \\ -2 & -1 \end{pmatrix}$

(4) $A - 2B = \begin{pmatrix} 1 & 2 \\ 2 & 1 \end{pmatrix} - 2\begin{pmatrix} 1 & 3 \\ 2 & 4 \end{pmatrix} = \begin{pmatrix} 1 & 2 \\ 2 & 1 \end{pmatrix} - \begin{pmatrix} 2 & 6 \\ 4 & 8 \end{pmatrix} = \begin{pmatrix} 1-2 & 2-6 \\ 2-4 & 1-8 \end{pmatrix} = \begin{pmatrix} -1 & -4 \\ -2 & -7 \end{pmatrix}$

(5) $A + B^t = \begin{pmatrix} 1 & 2 \\ 2 & 1 \end{pmatrix} + \begin{pmatrix} 1 & 2 \\ 3 & 4 \end{pmatrix} = \begin{pmatrix} 1+1 & 2+2 \\ 2+3 & 1+4 \end{pmatrix} = \begin{pmatrix} 2 & 4 \\ 5 & 5 \end{pmatrix}$

▶ 예제 2

두 행렬 $A = \begin{pmatrix} i & 1-2i \\ 2-i & 1 \end{pmatrix}$, $B = \begin{pmatrix} 1+i & 2-i \\ 2-2i & 3+2i \end{pmatrix}$ 에 대하여 다음 행렬을 구하여라.

(1) $A + B$ (2) $A - 2B$ (3) $\overline{B}$ (4) $A + \overline{B}$ (5) $A + B^t$

풀이

(1) $A + B = \begin{pmatrix} i & 1-2i \\ 2-i & 1 \end{pmatrix} + \begin{pmatrix} 1+i & 2-i \\ 2-2i & 3+2i \end{pmatrix}$

$= \begin{pmatrix} i+(1+i) & 1-2i+(2-i) \\ 2-i+(2-2i) & 1+(3+2i) \end{pmatrix}$

$= \begin{pmatrix} 1+2i & 3-3i \\ 4-3i & 4+2i \end{pmatrix}$

(2) $A - 2B = \begin{pmatrix} i & 1-2i \\ 2-i & 1 \end{pmatrix} - 2\begin{pmatrix} 1+i & 2-i \\ 2-2i & 3+2i \end{pmatrix}$

$= \begin{pmatrix} i-(2+2i) & 1-2i-(4-2i) \\ 2-i-(4-4i) & 1-(6+4i) \end{pmatrix}$

$= \begin{pmatrix} -2-i & -3 \\ -2+3i & -5-4i \end{pmatrix}$

(3) $\overline{B} = \begin{pmatrix} 1-i & 2+i \\ 2+2i & 3-2i \end{pmatrix}$

(4) $A + \overline{B} = \begin{pmatrix} i & 1-2i \\ 2-i & 1 \end{pmatrix} + \begin{pmatrix} 1-i & 2+i \\ 2+2i & 3-2i \end{pmatrix}$

$= \begin{pmatrix} i+(1-i) & 1-2i+(2+i) \\ 2-i+(2+2i) & 1+(3-2i) \end{pmatrix}$

$= \begin{pmatrix} 1 & 3-i \\ 4+i & 4-2i \end{pmatrix}$

$$(5) \quad A + B^t = \begin{pmatrix} i & 1-2i \\ 2-i & 1 \end{pmatrix} + \begin{pmatrix} 1+i & 2-i \\ 2-2i & 3+2i \end{pmatrix}^t$$

$$= \begin{pmatrix} i & 1-2i \\ 2-i & 1 \end{pmatrix} + \begin{pmatrix} 1+i & 2-2i \\ 2-i & 3+2i \end{pmatrix}$$

$$= \begin{pmatrix} i+(1+i) & 1-2i+(2-2i) \\ 2-i+(2-i) & 1+(3+2i) \end{pmatrix}$$

$$= \begin{pmatrix} 1+2i & 3-4i \\ 4-2i & 4+2i \end{pmatrix}$$

행렬의 합과 스칼라 곱의 정의로부터 임의의 $n \times m$ 행렬에 대하여 다음 성질이 성립하는 것을 쉽게 확인할 수 있다.

정리 1 **행렬의 합과 스칼라 곱에 대한 성질**

임의의 세 $n \times m$ 행렬 A, B, C와 두 스칼라 α, β에 대하여 다음이 성립한다.

(1) $A+B = B+A$ 　　　　　　　　　　　　　　　　　덧셈에 관한 교환법칙

(2) $(A+B)+C = A+(B+C)$ 　　　　　　　　　　　덧셈에 관한 결합법칙

(3) $A+O = O+A = A$ 　　　　　　　　　　　　　　덧셈에 관한 항등원

(4) $A+(-A) = O$ 　　　　　　　　　　　　　　　　덧셈에 관한 역원

(5) $\alpha(A+B) = \alpha A + \alpha B$

(6) $(\alpha+\beta)A = \alpha A + \beta A$

(7) $\alpha(\beta A) = (\alpha\beta)A = \beta(\alpha A)$

(8) $1A = A$

행렬의 합과 스칼라 곱이 정의되는 $n \times m$ 행렬 전체의 집합 M은 [정리 1]의 성질을 모두 만족하며, 이러한 집합 M을 **행렬공간**$^{\text{matrix space}}$이라 한다.

행렬의 곱

두 행렬 A, B의 곱 AB를 정의하기 위해 A를 $n \times k$ 행렬, B를 $k \times m$ 행렬이라 하자. 행렬 A의 열의 개수와 B의 행의 개수가 같으며, 이 경우 두 행렬의 곱을 정의할 수 있다. 행렬 $C = AB$의 (i, j) 성분 c_{ij}는 [그림 5.2]와 같이 행렬 A의 i번째 행과 행렬 B의 j번째 열의 대응하는 성분들의 곱을 더한 것이다.

$$\begin{array}{c} \\ i\text{번째 행}\end{array}\left(\begin{array}{cccc} a_{11} & a_{12} & \cdots & a_{1k} \\ & & \vdots & \\ \boxed{a_{i1}} & a_{i2} & \cdots & a_{ik} \\ & & \vdots & \\ a_{n1} & a_{n2} & \cdots & a_{nk} \end{array}\right)\overset{j\text{번째 열}}{\left(\begin{array}{ccccc} b_{11} & \cdots & b_{1j} & \cdots & b_{1m} \\ b_{21} & \cdots & b_{2j} & \cdots & b_{2m} \\ & & \vdots & & \\ b_{k1} & \cdots & b_{kj} & \cdots & b_{km} \end{array}\right)} = (c_{ij})_{n \times m}$$

[그림 5.2] 두 행렬의 곱

즉, $C = AB$의 (i, j) 성분 c_{ij}는 다음과 같다.

$$c_{ij} = a_{i1}b_{1j} + a_{i2}b_{2j} + \cdots + a_{ik}b_{kj}$$

두 행렬의 곱 C의 행과 열의 개수는 각각 A의 행의 개수와 B의 열의 개수와 일치하므로 C는 $n \times m$ 행렬이다. 예를 들어 두 행렬 $A = \begin{pmatrix} 2 & 1 \\ 3 & 2 \\ 1 & 0 \end{pmatrix}$, $B = \begin{pmatrix} 1 & -2 \\ 3 & 4 \end{pmatrix}$에 대하여 AB는 다음과 같이 3×2 행렬이다.

$$AB = \begin{pmatrix} 2 & 1 \\ 3 & 2 \\ 1 & 0 \end{pmatrix}\begin{pmatrix} 1 & -2 \\ 3 & 4 \end{pmatrix} = \begin{pmatrix} 2 \cdot 1 + 1 \cdot 3 & 2 \cdot (-2) + 1 \cdot 4 \\ 3 \cdot 1 + 2 \cdot 3 & 3 \cdot (-2) + 2 \cdot 4 \\ 1 \cdot 1 + 0 \cdot 3 & 1 \cdot (-2) + 0 \cdot 4 \end{pmatrix} = \begin{pmatrix} 5 & 0 \\ 9 & 2 \\ 1 & -2 \end{pmatrix}$$

이때 행렬 B의 열의 개수는 2이고, 행렬 A의 행의 개수는 3이므로 두 행렬 B와 A의 곱 BA는 정의되지 않는다. 일반적인 수의 곱과 달리 행렬의 곱은 다음과 같은 특수성을 갖는다.

① 행렬의 곱은 교환법칙이 성립하지 않는다.

두 행렬 $A = \begin{pmatrix} 2 & 1 \\ 3 & 2 \end{pmatrix}$, $B = \begin{pmatrix} 1 & -2 \\ 3 & 4 \end{pmatrix}$에 대하여 AB와 BA는 다음과 같이 2×2 행렬이다.

$$AB = \begin{pmatrix} 2 & 1 \\ 3 & 2 \end{pmatrix}\begin{pmatrix} 1 & -2 \\ 3 & 4 \end{pmatrix} = \begin{pmatrix} 2 \cdot 1 + 1 \cdot 3 & 2 \cdot (-2) + 1 \cdot 4 \\ 3 \cdot 1 + 2 \cdot 3 & 3 \cdot (-2) + 2 \cdot 4 \end{pmatrix} = \begin{pmatrix} 5 & 0 \\ 9 & 2 \end{pmatrix},$$

$$BA = \begin{pmatrix} 1 & -2 \\ 3 & 4 \end{pmatrix}\begin{pmatrix} 2 & 1 \\ 3 & 2 \end{pmatrix} = \begin{pmatrix} 1 \cdot 2 + (-2) \cdot 3 & 1 \cdot 1 + (-2) \cdot 2 \\ 3 \cdot 2 + 4 \cdot 3 & 3 \cdot 1 + 4 \cdot 2 \end{pmatrix} = \begin{pmatrix} -4 & -3 \\ 18 & 11 \end{pmatrix}$$

이 경우 $AB \neq BA$이며, 일반적으로 행렬의 곱에서 교환법칙이 성립하지 않는다. 그러나 n차 정방행렬 A와 n차 단위행렬 I, n차 영행렬 O에 대하여 다음과 같이 교환법칙이 성립한다.

$$AI = IA = A, \quad AO = OA = O$$

② 영행렬이 아닌 두 행렬의 곱이 영행렬이 될 수 있다.

두 행렬 $A = \begin{pmatrix} 1 & 3 \\ 2 & 6 \end{pmatrix}$, $B = \begin{pmatrix} -3 & 3 \\ 1 & -1 \end{pmatrix}$에 대하여 다음과 같이 $AB = O$이다.

$$AB = \begin{pmatrix} 1 & 3 \\ 2 & 6 \end{pmatrix} \begin{pmatrix} -3 & 3 \\ 1 & -1 \end{pmatrix} = \begin{pmatrix} 1 \cdot (-3) + 3 \cdot 1 & 1 \cdot 3 + 3 \cdot (-1) \\ 2 \cdot (-3) + 6 \cdot 1 & 2 \cdot 3 + 6 \cdot (-1) \end{pmatrix} = \begin{pmatrix} 0 & 0 \\ 0 & 0 \end{pmatrix}$$

③ $B \ne C$이지만 $AB = AC$가 성립할 수 있다. 즉, 행렬의 곱은 소약법칙이 성립하지 않는다.
세 행렬 $A = \begin{pmatrix} 0 & 1 \\ 0 & 2 \end{pmatrix}$, $B = \begin{pmatrix} 1 & 2 \\ 3 & 4 \end{pmatrix}$, $C = \begin{pmatrix} 2 & 5 \\ 3 & 4 \end{pmatrix}$에 대하여 $B \ne C$이지만 다음과 같이 $AB = AC$가
성립한다.

$$AB = \begin{pmatrix} 0 & 1 \\ 0 & 2 \end{pmatrix} \begin{pmatrix} 1 & 2 \\ 3 & 4 \end{pmatrix} = \begin{pmatrix} 0 \cdot 1 + 1 \cdot 3 & 0 \cdot 2 + 1 \cdot 4 \\ 0 \cdot 1 + 2 \cdot 3 & 0 \cdot 2 + 2 \cdot 4 \end{pmatrix} = \begin{pmatrix} 3 & 4 \\ 6 & 8 \end{pmatrix},$$

$$AC = \begin{pmatrix} 0 & 1 \\ 0 & 2 \end{pmatrix} \begin{pmatrix} 2 & 5 \\ 3 & 4 \end{pmatrix} = \begin{pmatrix} 0 \cdot 2 + 1 \cdot 3 & 0 \cdot 5 + 1 \cdot 4 \\ 0 \cdot 2 + 2 \cdot 3 & 0 \cdot 5 + 2 \cdot 4 \end{pmatrix} = \begin{pmatrix} 3 & 4 \\ 6 & 8 \end{pmatrix}$$

한편 행렬의 곱에서 결합법칙과 분배법칙이 성립한다.

정리 2　　**행렬의 곱에 대한 성질**

합과 곱이 정의되는 세 행렬 A, B, C와 두 스칼라 α, β에 대하여 다음이 성립한다.

(1) $(AB)C = A(BC)$ 　　　　　　　　　　　　　　　　　　　결합법칙

(2) $\alpha(AB) = (\alpha A)B = A(\alpha B)$

(3) $(\alpha A + \beta B)C = \alpha AC + \beta BC$ 　　　　　　　　　　　　분배법칙

(4) $A(\alpha B + \beta C) = \alpha AB + \beta AC$

모든 성분이 실수인 행렬 A의 전치행렬 A^t에 대하여 다음 성질이 성립한다.

정리 3　　**전치행렬의 성질**

두 실행렬 A, B와 실수 k에 대하여 다음이 성립한다.

(1) $(A^t)^t = A$

(2) $(A + B)^t = A^t + B^t$

(3) $(A - B)^t = A^t - B^t$

(4) $(kA)^t = kA^t$

(5) $(AB)^t = B^t A^t$

▶ 예제 3

두 행렬 $A = \begin{pmatrix} 1 & 2 \\ 3 & 1 \end{pmatrix}$, $B = \begin{pmatrix} 2 & 3 \\ 0 & 1 \end{pmatrix}$ 에 대하여 다음 행렬을 구하여라.

(1) $(A-B)^t$ (2) $A^t B^t$ (3) $B^t A^t$ (4) $(AB)^t$

풀이

(1) $A - B = \begin{pmatrix} 1 & 2 \\ 3 & 1 \end{pmatrix} - \begin{pmatrix} 2 & 3 \\ 0 & 1 \end{pmatrix} = \begin{pmatrix} -1 & -1 \\ 3 & 0 \end{pmatrix}$ 이므로

$$(A-B)^t = \begin{pmatrix} -1 & -1 \\ 3 & 0 \end{pmatrix}^t = \begin{pmatrix} -1 & 3 \\ -1 & 0 \end{pmatrix}$$

(2) $A^t = \begin{pmatrix} 1 & 3 \\ 2 & 1 \end{pmatrix}$, $B^t = \begin{pmatrix} 2 & 0 \\ 3 & 1 \end{pmatrix}$ 이므로

$$A^t B^t = \begin{pmatrix} 1 & 3 \\ 2 & 1 \end{pmatrix}\begin{pmatrix} 2 & 0 \\ 3 & 1 \end{pmatrix} = \begin{pmatrix} 1 \cdot 2 + 3 \cdot 3 & 1 \cdot 0 + 3 \cdot 1 \\ 2 \cdot 2 + 1 \cdot 3 & 2 \cdot 0 + 1 \cdot 1 \end{pmatrix} = \begin{pmatrix} 11 & 3 \\ 7 & 1 \end{pmatrix}$$

(3) $B^t A^t = \begin{pmatrix} 2 & 0 \\ 3 & 1 \end{pmatrix}\begin{pmatrix} 1 & 3 \\ 2 & 1 \end{pmatrix} = \begin{pmatrix} 2 \cdot 1 + 0 \cdot 2 & 2 \cdot 3 + 0 \cdot 1 \\ 3 \cdot 1 + 1 \cdot 2 & 3 \cdot 3 + 1 \cdot 1 \end{pmatrix} = \begin{pmatrix} 2 & 6 \\ 5 & 10 \end{pmatrix}$

(4) $AB = \begin{pmatrix} 1 & 2 \\ 3 & 1 \end{pmatrix}\begin{pmatrix} 2 & 3 \\ 0 & 1 \end{pmatrix} = \begin{pmatrix} 1 \cdot 2 + 2 \cdot 0 & 1 \cdot 3 + 2 \cdot 1 \\ 3 \cdot 2 + 1 \cdot 0 & 3 \cdot 3 + 1 \cdot 1 \end{pmatrix} = \begin{pmatrix} 2 & 5 \\ 6 & 10 \end{pmatrix}$ 이므로

$$(AB)^t = \begin{pmatrix} 2 & 5 \\ 6 & 10 \end{pmatrix}^t = \begin{pmatrix} 2 & 6 \\ 5 & 10 \end{pmatrix}$$

[예제 3]에서 $(AB)^t = B^t A^t$ 이고, $(AB)^t \neq A^t B^t$ 임을 알 수 있다. 특히 두 행렬의 합과 곱에 대한 전치행렬은 다음과 같이 여러 개의 합과 곱으로 확장할 수 있다.

$$(A + B + C)^t = A^t + B^t + C^t, \quad (ABC)^t = C^t B^t A^t$$

임의의 정방행렬 A 에 대하여 $\frac{1}{2}(A + A^t)$ 는 대칭행렬이고, $\frac{1}{2}(A - A^t)$ 는 교대행렬이다. 이로부터 임의의 정방행렬 A 를 다음과 같이 대칭행렬과 교대행렬의 합으로 표현할 수 있다.

$$A = \frac{1}{2}(A + A^t) + \frac{1}{2}(A - A^t)$$

두 행렬 $A = \begin{pmatrix} 1 & 2 \\ 3 & 4 \end{pmatrix}$에 대하여 다음 행렬을 구하여라.

(1) A^t (2) $\dfrac{1}{2}(A + A^t)$ (3) $\dfrac{1}{2}(A - A^t)$ (4) $\dfrac{1}{2}(A + A^t) + \dfrac{1}{2}(A - A^t)$

풀이

(1) $A^t = \begin{pmatrix} 1 & 3 \\ 2 & 4 \end{pmatrix}$

(2) $A + A^t = \begin{pmatrix} 1 & 2 \\ 3 & 4 \end{pmatrix} + \begin{pmatrix} 1 & 3 \\ 2 & 4 \end{pmatrix} = \begin{pmatrix} 2 & 5 \\ 5 & 8 \end{pmatrix}$ 이므로

$$\frac{1}{2}(A + A^t) = \frac{1}{2}\begin{pmatrix} 2 & 5 \\ 5 & 8 \end{pmatrix} = \begin{pmatrix} 1 & \dfrac{5}{2} \\ \dfrac{5}{2} & 4 \end{pmatrix}$$

(3) $A - A^t = \begin{pmatrix} 1 & 2 \\ 3 & 4 \end{pmatrix} - \begin{pmatrix} 1 & 3 \\ 2 & 4 \end{pmatrix} = \begin{pmatrix} 0 & -1 \\ 1 & 0 \end{pmatrix}$ 이므로

$$\frac{1}{2}(A - A^t) = \frac{1}{2}\begin{pmatrix} 0 & -1 \\ 1 & 0 \end{pmatrix} = \begin{pmatrix} 0 & -\dfrac{1}{2} \\ \dfrac{1}{2} & 0 \end{pmatrix}$$

(4) $\dfrac{1}{2}(A + A^t) + \dfrac{1}{2}(A - A^t) = \begin{pmatrix} 1 & \dfrac{5}{2} \\ \dfrac{5}{2} & 4 \end{pmatrix} + \begin{pmatrix} 0 & -\dfrac{1}{2} \\ \dfrac{1}{2} & 0 \end{pmatrix} = \begin{pmatrix} 1 & 2 \\ 3 & 4 \end{pmatrix} = A$

[예제 4]에서 $\dfrac{1}{2}(A + A^t)$는 대칭행렬이고 $\dfrac{1}{2}(A - A^t)$는 교대행렬이며, 이 두 행렬의 합은 A임을 확인할 수 있다.

모든 성분이 복소수인 복소행렬 A의 경우에도 실행렬과 동일한 성질이 성립하며, 공액전치행렬 $A' = \overline{A^t}$에 대하여 다음 성질을 살펴볼 수 있다.

정리 4　**공액전치행렬의 성질**

두 복소행렬 A, B와 복소수 k에 대하여 다음이 성립한다.

(1) $\overline{AB} = \overline{A}\,\overline{B}$ (2) $(A')' = A$

(3) $(A + B)' = A' + B'$ (4) $(A - B)' = A' - B'$

(5) $(kA)' = \overline{k}\,A'$ (6) $(AB)' = B'A'$

▶ 예제 5

두 행렬 $A = \begin{pmatrix} 1+i & 2-i \\ 3+2i & 1-i \end{pmatrix}$, $B = \begin{pmatrix} 2-i & 1+2i \\ i & 1-i \end{pmatrix}$ 에 대하여 다음 행렬을 구하여라.

(1) $\overline{A}\,\overline{B}$ (2) $A' + B'$ (3) $[(1+i)\,A]'$ (4) $B'A'$

풀이

(1) $\overline{A} = \begin{pmatrix} 1-i & 2+i \\ 3-2i & 1+i \end{pmatrix}$, $\overline{B} = \begin{pmatrix} 2+i & 1-2i \\ -i & 1+i \end{pmatrix}$ 이므로

$$\overline{A}\,\overline{B} = \begin{pmatrix} 1-i & 2+i \\ 3-2i & 1+i \end{pmatrix}\begin{pmatrix} 2+i & 1-2i \\ -i & 1+i \end{pmatrix} = \begin{pmatrix} 4-3i & 0 \\ 9-2i & -1-6i \end{pmatrix}$$

(2) $A' = \overline{A^t} = \begin{pmatrix} 1-i & 3-2i \\ 2+i & 1+i \end{pmatrix}$, $B' = \overline{B^t} = \begin{pmatrix} 2+i & -i \\ 1-2i & 1+i \end{pmatrix}$ 이므로

$$A' + B' = \begin{pmatrix} 1-i & 3-2i \\ 2+i & 1+i \end{pmatrix} + \begin{pmatrix} 2+i & -i \\ 1-2i & 1+i \end{pmatrix} = \begin{pmatrix} 3 & 3-3i \\ 3-i & 2+2i \end{pmatrix}$$

(3) $[(1+i)\,A]' = \left(\overline{(1+i)\,A}\right)^t = (1-i)\,A' = (1-i)\begin{pmatrix} 1-i & 3-2i \\ 2+i & 1+i \end{pmatrix} = \begin{pmatrix} -2i & 1-5i \\ 3-i & 2 \end{pmatrix}$

(4) $B'A' = \begin{pmatrix} 2+i & -i \\ 1-2i & 1+i \end{pmatrix}\begin{pmatrix} 1-i & 3-2i \\ 2+i & 1+i \end{pmatrix} = \begin{pmatrix} 4-3i & 9-2i \\ 0 & -1-6i \end{pmatrix}$

▶ 예제 6

행렬 $A = \begin{pmatrix} 1 & 2 \\ 3 & -4 \end{pmatrix}$ 에 대하여 물음에 답하여라.

(1) A^2 을 구하여라.

(2) $f(x) = 2x^2 - 3x + 5$ 일 때, $f(A)$를 구하여라.

(3) A가 다항식 $g(A) = A^2 + 3A - 10I = O$의 해임을 보여라.

풀이

(1) $A^2 = \begin{pmatrix} 1 & 2 \\ 3 & -4 \end{pmatrix}\begin{pmatrix} 1 & 2 \\ 3 & -4 \end{pmatrix} = \begin{pmatrix} 7 & -6 \\ -9 & 22 \end{pmatrix}$

(2) $f(A) = 2\begin{pmatrix} 7 & -6 \\ -9 & 22 \end{pmatrix} - 3\begin{pmatrix} 1 & 2 \\ 3 & -4 \end{pmatrix} + 5\begin{pmatrix} 1 & 0 \\ 0 & 1 \end{pmatrix} = \begin{pmatrix} 16 & -18 \\ -27 & 61 \end{pmatrix}$

(3) $g(A) = \begin{pmatrix} 7 & -6 \\ -9 & 22 \end{pmatrix} + 3\begin{pmatrix} 1 & 2 \\ 3 & -4 \end{pmatrix} - 10\begin{pmatrix} 1 & 0 \\ 0 & 1 \end{pmatrix} = \begin{pmatrix} 0 & 0 \\ 0 & 0 \end{pmatrix}$ 이므로 A는 $g(A) = O$의 근이다.

이제 두 n차 정방행렬 A, B의 곱 AB 역시 n차 정방행렬이므로 A의 거듭제곱 A^n을 다음과 같이 정의하자.

$$A^0 = I, \ A^2 = AA, \ A^3 = AAA$$

행렬의 곱의 경우 결합법칙이 성립하므로 두 자연수 r, s에 대하여 다음이 성립한다.

$$A^r A^s = A^{r+s}, \ (A^r)^s = A^{rs}$$

n차 정방행렬의 합과 상수 배도 n차 정방행렬이므로 다음과 같이 행렬 A에 대한 다항식을 정의할 수 있으며, 이 식을 행렬다항식$^{\text{matrix polynomial}}$이라 한다.

$$f(A) = a_0 A^n + a_1 A^{n-1} + a_2 A^{n-2} + \cdots + a_{n-1} A + a_n I$$

특히 $f(A) = O$일 때, A를 행렬 다항식의 해^{solution} 또는 근^{root}이라 한다.

5.2 역행렬과 등가행렬

일반적으로 두 n차 정방행렬 A와 B에 대하여 $AB \neq BA$이지만 다음과 같이 곱에 대한 교환법칙이 성립하며, 그 결과가 n차 단위행렬 I가 되는 경우가 있다.

$$AB = BA = I$$

이때 행렬 B를 행렬 A의 역행렬$^{\text{inverse matrix}}$이라 하고 $B = A^{-1}$로 나타내며, 행렬 A를 가역행렬$^{\text{invertible matrix}}$ 또는 정칙행렬$^{\text{regular matrix}}$이라 한다. 즉, 모든 정칙행렬 A에 대하여 항상 다음이 성립한다.

$$AA^{-1} = A^{-1}A = I$$

예를 들어 두 행렬 $A = \begin{pmatrix} 1 & 2 \\ -1 & 3 \end{pmatrix}$, $B = \dfrac{1}{5}\begin{pmatrix} 3 & -2 \\ 1 & 1 \end{pmatrix}$에 대하여 다음을 얻는다.

$$AB = \begin{pmatrix} 1 & 2 \\ -1 & 3 \end{pmatrix}\frac{1}{5}\begin{pmatrix} 3 & -2 \\ 1 & 1 \end{pmatrix} = \frac{1}{5}\begin{pmatrix} 1 & 2 \\ -1 & 3 \end{pmatrix}\begin{pmatrix} 3 & -2 \\ 1 & 1 \end{pmatrix} = \frac{1}{5}\begin{pmatrix} 5 & 0 \\ 0 & 5 \end{pmatrix} = \begin{pmatrix} 1 & 0 \\ 0 & 1 \end{pmatrix},$$

$$BA = \frac{1}{5}\begin{pmatrix} 3 & -2 \\ 1 & 1 \end{pmatrix}\begin{pmatrix} 1 & 2 \\ -1 & 3 \end{pmatrix} = \frac{1}{5}\begin{pmatrix} 5 & 0 \\ 0 & 5 \end{pmatrix} = \begin{pmatrix} 1 & 0 \\ 0 & 1 \end{pmatrix}$$

따라서 B는 A의 역행렬이고 A는 B의 역행렬이다. 즉, $B = A^{-1}$이고 $A = B^{-1}$이다.

정칙행렬은 다음 성질을 갖는다.

정리 5   **정칙행렬의 성질**

두 행렬 A, B가 정칙행렬이면 다음이 성립한다.

(1) $\left(A^{-1}\right)^{-1} = A$

(2) $\left(A^t\right)^{-1} = \left(A^{-1}\right)^t$

(3) AB도 정칙행렬이며, $(AB)^{-1} = B^{-1}A^{-1}$이다.

(4) 양의 정수 n에 대하여 A^n도 정칙행렬이며, $\left(A^n\right)^{-1} = \left(A^{-1}\right)^n$이다.

(5) 0이 아닌 임의의 상수 k에 대하여 kA는 정칙행렬이며, $(kA)^{-1} = \dfrac{1}{k}A^{-1}$이다.

(6) $AX = AY$이면 $X = Y$이다. 즉, 소약법칙이 성립한다.

$A = \begin{pmatrix} 1 & 2 \\ 2 & 4 \end{pmatrix}$의 역행렬 $A^{-1} = \begin{pmatrix} a & b \\ c & d \end{pmatrix}$가 존재하면 다음을 만족해야 한다.

$$AA^{-1} = \begin{pmatrix} 1 & 2 \\ 2 & 4 \end{pmatrix}\begin{pmatrix} a & b \\ c & d \end{pmatrix} = \begin{pmatrix} a+2c & b+2d \\ 2a+4c & 2b+4d \end{pmatrix} = \begin{pmatrix} 1 & 0 \\ 0 & 1 \end{pmatrix}$$

따라서 두 행렬의 상등에 의해 다음 연립방정식을 얻는다.

$$a+2c = 1, \quad 2a+4c = 0, \quad b+2d = 0, \quad 2b+4d = 1$$

처음 두 식에서 $0 = 2a+4c = 2(a+2c) = 2$라는 모순이 발생하고, 따라서 행렬 A는 역행렬이 존재하지 않는다. 이와 같이 역행렬이 존재하지 않는 행렬, 즉 정칙행렬이 아닌 정방행렬을 **특이행렬**$^{\text{singular matrix}}$이라 한다.

▶ 예제 7

행렬 $A = \begin{pmatrix} 2 & 1 \\ -1 & 3 \end{pmatrix}$의 역행렬을 구하여라.

풀이

❶ 역행렬을 $A^{-1} = \begin{pmatrix} a & b \\ c & d \end{pmatrix}$로 놓는다.

❷ $AA^{-1} = I$로 놓고 좌변의 행렬을 구한다.

$$AA^{-1} = \begin{pmatrix} 2 & 1 \\ -1 & 3 \end{pmatrix}\begin{pmatrix} a & b \\ c & d \end{pmatrix} = \begin{pmatrix} 2a+c & 2b+d \\ -a+3c & -b+3d \end{pmatrix} = \begin{pmatrix} 1 & 0 \\ 0 & 1 \end{pmatrix}$$

❸ 행렬의 상등에 의해 연립방정식을 얻는다.

$$2a + c = 1 , \quad -a + 3c = 0 , \quad 2b + d = 0 , \quad -b + 3d = 1$$

❹ 연립방정식을 푼다.

$-a + 3c = 0$ 에서 $a = 3c$ 를 $2a + c = 1$ 에 대입하면 $7c = 1$ 이고 $c = \dfrac{1}{7}$, $a = \dfrac{3}{7}$ 이다.

$2b + d = 0$ 에서 $d = -2b$ 를 $-b + 3d = 1$ 에 대입하면 $-7b = 1$ 이고 $b = -\dfrac{1}{7}$, $d = \dfrac{2}{7}$ 이다.

❺ 역행렬을 구한다.

$$A^{-1} = \begin{pmatrix} \dfrac{3}{7} & -\dfrac{1}{7} \\ \dfrac{1}{7} & \dfrac{2}{7} \end{pmatrix} = \frac{1}{7} \begin{pmatrix} 3 & -1 \\ 1 & 2 \end{pmatrix}$$

[예제 7]에서 행렬 A 와 역행렬 A^{-1} 에 대한 구조를 살펴보면 [그림 5.3]과 같다.

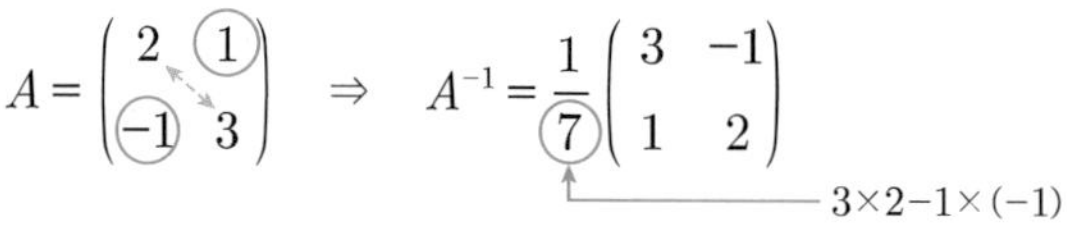

$$A = \begin{pmatrix} 2 & \textcircled{1} \\ \textcircled{-1} & 3 \end{pmatrix} \quad \Rightarrow \quad A^{-1} = \frac{1}{\textcircled{7}} \begin{pmatrix} 3 & -1 \\ 1 & 2 \end{pmatrix}$$

$$3 \times 2 - 1 \times (-1)$$

[그림 5.3] 행렬 A 와 역행렬 A^{-1} 의 구조

즉, 두 성분 2와 3을 교환하고, 두 성분 1과 -1의 부호를 바꾼 행렬을 주대각원소의 곱과 부대각원소의 곱의 차 $3 \times 2 - (-1) \times 1 = 7$ 로 나누면 A 의 역행렬 A^{-1} 를 얻는다. 이를 종합하면 2차 정칙행렬 $A = \begin{pmatrix} a & b \\ c & d \end{pmatrix}$ 의 역행렬은 다음과 같이 구한다.

① a 과 d 를 교환한다.
② b 와 c 의 부호를 바꾼다. 즉, b 와 c 에 -1 을 곱한다.
③ $|A| = ad - bc$ 의 역수를 곱한다.
④ 역행렬은 $A = \dfrac{1}{|A|} \begin{pmatrix} d & -b \\ -c & a \end{pmatrix}$ 이다. 이때 $|A| \neq 0$ 이어야 한다.

2차 정칙행렬의 경우 이 방법으로 쉽게 구할 수 있지만, 3차 이상의 정칙행렬은 다른 방법으로 역행렬을 구해야 한다.

행등가행렬

다음 형태의 행렬을 생각하자.

$$A = \begin{pmatrix} 1 & 0 & 0 & 4 \\ 0 & 2 & 3 & 1 \\ 0 & 0 & 3 & 4 \end{pmatrix}, \quad B = \begin{pmatrix} 1 & 2 & 3 & 4 \\ 0 & 1 & 2 & 3 \\ 0 & 0 & 1 & 3 \\ 0 & 0 & 0 & 1 \end{pmatrix}, \quad C = \begin{pmatrix} 1 & 2 & 3 & 4 \\ 0 & 1 & 2 & 3 \\ 0 & 0 & 1 & 2 \\ 0 & 0 & 0 & 0 \end{pmatrix}$$

이러한 행렬들의 각 행에서 처음으로 나오는 0이 아닌 성분을 선행성분$^{\text{leading entry}}$이라 한다. 행렬 A의 1행에서 처음으로 0이 아닌 성분은 1열의 1이고, 2행에서 처음으로 0이 아닌 성분은 2열에 있는 2, 3행에서 처음으로 0인 아닌 성분은 3열에 있는 3이다. 이와 같이 각 행에서 처음으로 나오는 0이 아닌 성분 1, 2, 3은 선행성분이다. 행렬 B의 주대각원소들은 각 행에서 처음으로 나오는 0이 아닌 성분이므로 행렬 B의 선행성분은 주대각원소이다. 또한 행렬 C는 1행, 2행, 3행의 1이 선행성분이며, 특히 마지막 4행의 성분이 모두 0이다. 이와 같은 행렬들은 다음 성질을 가지며, 이 형태의 행렬을 행사다리꼴$^{\text{row echelon form}}$이라 한다.

① 적어도 하나의 성분이 0이 아닌 연속적인 두 행에 대하여 아래에 있는 행의 선행성분은 위에 있는 행의 선행성분 오른쪽에 있다.
② 모든 성분이 0인 행은 선행성분이 있는 행의 아래쪽에 있다.

행사다리꼴인 행렬이 다음 두 조건을 추가로 만족하는 경우 이 행렬을 기약행사다리꼴$^{\text{reduced row echelon form}}$이라 한다.

③ 선행성분이 1이다.
④ 선행성분 1의 위아래에 있는 성분은 모두 0이다.

예를 들어 다음 세 행렬은 모두 기약행사다리꼴 행렬이다.

$$A = \begin{pmatrix} 1 & 0 & 0 & 2 \\ 0 & 1 & 0 & 1 \\ 0 & 0 & 1 & 3 \end{pmatrix}, \quad B = \begin{pmatrix} 1 & 0 & 0 & 0 \\ 0 & 1 & 0 & 0 \\ 0 & 0 & 1 & 0 \\ 0 & 0 & 0 & 1 \end{pmatrix}, \quad C = \begin{pmatrix} 1 & 0 & 0 & 2 \\ 0 & 1 & 0 & 3 \\ 0 & 0 & 1 & 4 \\ 0 & 0 & 0 & 0 \end{pmatrix}$$

두 행을 교환하거나, 한 행에 0이 아닌 상수를 곱하거나 또는 한 행에 상수를 곱하여 다른 행에 더하는 행렬의 연산을 기본행연산$^{\text{elementary row operate}}$이라 하고, 다음과 같이 기본행연산을 수행하는 연산자를 기본행연산자$^{\text{elementary row operator}}$라 한다. 행렬 A에 기본행연산자를 유한 번 적용하여 얻은 새로운 행렬 B를 A의 행등가행렬$^{\text{row equivalent matrix}}$이라 하며, $A \sim B$로 나타낸다.

⑤ R_{ij} : i 행과 j 행을 서로 교환한다.

⑥ $R_i(k)$: i 행에 0이 아닌 상수 k를 곱한다.

⑦ $R_{ij}(k)$: i 행에 0이 아닌 상수 k를 곱하여 j 행에 더한다.

기본행연산자를 이용하여 n 차 정칙행렬 A의 역행렬을 구할 수 있다. 이를 위해 다음과 같이 행렬 A의 오른쪽에 n차 단위행렬 I를 추가한 $n \times 2n$ 행렬 $(A \mid I)$를 정의한다.

$$(A \mid I) = \begin{pmatrix} a_{11} & a_{12} & \cdots & a_{1n} & 1 & 0 & \cdots & 0 \\ a_{21} & a_{22} & \cdots & a_{2n} & 0 & 1 & \cdots & 0 \\ & & \vdots & & & & \vdots & \\ a_{n1} & a_{n2} & \cdots & a_{nn} & 0 & 0 & \cdots & 1 \end{pmatrix}$$

이제 기본행연산자를 이용하여 행렬 $(A \mid I)$의 A 부분을 단위행렬 I가 되도록 등가행렬 $(I \mid B)$를 얻는다.

$$(I \mid B) = \begin{pmatrix} 1 & 0 & \cdots & 0 & b_{11} & b_{12} & \cdots & b_{1n} \\ 0 & 1 & \cdots & 0 & b_{21} & b_{22} & \cdots & b_{2n} \\ & & \vdots & & & & \vdots & \\ 0 & 0 & \cdots & 1 & b_{n1} & b_{n2} & \cdots & b_{nn} \end{pmatrix}$$

여기서 등가행렬 $(I \mid B)$의 오른쪽에 있는 $n \times n$ 행렬 B가 A의 역행렬이다. 예를 들어 행렬 $A = \begin{pmatrix} 1 & 0 & 2 \\ 2 & 1 & 3 \\ 3 & -1 & 1 \end{pmatrix}$ 에 대하여 다음과 같이 기본행연산자를 적용한다.

$$(A \mid I) = \begin{pmatrix} 1 & 0 & 2 & 1 & 0 & 0 \\ 2 & 1 & 3 & 0 & 1 & 0 \\ 3 & -1 & 1 & 0 & 0 & 1 \end{pmatrix} \xrightarrow[R_{13}(-3)]{R_{12}(-2)} \begin{pmatrix} 1 & 0 & 2 & 1 & 0 & 0 \\ 0 & 1 & -1 & -2 & 1 & 0 \\ 0 & -1 & -5 & -3 & 0 & 1 \end{pmatrix} \xrightarrow{R_{23}(1)} \begin{pmatrix} 1 & 0 & 2 & 1 & 0 & 0 \\ 0 & 1 & -1 & -2 & 1 & 0 \\ 0 & 0 & -6 & -5 & 1 & 1 \end{pmatrix}$$

$$\xrightarrow{R_3(-1/6)} \begin{pmatrix} 1 & 0 & 2 & 1 & 0 & 0 \\ 0 & 1 & -1 & -2 & 1 & 0 \\ 0 & 0 & 1 & \dfrac{5}{6} & -\dfrac{1}{6} & -\dfrac{1}{6} \end{pmatrix} \xrightarrow[R_{31}(-2)]{R_{32}(1)} \begin{pmatrix} 1 & 0 & 0 & -\dfrac{4}{6} & \dfrac{2}{6} & \dfrac{2}{6} \\ 0 & 1 & 0 & -\dfrac{7}{6} & \dfrac{5}{6} & -\dfrac{1}{6} \\ 0 & 0 & 1 & \dfrac{5}{6} & -\dfrac{1}{6} & -\dfrac{1}{6} \end{pmatrix}$$

따라서 A의 역행렬은 다음과 같다.

$$A^{-1} = \begin{pmatrix} -\dfrac{4}{6} & \dfrac{2}{6} & \dfrac{2}{6} \\ -\dfrac{7}{6} & \dfrac{5}{6} & -\dfrac{1}{6} \\ \dfrac{5}{6} & -\dfrac{1}{6} & -\dfrac{1}{6} \end{pmatrix} = \dfrac{1}{6} \begin{pmatrix} -4 & 2 & 2 \\ -7 & 5 & -1 \\ 5 & -1 & -1 \end{pmatrix}$$

이와 같은 등가행렬을 구할 때 행렬 A의 모든 성분이 0인 행이 존재하는 경우, 즉 행렬 $(A \mid I)$의 등가행렬 $(I \mid B)$를 얻을 수 없는 경우 행렬 A는 역행렬을 갖지 않는 특이행렬이다.

▶ 예제 8

다음 행렬의 역행렬을 구하여라.

(1) $A = \begin{pmatrix} 1 & 2 \\ -1 & 3 \end{pmatrix}$

(2) $A = \begin{pmatrix} 1 & 2 & 0 \\ 2 & 1 & 1 \\ 3 & 1 & 2 \end{pmatrix}$

풀이

(1) 기본행연산자를 이용하여 역행렬을 구한다.

$$(A \mid I) = \begin{pmatrix} 1 & 2 & | & 1 & 0 \\ -1 & 3 & | & 0 & 1 \end{pmatrix} \xrightarrow{R_{12}(1)} \begin{pmatrix} 1 & 2 & | & 1 & 0 \\ 0 & 5 & | & 1 & 1 \end{pmatrix} \xrightarrow{R_2(1/5)} \begin{pmatrix} 1 & 2 & | & 1 & 0 \\ 0 & 1 & | & \frac{1}{5} & \frac{1}{5} \end{pmatrix}$$

$$\xrightarrow{R_{21}(-2)} \begin{pmatrix} 1 & 0 & | & \frac{3}{5} & -\frac{2}{5} \\ 0 & 1 & | & \frac{1}{5} & \frac{1}{5} \end{pmatrix}$$

따라서 역행렬은 $A^{-1} = \begin{pmatrix} \frac{3}{5} & -\frac{2}{5} \\ \frac{1}{5} & \frac{1}{5} \end{pmatrix} = \frac{1}{5}\begin{pmatrix} 3 & -2 \\ 1 & 1 \end{pmatrix}$이다.

(2) 기본행연산자를 이용하여 역행렬을 구한다.

$$(A \mid I) = \begin{pmatrix} 1 & 2 & 0 & | & 1 & 0 & 0 \\ 2 & 1 & 1 & | & 0 & 1 & 0 \\ 3 & 1 & 2 & | & 0 & 0 & 1 \end{pmatrix} \xrightarrow[R_{13}(-3)]{R_{12}(-2)} \begin{pmatrix} 1 & 2 & 0 & | & 1 & 0 & 0 \\ 0 & -3 & 1 & | & -2 & 1 & 0 \\ 0 & -5 & 2 & | & -3 & 0 & 1 \end{pmatrix}$$

$$\xrightarrow{R_{23}(-5/3)} \begin{pmatrix} 1 & 2 & 0 & | & 1 & 0 & 0 \\ 0 & -3 & 1 & | & -2 & 1 & 0 \\ 0 & 0 & \frac{1}{3} & | & \frac{1}{3} & -\frac{5}{3} & 1 \end{pmatrix} \xrightarrow[R_3(3)]{R_2(-1/3)} \begin{pmatrix} 1 & 2 & 0 & | & 1 & 0 & 0 \\ 0 & 1 & -\frac{1}{3} & | & \frac{2}{3} & -\frac{1}{3} & 0 \\ 0 & 0 & 1 & | & 1 & -5 & 3 \end{pmatrix}$$

$$\xrightarrow{R_{32}(1/3)} \begin{pmatrix} 1 & 2 & 0 & | & 1 & 0 & 0 \\ 0 & 1 & 0 & | & 1 & -2 & 1 \\ 0 & 0 & 1 & | & 1 & -5 & 3 \end{pmatrix} \xrightarrow{R_{23}(-2)} \begin{pmatrix} 1 & 0 & 0 & | & -1 & 4 & -2 \\ 0 & 1 & 0 & | & 1 & -2 & 1 \\ 0 & 0 & 1 & | & 1 & -5 & 3 \end{pmatrix}$$

따라서 역행렬은 $A^{-1} = \begin{pmatrix} -1 & 4 & -2 \\ 1 & -2 & 1 \\ 1 & -5 & 3 \end{pmatrix}$이다.

상수 a_1, a_2, a_3, a_4, b_1, b_2와 미지수 x, y에 대하여 다음 선형 연립방정식을 생각하자.

$$\begin{cases} a_1 x + a_2 y = b_1 \\ a_3 x + a_4 y = b_2 \end{cases}$$

이 선형 연립방정식을 기하학적으로 관찰하면 [그림 5.4]와 같이 두 직선에 대하여 세 경우를 생각할 수 있다.

① 두 직선이 한 점에서 교차하는 경우
② 두 직선이 겹치는 경우
③ 두 직선이 평행인 경우

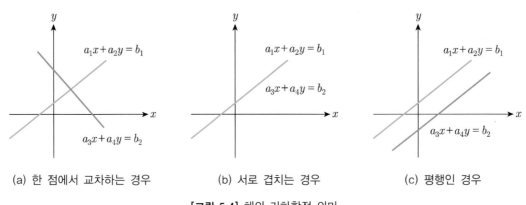

(a) 한 점에서 교차하는 경우　　(b) 서로 겹치는 경우　　(c) 평행인 경우

[그림 5.4] 해의 기하학적 의미

각 경우에 대하여 선형 연립방정식의 해는 세 가지 유형으로 나타난다.

①′ 두 직선이 서로 한 점에서 교차하면 유일한 해를 갖는다.
②′ 두 직선이 겹치면 무수히 많은 해를 가지며, 이 경우의 해를 부정해$^{\text{indefinite solution}}$라 한다.
③′ 두 직선이 평행이면 해가 존재하지 않는다.

행렬을 이용한 연립방정식 표현

다음과 같이 n개의 미지수 x_1, x_2, $\cdots$, x_n과 m개의 방정식을 갖는 선형 연립방정식을 선형방정식계$^{\text{system of linear equations}}$라 한다.

$$a_{11}x_1 + a_{12}x_2 + \cdots + a_{1n}x_n = b_1$$
$$a_{21}x_1 + a_{22}x_2 + \cdots + a_{2n}x_n = b_2$$
$$\vdots \qquad\qquad \vdots$$
$$a_{m1}x_1 + a_{m2}x_2 + \cdots + a_{mn}x_n = b_m$$

이 연립방정식은 다음과 같이 행렬을 이용하여 나타낼 수 있다.

$$\begin{pmatrix} a_{11}x_1 + a_{12}x_2 + \cdots + a_{1n}x_n \\ a_{21}x_1 + a_{22}x_2 + \cdots + a_{2n}x_n \\ \vdots \\ a_{m1}x_1 + a_{m2}x_2 + \cdots + a_{mn}x_n \end{pmatrix} = \begin{pmatrix} b_1 \\ b_2 \\ \vdots \\ b_m \end{pmatrix}$$

좌변은 계수와 미지수에 의한 $m \times 1$ 행렬이고 우변은 상수항으로 구성된 $m \times 1$ 행렬이다. 이제 다음과 같이 선형 연립방정식의 계수들로 구성된 $m \times n$ 행렬을 A, 미지수로 구성된 $m \times 1$ 행렬을 $\mathbf{x}$, 상수항으로 구성된 행렬을 $\mathbf{b}$로 나타내자.

$$A = \begin{pmatrix} a_{11} & a_{12} & \cdots & a_{1n} \\ a_{21} & a_{22} & \cdots & a_{2n} \\ & & \vdots \\ a_{m1} & a_{m2} & \cdots & a_{mn} \end{pmatrix}, \quad \mathbf{x} = \begin{pmatrix} x_1 \\ x_2 \\ \vdots \\ x_n \end{pmatrix}, \quad \mathbf{b} = \begin{pmatrix} b_1 \\ b_2 \\ \vdots \\ b_m \end{pmatrix}$$

여기서 행렬 A를 연립방정식의 **계수행렬**$^{coefficient\ matrix}$이라 한다. 좌변의 계수와 미지수에 의한 행렬은 다음과 같이 계수행렬 A와 미지수 행렬 $\mathbf{x}$의 곱으로 표현할 수 있다.

$$\begin{pmatrix} a_{11}x_1 + a_{12}x_2 + \cdots + a_{1n}x_n \\ a_{21}x_1 + a_{22}x_2 + \cdots + a_{2n}x_n \\ \vdots \\ a_{m1}x_1 + a_{m2}x_2 + \cdots + a_{mn}x_n \end{pmatrix} = \begin{pmatrix} a_{11} & \cdots & a_{1j} & \cdots & a_{1n} \\ & & \vdots \\ a_{i1} & \cdots & a_{ij} & \cdots & a_{in} \\ & & \vdots \\ a_{m1} & \cdots & a_{mj} & \cdots & a_{mn} \end{pmatrix} \begin{pmatrix} x_1 \\ \vdots \\ x_j \\ \vdots \\ x_n \end{pmatrix} = A\mathbf{x}$$

따라서 선형방정식계는 다음과 같이 행렬로 표현된다.

$$A\mathbf{x} = \begin{pmatrix} a_{11} & \cdots & a_{1j} & \cdots & a_{1n} \\ & & \vdots \\ a_{i1} & \cdots & a_{ij} & \cdots & a_{in} \\ & & \vdots \\ a_{m1} & \cdots & a_{mj} & \cdots & a_{mn} \end{pmatrix} \begin{pmatrix} x_1 \\ \vdots \\ x_j \\ \vdots \\ x_n \end{pmatrix} = \begin{pmatrix} b_1 \\ \vdots \\ b_j \\ \vdots \\ b_n \end{pmatrix} = \mathbf{b}$$

다시 말해 선형방정식계는 계수행렬 A와 미지수 행렬 $\mathbf{x}$, 상수항 행렬 $\mathbf{b}$를 이용하여 간단히 $A\mathbf{x} = \mathbf{b}$로 표현된다.

역행렬을 이용한 연립방정식 해법

선형방정식계 $A\mathbf{x} = \mathbf{b}$ 에서 미지수의 개수와 방정식의 개수가 동일하면, 즉 $n = m$ 이면 계수행렬은 n 차 정방행렬이다. 특히 계수행렬 A 가 정칙행렬이면 역행렬 A^{-1} 가 존재하며, 다음이 성립한다.

$$A^{-1}A = I, \quad I \text{는 } n \text{차 단위행렬}$$

$I\mathbf{x} = \mathbf{x}$ 이므로 선형방정식계 $A\mathbf{x} = \mathbf{b}$ 에 대하여 양변의 왼쪽에서 각각 A^{-1} 를 곱하면 다음과 같이 연립방정식의 해를 구할 수 있다.

$$A^{-1}(A\mathbf{x}) = A^{-1}\mathbf{b}$$

$$(A^{-1}A)\mathbf{x} = A^{-1}\mathbf{b}$$

$$I\mathbf{x} = A^{-1}\mathbf{b}, \text{ 즉 } \mathbf{x} = A^{-1}\mathbf{b}$$

즉, n 차 계수행렬 A 의 역행렬이 존재하면 연립방정식 $A\mathbf{x} = \mathbf{b}$ 의 유일한 해는 다음과 같다.

$$\mathbf{x} = A^{-1}\mathbf{b}$$

예를 들어 연립방정식 $x + 2y = 3$, $x + 3y = 5$ 의 해를 구하기 위한 계수행렬 A 와 그 역행렬은 다음과 같다.

$$A = \begin{pmatrix} 1 & 2 \\ 1 & 3 \end{pmatrix}, \quad A^{-1} = \begin{pmatrix} 3 & -2 \\ -1 & 1 \end{pmatrix}$$

그러면 이 연립방정식의 해는 다음과 같다.

$$\mathbf{x} = A^{-1}\mathbf{b} = \begin{pmatrix} x \\ y \end{pmatrix} = \begin{pmatrix} 3 & -2 \\ -1 & 1 \end{pmatrix} \begin{pmatrix} 3 \\ 5 \end{pmatrix} = \begin{pmatrix} -1 \\ 2 \end{pmatrix}$$

따라서 해는 $x = -1$, $y = 2$ 이다.

▶ 예제 9

다음 연립방정식의 해를 구하여라.

(1) $\begin{cases} 3x + 2y = 3 \\ 4x + 3y = 2 \end{cases}$
(2) $\begin{cases} x + 2y = 2 \\ 2x + y + z = 1 \\ 3x + y + 2z = 3 \end{cases}$

풀이

주안점 계수행렬의 역행렬 A^{-1}와 $\mathbf{x} = A^{-1}\mathbf{b}$를 구한다.

(1) ❶ 계수행렬 $A = \begin{pmatrix} 3 & 2 \\ 4 & 3 \end{pmatrix}$의 역행렬를 구한다.

등가행렬을 이용하면 $A^{-1} = \begin{pmatrix} 3 & -2 \\ -4 & 3 \end{pmatrix}$이다.

❷ $\mathbf{x} = A^{-1}\mathbf{b}$를 구한다.

$\mathbf{b} = \begin{pmatrix} 3 \\ 2 \end{pmatrix}$이므로

$$\mathbf{x} = A^{-1}\mathbf{b} = \begin{pmatrix} 3 & -2 \\ -4 & 3 \end{pmatrix}\begin{pmatrix} 3 \\ 2 \end{pmatrix} = \begin{pmatrix} 5 \\ -6 \end{pmatrix}$$

❸ 해를 구한다.

$$x = 5, \ y = -6$$

(2) ❶ 계수행렬 $A = \begin{pmatrix} 1 & 2 & 0 \\ 2 & 1 & 1 \\ 3 & 1 & 2 \end{pmatrix}$의 역행렬 A^{-1}를 구한다.

[예제 8(2)]로부터

$$A^{-1} = \begin{pmatrix} -1 & 4 & -2 \\ 1 & -2 & 1 \\ 1 & -5 & 3 \end{pmatrix}$$

❷ $\mathbf{x} = A^{-1}\mathbf{b}$를 구한다.

$\mathbf{b} = \begin{pmatrix} 2 \\ 1 \\ 3 \end{pmatrix}$이므로

$$\mathbf{x} = A^{-1}\mathbf{b} = \begin{pmatrix} -1 & 4 & -2 \\ 1 & -2 & 1 \\ 1 & -5 & 3 \end{pmatrix}\begin{pmatrix} 2 \\ 1 \\ 3 \end{pmatrix} = \begin{pmatrix} -4 \\ 3 \\ 6 \end{pmatrix}$$

❸ 해를 구한다.

$$x = -4, \ y = 3, \ z = 6$$

가우스 소거법을 이용한 연립방정식 해법

역행렬을 이용한 선형방정식계 $A\mathbf{x} = \mathbf{b}$의 해를 구하는 방법은 미지수의 개수와 방정식의 개수가 동일하고 역행렬이 존재하는 경우에만 적용할 수 있다. 그러나 일반적으로 선형방정식계는 미지수의 개수와 방정식의 개수가 다르거나 역행렬이 존재하지 않는 경우가 많다. 특히 선형방정식계가 유일하지 않은 부정해를 갖는다면 계수행렬의 역행렬이 존재하지 않는다. 이 경우 앞에서 살펴본 기본행연산자를 이용하여 등가행렬을 얻는 방법을 이용한다.

이 방법을 살펴보기 위해 먼저 선형방정식계의 연산과 기본행연산자의 관계를 비교하면 [표 5.1]과 같다.

[표 5.1] 선형방정식계의 연산과 기본행연산자 비교

	선형방정식계의 연산	기본행연산자
(1)	i 번째 식과 j 번째 식을 교환한다.	R_{ij} : i 행과 j 행을 서로 교환한다.
(2)	i 번째 식에 0이 아닌 상수 k 를 곱한다.	$R_i(k)$: i 행에 0이 아닌 상수 k 를 곱한다.
(3)	i 번째 식에 0이 아닌 상수 k 를 곱하여 j 번째 식에 더한다.	$R_{ij}(k)$: i 행에 0이 아닌 상수 k 를 곱하여 j 행에 더한다.

따라서 선형방정식계에서 계수와 상수항으로 구성된 행렬에 기본행연산자를 적용하면 연립방정식의 해를 쉽게 구할 수 있다. 이를 위해 선형방정식계 $A\mathbf{x} = \mathbf{b}$ 에 대하여 미지수를 제외한 계수와 상수항으로 구성된 $m \times (n+1)$ 행렬을 생각하며, 이 행렬을 **확대행렬**$^{\text{augmented matrix}}$ 이라 한다.

$$(A \,|\, \mathbf{b}) = \begin{pmatrix} a_{11} & a_{12} & \cdots & a_{1n} & \big| & b_1 \\ a_{21} & a_{22} & \cdots & a_{2n} & \big| & b_2 \\ & & \vdots & & \big| & \vdots \\ a_{m1} & a_{m2} & \cdots & a_{mn} & \big| & b_m \end{pmatrix}$$

이 확대행렬에 기본행연산자를 적용하여 다음과 같이 등가행렬을 얻는다.

① 행교환을 이용하여 a_{11} 이 0이 되지 않도록 만든다.
② 각 행의 선행성분 아래에 있는 성분은 모두 0이 되도록 한다.
③ 이웃하는 두 행에서 아래쪽 행의 선행성분은 위쪽 행의 선행성분 오른쪽에 놓이게 한다.

이 방법으로 등가행렬을 얻는 방법을 **가우스 소거법**$^{\text{Gauss elimination}}$ 이라 한다. 세 미지수 x, y, z 에 대한 연립방정식에 가우스 소거법을 적용하여 다음 등가행렬을 얻었다고 하자.

$$\begin{pmatrix} 1 & 2 & 1 & \big| & 2 \\ 0 & 2 & 1 & \big| & 3 \\ 0 & 0 & 3 & \big| & 6 \end{pmatrix}$$

이 행렬은 최초 주어진 연립방정식에 여러 가지 행연산을 적용하여 다음 연립방정식으로 변형함을 의미한다.

$$x + 2y + z = 2$$

$$2y + z = 3$$

$$3z = 6$$

따라서 마지막 식(행)에서 $z = 2$ 이고 두 번째 식(행)에서 $2y + 2 = 3$ 이므로 $y = \dfrac{1}{2}$, 첫 번째 식(행)에서 $x + (2)\dfrac{1}{2} + 2 = 2$ 이므로 $x = -1$ 을 얻는다. 가우스 소거법을 적용하여 얻은 최종적인 등가행렬은 [그림 5.5]와 같이 세 가지 유형으로 나타난다. 이때 [그림 5.5(a)]와 같이 등가행렬의 모든 행에 선행성분이 있으면 선형방정식계는 유일한 해를 갖는다. 그러나 계수행렬 부분의 마지막 행의 모든 성분이 0이 되는 경우 [그림 5.5(b)]와 같이 상수항 성분이 0이면 $0x + 0y + 0z = 0$ 을 의미하며, 이 연립방정식은 부정해를 갖는다. 한편 [그림 5.5(c)]와 같이 상수항 성분이 0이 아니면 $0x + 0y + 0z = c_5$, 즉 0이 아닌 c_5 에 대하여 $0 = c_5$ 이므로 해가 존재하지 않는다.

$$\begin{pmatrix} 1 & \times & \times & \times & \times & c_1 \\ 0 & 1 & \times & \times & \times & c_2 \\ 0 & 0 & 1 & \times & \times & c_3 \\ 0 & 0 & 0 & 1 & \times & c_4 \\ 0 & 0 & 0 & 0 & 1 & c_5 \end{pmatrix} \qquad \begin{pmatrix} 1 & \times & \times & \times & \times & c_1 \\ 0 & 1 & \times & \times & \times & c_2 \\ 0 & 0 & 1 & \times & \times & c_3 \\ 0 & 0 & 0 & 1 & \times & c_4 \\ 0 & 0 & 0 & 0 & 0 & 0 \end{pmatrix} \qquad \begin{pmatrix} 1 & \times & \times & \times & \times & c_1 \\ 0 & 1 & \times & \times & \times & c_2 \\ 0 & 0 & 1 & \times & \times & c_3 \\ 0 & 0 & 0 & 1 & \times & c_4 \\ 0 & 0 & 0 & 0 & 0 & c_5 \end{pmatrix}$$

(a) 유일한 해를 갖는 경우   (b) 무수히 많은 해를 갖는 경우   (c) 해가 없는 경우

[그림 5.5] 가우스 소거법과 해의 존재성

특히 다음과 같이 선행성분이 1이고, 이 성분의 위아래에 있는 성분을 모두 0이 되도록 수정한 소거법을 가우스-조르단 소거법$^{\text{Gauss-Jordan elimination}}$이라 한다. 예를 들어 가우스-조르단 소거법에 의해 다음 확대행렬을 얻었다고 하자.

$$\begin{pmatrix} 1 & 0 & 0 & 1 \\ 0 & 1 & 0 & 2 \\ 0 & 0 & 1 & 3 \end{pmatrix}$$

그러면 이 행렬은 다음 연립방정식을 의미하며, 따라서 $x = 1$, $y = 2$, $z = 3$ 이다.

$$1x + 0y + 0z = 1$$
$$0x + 1y + 0z = 2$$
$$0x + 0y + 1z = 3$$

다음 연립방정식을 이용하여 방정식을 푸는 과정과 행연산자를 비교해 보자.

$$x + 2y - z + 3w = 2, \quad -x + y + 3z - 2w = -1,$$
$$2x + 7y - z + 9w = 8, \quad 3x + 3y - 2z + 4w = -6$$

[표 5.2] 선형 연립방정식의 기본행연산에 의한 등가행렬

단계	선형 연립방정식	기본행연산에 의한 등가행렬
방정식	$L_1:\ \ x+2y-\ z+3w\ =\ \ \ 2$ $L_2:-x+\ y+3z-2w\ =-1$ $L_3:\ 2x+7y-\ z+9w\ =\ \ \ 8$ $L_4:\ 3x+3y-2z+4w=-6$	$\begin{pmatrix} 1 & 2 & -1 & 3 & \vert & 2 \\ -1 & 1 & 3 & -2 & \vert & -1 \\ 2 & 7 & -1 & 9 & \vert & 8 \\ 3 & 3 & -2 & 4 & \vert & -6 \end{pmatrix}$
(1)	$\underline{L_1+L_2,\ \ (-2)L_1+L_3,\ \ (-3)L_1+L_4}$ $L_1:\ x+2y-z+3w\ =\ \ \ \ 2$ $L_2:\ \ \ \ \ \ 3y+2z+\ w\ =\ \ \ \ 1$ $L_3:\ \ \ \ \ \ 3y+\ z+3w\ =\ \ \ \ 4$ $L_4:\ \ \ -3y+\ \ z-5w\ =-12$	$\underline{R_{12}(1),\ \ R_{13}(-2),\ \ R_{14}(-3)}$ $\begin{pmatrix} 1 & 2 & -1 & 3 & \vert & 2 \\ 0 & 3 & 2 & 1 & \vert & 1 \\ 0 & 3 & 1 & 3 & \vert & 4 \\ 0 & -3 & 1 & -5 & \vert & -12 \end{pmatrix}$
(2)	$\underline{(-1)L_2+L_3,\ \ L_2+L_4}$ $L_1:\ x+2y-\ z+3w\ =\ \ \ 2$ $L_2:\ \ \ \ \ \ 3y+2z+\ w\ =\ \ \ 1$ $L_3:\ \ \ \ \ \ \ \ -\ z+2w\ =\ \ \ 3$ $L_4:\ \ \ \ \ \ \ \ \ \ 3z-4w=-11$	$\underline{R_{23}(-1),\ \ R_{24}(1)}$ $\begin{pmatrix} 1 & 2 & -1 & 3 & \vert & 2 \\ 0 & 3 & 2 & 1 & \vert & 1 \\ 0 & 0 & -1 & 2 & \vert & 3 \\ 0 & 0 & 3 & -4 & \vert & -11 \end{pmatrix}$
(3)	$\underline{3L_3+L_4}$ $L_1:\ x+2y-\ z+3w\ =\ \ 2$ $L_2:\ \ \ \ \ \ 3y+2z+\ w\ =\ \ 1$ $L_3:\ \ \ \ \ \ \ \ -\ z+2w\ =\ \ 3$ $L_4:\ \ \ \ \ \ \ \ \ \ \ \ \ \ 2w=-2$	$\underline{R_{34}(3)}$ $\begin{pmatrix} 1 & 2 & -1 & 3 & \vert & 2 \\ 0 & 3 & 2 & 1 & \vert & 1 \\ 0 & 0 & -1 & 2 & \vert & 3 \\ 0 & 0 & 0 & 2 & \vert & -2 \end{pmatrix}$
(4)	$\underline{(1/2)L_4}$ $L_1:\ x+2y-\ z+3w\ =\ \ \ 2$ $L_2:\ \ \ \ \ \ 3y+2z+\ w\ =\ \ \ 1$ $L_3:\ \ \ \ \ \ \ \ -\ z+2w\ =\ \ \ 3$ $L_4:\ \ \ \ \ \ \ \ \ \ \ \ \ \ \ w=-1$	$\underline{R_4(1/2)}$ $\begin{pmatrix} 1 & 2 & -1 & 3 & \vert & 2 \\ 0 & 3 & 2 & 1 & \vert & 1 \\ 0 & 0 & -1 & 2 & \vert & 3 \\ 0 & 0 & 0 & 1 & \vert & -1 \end{pmatrix}$
(5)	$\underline{(-2)L_4+L_3,\ \ (-1)L_3}$ $L_1:\ x+2y-\ z+3w\ =\ \ \ 2$ $L_2:\ \ \ \ \ \ 3y+2z+\ w\ =\ \ \ 1$ $L_3:\ \ \ \ \ \ \ \ \ \ \ z\ \ \ \ \ \ =-5$ $L_4:\ \ \ \ \ \ \ \ \ \ \ \ \ \ \ w=-1$	$\underline{R_{43}(-2),\ \ R_3(-1)}$ $\begin{pmatrix} 1 & 2 & -1 & 3 & \vert & 2 \\ 0 & 3 & 2 & 1 & \vert & 1 \\ 0 & 0 & 1 & 0 & \vert & -5 \\ 0 & 0 & 0 & 1 & \vert & -1 \end{pmatrix}$
(6)	$\underline{(-2)L_3+L_2,\ \ (-1)L_4+L_2,\ \ (1/3)L_2}$ $L_1:\ x+2y-z+3w\ =\ \ \ 2$ $L_2:\ \ \ \ \ \ y\ \ \ \ \ \ \ \ \ \ \ =\ \ \ 4$ $L_3:\ \ \ \ \ \ \ \ \ \ z\ \ \ \ \ \ =-5$ $L_4:\ \ \ \ \ \ \ \ \ \ \ \ \ \ \ w=-1$	$\underline{R_{32}(-2),\ \ R_{42}(-1),\ \ R_2(1/3)}$ $\begin{pmatrix} 1 & 2 & -1 & 3 & \vert & 2 \\ 0 & 1 & 0 & 0 & \vert & 4 \\ 0 & 0 & 1 & 0 & \vert & -5 \\ 0 & 0 & 0 & 1 & \vert & -1 \end{pmatrix}$
(7)	$\underline{(-2)L_2+L_1,\ \ L_3+L_1,\ \ (-3)L_4+L_1}$ $L_1:x=-8$ $L_2:y=\ \ \ 4$ $L_3:z=-5$ $L_4:w=-1$	$\underline{R_{21}(-2),\ \ R_{31}(1),\ \ R_{41}(-3)}$ $\begin{pmatrix} 1 & 0 & 0 & 0 & \vert & -8 \\ 0 & 1 & 0 & 0 & \vert & 4 \\ 0 & 0 & 1 & 0 & \vert & -5 \\ 0 & 0 & 0 & 1 & \vert & -1 \end{pmatrix}$
해	$x=-8,\ y=4,\ z=-5,\ w=-1$	$x=-8,\ y=4,\ z=-5,\ w=-1$

▶ 예제 10

기본행연산자를 이용하여 다음 연립방정식의 해를 구하여라.

(1) $\begin{cases} x + 2y + z = 2 \\ 2x + y + z = 1 \\ 3x + y + 2z = 4 \end{cases}$

(2) $\begin{cases} x - y + 2z = 5 \\ 2x - 2y + 4z = 10 \\ 3x + 3y + 6z = 15 \end{cases}$

풀이

주안점 확대행렬의 등가행렬을 구한다.

(1) ❶ 확대행렬을 만든다.

$$(A \mid \mathbf{b}) = \begin{pmatrix} 1 & 2 & 1 & 2 \\ 2 & 1 & 1 & 1 \\ 3 & 1 & 2 & 4 \end{pmatrix}$$

❷ 확대행렬에 대한 등가행렬을 구한다.

$$(A \mid \mathbf{b}) = \begin{pmatrix} 1 & 2 & 1 & 2 \\ 2 & 1 & 1 & 1 \\ 3 & 1 & 2 & 4 \end{pmatrix} \xrightarrow[\;R_{13}(-3)\;]{R_{12}(-2)} \begin{pmatrix} 1 & 2 & 1 & 2 \\ 0 & -3 & -1 & -3 \\ 0 & -5 & -1 & -2 \end{pmatrix} \xrightarrow[\;R_{3}(-1/5)\;]{R_{2}(-1/3)} \begin{pmatrix} 1 & 2 & 1 & 2 \\ 0 & 1 & \dfrac{1}{3} & 1 \\ 0 & 1 & \dfrac{1}{5} & \dfrac{2}{5} \end{pmatrix}$$

$$\xrightarrow{\;R_{23}(-1)\;} \begin{pmatrix} 1 & 2 & 1 & 2 \\ 0 & 1 & \dfrac{1}{3} & 1 \\ 0 & 0 & -\dfrac{2}{15} & -\dfrac{3}{5} \end{pmatrix} \xrightarrow{\;R_{3}(-15/2)\;} \begin{pmatrix} 1 & 2 & 1 & 2 \\ 0 & 1 & \dfrac{1}{3} & 1 \\ 0 & 0 & 1 & \dfrac{9}{2} \end{pmatrix}$$

$$\xrightarrow{\;R_{32}(-1/3)\;} \begin{pmatrix} 1 & 2 & 1 & 2 \\ 0 & 1 & 0 & -\dfrac{1}{2} \\ 0 & 0 & 1 & \dfrac{9}{2} \end{pmatrix} \xrightarrow[\;R_{32}(-1)\;]{R_{31}(-2)} \begin{pmatrix} 1 & 0 & 0 & -\dfrac{3}{2} \\ 0 & 1 & 0 & -\dfrac{1}{2} \\ 0 & 0 & 1 & \dfrac{9}{2} \end{pmatrix}$$

❸ 해를 구한다.

$$x = -\frac{3}{2}, \; y = -\frac{1}{2}, \; z = \frac{9}{2}$$

(2) ❶ 확대행렬을 만든다.

$$(A \mid \mathbf{b}) = \begin{pmatrix} 1 & -1 & 2 & 5 \\ 2 & -2 & 4 & 10 \\ 3 & 3 & 6 & 15 \end{pmatrix}$$

❷ 확대행렬에 대한 등가행렬을 구한다.

$$(A \mid \mathbf{b}) = \begin{pmatrix} 1 & -1 & 2 & 5 \\ 2 & -2 & 4 & 10 \\ 3 & 3 & 6 & 15 \end{pmatrix} \xrightarrow[\;R_{13}(-3)\;]{R_{12}(-2)} \begin{pmatrix} 1 & -1 & 2 & 5 \\ 0 & 0 & 0 & 0 \\ 0 & 6 & 0 & 0 \end{pmatrix} \xrightarrow{\;R_{23}\;} \begin{pmatrix} 1 & -1 & 2 & 5 \\ 0 & 6 & 0 & 0 \\ 0 & 0 & 0 & 0 \end{pmatrix}$$

$$\xrightarrow{R_2(1/6)} \begin{pmatrix} 1 & -1 & 2 & 5 \\ 0 & 1 & 0 & 0 \\ 0 & 0 & 0 & 0 \end{pmatrix} \xrightarrow{R_{21}(-2)} \begin{pmatrix} 1 & 0 & 2 & 5 \\ 0 & 1 & 0 & 0 \\ 0 & 0 & 0 & 0 \end{pmatrix}$$

❸ 해를 구한다.

$z = t$ 라 하면 $x + 2t = 5$, $y = 0$ 이므로 $x = 5 - 2t$, $y = 0$, $z = t$ 인 부정해를 갖는다.

5.4 **행렬식**

모든 n차 정방행렬 A에 대하여 A의 행렬식을 $|A|$ 또는 $\det(A)$로 표현하며, A의 모든 성분을 이용하여 실수를 대응시킬 수 있다. 이와 같은 대응관계, 즉 행렬 A를 실수 $|A|$로 대응시키는 함수를 행렬식이라 한다. 이 절에서는 행렬식의 개념과 성질을 이용하여 행렬식의 값을 구하는 방법과 행렬식을 이용하여 연립방정식의 해를 구하는 방법에 대하여 살펴본다.

행렬식의 개념

1차 정방행렬 $A = (a)$에 대하여 A의 행렬식^{determinant}을 $|A| = |a| = a$[1]로 정의한다. 2차 정방행렬 $A = \begin{pmatrix} a & b \\ c & d \end{pmatrix}$에 대한 행렬식을 다음과 같이 정의하며 2차 행렬식이라 한다.

$$|A| = \begin{vmatrix} a & b \\ c & d \end{vmatrix} = ad - bc$$

3차 행렬식은 다음과 같이 정의한다.

$$|A| = \begin{vmatrix} a_{11} & a_{12} & a_{13} \\ a_{21} & a_{22} & a_{23} \\ a_{31} & a_{32} & a_{33} \end{vmatrix}$$

$$= a_{11}a_{22}a_{33} - a_{11}a_{23}a_{32} + a_{12}a_{31}a_{23} - a_{12}a_{21}a_{33} + a_{13}a_{21}a_{32} - a_{13}a_{22}a_{31}$$

이때 2차 행렬식과 3차 행렬식의 값을 [그림 5.6]과 같이 구할 수 있으며, 이 방법을 **사루스 방법**$^{Sarrus'}$ ^{method}이라 한다.

---

[1] 1차 정방행렬 A에 대해 $|A| = |a|$는 절댓값 기호와 동일하지만 실수의 절댓값이 아닌 행렬식 기호이다.

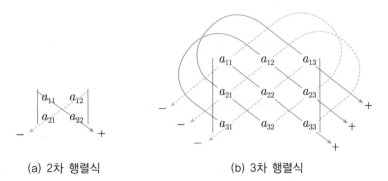

(a) 2차 행렬식   (b) 3차 행렬식

[그림 5.6] 사루스 방법

▶ 예제 11

다음 행렬식의 값을 구하여라.

(1) $\begin{vmatrix} 3 & 2 \\ 1 & 3 \end{vmatrix}$

(2) $\begin{vmatrix} 1 & 0 & 1 \\ 2 & 1 & 1 \\ 3 & 1 & 0 \end{vmatrix}$

풀이

(1) $\begin{vmatrix} 3 & 2 \\ 1 & 3 \end{vmatrix} = (3)(3) - (1)(2) = 7$

(2) $\begin{vmatrix} 1 & 0 & 1 \\ 2 & 1 & 1 \\ 3 & 1 & 0 \end{vmatrix} = (1)(1)(0) + (2)(1)(1) + (3)(1)(0) - (1)(1)(3) - (0)(2)(0) - (1)(1)(1) = -2$

사루스 방법은 4차 이상의 행렬식에는 적용되지 않으며, 2차와 3차 행렬식에도 통용되는 행렬식에 대한 엄밀한 정의가 필요하다. 3차 행렬식의 값을 다음과 같이 다시 생각해 보자.

$a_{11}a_{22}a_{33} - a_{11}a_{23}a_{32} + a_{12}a_{31}a_{23} - a_{12}a_{21}a_{33} + a_{13}a_{21}a_{32} - a_{13}a_{22}a_{31}$

$= a_{11}(a_{22}a_{33} - a_{23}a_{32}) - a_{12}(a_{21}a_{33} - a_{31}a_{23}) + a_{13}(a_{21}a_{32} - a_{22}a_{31})$

$= (-1)^{1+1}a_{11}(a_{22}a_{33} - a_{23}a_{32}) + (-1)^{1+2}a_{12}(a_{21}a_{33} - a_{31}a_{23}) + (-1)^{1+3}a_{13}(a_{21}a_{32} - a_{22}a_{31})$

$= (-1)^{1+1}a_{11}\begin{vmatrix} a_{22} & a_{23} \\ a_{32} & a_{33} \end{vmatrix} + (-1)^{1+2}a_{12}\begin{vmatrix} a_{21} & a_{23} \\ a_{31} & a_{33} \end{vmatrix} + (-1)^{1+3}a_{13}\begin{vmatrix} a_{21} & a_{22} \\ a_{31} & a_{32} \end{vmatrix}$

즉, 3차 행렬식의 값은 다음과 같이 정의할 수 있다.

$$\begin{vmatrix} a_{11} & a_{12} & a_{13} \\ a_{21} & a_{22} & a_{23} \\ a_{31} & a_{32} & a_{33} \end{vmatrix} = (-1)^{1+1}a_{11}\begin{vmatrix} a_{22} & a_{23} \\ a_{32} & a_{33} \end{vmatrix} + (-1)^{1+2}a_{12}\begin{vmatrix} a_{21} & a_{23} \\ a_{31} & a_{33} \end{vmatrix} + (-1)^{1+3}a_{13}\begin{vmatrix} a_{21} & a_{22} \\ a_{31} & a_{32} \end{vmatrix}$$

이 식으로부터 [그림 5.7]과 같이 다음 사실을 얻는다.

① 첫 번째 행에 있는 각 성분과 그 성분이 위치한 행과 열을 제외한 2차 행렬식의 곱을 구한다.

② 각 성분이 놓여 있는 위치를 나타내는 첨자의 합이 짝수이면 양의 부호를 부여하고 홀수이면 음의 부호를 부여한다.

③ 모든 값을 더한다.

즉, 첫 번째 행의 각 성분에 대한 2차 행렬식을 이용하여 3차 행렬식의 값을 구할 수 있다. 이때 첫 번째 행뿐만 아니라 다른 행(또는 열)의 성분을 이용하여 3차 행렬식의 값을 구할 수 있다.

$$\begin{pmatrix} a_{11} & a_{12} & a_{13} \\ a_{21} & a_{22} & a_{23} \\ a_{31} & a_{32} & a_{33} \end{pmatrix} \quad \begin{pmatrix} a_{11} & a_{12} & a_{13} \\ a_{21} & a_{22} & a_{23} \\ a_{31} & a_{32} & a_{33} \end{pmatrix} \quad \begin{pmatrix} a_{11} & a_{12} & a_{13} \\ a_{21} & a_{22} & a_{23} \\ a_{31} & a_{32} & a_{33} \end{pmatrix}$$

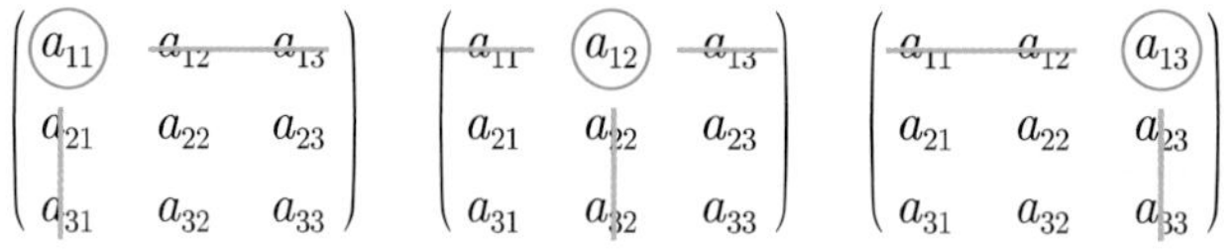

[그림 5.7] 소행렬식

일반적으로 n 차 행렬식의 (i, j) 성분 a_{ij} 에 대하여 i 번째 행과 j 번째 열을 제외한 $(n-1) \times (n-1)$ 차 행렬식을 (i, j) **소행렬식**^{minor determinant}이라 하며, M_{ij} 로 나타낸다. [그림 5.7]은 3차 행렬식에서 1행의 성분 a_{11}, a_{12}, a_{13} 에 대한 소행렬식을 구하기 위해 제거되는 성분을 보여 준다. (i, j) 소행렬식 M_{ij} 에 대하여 다음과 같이 정의되는 수 A_{ij} 를 (i, j) **여인수**^{cofactor}라 한다.

$$A_{ij} = (-1)^{i+j} M_{ij}$$

그러면 n 차 행렬식 $|A|$ 는 i 번째 행 또는 j 번째 열에 있는 각 성분을 이용하여 다음과 같이 엄밀하게 정의한다.

① i 번째 행을 이용하는 경우: $|A| = \sum_{j=1}^{n} a_{ij} A_{ij} = \sum_{j=1}^{n} (-1)^{i+j} a_{ij} M_{ij}$

② j 번째 열을 이용하는 경우: $|A| = \sum_{i=1}^{n} a_{ij} A_{ij} = \sum_{i=1}^{n} (-1)^{i+j} a_{ij} M_{ij}$

그러나 이 정의로 n 차 행렬식의 값을 구하는 것은 매우 번잡하다.

2행의 성분을 이용하여 행렬식 $|A| = \begin{vmatrix} 1 & 0 & 1 \\ 0 & 2 & 1 \\ 1 & 2 & 3 \end{vmatrix}$ 의 값을 구하여라.

풀이

❶ 2행의 성분 0, 2, 1에 대한 소행렬식을 구한다.

$$M_{21} = \begin{vmatrix} 0 & 1 \\ 2 & 3 \end{vmatrix} = -2, \quad M_{22} = \begin{vmatrix} 1 & 1 \\ 1 & 3 \end{vmatrix} = 2, \quad M_{23} = \begin{vmatrix} 1 & 0 \\ 1 & 2 \end{vmatrix} = 2$$

❷ 각 성분에 대한 여인수를 구한다.

$$A_{21} = (-1)^{2+1}M_{21} = 2, \quad A_{22} = (-1)^{2+2}M_{22} = 2, \quad A_{23} = (-1)^{2+3}M_{23} = -2$$

❸ 각 성분과 여인수의 곱을 모두 더한다.

$$|A| = (0)(2) + (2)(2) + (1)(-2) = 2$$

행렬식의 성질

4차 이상의 행렬식을 쉽게 구하기 위해 행렬식의 여러 성질을 살펴보면 다음과 같다.

성질 1 행렬식의 한 행(또는 열)의 모든 성분이 0이면 $|A| = 0$이다.

$$\begin{vmatrix} a_{11} & \cdots & 0 & \cdots & a_{1n} \\ a_{21} & \cdots & 0 & \cdots & a_{2n} \\ & & \vdots & & \\ a_{n1} & \cdots & 0 & \cdots & a_{nn} \end{vmatrix} = 0 \quad \text{또는} \quad \begin{vmatrix} a_{11} & a_{12} & \cdots & a_{1n} \\ & & \vdots & \\ 0 & 0 & \cdots & 0 \\ & & \vdots & \\ a_{n1} & a_{n2} & \cdots & a_{nn} \end{vmatrix} = 0$$

성질 2 $a_{11} \neq 0$이고 제1행(또는 열)의 모든 원소가 0이면 행렬식의 값은 제1행과 제1열을 제외한 $(n-1) \times (n-1)$차 행렬식의 값에 a_{11}을 곱한 것과 같다.

$$\begin{vmatrix} a_{11} & 0 & \cdots & 0 \\ a_{21} & a_{22} & \cdots & a_{2n} \\ & & \vdots & \\ a_{n1} & a_{n2} & \cdots & a_{nn} \end{vmatrix} = a_{11} \begin{vmatrix} a_{22} & \cdots & a_{2n} \\ & \vdots & \\ a_{n2} & \cdots & a_{nn} \end{vmatrix}, \quad \begin{vmatrix} a_{11} & a_{12} & \cdots & a_{1n} \\ 0 & a_{22} & \cdots & a_{2n} \\ & & \vdots & \\ 0 & a_{n2} & \cdots & a_{nn} \end{vmatrix} = a_{11} \begin{vmatrix} a_{22} & \cdots & a_{2n} \\ & \vdots & \\ a_{n2} & \cdots & a_{nn} \end{vmatrix}$$

주대각원소 위 또는 아래의 성분이 모두 0이면 행렬식의 값은 주대각원소들의 곱이다.

$$\begin{vmatrix} a_{11} & 0 & \cdots & 0 \\ a_{21} & a_{22} & \cdots & 0 \\ & & \vdots & \\ a_{n1} & a_{n2} & \cdots & a_{nn} \end{vmatrix} = a_{11}a_{22}\cdots a_{nn}, \quad \begin{vmatrix} a_{11} & a_{12} & \cdots & a_{1n} \\ 0 & a_{22} & \cdots & a_{2n} \\ & & \vdots & \\ 0 & 0 & \cdots & a_{nn} \end{vmatrix} = a_{11}a_{22}\cdots a_{nn}$$

성질 4 행렬식에서 임의의 두 행(또는 열)이 일치하거나 비례하면 행렬식의 값은 0이다.

성질 5 행렬식의 한 행(또는 열)의 모든 원소에 상수 k를 곱하여 다른 행(또는 열)에 더해도 행렬식의 값은 변하지 않는다. 따라서 행렬식의 임의의 두 행(또는 열)을 가감해도 행렬식의 값은 변화가 없다.

$$\begin{vmatrix} a_{11} & a_{12} & \cdots & a_{1n} \\ & & \vdots & \\ a_{i1} & a_{i2} & \cdots & a_{in} \\ & & \vdots & \\ a_{j1}+ka_{i1} & a_{j2}+ka_{i2} & \cdots & a_{jn}+ka_{in} \\ & & \vdots & \\ a_{n1} & a_{n2} & \cdots & a_{nn} \end{vmatrix} = |A|, \quad \begin{vmatrix} a_{11} & \cdots & a_{1i} & \cdots & ka_{1i}+a_{1j} & \cdots & a_{1n} \\ & & & \vdots & & & \\ a_{n1} & \cdots & a_{ni} & \cdots & ka_{ni}+a_{nj} & \cdots & a_{nn} \end{vmatrix} = |A|$$

성질 6 어느 한 행(또는 열)의 모든 성분에 상수 k를 곱하면 행렬식의 값도 k배가 된다.

$$\begin{vmatrix} a_{11} & a_{12} & \cdots & a_{1n} \\ & & \vdots & \\ ka_{i1} & ka_{i2} & \cdots & ka_{in} \\ & & \vdots & \\ a_{n1} & a_{n2} & \cdots & a_{nn} \end{vmatrix} = k\begin{vmatrix} a_{11} & a_{12} & \cdots & a_{1n} \\ & & \vdots & \\ a_{i1} & a_{i2} & \cdots & a_{in} \\ & & \vdots & \\ a_{n1} & a_{n2} & \cdots & a_{nn} \end{vmatrix}, \quad \begin{vmatrix} a_{11} & \cdots & ka_{1j} & \cdots & a_{1n} \\ & & \vdots & & \\ a_{i1} & \cdots & ka_{ij} & \cdots & a_{in} \\ & & \vdots & & \\ a_{n1} & \cdots & ka_{nj} & \cdots & a_{nn} \end{vmatrix} = k\begin{vmatrix} a_{11} & \cdots & a_{1j} & \cdots & a_{1n} \\ & & \vdots & & \\ a_{i1} & \cdots & a_{ij} & \cdots & a_{in} \\ & & \vdots & & \\ a_{n1} & \cdots & a_{nj} & \cdots & a_{nn} \end{vmatrix}$$

성질 7 임의의 두 행(또는 열)을 교환하면 행렬식은 절댓값이 같고 부호가 바뀐다.

$$\begin{vmatrix} a_{11} & a_{12} & \cdots & a_{1n} \\ & & \vdots & \\ a_{i1} & a_{i2} & \cdots & a_{in} \\ & & \vdots & \\ a_{j1} & a_{j2} & \cdots & a_{jn} \\ & & \vdots & \\ a_{n1} & a_{n2} & \cdots & a_{nn} \end{vmatrix} = (-1)\begin{vmatrix} a_{11} & a_{12} & \cdots & a_{1n} \\ & & \vdots & \\ a_{j1} & a_{j2} & \cdots & a_{jn} \\ & & \vdots & \\ a_{i1} & a_{i2} & \cdots & a_{in} \\ & & \vdots & \\ a_{n1} & a_{n2} & \cdots & a_{nn} \end{vmatrix}$$

성질 8 행렬식에서 한 행(또는 열)의 모든 원소가 두 수의 합으로 되어 있으면 그 행(또는 열)의 원소들이 각각의 수로 이루어진 두 행렬식의 합과 같다.

$$\begin{vmatrix} a_{11} & \cdots & a_{1n} \\ & \vdots & \\ a_{i1}+b_{i1} & \cdots & a_{in}+b_{in} \\ & \vdots & \\ a_{n1} & \cdots & a_{nn} \end{vmatrix} = \begin{vmatrix} a_{11} & \cdots & a_{1n} \\ & \vdots & \\ a_{i1} & \cdots & a_{in} \\ & \vdots & \\ a_{n1} & \cdots & a_{nn} \end{vmatrix} + \begin{vmatrix} a_{11} & \cdots & a_{1n} \\ & \vdots & \\ b_{i1} & \cdots & b_{in} \\ & \vdots & \\ a_{n1} & \cdots & a_{nn} \end{vmatrix}$$

성질 9 두 행렬식의 곱은 각각의 행렬식의 곱과 같다.

$$|AB| = |A||B|$$

성질 10 행렬 A^k의 행렬은 A의 행렬식을 k번 거듭제곱한 것과 같다.

$$|A^k| = |A|^k$$

성질 11 정방행렬 A와 전치행렬 A^t의 행렬식은 같다.

$$|A| = |A^t|$$

성질 12 정칙행렬 A에 대하여 다음이 성립한다.

$$|A^{-1}| = \frac{1}{|A|}$$

성질 13 n차 정방행렬 A에 상수 k를 곱한 행렬 kA의 행렬식은 A의 행렬식에 k^n을 곱한 것과 같다.

$$|kA| = k^n|A|$$

▶ 예제 13

행렬식의 성질을 이용하여 다음 행렬식의 값을 구하여라.

(1) $|A| = \begin{vmatrix} 1 & 0 & 1 \\ 0 & 2 & 1 \\ 1 & 2 & 3 \end{vmatrix}$

(2) $|A| = \begin{vmatrix} 1 & 0 & 1 \\ 2 & -2 & 4 \\ 4 & -2 & 6 \end{vmatrix}$

풀이

(1) $|A| = \begin{vmatrix} 1 & 0 & 1 \\ 0 & 2 & 1 \\ 1 & 2 & 3 \end{vmatrix}$ (3행)에서 (1행)을 뺀다.

$= \begin{vmatrix} 1 & 0 & 1 \\ 0 & 2 & 1 \\ 0 & 2 & 2 \end{vmatrix}$ (3행)에서 (2행)을 뺀다.

$= \begin{vmatrix} 1 & 0 & 1 \\ 0 & 2 & 1 \\ 0 & 0 & 1 \end{vmatrix}$ 주대각선 아래 성분이 모두 0이다.

$= (1)(2)(1) = 2$

(2) $|A| = \begin{vmatrix} 1 & 0 & 1 \\ 2 & -2 & 4 \\ 4 & -2 & 6 \end{vmatrix}$ (2행)과 (3행)에 각각 2가 곱해져 있다.

$= (2)(2)\begin{vmatrix} 1 & 0 & 1 \\ 1 & -1 & 2 \\ 2 & -1 & 3 \end{vmatrix}$ $-[(1행) + (2행)]$을 (3행)에 더한다.

$= 4\begin{vmatrix} 1 & 0 & 1 \\ 1 & -1 & 2 \\ 0 & 0 & 0 \end{vmatrix}$ (3행)의 모든 성분이 0이다.

$= 0$

여인수 행렬과 역행렬

5.2절에서 살펴본 바와 같이 2차 행렬 $A = \begin{pmatrix} a & b \\ c & d \end{pmatrix}$ 의 역행렬을 구하기 위해 다음 네 단계를 이용했다.

① a과 d를 교환한다.
② b와 c의 부호를 바꾼다. 즉, b와 c에 -1을 곱한다.
③ $|A| = ad - bc$의 역수를 곱한다.
④ 역행렬은 $A = \dfrac{1}{|A|}\begin{pmatrix} d & -b \\ -c & a \end{pmatrix}$ 이다. 이때 $|A| \neq 0$ 이어야 한다.

우선 ③에서 $|A|$는 행렬 A의 행렬식 값이고 ④에서 행렬식 값이 $|A| \neq 0$ 이어야 함을 나타낸다. 역행렬 A^{-1}의 각 성분에서 d, c, b, a는 [그림 5.8]과 같이 행렬 A의 성분 a, b, c, d에 대한 소행렬식 $M_{11} = |d| = d$, $M_{12} = |c| = c$, $M_{21} = |b| = b$, $M_{22} = |a| = a$임을 알 수 있다.

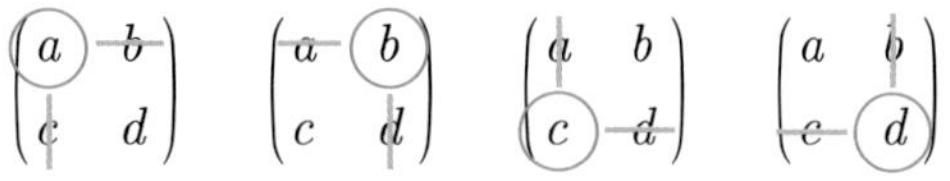

[그림 5.8] 소행렬식

이때 역행렬 A^{-1}의 성분 d, $-c$, $-b$, a는 행렬 A의 성분 a, b, c, d의 여인수이다.

$$A_{11} = d,\ A_{12} = -c,\ A_{21} = -b,\ A_{22} = a$$

즉, 다음과 같이 행렬식 $|A|$와 각 성분의 여인수를 이용하여 행렬 A의 역행렬 A^{-1}를 얻을 수 있다.

$$A^{-1} = \frac{1}{|A|}\begin{pmatrix} d & -b \\ -c & a \end{pmatrix} = \frac{1}{|A|}\begin{pmatrix} A_{11} & A_{21} \\ A_{12} & A_{22} \end{pmatrix}$$

이때 행렬 A의 모든 성분에 대한 여인수를 성분으로 갖는 다음 행렬 C를 **여인수 행렬**$^{\text{matrix of cofactor}}$이라 하고, 여인수 행렬의 전치행렬을 **수반행렬**$^{\text{adjoint matrix}}$이라 하며, $\text{adj}(A)$로 나타낸다.

$$C = \begin{pmatrix} A_{11} & A_{12} \\ A_{22} & A_{22} \end{pmatrix}, \quad \text{adj}(A) = C^t = \begin{pmatrix} A_{11} & A_{21} \\ A_{12} & A_{22} \end{pmatrix}$$

이러한 개념을 n차 정방행렬에 적용하면 다음과 같이 역행렬을 구할 수 있다.

정리 6 **정칙행렬의 역행렬**

n차 정방행렬 A가 역행렬을 갖기 위한 필요충분조건은 $|A| \neq 0$이고, 역행렬은 다음과 같다.

$$A^{-1} = \frac{1}{|A|}\text{adj}(A)$$

여기서 n차 정방행렬 A의 여인수 행렬과 수반행렬은 각각 다음과 같다.

$$C = \begin{pmatrix} A_{11} & A_{12} & \cdots & A_{1n} \\ A_{21} & A_{22} & \cdots & A_{2n} \\ & & \vdots & \\ A_{n1} & A_{n2} & \cdots & A_{nn} \end{pmatrix}, \ \text{adj}(A) = \begin{pmatrix} A_{11} & A_{21} & \cdots & A_{n1} \\ A_{12} & A_{22} & \cdots & A_{n2} \\ & & \vdots & \\ A_{1n} & A_{2n} & \cdots & A_{nn} \end{pmatrix}$$

수반행렬을 이용하여 행렬 $A = \begin{pmatrix} 1 & 2 & 1 \\ 2 & 2 & 1 \\ 1 & 1 & 2 \end{pmatrix}$의 역행렬을 구하여라.

풀이

❶ 사루스 방법으로 행렬식을 구한다.

$$|A| = \begin{vmatrix} 1 & 2 & 1 \\ 2 & 2 & 1 \\ 1 & 1 & 2 \end{vmatrix} = -3$$

❷ 각 성분의 소행렬식을 구한다.

$$M_{11} = \begin{vmatrix} 2 & 1 \\ 1 & 2 \end{vmatrix} = 3, \quad M_{12} = \begin{vmatrix} 2 & 1 \\ 1 & 2 \end{vmatrix} = 3, \quad M_{13} = \begin{vmatrix} 2 & 2 \\ 1 & 1 \end{vmatrix} = 0,$$

$$M_{21} = \begin{vmatrix} 2 & 1 \\ 1 & 2 \end{vmatrix} = 3, \quad M_{22} = \begin{vmatrix} 1 & 1 \\ 1 & 2 \end{vmatrix} = 1, \quad M_{23} = \begin{vmatrix} 1 & 2 \\ 1 & 1 \end{vmatrix} = -1,$$

$$M_{31} = \begin{vmatrix} 2 & 1 \\ 2 & 1 \end{vmatrix} = 0, \quad M_{32} = \begin{vmatrix} 1 & 1 \\ 2 & 1 \end{vmatrix} = -1, \quad M_{33} = \begin{vmatrix} 1 & 2 \\ 2 & 2 \end{vmatrix} = -2$$

❸ 각 성분에 대한 여인수를 구한다.

$$C_{11} = (-1)^{1+1}M_{11} = 3, \quad C_{12} = (-1)^{1+2}M_{12} = -3, \quad C_{13} = (-1)^{1+3}M_{13} = 0,$$

$$C_{21} = (-1)^{2+1}M_{21} = -3, \quad C_{22} = (-1)^{2+2}M_{22} = 1, \quad C_{23} = (-1)^{2+3}M_{23} = 1,$$

$$C_{31} = (-1)^{3+1}M_{31} = 0, \quad C_{32} = (-1)^{3+2}M_{32} = 1, \quad C_{33} = (-1)^{3+3}M_{33} = -2$$

❹ 여인수 행렬과 수반행렬을 구한다.

$$C = \begin{pmatrix} 3 & -3 & 0 \\ -3 & 1 & 1 \\ 0 & 1 & -2 \end{pmatrix}, \ \mathrm{adj}(A) = C^t = \begin{pmatrix} 3 & -3 & 0 \\ -3 & 1 & 1 \\ 0 & 1 & -2 \end{pmatrix}$$

❺ 역행렬을 구한다.

$$A^{-1} = \frac{1}{|A|}C^t = -\frac{1}{3}\begin{pmatrix} 3 & -3 & 0 \\ -3 & 1 & 1 \\ 0 & 1 & -2 \end{pmatrix} = \begin{pmatrix} -1 & 1 & 0 \\ 1 & -\dfrac{1}{3} & -\dfrac{1}{3} \\ 0 & -\dfrac{1}{3} & \dfrac{2}{3} \end{pmatrix}$$

직교행렬

n차 정방행렬 A에 대하여 다음이 성립하면 A를 n차 **직교행렬**^{orthogonal matrix}이라 한다.

$$A A^t = I_n$$

직교행렬 A에 대하여 다음을 얻는다.

$$|A A^t| = |A||A^t| = |A||A| = |A|^2$$

이때 $|I_n| = 1$이므로 $|A|^2 = 1$ 또는 $|A| = \pm 1$이며, $|A| = 1$이면 A를 **양의 직교행렬**^{positive orthogonal matrix}, $|A| = -1$이면 A를 **음의 직교행렬**^{negative orthogonal matrix}이라 한다. 한편 A가 직교행렬이면 $|A| = \pm 1 (\neq 0)$이므로 A는 역행렬을 가지며, 직교행렬의 정의로부터 $A^{-1} = A^t$이다.

▶ 예제 15

다음 행렬이 양의 직교행렬인지 음의 직교행렬인지 판정한 다음, 역행렬을 구하여라.

(1) $A = \begin{pmatrix} \cos\theta & -\sin\theta \\ \sin\theta & \cos\theta \end{pmatrix}$

(2) $A = \begin{pmatrix} \sin\theta & \cos\theta & 0 \\ \cos\theta & -\sin\theta & 0 \\ 0 & 0 & 1 \end{pmatrix}$

풀이

(1) $A A^t = \begin{pmatrix} \cos\theta & -\sin\theta \\ \sin\theta & \cos\theta \end{pmatrix} \begin{pmatrix} \cos\theta & \sin\theta \\ -\sin\theta & \cos\theta \end{pmatrix} = \begin{pmatrix} 1 & 0 \\ 0 & 1 \end{pmatrix}$ 이므로 A는 직교행렬이다.

$|A| = \begin{vmatrix} \cos\theta & -\sin\theta \\ \sin\theta & \cos\theta \end{vmatrix} = \cos^2\theta + \sin^2\theta = 1$ 이므로 A는 양의 직교행렬이다.

따라서 역행렬은 $A^{-1} = A^t = \begin{pmatrix} \cos\theta & \sin\theta \\ -\sin\theta & \cos\theta \end{pmatrix}$ 이다.

(2) $A A^t = \begin{pmatrix} \sin\theta & \cos\theta & 0 \\ \cos\theta & -\sin\theta & 0 \\ 0 & 0 & 1 \end{pmatrix} \begin{pmatrix} \sin\theta & \cos\theta & 0 \\ \cos\theta & -\sin\theta & 0 \\ 0 & 0 & 1 \end{pmatrix} = \begin{pmatrix} 1 & 0 & 0 \\ 0 & 1 & 0 \\ 0 & 0 & 1 \end{pmatrix}$ 이므로 A는 직교행렬이다.

$|A| = \begin{vmatrix} \sin\theta & \cos\theta & 0 \\ \cos\theta & -\sin\theta & 0 \\ 0 & 0 & 1 \end{vmatrix} = -(\sin^2\theta + \cos^2\theta) = -1$ 이므로 A는 음의 직교행렬이다.

따라서 역행렬은 $A^{-1} = A^t = \begin{pmatrix} \sin\theta & \cos\theta & 0 \\ \cos\theta & -\sin\theta & 0 \\ 0 & 0 & 1 \end{pmatrix}$ 이다.

크래머 공식을 이용한 해법

미지수의 개수와 방정식의 개수가 동일하고 계수행렬 A가 정칙행렬, 즉 $|A| \neq 0$이면 행렬식을 이용하여 다음과 같이 연립방정식의 해를 쉽게 구할 수 있다.

> **정리 7**   **크래머 공식**
>
> 계수행렬 A가 정칙행렬이면 선형 연립방정식 $A\mathbf{x} = \mathbf{b}$의 해는 다음과 같다.
>
> $$x_1 = \frac{|A_1|}{|A|},\; x_2 = \frac{|A_2|}{|A|},\; \cdots,\; x_n = \frac{|A_n|}{|A|}$$
>
> 여기서 $|A_j|$는 $|A|$의 j번째 열을 상수항 벡터 $\mathbf{b}$로 대치한 행렬식이다.

예를 들어 연립방정식 $2x + 3y = 2$, $x + 2y = 3$의 계수행렬 A와 열을 상수항 행렬 $\mathbf{b}$로 대치한 행렬은 다음과 같다.

$$A = \begin{pmatrix} 2 & 3 \\ 1 & 2 \end{pmatrix},\; A_x = \begin{pmatrix} 2 & 3 \\ 3 & 2 \end{pmatrix},\; A_y = \begin{pmatrix} 2 & 2 \\ 1 & 3 \end{pmatrix}$$

세 행렬의 행렬식을 구하면 $|A| = 1$, $|A_x| = -5$, $|A_y| = 4$이므로 이 연립방정식의 해는 다음과 같다.

$$x = \frac{|A_x|}{|A|} = -5,\; y = \frac{|A_y|}{|A|} = 4$$

▶ 예제 16

다음 연립방정식의 해를 구하여라.

(1) $\begin{cases} 2x - 3y = 1 \\ -3x + 2y = 2 \end{cases}$ (2) $\begin{cases} x + y + z = 6 \\ 2x - y + z = 3 \\ 3x + 2y - z = 4 \end{cases}$

풀이

주안점   사루스 방법을 이용하여 행렬식의 값을 구하고 크래머 공식을 이용한다.

(1) ❶ 행렬식의 값을 구한다.

$$|A| = \begin{vmatrix} 2 & -3 \\ -3 & 2 \end{vmatrix} = -5,\; |A_x| = \begin{vmatrix} 1 & -3 \\ 2 & 2 \end{vmatrix} = 8,\; |A_y| = \begin{vmatrix} 2 & 1 \\ -3 & 2 \end{vmatrix} = 7$$

❷ 해를 구한다.

$$x = -\frac{8}{5}, \; y = -\frac{7}{5}$$

(2) ❶ 행렬식의 값을 구한다.

$$|A| = \begin{vmatrix} 1 & 1 & 1 \\ 2 & -1 & 1 \\ 3 & 2 & -1 \end{vmatrix} = 11, \; |A_x| = \begin{vmatrix} 6 & 1 & 1 \\ 3 & -1 & 1 \\ 4 & 2 & -1 \end{vmatrix} = 11,$$

$$|A_y| = \begin{vmatrix} 1 & 6 & 1 \\ 2 & 3 & 1 \\ 3 & 4 & -1 \end{vmatrix} = 22, \; |A_z| = \begin{vmatrix} 1 & 1 & 6 \\ 2 & -1 & 3 \\ 3 & 2 & 4 \end{vmatrix} = 33$$

❷ 해를 구한다.

$$x = \frac{|A_x|}{|A|} = \frac{11}{11} = 1, \; y = \frac{|A_y|}{|A|} = \frac{22}{11} = 2, \; z = \frac{|A_z|}{|A|} = \frac{33}{11} = 3$$

5.5 행렬의 응용

화학 분야에서 선형대수 문제는 흔히 물질수지 또는 에너지 수지에서 나타난다. 여기서는 플래시 증류와 정상상태에서의 열전달 문제, 화학 반응식의 양론계수 등을 구하는 문제를 살펴본다.

플래시 증류 문제

휘발성이 큰 물질을 분리하는 공정으로서 증류기에 넣으면 액체가 기체로 증발되어 분리되는 공정을 플래시 증류$^{\text{flash distillation}}$라 한다.

▶ 예제 17

그림과 같은 플래시 증류기에서 핵산, 햅탄, 옥탄이 각각 70%, 20%, 10%의 질량비로 섞인 액체가 분당 10L의 속도로 처리된다. 각 증류기에서 처리되는 상황은 그림과 같이 첫 번째 증류기는 핵산을 증류 분리하는 장치로 분리된 핵산에는 헵탄과 옥탄이 일부 포함되어 있으며 핵산, 헵탄, 옥탄은 각각 90%, 6%, 4%가 포함되어 있다. 두 번째 증류기에서는 헵탄과 옥탄을 분리하며, 물질의 구성은 그림과 같다.

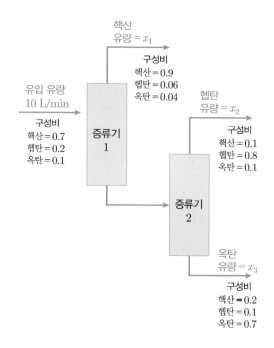

각 증류기에서 배출되는 유량을 구하여라(단, 플래시 증류기에서 물질은 열분해되지 않는다고 가정한다).

풀이

주안점 각 물질에 대한 물질수지를 이용하여 연립방정식을 수립한 후 이를 풀이하면 된다.

❶ 물질수지를 이용하여 문제에 대한 연립방정식을 세운다.
증류기에서 배출되는 물질의 유량을 그림과 같이 정의한 다음 물질수지를 분석한다.

증류기 전체에 대한 물질수지: $10 = x_1 + x_2 + x_3$

핵산에 대한 물질수지: $10 \times 0.7 = x_1 \times 0.9 + x_2 \times 0.1 + x_3 \times 0.2$

헵탄에 대한 물질수지 수립: $10 \times 0.2 = x_1 \times 0.06 + x_2 \times 0.8 + x_3 \times 0.1$

옥탄에 대한 물질수지 수립: $10 \times 0.1 = x_1 \times 0.04 + x_2 \times 0.1 + x_3 \times 0.7$

미지수가 3개이고 방정식이 4개이므로 증류기 전체에 대한 물질수지 식을 반드시 포함하여 임의의 세 방정식을 선택한다. 이 경우 다음과 같이 처음 세 방정식을 선택한다.

$$10 = x_1 + x_2 + x_3$$

$$10 \times 0.7 = x_1 \times 0.9 + x_2 \times 0.1 + x_3 \times 0.2$$

$$10 \times 0.2 = x_1 \times 0.06 + x_2 \times 0.8 + x_3 \times 0.1$$

$$\text{방정식의 행렬 표시: } \begin{pmatrix} 1 & 1 & 1 \\ 0.9 & 0.1 & 0.2 \\ 0.06 & 0.8 & 0.1 \end{pmatrix} \begin{pmatrix} x_1 \\ x_2 \\ x_3 \end{pmatrix} = \begin{pmatrix} 10 \\ 7 \\ 2 \end{pmatrix}$$

$$\text{계수행렬: } A = \begin{pmatrix} 1 & 1 & 1 \\ 0.9 & 0.1 & 0.2 \\ 0.06 & 0.8 & 0.1 \end{pmatrix}$$

❷ 계수행렬식과 상수항으로 대치한 행렬식을 구한다.

$$|A| = \begin{vmatrix} 1 & 1 & 1 \\ 0.9 & 0.1 & 0.2 \\ 0.06 & 0.8 & 0.1 \end{vmatrix} = 0.486, \quad |A_1| = \begin{vmatrix} 10 & 1 & 1 \\ 7 & 0.1 & 0.2 \\ 2 & 0.8 & 0.1 \end{vmatrix} = 3.6,$$

$$|A_2| = \begin{vmatrix} 1 & 10 & 1 \\ 0.9 & 7 & 0.2 \\ 0.06 & 2 & 0.1 \end{vmatrix} = 0.9, \quad |A_3| = \begin{vmatrix} 1 & 1 & 10 \\ 0.9 & 0.1 & 7 \\ 0.06 & 0.8 & 2 \end{vmatrix} = 0.36$$

❸ 크래머 공식으로 해를 구한다.

$$x_1 = \frac{|A_1|}{|A|} = \frac{3.6}{0.486} = 7.4074 \, \text{L/min},$$

$$x_2 = \frac{|A_2|}{|A|} = \frac{0.9}{0.486} = 1.8519 \, \text{L/min},$$

$$x_3 = \frac{|A_3|}{|A|} = \frac{0.36}{0.486} = 0.7047 \, \text{L/min}$$

[예제 17]에서 계수행렬의 역행렬 및 확대행렬에 기본행연산자를 이용하여 해를 구할 수도 있다. 예를 들어 계수행렬의 역행렬을 구하면 다음과 같다.

$$A^{-1} = \begin{pmatrix} -0.30864 & 1.44033 & 0.20576 \\ -0.16049 & 0.08230 & 1.44033 \\ 1.46914 & -1.52263 & -1.64609 \end{pmatrix}$$

따라서 구하는 해는 다음과 같다.

$$\mathbf{x} = A^{-1}\mathbf{b} = \begin{pmatrix} -0.30864 & 1.44033 & 0.20576 \\ -0.16049 & 0.08230 & 1.44033 \\ 1.46914 & -1.52263 & -1.64609 \end{pmatrix} \begin{pmatrix} 10 \\ 7 \\ 2 \end{pmatrix} = \begin{pmatrix} 7.4074 \\ 1.8519 \\ 0.7047 \end{pmatrix}$$

즉, 크래머 공식으로 구한 해와 동일한 것을 알 수 있다.

열전달 문제

정상상태에서 정사각형 단면을 갖는 보의 외부 온도가 서로 다를 때, 내부에서의 온도를 결정하는 사례를 살펴본다.

▶ 예제 18

보 내부의 온도는 그림과 같이 주변의 네 지점에서 측정한 평균온도로 결정된다고 가정한다. 즉, 점 1의 온도는 $T_1 = \dfrac{10 + 15 + T_2 + T_3}{4}$ 으로 결정되며, 이외의 다른 요인에 의한 온도 변화는 없는 것으로 단순화한다. 외부 온도가 그림과 같을 때, 보 내부의 네 점 1, 2, 3, 4의 온도를 구하여라.

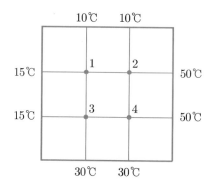

풀이

주안점 4개 지점의 온도를 계산할 수 있는 연립방정식을 수립하여 행렬을 이용해 푼다.

❶ 4개 지점의 온도를 구하는 방정식을 수립한다.

$$T_1 = \frac{10 + 15 + T_2 + T_3}{4}, \ 4T_1 - T_2 - T_3 = 25$$

$$T_2 = \frac{10 + 50 + T_1 + T_4}{4}, \ -T_1 + 4T_2 - T_4 = 60$$

$$T_3 = \frac{15 + 30 + T_1 + T_4}{4}, \ -T_1 + 4T_3 - T_4 = 45$$

$$T_4 = \frac{30 + 50 + T_2 + T_3}{4}, \ -T_2 - T_3 + 4T_4 = 80$$

방정식의 행렬 표시: $\begin{pmatrix} 4 & -1 & -1 & 0 \\ -1 & 4 & 0 & -1 \\ -1 & 0 & 4 & -1 \\ 0 & -1 & -1 & 4 \end{pmatrix} \begin{pmatrix} T_1 \\ T_2 \\ T_3 \\ T_4 \end{pmatrix} = \begin{pmatrix} 25 \\ 60 \\ 45 \\ 80 \end{pmatrix}$

$$\text{계수행렬:}\quad A = \begin{pmatrix} 4 & -1 & -1 & 0 \\ -1 & 4 & 0 & -1 \\ -1 & 0 & 4 & -1 \\ 0 & -1 & -1 & 4 \end{pmatrix}$$

❷ 계수행렬식과 상수항으로 대치한 행렬식을 구한다.

$$|A| = \begin{vmatrix} 4 & -1 & -1 & 0 \\ -1 & 4 & 0 & -1 \\ -1 & 0 & 4 & -1 \\ 0 & -1 & -1 & 4 \end{vmatrix} = 192\,, \quad |A_1| = \begin{vmatrix} 25 & -1 & -1 & 0 \\ 60 & 4 & 0 & -1 \\ 45 & 0 & 4 & -1 \\ 80 & -1 & -1 & 4 \end{vmatrix} = 3720\,,$$

$$|A_2| = \begin{vmatrix} 4 & 25 & -1 & 0 \\ -1 & 60 & 0 & -1 \\ -1 & 45 & 4 & -1 \\ 0 & 80 & -1 & 4 \end{vmatrix} = 5400\,, \quad |A_3| = \begin{vmatrix} 4 & -1 & 25 & 0 \\ -1 & 4 & 60 & -1 \\ -1 & 0 & 45 & -1 \\ 0 & -1 & 80 & 4 \end{vmatrix} = 4680\,,$$

$$|A_4| = \begin{vmatrix} 4 & -1 & -1 & 25 \\ -1 & 4 & 0 & 60 \\ -1 & 0 & 4 & 45 \\ 0 & -1 & -1 & 80 \end{vmatrix} = 6360$$

❸ 크래머 공식으로 해를 구한다.

$$T_1 = \frac{|A_1|}{|A|} = \frac{3720}{192} = 19.375\,℃\,, \quad T_2 = \frac{|A_2|}{|A|} = \frac{5400}{192} = 28.125\,℃\,,$$

$$T_3 = \frac{|A_3|}{|A|} = \frac{4680}{192} = 24.375\,℃\,, \quad T_4 = \frac{|A_4|}{|A|} = \frac{6360}{192} = 33.125\,℃$$

▶ 예제 19

그림은 어떤 지역에 수돗물을 공급하는 상수도 배관의 일부분을 나타낸 것이다. 각 관의 직경, 길이 등에 따른 에너지 손실과 지형 및 수도시설의 설치 여부 등은 고려하지 않고 단순히 물질수지에 근거할 때, 각 관을 흐르는 물의 양을 구하여라(단, 누수 등으로 수돗물이 손실되지 않고, 물의 흐름은 양방향이 모두 가능한 것으로 가정한다).

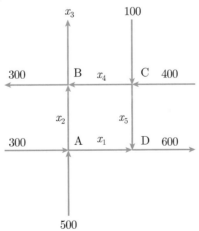

주안점 상수관이 만나는 지점에서 물의 유입량과 유출량이 같아야 함을 이용하여 물질수지를 수립하여 계산한다.

❶ 각 지점에서 유입량과 유출량에 대한 정보를 정리한다.

위치	유입	유출
A	$300 + 500$	$x_1 + x_2$
B	$x_2 + x_4$	$300 + x_3$
C	$100 + 400$	$x_4 + x_5$
D	$x_1 + x_5$	600
전체	$500 + 300 + 100 + 400$	$300 + x_3 + 600$

❷ 유입량과 유출량에 대한 정보로부터 방정식을 세운다.

$$x_1 + x_2 = 800, \quad x_2 - x_3 + x_4 = 300, \quad x_4 + x_5 = 500, \quad x_1 + x_5 = 600, \quad x_3 = 400$$

방정식의 행렬 표시:
$$\begin{pmatrix} 1 & 1 & 0 & 0 & 0 \\ 0 & 1 & -1 & 1 & 0 \\ 0 & 0 & 0 & 1 & 1 \\ 1 & 0 & 0 & 0 & 1 \\ 0 & 0 & 1 & 0 & 0 \end{pmatrix} \begin{pmatrix} x_1 \\ x_2 \\ x_3 \\ x_4 \\ x_5 \end{pmatrix} = \begin{pmatrix} 800 \\ 300 \\ 500 \\ 600 \\ 400 \end{pmatrix}$$

계수행렬:
$$A = \begin{pmatrix} 1 & 1 & 0 & 0 & 0 \\ 0 & 1 & -1 & 1 & 0 \\ 0 & 0 & 0 & 1 & 1 \\ 1 & 0 & 0 & 0 & 1 \\ 0 & 0 & 1 & 0 & 0 \end{pmatrix}$$

❸ 계수행렬식이 $|A| = 0$ 이므로 기약행사다리꼴을 이용하여 해를 구한다.

$$(A \,|\, \mathbf{b}) = \begin{pmatrix} 1 & 1 & 0 & 0 & 0 & | & 800 \\ 0 & 1 & -1 & 1 & 0 & | & 300 \\ 0 & 0 & 0 & 1 & 1 & | & 500 \\ 1 & 0 & 0 & 0 & 1 & | & 600 \\ 0 & 0 & 1 & 0 & 0 & | & 400 \end{pmatrix} \xrightarrow[R_{54}]{R_{35}} \begin{pmatrix} 1 & 1 & 0 & 0 & 0 & | & 800 \\ 0 & 1 & -1 & 1 & 0 & | & 300 \\ 0 & 0 & 1 & 0 & 0 & | & 400 \\ 0 & 0 & 0 & 1 & 1 & | & 500 \\ 1 & 0 & 0 & 0 & 1 & | & 600 \end{pmatrix}$$

$$\xrightarrow{R_{15}(-1)} \begin{pmatrix} 1 & 1 & 0 & 0 & 0 & | & 800 \\ 0 & 1 & -1 & 1 & 0 & | & 300 \\ 0 & 0 & 1 & 0 & 0 & | & 400 \\ 0 & 0 & 0 & 1 & 1 & | & 500 \\ 0 & -1 & 0 & 0 & 1 & | & -200 \end{pmatrix} \xrightarrow[R_{25}(1)]{R_{15}(1)} \begin{pmatrix} 1 & 0 & 0 & 0 & 1 & | & 600 \\ 0 & 0 & -1 & 1 & 1 & | & 100 \\ 0 & 0 & 1 & 0 & 0 & | & 400 \\ 0 & 0 & 0 & 1 & 1 & | & 500 \\ 0 & -1 & 0 & 0 & 1 & | & -200 \end{pmatrix}$$

$$\xrightarrow[R_{35}]{R_{24}(-1)} \begin{pmatrix} 1 & 0 & 0 & 0 & 1 & | & 600 \\ 0 & 0 & -1 & 1 & 1 & | & 100 \\ 0 & -1 & 0 & 0 & 1 & | & -200 \\ 0 & 0 & 1 & 0 & 0 & | & 400 \\ 0 & 0 & 1 & 0 & 0 & | & 400 \end{pmatrix} \xrightarrow[R_{24}(1),\ R_3(-1)]{R_{45}(-1)} \begin{pmatrix} 1 & 0 & 0 & 0 & 1 & | & 600 \\ 0 & 0 & 0 & 1 & 1 & | & 500 \\ 0 & 1 & 0 & 0 & -1 & | & 200 \\ 0 & 0 & 1 & 0 & 0 & | & 400 \\ 0 & 0 & 0 & 0 & 0 & | & 0 \end{pmatrix}$$

$$\xrightarrow[R_{34}]{R_{23}} \begin{pmatrix} 1 & 0 & 0 & 0 & 1 & | & 600 \\ 0 & 1 & 0 & 0 & -1 & | & 200 \\ 0 & 0 & 1 & 0 & 0 & | & 400 \\ 0 & 0 & 0 & 1 & 1 & | & 500 \\ 0 & 0 & 0 & 0 & 0 & | & 0 \end{pmatrix}$$

❹ $x_3 = 400$이고 나머지 해는 다음과 같이 $x_5 = k$(임의의 수)의 값에 따른 부정해를 갖는다.

$$\begin{pmatrix} x_1 \\ x_2 \\ x_3 \\ x_4 \\ x_5 \end{pmatrix} = \begin{pmatrix} 600 - k \\ 200 + k \\ 400 \\ 500 - k \\ k \end{pmatrix}$$

[예제 19]에서 $x_3 = 400$인 것은 전체 시스템에 대한 물질수지에 의해 결정되기 때문이며, 음의 값은 그림에 표시된 방향과 반대 방향으로 수돗물이 흐름을 의미한다.

화학 반응식의 양론계수

간단한 화학반응의 양론식은 반응물과 생성물의 물질수지를 이용하여 쉽게 완성할 수 있지만, 반응물과 생성물의 개수가 많아지면 양론계수를 결정하기 쉽지 않다. 화학 반응식의 양론계수를 행렬을 이용해 구하는 방법을 소개한다.

▶ 예제 20

행렬을 이용하여 다음 화학 반응식의 양론계수를 결정하여라.

$$x_1 KI + x_2 KClO_3 + x_3 HCl \rightarrow x_4 I_2 + x_5 H_2O + x_6 KCl$$

풀이

❶ 반응에 관여하는 각 화학물질의 조성을 표시하는 열벡터를 만들고, 이를 열로 하는 화학조성 행렬을 다음과 같이 만든다. 화학물질의 조성을 표시하는 벡터는 물질에 포함된 K, I, O, H, Cl의 양을 표시한 벡터이다.

	KI	KClO$_3$	HCl	I$_2$	H$_2$O	KCl
K	1	1	0	0	0	1
I	1	0	0	2	0	0
O	0	3	0	0	1	0
H	0	0	1	0	2	0
Cl	0	1	1	0	0	1

이 표에 대한 행렬을 만든다.

$$A = \begin{pmatrix} 1 & 1 & 0 & 0 & 0 & 1 \\ 1 & 0 & 0 & 2 & 0 & 0 \\ 0 & 3 & 0 & 0 & 1 & 0 \\ 0 & 0 & 1 & 0 & 2 & 0 \\ 0 & 1 & 1 & 0 & 0 & 1 \end{pmatrix}$$

❷ 행렬 A는 5×6 행렬로서 정방행렬이 아니므로 정방행렬로 만들기 위해 확대행렬 $(A \mid r)$을 구성한다.

$$(A \mid r) = \begin{pmatrix} 1 & 1 & 0 & 0 & 0 & 1 \\ 1 & 0 & 0 & 2 & 0 & 0 \\ 0 & 3 & 0 & 0 & 1 & 0 \\ 0 & 0 & 1 & 0 & 2 & 0 \\ 0 & 1 & 1 & 0 & 0 & 1 \\ 0 & 0 & 0 & 0 & 0 & 1 \end{pmatrix}$$

❸ 확대행렬의 역행렬 $(A \mid r)^{-1}$를 구한다.

역행렬을 구하는 과정이 지루하고 복잡하지만 관련 소프트웨어를 활용하여 다음을 얻을 수 있다.

$$(A \mid r)^{-1} = \begin{pmatrix} 1 & 0 & -0.2857 & 0.1429 & -0.1429 & -0.8571 \\ 0 & 0 & 0.2857 & -0.1429 & 0.1429 & -0.1429 \\ 0 & 0 & -0.2857 & 0.1429 & 0.8571 & -0.8571 \\ -0.5 & 0.5 & 0.1429 & -0.0714 & 0.0714 & 0.4286 \\ 0 & 0 & 0.1429 & 0.4286 & -0.4286 & 0.4286 \\ 0 & 0 & 0 & 0 & 0 & 1 \end{pmatrix}$$

$$= -\frac{1}{14} \begin{pmatrix} -14 & 0 & 4 & -2 & 2 & 12 \\ 0 & 0 & -4 & 2 & -2 & 2 \\ 0 & 0 & 4 & -2 & -12 & 12 \\ 7 & -7 & -2 & 1 & -1 & -6 \\ 0 & 0 & -2 & -6 & 6 & -6 \\ 0 & 0 & 0 & 0 & 0 & -14 \end{pmatrix}$$

❹ 양론계수를 구한다.

다음과 같이 확대행렬의 역행렬의 가장 오른쪽 열이 구하는 양론계수이다.

$$\begin{pmatrix} x_1 \\ x_2 \\ x_3 \\ x_4 \\ x_5 \\ x_6 \end{pmatrix} = \begin{pmatrix} -0.8571 \\ -0.1429 \\ -0.8571 \\ 0.4286 \\ 0.4286 \\ 1 \end{pmatrix}$$

[예제 20]에서 양론계수가 정수가 될 수 있도록 가장 작은 값으로 나누면 다음을 얻으며, 음수는 반응물질을 의미한다.

$$\begin{pmatrix} x_1 \\ x_2 \\ x_3 \\ x_4 \\ x_5 \\ x_6 \end{pmatrix} = \begin{pmatrix} -6 \\ -1 \\ -6 \\ 3 \\ 3 \\ 7 \end{pmatrix}$$

▶ 예제 21 **회분식 반응기에서 각 물질의 농도**
다음과 같은 비가역 반응이 회분식 반응기에서 진행될 때, 행렬을 이용하여 각 물질의 농도를 결정하기 위한 미분방정식을 세워라(단, 각 반응은 1차 반응이며, 반응속도 상수는 식과 같다).

$$A_1 \xrightarrow{k_1} A_2 \xrightarrow{k_2} A_3$$

풀이

주안점 회분식 반응기임을 반영하여 물질수지를 분석하여 관련 방정식을 수립한다.

❶ 각 물질에 대한 물질수지를 수립한다.
    회분식 반응기이므로 반응이 진행되는 동안 물질의 유입과 유출이 없다. 즉, [변화량 = 반응에 의한 생성량 + 반응에 의한 소비량]이다.

$$\text{물질 } A_1 : \ \frac{dA_1}{dt} = -k_1 A_1$$

$$\text{물질 } A_2 : \ \frac{dA_2}{dt} = k_1 A_1 - k_2 A_2$$

$$\text{물질 } A_3 : \ \frac{dA_3}{dt} = k_2 A_2$$

❷ 세 연립미분방정식을 행렬로 나타낸다.

행렬을 이용한 연립미분방정식 풀이는 이 책의 범위를 벗어나므로 연립 미분방정식을 행렬 형태로만 나타낸다.

$$
\begin{pmatrix} \dfrac{dA_1}{dt} \\[2mm] \dfrac{dA_2}{dt} \\[2mm] \dfrac{dA_3}{dt} \end{pmatrix} = \begin{pmatrix} -k_1 & 0 & 0 \\ k_1 & -k_2 & 0 \\ 0 & k_2 & 0 \end{pmatrix} \begin{pmatrix} A_1 \\ A_2 \\ A_3 \end{pmatrix}
$$

흡수탑 해석

[그림 5.9]는 다단흡수탑의 성능을 이상화하는 것으로서 흡수탑은 가스에 포함된 오염물을 액체에 녹여 제거하는 공정이며, 대체로 가스는 반응기 하부에서 공급되고 액체는 상부로 공급되는 구조이다. 따라서 가스와 액체는 반대 방향으로 흐르면서 흡수탑의 N개의 단에서 서로 긴밀히 접촉한다.

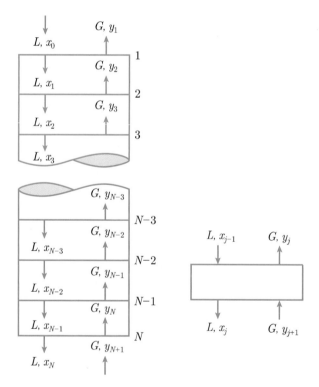

[그림 5.9] 다단흡수탑

이때 문제를 단순화하기 위해 기체 중 오염물만이 액체에 용해되어 제거되며 다음과 같은 상황을 가정한다.

① 각 단에는 평형상태로 운전된다. 즉, 각 단에서 배출되는 기체와 액체는 서로 화학적으로 평형상태에 있다.

② 기체는 대부분이 불활성 가스로 액체에 용해되지 않으며, 다만 액체에 용해될 수 있는 오염물질을 일부 포함하고 있다. 액체도 유사하게 휘발되어 기체로 전환되지 않는다.

③ 기체에 포함된 오염물질이 액체에 녹는 것은 헨리의 법칙$^{\text{Henry's law}}$ $y = Kx$ 로 설명할 수 있다. 여기서 y 는 기체에서의 오염물의 농도(질량 분율), x 는 오염물의 액체에서의 농도(질량 분율), K는 헨리 상수이다. 이와 같이 생각할 수 있는 대표적인 물질은 기체에 낮은 농도로 포함된 SO_2, NH_3 등이다.

▶ 예제 22

[그림 5.9]와 같이 x_0, y_{N+1}, N, G, L, h 등이 결정된 상태에서 시간에 따라 기체와 액체에서 오염물질의 농도 변화를 알고자 한다. 관련 방정식을 수립하고 행렬로 나타내어라(단, x_0 은 최초 유입 액체에 가스상 오염물의 농도, y_{N+1} 은 최초 유입 기체의 가스상 오염물의 농도, N 은 다단흡수탑의 단의 수, G는 기체의 유입 유량, L은 액체의 유입 유량, h 는 각 단에 있는 액체의 양이다).

풀이

주안점 각 단에서 [축적량 = 유입량 − 유출량]임을 이용한다.

❶ 다단흡수탑 중 하나인 j 번째 흡수탑에 대해 물질수지를 분석한다.

$$유입량: \ Lx_{j-1} + Gy_{j+1}$$

$$유출량: \ Lx_j + Gy_j$$

$$축적량: \ h\frac{dx_j}{d\theta}$$

여기서 x_{j-1}, x_j는 j 번째 단의 액체 유입 및 유출 유량, y_j, y_{j+1} 은 j 번째 단의 기체 유출 및 유입 유량, θ 는 운전을 시작한 이후 경과한 시간이다.

$$Lx_{j-1} + Gy_{j+1} = Lx_j + Gy_j + h\frac{dx_j}{d\theta}$$

❷ N개의 단을 갖는 다단흡수탑에 대한 물질수지 식을 나타낸다.

$$Lx_{j-1} + Gy_{j+1} = Lx_j + Gy_j + h\frac{dx_j}{d\theta}, \ j = 1, 2, 3, \cdots, N$$

y_i를 헨리의 법칙을 적용하여 x_i로 정리한다.

$$h\frac{dx_j}{d\theta} = Lx_{j-1} - (L + GK)x_j + GKx_{j+1}, \ j = 1, \ 2, \ 3, \ \cdots, \ N$$

❸ 상수계수를 갖는 N개의 1계 연립방정식을 행렬로 나타낸다.

초기조건: $\mathbf{x}(0) = \mathbf{x}_0, \ \dfrac{d\mathbf{x}}{dt} = A\mathbf{x} + \mathbf{b}, \ t > 0, \ t = \dfrac{\theta}{h}$

$$\mathbf{x}' = \begin{pmatrix} x_1' \\ x_2' \\ x_3' \\ \vdots \\ x_N' \end{pmatrix}, \quad \mathbf{x} = \begin{pmatrix} x_1 \\ x_2 \\ x_3 \\ \vdots \\ x_N \end{pmatrix}, \quad \mathbf{b} = \begin{pmatrix} Lx_0 \\ 0 \\ 0 \\ \vdots \\ 0 \\ Gy_{N+1} \end{pmatrix}$$

$$A = \begin{pmatrix} -(L+GK) & GK & 0 & \cdots \cdots & 0 & 0 \\ L & -(L+GK) & GK & 0 & 0 & 0 \\ 0 & L & -(L+GK) & GK \ 0 & 0 & 0 \\ 0 & 0 & & \ddots & \vdots & \vdots \\ \vdots & \vdots & \vdots & \ddots & 0 & 0 \\ 0 & 0 & 0 & 0 \ L & -(L+GK) & GK \\ 0 & 0 & \cdots & \cdots \ 0 & L & -(L+GK) \end{pmatrix}$$

[예제 22]에서 행렬 A는 주대각성분 3개만 값을 갖는 삼중 대각행렬$^{tridiagonal \ matrix}$이며, 이러한 행렬은 공학에서 자주 볼 수 있다.

연습문제

01 두 행렬 $A = \begin{pmatrix} x^2 & 1 \\ y & 5 \end{pmatrix}$, $B = \begin{pmatrix} 4 & 1 \\ 2x & 5 \end{pmatrix}$ 가 서로 같기 위한 x, y를 구하여라.

02 두 행렬 $A = \begin{pmatrix} 1 & 2 \\ 3 & 1 \end{pmatrix}$, $B = \begin{pmatrix} 2 & 4 \\ 3 & 1 \end{pmatrix}$에 대하여 다음을 구하여라.

(1) $A + B$ (2) $2A$ (3) $A^t + B^t$ (4) AB

03 두 행렬 $A = \begin{pmatrix} 1 & 3 & 1 \\ 2 & 1 & 2 \\ 0 & 2 & 1 \end{pmatrix}$, $B = \begin{pmatrix} 1 & 2 & 3 \\ 3 & -1 & 1 \\ 2 & 3 & 4 \end{pmatrix}$에 대하여 다음을 구하여라.

(1) $A + 2B$ (2) $A - B$ (3) $A^t + B^t$ (4) $A^t - B^t$

04 두 행렬 $A = \begin{pmatrix} 1 & 2 & 3 \\ 2 & 5 & 1 \\ 1 & 0 & 4 \end{pmatrix}$, $B = \begin{pmatrix} 1 & 3 & 2 \\ 2 & 4 & 1 \\ 1 & 5 & 3 \end{pmatrix}$에 대하여 다음을 구하여라.

(1) AB (2) BA (3) $(AB)^t$ (4) $(BA)^t$

05 다음 행렬을 대칭행렬과 교대행렬의 합으로 나타내어라.

(1) $\begin{pmatrix} 1 & -1 & 2 \\ 2 & 3 & -1 \\ -3 & 1 & 1 \end{pmatrix}$ (2) $\begin{pmatrix} 2 & 3 & 6 \\ 1 & 0 & 2 \\ 5 & 2 & -1 \end{pmatrix}$

(3) $\begin{pmatrix} 1 & 2-3i & -1-2i \\ 2+i & 2 & 4+i \\ i & 1+i & 3 \end{pmatrix}$ (4) $\begin{pmatrix} 3 & 2i & 1-2i \\ -i & 1 & 2-i \\ 3-2i & i & 2 \end{pmatrix}$

06 다음 복소행렬의 공액전치행렬을 구하여라.

(1) $\begin{pmatrix} 1+i & 2-2i & -1+i \\ 2+i & i & 3-i \\ -i & 1-i & 2 \end{pmatrix}$ (2) $\begin{pmatrix} i & -1-i & -1+2i \\ 1+i & i & 2-3i \\ 2-i & 1+i & -i \end{pmatrix}$

07 다음 복소행렬이 에르미트 행렬이 되도록 세 복소수 a, b, c를 구하여라.

(1) $\begin{pmatrix} 1 & i & 1+3i \\ a & 2 & 2-i \\ b & c & 2 \end{pmatrix}$ (2) $\begin{pmatrix} 2 & -1+i & 2-i \\ a & 4 & 1+i \\ b & c & 6 \end{pmatrix}$

08 행렬 $A = \begin{pmatrix} 1 & 2 \\ 2 & 3 \end{pmatrix}$에 대하여 다음을 구하여라.

(1) $f(x) = x^2 - 3x + 2$일 때 $f(A)$

(2) $g(x) = 2x^2 - x - 3$일 때 $g(A)$

09 다음 행렬식의 값을 구하여라.

(1) $\begin{vmatrix} 1 & 2 \\ 4 & 3 \end{vmatrix}$

(2) $\begin{vmatrix} 1 & -2 \\ 3 & 3 \end{vmatrix}$

(3) $\begin{vmatrix} 1 & 4 & 2 \\ 2 & 1 & 4 \\ 1 & 3 & 2 \end{vmatrix}$

(4) $\begin{vmatrix} 1 & 0 & 3 \\ 2 & 1 & 2 \\ 3 & 2 & 5 \end{vmatrix}$

(5) $\begin{vmatrix} 1 & 2 & 3 \\ 3 & 1 & -2 \\ 2 & 5 & 8 \end{vmatrix}$

(6) $\begin{vmatrix} 1 & 2 & 1 \\ 2 & -1 & 3 \\ 3 & 1 & 1 \end{vmatrix}$

(7) $\begin{vmatrix} -1 & 3 & 2 \\ 2 & 1 & 3 \\ 3 & 2 & 1 \end{vmatrix}$

(8) $\begin{vmatrix} 1 & 0 & 1 & 2 \\ 2 & 1 & 3 & 2 \\ 3 & -2 & 0 & 1 \\ 1 & 0 & 1 & 2 \end{vmatrix}$

(9) $\begin{vmatrix} 2 & -1 & 0 & 3 \\ 1 & -2 & 3 & 1 \\ 1 & 3 & 0 & -2 \\ 1 & 2 & -2 & 1 \end{vmatrix}$

10 다음 행렬식을 간단히 하여라.

(1) $\begin{vmatrix} a+b & a \\ b & a-b \end{vmatrix}$

(2) $\begin{vmatrix} 1 & a & b+c \\ 1 & b & c+a \\ 1 & c & a+b \end{vmatrix}$

(3) $\begin{vmatrix} 1 & a & a^2 \\ 1 & b & b^2 \\ 1 & c & c^2 \end{vmatrix}$

(4) $\begin{vmatrix} 1 & 1 & 1 \\ a & b & c \\ a^3 & b^3 & c^3 \end{vmatrix}$

(5) $\begin{vmatrix} a & b & c \\ a+b & b+c & c+a \\ b+c & a+c & a+b \end{vmatrix}$

(6) $\begin{vmatrix} b^2+c^2 & ab & ca \\ ab & c^2+a^2 & bc \\ ca & bc & a^2+b^2 \end{vmatrix}$

(7) $\begin{vmatrix} a & 0 & c & 0 \\ 0 & a & 0 & c \\ b & 0 & d & 0 \\ 0 & b & 0 & d \end{vmatrix}$

(8) $\begin{vmatrix} a & b & b & b \\ b & a & b & b \\ b & b & a & b \\ b & b & b & a \end{vmatrix}$

(9) $\begin{vmatrix} a & b & c & d \\ b & a & d & c \\ c & d & a & b \\ d & c & b & a \end{vmatrix}$

(10) $\begin{vmatrix} 1 & 1 & 1 & 1 \\ a & b & c & d \\ a^2 & b^2 & c^2 & d^2 \\ a^3 & b^2 & c^3 & d^3 \end{vmatrix}$

(11) $\begin{vmatrix} a & 1 & 2 & 3 \\ 1 & a & 2 & 3 \\ 1 & 2 & a & 3 \\ 1 & 2 & 3 & a \end{vmatrix}$

(12) $\begin{vmatrix} 1+a & 1 & 1 & 1 \\ 1 & 1-a & 1 & 1 \\ 1 & 1 & 1+b & 1 \\ 1 & 1 & 1 & 1-b \end{vmatrix}$

11 적당한 행이나 열에 관한 소행렬식 전개를 이용하여 행렬식의 값을 구하여라.

(1) $\begin{vmatrix} 1 & -2 & 3 \\ 3 & 1 & 0 \\ 4 & -3 & -1 \end{vmatrix}$

(2) $\begin{vmatrix} 1 & 0 & 0 & 2 \\ 0 & 2 & 3 & 1 \\ 1 & 2 & 2 & 1 \\ 2 & 4 & 1 & 2 \end{vmatrix}$

12 다음 행렬의 기약행사다리꼴 행렬을 구하여라.

(1) $\begin{pmatrix} 2 & 1 & -2 & 10 \\ 3 & 2 & 2 & 1 \\ 5 & 4 & 3 & 4 \end{pmatrix}$

(2) $\begin{pmatrix} 1 & 2 & -3 & 6 \\ 2 & -1 & 4 & 2 \\ 4 & 3 & -2 & 14 \end{pmatrix}$

(3) $\begin{pmatrix} 1 & 1 & 2 & 1 \\ 2 & -2 & 3 & 0 \\ 1 & 1 & 4 & 0 \end{pmatrix}$

13 등가행렬을 이용하여 다음 행렬의 역행렬을 구하여라.

(1) $\begin{pmatrix} 1 & 2 & 3 \\ 1 & 3 & 1 \\ 2 & 3 & 1 \end{pmatrix}$

(2) $\begin{pmatrix} 1 & 0 & 2 \\ 2 & 1 & 4 \\ 3 & 1 & 2 \end{pmatrix}$

(3) $\begin{pmatrix} 2 & 1 & 2 \\ 2 & 3 & 1 \\ 1 & 4 & 0 \end{pmatrix}$

(4) $\begin{pmatrix} 3 & -1 & 1 \\ 4 & 0 & 2 \\ 1 & 3 & 1 \end{pmatrix}$

14 여인수를 이용하여 다음 행렬의 역행렬을 구하여라.

(1) $\begin{pmatrix} 1 & 0 & 1 \\ 0 & 2 & 1 \\ 1 & 2 & 3 \end{pmatrix}$

(2) $\begin{pmatrix} 1 & 1 & 2 \\ 2 & -2 & 3 \\ 1 & 1 & 4 \end{pmatrix}$

(3) $\begin{pmatrix} 1 & 2 & 1 \\ 2 & 3 & 1 \\ 1 & 0 & 4 \end{pmatrix}$

(4) $\begin{pmatrix} 6 & 4 & 3 \\ 4 & 3 & 4 \\ 3 & 2 & 2 \end{pmatrix}$

15 계수행렬의 역행렬을 이용하여 다음 연립방정식을 풀어라.

(1) $\begin{cases} x + 2y + 3z = 2 \\ -x + 3y + z = 3 \\ 2x + y + 2z = 1 \end{cases}$

(2) $\begin{cases} 2x - y + 2z = 1 \\ x + 2y - 4z = 2 \\ 2x - y + z = 3 \end{cases}$

(3) $\begin{cases} -2x + y + z = 1 \\ 2x + 2y - z = 3 \\ -x + 2y + 2z = 2 \end{cases}$

(4) $\begin{cases} 2x + 4y + z = 1 \\ -x + 3y + z = -1 \\ 4x + y + 2z = 3 \end{cases}$

16 가우스 소거법을 이용하여 다음 연립방정식을 풀어라.

(1) $\begin{cases} x + 2y + z = 1 \\ 2x + y + 2z = 3 \\ x + 4y + 3z = 5 \end{cases}$

(2) $\begin{cases} x + 2y + z = 6 \\ -x - 2y + 3z = 4 \\ 2x + y + 6z = 10 \end{cases}$

(3) $\begin{cases} x + y - 2z = 3 \\ 2x - y + z = 4 \\ 3x + y - 4z = -2 \end{cases}$

(4) $\begin{cases} x + 2y - 3z = 6 \\ 2x - y + 4z = 2 \\ 4x + 3y - 2z = 14 \end{cases}$

(5) $\begin{cases} x + 3y + 4z = 2 \\ x + y + 2z = 1 \\ 2x + 4y + 6z = 5 \end{cases}$

(6) $\begin{cases} 2x + y - 2z + 3w = 1 \\ 3x + 2y - z + 2w = 4 \\ 3x + 3y + 3z - 3w = 5 \end{cases}$

17 크래머 공식을 이용하여 다음 연립방정식을 풀어라.

(1) $\begin{cases} x + 3y + 4z = 2 \\ x + y + 2z = 1 \\ x + 2y + z = 4 \end{cases}$

(2) $\begin{cases} x + y + z = 6 \\ 2x + 2y + 3z = 4 \\ 3x - y + 4z = 5 \end{cases}$

(3) $\begin{cases} x - 2y + 2z = 4 \\ 3x + y - 4z = 2 \\ -x + y + 3z = 1 \end{cases}$

(4) $\begin{cases} x - 2y + z = 2 \\ x + 3y - z = 3 \\ 2x - y + 2z = 4 \end{cases}$

(5) $\begin{cases} 2x + y - 3z = 1 \\ -2x + 4y + 5z = 3 \\ 6x + y + 2z = 2 \end{cases}$

(6) $\begin{cases} x + y + 2z = 4 \\ x - 2y + 3z = 1 \\ 3x - 7y + 4z = 5 \end{cases}$

18 기둥 내부의 온도는 주변 4개 지점에서 측정한 평균온도로 결정된다고 가정한다. 즉, 점 1의 온도는 $T_1 = \dfrac{10 + 10 + T_2 + T_3}{4}$ 으로 결정되며, 이외 다른 요인에 의한 온도 변화는 없는 것으로 단순화한다. 기둥 외부 온도가 그림과 같을 때, 기둥 내부의 네 점 1, 2, 3, 4의 온도를 구하여라.

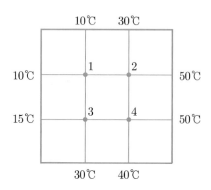

19 행렬 A는 그림과 같이 1차원 부재 위의 다섯 점 P_1, P_2, P_3, P_4, P_5 에서의 온도 변화를 비정상상태로 추정하기 위해 사용된다. 이때 각 점은 서로 Δx 만큼 떨어져 있으며, 상수 C는 부재의 물리적 특성에 의해 결정되는 값이다. $k = 0, 1, 2, 3, \cdots$ 일 때 벡터 $\mathbf{t}_k$는 $k\Delta t$ 시간 후 다섯 점 P_1, P_2, P_3, P_4, P_5 에서의 온도를 의미하고, 부재 양 끝의 온도가 $0\,℃$로 유지될 때 온도 벡터는 $A\,\mathbf{t}_{k+1} = \mathbf{t}_k$를 만족한다. $C = 1$, $\mathbf{t}_0 = (10\ 15\ 15\ 15\ 10)$일 때, $k\Delta t$ 시간 후의 온도($\mathbf{t}_k$)를 구하여라.

$$A = \begin{pmatrix} 1+2C & -C & 0 & 0 & 0 \\ -C & 1+2C & -C & 0 & 0 \\ 0 & -C & 1+2C & -C & 0 \\ 0 & 0 & -C & 1+2C & -C \\ 0 & 0 & 0 & -C & 1+2C \end{pmatrix}$$

20 다음 반응식은 비화수소($\mathrm{AsH_3}$)를 제조하기 위해 실제 산업에서 사용하는 반응이다. 행렬을 이용하여 양론계수를 구하여라.

$$x_1\mathrm{MnS} + x_2\,\mathrm{As_2Cr_{10}O_{35}} + x_3\,\mathrm{H_2SO_4} \rightarrow x_4\mathrm{HMnO_4} + x_5\,\mathrm{AsH_3} + x_6\,\mathrm{CrS_3O_{12}} + x_7\,\mathrm{H_2O}$$

1. 역행렬

$AA^{-1}=A^{-1}A=I$를 만족하는 행렬 A^{-1}는 다음과 같이 구한다.

$$(A\mid I)=\begin{pmatrix} a_{11}\,a_{12}\cdots a_{1n} & 1\,0\cdots 0 \\ a_{21}\,a_{22}\cdots a_{2n} & 0\,1\cdots 0 \\ \vdots & \vdots \\ a_{n1}\,a_{n2}\cdots a_{nn} & 0\,0\cdots 1 \end{pmatrix} \Rightarrow 행등가행렬: (I\mid A^{-1})=\begin{pmatrix} 1\,0\cdots 0 & b_{11}\,b_{12}\cdots b_{1n} \\ 0\,1\cdots 0 & b_{21}\,b_{22}\cdots b_{2n} \\ \vdots & \vdots \\ 0\,0\cdots 1 & b_{n1}\,b_{n2}\cdots b_{nn} \end{pmatrix}$$

2. 선형방정식계의 유일해를 가지는 경우

$$A\mathbf{x}=\begin{pmatrix} a_{11} & \cdots & a_{1j} & \cdots & a_{1n} \\ & & \vdots & & \\ a_{i1} & \cdots & a_{ij} & \cdots & a_{in} \\ & & \vdots & & \\ a_{m1} & \cdots & a_{mj} & \cdots & a_{mn} \end{pmatrix}\begin{pmatrix} x_1 \\ \vdots \\ x_j \\ \vdots \\ x_n \end{pmatrix}=\begin{pmatrix} b_1 \\ \vdots \\ b_j \\ \vdots \\ b_n \end{pmatrix}=\mathbf{b}를 만족하는 해: \mathbf{x}=A^{-1}\mathbf{b}$$

3. 선형방정식계의 행등가행렬이 다음과 같은 경우에 부정해를 갖는다.

$$\begin{pmatrix} 1 & \times & \times & \times & \times & c_1 \\ 0 & 1 & \times & \times & \times & c_2 \\ 0 & 0 & 1 & \times & \times & c_3 \\ 0 & 0 & 0 & 1 & \times & c_4 \\ 0 & 0 & 0 & 0 & 0 & 0 \end{pmatrix}$$

4. 선형방정식계의 행등가행렬이 다음과 같은 경우에 해가 존재하지 않는다.

$$\begin{pmatrix} 1 & \times & \times & \times & \times & c_1 \\ 0 & 1 & \times & \times & \times & c_2 \\ 0 & 0 & 1 & \times & \times & c_3 \\ 0 & 0 & 0 & 1 & \times & c_4 \\ 0 & 0 & 0 & 0 & 0 & c_5 \end{pmatrix}$$

5. 2차, 3차 행렬식의 값: 사루스 방법에 의해 주대각원소들의 곱에서 부대각원소들의 곱을 뺀다.

6. 크래머 공식

계수행렬 A가 정칙행렬이면 선형 연립방정식 $A\mathbf{x}=\mathbf{b}$ 의 해는 다음과 같다.

$$x_1=\frac{|A_1|}{|A|},\ x_2=\frac{|A_2|}{|A|},\ \cdots,\ x_n=\frac{|A_n|}{|A|}$$

여기서 $|A_j|$는 $|A|$의 j번째 열을 상수항 벡터 $\mathbf{b}$로 대치한 행렬식이다.

제6장

벡터와 공간도형

벡터는 공간에서 나타나는 자연현상 또는 공학적 제반 문제를 수학적으로 해석하는 도구이다. 특히 역학이나 전자기학에서 사용하는 필수적인 수학적 도구이기도 하며, 로봇이나 3D 프린팅 등에도 필수적인 도구이다. 이 장에서는 벡터의 기본적인 개념과 활용에 대하여 살펴본다.

자연계에서 발생하는 물리적인 현상을 설명할 때 사용하는 물리량으로 크게 두 가지가 있다. 하나는 질량, 전하, 저항체의 저항, 길이, 면적, 부피, 온도 등과 같이 크기만 있는 물리량이고, 다른 하나는 힘, 속도, 중력 등과 같이 크기뿐만 아니라 방향을 고려해야 하는 물리량이다. 이와 같이 크기만 갖는 물리량을 스칼라^{scalar}라 하며, 크기와 방향을 갖는 물리량을 벡터^{vector}라 한다. 스칼라는 단순히 크기만 갖는 수치이므로 보편적으로 a, b 등과 같이 알파벳으로 나타내며, 벡터는 크기뿐만 아니라 방향을 가지므로 방향을 나타내는 화살표를 이용하여 $\vec{a}$, $\vec{b}$ 또는 굵은 문자 $\mathbf{a}$, $\mathbf{b}$ 등으로 나타낸다. 특히 평면이나 공간의 한 점 A에서 B 방향으로의 벡터는 [그림 6.1]과 같이 $\overrightarrow{AB}$로 나타내며, 이때 유향선분의 점 A를 시점$^{initial\ point}$, 점 B를 종점$^{terminal\ point}$이라 한다. 벡터의 크기는 $\|\mathbf{a}\|$, $\|\vec{a}\|$, $\|\overrightarrow{AB}\|$로 나타낸다.

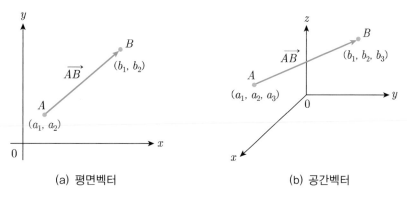

(a) 평면벡터   (b) 공간벡터

[그림 6.1] 유향선분에 의한 벡터의 표시 방법

위치벡터

평면 또는 공간에서 벡터 $\mathbf{a}$를 [그림 6.2]와 같이 평행이동하여 얻은 두 벡터 $\mathbf{b}$, $\mathbf{c}$는 벡터 $\mathbf{a}$의 크기와 방향이 동일하다. 이와 같이 크기와 방향이 동일한 두 벡터를 상등^{equal}이라 하며, 상등인 모든 벡터는 $\mathbf{a}$와 같이 시점이 원점 O이고 종점이 점 $A(a_1, a_2)$인 벡터로 나타낼 수 있다. 이때 벡터 $\mathbf{a}$와 같이 시점이 좌표평면의 원점 O인 벡터를 위치벡터$^{position\ vector}$라 한다. 평면 또는 공간에서 모든 벡터를 위치벡터로 표현할 수 있으며, 위치벡터는 항상 시점이 원점이므로 종점의 좌표에 의해 결정된다. 따라서 평면 또는 공간 위의 모든 벡터는 다음과 같이 종점의 좌표를 이용하여 나타낼 수 있다.

$$\mathbf{a} = (a_1,\ a_2)\ \text{또는}\ \mathbf{a} = (a_1,\ a_2,\ a_3)$$

여기서 위치벡터의 종점의 좌표를 나타내는 a_1, a_2 또는 a_1, a_2, a_3 을 벡터 $\mathbf{a}$ 의 성분^{component}이라
한다.

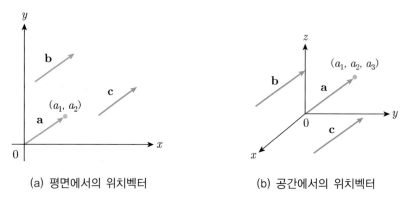

(a) 평면에서의 위치벡터　　　　　(b) 공간에서의 위치벡터

[그림 6.2] 위치벡터와 벡터의 평행이동

　두 위치벡터 $\mathbf{a} = (a_1,\ a_2)$, $\mathbf{b} = (b_1,\ b_2)$ 의 종점이 동일할 때 두 벡터는 상등이다. 즉, 두 위치벡터가
상등일 필요충분조건은 다음과 같다.

$$\mathbf{a} = \mathbf{b} \iff a_1 = b_1,\ a_2 = b_2$$

　[그림 6.3]과 같이 위치벡터 $\mathbf{a} = (a_1,\ a_2)$ 와 크기가 동일하지만 방향이 반대인 벡터를 $\mathbf{a}$ 의 음벡터
^{negative vector}라 하고 $-\mathbf{a}$ 로 나타내며, $-\mathbf{a} = (-a_1,\ -a_2)$ 이다.

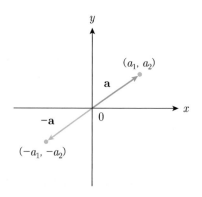

[그림 6.3] 음벡터

0이 아닌 스칼라 k에 대하여 벡터 $k\mathbf{a}$는 벡터 $\mathbf{a}$의 크기를 k배만큼 늘리거나 줄인 벡터를 나타낸다. 성분으로 나타내면 다음과 같으며, 벡터 $k\mathbf{a}$를 벡터 $\mathbf{a}$의 스칼라 곱$^{scalar\ multiple}$이라 한다.

$$k\mathbf{a} = (ka_1, ka_2) \quad \text{또는} \quad k\mathbf{a} = (ka_1, ka_2, ka_3)$$

이때 $k > 0$이면 $k\mathbf{a}$는 $\mathbf{a}$와 같은 방향이고, $k < 0$이면 $k\mathbf{a}$는 $\mathbf{a}$와 반대 방향이 된다. $k = 0$이면 스칼라 곱의 정의에 의해 $0\mathbf{a} = (0, 0)$이며, 이 벡터를 크기가 0인 영벡터$^{zero\ vector}$라 하고 다음과 같이 나타낸다.

$$\mathbf{0} = (0, 0) \quad \text{또는} \quad \mathbf{0} = (0, 0, 0)$$

두 벡터 $\mathbf{a}$와 $\mathbf{b}$의 합과 차를 다음과 같이 정의한다.

① 벡터의 합: $\mathbf{a} + \mathbf{b} = (a_1, a_2) + (b_1, b_2) = (a_1 + b_1, a_2 + b_2)$

② 벡터의 차: $\mathbf{a} - \mathbf{b} = (a_1, a_2) - (b_1, b_2) = (a_1 - b_1, a_2 - b_2)$

두 벡터 합 $\mathbf{a} + \mathbf{b}$를 기하학적으로 살펴보면 [그림 6.4(a)]와 같이 두 벡터 $\mathbf{a}$, $\mathbf{b}$에 의한 평행사변형의 대각선으로 이루어진 위치벡터를 나타낸다. 또한 [그림 6.4(b)]와 같이 $\mathbf{a} + \mathbf{b}$는 벡터 $\mathbf{b}$의 시점을 벡터 $\mathbf{a}$의 종점으로 평행이동한 벡터의 종점을 나타내는 위치벡터로 해석할 수도 있다. 두 벡터의 차 $\mathbf{a} - \mathbf{b}$는 두 벡터 $\mathbf{a}$와 $-\mathbf{b}$의 합벡터로 생각할 수 있다.

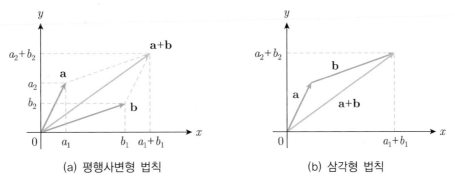

(a) 평행사변형 법칙   (b) 삼각형 법칙

[그림 6.4] 두 위치벡터의 합

2차원 평면과 3차원 공간에서의 위치벡터를 n차원 공간상의 위치벡터로 확장하면 다음과 같다.

$$\mathbf{a} = (a_1, a_2, \cdots, a_n)$$

n차원 공간상의 두 위치벡터 $\mathbf{a} = (a_1, a_2, \cdots, a_n)$, $\mathbf{b} = (b_1, b_2, \cdots, b_n)$에 대하여 평면 또는 공간에서의 벡터와 동일하게 다음을 정의한다.

① 벡터의 상등: $\mathbf{a} = \mathbf{b} \iff a_1 = b_1, a_2 = b_2, \cdots, a_n = b_n$

② 스칼라 곱: $k\mathbf{a} = (ka_1, ka_2, \cdots, ka_n)$, k는 스칼라

③ 음벡터: $-\mathbf{a} = (-1)\mathbf{a} = (-a_1, -a_2, \cdots, -a_n)$

④ 벡터의 합: $\mathbf{a} + \mathbf{b} = (a_1 + b_1, a_2 + b_2, \cdots, a_n + b_n)$

⑤ 벡터의 차: $\mathbf{a} - \mathbf{b} = (a_1 - b_1, a_2 - b_2, \cdots, a_n - b_n)$

n차원 공간에서의 벡터에 대하여 다음 성질이 성립한다.

정리 1   **위치벡터의 성질**

n차원 공간의 임의의 세 위치벡터 $\mathbf{a}$, $\mathbf{b}$, $\mathbf{c}$와 세 스칼라 k, k_1, k_2에 대하여 다음이 성립한다.

(1) $\mathbf{a} + \mathbf{b} = \mathbf{b} + \mathbf{a}$ (2) $(\mathbf{a} + \mathbf{b}) + \mathbf{c} = \mathbf{a} + (\mathbf{b} + \mathbf{c})$

(3) $\mathbf{a} + \mathbf{0} = \mathbf{0} + \mathbf{a} = \mathbf{a}$ (4) $(-\mathbf{a}) + \mathbf{a} = \mathbf{a} + (-\mathbf{a}) = \mathbf{0}$

(5) $k(\mathbf{a} + \mathbf{b}) = k\mathbf{a} + k\mathbf{b}$ (6) $(k_1 + k_2)\mathbf{a} = k_1\mathbf{a} + k_2\mathbf{a}$

(7) $(k_1 k_2)\mathbf{a} = k_1(k_2\mathbf{a}) = k_2(k_1\mathbf{a})$ (8) $1\mathbf{a} = \mathbf{a}$

[정리 1]의 (1)은 덧셈에 대한 교환법칙이 성립하고, (2)는 덧셈에 대한 결합법칙이 성립함을 의미한다. (3)은 덧셈에 대한 항등원이 영벡터 $\mathbf{0}$이고, (4)는 위치벡터 $\mathbf{a}$의 덧셈에 대한 역원이 $-\mathbf{a}$임을 의미한다.

▶ **예제 1**

두 벡터 $\mathbf{a} = (1, 2, 3)$, $\mathbf{b} = (1, 2, 1)$에 대하여 $\mathbf{a} + \mathbf{b}$, $\mathbf{a} - \mathbf{b}$, $2\mathbf{a} + \mathbf{b}$, $\mathbf{a} - 2\mathbf{b}$를 각각 구하여라.

풀이

주안점   각 위치벡터의 대응하는 성분에 대한 스칼라 곱, 덧셈과 뺄셈을 구한다.

$\mathbf{a} + \mathbf{b} = (1, 2, 3) + (1, 2, 1) = (1 + 1, 2 + 2, 3 + 1) = (2, 4, 4)$

$\mathbf{a} - \mathbf{b} = (1, 2, 3) - (1, 2, 1) = (1 - 1, 2 - 2, 3 - 1) = (0, 0, 2)$

$2\mathbf{a} + \mathbf{b} = 2(1, 2, 3) + (1, 2, 1) = (2, 4, 6) + (1, 2, 1) = (2 + 1, 4 + 2, 6 + 1) = (3, 6, 7)$

$\mathbf{a} - 2\mathbf{b} = (1, 2, 3) - 2(1, 2, 1) = (1, 2, 3) - (2, 4, 2) = (1 - 2, 2 - 4, 3 - 2) = (-1, -2, 1)$

위치벡터의 크기

위치벡터 **a**의 크기는 [그림 6.5]와 같이 시점인 원점으로부터 종점까지의 거리로 정의하며 $\|\mathbf{a}\|$로 나타낸다. 그러면 2차원 평면 안의 벡터 $\mathbf{a} = (a_1, a_2)$과 3차원 공간 안의 벡터 $\mathbf{a} = (a_1, a_2, a_3)$의 크기는 피타고라스 정리에 의하여 다음과 같다.

$$\|\mathbf{a}\| = \sqrt{a_1^2 + a_2^2}, \quad \|\mathbf{a}\| = \sqrt{a_1^2 + a_2^2 + a_3^2}$$

그리고 위치벡터 **a**의 크기를 노옴^{norm}이라고도 한다.

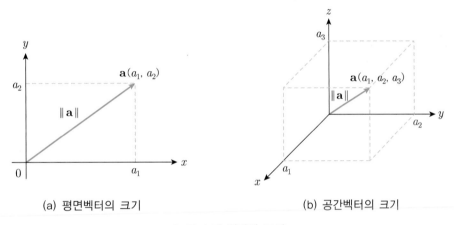

(a) 평면벡터의 크기　　　　　　(b) 공간벡터의 크기

[그림 6.5] 벡터의 크기

일반적으로 n차원 공간에서의 임의의 위치벡터 $\mathbf{a} = (a_1, a_2, \cdots, a_n)$의 길이는 다음과 같다.

$$\|\mathbf{a}\| = \sqrt{a_1^2 + a_2^2 + \cdots + a_n^2}$$

[그림 6.6]과 같이 평면 위의 시점이 원점이고 종점이 반지름의 길이가 1인 원주 위에 있는 모든 벡터는 크기가 1인 위치벡터이다. 이와 같이 크기가 1인 위치벡터, 즉 $\|\mathbf{a}\| = 1$인 위치벡터를 단위벡터$^{\text{unit vector}}$라 한다.

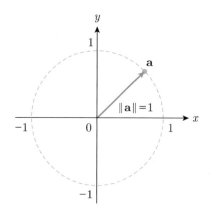

[그림 6.6] 단위벡터

임의의 벡터 $\mathbf{a}$에 대하여 $\|\mathbf{a}\| \geq 0$ 이고 $\|\mathbf{a}\| = 0$일 필요충분조건은 $\mathbf{a} = \mathbf{0}$ 이다. 특히 $\mathbf{i}$, $\mathbf{j}$, $\mathbf{k}$로 나타내는 특수한 단위벡터를 다음과 같이 정의하며, 이들 벡터를 기저벡터$^{\text{basis vector}}$라 한다.

① 평면 위의 기저벡터 : $\mathbf{i} = (1, 0)$, $\mathbf{j} = (0, 1)$
② 공간 위의 기저벡터 : $\mathbf{i} = (1, 0, 0)$, $\mathbf{j} = (0, 1, 0)$, $\mathbf{k} = (0, 0, 1)$

기저벡터는 [그림 6.7]과 같이 각 축의 양의 방향으로 크기가 1인 단위벡터이다.

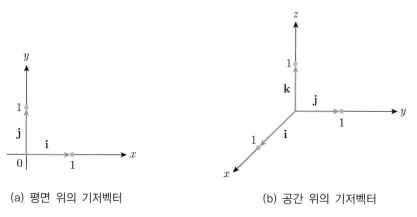

(a) 평면 위의 기저벡터　　　　(b) 공간 위의 기저벡터

[그림 6.7] 기저벡터

평면 또는 공간의 임의의 위치벡터 $\mathbf{a} = (a_1, a_2)$, $\mathbf{a} = (a_1, a_2, a_3)$은 다음과 같이 기저벡터의 일차결합으로 표현할 수 있다.

① $\mathbf{a} = (a_1, a_2) = a_1(1, 0) + a_2(0, 1) = a_1\mathbf{i} + a_2\mathbf{j}$
② $\mathbf{a} = (a_1, a_2, a_3) = a_1(1, 0, 0) + a_2(0, 1, 0) + a_3(0, 0, 1) = a_1\mathbf{i} + a_2\mathbf{j} + a_3\mathbf{k}$

n차원 공간 안의 기저벡터를 각각 $\mathbf{e}_1$, $\mathbf{e}_2$, $\cdots$, $\mathbf{e}_n$ 이라 하면 임의의 위치벡터 $\mathbf{a}$는 다음과 같이 기저벡터들의 일차결합으로 나타낼 수 있다.

$$\mathbf{a} = (a_1, a_2, \cdots, a_n) = a_1\mathbf{e}_1 + a_2\mathbf{e}_2 + \cdots + a_n\mathbf{e}_n$$

위치벡터 $\mathbf{a}$와 동일한 방향으로의 단위벡터를 $\mathbf{u}$라 할 때, 이 단위벡터는 다음과 같이 벡터 $\mathbf{a}$를 자신의 크기 $\|\mathbf{a}\|$로 나누어 얻을 수 있다.

$$\mathbf{u} = \frac{1}{\|\mathbf{a}\|}\mathbf{a} = \left(\frac{a_1}{\|\mathbf{a}\|}, \frac{a_2}{\|\mathbf{a}\|}\right)$$

$\mathbf{a}$와 동일한 방향으로의 단위벡터 $\mathbf{u}$는 [그림 6.8]과 같다.

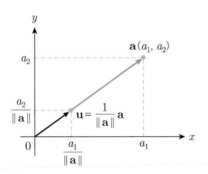

[그림 6.8] $\mathbf{a}$ 방향의 단위벡터

▶ 예제 2

$\mathbf{a} = (1, 2, 3)$에 대하여 다음을 구하여라.

(1) $\mathbf{a}$의 크기 $\|\mathbf{a}\|$ (2) 기저벡터에 의한 $\mathbf{a}$의 표현

풀이

(1) $\|\mathbf{a}\| = \sqrt{1^2 + 2^2 + 3^2} = \sqrt{14}$

(2) $\mathbf{a} = (1, 2, 3) = (1, 0, 0) + 2(0, 1, 0) + 3(0, 0, 1) = \mathbf{i} + 2\mathbf{j} + 3\mathbf{k}$

지금까지 두 벡터의 합, 차 및 스칼라 곱에 대하여 살펴봤다. 스칼라의 사칙연산과 같이 두 벡터의 곱을 정의할 수 있으며, 그 결과는 스칼라 또는 벡터이다. 특히 두 벡터의 곱이 스칼라인 경우는 전자기공학을 비롯한 다양한 공학에서 나타나며, 이 절에서는 두 벡터의 곱이 스칼라인 내적에 대하여 살펴본다.

공간 위의 두 위치벡터 $\mathbf{a}$, $\mathbf{b}$의 크기와 두 벡터의 사잇각 $0 \le \theta \le \pi$에 대하여 $\mathbf{a}$와 $\mathbf{b}$의 내적^{inner} ^{product}을 $\mathbf{a} \cdot \mathbf{b}$로 나타내며, 다음과 같이 정의한다.

$$\mathbf{a} \cdot \mathbf{b} = \|\mathbf{a}\|\|\mathbf{b}\|\cos\theta$$

$\|\mathbf{a}\|$, $\|\mathbf{b}\|$, $\cos\theta$가 모두 스칼라이므로 내적의 결과는 스칼라이며, 내적을 스칼라적$^{\text{scalar product}}$ 또는 점적$^{\text{dot product}}$이라 한다. 벡터의 내적은 두 벡터의 성분을 이용하여 정의할 수도 있다. $\mathbf{a} = a_1\mathbf{i} + a_2\mathbf{j} + a_3\mathbf{k}$, $\mathbf{b} = b_1\mathbf{i} + b_2\mathbf{j} + b_3\mathbf{k}$라 하면 두 위치벡터 $\mathbf{a}$, $\mathbf{b}$와 사잇각이 θ인 삼각형은 [그림 6.9]와 같으며, 각 θ의 대변에 대한 유향선분을 나타내는 벡터는 다음과 같다.

$$\mathbf{c} = \mathbf{b} - \mathbf{a} = (b_1 - a_1)\mathbf{i} + (b_2 - a_2)\mathbf{j} + (b_3 - a_3)\mathbf{k}$$

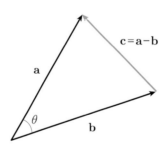

[그림 6.9] $\mathbf{a}$ 방향의 단위벡터

세 변의 길이가 $\|\mathbf{a}\|$, $\|\mathbf{b}\|$, $\|\mathbf{c}\|$이고 두 벡터 $\mathbf{a}$, $\mathbf{b}$의 사잇각이 θ인 삼각형에 코사인 제2법칙을 적용하면 다음을 얻는다.

$$\|\mathbf{c}\|^2 = \|\mathbf{b}\|^2 + \|\mathbf{a}\|^2 - 2\|\mathbf{a}\|\|\mathbf{b}\|\cos\theta$$

$$\|\mathbf{a}\|\|\mathbf{b}\|\cos\theta = \frac{1}{2}\left(\|\mathbf{a}\|^2 + \|\mathbf{b}\|^2 - \|\mathbf{c}\|^2\right)$$

여기서 세 변의 길이에 대한 제곱은

$$\| \mathbf{a} \|^2 = a_1^2 + a_2^2 + a_3^2, \ \| \mathbf{b} \|^2 = b_1^2 + b_2^2 + b_3^2, \ \| \mathbf{c} \|^2 = (b_1 - a_1)^2 + (b_2 - a_2)^2 + (b_3 - a_3)^2$$

이므로 두 벡터 $\mathbf{a}$, $\mathbf{b}$의 내적을 성분으로 나타내면 다음과 같다.

$$\mathbf{a} \cdot \mathbf{b} = \| \mathbf{a} \| \| \mathbf{b} \| \cos \theta = a_1 b_1 + a_2 b_2 + a_3 b_3$$

내적은 다음과 같이 n차원 공간의 벡터로 확장할 수 있다.

$$\mathbf{a} \cdot \mathbf{b} = a_1 b_1 + a_2 b_2 + \cdots + a_n b_n$$

▶ 예제 3

$\mathbf{a} = (1, 2, -1)$, $\mathbf{b} = (0, 2, 4)$의 내적과 두 벡터의 사잇각을 구하여라.

풀이

주안점 성분과 길이를 이용하여 $\mathbf{a}$와 $\mathbf{b}$의 내적을 구한다.

❶ 성분에 의한 $\mathbf{a}$와 $\mathbf{b}$의 내적을 구한다.

$$\mathbf{a} \cdot \mathbf{b} = 1 \times 0 + 2 \times 2 + (-1) \times 4 = 0$$

❷ 두 벡터의 길이를 구한다.

$$\| \mathbf{a} \| = \sqrt{1^2 + 2^2 + (-1)^2} = \sqrt{6}, \ \| \mathbf{b} \| = \sqrt{0^2 + 2^2 + 4^2} = \sqrt{20}$$

❸ 두 벡터의 사잇각 θ에 대한 코사인을 구한다.

$$\cos \theta = \frac{1}{\| \mathbf{a} \| \| \mathbf{b} \|} \mathbf{a} \cdot \mathbf{b} = \frac{0}{\sqrt{6} \sqrt{20}} = 0$$

❹ 두 벡터의 사잇각 θ를 구한다.

$$\theta = \cos^{-1} 0 = \frac{\pi}{2}$$

내적의 대수적 성질

두 벡터의 내적에 대하여 기본적으로 다음 성질이 성립한다.

내적의 성질

세 벡터 a, b, c와 스칼라 k에 대하여 다음이 성립한다.

(1) $a = 0$ 또는 $b = 0$이면 $a \cdot b = 0$이다.

(2) $a \cdot b = b \cdot a$ 교환법칙

(3) $a \cdot (b + c) = a \cdot b + a \cdot c$, $(a + b) \cdot c = a \cdot c + b \cdot c$ 분배법칙

(4) $a \cdot (kb) = (ka) \cdot b = k(a \cdot b)$

(5) $a \cdot a = \|a\|^2$

(6) $a \cdot a \geq 0$이다. 특히 $a \cdot a = 0$일 필요충분조건은 $a = 0$이다.

또한 내적에 대하여 다음 부등식이 성립한다.

내적과 관련된 부등식

임의의 두 벡터 a, b에 대하여 다음 부등식이 성립한다.

(1) $\|a + b\| \leq \|a\| + \|b\|$ 삼각부등식$^{triangular\ inequality}$

(2) $(a \cdot b)^2 \leq \|a\|^2 \|b\|^2$ 코시-슈바르츠 부등식$^{Cauchy-Schwarz\ inequality}$

특히 [예제 3]과 같이 두 벡터 a, b의 사잇각이 $\dfrac{\pi}{2}$일 때, 즉 두 벡터가 수직으로 만나는 경우 두 벡터 a, b는 서로 직교한다^{orthogonal}라고 한다. 3차원 공간의 세 기저벡터 i, j, k는 서로 직교하므로 다음이 성립한다.

기저벡터의 내적

세 기저벡터 i, j, k에 대하여 다음 부등식이 성립한다.

(1) $i \cdot i = j \cdot j = k \cdot k = 1$

(2) $i \cdot j = j \cdot i = 0$, $i \cdot k = k \cdot i = 0$, $j \cdot k = k \cdot j = 0$

두 벡터 a, b가 서로 직교하면 피타고라스 정리에 의해 다음 등식이 성립한다.

$$\|a + b\|^2 = \|a\|^2 + \|b\|^2$$

영벡터가 아닌 두 벡터 $\mathbf{a}$, $\mathbf{b}$와 사잇각 θ에 대하여 $0 < \theta < \dfrac{\pi}{2}$ (예각)이면 $\cos\theta > 0$이고, $\dfrac{\pi}{2} < \theta < \pi$ (둔각)이면 $\cos\theta < 0$이므로 다음을 얻는다.

① θ가 예각 $\Leftrightarrow$ $\mathbf{a} \cdot \mathbf{b} > 0$

② θ가 둔각 $\Leftrightarrow$ $\mathbf{a} \cdot \mathbf{b} < 0$

방향여현과 정사영 벡터

[그림 6.10]과 같이 3차원 공간에서 영벡터가 아닌 벡터 $\mathbf{a} = a_1\mathbf{i} + a_2\mathbf{j} + a_3\mathbf{k}$와 세 기저벡터 $\mathbf{i}$, $\mathbf{j}$, $\mathbf{k}$가 이루는 사잇각을 각각 α, β, γ라 하자.

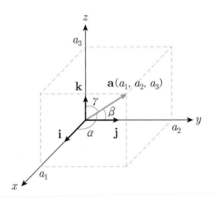

[그림 6.10] $\mathbf{a}$와 $\mathbf{i}$, $\mathbf{j}$, $\mathbf{k}$의 사잇각

여기서 사잇각에 대한 다음 코사인 값을 각각 벡터 $\mathbf{a}$의 **방향여현**^{direction cosine}이라 하고, α, β, γ를 **방향각**^{direction angles}이라 한다.

$$\cos\alpha = \frac{\mathbf{a} \cdot \mathbf{i}}{\|\mathbf{a}\|\|\mathbf{i}\|} = \frac{a_1}{\|\mathbf{a}\|}, \quad \cos\beta = \frac{\mathbf{a} \cdot \mathbf{j}}{\|\mathbf{a}\|\|\mathbf{j}\|} = \frac{a_2}{\|\mathbf{a}\|}, \quad \cos\gamma = \frac{\mathbf{a} \cdot \mathbf{k}}{\|\mathbf{a}\|\|\mathbf{k}\|} = \frac{a_3}{\|\mathbf{a}\|}$$

벡터 $\mathbf{a}$와 동일한 방향의 단위벡터는 $\mathbf{u} = \dfrac{1}{\|\mathbf{a}\|}\mathbf{a}$이므로 다음과 같이 방향여현을 이용하여 단위벡터 $\mathbf{u}$를 나타낼 수 있다. 특히 $\|\mathbf{u}\| = 1$이므로 $\cos^2\alpha + \cos^2\beta + \cos^2\gamma = 1$이다.

$$\begin{aligned}
\mathbf{u} &= \frac{1}{\|\mathbf{a}\|}(a_1\mathbf{i} + a_2\mathbf{j} + a_3\mathbf{k}) \\
&= \frac{a_1}{\|\mathbf{a}\|}\mathbf{i} + \frac{a_2}{\|\mathbf{a}\|}\mathbf{j} + \frac{a_3}{\|\mathbf{a}\|}\mathbf{k} \\
&= (\cos\alpha)\mathbf{i} + (\cos\beta)\mathbf{j} + (\cos\gamma)\mathbf{k}
\end{aligned}$$

▶ 예제 4

위치벡터 $\mathbf{a} = (\sqrt{3}, 2, 1)$에 대하여 다음을 구하여라.

(1) 방향여현   (2) 벡터 $\mathbf{a}$와 각 축의 사잇각   (3) 벡터 $\mathbf{a}$ 방향의 단위벡터

풀이

주안점 $\mathbf{a}$의 길이와 방향여현을 구한다.

❶ $\mathbf{a}$의 길이를 구한다.

$$\|\mathbf{a}\| = \sqrt{(\sqrt{3})^2 + 2^2 + 1^2} = \sqrt{8} = 2\sqrt{2}$$

❷ 방향여현을 구한다.

$$\cos\alpha = \frac{\sqrt{3}}{2\sqrt{2}} = \frac{\sqrt{6}}{4}, \; \cos\beta = \frac{2}{2\sqrt{2}} = \frac{1}{\sqrt{2}}, \; \cos\gamma = \frac{1}{2\sqrt{2}} = \frac{\sqrt{2}}{4}$$

❸ 각 축과 이루는 사잇각(라디안)을 구한다.

$$\alpha = \cos^{-1}\frac{\sqrt{6}}{4} \approx 0.91, \; \beta = \cos^{-1}\frac{1}{\sqrt{2}} = \frac{\pi}{4}, \; \gamma = \cos^{-1}\frac{\sqrt{2}}{4} \approx 1.21$$

❹ 벡터 $\mathbf{a}$ 방향의 단위벡터 $\mathbf{u}$를 구한다.

$$\mathbf{u} = (\cos\alpha)\mathbf{i} + (\cos\beta)\mathbf{j} + (\cos\gamma)\mathbf{k} = \frac{\sqrt{6}}{4}\mathbf{i} + \frac{1}{\sqrt{2}}\mathbf{j} + \frac{\sqrt{2}}{4}\mathbf{k}$$

영벡터가 아닌 두 벡터 $\mathbf{a}$, $\mathbf{b}$에 대하여 $\mathbf{a}$의 종점에서 [그림 6.11]과 같이 벡터 $\mathbf{b}$ 위에 내린 수선의 발을 P라 하자. 위치벡터 $\overrightarrow{OP}$는 $\mathbf{b}$ 방향으로의 $\mathbf{a}$의 그림자를 나타내는 벡터이며, 이 벡터를 $\mathbf{b}$ 방향에서 $\mathbf{a}$의 정사영 벡터$^{\text{projection vector}}$라 하고 $\text{Proj}_\mathbf{b}\mathbf{a}$로 나타낸다.

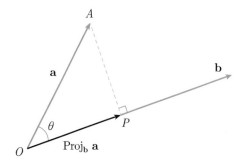

[그림 6.11] $\mathbf{b}$ 방향에서 $\mathbf{a}$의 정사영 벡터

여기서 벡터 $\overrightarrow{OP}$의 길이를 k라 하면 $k = \|\mathbf{a}\|\cos\theta$이고 $\mathbf{b}$ 방향의 단위벡터가 $\mathbf{u} = \dfrac{\mathbf{b}}{\|\mathbf{b}\|}$이므로 $\mathrm{Proj}_{b}\mathbf{a}$는 다음과 같다.

$$\mathrm{Proj}_{b}\mathbf{a} = k\mathbf{u} = (\|\mathbf{a}\|\cos\theta)\mathbf{u} = (\|\mathbf{a}\|\cos\theta)\frac{1}{\|\mathbf{b}\|}\mathbf{b}$$

θ는 두 벡터 $\mathbf{a}$, $\mathbf{b}$의 사잇각이므로 $\cos\theta = \dfrac{\mathbf{a}\cdot\mathbf{b}}{\|\mathbf{a}\|\|\mathbf{b}\|}$로부터 다음을 얻는다.

$$\mathrm{Proj}_{b}\mathbf{a} = \left(\|\mathbf{a}\|\frac{\mathbf{a}\cdot\mathbf{b}}{\|\mathbf{a}\|\|\mathbf{b}\|}\right)\frac{1}{\|\mathbf{b}\|}\mathbf{b} = \left(\frac{\mathbf{a}\cdot\mathbf{b}}{\|\mathbf{b}\|^2}\right)\mathbf{b}$$

즉, 벡터 $\mathbf{b}$ 방향에서 벡터 $\mathbf{a}$의 정사영 벡터는 다음과 같이 정의되며, $k = \dfrac{\mathbf{a}\cdot\mathbf{b}}{\|\mathbf{b}\|^2}$를 $\mathbf{b}$ 방향에서 $\mathbf{a}$의 성분^{component}이라 한다.

$$\mathrm{Proj}_{b}\mathbf{a} = \left(\frac{\mathbf{a}\cdot\mathbf{b}}{\|\mathbf{b}\|^2}\right)\mathbf{b}$$

같은 방법으로 벡터 $\mathbf{a}$ 방향에서 벡터 $\mathbf{b}$의 정사영 벡터는 다음과 같다.

$$\mathrm{Proj}_{a}\mathbf{b} = \left(\frac{\mathbf{a}\cdot\mathbf{b}}{\|\mathbf{a}\|^2}\right)\mathbf{a}$$

[그림 6.11]과 같이 벡터 $\mathbf{a}$를 벡터 $\mathbf{b}$에 평행인 벡터 $\overrightarrow{OP}$에 수직인 벡터 $\overrightarrow{PA}$의 합으로 표현할 수 있으며, 그 결과는 다음과 같다.

$$\mathbf{a} = \mathrm{Proj}_{b}\mathbf{a} + (\mathbf{a} - \mathrm{Proj}_{b}\mathbf{a}) = \left(\frac{\mathbf{a}\cdot\mathbf{b}}{\|\mathbf{b}\|^2}\right)\mathbf{b} + \left(\mathbf{a} - \left(\frac{\mathbf{a}\cdot\mathbf{b}}{\|\mathbf{b}\|^2}\right)\mathbf{b}\right)$$

▶ 예제 5

두 벡터 $\mathbf{a} = (1, 2, -3)$, $\mathbf{b} = (1, 1, 2)$에 대하여 다음을 구하여라.

(1) $\mathbf{b}$ 방향에서 $\mathbf{a}$의 성분
(2) $\mathbf{b}$ 방향에서 $\mathbf{a}$의 정사영 벡터
(3) $\mathbf{a}$에 대한 $\mathbf{b}$에 수직인 벡터

풀이

주안점 두 벡터의 내적과 벡터 $\mathbf{b}$의 크기를 구한다.

(1) ❶ a와 b의 내적과 $\|b\|^2$을 구한다.

$$a \cdot b = (1, 2, -3) \cdot (1, 1, 2) = -3, \ \|b\|^2 = 1 + 1 + 4 = 6$$

❷ b 방향에서 a의 성분을 구한다.

$$k = \frac{a \cdot b}{\|b\|^2} = -\frac{3}{6} = -\frac{1}{2}$$

(2) $\text{Proj}_b\, a = \left(\dfrac{a \cdot b}{\|b\|^2}\right)b = -\dfrac{1}{2}(1, 1, 2) = -\dfrac{1}{2}i - \dfrac{1}{2}j - k$

(3) $a - \text{Proj}_b\, a = i + 2j - 3k - \left(-\dfrac{1}{2}i - \dfrac{1}{2}j - k\right) = \dfrac{3}{2}i + \dfrac{5}{2}j - 2k$

6.3 벡터의 외적

이제 3차원 공간에서만 정의되는 두 벡터의 곱이 또 다시 벡터가 되는 외적에 대하여 살펴본다. 공간 안에서 영벡터가 아닌 두 벡터 a와 b가 평행이 아니면 두 벡터를 포함하는 평면이 형성된다. 이 평면에 수직이면서 [그림 6.12]과 같이 오른손 법칙에 따른 방향을 갖는 단위벡터 n을 선택할 수 있다.

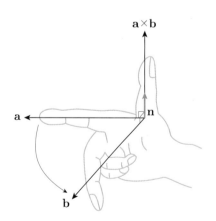

[그림 6.12] a×b와 오른손 법칙

두 벡터 a와 b의 사잇각 θ, $0 \le \theta \le \pi$에 대하여 두 벡터 a와 b의 외적$^{\text{outer product}}$을 다음과 같이 정의한다.

$$\mathbf{a} \times \mathbf{b} = (\|\mathbf{a}\|\|\mathbf{b}\|\sin\theta)\mathbf{n}$$

외적은 결과가 벡터이므로 외적을 **벡터적**^{vector product} 또는 **크로스적**^{cross product}이라고 한다. [그림 6.13]과 같이 두 벡터 $\mathbf{a}$와 $\mathbf{b}$에 의해 만들어지는 평행사변형의 높이는 $h = \|\mathbf{b}\|\sin\theta$ 이므로 평행사변형의 넓이는 $S = \|\mathbf{a}\|\|\mathbf{b}\|\sin\theta$ 이다.

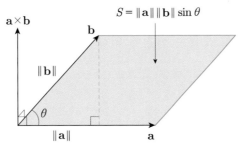

[그림 6.13] $\mathbf{a} \times \mathbf{b}$의 크기

즉, $\mathbf{a}$와 $\mathbf{b}$의 외적의 크기는 다음과 같이 두 벡터에 의해 만들어지는 평행사변형의 넓이와 동일하다.

$$\|\mathbf{a} \times \mathbf{b}\| = \|\mathbf{a}\|\|\mathbf{b}\||\sin\theta|$$

이로부터 두 벡터 $\mathbf{a}$와 $\mathbf{b}$의 외적 $\mathbf{a} \times \mathbf{b}$는 두 벡터 $\mathbf{a}$와 $\mathbf{b}$에 수직이고 오른손 법칙에 따른 방향을 가리키며, 크기가 두 벡터에 의해 만들어지는 평행사변형의 넓이와 동일한 벡터임을 알 수 있다. 따라서 $\mathbf{a}$와 $\mathbf{b}$의 외적이 영벡터가 되는 경우는 다음과 같다.

① $\mathbf{a}$와 $\mathbf{b}$가 평행이면 사잇각은 0 또는 π이므로 $\mathbf{a} \times \mathbf{b} = 0$이다.
② $\mathbf{a}$와 $\mathbf{b}$ 중 적어도 하나가 영벡터이면 $\mathbf{a} \times \mathbf{b} = 0$이다.

그러므로 두 벡터의 외적이 영벡터일 필요충분조건은 그들이 서로 평행이거나 어느 하나가 영벡터인 것이다. 외적에 대하여 다음 성질이 성립한다.

정리 5　**외적의 성질**

스칼라 k와 임의의 두 벡터 $\mathbf{a}$, $\mathbf{b}$의 외적 $\mathbf{a} \times \mathbf{b}$에 대하여 다음 성질이 성립한다.

(1) $\mathbf{a} = 0$ 또는 $\mathbf{b} = 0$이면 $\mathbf{a} \times \mathbf{b} = 0$이다.
(2) $\mathbf{a} \times \mathbf{b} = -\mathbf{b} \times \mathbf{a}$

(3) $\mathbf{a} \times (\mathbf{b} + \mathbf{c}) = \mathbf{a} \times \mathbf{b} + \mathbf{a} \times \mathbf{c}$, $(\mathbf{a} + \mathbf{b}) \times \mathbf{c} = \mathbf{a} \times \mathbf{c} + \mathbf{b} \times \mathbf{c}$

(4) $\mathbf{a} \times (k\mathbf{b}) = (k\mathbf{a}) \times \mathbf{b} = k(\mathbf{a} \times \mathbf{c})$

(5) $\mathbf{a} \times \mathbf{a} = \mathbf{0}$

(6) $\mathbf{a} \cdot (\mathbf{a} \times \mathbf{b}) = 0$, $\mathbf{b} \cdot (\mathbf{a} \times \mathbf{b}) = 0$

(7) $\mathbf{a} \times (\mathbf{b} \times \mathbf{c}) = (\mathbf{a} \cdot \mathbf{c})\mathbf{b} - (\mathbf{a} \cdot \mathbf{b})\mathbf{c}$

[정리 5]의 성질 (2)는 $\mathbf{a} \times \mathbf{b}$와 $\mathbf{b} \times \mathbf{a}$의 방향이 서로 반대이고, 성질 (3)은 외적에 대한 분배법칙을 나타내며, 성질 (2)와 (5) 그리고 오른손 법칙에 의해 기저벡터의 외적에 대하여 다음 성질을 쉽게 확인할 수 있다.

③ $\mathbf{i} \times \mathbf{i} = \mathbf{0}$, $\mathbf{j} \times \mathbf{j} = \mathbf{0}$, $\mathbf{k} \times \mathbf{k} = \mathbf{0}$

④ $\mathbf{i} \times \mathbf{j} = \mathbf{k}$, $\mathbf{j} \times \mathbf{k} = \mathbf{i}$, $\mathbf{k} \times \mathbf{i} = \mathbf{j}$

⑤ $\mathbf{j} \times \mathbf{i} = -\mathbf{k}$, $\mathbf{k} \times \mathbf{j} = -\mathbf{i}$, $\mathbf{i} \times \mathbf{k} = -\mathbf{j}$

[정리 5]의 성질 (3)을 이용하면 두 벡터 $\mathbf{a}$와 $\mathbf{b}$의 성분을 이용하여 외적을 표현할 수 있다. 두 벡터 $\mathbf{a}$와 $\mathbf{b}$가 각각 다음과 같이 성분으로 표시된다고 하자.

$$\mathbf{a} = a_1\mathbf{i} + a_2\mathbf{j} + a_3\mathbf{k}, \quad \mathbf{b} = b_1\mathbf{i} + b_2\mathbf{j} + b_3\mathbf{k}$$

[정리 5]의 성질 (3)과 기저벡터의 외적에 의해 다음을 얻는다.

$$\begin{aligned}
\mathbf{a} \times \mathbf{b} &= (a_1\mathbf{i} + a_2\mathbf{j} + a_3\mathbf{k}) \times (b_1\mathbf{i} + b_2\mathbf{j} + b_3\mathbf{k}) \\
&= a_1 b_1 (\mathbf{i} \times \mathbf{i}) + a_1 b_2 (\mathbf{i} \times \mathbf{j}) + a_1 b_3 (\mathbf{i} \times \mathbf{k}) + a_2 b_1 (\mathbf{j} \times \mathbf{i}) + a_2 b_2 (\mathbf{j} \times \mathbf{j}) + a_2 b_3 (\mathbf{j} \times \mathbf{k}) \\
&\quad + a_3 b_1 (\mathbf{k} \times \mathbf{i}) + a_3 b_2 (\mathbf{k} \times \mathbf{j}) + a_3 b_3 (\mathbf{k} \times \mathbf{k}) \\
&= (a_2 b_3 - a_3 b_2)\mathbf{i} - (a_1 b_3 - a_3 b_1)\mathbf{j} + (a_1 b_2 - a_2 b_1)\mathbf{k}
\end{aligned}$$

따라서 두 벡터의 외적은 다음과 같이 행렬식 형태를 갖는다.

$$\mathbf{a} \times \mathbf{b} = \begin{vmatrix} \mathbf{i} & \mathbf{j} & \mathbf{k} \\ a_1 & a_2 & a_3 \\ b_1 & b_2 & b_3 \end{vmatrix}$$

▶ 예제 6

$\mathbf{a} = (1, 0, -1)$과 $\mathbf{b} = (2, 1, 2)$에 대하여 다음을 구하여라.

(1) $\mathbf{a} \times \mathbf{b}$와 $\mathbf{b} \times \mathbf{a}$

(2) 두 벡터에 의해 만들어지는 평행사변형의 넓이

(3) $\mathbf{a}$와 $\mathbf{b}$에 수직인 단위벡터

풀이

주안점 $\mathbf{a} \times \mathbf{b}$를 성분으로 나타낸다.

(1) $\mathbf{a} \times \mathbf{b} = \begin{vmatrix} \mathbf{i} & \mathbf{j} & \mathbf{k} \\ 1 & 0 & -1 \\ 2 & 1 & 2 \end{vmatrix} = 0\mathbf{i} - 2\mathbf{j} + \mathbf{k} + 1\mathbf{i} - 2\mathbf{j} - 0\mathbf{k} = \mathbf{i} - 4\mathbf{j} + \mathbf{k}$,

$\mathbf{b} \times \mathbf{a} = \begin{vmatrix} \mathbf{i} & \mathbf{j} & \mathbf{k} \\ 2 & 1 & 2 \\ 1 & 0 & -1 \end{vmatrix} = -1\mathbf{i} + 2\mathbf{j} + 0\mathbf{k} + 0\mathbf{i} + 2\mathbf{j} - 1\mathbf{k} = -\mathbf{i} + 4\mathbf{j} - \mathbf{k}$

(2) 평행사변형의 넓이는 외적의 크기이므로 다음과 같다.

$$\| \mathbf{a} \times \mathbf{b} \| = \sqrt{1^2 + (-4)^2 + 1^2} = \sqrt{18} = 3\sqrt{2}$$

(3) $\mathbf{a}$와 $\mathbf{b}$에 수직이고 위쪽 방향과 아래쪽 방향의 단위벡터 $\mathbf{n}_1$, $\mathbf{n}_2$는 다음과 같다.

$$\mathbf{n}_1 = \frac{1}{\| \mathbf{a} \times \mathbf{b} \|} \mathbf{a} \times \mathbf{b} = \frac{1}{3\sqrt{2}}(\mathbf{i} - 4\mathbf{j} + \mathbf{k}),$$

$$\mathbf{n}_2 = \frac{1}{\| \mathbf{b} \times \mathbf{a} \|} \mathbf{b} \times \mathbf{a} = -\frac{1}{3\sqrt{2}}(\mathbf{i} - 4\mathbf{j} + \mathbf{k})$$

▶ 예제 7

세 점 $P(1, 2, 1)$, $Q(1, 1, 1)$, $R(2, 2, 2)$를 포함하는 평면에 수직인 단위벡터를 구하여라.

풀이

주안점 세 점 P, Q, R을 포함하는 평면 안의 두 벡터 $\mathbf{a} = \overrightarrow{PR}$, $\mathbf{b} = \overrightarrow{PQ}$의 외적 $\mathbf{a} \times \mathbf{b}$는 세 점을 포함하는 평면에 수직임을 이용한다.

❶ 두 벡터 $\mathbf{a} = \overrightarrow{PR}$과 $\mathbf{b} = \overrightarrow{PQ}$를 구한다.

$$\mathbf{a} = \overrightarrow{PR} = \overrightarrow{OR} - \overrightarrow{OP} = (2-1)\mathbf{i} + (2-2)\mathbf{j} + (2-1)\mathbf{k} = \mathbf{i} + \mathbf{k},$$

$$\mathbf{b} = \overrightarrow{PQ} = \overrightarrow{OQ} - \overrightarrow{OP} = (1-1)\mathbf{i} + (1-2)\mathbf{j} + (1-1)\mathbf{k} = -\mathbf{j}$$

❷ 두 벡터의 외적 $a \times b$를 구한다.

$$a \times b = \begin{vmatrix} i & j & k \\ 1 & 0 & 1 \\ 0 & -1 & 0 \end{vmatrix} = i - k$$

❸ $\|a \times b\|$를 구한다.

$$\|a \times b\| = \sqrt{1^2 + 0^2 + (-1)^2} = \sqrt{2}$$

❹ 평면에 수직인 단위벡터를 구한다.

$$n_1 = \frac{1}{\sqrt{2}}(i - k), \quad n_2 = -\frac{1}{\sqrt{2}}(i - k) = \frac{1}{\sqrt{2}}(-i + k)$$

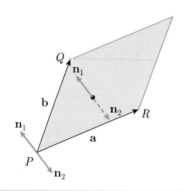

삼중적

세 벡터 a, b, c에 대하여 다음과 같이 a와 $b \times c$의 내적을 a, b, c의 삼중적^{triple scalar product}이라
한다.

$$a \cdot (b \times c) = \|a\| \|b \times c\| \cos \theta$$

세 벡터 a, b, c의 성분을 이용하여 삼중적은 다음과 같이 행렬식으로 표현할 수 있다.

$$
\begin{aligned}
a \cdot (b \times c) &= (a_1, a_2, a_3) \cdot \left(\begin{vmatrix} b_2 & b_3 \\ c_2 & c_3 \end{vmatrix}, -\begin{vmatrix} b_1 & b_3 \\ c_1 & c_3 \end{vmatrix}, \begin{vmatrix} b_1 & b_2 \\ c_1 & c_2 \end{vmatrix} \right) \\
&= a_1 \begin{vmatrix} b_2 & b_3 \\ c_2 & c_3 \end{vmatrix} - a_2 \begin{vmatrix} b_1 & b_3 \\ c_1 & c_3 \end{vmatrix} + a_3 \begin{vmatrix} b_1 & b_2 \\ c_1 & c_2 \end{vmatrix} \\
&= \begin{vmatrix} a_1 & a_2 & a_3 \\ b_1 & b_2 & b_3 \\ c_1 & c_2 & c_3 \end{vmatrix}
\end{aligned}
$$

삼중적 $\mathbf{a} \cdot (\mathbf{b} \times \mathbf{c})$는 세 행벡터 $\mathbf{a}$, $\mathbf{b}$, $\mathbf{c}$의 순서로 구성된 3차 행렬식이므로 다음이 성립한다.

$$\mathbf{a} \cdot (\mathbf{b} \times \mathbf{c}) = (\mathbf{a} \times \mathbf{b}) \cdot \mathbf{c}$$

세 벡터의 삼중적에 대한 기하학적인 의미를 살펴보기 위해 [그림 6.14]와 같이 세 벡터 $\mathbf{a}$, $\mathbf{b}$, $\mathbf{c}$를 서로 이웃하는 모서리로 갖는 평행육면체를 만들어 보자.

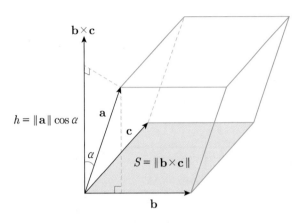

[그림 6.14] 삼중적과 평행육면체

평행육면체의 밑면은 $\mathbf{b}$와 $\mathbf{c}$에 의해 만들어지는 평행사변형이므로 밑면의 넓이는 외적의 정의에 의해 $S = \|\mathbf{b} \times \mathbf{c}\|$이다. 벡터 $\mathbf{a}$에서 밑면에 내린 수선의 길이, 즉 평행육면체의 높이는 $h = \|\mathbf{a}\| |\cos \alpha|$이다. 따라서 $\mathbf{a}$, $\mathbf{b}$, $\mathbf{c}$를 이웃으로 갖는 평행육면체의 부피는 다음과 같다.

$$V = (\text{밑넓이}) \times (\text{높이}) = \|\mathbf{b} \times \mathbf{c}\| \|\mathbf{a}\| |\cos \alpha| = |\mathbf{a} \cdot (\mathbf{b} \times \mathbf{c})|$$

따라서 임의의 세 벡터 $\mathbf{a}$, $\mathbf{b}$, $\mathbf{c}$에 의한 삼중적의 절댓값은 그 벡터들에 의해 만들어지는 평행육면체의 부피가 된다. 임의의 두 행을 교환한 행렬식은 부호만 바뀌고 절댓값이 동일하므로 삼중적에 대한 다음 성질을 얻는다.

$$|\mathbf{a} \cdot (\mathbf{b} \times \mathbf{c})| = |\mathbf{a} \cdot (\mathbf{c} \times \mathbf{b})| = |\mathbf{b} \cdot (\mathbf{a} \times \mathbf{c})| = |\mathbf{b} \cdot (\mathbf{c} \times \mathbf{a})| = |\mathbf{c} \cdot (\mathbf{a} \times \mathbf{b})| = |\mathbf{c} \cdot (\mathbf{b} \times \mathbf{a})|$$

세 벡터 $\mathbf{a}$, $\mathbf{b}$, $\mathbf{c}$가 동일한 평면 위에 있으면 $\mathbf{a}$와 $\mathbf{b} \times \mathbf{c}$의 사잇각이 $\frac{\pi}{2}$이므로 $|\mathbf{a} \cdot (\mathbf{b} \times \mathbf{c})| = 0$이다.

▶ 예제 8

세 벡터 $\mathbf{a} = \mathbf{i} + 2\mathbf{j} + \mathbf{k}$, $\mathbf{b} = \mathbf{i} - 2\mathbf{j} + 2\mathbf{k}$, $\mathbf{c} = 2\mathbf{i} + \mathbf{j} - \mathbf{k}$에 의해 결정되는 평행육면체의 부피를 구하여라.

풀이

주안점 $\mathbf{a}$, $\mathbf{b}$, $\mathbf{c}$의 삼중적을 구한다.

❶ 삼중적을 구한다.

$$\mathbf{a} \cdot (\mathbf{b} \times \mathbf{c}) = \begin{vmatrix} 1 & 2 & 1 \\ 1 & -2 & 2 \\ 2 & 1 & -1 \end{vmatrix} = 15$$

❷ 평행육면체의 부피를 구한다.

$$V = |\mathbf{a} \cdot (\mathbf{b} \times \mathbf{c})| = 15$$

6.4 공간 위의 직선과 평면

[그림 6.15]와 같이 3차원 공간의 두 정점 $P_0(x_0, y_0, z_0)$, $P_1(x_1, y_1, z_1)$을 지나는 직선을 L, 직선 L 위의 임의의 점을 $P(x, y, z)$라 하고, 종점이 P_0, P_1, P인 위치벡터를 각각 $\mathbf{a} = \overrightarrow{OP_0}$, $\mathbf{b} = \overrightarrow{OP_1}$, $\mathbf{r} = \overrightarrow{OP}$라 하자. 두 위치벡터 $\mathbf{a}$와 $\mathbf{b}$를 이용하여 $\overrightarrow{P_0P}$와 $\overrightarrow{P_0P_1}$을 나타내면 각각 다음과 같다.

$$\overrightarrow{P_0P} = \overrightarrow{OP} - \overrightarrow{OP_0} = \mathbf{r} - \mathbf{a}, \quad \overrightarrow{P_0P_1} = \overrightarrow{OP_1} - \overrightarrow{OP_0} = \mathbf{b} - \mathbf{a}$$

여기서 $\overrightarrow{P_0P}$와 $\overrightarrow{P_0P_1}$은 동일한 직선 위에 있으므로 평행이며, 따라서 임의의 스칼라 t에 대하여 $\overrightarrow{P_0P} = t\overrightarrow{P_0P_1}$이 성립한다. 직선 L 위의 임의의 점을 종점으로 갖는 위치벡터 $\mathbf{r} = \overrightarrow{OP}$는 다음과 같으며, 이 방정식을 직선 L에 대한 **벡터방정식**^{vector equation}이라 한다.

$$\mathbf{r} - \mathbf{a} = t(\mathbf{b} - \mathbf{a})$$
$$\mathbf{r} = (1 - t)\mathbf{a} + t\mathbf{b}$$

직선 L의 방향은 벡터 $\overrightarrow{P_0P_1} = \mathbf{b} - \mathbf{a}$로 결정되므로 $\mathbf{b} - \mathbf{a}$를 직선의 **방향벡터**^{direction vector}라 한다.

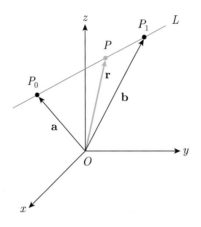

[그림 6.15] 직선의 벡터 표현

벡터방정식 $\mathbf{r} - \mathbf{a} = t(\mathbf{b} - \mathbf{a})$의 두 벡터를 성분으로 나타내면 다음과 같다.

$$\mathbf{r} - \mathbf{a} = (x - x_0)\mathbf{i} + (y - y_0)\mathbf{j} + (z - z_0)\mathbf{k},$$

$$\mathbf{b} - \mathbf{a} = (x_1 - x_0)\mathbf{i} + (y_1 - y_0)\mathbf{j} + (z_1 - z_0)\mathbf{k}$$

따라서 성분을 이용한 직선의 벡터방정식은

$$(x - x_0)\mathbf{i} + (y - y_0)\mathbf{j} + (z - z_0)\mathbf{k} = t(x_1 - x_0)\mathbf{i} + t(y_1 - y_0)\mathbf{j} + t(z_1 - z_0)\mathbf{k}$$

이고, 벡터의 상등에 의해 다음 관계식을 얻는다.

$$x - x_0 = t(x_1 - x_0), \quad y - y_0 = t(y_1 - y_0), \quad z - z_0 = t(z_1 - z_0)$$

여기서 직선 L의 방향벡터 $\mathbf{b} - \mathbf{a}$를 $\mathbf{c} = (c_1, c_2, c_3)$이라 하면 $c_1 = x_1 - x_0$, $c_2 = y_1 - y_0$, $c_3 = z_1 - z_0$ 이므로 점 $P_0(x_0, y_0, z_0)$을 지나고 벡터 $\mathbf{c} = (c_1, c_2, c_3)$ 방향에서 직선의 방정식은 다음과 같다. 이 직선의 방정식을 매개변수 t에 의한 **매개변수방정식**^{parametric equation}이라 한다.

$$x - x_0 = tc_1, \quad y - y_0 = tc_2, \quad z - z_0 = tc_3$$

$-\infty < t < \infty$에 대하여 매개변수 t를 소거하면 다음 관계식을 얻으며, 이 식을 점 P_0을 지나고 벡터 $\mathbf{c} = (c_1, c_2, c_3)$ 방향에서 직선의 **대칭방정식**^{symmetric equation}이라 한다.

$$\frac{x - x_0}{c_1} = \frac{y - y_0}{c_2} = \frac{z - z_0}{c_3}$$

▶ 예제 9

다음과 같이 $\mathbf{c} = \mathbf{i} + 2\mathbf{j} + 3\mathbf{k}$ 방향으로 점 $P(1, 2, -1)$을 지나는 직선의 방정식을 구하여라.

(1) 벡터방정식   (2) 매개변수방정식   (3) 대칭방정식

풀이

주안점 $\mathbf{a} = (1, 2, -1)$, $\mathbf{b} - \mathbf{a} = \mathbf{c}$를 이용한다.

(1) $\mathbf{r} = \mathbf{a} + t(\mathbf{b} - \mathbf{a}) = \mathbf{a} + t\mathbf{c} = (1, 2, -1) + t(1, 2, 3)$이므로

$$\mathbf{r} = (1 + t)\mathbf{i} + (2 + 2t)\mathbf{j} + (-1 + 3t)\mathbf{k}$$

(2) $(x, y, z) = (1, 2, -1) + t(1, 2, 3) = (1 + t, 2 + 2t, -1 + 3t)$이므로

$$x = 1 + t, \ y = 2 + 2t, \ z = -1 + 3t$$

(3) $t = x - 1$, $t = \dfrac{y - 2}{2}$, $t = \dfrac{z + 1}{3}$ 이므로

$$\frac{x - 1}{1} = \frac{y - 2}{2} = \frac{z + 1}{3}$$

법선벡터와 평면의 벡터방정식

3차원 공간에서 정점 $P_0(x_0, y_0, z_0)$을 지나는 평면은 무수히 많이 있지만 [그림 6.16]과 같이 점 P_0을 지나고 영벡터가 아닌 벡터 $\mathbf{n} = n_1\mathbf{i} + n_2\mathbf{j} + n_3\mathbf{k}$에 수직인 평면 α는 오로지 하나뿐이다.

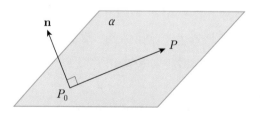

[그림 6.16] 평면의 법선벡터

평면 α의 방정식을 구하기 위해 평면 α 안의 임의의 점을 $P(x, y, z)$라 하자. 벡터 $\mathbf{n}$은 평면에 수직이고 벡터 $\overrightarrow{P_0P}$는 평면 안에 있으므로 두 벡터 $\overrightarrow{P_0P}$와 $\mathbf{n}$은 서로 직교한다. 따라서 벡터 $\mathbf{n}$에 수직이고 정점 $P_0(x_0, y_0, z_0)$을 지나는 평면 안의 점 P에 대하여 다음과 같은 평면의 벡터방정식을 얻는다.

$$\mathbf{n} \cdot \overrightarrow{P_0 P} = 0$$

두 위치벡터를 $\mathbf{a} = \overrightarrow{OP_0}$, $\mathbf{r} = \overrightarrow{OP}$라 하면 $\overrightarrow{P_0 P} = \mathbf{r} - \mathbf{a}$이므로 다음을 얻는다.

$$\mathbf{n} \cdot (\mathbf{r} - \mathbf{a}) = 0$$

$$\mathbf{n} \cdot \mathbf{r} = \mathbf{n} \cdot \mathbf{a}$$

$\mathbf{n} \cdot (\mathbf{r} - \mathbf{a}) = 0$을 이용하여 평면의 방정식을 성분으로 나타내면 다음과 같다.

$$(n_1 \mathbf{i} + n_2 \mathbf{j} + n_3 \mathbf{k}) \cdot ((x - x_0)\mathbf{i} + (y - y_0)\mathbf{j} + (z - z_0)\mathbf{k}) = 0$$

$$n_1(x - x_0) + n_2(y - y_0) + n_3(z - z_0) = 0$$

여기서 $\mathbf{n} \cdot \mathbf{r} = \mathbf{n} \cdot \mathbf{a}$를 이용하여 평면의 방정식을 표현하면 다음과 같다.

$$(n_1 \mathbf{i} + n_2 \mathbf{j} + n_3 \mathbf{k}) \cdot (x \mathbf{i} + y \mathbf{j} + z \mathbf{k}) = (n_1 \mathbf{i} + n_2 \mathbf{j} + n_3 \mathbf{k}) \cdot (x_0 \mathbf{i} + y_0 \mathbf{j} + z_0 \mathbf{k})$$

$$n_1 x + n_2 y + n_3 z = n_1 x_0 + n_2 y_0 + n_3 z_0 (= d)$$

따라서 정점 $P_0(x_0, y_0, z_0)$을 지나고 $\mathbf{n} = (n_1, n_2, n_3)$에 수직인 평면의 방정식을 다양한 방법으로 나타낼 수 있으며, 여기서 벡터 $\mathbf{n}$을 평면 α에 대한 법선벡터$^{\text{normal vector}}$라 한다. 즉, 평면의 방정식 $ax + by + cz = d$에서 법선벡터는 x, y, z의 계수를 성분으로 가지는 벡터 $\mathbf{n} = (a, b, c)$이다.

▶ 예제 10

다음 평면의 방정식을 구하여라.
(1) 점 $P_0(2, -1, 0)$을 지나고 $\mathbf{n} = 5\mathbf{i} - 2\mathbf{j} + \mathbf{k}$에 수직인 평면
(2) 세 점 $A(1, 0, 1)$, $B(0, 3, -1)$, $C(4, -1, 2)$를 지나는 평면

풀이

주안점 세 점을 지나는 평면에 수직인 법선벡터를 구하고, 정점 P_0을 지나고 $\mathbf{n}$에 수직인 평면의 방정식을 구한다.

(1) $5(x - 2) - 2(y - (-1)) + (z - 0) = 0$이므로 $5x - 2y + z = 12$

(2) ❶ 평면 위의 두 벡터 $\overrightarrow{AB}$와 $\overrightarrow{AC}$에 수직인 외적 $\mathbf{n} = \overrightarrow{AB} \times \overrightarrow{AC}$를 구한다.

$$\mathbf{n} = \overrightarrow{AB} \times \overrightarrow{AC} = \begin{vmatrix} \mathbf{i} & \mathbf{j} & \mathbf{k} \\ -1 & 3 & -2 \\ 3 & -1 & 1 \end{vmatrix} = \mathbf{i} - 5\mathbf{j} - 8\mathbf{k}$$

❷ 평면의 방정식을 구한다.

$$(x-1) - 5(y-0) - 8(z-1) = 0 \text{ 이므로 } x - 5y - 8z = -7$$

▶ 예제 11

직선 $x = 3 + 2t$, $y = 2t$, $z = 1 - t$ 와 평면 $-x + 2y - z = 5$ 의 교점의 좌표를 구하여라.

풀이

주안점 직선과 평면이 만나는 점의 t 의 값을 구한다.

❶ 직선 위의 임의의 점 (x, y, z) 와 평면의 교점에 대한 t 의 값을 구한다.
$x = 3 + 2t$, $y = 2t$, $z = 1 - t$ 이므로

$$-(3 + 2t) + 2(2t) - (1 - t) = 5, \text{ 즉 } t = 3$$

❷ 교점의 좌표를 구한다.
교점에서 $t = 3$ 이므로 $x = 9$, $y = 6$, $z = -2$
따라서 교점의 좌표는 $(9, 6, -2)$ 이다.

이제 두 평면이 만나거나 평행이기 위한 조건을 살펴보자. 두 평면 α_1, α_2 가 예각 θ 의 각도로 교차하면 법선벡터들이 각각 평면에 수직이므로 [그림 6.17(a)]와 같이 두 법선벡터의 사잇각은 θ 이다. [그림 6.17(b)]와 같이 두 평면이 평행이면 법선벡터들도 평행이고, [그림 6.17(c)]와 같이 두 평면이 수직으로 만나면 법선벡터들도 수직으로 만난다.

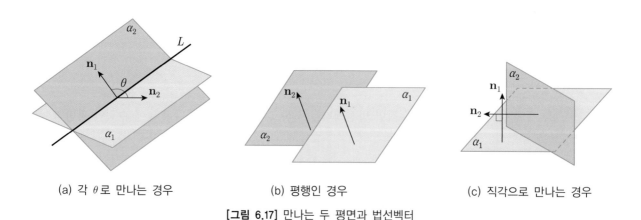

(a) 각 θ 로 만나는 경우   (b) 평행인 경우   (c) 직각으로 만나는 경우

[그림 6.17] 만나는 두 평면과 법선벡터

따라서 두 평면이 만나거나 평행이기 위한 필요충분조건은 다음과 같이 그들의 법선벡터 $\mathbf{n}_1$, $\mathbf{n}_2$ 가 만나거나 평행인 것이다.

① $\alpha_1 \perp \alpha_2 \quad \Leftrightarrow \quad \boldsymbol{n}_1 \perp \boldsymbol{n}_2$

② $\alpha_1 /\!/ \alpha_2 \quad \Leftrightarrow \quad \mathbf{n}_1 /\!/ \mathbf{n}_2$

③ $\theta = \angle (\alpha_1, \alpha_2) \quad \Leftrightarrow \quad \theta = \angle (\mathbf{n}_1, \mathbf{n}_2)$

[그림 6.17(a)]와 같이 두 평면 $\alpha_1 : a_1 x + b_1 y + c_1 z = d_1$, $\alpha_2 : a_2 x + b_2 y + c_2 z = d_2$ 가 예각 θ 의 각도로 교차하여 생기는 직선(교선)을 L 이라 하자. $z = t$ 라 하면 다음 연립방정식을 얻는다.

$$a_1 x + b_1 y = d_1 - c_1 t, \quad a_2 x + b_2 y = d_2 - c_2 t$$

사루스 방법을 이용하여 연립방정식의 해를 구하면 다음과 같다.

$$x = \frac{\begin{vmatrix} d_1 - c_1 t & b_1 \\ d_2 - c_2 t & b_2 \end{vmatrix}}{\begin{vmatrix} a_1 & b_1 \\ a_2 & b_2 \end{vmatrix}} = \frac{(b_2 d_1 - b_1 d_2) + (b_1 c_2 - b_2 c_1) t}{a_1 b_2 - a_2 b_1},$$

$$y = \frac{\begin{vmatrix} a_1 & d_1 - c_1 t \\ a_2 & d_2 - c_2 t \end{vmatrix}}{\begin{vmatrix} a_1 & b_1 \\ a_2 & b_2 \end{vmatrix}} = \frac{(a_1 d_2 - a_2 d_1) + (a_2 c_1 - a_1 c_2) t}{a_1 b_2 - a_2 b_1}$$

따라서 교선의 매개변수방정식은 다음과 같다.

$$x = \frac{(b_2 d_1 - b_1 d_2) + (b_1 c_2 - b_2 c_1) t}{a_1 b_2 - a_2 b_1}, \quad y = \frac{(a_1 d_2 - a_2 d_1) + (a_2 c_1 - a_1 c_2) t}{a_1 b_2 - a_2 b_1}, \quad z = t$$

▶ 예제 12

두 평면 $x - 2y + z = 1$, $2x - y - z = 1$ 에 대하여 다음을 구하여라.

(1) 두 평면이 이루는 각

(2) 두 평면의 교선의 매개변수방정식

(3) 교선에 평행인 벡터

풀이

주안점 교선과 평행한 벡터는 두 법선벡터 $\mathbf{n}_1$, $\mathbf{n}_2$ 에 수직이다.

(1) 두 평면의 법선벡터를 구하고, 두 법선의 사잇각 θ 를 구한다.

❶ $\alpha_1 : x - 2y + z = 1$, $\alpha_2 : 2x - y - z = 1$ 의 법선벡터를 구한다.

$$\mathbf{n}_1 = (1, -2, 1), \ \mathbf{n}_2 = (2, -1, -1)$$

❷ 두 법선벡터의 크기를 구한다.

$$\| \mathbf{n}_1 \| = \sqrt{1^2 + (-2)^2 + 1^2} = \sqrt{6} , \ \| \mathbf{n}_2 \| = \sqrt{2^2 + (-1)^2 + (-1)^2} = \sqrt{6}$$

❸ 법선벡터의 내적을 구한다.

$\mathbf{n}_1 \cdot \mathbf{n}_2 = 3$ 이므로

$$\mathbf{n}_1 \cdot \mathbf{n}_2 = \| \mathbf{n}_1 \| \| \mathbf{n}_2 \| \cos \theta = 6 \cos \theta = 3$$

❹ 사잇각 θ 를 구한다.

$$\cos \theta = \frac{1}{2} \text{ 에서 } \theta = \frac{\pi}{3}$$

(2) 교선의 방정식을 구하기 위하여 $z = t$ 로 놓는다.

❶ 교선의 x, y 에 관한 방정식을 구한다.

$$x - 2y = 1 - t, \ 2x - y = 1 + t, \ z = t$$

❷ 방정식을 풀어 교선의 매개변수방정식을 구한다.

$$x = \frac{1}{3}(1 + 3t), \ y = \frac{1}{3}(3t - 1), \ z = t$$

(3) 두 평면의 교선은 두 법선벡터 $\mathbf{n}_1$ 과 $\mathbf{n}_2$ 에 수직이므로 교선은 $\mathbf{n}_1 \times \mathbf{n}_2$ 에 평행이다. 따라서 구하는 벡터는 두 법선벡터 $\mathbf{n}_1$ 과 $\mathbf{n}_2$ 의 외적이다.

$$\mathbf{n}_1 \times \mathbf{n}_2 = \begin{vmatrix} \mathbf{i} & \mathbf{j} & \mathbf{k} \\ 1 & -2 & 1 \\ 2 & -1 & -1 \end{vmatrix} = 3\mathbf{i} + 3\mathbf{j} + 3\mathbf{k}$$

6.5 벡터공간

임의의 벡터 $\mathbf{v}_1$, $\mathbf{v}_2$, $\cdots$, $\mathbf{v}_k$ 와 스칼라 c_1, c_2, $\cdots$, c_k 에 대하여 다음 형태의 합을 $\mathbf{v}_1$, $\mathbf{v}_2$, $\cdots$, $\mathbf{v}_k$ 의 **일차결합**$^{\text{linear combination}}$ 이라 한다.

$$c_1 \mathbf{v}_1 + c_2 \mathbf{v}_2 + \cdots + c_k \mathbf{v}_k$$

$c_1 \mathbf{v}_1 + c_2 \mathbf{v}_2 + \cdots + c_k \mathbf{v}_k = \mathbf{0}$ 이라 하면 두 가지 경우가 발생한다. 즉, 적어도 하나의 0이 아닌 스칼라 c_i 에 대하여 등식이 성립하는 경우와 모든 스칼라 c_i, $i = 1, 2, \cdots, k$ 가 0인 경우에만 등식이 성립하는 경우가 있다. 다음 정의와 같이 벡터 $\mathbf{v}_1$, $\mathbf{v}_2$, $\cdots$, $\mathbf{v}_k$ 를 전자의 경우 일차종속, 후자의 경우 일차독립이라 한다.

> **정의 1**　**일차독립과 일차종속**
>
> (1) 벡터 $\mathbf{v}_1$, $\mathbf{v}_2$, $\cdots$, $\mathbf{v}_k$ 의 일차결합이 $c_1 \mathbf{v}_1 + c_2 \mathbf{v}_2 + \cdots + c_k \mathbf{v}_k = \mathbf{0}$ 일 때, 적어도 하나의 0이 아닌 스칼라 c_i 에 대하여 등식이 성립하면 벡터 $\mathbf{v}_1$, $\mathbf{v}_2$, $\cdots$, $\mathbf{v}_k$ 를 **일차종속**^{linearly dependent}이라 한다.
>
> (2) 벡터 $\mathbf{v}_1$, $\mathbf{v}_2$, $\cdots$, $\mathbf{v}_k$ 의 일차결합이 $c_1 \mathbf{v}_1 + c_2 \mathbf{v}_2 + \cdots + c_k \mathbf{v}_k = \mathbf{0}$ 일 때, 모든 스칼라가 $c_i = 0$, $i = 1, 2, \cdots, k$ 인 경우에만 등식이 성립하면 벡터 $\mathbf{v}_1$, $\mathbf{v}_2$, $\cdots$, $\mathbf{v}_k$ 를 **일차독립**^{linearly independent}이라 한다.

예를 들어 3 차원 공간의 세 기저벡터 $\mathbf{i}$, $\mathbf{j}$, $\mathbf{k}$ 에 대하여 $c_1 \mathbf{i} + c_2 \mathbf{j} + c_3 \mathbf{k} = \mathbf{0}$ 이라 하면 $c_1 \mathbf{i} + c_2 \mathbf{j} + c_3 \mathbf{k} = (c_1, c_2, c_3) = (0, 0, 0)$ 이므로 $c_1 = 0$, $c_2 = 0$, $c_3 = 0$ 이어야 하며, 3 차원 공간의 세 기저벡터 $\mathbf{i}$, $\mathbf{j}$, $\mathbf{k}$ 는 일차독립이다. 반면, $\mathbf{v}_1 = (1, 0, 0)$, $\mathbf{v}_2 = (0, 1, 0)$, $\mathbf{v}_3 = (2, 1, 0)$ 에 대하여 $c_1 \mathbf{v}_1 + c_2 \mathbf{v}_2 + c_3 \mathbf{v}_3 = \mathbf{0}$ 이라 하면 $c_1 \mathbf{v}_1 + c_2 \mathbf{v}_2 + c_3 \mathbf{v}_3 = (c_1 + 2c_3, c_2 + c_3, 0) = (0, 0, 0)$ 이므로 $c_1 + 2c_3 = 0$, $c_2 + c_3 = 0$ 을 얻는다. 이때 $c_3 = -1$ 이라 하면 $c_1 = 2$, $c_2 = 1$ 이다. 즉, 0 이 아닌 스칼라 $c_1 = 2$, $c_2 = 1$, $c_3 = -1$ 에 대하여 $2\mathbf{v}_1 + \mathbf{v}_2 - \mathbf{v}_3 = \mathbf{0}$ 이 성립하므로 세 벡터 $\mathbf{v}_1$, $\mathbf{v}_2$, $\mathbf{v}_3$ 은 일차종속이다.

일차독립인 벡터와 일차종속인 벡터에 대하여 다음 사실을 확인할 수 있다.

① 3 차원 공간 안의 임의의 벡터 $\mathbf{c} = (c_1, c_2, c_3)$ 은 일차독립인 세 기저벡터 $\mathbf{i}$, $\mathbf{j}$, $\mathbf{k}$ 에 의한 일차결합으로 표현된다. 즉, $\mathbf{c} = c_1 \mathbf{i} + c_2 \mathbf{j} + c_3 \mathbf{k}$ 가 성립한다.

② $2\mathbf{v}_1 + \mathbf{v}_2 - \mathbf{v}_3 = \mathbf{0}$ 은 $\mathbf{v}_3 = 2\mathbf{v}_1 + \mathbf{v}_2$ 로 표현할 수 있다. 즉, 일차종속인 벡터들 중 어느 한 벡터를 다른 벡터들의 일차결합으로 표현할 수 있다.

이로부터 다음 정리가 성립하는 것을 쉽게 보일 수 있다.

(1) 벡터 $\mathbf{v}_1$, $\mathbf{v}_2$, $\cdots$, $\mathbf{v}_n$ 이 일차종속이면 이들 중 어느 하나는 다른 $(n-1)$개 벡터의 일차결합으로 나타낼 수 있다.

(2) 벡터 $\mathbf{v}_1$, $\mathbf{v}_2$, $\cdots$, $\mathbf{v}_n$ 중 적어도 하나가 영벡터이면 이 벡터들은 일차종속이다.

(3) 벡터 $\mathbf{v}_1$, $\mathbf{v}_2$, $\cdots$, $\mathbf{v}_n$ 이 일차종속이면 $\mathbf{v}_1$, $\mathbf{v}_2$, $\cdots$, $\mathbf{v}_n$, $\mathbf{v}_{n+1}$ 도 일차종속이다.

(4) 벡터 $\mathbf{v}_1$, $\mathbf{v}_2$, $\cdots$, $\mathbf{v}_n$ 이 일차독립이면 $\mathbf{v}_1$, $\mathbf{v}_2$, $\cdots$, $\mathbf{v}_{n-1}$ 도 일차독립이다.

▶ 예제 13

다음 세 벡터가 일차독립인지 일차종속인지 판정하여라.

(1) $\mathbf{v}_1 = (3, 1, 1)$, $\mathbf{v}_2 = (2, 5, 1)$, $\mathbf{v}_3 = (1, -4, -1)$

(2) $\mathbf{v}_1 = (1, 3, 1)$, $\mathbf{v}_2 = (1, 1, 0)$, $\mathbf{v}_3 = (3, 7, 2)$

풀이

(1) ❶ $\mathbf{v}_1$, $\mathbf{v}_2$, $\mathbf{v}_3$ 의 일차결합을 0 으로 놓는다.

$$c_1 \mathbf{v}_1 + c_2 \mathbf{v}_2 + c_3 \mathbf{v}_3 = 0$$

❷ 좌변의 벡터를 정리한다.

$$c_1 \mathbf{v}_1 + c_2 \mathbf{v}_2 + c_3 \mathbf{v}_3 = c_1(3, 1, 1) + c_2(2, 5, 1) + c_3(1, -4, -1)$$
$$= (3c_1 + 2c_2 + c_3, \, c_1 + 5c_2 - 4c_3, \, c_1 + c_2 - c_3) = (0, 0, 0)$$

❸ 스칼라 c_1, c_2, c_3 에 대한 연립방정식을 만든다.

$$3c_1 + 2c_2 + c_3 = 0, \; c_1 + 5c_2 - 4c_3 = 0, \; c_1 + c_2 - c_3 = 0$$

❹ c_1, c_2, c_3 에 대한 연립방정식을 푼다.

$c_1 + c_2 - c_3 = 0$, 즉 $c_3 = c_1 + c_2$ 를 처음 두 식에 대입하면

$$4c_1 + 3c_2 = 0, \; -3c_1 + c_2 = 0$$

❺ c_1, c_2 에 대한 연립방정식을 푼다.

$$c_1 = 0, \; c_2 = 0, \; c_3 = c_1 + c_2 = 0$$

❻ 일차독립 여부를 판정한다.

$c_1 = 0$, $c_2 = 0$, $c_3 = 0$ 이므로 $\mathbf{v}_1$, $\mathbf{v}_2$, $\mathbf{v}_3$ 은 일차독립이다.

(2) ❶ $\mathbf{v}_1$, $\mathbf{v}_2$, $\mathbf{v}_3$의 일차결합을 0으로 놓는다.

$$c_1\mathbf{v}_1 + c_2\mathbf{v}_2 + c_3\mathbf{v}_3 = 0$$

❷ 좌변의 벡터를 정리한다.

$$c_1\mathbf{v}_1 + c_2\mathbf{v}_2 + c_3\mathbf{v}_3 = c_1(1, 3, 1) + c_2(1, 1, 0) + c_3(3, 7, 2)$$
$$= (c_1 + c_2 + 3c_3, \, 3c_1 + c_2 + 7c_3, \, c_1 + 2c_3) = (0, 0, 0)$$

❸ 스칼라 c_1, c_2, c_3에 대한 연립방정식을 만든다.

$$c_1 + c_2 + 3c_3 = 0, \; 3c_1 + c_2 + 7c_3 = 0, \; c_1 + 2c_3 = 0$$

❹ c_1, c_2, c_3에 대한 연립방정식을 푼다.

$c_1 + 2c_3 = 0$, 즉 $c_1 = -2c_3$을 처음 두 식에 대입하면

$$c_2 + c_3 = 0, \; c_2 + c_3 = 0$$

❺ c_1, c_2에 대한 연립방정식을 푼다.

$c_2 = -c_3$이므로 $c_3 = 1$에 대하여 $c_2 = -1$, $c_1 = 2$이다.

❻ 일차독립 여부를 판정한다.

$c_1 = 2$, $c_2 = -1$, $c_3 = 1$이므로 $\mathbf{v}_1$, $\mathbf{v}_2$, $\mathbf{v}_3$은 일차종속이다.

특히 n차원 공간 안의 n개의 벡터 $\mathbf{v}_i = (a_{i1}, a_{i2}, \cdots, a_{in})$, $i = 1, 2, \cdots, n$의 일차독립성을 쉽게 살펴볼 수 있다. 이를 위해 다음과 같이 각 벡터의 성분을 행으로 갖는 n차 행렬식을 D라 하자.

$$D = \begin{vmatrix} a_{11} & a_{12} & \cdots & a_{1n} \\ a_{21} & a_{22} & \cdots & a_{2n} \\ & & \vdots & \\ a_{n1} & a_{n2} & \cdots & a_{nn} \end{vmatrix}$$

이에 대하여 다음 정리가 성립한다.

정리 7   **일차독립 판정법**

(1) $D = 0$이면 벡터 $\mathbf{v}_1$, $\mathbf{v}_2$, $\cdots$, $\mathbf{v}_n$은 일차종속이다.

(2) $D \neq 0$이면 벡터 $\mathbf{v}_1$, $\mathbf{v}_2$, $\cdots$, $\mathbf{v}_n$은 일차독립이다.

▶ 예제 14

다음 세 벡터가 일차독립인지 일차종속인지 판정하여라.

(1) $\mathbf{v}_1 = (3, 1, 1)$, $\mathbf{v}_2 = (2, 5, 1)$, $\mathbf{v}_3 = (1, 4, 1)$

(2) $\mathbf{v}_1 = (1, 3, 1)$, $\mathbf{v}_2 = (-1, 1, 3)$, $\mathbf{v}_3 = (-5, -7, 3)$

풀이

주안점 세 벡터의 성분을 행으로 갖는 3차 행렬식을 구한다.

(1) $D = \begin{vmatrix} 3 & 1 & 1 \\ 2 & 5 & 1 \\ 1 & 4 & 1 \end{vmatrix} = 5 (\neq 0)$ 이므로 세 벡터 $\mathbf{v}_1$, $\mathbf{v}_2$, $\mathbf{v}_3$ 은 일차독립이다.

(2) $D = \begin{vmatrix} 1 & 3 & 1 \\ -1 & 1 & 3 \\ -5 & -7 & 3 \end{vmatrix} = 0$ 이므로 세 벡터 $\mathbf{v}_1$, $\mathbf{v}_2$, $\mathbf{v}_3$ 은 일차종속이다.

벡터의 일차독립과 일차종속을 기하학적으로 살펴볼 수 있다. 두 개의 n 차원 벡터 $\mathbf{v}_1$, $\mathbf{v}_2$ 가 일차종속이면 [그림 6.18(a)] 또는 [그림 6.18(b)]와 같이 두 벡터가 동일한 직선 위에 놓이며, 방향이 같거나 반대이다. 반면, 두 벡터가 일차독립이면 [그림 6.18(c)]와 같이 동일한 직선 위에 놓이지 않는다.

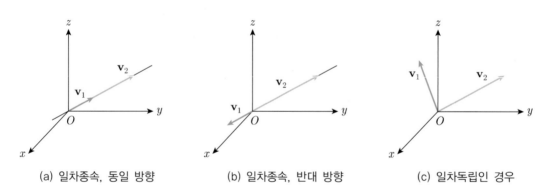

(a) 일차종속, 동일 방향   (b) 일차종속, 반대 방향   (c) 일차독립인 경우

[그림 6.18] 두 벡터의 일차독립과 일차종속의 기하학적 의미

세 벡터 $\mathbf{v}_1$, $\mathbf{v}_2$, $\mathbf{v}_3$ 이 일차종속이면 [그림 6.19(a)] 또는 [그림 6.19(b)]와 같이 세 벡터가 원점을 지나는 동일한 평면 위에 놓이지만, 일차독립이면 [그림 6.19(c)]와 같이 동일한 평면 위에 있지 않다.

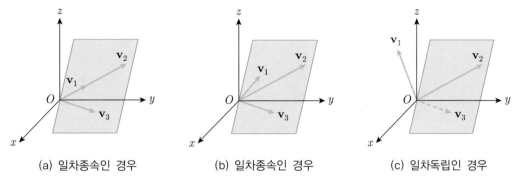

| (a) 일차종속인 경우 | (b) 일차종속인 경우 | (c) 일차독립인 경우 |

[그림 6.19] 세 벡터의 일차독립과 일차종속의 기하학적 의미

벡터공간

일차독립인 벡터 $\mathbf{v}_1$, $\mathbf{v}_2$, $\cdots$, $\mathbf{v}_k$의 일차결합 전체의 집합, 즉 다음과 같은 집합 V를 벡터 $\mathbf{v}_1$, $\mathbf{v}_2$, $\cdots$, $\mathbf{v}_k$에 의해 생성^{span}된 집합이라 한다.

$$V = \{\mathbf{v} \mid \mathbf{v} = c_1\mathbf{v}_1 + c_2\mathbf{v}_2 + \cdots + c_k\mathbf{v}_k\}$$

n차원 공간의 기저벡터 $\mathbf{e}_1$, $\mathbf{e}_2$, $\cdots$, $\mathbf{e}_n$은 일차독립이며, n차원 공간 안의 임의의 벡터 $\mathbf{a} = (a_1, a_2, \cdots, a_n)$은 다음과 같이 나타낼 수 있다.

$$\mathbf{a} = a_1\mathbf{e}_1 + a_2\mathbf{e}_2 + \cdots + a_n\mathbf{e}_n$$

따라서 n차원 공간 $\mathbb{R}^n$은 기저벡터 $\mathbf{e}_1$, $\mathbf{e}_2$, $\cdots$, $\mathbf{e}_n$에 의해 생성된 집합이다. 특히 벡터들의 집합 V에 대하여 다음 두 조건이 성립한다고 하자.

① $\mathbf{a}, \mathbf{b} \in V$이면 $\mathbf{a} + \mathbf{b} \in V$이다.
② $\mathbf{a} \in V$이면 임의의 스칼라 k에 대하여 $k\mathbf{a} \in V$이다.

성질 ①은 집합 V가 벡터 합에 대하여 닫혀 있으며, 성질 ②는 스칼라 곱에 대하여 닫혀 있음을 의미한다. 이때 집합 V에 대하여 다음 성질이 모두 성립하면 집합 V를 벡터공간$^{\text{vector space}}$ 또는 선형공간$^{\text{linear space}}$이라 한다.

(1) $\mathbf{a} + \mathbf{b} = \mathbf{b} + \mathbf{a}$ 교환법칙
(2) $(\mathbf{a} + \mathbf{b}) + \mathbf{c} = \mathbf{a} + (\mathbf{b} + \mathbf{c})$ 결합법칙
(3) $\mathbf{a} + \mathbf{0} = \mathbf{0} + \mathbf{a} = \mathbf{a}$를 만족하는 유일한 벡터 $\mathbf{0}$이 V 안에 존재한다.   항등원
(4) $(-\mathbf{a}) + \mathbf{a} = \mathbf{a} + (-\mathbf{a}) = \mathbf{0}$을 만족하는 유일한 벡터 $-\mathbf{a}$가 V 안에 존재한다.   역원

(5) $k(\mathbf{a}+\mathbf{b})=k\mathbf{a}+k\mathbf{b}$ 분배법칙

(6) $(k_1+k_2)\mathbf{a}=k_1\mathbf{a}+k_2\mathbf{a}$

(7) $(k_1k_2)\mathbf{a}=k_1(k_2\mathbf{a})=k_2(k_1\mathbf{a})$

(8) $1\mathbf{a}=\mathbf{a}$

벡터공간은 원소가 반드시 벡터이어야 하는 것은 아니다. 예를 들어 닫힌구간 $[a,b]$에서 연속인 함수 전체의 집합 C를 생각하자. 임의의 $f,g\in C$와 상수 k에 대하여 다음 두 연산을 정의한다.

(i) $a\le x\le b$에 대하여 $(f+g)(x)=f(x)+g(x)$

(ii) $a\le x\le b$에 대하여 $(kf)(x)=kf(x)$

연속인 두 함수의 합은 연속이며 함수의 상수 배 역시 연속이므로 $f+g\in C$, $kf\in C$이다. 특히 $a\le x\le b$에 대하여 덧셈에 대한 항등원을 $0(x)=0$이라 하면 집합 C는 벡터공간의 조건 (1)~(8)을 만족한다. 따라서 닫힌구간 $[a,b]$에서 연속인 함수 전체의 집합 C는 벡터공간이다. 또 다른 예로 다음 집합들 역시 벡터공간이다.

- 실수 전체의 집합 $\mathbb{R}$
- n–순서쌍 전체의 집합인 n차원 공간 $\mathbb{R}^n$
- n차 이하의 다항식 전체의 집합 P_n
- 열린구간 (a,b)에서 n번 미분가능하고 연속인 함수 전체의 집합 C_n
- $n\times m$행렬 전체의 집합 M_{mn}

벡터공간 V의 부분집합 S가 V에서 정의된 벡터 합과 스칼라 곱에 대하여 닫혀 있을 때, 부분집합 S를 V의 **부분공간**^{subspace}이라 한다. 모든 벡터공간은 적어도 두 개의 자명한 부분공간 $\{\mathbf{0}\}$과 V를 가지며, [정리 8]과 같이 V에서 정의된 벡터 합과 스칼라 곱이 부분집합 S에서 성립하면 S는 V의 부분공간이다.

정리 8 **부분공간의 조건**

벡터공간 V의 공집합이 아닌 부분집합 S가 다음과 같이 V에서 정의된 벡터 합과 스칼라 곱에 대하여 닫혀 있으면, 즉 다음 기본 조건이 성립하면 S는 V의 부분공간이다.

(1) S의 임의의 두 원소 $\mathbf{a}$와 $\mathbf{b}$에 대하여 $\mathbf{a}+\mathbf{b}\in S$이다.
(2) S의 임의의 두 원소 $\mathbf{a}$와 임의의 스칼라 k에 대하여 $k\mathbf{a}\in S$이다.

예를 들어 통상적인 벡터 합과 스칼라 곱이 정의되는 벡터공간인 3차원 공간 $\mathbb{R}^3$ 안의 벡터 $(a, b, 0)$으로 구성된 집합 $A = \{(a, b, 0) \mid a, b \in \mathbb{R}\}$을 생각하자. 집합 A의 임의의 두 벡터 $(a_1, b_1, 0)$, $(a_2, b_2, 0)$에 대하여 다음과 같이 벡터 합과 스칼라 곱이 정의된다.

$$(a_1, b_1, 0) + (a_2, b_2, 0) = (a_1 + a_2, b_1 + b_2, 0) \in A$$

$$k(a_1, b_1, 0) = (ka_1, kb_1, 0) \in A$$

따라서 집합 A는 $\mathbb{R}^3$의 부분공간이며, 이 집합 A는 평면 $\mathbb{R}^2$을 나타낸다.

위수

$n \times m$ 행렬 A에 대하여 일차독립인 행벡터 또는 열벡터의 최대 개수 r을 행렬 A의 위수^{rank}라 하며, $\text{rank}(A)$로 나타낸다. 영행렬의 위수는 0이고, 영행렬이 아닌 임의의 행렬의 위수는 1보다 크거나 같다. 예를 들어 행렬 $A = \begin{pmatrix} 1 & 2 \\ 2 & 1 \end{pmatrix}$의 행벡터를 $\mathbf{r}_1 = (1, 2)$, $\mathbf{r}_2 = (2, 1)$이라 하자. 행렬 A의 행렬식은 $|A| = \begin{vmatrix} 1 & 2 \\ 2 & 1 \end{vmatrix} = -3 (\neq 0)$이므로 [정리 7]에 의해 두 벡터 $\mathbf{r}_1$, $\mathbf{r}_2$는 일차독립이고, 따라서 A의 위수는 $\text{rank}(A) = 2$이다. 행렬 $B = \begin{pmatrix} 2 & 1 & 0 \\ 0 & 1 & 0 \\ 1 & 0 & 0 \end{pmatrix}$의 행벡터를 $\mathbf{r}_1 = (2, 1, 0)$, $\mathbf{r}_2 = (0, 1, 0)$, $\mathbf{r}_3 = (1, 0, 0)$이라 하면 $\mathbf{r}_1 = \mathbf{r}_2 + 2\mathbf{r}_3$이므로 $\mathbf{r}_1$, $\mathbf{r}_2$, $\mathbf{r}_3$은 일차독립이 아니다. 한편 $c_1 \mathbf{r}_2 + c_2 \mathbf{r}_3 = \mathbf{0}$이라 하면 $(c_2, c_1, 0) = (0, 0, 0)$이므로 $c_1 = 0$, $c_2 = 0$이므로 $\mathbf{r}_2$, $\mathbf{r}_3$은 일차독립이다. 따라서 행렬 B의 위수는 $\text{rank}(B) = 2$이다. 행렬의 위수를 구할 때 다음과 같은 위수의 성질을 이용하면 매우 편리하다.

① 전치행렬의 위수는 동일하다. 즉, $\text{rank}(A) = \text{rank}(A^t)$이다.
② 임의의 두 행(또는 열)을 교환해도 위수는 동일하다.
③ 모든 성분이 0인 행(또는 열)을 제거해도 위수는 동일하다.
④ 한 행(또는 열)의 모든 성분에 상수 $k (k \neq 0)$를 곱해도 위수는 동일하다.
⑤ 임의의 행(또는 열)에 상수 $k (k \neq 0)$를 곱하여 다른 행(또는 열)에 더해도 위수는 동일하다.

주어진 행렬에 행등가행렬을 이용한 후 각 행에서 0이 아닌 성분이 들어 있는 행의 개수가 위수이다. 예를 들어 행렬 $A = \begin{pmatrix} 0 & 2 & -2 & 1 & -1 \\ 1 & 2 & 3 & 4 & 1 \\ 2 & 5 & 1 & 2 & 1 \end{pmatrix}$의 위수를 구하기 위해 다음 과정을 수행한다.

$$\text{rank}(A) = \text{rank}\begin{pmatrix} 0 & 2 & -2 & 1 & -1 \\ 1 & 2 & 3 & 4 & 1 \\ 2 & 5 & 1 & 2 & 1 \end{pmatrix} \quad (1행)과\ (2행)을\ 교환한다.$$

$$= \text{rank}\begin{pmatrix} 1 & 2 & 3 & 4 & 1 \\ 0 & 2 & -2 & 1 & -1 \\ 2 & 5 & 1 & 2 & 1 \end{pmatrix} \quad (1행)\times(-2)를\ (3행)에\ 더한다.$$

$$= \text{rank}\begin{pmatrix} 1 & 2 & 3 & 4 & 1 \\ 0 & 2 & -2 & 1 & -1 \\ 0 & 1 & -5 & -6 & -1 \end{pmatrix} \quad (2행)과\ (3행)을\ 교환한다.$$

$$= \text{rank}\begin{pmatrix} 1 & 2 & 3 & 4 & 1 \\ 0 & 1 & -5 & -6 & -1 \\ 0 & 2 & -2 & 1 & -1 \end{pmatrix} \quad (2행)\times(-2)를\ (3행)에\ 더한다.$$

$$= \text{rank}\begin{pmatrix} 1 & 2 & 3 & 4 & 1 \\ 0 & 1 & -5 & -6 & -1 \\ 0 & 0 & 8 & 13 & 1 \end{pmatrix}$$

0이 아닌 성분을 갖는 행의 개수가 3이므로 $\text{rank}(A) = 3$이다.

▶ 예제 15

다음 행렬의 위수를 구하여라.

(1) $A = \begin{pmatrix} 1 & 3 & 2 \\ 2 & 5 & 1 \\ 3 & 1 & 1 \end{pmatrix}$
(2) $B = \begin{pmatrix} 1 & 3 & 1 \\ 1 & 1 & 0 \\ 3 & 7 & 2 \end{pmatrix}$

풀이

(1) 위수의 성질을 이용한다.

$$\text{rank}(A) = \text{rank}\begin{pmatrix} 1 & 3 & 2 \\ 2 & 5 & 1 \\ 3 & 1 & 1 \end{pmatrix} \quad \begin{aligned} &(1행)\times(-2)를\ (2행)에\ 더한다. \\ &(1행)\times(-3)을\ (3행)에\ 더한다. \end{aligned}$$

$$= \text{rank}\begin{pmatrix} 1 & 3 & 2 \\ 0 & -1 & -3 \\ 0 & -8 & -5 \end{pmatrix} \quad (2행)\times(-8)을\ (3행)에\ 더한다.$$

$$= \text{rank}\begin{pmatrix} 1 & 3 & 2 \\ 0 & -1 & -3 \\ 0 & 0 & 19 \end{pmatrix}$$

0이 아닌 성분을 갖는 행의 개수가 3이므로 $\text{rank}(A) = 3$이다.

(2) 위수의 성질을 이용한다.

$$\text{rank}(B) = \text{rank}\begin{pmatrix} 1 & 3 & 1 \\ 1 & 1 & 0 \\ 3 & 7 & 2 \end{pmatrix} \quad \begin{aligned} &(1행)\times(-1)을\ (2행)에\ 더한다. \\ &(1행)\times(-3)을\ (3행)에\ 더한다. \end{aligned}$$

$$= \operatorname{rank}\begin{pmatrix} 1 & 3 & 1 \\ 0 & -2 & -1 \\ 0 & -2 & -1 \end{pmatrix} \quad (2\text{행})\times(-1)\text{을 } (3\text{행})\text{에 더한다.}$$

$$= \operatorname{rank}\begin{pmatrix} 1 & 3 & 1 \\ 0 & -2 & -1 \\ 0 & 0 & 0 \end{pmatrix}$$

0이 아닌 성분을 갖는 행의 개수가 2이므로 $\operatorname{rank}(B) = 2$이다.

특히 위수를 이용하면 n차원 공간에서 벡터 $\mathbf{v}_1$, $\mathbf{v}_2$, $\cdots$, $\mathbf{v}_n$에 대한 일차독립성을 쉽게 살펴볼 수 있다.

| 정리 9 | 위수와 벡터의 일차독립성 |

n차원 공간에서 n개의 위치벡터 $\mathbf{v}_1$, $\mathbf{v}_2$, $\cdots$, $\mathbf{v}_n$을 행벡터(또는 열벡터)로 갖는 행렬 A에 대하여 $\operatorname{rank}(A) = n$이면 $\mathbf{v}_1$, $\mathbf{v}_2$, $\cdots$, $\mathbf{v}_n$은 일차독립이고 $\operatorname{rank}(A) < n$이면 $\mathbf{v}_1$, $\mathbf{v}_2$, $\cdots$, $\mathbf{v}_n$은 일차종속이다.

n차원 공간에서 n개의 벡터 $\mathbf{v}_1$, $\mathbf{v}_2$, $\cdots$, $\mathbf{v}_n$이 일차독립이면 n차원 공간 안의 임의의 벡터 $\mathbf{u}$는 $\mathbf{v}_1$, $\mathbf{v}_2$, $\cdots$, $\mathbf{v}_n$의 일차결합으로 표현된다.

▶ 예제 16

다음 세 벡터가 일차독립인지 일차종속인지 판정하여라.

(1) $\mathbf{v}_1 = (1, 3, 2)$, $\mathbf{v}_2 = (2, 5, 1)$, $\mathbf{v}_3 = (3, 1, 1)$

(2) $\mathbf{v}_1 = (1, 3, 1)$, $\mathbf{v}_2 = (1, 1, 0)$, $\mathbf{v}_3 = (3, 7, 2)$

풀이

(1) ❶ $\mathbf{v}_1$, $\mathbf{v}_2$, $\mathbf{v}_3$을 행벡터로 갖는 행렬을 만든다.

$$A = \begin{pmatrix} 1 & 3 & 2 \\ 2 & 5 & 1 \\ 3 & 1 & 1 \end{pmatrix}$$

❷ 행렬 A의 위수를 구한다.

[예제 15(a)]로부터 $\operatorname{rank}(A) = 3$이다.

❸ 일차독립 여부를 판정한다.

위수와 차원이 동일하므로 $\mathbf{v}_1$, $\mathbf{v}_2$, $\mathbf{v}_3$은 일차독립이다.

(2) ❶ $\mathbf{v}_1$, $\mathbf{v}_2$, $\mathbf{v}_3$을 행벡터로 갖는 행렬을 만든다.

$$B = \begin{pmatrix} 1 & 3 & 1 \\ 1 & 1 & 0 \\ 3 & 7 & 2 \end{pmatrix}$$

❷ 행렬 B의 위수를 구한다.
[예제 15(b)]로부터 $\mathrm{rank}(B) = 2$이다.

❸ 일차독립 여부를 판정한다.
위수가 차원보다 작으므로 $\mathbf{v}_1$, $\mathbf{v}_2$, $\mathbf{v}_3$은 일차종속이다.

6.6 고윳값과 고유벡터

n차 정방행렬 A에 대하여 다음 방정식을 생각하자.

$$A\mathbf{x} = \lambda\mathbf{x}, \quad A = \begin{pmatrix} a_{11} & \cdots & a_{1n} \\ & \vdots & \\ a_{n1} & \cdots & a_{nn} \end{pmatrix}, \quad \mathbf{x} = \begin{pmatrix} x_1 \\ \vdots \\ x_n \end{pmatrix}$$

여기서 λ와 $\mathbf{x}$는 각각 결정해야 할 스칼라와 벡터이다. $\mathbf{x} = 0$이면 모든 스칼라 λ에 대하여 등식이 성립한다. 이때 방정식 $A\mathbf{x} = \lambda\mathbf{x}$를 만족하는 벡터 $\mathbf{x}(\neq 0)$를 A의 고유벡터^{eigenvector}라 하고, 스칼라 λ를 A의 고윳값^{eigenvalue}이라 한다. 예를 들어 $A = \begin{pmatrix} 1 & 2 \\ 2 & 1 \end{pmatrix}$에 대하여 다음 등식이 성립한다.

$$\begin{pmatrix} 1 & 2 \\ 2 & 1 \end{pmatrix}\begin{pmatrix} 1 \\ 1 \end{pmatrix} = \begin{pmatrix} 3 \\ 3 \end{pmatrix} = 3\begin{pmatrix} 1 \\ 1 \end{pmatrix}, \quad \begin{pmatrix} 1 & 2 \\ 2 & 1 \end{pmatrix}\begin{pmatrix} -1 \\ 1 \end{pmatrix} = \begin{pmatrix} 1 \\ -1 \end{pmatrix} = (-1)\begin{pmatrix} -1 \\ 1 \end{pmatrix}$$

즉, $\lambda = 3$, $\mathbf{x} = \begin{pmatrix} 1 \\ 1 \end{pmatrix}$ 또는 $\lambda = -1$, $\mathbf{x} = \begin{pmatrix} -1 \\ 1 \end{pmatrix}$일 때 $A\mathbf{x} = \lambda\mathbf{x}$가 성립한다. $\mathbf{x} = \begin{pmatrix} 1 \\ 1 \end{pmatrix}$은 고윳값 $\lambda = 3$에 대한 고유벡터이고, $\mathbf{x} = \begin{pmatrix} -1 \\ 1 \end{pmatrix}$은 고윳값 $\lambda = -1$에 대한 고유벡터이다. 여기서 고윳값의 집합 $\{-1, 3\}$을 A의 고유공간^{eigenspace} 또는 스펙트럼^{spectrum}이라 하고, A의 고윳값 중 절댓값이 가장 큰 고윳값 $\lambda = 3$을 A의 스펙트럼 반경$^{\text{spectral radius}}$이라 한다.

n차 단위행렬 I에 대하여 $\lambda\mathbf{x} = \lambda I\mathbf{x}$이므로 $A\mathbf{x} = \lambda\mathbf{x}$를 다음과 같이 나타낼 수 있다.

$$(A - \lambda I)\mathbf{x} = 0$$

그러면 다음과 같은 제차 연립방정식을 얻는다.

$$(a_{11} - \lambda)x_1 + a_{12}x_2 + \cdots + a_{1n}x_n = 0$$

$$a_{21}x_1 + (a_{22} - \lambda)x_2 + \cdots + a_{2n}x_n = 0$$

$$\vdots \qquad \qquad \vdots$$

$$a_{n1}x_1 + a_{n2}x_2 + \cdots + (a_{nn} - \lambda)x_n = 0$$

이 연립방정식이 영벡터가 아닌 해벡터 $\mathbf{x}$ 를 갖기 위한 필요충분조건은 계수행렬식이 0이어야 한다. 즉, 다음이 성립해야 하며, $|A - \lambda I| = 0$ 을 행렬 A 의 **특성방정식**^{characteristic equation}이라 한다.

$$\begin{vmatrix} a_{11} - \lambda & a_{12} & \cdots & a_{1n} \\ a_{21} & a_{22} - \lambda & \cdots & a_{2n} \\ & & \vdots & \\ a_{n1} & a_{n2} & \cdots & a_{nn} - \lambda \end{vmatrix} = 0 \quad \text{또는} \quad |A - \lambda I| = 0$$

고윳값은 이 특성방정식의 해이며, 고윳값을 **특성근**^{characteristic root}이라고도 한다.

▸ **예제 17**

다음 행렬에 대한 고윳값과 고유벡터를 구하여라.

(1) $A = \begin{pmatrix} 1 & 3 \\ 2 & 2 \end{pmatrix}$
(2) $A = \begin{pmatrix} 2 & 0 & 1 \\ 1 & 2 & 0 \\ 1 & 0 & 2 \end{pmatrix}$

풀이

주안점 특성방정식의 해(고윳값)를 구한다.

(1) ❶ 특성방정식을 구한다.

$$|A - \lambda I| = \begin{vmatrix} 1 - \lambda & 3 \\ 2 & 2 - \lambda \end{vmatrix} = \lambda^2 - 3\lambda - 4 = (\lambda + 1)(\lambda - 4) = 0$$

❷ 특성방정식의 해인 고윳값을 구한다.

$$\lambda_1 = -1, \ \lambda_2 = 4$$

❸ 고유벡터를 구한다.

(i) $\lambda_1 = -1$ 에 대한 고유벡터

$$(A + I)\mathbf{x} = \begin{pmatrix} 2 & 3 \\ 2 & 3 \end{pmatrix}\begin{pmatrix} x_1 \\ x_2 \end{pmatrix} = \begin{pmatrix} 2x_1 + 3x_2 \\ 2x_1 + 3x_2 \end{pmatrix} = \begin{pmatrix} 0 \\ 0 \end{pmatrix} \text{이므로 } 2x_1 + 3x_2 = 0 \text{이다.}$$

$x_1 = -3$ 이면 $x_2 = 2$ 이고 고유벡터는 $\mathbf{x} = \begin{pmatrix} -3 \\ 2 \end{pmatrix}$ 이다.

(ii) $\lambda_2 = 4$에 대한 고유벡터

$$(A - 4I)\mathbf{x} = \begin{pmatrix} -3 & 3 \\ 2 & -2 \end{pmatrix}\begin{pmatrix} x_1 \\ x_2 \end{pmatrix} = \begin{pmatrix} -3x_1 + 3x_2 \\ 2x_1 - 2x_2 \end{pmatrix} = \begin{pmatrix} 0 \\ 0 \end{pmatrix}$$ 이므로 $-3x_1 + 3x_2 = 0$,

$2x_1 - 2x_2 = 0$ 이다. $x_2 = 1$ 이면 $x_1 = 1$ 이고 고유벡터는 $\mathbf{x} = \begin{pmatrix} 1 \\ 1 \end{pmatrix}$ 이다.

(2) ❶ 특성방정식을 구한다.

$$|A - \lambda I| = \begin{vmatrix} 2 - \lambda & 0 & 1 \\ 1 & 2 - \lambda & 0 \\ 1 & 0 & 2 - \lambda \end{vmatrix} = -\lambda^3 + 6\lambda^2 - 11\lambda + 6$$

$$= -(\lambda - 1)(\lambda - 2)(\lambda - 3) = 0$$

❷ 특성방정식의 해인 고윳값을 구한다.

$$\lambda_1 = 1, \ \lambda_2 = 2, \ \lambda_3 = 3$$

❸ 고유벡터를 구한다.

(i) $\lambda_1 = 1$에 대한 고유벡터

$$(A - I)\mathbf{x} = \begin{pmatrix} 1 & 0 & 1 \\ 1 & 1 & 0 \\ 1 & 0 & 1 \end{pmatrix}\begin{pmatrix} x_1 \\ x_2 \\ x_3 \end{pmatrix} = \begin{pmatrix} x_1 + x_3 \\ x_1 + x_2 \\ x_1 + x_3 \end{pmatrix} = \begin{pmatrix} 0 \\ 0 \\ 0 \end{pmatrix}$$ 이므로 $x_1 + x_3 = 0$, $x_1 + x_2 = 0$,

$x_1 + x_3 = 0$ 이다. $x_3 = 1$ 이면 $x_1 = -1$, $x_2 = 1$ 이고 고유벡터는 $\mathbf{x} = \begin{pmatrix} -1 \\ 1 \\ 1 \end{pmatrix}$ 이다.

(ii) $\lambda_2 = 2$에 대한 고유벡터

$$(A - 2I)\mathbf{x} = \begin{pmatrix} 0 & 0 & 1 \\ 1 & 0 & 0 \\ 1 & 0 & 0 \end{pmatrix}\begin{pmatrix} x_1 \\ x_2 \\ x_3 \end{pmatrix} = \begin{pmatrix} x_3 \\ x_1 \\ x_1 \end{pmatrix} = \begin{pmatrix} 0 \\ 0 \\ 0 \end{pmatrix}$$ 이므로 $x_1 = 0$, $x_3 = 0$ 이다. $x_2 = 1$ 이면

고유벡터는 $\mathbf{x} = \begin{pmatrix} 0 \\ 1 \\ 0 \end{pmatrix}$ 이다.

(iii) $\lambda_3 = 3$에 대한 고유벡터

$$(A - 3I)\mathbf{x} = \begin{pmatrix} -1 & 0 & 1 \\ 1 & -1 & 0 \\ 1 & 0 & -1 \end{pmatrix}\begin{pmatrix} x_1 \\ x_2 \\ x_3 \end{pmatrix} = \begin{pmatrix} -x_1 + x_3 \\ x_1 - x_2 \\ x_1 - x_3 \end{pmatrix} = \begin{pmatrix} 0 \\ 0 \\ 0 \end{pmatrix}$$ 이므로 $-x_1 + x_3 = 0$,

$x_1 - x_2 = 0$, $x_1 - x_3 = 0$ 이다. $x_3 = 1$ 이면 $x_1 = 1$, $x_2 = 1$ 이고 고유벡터는

$\mathbf{x} = \begin{pmatrix} 1 \\ 1 \\ 1 \end{pmatrix}$ 이다.

2차 단위행렬 I의 고웃값은 다음과 같이 1이며, 일반적으로 n차 단위행렬의 고웃값은 1이다.

$$I\mathbf{x} = \lambda\mathbf{x}$$

$$\begin{pmatrix} 1 & 0 \\ 0 & 1 \end{pmatrix} \begin{pmatrix} x \\ y \end{pmatrix} = \lambda \begin{pmatrix} x \\ y \end{pmatrix}$$

$$\begin{pmatrix} x \\ y \end{pmatrix} = \lambda \begin{pmatrix} x \\ y \end{pmatrix}, \ \ \text{즉} \ \lambda = 1$$

행렬 A의 고웃값 λ와 고유벡터 $\mathbf{x}$에 대하여 $A\mathbf{x} = \lambda\mathbf{x}$가 성립하므로 다음을 얻는다.

$$A^2\mathbf{x} = A(A\mathbf{x}) = A(\lambda\mathbf{x}) = \lambda(A\mathbf{x}) = \lambda^2\mathbf{x}$$

따라서 A^2의 고웃값은 λ^2이고, 같은 방법을 반복하면 A^n의 고웃값은 λ^n임을 알 수 있다. 임의의 상수 $k(\neq 0)$에 대하여 다음이 성립한다.

$$(kA)\mathbf{x} = k(A\mathbf{x}) = k(\lambda\mathbf{x}) = (k\lambda)\mathbf{x}$$

즉, $k\lambda$는 행렬 kA의 고웃값이다. 행렬 B의 고웃값을 η라 하면 다음과 같이 $A+B$의 고웃값이 $\lambda + \eta$임을 알 수 있다.

$$(A+B)\mathbf{x} = A\mathbf{x} + B\mathbf{x} = \lambda\mathbf{x} + \eta\mathbf{x} = (\lambda + \eta)\mathbf{x}$$

이를 종합하면 행렬 A의 고웃값이 λ일 때 행렬다항식 $f(A)$의 고웃값은 $f(\lambda)$이다. 고웃값에 대하여 다음 성질이 성립한다.

① 단위행렬 I의 고웃값은 1이다.
② 행렬 A의 고웃값이 λ이면 A^n의 고웃값은 λ^n이다.
③ 임의의 0이 아닌 상수 k에 대하여 행렬 kA의 고웃값은 $k\lambda$이다.
④ 두 행렬 A와 B의 고웃값이 각각 λ와 η이면 $A+B$의 고웃값은 $\lambda + \eta$이다.
⑤ 행렬 A의 고웃값이 λ이면 행렬다항식 $f(A)$의 고웃값은 $f(\lambda)$이다.

▶ 예제 18

행렬 $A = \begin{pmatrix} 2 & 1 \\ 1 & 2 \end{pmatrix}$에 대하여 다음을 구하여라.

(1) A의 고웃값과 고유벡터
(2) $B = -A$의 고웃값과 고유벡터
(3) $C = A^2$의 고웃값과 고유벡터
(4) $D = A^2 - A$의 고웃값과 고유벡터

풀이

(1) A 의 고웃값을 구하면

$$|A - \lambda I| = \begin{vmatrix} 2 - \lambda & 1 \\ 1 & 2 - \lambda \end{vmatrix} = (\lambda - 1)(\lambda - 3) = 0$$

$$\lambda_1 = 1, \ \lambda_2 = 3$$

(i) $\lambda_1 = 1$ 의 고유벡터

$$(A - I)\mathbf{x} = \begin{pmatrix} 1 & 1 \\ 1 & 1 \end{pmatrix}\begin{pmatrix} x_1 \\ x_2 \end{pmatrix} = \begin{pmatrix} x_1 + x_2 \\ x_1 + x_2 \end{pmatrix} = \begin{pmatrix} 0 \\ 0 \end{pmatrix}$$ 이므로 $x_1 + x_2 = 0$ 이다. $x_2 = 1$ 이면

$x_1 = -1$ 이고 고유벡터는 $\mathbf{x} = \begin{pmatrix} -1 \\ 1 \end{pmatrix}$ 이다.

(ii) $\lambda_2 = 3$ 의 고유벡터

$$(A - 3I)\mathbf{x} = \begin{pmatrix} -1 & 1 \\ 1 & -1 \end{pmatrix}\begin{pmatrix} x_1 \\ x_2 \end{pmatrix} = \begin{pmatrix} -x_1 + x_2 \\ x_1 - x_2 \end{pmatrix} = \begin{pmatrix} 0 \\ 0 \end{pmatrix}$$ 이므로 $x_1 - x_2 = 0$ 이다. $x_2 = 1$ 이면

$x_1 = 1$ 이고 고유벡터는 $\mathbf{x} = \begin{pmatrix} 1 \\ 1 \end{pmatrix}$ 이다.

(2) $B = -A$ 의 고웃값은 $\lambda_1 = -1$, $\lambda_2 = -3$ 이며, 행렬 B 는

$$B = -A = (-1)\begin{pmatrix} 2 & 1 \\ 1 & 2 \end{pmatrix} = \begin{pmatrix} -2 & -1 \\ -1 & -2 \end{pmatrix}$$

(i) $\lambda_1 = -1$ 의 고유벡터

$$(B + I)\mathbf{x} = \begin{pmatrix} -1 & -1 \\ -1 & -1 \end{pmatrix}\begin{pmatrix} x_1 \\ x_2 \end{pmatrix} = \begin{pmatrix} -x_1 - x_2 \\ -x_1 - x_2 \end{pmatrix} = \begin{pmatrix} 0 \\ 0 \end{pmatrix}$$ 이므로 $-x_1 - x_2 = 0$ 이다. $x_2 = 1$ 이면

$x_1 = -1$ 이고 고유벡터는 $\mathbf{x} = \begin{pmatrix} -1 \\ 1 \end{pmatrix}$ 이다.

(ii) $\lambda_2 = -3$ 의 고유벡터

$$(B + 3I)\mathbf{x} = \begin{pmatrix} 1 & -1 \\ -1 & 1 \end{pmatrix}\begin{pmatrix} x_1 \\ x_2 \end{pmatrix} = \begin{pmatrix} x_1 - x_2 \\ -x_1 + x_2 \end{pmatrix} = \begin{pmatrix} 0 \\ 0 \end{pmatrix}$$ 이므로 $x_1 - x_2 = 0$ 이다. $x_2 = 1$ 이면

$x_1 = 1$ 이고 고유벡터는 $\mathbf{x} = \begin{pmatrix} 1 \\ 1 \end{pmatrix}$ 이다.

(3) $C = A^2$ 의 고웃값은 $\lambda_1 = 1^2 = 1$, $\lambda_2 = 3^2 = 9$ 이며, 행렬 A^2 은 다음과 같다.

$$C = A^2 = \begin{pmatrix} 2 & 1 \\ 1 & 2 \end{pmatrix}\begin{pmatrix} 2 & 1 \\ 1 & 2 \end{pmatrix} = \begin{pmatrix} 5 & 4 \\ 4 & 5 \end{pmatrix}$$

(i) $\lambda_1 = 1$ 의 고유벡터

$$(C - I)\mathbf{x} = \begin{pmatrix} 4 & 4 \\ 4 & 4 \end{pmatrix}\begin{pmatrix} x_1 \\ x_2 \end{pmatrix} = \begin{pmatrix} 4x_1 + 4x_2 \\ 4x_1 + 4x_2 \end{pmatrix} = \begin{pmatrix} 0 \\ 0 \end{pmatrix}$$ 이므로 $4x_1 + 4x_2 = 0$ 이다. $x_2 = 1$ 이면

$x_1 = -1$ 이고 고유벡터는 $\mathbf{x} = \begin{pmatrix} -1 \\ 1 \end{pmatrix}$ 이다.

(ii) $\lambda_2 = 9$ 의 고유벡터

$$(C - 9I)\mathbf{x} = \begin{pmatrix} -4 & 4 \\ 4 & -4 \end{pmatrix}\begin{pmatrix} x_1 \\ x_2 \end{pmatrix} = \begin{pmatrix} -4x_1 + 4x_2 \\ 4x_1 - 4x_2 \end{pmatrix} = \begin{pmatrix} 0 \\ 0 \end{pmatrix}$$ 이므로 $4x_1 - 4x_2 = 0$ 이다.

$x_2 = 1$ 이면 $x_1 = 1$ 이고 고유벡터는 $\mathbf{x} = \begin{pmatrix} 1 \\ 1 \end{pmatrix}$ 이다.

(4) $D = A^2 - A$ 의 고윳값은 $\lambda_1 = 1^2 - 1 = 0$, $\lambda_2 = 3^2 - 3 = 6$ 이며, 행렬 D는 다음과 같다.

$$D = A^2 - A = \begin{pmatrix} 5 & 4 \\ 4 & 5 \end{pmatrix} - \begin{pmatrix} 2 & 1 \\ 1 & 2 \end{pmatrix} = \begin{pmatrix} 3 & 3 \\ 3 & 3 \end{pmatrix}$$

(i) $\lambda_1 = 0$ 의 고유벡터

$$(D - 0I)\mathbf{x} = \begin{pmatrix} 3 & 3 \\ 3 & 3 \end{pmatrix}\begin{pmatrix} x_1 \\ x_2 \end{pmatrix} = \begin{pmatrix} 3x_1 + 3x_2 \\ 3x_1 + 3x_2 \end{pmatrix} = \begin{pmatrix} 0 \\ 0 \end{pmatrix}$$ 이므로 $3x_1 + 3x_2 = 0$ 이다. $x_2 = 1$ 이면

$x_1 = -1$ 이고 고유벡터는 $\mathbf{x} = \begin{pmatrix} -1 \\ 1 \end{pmatrix}$ 이다.

(ii) $\lambda_2 = 6$ 의 고유벡터

$$(D - 6I)\mathbf{x} = \begin{pmatrix} -3 & 3 \\ 3 & -3 \end{pmatrix}\begin{pmatrix} x_1 \\ x_2 \end{pmatrix} = \begin{pmatrix} -3x_1 + 3x_2 \\ 3x_1 - 3x_2 \end{pmatrix} = \begin{pmatrix} 0 \\ 0 \end{pmatrix}$$ 이므로 $3x_1 - 3x_2 = 0$ 이다.

$x_2 = 1$ 이면 $x_1 = 1$ 이고 고유벡터는 $\mathbf{x} = \begin{pmatrix} 1 \\ 1 \end{pmatrix}$ 이다.

지금까지 n 개의 서로 다른 고윳값 λ_i, $i = 1, 2, \cdots, n$ 을 갖는 n 차 정방행렬 A 에 대하여 살펴봤다. 예를 들어 [예제 18]에 주어진 행렬 $A = \begin{pmatrix} 2 & 1 \\ 1 & 2 \end{pmatrix}$ 의 고윳값과 고유벡터는 다음과 같이 서로 다른 고윳값과 고유벡터를 갖는다.

$$\lambda = 1, \quad \mathbf{x}_1 = (-1, 1)^t$$

$$\lambda = 3, \quad \mathbf{x}_2 = (1, 1)^t$$

행렬 A 의 고유벡터의 내적과 이 두 벡터를 열벡터로 갖는 행렬의 행렬식을 구하면 다음과 같다.

$$\mathbf{x}_1 \cdot \mathbf{x}_2 = (-1, 1) \cdot (1, 1) = 0, \quad |(\mathbf{x}_1, \mathbf{x}_2)| = \begin{vmatrix} -1 & 1 \\ 1 & 1 \end{vmatrix} = -2$$

두 고유벡터의 내적이 0이므로 이 두 벡터들은 서로 직교하고, 일차독립 판정법에 의해 행렬 A 의 고유벡터 $\mathbf{x}_1 = (-1, 1)^t$, $\mathbf{x}_2 = (1, 1)^t$ 는 독립이다. 이로부터 고유벡터에 대한 다음 성질을 얻는다.

n개의 서로 다른 고윳값을 갖는 행렬 A에 대한 고유벡터를 $\mathbf{x}_1$, $\mathbf{x}_2$, $\cdots$, $\mathbf{x}_n$이라 하자.

(1) 고유벡터 $\mathbf{x}_1$, $\mathbf{x}_2$, $\cdots$, $\mathbf{x}_n$은 서로 직교한다.

(2) 고유벡터 $\mathbf{x}_1$, $\mathbf{x}_2$, $\cdots$, $\mathbf{x}_n$은 일차독립이다.

행렬 $A = \begin{pmatrix} 2 & 1 & 0 \\ 0 & 1 & 0 \\ 1 & 0 & 1 \end{pmatrix}$의 고윳값을 구하면 $\lambda_1 = 2$, $\lambda_2 = 1$, $\lambda_3 = 1$이고, 따라서 중복인 고윳값을 갖는다. 또한 행렬 $B = \begin{pmatrix} 1 & -1 \\ 3 & -1 \end{pmatrix}$에 대하여 다음을 얻는다.

$$|B - \lambda I| = \left| \begin{pmatrix} 1 & -1 \\ 3 & -1 \end{pmatrix} - \lambda \begin{pmatrix} 1 & 0 \\ 0 & 1 \end{pmatrix} \right| = \left| \begin{matrix} 1 - \lambda & -1 \\ 3 & -1 - \lambda \end{matrix} \right| = \lambda^2 + 2 = 0$$

따라서 실수 범위에서 행렬 B는 고윳값을 갖지 않으나, 스칼라의 개념을 복소수로 확장하면 고윳값은 $\lambda_1 = \sqrt{2}\,i$, $\lambda_2 = -\sqrt{2}\,i$이다. 이 경우 실수인 고유벡터를 구하는 방법에 의해 다음과 같은 고유벡터를 얻는다.

$$\mathbf{x}_1 = \begin{pmatrix} \dfrac{1}{3}(1 + \sqrt{2}\,i) \\ 1 \end{pmatrix}, \quad \mathbf{x}_2 = \begin{pmatrix} \dfrac{1}{3}(1 - \sqrt{2}\,i) \\ 1 \end{pmatrix}$$

6.7 벡터의 응용

공학 분야의 이동 현상과 관련된 운동량, 열, 물질의 전달은 모두 벡터로 표시할 수 있는 물리량이다. 운동량, 열, 물질의 이동 및 전달은 기본적으로 속도, 온도, 농도의 차이 또는 구배가 존재할 때 발생하는 현상이다. 예를 들어 물질은 기본적으로 높은 농도 쪽에서 낮은 농도 쪽으로 분자 확산에 의해 이동하며, 전달되는 물질의 양은 기본적으로 농도의 차를 거리로 나눈 값에 비례한다. 농도 자체는 방향성이 없는 스칼라이지만 이를 구배로 표시하면 방향성을 갖는 벡터가 된다.

푸리에[J. Fourier, 1768~1830]의 열전도 법칙

열전달은 단위 면적당 전달되는 열에너지의 양($\mathrm{W/m^2}$)을 의미하는 것으로 온도와 밀접하게 연관되어 있지만 온도는 스칼라인 반면, 열전달은 크기와 방향을 갖는 벡터이다. 따라서 특정 위치에서 열전달을 명확하게 표시하려면 크기와 방향을 모두 제시해야 한다. 즉, 좌표계를 이용하여 열전달의 방향을 양의 방향과 음의 방향으로 설정할 수 있다. 열전달은 그 종류와 관계없이 온도 차이가 추진력이 되므로 온도 차이가 크면 열전달 속도$^{\text{heat transfer rate}}$가 증가한다.

열전달은 열전도, 대류 열전달, 복사로 구분된다. 열전도^{conduction}는 에너지가 높은 입자에서 낮은 입자로 상호작용에 의해 열에너지가 전달되는 것을 의미한다. 열전도는 고체, 액체, 기체에서 일어날 수 있으며, 분자의 불규칙한 운동에 의한 충돌과 확산에 따라 발생한다. 예를 들어 고체의 경우 분자의 진동과 자유 전자의 이동에 의해 열이 전달된다. 대류 열전달^{convection}은 고체 표면과 주위의 움직이는 액체 또는 기체 사이의 열전달을 의미하며, 열전도와 유체 운동이 함께 작용하여 발생한다. 따라서 유체의 이동이 없는 경우 열전달은 단순히 열전도에 의해 발생하며, 유체가 운동하면 대류 효과가 더해져 열전달이 증가한다. 끝으로 복사^{radiation}는 원자 또는 분자의 전자 준위가 변화하면서 전자기파(광자)의 형태로 에너지가 전달되는 것을 의미한다. 열전도 및 대류 열전달과 달리 복사에는 매개물질이 필요하지 않으며, 열전달도 빛의 속도로 빠르게 이루어진다.

특정 매질에서의 열전도는 매질의 형상, 두께, 매질 구성물질의 종류, 매질의 온도 분포 등에 의해 결정된다. 매질의 두께 및 종류가 열전도에 미치는 영향은 겨울철 외부 수도관을 보온재로 두껍게 싸 놓아 동파를 예방하는 것을 생각하면 잘 알 수 있다.

[그림 6.20]과 같은 큰 면적의 평편한 벽에서의 정상상태 열전도를 생각해 보자. 벽의 두께는 Δx, 면적은 A 이고, 벽 양쪽의 온도 차는 $\Delta T = T_1 - T_2$ 이다. 실험을 통해 열전달 속도, 즉 시간에 따라 전달되는 열의 양은 벽의 두께에 반비례하고, 온도 차이 및 열전달 방향에 수직인 면적에 비례하므로 다음과 같이 표현된다.

$$\dot{Q}_{\text{cond}} = kA\frac{T_1 - T_2}{\Delta x} = -kA\frac{\Delta T}{\Delta x}\,(W)$$

여기서 $\dot{Q}_{\text{cond}}$는 단위시간당 전달된 총 열에너지의 양(W), k는 물질의 열전도율$^{\text{thermal conductivity}}$(W/m · K)이다. 열은 온도가 높은 곳에서 낮은 곳으로 전도되므로(온도 구배가 음의 값) 열전도 속도를 양의 값으로 만들기 위해 음의 부호를 사용한다. $\Delta x \to 0$ 이면 위 식은 다음과 같이 미분으로 표현되며, 이를 푸리에의 열전도 법칙이라 한다.

$$\dot{Q}_{\text{cond}} = -kA\frac{dT}{dx}\,(\text{W})$$

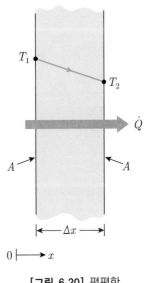

[그림 6.20] 평편한 벽에서의 열전도

여기서 $\dfrac{dT}{dx}$ 는 온도 구배이다. 열전도는 물체의 표면에 수직인 방향의 벡터이므로 3차원 공간좌표계에 나타내면 다음과 같다.

$$\vec{Q_n} = \dot{Q}_x \mathbf{i} + \dot{Q}_y \mathbf{j} + \dot{Q}_z \mathbf{k}$$

이때 x, y, z 방향의 열전달 속도의 크기는 푸리에의 열전도 법칙에 의해 다음과 같다.

$$\dot{Q}_x = -kA_x \frac{\partial T}{\partial x}, \ \ \dot{Q}_y = -kA_y \frac{\partial T}{\partial y}, \ \ \dot{Q}_z = -kA_z \frac{\partial T}{\partial z}$$

여기서 A_x, A_y, A_z 는 각각 x축, y축, z축에 수직인 벽면의 면적이다.

차원해석

자연현상이나 공학적 문제를 수학식으로 표현하기 전에 관련된 물리적 변수들을 도출하고 이들을 구성하는 기본 차원을 살펴봄으로써 변수들의 관계를 개략적으로 파악할 수 있는 수학적 방법을 차원해석^{dimensional analysis}이라 한다. 이와 같은 차원해석은 유체역학, 열전달 및 물질 전달 등 매우 다양한 분야에서 넓게 활용되고 있다. 이때 사용하는 기본 차원은 총 7가지로 길이(L), 질량(m), 물질량(mol), 온도(T), 시간(t), 전류(I), 광도(Iv)이다. 차원해석은 차원의 동차성^{dimensional homogeneity}으로 수식을 이루는 각 항은 모두 같은 차원과 같은 단위를 가져야 함에 근거하고 있다. 대표적인 차원해석 방법은 버킹엄 파이 방법^{Buckingham π method}으로서 물리현상을 지배하는 관련 변수가 k개이고 이들을 이루는 기본 차원이 r개라 하면 무차원 변수는 $(k-r)$개가 유도될 수 있다는 것이다. 즉, 변수의 총 개수가 k이고 차원행렬^{dimensional matrix}의 위수가 r이면 관련된 무차원 변수는 $(k-r)$개이다.

▶ 예제 19

낙하하는 물체에 대하여 차원해석을 통해 차원행렬의 위수와 관련된 무차원 변수의 개수를 구하여라.

풀이

주안점 낙하하는 물체와 관련된 물리적 변수와 기본 차원으로 차원행렬을 구성하고, 이 행렬의 위수를 구하여 관련된 무차원 변수를 찾는다.

❶ 차원행렬을 구한다.
관련된 물리적 변수는 속도, 질량, 높이, 중력가속도이다. 각 물리적 변수를 관련된 기본 차원으로 표시한 차원행렬은 다음과 같다.

차원행렬의 표현

기본 차원	속도(m/s)	질량(kg)	높이(m)	중력가속도(m/s^2)
질량(M)	0	1	0	0
길이(L)	1	0	1	1
시간(T)	-1	0	0	-2

❷ 차원행렬을 다음과 같이 표시한다.

$$D = \begin{pmatrix} 0 & 1 & 0 & 0 \\ 1 & 0 & 1 & 1 \\ -1 & 0 & 0 & -2 \end{pmatrix}$$

❸ 차원행렬의 위수를 구한다.

$$\mathrm{rank}(D) = \mathrm{rank} \begin{pmatrix} 0 & 1 & 0 & 0 \\ 1 & 0 & 1 & 1 \\ -1 & 0 & 0 & -2 \end{pmatrix} \quad (1행)과\ (2행)을\ 교환한다.$$

$$= \mathrm{rank} \begin{pmatrix} 1 & 0 & 1 & 1 \\ 0 & 1 & 0 & 0 \\ -1 & 0 & 0 & -2 \end{pmatrix} \quad (1행)을\ (3행)에\ 더한다.$$

$$= \mathrm{rank} \begin{pmatrix} 1 & 0 & 1 & 1 \\ 0 & 1 & 0 & 0 \\ 0 & 0 & 1 & -1 \end{pmatrix}$$

0이 아닌 성분을 갖는 행의 개수가 3이므로 $\mathrm{rank}(D) = 3$이다.

❹ 무차원 변수의 개수를 구한다.
무차원 변수는 1개((변수의 개수)$-$(위수)$= 4 - 3 = 1$)이다.

버킹엄 파이 방법으로 무차원 변수를 구하는 것은 관련 교과목에서 학습하기 바란다.

▶ 예제 20 소금물의 혼합
그림과 같이 크기가 200L인 물탱크 2개가 서로 연결되어 있으며, 각 탱크에서의 물 유입량 및 유출량을 나타낸다. 각 탱크에는 혼합 장치가 설치되어 있어 소금물의 농도가 균일하게 유지된다.
(1) 각 탱크의 소금의 양을 $x_1(t)$, $x_2(t)$로 정의할 때, 물질수지를 이용하여 탱크의 소금의 양을 계산할 수 있는 식을 세우고, 이를 행렬로 나타내어라.
(2) 표시된 행렬의 고윳값과 고유벡터를 구하여라.

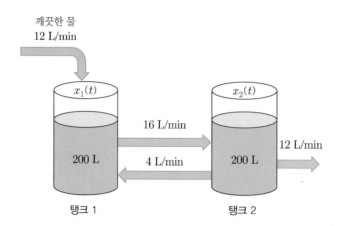

깨끗한 물
12 L/min

$x_1(t)$

16 L/min

4 L/min

200 L

탱크 1

$x_2(t)$

12 L/min

200 L

탱크 2

풀이

주인점 물질수지를 이용하여 각 탱크의 소금 농도 변화식 [소금의 양 변화량 = 소금 유입량 − 소금 유출량]을 구하여 행렬로 나타낸다.

(1) ❶ 각 탱크에 대하여 물질수지를 적용하여 방정식을 얻는다.

탱크 1: 소금의 양이 $x_1(t)$이므로 소금 농도는 $\dfrac{x_1(t)}{200}$ 이다.

$$\frac{dx_1}{dt} = 12 \times 0 + 4 \times \frac{x_2}{200} - 16 \times \frac{x_1}{200} = -0.08\,x_1 + 0.02\,x_2$$

탱크 2: 소금의 양이 $x_2(t)$이므로 소금 농도는 $\dfrac{x_2(t)}{200}$ 이다.

$$\frac{dx_2}{dt} = 16 \times \frac{x_1}{200} - 4 \times \frac{x_2}{200} - 12 \times \frac{x_2}{200} = 0.08\,x_1 - 0.08\,x_2$$

즉, $\dfrac{dx_1}{dt} = x_1{'} = -0.08\,x_1 + 0.02\,x_2$, $\dfrac{dx_2}{dt} = x_2{'} = 0.08\,x_1 - 0.08\,x_2$ 이다.

❷ 행렬과 벡터를 이용하여 방정식을 나타낸다.

$$\begin{pmatrix} x_1{'} \\ x_2{'} \end{pmatrix} = \begin{pmatrix} -0.08 & 0.02 \\ 0.08 & -0.08 \end{pmatrix}, \ \mathbf{x}' = \begin{pmatrix} x_1{'} \\ x_2{'} \end{pmatrix}, \ A = \begin{pmatrix} -0.08 & 0.02 \\ 0.08 & -0.08 \end{pmatrix}, \ \mathbf{x} = \begin{pmatrix} x_1 \\ x_2 \end{pmatrix}$$

(2) ❶ 계수행렬 A 의 고윳값을 구한다.

$A = \begin{pmatrix} -0.08 & 0.02 \\ 0.08 & -0.08 \end{pmatrix}$이므로

$$|A - \lambda I| = \begin{vmatrix} -0.08 - \lambda & 0.02 \\ 0.08 & -0.08 - \lambda \end{vmatrix} = 0$$

$$\lambda^2 + 0.16\,\lambda + 0.0048 = 0$$

$$\lambda = -0.04, \ -0.12$$

❷ 고유벡터를 구한다.

(i) $\lambda = -0.04$에 대한 고유벡터

$$(A + 0.04I)\mathbf{x} = \begin{pmatrix} -0.04 & 0.02 \\ 0.08 & -0.04 \end{pmatrix} \begin{pmatrix} x_1 \\ x_2 \end{pmatrix} = \begin{pmatrix} 0 \\ 0 \end{pmatrix}$$

$$-0.04\,x_1 + 0.02\,x_2 = 0\,,\ \ 0.08\,x_1 - 0.04\,x_2 = 0$$

$x_2 = 2\,x_1$에서 $x_1 = 1$이면 $x_2 = 2$이므로 $\mathbf{x}_1 = \begin{pmatrix} 1 \\ 2 \end{pmatrix}$

(ii) $\lambda = -0.12$에 대한 고유벡터

$$(A + 0.12I)\mathbf{x} = \begin{pmatrix} 0.04 & 0.02 \\ 0.08 & 0.04 \end{pmatrix} \begin{pmatrix} x_1 \\ x_2 \end{pmatrix} = \begin{pmatrix} 0 \\ 0 \end{pmatrix}$$

$$0.04\,x_1 + 0.02\,x_2 = 0\,,\ \ 0.08\,x_1 + 0.04\,x_2 = 0$$

$x_2 = -2\,x_1$이고 $x_1 = 1$이면 $x_2 = -2$이므로 $\mathbf{x}_2 = \begin{pmatrix} 1 \\ -2 \end{pmatrix}$

질산화 반응

질산화 반응은 암모니아($\mathrm{NH_4^+}$)가 질산염($\mathrm{NO_3^-}$)으로 전환되는 생물학적 반응으로서 진행 속도는 상당히 느리며, 질소로 오염된 폐수에서 질소를 생물학적으로 제거하는 데 주로 사용된다. 질산화 반응은 우선 암모니아가 니트로소모나스^{Nitrosomonas} 속 박테리아에 의해 아질산염($\mathrm{NO_2^-}$)으로 산화되고, 이어서 아질산염은 나이트로백터^{Nitrobacter} 속 미생물에 의해 질산염으로 산화된다. 상수에 포함된 암모니아는 상수관망에서 질산염으로 산화될 수 있으며, 이때 생성되는 질산염은 유아의 건강(청색증의 원인)에 큰 영향을 끼칠 수 있다.

▶ 예제 21

암모니아가 포함된 상수가 상수도 배관에서 질산염으로의 변환 가능성을 실험적으로 조사했으며, 이 실험은 완전혼합형 회분식 반응기를 사용하여 상수도 배관과 유사한 조건에서 진행했다. 즉, 충분한 양의 니트로소모나스^{Nitrosomonas}, 나이트로백터^{Nitrobacter}가 있는 상태에서 초기 암모니아를 농도 $0.5\,\mathrm{mM}$로 맞춘 후 반응을 진행했다. 박테리아가 관여하는 생물학적 반응이지만 1차 반응으로 간주하고, 각 반응의 반응속도 상수는 $k_1 = 0.144\,\mathrm{day}^{-1}$, $k_2 = 0.432\,\mathrm{day}^{-1}$이다.

(1) 암모니아, 아질산염, 질산염의 농도를 계산할 수 있는 수식을 세워라.

(2) 수식을 행렬로 나타내고 계수행렬의 고윳값, 고유벡터를 구하여라.

$$\mathrm{NH_4^+} \xrightarrow{\quad k_1 \quad} \mathrm{NO_2^-} \xrightarrow{\quad k_2 \quad} \mathrm{NO_3^-}$$
$$\underset{\text{니트로소모나스}}{} \qquad \underset{\text{나이트로백터}}{}$$

풀이

주안점 회분식 반응기이므로 반응이 진행되는 동안 물질의 유입과 유출이 없다. 즉, [변화량 = 반응에 따른 생성량 - 반응에 따른 소비량]이다.

(1) ❶ 암모니아, 아질산염, 질산염에 대한 물질수지를 수립한다.

암모니아, 아질산염, 질산염의 농도를 각각 x_1, x_2, x_3 이라 하자.

$$\text{암모니아: } \frac{dx_1}{dt} = -k_1 x_1 = -0.144 x_1$$

$$\text{아질산염: } \frac{dx_2}{dt} = k_1 x_1 - k_2 x_2 = 0.144 x_1 - 0.432 x_2$$

$$\text{질산염: } \frac{dx_3}{dt} = k_2 x_2 = 0.432 x_2$$

❷ 행렬과 벡터를 이용하여 방정식을 표현한다.

$$\begin{pmatrix} x_1' \\ x_2' \\ x_3' \end{pmatrix} = \begin{pmatrix} -0.144 & 0 & 0 \\ 0.144 & -0.432 & 0 \\ 0 & 0.432 & 0 \end{pmatrix} \begin{pmatrix} x_1 \\ x_2 \\ x_3 \end{pmatrix}, \ \mathbf{x}' = \begin{pmatrix} x_1' \\ x_2' \\ x_3' \end{pmatrix}, \ A = \begin{pmatrix} -0.144 & 0 & 0 \\ 0.144 & -0.432 & 0 \\ 0 & 0.432 & 0 \end{pmatrix}, \ \mathbf{x} = \begin{pmatrix} x_1 \\ x_2 \\ x_3 \end{pmatrix}$$

(2) ❶ 계수행렬 A 의 고윳값을 구한다.

$A = \begin{pmatrix} -0.144 & 0 & 0 \\ 0.144 & -0.432 & 0 \\ 0 & 0.432 & 0 \end{pmatrix}$ 이므로

$$|A - \lambda I| = \begin{vmatrix} -0.144 - \lambda & 0 & 0 \\ 0.144 & -0.432 - \lambda & 0 \\ 0 & 0.432 & -\lambda \end{vmatrix} = 0$$

$$\lambda(\lambda + 0.144)(\lambda + 0.432) = 0$$

$$\lambda = 0, \ -0.144, \ -0.432$$

❷ 고유벡터를 구한다.

(i) $\lambda = 0$ 에 대한 고유벡터

$$(A - 0I)\mathbf{x} = \begin{pmatrix} -0.144 x_1 \\ 0.144 x_1 - 0.432 x_2 \\ 0.432 x_2 \end{pmatrix} = \begin{pmatrix} 0 \\ 0 \\ 0 \end{pmatrix}$$

$$-0.144 x_1 = 0, \ 0.144 x_1 - 0.432 x_2 = 0, \ 0.432 x_2 = 0$$

$$x_1 = 0 , \; x_2 = 0 \text{ 에서 } x_3 = 1 \text{ 이면 } \mathbf{x}_1 = \begin{pmatrix} 0 \\ 0 \\ 1 \end{pmatrix}$$

(ii) $\lambda = -0.144$ 에 대한 고유벡터

$$(A + 0.144\,I)\mathbf{x} = \begin{pmatrix} 0 \\ 0.144x_1 - 0.288x_2 \\ 0.432x_2 + 0.144x_3 \end{pmatrix} = \begin{pmatrix} 0 \\ 0 \\ 0 \end{pmatrix}$$

$$0.144x_1 - 0.288x_2 = 0 , \; 0.432x_2 + 0.144x_3 = 0$$

$$x_1 = 2x_2 , \; x_3 = -3x_2 \text{ 에서 } x_2 = 1 \text{ 이면 } x_1 = 2 , \; x_3 = -3 \text{ 이므로 } \mathbf{x}_2 = \begin{pmatrix} 2 \\ 1 \\ -3 \end{pmatrix}$$

(iii) $\lambda = -0.432$ 에 대한 고유벡터

$$(A + 0.432\,I)\mathbf{x} = \begin{pmatrix} 0.288x_1 \\ 0.144x_1 \\ 0.432x_2 + 0.432x_3 \end{pmatrix} = \begin{pmatrix} 0 \\ 0 \\ 0 \end{pmatrix}$$

$$0.288x_1 = 0 , \; 0.144x_1 = 0 , \; 0.432x_2 + 0.432x_3 = 0$$

$$x_1 = 0 , \; x_3 = -x_2 \text{ 에서 } x_2 = 1 \text{ 이면 } x_3 = -1 \text{ 이므로 } \mathbf{x}_3 = \begin{pmatrix} 0 \\ 1 \\ -1 \end{pmatrix}$$

약동학 모델

약동학^{pharmacokinetics}은 투여한 약물이 체내에서 흡수, 분포, 대사, 배설되는 정도를 수학적으로 표시하여 투여량과 효과 그리고 체액 내 약물 농도의 관계를 양적으로 다룬다. 예를 들어 약동학적 지표는 최대의 효과, 최소의 이상 반응을 나타나는 항생제의 용량과 투여 간격 등을 결정하는 데 사용된다. 약물의 농도는 일반적으로 간질구획$^{interstitial\ compartment}$과 세포내구획$^{intracellular\ compartment}$에서의 농도로 구분할 수 있고, 약물의 종류 및 특성에 따라 그 분포가 결정된다. 또한 치료 대상의 위치와 약물의 구획별 농도가 치료 결과에 큰 영향을 미칠 수 있다. 예를 들어 세균 감염 시 대부분의 세균은 세포 외에 존재하므로 감염 부위의 간질구획 내 항생제 농도가 치료 효과를 결정하는 지표가 된다. [그림 6.21]은 3구획 약동학 모델로 약물 투여 후 혈장, 간질구획, 세포에서의 약물 농도를 계산하는 데 사용할 수 있다.

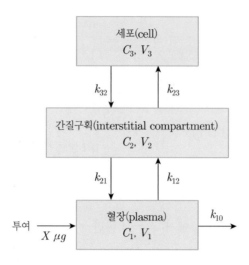

세포(cell)
C_3, V_3

k_{32} k_{23}

간질구획(interstitial compartment)
C_2, V_2

k_{21} k_{12}

투여
$X\,\mu g$

혈장(plasma)
C_1, V_1 k_{10}

[그림 6.21] 3구획 약동학 모델

구획간 속도 상수$^{\text{inter-compartment rate constant}}$($k_{12}$, k_{21}, k_{32}, k_{23})는 혈장과 간질구획, 간질구획과 세포 사이의 약물 이동속도 상수이며, 제거속도 상수(k_{10})는 혈장에서 약물의 생체 변환 및 배설에 의한 감소를 나타낸다. 그리고 C는 약물 농도, V는 각 구획의 부피, 숫자는 1, 2, 3 구획을 나타낸다. 그러면 구획간의 약물 이동은 다음 미분방정식을 통해 나타낼 수 있다.

$$V_1 \frac{dC_1}{dt} = -(k_{10}+k_{12})\,V_1\,C_1 + k_{21}\,V_2\,C_2$$

$$V_2 \frac{dC_2}{dt} = -k_{12}\,V_1\,C_1 - (k_{21}+k_{23})\,V_2\,C_2 + k_{32}\,V_3\,C_3$$

$$V_3 \frac{dC_3}{dt} = k_{23}\,V_2\,C_2 - k_{32}\,V_3\,C_3$$

▶ 예제 22

$V_1 = V_2 = V_3 = 100\,\mathrm{mL}$, $k_{10} = 1.0\,\mathrm{hr}^{-1}$, $k_{12} = 3.0\,\mathrm{hr}^{-1}$, $k_{21} = 6.0\,\mathrm{hr}^{-1}$, $k_{23} = 3.0\,\mathrm{hr}^{-1}$, $k_{32} = 1.0\,\mathrm{hr}^{-1}$이라 할 때, 3구획 약동학 모델의 고윳값과 고유벡터를 구하여라.

풀이

(1) ❶ 주어진 조건에 맞는 연립 미분방정식을 나타낸다.

$$\frac{dC_1}{dt} = -4C_1 + 6C_2$$

$$\frac{dC_2}{dt} = -3C_1 - 9C_2 + C_3$$

$$\frac{dC_3}{dt} = 3C_2 - C_3$$

❷ 행렬과 벡터를 이용하여 방정식을 나타낸다.

$$\begin{pmatrix} C_1{}' \\ C_2{}' \\ C_3{}' \end{pmatrix} = \begin{pmatrix} -4 & 6 & 0 \\ -3 & -9 & 1 \\ 0 & 3 & -1 \end{pmatrix} \begin{pmatrix} C_1 \\ C_2 \\ C_3 \end{pmatrix}$$

(2) ❶ 계수행렬 A 의 고윳값을 구한다.

$A = \begin{pmatrix} -4 & 6 & 0 \\ -3 & -9 & 1 \\ 0 & 3 & -1 \end{pmatrix}$ 이므로

$$|A - \lambda I| = \begin{vmatrix} -4-\lambda & 6 & 0 \\ -3 & -9-\lambda & 1 \\ 0 & 3 & -1-\lambda \end{vmatrix} = 0$$

$$\lambda^3 + 14\lambda^2 + 64\lambda + 42 = 0$$

$$\lambda = -0.7828, \; -6.6086 \pm 3.1591i$$

❷ 고유벡터를 구한다.

(i) $\lambda = -0.7828$ 에 대한 고유벡터

$$\mathbf{c}_1 = \begin{pmatrix} 0.1335 \\ 0.0716 \\ 0.9885 \end{pmatrix}$$

(ii) $\lambda = -6.6086 + 3.1591i$ 에 대한 고유벡터

$$\mathbf{c}_2 = \begin{pmatrix} -0.7987 \\ 0.3473 - 0.4205i \\ -0.2372 + 0.0913i \end{pmatrix}$$

(iii) $\lambda = -6.6086 - 3.1591i$ 에 대한 고유벡터

$$\mathbf{c}_3 = \begin{pmatrix} -0.7987 \\ 0.3473 + 0.4205i \\ -0.2372 - 0.0913i \end{pmatrix}$$

이 예제에서 고윳값 및 고유벡터는 MATLAB 등 소프트웨어를 이용하여 근사적으로 구한 것이다.

01 두 벡터 a, b에 대하여 $2\mathbf{a}$, $\mathbf{a}+\mathbf{b}$, $\mathbf{a}-\mathbf{b}$, $\|\mathbf{a}+\mathbf{b}\|$, $\|\mathbf{a}-\mathbf{b}\|$를 각각 구하여라.

    (1) $\mathbf{a}=(1,1)$, $\mathbf{b}=(2,3)$

    (2) $\mathbf{a}=2\mathbf{i}+\mathbf{j}$, $\mathbf{b}=-\mathbf{i}-2\mathbf{j}$

    (3) $\mathbf{a}=-\mathbf{i}+\mathbf{j}$, $\mathbf{b}=2\mathbf{i}-3\mathbf{j}$

    (4) $\mathbf{a}=(1,1,2)$, $\mathbf{b}=(2,0,3)$

    (5) $\mathbf{a}=\mathbf{i}-2\mathbf{j}+3\mathbf{k}$, $\mathbf{b}=2\mathbf{i}-2\mathbf{j}+\mathbf{k}$

    (6) $\mathbf{a}=2\mathbf{i}-\mathbf{j}+2\mathbf{k}$, $\mathbf{b}=\mathbf{i}-\mathbf{j}+2\mathbf{k}$

02 시점 P와 종점 Q에 대하여 $\overrightarrow{PQ}$, $\|\overrightarrow{PQ}\|$를 각각 구하여라.

    (1) $P(1,-1)$, $Q(-1,1)$ (2) $P(0,2)$, $Q(2,-1)$

    (3) $P(1,-1.1)$, $Q(2,0,-1)$ (4) $P(3,2,1)$, $Q(1,0,1)$

03 다음 벡터와 동일한 방향의 단위벡터 u를 구하여라.

    (1) $\mathbf{a}=(1,1)$ (2) $\mathbf{b}=(3,4)$ (3) $\mathbf{c}=(2,-2,2)$ (4) $\mathbf{d}=(1,2,1)$

04 두 벡터 $\mathbf{a}=(1,2)$와 $\mathbf{b}=(2,-2)$에 대하여 다음을 구하여라.

    (1) $\|\mathbf{a}\|+\|\mathbf{b}\|$ (2) $\|\mathbf{a}+\mathbf{b}\|$

05 다음 두 벡터의 내적과 사잇각을 구하여라.

    (1) $\mathbf{a}=\mathbf{i}-\mathbf{j}$, $\mathbf{b}=-\mathbf{i}+\mathbf{j}$

    (2) $\mathbf{a}=\mathbf{i}+2\mathbf{j}$, $\mathbf{b}=-\mathbf{i}+3\mathbf{j}$

    (3) $\mathbf{a}=2\mathbf{i}+\mathbf{j}-3\mathbf{k}$, $\mathbf{b}=2\mathbf{i}-2\mathbf{j}+\mathbf{k}$

    (4) $\mathbf{a}=-2\mathbf{j}+3\mathbf{k}$, $\mathbf{b}=-3\mathbf{i}+2\mathbf{j}$

06 다음 벡터의 방향여현과 방향각을 구하여라.

    (1) $\mathbf{a}=3\mathbf{i}+2\mathbf{j}-\mathbf{k}$ (2) $\mathbf{a}=\mathbf{i}+2\mathbf{j}-2\mathbf{k}$

    (3) $\mathbf{a}=2\mathbf{i}-\mathbf{j}+\mathbf{k}$ (4) $\mathbf{a}=\mathbf{i}+\mathbf{j}+\mathbf{k}$

07 $\mathbf{a}=(-1,2,-1)$과 $\mathbf{b}=(1,0,1)$에 대하여 다음을 각각 구하여라.

    (1) b 방향에서 a의 성분, b 방향에서 a의 정사영 벡터, a의 b에 수직인 벡터

(2) a 방향에서 b의 성분, a 방향에서 b의 정사영 벡터, b의 a에 수직인 벡터

08 다음 두 벡터의 외적 a × b와 b × a를 구하여라.

(1) $a = i - j + 2k$, $b = 3i + 2j - k$

(2) $a = i + 2j - k$, $b = -i + j + 2k$

(3) $a = -3i + j - 2k$, $b = 2i + 3j$

(4) $a = -i - 2j + k$, $b = 2i - j + 3k$

09 [연습문제 8]에 주어진 두 벡터 a, b에 의해 만들어지는 평행사변형의 넓이를 각각 구하여라.

10 [연습문제 8]에 주어진 두 벡터 a, b에 수직인 단위벡터를 각각 구하여라.

11 다음 세 점을 포함하는 평면에 수직인 벡터를 구하여라.

(1) $P(1, 2, 1)$, $Q(-1, 1, 2)$, $R(1, -1, 1)$

(2) $P(1, 2, 3)$, $Q(0, 1, -1)$, $R(1, 1, 1)$

(3) $P(2, 2, 1)$, $Q(1, 0, 2)$, $R(3, 1, 1)$

(4) $P(1, -1, 1)$, $Q(-1, 1, 1)$, $R(1, 1, -1)$

12 [연습문제 11]의 세 점을 이웃하는 세 꼭짓점으로 갖는 평행사변형의 넓이를 각각 구하여라.

13 원점으로부터 [연습문제 11]에 주어진 세 점 P, Q, R의 위치벡터 $\overrightarrow{OP}$, $\overrightarrow{OQ}$, $\overrightarrow{OR}$에 의한 평행육면체의 부피를 구하여라.

14 다음 두 점을 지나는 벡터방정식, 매개변수방정식, 대칭방정식을 각각 구하여라.

(1) $P(-1, 2, 1)$, $Q(1, 3, 4)$ (2) $P(1, 0, 4)$, $Q(-1, 1, 2)$

(3) $P(2, 1, 2)$, $Q(1, 3, 1)$ (4) $P(-2, -1, 2)$, $Q(1, 1, 1)$

15 점 P를 지나고 벡터 n에 수직인 평면을 구하여라.

(1) $P(1, -1, 2)$, $n = 2i - j + k$ (2) $P(2, 0, -2)$, $n = i + 2j - 3k$

(3) $P(1, 1, 1)$, $n = 2i + 3j + 4k$ (4) $P(0, 2, -1)$, $n = -i - 3j + k$

16 직선 l과 평면 α가 만나는 교점의 좌표를 구하여라.

(1) $l : x = 2 + t$, $y = t$, $z = -1 + 2t$, $\alpha : x + y + z = 5$

(2) $l: x = 1 - 2t$, $y = 1 - t$, $z = 2 + t$, $\alpha: 2x - y - z = 3$

(3) $\dfrac{x-1}{1} = \dfrac{y-2}{2} = \dfrac{z+1}{3}$, $\alpha: 2x - y + 4z = 11$

(4) $\dfrac{x+1}{2} = \dfrac{y-1}{-3} = \dfrac{z+2}{3}$, $\alpha: x - y + 2z = -17$

17 평면 α에 수직인 단위벡터를 구하여라.

(1) $\alpha: -x + 3y + 2z = 4$ (2) $\alpha: 2x - y + 3z = 5$

(3) $\alpha: x - y + z = 5$ (4) $\alpha: -3x + y - 2z = -1$

18 두 평면 α_1, α_2의 교각과 교선의 방정식을 구하여라.

(1) $\alpha_1: x - 2y + 2z = 3$, $\alpha_2: -x - 2y + 2z = 1$

(2) $\alpha_1: x - y - z = 1$, $\alpha_2: 2x + y + z = 2$

(3) $\alpha_1: -2x - y + 2z = 3$, $\alpha_2: x - y + 2z = -3$

(4) $\alpha_1: -x - 3y + z = -4$, $\alpha_2: -2x - 2z = 1$

19 다음 세 벡터가 일차독립인지 일차종속인지 판정하여라.

(1) $\mathbf{v}_1 = (1, 0, 2)$, $\mathbf{v}_2 = (1, 2, 1)$, $\mathbf{v}_3 = (2, -1, 0)$

(2) $\mathbf{v}_1 = (1, 1, 1)$, $\mathbf{v}_2 = (2, 0, 1)$, $\mathbf{v}_3 = (3, 1, 2)$

(3) $\mathbf{v}_1 = (1, 2, 3)$, $\mathbf{v}_2 = (-1, 3, 2)$, $\mathbf{v}_3 = (1, 1, 1)$

(4) $\mathbf{v}_1 = (1, 1, 1)$, $\mathbf{v}_2 = (0, 2, 1)$, $\mathbf{v}_3 = (-1, 1, 0)$

20 다음 행렬의 위수를 구하여 일차독립인 행벡터의 개수를 구하여라.

(1) $\begin{pmatrix} 1 & 1 & 2 & 3 \\ 1 & 2 & 3 & 4 \\ 0 & 4 & 0 & 4 \end{pmatrix}$ (2) $\begin{pmatrix} 1 & 2 & 3 \\ 1 & 4 & 7 \\ 2 & 3 & 5 \end{pmatrix}$ (3) $\begin{pmatrix} 1 & 3 & 2 \\ 2 & 5 & 1 \\ 4 & 11 & 5 \end{pmatrix}$

(4) $\begin{pmatrix} 1 & -2 & 1 & 3 \\ 2 & 1 & 4 & 0 \\ 1 & 1 & -3 & 2 \end{pmatrix}$ (5) $\begin{pmatrix} 2 & 1 & 3 & 2 \\ 1 & 2 & -4 & 1 \\ 4 & 5 & 5 & 4 \end{pmatrix}$ (6) $\begin{pmatrix} -4 & 0 & 1 & 2 \\ 2 & 1 & 5 & -1 \\ 1 & -5 & 6 & 3 \\ 3 & -4 & 11 & 2 \end{pmatrix}$

21 다음 행렬의 고윳값과 고유벡터를 구하여라.

(1) $\begin{pmatrix} 4 & 2 \\ 2 & 1 \end{pmatrix}$ (2) $\begin{pmatrix} 1 & 3 \\ 2 & 2 \end{pmatrix}$ (3) $\begin{pmatrix} -1 & 2 \\ 1 & 0 \end{pmatrix}$

(4) $\begin{pmatrix} 1 & 1 & 1 \\ 1 & 0 & 1 \\ 0 & 1 & 0 \end{pmatrix}$ (5) $\begin{pmatrix} 2 & 0 & 1 \\ 1 & 2 & 0 \\ 1 & 0 & 2 \end{pmatrix}$ (6) $\begin{pmatrix} 2 & 0 & 2 \\ 1 & -2 & 2 \\ 0 & 1 & 1 \end{pmatrix}$

22 직경이 D, 길이가 L인 관을 흐르는 유체의 단위길이당 압력 손실에 대하여 차원해석을 실시하고자 한다. 차원행렬의 위수를 계산하고, 관련된 무차원 변수의 개수를 구하여라. 여기서 흐르는 유체의 압력 손실은 점성계수, 유속, 밀도, 관경, 관 길이 등과 연관되어 있다.

23 그림은 크기가 200L인 물탱크 2개가 서로 연결되어 있으며, 각 탱크에서의 물 유입량 및 유출량을 나타낸다. 각 탱크에는 혼합장치가 설치되어 있어 소금물의 농도가 균일하게 유지된다. 각 탱크의 소금의 양을 $x_1(t)$, $x_2(t)$로 정의할 때, 물질수지를 이용하여 소금의 양이 변하는 식을 세우고, 계수행렬의 고윳값과 고유벡터를 구하여라.

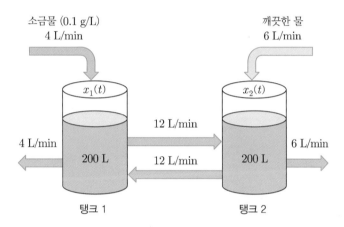

24 부피가 50L, 25L, 50L인 세 탱크가 그림과 같이 서로 연결되어 소금물이 순환한다. 각 탱크 사이를 흐르는 소금물의 유량은 모두 10L/hr로 같다. 세 탱크 1, 2, 3에 있는 소금의 양을 각각 x_1, x_2, x_3이라 할 때, 행렬을 이용하여 x_1, x_2, x_3과 관련된 연립방정식을 세우고, 계수행렬의 고윳값과 고유벡터를 구하여라.

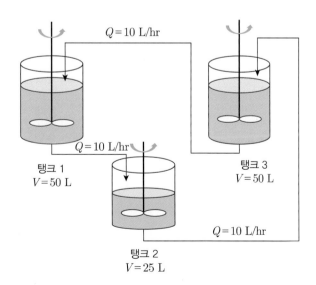

25 스프링에 질량이 각각 m_1, m_2인 두 물체가 그림과 같이 수직으로 연결되어 있다. 스프링의 탄성계수가 각각 k_1, k_2이고, 각 물체에는 각각 $F_1(t)$, $F_2(t)$의 힘이 작용한다. 정적 평형위치를 기준으로 두 물체 1, 2의 운동 위치를 각각 $x_1(t)$, $x_2(t)$라 하고, 공기저항은 무시한다. 이때 두 물체의 운동을 나타내는 방정식을 세운 후, $m_1 = m_2 = 1$, $k_1 = 2$, $k_2 = 1$, $F_1(t) = F_2(t) = 0$에 대하여 계수행렬의 고윳값과 고유벡터를 구하여라.

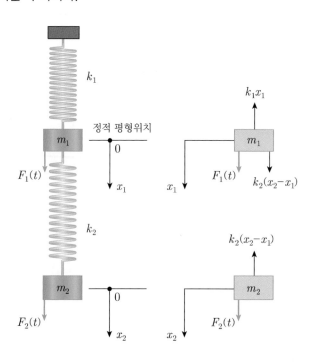

26 북부점박이올빼미$^{\text{northern spotted owl}}$ 암컷을 미성숙체, 준성체, 성체로 구분하여 출산율 및 생존율에 기초하여 추정된 연도별 개체 수는 다음 방정식으로 설명된다.

$$\begin{pmatrix} j_{k+1} \\ s_{k+1} \\ a_{k+1} \end{pmatrix} = \begin{pmatrix} 0 & 0 & 0.33 \\ 0.18 & 0 & 0 \\ 0 & 0.709 & 0.848 \end{pmatrix} \begin{pmatrix} j_k \\ s_k \\ a_k \end{pmatrix}$$

여기서 j_{k+1}, s_{k+1}, a_{k+1}는 각각 $(k+1)$년의 미성숙체^{juvenile}, 준성체^{subadult}, 성체^{adult} 암컷의 개체수이며, j_k, s_k, a_k는 각각 k년의 미성숙체^{juvenile}, 준성체^{subadult}, 성체^{adult} 암컷의 개체수를 나타낸다. 성체는 매년 한 번만 번식하고 준성체는 번식하지 않으며, 성체의 수명은 조사하는 기간에 비해 충분히 길다는 가정 아래 수명을 개체수 추정에 반영하지 않았다. 미성숙체, 준성체, 성체 암컷의 1년 생존율이 각각 18.0%, 70.9%, 84.8%일 때, 이 행렬$^{\text{Leslie matrix}}$의 고윳값을 구하여라(단, 새로 태어나는 미성숙체 수는 성체 수의 33%이다).

1. $\mathbf{a} = (a_1, a_2, \cdots, a_n)$ 과 $\mathbf{b} = (b_1, b_2, \cdots, b_n)$ 의 내적

$$\mathbf{a} \cdot \mathbf{b} = \|\mathbf{a}\| \|\mathbf{b}\| \cos \theta = a_1 b_1 + a_2 b_2 + \cdots + a_n b_n$$

---

2. 정사영 벡터

$$\mathbf{b} \text{ 방향에서 } \mathbf{a} \text{의 정사영 벡터}: \operatorname{Proj}_\mathbf{b} \mathbf{a} = \left(\frac{\mathbf{a} \cdot \mathbf{b}}{\|\mathbf{b}\|^2} \right) \mathbf{b}$$

$$\mathbf{a} \text{ 방향에서 } \mathbf{b} \text{의 정사영 벡터}: \operatorname{Proj}_\mathbf{a} \mathbf{b} = \left(\frac{\mathbf{a} \cdot \mathbf{b}}{\|\mathbf{a}\|^2} \right) \mathbf{a}$$

---

3. $\mathbf{a} = (a_1, a_2, \cdots, a_n)$ 과 $\mathbf{b} = (b_1, b_2, \cdots, b_n)$ 의 외적

$$\mathbf{a} \times \mathbf{b} = (\|\mathbf{a}\| \|\mathbf{b}\| \sin \theta) \mathbf{n} = \begin{vmatrix} \mathbf{i} & \mathbf{j} & \mathbf{k} \\ a_1 & a_2 & a_3 \\ b_1 & b_2 & b_3 \end{vmatrix}$$

---

4. $\mathbf{a}$, $\mathbf{b}$, $\mathbf{c}$ 의 삼중적

$$\mathbf{a} \cdot (\mathbf{b} \times \mathbf{c}) = \|\mathbf{a}\| \|\mathbf{b} \times \mathbf{c}\| \cos \theta = \begin{vmatrix} a_1 & a_2 & a_3 \\ b_1 & b_2 & b_3 \\ c_1 & c_2 & c_3 \end{vmatrix}$$

---

5. 공간 위의 직선의 방정식

$$\text{벡터방정식}: \mathbf{r} - \mathbf{a} = t(\mathbf{b} - \mathbf{a}) \text{ 또는 } \mathbf{r} = (1-t)\mathbf{a} + t\mathbf{b}$$

$$\text{매개변수방정식}: x - x_0 = t c_1, \ y - y_0 = t c_2, \ z - z_0 = t c_3$$

$$\text{대칭방정식}: \frac{x - x_0}{c_1} = \frac{y - y_0}{c_2} = \frac{z - z_0}{c_3}$$

---

6. $\mathbf{n} = n_1 \mathbf{i} + n_2 \mathbf{j} + n_3 \mathbf{k}$ 에 수직이고 정점 $P_0(x_0, y_0, z_0)$ 을 지나는 평면

$$\mathbf{n} \cdot \mathbf{r} = \mathbf{n} \cdot \mathbf{a} \text{ 또는 } n_1 x + n_2 y + n_3 z = n_1 x_0 + n_2 y_0 + n_3 z_0, \ \mathbf{a} = (x_0, y_0, z_0)$$

---

7. n 차원 공간 안의 n 개의 벡터 $\mathbf{v}_i = (a_{i1}, a_{i2}, \cdots, a_{in})$, $i = 1, 2, \cdots, n$ 의 일차독립성

$$D = \begin{vmatrix} a_{11} & a_{12} & \cdots & a_{1n} \\ a_{21} & a_{22} & \cdots & a_{2n} \\ & & \vdots & \\ a_{n1} & a_{n2} & \cdots & a_{nn} \end{vmatrix} \neq 0 \text{ 이면 } \mathbf{v}_1, \mathbf{v}_2, \cdots, \mathbf{v}_n \text{ 은 독립}$$

---

8. 고윳값과 고유벡터

$|A - \lambda I| = 0$ 을 만족하는 λ 를 행렬 A 의 고윳값이라 하고, $(A - \lambda I)\mathbf{x} = 0$ 을 만족하는 벡터 $\mathbf{x}$ 를 λ 에 대한 고유벡터라 한다.

제7장

벡터해석

6장에서 벡터를 이용하여 공간 안의 점을 나타내면 공간에서 직선과
평면을 쉽게 표현할 수 있음을 알아봤다. 이와 같이 벡터를 이용하여
공간 안에서 움직이는 점의 자취를 나타낼 수 있으며, 자기장이나
역학을 비롯한 공학에서 발생하는 대부분의 현상은 시간과 위치에
따라 변화는 함수로 표현된다. 이 장에서는 이러한 현상을 표현하는
벡터값을 갖는 함수에 대한 미분과 적분에 대하여 살펴본다.

7.1 벡터함수

지금까지 다룬 대부분의 함수는 $y = f(x)$ 형태로 정의역 안의 실수를 치역 안의 실수로 대응시키는 규칙이다. 한편 개미가 먹이를 찾아 편평한 땅 위를 움직이거나 벌이 꿀을 찾아 공중에서 날아다니면 시간이 흐르면서 개미 또는 벌이 움직인 방향과 자취를 포함하는 곡선으로 나타난다. 이와 같이 시간을 나타내는 매개변수 t에 의해 평면 또는 공간에서 그려지는 곡선은 벡터에 의해 표현된다. 즉, 곡선 위의 점은 실수 t에 대하여 벡터값으로 표현된다.

벡터함수

다음과 같이 실수인 매개변수 t에 의한 평면 위에서 그려지는 곡선 C를 생각하자.

$$C: x = f(t), \ y = g(t), \ a \le t \le b$$

이 곡선은 두 실함수 f, g를 성분으로 가지는 벡터 $\mathbf{r}$을 이용하여 다음과 같이 나타낼 수 있다.

$$\mathbf{r}(t) = f(t)\mathbf{i} + g(t)\mathbf{j}$$

또한 공간 위의 곡선은 다음과 같이 매개변수 t를 이용하여 표현할 수 있다.

$$C: x = f(t), \ y = g(t), \ z = h(t), \ a \le t \le b$$

이 경우 세 실함수 f, g, h를 성분으로 가지는 벡터 $\mathbf{r}$을 이용하여 다음과 같이 나타낼 수 있다.

$$\mathbf{r}(t) = f(t)\mathbf{i} + g(t)\mathbf{j} + h(t)\mathbf{k}$$

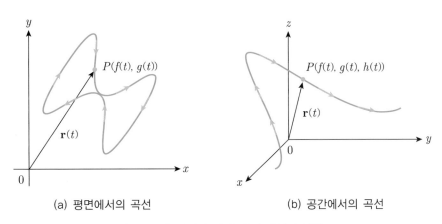

(a) 평면에서의 곡선 (b) 공간에서의 곡선

[그림 7.1] 평면과 공간 위의 곡선과 방향

이와 같이 실수 t를 벡터에 대응시키는 함수 $\mathbf{r}(t)$를 **벡터함수**^{vector function}라 한다. [그림 7.1]은 평면과 공간에서 정의되는 벡터함수를 나타낸다.

점 t_0에서 벡터 $\mathbf{r}(t_0)$은 곡선 C 위의 점 P의 위치벡터를 의미하며, t가 변함에 따른 벡터의 종점이 움직이는 자취를 나타내는 곡선 C를 **공간곡선**^{space curve}이라 한다.

▶ 예제 1

벡터함수 $\mathbf{r}(t) = \cos t\,\mathbf{i} + \sin t\,\mathbf{j} + t\,\mathbf{k}$, $t \geq 0$의 자취를 알아보기 위해 $x = \cos t$, $y = \sin t$, $z = t$로 놓으면 $x^2 + y^2 = \cos^2 t + \sin^2 t = 1$, $z \geq 0$이다. 공간에서 $x^2 + y^2 = 1$은 반지름의 길이가 1인 원기둥을 나타내며, 벡터함수 $\mathbf{r}(t)$는 그림과 같이 이 원기둥을 시계 반대 방향으로 휘감아 올라가는 곡선을 나타낸다. 이때 공간에서 벡터함수 $\mathbf{r}(t)$가 그리는 곡선을 **원형나선**^{circular helix}이라 한다.

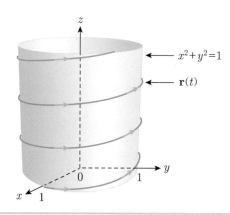

실함수와 마찬가지로 공간에서 벡터함수 $\mathbf{r}(t) = f(t)\mathbf{i} + g(t)\mathbf{j} + h(t)\mathbf{k}$의 극한과 연속을 다음과 같이 정의한다.

정의 1   **벡터함수의 극한과 연속**

$\lim\limits_{t \to t_0} f(t) = a$, $\lim\limits_{t \to t_0} g(t) = b$, $\lim\limits_{t \to t_0} h(t) = c$가 존재한다고 하자.

(1) $\lim\limits_{t \to t_0} \mathbf{r}(t) = \left(\lim\limits_{t \to t_0} f(t) \right)\mathbf{i} + \left(\lim\limits_{t \to t_0} g(t) \right)\mathbf{j} + \left(\lim\limits_{t \to t_0} h(t) \right)\mathbf{k} = a\mathbf{i} + b\mathbf{j} + c\mathbf{k}$

(2) $\lim\limits_{t \to t_0} \mathbf{r}(t) = \mathbf{r}(t_0)$이면 벡터함수 $\mathbf{r}(t)$는 $t = t_0$에서 연속이다.

벡터함수 $\mathbf{r}(t)$의 극한은 다음 성질을 갖는다.

① $\displaystyle\lim_{t \to a} k\mathbf{r}(t) = k\lim_{t \to a}\mathbf{r}(t)$

② $\displaystyle\lim_{t \to a} \left(\mathbf{r}_1(t) + \mathbf{r}_2(t)\right) = \lim_{t \to a}\mathbf{r}_1(t) + \lim_{t \to a}\mathbf{r}_2(t)$

▶ 예제 2

벡터함수 $\mathbf{r}(t) = \cos t\,\mathbf{i} + \sin t\,\mathbf{j} + t\mathbf{k}$ 에 대하여 $\displaystyle\lim_{t \to 0}\mathbf{r}(t)$와 $\displaystyle\lim_{t \to \pi}\mathbf{r}(t)$를 구하여라.

풀이

$$\lim_{t \to 0}\mathbf{r}(t) = \left(\lim_{t \to 0}\cos t\right)\mathbf{i} + \left(\lim_{t \to 0}\sin t\right)\mathbf{j} + \left(\lim_{t \to 0}t\right)\mathbf{k} = \mathbf{i} + 0\mathbf{j} + 0\mathbf{k} = \mathbf{i}\,,$$

$$\lim_{t \to \pi}\mathbf{r}(t) = \left(\lim_{t \to \pi}\cos t\right)\mathbf{i} + \left(\lim_{t \to \pi}\sin t\right)\mathbf{j} + \left(\lim_{t \to \pi}t\right)\mathbf{k} = (-1)\mathbf{i} + 0\mathbf{j} + \pi\mathbf{k} = -\mathbf{i} + \pi\mathbf{k}$$

벡터함수의 도함수

벡터함수 $\mathbf{r}(t)$의 성분함수들이 미분가능하면 벡터함수의 도함수 $\mathbf{r}'(t)$는 다음과 같이 정의한다.

$$\frac{d\mathbf{r}}{dt} = \mathbf{r}'(t) = \lim_{\Delta t \to 0}\frac{\Delta \mathbf{r}}{\Delta t} = \lim_{\Delta t \to 0}\frac{\mathbf{r}(t + \Delta t) - \mathbf{r}(t)}{\Delta t}$$

$\mathbf{r}(t) = \overrightarrow{OP}$, $\mathbf{r}(t + \Delta x) = \overrightarrow{OQ}$ 라 하면 $\overrightarrow{PQ} = \mathbf{r}(t + \Delta t) - \mathbf{r}(t)$는 [그림 7.2(a)]와 같이 할선을 나타내는 벡터이며, $\Delta t > 0$ 이면 $\mathbf{r}(t + \Delta t) - \mathbf{r}(t)$와 $\dfrac{\mathbf{r}(t + \Delta t) - \mathbf{r}(t)}{\Delta t}$ 는 방향이 동일하다. 더욱이 $\Delta t \to 0$ 이면

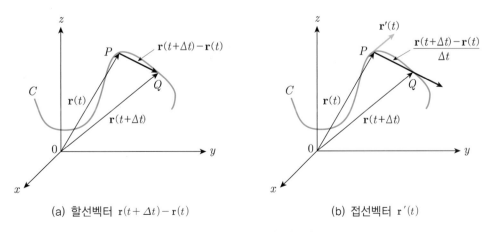

(a) 할선벡터 $\mathbf{r}(t + \Delta t) - \mathbf{r}(t)$ (b) 접선벡터 $\mathbf{r}'(t)$

[그림 7.2] 할선벡터와 접선벡터

점 Q는 곡선 C를 따라 점 P에 접근하며 [그림 7.2(b)]와 같이 $\mathbf{r}'(t)$가 존재하고, $\mathbf{r}'(t) \neq \mathbf{0}$이면 $\mathbf{r}'(t)$를 벡터함수 $\mathbf{r}(t)$에 의해 정의되는 점 P에서의 접선벡터^{tangent vector}라 한다.

접선벡터 $\mathbf{r}'(t)$의 정의를 세 성분함수 f, g, h에 적용하면 다음 관계식을 얻을 수 있다.

$$\mathbf{r}'(t) = \frac{df}{dt}\mathbf{i} + \frac{dg}{dt}\mathbf{j} + \frac{dh}{dt}\mathbf{k}$$

즉, 벡터함수 $\mathbf{r}(t)$의 도함수는 각 성분함수의 도함수에 의해 쉽게 얻을 수 있다. 접선벡터와 동일한 방향의 단위벡터를 단위접선벡터^{tangent vector}라 하며, 다음과 같이 정의한다.

$$\mathbf{T}(t) = \frac{\mathbf{r}'(t)}{\parallel \mathbf{r}'(t) \parallel}$$

$a < t < b$에 대하여 $\mathbf{r}'(t) \neq \mathbf{0}$이고 $\mathbf{r}'(t)$의 성분함수들이 연속이면 벡터함수 $\mathbf{r}(t)$를 구간 (a, b)에서 매끄러운 함수^{smooth function}라 하고, 이 함수의 자취인 곡선 C를 매끄러운 곡선^{smooth curve}이라 한다.

▶ 예제 3

벡터함수 $\mathbf{r}(t) = 2\mathbf{i} + 2\sin t\mathbf{j} + 2\cos t\mathbf{k}$에 대하여 다음을 구하여라.

(1) 크기   (2) $\mathbf{r}'(t)$ (3) 단위접선벡터

(4) 모든 t에 대하여 $\mathbf{r}(t)$와 $\mathbf{r}'(t)$가 서로 직교함을 보여라.

풀이

주안점 모든 t에 대하여 $\mathbf{r}(t)$와 $\mathbf{r}'(t)$의 내적이 0임을 보인다.

(1) $\parallel \mathbf{r}(t) \parallel = \sqrt{2^2 + (2\sin t)^2 + (2\cos t)^2} = 2\sqrt{3}$

(2) $\mathbf{r}'(t) = \left(\frac{d}{dt}(2)\right)\mathbf{i} + \left(\frac{d}{dt}(2\sin t)\right)\mathbf{j} + \left(\frac{d}{dt}(2\cos t)\right)\mathbf{k}$

$\qquad = 0\mathbf{i} + 2\cos t\mathbf{j} - 2\sin t\mathbf{k} = 2\cos t\mathbf{j} - 2\sin t\mathbf{k}$

(3) $\mathbf{T} = \dfrac{\mathbf{r}'(t)}{\parallel \mathbf{r}'(t) \parallel} = \dfrac{1}{2\sqrt{3}}(2\cos t\mathbf{j} - 2\sin t\mathbf{k}) = \dfrac{1}{\sqrt{3}}(\cos t\mathbf{j} - \sin t\mathbf{k})$

(4) $\mathbf{r}(t) \cdot \mathbf{r}'(t) = (2\mathbf{i} + 2\sin t\mathbf{j} + 2\cos t\mathbf{k}) \cdot (0\mathbf{i} + 2\cos t\mathbf{j} - 2\sin t\mathbf{k})$

$\qquad\qquad = (2)(0) + (2\sin t)(2\cos t) + (2\cos t)(-2\sin t) = 0$

이므로 모든 t에 대하여 $\mathbf{r}(t)$와 $\mathbf{r}'(t)$가 서로 직교한다.

[예제 3]에서 $\|\mathbf{r}(t)\| = 2\sqrt{3}$ 이고 $\mathbf{r}(t)$와 $\mathbf{r}'(t)$가 서로 직교함을 살펴봤다. 이와 같이 모든 t에 대하여 크기가 일정한 벡터함수 $\mathbf{r}(t)$는 항상 $\mathbf{r}'(t)$와 서로 직교함을 쉽게 확인할 수 있다.

t에 관한 벡터함수 $\mathbf{r}'(t)$의 도함수를 실함수와 마찬가지로 벡터함수 $\mathbf{r}$의 2계 도함수라 하며, $\mathbf{r}''(t)$ 또는 $\dfrac{d^2\mathbf{r}}{dt^2}$로 나타낸다. 예를 들어 시간 t가 흐르면서 공간에서 곡선 C를 따라 움직이는 물체의 위치벡터를 $\mathbf{r}(t)$라 하자. 그러면 $\mathbf{r}'(t)$는 이 물체의 속도 $\mathbf{v}$를 나타내고, $\mathbf{r}''(t)$는 물체의 가속도 $\mathbf{a}$를 나타낸다. 즉, 공간에서 움직이는 물체의 위치벡터 $\mathbf{r}(t)$에 대하여 속도벡터^{velocity vector}와 가속도벡터^{acceleration vector}는 각각 다음과 같다.

$$\mathbf{v}(t) = \mathbf{r}'(t) = \lim_{h \to 0} \frac{\mathbf{r}(t+h) - \mathbf{r}(t)}{h},$$

$$\mathbf{a}(t) = \mathbf{v}'(t) = \mathbf{r}''(t)$$

시각 t에서 물체의 속력^{speed}은 속도벡터의 크기 $\|\mathbf{v}\|$와 같다.

▶ 예제 4

공간에서 움직이는 어느 물체의 위치벡터가 $\mathbf{r}(t) = \cos 2t\,\mathbf{i} + \sin 2t\,\mathbf{j} + t^2\mathbf{k}$일 때, 물음에 답하여라.
(1) 물체의 속도와 속력을 구하여라.
(2) 물체의 가속도벡터를 구하여라.
(3) $t = \pi$에서 이 경로를 따라 움직이는 물체의 속도, 속력, 가속도를 각각 구하여라.

풀이

(1) $\mathbf{v}(t) = \mathbf{r}'(t) = \left(\dfrac{d}{dt}\cos 2t\right)\mathbf{i} + \left(\dfrac{d}{dt}\sin 2t\right)\mathbf{j} + \left(\dfrac{dt^2}{dt}\right)\mathbf{k}$

$\qquad = -2\sin 2t\,\mathbf{i} + 2\cos 2t\,\mathbf{j} + 2t\,\mathbf{k},$

$\quad \|\mathbf{v}(t)\| = \sqrt{(-2\sin 2t)^2 + (2\cos 2t)^2 + (2t)^2} = 2\sqrt{1 + t^2}$

(2) $\mathbf{a}(t) = \mathbf{v}'(t) = \left(\dfrac{d}{dt}(-2\sin 2t)\right)\mathbf{i} + \left(\dfrac{d}{dt}(2\cos 2t)\right)\mathbf{j} + \left(\dfrac{d}{dt}(2t)\right)\mathbf{k}$

$\qquad = -4\cos 2t\,\mathbf{i} - 4\sin 2t\,\mathbf{j} + 2\mathbf{k}$

(3) $\mathbf{v}(\pi) = -2\sin 2\pi\,\mathbf{i} + 2\cos 2\pi\,\mathbf{j} + 2\pi\mathbf{k} = 2\mathbf{j} + 2\pi\mathbf{k},$

$\quad \|\mathbf{v}(\pi)\| = 2\sqrt{1 + \pi^2},$

$\quad \mathbf{a}(\pi) = -4\cos 2\pi\,\mathbf{i} - 4\sin 2\pi\,\mathbf{j} + 2\mathbf{k} = -4\mathbf{i} + 2\mathbf{k}$

벡터함수의 미분

실함수의 미분 공식과 마찬가지로 벡터함수는 다음과 같은 미분 공식이 성립한다.

정리 1 **벡터함수의 미분법**

미분가능한 세 벡터함수 $\mathbf{r}(t)$, $\mathbf{u}(t)$, $\mathbf{v}(t)$와 스칼라 k, 미분가능한 스칼라함수 $f(t)$에 대하여 다음이 성립한다.

(1) $\dfrac{d}{dt}\left(k\mathbf{u}(t)\right) = k\mathbf{u}'(t)$

(2) $\dfrac{d}{dt}\left(\mathbf{u}(t) + \mathbf{v}(t)\right) = \mathbf{u}'(t) + \mathbf{v}'(t)$

(3) $\dfrac{d}{dt}\left(f(t)\mathbf{u}(t)\right) = \mathbf{u}(t)f'(t) + f(t)\mathbf{u}'(t)$

(4) $\dfrac{d}{dt}\left(\mathbf{u}(t) \cdot \mathbf{v}(t)\right) = \mathbf{u}(t) \cdot \mathbf{v}'(t) + \mathbf{u}'(t) \cdot \mathbf{v}(t)$

(5) $\dfrac{d}{dt}\left(\mathbf{u}(t) \times \mathbf{v}(t)\right) = \mathbf{u}(t) \times \mathbf{v}'(t) + \mathbf{u}'(t) \times \mathbf{v}(t)$

(6) $\dfrac{d}{dt}\left(\mathbf{r}(u(t))\right) = \mathbf{r}'(u(t))u'(t)$ 연쇄법칙

(7) $\dfrac{d}{dt}\left(\mathbf{r}(t) \cdot (\mathbf{u}(t) \times \mathbf{v}(t))\right) = \mathbf{r}(t) \cdot (\mathbf{u}(t) \times \mathbf{v}'(t)) + \mathbf{r}(t) \cdot (\mathbf{u}'(t) \times \mathbf{v}(t))$
$$+ \mathbf{r}'(t) \cdot (\mathbf{u}(t) \times \mathbf{v}(t))$$

(8) $\dfrac{d}{dt}\left(\mathbf{r}(t) \times (\mathbf{u}(t) \times \mathbf{v}(t))\right) = \mathbf{r}(t) \times (\mathbf{u}(t) \times \mathbf{v}'(t)) + \mathbf{r}(t) \times (\mathbf{u}'(t) \times \mathbf{v}(t))$
$$+ \mathbf{r}'(t) \times (\mathbf{u}(t) \times \mathbf{v}(t))$$

▸ 예제 5

두 벡터함수 $\mathbf{r}(t) = t^2\mathbf{i} + 2t\mathbf{j} - 3t\mathbf{k}$, $\mathbf{u}(t) = \sin t\,\mathbf{i} + \cos t\,\mathbf{j} + t\mathbf{k}$에 대하여 다음을 구하여라.

(1) $\dfrac{d}{dt}\left(\mathbf{r} + \mathbf{u}\right)$ (2) $\dfrac{d}{dt}\left(\mathbf{r} \cdot \mathbf{u}\right)$ (3) $\dfrac{d}{dt}\left(\mathbf{r} \times \mathbf{u}\right)$

풀이

주안점   두 벡터함수의 도함수를 먼저 구한다.

$\mathbf{r}'(t) = 2t\mathbf{i} + 2\mathbf{j} - 3\mathbf{k}$, $\mathbf{u}'(t) = \cos t\,\mathbf{i} - \sin t\,\mathbf{j} + \mathbf{k}$이므로

(1) $\dfrac{d}{dt}(\mathbf{r}+\mathbf{u}) = \mathbf{r}'(t)+\mathbf{u}'(t) = (2t\mathbf{i}+2\mathbf{j}-3\mathbf{k})+(\cos t\,\mathbf{i}-\sin t\,\mathbf{j}+\mathbf{k})$

$$= (2t+\cos t)\mathbf{i}+(2-\sin t)\mathbf{j}-2\mathbf{k}$$

(2) $\dfrac{d}{dt}(\mathbf{r}\cdot\mathbf{u}) = \mathbf{r}(t)\cdot\mathbf{u}'(t)+\mathbf{r}'(t)\cdot\mathbf{u}(t)$

$$= (t^2\mathbf{i}+2t\mathbf{j}-3t\mathbf{k})\cdot(\cos t\,\mathbf{i}-\sin t\,\mathbf{j}+\mathbf{k})$$

$$+\,(2t\mathbf{i}+2\mathbf{j}-3\mathbf{k})\cdot(\sin t\,\mathbf{i}+\cos t\,\mathbf{j}+t\mathbf{k})$$

$$= (-3t+t^2\cos t-2t\sin t)+(-3t+2\cos t+2t\sin t)$$

$$= -6t+2\cos t+t^2\cos t$$

(3) $\mathbf{r}(t)\times\mathbf{u}'(t) = \begin{vmatrix} \mathbf{i} & \mathbf{j} & \mathbf{k} \\ t^2 & 2t & -3t \\ \cos t & -\sin t & 1 \end{vmatrix}$

$$= (2t-3t\sin t)\mathbf{i}-(t^2+3t\cos t)\mathbf{j}-(t^2\sin t+2t\cos t)\mathbf{k},$$

$\mathbf{r}'(t)\times\mathbf{u}(t) = \begin{vmatrix} \mathbf{i} & \mathbf{j} & \mathbf{k} \\ 2t & 2 & -3 \\ \sin t & \cos t & t \end{vmatrix}$

$$= (2t+3\cos t)\mathbf{i}-(2t^2+3\sin t)\mathbf{j}+(2t\cos t-2\sin t)\mathbf{k}$$

이므로

$$\dfrac{d}{dt}(\mathbf{r}\times\mathbf{u}) = \mathbf{r}(t)\times\mathbf{u}'(t)+\mathbf{r}'(t)\times\mathbf{u}(t)$$

$$= (2t-3t\sin t)\mathbf{i}-(t^2+3t\cos t)\mathbf{j}-(t^2\sin t+2t\cos t)\mathbf{k}$$

$$+\,(2t+3\cos t)\mathbf{i}-(2t^2+3\sin t)\mathbf{j}+(2t\cos t-2\sin t)\mathbf{k}$$

$$= (4t+3\cos t-3t\sin t)\mathbf{i}-3(t^2+t\cos t+\sin t)\mathbf{j}-(2+t^2)\sin t\,\mathbf{k}$$

▶ 예제 6

$\mathbf{r}(u)=u^2\mathbf{i}+e^u\mathbf{j}+e^{-u}\mathbf{k}$, $u(t)=t^2+t$ 일 때, $\dfrac{d}{dt}\mathbf{r}(u(t))$를 구하여라.

풀이

$\mathbf{r}'(u)=2u\mathbf{i}+e^u\mathbf{j}-e^{-u}\mathbf{k}$, $u'(t)=2t+1$ 이므로

$$\frac{d}{dt}\mathbf{r}(u(t)) = \mathbf{r}'(u)u'(t) = (2u\mathbf{i} + e^u\mathbf{j} - e^{-u}\mathbf{k})(2t+1)$$

$$= (2t+1)\left(2(t^2+t)\mathbf{i} + e^{t^2+t}\mathbf{j} - e^{-(t^2+t)}\mathbf{k}\right)$$

벡터함수의 적분

연속인 벡터함수 $\mathbf{r}(t) = f(t)\mathbf{i} + g(t)\mathbf{j} + h(t)\mathbf{k}$ 의 부정적분은 각 성분함수 $f(t)$, $g(t)$, $h(t)$ 의 적분을 이용하여 다음과 같이 정의한다.

$$\int \mathbf{r}(t)\,dt = \left(\int f(t)\,dt\right)\mathbf{i} + \left(\int g(t)\,dt\right)\mathbf{j} + \left(\int h(t)\,dt\right)\mathbf{k} + \mathbf{C}$$

여기서 $\mathbf{C}$ 는 임의의 상수벡터 $\mathbf{C} = c_1\mathbf{i} + c_2\mathbf{j} + c_3\mathbf{k}$ 이다. $\mathbf{r}(t)$ 의 정적분은 다음과 같이 각 성분함수의 정적분을 이용하여 나타낸다.

$$\int_a^b \mathbf{r}(t)\,dt = \left(\int_a^b f(t)\,dt\right)\mathbf{i} + \left(\int_a^b g(t)\,dt\right)\mathbf{j} + \left(\int_a^b h(t)\,dt\right)\mathbf{k}$$

특히 미적분학의 기본 정리를 연속인 벡터함수로 확장할 수 있다. 즉, $\mathbf{r}(t)$ 의 역도함수 $\mathbf{R}(t)$ 에 대하여 다음이 성립한다.

$$\int_a^b \mathbf{r}(t)\,dt = \Big[\mathbf{R}(t)\Big]_a^b = \mathbf{R}(b) - \mathbf{R}(a)$$

▶ 예제 7

원형나선의 자취인 $\mathbf{r}(t) = \cos t\,\mathbf{i} + \sin t\,\mathbf{j} + t\,\mathbf{k}$ 에 대하여 다음을 구하여라.

(1) $\displaystyle\int \mathbf{r}(t)\,dt$ 　　　　　　(2) $\displaystyle\int_0^{2\pi} \mathbf{r}(t)\,dt$

풀이

(1) $\displaystyle\int \mathbf{r}(t)\,dt = \left(\int \cos t\,dt\right)\mathbf{i} + \left(\int \sin t\,dt\right)\mathbf{j} + \left(\int t\,dt\right)\mathbf{k}$

$$= \sin t\,\mathbf{i} - \cos t\,\mathbf{j} + \frac{t^2}{2}\mathbf{k} + \mathbf{C}$$

여기서 $\mathbf{C} = c_1\mathbf{i} + c_2\mathbf{j} + c_3\mathbf{k}$ 는 임의의 상수벡터이다.

(2) $\displaystyle\int_0^{2\pi} \mathbf{r}(t)\,dt = \left(\int_0^{2\pi} \cos t\,dt\right)\mathbf{i} + \left(\int_0^{2\pi} \sin t\,dt\right)\mathbf{j} + \left(\int_0^{2\pi} t\,dt\right)\mathbf{k}$

$$= \left[\sin t\,\mathbf{i} - \cos t\,\mathbf{j} + \frac{t^2}{2}\mathbf{k}\right]_0^{2\pi} = 2\pi^2\mathbf{k}$$

▶ 예제 8

어느 물체가 공간 위에서 $\mathbf{v}(t) = t\mathbf{i} + t^2\mathbf{j} + t^3\mathbf{k}$ 의 속도로 움직이며, 초기위치는 $\mathbf{r}(0) = \mathbf{i} - 2\mathbf{j} + \mathbf{k}$ 이다. 이 물체의 2초 후 위치를 구하여라.

풀이

❶ 역도함수를 구한다.

$$\mathbf{r}(t) = \int \mathbf{v}(t)\,dt = \left(\int t\,dt\right)\mathbf{i} + \left(\int t^2\,dt\right)\mathbf{j} + \left(\int t^3\,dt\right)\mathbf{k}$$

$$= \frac{1}{2}t^2\mathbf{i} + \frac{1}{3}t^3\mathbf{j} + \frac{1}{4}t^4\mathbf{k} + \mathbf{C}$$

❷ 상수벡터를 구한다.

$\mathbf{r}(0) = \mathbf{i} - 2\mathbf{j} + \mathbf{k}$ 이므로 $\mathbf{r}(0) = \mathbf{C} = \mathbf{i} - 2\mathbf{j} + \mathbf{k}$

❸ 2초 후 위치벡터를 구한다.

$\mathbf{r}(t) = \left(\frac{1}{2}t^2 + 1\right)\mathbf{i} + \left(\frac{1}{3}t^3 - 2\right)\mathbf{j} + \left(\frac{1}{4}t^4 + 1\right)\mathbf{k}$ 이므로 $\mathbf{r}(2) = 3\mathbf{i} + \frac{2}{3}\mathbf{j} + 5\mathbf{k}$

호의 길이

닫힌구간 $a \le t \le b$ 에서 미분가능한 두 함수 $x = f(t)$, $y = g(t)$에 대하여 f'과 g'이 연속이라 하자. 그러면 두 매개변수방정식 $x = f(t)$, $y = g(t)$가 평면에서 그리는 곡선의 길이는 다음과 같다.

$$s = \int_a^b \sqrt{(f'(t))^2 + (g'(t))^2}\,dt = \int_a^b \sqrt{\left(\frac{dx}{dt}\right)^2 + \left(\frac{dy}{dt}\right)^2}\,dt$$

이 방법을 통해 벡터함수 $\mathbf{r}(t) = f(t)\mathbf{i} + g(t)\mathbf{j} + h(t)\mathbf{k}$가 그리는 곡선의 길이를 구할 수 있다. 세 성분함수 $x = f(t)$, $y = g(t)$, $z = h(t)$의 도함수가 연속이고, t가 a에서 b까지 증가할 때 곡선이 겹치지 않는다고 하자. 평면의 경우와 마찬가지로 $\mathbf{r}(t)$가 그리는 곡선의 길이는 다음과 같음을 보일 수 있다.

$$s = \int_a^b \sqrt{(f'(t))^2 + (g'(t))^2 + (h'(t))^2}\, dt = \int_a^b \sqrt{\left(\frac{dx}{dt}\right)^2 + \left(\frac{dy}{dt}\right)^2 + \left(\frac{dz}{dt}\right)^2}\, dt$$

접선벡터 $\mathbf{r}'(t)$의 크기는 다음과 같다.

$$\|\mathbf{r}'(t)\| = \sqrt{\mathbf{r}'(t) \cdot \mathbf{r}'(t)} = \sqrt{(f'(t))^2 + (g'(t))^2 + (h'(t))^2}$$

따라서 $a \le t \le b$에서 $\mathbf{r}(t)$가 그리는 곡선의 길이 s는 다음과 같이 나타낼 수 있다.

$$s = \int_a^b \sqrt{\mathbf{r}'(t) \cdot \mathbf{r}'(t)}\, dt = \int_a^b \|\mathbf{r}'(t)\|\, dt$$

[그림 7.3]과 같이 $t = a$인 정점 $P(a)$로부터 임의의 점 $Q(t)$까지 호의 거리함수^{arc length function}는
다음과 같다.

$$s(t) = \int_a^t \|\mathbf{r}'(u)\|\, du = \int_a^t \sqrt{\left(\frac{df}{du}\right)^2 + \left(\frac{dg}{du}\right)^2 + \left(\frac{dh}{du}\right)^2}\, du$$

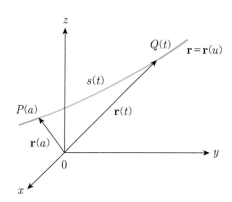

[그림 7.3] 호의 길이함수 $s(t)$

미적분학의 기본 정리에 의해 다음과 같이 거리함수의 도함수는 위치벡터의 도함수의 크기와
같다.

$$\frac{ds}{dt} = \|\mathbf{r}'(t)\|$$

▶ 예제 9

구간 $0 \le t \le 2\pi$ 에서 정의된 원형나선 $\mathbf{r}(t) = 2\cos t\,\mathbf{i} + 2\sin t\,\mathbf{j} + t\,\mathbf{k}$ 에 대하여 물음에 답하여라.

(1) 호의 거리함수와 곡선의 길이를 구하여라.

(2) $\mathbf{r}(t)$ 를 곡선의 길이 s 의 함수로 나타내어라.

풀이

(1) ❶ $t \ge 0$ 에서 호의 거리함수 $s(t)$ 를 구한다.

$$s(t) = \int_a^t \left\| \frac{d\mathbf{r}}{du} \right\| du = \int_0^t \sqrt{(-2\sin u)^2 + (2\cos u)^2 + 1^2}\, du$$

$$= \int_0^t \sqrt{5}\, dt = \sqrt{5}\, t$$

❷ $0 \le t \le 2\pi$ 에서 곡선의 길이를 구한다.

따라서 구하는 길이는 $s(2\pi) = 2\sqrt{5}\,\pi$ 이다.

(2) (1)에서 $t = \dfrac{s}{\sqrt{5}}$ 이므로 원형나선 $\mathbf{r}(t)$ 를 s 에 관한 식으로 변형하면 다음과 같다.

$$\mathbf{r}\left(\frac{s}{\sqrt{5}}\right) = 2\cos \frac{s}{\sqrt{5}}\,\mathbf{i} + 2\sin \frac{s}{\sqrt{5}}\,\mathbf{j} + \frac{s}{\sqrt{5}}\,\mathbf{k}$$

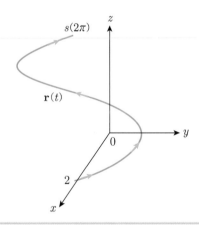

7.2 곡률과 TNB 벡터계

벡터함수 $\mathbf{r}(t) = f(t)\mathbf{i} + g(t)\mathbf{j} + h(t)\mathbf{k}$ 의 도함수 $\mathbf{r}'(t)$ 가 존재하면 $\mathbf{r}(t)$ 의 궤적 C 는 매끄러운 곡선이

며, 곡선 위의 점 $P(x(t),\ y(t),\ z(t))$에서 단위접선벡터는 다음과 같음을 살펴봤다.

$$\mathbf{T}(t) = \frac{\mathbf{r}'(t)}{\|\mathbf{r}'(t)\|}$$

[그림 7.4]와 같이 곡선의 굴곡이 완만하면 단위접선벡터 $\mathbf{T}$는 느리게 방향을 바꾸지만, 급격히 구부러지는 부분에서는 $\mathbf{T}$의 방향이 매우 빠르게 바뀌는 것을 알 수 있다.

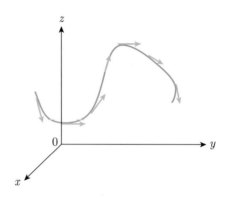

[그림 7.4] 단위접선벡터의 완급

곡률

곡선의 길이 s를 매개변수로 하여 곡선 C의 벡터함수 $\mathbf{r}(t)$를 표현하면 $\mathbf{r}$은 s에 대하여 미분가능하므로 곡선 위의 모든 점에서 $\frac{ds}{dt} > 0$이라 하면 다음을 얻는다.

$$\frac{dt}{ds} = \frac{1}{ds/dt} = \frac{1}{\|\mathbf{r}'(t)\|}\ ,\quad \frac{d\mathbf{r}}{ds} = \frac{d\mathbf{r}}{dt}\frac{dt}{ds} = \frac{\mathbf{r}'}{\|\mathbf{r}'\|}$$

따라서 단위접선벡터는 곡선의 길이 s에 관한 함수이며, 다음 관계식이 성립한다.

$$\mathbf{T}(s) = \frac{d\mathbf{r}}{ds}$$

곡선 C 위의 점에서 곡선의 방향이 바뀌는 정도를 나타내는 척도를 곡률[curvature]이라 하며, 다음과 같이 정의한다.

$$\kappa(s) = \left\| \frac{d\mathbf{T}}{ds} \right\|$$

곡률은 곡선의 길이에 관하여 단위접선벡터 $\mathbf{T}$가 방향을 바꾸는 점에서 변화율을 나타낸다.

$\dfrac{ds}{dt} = \mathbf{r}'(t)$, $\dfrac{d\mathbf{T}}{ds} = \dfrac{d\mathbf{T}/dt}{ds/dt}$ 이므로 다음이 성립한다.

$$\kappa = \left\| \frac{d\mathbf{T}/dt}{ds/dt} \right\| = \frac{\|\mathbf{T}'(t)\|}{\|\mathbf{r}'(t)\|}$$

곡률은 곡선을 따라 단위속력으로 움직이는 물체가 얼마나 빠른 속도로 곡선을 회전하는지 측정하는 척도로 사용된다.

▶ 예제 10

반지름의 길이가 a인 원의 곡률을 구하여라.

풀이

주안점 매개변수 t를 이용하여 반지름의 길이가 a인 원을 벡터함수로 표현한다.

❶ 반지름의 길이가 a인 원을 벡터함수로 나타낸다.
$$\mathbf{r}(t) = a\cos t\,\mathbf{i} + a\sin t\,\mathbf{j}\,,\ 0 \le t \le 2\pi$$

❷ 단위접선벡터를 구한다.
$\mathbf{r}'(t) = -a\sin t\,\mathbf{i} + a\cos t\,\mathbf{j}\,,\ \|\mathbf{r}'(t)\| = a$ 이므로
$$\mathbf{T} = \frac{\mathbf{r}'}{\|\mathbf{r}\|} = -\sin t\,\mathbf{i} + \cos t\,\mathbf{j}$$

❸ 곡률을 구한다.
$\mathbf{T}' = -\cos t\,\mathbf{i} - \sin t\,\mathbf{j}\,,\ \|\mathbf{T}'\| = 1$ 이므로
$$\kappa = \frac{\|\mathbf{T}'\|}{\|\mathbf{r}'\|} = \frac{1}{a}$$

[예제 10]으로부터 반지름의 길이가 a인 원의 곡률은 반지름의 길이에 반비례함을 알 수 있다. 즉, 반지름의 길이가 작을수록 곡률은 커지고, 반지름의 길이가 클수록 곡률은 작아진다.

[그림 7.5]와 같이 평면곡선 위의 점 P에서 접하고 곡률이 일정한 원을 점 P에서의 **곡률원**circle of curvature이라 하며, 이 원은 곡선의 오목한 부분에서 만들어진다. 곡률원은 굽은 도로를 지나는 자동차가 마치 어떤 원의 원주 위를 지나는 것과 같은 것으로 설명할 수 있다. 곡률원의 반지름의 길이를 **곡률반경**radius of curvature, 곡률원의 중심을 **곡률중심**center of curvature이라 하며, 곡률반경은 다음과 같이 곡률의 역수로 정의한다.

$$\rho(s) = \frac{1}{\kappa(s)}$$

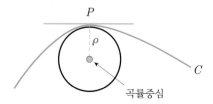

[그림 7.5] 곡률원과 곡률반경

예를 들어 반지름의 길이가 a인 원의 곡률반경은 $\rho = \dfrac{1}{\kappa} = a$이다.

직선에 대한 곡률은 $\kappa = 0$임을 살펴보자. 6.4절에서와 같이 두 점 $P(x_0, y_0)$, $Q(x_1, y_1)$을 지나는 직선에 대한 벡터방정식은 다음과 같다.

$$\mathbf{r}(t) = (x_0 + t(x_1 - x_0))\mathbf{i} + (y_0 + t(y_1 - y_0))\mathbf{j}$$

$\mathbf{r}'(t) = (x_1 - x_0)\mathbf{i} + (y_1 - y_0)\mathbf{j}$, $\|\mathbf{r}'(t)\| = \sqrt{(x_1 - x_0)^2 + (y_1 - y_0)^2}$ 이므로 단위접선벡터는 다음과 같다.

$$\mathbf{T} = \frac{\mathbf{r}'(t)}{\|\mathbf{r}'(t)\|} = \frac{(x_1 - x_0)\mathbf{i} + (y_1 - y_0)\mathbf{j}}{\sqrt{(x_1 - x_0)^2 + (y_1 - y_0)^2}}$$

$\mathbf{T}' = 0$, $\|\mathbf{T}'\| = 0$이므로 직선 위의 임의의 점에서 곡률은 $\kappa = 0$이고, 곡률반경은 $\rho = \infty$이다.

곡률은 단위접선벡터를 사용하지 않고 $\mathbf{r}(t)$만을 이용하여 좀 더 편리하게 구할 수 있다.

$\mathbf{T} = \dfrac{\mathbf{r}'(t)}{\|\mathbf{r}'(t)\|}$, $\dfrac{ds}{dt} = \|\mathbf{r}'(t)\|$이므로 다음을 얻는다.

$$\mathbf{r}' = \|\mathbf{r}'\|\mathbf{T} = \frac{ds}{dt}\mathbf{T}$$

그러므로 벡터함수의 미분법에 의해 다음을 얻는다.

$$\mathbf{r}'' = \frac{d^2 s}{dt^2}\mathbf{T} + \frac{ds}{dt}\mathbf{T}'$$

$\mathbf{T} \times \mathbf{T} = 0$을 이용하여 $\mathbf{r}'$과 $\mathbf{r}''$의 외적을 구하면 다음과 같다.

$$\mathbf{r}' \times \mathbf{r}'' = \frac{ds}{dt}\mathbf{T} \times \left(\frac{d^2 s}{dt^2}\mathbf{T} + \frac{ds}{dt}\mathbf{T}'\right) = \left(\frac{ds}{dt}\right)^2 (\mathbf{T} \times \mathbf{T}')$$

$\mathbf{T}$와 $\mathbf{T}'$이 서로 직교하며 모든 t에 대하여 $\|\mathbf{T}(t)\| = 1$ 이므로 다음이 성립한다.

$$\|\mathbf{r}' \times \mathbf{r}''\| = \left(\frac{ds}{dt}\right)^2 \|\mathbf{T} \times \mathbf{T}'\| = \left(\frac{ds}{dt}\right)^2 \|\mathbf{T}\|\|\mathbf{T}'\| = \left(\frac{ds}{dt}\right)^2 \|\mathbf{T}'\|$$

즉, 다음을 만족한다.

$$\|\mathbf{T}'\| = \frac{\|\mathbf{r}' \times \mathbf{r}''\|}{(ds/dt)^2} = \frac{\|\mathbf{r}' \times \mathbf{r}''\|}{\|\mathbf{r}'\|^2}$$

따라서 단위접선벡터를 사용하지 않고 $\mathbf{r}'$과 $\mathbf{r}''$만을 이용하여 곡률을 다음과 같이 나타낼 수 있다.

$$\kappa = \frac{\|\mathbf{T}'\|}{\|\mathbf{r}'\|} = \frac{\|\mathbf{r}' \times \mathbf{r}''\|}{\|\mathbf{r}'\|^3}$$

▶ 예제 11

공간 위에서 어느 입자가 곡선 $\mathbf{r}(t) = \cos t\,\mathbf{i} - \sin t\,\mathbf{j} + 2t\,\mathbf{k}$를 따라 움직인다고 하자.

(1) 곡선 위의 임의의 점에서 단위접선벡터를 구하여라.

(2) $t = \pi/2$에서 단위접선벡터를 이용하여 곡률을 구하여라.

(3) $t = \pi/2$에서 $\mathbf{r}'$과 $\mathbf{r}''$의 외적을 이용하여 곡률을 구하여라.

풀이

(1) ❶ $\mathbf{r}'(t)$와 $\|\mathbf{r}'(t)\|$를 구한다.

$$\mathbf{r}'(t) = -\sin t\,\mathbf{i} - \cos t\,\mathbf{j} + 2\,\mathbf{k}, \quad \|\mathbf{r}'(t)\| = \sqrt{5}$$

❷ 단위접선벡터를 구한다.

$$\mathbf{T}(t) = \frac{\mathbf{r}'(t)}{\|\mathbf{r}'(t)\|} = -\frac{\sin t}{\sqrt{5}}\mathbf{i} - \frac{\cos t}{\sqrt{5}}\mathbf{j} + \frac{2}{\sqrt{5}}\mathbf{k},$$

$$\mathbf{T}'(t) = -\frac{\cos t}{\sqrt{5}}\mathbf{i} + \frac{\sin t}{\sqrt{5}}\mathbf{j}$$

(2) $\left\|\mathbf{T}'\left(\dfrac{\pi}{2}\right)\right\| = \dfrac{1}{\sqrt{5}}$ 이므로

$$\kappa = \left\|\frac{\mathbf{T}'\left(\dfrac{\pi}{2}\right)}{\mathbf{r}'\left(\dfrac{\pi}{2}\right)}\right\| = \frac{\dfrac{1}{\sqrt{5}}}{\sqrt{5}} = \frac{1}{5}$$

(3) ❶ 곡률을 구하기 위해 요구되는 값들을 구한다.

$$\mathbf{r}'(t) = -\sin t\,\mathbf{i} - \cos t\,\mathbf{j} + 2\mathbf{k}, \ \ \mathbf{r}''(t) = -\cos t\,\mathbf{i} + \sin t\,\mathbf{j}, \ \ \left\|\mathbf{r}'\left(\frac{\pi}{2}\right)\right\|^3 = 5\sqrt{5},$$

$$\mathbf{r}' \times \mathbf{r}'' = \begin{vmatrix} \mathbf{i} & \mathbf{j} & \mathbf{k} \\ -\sin t & -\cos t & 2 \\ -\cos t & \sin t & 0 \end{vmatrix} = -2\sin t\,\mathbf{i} - 2\cos t\,\mathbf{j} - \mathbf{k},$$

$$\|\mathbf{r}' \times \mathbf{r}''\| = \sqrt{(-2\sin t)^2 + (-2\cos t)^2 + (-1)^2} = \sqrt{5}$$

❷ 곡률을 구한다.

$$\kappa = \frac{\|\mathbf{r}' \times \mathbf{r}''\|}{\|\mathbf{r}'\|^3} = \frac{\sqrt{5}}{5\sqrt{5}} = \frac{1}{5}$$

단위법선벡터와 종법선벡터

공간 안의 매끄러운 곡선 $\mathbf{r}(t)$ 위의 점에서 단위접선벡터 $\mathbf{T}$ 와 서로 직교하는 벡터는 무수히 많이 있으며, 그 중 특히 $\mathbf{T}$ 와 $\mathbf{T}'$ 이 서로 직교한다. 이때 $\mathbf{T}$ 와 서로 직교하는 $\mathbf{T}'$ 방향의 단위벡터 $\mathbf{N}$ 은 다음과 같이 정의하며, 이 단위벡터 $\mathbf{N}$ 을 주단위법선벡터^{principal unit normal vector} 또는 간단히 단위법선벡터 ^{unit normal vector}라 한다.

$$\mathbf{N}(t) = \frac{\mathbf{T}'(t)}{\|\mathbf{T}'(t)\|}$$

[그림 7.6]과 같이 단위법선벡터는 항상 곡선의 오목한 부분을 향한다.

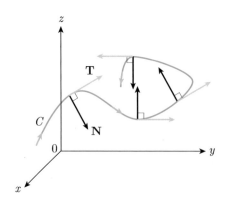

[그림 7.6] 단위접선벡터와 단위법선벡터

단위법선벡터는 다음과 같다.

$$\mathbf{N} = \frac{d\mathbf{T}/dt}{\|d\mathbf{T}/dt\|} = \frac{(d\mathbf{T}/dt)(dt/ds)}{\|d\mathbf{T}/dt\|\,\|dt/ds\|} = \frac{d\mathbf{T}/ds}{\|d\mathbf{T}/ds\|}$$

특히 $\kappa \neq 0$인 임의의 점에서 $\kappa = \left\| \dfrac{d\mathbf{T}}{ds} \right\|$ 이므로 $\mathbf{N}$ 은 다음과 같이 곡률을 이용하여 나타낼 수 있다.

$$\mathbf{N} = \frac{1}{\kappa}\frac{d\mathbf{T}}{ds}$$

한편 두 벡터 $\mathbf{T}$, $\mathbf{N}$ 에 수직인 벡터 $\mathbf{B}$ 를 $\mathbf{r}$ 의 종법선벡터^{binormal vector}라 한다.

$$\mathbf{B}(t) = \mathbf{T}(t) \times \mathbf{N}(t)$$

이 세 단위벡터는 서로 독립이고 외적의 정의로부터 오른손 벡터계를 형성한다. 서로 수직인 세 벡터 $\mathbf{T}$, $\mathbf{N}$, $\mathbf{B}$ 에 의해 곡선 위의 한 점 P 에서 t 가 변함에 따라 움직이며 직교하는 세 평면이 결정된다. [그림 7.7]과 같이 $\mathbf{T}$ 와 $\mathbf{N}$ 에 의해 만들어지는 평면을 접촉평면^{osculating plane}, $\mathbf{N}$ 과 $\mathbf{B}$ 에 의해 만들어지는 평면을 법평면^{normal plane}, $\mathbf{T}$ 와 $\mathbf{B}$ 에 의해 만들어지는 평면을 전직평면^{rectifying plane}이라 한다. 그리고 점 P 에서 $\mathbf{T}$, $\mathbf{N}$, $\mathbf{B}$ 방향의 직선을 각각 곡선 C 에 대한 접선, 주법선, 종법선이라 한다.

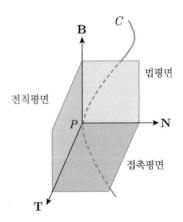

[그림 7.7] T, N, B에 의해 생기는 세 평면

두 벡터 $\mathbf{N}$, $\dfrac{d\mathbf{T}}{ds}$ 의 방향이 동일하므로 $\dfrac{d\mathbf{T}}{ds} \times \mathbf{N} = 0$ 이고, 따라서 다음이 성립한다.

$$\frac{d\mathbf{B}}{ds} = \frac{d}{ds}(\mathbf{T} \times \mathbf{N}) = \mathbf{T} \times \frac{d\mathbf{N}}{ds} + \frac{d\mathbf{T}}{ds} \times \mathbf{N} = \mathbf{T} \times \frac{d\mathbf{N}}{ds}$$

이때 $\dfrac{d\mathbf{B}}{ds}$ 는 $\mathbf{T}$, $\mathbf{B}$와 모두 서로 직교하므로 $\dfrac{d\mathbf{B}}{ds}$ 는 접촉평면에 수직인 벡터이고, 따라서 $\dfrac{d\mathbf{B}}{ds}$ 는 $\mathbf{N}$에 평행인 벡터이다. 즉, 다음을 만족하는 스칼라 τ가 존재한다.

$$\frac{d\mathbf{B}}{ds} = -\tau\mathbf{N}$$

이때 스칼라 τ는 곡선 위의 정점 P에서 곡선이 비틀어지는 정도를 나타내며, 이 스칼라 τ를 곡선의 비틀림률^{torsion}이라 한다. $\|\mathbf{N}\| = 1$이므로 위 식에 $\mathbf{N}$과의 내적을 취하면 다음을 얻는다.

$$\frac{d\mathbf{B}}{ds} \cdot \mathbf{N} = (-\tau\mathbf{N}) \cdot \mathbf{N} = -\tau \quad, \quad \text{즉} \quad \tau = -\frac{d\mathbf{B}}{ds} \cdot \mathbf{N}$$

여기서 $\dfrac{d\mathbf{B}}{ds} = \dfrac{d\mathbf{B}/dt}{ds/dt} = \dfrac{\mathbf{B}'(t)}{\|\mathbf{r}'(t)\|}$ 이므로 비틀림률을 다음과 같이 구할 수 있다.

$$\tau(t) = -\frac{\mathbf{B}'(t) \cdot \mathbf{N}(t)}{\|\mathbf{r}'(t)\|}$$

이 식으로부터 $\mathbf{r}'(t)$, $\mathbf{r}''(t)$, $\mathbf{r}'''(t)$로 비틀림률을 유도하면 다음과 같이 비틀림률을 좀 더 쉽게 구할 수 있다.

$$\tau(t) = \frac{(\mathbf{r}'(t) \times \mathbf{r}''(t)) \cdot \mathbf{r}'''(t)}{\|\mathbf{r}'(t) \times \mathbf{r}''(t)\|^2}$$

▶ 예제 12

[예제 11]의 곡선 $\mathbf{r}(t) = \cos t\,\mathbf{i} - \sin t\,\mathbf{j} + 2t\,\mathbf{k}$ 에 대하여 다음을 구하여라.

(1) $t = \dfrac{\pi}{2}$ 에서 단위법선벡터   (2) $t = \dfrac{\pi}{2}$ 에서 종법선벡터   (3) $t = \dfrac{\pi}{2}$ 에서 비틀림률

풀이

(1) $\mathbf{T}'(t) = -\dfrac{\cos t}{\sqrt{5}}\mathbf{i} + \dfrac{\sin t}{\sqrt{5}}\mathbf{j}$, $\left\| \mathbf{T}'\left(\dfrac{\pi}{2}\right) \right\| = \dfrac{1}{\sqrt{5}}$ 이므로

$$\mathbf{N}(t) = \frac{\mathbf{T}'(t)}{\|\mathbf{T}'(t)\|} = \sqrt{5}\left(-\frac{\cos t}{\sqrt{5}}\mathbf{i} + \frac{\sin t}{\sqrt{5}}\mathbf{j}\right) = -\cos t\,\mathbf{i} + \sin t\,\mathbf{j},$$

$$N\left(\frac{\pi}{2}\right) = -\cos\frac{\pi}{2}\mathbf{i} + \sin\frac{\pi}{2}\mathbf{j} = \mathbf{j},$$

(2) $\mathbf{T}(t) = \dfrac{\mathbf{r}'(t)}{\|\mathbf{r}'(t)\|} = -\dfrac{\sin t}{\sqrt{5}}\mathbf{i} - \dfrac{\cos t}{\sqrt{5}}\mathbf{j} + \dfrac{2}{\sqrt{5}}\mathbf{k}$, $\mathbf{N}(t) = -\cos t\mathbf{i} + \sin t\mathbf{j}$ 이므로

$$\mathbf{B}(t) = \mathbf{T}(t) \times \mathbf{N}(t) = \begin{vmatrix} \mathbf{i} & \mathbf{j} & \mathbf{k} \\ -\dfrac{\sin t}{\sqrt{5}} & -\dfrac{\cos t}{\sqrt{5}} & \dfrac{2}{\sqrt{5}} \\ -\cos t & \sin t & 0 \end{vmatrix} = \dfrac{1}{\sqrt{5}}(-2\sin t\mathbf{i} - 2\cos t\mathbf{j} - \mathbf{k})$$

(3) ❶ $\mathbf{r}'(t)$, $\mathbf{r}''(t)$를 구한다.

$$\mathbf{r}'(t) = -\sin t\mathbf{i} - \cos t\mathbf{j} + 2\mathbf{k}, \ \mathbf{r}''(t) = -\cos t\mathbf{i} + \sin t\mathbf{j}, \ \left\|\mathbf{r}'\left(\frac{\pi}{2}\right)\right\| = \sqrt{5}$$

❷ $\mathbf{B}'\left(\dfrac{\pi}{2}\right)$를 구한다.

$$\mathbf{B}'(t) = \dfrac{2}{\sqrt{5}}(-\cos t\mathbf{i} + \sin t\mathbf{j}), \ \mathbf{B}'\left(\dfrac{\pi}{2}\right) = \dfrac{2}{\sqrt{5}}\mathbf{j}$$

❸ $\mathbf{B}'\left(\dfrac{\pi}{2}\right) \boldsymbol{\cdot} \mathbf{N}\left(\dfrac{\pi}{2}\right)$를 구한다.

$$\mathbf{B}'\left(\dfrac{\pi}{2}\right) \boldsymbol{\cdot} \mathbf{N}\left(\dfrac{\pi}{2}\right) = \dfrac{2}{\sqrt{5}}\mathbf{j} \boldsymbol{\cdot} \mathbf{j} = \dfrac{2}{\sqrt{5}}$$

❹ 비틀림률을 구한다.

$$\tau\left(\dfrac{\pi}{2}\right) = -\dfrac{\mathbf{B}'\left(\dfrac{\pi}{2}\right) \boldsymbol{\cdot} \mathbf{N}\left(\dfrac{\pi}{2}\right)}{\|\mathbf{r}'(\pi/2)\|} = -\dfrac{2}{\sqrt{5}}\dfrac{1}{\sqrt{5}} = -\dfrac{2}{5}$$

(3′) 비틀림률은 다음과 같이 구할 수도 있다.

❶ $\mathbf{r}'(t)$, $\mathbf{r}''(t)$, $\mathbf{r}'''(t)$를 구한다.

$$\mathbf{r}'(t) = -\sin t\mathbf{i} - \cos t\mathbf{j} + 2\mathbf{k}, \ \mathbf{r}''(t) = -\cos t\mathbf{i} + \sin t\mathbf{j}, \ \mathbf{r}'''(t) = \sin t\mathbf{i} + \cos t\mathbf{j}$$

❷ $\mathbf{r}'(t) \times \mathbf{r}''(t)$를 구한다.

$$\mathbf{r}' \times \mathbf{r}'' = \begin{vmatrix} \mathbf{i} & \mathbf{j} & \mathbf{k} \\ -\sin t & -\cos t & 2 \\ -\cos t & \sin t & 0 \end{vmatrix} = -2\sin t\mathbf{i} - 2\cos t\mathbf{j} - \mathbf{k}, \ \|\mathbf{r}' \times \mathbf{r}''\| = \sqrt{5}$$

❸ $(\mathbf{r}' \times \mathbf{r}'') \boldsymbol{\cdot} \mathbf{r}'''(t)$를 구한다.

$$(\mathbf{r}' \times \mathbf{r}'') \boldsymbol{\cdot} \mathbf{r}'''(t) = (-2\sin t\mathbf{i} - 2\cos t\mathbf{j} - \mathbf{k}) \boldsymbol{\cdot} (\sin t\mathbf{i} + \cos t\mathbf{j}) = -2$$

❹ 비틀림률을 구한다.

$$\tau\left(\dfrac{\pi}{2}\right) = \dfrac{(\mathbf{r}'(t) \times \mathbf{r}''(t)) \boldsymbol{\cdot} \mathbf{r}'''(t)}{\|\mathbf{r}'(t) \times \mathbf{r}''(t)\|^2} = -\dfrac{2}{5}$$

공간에서의 운동

공간 안의 어떤 입자가 시각 t에서 위치벡터 $\mathbf{r}(t)$를 갖는 매끄러운 곡선 C 위를 움직인다고 하자. 이 곡선 위의 한 정점 P를 지나는 입자의 속도와 속력은 각각 다음과 같다.

$$\mathbf{v}(t) = \mathbf{r}'(t), \quad v = \frac{ds}{dt} = \|\mathbf{v}(t)\| = \|\mathbf{r}'(t)\|$$

가속도는 다음과 같이 속도의 도함수로 정의된다.

$$\mathbf{a}(t) = \mathbf{v}'(t) = \mathbf{r}''(t)$$

▶ 예제 13

공간에서 움직이는 어느 입자의 위치벡터가 곡선 $\mathbf{r}(t) = t\mathbf{i} + t^2\mathbf{j} + \frac{1}{3}t^3\mathbf{k}$ 를 따라 움직인다. $t = 1$ 일 때 속도, 속력, 가속도를 각각 구하여라.

풀이

❶ 속도를 구한다.

$\mathbf{v}(t) = \mathbf{r}'(t) = \mathbf{i} + 2t\mathbf{j} + t^2\mathbf{k}$ 이므로 $\mathbf{v}(1) = \mathbf{i} + 2\mathbf{j} + \mathbf{k}$

❷ 속력을 구한다.

$\|\mathbf{v}(t)\| = \sqrt{1^2 + (2t)^2 + (t^2)^2} = \sqrt{t^4 + 4t^2 + 1}$ 이므로 $\|\mathbf{v}(1)\| = \sqrt{6}$

❸ 가속도를 구한다.

$\mathbf{a}(t) = 2\mathbf{j} + 2t\mathbf{k}$ 이므로 $\mathbf{a}(1) = 2\mathbf{j} + 2\mathbf{k}$

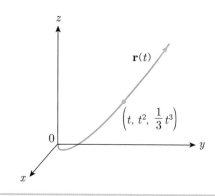

▶ 예제 14

어느 로켓이 초기위치 $\mathbf{r}(0) = 2\mathbf{k}$에서 초기속도 $\mathbf{v}(0) = \mathbf{i} + \mathbf{j} + \mathbf{k}$로 발사됐다. t초 후 로켓의 가속도가 $\mathbf{a}(t) = t\mathbf{i} + 2t\mathbf{j} + t^2\mathbf{k}$일 때, 1초 후 로켓의 속도와 위치를 각각 구하여라.

풀이

❶ t초 후 로켓의 속도를 구한다.

$$\mathbf{v}(t) = \int \mathbf{a}(t)\,dt = \left(\int t\,dt\right)\mathbf{i} + \left(\int 2t\,dt\right)\mathbf{j} + \left(\int t^2\,dt\right)\mathbf{k} = \frac{1}{2}t^2\mathbf{i} + t^2\mathbf{j} + \frac{1}{3}t^3\mathbf{k} + \mathbf{C}$$

$\mathbf{v}(0) = \mathbf{C} = \mathbf{i} + \mathbf{j} + \mathbf{k}$이므로

$$\mathbf{v}(t) = \left(\frac{1}{2}t^2 + 1\right)\mathbf{i} + (t^2 + 1)\mathbf{j} + \left(\frac{1}{3}t^3 + 1\right)\mathbf{k}$$

따라서 $\mathbf{v}(1) = \dfrac{3}{2}\mathbf{i} + 2\mathbf{j} + \dfrac{4}{3}\mathbf{k}$이다.

❷ t초 후 로켓의 위치를 구한다.

$$\mathbf{r}(t) = \int \mathbf{v}(t)\,dt = \int \left(\frac{1}{2}t^2 + 1\right)\mathbf{i} + \int (t^2 + 1)\mathbf{j} + \int \left(\frac{1}{3}t^3 + 1\right)\mathbf{k}$$

$$= \left(\frac{1}{6}t^3 + t\right)\mathbf{i} + \left(\frac{1}{3}t^3 + t\right)\mathbf{j} + \left(\frac{1}{12}t^4 + t\right)\mathbf{k} + \mathbf{C}'$$

$\mathbf{r}(0) = \mathbf{C}' = 2\mathbf{k}$이므로

$$\mathbf{r}(t) = \left(\frac{1}{6}t^3 + t\right)\mathbf{i} + \left(\frac{1}{3}t^3 + t\right)\mathbf{j} + \left(\frac{1}{12}t^4 + t + 2\right)\mathbf{k}$$

따라서 $\mathbf{r}(1) = \dfrac{7}{6}\mathbf{i} + \dfrac{4}{3}\mathbf{j} + \dfrac{37}{12}\mathbf{k}$이다.

입자가 움직이는 곡선 위의 점 P에서 단위접선벡터 $\mathbf{T}(t) = \dfrac{\mathbf{r}'(t)}{\|\mathbf{r}'(t)\|}$를 이용하면 속도 $\mathbf{v}(t)$를 다음과 같이 나타낼 수 있다.

$$\mathbf{v}(t) = \mathbf{r}'(t) = \|\mathbf{r}'(t)\|\mathbf{T}(t) = v\mathbf{T}(t), \quad 즉 \ \mathbf{v}(t) = v(t)\mathbf{T}(t)$$

두 벡터의 외적에 대한 도함수에 의해 이 입자의 가속도는 다음과 같다.

$$\mathbf{a}(t) = \frac{d}{dt}\mathbf{v}(t) = v(t)\mathbf{T}'(t) + v'(t)\mathbf{T}(t)$$

한편 곡률 κ에 대하여 다음이 성립한다.

① $N(t) = \dfrac{T'(t)}{\|T'(t)\|}$ 이므로 $T'(t) = \|T'(t)\| N(t)$ 이다.

② $\kappa = \dfrac{\|T'(t)\|}{\|r'(t)\|} = \dfrac{\|T'(t)\|}{v}$ 이므로 $\|T'\| = \kappa v$ 이다.

이로부터 가속도의 첫 번째 성분 $v(t)T'(t)$는 다음과 같이 단위법선벡터 N을 이용하여 표현할 수 있다.

$$v(t)T'(t) = v\|T'(t)\| N(t) = \kappa v^2 N(t)$$

따라서 가속도벡터 $a(t)$는 다음과 같이 접선벡터와 법선벡터의 합으로 표현되며, [그림 7.8]은 가속도 벡터 및 이에 대한 접선벡터와 법선벡터를 보여 준다.

$$a(t) = \kappa v^2 N + \dfrac{dv}{dt} T = a_N N + a_T T$$

여기서 접선 성분은 $a_T = v'$ 이고, 법선 성분은 $a_N = \kappa v^2$ 이다.

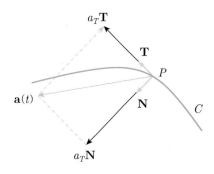

[**그림 7.8**] 가속도벡터의 분해

이때 $T \cdot N = 0$, $T \cdot T = 1$이므로 속도벡터와 가속도벡터의 내적은 다음과 같다.

$$v \cdot a = (vT) \cdot (a_N N + a_T T) = v a_N T \cdot N + v a_T T \cdot T$$
$$= v a_T = \|v\| a_T$$

또한 $T \times N = B$, $T \times T = 0$이므로 속도벡터와 가속도벡터의 외적은 다음과 같다.

$$\mathbf{v} \times \mathbf{a} = (v\mathbf{T}) \times (a_N\mathbf{N} + a_T\mathbf{T}) = va_N\mathbf{T} \times \mathbf{N} + va_T\mathbf{T} \times \mathbf{T}$$

$$= va_N\mathbf{T} \times \mathbf{N} = va_N\mathbf{B}$$

여기서 $\|\mathbf{B}\| = 1$ 이므로 $\|\mathbf{v} \times \mathbf{a}\| = va_N = \|\mathbf{v}\|a_N$이 성립한다. 그러므로 가속도벡터의 접선 성분과 법선 성분을 각각 다음과 같이 나타낼 수도 있다.

$$a_T = \frac{\mathbf{v} \cdot \mathbf{a}}{\|\mathbf{v}\|} = \frac{\mathbf{r}' \cdot \mathbf{r}''}{\|\mathbf{r}'\|},$$

$$a_N = \frac{\|\mathbf{v} \times \mathbf{a}\|}{\|\mathbf{v}\|} = \frac{\|\mathbf{r}' \times \mathbf{r}''\|}{\|\mathbf{r}'\|}$$

▶ 예제 15

공간에서 움직이는 어느 입자의 위치벡터가 $\mathbf{r}(t) = \cos t\,\mathbf{i} + \sin\mathbf{j} + t^2\mathbf{k}$일 때, $t = \pi$에서 입자의 가속도벡터의 접선 성분과 법선 성분을 각각 구하여라.

풀이

❶ 속도벡터와 가속도벡터를 구한다.

$$\mathbf{v}(t) = \mathbf{r}'(t) = -\sin t\,\mathbf{i} + \cos t\,\mathbf{j} + 2t\,\mathbf{k},$$

$$\mathbf{a}(t) = \mathbf{v}'(t) = -\cos t\,\mathbf{i} - \sin t\,\mathbf{j} + 2\,\mathbf{k},$$

$$\|\mathbf{v}\| = \sqrt{(-\sin t)^2 + (\cos t)^2 + 2^2} = \sqrt{5}$$

❷ 내적과 외적을 구한다.

$$\mathbf{v} \cdot \mathbf{a} = (-\sin t\,\mathbf{i} + \cos t\,\mathbf{j} + 2t\,\mathbf{k}) \cdot (-\cos t\,\mathbf{i} - \sin t\,\mathbf{j} + 2\,\mathbf{k}) = 4t,$$

$$\mathbf{v} \times \mathbf{a} = \begin{vmatrix} \mathbf{i} & \mathbf{j} & \mathbf{k} \\ -\sin t & \cos t & 2t \\ -\cos t & -\sin t & 2 \end{vmatrix} = 2(\cos t + t\sin t)\mathbf{i} + 2(\sin t - t\cos t)\mathbf{j} + \mathbf{k}$$

❸ $t = \pi$일 때 내적과 외적을 구한다.

$$\mathbf{v} \cdot \mathbf{a} = 4\pi,\ \mathbf{v} \times \mathbf{a} = -2\mathbf{i} + 2\pi\mathbf{j} + \mathbf{k},\ \|\mathbf{v} \times \mathbf{a}\| = \sqrt{5 + 4\pi^2}$$

❹ 접선 성분과 법선 성분을 구한다.

$$a_T = \frac{\mathbf{v} \cdot \mathbf{a}}{\|\mathbf{v}\|} = \frac{4\pi}{\sqrt{5}},\ a_N = \frac{\|\mathbf{v} \times \mathbf{a}\|}{\|\mathbf{v}\|} = \frac{\sqrt{5 + 4\pi^2}}{\sqrt{5}}$$

지금까지 매개변수 t에 대하여 정의되는 벡터함수, 즉 실수를 2차원 벡터 또는 3차원 벡터로 대응시키는 벡터함수를 살펴봤다. 이 절에서는 평면 안의 점 (x, y)를 2차원 벡터 $\mathbf{r}(x, y)$ 또는 공간 안의 점 (x, y, z)를 3차원 벡터 $\mathbf{r}(x, y, z)$로 대응시키는 벡터함수에 대하여 살펴본다.

이변수 벡터함수

이변수 이상의 성분함수를 갖는 벡터함수의 편미분과 방향도함수를 살펴본다. 평면 위의 한 점 (a, b)에서 벡터함수 $\mathbf{r}(x, y) = f(x, y)\mathbf{i} + g(x, y)\mathbf{j} + h(x, y)\mathbf{k}$의 세 성분함수 f, g, h가 연속이면 $\mathbf{r}(x, y)$는 (a, b)에서 연속^{continuous}이라 한다. 즉, 다음이 성립하면 벡터함수 $\mathbf{r}(x, y)$는 점 (a, b)에서 연속이다.

$$\lim_{(x, y) \to (a, b)} \mathbf{r}(x, y) = f(a, b)\mathbf{i} + g(a, b)\mathbf{j} + h(a, b)\mathbf{k} = \mathbf{r}(a, b)$$

두 벡터함수 $\mathbf{r}_1$, $\mathbf{r}_2$가 점 (a, b)에서 연속이면 다음 벡터함수들 역시 (a, b)에서 연속이다.

$$k\mathbf{r}_1, \ \mathbf{r}_1 + \mathbf{r}_2, \ \mathbf{r}_1 \cdot \mathbf{r}_2, \ \mathbf{r}_1 \times \mathbf{r}_2$$

한편 편미분가능한 이변수 성분함수 f, g, h를 갖는 벡터함수 $\mathbf{r}(x, y)$에 대하여 x축 방향 및 y축 방향의 편도함수를 각각 다음과 같이 정의한다.

$$\frac{\partial \mathbf{r}}{\partial x} = \lim_{\Delta x \to 0} \frac{\mathbf{r}(x + \Delta x, y) - \mathbf{r}(x, y)}{\Delta x} = \left(\frac{\partial f}{\partial x}\right)\mathbf{i} + \left(\frac{\partial g}{\partial x}\right)\mathbf{j} + \left(\frac{\partial h}{\partial x}\right)\mathbf{k},$$

$$\frac{\partial \mathbf{r}}{\partial y} = \lim_{\Delta y \to 0} \frac{\mathbf{r}(x, y + \Delta y) - \mathbf{r}(x, y)}{\Delta y} = \left(\frac{\partial f}{\partial y}\right)\mathbf{i} + \left(\frac{\partial g}{\partial y}\right)\mathbf{j} + \left(\frac{\partial h}{\partial y}\right)\mathbf{k}$$

벡터함수의 편도함수에 대한 성질은 스칼라 다변수함수에 대한 편도함수의 성질과 매우 유사하며, 다음이 성립한다.

정리 2　**다변수 벡터함수의 미분법**

미분가능한 두 벡터함수 $\mathbf{u}(t)$, $\mathbf{v}(t)$와 스칼라 k 및 미분가능한 세 스칼라함수 f, r, w에 대하여 다음이 성립한다.

(1) $\dfrac{\partial}{\partial x}\, k\mathbf{r} = k\dfrac{\partial \mathbf{r}}{\partial x}$

(2) $\dfrac{\partial}{\partial x}\, (\mathbf{u} + \mathbf{v}) = \dfrac{\partial \mathbf{u}}{\partial x} + \dfrac{\partial \mathbf{v}}{\partial x}$ $\qquad\qquad \dfrac{\partial}{\partial y}\, (\mathbf{u} + \mathbf{v}) = \dfrac{\partial \mathbf{u}}{\partial y} + \dfrac{\partial \mathbf{v}}{\partial y}$

(3) $\dfrac{\partial}{\partial x}\, (f(x,\, y)\mathbf{r}) = \mathbf{r}\dfrac{\partial f}{\partial x} + f(x,\, y)\dfrac{\partial \mathbf{r}}{\partial x}$ $\qquad \dfrac{\partial}{\partial y}\, (f(x,\, y)\mathbf{r}) = \mathbf{r}\dfrac{\partial f}{\partial y} + f(x,\, y)\dfrac{\partial \mathbf{r}}{\partial y}$

(4) $\dfrac{\partial}{\partial x}\, (\mathbf{u} \cdot \mathbf{v}) = \mathbf{u} \cdot \dfrac{\partial \mathbf{v}}{\partial x} + \dfrac{\partial \mathbf{u}}{\partial x} \cdot \mathbf{v}$ $\qquad\quad \dfrac{\partial}{\partial y}\, (\mathbf{u} \cdot \mathbf{v}) = \mathbf{u} \cdot \dfrac{\partial \mathbf{v}}{\partial y} + \dfrac{\partial \mathbf{u}}{\partial y} \cdot \mathbf{v}$

(5) $\dfrac{\partial}{\partial x}\, (\mathbf{u} \times \mathbf{v}) = \mathbf{u} \times \dfrac{\partial \mathbf{v}}{\partial x} + \dfrac{\partial \mathbf{u}}{\partial x} \times \mathbf{v}$ $\qquad \dfrac{\partial}{\partial y}\, (\mathbf{u} \times \mathbf{v}) = \mathbf{u} \times \dfrac{\partial \mathbf{v}}{\partial y} + \dfrac{\partial \mathbf{u}}{\partial y} \times \mathbf{v}$

(6) $\dfrac{d}{dt}\, (\mathbf{u}(r(t),\, w(t))) = \dfrac{\partial \mathbf{u}}{\partial r}\dfrac{dr}{dt} + \dfrac{\partial \mathbf{u}}{\partial w}\dfrac{dw}{dt}$

(7) $\dfrac{d}{ds}\, (\mathbf{u}(r(s,\, t),\, w(s,\, t))) = \dfrac{\partial \mathbf{u}}{\partial r}\dfrac{\partial r}{\partial s} + \dfrac{\partial \mathbf{u}}{\partial w}\dfrac{\partial w}{\partial s}$

$\qquad \dfrac{d}{dt}\, (\mathbf{u}(r(s,\, t),\, w(s,\, t))) = \dfrac{\partial \mathbf{u}}{\partial r}\dfrac{\partial r}{\partial t} + \dfrac{\partial \mathbf{u}}{\partial w}\dfrac{\partial w}{\partial t}$

▶ 예제 16

두 벡터함수 $\mathbf{r}_1(x,\, y) = (x+y)\mathbf{i} + xy\mathbf{j} + (x-y)\mathbf{k}$, $\mathbf{r}_2(x,\, y) = xy\mathbf{i} + x^2 y\mathbf{j} + xy^2\mathbf{k}$ 에 대하여 다음 편도함수를 구하여라.

(1) $\dfrac{\partial}{\partial x}\, (\mathbf{r}_1 + \mathbf{r}_2)$ $\qquad\qquad$ (2) $\dfrac{\partial}{\partial x}\, (\mathbf{r}_1 \cdot \mathbf{r}_2)$ $\qquad\qquad$ (3) $\dfrac{\partial}{\partial y}\, (\mathbf{r}_1 \times \mathbf{r}_2)$

풀이

$\dfrac{\partial \mathbf{r}_1}{\partial x} = \mathbf{i} + y\mathbf{j} + \mathbf{k}$, $\dfrac{\partial \mathbf{r}_1}{\partial y} = \mathbf{i} + x\mathbf{j} - \mathbf{k}$, $\dfrac{\partial \mathbf{r}_2}{\partial x} = y\mathbf{i} + 2xy\mathbf{j} + y^2\mathbf{k}$, $\dfrac{\partial \mathbf{r}_2}{\partial y} = x\mathbf{i} + x^2\mathbf{j} + 2xy\mathbf{k}$ 이 므로

(1) $\dfrac{\partial}{\partial x}\, (\mathbf{r}_1 + \mathbf{r}_2) = (\mathbf{i} + y\mathbf{j} + \mathbf{k}) + (y\mathbf{i} + 2xy\mathbf{j} + y^2\mathbf{k}) = (1+y)\mathbf{i} + (1+2x)y\mathbf{j} + (1+y^2)\mathbf{k}$

(2) $\dfrac{\partial}{\partial x}\, (\mathbf{r}_1 \cdot \mathbf{r}_2) = \mathbf{r}_1 \cdot \dfrac{\partial \mathbf{r}_2}{\partial x} + \dfrac{\partial \mathbf{r}_1}{\partial x} \cdot \mathbf{r}_2$

$\qquad\qquad\qquad\quad = \left(2x^2 y^2 + (x-y)y^2 + (x+y)y\right) + \left(xy + xy^2 + x^2 y^2\right)$

$\qquad\qquad\qquad\quad = (2x + y + 2xy + 3x^2 y - y^2)y$

(3) $\mathbf{r}_1 \times \dfrac{\partial \mathbf{r}_2}{\partial y} = \begin{vmatrix} \mathbf{i} & \mathbf{j} & \mathbf{k} \\ x+y & xy & x-y \\ x & x^2 & 2xy \end{vmatrix} = x^2(-x+y+2y^2)\mathbf{i} - x(-x+y+2xy+2y^2)\mathbf{j} + x^3\mathbf{k},$

$$\frac{\partial \mathbf{r}_1}{\partial y} \times \mathbf{r}_2 = \begin{vmatrix} \mathbf{i} & \mathbf{j} & \mathbf{k} \\ 1 & x & -1 \\ x\,y & x^2\,y & x\,y^2 \end{vmatrix} = x^2 y(1+y)\mathbf{i} - xy(1+y)\mathbf{j} \text{ 이므로}$$

$$\frac{\partial}{\partial y}(\mathbf{r}_1 \times \mathbf{r}_2) = x^2(-x+2y+3y^2)\mathbf{i} + x(x-2y-2xy-3y^2)\mathbf{j} + x^3 \mathbf{k}$$

방향도함수

평면 위의 점 (x_0, y_0)에서 단위벡터 $\mathbf{u} = a\mathbf{i} + b\mathbf{j}$ 방향으로 곡면 $z = f(x, y)$의 기울기를 살펴보자. $z_0 = f(x_0, y_0)$이라 하고 곡면을 벡터 $\mathbf{u}$ 방향으로 수직 절단하면 절단면을 따라 공간곡선 C가 만들어진다. 곡면 위의 점 $P(x_0, y_0, z_0)$은 공간곡선 C 위에 놓이며, P가 아닌 곡선 C 위의 또 다른 점 $Q(x, y, z)$에 대하여 두 점 P, Q를 xy 평면 위로 정사영시킨 점을 각각 $P'(x_0, y_0, 0)$, $Q'(x, y, 0)$이라 하면 단위벡터 $\mathbf{u}$ 위에 놓이므로 [그림 7.9]와 같이 다음을 만족하는 스칼라 h가 존재한다.

$$\overrightarrow{P'Q'} = h\mathbf{u} = (ha)\mathbf{i} + (hb)\mathbf{j}$$

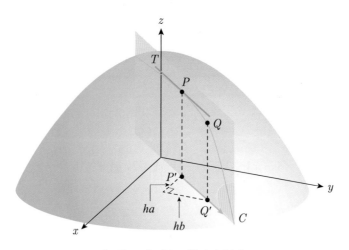

[그림 7.9] 가속도벡터의 분해

$x = x_0 + ha$, $y = y_0 + hb$이므로 $\mathbf{u}$ 방향으로 z에 대한 변화율을 얻는다.

$$D_{\mathbf{u}} f(x_0, y_0) = \lim_{h \to 0} \frac{f(x_0 + ha, y_0 + hb) - f(x_0, y_0)}{h}$$

이 변화율 $D_{\mathbf{u}} f(x_0, y_0)$을 (x_0, y_0)에서 단위벡터 $\mathbf{u} = a\mathbf{i} + b\mathbf{j}$ 방향으로 f 의 **방향도함수**^{directional derivative}

라 한다. 특히 $z = f(x, y)$가 x, y에 대하여 편미분가능한 경우 $\mathbf{u} = a\mathbf{i} + b\mathbf{j}$ 방향의 방향도함수는 다음과 같음을 쉽게 확인할 수 있다.

$$D_{\mathbf{u}}f(x, y) = f_x(x, y)a + f_y(x, y)b$$

예를 들어 $\mathbf{u} = \mathbf{i}$ 이면 x축 방향의 방향도함수는 $D_{\mathbf{i}}f(x, y) = f_x(x, y)$ 이고, y축 방향의 방향도함수는 $D_{\mathbf{j}}f(x, y) = f_y(x, y)$ 이다. 양의 x축과 $\mathbf{u}$의 사잇각이 θ 이면 $\mathbf{u} = \cos\theta\,\mathbf{i} + \sin\theta\,\mathbf{j}$ 이고, 이때 방향도함수는 다음과 같다.

$$D_{\mathbf{u}}f(x, y) = f_x(x, y)\cos\theta + f_y(x, y)\sin\theta$$

단위벡터 $\mathbf{u}$ 방향의 방향도함수는 다음과 같이 z의 편도함수 f_x, f_y를 성분함수로 갖는 벡터와 $\mathbf{u}$의 내적으로 생각할 수 있다.

$$\begin{aligned} D_{\mathbf{u}}f(x, y) &= f_x(x, y)a + f_y(x, y)b \\ &= (f_x(x, y)\mathbf{i} + f_y(x, y)\mathbf{j}) \cdot (a\mathbf{i} + b\mathbf{j}) \\ &= (f_x(x, y)\mathbf{i} + f_y(x, y)\mathbf{j}) \cdot \mathbf{u} \end{aligned}$$

여기서 $\nabla = \mathbf{i}\dfrac{\partial}{\partial x} + \mathbf{j}\dfrac{\partial}{\partial y}$ 라 하면 벡터함수 $f_x(x, y)\mathbf{i} + f_y(x, y)\mathbf{j} = \dfrac{\partial f}{\partial x}\mathbf{i} + \dfrac{\partial f}{\partial y}\mathbf{j}$ 를 다음과 같이 형식적으로 표현할 수 있으며, 연산자 ∇ 을 기울기 벡터$^{\text{gradient vector}}$ 또는 구배^{gradient}라 한다. ∇ 을 '델$^{\text{del}'}$ 또는 '나블라^{nabla}'라고 읽으며, ∇f를 $\mathbf{grad}\,f$로 표현하기도 한다.

$$\nabla f = \left(\mathbf{i}\frac{\partial}{\partial x} + \mathbf{j}\frac{\partial}{\partial y}\right)f = \mathbf{i}\frac{\partial f}{\partial x} + \mathbf{j}\frac{\partial f}{\partial y}$$

따라서 단위벡터 $\mathbf{u}$ 방향에서 $z = f(x, y)$의 방향도함수는 ∇ 을 이용하여 다음과 같이 쓸 수 있다.

$$D_{\mathbf{u}}f(x, y) = \nabla f(x, y) \cdot \mathbf{u}$$

이와 같은 논의를 삼변수함수 $w = f(x, y, z)$로 확장하면 단위벡터 $\mathbf{u} = a\mathbf{i} + b\mathbf{j} + c\mathbf{k}$ 방향으로 f의 방향도함수는 다음과 같다.

$$D_{\mathbf{u}}f(x, y, z) = f_x(x, y, z)a + f_y(x, y, z)b + f_z(x, y, z)c$$

$$= \nabla f(x, y, z) \cdot \mathbf{u}$$

여기서 $\nabla = \mathbf{i}\dfrac{\partial}{\partial x} + \mathbf{j}\dfrac{\partial}{\partial y} + \mathbf{k}\dfrac{\partial}{\partial z}$, $\nabla f = \mathbf{i}\dfrac{\partial f}{\partial x} + \mathbf{j}\dfrac{\partial f}{\partial y} + \mathbf{k}\dfrac{\partial f}{\partial z}$ 이다. ∇f와 $\mathbf{u}$의 사잇각 θ에 대하여 방향도함수는 다음과 같다.

$$D_{\mathbf{u}}f = \nabla f \cdot \mathbf{u} = \|\nabla f\|\|\mathbf{u}\|\cos\theta$$

즉, 다음 부등식이 성립한다.

$$-\|\nabla f\| \le D_{\mathbf{u}}f \le \|\nabla f\|$$

따라서 $\theta = 0$, 즉 ∇f와 $\mathbf{u}$가 동일한 방향일 때 방향도함수는 최대이며, 최댓값은 $\|\nabla f\|$이다. $\theta = \pi$, 즉 ∇f와 $\mathbf{u}$가 반대 방향일 때 방향도함수는 최소이며, 최솟값은 $-\|\nabla f\|$를 갖는다. 이는 함수 f가 기울기 벡터 ∇f 방향에서 가장 빠르게 증가하고, ∇f의 반대 방향에서 가장 급격하게 감소함을 나타낸다. 한편 f는 ∇f와 수직인 방향에서 아무런 변화가 없다.

▶ 예제 17

함수 $f(x, y) = x^2 + y^2 + xy$에 대하여 다음을 구하여라.
(1) f의 기울기 벡터
(2) $(1, 2)$에서 $\mathbf{a} = -2\mathbf{i} + \mathbf{j}$ 방향으로 f의 방향도함수
(3) $(1, 2)$에서 f가 가장 급격히 증가하는 방향과 변화율
(4) $(1, 2)$에서 f가 가장 급격히 감소하는 방향과 변화율

풀이

주안점 ∇f를 구한다.

(1) $f_x(x, y) = 2x + y$, $f_y(x, y) = 2y + x$ 이므로

$$\nabla f = \frac{\partial f}{\partial x}\mathbf{i} + \frac{\partial f}{\partial y}\mathbf{j} = (2x + y)\mathbf{i} + (2y + x)\mathbf{j}$$

(2) ❶ $(1, 2)$에서 기울기 벡터를 구한다.

$$\nabla f(1, 2) = 4\mathbf{i} + 5\mathbf{j}$$

❷ $\mathbf{a}$ 방향의 단위벡터를 구한다.

$$\|\mathbf{a}\| = \sqrt{5} \text{ 이므로 } \mathbf{u} = -\frac{2}{\sqrt{5}}\mathbf{i} + \frac{1}{\sqrt{5}}\mathbf{j}$$

❸ 방향도함수를 구한다.

$$D_{\mathbf{u}}f(1,\,2) = \nabla f(1,\,2) \cdot \mathbf{u} = (4\mathbf{i} + 5\mathbf{j}) \cdot \left(-\frac{2}{\sqrt{5}}\mathbf{i} + \frac{1}{\sqrt{5}}\mathbf{j} \right) = -\frac{3}{\sqrt{5}}$$

(3) 가장 급격히 증가하는 방향은 $\nabla f(1,\,2) = 4\mathbf{i} + 5\mathbf{j}$ 이고, 최대 변화율은
$\|\nabla f(1,\,2)\| = \sqrt{4^2 + 5^2} = \sqrt{41}$ 이다.

(4) 가장 급격히 감소하는 방향은 $-\nabla f(1,\,2) = -4\mathbf{i} - 5\mathbf{j}$ 이고, 최소 변화율은
$-\|\nabla f(1,\,2)\| = -\sqrt{41}$ 이다.

▶ 예제 18

어느 금속판에서 전압이 $V = x^2 - 4y^2$ 으로 분배된다고 한다. 이 금속판에 대하여 물음에 답하여라.
(1) 점 $P(1,\,2)$ 에서 기울기 벡터를 구하여라.
(2) 점 P 에서 전압이 가장 급격히 증가하는 방향과 증가량을 구하여라.
(3) 점 P 에서 전압이 가장 급격히 감소하는 방향과 감소량을 구하여라.
(3) 전압의 변화가 없는 방향을 구하여라.

풀이

(1) ❶ 편도함수를 구한다.
$$V_x = 2x, \quad V_y = -8y$$

❷ $(1,\,2)$ 에서 기울기 벡터를 구한다.
$$\nabla V(x,\,y) = 2x\mathbf{i} - 8y\mathbf{j} \text{ 이므로 } \nabla V(1,\,2) = 2\mathbf{i} - 16\mathbf{j}$$

(2) $\nabla V(1,\,2) = 2\mathbf{i} - 16\mathbf{j}$, $\|\nabla V(1,\,2)\| = 2\sqrt{65}$

(3) $-\nabla V(1,\,2) = -2\mathbf{i} + 16\mathbf{j}$, $-\|\nabla V(1,\,2)\| = -2\sqrt{65}$

(4) $\nabla V(1,\,2)$ 와 수직인 벡터 $\mathbf{n}$ 의 방향에서 전압의 변화가 없으므로 $\nabla V(1,\,2) = 2\mathbf{i} - 16\mathbf{j}$ 에서
$$\mathbf{n} = -16\mathbf{i} - 2\mathbf{j} \text{ 또는 } \mathbf{n} = 16\mathbf{i} + 2\mathbf{j}$$

공간의 경우 방정식 $f(x,\,y,\,z) = 0$ 이 이루는 곡면 위의 점 $P(a,\,b,\,c)$ 에서 접평면에 대한 법선벡터는
$\nabla f(a,\,b,\,c)$ 이며, 따라서 점 P 에서 접평면$^{\text{tangent plane}}$의 방정식은 다음과 같다.

$$\nabla f(a,\,b,\,c) \cdot ((x-a)\mathbf{i} + (y-b)\mathbf{j} + (z-c)\mathbf{k}) = 0 \text{ 또는}$$

$$f_x(a, b, c)(x - a) + f_b(a, b, c)(y - b) + f_z(a, b, c)(z - c) = 0$$

▶ 예제 19

곡면 $z = x^2 + 2y^2$ 위의 점 $P(1, 1, 3)$에서 접평면의 방정식을 구하여라.

풀이

❶ $f(x, y, z) = x^2 + 2y^2 - z$의 편도함수를 구한다.

$$f_x = 2x, \; f_y = 4y, \; f_z = -1$$

❷ $P(1, 1, 3)$에서 기울기 벡터의 각 성분을 구한다.

$$f_x(1, 1, 3) = 2, \; f_y(1, 1, 3) = 4, \; f_z(1, 1, 3) = -1$$

❸ 접평면의 방정식을 구한다.

$$2(x - 1) + 4(y - 1) + (-1)(z - 3) = 0$$
$$2x + 4y - z = 3$$

임의의 스칼라 k와 편미분가능한 두 함수 f, g에 대하여 기울기 벡터는 다음 성질을 갖는다.

① $\nabla(kf) = k\nabla f$

② $\nabla(f + g) = \nabla f + \nabla g$

③ $\nabla(fg) = f\nabla g + g\nabla f$

④ $\nabla\left(\dfrac{f}{g}\right) = \dfrac{g\nabla f - f\nabla g}{g^2}$

벡터장

평면 안의 점 (x, y)를 2차원 벡터 $\mathbf{r}(x, y) = f(x, y)\mathbf{i} + g(x, y)\mathbf{j}$에 대응시키거나 공간 안의 점 (x, y, z)를 3차원 벡터 $\mathbf{r}(x, y, z) = f(x, y, z)\mathbf{i} + g(x, y, z)\mathbf{j} + h(x, y, z)\mathbf{k}$에 대응시키는 함수 $\mathbf{r}$을 $\mathbb{R}^2$(또는 $\mathbb{R}^3$)에서의 벡터장vector field이라 한다. 이때 세 성분함수 f, g, h는 스칼라이며, 이 함수들을 스칼라장scalar field이라 한다. 평면 안의 점 (x, y)는 원점으로부터의 위치벡터 $x\mathbf{i} + y\mathbf{j}$로 생각할 수 있으므로 $\mathbb{R}^2$에서의 벡터장 $\mathbf{r}(x, y)$는 평면 안의 벡터를 평면 안의 벡터로 대응시키는 함수로 볼 수 있다. 마찬가지로 $\mathbb{R}^3$에서의 벡터장 $\mathbf{r}(x, y, z)$는 공간 안의 벡터를 공간 안의 벡터로 대응시키는 함수이다.

지금까지 살펴본 벡터함수는 시점이 원점인 위치벡터이지만 벡터장은 시점이 고정된 원점이 아니라 벡터함수의 입력벡터 (x, y) 또는 (x, y, z)이다. 따라서 벡터장은 입력한 벡터(시점)에 따라 변하는 종점으로 나타난다. 예를 들어 벡터장 $\mathbf{r}(x, y) = y\mathbf{i} - x\mathbf{j}$ 에 대하여 $\mathbf{r}(1, 2) = 2\mathbf{i} - \mathbf{j}$ 는 고정된 직교좌표계에서 시점이 $(1, 2)$이고 종점이 $(2, -1)$인 벡터가 아니라 [그림 7.10(a)]와 같이 원점의 좌표를 시점 $(1, 2)$로 이동한 새로운 $x'y'$ 직교좌표계에서 종점이 $(2, -1)$인 벡터를 의미한다. 따라서 [그림 7.10(b)]와 같이 xy 평면에서 벡터장 $\mathbf{r}(1, 2)$의 종점은 $x'y'$ 평면 위의 종점 $(2, -1)$을 xy 평면 위에 놓고 이 점을 x축과 y축을 따라 각각 1과 2(시점의 좌표)만큼 평행이동한 점 $(3, 1)$이 된다.

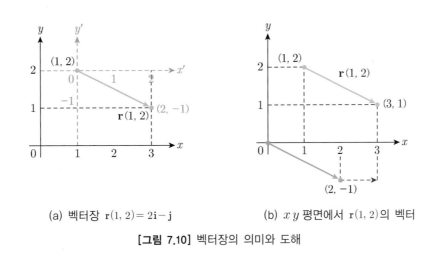

(a) 벡터장 $\mathbf{r}(1, 2) = 2\mathbf{i} - \mathbf{j}$ (b) xy 평면에서 $\mathbf{r}(1, 2)$의 벡터

[**그림 7.10**] 벡터장의 의미와 도해

벡터장 $\mathbf{r}(x, y) = y\mathbf{i} - x\mathbf{j}$ 를 나타내는 모든 벡터를 그리는 것은 불가능하며, [표 7.1]은 이 벡터장의 대표적인 벡터 몇 개를 구한 것이다.

[**표 7.1**] 벡터장 $\mathbf{r}(x, y) = y\mathbf{i} - x\mathbf{j}$ 의 대표 벡터

(x, y)	$\mathbf{r}(x, y) = y\mathbf{i} - x\mathbf{j}$	xy 평면에서 $\mathbf{r}(x, y)$의 종점
$(1, 0)$	$-\mathbf{j} = (0, -1)$	$(1, -1)$
$(0, 1)$	$\mathbf{i} = (1, 0)$	$(1, 1)$
$(-1, 0)$	$\mathbf{j} = (0, 1)$	$(-1, 1)$
$(0, -1)$	$-\mathbf{i} = (-1, 0)$	$(-1, -1)$
$(1, 1)$	$\mathbf{i} - \mathbf{j} = (1, -1)$	$(2, 0)$
$(1, -1)$	$-\mathbf{i} - \mathbf{j} = (-1, -1)$	$(0, -2)$
$(-1, 1)$	$\mathbf{i} + \mathbf{j} = (1, 1)$	$(0, 2)$
$(-1, -1)$	$-\mathbf{i} + \mathbf{j} = (-1, 1)$	$(-2, 0)$
$(1, 2)$	$2\mathbf{i} - \mathbf{j} = (2, -1)$	$(3, 1)$
$(2, 1)$	$\mathbf{i} - 2\mathbf{j} = (1, -2)$	$(3, -1)$

이 벡터장의 모든 벡터가 [그림 7.11]과 같이 중심이 원점인 원에 접한다. 실제로 (x, y)를 나타내는 벡터 $\mathbf{a} = x\mathbf{i} + y\mathbf{j}$ 와 $\mathbf{r}(x, y) = y\mathbf{i} - x\mathbf{j}$ 의 내적은 0이며, 이는 $\mathbf{r}$ 이 위치벡터 $\mathbf{a}$ 에 수직임을 나타낸다. 더욱이 $\|\mathbf{r}\| = \sqrt{y^2 + (-x)^2} = \|\mathbf{a}\|$ 이므로 $\mathbf{r}$ 은 중심이 원점이고 반지름의 길이가 $\|\mathbf{a}\|$ 인 원에 접한다.

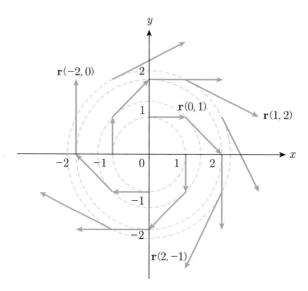

[그림 7.11] 벡터장 $\mathbf{r}(x, y) = y\mathbf{i} - x\mathbf{j}$ 의 벡터들

벡터장은 공간 $\mathbb{R}^3$ 에서도 동일하게 생각할 수 있다. 특히 관 속을 흐르는 유체의 점 (x, y, z) 에서 유체의 속도를 $\mathbf{v}(x, y, z)$ 라 하면 $\mathbf{v}$ 는 $\mathbb{R}^3$ 에서 벡터장이며, 이러한 벡터장을 속도장velocity field이라 한다. 점 (x, y, z) 에서 물체에 작용하는 중력을 나타내는 벡터장 $\mathbf{F}$ 를 중력장gravitational field이라 하고, 전하에 미치는 전기력인 벡터장 $\mathbf{E}$ 를 전기장electric field이라 한다.

7.4 선적분

닫힌구간 $[a, b]$ 에서 연속인 두 함수 f 와 g 에 의한 벡터함수 $\mathbf{r}(t) = f(t)\mathbf{i} + g(t)\mathbf{j}$ 의 정적분을 실함수의 적분과 동일한 방법으로 정의했다. 이 개념을 구간에서의 정적분이 아니라 $a \le t \le b$ 에서 정의되는 곡선 $\mathbf{r}(t)$ 위에서의 정적분으로 일반화한 선적분을 살펴보자. 선적분은 유체의 흐름, 힘, 전기 및 자기 등에서 발생하는 문제를 해결하기 위한 도구가 된다.

선적분

$a \le t \le b$에서 $x = f(t)$, $y = g(t)$에 의해 정의되는 매끄러운 곡선을 C라 하고, 이 곡선을 포함하는 영역에서 함수 $F(x, y)$가 연속이라 하자. 닫힌구간 $[a, b]$를 n개의 등간격으로 분할한 점 $a = t_0 < t_1 < \cdots < t_n = b$에 대응하는 곡선 C의 분할점을 각각 P_0, P_1, P_2, $\cdots$, P_n이라 하자. 점 P_k의 좌표는 $x_k = f(t_k)$, $y_k = g(t_k)$에 의해 결정되며, [그림 7.12]와 같이 곡선 C는 분할된 $[t_{k-1}, t_k]$, $k = 1, 2, \cdots, n$에 의해 길이가 Δs_k인 n개의 부분호로 분할된다. 각 부분호에 대응하는 x축 및 y축에 대한 증분 Δx_k, Δy_k가 결정된다. 또한 k번째 소구간 $[t_{k-1}, t_k]$에서 임의의 점 t_k^*를 택하면 곡선 위의 k번째 호에서 $P_k^*(x_k^*, y_k^*)$가 결정된다. 이로부터 두 변수 x, y와 곡선의 길이 s에 대한 증분을 이용한 다음과 같은 부분합을 생각할 수 있다.

$$\sum_{k=1}^{n} F(x_k^*, y_k^*) \Delta s_k, \quad \sum_{k=1}^{n} F(x_k^*, y_k^*) \Delta x_k, \quad \sum_{k=1}^{n} F(x_k^*, y_k^*) \Delta y_k$$

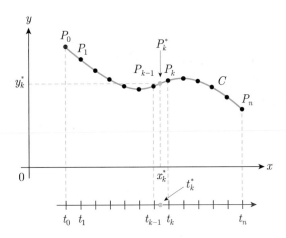

[그림 7.12] $a \le t \le b$에서 평면곡선 C의 분할

이때 다음 극한이 존재하면 이 극한을 곡선 C 위에서 함수 F의 선적분$^{\text{line integral}}$이라 하며, 곡선 C를 적분경로$^{\text{path of integration}}$라 한다.

① $\displaystyle \int_C F(x, y)\, ds = \lim_{n \to \infty} \sum_{k=1}^{n} F(x_k^*, y_k^*) \Delta s_k$

② $\displaystyle \int_C F(x, y)\, dx = \lim_{n \to \infty} \sum_{k=1}^{n} F(x_k^*, y_k^*) \Delta x_k$

③ $\displaystyle \int_C F(x, y)\, dy = \lim_{n \to \infty} \sum_{k=1}^{n} F(x_k^*, y_k^*) \Delta y_k$

선적분 ①은 적분경로가 곡선 C인 경우이고, 선적분 ②와 선적분 ③은 각각 x, y에 대한 C 위에서 선적분이다. 한편 $a \le t \le b$에서 $x = f(t)$, $y = g(t)$가 미분가능하므로 다음을 얻는다.

$$dx = f'(t)dt, \quad dy = g'(t)dt, \quad ds = \sqrt{(f'(t))^2 + (g'(t))^2}\, dt$$

따라서 $a \le t \le b$에서 벡터함수 $\mathbf{r}(t) = f(t)\mathbf{i} + g(t)\mathbf{j}$에 의해 형성된 곡선 C 위에서 함수 F의 선적분은 적분경로에 따라 다음과 같이 정의된다.

④ $\displaystyle \int_C F(x, y)\, ds = \int_a^b F[f(t),\, g(t)]\, \sqrt{(f'(t))^2 + (g'(t))^2}\, dt$

$\displaystyle \qquad\qquad\qquad\; = \int_a^b F(x, y)\, \sqrt{(x'(t))^2 + (y'(t))^2}\, dt$

⑤ $\displaystyle \int_C F(x, y)\, dx = \int_a^b F[f(t),\, g(t)]f'(t)\, dt = \int_a^b F(x, y)x'(t)\, dt$

⑥ $\displaystyle \int_C F(x, y)\, dy = \int_a^b F[f(t),\, g(t)]g'(t)\, dt = \int_a^b F(x, y)y'(t)\, dt$

▶ 예제 20

$0 \le t \le 2\pi$에서 $x = t - \sin t$, $y = 1 - \cos t$에 의한 벡터함수 $\mathbf{r}(t) = x\mathbf{i} + y\mathbf{j}$의 곡선 C를 파선 ^{cycloid}이라 한다. 파선을 나타내는 곡선 C 위에서 다음 선적분을 구하여라.

(1) $\displaystyle \int_C (x+y)\, dx$ (2) $\displaystyle \int_C (x+y)\, dy$ (3) $\displaystyle \int_C (x+y)\, ds$

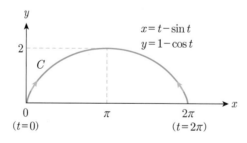

풀이

주안점 dx, dy, ds를 구한다.

$x = t - \sin t$, $y = 1 - \cos t$이므로 다음을 얻는다.

$$x + y = t + 1 - \sin t - \cos t, \quad \frac{dx}{dt} = 1 - \cos t, \quad \frac{dy}{dt} = \sin t,$$

$$ds = \sqrt{\left(\frac{dx}{dt}\right)^2 + \left(\frac{dy}{dt}\right)^2}\, dt = \sqrt{(1 - \cos t)^2 + \sin^2 t}\, dt = 2\sin\frac{t}{2}\, dt$$

(1)
$$\int_C (x + y)\, dx = \int_0^{2\pi} (t + 1 - \sin t - \cos t)(1 - \cos t)\, dt$$

$$= \left[\frac{3}{2}t + \frac{1}{2}t^2 - 2\sin t - t\sin t + \frac{1}{4}\sin 2t\right]_0^{2\pi} = (3 + 2\pi)\pi$$

(2)
$$\int_C (x + y)\, dy = \int_0^{2\pi} (t + 1 - \sin t - \cos t)\sin t\, dt$$

$$= \left[-\frac{1}{2}t - \cos t - t\cos t + \frac{1}{2}\cos^2 t + \sin t + \frac{1}{4}\sin 2t\right]_0^{2\pi} = -3\pi$$

(3)
$$\int_C (x + y)\, ds = 2\int_0^{2\pi} (t + 1 - \sin t - \cos t)\sin\frac{t}{2}\, dt$$

$$= 2\left[-(2t + 3)\cos\frac{t}{2} + \frac{1}{3}\cos\frac{3t}{2} + 3\sin\frac{t}{2} + \frac{1}{3}\sin\frac{3t}{2}\right]_0^{2\pi} = \frac{32}{3} + 8\pi$$

평면곡선에 대한 선적분은 공간 안에서 $x = f(t)$, $y = g(t)$, $z = h(t)$에 의해 정의되는 벡터함수 $\mathbf{r}(t) = f(t)\mathbf{i} + g(t)\mathbf{j} + h(t)\mathbf{k}$로 주어지는 곡선 C 위에서 선적분으로 확장할 수 있다. $a \leq t \leq b$에서 벡터함수 $\mathbf{r}(t)$에 의한 곡선 C 위에서 함수 F의 선적분은 다음과 같다.

$$\int_C F(x, y, z)\, ds = \int_a^b F[f(t),\, g(t),\, h(t)]\, \sqrt{(f'(t))^2 + (g'(t))^2 + (h'(t))^2}\, dt$$

마찬가지로 x, y, z에 대한 C 위에서 선적분은 다음과 같다.

⑦ $\displaystyle\int_C F(x, y, z)\, dx = \int_a^b F[f(t),\, g(t),\, h(t)]\, f'(t)\, dt$

⑧ $\displaystyle\int_C F(x, y, z)\, dy = \int_a^b F[f(t),\, g(t),\, h(t)]\, g'(t)\, dt$

⑨ $\displaystyle\int_C F(x, y, z)\, dz = \int_a^b F[f(t),\, g(t),\, h(t)]\, h'(t)\, dt$

$\mathbf{r}'(t) = f'(t)\mathbf{i} + g'(t)\mathbf{j} + h'(t)\mathbf{k}$ 이므로 다음과 같이 선적분을 간단히 나타낼 수 있다.

$$\int_C F(x, y, z)\, ds = \int_a^b F[\mathbf{r}(t)]\, \|\mathbf{r}'(t)\|\, dt$$

그림과 같이 $0 \le t \le 2\pi$ 에서 곡선이 원형나선 $C: \mathbf{r}(t) = \cos t\,\mathbf{i} + \sin t\,\mathbf{j} + 2t\,\mathbf{k}$ 일 때, 선적분
$\displaystyle\int_C (x^2 + y^2 + z^2)\,ds$ 를 구하여라.

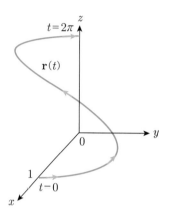

풀이

❶ $x^2 + y^2 + z^2$, ds 를 t 에 관한 식으로 나타낸다.

$x = \cos t$, $y = \sin t$, $z = 2t$ 이므로

$$x^2 + y^2 + z^2 = \cos^2 t + \sin^2 t + (2t)^2 = 1 + 4t^2,$$

$$ds = \sqrt{\left(\frac{dx}{dt}\right)^2 + \left(\frac{dy}{dt}\right)^2 + \left(\frac{dz}{dt}\right)^2}\,dt = \sqrt{(-\sin t)^2 + \cos^2 t + 2^2}\,dt = \sqrt{5}\,dt$$

❷ $0 \le t \le 2\pi$ 에서 선적분을 구한다.

$$\int_C (x^2 + y^2 + z^2)\,ds = \sqrt{5}\int_0^{2\pi}(1 + 4t^2)\,dt = \sqrt{5}\left[t + \frac{4}{3}t^3\right]_0^{2\pi} = \sqrt{5}\left(2\pi + \frac{32}{3}\pi^3\right)$$

벡터장의 선적분

중력장, 전기장, 자기장 등과 같이 공간에서 입자에 미치는 힘의 벡터장을 힘장$^{\text{force field}}$이라 한다. 힘장 $\mathbf{F} = P\mathbf{i} + Q\mathbf{j} + R\mathbf{k}$ 가 매끄러운 공간곡선 $\mathbf{r}(t) = x\mathbf{i} + y\mathbf{j} + z\mathbf{k}$, $x = f(t)$, $y = g(t)$, $z = h(t)$ 위에서 연속일 때, 곡선을 따라 입자가 움직이며 힘장 $\mathbf{F}$ 에 의해 이루어진 일^{work}의 양을 구해 보자. [그림 7.13]과 같이 $a \le t \le b$ 에서 $x = f(t)$, $y = g(t)$, $z = h(t)$ 에 의해 정의되는 곡선 C 를 P_0, P_1, P_2, $\cdots$, P_n 으로 분할한다. 이때 P_k 는 각각 닫힌구간 $[a, b]$ 를 분할한 점 $a = t_0 < t_1 < \cdots < t_n = b$ 에 대응하는 곡선 위의 점이다.

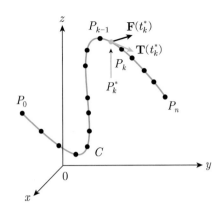

[**그림 7.13**] $a \le t \le b$에서 공간곡선 C의 분할

k번째 소구간 $[t_{k-1}, t_k]$에서 임의의 점 t_k^*에 대응하는 k번째 호 위의 점 $P_k^*(x_k^*, y_k^*, z_k^*)$를 택한다. k번째 호의 길이 Δs_k가 작아지면 곡선 위의 입자는 곡선을 따라 P_{k-1}에서 P_k까지 움직인다. 이 입자는 점 P_k^*에서 근사적으로 단위접선벡터 $\mathbf{T}(t_k^*)$의 방향으로 $\Delta s_i \mathbf{T}(t_i^*)$만큼 움직인다. 따라서 이 입자가 P_{k-1}에서 P_k까지 움직일 때 힘장 $\mathbf{F}$가 한 일 $W = \mathbf{F} \cdot \mathbf{d}$는 근사적으로 다음과 같다.

$$\mathbf{F}(x_i^*, y_i^*, z_i^*) \cdot [\Delta s_i \mathbf{T}(t_i^*)] = [\mathbf{F}(x_i^*, y_i^*, z_i^*) \cdot \mathbf{T}(t_i^*)] \Delta s_i$$

그러므로 각 부분호에서 이루어진 일의 총합은 다음과 같다.

$$\sum_{k=1}^{n} [\mathbf{F}(x_i^*, y_i^*, z_i^*) \cdot \mathbf{T}(x_i^*, y_i^*, z_i^*)] \Delta s_i$$

즉, 공간곡선 $\mathbf{r}(t) = x\mathbf{i} + y\mathbf{j} + z\mathbf{k}$ 위에서 힘장 $\mathbf{F}$에 의해 이루어진 일의 양은 다음과 같이 정의된다.

$$W = \lim_{n \to \infty} \sum_{k=1}^{n} [\mathbf{F}(x_i^*, y_i^*, z_i^*) \cdot \mathbf{T}(x_i^*, y_i^*, z_i^*)] \Delta s_i$$

$$= \int_C \mathbf{F}(x, y, z) \cdot \mathbf{T}(x, y, z) ds$$

곡선 $\mathbf{r}(t)$ 위의 임의의 점에서 다음을 이미 살펴봤다.

$$\mathbf{T}(t) = \frac{\mathbf{r}'(t)}{\|\mathbf{r}'(t)\|}, \quad \frac{ds}{dt} = \|\mathbf{r}'(t)\|$$

그러므로 힘장 $\mathbf{F}$가 한 일의 양은 다음과 같이 나타낼 수 있다.

$$W = \int_C \mathbf{F} \cdot \mathbf{T} ds = \int_a^b \mathbf{F} \cdot \frac{\mathbf{r}'(t)}{\|\mathbf{r}'(t)\|} \|\mathbf{r}'(t)\| dt = \int_a^b \mathbf{F} \cdot \mathbf{r}' dt$$

이 일은 곡선 위에서 접선 성분에 대하여 호의 길이에 관한 힘의 선적분임을 의미하며, 따라서 벡터함수 $\mathbf{r}(t)$, $a \le t \le b$로 주어진 곡선 C 위에서 연속인 벡터장 $\mathbf{F} = P\mathbf{i} + Q\mathbf{j} + R\mathbf{k}$의 선적분을 다음과 같이 정의할 수 있다.

$$\int_C \mathbf{F} \cdot d\mathbf{r} = \int_a^b \mathbf{F}(\mathbf{r}(t)) \cdot \mathbf{r}'(t)\,dt$$

$\mathbf{r}(t) = x\mathbf{i} + y\mathbf{j} + z\mathbf{k}$에 대하여 $\mathbf{r}'(t)dt = dx\mathbf{i} + dy\mathbf{j} + dz\mathbf{k}$이므로 $\mathbf{F}(\mathbf{r}(t)) \cdot \mathbf{r}'(t)dt$는 다음과 같다.

$$\mathbf{F}(\mathbf{r}(t)) \cdot \mathbf{r}'(t)dt = (P\mathbf{i} + Q\mathbf{j} + R\mathbf{k}) \cdot (dx\mathbf{i} + dy\mathbf{j} + dz\mathbf{k})$$
$$= P(x, y, z)dx + Q(x, y, z)dy + R(x, y, z)dz$$

따라서 선적분을 관례적으로 다음과 같이 표현하기도 한다.

$$\int_C \mathbf{F} \cdot d\mathbf{r} = \int_a^b P(x, y, z)dx + Q(x, y, z)dy + R(x, y, z)dz$$

▶ 예제 22

$\mathbf{F}(x, y, z) = yz\mathbf{i} + zx\mathbf{j} + xy\mathbf{k}$이고 $C\colon \mathbf{r}(t) = \cos t\,\mathbf{i} + \sin t\,\mathbf{j} + 2t\mathbf{k}$, $0 \le t \le 2\pi$일 때, $\displaystyle\int_C \mathbf{F} \cdot d\mathbf{r}$을 구하여라.

풀이

❶ $\mathbf{F}(x, y, z)$를 t에 관한 식으로 변형한다.

$x = \cos t$, $y = \sin t$, $z = 2t$이므로

$$\mathbf{F}(x, y, z) = 2t\sin t\,\mathbf{i} + 2t\cos t\,\mathbf{j} + \sin t\cos t\,\mathbf{k}$$

❷ $\mathbf{F}(\mathbf{r}(t)) \cdot \mathbf{r}'(t)$를 구한다.

$\mathbf{r}'(t) = -\sin t\,\mathbf{i} + \cos t\,\mathbf{j} + 2\mathbf{k}$이므로

$$\mathbf{F}(\mathbf{r}(t)) \cdot \mathbf{r}'(t) = (2t\sin t\,\mathbf{i} + 2t\cos t\,\mathbf{j} + \sin t\cos t\,\mathbf{k}) \cdot (-\sin t\,\mathbf{i} + \cos t\,\mathbf{j} + 2\mathbf{k})$$
$$= 2t\cos 2t + \sin 2t$$

❸ $0 \le t \le 2\pi$에서 선적분을 구한다.

$$\int_C \mathbf{F} \cdot d\mathbf{r} = \int_0^{2\pi} \mathbf{F}(\mathbf{r}(t)) \cdot \mathbf{r}'(t)dt = \int_0^{2\pi} (2t\cos 2t + \sin 2t)\,dt = \Big[t\sin 2t\Big]_0^{2\pi} = 0$$

▶ 예제 23

어떤 물체가 포물선 $x = y^2$ 을 따라 $\mathbf{F}(x, y) = (x^2 + y^2)\mathbf{i} + (x^2 - y^2)\mathbf{j}$ 의 힘을 받으며 $(0, 0)$에서 $(4, 2)$까지 움직일 때, 이 힘에 의해 이루어진 일의 양을 구하여라.

풀이

주안점 매개변수 t 를 이용하여 포물선의 식을 구한다.

❶ 포물선의 식을 구한다.

$$\mathbf{r}(t) = t^2\mathbf{i} + t\mathbf{j} , \; 0 \le t \le 2$$

❷ $\mathbf{F}(\mathbf{r}(t)) \cdot \mathbf{r}'(t)$ 를 구한다.

$\mathbf{r}'(t) = 2t\mathbf{i} + \mathbf{j}$, $\mathbf{F}(\mathbf{r}(t)) = (t^4 + t^2)\mathbf{i} + (t^4 - t^2)\mathbf{j}$ 이므로

$$\mathbf{F}(\mathbf{r}(t)) \cdot \mathbf{r}'(t) = ((t^4 + t^2)\mathbf{i} + (t^4 - t^2)\mathbf{j}) \cdot (2t\mathbf{i} + \mathbf{j}) = -t^2 + 2t^3 + t^4 + 2t^5$$

❸ $0 \le t \le 2$ 에서 선적분을 구한다.

$$W = \int_C \mathbf{F} \cdot d\mathbf{r} = \int_0^2 (-t^2 + 2t^3 + t^4 + 2t^5)\, dt$$

$$= \left[-\frac{1}{3}t^3 + \frac{1}{2}t^4 + \frac{1}{5}t^5 + \frac{1}{3}t^6 \right]_0^2 = \frac{496}{15}$$

[예제 23]에서 포물선의 식을 $\mathbf{r}(t) = t\mathbf{i} + \sqrt{t}\,\mathbf{j} , \; 0 \le t \le 4$ 로 놓을 수도 있으며, 동일한 결과를 얻는다.

경로적분

평면 안에서 곡선 C가 여러 매끄러운 곡선 C_1, C_2, $\cdots$, C_n 을 이어서 만들어지는 경우 곡선 C를 조각마다 매끄러운 곡선$^{\text{piecewise smooth curve}}$이라 한다. 곡선 C의 시점과 종점이 같은 경우 이 곡선을 닫힌곡선$^{\text{closed curve}}$이라 하며, 특히 교차하지 않는 닫힌곡선을 단순 닫힌곡선$^{\text{simple closed curve}}$이라 한다. 시점과 종점이 동일한 곡선, 즉 $a \le t \le b$ 일 때 $\mathbf{r}(a) = \mathbf{r}(b)$인 곡선은 닫힌곡선이다.

매끄러운 곡선

조각마다 매끄러운 곡선

닫힌곡선

단순 닫힌곡선

[그림 7.14] 여러 가지 곡선

실함수의 적분과 마찬가지로 선적분에 대하여 다음 성질이 성립한다.

① $\displaystyle\int_C k\mathbf{F} \cdot d\mathbf{r} = k \int_C \mathbf{F} \cdot d\mathbf{r}$

② $\displaystyle\int_C (\mathbf{F} + \mathbf{G}) \cdot d\mathbf{r} = \int_C \mathbf{F} \cdot d\mathbf{r} + \int_C \mathbf{G} \cdot d\mathbf{r}$

③ $\displaystyle\int_C \mathbf{F} \cdot d\mathbf{r} = \int_{C_1} \mathbf{F} \cdot d\mathbf{r} + \int_{C_2} \mathbf{F} \cdot d\mathbf{r}$

성질 ③에서 두 적분경로 C_1, C_2는 C와 동일한 방향을 갖는 곡선이며, C와 반대 방향을 갖는 적분경로에 대한 선적분은 적분 값에 -1을 곱하여 얻는다.

▶ 예제 24

그림과 같이 C_1, C_2, C_3으로 구성된 닫힌곡선 C 위에서 선적분 $\displaystyle\int_C (x+y)\,dx + (x-y)\,dy$ 를 구하여라.

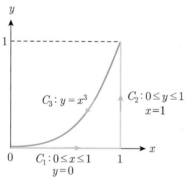

풀이

주안점 조각으로 구분된 각 경로에서 선적분을 구한다.

❶ 경로 C_1 위에서 선적분을 구한다.

x를 매개변수로 하면 $0 \le x \le 1$, $y = 0$이므로 $dy = 0$이고, x의 진행 방향은 $x : 0 \to 1$이다.

$$\int_{C_1} (x+y)\,dx + (x-y)\,dy = \int_0^1 (x+0)\,dx + (x-0)(0)$$

$$= \int_0^1 x\,dx = \left[\frac{1}{2}x^2\right]_0^1 = \frac{1}{2}$$

❷ 경로 C_2 위에서 선적분을 구한다.

y를 매개변수로 하면 $0 \le y \le 1$, $x = 1$이므로 $dx = 0$이고, y의 진행 방향은 $y : 0 \to 1$이다.

$$\int_{C_2} (x+y)\,dx + (x-y)\,dy = \int_0^1 (1+y)(0) + (1-y)\,dy$$

$$= \int_0^1 (1-y)\,dy = \left[y - \frac{1}{2}y^2 \right]_0^1 = \frac{1}{2}$$

❸ 경로 C_3 위에서 선적분을 구한다.

x를 매개변수로 하면 $y = x^3$이므로 $dy = 3x^2\,dx$이고, x의 진행 방향은 $x : 1 \to 0$이다.

$$\int_{C_3} (x+y)\,dx + (x-y)\,dy = \int_1^0 (x+x^3)\,dx + (x-x^3)(3x^2)\,dx$$

$$= -\int_0^1 (x + 4x^3 - 3x^5)\,dx = -\left[\frac{1}{2}x^2 + x^4 - \frac{1}{2}x^6 \right]_0^1 = -1$$

❹ 경로 C 위에서 선적분을 구한다.

세 경로에 대한 선적분의 합을 구하면

$$\int_C (x+y)\,dx + (x-y)\,dy = \frac{1}{2} + \frac{1}{2} - 1 = 0$$

다음 두 예제를 통해 시점과 종점이 동일하지만 경로가 서로 다른 경우 선적분의 결과가 어떻게 나타나는지 살펴보자.

▶ 예제 25

$\mathbf{F}(x, y) = x^2 \mathbf{i} - y^2 \mathbf{j}$ 일 때, 다음 경로에 따른 $\displaystyle\int_C \mathbf{F} \cdot d\mathbf{r}$ 을 구하여라.

(1) C_1 : $x = 0$에서 $x = 1$까지 직선 $y = x$

(2) C_2 : $x = 0$에서 $x = 1$까지 곡선 $y = x^2$

풀이

주안점 매개변수 t를 이용하여 각 경로의 식을 구한다.

(1) ❶ 경로 C_1에 대한 매개변수방정식을 구한다.

$$x = t, \; y = t, \; 0 \le t \le 1$$

❷ 경로 C_1에 대한 벡터방정식을 구한다.

$$\mathbf{r}(t) = t\mathbf{i} + t\mathbf{j}, \; 0 \le t \le 1$$

❸ $\mathbf{F}(\mathbf{r}(t)) \cdot \mathbf{r}'(t)$를 구한다.

$\mathbf{F}(x, y) = x^2\mathbf{i} - y^2\mathbf{j} = t^2\mathbf{i} - t^2\mathbf{j}$, $\mathbf{r}'(t) = \mathbf{i} + \mathbf{j}$ 이므로

$$\mathbf{F}(\mathbf{r}(t)) \cdot \mathbf{r}'(t) = (t^2\mathbf{i} - t^2\mathbf{j}) \cdot (\mathbf{i} + \mathbf{j}) = 0$$

❹ 선적분을 구한다.

$$\int_C \mathbf{F} \cdot d\mathbf{r} = \int_0^1 0\,dt = 0$$

(2) ❶ 경로 C_2에 대한 매개변수방정식을 구한다.

$$x = t, \ y = t^2, \ 0 \le t \le 1$$

❷ 경로 C_2에 대한 벡터방정식을 구한다.

$$\mathbf{r}(t) = t\mathbf{i} + t^2\mathbf{j}, \ 0 \le t \le 1$$

❸ $\mathbf{F}(\mathbf{r}(t)) \cdot \mathbf{r}'(t)$를 구한다.

$\mathbf{F}(x, y) = x^2\mathbf{i} - y^2\mathbf{j} = t^2\mathbf{i} - t^4\mathbf{j}$, $\mathbf{r}'(t) = \mathbf{i} + 2t\mathbf{j}$ 이므로

$$\mathbf{F}(\mathbf{r}(t)) \cdot \mathbf{r}'(t) = (t^2\mathbf{i} - t^4\mathbf{j}) \cdot (\mathbf{i} + 2t\mathbf{j}) = t^2 - 2t^5$$

❹ 선적분을 구한다.

$$\int_C \mathbf{F} \cdot d\mathbf{r} = \int_0^1 (t^2 - 2t^5)\,dt = \left[\frac{1}{3}t^3 - \frac{1}{3}t^6\right]_0^1 = 0$$

▶ 예제 26

$\mathbf{F}(x, y) = (x+y)\mathbf{i} + (x-y)\mathbf{j}$ 일 때, 다음 경로에 따른 $\displaystyle\int_C \mathbf{F} \cdot d\mathbf{r}$을 구하여라.

(1) C_1 : $x = 0$에서 $x = 1$까지 직선 $y = x$

(2) C_2 : $x = 0$에서 $x = 1$까지 곡선 $y = x^2$

(3) C_3 : $x = 0$에서 $x = 1$까지 곡선 $y = x^3$

풀이

주안점 매개변수 t를 이용하여 각 경로의 식을 구한다.

(1) ❶ 경로 C_1에 대한 매개변수방정식을 구한다.

$$x = t, \ y = t, \ 0 \le t \le 1$$

❷ 경로 C_1에 대한 벡터방정식을 구한다.

$$\mathbf{r}(t) = t\mathbf{i} + t\mathbf{j}, \ 0 \le t \le 1$$

❸ $\mathbf{F}(\mathbf{r}(t)) \cdot \mathbf{r}'(t)$를 구한다.

$\mathbf{F}(x, y) = (x + y)\mathbf{i} + (x - y)\mathbf{j} = 2t\mathbf{i}$, $\mathbf{r}'(t) = \mathbf{i} + \mathbf{j}$ 이므로

$$\mathbf{F}(\mathbf{r}(t)) \cdot \mathbf{r}'(t) = (2t\mathbf{i} + 0\mathbf{j}) \cdot (\mathbf{i} + \mathbf{j}) = 2t$$

❹ 선적분을 구한다.

$$\int_C \mathbf{F} \cdot d\mathbf{r} = \int_0^1 2t\,dt = 1$$

(2) ❶ 경로 C_2에 대한 매개변수방정식을 구한다.

$$x = t, \ y = t^2, \ 0 \le t \le 1$$

❷ 경로 C_2에 대한 벡터방정식을 구한다.

$$\mathbf{r}(t) = t\mathbf{i} + t^2\mathbf{j}, \ 0 \le t \le 1$$

❸ $\mathbf{F}(\mathbf{r}(t)) \cdot \mathbf{r}'(t)$를 구한다.

$\mathbf{F}(x, y) = (x + y)\mathbf{i} + (x - y)\mathbf{j} = (t + t^2)\mathbf{i} + (t - t^2)\mathbf{j}$, $\mathbf{r}'(t) = \mathbf{i} + 2t\mathbf{j}$ 이므로

$$\mathbf{F}(\mathbf{r}(t)) \cdot \mathbf{r}'(t) = ((t + t^2)\mathbf{i} + (t - t^2)\mathbf{j}) \cdot (\mathbf{i} + 2t\mathbf{j}) = t + 3t^2 - 2t^3$$

❹ 선적분을 구한다.

$$\int_C \mathbf{F} \cdot d\mathbf{r} = \int_0^1 (t + 3t^2 - 2t^3)\,dt = \left[\frac{1}{2}t + t^3 - \frac{1}{2}t^4 \right]_0^1 = 1$$

(3) ❶ 경로 C_3에 대한 매개변수방정식을 구한다.

$$x = t, \ y = t^3, \ 0 \le t \le 1$$

❷ 경로 C_3에 대한 벡터방정식을 구한다.

$$\mathbf{r}(t) = t\mathbf{i} + t^3\mathbf{j}, \ 0 \le t \le 1$$

❸ $\mathbf{F}(\mathbf{r}(t)) \cdot \mathbf{r}'(t)$를 구한다.

$\mathbf{F}(x, y) = (x + y)\mathbf{i} + (x - y)\mathbf{j} = (t + t^3)\mathbf{i} + (t - t^3)\mathbf{j}$, $\mathbf{r}'(t) = \mathbf{i} + 3t^2\mathbf{j}$ 이므로

$$\mathbf{F}(\mathbf{r}(t)) \cdot \mathbf{r}'(t) = ((t + t^3)\mathbf{i} + (t - t^3)\mathbf{j}) \cdot (\mathbf{i} + 3t^2\mathbf{j}) = t + 4t^3 - 3t^5$$

❹ 선적분을 구한다.

$$\int_C \mathbf{F} \cdot d\mathbf{r} = \int_0^1 (t + 4t^3 - 3t^5)\,dt = \left[\frac{1}{2}t^2 + t^4 - \frac{1}{2}t^6 \right]_0^1 = 1$$

[예제 25], [예제 26]에서 일반적으로 시점과 종점이 동일하더라도 경로가 서로 다르면 선적분도 다름을 알 수 있다. 그러나 [예제 26]과 같이 시점과 종점이 같지만 서로 다른 두 경로 C_1, C_2에 대하여 다음이 성립하는 경우 선적분 $\int_C \mathbf{F} \cdot d\mathbf{r}$ 은 **경로와 독립**^{independent of path}이라 한다.

$$\int_{C_1} \mathbf{F} \cdot d\mathbf{r} = \int_{C_2} \mathbf{F} \cdot d\mathbf{r}$$

어떤 영역 R에서 $\int_C \mathbf{F} \cdot d\mathbf{r}$ 이 경로와 독립이고, 이 영역에서 임의의 닫힌 경로를 C라 하자. [그림 7.15(a)]와 같이 경로 C 위의 임의의 두 점 A, B를 택하면 C를 방향이 서로 반대인 두 경로 $C_1 : A \to B$와 $C_2 : B \to A$의 합, 즉 $C = C_1 \cup C_2$로 생각할 수 있다. 따라서 C_2의 역방향 경로 $-C_2 : A \to B$의 시점과 종점은 각각 C_1의 시점과 종점과 같다. 더욱이 영역 R에서 $\int_C \mathbf{F} \cdot d\mathbf{r}$ 이 경로와 독립이고 경로 C가 이 영역에 있으므로 C 위에서 선적분은 경로와 독립이다. 즉, 다음이 성립한다.

$$\int_{C_1} \mathbf{F} \cdot d\mathbf{r} = \int_{-C_2} \mathbf{F} \cdot d\mathbf{r}$$

따라서 경로 C 위에서 선적분은 다음과 같다.

$$\int_C \mathbf{F} \cdot d\mathbf{r} = \int_{C_1} \mathbf{F} \cdot d\mathbf{r} + \int_{C_2} \mathbf{F} \cdot d\mathbf{r} = \int_{-C_2} \mathbf{F} \cdot d\mathbf{r} + \int_{C_2} \mathbf{F} \cdot d\mathbf{r}$$
$$= -\int_{C_2} \mathbf{F} \cdot d\mathbf{r} + \int_{C_2} \mathbf{F} \cdot d\mathbf{r} = 0$$

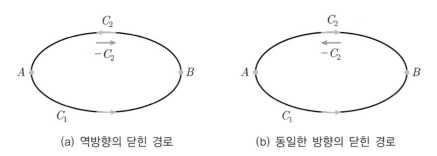

(a) 역방향의 닫힌 경로 　　　　(b) 동일한 방향의 닫힌 경로

[그림 7.15] 닫힌 경로

역으로 R에 있는 닫힌 경로 C에서 $\int_C \mathbf{F} \cdot d\mathbf{r} = 0$이 성립하면 [그림 7.15(b)]와 같이 A에서 B로의 임의의 두 경로 C_1과 C_2에 대하여 $C = C_1 \cup (-C_2)$이며, 다음이 성립한다.

$$0 = \int_C \mathbf{F} \cdot d\mathbf{r} = \int_{C_1} \mathbf{F} \cdot d\mathbf{r} + \int_{-C_2} \mathbf{F} \cdot d\mathbf{r} = \int_{C_1} \mathbf{F} \cdot d\mathbf{r} - \int_{C_2} \mathbf{F} \cdot d\mathbf{r}$$

따라서 $\int_{C_1} \mathbf{F} \cdot d\mathbf{r} = \int_{C_2} \mathbf{F} \cdot d\mathbf{r}$, 즉 $\int_C \mathbf{F} \cdot d\mathbf{r}$ 이 경로와 독립이다. 이로부터 다음 정리를 얻는다.

정리 3 　 **경로와 독립일 필요충분조건**

$\int_C \mathbf{F} \cdot d\mathbf{r}$ 이 어떤 영역 R에서 경로와 독립이기 위한 필요충분조건은 R에 있는 임의의 닫힌 경로 C에 대하여 $\int_C \mathbf{F} \cdot d\mathbf{r} = 0$ 이다.

어떤 영역 R의 모든 점이 이 영역에 완전히 놓이는 조각마다 매끄러운 곡선들에 의해 연결될 수 있으면 이 영역 R은 **연결된다**^{connected}라고 한다. 특히 [그림 7.16(a)]와 같이 이 영역에 완전히 놓이는 모든 단순닫힌곡선 C가 R을 벗어나지 않고 닫힌곡선을 연속적으로 줄여서 R 안의 한 점으로 축소될 수 있으면 이 영역 R을 **단순 연결영역**^{simply connected region}이라 한다. 따라서 R에 완전히 놓이는 단순 닫힌곡선 C의 내부 역시 R에 완전히 놓이게 되며, C의 내부에 구멍은 존재하지 않는다. 반면, [그림 7.16(b)]와 같이 R 안에 구멍이 있는 경우 곡선 C를 이용하여 구멍을 감쌀 수 있지만, 곡선을 연속적으로 줄이더라도 영역 R을 벗어나지 않고 한 점으로 축소할 수 없으며, 이와 같은 영역 R을 **다중 연결영역**^{multiply connected region}이라 한다.

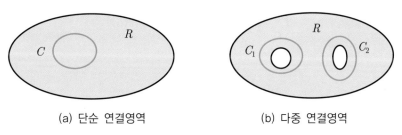

(a) 단순 연결영역　　　　　　　(b) 다중 연결영역

[그림 7.16] 연결영역

단순 연결영역이 경계를 포함하지 않을 때, 이 영역을 **열린 영역**^{open region}이라 한다. 다음 정리는 $\mathbf{F}(\mathbf{r}) \cdot d\mathbf{r}$ 의 선적분이 경로와 독립일 필요충분조건을 제시한다.

정리 4 　 **열린 영역에서 경로와 독립일 필요충분조건**

$\mathbf{F}$를 열린 연결영역 R에서 연속인 벡터함수라 하자. $\int_C \mathbf{F}(\mathbf{r}) \cdot d\mathbf{r}$이 경로와 독립일 필요충분조건은 이 영역에서 $\mathbf{F} = \nabla f$를 만족하는 함수 f가 존재하는 것이다.

보존적 벡터장

영역 R에서 연속인 벡터함수 $\mathbf{F}$에 대하여 $\mathbf{F} = \nabla f$를 만족하는 함수 f가 존재한다고 가정하자. 이때 벡터장 $\mathbf{F}$를 보존적 벡터장$^{\text{conservative vector field}}$이라 하고, 함수 f를 $\mathbf{F}$에 대한 퍼텐셜 함수^{potential} ^{function}라 한다. [정리 4]는 $\int_C \mathbf{F}(\mathbf{r}) \cdot d\mathbf{r}$이 열린 연결영역 R에서 경로와 독립이면 이 영역에서 $\mathbf{F}$가 보존적 벡터장임을 보여 준다. 특히 매끄러운 곡선 C가 벡터함수 $\mathbf{r}(t)$, $a \le t \le b$로 주어지고 f는 편미분가능한 함수라 하자. 이때 기울기 벡터 ∇f가 C에서 연속이면 다음을 얻는다.

$$\int_C \nabla f \cdot d\mathbf{r} = \int_a^b \nabla f(\mathbf{r}(t)) \cdot \mathbf{r}'(t)\, dt$$

$$= \int_a^b \left(\frac{\partial f}{\partial x} \frac{dx}{dt} + \frac{\partial f}{\partial y} \frac{dy}{dt} + \frac{\partial f}{\partial z} \frac{dz}{dt} \right) dt$$

$$= \int_a^b \frac{d}{dt} f(\mathbf{r}(t))\, dt = f(\mathbf{r}(b)) - f(\mathbf{r}(a))$$

즉, 미적분학의 기본 정리와 유사하게 함수 f의 기울기 벡터 ∇f가 매끄러운 경로에서 연속이면 다음과 같이 시점과 종점에 의해 선적분을 얻을 수 있다.

> **정리 5** **선적분에 대한 기본 정리**
>
> 함수 f의 기울기 벡터 ∇f가 매끄러운 경로 $C: \mathbf{r}(t)$, $a \le t \le b$에서 연속이면 다음이 성립한다.
>
> $$\int_C \nabla f \cdot d\mathbf{r} = f(\mathbf{r}(b)) - f(\mathbf{r}(a))$$

▶ 예제 27

경로 $C: \mathbf{r}(t) = t\mathbf{i} + t^2\mathbf{j} + t^3\mathbf{k}$, $1 \le t \le 2$ 위에서 $f(x, y, z) = xyz$에 대하여 $\mathbf{F} = \nabla f$라 하자. 다음 방법을 통해 $\int_C \mathbf{F} \cdot d\mathbf{r}$을 구하여라.

(1) $\mathbf{F}(\mathbf{r}(t)) \cdot \mathbf{r}'(t)$를 이용
(2) 선적분에 대한 기본 정리를 이용

풀이

주안점 $\mathbf{F} = \nabla f$를 구한다.

(1) ❶ $\mathbf{F}$를 구한다.

$\quad x = t$, $y = t^2$, $z = t^3$이므로 $\mathbf{F} = \nabla f = yz\mathbf{i} + xz\mathbf{j} + xy\mathbf{k}$

❷ $\mathbf{F}(\mathbf{r}(t)) \cdot \mathbf{r}'(t)$를 구한다.

$\mathbf{F}(x, y) = yz\mathbf{i} + xz\mathbf{j} + xy\mathbf{k} = t^5\mathbf{i} + t^4\mathbf{j} + t^3\mathbf{k}$, $\mathbf{r}'(t) = \mathbf{i} + 2t\mathbf{j} + 3t^2\mathbf{k}$이므로

$$\mathbf{F}(\mathbf{r}(t)) \cdot \mathbf{r}'(t) = (t^5\mathbf{i} + t^4\mathbf{j} + t^3\mathbf{k}) \cdot (\mathbf{i} + 2t\mathbf{j} + 3t^2\mathbf{k}) = 6t^5$$

❸ 선적분을 구한다.

$$\int_C \mathbf{F} \cdot d\mathbf{r} = \int_1^2 6t^5\,dt = \left[t^6\right]_1^2 = 64 - 1 = 63$$

(2) ❶ 시점과 종점의 좌표를 구한다.

$$\mathbf{r}(1) = \mathbf{i} + \mathbf{j} + \mathbf{k} = (1, 1, 1), \ \ \mathbf{r}(2) = 2\mathbf{i} + 4\mathbf{j} + 8\mathbf{k} = (2, 4, 8)$$

❷ 선적분을 구한다.

$$\int_C \mathbf{F} \cdot d\mathbf{r} = \left[xyz\right]_{(1,1,1)}^{(2,4,8)} = (2)(4)(8) - (1)(1)(1) = 63$$

[예제 27]에서 $\mathbf{F} = \nabla f$는 함수 $f(x, y, z) = xyz$의 보존적 벡터장이다. 여기서 다음과 같은 두 가지 의문을 가질 수 있다.

① $\mathbf{F}$가 보존적 벡터장임을 어떻게 알 수 있는가?
② $\mathbf{F}$가 보존적 벡터장이면 $\mathbf{F} = \nabla f$를 만족하는 함수 f를 어떻게 구할 것인가?

연속인 1계 편도함수를 갖는 두 함수 P, Q에 대하여 $\mathbf{F} = P\mathbf{i} + Q\mathbf{j}$가 보존적 벡터장이라 하면 다음을 만족하는 함수 $f(x, y)$가 존재한다.

$$P(x, y) = \frac{\partial f}{\partial x}, \ \ Q(x, y) = \frac{\partial f}{\partial y}$$

1.4절에서 살펴본 것처럼 $f(x, y)$는 모든 $(x, y) \in \mathbb{R}^2$에서 연속이므로 다음을 얻는다.

$$\frac{\partial P}{\partial y} = \frac{\partial^2 f}{\partial x\,\partial y} = \frac{\partial^2 f}{\partial y\,\partial x} = \frac{\partial Q}{\partial x}$$

정리 6   **보존적 벡터장의 조건**

$\mathbf{F} = P\mathbf{i} + Q\mathbf{j}$의 두 성분함수 P, Q가 열린 단순연결영역에서 연속인 1계 편도함수를 갖는다고 하자. P, Q가 다음 조건을 만족하면 $\mathbf{F}$는 보존적 벡터장이다.

$$\frac{\partial P}{\partial y} = \frac{\partial Q}{\partial x}$$

즉, [정리 6]의 조건을 만족하면 선적분 $\displaystyle\int_C \mathbf{F} \cdot d\mathbf{r}$ 은 경로와 관계없이 시점과 종점에 의해 값이 결정된다.

▶ 예제 28

벡터장 $\mathbf{F}(x, y) = (y^2 - 6xy + 6)\mathbf{i} + (2xy - 3x^2)\mathbf{j}$ 에 대하여 물음에 답하여라.

(1) 선적분이 $(1, 0)$과 $(2, 1)$ 사이의 임의의 경로와 독립임을 보여라.

(2) $\mathbf{F} = \nabla f$ 를 만족하는 함수 f 를 구하여라.

(3) C 가 $(1, 0)$과 $(2, 1)$을 잇는 임의의 경로일 때, 선적분 $\displaystyle\int_C \mathbf{F} \cdot d\mathbf{r}$ 을 구하여라.

풀이

(1) $P = y^2 - 6xy + 6$, $Q = 2xy - 3x^2$ 이라 하면

$$\frac{\partial P}{\partial y} = 2y - 6x = \frac{\partial Q}{\partial x}$$

이므로 선적분은 경로와 독립이다.

(2) 어떤 함수 $f(x, y)$에 대하여 $\mathbf{F} = \nabla f$ 라 하면 다음이 성립한다.

$$\frac{\partial f}{\partial x} = y^2 - 6xy + 6, \quad \frac{\partial f}{\partial y} = 2xy - 3x^2$$

❶ 함수 f 를 구하기 위해 $\dfrac{\partial f}{\partial x}$ 를 x 에 관하여 적분한다.

$$f(x, y) = \int \frac{\partial f}{\partial x} dx = \int (y^2 - 6xy + 6) dx = xy^2 - 3x^2y + 6x + g(y),$$

$g(y)$는 y 만의 함수

❷ f 를 y 에 관하여 미분한다.

$\dfrac{\partial f}{\partial y} = 2xy - 3x^2$ 이므로

$$\frac{\partial}{\partial y} f(x, y) = 2xy - 3x^2 + g'(y) = 2xy - 3x^2$$

❸ $g(y)$를 구한다.

$g'(y) = 0$ 이고 $g(y)$는 변수 x 를 포함하고 있지 않으므로 $g(y) = k$ (k 는 임의의 상수)이다.

❹ $\mathbf{F} = \nabla f$ 를 만족하는 함수 f 를 구한다.

$$f(x, y) = xy^2 - 3x^2y + 6x + k, \quad k \text{ 는 임의의 상수}$$

(3) 선적분을 구한다.

$$\int_C \mathbf{F}(\mathbf{r}) \cdot d\mathbf{r} = \int_{(1,0)}^{(2,1)} \mathbf{F}(\mathbf{r}) \cdot d\mathbf{r} = \left[xy^2 - 3x^2y + 6x + k \right]_{(1,0)}^{(2,1)} = -4$$

C가 공간곡선인 경우 역시 동일하게 생각할 수 있다. 연속인 1계 편도함수를 갖는 세 함수 P, Q, R에 대하여 $\mathbf{F} = P\mathbf{i} + Q\mathbf{j} + R\mathbf{k}$가 보존적 벡터장이라 하면 다음을 만족하는 함수 $f(x, y, z)$가 존재한다.

$$P(x, y) = \frac{\partial f}{\partial x}, \quad Q(x, y) = \frac{\partial f}{\partial y}, \quad R(x, y) = \frac{\partial f}{\partial z}$$

이때 세 함수 P, Q, R이 다음 조건을 만족하면 $\mathbf{F}$는 보존적 벡터장이다.

$$\frac{\partial P}{\partial y} = \frac{\partial Q}{\partial x}, \quad \frac{\partial Q}{\partial z} = \frac{\partial R}{\partial y}, \quad \frac{\partial R}{\partial x} = \frac{\partial P}{\partial z}$$

▶ 예제 29

벡터장 $\mathbf{F}(x, y, z) = yz\mathbf{i} + xz\mathbf{j} + xy\mathbf{k}$에 대하여 물음에 답하여라.

(1) 선적분이 $(0, 1, 0)$, $(1, 1, 1)$ 사이의 임의의 경로와 독립임을 보여라.

(2) $\mathbf{F} = \nabla f$를 만족하는 함수 f를 구하여라.

(3) C가 $(0, 1, 0)$과 $(1, 1, 1)$을 잇는 임의의 경로일 때, 선적분 $\displaystyle\int_C \mathbf{F} \cdot d\mathbf{r}$을 구하여라.

풀이

(1) $P = yz$, $Q = xz$, $R = xy$라 하면

$$\frac{\partial P}{\partial y} = \frac{\partial Q}{\partial x} = z, \quad \frac{\partial Q}{\partial z} = \frac{\partial R}{\partial y} = x, \quad \frac{\partial R}{\partial x} = \frac{\partial P}{\partial z} = y$$

이므로 선적분은 경로와 독립이다.

(2) 어떤 함수 $f(x, y, z)$에 대하여 $\mathbf{F} = \nabla f$라 하면 다음이 성립한다.

$$\frac{\partial f}{\partial x} = yz, \quad \frac{\partial f}{\partial y} = xz, \quad \frac{\partial f}{\partial z} = xy$$

❶ 함수 f를 구하기 위해 $\dfrac{\partial f}{\partial x}$를 x에 관하여 적분한다.

$$f(x, y, z) = \int \frac{\partial f}{\partial x}\, dx = \int yz\, dx = xyz + g(y, z), \quad g(y, z)\text{는 } y, z \text{만의 함수}$$

❷ f를 y에 관하여 미분한다.

$\dfrac{\partial f}{\partial y} = xz$ 이므로

$$\frac{\partial}{\partial y} f(x, y, z) = xz + \frac{\partial}{\partial y} g(y, z) = xz$$

❸ $g(y, z)$를 구한다.

$\frac{\partial}{\partial y} g(y, z) = 0$ 이므로 $g(y, z)$는 변수 z만의 함수이다. $g(y, z) = h(z)$로 놓고 f를 z에 관하여 미분하면

$$\frac{\partial}{\partial z} f(x, y, z) = xy + h'(z) = xy, \quad 즉 \ h'(z) = 0$$

$$h(z) = g(y, z) = k, \quad k는 \ 임의의 \ 상수$$

❹ $\mathbf{F} = \nabla f$를 만족하는 함수 f를 구한다.

$$f(x, y, z) = xyz + k, \quad k는 \ 임의의 \ 상수$$

(3) 선적분을 구한다.

$$\int_C \mathbf{F}(\mathbf{r}) \cdot d\mathbf{r} = \int_{(0,1,0)}^{(1,1,1)} \mathbf{F}(\mathbf{r}) \cdot d\mathbf{r} = \left[xyz \right]_{(0,1,0)}^{(1,1,1)} = 1$$

[예제 29]에서 경로를 $C : \mathbf{r}(t) = \cos t\mathbf{i} + \sin t\mathbf{j} + 2t\mathbf{k}$, $0 \le t \le 2\pi$라 하면 시점과 종점이 각각 $(1, 0, 0)$, $(1, 0, 4\pi)$이며, 선적분은 다음과 같다.

$$\int_C \mathbf{F}(\mathbf{r}) \cdot d\mathbf{r} = \left[xyz \right]_{(1,0,0)}^{(1,0,4\pi)} = 0$$

이는 [예제 22]에서 구한 선적분과 동일함을 알 수 있다.

그린 정리

조각마다 매끄러운 단순 닫힌곡선 위의 선적분을 곡선에 의해 유계인 영역에서 중적분으로 전환하는 방법에 대하여 살펴본다. 단순 닫힌곡선 C에 대한 양의 방향$^{\text{positive direction}}$은 곡선 위의 한 점이 시계 반대 방향으로 움직임을 의미하고, 시계 방향으로 움직일 때 음의 방향$^{\text{negative direction}}$으로 정의한다. 단순 닫힌곡선 C가 벡터함수 $\mathbf{r}(t)$, $a \le t \le b$로 주어진다고 하자. 이는 [그림 7.17]과 같이 t가 a에서 b로 향함에 따라 C 위의 점이 시계 반대 방향으로 움직이면 C가 양의 방향이고, t가 움직임에 따라 C 위의 점이 시계 방향으로 움직이면 C가 음의 방향임을 나타낸다. 곡선 C의 경계와 내부로 이루어진 영역을 R이라 하면 C가 양의 방향이면 영역 R이 화살표 왼쪽에 놓이고, C가 음의 방향이면 영역 R이 화살표 오른쪽에 놓인다.

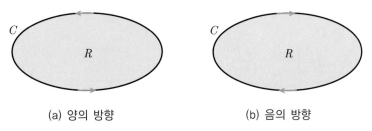

| (a) 양의 방향 | (b) 음의 방향 |

[그림 7.17] 단순 닫힌곡선과 방향

단순 닫힌곡선 C 위에서 선적분 $\int_C \mathbf{F} \cdot d\mathbf{r}$을 표현할 때, 양의 방향과 음의 방향으로의 선적분을 다음과 같이 화살표를 이용하여 나타내기도 한다.

$$\oint_C \mathbf{F} \cdot d\mathbf{r}, \quad \oint_C \mathbf{F} \cdot d\mathbf{r}$$

특히 양의 방향을 이용한 선적분을 간단히 $\oint_C \mathbf{F} \cdot d\mathbf{r}$로 표현하며, 적분 기호를 오-인테그랄$^{\text{o-integral}}$이라 읽는다.

정리 7　　**평면에서의 그린 정리**

R이 양의 방향을 갖고 조각마다 매끄러운 단순 닫힌곡선 C로 유계된 영역이고, R을 포함하는 어떤 영역에서 P, Q가 연속인 1계 편도함수를 갖는다고 하자. $\mathbf{F} = P\mathbf{i} + Q\mathbf{j}$에 대하여 다음이 성립한다.

$$\oint_C \mathbf{F} \cdot d\mathbf{r} = \oint_C (Pdx + Qdy) = \iint_R \left(\frac{\partial Q}{\partial x} - \frac{\partial P}{\partial y} \right) dx\,dy$$

▶ 예제 30

C가 $y = \sqrt{x}$와 $y = x^2$으로 둘러싸인 영역의 경계이고 $\mathbf{F} = (x^2 - y^2)\mathbf{i} + 2xy\mathbf{j}$일 때, $\oint_C \mathbf{F} \cdot d\mathbf{r}$을 구하여라.

풀이

❶ $P(x, y)$, $Q(x, y)$의 편도함수를 구한다.

$P(x, y) = x^2 - y^2$, $Q(x, y) = 2xy$이므로

$$\frac{\partial P}{\partial y} = -2y, \quad \frac{\partial Q}{\partial x} = 2y$$

❷ 선적분을 구한다.

$$\oint_C \mathbf{F} \cdot d\mathbf{r} = \iint_R \left(\frac{\partial Q}{\partial x} - \frac{\partial P}{\partial y} \right) dx\,dy$$

$$= \int_0^1 \int_{x^2}^{\sqrt{x}} 4y\,dy\,dx$$

$$= 2\int_0^1 (x - x^2)\,dx = \frac{1}{3}$$

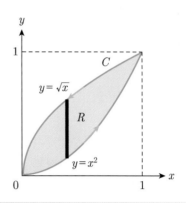

▶ 예제 31

적분경로 C가 그림과 같을 때, $\mathbf{F} = xy\,\mathbf{i} + (x+y)\,\mathbf{i}$ 에 대하여 $\oint_C \mathbf{F} \cdot d\mathbf{r}$ 을 구하여라.

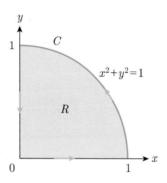

풀이

❶ $P(x, y)$, $Q(x, y)$의 편도함수를 구한다.
$P(x, y) = xy$, $Q(x, y) = x + y$ 이므로

$$\frac{\partial P}{\partial y} = x, \quad \frac{\partial Q}{\partial x} = 1$$

❷ 그린 정리를 적용한다.

$$\oint_C \mathbf{F} \cdot d\mathbf{r} = \iint_R \left(\frac{\partial Q}{\partial x} - \frac{\partial P}{\partial y} \right) dx\,dy = \iint_R (1 - x)\,dx\,dy$$

❸ 선적분을 구한다.

$x = r\cos\theta$, $y = r\sin\theta$ 로 치환하면 $dx\,dy = r\,dr\,d\theta$ 이고 $R: 0 \le r \le 1$, $0 \le \theta \le \frac{\pi}{2}$ 이므로

$$\oint_C \mathbf{F} \cdot d\mathbf{r} = \int_0^{\frac{\pi}{2}} \int_0^1 (1 - r\cos\theta) r \, dr \, d\theta = \int_0^{\frac{\pi}{2}} \left(\frac{1}{2} - \frac{1}{3}\cos\theta \right) d\theta$$

$$= \left[\frac{\theta}{2} - \frac{1}{3}\sin\theta \right]_0^{\frac{\pi}{2}} = \frac{\pi}{4} - \frac{1}{3}$$

하나의 단순영역에 대한 그린 정리를 유한 개의 단순영역의 합집합인 영역으로 확장할 수 있다. [그림 7.18]과 같이 단순영역 R이 두 단순영역 R_1, R_2의 합집합인 경우를 생각하자. 여기서 R_1의 경계는 $C_1 \cup C_3$이고, R_2의 경계는 $C_2 \cup (-C_3)$이다.

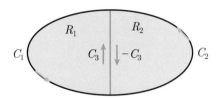

[그림 7.18] 단순영역의 합집합인 영역

분리된 두 단순영역 R_1, R_2에 그린 정리를 적용하면 다음을 얻는다.

$$\int_{C_1 \cup C_3} \mathbf{F} \cdot d\mathbf{r} = \iint_{R_1} \left(\frac{\partial Q}{\partial x} - \frac{\partial P}{\partial y} \right) dx \, dy$$

$$\int_{C_2 \cup (-C_3)} \mathbf{F} \cdot d\mathbf{r} = \iint_{R_2} \left(\frac{\partial Q}{\partial x} - \frac{\partial P}{\partial y} \right) dx \, dy$$

두 경로 C_3과 $-C_3$은 서로 반대 방향이므로 C_3과 $-C_3$ 위에서의 선적분은 절댓값이 같고 부호가 서로 반대이다. 따라서 위 두 선적분을 더하면 다음을 얻는다.

$$\int_{C_1 \cup C_2} \mathbf{F} \cdot d\mathbf{r} = \int_{C_1 \cup C_2} P dx + Q dy = \iint_R \left(\frac{\partial Q}{\partial x} - \frac{\partial P}{\partial y} \right) dx \, dy$$

이 개념을 둘 이상의 단순영역의 합집합으로 확장할 수 있으며, 이 성질은 적분구간을 분할한 다음 정적분의 성질과 일치한다.

$$\int_a^b f(x) \, dx = \int_a^c f(x) \, dx + \int_c^b f(x) \, dx$$

▶ 예제 32

두 적분경로 C_1, C_2 가 다음과 같은 두 단순 연결영역 R_1, R_2 의 경계곡선이고 $\mathbf{F} = xy\mathbf{i} + (x+y)\mathbf{i}$ 일 때, $\displaystyle\oint_{C_1} \mathbf{F} \cdot d\mathbf{r} + \oint_{C_2} \mathbf{F} \cdot d\mathbf{r}$ 을 구하여라.

$$R_1 = \left\{ (r, \theta) \,\middle|\, 1 \le r \le 2,\, 0 \le \theta \le \frac{\pi}{2} \right\}, \quad R_2 = \left\{ (r, \theta) \,\middle|\, 1 \le r \le 2,\, \frac{\pi}{2} \le \theta \le \pi \right\}$$

풀이

`주안점` $R = R_1 \cup R_2$ 라 하면 $R = \{(r, \theta) \,|\, 1 \le r \le 2,\, 0 \le \theta \le \pi\}$ 이고, 두 경계곡선에서 선적분의 합은 R 의 경계곡선 C 에서 $\displaystyle\oint_C \mathbf{F} \cdot d\mathbf{r}$ 과 같다.

즉, $\displaystyle\oint_{C_1} \mathbf{F} \cdot d\mathbf{r} + \oint_{C_2} \mathbf{F} \cdot d\mathbf{r} = \oint_C \mathbf{F} \cdot d\mathbf{r}$ 이다.

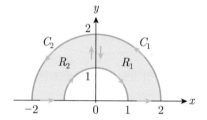

❶ [예제 31]에서 선적분을 얻는다.

$$\oint_C \mathbf{F} \cdot d\mathbf{r} = \iint_R \left(\frac{\partial Q}{\partial x} - \frac{\partial P}{\partial y} \right) dx\,dy = \iint_R (1-x)\,dx\,dy$$

❷ 치환하여 선적분을 계산한다.

$x = r\cos\theta$, $y = r\sin\theta$ 로 치환하면 $dx\,dy = r\,dr\,d\theta$ 이므로

$$\oint_C \mathbf{F} \cdot d\mathbf{r} = \int_0^\pi \int_1^2 (1 - r\cos\theta)\, r\,dr\,d\theta = \int_0^{\frac{\pi}{2}} \left(\frac{3}{2} - \frac{7}{3}\cos\theta \right) d\theta$$

$$= \left[\frac{3}{2}\theta - \frac{7}{3}\sin\theta \right]_0^{\frac{\pi}{2}} = \frac{3\pi}{4} - \frac{7}{3}$$

이제 R 에 구멍이 있고 단순 연결영역이 아닌 경우를 생각하자. 영역 R 의 경계곡선 C 는 [그림 7.19(a)]와 같이 두 개의 단순 닫힌곡선 C_1, C_2 로 구성되며, 각 곡선에 대한 양의 방향에서 영역 R 이 화살표 왼쪽에 놓이므로 C_1 과 C_2 는 서로 반대 방향이다. 즉, 곡선 C_1 은 시계 반대 방향이지만 곡선 C_2 는 시계 방향으로 주어진다. 이와 같이 곡선 C 에 의해 유계된 영역 R 을 [그림 7.19(b)]와 같이 두 영역 R_1, R_2 로 분할할 수 있다.

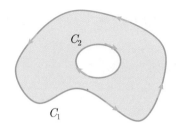

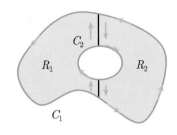

C_2

R_1 R_2

C_1

(a) 단순 닫힌곡선인 영역   (b) 두 곡선의 연결과 방향

[그림 7.19] 구멍을 갖는 영역

앞에서 살펴본 것처럼 분할된 경계 위에서 선적분은 절댓값이 같고 부호가 반대이다. 따라서 R_1, R_2의 경계곡선을 각각 C_1, C_2라 하면 다음과 같이 그린 정리를 적용할 수 있다.

$$\oint_C \mathbf{F} \cdot d\mathbf{r} = \oint_C (Pdx + Qdy) = \iint_R \left(\frac{\partial Q}{\partial x} - \frac{\partial P}{\partial y} \right) dx\,dy$$

$$= \iint_{R_1} \left(\frac{\partial Q}{\partial x} - \frac{\partial P}{\partial y} \right) dx\,dy + \iint_{R_2} \left(\frac{\partial Q}{\partial x} - \frac{\partial P}{\partial y} \right) dx\,dy$$

$$= \oint_{C_1} (Pdx + Qdy) + \oint_{C_2} (Pdx + Qdy)$$

$$= \oint_{C_1} \mathbf{F} \cdot d\mathbf{r} + \oint_{C_2} \mathbf{F} \cdot d\mathbf{r}$$

▶ 예제 33

두 적분경로 C_1, C_2가 다음과 같은 두 단순 연결영역 R_1, R_2의 경계곡선이고 $\mathbf{F} = xy\mathbf{i} + (x+y)\mathbf{j}$ 일 때, $\oint_{C_1} \mathbf{F} \cdot d\mathbf{r} + \oint_{C_2} \mathbf{F} \cdot d\mathbf{r}$ 을 구하여라.

$$R_1 = \{(r, \theta) \mid 1 \le r \le 2, 0 \le \theta \le \pi\}, \quad R_2 = \{(r, \theta) \mid 1 \le r \le 2, \pi \le \theta \le 2\pi\}$$

풀이

주안점 영역 R을 상반원 R_1과 하반원 R_2로 구분하여 다음과 같이 극좌표로 나타내고 경계곡선을 각각 C_1, C_2라 하자.

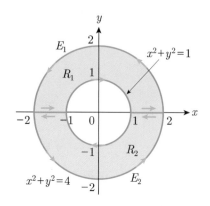

❶ C_1 위에서 선적분을 구한다.

$$\oint_{C_1} xy\,dx + (x+y)\,dy = \iint_{R_1} \left(\frac{\partial Q}{\partial x} - \frac{\partial P}{\partial y} \right) dx\,dy = \iint_{R_1} (1-x)\,dx\,dy$$

$$= \int_0^\pi \int_1^2 (1 - r\cos\theta)\,r\,dr\,d\theta = \int_0^\pi \left(\frac{3}{2} - \frac{7}{3}\cos\theta \right) d\theta$$

$$= \frac{3}{2}\pi$$

❷ C_2 위에서 선적분을 구한다.

$$\oint_{C_2} xy\,dx + (x+y)\,dy = \iint_{R_2} \left(\frac{\partial Q}{\partial x} - \frac{\partial P}{\partial y} \right) dx\,dy = \iint_{R_2} (1-x)\,dx\,dy$$

$$= \int_\pi^{2\pi} \int_1^2 (1 - r\cos\theta)\,r\,dr\,d\theta = \int_\pi^{2\pi} \left(\frac{3}{2} - \frac{7}{3}\cos\theta \right) d\theta$$

$$= \frac{3}{2}\pi$$

❸ 주어진 선적분을 구한다.

$$\oint_C xy\,dx + (x+y)\,dy = \oint_{C_1} xy\,dx + (x+y)\,dy + \oint_{C_2} xy\,dx + (x+y)\,dy = 3\pi$$

7.5 회전과 발산

물리학에 있어 힘의 장이나 유체의 흐름, 전자기학 등에서 자주 접하는 두 종류의 장, 즉 벡터장인 회전과 스칼라장인 발산에 대하여 살펴본다.

회전

공간 안의 벡터장 $\mathbf{F} = P\mathbf{i} + Q\mathbf{j} + R\mathbf{k}$에 대하여 세 성분함수 P, Q, R이 연속인 1계 편도함수를 가질 때, 다음과 같이 정의되는 벡터장을 $\mathbf{F}$의 회전^{curl}이라 한다.

$$
\text{curl}\,\mathbf{F} = \nabla \times \mathbf{F} = \begin{vmatrix} \mathbf{i} & \mathbf{j} & \mathbf{k} \\ \dfrac{\partial}{\partial x} & \dfrac{\partial}{\partial y} & \dfrac{\partial}{\partial z} \\ P & Q & R \end{vmatrix}
$$

$$
= \left(\frac{\partial R}{\partial y} - \frac{\partial Q}{\partial z} \right)\mathbf{i} + \left(\frac{\partial P}{\partial z} - \frac{\partial R}{\partial x} \right)\mathbf{j} + \left(\frac{\partial Q}{\partial x} - \frac{\partial P}{\partial y} \right)\mathbf{k}
$$

강물 위를 흐르는 물체가 소용돌이치는 위치에 도달하면 회전을 한다. 이와 같이 유체 속을 흐르는 입자가 소용돌이치는 특정한 지점 $P(x, y, z)$ 부근에서 주변의 벡터로 인해 회전하려는 경향이 있다. [그림 7.20]과 같이 이 입자가 회전하는 회전축의 방향이 $\text{curl}\,\mathbf{F}$의 방향이며, 회전벡터의 길이를 이용하여 입자들이 축 주위를 얼마나 빨리 회전하는지 측정한다. $\text{curl}\,\mathbf{F} = 0$이면 점 P에서 소용돌이치지 않으며, 이 경우 $\mathbf{F}$는 점 P에서 비회전적^{irrotational}이라 한다.

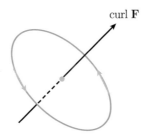

curl $\mathbf{F}$

[그림 7.20] $\text{curl}\,\mathbf{F}$와 회전축

▶ 예제 34

벡터장 $\mathbf{F}$의 회전 $\text{curl}\,\mathbf{F}$를 구하여라.

(1) $\mathbf{F}(x, y, z) = yz\mathbf{i} + xz\mathbf{j} - xy\mathbf{k}$　　　(2) $\mathbf{F}(x, y, z) = e^{x+y+z}(x\mathbf{i} + y\mathbf{j} + z\mathbf{k})$

풀이

(1) $\text{curl}\,\mathbf{F} = \left(\dfrac{\partial R}{\partial y} - \dfrac{\partial Q}{\partial z} \right)\mathbf{i} + \left(\dfrac{\partial P}{\partial z} - \dfrac{\partial R}{\partial x} \right)\mathbf{j} + \left(\dfrac{\partial Q}{\partial x} - \dfrac{\partial P}{\partial y} \right)\mathbf{k}$

$$= \left(\frac{\partial}{\partial y}(-xy) - \frac{\partial}{\partial z}(xz)\right)\mathbf{i} + \left(\frac{\partial}{\partial z}(yz) - \frac{\partial}{\partial x}(-xy)\right)\mathbf{j} + \left(\frac{\partial}{\partial x}(xz) - \frac{\partial}{\partial y}(yz)\right)\mathbf{k}$$

$$= -2x\mathbf{i} + 2y\mathbf{j} + 0\mathbf{k} = -2x\mathbf{i} + 2y\mathbf{j}$$

$$(2)\ \mathrm{curl}\,\mathbf{F} = \left(\frac{\partial R}{\partial y} - \frac{\partial Q}{\partial z}\right)\mathbf{i} + \left(\frac{\partial P}{\partial z} - \frac{\partial R}{\partial x}\right)\mathbf{j} + \left(\frac{\partial Q}{\partial x} - \frac{\partial P}{\partial y}\right)\mathbf{k}$$

$$= \left(\frac{\partial}{\partial y}(ze^{x+y+z}) - \frac{\partial}{\partial z}(ye^{x+y+z})\right)\mathbf{i} + \left(\frac{\partial}{\partial z}(xe^{x+y+z}) - \frac{\partial}{\partial x}(ze^{x+y+z})\right)\mathbf{j}$$

$$+ \left(\frac{\partial}{\partial x}(ye^{x+y+z}) - \frac{\partial}{\partial y}(xe^{x+y+z})\right)\mathbf{k}$$

$$= (z-y)e^{x+y+z}\mathbf{i} + (x-z)e^{x+y+z}\mathbf{j} + (y-x)e^{x+y+z}\mathbf{k}$$

연속인 2계 편도함수를 갖는 삼변수함수 f 의 기울기 벡터 ∇f 의 회선은 다음과 같다.

$$\mathrm{curl}(\nabla f) = \nabla \times (\nabla f) = \begin{vmatrix} \mathbf{i} & \mathbf{j} & \mathbf{k} \\ \dfrac{\partial}{\partial x} & \dfrac{\partial}{\partial y} & \dfrac{\partial}{\partial z} \\ \dfrac{\partial f}{\partial x} & \dfrac{\partial f}{\partial y} & \dfrac{\partial f}{\partial z} \end{vmatrix}$$

$$= \left(\frac{\partial^2 f}{\partial y \partial z} - \frac{\partial^2 f}{\partial z \partial y}\right)\mathbf{i} + \left(\frac{\partial^2 f}{\partial z \partial x} - \frac{\partial^2 f}{\partial x \partial z}\right)\mathbf{j} + \left(\frac{\partial^2 f}{\partial x \partial y} - \frac{\partial^2 f}{\partial y \partial x}\right)\mathbf{k} = 0$$

즉, 삼변수함수 f의 기울기 벡터에 대한 회전은 $\mathrm{curl}(\nabla f) = 0$이고, 따라서 보존적 벡터장 $\mathbf{F} = \nabla f$ 에 대하여 $\mathrm{curl}\,\mathbf{F} = 0$이 성립한다. 이로부터 $\mathrm{curl}\,\mathbf{F} \neq 0$이면 $\mathbf{F}$ 는 보존적 벡터장이 아님을 알 수 있다.

▶ 예제 35

[예제 34]의 벡터장 $\mathbf{F}$가 보존적인지 판정하여라.

풀이

(1) $\mathrm{curl}\,\mathbf{F} = -2x\mathbf{i} + 2y\mathbf{j} \neq 0$이므로 보존적 벡터장이 아니다.

(2) $\mathrm{curl}\,\mathbf{F} = e^{x+y+z}((z-y)\mathbf{i} + (x-z)\mathbf{j} + (y-x)\mathbf{k}) \neq 0$이므로 보존적 벡터장이 아니다.

일반적으로 $\mathrm{curl}\,\mathbf{F} = 0$이면 $\mathbf{F}$ 가 반드시 보존적 벡터장인 것은 아니지만 다음이 성립한다.

보존적 벡터장의 조건

벡터장 $\mathbf{F} = P\,\mathbf{i} + Q\,\mathbf{j} + R\,\mathbf{k}$의 세 성분함수 P, Q, R이 연속인 1계 편도함수를 갖고 curl $\mathbf{F} = \mathbf{0}$이면 $\mathbf{F}$는 보존적 벡터장이다.

▶ 예제 36

벡터장 $\mathbf{F}(x, y, z) = (y^2 - 6xy)\,\mathbf{i} + (2xy - 3x^2)\,\mathbf{j} + z\,\mathbf{k}$ 가 보존적 벡터장임을 보여라.

풀이

❶ $P(x, y, z) = y^2 - 6xy$, $Q(x, y, z) = 2xy - 3x^2$, $R(x, y, z) = z$ 의 편도함수를 구한다.

$$\frac{\partial P}{\partial x} = -6y, \quad \frac{\partial P}{\partial y} = 2y - 6x, \quad \frac{\partial P}{\partial z} = 0,$$

$$\frac{\partial Q}{\partial x} = 2y - 6x, \quad \frac{\partial Q}{\partial y} = 2x, \quad \frac{\partial Q}{\partial z} = 0,$$

$$\frac{\partial R}{\partial x} = 0, \quad \frac{\partial R}{\partial y} = 0, \quad \frac{\partial R}{\partial z} = 1$$

여기서 세 함수는 $\mathbb{R}^3$에서 연속이다.

❷ $\mathbf{F}$의 회전을 구한다.

$$\text{curl}\,\mathbf{F} = \left(\frac{\partial R}{\partial y} - \frac{\partial Q}{\partial z}\right)\mathbf{i} + \left(\frac{\partial P}{\partial z} - \frac{\partial R}{\partial x}\right)\mathbf{j} + \left(\frac{\partial Q}{\partial x} - \frac{\partial P}{\partial y}\right)\mathbf{k}$$

$$= (0 - 0)\mathbf{i} + (0 - 0)\mathbf{j} + ((2y - 6x) - (2y - 6x))\mathbf{k} = \mathbf{0}$$

❸ 보존적인지 판정한다.

[정리 8]에 의해 $\mathbf{F}$는 보존적 벡터장이다.

발산

공간 안의 벡터장 $\mathbf{F} = P\,\mathbf{i} + Q\,\mathbf{j} + R\,\mathbf{k}$에 대하여 세 성분함수 P, Q, R이 연속인 1계 편도함수를 가질 때, 다음과 같이 정의되는 스칼라장을 $\mathbf{F}$의 발산^{divergence}이라 한다.

$$\mathrm{div}\,\mathbf{F} = \nabla \cdot \mathbf{F} = \left(\frac{\partial}{\partial x}\mathbf{i} + \frac{\partial}{\partial y}\mathbf{j} + \frac{\partial}{\partial z}\mathbf{k} \right) \cdot (P\mathbf{i} + Q\mathbf{j} + R\mathbf{k})$$

$$= \frac{\partial P}{\partial x} + \frac{\partial Q}{\partial y} + \frac{\partial R}{\partial z}$$

예를 들어 $\mathbf{F}(x, y, z) = x^2 yz\,\mathbf{i} + xy^2 z\,\mathbf{j} + xyz^2\,\mathbf{k}$의 발산은 다음과 같다.

$$\mathrm{div}\,\mathbf{F} = \nabla \cdot \mathbf{F} = \frac{\partial}{\partial x}(x^2 yz) + \frac{\partial}{\partial y}(xy^2 z) + \frac{\partial}{\partial z}(xyz^2) = 6xyz$$

삼변수함수 f의 기울기 벡터가 $\nabla f = \dfrac{\partial f}{\partial x}\mathbf{i} + \dfrac{\partial f}{\partial y}\mathbf{j} + \dfrac{\partial f}{\partial z}\mathbf{k}$이므로 다음을 얻는다.

$$\mathrm{div}(\nabla f) - \nabla \cdot (\nabla f) = \frac{\partial^2 f}{\partial x^2} + \frac{\partial^2 f}{\partial y^2} + \frac{\partial^2 f}{\partial z^2}$$

여기서 우변의 식을 f의 라플라시안^{Laplacian}이라 하며, $\nabla^2 f$로 나타낸다. 즉, f의 라플라시안은 다음과 같이 표현할 수 있다.

$$\nabla^2 f = \frac{\partial^2 f}{\partial x^2} + \frac{\partial^2 f}{\partial y^2} + \frac{\partial^2 f}{\partial z^2} = \left(\frac{\partial^2}{\partial x^2} + \frac{\partial^2}{\partial y^2} + \frac{\partial^2}{\partial z^2} \right) f(x, y, z)$$

형식적으로 ∇^2은 다음과 같은 미분연산자이며, 이 연산자를 라플라스 연산자$^{\text{Laplace operator}}$라 한다.

$$\nabla^2 = \frac{\partial^2}{\partial x^2} + \frac{\partial^2}{\partial y^2} + \frac{\partial^2}{\partial z^2}$$

특히 다음과 같이 $\nabla^2 f = 0$인 방정식을 라플라스 방정식$^{\text{Laplace's equation}}$이라 하며, 이 방정식을 만족하는 함수 f를 조화함수$^{\text{harmonic function}}$라 한다.

$$\nabla^2 f = \frac{\partial^2 f}{\partial x^2} + \frac{\partial^2 f}{\partial y^2} + \frac{\partial^2 f}{\partial z^2} = 0$$

이 방정식은 유체역학, 탄성학, 전자기학이나 천문학 등에서 많이 사용한다.

공간 안의 벡터장 $\mathbf{F} = P\mathbf{i} + Q\mathbf{j} + R\mathbf{k}$의 회전 $\mathrm{curl}\,\mathbf{F}$도 공간에서 벡터장임을 살펴봤다. 세 성분함수 P, Q, R이 연속인 2계 편도함수를 가지면 이 회전 $\mathrm{curl}\,\mathbf{F}$에 대한 발산은 다음과 같다.

$$\operatorname{div}(\operatorname{curl}\mathbf{F}) = \nabla \cdot (\nabla \times \mathbf{F})$$

$$= \frac{\partial}{\partial x}\left(\frac{\partial R}{\partial y} - \frac{\partial Q}{\partial z}\right) + \frac{\partial}{\partial y}\left(\frac{\partial P}{\partial z} - \frac{\partial R}{\partial x}\right) + \frac{\partial}{\partial z}\left(\frac{\partial Q}{\partial x} - \frac{\partial P}{\partial y}\right)$$

$$= \left(\frac{\partial^2 R}{\partial x \partial y} - \frac{\partial^2 Q}{\partial x \partial z}\right) + \left(\frac{\partial^2 P}{\partial y \partial z} - \frac{\partial^2 R}{\partial y \partial x}\right) + \left(\frac{\partial^2 Q}{\partial z \partial x} - \frac{\partial^2 P}{\partial z \partial y}\right)$$

$$= 0$$

즉, 벡터장 $\mathbf{F}$의 회전에 대한 발산은 다음과 같이 0이다.

$$\operatorname{div}(\operatorname{curl}\mathbf{F}) = 0$$

그린 정리의 벡터 표현

7.4절에서 살펴본 그린 정리는 평면에서의 벡터장 $\mathbf{F} = P\mathbf{i} + Q\mathbf{j}$에 대한 선적분을 구하는 방법을 제공한다. 이제 벡터장 $\mathbf{F} = P\mathbf{i} + Q\mathbf{j}$를 세 번째 성분이 0인 공간에서의 벡터장 $\mathbf{F} = P\mathbf{i} + Q\mathbf{j} + 0\mathbf{k}$로 생각하면 $\mathbf{F}$에 대한 선적분을 회전과 발산을 이용하여 나타낼 수 있다.

평면영역 R이 경계곡선 C에 의해 유계되고 공간에서 벡터장 $\mathbf{F} = P\mathbf{i} + Q\mathbf{j} + 0\mathbf{k}$의 세 성분함수 P, Q가 연속인 1계 편도함수를 갖는다고 하자. $\mathbf{F}$의 회전은 다음과 같다.

$$\operatorname{curl}\mathbf{F} = \begin{vmatrix} \mathbf{i} & \mathbf{j} & \mathbf{k} \\ \frac{\partial}{\partial x} & \frac{\partial}{\partial y} & \frac{\partial}{\partial z} \\ P & Q & 0 \end{vmatrix} = \left(\frac{\partial Q}{\partial x} - \frac{\partial P}{\partial y}\right)\mathbf{k}$$

이로부터 $\operatorname{curl}\mathbf{F}$와 $\mathbf{k}$의 내적은 다음과 같다.

$$(\operatorname{curl}\mathbf{F}) \cdot \mathbf{k} = \left(\frac{\partial Q}{\partial x} - \frac{\partial P}{\partial y}\right)\mathbf{k} \cdot \mathbf{k} = \frac{\partial Q}{\partial x} - \frac{\partial P}{\partial y}$$

따라서 벡터장 $\mathbf{F} = P\mathbf{i} + Q\mathbf{j} + 0\mathbf{k}$에 회전을 적용하며 [정리 7]의 그린 정리를 다음과 같이 표현할 수 있다.

$$\oint_C \mathbf{F} \cdot d\mathbf{r} = \iint_R \left(\frac{\partial Q}{\partial x} - \frac{\partial P}{\partial y}\right) dx\,dy = \iint_R (\operatorname{curl}\mathbf{F}) \cdot \mathbf{k}\,dx\,dy$$

평면영역 R이 경계곡선 C가 다음 벡터방정식으로 주어진다고 하자.

$$\mathbf{r}(t) = x(t)\mathbf{i} + y(t)\mathbf{j}, \ a \leq t \leq b$$

이때 단위접선벡터와 바깥쪽으로 향하는 단위법선벡터는 각각 다음과 같다.

$$\mathbf{T}(t) = \frac{x'(t)}{|\mathbf{r}'(t)|}\mathbf{i} + \frac{y'(t)}{|\mathbf{r}'(t)|}\mathbf{j}, \ \mathbf{n}(t) = \frac{y'(t)}{|\mathbf{r}'(t)|}\mathbf{i} - \frac{x'(t)}{|\mathbf{r}'(t)|}\mathbf{j}$$

여기서 벡터장 $\mathbf{F}$와 단위법선벡터 $\mathbf{n}$의 내적은 다음과 같다.

$$\mathbf{F} \cdot \mathbf{n} = (P\mathbf{i} + Q\mathbf{j}) \cdot \left(\frac{y'(t)}{\|\mathbf{r}'(t)\|}\mathbf{i} - \frac{x'(t)}{\|\mathbf{r}'(t)\|}\mathbf{j} \right) = \frac{1}{\|\mathbf{r}'(t)\|}(Py'(t) - Qx'(t))$$

따라서 그린 정리를 이용하여 다음을 얻는다.

$$\oint_C \mathbf{F} \cdot \mathbf{n}\, ds = \int_a^b (\mathbf{F} \cdot \mathbf{n})(t)\|\mathbf{r}'(t)\|\, dt$$

$$= \int_a^b P(x(t),\, y(t))\, y'(t)\, dt - Q(x(t),\, y(t))\, x'(t)\, dt$$

$$= \int_C P\, dy - Q\, dx = \iint_R \left(\frac{\partial P}{\partial x} + \frac{\partial Q}{\partial y} \right) dx\, dy$$

$$= \iint_R \operatorname{div}\mathbf{F}\, dx\, dy$$

그러면 $\mathbf{F}$의 회전과 발산을 이용하여 다음과 같이 선적분을 벡터로 표현할 수 있다.

① $\oint_C \mathbf{F} \cdot d\mathbf{r} = \iint_R (\operatorname{curl}\mathbf{F}) \cdot \mathbf{k}\, dx\, dy$, 즉 C 위에서 $\mathbf{F}$의 접선 성분의 선적분과 C로 둘러싸인 영역 R 위에서 $\operatorname{curl}\mathbf{F}$의 수직 성분의 이중적분과 같다.

② $\oint_C \mathbf{F} \cdot \mathbf{n}\, ds = \iint_R \operatorname{div}\mathbf{F}\, dx\, dy$, 즉 C 위에서 $\mathbf{F}$의 법선 성분에 대한 선적분과 C로 둘러싸인 영역 D 위에서 $\operatorname{div}\mathbf{F}$의 이중적분과 같다.

7.6 면적분

지금까지 살펴본 공간곡선 $C : \mathbf{r}(t) = x(t)\mathbf{i} + y(t)\mathbf{j} + z(t)\mathbf{k}, \ a \leq t \leq b$는 [그림 7.21(a)]와 같이

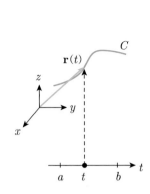
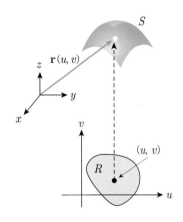

(a) 공간곡선의 매개변수 표현　　　(b) 공간곡면의 매개변수 표현

[그림 7.21] 공간곡선과 곡면의 매개변수 표현

매개변수 t로 표현된다. 즉, t축인 $\mathbb{R}$로부터 공간 $\mathbb{R}^3$ 안에서 위치벡터 $\mathbf{r}(t)$에 의해 표현되는 공간곡선 C 위의 한 점으로 대응시키는 사상을 다뤘다. 이와 비슷하게 공간 안의 곡면은 [그림 7.21(b)]와 같이 소위 uv평면에서 어떤 영역 R 안의 점 (u, v)에 대한 위치벡터 $\mathbf{r}(u, v)$에 의해 표현된다. 따라서 공간 안의 곡면 S는 두 매개변수 u, v로 다음과 같이 나타낼 수 있다.

$$\mathbf{r}(u, v) = x(u, v)\mathbf{i} + y(u, v)\mathbf{j} + z(u, v)\mathbf{k}, \ (u, v) \in R$$

여기서 x, y, z는 위치벡터 $\mathbf{r}$의 성분함수이며 평면영역 R에서 정의되는 두 변수 u, v의 함수이다. 이때 R의 (u, v)에 대하여 세 매개변수 $x = x(u, v)$, $y = y(u, v)$, $z = z(u, v)$에 의한 곡면 S를 매개곡면^{parametric surface}이라 한다.

원기둥의 매개변수 표현

평면에서 중심이 원점이고 반지름의 길이가 r인 원을 z축을 따라 평행이동하면 [그림 7.22]와 같이 밑면이 $x^2 + y^2 = r^2$인 원기둥이 만들어진다. 이때 원기둥 표면 위의 점 $P(x, y, z)$를 xy평면 위로 정사영시킨 점을 $P'(x, y, 0)$이라 하고, 동경 $r = \overline{OP'}$과 양의 x축의 사잇각을 θ라 하자. 극좌표 $x = r\cos\theta$, $y = r\sin\theta$를 이용하여 P'의 좌표를 다음과 같이 나타낼 수 있다.

$$P'(x, y, 0) = P'(r\cos\theta, r\sin\theta, 0)$$

따라서 원기둥 표면 위의 점 (x, y, z)를 다음과 같이 좌표 (r, θ, z)를 이용하여 나타낼 수 있으며, 이러한 좌표를 원기둥좌표^{cylindrical coordinate}라 한다.

$$x = r\cos\theta\,,\ \ y = r\sin\theta\,,\ \ z = z$$

양의 실수 a 에 대하여 $x = a\cos u\,,\ y = a\sin u\,,\ z = v$ 라 하면 반지름의 길이가 a 인 원기둥 표면의 점은 다음과 같이 표현된다.

$$\mathbf{r}(u, v) = a\cos u\,\mathbf{i} + a\sin u\,\mathbf{j} + v\,\mathbf{k}$$

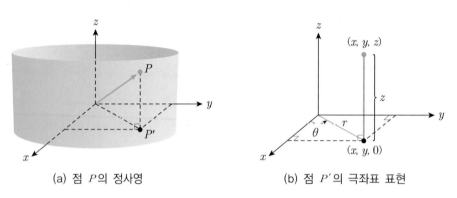

(a) 점 P의 정사영   (b) 점 P'의 극좌표 표현

[그림 7.22] 공간곡선과 곡면의 매개변수 표현

구면의 매개변수 표현

평면에서 중심이 원점이고 반지름의 길이가 ρ 인 구면 $x^2 + y^2 + z^2 = \rho^2$ 위의 점 $P(x, y, z)$를 [그림 7.23]과 같이 xy평면 위로 정사영시킨 점을 $P'(x, y, 0)$이라 하고, 동경 $r = \overline{OP'}$과 양의 x축의 사잇각을 θ 라 하자. 원점에서 구면 위의 점 P까지의 선분과 양의 z축의 사잇각을 ϕ 라 하면 다음과 같이 나타낼 수 있다.

$$z = \rho\cos\phi\,,\ \ r = \rho\sin\phi$$

xy평면에서 동경 r과 양의 x축의 사잇각 θ에 대하여 $x = r\cos\theta\,,\ y = r\sin\theta$ 이므로

$$x = \rho\sin\phi\cos\theta\,,\ \ y = \rho\sin\phi\sin\theta$$

와 같이 나타낼 수 있다. 따라서 구면 위의 점 (x, y, z)를 다음과 같이 좌표 (ρ, ϕ, θ)를 이용하여 나타낼 수 있으며, 이러한 좌표를 **구면좌표**^{spherical coordinate}라 한다.

$$x = \rho\sin\phi\cos\theta\,,\ \ y = \rho\sin\phi\sin\theta\,,\ \ z = \rho\cos\phi\,,\ \ 0 \le \phi \le \pi\,,\ \ 0 \le \theta \le 2\pi$$

특히 양의 실수 a 에 대하여 $\rho = a\,,\ \phi = u\,,\ \theta = v\,,\ 0 \le u \le \pi\,,\ 0 \le v \le 2\pi$ 라 하면 반지름의 길이가

a인 구면 위의 점은 다음과 같이 표현된다.

$$\mathbf{r}(u, v) = a\sin u \cos v\,\mathbf{i} + a\sin u \sin v\,\mathbf{j} + a\cos u\,\mathbf{k}$$

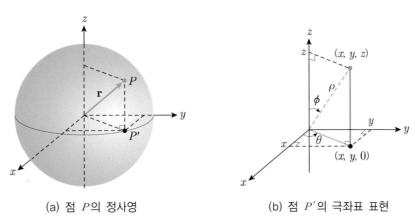

(a) 점 P의 정사영 (b) 점 P'의 극좌표 표현

[그림 7.23] 공간곡선과 곡면의 매개변수 표현

곡면 $z = f(x, y)$를 다음과 같이 두 매개변수 x, y에 대한 방정식 또는 벡터방정식으로 표현할 수 있다.

① 매개변수방정식: $x = x$, $y = y$, $z = f(x, y)$

② 벡터방정식: $\mathbf{r}(x, y) = x\mathbf{i} + y\mathbf{j} + f(x, y)\mathbf{k}$

▶ **예제 37**

곡면 $z = \sqrt{x^2 + y^2}$ 을 다음 매개변수를 이용하여 벡터방정식으로 나타내어라.

(1) $x = u$, $y = v$

(2) $x = u\cos v$, $y = u\sin v$, $u > 0$, $0 \le v \le 2\pi$

(3) $x = \cos u \sin v$, $y = \sin u \sin v$, $0 \le u \le 2\pi$, $0 \le v \le \pi$

풀이

(1) $x = u$, $y = v$라 하면 $z = \sqrt{x^2 + y^2} = \sqrt{u^2 + v^2}$ 이므로 벡터방정식은 다음과 같다.

$$\mathbf{r}(u, v) = u\mathbf{i} + v\mathbf{j} + \sqrt{u^2 + v^2}\,\mathbf{k}$$

(2) $x = u\cos v$, $y = u\sin v$라 하면 $x^2 = u^2\cos^2 v$, $y^2 = u^2\sin^2 v$ 이므로 $z = \sqrt{x^2 + y^2} = u$, $u > 0$, $0 \le v \le 2\pi$ 이다. 따라서 벡터방정식은 다음과 같다.

$$\mathbf{r}(u, v) = u\cos v\,\mathbf{i} + u\sin v\,\mathbf{j} + u\mathbf{k}, \quad u > 0, \ 0 \le v \le 2\pi$$

(3) $x = \cos u \sin v$, $y = \sin u \sin v$ 라 하면 $x^2 = \cos^2 u \sin^2 v$, $y^2 = \sin^2 u \sin^2 v$ 이므로

$$x^2 + y^2 = \sin^2 v, \ \ \text{즉} \ \ z = \sqrt{x^2 + y^2} = \sin v, \ 0 \le u \le 2\pi, \ 0 \le v \le \pi$$

따라서 벡터방정식은 다음과 같다.

$$\mathbf{r}(u, v) = \cos u \sin v \,\mathbf{i} + \sin u \sin v \,\mathbf{j} + \sin v \,\mathbf{k}, \ 0 \le u \le 2\pi, \ 0 \le v \le \pi$$

이 곡면은 다음과 같은 원뿔곡면이다.

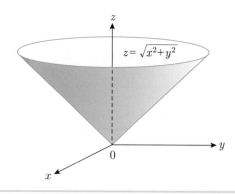

접평면과 곡면 넓이

uv평면 위의 닫힌 영역 R에서 정의되는 매끄러운 곡면 S가 벡터방정식

$$\mathbf{r}(u, v) = x(u, v)\mathbf{i} + y(u, v)\mathbf{j} + z(u, v)\mathbf{k}, \ \ \ (u, v) \in R$$

로 표현된다고 하자. [그림 7.24]와 같이 R에서 $u = u_0$, $v = v_0$인 두 선분에 대하여 그려지는 곡면 위의 곡선을 각각 C_1, C_2이라 하고, R의 점 (u_0, v_0)에 대응하는 곡면 위의 점 $\mathbf{r}(u_0, v_0)$을

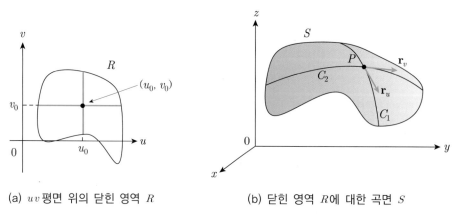

(a) uv평면 위의 닫힌 영역 R (b) 닫힌 영역 R에 대한 곡면 S

[그림 7.24] 곡면 위의 닫힌 연결영역의 점 P에서 접선벡터

P라 하자. 점 P에서 두 곡선 C_1, C_2 방향의 접선벡터 $\mathbf{r}_u(u_0, v_0)$, $\mathbf{r}_v(u_0, v_0)$은 각각 다음과 같다.

$$\mathbf{r}_u(u_0, v_0) = \frac{\partial x}{\partial u}(u_0, v_0)\mathbf{i} + \frac{\partial y}{\partial u}(u_0, v_0)\mathbf{j} + \frac{\partial z}{\partial u}(u_0, v_0)\mathbf{k},$$

$$\mathbf{r}_v(u_0, v_0) = \frac{\partial x}{\partial v}(u_0, v_0)\mathbf{i} + \frac{\partial y}{\partial v}(u_0, v_0)\mathbf{j} + \frac{\partial z}{\partial v}(u_0, v_0)\mathbf{k}$$

[그림 7.25]와 같이 두 접선벡터 $\mathbf{r}_u$, $\mathbf{r}_v$를 포함하는 평면을 접평면^{tangent plane}이라 하고, 이 평면에 수직인 벡터, 즉 $\mathbf{N} = \mathbf{r}_u \times \mathbf{r}_v$를 접평면의 법선벡터^{surface normal vector}라 한다.

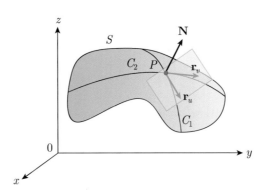

[그림 7.25] 접평면과 접평면의 법선벡터

▶ 예제 38

곡면 $\mathbf{r}(u, v) = v\cos u\,\mathbf{i} + v\sin u\,\mathbf{j} + u\,\mathbf{k}$와 $(u, v) = (\pi, 1)$에 대한 곡면 위의 점 P에 대하여 물음에 답하여라.

(1) 점 P에서 두 접선벡터 $\mathbf{r}_u$, $\mathbf{r}_v$를 구하여라.

(2) 점 P에서 단위법선벡터 $\mathbf{n}$을 구하여라.

(3) 점 P에서 접평면의 방정식을 구하여라.

풀이

(1) ❶ 곡면의 벡터방정식을 매개변수방정식으로 변형한다.

$$x = v\cos u, \quad y = v\sin u, \quad z = u$$

❷ 곡면 위의 점에서 접선벡터를 구한다.

$$\mathbf{r}_u = \frac{\partial x}{\partial u}\mathbf{i} + \frac{\partial y}{\partial u}\mathbf{j} + \frac{\partial z}{\partial u}\mathbf{k} = -v\sin u\,\mathbf{i} + v\cos u\,\mathbf{j} + \mathbf{k},$$

$$\mathbf{r}_v = \frac{\partial x}{\partial v}\mathbf{i} + \frac{\partial y}{\partial v}\mathbf{j} + \frac{\partial z}{\partial v}\mathbf{k} = \cos u\,\mathbf{i} + \sin u\,\mathbf{j}$$

❸ 점 P에서 두 접선벡터 $\mathbf{r}_u$, $\mathbf{r}_v$를 구한다.

$(u, v) = (\pi, 1)$이므로 $\mathbf{r}_u(\pi, 1) = -\mathbf{j} + \mathbf{k}$, $\mathbf{r}_v = -\mathbf{i}$

(2) ❶ 법선벡터를 구한다.

$$\mathbf{N} = \mathbf{r}_u \times \mathbf{r}_v = \begin{vmatrix} \mathbf{i} & \mathbf{j} & \mathbf{k} \\ 0 & -1 & 1 \\ -1 & 0 & 0 \end{vmatrix} = -\mathbf{j} - \mathbf{k}$$

❷ 단위법선벡터를 구한다.

$\|\mathbf{N}\| = \sqrt{2}$ 이므로 $\mathbf{n} = \dfrac{1}{\sqrt{2}} \|\mathbf{N}\| = -\dfrac{1}{\sqrt{2}}\mathbf{j} - \dfrac{1}{\sqrt{2}}\mathbf{k}$

(3) ❶ 곡면 위의 점을 구한다.

$(u, v) = (\pi, 1)$이므로 $x = -1$, $y = 0$, $z = \pi$

❷ 평면의 방정식을 구한다.

$$0(x+1) - (y-0) - (z-\pi) = -y - z + \pi = 0, \ \ \text{즉} \ \ y + z = \pi$$

이 곡면은 다음 그림과 같다.

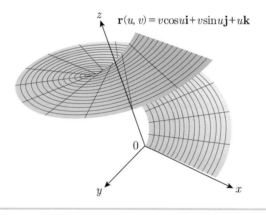

$$\mathbf{r}(u, v) = v\cos u\mathbf{i} + v\sin u\mathbf{j} + u\mathbf{k}$$

uv 평면 위에서 직사각형으로 주어진 닫힌 연결영역 R에서 정의되는 매끄러운 곡면 S의 넓이를 구해 보자. [그림 7.26(a)]와 같이 중적분의 경우와 동일하게 영역 R을 u축, v축에 평행하도록 각각 m개, n개의 소영역으로 분할하자. 그다음 [그림 7.26(b)]와 같이 분할된 영역 R_{ij}에 대한 곡면의 조각을 S_{ij}라 하고, R_{ij}의 하단 왼쪽 귀퉁이 점 (u_i, v_j)에 대한 곡면 위의 위치벡터가 $\mathbf{r}(u_i, v_j)$인 점을 P_{ij}라 하자.

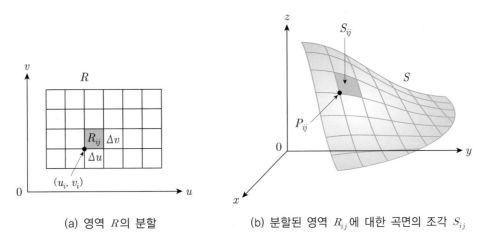

| (a) 영역 R의 분할 | (b) 분할된 영역 R_{ij}에 대한 곡면의 조각 S_{ij} |

[그림 7.26] 곡면 위의 점 닫힌 연결영역 P에서 접선벡터

[그림 7.27]과 같이 점 P_{ij}에서 두 접선벡터 $\Delta u\mathbf{r}_u$, $\Delta v\mathbf{r}_v$에 의한 접평면의 조각을 T_{ij}라 하면 T_{ij}의 넓이는 $\|\Delta u\mathbf{r}_u \times \Delta v\mathbf{r}_v\| = \|\mathbf{r}_u \times \mathbf{r}_v\|\Delta u\Delta v$이고 $\Delta u \approx 0$, $\Delta v \approx 0$이면 T_{ij}의 넓이는 S_{ij}의 넓이에 근사한다.

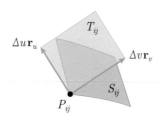

[그림 7.27] 조각 S_{ij}와 접평면

따라서 공간에서 곡면 S의 **곡면 넓이**^{surface area} A는 다음과 같이 정의한다.

$$A = \sum_{i=1}^{\infty}\sum_{j=1}^{\infty} \|\mathbf{r}_u \times \mathbf{r}_v\|\Delta u\Delta v = \iint_R \|\mathbf{r}_u \times \mathbf{r}_v\|\,du\,dv$$

xy평면에서 곡면 S의 매개변수방정식이 $x = x$, $y = y$, $z = f(x, y)$이면 $\mathbf{r}_x = \mathbf{i} + \dfrac{\partial f}{\partial x}\mathbf{k}$, $\mathbf{r}_y = \mathbf{j} + \dfrac{\partial f}{\partial y}\mathbf{k}$이므로 다음을 얻는다.

$$\mathbf{r}_x \times \mathbf{r}_y = \begin{vmatrix} \mathbf{i} & \mathbf{j} & \mathbf{k} \\ 1 & 0 & \dfrac{\partial f}{\partial x} \\ 0 & 1 & \dfrac{\partial f}{\partial y} \end{vmatrix} = -\dfrac{\partial f}{\partial x}\mathbf{i} - \dfrac{\partial f}{\partial y}\mathbf{j} + \mathbf{k}, \quad \|\mathbf{r}_x \times \mathbf{r}_y\| = \sqrt{\left(\dfrac{\partial f}{\partial x}\right)^2 + \left(\dfrac{\partial f}{\partial y}\right)^2 + 1}$$

따라서 xy평면에서 닫힌 연결영역 R에서 곡면 $z = f(x, y)$의 곡면 넓이는 다음과 같다.

$$A = \iint_R \sqrt{\left(\frac{\partial f}{\partial x}\right)^2 + \left(\frac{\partial f}{\partial y}\right)^2 + 1} \, dx \, dy$$

▶ 예제 39

다음 곡면의 넓이를 구하여라.

(1) 영역 $R = \{(x, y) \mid 0 \le x \le 2, 0 \le y \le 3\}$에서 곡면 $z = \sqrt{4 - x^2}$

(2) 반지름의 길이가 a인 구

풀이

(1) ❶ 편도함수를 구한다.

$$\frac{\partial z}{\partial x} = -\frac{x}{\sqrt{4 - x^2}}, \quad \frac{\partial z}{\partial y} = 0$$

$$\left(\frac{\partial z}{\partial x}\right)^2 = \frac{x^2}{4 - x^2}, \quad \left(\frac{\partial z}{\partial y}\right)^2 = 0$$

❷ 곡면의 넓이를 구한다.

$$A = \iint_R \sqrt{\left(\frac{\partial f}{\partial x}\right)^2 + \left(\frac{\partial f}{\partial y}\right)^2 + 1} \, dx \, dy = \int_0^3 \int_0^2 \sqrt{\frac{x^2}{4 - x^2} + 1} \, dx \, dy$$

$$= \int_0^3 dy \int_0^2 \frac{2}{\sqrt{4 - x^2}} \, dx = 6 \left[\sin^{-1} \frac{x}{2} \right]_0^2 = (6) \frac{\pi}{2} = 3\pi$$

(2) ❶ 반지름의 길이가 a인 구의 벡터방정식을 구한다.

$$\mathbf{r}(u, v) = a\sin u \cos v \, \mathbf{i} + a\sin u \sin v \, \mathbf{j} + a\cos u \, \mathbf{k}, \quad 0 \le u \le \pi, \ 0 \le v \le 2\pi$$

❷ 접선벡터를 구한다.

$$\mathbf{r}_u = \frac{\partial x}{\partial u} \mathbf{i} + \frac{\partial y}{\partial u} \mathbf{j} + \frac{\partial z}{\partial u} \mathbf{k} = a\cos u \cos v \, \mathbf{i} + a\cos u \sin v \, \mathbf{j} - a\sin u \, \mathbf{k},$$

$$\mathbf{r}_v = \frac{\partial x}{\partial v} \mathbf{i} + \frac{\partial y}{\partial v} \mathbf{j} + \frac{\partial z}{\partial v} \mathbf{k} = -a\sin u \sin v \, \mathbf{i} + a\sin u \cos v \, \mathbf{j}$$

❸ 외적의 크기를 구한다.

$0 \le u \le \pi$에서 $\sin u \ge 0$이므로

$$\mathbf{r}_u \times \mathbf{r}_v = \begin{vmatrix} \mathbf{i} & \mathbf{j} & \mathbf{k} \\ a\cos u\cos v & a\cos u\sin v & -a\sin u \\ -a\sin u\sin v & a\sin u\cos v & 0 \end{vmatrix}$$

$$= a^2\sin^2 u\cos v\,\mathbf{i} + a^2\sin^2 u\sin v\,\mathbf{j} + a^2\sin u\cos v\,\mathbf{k},$$

$$\|\mathbf{r}_u \times \mathbf{r}_v\| = \sqrt{(a^2\sin^2 u\cos v)^2 + (a^2\sin^2 u\sin v)^2 + (a^2\sin u\cos v)^2}$$

$$= a^2\sin u$$

❹ 구면의 넓이를 구한다.

$$A = \iint_R \|\mathbf{r}_u \times \mathbf{r}_v\|\,du\,dv = \int_0^{2\pi}\int_0^{\pi} a^2\sin u\,du\,dv$$

$$= a^2\int_0^{2\pi} dv\int_0^{\pi}\sin u\,du = a^2(2\pi)\Big[-\cos u\Big]_0^{\pi} = a^2(2\pi)(2) = 4\pi a^2$$

면적분

지금까지 uv 평면 위의 닫힌 연결영역 R에서 매개변수로 주어지는 곡면 S의 넓이를 구했다. 이제 곡면 넓이를 구하는 개념을 다음과 같이 정의된 유계된 곡면 S 위의 삼변수함수 $w = f(x, y, z)$에 대한 적분에 적용해 보자.

$$\mathbf{r}(u, v) = x(u, v)\mathbf{i} + y(u, v)\mathbf{j} + z(u, v)\mathbf{k}, \ (u, v) \in R$$

곡면 S의 넓이를 구하기 위해 uv 평면에서 부분 영역 R_{ij}의 한쪽 귀퉁이에 대응하는 S의 조각에 대한 넓이를 다음과 같이 근사적으로 구했다.

$$\|\Delta u\,\mathbf{r}_u \times \Delta v\,\mathbf{r}_v\| = \|\mathbf{r}_u \times \mathbf{r}_v\|\Delta u\Delta v = \|\mathbf{r}_u \times \mathbf{r}_v\|\Delta R_{ij}$$

이와 같은 개념을 곡면 S 위에서 정의되는 삼변수함수 $w = f(x, y, z)$로 확장하면 면적분$^{\text{surface integral}}$은 다음과 같다.

$$\iint_S f(x, y, z)\,dS = \iint_R f(\mathbf{r}(u, v))\|\mathbf{r}_u \times \mathbf{r}_v\|\,du\,dv$$

여기서 $\mathbf{r}_u$와 $\mathbf{r}_v$는 다음과 같다.

$$\mathbf{r}_u = \frac{\partial x}{\partial u}\mathbf{i} + \frac{\partial y}{\partial u}\mathbf{j} + \frac{\partial z}{\partial u}\mathbf{k}, \ \mathbf{r}_v = \frac{\partial x}{\partial v}\mathbf{i} + \frac{\partial y}{\partial v}\mathbf{j} + \frac{\partial z}{\partial v}\mathbf{k}$$

▶ 예제 40

단위구면 $S: x^2 + y^2 + z^2 = 1$에서 면적분 $\iint_S (x+y)\,dS$를 구하여라.

풀이

❶ 반지름의 길이가 1인 구의 벡터방정식을 구한다.

$$\mathbf{r}(u, v) = \sin u \cos v\,\mathbf{i} + \sin u \sin v\,\mathbf{j} + \cos u\,\mathbf{k},\ 0 \le u \le \pi,\ 0 \le v \le 2\pi$$

❷ 접선벡터 $\mathbf{r}_u$, $\mathbf{r}_v$의 외적을 구한다.

[예제 39(2)]로부터 $\| \mathbf{r}_u \times \mathbf{r}_v \| = \sin u$ 이다.

❸ 면적분을 구한다.

$x + y = \sin u \cos v + \sin u \sin v = \sin u (\cos v + \sin v)$이므로

$$\iint_S (x+y)\,dS = \iint_R \sin u (\cos v + \sin v)\| \mathbf{r}_u \times \mathbf{r}_v \|\,dS$$

$$= \int_0^{2\pi} \int_0^{\pi} \sin u (\cos v + \sin v) \sin u\,du\,dv$$

$$= \int_0^{\pi} \sin^2 u\,du \int_0^{2\pi} (\cos v + \sin v)\,dv$$

$$= \left[\frac{1}{2}(u - \cos u \sin u) \right]_0^{\pi} \left[\sin v - \cos v \right]_0^{2\pi} = \frac{\pi}{2}(0) = 0$$

공간 위의 곡면 S의 매개변수방정식이 $x = x$, $y = y$, $z = g(x, y)$이면 접선벡터는 다음과 같다.

$$\mathbf{r}_x = \mathbf{i} + \frac{\partial g}{\partial x}\mathbf{k},\ \mathbf{r}_y = \mathbf{j} + \frac{\partial g}{\partial y}\mathbf{k}$$

그러므로 두 접선벡터의 외적

$$\mathbf{r}_x \times \mathbf{r}_y = -\frac{\partial g}{\partial x}\mathbf{i} - \frac{\partial g}{\partial y}\mathbf{j} + \mathbf{k},\ \| \mathbf{r}_x \times \mathbf{r}_y \| = \sqrt{\left(\frac{\partial z}{\partial x} \right)^2 + \left(\frac{\partial z}{\partial y} \right)^2 + 1}$$

을 얻으며, 따라서 곡면 S에서 정의되는 삼변수함수 $w = f(x, y, z)$에 대하여 다음 삼중적분을 얻는다.

$$\iint_S f(x, y, z)\,dS = \iint_R f(x, y, g(x, y)) \sqrt{\left(\frac{\partial z}{\partial x} \right)^2 + \left(\frac{\partial z}{\partial y} \right)^2 + 1}\,dx\,dy$$

유향곡면

[그림 7.28]과 같이 곡면 S 위의 점 P에서 접평면을 가지면 이 점에서 두 개의 단위법선벡터 $\mathbf{n}_1$, $\mathbf{n}_2 (= -\mathbf{n}_1)$가 존재한다. 이와 같이 곡면 S가 곡면 위의 한 점에서 두 개의 단위법선벡터를 가질 때, 이 곡면 S를 유향곡면$^{\text{oriented surface}}$이라 한다.

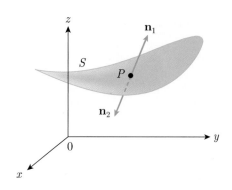

[그림 7.28] 유향곡면과 법선벡터

곡면 S의 매개변수방정식이 $x = x$, $y = y$, $z = g(x, y)$이면 $\mathbf{r}_x \times \mathbf{r}_y = -\dfrac{\partial g}{\partial x}\mathbf{i} - \dfrac{\partial g}{\partial y}\mathbf{j} + \mathbf{k}$이므로 단위법선벡터는 다음과 같다.

$$\mathbf{n} = \frac{\mathbf{r}_x \times \mathbf{r}_y}{\|\mathbf{r}_x \times \mathbf{r}_y\|} = \frac{1}{\|\mathbf{r}_x \times \mathbf{r}_y\|}\left(-\frac{\partial g}{\partial x}\mathbf{i} - \frac{\partial g}{\partial y}\mathbf{j} + \mathbf{k}\right)$$

$\mathbf{k}$의 성분이 양수이므로 단위법선벡터는 곡면의 위쪽을 향한다. S가 벡터함수 $\mathbf{r}(u, v)$로 주어진 유향곡면이면 이 곡면에 대한 단위법선벡터 중 하나는 다음과 같은 $\mathbf{n}$이며, 다른 하나는 이 법선벡터와 반대 방향인 $-\mathbf{n}$이다.

$$\mathbf{n} = \frac{\mathbf{r}_u \times \mathbf{r}_v}{\|\mathbf{r}_u \times \mathbf{r}_v\|}$$

예를 들어 곡면 S가 구면 $x^2 + y^2 + z^2 = a^2$으로 주어지면 [예제 39(2)]로부터 다음을 얻는다.

$$\mathbf{r}_u \times \mathbf{r}_v = a^2 \sin^2 u \cos v\,\mathbf{i} + a^2 \sin^2 u \sin v\,\mathbf{j} + a^2 \sin u \cos v\,\mathbf{k},$$

$$\|\mathbf{r}_u \times \mathbf{r}_v\| = a^2 \sin u$$

따라서 구면 S 위의 임의의 점에서 단위법선벡터는 다음과 같다.

$$\mathbf{n} = \frac{\mathbf{r}_u \times \mathbf{r}_v}{\|\mathbf{r}_u \times \mathbf{r}_v\|} = \sin u \cos v\,\mathbf{i} + \sin u \sin v\,\mathbf{j} + \cos v\,\mathbf{k}$$

여기서 $\mathbf{n}$은 구면의 바깥쪽을 향하며, $-\mathbf{n} = \mathbf{r}_v \times \mathbf{r}_u = -\mathbf{r}_u \times \mathbf{r}_v$는 구면의 안쪽을 향한다. [그림 7.29(a)]와 같이 입체 영역의 곡면에서 법선벡터가 바깥쪽을 향하면 양의 방향$^{\text{positive orientation}}$이고, [그림 7.29(b)]와 같이 안쪽을 향하면 음의 방향$^{\text{negative orientation}}$이다.

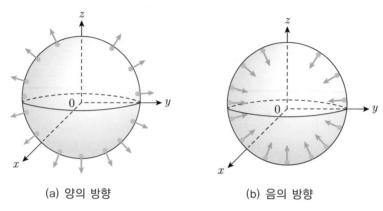

(a) 양의 방향　　　　　　(b) 음의 방향

[그림 7.29] 유향곡면의 법선벡터의 방향

예를 들어 구면 S의 단위법선벡터가 $\mathbf{n}$이고 유체의 속도장을 $\mathbf{F}$라 할 때, 면적분 $\displaystyle\int_S \mathbf{F} \cdot \mathbf{n}\, dS$는 단위시간당 구면 S를 통과하는 유체의 총 부피를 나타낸다. 이때 $\mathbf{n}$이 양의 방향이면 이 면적분은 S를 통해 흘러나간 유체의 부피를 의미하며, $\mathbf{n}$이 음의 방향이면 S를 통해 흘러들어온 유체의 부피를 의미한다.

7.7　스토크스 정리와 발산 정리

그린 정리는 평면영역 R의 경계곡선에서 선적분이 이 영역에서 중적분과 같은 성질을 나타낸다. 이를 공간으로 확장한 것이 스토크스 정리$^{\text{Stoke's theorem}}$이며, 곡면 S에서의 면적분이 곡면의 경계곡선에서 선적분과 같음을 보여 준다. 즉, 스토크스 정리는 [정리 9]와 같이 공간 안의 매끄러운 곡면 위에서 벡터장의 회전을 적분한 값이 그 곡면의 경계인 닫힌곡선에서 벡터장을 선적분한 값과 같음을 의미한다.

곡면 S는 양의 방향으로 조각마다 매끄러운 단순 닫힌경계곡선 C로 둘러싸인 매끄러운 유향곡면이고, S를 포함하는 공간 안의 세 열린 영역에서 P, Q, R이 연속인 1계 편도함수를 갖는다고 하자. 벡터장 $\mathbf{F} = P\mathbf{i} + Q\mathbf{j} + R\mathbf{k}$에 대하여 다음이 성립한다.

$$\int_C \mathbf{F} \cdot d\mathbf{r} = \iint_S \mathrm{curl}\,\mathbf{F} \cdot d\mathbf{S}$$

여기서 경계곡선 C가 양의 방향을 갖는다는 것은 그린 정리의 경우와 동일하게 경계곡선의 내부가 화살표 왼쪽에 놓임을 의미하며, 단위법선벡터 $\mathbf{n}$이 바깥쪽을 향함을 나타낸다. [그림 7.30(a)]는 $\mathbf{k}$의 성분이 양수이므로 단위법선벡터는 곡면의 위쪽을 향한다. 물론 [그림 7.30(b)]와 같이 닫힌곡선이 xy평면 위가 아니라 공간에서 비스듬히 놓인다면 오른손 법칙으로부터 수직인 벡터의 주위를 돌아가는 방향이 양의 방향이다.

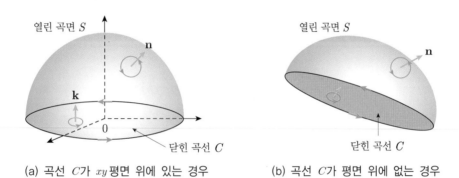

(a) 곡선 C가 xy평면 위에 있는 경우   (b) 곡선 C가 평면 위에 없는 경우

[그림 7.30] 열린 곡면과 방향

특히 [그림 7.30(a)]와 같이 S의 경계곡선 C가 위쪽 방향을 가진 xy평면 위에 놓이면 단위법선벡터는 $\mathbf{k}$이고, 면적분은 이중적분이 되므로 스토크스 정리는 다음과 같이 표현된다.

$$\int_C \mathbf{F} \cdot d\mathbf{r} = \iint_S \mathrm{curl}\mathbf{F} \cdot d\mathbf{S} = \iint_S (\mathrm{curl}\mathbf{F}) \cdot \mathbf{k}\, dx\, dy$$

곡면 S의 매개변수방정식이 $x = x$, $y = y$, $z = g(x, y)$이면 앞에서 살펴본 것처럼 곡면 위의 점에서 두 접선벡터의 외적은 다음과 같다.

$$\mathbf{r}_x \times \mathbf{r}_y = -\frac{\partial g}{\partial x}\mathbf{i} - \frac{\partial g}{\partial y}\mathbf{j} + \mathbf{k}$$

즉, 벡터장 $\mathrm{curl}\,\mathbf{F} = P_1\mathbf{i} + Q_1\mathbf{j} + R_1\mathbf{k}$와 $\mathbf{r}_x \times \mathbf{r}_y$의 내적은 다음과 같다.

$$\mathrm{curl}\,\mathbf{F} \cdot (\mathbf{r}_x \times \mathbf{r}_y) = (\mathrm{P}_1\mathbf{i} + \mathrm{Q}_1\mathbf{j} + \mathrm{R}_1\mathbf{k}) \cdot \left(-\frac{\partial g}{\partial x}\mathbf{i} - \frac{\partial g}{\partial y}\mathbf{j} + \mathbf{k} \right) = -P_1\frac{\partial g}{\partial x} - Q_1\frac{\partial g}{\partial y} + R_1$$

따라서 스토크스 정리는 다음과 같이 표현된다.

$$\int_C \mathbf{F} \cdot d\mathbf{r} = \iint_S \mathrm{curl}\,\mathbf{F} \cdot d\mathbf{S} = \iint_R \left(-P_1\frac{\partial g}{\partial x} - Q_1\frac{\partial g}{\partial y} + R_1 \right) dx\,dy$$

▶ 예제 41

제1팔분공간에서 $z = 1 - x^2 - y^2$의 경계곡선 C에 대하여 $\mathbf{F}(x, y, z) = xy\mathbf{i} + yz\mathbf{j} + xz\mathbf{k}$일 때, $\displaystyle\int_C \mathbf{F} \cdot d\mathbf{r}$ 을 구하여라.

풀이

❶ $\mathbf{F}$의 회전을 구한다.

$$\mathrm{curl}\,\mathbf{F} = \begin{vmatrix} \mathbf{i} & \mathbf{j} & \mathbf{k} \\ \dfrac{\partial}{\partial x} & \dfrac{\partial}{\partial y} & \dfrac{\partial}{\partial z} \\ xy & yz & xz \end{vmatrix} = -y\mathbf{i} - z\mathbf{j} - x\mathbf{k}$$

❷ 이제 S를 xy평면 위로 정사영시킨 R을 구한다.

경계곡선 C의 방향이 시계 반대 방향이며, S가 위쪽을 향한다. R이 제1사분면에서 $x^2 + y^2 \leq 1$이므로

$$R = \left\{ (r, \theta) \mid 0 \leq r \leq 1,\ 0 \leq \theta \leq \frac{\pi}{2} \right\}$$

❸ 스토크스 정리의 피적분함수를 계산한다.

경계곡면 $z = g(x, y) = 1 - x^2 - y^2$에 대하여 $\dfrac{\partial g}{\partial x} = -2x$, $\dfrac{\partial g}{\partial y} = -2y$이므로

$$-P_1\frac{\partial g}{\partial x} - Q_1\frac{\partial g}{\partial y} + R_1 = -(-y)(-2x) - (-z)(-2y) + (-x)$$

$$= -2xy - 2yz - x = -2xy - 2y(1 - x^2 - y^2) - x$$

❹ 직교좌표를 극좌표로 변환한다.

$x = r\cos\theta$, $y = r\sin\theta$이므로

$$-2xy - 2y(1 - x^2 - y^2) - x = -2(r\cos\theta)(r\sin\theta) - 2(r\sin\theta)(1 - r^2) - r\cos\theta$$

$$= -2r^2\sin\theta\cos\theta - 2(r - r^3)\sin\theta - r\cos\theta$$

❺ 면적분을 구한다.

$$\int_C \mathbf{F} \cdot d\mathbf{r} = \iint_S \mathrm{curl}\,\mathbf{F} \cdot d\mathbf{S} = \iint_R [-2xy - 2y(1-x^2-y^2) - x]\,dx\,dy$$

$$= \int_0^{\frac{\pi}{2}} \int_0^1 [-2r^2\sin\theta\cos\theta - 2(r-r^3)\sin\theta - r\cos\theta]\,r\,dr\,d\theta$$

$$= \int_0^{\frac{\pi}{2}} \left[-\frac{1}{2}r^4\sin\theta\cos\theta - 2\left(\frac{1}{3}r^3 - \frac{1}{5}r^5\right)\sin\theta - \frac{1}{3}r^3\cos\theta\right]_{r=0}^{r=1} d\theta$$

$$= \int_0^{\frac{\pi}{2}} \left(-\frac{1}{2}\sin\theta\cos\theta - \frac{4}{15}\sin\theta - \frac{1}{3}\cos\theta\right) d\theta$$

$$= \left[-\frac{1}{4}\sin^2\theta + \frac{4}{15}\cos\theta - \frac{1}{3}\sin\theta\right]_0^{\frac{\pi}{2}} = -\frac{17}{20}$$

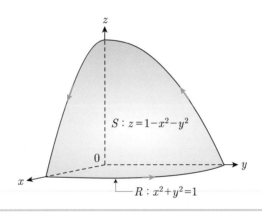

$S : z = 1 - x^2 - y^2$

$R : x^2 + y^2 = 1$

발산 정리

7.5절에서 평면영역 R의 양의 방향을 갖는 경계곡선 C에 대하여 그린 정리를 다음과 같이 나타냈다.

$$\oint_C \mathbf{F} \cdot \mathbf{n}\,ds = \iint_R \mathrm{div}\,\mathbf{F}\,dx\,dy$$

그린 정리를 공간에서 곡면으로 둘러싸인 입체영역 V로 확장한 개념이 **발산 정리**$^{\text{divergence theorem}}$이다. 이때 입체영역 V의 경계는 닫힌곡면이고, 단위법선벡터 $\mathbf{n}$은 V로부터 바깥쪽으로 향하는 양의 방향이라 가정한다.

발산 정리

입체영역 V는 경계곡면 S가 양의 방향을 가진 단순 입체영역이고, V를 포함하는 공간 안의 열린 영역에서 P, Q, R이 연속인 1계 편도함수를 갖는다고 하자. 벡터장 $\mathbf{F} = P\mathbf{i} + Q\mathbf{j} + R\mathbf{k}$에 대하여 다음이 성립한다.

$$\iint_S \mathbf{F} \cdot d\mathbf{S} = \iiint_V \mathrm{div}\mathbf{F}\,dV$$

▶ 예제 42

정육면체 $V = \{(x, y, z) \mid 0 \le x \le 2, 0 \le y \le 2, 0 \le z \le 2\}$의 경계곡면 S와 벡터장 $\mathbf{F}$에 대하여 $\displaystyle\iint_S \mathbf{F} \cdot d\mathbf{S}$ 를 구하여라.

(1) $\mathbf{F}(x, y, z) = x^2 yz\,\mathbf{i} + xy^2 z\,\mathbf{j} + xyz^2\,\mathbf{k}$ (2) $\mathbf{F}(x, y, z) = xy\,\mathbf{i} + yz\,\mathbf{j} + zx\,\mathbf{k}$

풀이

(1) ❶ $\mathrm{div}\mathbf{F}$ 를 구한다.

$$\mathrm{div}\mathbf{F} = \frac{\partial}{\partial x}(x^2 yz) + \frac{\partial}{\partial y}(xy^2 z) + \frac{\partial}{\partial z}(xyz^2) = 6xyz$$

❷ $\displaystyle\iint_S \mathbf{F} \cdot d\mathbf{S}$ 를 구한다.

$$\iint_S \mathbf{F} \cdot d\mathbf{S} = \iiint_V \mathrm{div}\mathbf{F}\,dV = \int_0^2 \int_0^2 \int_0^2 6xyz\,dz\,dy\,dx$$

$$= 6\int_0^2 x\,dx \int_0^2 y\,dy \int_0^2 z\,dz = (6)\left[\frac{x^2}{2}\right]_0^2 \left[\frac{y^2}{2}\right]_0^2 \left[\frac{x^2}{2}\right]_0^2$$

$$= (6)(2)(2)(2) = 48$$

(2) ❶ $\mathrm{div}\mathbf{F}$ 를 구한다.

$$\mathrm{div}\mathbf{F} = \frac{\partial}{\partial x}(xy) + \frac{\partial}{\partial y}(yz) + \frac{\partial}{\partial z}(zx) = x + y + z$$

❷ $\displaystyle\iint_S \mathbf{F} \cdot d\mathbf{S}$ 를 구한다.

$$\iint_S \mathbf{F} \cdot d\mathbf{S} = \iiint_V \mathrm{div}\mathbf{F}\,dV = \int_0^2 \int_0^2 \int_0^2 (x + y + z)\,dz\,dy\,dx$$

$$= \int_0^2 \int_0^2 \left[xz + yz + \frac{1}{2}z^2\right]_{z=0}^{z=2} dy\,dx = 2\int_0^2 \int_0^2 (x + y + 1)\,dy\,dx$$

$$= 2 \int_0^2 \left[x\,y + \frac{1}{2}\,y^2 + y \right]_{y=0}^{y=2} dx = 2 \int_0^2 (2x+4)\,dx$$

$$= 2 \left[x^2 + 4x \right]_0^2 = 2\,(12) = 24$$

▶ 예제 43

$\mathbf{F}(x, y, z) = (x^3 + y^2 + z)\mathbf{i} + (x + y^3 + z^2)\mathbf{j} + (z^3 + x^2 + y)\mathbf{k}$ 이고 경계곡면이 $x^2 + y^2 + z^2 = 1$ 의 표면일 때, $\displaystyle\int_S \mathbf{F} \cdot d\mathbf{r}$ 을 구하여라.

풀이

❶ $\mathrm{div}\mathbf{F}$ 를 구한다.

$$\mathrm{dvi}\,\mathbf{F} = \frac{\partial}{\partial x}(x^3 + y^2 + z) + \frac{\partial}{\partial y}(x + y^3 + z^2) + \frac{\partial}{\partial z}(z^3 + x^2 + y)$$

$$= 3\,(x^2 + y^2 + z^2)$$

❷ 곡면 S 가 구면이므로 직교좌표에서 구면좌표로 변형한다.

$$x = \rho \sin\phi \cos\theta,\; y = \rho \sin\phi \sin\theta,\; z = \rho \cos\phi,\; 0 \le \phi \le \pi,\; 0 \le \theta \le 2\pi,\; 0 \le \rho \le 1$$

❸ $\displaystyle\iint_S \mathbf{F} \cdot d\mathbf{S}$ 를 구한다.

$$\iint_S \mathbf{F} \cdot d\mathbf{S} = \iiint_V \mathrm{div}\mathbf{F}\,dV = \iiint_V 3\,(x^2 + y^2 + z^2)\,dx\,dy\,dz$$

$$= \int_0^\pi \int_0^{2\pi} \int_0^1 (3\rho^2)\,\rho^2 \sin\phi\,d\rho\,d\theta\,d\phi = 3 \int_0^\pi \sin\phi\,d\phi \int_0^{2\pi} d\theta \int_0^1 \rho^4\,d\rho$$

$$= (3)\left[-\cos\phi \right]_0^\pi \left[\theta \right]_0^{2\pi} \left[\frac{1}{5}\,\rho^5 \right]_0^1 = (3)\,(2)\,(2\pi)\,\frac{1}{5} = \frac{12\pi}{5}$$

7.8 벡터의 응용

이 절에서는 구배, 발산, 회전에 대한 유체역학, 열역학 등에서의 활용에 대하여 간단히 살펴본다.

벡터의 내적과 외적

유체역학에서 기본적으로 사용하는 두 벡터의 내적에 대한 응용을 생각하자. [그림 7.31(a)]와 같이 유체가 흐르는 환경에서 유체 흐름 내부에 임의의 형상을 갖는 표면 S가 있다고 하자. 이 표면을 통해 단위 시간 동안 흐르는 유체의 부피 유량 또는 질량 유량을 구해 보자. 벡터인 유체의 속도($\mathbf{v}$)가 위치에 따라 변한다고 가정하면 전체 유량은 dA를 통과하는 유량을 표면 S에 대하여 적분해야 한다. 이때 표면 dA에 수직인 단위벡터 $\mathbf{n}$과 유속 $\mathbf{v}$의 사잇각은 θ이다. 시간 dt 동안 dA를 통과하는 부피 유량 Q는 [그림 7.31(b)]의 평행육면체의 부피와 같으며, 다음과 같다.

$$dQ = \mathbf{v}\,dt\,dA\cos\theta = (\mathbf{v}\cdot\mathbf{n})\,dA\,dt$$

따라서 표면 S를 통과하는 총 유량은 $\dfrac{dQ}{dt}$를 표면 S에 대하여 적분하여 다음과 같이 구할 수 있다.

$$Q = \int_{s}(\mathbf{v}\cdot\mathbf{n})\,dA$$

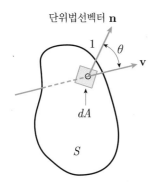

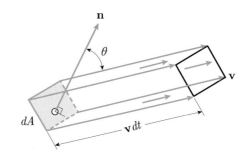

(a) 유체 흐름의 임의의 곡면과 면적 요소   (b) 시간 dt 동안 dA를 통과하는 부피 유량

[그림 7.31] 유체 흐름 내부의 곡면과 국소 부분

질량 유량($\overline{m}$)은 부피 유량에 밀도를 곱하여 구할 수 있으며, 표면 S에 밀도가 일정하지 않다고 가정하면 다음과 같다.

$$\overline{m} = \int_{S}\rho(\mathbf{v}\cdot\mathbf{n})\,dA$$

한편 두 벡터의 외적에 관한 기본적인 응용으로 토크를 생각할 수 있다. 회전축에서 회전문의 길이($\mathbf{r}$)만큼 떨어진 지점에서 $\mathbf{F}$ 의 힘으로 회전문을 밀고 들어가면 회전문은 회전하면서 열리게 된다. 이와 같이 회전축에서 일정한 거리($\mathbf{r}$)만큼 떨어진 지점에 힘 $\mathbf{F}$ 를 작용하면 물체가 어떤 점을 중심으로 회전하려 한다. 이와 같이 물체의 회전운동을 변화시키는 물리량을 토크^{torque} 또는 **돌림힘**이라 한다. [그림 7.32]와 같이 위치벡터 $\mathbf{r}$ 과 θ 의 각을 이루는 방향으로 힘 $\mathbf{F}$ 가 가해질 때, 토크(τ)는 다음과 같이 벡터의 외적으로 표현된다.

$$\tau = \mathbf{r} \times \mathbf{F}$$

토크 벡터는 두 벡터 $\mathbf{r}$, $\mathbf{F}$ 에 수직이며, 토크의 방향은 지면에서 나오는 방향이 된다.

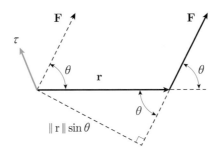

[**그림 7.32**] 토크 벡터

라플라스 방정식과 르장드르 미분방정식

7.5절에서 설명한 라플라스 방정식은 매우 복잡한 형태를 띠지만 양자역학, 전자기학에서 필수적으로 해결해야 하는 방정식이다. 이미 살펴본 것처럼 직교좌표계의 라플라스 방정식은 다음과 같다.

$$\nabla^2 F(x,\, y,\, z) = \frac{\partial^2 F}{\partial x^2} + \frac{\partial^2 F}{\partial y^2} + \frac{\partial^2 F}{\partial z^2} = 0$$

이제 직교좌표계의 라플라스 방정식을 [그림 7.33]과 같은 구면좌표계 (r, ϕ, θ) 에 적용하여 르장드르 미분방정식과의 관계를 얻는다.

구면좌표계의 라플라스 방정식은 다음과 같이 표현된다.

$$\nabla^2 \Phi(r,\, \phi,\, \theta) = 0$$

$$\nabla^2 \Phi = \frac{1}{r^2} \frac{\partial}{\partial r}\left(r^2 \frac{\partial \Phi}{\partial r}\right) + \frac{1}{r^2 \sin\phi} \frac{\partial}{\partial \phi}\left(\sin\phi \frac{\partial \Phi}{\partial \phi}\right) + \frac{1}{r^2 \sin^2\phi} \frac{\partial^2 \Phi}{\partial \theta^2} = 0$$

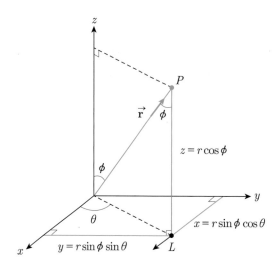

[그림 7.33] 구면좌표계($0 < r < \infty$, $0 < \phi < \pi$, $0 < \theta < 2\pi$)

이와 같이 세 변수에 의해 정의된 편미분방정식은 변수분리형 해법으로 해를 구할 수 있으며, 따라서 이 방정식의 해는 다음과 같이 r, ϕ, θ의 세 함수의 곱으로 가정할 수 있다.

$$\Phi(r, \phi, \theta) = R(r)\,P(\phi)\,F(\theta)$$

이 해를 위 미분방정식에 대입하고, $R(r)P(\phi)F(\theta)$로 나누면 다음을 얻는다.

$$\frac{1}{r^2 R(r)}\frac{d}{dr}\left(r^2\frac{dR(r)}{\partial r}\right) + \frac{1}{r^2\sin\phi}\frac{1}{P(\phi)}\frac{d}{d\phi}\left(\sin\phi\frac{dP(\phi)}{d\phi}\right) + \frac{1}{r^2\sin^2\phi}\frac{1}{F(\theta)}\frac{d^2F(\theta)}{d\theta^2} = 0$$

양변에 $r^2\sin^2\phi$를 곱하면 다음과 같으며, 좌변의 세 번째 항은 순수하게 θ만의 함수이다.

$$\frac{\sin^2\phi}{R(r)}\frac{d}{dr}\left(r^2\frac{dR(r)}{\partial r}\right) + \frac{\sin\phi}{P(\phi)}\frac{d}{d\phi}\left(\sin\phi\frac{dP(\phi)}{d\phi}\right) + \frac{1}{F(\theta)}\frac{d^2F(\theta)}{d\theta^2} = 0$$

이 식을 θ에 관하여 편미분하면 첫 번째와 두 번째 항은 모두 r, ϕ의 함수이므로 제거되어

$$\frac{\partial}{\partial\theta}\left(\frac{1}{F(\theta)}\frac{d^2F(\theta)}{d\theta^2}\right) = 0$$

을 얻는다. 도함수가 0이므로 세 번째 항은 다음과 같이 상수로 간주할 수 있다.

$$\frac{1}{F(\theta)}\frac{d^2F(\theta)}{d\theta^2} = -m^2$$

이때 상수 값에 음수를 부여한 것은 $F(\theta)$의 주기가 2π이므로 삼각함수 해를 갖도록 한 것이다.

그러므로 $\dfrac{d^2 F(\theta)}{d\theta^2} + m^2 F(\theta) = 0$ 이 되어 상수계수를 갖는 상미분방정식으로 쉽게 풀이할 수 있다.

따라서 구면좌표계의 라플라스 방정식은 다음과 같이 변형할 수 있다.

$$\frac{\sin^2 \phi}{R(r)} \frac{d}{dr}\left(r^2 \frac{dR(r)}{\partial r}\right) + \frac{\sin \phi}{P(\phi)} \frac{d}{d\phi}\left(\sin \phi \frac{dP(\phi)}{d\phi}\right) - m^2 = 0$$

이 식을 다시 $\sin^2 \phi$ 로 나누면 다음과 같이 r 과 ϕ 로 구성된 방정식을 얻는다.

$$\frac{1}{R(r)} \frac{d}{dr}\left(r^2 \frac{dR(r)}{\partial r}\right) + \frac{1}{P(\phi)\sin(\phi)} \frac{d}{d(\phi)}\left(\sin(\phi) \frac{dP(\phi)}{d\phi}\right) - \frac{m^2}{\sin^2 \phi} = 0$$

따라서 이 식을 r 에 관하여 편미분하면 $\dfrac{\partial}{\partial r}\left[\dfrac{1}{R(r)} \dfrac{d}{dr}\left(r^2 \dfrac{dR(r)}{\partial r}\right)\right] = 0$ 이므로 임의의 상수 a 를 통해 다음과 같이 나타낼 수 있다.

$$\frac{1}{R(r)} \frac{d}{dr}\left(r^2 \frac{dR(r)}{\partial r}\right) = a$$

한편 r 과 ϕ 로 구성된 방정식을 ϕ 에 관하여 편미분하면

$$\frac{\partial}{\partial \phi}\left[\frac{1}{P(\phi)} \frac{1}{\sin \phi} \frac{d}{d\phi}\left(\sin \phi \frac{dP(\phi)}{d\phi}\right) - \frac{m^2}{\sin^2 \phi}\right] = 0$$

과 같이 0이 된다. 따라서 r 과 ϕ 로 구성된 방정식은 다음과 같이 ϕ 에 관한 2계 상미분방정식이 된다.

$$\frac{1}{P(\phi)} \frac{1}{\sin \phi} \frac{d}{d\phi}\left(\sin \phi \frac{dP(\phi)}{d\phi}\right) - \frac{m^2}{\sin^2 \phi} = -a$$

$\dfrac{1}{R(r)} \dfrac{d}{dr}\left(r^2 \dfrac{dR(r)}{\partial r}\right) = a$ 를 정리하면 다음과 같다.

$$\frac{d}{dr}\left(r^2 \frac{dR(r)}{\partial r}\right) - a R(r) = 0$$

$$r^2 \frac{d^2 R(r)}{\partial^2 r} + 2r \frac{dR(r)}{\partial r} - a R(r) = 0$$

즉, 방정식의 특성을 고려하면 해는 $R(r) = r^k$ 으로 가정할 수 있으며, 이를 위 방정식에 대입하여 정리하면 다음과 같다.

$$r^2 \frac{d^2 r^k}{\partial^2 r} + 2r \frac{d r^k}{\partial r} - a r^k = 0$$

$$r^2 k(k-1) r^{k-2} + 2k r^k - a r^k = 0$$

$$r^k (k^2 + k - a) = 0$$

따라서 $k^2 + k - a = 0$ 이므로 $a = k(k+1)$ 이고, 앞에서 구한 ϕ에 관한 2계 상미분방정식에 대입하여 정리하면 다음을 얻는다.

$$\frac{1}{\sin\phi} \frac{d}{d\phi} \left(\sin\phi \frac{dP(\phi)}{d\phi} \right) + \left(k(k+1) - \frac{m^2}{\sin^2\phi} \right) P(\phi) = 0$$

이제 식을 간단히 하기 위해 $x - \cos\phi$ 라 하면

$$\frac{d}{d\phi} = \frac{dx}{d\phi} \frac{d}{dx} = -\sin\phi \frac{d}{dx}$$

이며, 이를 위 방정식에 대입하고 $m = 0$ 이라 하면 다음을 얻는다.

$$\frac{1}{\sin\phi} (-\sin\phi) \frac{d}{dx} \left(\sin\phi (-\sin\phi) \frac{dP(\phi)}{dx} \right) + k(k+1) P(\phi) = 0$$

$$\frac{d}{dx} \left(\sin^2\phi \frac{dP(\phi)}{dx} \right) + k(k+1) P(\phi) = 0$$

이때 $\sin^2\phi = 1 - \cos^2\phi = 1 - x^2$ 이므로 다음 르장드르 미분방정식을 얻는다.

$$\frac{d}{dx} \left((1-x^2) \frac{dP(\phi)}{dx} \right) + k(k+1) P(\phi) = 0$$

$$(1-x^2) \frac{d^2 P(\phi)}{dx^2} - 2x \frac{dP(\phi)}{dx} + k(k+1) P(\phi) = 0$$

이와 같은 르장드르 미분방정식의 해법은 3.3절에서 다뤘다.

유체 흐름의 연속방정식

질량 보존의 법칙 또는 연속방정식은 유체 흐름에 있어 질량이 변하지 않음을 의미하며, 이를 유도한다. [그림 7.34]와 같이 길이가 각각 dx, dy, dz 인 미소 검사체적^{control volume}을 설정한다.

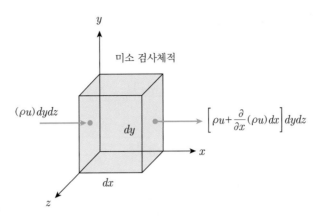

[그림 7.34] 미소 검사체적

마주 보는 두 면을 통과하여 흐르는 유체는 1차원으로 간주할 수 있으며, 질량 보존의 법칙을
적용하면 다음과 같다.

$$\int_{\mathrm{CV}} \frac{\partial \rho}{\partial t} d\overline{V} + \sum_i (\rho_i A_i V_i)_{\mathrm{out}} - \sum_i (\rho_i A_i V_i)_{\mathrm{in}} = 0$$

여기서 ρ 는 유체의 밀도, $\overline{V}$ 는 유체의 부피, A_i 는 i 방향 흐름의 단면적, V_i 는 i 방향의 유속을
나타낸다. 검사체적이 매우 작으므로 부피 적분은 다음과 같이 근사할 수 있다.

$$\int_{\mathrm{CV}} \frac{\partial \rho}{\partial t} d\overline{V} \simeq \frac{\partial \rho}{\partial t} dx\,dy\,dz$$

흐름에 따른 유체 이동은 검사체적의 여섯 개의 면 모두에서 이루어지며, 속도를 $\mathbf{v} = u\mathbf{i} + v\mathbf{j} + w\mathbf{k}$
로 나타내고, 유체의 밀도는 위치와 시간에 따라 변하는 것으로 간주한다. 즉, 유체의 밀도는 공간좌표
(x, y, z) 와 시간 t 의 함수 $\rho = \rho(x, y, z, t)$ 이다. [그림 7.34]와 같이 $dydz$ 평면을 통해 검사체적으로
들어오는 유체의 질량은 $\rho u\,dy\,dz$ 가 되며, 나가는 질량은 $\left(\rho u + \dfrac{\partial (\rho u)}{\partial x} dx\right) dy\,dz$ 가 된다. 유체가
y 방향, z 방향으로도 흐르므로 각 방향으로의 유입 및 유출은 동일한 방법으로 계산할 수 있으며,
다음과 같다.

① x 방향: 유입 $\rho u\,dy\,dz$, 유출 $\left(\rho u + \dfrac{\partial (\rho u)}{\partial x} dx\right) dy\,dz$

② y 방향: 유입 $\rho v\,dx\,dz$, 유출 $\left(\rho v + \dfrac{\partial (\rho v)}{\partial y} dy\right) dx\,dz$

③ z 방향: 유입 $\rho w\,dx\,dy$, 유출 $\left(\rho w + \dfrac{\partial (\rho w)}{\partial z} dz\right) dx\,dy$

이 식들을 질량 보존의 법칙에 적용하면 다음과 같으며, 이는 검사체적에 대한 질량 보존방정식(또는 연속방정식)이다.

$$\frac{\partial \rho}{\partial t}dx\,dy\,dz + \frac{\partial(\rho u)}{\partial x}dx\,dy\,dz + \frac{\partial(\rho v)}{\partial y}dx\,dy\,dz + \frac{\partial(\rho w)}{\partial z}dx\,dy\,dz = 0$$

$$\frac{\partial \rho}{\partial t} + \frac{\partial(\rho u)}{\partial x} + \frac{\partial(\rho v)}{\partial y} + \frac{\partial(\rho w)}{\partial z} = 0$$

기울기 벡터 $\nabla = \frac{\partial}{\partial x}\mathbf{i} + \frac{\partial}{\partial y}\mathbf{j} + \frac{\partial}{\partial z}\mathbf{k}$를 이용하면 연속방정식은

$$\frac{\partial(\rho u)}{\partial x} + \frac{\partial(\rho v)}{\partial y} + \frac{\partial(\rho w)}{\partial z} = \nabla \cdot (\rho \mathbf{V})$$

와 같으며, 따라서 연속방정식은 다음과 같이 단순화된다.

$$\frac{\partial \rho}{\partial t} + \nabla \cdot (\rho \mathbf{V}) = 0$$

이 방정식은 직교좌표계로 표현한 것이며, 이 방정식을 원기둥좌표계 또는 구면좌표계로도 나타낼 수 있다.

유체의 회전

[그림 7.35]와 같이 시각 t에 대하여 유체에서 속도가 변하는 세 점 A, B, C가 서로 수직인 유체의 두 흐름선 AB, BC가 흐르면서 변형되어 시각 $t + dt$에서 각각 $d\alpha$, $d\beta$만큼 회전하여 $A'B'$, $B'C'$이 됐다고 가정하자. 이때 z축을 중심으로 하는 시계 반대 방향의 평균 각속도$^{\text{angular velocity}}$ ω_z는 다음과 같이 정의된다.

$$\omega_z = \frac{1}{2}\left(\frac{d\alpha}{dt} - \frac{d\beta}{dt}\right)$$

[그림 7.35]로부터 $d\alpha$, $d\beta$를 각각 계산하면

$$d\alpha = \lim_{dt \to 0}\left(\tan^{-1}\left(\frac{\frac{\partial v}{\partial x}dx\,dt}{dx + \frac{\partial v}{\partial x}dx\,dt}\right)\right) = \frac{\partial v}{\partial x}dt, \quad d\beta = \lim_{dt \to 0}\left(\tan^{-1}\left(\frac{\frac{\partial u}{\partial y}dy\,dt}{dy + \frac{\partial u}{\partial x}dy\,dt}\right)\right) = \frac{\partial u}{\partial y}dt$$

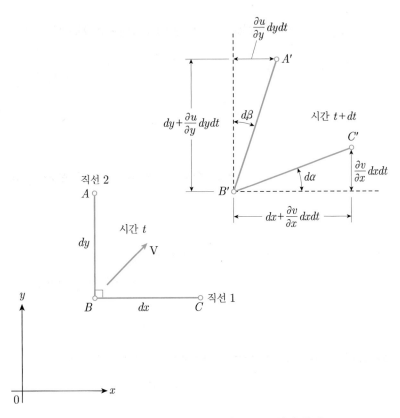

[그림 7.35] 서로 수직인 유체의 두 흐름선의 회전

이므로 z축을 중심으로 회전하는 각속도는 다음과 같다.

$$\omega_z = \frac{1}{2}\left(\frac{\partial v}{\partial x} - \frac{\partial u}{\partial y}\right)$$

같은 방법을 적용하면 x축, y축을 중심으로 회전하는 각속도는 다음과 같이 표현된다.

$$\omega_x = \frac{1}{2}\left(\frac{\partial w}{\partial y} - \frac{\partial v}{\partial z}\right), \quad \omega_y = \frac{1}{2}\left(\frac{\partial u}{\partial z} - \frac{\partial w}{\partial x}\right)$$

이로부터 유체의 각속도 $\omega = \omega_x \mathbf{i} + \omega_y \mathbf{j} + \omega_z \mathbf{k}$는 다음과 같이 속도 회전의 절반이 된다.

$$\omega = \frac{1}{2}\left(\frac{\partial w}{\partial y} - \frac{\partial v}{\partial z}\right)\mathbf{i} + \frac{1}{2}\left(\frac{\partial u}{\partial z} - \frac{\partial w}{\partial x}\right)\mathbf{j} + \frac{1}{2}\left(\frac{\partial v}{\partial x} - \frac{\partial u}{\partial y}\right)\mathbf{k}$$

$$\omega = \frac{1}{2}\left(\text{curl}\,\mathbf{v}\right) = \frac{1}{2}\begin{vmatrix} \mathbf{i} & \mathbf{j} & \mathbf{k} \\ \dfrac{\partial}{\partial x} & \dfrac{\partial}{\partial y} & \dfrac{\partial}{\partial z} \\ u & v & w \end{vmatrix} \quad \text{또는} \quad 2\omega = \text{curl}\,\mathbf{v}$$

특정한 지점 P에서 움직이는 연속체의 국지적 회전운동, 즉 무언가가 회전하고자 하는 경향의 척도인 **소용돌이도**^{vorticity} 또는 와도는 연속체역학에서 $\zeta = 2\omega = \mathrm{curl}\,\mathbf{v}$로 정의된다. 특히 $\mathrm{curl}\,\mathbf{v} = \nabla \times \mathbf{v} = 0$이면 유체는 소용돌이치지 않으며 비회전적이다. 그리고 유체 흐름이 비회전적 $\mathrm{curl}\,\mathbf{v} = \nabla \times \mathbf{v} = 0$이면 $\mathbf{v} = \nabla\phi$가 성립하며, 이를 만족하는 함수 $\phi = \phi(x, y, z, t)$를 **속도 퍼텐셜 함수**^{velocity potential function}라 한다. 즉, 속도 퍼텐셜 함수 $\phi = \phi(x, y, z, t)$를 알면 속도벡터의 세 성분을 $u = \dfrac{\partial \phi}{\partial x}$, $v = \dfrac{\partial \phi}{\partial y}$, $w = \dfrac{\partial \phi}{\partial z}$로 계산할 수 있다.

유체에 잠긴 물체에 작용하는 힘

[그림 7.36]과 같이 정지하고 있는 밀도 ρ인 유체에 잠긴 구에 작용하는 힘에 대하여 살펴본다. 이 힘을 구하려면 유체가 구의 표면에 작용하는 모든 힘을 합해야 하므로 [그림 7.33]과 같은 구면좌표계를 사용하는 것이 편리하다.

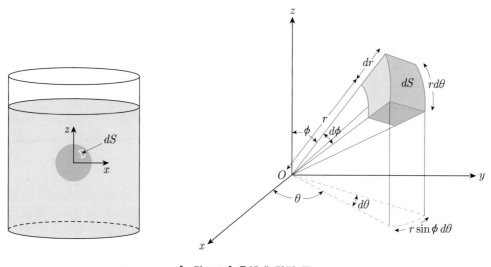

[그림 7.36] 유체에 잠긴 구

유체의 표면으로부터의 거리에 따라 구에 작용하는 압력이 변하므로 구에 작용하는 압력은 다음과 같이 표현된다.

$$p(z) = -\rho g z + p_0$$

여기서 p_0은 대기압이다. 구의 중심으로부터 유체 표면까지의 거리를 H_0이라 하면 유체가 구에 작용하는 힘은 구의 표면에 작용하는 압력을 적분하여 계산할 수 있다. 구의 표면에서 압력은 유체의 깊이에 의해 결정되므로 우선 깊이를 계산하면 다음과 같다.

$$-z = H_0 - R\cos\phi$$

여기서 R은 구의 반경, ϕ는 수직선(양의 z축)과 이루는 각이다.

유체가 구에 가하는 (대기압을 제외한) 순압력은 $p_{\mathrm{surface}} - p_0 = \rho g(H_0 - R\cos\phi)$이다. 따라서 [그림 7.36]과 같이 구의 표면에서 유한한 면적 dS에 정지한 유체가 가하는 힘은 다음과 같이 계산된다.

$$\overline{F} = \iint_S (-\hat{n})\,p\,dS$$

여기서 $\hat{n}$은 표면에 수직인 단위벡터이며, $p = \rho g(H_0 - R\cos\phi)$, $dS = (R\sin\phi\,d\theta)(R\,d\phi)$이므로 이를 대입하여 정리하면 다음을 얻는다.

$$\overline{F} = -\rho g R^2 \int_0^{2\pi} \int_0^{\pi} (H_0 - R\cos\phi)\,\hat{n}\sin\phi\,d\phi\,d\theta$$

이때 표면에 수직인 단위벡터는 위치에 따라 변화되므로 구의 중심을 원점으로 하는 직교좌표계로 표현하여 적분한다. $\hat{n} = \sin\phi\cos\theta\,\mathbf{i} + \sin\phi\sin\theta\,\mathbf{j} + \cos\phi\,\mathbf{k}$이므로 다음과 같다.

$$\overline{F} = -\rho g R^2 \int_0^{2\pi} \int_0^{\pi} (H_0 - R\cos\phi)(\sin\phi\cos\theta\,\mathbf{i} + \sin\phi\sin\theta\,\mathbf{j} + \cos\phi\,\mathbf{k})\sin\phi\,d\phi\,d\theta$$

$F(\phi) = \displaystyle\int_0^{\pi} (H_0 - R\cos\phi)\cos\phi\sin\phi\,d\phi$로 놓고 이 적분을 x 방향, y 방향, z 방향으로 구하면 각각 다음과 같다.

$$\overline{F_x} = -\rho g R^2 \int_0^{2\pi} \int_0^{\pi} (H_0 - R\cos\phi)\sin\phi\cos\theta\sin\phi\,d\phi\,d\theta$$

$$= -\rho g R^2 \int_0^{2\pi} F(\phi)\cos\theta\,d\theta = -\rho g R^2 \Big[F(\phi)\sin\theta \Big]_0^{2\pi} = 0,$$

$$\overline{F_y} = -\rho g R^2 \int_0^{2\pi} \int_0^{\pi} (H_0 - R\cos\phi)(\sin\phi\sin\theta)\sin\phi\,d\phi\,d\theta$$

$$= -\rho g R^2 \int_0^{2\pi} F(\phi)\sin\theta\,d\theta = -\rho g R^2 \Big[F(\phi)(-\cos\theta) \Big]_0^{2\pi} = 0,$$

$$\overline{F_z} = -\rho g R^2 \int_0^{2\pi} \int_0^{\pi} (H_0 - R\cos\phi)\cos\phi\sin\phi\,d\phi\,d\theta$$

$$= -\rho g R^2 \int_0^{2\pi} F(\phi)\,d\theta = -\rho g R^2 F(\phi) \int_0^{2\pi} d\theta$$

$$= -\rho g R^2 F(\phi)(2\pi)$$

한편 $\sin 2x = 2\sin x \cos x$ 이고 $u = \cos x$ 라 하면 $du = -\sin x\,dx$ 이므로 $F(\phi)$ 는 다음과 같다.

$$F(\phi) = \int_0^\pi (H_0 - R\cos\phi)\cos\phi\sin\phi\,d\phi$$

$$= \int_0^\pi (H_0\cos\phi\sin\phi)\,d\phi - \int_0^\pi R\sin\phi\cos^2\phi\,d\phi$$

$$= -\frac{2R}{3}$$

즉, $\overline{F}_z = -\rho g R^2\left(-\dfrac{2R}{3}\right)(2\pi) = \dfrac{4\pi R^3}{3}\rho g$ 이며, 정지한 유체가 구에 작용하는 힘은 $\overline{F} = 0\mathbf{i} + 0\mathbf{j}$ $+ \dfrac{4\pi R^3}{3}\rho g\mathbf{k}$ 가 된다. 따라서 구에 작용하는 힘은 수직방향(z 축)의 힘만 존재하며, 이를 부력^{buoyancy}이라 한다.

열전도 방정식

집의 외벽과 같은 크고 평평한 벽을 통한 열전달은 벽에 수직인 방향 이외의 방향에 대한 열전달은 무시할 수 있으므로 1차원으로 해석할 수 있다. [그림 7.37]과 같이 벽을 모사하면 두께가 Δx 인 부피 요소를 생각할 수 있다.

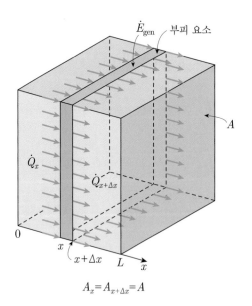

[그림 7.37] 평평한 벽을 통한 열전달

벽의 밀도를 ρ, 비열을 c, 열전달에 수직인 면적을 A 라 하면 얇은 미소 검사체적에 대한 Δt 시간 동안의 열에너지 수지$^{\text{energy balance}}$는 다음과 같다.

$$\boxed{\begin{array}{c} x \text{에서} \\ \text{열전도} \end{array}} - \boxed{\begin{array}{c} x + \Delta x \text{에서} \\ \text{열전도} \end{array}} + \boxed{\begin{array}{c} \text{내부의} \\ \text{열 발생} \end{array}} = \boxed{\begin{array}{c} \text{열 함량} \\ \text{변화} \end{array}}$$

따라서 다음 방정식을 얻는다.

$$\dot{Q}_x - \dot{Q}_{x+\Delta x} + \dot{E}_{\text{gen,element}} = \frac{\Delta E_{\text{element}}}{\Delta t}$$

요소의 열 함량 변화 속도 및 내부 열 발생 속도는 다음과 같이 표현된다.

$$\Delta E_{\text{element}} = E_{t+\Delta t} - E_t = mc(T_{t+\Delta t} - T_t) = \rho c A \Delta x (T_{t+\Delta t} - T_t)$$

$$\dot{E}_{\text{gen,element}} = \dot{e}_{\text{gen}} V_{\text{element}} = \dot{e}_{\text{gen}} A \Delta x$$

이 두 식을 에너지 수지 식에 대입한 후 $A\Delta x$ 로 나눈다.

$$\dot{Q}_x - \dot{Q}_{x+\Delta x} + \dot{e}_{\text{gen}} A \Delta x = \rho c A \Delta x \frac{T_{t+\Delta t} - T_t}{\Delta t}$$

$$-\frac{1}{A} \frac{\dot{Q}_{x+\Delta x} - \dot{Q}_x}{\Delta x} + \dot{e}_{\text{gen}} = \rho c \frac{T_{t+\Delta t} - T_t}{\Delta t}$$

이때 $\Delta x \to 0$, $\Delta t \to 0$ 이라 가정하고, 푸리에의 열전도 법칙 $\dot{Q} = -kA\dfrac{dT}{dx}$ 를 대입하면 다음을 얻는다.

$$\frac{1}{A} \frac{\partial}{\partial x}\left(kA \frac{\partial T}{\partial x}\right) + \dot{e}_{\text{gen}} = \rho c \frac{\partial T}{\partial t}$$

면적 A 는 상수이므로 이 식은 다음과 같이 쓸 수 있다.

$$\frac{\partial}{\partial x}\left(k \frac{\partial T}{\partial x}\right) + \dot{e}_{\text{gen}} = \rho c \frac{\partial T}{\partial t}$$

이 방정식은 다음과 같은 조건에서 다양하게 표현할 수 있다.

① 열전도율(k)이 일정한 경우

$$\frac{\partial^2 T}{\partial x^2} + \frac{\dot{e}_{gen}}{k} = \frac{1}{\alpha}\frac{\partial T}{\partial t}$$

여기서 $\alpha = \dfrac{k}{\rho c}$ 는 **열확산도**thermal diffusivity라 하며, 물질을 통해 열이 얼마나 빠르게 전달되는지 나타내는 척도이다.

② 내부 열 발생이 없는 경우

이 경우 $\dot{e}_{gen} = 0$ 이므로 다음 방정식을 얻는다.

$$\frac{\partial^2 T}{\partial x^2} = \frac{1}{\alpha}\frac{\partial T}{\partial t}$$

③ 내부 열 발생이 없고 정상상태인 경우

이 경우 $\dot{e}_{gen} = 0$, $\dfrac{\partial T}{\partial t} = 0$ 이므로 다음 방정식을 얻는다.

$$\frac{\partial^2 T}{\partial x^2} = 0$$

세 경우에 대한 1차원 방정식은 [그림 7.38]과 같은 3차원 직교좌표계로 확장할 수 있다. 이를 요약하면 다음과 같다.

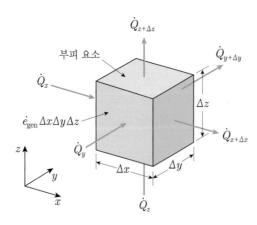

[그림 7.38] 부피 요소

④ 열전도율(k)이 일정한 경우

$$\frac{\partial^2 T}{\partial x^2} + \frac{\partial^2 T}{\partial y^2} + \frac{\partial^2 T}{\partial z^2} + \frac{\dot{e}_{\text{gen}}}{k} = \frac{1}{\alpha}\frac{\partial T}{\partial t}$$

$$\nabla \cdot \nabla T + \frac{\dot{e}_{\text{gen}}}{k} = \frac{1}{\alpha}\frac{\partial T}{\partial t}$$

$$\nabla^2 T + \frac{\dot{e}_{\text{gen}}}{k} = \frac{1}{\alpha}\frac{\partial T}{\partial t}$$

⑤ 내부 열 발생이 없는 경우

$$\frac{\partial^2 T}{\partial x^2} + \frac{\partial^2 T}{\partial y^2} + \frac{\partial^2 T}{\partial z^2} = \frac{1}{\alpha}\frac{\partial T}{\partial t}$$

$$\nabla \cdot \nabla T = \frac{1}{\alpha}\frac{\partial T}{\partial t}, \ \ \text{즉} \ \ \nabla^2 T = \frac{1}{\alpha}\frac{\partial T}{\partial t}$$

⑥ 내부 열 발생이 없고 정상상태인 경우

$$\frac{\partial^2 T}{\partial x^2} + \frac{\partial^2 T}{\partial y^2} + \frac{\partial^2 T}{\partial z^2} = 0$$

$$\nabla \cdot \nabla T = 0, \ \ \text{즉} \ \ \nabla^2 T = 0$$

이와 유사한 형태의 미분방정식이 물질전달에서도 사용된다.

원기둥좌표계에서 1차원 정상상태 열전도 방정식

이제 앞에서 유도한 3차원 직교좌표계의 열전도 방정식을 [그림 7.39]와 같은 원기둥좌표계로 변환한다. 직교좌표계의 라플라시안(∇^2)을 원기둥좌표계로 변환하는 것은 단순하지만 매우 지루한 작업이다. 변환하려면 직교좌표계의 세 단위벡터 $\mathbf{i}$, $\mathbf{j}$, $\mathbf{k}$를 원기둥좌표계의 세 단위벡터 $\mathbf{e}_r$, $\mathbf{e}_\theta$, $\mathbf{e}_z$와 r, θ, z의 함수로 표현하면 된다. 일반적으로 직각좌표계의 ∇^2을 원기둥좌표계로 표시한 결과만을 제시하면 다음과 같다.

$$\nabla^2 T = \frac{1}{r}\frac{\partial}{\partial r}\left(r\frac{\partial T}{\partial r}\right) + \frac{1}{r^2}\frac{\partial^2 T}{\partial \theta^2} + \frac{\partial^2 T}{\partial z^2}$$

이를 열전도 방정식에 적용하여 원기둥좌표계로 표시하면 열전도율 k가 일정한 경우 다음이 성립한다.

$$\frac{1}{r}\frac{\partial}{\partial r}\left(r\frac{\partial T}{\partial r}\right)+\frac{1}{r^2}\frac{\partial^2 T}{\partial \theta^2}+\frac{\partial^2 T}{\partial z^2}+\frac{\dot{e}_{\text{gen}}}{k}=\frac{1}{\alpha}\frac{\partial T}{\partial t}$$

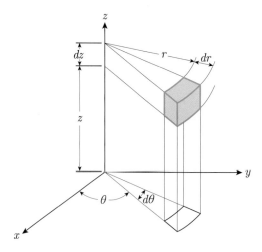

[그림 7.39] 원기둥좌표계

[그림 7.40]과 같이 반지름의 길이가 R이고 길이가 무한히 긴 원기둥 내부에서 열이 $a+bT$의 속도로 생성되고, 외부 온도가 T_0으로 일정하게 유지될 때 원기둥 내부의 온도를 결정해 보자. 여기서 a, b는 양의 상수이고 T는 온도이다.

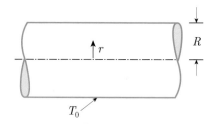

[그림 7.40] 길이가 무한히 긴 원기둥의 일부

원기둥에서 방사 방향으로만 열이 전달되므로 1차원 열전달 문제이고 정상상태이므로 원기둥좌표계의 3차원 열전도 방정식은 다음과 같이 단순화된다.

$$\frac{k}{r}\frac{d}{dr}\left(r\frac{dT}{dr}\right)+\dot{e}_{\text{gen}}=0$$

$$\frac{k}{r}\frac{d}{dr}\left(r\frac{dT}{dr}\right) + (a + bT) = 0$$

$$\frac{k}{r}\left(\frac{dT}{dr} + r\frac{d^2T}{dr^2}\right) + (a + bT) = 0$$

이제 양변을 $\dfrac{k}{r}$로 나누고 다시 r을 곱하면

$$r^2\frac{d^2T}{dr^2} + r\frac{dT}{dr} + \frac{r^2}{k}(a + bT) = 0$$

이며, 또한 경계조건에 의해 다음을 얻는다.

 ① 원기둥 표면의 온도가 일정하므로 $r = R$에서 $T = T_0$이다.

 ② 원기둥은 중심축을 중심으로 대칭인 구조이므로 $r = 0$에서 $\dfrac{dT}{dt} = 0$이다.

 이를 표준형 베셀 미분방정식 $x^2\dfrac{d^2y}{dx^2} + x\dfrac{dy}{dx} + (x^2 - p^2) = 0$과 비교하면 좌변의 마지막 항이 다름을 알 수 있다. 이제 $u = a + bT$로 치환하면 다음을 얻는다.

$$\frac{dT}{dr} = \frac{1}{b}\frac{du}{dr}, \quad \frac{d^2T}{dr^2} = \frac{1}{b}\frac{d^2u}{dr^2}$$

따라서 원통의 열전도 방정식은 다음과 같이 표현된다.

$$r^2\frac{d^2u}{dr^2} + r\frac{du}{dr} + \frac{b}{k}r^2u = 0$$

그러나 아직도 표준형 베셀 미분방정식과 마지막 항의 계수에 차이가 있다. 그러므로 독립변수를 $r = cx$(c는 미지의 상수)로 변환하면 다음을 얻는다.

$$\frac{du}{dr} = \frac{1}{c}\frac{du}{dx}, \quad \frac{d^2u}{dr^2} = \frac{1}{c^2}\frac{d^2u}{dx^2}$$

따라서 마지막 미분방정식은 다음과 같이 변형된다.

$$x^2\frac{d^2u}{dx^2} + x\frac{du}{dx} + \frac{bc^2}{k}x^2u = 0$$

여기서 $c = \sqrt{\dfrac{k}{b}}$라 하면 위 식은 다음과 같이 $p = 0$인 표준형 베셀 미분방정식이 된다.

$$x^2 \frac{d^2 u}{dx^2} + x \frac{du}{dx} + x^2 u = 0$$

이 방정식의 해는 3.3절에서 살펴봤듯이 다음 식으로 표현된다.

$$u(x) = C_1 J_0(x) + C_2 Y_0(x)$$

여기서 $J_0(x)$와 $Y_0(x)$는 각각 다음과 같다.

$$J_0(x) = \sum_{n=0}^{\infty} \frac{(-1)^n}{n! \, \Gamma(n+1)} \left(\frac{x}{2}\right)^{2n} = \sum_{n=0}^{\infty} \frac{(-1)^n x^{2n}}{(n!)^2 \, 2^{2n}}$$

$$= 1 - \frac{x^2}{2^2} + \frac{x^4}{2^4 (2!)^2} - \frac{x^6}{2^6 (3!)^2} + \frac{x^8}{2^8 (4!)^2} - \frac{x^{10}}{2^{10} (5!)^2} + \cdots,$$

$$Y_0(x) = \frac{2}{\pi} \left(\left(\ln \frac{x}{2} + \gamma \right) J_0(x) + \sum_{n=1}^{\infty} \frac{(-1)^{n+1} h_n}{2^{2n} (n!)^2} x^{2n} \right)$$

여기서 $\gamma (\approx 0.577215)$는 오일러 상수이고, h_n 은 다음과 같은 상수이다.

$$h_n = \sum_{k=1}^{n} \frac{1}{k} = 1 + \frac{1}{2} + \frac{1}{3} + \frac{1}{4} + \cdots + \frac{1}{n}$$

변환된 변수를 다시 치환하여 정리하면 다음과 같다.

$$T(r) = \frac{1}{b} \left(C_1 J_0 \left(r \sqrt{\frac{b}{k}} \right) + C_2 Y_0 \left(r \sqrt{\frac{b}{k}} \right) - a \right)$$

여기서 C_1, C_2 는 임의의 상수이며, 경계조건을 이용하여 C_1, C_2 를 결정한다. 먼저 $r \to 0$ 이면 $Y_0(r) \to -\infty$ 이므로 유한한 온도가 되려면 $C_2 = 0$ 이어야 한다. 이 사실을 경계조건과 미분 공식을 이용하여 살펴보자. 모든 (J, Y)에 대하여 $\frac{d}{dx} \left(x^{-\alpha} E_\alpha(x) \right) = -x^{-\alpha} E_{\alpha+1}(x)$ 이므로 다음을 얻는다.

$$\frac{dT}{dr} = \frac{-\left(C_1 J_1 \left(r \sqrt{\frac{b}{k}} \right) + C_2 Y_1 \left(r \sqrt{\frac{b}{k}} \right) \right)}{\sqrt{\frac{b}{k}}}$$

이 식에서 $C_2 \neq 0$ 이면 $r = 0$ 에서 $\frac{dT}{dt} = 0$ 인 경계조건을 만족할 수 없으므로 $C_2 = 0$ 이며, $T(r)$은 다음과 같이 간단해진다.

$$T(r) = \frac{1}{b}\left(C_1 J_0\left(r\sqrt{\frac{b}{k}}\right) - a\right)$$

또한 경계조건 $r = R$에서 $T = T_0$을 적용하면 상수 C_1을 다음과 같이 결정할 수 있다.

$$T_0 = \frac{1}{b}\left(C_1 J_0\left(R\sqrt{\frac{b}{k}}\right) - a\right), \quad C_1 = \frac{a + b\,T_0}{J_0\left(R\sqrt{\frac{b}{k}}\right)}$$

따라서 경계조건을 만족하는 해는 다음과 같다.

$$T(r) = \frac{1}{b}\left((a + b\,T_0)\frac{J_0\left(r\sqrt{\frac{b}{k}}\right)}{J_0\left(R\sqrt{\frac{b}{k}}\right)} - a\right)$$

01 벡터함수 $\mathbf{r}(t)$ 의 곡선을 x, y 또는 x, y, z 의 방정식으로 나타내어라.

(1) $\mathbf{r}(t) = t\mathbf{i} + \dfrac{1}{t}\mathbf{j}$

(2) $\mathbf{r}(t) = \cos t\mathbf{i} + (1 - \sin t)\mathbf{j}$

(3) $\mathbf{r}(t) = (1 - \cosh t)\mathbf{i} + (1 + \sinh t)\mathbf{j}$

(4) $\mathbf{r}(t) = (1 - 3\cos t)\mathbf{i} + \mathbf{j} + (5 + \sin t)\mathbf{k}$

02 주어진 점에서 벡터함수 $\mathbf{r}(t)$ 의 극한을 구하여라.

(1) $\mathbf{r}(t) = \cos t\mathbf{i} + \sin t\mathbf{j}$, $t = \dfrac{\pi}{4}$

(2) $\mathbf{r}(t) = t^2\mathbf{i} + (t^3 + 1)\mathbf{j}$, $t - 1$

(3) $\mathbf{r}(t) = \sin t \cos t\mathbf{i} + 2\cos t\mathbf{j} + 2\sin t\mathbf{k}$, $t = \dfrac{\pi}{2}$

(4) $\mathbf{r}(t) = t\mathbf{i} + t^2\mathbf{j} + t^3\mathbf{k}$, $t = 1$

03 벡터함수 $\mathbf{r}(t)$ 의 도함수를 구하여라.

(1) $\mathbf{r}(t) = t^3\mathbf{i} + 3t^2\mathbf{j}$

(2) $\mathbf{r}(t) = \sin t\mathbf{i} + \cos t\mathbf{j}$

(3) $\mathbf{r}(t) = e^{2t}\mathbf{i} + e^{-2t}\mathbf{j} + t\mathbf{k}$

(4) $\mathbf{r}(t) = \sin^2 t\mathbf{i} + t\cos t\mathbf{j} + \cos^2 t\mathbf{k}$

(5) $\mathbf{r}(t) = t\mathbf{i} + t^2\mathbf{j} + t^3\mathbf{k}$

(6) $\mathbf{r}(t) = \cos^2 t\mathbf{i} + \sin^2 t\mathbf{j} + t\mathbf{k}$

04 벡터함수 $\mathbf{r}(t)$ 의 부정적분을 구하여라.

(1) $\mathbf{r}(t) = \dfrac{1}{t}\mathbf{i} - 2t\mathbf{j}$

(2) $\mathbf{r}(t) = \cos 2t\mathbf{i} - \sin 2t\mathbf{j}$

(3) $\mathbf{r}(t) = e^t\mathbf{i} + \dfrac{1}{1 + t^2}\mathbf{j}$

(4) $\mathbf{r}(t) = t\mathbf{i} + t^2\mathbf{j} + t^3\mathbf{k}$

(5) $\mathbf{r}(t) = \dfrac{1}{\sqrt{1 - x^2}}\mathbf{i} + \dfrac{1}{\sqrt{x^2 - 1}}\mathbf{j} + e^t\mathbf{k}$

(6) $\mathbf{r}(t) = \dfrac{1}{\sqrt{t}}\mathbf{i} + \dfrac{1}{\sqrt[3]{t^2}}\mathbf{j} + t^2\mathbf{k}$

05 다음 초깃값 문제를 풀어라.

(1) $\dfrac{d\mathbf{r}}{dt} = \cos t\mathbf{i} + \sin t\mathbf{j} + \mathbf{k}$, $\mathbf{r}(0) = \mathbf{i} + 2\mathbf{j} - \mathbf{k}$

(2) $\dfrac{d\mathbf{r}}{dt} = t^3\mathbf{i} + t^2\mathbf{j} + t\mathbf{k}$, $\mathbf{r}(1) = \mathbf{i} - \mathbf{j} + \mathbf{k}$

(3) $\dfrac{d\mathbf{r}}{dt} = \cos^2 t\,\mathbf{i} + \sin^2 t\,\mathbf{j} + 2t\,\mathbf{k}$, $\mathbf{r}(0) = -\mathbf{i} + \mathbf{j} + \mathbf{k}$

(4) $\dfrac{d\mathbf{r}}{dt} = \dfrac{1}{1+t}\mathbf{i} + \dfrac{2t}{1+t^2}\mathbf{j} + \dfrac{1}{1+t^2}\mathbf{k}$, $\mathbf{r}(0) = \mathbf{i} + \mathbf{j} + \mathbf{k}$

06 위치함수 $\mathbf{r}(t)$에 대하여 주어진 점에서 단위접선벡터를 구하여라.

(1) $\mathbf{r}(t) = (t+1)\mathbf{i} + (t^2-2)\mathbf{j} + (t^3-3)\mathbf{k}$, $t=1$

(2) $\mathbf{r}(t) = \cos t\,\mathbf{i} + \sin t\,\mathbf{j} + (\cos t + \sin t)\mathbf{k}$, $t = \pi$

(3) $\mathbf{r}(t) = t\cos t\,\mathbf{i} + t\sin t\,\mathbf{j} + t\,\mathbf{k}$, $t=0$

(4) $\mathbf{r}(t) = e^t\cos t\,\mathbf{i} + e^t\sin t\,\mathbf{j} + e^t\,\mathbf{k}$, $t=0$

(5) $\mathbf{r}(t) = \ln t\,\mathbf{i} + \ln t^2\,\mathbf{j} + \ln t^3\,\mathbf{k}$, $t=1$

(6) $\mathbf{r}(t) = \cos\left(t+\dfrac{\pi}{3}\right)\mathbf{i} + \sin\left(t+\dfrac{\pi}{3}\right)\mathbf{j} + \left(t+\dfrac{\pi}{3}\right)\mathbf{k}$, $t = \dfrac{\pi}{2}$

07 세 벡터함수 $\mathbf{r}_1 = t\mathbf{i} + t^2\mathbf{j} + t^3\mathbf{k}$, $\mathbf{r}_2 = t\mathbf{i} + \sin t\,\mathbf{j} + \cos t\,\mathbf{k}$, $\mathbf{r}_3 = \cos t\,\mathbf{i} + \sin t\,\mathbf{j} + t\mathbf{k}$와 스칼라함수 $u(t) = e^t$에 대하여 다음을 구하여라.

(1) $\dfrac{d}{dt}(\mathbf{r}_1 + \mathbf{r}_2)$ (2) $\dfrac{d}{dt}(u\,\mathbf{r}_2)$ (3) $\dfrac{d}{dt}(\mathbf{r}_1 \boldsymbol{\cdot} \mathbf{r}_2)$

(4) $\dfrac{d}{dt}(\mathbf{r}_1 \times \mathbf{r}_2)$ (5) $\dfrac{d}{dt}((\mathbf{r}_1 \boldsymbol{\cdot} (\mathbf{r}_2 \times \mathbf{r}_3)))$

08 공간에서 움직이는 한 물체의 위치벡터가 $\mathbf{r}(t) = t\mathbf{i} + 2t^2\mathbf{j} + 3t^3\mathbf{k}$이다. 물음에 답하여라.

(1) 물체의 속도와 속력을 각각 구하여라.

(2) 물체의 가속도벡터를 구하여라.

(3) $t=1$에서 물체의 속도, 속력, 가속도를 각각 구하여라.

09 $t \geq 0$일 때, 주어진 점에서 위치함수 $\mathbf{r}(t)$에 대한 $\mathbf{T}$, $\mathbf{N}$, $\mathbf{B}$를 각각 구하여라.

(1) $\mathbf{r}(t) = \cos t\,\mathbf{i} + \sin t\,\mathbf{j} + t\mathbf{k}$, $t=0$

(2) $\mathbf{r}(t) = (t\cos t - \sin t)\mathbf{i} + t^2\mathbf{j} + (\cos t + t\sin t)\mathbf{k}$, $t = \pi$

(3) $\mathbf{r}(t) = t\mathbf{i} + \dfrac{1}{2}t^2\mathbf{j} + t\mathbf{k}$, $t=1$

(4) $\mathbf{r}(t) = t^2\mathbf{i} - 2t^2\mathbf{j} + (t^3+1)\mathbf{k}$, $t = \sqrt{5}$

10 [연습문제 9]의 주어진 점에서 위치함수 $\mathbf{r}(t)$의 곡률 κ와 비틀림률 τ를 구하여라.

11 공간에서 움직이는 어느 입자의 위치벡터가 $\mathbf{r}(t)$일 때, $t = 1$에서 가속도의 접선 성분과 법선 성분을 각각 구하여라.

(1) $\mathbf{r}(t) = e^t\mathbf{i} + t^2\mathbf{j} + t^4\mathbf{k}$ (2) $\mathbf{r}(t) = t^2\mathbf{i} + t^2\mathbf{j} + t^3\mathbf{k}$

12 함수 $f(x, y)$와 점 P에서 기울기 벡터와 벡터 $\mathbf{a}$ 방향의 방향도함수를 각각 구하여라.

(1) $f(x, y) = x^2 - y^2 + 2x + 2y + 1$, $P(1, 2)$, $\mathbf{a} = \mathbf{i} + \mathbf{j}$

(2) $f(x, y) = xy^3 - x^2 + y$, $P(1, -1)$, $\mathbf{a} = 2\mathbf{i} - \mathbf{j}$

(3) $f(x, y) = e^{2x}\sin y$, $P\left(0, \dfrac{\pi}{4}\right)$, $\mathbf{a} = 4\mathbf{i} - 3\mathbf{j}$

(4) $f(x, y) = -x^2 - y^2 + x + y + 5$, $P(1, 1)$, $\mathbf{a} = 2\mathbf{i} + \mathbf{j}$

(5) $f(x, y, z) = (x + y + z)e^{xyz}$, $P(1, 0, 1)$, $\mathbf{a} = \mathbf{i} - \mathbf{j}$

(6) $f(x, y, z) = \ln(x^2 + y^2 + z^2)$, $P(0, 1, 1)$, $\mathbf{a} = \mathbf{i} + 2\mathbf{j} - \mathbf{k}$

(7) $f(x, y, z) = xy^2 + yz^2 + zx^2$, $P(2, -1, 2)$, $\mathbf{a} = 2\mathbf{i} - 2\mathbf{j} + \mathbf{k}$

(8) $f(x, y, z) = \sqrt{x^2 + y^2 + z^2}$, $P(1, 0, 2)$, $\mathbf{a} = 2\mathbf{i} + \mathbf{j} - 2\mathbf{k}$

13 점 P에서 다음 곡면의 접선벡터와 접평면을 각각 구하여라.

(1) $x^2 + y^2 + z = 4$, $P(1, 1, 2)$

(2) $z = x^3 + y^3$, $P(1, 1, 2)$

(3) $z^3 = x^3 e^y$, $P(2, 0, 2)$

(4) $z = (x + y)\cos x$, $P(\pi/2, 1, 0)$

(5) $\mathbf{r}(u, v) = v\mathbf{i} + v\mathbf{j} + u\mathbf{k}$, $(u, v) = (1, 1)$인 곡면 위의 점 P

(6) $\mathbf{r}(u, v) = u^2 v\mathbf{i} + uv^2\mathbf{j} + (u^2 + v^2)\mathbf{k}$, $(u, v) = (1, -1)$인 곡면 위의 점 P

(7) $\mathbf{r}(u, v) = (u^2 + 1)\mathbf{i} + (v^2 + 1)\mathbf{j} + 2uv\mathbf{k}$, $(u, v) = (1, -1)$인 곡면 위의 점 P

(8) $\mathbf{r}(u, v) = (1 - u^2 - v^2)\mathbf{i} - v\mathbf{j} + u\mathbf{k}$, $(u, v) = (0, 1)$인 곡면 위의 점 P

14 다음 곡면의 넓이를 구하여라.

(1) 제1팔분공간에 놓이는 평면 $2x + y + z = 4$

(2) 평면 $z = 1$ 아래에 있는 곡면 $z = x^2 + y^2$

(3) 원기둥 $x^2 + y^2 = 1$ 안에 놓이는 평면 $x + 2y + z = 1$

(4) 평면 $x - 2y = 0$과 기둥 $y = x^2$ 사이에 놓이는 원뿔 $z = \sqrt{x^2 + y^2}$

(5) 평면 $\mathbf{r}(u, v) = u\mathbf{i} - v\mathbf{j} + (u + v)\mathbf{k}$, $-1 \leq u \leq 1$, $0 \leq v \leq 1$

(6) 수직으로 절단된 원뿔곡면 $\mathbf{r}(u, v) = u\cos v\mathbf{i} + u\sin v\mathbf{j} + u\mathbf{k}$, $0 \leq u \leq 1$, $0 \leq v \leq \pi$

(7) 나선형 곡면 $\mathbf{r}(u, v) = u\cos v\mathbf{i} + u\sin v\mathbf{j} + v\mathbf{k}$, $-1 \le u \le 1$, $0 \le v \le 2\pi$

(8) 포물곡면 $\mathbf{r}(u, v) = u^2\mathbf{i} + u\sin v\mathbf{j} + u\cos v\mathbf{k}$, $0 \le u \le 1$, $0 \le v \le 2\pi$

15 주어진 곡선 C에 따른 다음 적분을 구하여라.

(1) $\displaystyle\int_C xy\,ds$, 평면곡선 $C : x = t$, $y = t^2$, $0 \le t \le 1$

(2) $\displaystyle\int_C xy^2\,ds$, 평면곡선 $C : (1, 1)$에서 $(2, 3)$까지의 선분

(3) $\displaystyle\int_C \frac{y}{x}\,ds$, 평면곡선 $C : (1, 1)$에서 $(2, 4)$까지 포물선 $y = x^2$

(4) $\displaystyle\int_C x^2 y^2\,ds$, 평면곡선 $C : x = \cos t$, $y = \sin t$, $0 \le t \le 2\pi$

(5) $\displaystyle\int_C (y + z)\,ds$, 공간곡선 $C : x = t$, $y = \cos t$, $z = \sin t$, $0 \le t \le \pi$

(6) $\displaystyle\int_C y^2\,dx + z^2\,dy + x^2\,dz$, 공간곡선 $C : (0, 0, 0)$에서 $(1, 1, 1)$까지의 선분

(7) $\displaystyle\int_C x\,dx + y\,dy + z\,dz$, 공간곡선 $C : x = \cos t$, $y = \sin t$, $z = t$, $0 \le t \le 2\pi$

(8) $\displaystyle\int_C y\,dx + z\,dy + x\,dz$, 공간곡선 $C : (1, 1, 0)$에서 $(2, 0, 3)$까지의 선분과 $(2, 0, 3)$에서

$(2, 2, 2)$까지의 선분

16 주어진 경로 C에 따른 $\displaystyle\int_C \mathbf{F} \cdot d\mathbf{r}$ 을 구하여라.

(1) $\mathbf{F} = xy\mathbf{i} + (x^2 + y^2)\mathbf{j}$, $C : \mathbf{r}(t) = t\mathbf{i} + t^2\mathbf{j}$, $0 \le t \le 1$

(2) $\mathbf{F} = x^2 y\mathbf{i} + xy\mathbf{j}$, $C : \mathbf{r}(t) = \cos t\mathbf{i} + \sin t\mathbf{j}$, $0 \le t \le \pi$

(3) $\mathbf{F} = (x + y)\mathbf{i} + (x - y)\mathbf{j}$, $C : y = x + 1$ 위의 점 $(1, 2)$에서 $(3, 4)$까지의 선분

(4) $\mathbf{F} = (x^2 + y^2)\mathbf{i} + (x^2 - y^2)\mathbf{j}$, $C : x^2 + 4y^2 = 1$, $y \ge 0$

(5) $\mathbf{F} = xy\mathbf{i} - yz\mathbf{j} + xz\mathbf{k}$, $C : \mathbf{r}(t) = t\mathbf{i} + t^2\mathbf{j} + t^3\mathbf{k}$, $0 \le t \le 1$

(6) $\mathbf{F} = \sin x\mathbf{i} + \cos y\mathbf{j} + xy\mathbf{k}$, $C : \mathbf{r}(t) = t\mathbf{i} - t\mathbf{j} + t\mathbf{k}$, $0 \le t \le \pi$

(7) $\mathbf{F} = (x + y)\mathbf{i} + (y + z)\mathbf{j} + (z + x)\mathbf{k}$, $C : \mathbf{r}(t) = e^t\mathbf{i} + e^{-t}\mathbf{j} + e^{2t}\mathbf{k}$, $0 \le t \le \ln 2$

(8) $\mathbf{F} = y\mathbf{i} + z\mathbf{j} + x\mathbf{k}$, $C : \mathbf{r}(t) = t\mathbf{i} + \cos t\mathbf{j} + \sin t\mathbf{k}$, $0 \le t \le \dfrac{\pi}{2}$

17 $t = 0$에서 $t = \pi$까지 곡선 $C : \mathbf{r}(t) = \cos t\mathbf{i} + \sin t\mathbf{j}$ 를 따라 $\mathbf{F} = y\mathbf{i} + x\mathbf{j}$ 의 힘이 작용할 때, 이 힘에 의해 이루어진 일의 양을 구하여라.

18 $\mathbf{F}(x, y) = y\mathbf{i} + x\mathbf{j}$ 일 때, 다음 경로에 따른 $\displaystyle\int_C \mathbf{F} \cdot d\mathbf{r}$ 을 구하여라.

(1) $C_1 :$ $(0, 0)$에서 $(1, 1)$까지의 선분

(2) $C_2 : y = x^2$, $0 \le x \le 1$

(3) $C_3 : y = x^3$, $0 \le x \le 1$

19 $\mathbf{F}$ 가 보존적 벡터장인지 결정한 후, 보존적이면 주어진 조건을 만족하고 $\mathbf{F} = \nabla f$ 인 함수 f 를 구하여라.

(1) $\mathbf{F}(x, y) = (x^3 + 2xy + y)\mathbf{i} + (y^3 + x^2 + x)\mathbf{j}$, $f(0, 0) = 1$

(2) $\mathbf{F}(x, y) = (x^2 + y^2 + 1)\mathbf{i} + (2xy - 5)\mathbf{j}$, $f(0, 0) = 3$

(3) $\mathbf{F}(x, y) = (3x^2 + y)\mathbf{i} + (2y + x)\mathbf{j}$, $f(1, 1) = 2$

(4) $\mathbf{F}(x, y) = e^x \sin y\,\mathbf{i} + (2y + e^x \cos y)\mathbf{j}$, $f(0, \pi) = 1$

20 그린 정리를 이용하여 다음 선적분을 구하여라(단, 곡선의 방향은 시계 반대 방향이다).

(1) $\displaystyle\oint_C 3x^2 y\,dx + (x^2 - 5y)\,dy$, $C : (-1, 0)$, $(1, 0)$, $(0, 1)$, $(-1, 0)$을 잇는 삼각형

(2) $\displaystyle\oint_C x^4\,dx + xy\,dy$, $C : (0, 0)$, $(1, 0)$, $(0, 1)$, $(0, 0)$을 잇는 삼각형

(3) $\displaystyle\oint_C xy\,dx + (x - y)\,dy$, $C : x^2 + 4y^2 = 4$인 타원

(4) $\displaystyle\oint_C xy\,dx + (x^2 y + xy^2)\,dy$, $C :$ 제1사분면에서 $x = y^2$, $x = 1 - y^2$과 x 축으로 둘러싸인 영역

(5) $\displaystyle\oint_C x^2\,dx + y^2\,dy$, $C : x^2 + y^2 = 4$인 제1사분면의 원과 $(0, 2)$, $(-1, 1)$를 잇는 선분

(6) $\displaystyle\oint_C (x^2 + y^2)\,dx - 2xy\,dy$, $C : 1 \le x^2 + y^2 \le 2$인 영역

(7) $\displaystyle\oint_C (x^2 + y^2)\,dx + (x + 2y)\,dy$, $C : x = y^2$ 과 $y = x^2$ 으로 둘러싸인 영역

(8) $\displaystyle\oint_C 2xy\,dx + (x^2 y + xy^2)\,dy$, $C : \theta = \dfrac{\pi}{6}$ 와 $\theta = \dfrac{5\pi}{6}$ 사이에서 반지름의 길이가 1인 부채꼴

21 다음 벡터장 $\mathbf{F}$에 대한 회전과 발산을 구하여라.

(1) $\mathbf{F}(x, y, z) = y^2 z\,\mathbf{i} + xz^2\,\mathbf{j} + x^2 y\,\mathbf{k}$

(2) $\mathbf{F}(x, y, z) = (x^2 - y^2 + z^2)\mathbf{i} + (x^2 + y^2 - z^2)\mathbf{j} + (-x^2 + y^2 + z^2)\mathbf{k}$

(3) $\mathbf{F}(x, y, z) = (xy + yz)\mathbf{i} + (yz + zx)\mathbf{j} + (zx + xy)\mathbf{k}$

(4) $\mathbf{F}(x, y, z) = e^y (x + z)\mathbf{i} + e^z (x + y)\mathbf{j} + e^x (z + y)\mathbf{k}$

(5) $\mathbf{F}(x, y, z) = \cos yz\,\mathbf{i} + \cos xz\,\mathbf{j} + \cos xy\,\mathbf{k}$

(6) $\mathbf{F}(x, y, z) = xye^z\mathbf{i} + yze^x\mathbf{j} + zxe^y\mathbf{k}$

(7) $\mathbf{F}(x, y, z) = \ln(x + z)\mathbf{i} + \ln(x - y)\mathbf{j} + \ln(y + z)\mathbf{k}$

(8) $\mathbf{F}(x, y, z) = e^{xyz}(y\mathbf{i} + z\mathbf{j} + x\mathbf{k})$

(9) $\mathbf{F}(x, y, z) = e^{xy}\sin z\,\mathbf{i} - e^{yz}\cos x\,\mathbf{j} + e^{zx}\sin y\,\mathbf{k}$

(10) $\mathbf{F}(x, y, z) = xyz(\cos x\,\mathbf{i} + \cos y\,\mathbf{j} + \cos z\,\mathbf{k})$

22 다음 곡면의 넓이를 구하여라.

(1) $x^2 + y^2 + z^2 = 4$, $z \geq 0$인 반구

(2) 원기둥 $x^2 + y^2 = 4$ 내부에 놓이는 평면 $2x + 3y + z = 1$

(3) 원기둥 $x^2 + y^2 = 4$ 내부에 놓이는 포물곡면 $z = x^2 + y^2 + 1$

(4) 원기둥 $x^2 + y^2 = 4$ 내부에 놓이는 원뿔면 $z = \sqrt{x^2 + y^2}$

(5) 기둥면 $y = x^2$ 과 평면 $y = x$ 사이에 놓이는 원뿔면 $z = \sqrt{4x^2 + 4y^2}$

23 주어진 곡면 S 위에서 다음 면적분을 구하여라.

(1) $\displaystyle\iint_S xyz\,dS$, S는 $x = u - 2v$, $y = 2u + v$, $z = 1 - 2u - 2v$, $0 \leq u \leq 1$, $-1 \leq v \leq 1$인 평면

(2) $\displaystyle\iint_S \sqrt{x^2 + z^2}\,dS$, S는 $x = u^2 - v^2$, $y = u^2 + v^2$, $z = 2uv$, $0 \leq u^2 + v^2 \leq 4$인 영역

(3) $\displaystyle\iint_S x^2\,dS$, S는 단위구면 $x^2 + y^2 + z^2 = 1$

(4) $\displaystyle\iint_S (x + y + z)\,dS$, S는 제1팔분공간에서 평면 $z = 1 - 2x - 3y$

(5) $\displaystyle\iint_S x^2\,dS$, S는 포물곡면 $y = x^2 + z^2$, $0 \leq y \leq 4$

24 주어진 곡선 C 또는 곡면 S와 벡터장 $\mathbf{F}$에 대하여 $\displaystyle\iint_S \mathrm{curl}\,\mathbf{F} \cdot d\mathbf{S}$를 구하여라.

(1) $\mathbf{F}(x, y, z) = x\mathbf{i} + (xy + yz)\mathbf{j} + (xy - z^2)\mathbf{k}$, C는 제1팔분공간에 있는 평면 $2x + 2y + z = 1$의 경계

(2) $\mathbf{F}(x, y, z) = xy\mathbf{i} + yz\mathbf{j} - x\cos z\,\mathbf{k}$, S: 방향이 위쪽이고 xy평면 위에 놓이는 포물곡면 $z = 4 - x^2 - y^2$

(3) $\mathbf{F}(x, y, z) = z \cos x \, \mathbf{i} + y z \sin x \, \mathbf{j} + y \cos x \, \mathbf{k}$, S : 방향이 양의 x 축인 반구면 $x^2 + y^2 + z^2 = 4$, $x \geq 0$

(4) $\mathbf{F}(x, y, z) = -3y \mathbf{i} + x \mathbf{j} + z \mathbf{k}$, C : 시계 반대 방향의 $x^2 + y^2 = 4$ 이고 $z = 1$ 인 영역

25 주어진 곡면 S 와 벡터장 $\mathbf{F}$ 에 대하여 $\displaystyle\iint_S \mathbf{F} \cdot d\mathbf{S}$ 를 구하여라.

(1) $\mathbf{F}(x, y, z) = x \mathbf{i} + y \mathbf{j} + z \mathbf{k}$, S : 제1팔분공간에 있는 구면 $x^2 + y^2 + z^2 = 1$ 로 둘러싸인 부분

(2) $\mathbf{F}(x, y, z) = x y \mathbf{i} + y z \mathbf{j} + z x \mathbf{k}$, S : $0 \leq x \leq 1$, $-1 \leq y \leq 1$, $0 \leq z \leq 1$ 로 둘러싸인 육면체

(3) $\mathbf{F}(x, y, z) = x^2 y \mathbf{i} + y^2 z \mathbf{j} + z^2 x \mathbf{k}$, S : 평면 $x + z = 2$, $y = 0$, $y = 2$, $x = 0$, $z = 0$ 으로 둘러싸인 입체의 표면

(4) $\mathbf{F}(x, y, z) = x y^2 \mathbf{i} + y z^2 \mathbf{j} + z x^2 \mathbf{k}$, S : 제1팔분공간에 있는 삼각뿔면 $x + y + z = 1$ 로 둘러싸인 부분

요약

---

1. 매개변수에 의한 벡터함수의 도함수와 적분

$$\mathbf{r}'(t) = \frac{df}{dt}\mathbf{i} + \frac{dg}{dt}\mathbf{j} + \frac{dh}{dt}\mathbf{k}$$

$$\int \mathbf{r}(t)\,dt = \left(\int f(t)\,dt\right)\mathbf{i} + \left(\int g(t)\,dt\right)\mathbf{j} + \left(\int h(t)\,dt\right)\mathbf{k} + \mathbf{C}$$

$$\int_a^b \mathbf{r}(t)\,dt = \Big[\,\mathbf{R}(t)\,\Big]_a^b = \mathbf{R}(b) - \mathbf{R}(a)$$

---

2. $a \le t \le b$에서 $\mathbf{r}(t)$가 그리는 곡선의 길이

$$s = \int_a^b \sqrt{\mathbf{r}'(t)\bullet\mathbf{r}'(t)}\,dt = \int_a^b \|\mathbf{r}'(t)\|\,dt$$

---

3. 곡률과 비틀림률

$$\text{곡률: } \kappa = \left\|\frac{d\mathbf{T}/dt}{ds/dt}\right\| = \frac{\|\mathbf{T}'(t)\|}{\|\mathbf{r}'(t)\|} = \frac{\|\mathbf{r}'\times\mathbf{r}''\|}{\|\mathbf{r}'\|^3}$$

$$\text{비틀림률: } \tau(t) = -\frac{\mathbf{B}'(t)\bullet\mathbf{N}(t)}{\|\mathbf{r}'(t)\|} = \frac{(\mathbf{r}'(t)\times\mathbf{r}''(t))\bullet\mathbf{r}'''(t)}{\|\mathbf{r}'(t)\times\mathbf{r}''(t)\|^2}$$

---

4. $\mathbf{u} = a\mathbf{i} + b\mathbf{j}$ 방향의 방향도함수

$$D_{\mathbf{u}}f(x, y) = f_x(x, y)\,a + f_y(x, y)\,b = \nabla f(x, y)\bullet\mathbf{u}$$

---

5. 평면곡선에 대한 선적분

$$\int_C F(x, y)\,ds = \int_a^b F[f(t), g(t)]\sqrt{(f'(t))^2 + (g'(t))^2}\,dt = \int_a^b F(x, y)\sqrt{(x'(t))^2 + (y'(t))^2}\,dt$$

---

6. 공간곡선에 대한 선적분

$$\int_C F(x, y, z)\,ds = \int_a^b F(\mathbf{r}(t))\|\mathbf{r}'(t)\|\,dt$$

---

7. 벡터장의 선적분

$$\int_C \mathbf{F}\bullet d\mathbf{r} = \int_a^b \mathbf{F}(\mathbf{r}(t))\bullet\mathbf{r}'(t)\,dt$$

---

8. 선적분에 대한 기본 정리

매끄러운 경로 $C : \mathbf{r}(t)$, $a \le t \le b$에서 연속이면 $\displaystyle\int_C \nabla f \bullet d\mathbf{r} = f(\mathbf{r}(b)) - f(\mathbf{r}(a))$

9. 평면에서의 그린 정리

$$\oint_C \mathbf{F} \cdot d\mathbf{r} = \oint_C (Pdx + Qdy) = \iint_R \left(\frac{\partial Q}{\partial x} - \frac{\partial P}{\partial y} \right) dx\,dy$$

10. F의 회전

$$\operatorname{curl} \mathbf{F} = \nabla \times \mathbf{F} = \begin{vmatrix} \mathbf{i} & \mathbf{j} & \mathbf{k} \\ \dfrac{\partial}{\partial x} & \dfrac{\partial}{\partial y} & \dfrac{\partial}{\partial z} \\ P & Q & R \end{vmatrix}$$

$$= \left(\frac{\partial R}{\partial y} - \frac{\partial Q}{\partial z} \right) \mathbf{i} + \left(\frac{\partial P}{\partial z} - \frac{\partial R}{\partial x} \right) \mathbf{j} + \left(\frac{\partial Q}{\partial x} - \frac{\partial P}{\partial y} \right) \mathbf{k}$$

11. F의 발산

$$\operatorname{div} \mathbf{F} = \nabla \cdot \mathbf{F} = \left(\frac{\partial}{\partial x} \mathbf{i} + \frac{\partial}{\partial y} \mathbf{j} + \frac{\partial}{\partial z} \mathbf{k} \right) \cdot (P\mathbf{i} + Q\mathbf{j} + R\mathbf{k}) = \frac{\partial P}{\partial x} + \frac{\partial Q}{\partial y} + \frac{\partial R}{\partial z}$$

12. F의 회전과 발산을 이용한 선적분

$$\oint_C \mathbf{F} \cdot d\mathbf{r} = \iint_R (\operatorname{curl} \mathbf{F}) \cdot \mathbf{k}\,dx\,dy$$

$$\oint_C \mathbf{F} \cdot \mathbf{n}\,ds = \iint_R \operatorname{div} \mathbf{F}\,dx\,dy$$

13. 면적분

$$\iint_S f(x, y, z)\,dS = \iint_R f(\mathbf{r}(u, v)) \, \| \mathbf{r}_u \times \mathbf{r}_v \| \, du\,dv$$

$$= \iint_R f(x, y, g(x, y)) \sqrt{\left(\frac{\partial z}{\partial x} \right)^2 + \left(\frac{\partial z}{\partial y} \right)^2 + 1} \; dx\,dy$$

14. 스토크스 정리

$$\int_C \mathbf{F} \cdot d\mathbf{r} = \iint_S \operatorname{curl} \mathbf{F} \cdot d\mathbf{S} = \iint_R \left(-P_1 \frac{\partial g}{\partial x} - Q_1 \frac{\partial g}{\partial y} + R_1 \right) dx\,dy$$

15. 발산 정리

$$\iint_S \mathbf{F} \cdot d\mathbf{S} = \iiint_V \operatorname{div} \mathbf{F}\,dV$$

제8장

푸리에 해석

공학에서 주기함수와 관련된 많은 문제에서 푸리에 급수는 매우 강력한 도구로 사용된다. 특히 전자공학을 비롯한 많은 분야의 공학에서 주기적으로 발생하는 현상을 표현하기 위한 주기함수는 매우 익숙한 사인함수와 코사인함수에 의한 무한급수 형태인 푸리에 급수로 나타낼 수 있다. 이 장에서는 푸리에 급수의 개념과 라플라스 변환의 특수한 형태인 푸리에 변환과 그 성질을 살펴본다.

6장에서 임의의 공간벡터를 기저벡터의 일차결합으로 표현하는 방법과 닫힌구간 $[a, b]$에서 연속인 함수들 전체의 집합은 벡터공간을 형성하는 것을 살펴봤다. 또한 두 벡터가 직교하기 위한 필요충분조건은 두 벡터의 내적이 0, 즉 $\mathbf{a} \cdot \mathbf{b} = 0$임을 알아봤다. 이 개념을 직교함수에 적용하고, 함수를 사인함수와 코사인함수로 분해하는 방법을 살펴본다.

직교함수

지금까지 두 벡터 $\mathbf{a}$, $\mathbf{b}$의 내적을 $\mathbf{a} \cdot \mathbf{b}$로 나타냈으나 $\langle \mathbf{a}, \mathbf{b} \rangle$를 사용하기도 하며, 이 기호를 이용하여 닫힌구간 $[a, b]$에서 연속인 두 함수 f, g의 내적^{inner product}을 다음과 같이 정의한다.

$$\langle f, g \rangle = \int_a^b f(x)g(x)\,dx$$

함수 f와 f의 내적은 다음과 같다.

$$\langle f, f \rangle = \int_a^b f(x)f(x)\,dx = \int_a^b (f(x))^2\,dx$$

다음과 같이 $\langle f, f \rangle$의 양의 제곱근을 함수 f의 노옴^{norm}이라 하며, $\| f \|$로 나타낸다.

$$\| f \| = \left(\int_a^b [f(x)]^2\,dx \right)^{\frac{1}{2}}$$

함수의 내적은 벡터의 내적과 동일하게 다음과 같은 기본적인 성질을 갖는다.

① $\langle f, g \rangle \geq 0$이며, 특히 $\langle f, g \rangle = 0$일 필요충분조건은 $f = 0$이다.
② $\langle f, g \rangle = \langle g, f \rangle$
③ $\langle kf, g \rangle = \langle f, kg \rangle = k\langle f, g \rangle$, k는 상수
④ $\langle f, g + h \rangle = \langle f, g \rangle + \langle f, h \rangle$
⑤ $\langle f, f \rangle = \| f \|^2$

임의의 두 벡터가 서로 직교하기 위한 필요충분조건이 두 벡터의 내적이 0임을 함수에 적용하여 다음이 성립하면 두 함수 f와 g는 서로 직교^{orthogonal}한다고 말한다.

$$\langle f, g \rangle = \int_a^b f(x)g(x)\,dx = 0$$

닫힌구간 $[a, b]$에서 서로 직교하는 함수들의 집합 $\{f_1(x), f_2(x), f_3(x), \cdots\}$을 직교집합$^{orthogonal\ set}$이라 하며, 특히 노옴이 1인 직교함수들의 집합을 정규직교집합$^{orthonormal\ set}$이라 한다.

▶ 예제 1

닫힌구간 $[-\pi, \pi]$에서 사인함수 $f_n(x) = \sin nx$의 집합 $n = 1, 2, 3, \cdots$을 생각하자.

(1) 모든 n에 대하여 $\{f_n \mid n = 1, 2, 3, \cdots\}$은 직교집합임을 보여라.

(2) 모든 n에 대하여 $\|f\|$를 구하여라.

풀이

주안점 $\sin mx \sin nx = -\dfrac{1}{2}[\cos(m+n)x - \cos(m-n)x]$를 이용한다.

(1) 양의 정수 n에 대하여 $f_n(x) = \sin nx$라 하면 임의의 서로 다른 양의 정수 m, n에 대하여 다음을 얻는다.

$$\langle f_m, f_n \rangle = \int_{-\pi}^{\pi} \sin mx \sin nx\,dx = -\frac{1}{2}\int_{-\pi}^{\pi}[\cos(m+n)x - \cos(m-n)x]\,dx$$

$$= -\frac{1}{2}\left[\frac{1}{m+n}\sin(m+n)x - \frac{1}{m-n}\sin(m-n)x\right]_{-\pi}^{\pi} = 0$$

그러므로 $\{f_n \mid n = 1, 2, 3, \cdots\}$은 직교집합이다.

(2) ❶ $\|f_n\|^2$을 구한다.

$$\|f_n\|^2 = \int_{-\pi}^{\pi} \sin^2 nx\,dx = \frac{1}{2}\int_{-\pi}^{\pi}(1 - \cos 2nx)\,dx$$

$$= \frac{1}{2}\left[x - \frac{\sin 2nx}{2n}\right]_{-\pi}^{\pi} = \pi$$

❷ $\|f\|$를 구한다.

$\|f_n\|^2 = \pi$, $\|f_n\| \geq 0$이므로 $\|f_n\| = \sqrt{\pi}$

[예제 1]로부터 모든 $n = 1, 2, 3, \cdots$ 에 대하여 $g_n(x) = \dfrac{1}{\sqrt{\pi}} \sin nx$ 라 하면 $\| f_n \| = 1$ 이므로 $g_n(x)$ 는 정규직교함수이다. 같은 방법으로 코사인함수들의 집합 $\{ \cos nx \mid n = 1, 2, 3, \cdots \}$ 도 닫힌구간 $[-\pi, \pi]$ 에서 직교집합임을 보일 수 있으며 $\dfrac{1}{\sqrt{\pi}} \cos nx$, $n = 1, 2, 3, \cdots$ 은 정규직교함수이다.

닫힌구간 $[a, b]$ 에서 음이 아닌 연속함수 $w(x)$ 와 연속함수들 $f_1(x)$, $f_2(x)$, $f_3(x)$, $\cdots$ 에 대하여 다음을 만족하면 $[a, b]$ 에서 함수들의 집합 $\{ f_1(x), f_2(x), f_3(x), \cdots \}$ 은 가중함수$^{\text{weight function}}$ $w(x)$ 에 관하여 직교한다고 한다.

$$\int_a^b w(x) f_i(x) f_j(x) \, dx \neq 0, \quad i \neq j, \quad i, j = 1, 2, 3, \cdots$$

다음과 같이 정의되는 실수 $\| f_i \|_w$ 를 함수 f_i 의 가중노옴$^{\text{weight norm}}$ 이라 한다.

$$\| f_i \|_w = \left(\int_a^b w(x) (f_i(x))^2 \, dx \right)^{\frac{1}{2}}$$

이때 $\| f_i \|_w = 1$ 이고 $\{ f_1(x), f_2(x), f_3(x), \cdots \}$ 가 $w(x)$ 에 관한 직교집합이면 이 함수들은 구간 $[a, b]$ 에서 가중함수 $w(x)$ 에 관하여 정규직교한다고 한다.

▶ 예제 2

구간 $[0, \infty)$ 에서 정의된 세 함수 $f(x) = 1$, $g(x) = -x + 1$, $h(x) = \dfrac{x^2}{2} - 2x + 1$ 을 생각하자.

(1) 세 함수는 서로 직교하지 않음을 보여라.
(2) 세 함수는 $w(x) = e^{-x}$ 에 관하여 직교함을 보여라.
(3) 세 함수는 $w(x) = e^{-x}$ 에 관하여 정규직교함을 보여라.

풀이

(1) ❶ $f(x)g(x)$, $g(x)h(x)$, $f(x)h(x)$ 를 구한다.

$$f(x)g(x) = -x + 1,$$

$$g(x)h(x) = (-x + 1)\left(\frac{x^2}{2} - 2x + 1 \right) = -\frac{1}{2}x^3 + \frac{5}{2}x^2 - 3x + 1,$$

$$f(x)h(x) = \frac{x^2}{2} - 2x + 1$$

❷ $[0, \infty)$ 에서 함수들 곱의 이상적분을 구한다.

$$\int_0^\infty f(x)\,g(x)\,dx = \int_0^\infty (-x+1)\,dx = \left[-\frac{1}{2}x^2 + x\right]_0^\infty = \infty,$$

$$\int_0^\infty f(x)\,h(x)\,dx = \int_0^\infty (1)\left(\frac{x^2}{2} - 2x + 1\right)dx = \left[\frac{1}{6}x^3 - x^2 + x\right]_0^\infty = \infty,$$

$$\int_0^\infty g(x)\,h(x)\,dx = \int_0^\infty (-x+1)\left(\frac{x^2}{2} - 2x + 1\right)dx$$

$$= \left[-\frac{1}{8}x^4 + \frac{5}{6}x^3 - \frac{3}{2}x^2 - x\right]_0^\infty = \infty$$

세 이상적분이 모두 발산하므로 f, g, h는 서로 직교하지 않는다.

(2) 다음과 같이 f, g, h는 구간 $[0, \infty)$에서 가중함수 $w(x) = e^{-x}$에 관하여 직교한다.

$$\int_0^\infty e^{-x}(1)(-x+1)\,dx = \int_0^\infty (-x+1)e^{-x}\,dx = \left[x\,e^{-x}\right]_0^\infty = 0,$$

$$\int_0^\infty e^{-x}(1)\left(\frac{x^2}{2} - 2x + 1\right)dx = \int_0^\infty \left(\frac{x^2}{2} - 2x + 1\right)e^{-x}\,dx$$

$$= -\frac{1}{2}\left[x\,(x-2)\,e^{-x}\right]_0^\infty = 0,$$

$$\int_0^\infty e^{-x}(-x+1)\left(\frac{x^2}{2} - 2x + 1\right)dx = \left[\left(x - x^2 + \frac{1}{2}x^3\right)e^{-x}\right]_0^\infty = 0$$

(3) 다음과 같이 $\|f\|_w = 1$, $\|g\|_w = 1$, $\|h\|_w = 1$이므로 $\{f(x), g(x), h(x)\}$는 $w(x) = e^{-x}$에 관하여 정규직교한다.

$$\|f\|_w^2 = \int_0^\infty e^{-x}(1)^2\,dx = \left[-e^{-x}\right]_0^\infty = 1,$$

$$\|g\|_w^2 = \int_0^\infty e^{-x}(-x+1)^2\,dx = \left[-e^{-x}(x^2+1)\right]_0^\infty = 1,$$

$$\|h\|_w^2 = \int_0^\infty e^{-x}\left(\frac{x^2}{2} - 2x + 1\right)^2\,dx = -\frac{1}{4}\left[e^{-x}(x^4 - 4x^3 + 8x^2 + 4)\right]_0^\infty = 1$$

직교함수에 의한 함수의 표현

이제 구간 $[a, b]$에서 정의되는 함수 $f(x)$와 직교집합 $\{\phi_n(x) \,|\, n = 0, 1, 2, \cdots\}$에 대하여 다음과 같이 $f(x)$가 직교함수들의 일차결합으로 표현된다고 하자.

$$f(x) = a_0\phi_0(x) + a_1\phi_1(x) + \cdots + a_n\phi_n(x) + \cdots$$

각 직교함수의 계수 a_k를 구하기 위해 f와 ϕ_k, $k = 0, 1, 2, \cdots$의 내적을 구하면 다음과 같다.

$$\langle f, \phi_i \rangle = \int_a^b f(x)\phi_i(x)\,dx$$

$$= \int_a^b \left(a_0\phi_0(x) + a_1\phi_1(x) + \cdots + a_n\phi_n(x) + \cdots\right)\phi_i(x)\,dx$$

$$= a_0\int_a^b \phi_0(x)\phi_i(x)\,dx + a_1\int_a^b \phi_1(x)\phi_i(x) + \cdots + a_n\int_a^b \phi_n(x)\phi_i(x)\,dx + \cdots$$

여기서 $\phi_k(x)$, $k = 0, 1, 2, \cdots$가 직교함수이므로 다음이 성립한다.

$$\int_a^b \phi_k(x)\phi_i(x)\,dx = \begin{cases} 0 &, \ k \neq i \\ \|\phi_i\|^2 &, \ k = i \end{cases}$$

따라서 직교함수들의 계수 a_k는 다음과 같다.

$$\langle f, \phi_k \rangle = a_k\|\phi_k\|^2, \ \ \text{즉} \ \ a_k = \frac{\langle f, \phi_k \rangle}{\|\phi_k\|^2}$$

그러므로 구간 $[a, b]$에서 정의되는 임의의 함수 $f(x)$를 직교함수들의 일차결합으로 표현하면 다음과 같다.

$$f(x) = \frac{\langle f, \phi_0 \rangle}{\|\phi_0\|^2}\phi_0(x) + \frac{\langle f, \phi_1 \rangle}{\|\phi_1\|^2}\phi_1(x) + \cdots + \frac{\langle f, \phi_n \rangle}{\|\phi_n\|^2}\phi_n(x) + \cdots$$

$$= \sum_{n=0}^{\infty} \frac{\langle f, \phi_n \rangle}{\|\phi_n\|^2}\phi_n(x)$$

▶ 예제 3

구간 $[-\pi, \pi]$에서 직교함수 $\phi_n(x) = \sin nx$, $n = 1, 2, 3, \cdots$을 이용하여 $f(x) = x$를 나타내어라.

풀이

❶ $\langle f, \phi_n \rangle$을 구한다.

$$\langle f, \phi_n \rangle = \int_{-\pi}^{\pi} f(x)\phi_n(x)\,dx = \int_{-\pi}^{\pi} x\sin nx\,dx$$

$$= \left[\frac{1}{n^2} (\sin nx - nx \cos nx) \right]_{-\pi}^{\pi} = -\frac{2}{n} \cos n\pi$$

❷ a_n 을 구한다.

[예제 1]로부터 $\| \phi_n \|^2 = 1$, $n = 1, 2, 3, \cdots$ 이므로

$$a_n = \frac{\langle f, \phi_n \rangle}{\| \phi_n \|^2} = -\frac{2}{n} \cos n\pi = (-1)^{n-1} \frac{2}{n}$$

❸ $f(x)$ 를 $\phi_n(x)$ 로 표현한다.

$$f(x) = x = 2\phi_1(x) - \phi_2(x) + \frac{2}{3} \phi_3(x) - \frac{1}{2} \phi_4(x) + \cdots + (-1)^{n-1} \frac{2}{n} \phi_n(x) + \cdots$$

$$= \sum_{n=1}^{\infty} (-1)^{n-1} \frac{2}{n} \sin nx$$

같은 방법으로 직교함수 $\phi_n(x) = \cos nx$, $n = 0, 1, 2, \cdots$ 를 이용하여 $f(x) = x^2$ 을 나타내면 다음과 같다.

$$f(x) = x^2 = \frac{2\pi^3}{3} - 4\pi \phi_1(x) + \pi \phi_2(x) - \frac{4\pi}{9} \phi_3(x) + \frac{\pi}{4} \phi_4(x) + \cdots + (-1)^n \frac{4\pi}{n^2} \phi_n(x) + \cdots$$

$$= \frac{2\pi^3}{3} + \sum_{n=1}^{\infty} (-1)^n \frac{4\pi}{n^2} \cos nx$$

8.2   푸리에 급수

구간 $[-\pi, \pi]$ 에서 $\{ \sin nx \mid n = 1, 2, 3, \cdots \}$ 과 $\{ \cos nx \mid n = 0, 1, 2, \cdots \}$ 가 정규직교집합임을 살펴 봤다. 한편 구간 $[-\pi, \pi]$ 에서 $m, n = 1, 2, 3, \cdots$ 에 대하여 상수 1과 $\sin mx$ 및 $\sin mx$ 와 $\cos nx$ 의 직교성을 다음과 같이 살펴볼 수 있다.

$$\int_{-\pi}^{\pi} (1) \sin mx \, dx = \left[-\frac{\cos mx}{m} \right]_{-\pi}^{\pi} = 0,$$

$$\int_{-\pi}^{\pi} \sin mx \cos nx \, dx = \left[-\frac{\cos (m-n)x}{2(m-n)} - \frac{\cos (m+n)x}{2(m+n)} \right]_{-\pi}^{\pi} = 0$$

따라서 다음 함수 집합은 직교집합이며, 특히 각 함수들의 노옴이 1이므로 정규직교집합을 이룬다.

$$\{1, \sin x, \cos x, \sin 2x, \cos 2x, \cdots, \sin nx, \cos nx, \cdots\}$$

함수 $f(x) = x$ 가 다음과 같이 직교함수들의 무한합으로 표현된다고 하자.

$$f(x) = x = a_0(1) + a_1\sin x + b_1\cos x + a_2\sin 2x + b_2\cos 2x + \cdots$$

$$= a_0 + \sum_{n=1}^{\infty} (a_n\sin nx + b_n\cos nx)$$

[예제 3]에서 $n = 1, 2, 3, \cdots$에 대하여 a_n을 다음과 같이 구했다.

$$a_n = (-1)^{n-1}\frac{2}{n}$$

이때 a_0, b_n은 각각 다음과 같다.

$$a_0 = \langle f, 1 \rangle = \int_{-\pi}^{\pi} x\,dx = \left[\frac{1}{2}x^2\right]_{-\pi}^{\pi} = 0,$$

$$b_n = \langle f, \cos nx \rangle = \int_{-\pi}^{\pi} x\cos nx\,dx = \left[\frac{1}{n^2}(\cos nx + nx\sin nx)\right]_{-\pi}^{\pi} = 0$$

따라서 직교함수들 1, $\sin x$, $\cos x$, $\sin 2x$, $\cos 2x$, $\cdots$를 이용하여 $f(x) = x$를 나타내면 [예제 3]의 결과와 동일하다. 이때 정규직교집합 $\{1, \sin x, \cos x, \sin 2x, \cos 2x, \cdots, \sin nx, \cos nx, \cdots\}$를 이용하여 함수 $f(x)$를 다음과 같이 무한합으로 표현한 식을 푸리에 급수$^{\text{Fourier series}}$라 하고 a_0, a_n, b_n, $n = 1, 2, 3, \cdots$을 푸리에 계수$^{\text{Fourier coefficient}}$라 한다. 특히 우변에 주어진 급수를 삼각급수$^{\text{trigonometric series}}$라 한다.

$$f(x) = a_0 + \sum_{n=1}^{\infty} (a_n\sin nx + b_n\cos nx)$$

주기 2π인 주기함수의 푸리에 급수

$f(x)$를 주기 2π인 주기함수라 하면 구간 $[-\pi, \pi]$에서 그려지는 그래프 모양이 2π 간격으로 동일하게 나타난다. 즉, 모든 정수 n에 대하여 다음 관계가 성립한다.

$$f(x) = f(x + 2n\pi), \quad -\pi \leq x \leq \pi$$

이때 모든 구간에서 $f(x)$가 연속인 경우 위와 같이 표현되지만, 구간의 어느 끝점에서 불연속이면 부등호 $\leq$가 $<$로 나타난다. 이제 주기 2π인 주기함수 $f(x)$의 푸리에 계수를 구해 보자. 우선 a_0을 구하기 위해 $f(x)$의 푸리에 급수 표현식의 양변을 다음과 같이 구간 $[-\pi, \pi]$에서 정적분을 구한다.

$$\int_{-\pi}^{\pi} f(x)\,dx = \int_{-\pi}^{\pi} \left(a_0 + \sum_{n=1}^{\infty} (a_n \sin nx + b_n \cos nx)\right) dx$$

$$= \int_{-\pi}^{\pi} a_0\,dx + \sum_{n=1}^{\infty} \left(a_n \int_{-\pi}^{\pi} \sin nx\,dx + b_n \int_{-\pi}^{\pi} \cos nx\,dx\right)$$

여기서 모든 자연수 n에 대하여 우변의 $\sum$ 안에 있는 두 적분은 다음과 같이 0이다.

$$\int_{-\pi}^{\pi} \sin nx\,dx = \left[-\frac{\cos nx}{n}\right]_{-\pi}^{\pi} - 0\,, \quad \int_{-\pi}^{\pi} \cos nx\,dx = \left[\frac{\sin nx}{n}\right]_{-\pi}^{\pi} = 0$$

따라서 a_0에 대하여 다음을 얻는다.

$$\int_{-\pi}^{\pi} f(x)\,dx = \int_{-\pi}^{\pi} a_0\,dx = 2\pi a_0\,, \quad \text{즉} \quad a_0 = \frac{1}{2\pi} \int_{-\pi}^{\pi} f(x)\,dx$$

푸리에 계수 a_n을 구하기 위해 다음 삼각함수의 곱을 합으로 변환하는 공식을 이용한다.

$$\sin mx \cos nx = \frac{1}{2}[\sin(m+n)x + \sin(m-n)x]\,,$$

$$\sin nx \sin mx = -\frac{1}{2}[\cos(n+m)x - \cos(n-m)x]$$

즉, $n \neq m$이면 구간 $[-\pi, \pi]$에서 $\sin mx \cos nx$의 정적분은 다음과 같다.

$$\int_{-\pi}^{\pi} \sin mx \cos nx\,dx = \frac{1}{2} \int_{-\pi}^{\pi} [\sin(m+n)x + \sin(m-n)x]\,dx$$

$$= \frac{1}{2} \left[-\frac{\cos(n+m)x}{n+m} - \frac{\cos(n-m)x}{n-m}\right]_{-\pi}^{\pi} = 0$$

$n = m$이면 $\sin nx \cos nx = \frac{1}{2}\sin 2nx$ 이므로 다음을 얻는다.

$$\int_{-\pi}^{\pi} \sin nx \cos nx\,dx = \frac{1}{2} \int_{-\pi}^{\pi} \sin 2nx\,dx = \frac{1}{2}\left[-\frac{1}{2n}\cos 2nx\right]_{-\pi}^{\pi} = 0$$

$n \neq m$이면 다음과 같다.

$$\int_{-\pi}^{\pi} \sin nx \sin mx \, dx = -\frac{1}{2} \int_{-\pi}^{\pi} [\cos(n+m)x - \cos(n-m)x] \, dx$$

$$= -\frac{1}{2} \left[\frac{\sin(n+m)x}{n+m} - \frac{\sin(n-m)x}{n-m} \right]_{-\pi}^{\pi} = 0$$

한편 $n = m$이면 $\sin nx \sin nx = \frac{1}{2}(1 - \cos 2nx)$이므로

$$\int_{-\pi}^{\pi} \sin nx \sin nx \, dx = \frac{1}{2} \int_{-\pi}^{\pi} (1 - \cos 2nx) \, dx = \frac{1}{2} \left[x - \frac{1}{2n} \sin 2nx \right]_{-\pi}^{\pi} = \pi$$

이며, 이를 종합하면 다음 관계를 얻는다.

$$\int_{-\pi}^{\pi} \sin nx \sin mx \, dx = \begin{cases} 0, & n \neq m \\ \pi, & n = m \end{cases}$$

특히 구간 $[-\pi, \pi]$에서 $\sin mx$의 정적분은 다음과 같이 0이다.

$$\int_{-\pi}^{\pi} \sin mx \, dx = \left[-\frac{\cos mx}{m} \right]_{-\pi}^{\pi} = 0$$

따라서 푸리에 계수 a_n을 구하기 위해 $f(x)$의 푸리에 급수의 양변에 $\sin mx$, $m = 1, 2, 3, \cdots$을 곱하고 구간 $[-\pi, \pi]$에서 정적분을 구한다.

$$\int_{-\pi}^{\pi} f(x) \sin mx \, dx = \int_{-\pi}^{\pi} \left(a_0 + \sum_{n=1}^{\infty} (a_n \sin nx + b_n \cos nx) \right) \sin mx \, dx$$

$$= a_0 \int_{-\pi}^{\pi} \sin mx \, dx$$

$$+ \sum_{n=1}^{\infty} \left(a_n \int_{-\pi}^{\pi} \sin nx \sin mx \, dx + b_n \int_{-\pi}^{\pi} \cos nx \sin mx \, dx \right)$$

앞에서 살펴본 사실에 의해 $n = 1, 2, 3, \cdots$에 대하여 위 적분 결과는 다음과 같다.

$$\int_{-\pi}^{\pi} f(x) \sin mx \, dx = \pi a_n, \quad \text{즉} \quad a_n = \frac{1}{\pi} \int_{-\pi}^{\pi} f(x) \sin mx \, dx$$

같은 방법으로 푸리에 계수 b_n을 구하기 위해 다음 삼각함수의 곱을 합으로 변환하는 공식을 이용한다.

$$\sin nx \cos mx = \frac{1}{2}\left[\sin(n+m)x + \sin(n-m)x\right],$$

$$\cos nx \cos mx = \frac{1}{2}\left[\cos(n+m)x + \cos(n-m)x\right]$$

즉, $n \neq m$ 이면 구간 $[-\pi, \pi]$에서 $\sin nx \cos mx$의 정적분은 다음과 같다.

$$\int_{-\pi}^{\pi} \sin nx \cos mx\, dx = \frac{1}{2}\int_{-\pi}^{\pi}\left[\sin(n+m)x + \sin(n-m)x\right]dx$$

$$= \frac{1}{2}\left[-\frac{\cos(n+m)x}{n+m} - \frac{\cos(n-m)x}{n-m}\right]_{-\pi}^{\pi} = 0$$

$n = m$ 이면 $\cos nx \cos nx = \frac{1}{2}(1 + \cos 2nx)$이므로 다음을 얻는다.

$$\int_{-\pi}^{\pi} \cos nx \cos nx\, dx = \frac{1}{2}\int_{-\pi}^{\pi}(\cos 2nx + 1)\, dx$$

$$= \frac{1}{2}\left[\frac{\sin 2nx}{2n} + x\right]_{-\pi}^{\pi} = \pi$$

한편 $n \neq m$ 이면

$$\int_{-\pi}^{\pi} \cos nx \cos mx\, dx = \frac{1}{2}\int_{-\pi}^{\pi}\left[\cos(n+m)x + \cos(n-m)x\right]dx$$

$$= \frac{1}{2}\left[\frac{\sin(n+m)x}{n+m} + \frac{\sin(n-m)x}{n-m}\right]_{-\pi}^{\pi} = 0$$

이며, 이를 종합하면 다음 관계를 얻는다.

$$\int_{-\pi}^{\pi} \cos nx \cos mx\, dx = \begin{cases} 0, & n \neq m \\ \pi, & n = m \end{cases}$$

특히 구간 $[-\pi, \pi]$에서 $\sin mx$의 정적분은 다음과 같이 0이다.

$$\int_{-\pi}^{\pi} \sin mx\, dx = \left[-\frac{\cos mx}{m}\right]_{-\pi}^{\pi} = 0$$

따라서 푸리에 계수 b_n을 구하기 위해 $f(x)$의 푸리에 급수의 양변에 $\cos mx$, $m = 1, 2, 3, \cdots$을 곱하고 구간 $[-\pi, \pi]$에서 정적분을 구한다.

$$\int_{-\pi}^{\pi} f(x)\cos mx\, dx = \int_{-\pi}^{\pi}\left[a_0 + \sum_{n=1}^{\infty}\left(a_n \sin nx + b_n \cos nx\right)\right]\cos mx\, dx$$

$$= a_0 \int_{-\pi}^{\pi} \cos mx\, dx$$

$$+ \sum_{n=1}^{\infty}\left(a_n \int_{-\pi}^{\pi} \sin nx \cos mx\, dx + b_n \int_{-\pi}^{\pi} \cos nx \cos mx\, dx\right)$$

앞에서 살펴본 사실에 의해 적분 결과는 $n = 1, 2, 3, \cdots$ 에 대하여 위 적분 결과는 다음과 같다.

$$\int_{-\pi}^{\pi} f(x)\cos mx\, dx = \pi a_n, \text{ 즉 } b_n = \frac{1}{\pi}\int_{-\pi}^{\pi} f(x)\cos mx\, dx$$

이를 종합하면 푸리에 계수는 각각 다음과 같다.

① $a_0 = \dfrac{1}{2\pi}\displaystyle\int_{-\pi}^{\pi} f(x)\, dx$

② $a_n = \dfrac{1}{\pi}\displaystyle\int_{-\pi}^{\pi} f(x)\sin nx\, dx$

③ $b_n = \dfrac{1}{\pi}\displaystyle\int_{-\pi}^{\pi} f(x)\cos nx\, dx$

▶ 예제 4

$[-\pi, \pi]$에서 다음과 같이 정의되는 주기 2π인 주기함수의 푸리에 급수를 구하여라.

$$f(x) = \begin{cases} -1, & -\pi \leq x < 0 \\ 1, & 0 \leq x \leq \pi \end{cases}$$

풀이

❶ 푸리에 계수를 구한다.

$$a_0 = \frac{1}{2\pi}\int_{-\pi}^{\pi} f(x)\, dx = \frac{1}{2\pi}\left(\int_{-\pi}^{0}(-1)\, dx + \int_{0}^{\pi}(1)\, dx\right)$$

$$= \frac{1}{2\pi}\left(\left[-x\right]_{-\pi}^{\pi} + \left[x\right]_{-\pi}^{\pi}\right) = 0,$$

$$a_n = \frac{1}{\pi}\int_{-\pi}^{\pi} f(x)\sin nx\, dx = \frac{1}{\pi}\left(\int_{-\pi}^{0}(-1)\sin nx\, dx + \int_{-0}^{\pi}(1)\sin nx\, dx\right)$$

$$= \frac{1}{\pi}\left(\left[\frac{\cos nx}{n}\right]_{-\pi}^{0} + \left[-\frac{\cos nx}{n}\right]_{0}^{\pi}\right) = \frac{2(1 - \cos n\pi)}{n\pi}$$

$$= \frac{2(1-(-1)^n)}{n\pi},$$

$$b_n = \frac{1}{\pi}\int_{-\pi}^{\pi} f(x)\cos nx\,dx = \frac{1}{\pi}\left(\int_{-\pi}^{0}(-1)\cos nx\,dx + \int_{-0}^{\pi}(1)\cos nx\,dx\right)$$

$$= \frac{1}{\pi}\left(\left[-\frac{\sin nx}{n}\right]_{-\pi}^{0} + \left[\frac{\sin nx}{n}\right]_{0}^{\pi}\right) = 0$$

❷ 주어진 함수의 푸리에 급수를 구한다.

$$f(x) = \frac{2}{\pi}\sum_{n=1}^{\infty}\frac{1-(-1)^n}{n}\sin nx$$

▶ 예제 5

$[-\pi, \pi]$에서 $g(x) = x$로 정의되는 주기 2π인 주기함수의 푸리에 급수를 구하여라.

풀이

❶ 푸리에 계수를 구한다.

$$a_0 = \frac{1}{2\pi}\int_{-\pi}^{\pi} g(x)\,dx = \frac{1}{2\pi}\int_{-\pi}^{\pi} x\,dx = \frac{1}{2\pi}\left[\frac{1}{2}x^2\right]_{-\pi}^{\pi} = 0,$$

$$a_n = \frac{1}{\pi}\int_{-\pi}^{\pi} g(x)\sin nx\,dx = \frac{1}{\pi}\int_{-\pi}^{\pi} x\sin nx\,dx$$

$$= \frac{1}{n^2\pi}\left[-nx\cos nx + \sin nx\right]_{-\pi}^{\pi} = -\frac{2}{n\pi}\cos nx = (-1)^{n+1}\frac{2}{n\pi},$$

$$b_n = \frac{1}{\pi}\int_{-\pi}^{\pi} g(x)\cos nx\,dx = \frac{1}{\pi}\int_{-\pi}^{\pi} x\cos nx\,dx$$

$$= \frac{1}{n^2\pi}\left[\cos nx + nx\sin nx\right]_{-\pi}^{\pi} = 0$$

❷ 주어진 함수의 푸리에 급수를 구한다.

$$g(x) = \frac{2}{\pi}\sum_{n=1}^{\infty}\frac{(-1)^{n+1}}{n}\sin nx$$

[그림 8.1]은 [예제 4]와 [예제 5]의 두 함수 $f(x)$, $g(x)$ 그리고 $n=15$에 대한 이 두 함수의 푸리에 급수 전개식을 보여 준다.

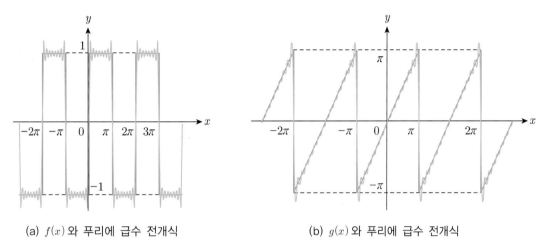

(a) $f(x)$와 푸리에 급수 전개식   (b) $g(x)$와 푸리에 급수 전개식

[그림 8.1] $f(x)$, $g(x)$ 그리고 푸리에 급수 전개식($n=15$인 경우)

주기 $2p$인 주기함수의 푸리에 급수

지금까지 살펴본 주기 2π인 주기함수를 주기 $2p$인 함수의 푸리에 급수로 일반화한다. 이를 위해 $f(x)$는 구간 $[-p, p]$, $p>0$에서 연속이라 하고, $t=\dfrac{\pi x}{p}$라 하자. 그러면 $x=\dfrac{pt}{\pi}$이고 $-p \le x \le p$이면 $-\pi \le t \le \pi$이므로 새로운 t의 함수 $g(t)=f\left(\dfrac{pt}{\pi}\right)$는 주기 2π인 주기함수이다. 따라서 함수 $g(t)$는 다음과 같이 푸리에 급수로 나타낼 수 있다.

$$g(t) = a_0 + \sum_{n=1}^{\infty} (a_n \sin nt + b_n \cos nt)$$

여기서 푸리에 계수 a_0, a_n, b_n은 각각 다음과 같다.

① $a_0 = \dfrac{1}{2\pi} \displaystyle\int_{-\pi}^{\pi} g(t)\, dt$

② $a_n = \dfrac{1}{\pi} \displaystyle\int_{-\pi}^{\pi} g(t) \sin nt\, dt$

③ $b_n = \dfrac{1}{\pi} \displaystyle\int_{-\pi}^{\pi} g(t) \cos nt\, dt$

이때 $t=\dfrac{\pi x}{p}$이므로 $-\pi \le t \le \pi$이면 $-p \le x \le p$이고, $dt=\dfrac{\pi}{p}dx$, $g(t)=f\left(\dfrac{pt}{\pi}\right)=f(x)$에서 ①, ②, ③은 각각 다음과 같다.

①′ $a_0 = \dfrac{1}{2\pi} \displaystyle\int_{-\pi}^{\pi} g(t)\,dt = \dfrac{1}{2\pi} \displaystyle\int_{-p}^{p} f(x)\dfrac{\pi}{p}\,dx = \dfrac{1}{2p} \displaystyle\int_{-p}^{p} f(x)\,dx$

②′ $a_n = \dfrac{1}{\pi} \displaystyle\int_{-\pi}^{\pi} g(t)\sin nt\,dt = \dfrac{1}{\pi} \displaystyle\int_{-p}^{p} f(x)\sin\!\left(\dfrac{n\pi}{p}x\right)\dfrac{\pi}{p}\,dx = \dfrac{1}{p} \displaystyle\int_{-p}^{p} f(x)\sin\!\left(\dfrac{n\pi}{p}x\right)dx$

③′ $b_n = \dfrac{1}{\pi} \displaystyle\int_{-\pi}^{\pi} g(t)\cos nt\,dt = \dfrac{1}{\pi} \displaystyle\int_{-p}^{p} f(x)\cos\!\left(\dfrac{n\pi}{p}x\right)\dfrac{\pi}{p}\,dx = \dfrac{1}{p} \displaystyle\int_{-p}^{p} f(x)\cos\!\left(\dfrac{n\pi}{p}x\right)dx$

따라서 $[-p,\,p]$, $p>0$ 에서 연속이고 주기 $2p$ 인 함수 $f(x)$의 푸리에 계수와 푸리에 급수는 각각 다음과 같다.

① $a_0 = \dfrac{1}{2p} \displaystyle\int_{-p}^{p} f(x)\,dx$

② $a_n = \dfrac{1}{p} \displaystyle\int_{-p}^{p} f(x)\sin\!\left(\dfrac{n\pi}{p}x\right)dx$

③ $b_n = \dfrac{1}{p} \displaystyle\int_{-p}^{p} f(x)\cos\!\left(\dfrac{n\pi}{p}x\right)dx$

④ $f(x) = a_0 + \displaystyle\sum_{n=1}^{\infty}\left(a_n\sin\dfrac{n\pi x}{p} + b_n\cos\dfrac{n\pi x}{p}\right)$

▶ 예제 6

$[-1,\,1]$에서 다음과 같이 정의되며 주기 2인 함수의 푸리에 급수를 구하여라.

$$f(x) = \begin{cases} 1+x, & -1 \le x < 0 \\ 1-x, & 0 \le x \le 1 \end{cases}$$

풀이

주안점 $p=1$ 이다.

❶ 푸리에 계수를 구한다.

$$a_0 = \dfrac{1}{2}\int_{-1}^{1} f(x)\,dx = \dfrac{1}{2}\int_{-1}^{0}(1+x)\,dx + \dfrac{1}{2}\int_{0}^{1}(1-x)\,dx = \dfrac{1}{2},$$

$$a_n = \int_{-1}^{1} f(x)\sin n\pi x\,dx$$

$$= \int_{-1}^{0}(1+x)\sin n\pi x\,dx + \int_{0}^{1}(1-x)\sin n\pi x\,dx$$

$$= \left[\frac{-n\pi(1+x)\cos n\pi x + \sin n\pi x}{n^2\pi^2} \right]_{-1}^{0} + \left[\frac{n\pi(1-x)\cos n\pi x - \sin n\pi x}{n^2\pi^2} \right]_{0}^{1}$$

$$= 0,$$

$$b_n = \int_{-1}^{1} f(x)\cos n\pi x\, dx$$

$$= \int_{-1}^{0} (1+x)\cos n\pi x\, dx + \int_{0}^{1} (1-x)\cos n\pi x\, dx$$

$$= \left[\frac{n\pi(1+x)\sin n\pi x + \cos n\pi x}{n^2\pi^2} \right]_{-1}^{0} - \left[\frac{n\pi(1-x)\sin n\pi x + \sin n\pi x}{n^2\pi^2} \right]_{0}^{1}$$

$$= \frac{2}{n^2\pi^2} (1 - \cos n\pi)$$

❷ 주어진 함수의 푸리에 급수를 구한다.

$\cos n\pi = (-1)^n$ 에서 $\dfrac{2}{n^2\pi^2}(1 - \cos n\pi) = \dfrac{2(1-(-1)^n)}{n^2\pi^2}$ 이므로

$$f(x) = \frac{1}{2} + \sum_{n=1}^{\infty} \frac{2(1-(-1)^n)}{n^2\pi^2} \cos n\pi x$$

[그림 8.2]는 [예제 6]의 함수 $f(x)$ 와 $n=1$, $n=2$ 인 경우의 $f(x)$ 에 대한 푸리에 급수 전개식을 보여 준다.

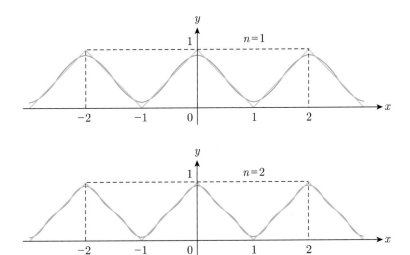

[**그림 8.2**] $f(x)$ 와 푸리에 급수 전개식($n = 1, 2$ 인 경우)

▶ 예제 7

$[-1, 1]$에서 $f(x) = x$이고 주기 2인 함수의 푸리에 급수를 구하여라.

풀이

주안점 $p = 1$이다.

❶ 푸리에 계수를 구한다.

$$a_0 = \frac{1}{2}\int_{-1}^{1} f(x)\,dx = \frac{1}{2}\int_{-1}^{1} x\,dx = 0,$$

$$a_n = \int_{-1}^{1} f(x)\sin n\pi x\,dx = \int_{-1}^{1} x\sin n\pi x\,dx$$

$$= \left[\frac{-n\pi x\cos n\pi x + \sin n\pi x}{n^2\pi^2}\right]_{-1}^{1} = -\frac{2\cos n\pi}{n\pi} = \frac{2(-1)^{n+1}}{n\pi},$$

$$b_n = \int_{-1}^{1} f(x)\cos n\pi x\,dx = \int_{-1}^{1} x\cos n\pi x\,dx$$

$$= \left[\frac{n\pi x\sin n\pi x + \cos n\pi x}{n^2\pi^2}\right]_{-1}^{1} = 0$$

❷ 주어진 함수의 푸리에 급수를 구한다.

$$f(x) = \sum_{n=1}^{\infty} \frac{2(-1)^{n+1}}{n\pi}\sin n\pi x$$

[그림 8.3]은 [예제 7]의 함수 $f(x)$와 $n = 10$인 경우의 $f(x)$에 대한 푸리에 급수 전개식을 보여준다.

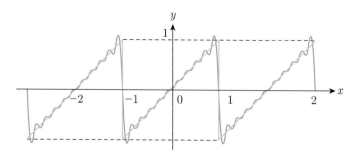

[그림 8.3] $f(x)$와 푸리에 급수 전개식($n = 10$인 경우)

우함수와 기함수의 푸리에 급수

[예제 6]의 함수 $f(x)$는 $[-1, 1]$의 임의의 x에 대하여 $f(-x) = f(x)$인 우함수이고, [예제 7]의 함수는 $[-1, 1]$의 임의의 x에 대하여 $f(-x) = -f(x)$인 기함수이다. 예를 들어 $\cos x$ 또는 $x^4 + x^2 + 1$과 같이 지수가 짝수인 다항함수는 우함수이며, $\sin x$ 또는 $x^3 + x$와 같이 지수가 홀수인 다항함수는 기함수이다. 우함수와 기함수는 다음 성질을 갖는다.

ⓐ $g(x)$, $h(x)$가 우함수이면 $g(x)h(x)$도 우함수이다.

ⓑ $g(x)$, $h(x)$가 기함수이면 $g(x)h(x)$는 우함수이다.

ⓒ $g(x)$가 우함수이고 $h(x)$가 기함수이면 $g(x)h(x)$는 기함수이다.

ⓓ $g(x)$가 우함수이면 $\displaystyle\int_{-a}^{a} g(x)\,dx = 2\int_{0}^{a} g(x)\,dx$ 이다.

ⓔ $h(x)$가 기함수이면 $\displaystyle\int_{-a}^{a} h(x)\,dx = 0$ 이다.

이제 우함수와 기함수의 푸리에 급수를 살펴본다. 사전 지식으로 [예제 6]에서 우함수인 $f(x)$의 푸리에 급수는 코사인함수만 나타나며, [예제 7]에서 기함수인 $f(x)$의 푸리에 급수는 사인함수만 나타남을 상기하자. 우선 $[-p, p]$, $p > 0$에서 연속이고 주기 $2p$인 함수 $f(x)$의 푸리에 계수는 각각 다음과 같음을 살펴봤다.

$$a_0 = \frac{1}{2p} \int_{-p}^{p} f(x)\,dx,$$

$$a_n = \frac{1}{p} \int_{-p}^{p} f(x) \sin\left(\frac{n\pi}{p} x\right) dx,$$

$$b_n = \frac{1}{p} \int_{-p}^{p} f(x) \cos\left(\frac{n\pi}{p} x\right) dx$$

이때 $f(x)$가 우함수이면 $f(x)\cos x$는 우함수이고 $f(x)\sin x$는 기함수이므로 ⓓ와 ⓔ에 의해 $f(x)$의 푸리에 계수는 $a_n = 0$이고 a_0과 b_n은 각각 다음과 같음을 알 수 있다.

$$a_0 = \frac{1}{p} \int_{0}^{p} f(x)\,dx, \quad b_n = \frac{2}{p} \int_{0}^{p} f(x) \cos \frac{n\pi x}{p}\,dx, \quad n = 1, 2, 3, \cdots$$

따라서 우함수 $f(x)$에 대한 푸리에 급수 전개식은 다음과 같이 코사인에 의해 표현되며, 이와 같은 푸리에 급수 전개식을 **코사인급수**^{cosine series}라 한다.

$$f(x) = a_0 + \sum_{n=1}^{\infty} b_n \cos \frac{n\pi x}{p}$$

$f(x)$가 기함수이면 $f(x)\cos x$는 기함수이고 $f(x)\sin x$는 우함수이므로 ⓓ와 ⓔ에 의해 $f(x)$의 푸리에 계수는 $a_0 = 0$, $b_n = 0$이고 a_n은 다음과 같음을 알 수 있다.

$$a_n = \frac{2}{p} \int_0^p f(x) \sin \frac{n\pi x}{p} dx , \quad n = 1, 2, 3, \cdots$$

그러므로 기함수 $f(x)$에 대한 푸리에 급수 전개식은 다음과 같이 사인에 의해 표현되며, 이와 같은 푸리에 급수 전개식을 사인급수$^{\text{sine series}}$라 한다.

$$f(x) = \sum_{n=1}^{\infty} a_n \sin \frac{n\pi x}{p}$$

특히 $p = \pi$인 경우, 즉 $[-\pi, \pi]$에서 $f(x)$가 우함수이고 주기 2π인 주기함수이면 $f(x)$의 푸리에 계수와 푸리에 급수는 각각 다음과 같다.

① $a_0 = \dfrac{1}{\pi} \int_0^\pi f(x) dx$

② $b_n = \dfrac{2}{\pi} \int_0^\pi f(x) \cos nx \, dx , \quad n = 1, 2, 3, \cdots$

③ $f(x) = a_0 + \displaystyle\sum_{n=1}^{\infty} b_n \cos nx$

구간 $[-\pi, \pi]$에서 $f(x)$가 기함수이고 주기 2π인 주기함수이면 $f(x)$의 푸리에 계수와 푸리에 급수는 각각 다음과 같다.

④ $a_n = \dfrac{2}{\pi} \int_0^\pi f(x) \sin nx \, dx , \quad n = 1, 2, 3, \cdots$

⑤ $f(x) = \displaystyle\sum_{n=1}^{\infty} a_n \sin nx$

▶ 예제 8

함수 $f(x) = x^2$이 다음과 같이 정의될 때, 이 함수의 푸리에 급수를 구하여라.
(1) $[-1, 1]$에서 주기 2인 주기함수
(2) $[-\pi, \pi]$에서 주기 2π인 주기함수

풀이

주안점 $f(x)$는 우함수임을 이용한다.

(1) ❶ 푸리에 계수를 구한다.

$$a_0 = \int_0^1 x^2\, dx = \left[\frac{1}{3}x^3\right]_0^1 = \frac{1}{3},$$

$$b_n = 2\int_0^1 x^2 \cos n\pi x\, dx = \frac{2}{n^3\pi^3}\left[2n\pi x \cos n\pi x + (n^2\pi^2 x^2 - 2)\sin n\pi x\right]_0^1$$

$$= \frac{4\cos n\pi}{n^2\pi^2} = \frac{4(-1)^n}{n^2\pi^2}$$

❷ 주어진 함수의 푸리에 급수를 구한다.

$$f(x) = \frac{1}{3} + \frac{4}{\pi^2}\sum_{n=1}^{\infty}\frac{(-1)^n}{n^2}\cos n\pi x$$

(2) ❶ 푸리에 계수를 구한다.

$$a_0 = \frac{1}{\pi}\int_0^\pi x^2\, dx = \frac{1}{\pi}\left[\frac{1}{3}x^3\right]_0^\pi = \frac{\pi^2}{3},$$

$$b_n = \frac{2}{\pi}\int_0^\pi x^2 \cos nx\, dx = \frac{2}{n^3\pi}\left[2nx\cos nx + (n^2 x^2 - 2)\sin nx\right]_0^\pi$$

$$= \frac{4\cos n\pi}{n^2} = \frac{4(-1)^n}{n^2}$$

❷ 주어진 함수의 푸리에 급수를 구한다.

$$f(x) = \frac{\pi^2}{3} + 4\sum_{n=1}^{\infty}\frac{(-1)^n}{n^2}\cos nx$$

[그림 8.4]는 $[-1, 1]$에서 주기 2인 우함수 $f(x) = x^2$과 $n = 2$인 경우의 $f(x)$에 대한 푸리에 급수 전개식을 보여 준다.

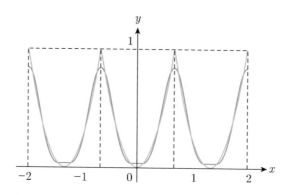

[그림 8.4] $f(x)$와 푸리에 급수 전개식($n=2$인 경우)

구간 $[-p, p]$에서 정의된 두 함수의 합에 대한 푸리에 급수

구간 $[-p, p]$, $p>0$에서 정의되고 주기 $2p$인 두 주기함수 $f(x)$, $g(x)$의 푸리에 급수식이 각각 다음과 같다고 하자.

$$f(x) = a_0 + \sum_{n=1}^{\infty} (a_n \sin nx + b_n \cos nx), \quad g(x) = a_0' + \sum_{n=1}^{\infty} (a_n' \sin nx + b_n' \cos nx)$$

그러면 임의의 0이 아닌 상수 k에 대하여 다음 두 관계가 성립한다.

$$kf(x) = k\left(a_0 + \sum_{n=1}^{\infty} (a_n \sin nx + b_n \cos nx)\right) = ka_0 + \sum_{n=1}^{\infty} (ka_n \sin nx + kb_n \cos nx),$$

$$f(x) + g(x) = \left(a_0 + \sum_{n=1}^{\infty} (a_n \sin nx + b_n \cos nx)\right) + \left(a_0' + \sum_{n=1}^{\infty} (a_n' \sin nx + b_n' \cos nx)\right)$$

$$= (a_0 + a_0') + \sum_{n=1}^{\infty} (a_n \sin nx + b_n \cos nx) + \sum_{n=1}^{\infty} (a_n' \sin nx + b_n' \cos nx)$$

$$= (a_0 + a_0') + \sum_{n=1}^{\infty} ((a_n + a_n') \sin nx + (b_n + b_n') \cos nx)$$

이로부터 다음과 같이 푸리에 급수에 대한 선형적 성질을 얻는다.

① $f(x) + g(x)$의 푸리에 계수는 $f(x)$와 $g(x)$의 대응하는 푸리에 계수의 합이다.
② $kf(x)$의 푸리에 계수는 $f(x)$의 푸리에 계수의 k배이다.

▶ 예제 9

$[-1, 1]$에서 정의되고 주기 2인 주기함수 $f(x) = x^2 + 2x$의 푸리에 급수를 구하여라.

풀이

주안점 $g(x) = x^2$, $h(x) = x$라 하면 $f(x) = g(x) + 2h(x)$이다.

[예제 7]에서 $h(x) = x$의 푸리에 급수는

$$h(x) = \sum_{n=1}^{\infty} \frac{2(-1)^{n+1}}{n\pi} \sin n\pi x$$

이고, [예제 8]에서 $g(x) = x^2$의 푸리에 급수는

$$g(x) = \frac{1}{3} + \frac{4}{\pi^2} \sum_{n=1}^{\infty} \frac{(-1)^n}{n^2} \cos n\pi x$$

임을 구했다. 푸리에 급수의 선형적 성질에 의해 $f(x)$의 푸리에 급수는 다음과 같다.

$$\begin{aligned} f(x) &= g(x) + 2h(x) \\ &= \frac{1}{3} + \frac{4}{\pi^2} \sum_{n=1}^{\infty} \frac{(-1)^n}{n^2} \cos n\pi x + 2 \sum_{n=1}^{\infty} \frac{2(-1)^{n+1}}{n\pi} \sin n\pi x \\ &= \frac{1}{3} + 4 \sum_{n=1}^{\infty} \left(\frac{(-1)^n}{(n\pi)^2} \cos n\pi x + \frac{(-1)^{n+1}}{n\pi} \sin n\pi x \right) \end{aligned}$$

[그림 8.5]는 $[-1, 1]$에서 주기 2인 함수 $f(x) = x^2 + 2x$에 대한 푸리에 급수 전개식을 나타낸다.

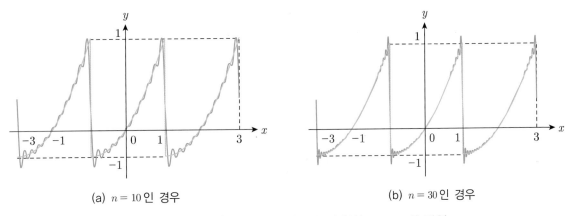

(a) $n = 10$인 경우   (b) $n = 30$인 경우

[그림 8.5] $f(x) = x^2 + 2x$와 푸리에 급수 전개식($n = 10, 30$인 경우)

구간 $[0, p]$에서 정의된 함수의 푸리에 급수

지금까지 구간 $[-p, p]$에서 정의되고 주기 $2p$인 함수의 푸리에 급수를 살펴봤다. 이제 구간 $[0, p]$에서 정의된 함수의 푸리에 급수에 대하여 살펴본다. 구간 $[0, p]$에서 정의된 함수 $f(x)$를 [그림 8.6(a)]와 같이 구간 $[-p, p]$에서 정의되는 우함수로 확장하면 확장된 함수는 주기 $2p$인 우함수로 생각할 수 있다. 따라서 새로운 함수가 우함수이므로 이 함수는 코사인급수로 나타낼 수 있다. 또한 함수 $f(x)$를 [그림 8.6(b)]와 같이 구간 $[-p, p]$에서 정의되는 기함수로 확장하면 확장된 함수는 주기 $2p$인 기함수이므로 새롭게 확장된 함수는 사인급수로 나타낼 수 있다.

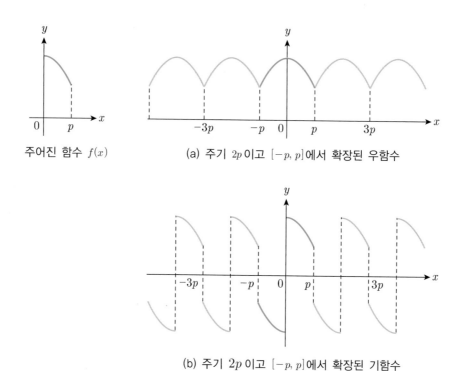

주어진 함수 $f(x)$

(a) 주기 $2p$이고 $[-p, p]$에서 확장된 우함수

(b) 주기 $2p$이고 $[-p, p]$에서 확장된 기함수

[**그림 8.6**] 주어진 함수 $f(x)$를 주기 $2p$인 주기함수로 확장

따라서 구간 $[-p, p]$에서 우함수인 $f(x)$를 구간 $[0, p]$로 제한하면 푸리에 계수와 푸리에 급수는 각각 다음과 같다.

① $a_0 = \dfrac{1}{p} \displaystyle\int_0^p f(x)\,dx$

② $b_n = \dfrac{2}{p} \displaystyle\int_0^p f(x)\cos\dfrac{n\pi x}{p}\,dx,\ n = 0, 1, 2, \cdots$

③ $f(x) = a_0 + \displaystyle\sum_{n=1}^{\infty} b_n \cos\dfrac{n\pi x}{p}$

같은 방법으로 구간 $[-p, p]$ 에서 기함수인 $f(x)$ 를 구간 $[0, p]$ 로 제한하면 푸리에 계수와 푸리에 급수는 각각 다음과 같다.

④ $a_n = \dfrac{2}{p} \displaystyle\int_0^p f(x) \sin \dfrac{n\pi x}{p} dx$, $n = 0, 1, 2, \cdots$

⑤ $f(x) = \displaystyle\sum_{n=1}^{\infty} a_n \sin \dfrac{n\pi x}{p}$

▶ 예제 10

다음 방법을 이용하여 $[0, 1]$ 에서 정의되는 함수 $f(x) = x$ 의 푸리에 급수를 구하여라.

(1) 우함수로 확장   (2) 기함수로 확장

풀이

(1) ❶ 푸리에 계수를 구한다.

$$a_0 = \int_0^1 f(x) dx = \int_0^1 x dx = \frac{1}{2},$$

$$b_n = 2 \int_0^1 x \cos n\pi x dx = \frac{2}{n^2 \pi^2} \Big[n\pi x \sin n\pi x + \cos n\pi x \Big]_0^1$$

$$= \frac{2(-1 + \cos n\pi)}{n^2 \pi^2} = \frac{2(-1 + (-1)^n)}{n^2 \pi^2}$$

❷ $0 \le x \le 1$ 에서 푸리에 급수를 구한다.

$$f(x) = \frac{1}{2} + \frac{2}{\pi^2} \sum_{n=1}^{\infty} \frac{-1 + (-1)^n}{n^2} \cos n\pi x$$

(2) ❶ 푸리에 계수를 구한다.

$$a_n = 2 \int_0^1 x \sin n\pi x dx = \frac{2}{n^2 \pi^2} \Big[-n\pi x \cos n\pi x + \sin n\pi x \Big]_0^1$$

$$= -\frac{2\cos n\pi}{n\pi} = \frac{2(-1)^{n+1}}{n\pi}$$

❷ $0 \le x \le 1$ 에서 푸리에 급수를 구한다.

$$f(x) = \sum_{n=1}^{\infty} \frac{2(-1)^{n+1}}{n\pi} \sin n\pi x$$

[그림 8.7]은 $[0, 1]$에서 $f(x) = x$를 우함수와 기함수로 확장한 푸리에 급수를 보여 준다.

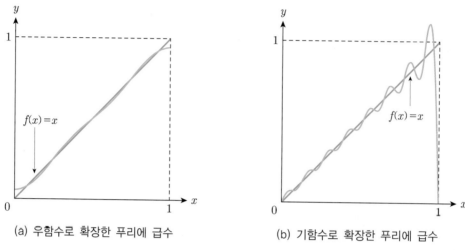

(a) 우함수로 확장한 푸리에 급수　　　　　(b) 기함수로 확장한 푸리에 급수

[그림 8.7] 우함수와 기함수로 확장한 푸리에 급수

푸리에 급수의 복소수 표현

지금까지 주어진 함수의 푸리에 급수가 사인함수와 코사인함수의 합으로 표현되는 경우를 살펴봤다. 복소지수함수와 사인함수, 코사인함수 사이에 다음 오일러 공식이 성립한다.

$$e^{ix} = \cos x + i\sin x, \ e^{-ix} = \cos x - i\sin x$$

따라서 오일러 공식에 대한 위 두 식을 더하거나 빼면 사인함수와 코사인함수를 복소지수함수로 변환할 수 있다.

① $\cos nx = \dfrac{e^{inx} + e^{-inx}}{2}$ 　　　　　　② $\sin nx = \dfrac{e^{inx} - e^{-inx}}{2i}$

특히 오일러 공식으로부터 모든 정수 n에 대하여 다음을 얻는다.

$$e^{in\pi} = \cos n\pi + i\sin n\pi = \cos n\pi = (-1)^n,$$

$$e^{-in\pi} = \cos(-n\pi) + i\sin(-n\pi) = \cos(-n\pi) = \cos n\pi = (-1)^n$$

즉, 순허수 $in\pi$와 $-in\pi$인 자연지수는 다음과 같다.

③ $e^{in\pi} = e^{-in\pi} = (-1)^n$, $n = 0, \pm 1, \pm 2, \cdots$

한편 $\dfrac{1}{i} = -i$ 와 ①, ②를 이용하면 다음을 얻는다.

$$a_n \sin nx + b_n \cos nx = \frac{a_n}{2i}(e^{inx} - e^{-inx}) + \frac{b_n}{2}(e^{inx} + e^{-inx})$$

$$= -\frac{i a_n}{2}(e^{inx} - e^{-inx}) + \frac{b_n}{2}(e^{inx} + e^{-inx})$$

$$= \frac{1}{2}(-i a_n + b_n)e^{inx} + \frac{1}{2}(i a_n + b_n)e^{-inx}$$

따라서 복소지수함수를 이용하여 $f(x)$의 푸리에 급수를 다음과 같이 나타낼 수 있다.

$$f(x) = c_0 + \sum_{n=1}^{\infty}(c_n e^{inx} + d_n e^{-inx})$$

여기서 $c_0 = a_0$, $c_n = \dfrac{1}{2}(-i a_n + b_n)$, $d_n = \dfrac{1}{2}(i a_n + b_n)$ 이다. 두 푸리에 계수

$$a_n = \frac{1}{\pi}\int_{-\pi}^{\pi} f(x) \sin nx\, dx, \quad b_n = \frac{1}{\pi}\int_{-\pi}^{\pi} f(x) \cos nx\, dx$$

에 오일러 공식을 적용하면 c_n, d_n을 쉽게 구할 수 있다. 먼저 $b_n - i a_n$을 구하면 다음과 같다.

$$b_n - i a_n = \frac{1}{\pi}\int_{-\pi}^{\pi} f(x) \cos nx\, dx - \frac{i}{\pi}\int_{-\pi}^{\pi} f(x) \sin nx\, dx$$

$$= \frac{1}{\pi}\int_{-\pi}^{\pi} f(x)(\cos nx - i \sin nx)\, dx$$

$$= \frac{1}{\pi}\int_{-\pi}^{\pi} f(x) e^{-inx}\, dx$$

같은 방법으로 $i a_n + b_n = \dfrac{1}{\pi}\displaystyle\int_{-\pi}^{\pi} f(x) e^{inx}\, dx$ 를 얻으며, 두 푸리에 계수 c_n, d_n은 다음과 같다.

$$c_n = \frac{1}{2\pi}\int_{-\pi}^{\pi} f(x) e^{-inx}\, dx, \quad d_n = \frac{1}{2\pi}\int_{-\pi}^{\pi} f(x) e^{inx}\, dx$$

특히 $n = -(-n)$ 이므로 $-n$을 이용하면 $d_n = c_{-n}$ 으로 표현할 수 있으므로 다음과 같은 지수함수에 의한 푸리에 계수와 푸리에 급수를 얻는다.

④ $c_n = \dfrac{1}{2\pi} \displaystyle\int_{-\pi}^{\pi} f(x) e^{-inx} dx$, $n = 0, \pm 1, \pm 2, \cdots$

⑤ $f(x) = \displaystyle\sum_{n=-\infty}^{\infty} c_n e^{inx}$

▶ 예제 11

$[-\pi, \pi]$에서 다음과 같이 정의되는 주기 2π인 주기함수의 푸리에 급수의 복소수 형식을 구하여라.

(1) $f(x) = x$ (2) $f(x) = e^{-x}$

풀이

(1) ❶ 푸리에 계수를 구한다.

$$c_0 = \frac{1}{2\pi} \int_{-\pi}^{\pi} f(x)\,dx = \frac{1}{2\pi} \int_{-\pi}^{\pi} x\,dx = \frac{1}{2\pi} \left[\frac{1}{2} x^2 \right]_{-\pi}^{\pi} = 0$$

c_n을 구하기 위해 다음 정적분을 먼저 구한다.

$$\int_{-\pi}^{\pi} x e^{-inx}\,dx = -\left[\left(\frac{x}{in} + \frac{1}{i^2 n^2} \right) e^{-inx} \right]_{-\pi}^{\pi} = \frac{1}{n^2} \left[(1 + inx) e^{-inx} \right]_{-\pi}^{\pi}$$

$$= \frac{1}{n^2} \left((1 + in\pi) e^{-in\pi} - (1 - in\pi) e^{in\pi} \right)$$

$$= \frac{1}{n^2} \left((1 + in\pi)(-1)^n - (1 - in\pi)(-1)^n \right) = \frac{2i\pi(-1)^n}{n}$$

$$c_n = \frac{1}{2\pi} \frac{2i\pi(-1)^n}{n} = \frac{i(-1)^n}{n}, \ n = \pm 1, \pm 2, \cdots$$

❷ 주어진 함수의 푸리에 급수를 구한다.

$$f(x) = \sum_{n=-\infty}^{\infty} c_n e^{inx} = \sum_{n=-\infty}^{\infty} \frac{i(-1)^n}{n} e^{inx}, \ n \neq 0$$

(2) ❶ 푸리에 계수를 구한다.

$$c_0 = \frac{1}{2\pi} \int_{-\pi}^{\pi} e^{-x}\,dx = \frac{1}{2\pi} \left[-e^{-x} \right]_{-\pi}^{\pi}$$

$$= \frac{1}{2\pi} (-e^{-\pi} + e^{\pi}) = \frac{1}{2\pi} (1 - 1) = 0$$

c_n을 구하기 위해 다음 정적분을 먼저 구한다.

$$\int_{-\pi}^{\pi} e^{-x} e^{-inx} dx = \int_{-\pi}^{\pi} e^{-(1+in)x} dx = \left[-\frac{1}{1+in} e^{-(1+in)x} \right]_{-\pi}^{\pi}$$

$$= \frac{1}{1+in} \left(-e^{-(1+in)\pi} + e^{(1+in)\pi} \right)$$

$$= \frac{1}{1+in} \left(-e^{-\pi} e^{-in\pi} + e^{\pi} e^{in\pi} \right)$$

$$= \frac{1}{1+in} \left(-e^{-\pi}(-1)^n + e^{\pi}(-1)^n \right) = \frac{(-1)^n}{1+in} \left(e^{\pi} - e^{-\pi} \right)$$

$$= \frac{2(-1)^n}{1+in} \frac{e^{\pi} - e^{-\pi}}{2} = \frac{2(-1)^n}{1+in} \sinh \pi$$

$$c_n = \frac{2(-1)^n}{\pi(1+in)} \sinh \pi, \ n = \pm 1, \pm 2, \cdots$$

❷ 주어진 함수의 푸리에 급수를 구한다.

$$f(x) = \sum_{n=-\infty}^{\infty} c_n e^{inx} = \frac{2\sinh \pi}{\pi} \sum_{n=-\infty}^{\infty} \frac{(-1)^n}{1+in} e^{inx}, \ n \neq 0$$

[그림 8.8]은 $[-\pi, \pi]$에서 $f(x) = e^x$의 푸리에 급수를 보여 준다.

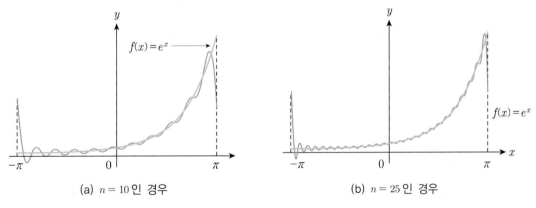

(a) $n = 10$인 경우   (b) $n = 25$인 경우

[그림 8.8] $[-\pi, \pi]$에서 $f(x) = e^{-x}$의 푸리에 급수

지금까지 주기함수에 대한 푸리에 급수를 살펴봤다. 그러나 실제 공학적인 응용에서는 주기성을 갖지 않는 함수가 빈번히 나타난다. 이러한 함수에 푸리에 급수를 적용하는 방법을 살펴보는 것이 필요하다. 주기성을 갖지 않고 모든 실수에서 정의되는 함수는 형식적으로 주기가 무한대(∞)인 함수로 간주하고 구간 $[-p, p]$에서 함수 $f(x)$의 푸리에 급수를 구하여 $p \to \infty$로 놓음으로써 푸리에 급수를 적용할 수 있다.

푸리에 적분

이제 푸리에 급수가 다음과 같이 표현되는 주기 $2p$인 임의의 주기함수 $f_p(x)$를 생각하자.

$$f_p(x) = a_0 + \sum_{n=1}^{\infty} (a_n \sin \omega_n x + b_n \cos \omega_n x), \quad \omega_n = \frac{n\pi}{p}$$

그러면 $f_p(x)$의 푸리에 계수는 각각 다음과 같다.

① $a_0 = \dfrac{1}{2p} \displaystyle\int_{-p}^{p} f_p(v)\, dv$

② $a_n = \dfrac{1}{p} \displaystyle\int_{-p}^{p} f_p(v) \sin \omega_n v\, dv$

③ $b_n = \dfrac{1}{p} \displaystyle\int_{-p}^{p} f_p(v) \cos \omega_n v\, dv$

여기서 원래 주어진 함수 $f(x)$를 제한된 구간 $[-p, p]$에서 정의되는 함수로 생각하기 위해 적분변수 x를 v로 대체했다. 각 푸리에 계수 a_0, a_n, b_n을 $f_p(x)$의 푸리에 급수에 대입하면 다음을 얻는다.

$$f_p(x) = \frac{1}{2p} \int_{-p}^{p} f_p(v)\, dv$$

$$+ \frac{1}{p} \sum_{n=1}^{\infty} \left(\sin \omega_n x \int_{-p}^{p} f_p(v) \sin \omega_n v\, dv + \cos \omega_n x \int_{-p}^{p} f_p(v) \cos \omega_n v\, dv \right)$$

여기서 $\Delta\omega$를 다음과 같이 정의하자.

$$\Delta\omega = \omega_{n+1} - \omega_n = \frac{(n+1)\pi}{p} - \frac{n\pi}{p} = \frac{\pi}{p}$$

$\frac{\Delta\omega}{\pi} = \frac{1}{p}$ 이므로 $f_p(x)$의 푸리에 급수를 다음과 같이 나타낼 수 있다.

$$f_p(x) = \frac{1}{2p} \int_{-p}^{p} f_p(v)\,dv$$

$$+ \frac{\Delta\omega}{\pi} \sum_{n=1}^{\infty} \left(\sin\omega_n x \int_{-p}^{p} f_p(v) \sin\omega_n v\,dv + \cos\omega_n x \int_{-p}^{p} f_p(v) \cos\omega_n v\,dv \right)$$

$$= \frac{1}{2p} \int_{-p}^{p} f_p(v)\,dv$$

$$+ \frac{1}{\pi} \sum_{n=1}^{\infty} \left((\sin\omega_n x)\Delta\omega \int_{-p}^{p} f_p(v) \sin\omega_n v\,dv + (\cos\omega_n x)\Delta\omega \int_{-p}^{p} f_p(v) \cos\omega_n v\,dv \right)$$

이 푸리에 급수에서 $p \to \infty$ 로 놓으면 결과적으로 함수 $f(x)$는 다음과 같이 $f_p(x)$의 극한이 된다.

$$\lim_{p \to \infty} f_p(x) = f(x)$$

$\frac{\Delta\omega}{\pi} = \frac{1}{p}$ 이므로 $p \to \infty$ 이면 $\Delta\omega \to 0$ 이고, $f_p(x)$의 우변에서 Σ 부분은 다음과 같이 이상적분으로 나타낼 수 있다.

$$\sum_{n=1}^{\infty} (\sin\omega_n x)\Delta\omega = \int_0^{\infty} \sin\omega x\,d\omega, \quad \sum_{n=1}^{\infty} (\cos\omega_n x)\Delta\omega = \int_0^{\infty} \cos\omega x\,d\omega$$

이때 $\int_{-\infty}^{\infty} f(x)\,dx$ 가 존재하면 $f_p(x)$의 푸리에 급수에서 첫 번째 항은 다음과 같이 0이 된다.

$$\int_{-\infty}^{\infty} f(x)\,dx = m \text{ 이면 } \lim_{p \to \infty} \frac{1}{2p} \int_{-p}^{p} f_p(v)\,dv = \lim_{p \to \infty} \frac{m}{2p} = 0$$

따라서 $f(x)$는 다음과 같다.

$$f(x) = \frac{1}{\pi} \lim_{p \to \infty} \left[\sum_{n=1}^{\infty} \left((\sin\omega_n x)\Delta\omega \int_{-p}^{p} f_p(v) \sin\omega_n v\,dv + (\cos\omega_n x)\Delta\omega \int_{-p}^{p} f_p(v) \cos\omega_n v\,dv \right) \right]$$

$$= \frac{1}{\pi} \left[\int_0^{\infty} (\sin\omega x)\,d\omega \int_{-INF}^{\infty} f(v) \sin\omega v\,dv + \int_0^{\infty} (\cos\omega x)\,d\omega \int_{-\infty}^{\infty} f(v) \cos\omega v\,dv \right]$$

$$= \frac{1}{\pi} \int_0^{\infty} \left[\sin\omega x \int_{-\infty}^{\infty} f(v) \sin\omega v\,dv + \cos\omega x \int_{-\infty}^{\infty} f(v) \cos\omega v\,dv \right] d\omega$$

이제 대괄호 안의 두 적분을 다음과 같이 정의하자.

④ $A(\omega) = \dfrac{1}{\pi} \displaystyle\int_{-\infty}^{\infty} f(v) \sin \omega v \, dv$

⑤ $B(\omega) = \dfrac{1}{\pi} \displaystyle\int_{-\infty}^{\infty} f(v) \cos \omega v \, dv$

그러면 $f(x)$는 다음과 같이 간단히 표현할 수 있다.

⑥ $f(x) = \displaystyle\int_{0}^{\infty} [A(\omega) \sin \omega x + B(\omega) \cos \omega x] \, d\omega$

이때 함수 $f(x)$에 대한 식 ⑥의 적분을 푸리에 적분$^{\text{Fourier integral}}$이라 한다. 특히 $f(x)$가 $x = a$에서 불연속인 경우에도 적용할 수 있으며, 이 경우 불연속점에서 푸리에 적분값은 $x = a$에서 $f(x)$의 좌극한과 우극한의 평균과 같다. 한편 ⑥의 적분을 구할 때 실수 x에 대하여 다음과 같은 경우의 이상적분이 나타난다.

⑦ $\displaystyle\int_{0}^{\infty} \text{sinc}(\omega) \, d\omega = \dfrac{\pi}{2}$, $\text{sinc}(\omega) = \dfrac{\sin \omega}{\omega}$

⑧ $\displaystyle\int_{0}^{\infty} \dfrac{\sin \omega \cos \omega x}{\omega} \, d\omega = \dfrac{\pi}{4} \left[\text{sign}(1-x) + \text{sign}(1+x) \right]$

⑨ $\displaystyle\int_{0}^{\infty} \dfrac{\sin \omega \sin \omega x}{\omega} \, d\omega = -\dfrac{1}{2} \ln \dfrac{x-1}{x+1}$

여기서 $\text{sign}(x)$를 부호함수$^{\text{sign function}}$라 하며, 이는 다음과 같이 부호를 결정하는 함수이다.

$$\text{sign}(x) = \begin{cases} -1 , & x < 0 \\ 0 \ \ , & x = 0 \\ 1 \ \ , & x > 0 \end{cases}$$

따라서 $\text{sign}(1-x) + \text{sign}(1+x)$의 값은 다음과 같다.

⑩ $\text{sign}(1-x) + \text{sign}(1+x) = \begin{cases} 0 , & x < -1, \ x > 1 \\ 1 , & x = -1, \ 1 \\ 2 , & -1 < x < 1 \end{cases}$

특히 다음과 같이 정의되는 함수 $\text{Si}(z)$를 사인적분$^{\text{sine integral}}$이라 한다.

$$\mathrm{Si}(z) = \int_0^z \frac{\sin\omega}{\omega}\, d\omega$$

[그림 8.9]는 사인적분 $\mathrm{Si}(z)$와 싱크함수 $\mathrm{sinc}(z) = \dfrac{\sin z}{z}$ 의 그래프를 보여 준다.

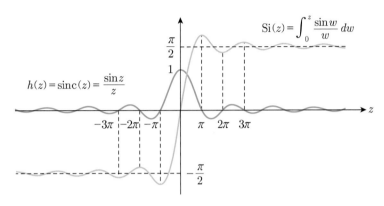

[그림 8.9] 사인적분함수 $\mathrm{Si}(z)$

⑧에서 $\displaystyle\int_0^z \frac{\sin\omega \cos\omega x}{\omega}\, d\omega$ 는 다음과 같이 $\mathrm{Si}(z)$를 이용하여 나타낼 수 있다.

$$\int_0^z \frac{\sin\omega \cos\omega x}{\omega}\, d\omega = \frac{1}{2}\int_0^z \frac{1}{\omega}\left[\sin(1+x)\omega + \sin(1-x)\omega\right] d\omega$$

$$= \frac{1}{2}\int_0^z \frac{1}{\omega}\sin(1+x)\omega\, d\omega + \frac{1}{2}\int_0^z \frac{1}{\omega}\sin(1-x)\omega\, d\omega$$

$$= \frac{1}{2}\int_0^{z(1+x)} \frac{\sin u}{u}\, du - \frac{1}{2}\int_0^{z(1-x)} \frac{\sin v}{v}\, dv$$

$$= \frac{1}{2}\,\mathrm{Si}(z(1+x)) - \frac{1}{2}\,\mathrm{Si}(z(1-x))$$

이때 두 번째 적분에서 $(1+x)\omega = u$, $(1-x)\omega = v$ 로 치환했다. 즉, $\mathrm{Si}(z)$를 이용하여 $\displaystyle\int_0^z \frac{\sin\omega \cos\omega x}{\omega}\, d\omega$ 를 나타내면 다음과 같다.

$$\mathrm{Sc}(x,\, z) = \int_0^z \frac{\sin\omega \cos\omega x}{\omega}\, d\omega = \frac{1}{2}\left[\mathrm{Si}(z(1+x)) - \mathrm{Si}(z(1-x))\right]$$

[그림 8.10]은 두 함수 $f(x) = \text{sinc}(x)$와 $\text{Sc}(x)$의 그래프를 보여 준다.

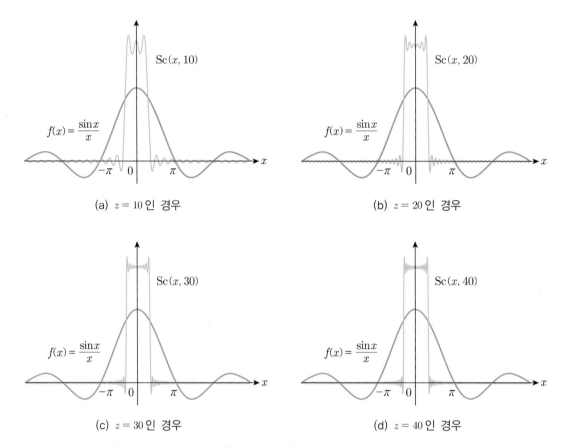

(a) $z = 10$인 경우

(b) $z = 20$인 경우

(c) $z = 30$인 경우

(d) $z = 40$인 경우

[그림 8.10] $f(x) = \text{sinc}(x)$와 $\text{Sc}(x)$의 그래프($z = 10, 20, 30, 40$인 경우)

▶ 예제 12

다음 함수를 푸리에 적분으로 표현하고, 이 적분을 계산하여라.

$$f(x) = \begin{cases} k , & -1 < x < 1 \\ 0 , & |x| > 1 \end{cases}$$

풀이

❶ $A(\omega)$를 구한다.

$$A(\omega) = \frac{1}{\pi} \int_{-\infty}^{\infty} f(v) \sin \omega v \, dv = \frac{1}{\pi} \int_{-1}^{1} k \sin \omega v \, dv$$

$$= \frac{k}{\pi} \left[-\frac{1}{\omega} \cos \omega v \right]_{-1}^{1} = -\frac{k}{\omega \pi} \left[\cos \omega - \cos(-\omega) \right] = 0$$

❷ $B(\omega)$를 구한다.

$$B(\omega) = \frac{1}{\pi} \int_{-\infty}^{\infty} f(v) \cos \omega v \, dv = \frac{1}{\pi} \int_{-1}^{1} k \cos \omega v \, dv$$

$$= \frac{k}{\pi} \left[\frac{1}{\omega} \sin \omega v \right]_{-1}^{1} = \frac{k}{\omega \pi} [\sin \omega - \sin(-\omega)] = \frac{2k \sin \omega}{\omega \pi}$$

❸ 푸리에 적분으로 표현한다.

$0 \le x < 1$ 이면

$$f(x) = \int_0^{\infty} (A(\omega) \sin \omega x + B(\omega) \cos \omega x) \, d\omega = \int_0^{\infty} \frac{2k \sin \omega}{\omega \pi} \cos \omega x \, d\omega$$

$$= \frac{2k}{\pi} \int_0^{\infty} \frac{\sin \omega \cos \omega x}{\omega} \, d\omega$$

❹ 불연속점에 대한 적분값

불연속점인 $x = \pm 1$ 에서 $f(x)$의 좌극한과 우극한은 각각 다음과 같다.

$$\lim_{x \to 1^-} f(x) = k, \ \lim_{x \to 1^+} f(x) = 0, \ \lim_{x \to -1^-} f(x) = 0, \ \lim_{x \to -1^+} f(x) = k$$

$x = \pm 1$ 에서 $f(x)$의 푸리에 적분은 두 극한의 평균값인 $\frac{k}{2}$ 이다.

❺ 적분값을 구한다.

$$\int_0^{\infty} \frac{\sin \omega \cos \omega x}{\omega} \, d\omega = \begin{cases} \dfrac{\pi}{2}, & -1 < x < 1 \\ \dfrac{\pi}{4}, & x = \pm 1 \\ 0, & |x| > 1 \end{cases}$$

[예제 12]의 적분을 부호함수의 성질 ⑩을 이용하면 다음과 같이 표현할 수 있다.

$$\int_0^{\infty} \frac{\sin \omega \cos \omega x}{\omega} \, d\omega = \begin{cases} \dfrac{\pi}{2}, & -1 < x < 1 \\ \dfrac{\pi}{4}, & x = \pm 1 \\ 0, & |x| > 1 \end{cases} = \frac{\pi}{4} [\text{sign}(1-x) + \text{sign}(1+x)]$$

푸리에 코사인적분과 푸리에 사인적분

8.2절에서 주기함수 $f(x)$가 우함수 또는 기함수인 경우 푸리에 급수가 코사인급수 또는 사인급수로 표현되며, 이때 푸리에 계수는 계산이 간단함을 살펴봤다. 푸리에 급수와 마찬가지로 주기성이 없는

우함수 또는 기함수의 경우에도 푸리에 적분을 쉽게 구할 수 있다.

$f(x)$가 우함수이면 $f(x)\sin\omega x$는 기함수이고 $f(x)\cos\omega x$는 우함수이므로 548쪽의 ④, ⑤, ⑥으로부터 $A(\omega) = 0$이며, $B(\omega)$와 $f(x)$의 푸리에 적분은 각각 다음과 같다.

$$B(\omega) = \frac{2}{\pi}\int_0^\infty f(v)\cos\omega v\,dv$$

$$f(x) = \int_0^\infty B(\omega)\cos\omega x\,d\omega$$

이때 $f(x)$의 푸리에 적분을 푸리에 코사인적분$^{\text{Fourier cosine integral}}$이라 한다. 같은 방법으로 $f(x)$가 기함수이면 $B(\omega) = 0$이며, $A(\omega)$와 $f(x)$의 푸리에 적분은 각각 다음과 같다.

$$A(\omega) = \frac{2}{\pi}\int_0^\infty f(v)\sin\omega v\,dv$$

$$f(x) = \int_0^\infty A(\omega)\sin\omega x\,d\omega$$

이때 $f(x)$의 푸리에 적분을 푸리에 사인적분$^{\text{Fourier sine integral}}$이라 한다.

▶ 예제 13

함수 $f(x) = e^{-x}$, $x > 0$을 푸리에 코사인적분과 푸리에 사인적분으로 나타내어라.

풀이

(1) ❶ $B(\omega)$를 구한다.

$$B(\omega) = \frac{2}{\pi}\int_0^\infty e^{-v}\cos\omega v\,dv$$

$$= \frac{2}{\pi}\left[\frac{e^{-v}(-\cos\omega v + \omega\sin\omega v)}{1+\omega^2}\right]_0^\infty = \frac{2}{\pi(1+\omega^2)}$$

❷ 푸리에 코사인적분으로 표현한다.

$$f(x) = \frac{2}{\pi}\int_0^\infty \frac{\cos\omega x}{1+\omega^2}\,d\omega,\ x > 0$$

(2) ❶ $A(\omega)$를 구한다.

$$A(\omega) = \frac{2}{\pi} \int_0^\infty e^{-v} \sin \omega v \, dv$$

$$= -\frac{2}{\pi} \left[\frac{e^{-v}(\omega \cos \omega v + \sin \omega v)}{1 + \omega^2} \right]_0^\infty = \frac{2\omega}{\pi(1 + \omega^2)}$$

❷ 푸리에 사인적분으로 표현한다.

$$f(x) = \frac{2}{\pi} \int_0^\infty \frac{\omega \sin \omega}{1 + \omega^2} \, d\omega, \ x > 0$$

[예제 13]으로부터 함수 $f(x) = e^{-x}$, $x > 0$에 대하여 다음 적분을 얻으며, 이를 라플라스 적분^{Laplace} ^{integral}이라 한다.

$$e^{-x} = \frac{2}{\pi} \int_0^\infty \frac{\cos \omega x}{1 + \omega^2} \, d\omega, \ \text{즉} \ \int_0^\infty \frac{\cos \omega x}{1 + \omega^2} \, d\omega = \frac{\pi}{2} e^{-x}$$

$$e^{-x} = \frac{2}{\pi} \int_0^\infty \frac{\omega \sin \omega x}{1 + \omega^2} \, d\omega, \ \text{즉} \ \int_0^\infty \frac{\omega \sin \omega x}{1 + \omega^2} \, d\omega = \frac{\pi}{2} e^{-x}$$

푸리에 적분의 복소수 형식

복소지수함수를 이용하여 푸리에 급수를 간단히 나타낸 것과 마찬가지로 푸리에 적분도 복소지수함수를 이용하여 표현할 수 있다. 앞에서 살펴본 것처럼 함수 $f(x)$의 푸리에 적분과 $A(\omega)$, $B(\omega)$는 각각 다음과 같다.

$$A(\omega) = \frac{1}{\pi} \int_{-\infty}^\infty f(v) \sin \omega v \, dv, \ B(\omega) = \frac{1}{\pi} \int_{-\infty}^\infty f(v) \cos \omega v \, dv$$

$$f(x) = \int_0^\infty [A(\omega) \sin \omega x + B(\omega) \cos \omega x] \, d\omega$$

$A(\omega)$, $B(\omega)$를 $f(x)$의 푸리에 적분에 대입하고 삼각함수 공식

$$\cos(\alpha - \beta) = \cos \alpha \cos \beta + \sin \alpha \sin \beta$$

을 이용하면 $f(x)$의 푸리에 적분은 다음과 같이 코사인함수에 의해 간단해진다.

$$f(x) = \frac{1}{\pi} \int_0^\infty \left(\sin \omega x \int_{-\infty}^\infty f(v) \sin \omega v \, dv + \cos \omega x \int_{-\infty}^\infty f(v) \cos \omega v \, dv \right) d\omega$$

$$= \frac{1}{\pi} \int_0^\infty \int_{-\infty}^\infty f(v) (\sin \omega v \sin \omega x + \cos \omega v \cos \omega x) \, dv \, d\omega$$

$$= \frac{1}{\pi} \int_0^\infty \int_{-\infty}^\infty f(v) \cos (\omega x - \omega v) \, dv \, d\omega$$

$$= \frac{1}{\pi} \int_0^\infty \int_{-\infty}^\infty f(v) \cos ((x - v) \omega) \, dv \, d\omega$$

이때 안쪽 적분을 다음과 같이 $F(\omega)$라 하자.

$$F(\omega) = \int_{-\infty}^\infty f(v) \cos ((x - v) \omega) \, dv$$

$\cos ((x - v) \omega)$는 ω에 관한 우함수이고 $f(v)$는 ω를 포함하지 않으므로 $F(\omega)$는 우함수이다. 따라서 $F(\omega)$의 적분에 대하여 다음이 성립한다.

$$\int_0^\infty F(\omega) \, d\omega = \frac{1}{2} \int_{-\infty}^\infty F(\omega) \, d\omega$$

이로부터 $f(x)$의 푸리에 적분은 다음과 같다.

$$f(x) = \frac{1}{2\pi} \int_{-\infty}^\infty \int_{-\infty}^\infty f(v) \cos ((x - v) \omega) \, dv \, d\omega$$

한편 $\sin((x - v)\omega)$는 ω에 관한 기함수이고, 안쪽 적분에서 $\cos ((x - v))$ 대신 $\sin((x - v)\omega)$를 대입한 후 피적분함수를 $G(\omega)$라 하면 $G(\omega)$가 ω에 관한 기함수이므로 다음과 같이 이중적분 결과는 0이다.

$$\int_{-\infty}^\infty \int_{-\infty}^\infty f(v) \sin((x - v)\omega) \, dv \, d\omega = \int_{-\infty}^\infty G(\omega) \, d\omega = 0$$

이로부터 $f(x)$의 푸리에 적분을 다음과 같이 나타낼 수 있다.

$$f(x) = \frac{1}{2\pi} \int_{-\infty}^\infty \int_{-\infty}^\infty f(v) \cos ((x - v) \omega) \, dv \, d\omega + 0$$

$$= \frac{1}{2\pi} \int_{-\infty}^\infty \int_{-\infty}^\infty f(v) \cos ((x - v) \omega) \, dv \, d\omega + \frac{1}{2\pi} \int_{-\infty}^\infty \int_{-\infty}^\infty f(v) \sin((x - v)\omega) \, dv \, d\omega$$

$$= \frac{1}{2\pi} \int_{-\infty}^{\infty} \int_{-\infty}^{\infty} f(v) \left[\cos((x-v)\omega) + \sin((x-v)\omega) \right] dv \, d\omega$$

$$= \frac{1}{2\pi} \int_{-\infty}^{\infty} \int_{-\infty}^{\infty} f(v) e^{i(x-v)\omega} dv \, d\omega$$

즉, 복소지수함수를 이용하여 $f(x)$의 푸리에 적분를 표현하면 다음과 같으며, 이 적분을 **복소 푸리에 적분**complex Fourier integral이라 한다.

$$f(x) = \frac{1}{2\pi} \int_{-\infty}^{\infty} \int_{-\infty}^{\infty} f(v) e^{i(x-v)\omega} dv \, d\omega$$

여기서 $e^{i(x-v)\omega} = e^{ix\omega} e^{-iv\omega}$이므로 위 식은 다음과 같이 나타낼 수 있다.

$$f(x) = \frac{1}{2\pi} \int_{-\infty}^{\infty} \left(\int_{-\infty}^{\infty} f(v) e^{-iv\omega} dv \right) e^{ix\omega} d\omega$$

▶ 예제 14

다음 함수 $f(x)$를 복소 푸리에 적분으로 나타내어라.

(1) $f(x) = \begin{cases} k, & 0 < x < a \\ 0, & \text{이외의 곳에서} \end{cases}$ 　　　　(2) $f(x) = \begin{cases} x, & 0 < x < a \\ 0, & \text{이외의 곳에서} \end{cases}$

풀이

(1) ❶ $f(x)$에 대한 안쪽 적분을 구한다.

$$\int_{-\infty}^{\infty} f(v) e^{-iv\omega} dv = \int_{0}^{a} k e^{-iv\omega} dv = k \left[-\frac{1}{i\omega} e^{-iv\omega} \right]_{0}^{a}$$

$$= -\frac{ki}{\omega} (1 - e^{-ia\omega})$$

❷ 복소 푸리에 적분으로 표현한다.

$$f(x) = \frac{1}{2\pi} \int_{-\infty}^{\infty} \left(\int_{-\infty}^{\infty} f(v) e^{-iv\omega} dv \right) e^{ix\omega} d\omega$$

$$= -\frac{ki}{2\pi} \int_{-\infty}^{\infty} \frac{(1 - e^{-ia\omega}) e^{ix\omega}}{\omega} d\omega$$

(2) ❶ $f(x)$에 대한 안쪽 적분을 구한다.

$$\int_{-\infty}^{\infty} f(v) e^{-iv\omega} dv = \int_0^a v e^{-iv\omega} dv = \left[\frac{1+iv\omega}{\omega^2} e^{-iv\omega} \right]_0^a$$

$$= \frac{1}{\omega^2} (-1 + e^{-ia\omega}(1+ia\omega))$$

❷ 복소 푸리에 적분으로 표현한다.

$$f(x) = \frac{1}{2\pi} \int_{-\infty}^{\infty} \left(\int_{-\infty}^{\infty} f(v) e^{-iv\omega} dv \right) e^{ix\omega} d\omega$$

$$= \frac{1}{2\pi} \int_{-\infty}^{\infty} \frac{-1+e^{-ia\omega}(1+ia\omega)e^{ix\omega}}{\omega^2} d\omega$$

8.4 푸리에 변환

4장에서 통신이나 전파공학에서 시간 영역의 함수를 주파수 영역의 함수로 변환할 때 라플라스 변환을 이용함을 살펴봤다. 푸리에 변환도 이와 같은 공학적인 문제에 대한 해석적 도구로 많이 사용된다.

앞에서 복소지수함수를 이용하여 함수 $f(x)$의 푸리에 적분을 다음과 같이 표현했다.

$$f(x) = \frac{1}{2\pi} \int_{-\infty}^{\infty} \left(\int_{-\infty}^{\infty} f(v) e^{-iv\omega} dv \right) e^{ix\omega} d\omega$$

여기서 변수 v를 다시 변수 x로 되돌리면 다음을 얻는다.

$$f(x) = \frac{1}{\sqrt{2\pi}} \int_{-\infty}^{\infty} \left(\frac{1}{\sqrt{2\pi}} \int_{-\infty}^{\infty} f(x) e^{-i\omega x} dx \right) e^{ix\omega} d\omega$$

안쪽 적분은 변수 ω의 함수이므로 이를 $F(\omega)$로 나타내면 다음과 같다.

$$F(\omega) = \mathscr{F}[f(x)] = \frac{1}{\sqrt{2\pi}} \int_{-\infty}^{\infty} f(x) e^{-i\omega x} dx$$

$F(\omega)$는 라플라스 변환과 비슷하게 함수 $f(x)$에 대한 또 다른 적분 변환임을 알 수 있다. 이와 같은

적분 변환을 $f(x)$의 **푸리에 변환**^{Fourier transform}이라 하며, $F(\omega) = \mathscr{F}[f(x)]$로 나타낸다. $f(x)$의 푸리에 변환 $F(\omega)$를 이용하면 $f(x)$의 푸리에 적분은 다음과 같으며, 이 식을 $F(\omega)$의 **푸리에 역변환**^{inverse Fourier transform}이라 하고 $\mathscr{F}^{-1}[F(\omega)]$로 나타낸다.

$$f(x) = \mathscr{F}^{-1}[F(\omega)] = \frac{1}{\sqrt{2\pi}} \int_{-\infty}^{\infty} F(\omega) e^{i\omega x} d\omega$$

4장에서 언급했듯이 푸리에 변환은 실수 범위의 라플라스 변환을 복소수 범위로 확장한 것으로 이해할 수 있다. 물론 푸리에 변환은 라플라스 변환에 비해 적분 범위가 $(-\infty, \infty)$로 확장되고 상수 $\frac{1}{\sqrt{2\pi}}$을 곱한다는 차이가 있다. 여기서는 라플라스 변환과 비교하기 위해 변수 x를 시간 변수 t로 바꾼다.

▶ 예제 15

함수 $f(t)$의 푸리에 변환을 구하여라.

(1) $f(t) = \begin{cases} k, & 0 < t < a \\ 0, & \text{이외의 곳에서} \end{cases}$　　　　(2) $f(t) = e^{-kt},\ k > 0,\ t > 0$

풀이

(1) $\mathscr{F}[f(t)] = \dfrac{1}{\sqrt{2\pi}} \displaystyle\int_{-\infty}^{\infty} f(t) e^{-i\omega t} dt = \dfrac{1}{\sqrt{2\pi}} \displaystyle\int_{0}^{a} k e^{-i\omega t} dt$

$\qquad = \dfrac{k}{\sqrt{2\pi}} \left[-\dfrac{1}{i\omega} e^{-i\omega t} \right]_0^a = \dfrac{k}{i\sqrt{2\pi}\,\omega} (1 - e^{-ia\omega}) = -\dfrac{ik}{\sqrt{2\pi}\,\omega} (1 - e^{-ia\omega})$

(2) $\mathscr{F}[f(t)] = \dfrac{1}{\sqrt{2\pi}} \displaystyle\int_{-\infty}^{\infty} f(t) e^{-i\omega t} dt = \dfrac{1}{\sqrt{2\pi}} \displaystyle\int_{0}^{\infty} e^{-kt} e^{-i\omega t} dt$

$\qquad = \dfrac{1}{\sqrt{2\pi}} \left[-\dfrac{1}{k+i\omega} e^{-(k+i\omega)t} \right]_0^\infty = \dfrac{1}{\sqrt{2\pi}\,(k+i\omega)}$

라플라스 변환을 구하기 위해 여러 성질을 이용한 것처럼 정의를 이용하지 않고 여러 성질을 이용하여 푸리에 변환을 구할 수 있다. 이제 라플라스 변환의 성질에 대응하는 푸리에 변환에 대한 기본적인 성질을 살펴본다. 라플라스 변환이 유일하게 결정되는 것과 마찬가지로 푸리에 변환은 유일하게 결정된다. 즉, 두 함수 $f(t)$, $g(t)$의 푸리에 변환이 다음과 같이 존재한다고 하자.

$$\mathscr{F}[f(t)] = F(\omega), \quad \mathscr{F}[g(t)] = G(\omega)$$

이때 $\mathscr{F}[f(t)] = \mathscr{F}[g(t)]$이면 $f(t) = g(t)$이고, 역도 성립한다.

선형적 성질

두 함수 $f(t)$, $g(t)$의 푸리에 변환이 $\mathscr{F}[f(t)] = F(\omega)$, $\mathscr{F}[g(t)] = G(\omega)$이면 $f(t)$와 $g(t)$의 일차결합 $af(t) + bg(t)$의 푸리에 변환은 다음과 같다.

$$\mathscr{F}[af(t) + bg(t)] = \frac{1}{\sqrt{2\pi}} \int_{-\infty}^{\infty} (af(t) + bg(t)) e^{-i\omega t} dt$$

$$= \frac{a}{\sqrt{2\pi}} \int_{-\infty}^{\infty} f(t) e^{-i\omega t} dt + \frac{b}{\sqrt{2\pi}} \int_{-\infty}^{\infty} g(t) e^{-i\omega t} dt$$

$$= a\,\mathscr{F}[f(t)] + b\,\mathscr{F}[g(t)]$$

즉, 푸리에 변환은 선형적 성질을 만족한다.

$$\mathscr{F}[af(t) + bg(t)] = a\,\mathscr{F}[f(t)] + b\,\mathscr{F}[g(t)]$$

▶ 예제 16

함수 $f(t) = e^{-2t} + e^{-4t}$, $x > 0$의 푸리에 변환을 구하여라.

풀이

[예제 15(2)]에서 $\mathscr{F}[e^{-kt}] = \dfrac{1}{\sqrt{2\pi}\,(k + i\omega)}$ 이므로 $f(x)$의 푸리에 변환은 다음과 같다.

$$\mathscr{F}[f(t)] = \mathscr{F}[e^{-2t} + e^{-4t}] = \mathscr{F}[e^{-2t}] + \mathscr{F}[e^{-4t}]$$

$$= \frac{1}{\sqrt{2\pi}\,(2 + i\omega)} + \frac{1}{\sqrt{2\pi}\,(4 + i\omega)} = \frac{1}{\sqrt{2\pi}} \left(\frac{1}{2 + i\omega} + \frac{1}{4 + i\omega} \right)$$

$$= \frac{2(3 + i\omega)}{8 - \omega^2 + 6i\omega}$$

시간 변수 t의 확대 및 축소

함수 $f(t)$의 푸리에 변환을 $\mathscr{F}[f(t)] = F(\omega)$라 하면 $f(at)$의 푸리에 변환은 다음과 같다.

$$\mathcal{F}[f(at)] = \frac{1}{\sqrt{2\pi}} \int_{-\infty}^{\infty} f(at) e^{-i\omega t} dt$$

$a > 0$ 일 때 $at = u$ 로 치환하면 $t = \dfrac{u}{a}$, $dt = \dfrac{1}{a} du$ 이고 $t \to \infty$ 이면 $u \to \infty$, $t \to -\infty$ 이면 $u \to -\infty$ 이므로 푸리에 변환은 다음과 같다.

$$\begin{aligned} \mathcal{F}[f(at)] &= \frac{1}{\sqrt{2\pi}} \int_{-\infty}^{\infty} f(u) e^{-i\omega\left(\frac{u}{a}\right)} \frac{1}{a} du \\ &= \frac{1}{\sqrt{2\pi}\, a} \int_{-\infty}^{\infty} f(u) e^{-i\left(\frac{\omega}{a}\right)u} du \\ &= \frac{1}{a} F\left(\frac{\omega}{a}\right) = \frac{1}{a} \mathcal{F}[f(t)]_{\omega \to \frac{\omega}{a}} \end{aligned}$$

$a < 0$ 일 때 $at = u$ 로 치환하면 $t = \dfrac{u}{a}$, $dt = \dfrac{1}{a} du$ 이고 $t \to \infty$ 이면 $u \to -\infty$, $t \to -\infty$ 이면 $u \to \infty$ 이므로 푸리에 변환은 다음과 같다.

$$\begin{aligned} \mathcal{F}[f(at)] &= \frac{1}{\sqrt{2\pi}} \int_{\infty}^{-\infty} f(u) e^{-i\omega\left(\frac{u}{a}\right)} \frac{1}{a} du \\ &= \frac{1}{\sqrt{2\pi}\,|a|} \int_{-\infty}^{\infty} f(u) e^{-i\left(\frac{\omega}{a}\right)u} du \\ &= \frac{1}{|a|} F\left(\frac{\omega}{a}\right) = \frac{1}{|a|} \mathcal{F}[f(t)]_{\omega \to \frac{\omega}{a}} \end{aligned}$$

이로부터 다음 정리를 얻는다.

정리 1 **시간 변수 t 의 확대 및 축소**

함수 $f(t)$ 의 푸리에 변환을 $F(\omega) = \mathcal{F}[f(t)]$ 라 하면 0이 아닌 임의의 상수에 대하여 다음이 성립한다.

$$\mathcal{F}[f(at)] = \frac{1}{|a|} F\left(\frac{\omega}{a}\right) = \frac{1}{|a|} \mathcal{F}[f(t)]_{\omega \to \frac{\omega}{a}}$$

[예제 15(2)]로부터 $k = 1$, $k = 2$ 인 함수 $f(t) = e^{-kt}$, $x > 0$ 의 푸리에 변환은 각각 다음과 같다.

$$\mathcal{F}[e^{-t}] = \frac{1}{\sqrt{2\pi}\,(1 + i\omega)} , \quad \mathcal{F}[e^{-2t}] = \frac{1}{\sqrt{2\pi}\,(2 + i\omega)}$$

[정리 1]과 e^{-t}의 푸리에 변환을 이용하여 구한 e^{-2t}의 푸리에 변환은 다음과 같으며, 이는 직접 구한 $\mathscr{F}[e^{-2t}]$과 일치함을 알 수 있다.

$$\mathscr{F}[e^{-2t}] = \frac{1}{2}\mathscr{F}[e^{-t}]_{\omega \to \frac{\omega}{2}} = \frac{1}{2\sqrt{2\pi}\left(1 + i\left(\frac{\omega}{2}\right)\right)} = \frac{1}{2\sqrt{2\pi}\dfrac{2 + i\omega}{2}} = \frac{1}{\sqrt{2\pi}\,(2 + i\omega)}$$

시간축의 이동

함수 $f(t)$의 푸리에 변환을 $F(\omega) = \mathscr{F}[f(t)]$라 하면 임의의 상수 a에 대하여 $f(t-a)$의 푸리에 변환은 다음과 같다.

$$\mathscr{F}[f(t-a)] = \frac{1}{\sqrt{2\pi}}\int_{-\infty}^{\infty} f(t-a)e^{-i\omega t}dt$$

$$= \frac{1}{\sqrt{2\pi}}\int_{-\infty}^{\infty} f(u)e^{-i\omega(u+a)}du$$

$$= \frac{e^{-i\omega a}}{\sqrt{2\pi}}\int_{-\infty}^{\infty} f(u)e^{-i\omega u}du$$

$$= e^{-i\omega a}F(\omega)$$

| 정리 2 | 시간축의 이동 |

함수 $f(t)$의 푸리에 변환을 $F(\omega) = \mathscr{F}[f(t)]$라 하면 임의의 상수 a에 대하여 다음이 성립한다.

$$\mathscr{F}[f(t-a)] = e^{-i\omega a}F(\omega)$$

제1이동정리

라플라스 변환에서 $L[e^{at}f(t)]$는 $L[f(t)]$를 상수 a만큼 오른쪽으로 평행이동한 것임을 살펴봤다. 이와 같은 성질이 푸리에 변환에도 성립함을 다음과 같이 확인할 수 있다.

$$\mathscr{F}[e^{i\omega_0 t}f(t)] = \frac{1}{\sqrt{2\pi}}\int_{-\infty}^{\infty} e^{i\omega_0 t}f(t)e^{-i\omega t}dt$$

$$= \frac{1}{\sqrt{2\pi}}\int_{-\infty}^{\infty} f(t)e^{-i(\omega - \omega_0)t}dt$$

$$= F(\omega - \omega_0)$$

즉, 시간 영역에서 함수 $f(t)$에 $e^{i\omega_0 t}$을 곱하면 푸리에 변환은 [정리 3]과 같이 ω의 영역에서 ω_0만큼 오른쪽으로 이동한다.

정리 3　　**제1이동정리**

함수 $f(t)$의 푸리에 변환을 $F(\omega) = \mathscr{F}[f(t)]$라 하면 임의의 상수 a에 대하여 다음이 성립한다.

$$\mathscr{F}[e^{i\omega_0 t} f(t)] = F(\omega - \omega_0)$$

▶ 예제 17

다음 함수의 푸리에 변환을 구하여라.

(1) $f(t) = \begin{cases} 2e^{2it}, & 0 < t < 3 \\ 0 & , \text{ 이외의 곳에서} \end{cases}$ 　　　(2) $g(t) = \begin{cases} 2e^{2i(t-4)}, & 0 < t < 3 \\ 0 & , \text{ 이외의 곳에서} \end{cases}$

풀이

주안점　상수함수의 푸리에 변환을 구하고 제1이동정리를 적용한다.

(1) ❶ $h(t) = \begin{cases} 2, & 0 < t < 3 \\ 0, & t < 0, \ t > 3 \end{cases}$ 라 하고 $h(t)$의 푸리에 변환을 구한다.

[예제 15(1)]에서 $k = 2$, $a = 3$인 경우이므로

$$H(\omega) = \mathscr{F}[h(t)] = -\frac{2i}{\sqrt{2\pi}\,\omega}(1 - e^{-3i\omega})$$

❷ 제1이동정리를 이용하여 $f(t)$의 푸리에 변환을 구한다.

$$F(\omega) = H(\omega - 2) = \left[-\frac{2i}{\sqrt{2\pi}\,\omega}(1 - e^{-3i\omega})\right]_{\omega \to \omega - 2}$$

$$= -\frac{2i}{\sqrt{2\pi}\,(\omega - 2)}(1 - e^{-3i(\omega - 2)})$$

(2) (1)에서 $F(\omega) = -\dfrac{2i}{\sqrt{2\pi}\,(\omega - 2)}(1 - e^{-3i(\omega - 2)})$이므로 [정리 2]에 의해 $g(t)$의 푸리에 변환은 다음과 같다.

$$G(\omega) = e^{-4i}F(\omega) = -\frac{2i\,e^{-4i}}{\sqrt{2\pi}\,(\omega - 2)}(1 - e^{-3i(\omega - 2)})$$

도함수의 푸리에 변환

함수 $f(t)$가 t축에서 미분가능하고 $|t| \to \infty$이면 $f(t) \to 0$이라 하자. $f'(t)$가 t축에서 적분가능하면 부분적분법을 이용하여 $f'(t)$의 푸리에 변환을 구할 수 있다. 피적분함수에서 $u = e^{-i\omega t}$, $v' = f'(t)$로 놓으면 $u' = -i\omega e^{-i\omega t}$, $v = f(t)$이고 $|t| \to \infty$이면 $f(t) \to 0$이므로 $f'(t)$의 푸리에 변환은 다음과 같다.

$$\mathscr{F}[f'(t)] = \frac{1}{\sqrt{2\pi}} \int_{-\infty}^{\infty} f'(t) e^{-i\omega t} dt$$

$$= \frac{1}{\sqrt{2\pi}} \left[f(t) e^{-i\omega t} \right]_{-\infty}^{\infty} + \frac{i\omega}{\sqrt{2\pi}} \int_{-\infty}^{\infty} f(t) e^{-i\omega t} dt$$

$$= 0 + i\omega \, \mathscr{F}[f(t)] = i\omega F(\omega)$$

더욱이 $f''(t)$는 $f'(t)$의 도함수이므로 $f''(t)$의 푸리에 변환은 다음과 같다.

$$\mathscr{F}[f''(t)] = i\omega \, \mathscr{F}[f'(t)] = (i\omega)^2 F(\omega) = -\omega^2 F(\omega)$$

같은 방법을 반복하면 일반적으로 $f^{(n)}(t)$의 푸리에 변환은 다음과 같다.

정리 4   **도함수의 푸리에 변환**

함수 $f(t)$가 t축에서 n번 미분가능하고 $|t| \to \infty$이면 $f(t) \to 0$이라 하자. $f^{(n)}(t)$가 t축에서 적분가능하면 $f^{(n)}(t)$의 푸리에 변환은 다음과 같다.

$$\mathscr{F}[f^{(n)}(t)] = (i\omega)^n F(\omega)$$

도함수의 라플라스 변환을 이용하여 미분방정식의 초깃값 문제를 해결한 것처럼 도함수의 푸리에 변환을 이용하여 미분방정식의 초깃값 문제를 해결할 수 있다.

▶ 예제 18

다음 함수의 푸리에 변환을 구하여라.

(1) $f(t) = e^{-t^2}$ (2) $g(t) = t e^{-t^2}$

풀이

주안점 (1)에 주어진 함수의 푸리에 변환을 구한 다음 (2)의 함수에 적용한다.

(1) $\mathscr{F}[e^{-t^2}] = \dfrac{1}{\sqrt{2\pi}}\displaystyle\int_{-\infty}^{\infty} e^{-t^2}e^{-i\omega t}\,dt = \dfrac{1}{\sqrt{2\pi}}\displaystyle\int_{-\infty}^{\infty} e^{-(t^2+i\omega t)}\,dt$

    ❶ 피적분함수의 지수 부분을 완전제곱 형태로 나타낸다.

$$x^2 + i\omega x = x^2 + i\omega x + \left(\frac{i\omega}{2}\right)^2 - \left(\frac{i\omega}{2}\right)^2 = \left(x + \frac{i\omega}{2}\right)^2 + \frac{\omega^2}{4}$$

    ❷ 푸리에 변환의 피적분함수를 정리한다.

$$\mathscr{F}[e^{-t^2}] = \frac{1}{\sqrt{2\pi}}\int_{-\infty}^{\infty} \exp\left[-\left(t+\frac{i\omega}{2}\right)^2 - \frac{\omega^2}{4}\right]dt$$

$$= \frac{e^{-\frac{\omega^2}{4}}}{\sqrt{2\pi}}\int_{-\infty}^{\infty} \exp\left[-\left(t+\frac{i\omega}{2}\right)^2\right]dt$$

    ❸ 변수를 변환하여 푸리에 변환을 계산한다.

    $u = t + \dfrac{i\omega}{2}$ 로 치환하면 $dt = du$ 이고 적분구간은 $(-\infty, \infty)$로 변하지 않으므로

$$F(\omega) = \mathscr{F}[e^{-t^2}] = \frac{e^{-\frac{\omega^2}{4}}}{\sqrt{2\pi}}\int_{-\infty}^{\infty} e^{-u^2}\,du$$

$$= \frac{2e^{-\frac{\omega^2}{4}}}{\sqrt{2\pi}}\int_{0}^{\infty} e^{-u^2}\,du$$

$$= \frac{2e^{-\frac{\omega^2}{4}}}{\sqrt{2\pi}}\frac{\sqrt{\pi}}{2} = \frac{e^{-\frac{\omega^2}{4}}}{\sqrt{2}}$$

여기서 e^{-u^2}이 우함수이고 0.6절에서 다룬 $\displaystyle\int_{0}^{\infty} e^{-u^2}\,du = \dfrac{\sqrt{\pi}}{2}$ 를 이용했다.

(2) $\left(e^{-t^2}\right)' = -2te^{-t^2}$ 에서 $te^{-t^2} = \dfrac{d}{dt}\left(-\dfrac{1}{2}e^{-t^2}\right)$ 이므로

$$G(\omega) = \mathscr{F}[te^{-t^2}] = \mathscr{F}\left[\left(-\frac{1}{2}e^{-t^2}\right)'\right] = -\frac{i\omega}{2}\mathscr{F}[e^{-t^2}]$$

$$= -\frac{i\omega}{2}F(\omega) = -\frac{i\omega e^{-\frac{\omega^2}{4}}}{2\sqrt{2}}$$

푸리에 변환의 쌍대성

함수 $f(t)$의 푸리에 변환 $F(\omega)$에 대하여 $f(t)$, 즉 $F(\omega)$의 역변환은 다음과 같이 정의했다.

$$f(t) = \frac{1}{\sqrt{2\pi}} \int_{-\infty}^{\infty} F(\omega) e^{i\omega t} \, d\omega$$

이때 변수 t를 $-t$로 대체하고 적분 변수 ω를 u로 바꾸면 역변환은 다음과 같다.

$$f(-t) = \frac{1}{\sqrt{2\pi}} \int_{-\infty}^{\infty} F(u) e^{-iut} \, du$$

그러면 $f(-\omega)$는 다음과 같이 $F(u)$의 푸리에 변환이 된다.

$$f(-\omega) = \frac{1}{\sqrt{2\pi}} \int_{-\infty}^{\infty} F(u) e^{-i\omega u} \, du$$

이제 적분 변수 u를 시간 변수 t로 대체하면 함수 f와 푸리에 변환 F 사이에 다음 관계를 얻으며, 이를 푸리에 변환의 쌍대성^{duality}이라 한다.

$$f(-\omega) = \mathscr{F}[F(t)]$$

예를 들어 [예제 18]의 함수 $f(t) = e^{-t^2}$의 푸리에 변환 $F(\omega) = \dfrac{e^{-\frac{\omega^2}{4}}}{\sqrt{2}}$에 대하여 함수 $F(t) = \dfrac{e^{-\frac{t^2}{4}}}{\sqrt{2}}$의 푸리에 변환은 $f(-\omega) = e^{-(-\omega)^2} = e^{-\omega^2}$임을 나타내며, 실제로 [정리 1]에 의해 다음을 얻는다.

$$\mathscr{F}[F(t)] = \frac{1}{\sqrt{2}} \mathscr{F}\left[e^{-\frac{t^2}{4}}\right] = \frac{1}{\sqrt{2}} \mathscr{F}\left[e^{-\left(\frac{t}{2}\right)^2}\right]$$

$$= \frac{2}{\sqrt{2}} F(2\omega) = \frac{2}{\sqrt{2}} \frac{e^{-\frac{(2\omega)^2}{4}}}{\sqrt{2}} = e^{-\omega^2} = f(-\omega)$$

▶ 예제 19

$a > 0$에 대하여 다음 함수의 푸리에 변환을 구하여라.

(1) $f(t) = \begin{cases} 1, & -a < t < a \\ 0, & \text{이외의 곳에서} \end{cases}$ 　　　　(2) $g(t) = \dfrac{\sin 2t}{t}$

풀이

주안점 $g(t)$는 $a = 2$ 인 $f(t)$의 푸리에 변환과 관련된다.

(1) $F(\omega) = \dfrac{1}{\sqrt{2\pi}} \displaystyle\int_{-a}^{a} e^{-i\omega t} dt = \dfrac{1}{\sqrt{2\pi}} \left[-\dfrac{1}{i\omega} e^{-i\omega t} \right]_{-a}^{a}$

$\qquad = -\dfrac{i}{\sqrt{2\pi}\,\omega} \left(e^{i\omega a} - e^{-i\omega a} \right) = -\dfrac{i}{\sqrt{2\pi}\,\omega} (2i) \sin a\omega = \sqrt{\dfrac{2}{\pi}} \dfrac{\sin a\omega}{\omega}$

(2) ❶ $F(\omega)$와 $g(t)$의 관계를 살펴본다.

$\qquad F(\omega) = \sqrt{\dfrac{2}{\pi}} \dfrac{\sin a\omega}{\omega}$ 이므로 $a = 2$ 일 때

$$g(t) = \frac{\sin 2t}{t} = \sqrt{\frac{\pi}{2}}\, F(t)$$

❷ $g(t)$의 푸리에 변환을 구한다.

$\qquad f(t)$가 우함수이므로 $f(-\omega) = f(\omega)$

$$\mathscr{F}[g(t)] = \mathscr{F}\left[\frac{\sin 2t}{t}\right] = \sqrt{\frac{\pi}{2}}\, \mathscr{F}[F(t)] = \sqrt{\frac{\pi}{2}}\, f(-\omega)$$

$\qquad$ 따라서 $\mathscr{F}[g(t)] = \sqrt{\dfrac{\pi}{2}}\, f(\omega)$이다.

❸ $g(t)$의 푸리에 변환은 다음과 같다.

$$\mathscr{F}[g(t)] = \sqrt{\frac{\pi}{2}}\, f(\omega) = \begin{cases} \sqrt{\dfrac{\pi}{2}}, & -2 < \omega < 2 \\ 0, & \text{이외의 곳에서} \end{cases}$$

❹ $f(\omega)$에 대한 부호함수 $f(\omega) = \dfrac{1}{2}\left[\mathrm{sign}(2-\omega) + \mathrm{sign}(2+\omega)\right]$를 이용하면 다음을 얻는다.

$$\mathscr{F}[g(t)] = \sqrt{\frac{\pi}{2}}\, f(\omega) = \frac{1}{2}\sqrt{\frac{\pi}{2}}\left[\mathrm{sign}(2-\omega) + \mathrm{sign}(2+\omega)\right]$$

[그림 8.11]은 [예제 19]의 $f(t)$와 $g(t)$의 쌍대성을 보여 준다.

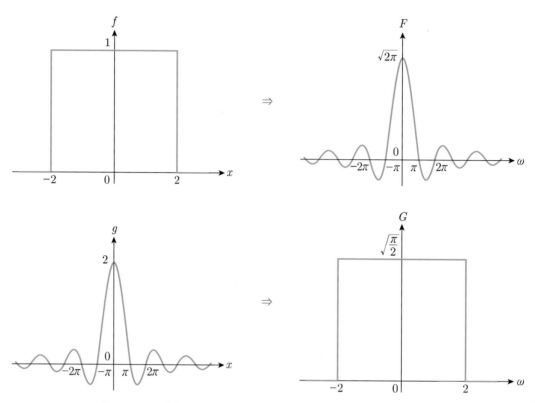

[그림 8.11] $f(x) = \text{sinc}(x)$, $\text{Sc}(x)$의 그래프($z = 10, 20, 30, 40$인 경우)

디락 델타함수의 푸리에 변환

디락 델타함수 $\delta(t-a)$는 $\varepsilon \to 0$일 때 다음 $\delta_\varepsilon(t-a)$의 극한으로 정의했다.

$$\delta_\varepsilon(t-a) = \begin{cases} \dfrac{1}{\varepsilon} \ , & a < t < a + \varepsilon \\ 0 \ , & \text{이외의 곳에서} \end{cases}$$

$$= \frac{1}{\varepsilon}\left[u(t-a) - u(t-(a+\varepsilon))\right]$$

여기서 $u(t-a)$는 단위계단함수이며, 4.3절에서 살펴본 것처럼 디락 델타함수 $\delta(t-a)$는 다음 성질을 갖는다.

① $\delta(t-a) = \begin{cases} \infty \ , & t = a \\ 0 \ , & t \neq a \end{cases}$ ② $\displaystyle\int_{-\infty}^{\infty} \delta(t-a)\,dt = 1$

디락 델타함수의 푸리에 변환을 살펴보기 위해 $u(t-a)$의 푸리에 변환을 구해야 하지만, 다음

적분은 수렴하지 않고 진동한다.

$$\int_a^\infty e^{-i\omega t} d\omega = \frac{1}{i\omega} - \frac{1}{i\omega} \lim_{t \to \infty} e^{-i\omega t}$$

$$= \frac{1}{i\omega} - \frac{1}{i\omega} \lim_{t \to \infty} (\cos \omega t - \sin \omega t)$$

따라서 다소 복잡하기는 하지만 다음 부호함수 sign 을 이용하여 $\delta_\varepsilon(t-a)$를 나타낸다.

$$\text{sign}(t-a) = 2u(t-a) - 1 \,, \ \text{sign}(t-(a+\varepsilon)) = 2u(t-(a+\varepsilon)) - 1$$

즉, $\text{sign}(t-a) - \text{sign}(t-(a+\varepsilon)) = 2[u(t-a) - u(t-(a+\varepsilon))]$이므로 $\delta_\varepsilon(t-a)$은 다음과 같다.

$$\delta_\varepsilon(t-a) = \frac{1}{\varepsilon}[u(t-a) - u(t-(a+\varepsilon))]$$

$$= \frac{1}{2\varepsilon}[\text{sign}(t-a) - \text{sign}(t-(a+\varepsilon))]$$

한편 함수 $f(t) = \text{sign}(t-a)e^{-\sigma|t-a|}$에 대하여 다음 극한이 성립한다.

$$\text{sign}(t-a) = \lim_{\sigma \to 0} \text{sign}(t-a)e^{-\sigma|t-a|}$$

따라서 $\text{sign}(t-a)$의 푸리에 변환을 구하기 위해 함수 $f(t) = \text{sign}(t-a)e^{-\sigma|t-a|}$의 푸리에 변환을 구한 후 극한 $\sigma \to 0$을 취한다. 이때 함수 $f(t)$는 다음과 같이 정의된다.

$$f(t) = \text{sign}(t-a)e^{-\sigma|t-a|} = \begin{cases} e^{-\sigma(t-a)} \,, & t \geq a \\ -e^{\sigma(t-a)} \,, & t < a \end{cases}$$

그러므로 $f(t)$의 푸리에 변환을 구하면 다음과 같다.

$$\mathscr{F}[f(t)] = \frac{1}{\sqrt{2\pi}} \int_{-\infty}^a (-1)e^{\sigma(t-a)} e^{-i\omega t} dt + \frac{1}{\sqrt{2\pi}} \int_0^\infty e^{-\sigma(t-a)} e^{-i\omega t} dt$$

$$= \frac{1}{\sqrt{2\pi}} \left[-\frac{e^{-a\sigma}}{\sigma - i\omega} e^{(\sigma-i\omega)t} \right]_{-\infty}^a + \frac{1}{\sqrt{2\pi}} \left[-\frac{e^{a\sigma}}{\sigma + i\omega} e^{-(\sigma+i\omega)t} \right]_0^\infty$$

$$= \frac{1}{\sqrt{2\pi}} \left(-\frac{1}{\sigma - i\omega} + \frac{1}{\sigma + i\omega} \right) e^{-ia\omega} = \frac{1}{\sqrt{2\pi}} \frac{-2i\omega}{\sigma^2}$$

그러면 $\text{sign}(t-a)$의 푸리에 변환은 다음과 같다.

$$\mathcal{F}\left[\operatorname{sign}(t-a)\right] = \lim_{\sigma \to 0}\mathcal{F}\left[f(t)\right] = \frac{e^{-ia\omega}}{\sqrt{2\pi}}\lim_{\sigma \to 0}\frac{-2i\omega}{\sigma^2+\omega^2} = -\frac{2i}{\sqrt{2\pi}\,\omega}\,e^{-ia\omega}$$

따라서 $\operatorname{sign}[t-(a+\varepsilon)]$의 푸리에 변환은 다음과 같다.

$$\mathcal{F}\left[\operatorname{sign}(t-(a+\varepsilon))\right] = -\frac{2i}{\sqrt{2\pi}\,\omega}\,e^{-i(a+\varepsilon)\omega}$$

이러한 $\operatorname{sign}(t-a)$와 $\operatorname{sign}[t-(a+\varepsilon)]$의 푸리에 변환으로부터 다음과 같은 $\delta_\varepsilon(t-a)$의 푸리에 변환을 얻는다.

$$\begin{aligned}
\mathcal{F}\left[\delta_\varepsilon(t-a)\right] &= \frac{1}{2\varepsilon}\,\mathcal{F}\left[\operatorname{sign}(t-a)-\operatorname{sign}(t-(a+\varepsilon))\right] \\
&= \frac{1}{2\varepsilon}\left(-\frac{2i}{\sqrt{2\pi}\,\omega}\,e^{-ia\omega}+\frac{2i}{\sqrt{2\pi}\,\omega}\,e^{-i(a+\varepsilon)\omega}\right) \\
&= \frac{i}{\sqrt{2\pi}\,\omega}\,e^{-ia\omega}\,\frac{-1+e^{-i\varepsilon\omega}}{\varepsilon}
\end{aligned}$$

이로부터 디락 델타함수 $\delta(t-a)$의 푸리에 변환을 다음과 같이 구할 수 있다.

$$\begin{aligned}
\mathcal{F}\left[\delta(t-a)\right] &= \lim_{\varepsilon \to 0}\mathcal{F}\left[\delta_\varepsilon(t-a)\right] = \frac{i}{\sqrt{2\pi}\,\omega}\,e^{-ia\omega}\lim_{\varepsilon \to 0}\frac{-1+e^{-i\varepsilon\omega}}{\varepsilon} \\
&= \frac{i}{\sqrt{2\pi}\,\omega}\,e^{-ia\omega}\lim_{\varepsilon \to 0}(-i\omega)e^{-i\varepsilon\omega} = \frac{1}{\sqrt{2\pi}}\,e^{-ia\omega}
\end{aligned}$$

즉, 디락 델타함수 $\delta(t-a)$의 푸리에 변환은 다음과 같다.

$$\mathcal{F}\left[\delta(t-a)\right] = \frac{1}{\sqrt{2\pi}}\,e^{-ia\omega}$$

특히 a를 $-a$로 대체한 경우와 $a=0$인 경우, 디락 델타함수의 푸리에 변환은 다음과 같다.

① $\mathcal{F}\left[\delta(t+a)\right] = \dfrac{1}{\sqrt{2\pi}}\,e^{ia\omega}$ ② $\mathcal{F}\left[\delta(t)\right] = \dfrac{1}{\sqrt{2\pi}}$

한편 푸리에 변환의 쌍대성에 의해 다음을 얻는다.

$$\mathcal{F}\left[e^{-iat}\right] = \sqrt{2\pi}\,\delta(-\omega-a) = \sqrt{2\pi}\,\delta[-(\omega+a)] = \sqrt{2\pi}\,\delta(\omega+a),$$

$$\mathcal{F}\left[e^{iat}\right] = \sqrt{2\pi}\,\delta(-\omega+a) = \sqrt{2\pi}\,\delta[-(\omega-a)] = \sqrt{2\pi}\,\delta(\omega-a)$$

복소지수함수를 코사인함수와 사인함수로 표현하면 다음과 같다.

$$\cos at = \frac{e^{iat} + e^{-iat}}{2}, \quad \sin at = \frac{e^{iat} - e^{-iat}}{2i}$$

따라서 $\cos at$, $\sin at$의 푸리에 변환은 다음과 같다.

$$\mathscr{F}[\cos at] = \mathscr{F}\left[\frac{e^{iat} + e^{-iat}}{2}\right] = \frac{1}{2}\left(\mathscr{F}[e^{iat}] + \mathscr{F}[e^{-iat}]\right)$$

$$= \sqrt{\frac{\pi}{2}}\,[\delta(\omega - a) + \delta(\omega + a)],$$

$$\mathscr{F}[\sin at] = \mathscr{F}\left[\frac{e^{iat} - e^{-iat}}{2i}\right] = \frac{1}{2i}\left(\mathscr{F}[e^{iat}] - \mathscr{F}[e^{-iat}]\right)$$

$$= -i\sqrt{\frac{\pi}{2}}\,[\delta(\omega - a) - \delta(\omega + a)] = i\sqrt{\frac{\pi}{2}}\,[\delta(\omega + a) - \delta(\omega - a)]$$

또한 $\cos at$의 푸리에 변환에서 $a = 0$이면 $\cos at = 1$이므로 $\mathscr{F}[1] = \sqrt{2\pi}\,\delta(\omega)$이다. 이를 종합하면 다음과 같다.

③ $\mathscr{F}[1] = \sqrt{2\pi}\,\delta(\omega)$ ④ $\mathscr{F}[e^{-iat}] = \sqrt{2\pi}\,\delta(\omega + a)$

⑤ $\mathscr{F}[e^{iat}] = \sqrt{2\pi}\,\delta(\omega - a)$ ⑥ $\mathscr{F}[\cos at] = \sqrt{\frac{\pi}{2}}\,[\delta(\omega - a) + \delta(\omega + a)]$

⑦ $\mathscr{F}[\sin at] = i\sqrt{\frac{\pi}{2}}\,[\delta(\omega + a) - \delta(\omega - a)]$

합성곱의 푸리에 변환

두 함수 $f(t)$, $g(t)$의 라플라스 변환을 각각 $F(s)$, $G(s)$라 하면 다음과 같이 합성곱 $(f * g)(t)$의 라플라스 변환 $H(s)$는 각각의 변환의 곱, 즉 $H(s) = F(s)G(s)$임을 살펴봤다.

$$h(t) = (f * g)(t) = \int_{-\infty}^{\infty} f(u)g(t - u)\,du = \int_{-\infty}^{\infty} f(t - u)g(t)\,du$$

이와 마찬가지로 $f(t)$, $g(t)$의 합성곱^{convolution}에 대한 푸리에 변환과 각각의 변환 사이의 관계를 살펴본다. 이를 위해 $f(t)$, $g(t)$의 푸리에 변환을 각각 $F(\omega)$, $G(\omega)$라 하고 합성곱 $h(t) = (f * g)(t)$의 푸리에 변환을 구하면 다음과 같다.

$$\mathscr{F}\left[(f * g)(t)\right] = \frac{1}{\sqrt{2\pi}} \int_{-\infty}^{\infty} (f * g)(t) e^{-i\omega t} dt$$

$$= \frac{1}{\sqrt{2\pi}} \int_{-\infty}^{\infty} \left(\int_{-\infty}^{\infty} f(u) g(t-u) du \right) e^{-i\omega t} dt$$

이때 적분 순서를 바꾸면

$$\mathscr{F}\left[(f * g)(t)\right] = \frac{1}{\sqrt{2\pi}} \int_{-\infty}^{\infty} \int_{-\infty}^{\infty} f(u) g(t-u) e^{-i\omega t} dt du$$

이며, $v = t - u$ 라 하면 $dv = dt$, $t = v + u$ 이므로 다음을 얻는다.

$$\mathscr{F}\left[(f * g)(t)\right] = \frac{1}{\sqrt{2\pi}} \int_{-\infty}^{\infty} \int_{-\infty}^{\infty} f(u) g(v) e^{-i\omega(v+u)} dv du$$

$$= \frac{1}{\sqrt{2\pi}} \int_{-\infty}^{\infty} f(u) e^{-i\omega u} \left(\int_{-\infty}^{\infty} g(v) e^{-i\omega v} dv \right) du$$

$$= \frac{1}{\sqrt{2\pi}} \left(\int_{-\infty}^{\infty} f(u) e^{-i\omega u} du \right) \left(\int_{-\infty}^{\infty} g(v) e^{-i\omega v} dv \right)$$

$$= \frac{1}{\sqrt{2\pi}} \left[\sqrt{2\pi} \, F(\omega) \right] \left[\sqrt{2\pi} \, G(\omega) \right]$$

$$= \sqrt{2\pi} \, F(\omega) \, G(\omega)$$

즉, 두 함수 $f(t)$, $g(t)$의 합성곱 $h(t) = (f * g)(t)$의 푸리에 변환은 다음과 같다.

$$H(\omega) = \sqrt{2\pi} \, F(\omega) \, G(\omega)$$

따라서 두 변환의 곱에 대한 역변환은 다음과 같이 각각의 역변환에 대한 합성곱이다.

$$\mathscr{F}^{-1}\left[F(\omega) \, G(\omega)\right] = \frac{1}{\sqrt{2\pi}} \int_{-\infty}^{\infty} F(\omega) \, G(\omega) e^{i\omega t} d\omega$$

$$= (f * g)(t) = \int_{-\infty}^{\infty} f(u) g(t-u) du$$

두 함수 $f(t)$, $g(t)$에 대하여 함수 $f(t)$는 $(g*g)(t)$임을 보인 후, $f(t)$의 푸리에 변환을 구하여라.

$$f(t) = \begin{cases} te^{-t}, & t > 0 \\ 0, & t < 0 \end{cases}, \quad g(t) = \begin{cases} e^{-t}, & t > 0 \\ 0, & t < 0 \end{cases}$$

풀이

주안점 합성곱에서 적분 범위에 유의한다.

❶ $(g*g)(t)$를 구한다.

$(g*g)(t) = \displaystyle\int_{-\infty}^{\infty} g(u)g(t-u)\,du$ 이고 $t-u < 0$, 즉 $u > t$ 이면 $g(t-u) = 0$ 이므로 $u < t$

이다. 또한 $u < 0$ 이면 $g(u) = 0$ 이므로 $u > 0$ 이다. 따라서 적분 범위는 $0 < u < t$ 이다.

$$(g*g)(t) = \int_{-\infty}^{\infty} g(u)g(t-u)\,du = \int_{0}^{t} e^{-u}e^{-(t-u)}\,du = e^{-t}\int_{0}^{t} du = te^{-t}, \ t > 0$$

❷ $g(t)$의 푸리에 변환을 구한다.

[예제 15(2)]에서 $G(\omega) = \dfrac{1}{\sqrt{2\pi}\,(1+i\omega)}$ 이다.

❸ $f(t)$의 푸리에 변환을 구한다.

$$F(\omega) = \sqrt{2\pi}\,G(\omega)\,G(\omega) = \sqrt{2\pi}\,(G(\omega))^2$$

$$= \sqrt{2\pi}\left(\frac{1}{\sqrt{2\pi}\,(1+i\omega)}\right)^2 = \frac{1}{\sqrt{2\pi}\,(1+i\omega)^2}$$

푸리에 코사인 변환과 사인 변환

8.3절에서 푸리에 코사인적분과 사인적분을 살펴봤다. $f(t)$가 우함수이면 $B(\omega)$와 $f(t)$의 푸리에 적분은 다음과 같다.

$$B(\omega) = \frac{2}{\pi}\int_{0}^{\infty} f(v)\cos\omega v\,dv, \ f(t) = \int_{0}^{\infty} B(\omega)\cos\omega t\,d\omega$$

한편 $f(t)$가 기함수이면 $A(\omega)$와 $f(t)$의 푸리에 적분은 각각 다음과 같다.

$$A(\omega) = \frac{2}{\pi}\int_{0}^{\infty} f(v)\sin\omega v\,dv, \ f(x) = \int_{0}^{\infty} A(\omega)\sin\omega x\,d\omega$$

$f(t)$가 우함수인 경우 $f(t)$의 푸리에 적분을 다음과 같이 표현할 수 있다.

$$f(t) = \frac{2}{\pi} \int_0^\infty \left(\int_0^\infty f(v) \cos \omega v \, dv \right) \cos \omega t \, d\omega$$

$$= \sqrt{\frac{2}{\pi}} \int_0^\infty \cos \omega t \left(\sqrt{\frac{2}{\pi}} \int_0^\infty f(t) \cos \omega t \, dt \right) d\omega$$

여기서 안쪽 적분의 적분 변수 v를 변수 t로 변환했고, 다음과 같이 안쪽 적분을 $f(t)$의 **푸리에 코사인 변환**^{Fourier cosine transform}이라 하며 $F_c(\omega) = \mathscr{F}_c[f(t)]$로 나타낸다.

$$F_c(\omega) = \mathscr{F}_c[f(t)] = \sqrt{\frac{2}{\pi}} \int_0^\infty f(t) \cos \omega t \, dt$$

같은 방법으로 $f(t)$가 기함수인 경우 $f(t)$의 푸리에 적분을 다음과 같이 표현할 수 있다.

$$f(t) = \sqrt{\frac{2}{\pi}} \int_0^\infty \sin \omega t \left(\sqrt{\frac{2}{\pi}} \int_0^\infty f(t) \sin \omega t \, dt \right) d\omega$$

다음과 같은 안쪽 적분을 $f(t)$의 **푸리에 사인 변환**^{Fourier sine transform}이라 하며 $F_s(\omega) = \mathscr{F}_s[f(t)]$로 나타낸다.

$$F_s(\omega) = \mathscr{F}_s[f(t)] = \sqrt{\frac{2}{\pi}} \int_0^\infty f(t) \sin \omega t \, dt$$

따라서 $F_c(\omega)$, $F_s(\omega)$의 역변환은 각각 다음과 같다.

① $f(t)$가 우함수인 경우: $f(t) = \sqrt{\dfrac{2}{\pi}} \int_0^\infty F_c(\omega) \cos \omega t \, d\omega$

② $f(t)$가 기함수인 경우: $f(t) = \sqrt{\dfrac{2}{\pi}} \int_0^\infty F_s(\omega) \sin \omega t \, d\omega$

▶ 예제 21

함수 $f(x) = e^{-x}$, $x > 0$의 푸리에 코사인 변환과 푸리에 사인 변환을 각각 구하여라.

풀이

❶ 푸리에 코사인 변환을 구한다.

$$F_c(\omega) = \sqrt{\frac{2}{\pi}} \int_0^\infty e^{-t} \cos \omega t \, dt = \sqrt{\frac{2}{\pi}} \left[\frac{e^{-t}(-\cos \omega t + \omega \sin \omega t)}{1 + \omega^2} \right]_0^\infty$$

$$= \frac{\sqrt{2}}{\sqrt{\pi}(1 + \omega^2)}$$

❷ 푸리에 사인 변환을 구한다.

$$F_s(\omega) = \sqrt{\frac{2}{\pi}} \int_0^\infty e^{-t} \sin \omega t \, dt = -\sqrt{\frac{2}{\pi}} \left[\frac{e^{-t}(\omega \cos \omega t + \sin \omega t)}{1 + \omega^2} \right]_0^\infty$$

$$= \frac{\sqrt{2}\, \omega}{\sqrt{\pi}(1 + \omega^2)}$$

8.5 푸리에 해석의 응용

화학공학에서 나타나는 푸리에 급수는 대부분 편미분방정식에 적용되며, 이 분야는 이 책의 범위를 벗어난다. 따라서 푸리에 급수와 관련한 화학공학 분야의 내용을 간단히 소개한다.

비정상상태 1차원 열전도 방정식에서의 푸리에 급수(유한 영역 문제)

7.8절에서 푸리에 법칙과 에너지 보존의 법칙을 이용하여 열전도 방정식을 유도했다. 내부 열 발생이 없는 일정한 길이의 막대에서 열전도는 1차원으로 근사할 수 있으며, 이는 다음 미분방정식으로 표현된다.

$$\frac{\partial T}{\partial t} = \alpha \frac{\partial^2 T}{\partial x^2}, \ 0 < x < L, \ t > 0$$

막대는 외부와 단절되어 있어 대류에 의한 열손실이 없는 것으로 간주한다. [그림 8.12]와 같은 막대에서 경계조건이 $T(0, t) = T(L, t) = 0$, $t > 0$이고 막대 양 끝의 온도가 시간에 관계없이 항상 0을 유지한다고 하자. 초기조건 $T(x, 0) = f(x)$, $0 < x < L$을 만족하는 위 미분방정식의 해를 구해 보자. 여기서 온도 T, 열전도율 k, 밀도 ρ, 비열 c에 대하여 열확산도는 $\alpha = \dfrac{k}{\rho c}$ 이다.

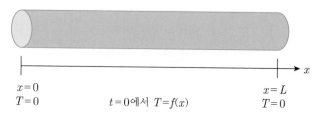

x=0
T=0

t=0에서 T=f(x)

x=L
T=0

[그림 8.12] 막대에서의 열전도

$T(x, t) = 0$은 당연히 위 방정식을 만족하는 해이지만 흥미를 끄는 해는 아니다. 따라서 $T(x, t) = X(x)Y(t)$라 가정하고 변수분리법으로 문제를 푼다. 이때 $X(x)$, $Y(t)$는 각각 x와 t만의 함수이며, 이를 각각 x와 t에 관하여 미분하여 주어진 미분방정식에 대입하면 다음을 얻는다.

$$\frac{\partial T(x, t)}{\partial t} = \frac{\partial [X(x)Y(t)]}{\partial t} = X(x)Y'(t)$$

$$\frac{\partial^2 T(x, t)}{\partial x^2} = \frac{\partial^2 [X(x)Y(t)]}{\partial^2 x} = X''(x)Y(t)$$

그러므로 $0 < x < L$, $t > 0$에 대하여 다음이 성립한다.

$$X(x)Y'(t) = \alpha X''(x)Y(t)$$

이 식의 양변을 $\alpha X(x)Y(t)$로 나누면 다음을 얻는다.

$$\frac{Y'(t)}{\alpha Y(t)} = \frac{X''(x)}{X(x)}, \ 0 < x < L, \ t > 0$$

우변의 식은 t와 무관하므로 t와 관계없이 일정한 값이고, 좌변의 식은 x와 관계없으므로 양변을 각각의 변수에 대하여 상수로 취급할 수 있다. 따라서 이 상수 값을 $-\lambda$라 하면 위 방정식은 다음과 같이 2개의 상미분방정식으로 분리할 수 있으며, 이와 같은 풀이법을 변수분리법^{method of separation of variables}이라 한다.

$$\frac{Y'(t)}{\alpha Y(t)} = -\lambda, \ Y'(t) + \alpha \lambda Y(t) = 0, \ t > 0$$

$$\frac{X''(x)}{X(x)} = -\lambda, \ X''(x) + \lambda X(x) = 0, \ 0 < x < L$$

먼저 경계조건을 만족하는 x에 관한 2계 미분방정식을 풀어 보자. 그러면 미분방정식의 해는 $X(0)Y(t) = X(L)Y(t) = 0$, $t > 0$을 만족해야 한다. $X(0) \neq 0$이면 $Y(t) = 0$이 되어야 하며, 이는

$T(x,t) = 0$ 임을 의미하므로 자명해가 된다. 따라서 $X(0) = 0$ 인 해를 구해야 하며, 같은 이유로 $X(L) = 0$ 인 해를 구한다. 그러면 경계조건은 다음과 같이 변경된다.

$$X''(x) + \lambda X(x) = 0, \; 0 < x < L, \; X(0) = X(L) = 0$$

이 미분방정식은 λ 에 따라 세 가지 형태의 해를 갖는다.

① $\lambda < 0$ 인 경우

$\lambda = -\omega^2$, $\omega > 0$ 이면 해는 $X(x) = Ae^{\omega x} + Be^{-\omega x}$ 이 되며, 경계조건에 의해 두 상수 A, B 는 다음을 만족한다.

$$X(0) = A + B = 0, \; X(L) = Ae^{\omega L} + Be^{-\omega L} = 0$$

이때 $e^{-\omega L} - e^{\omega L} = 2\sinh \omega L \neq 0$ 에서 $A = B = 0$ 으로 자명해이다.

② $\lambda = 0$ 인 경우

$\lambda = 0$ 이면 $X''(x) = 0$ 이므로 해의 형태는 $X(x) = A + Bx$ 이고, 경계조건을 만족하는 두 상수 A, B 는 다음과 같다.

$$X(0) = A + B \cdot 0 = 0, \; X(L) = A + BL = 0, \; 즉 \; A = B = 0$$

이 경우에도 위 미분방정식은 자명해를 갖는다.

③ $\lambda > 0$ 인 경우

$\lambda = \omega^2$, $\omega > 0$ 이면 해는 $X(x) = A\cos \omega x + B\sin \omega x$ 이고, 경계조건을 만족하는 두 상수 A, B 는 다음과 같다.

$$X(0) = A\cos(\omega \cdot 0) + B\sin(\omega \cdot 0) = 0, \; X(L) = B\sin \omega L = 0, \; 즉 \; A = 0$$

이 경우에도 $B = 0$ 이면 자명해가 된다. 그러나 $\omega L = n\pi$, 즉 $\omega = \dfrac{n\pi}{L}$, $n = 1, 2, 3, \cdots$ 이면 $\sin \omega L = 0$ 이 성립하므로 두 번째 경계조건을 만족한다.

이에 따라 주어진 2계 미분방정식은 다음과 같은 자명해가 아닌 해를 갖는다. 이와 같이 경곗값 문제에서 자명하지 않은 해를 갖게 하는 수 $\lambda = \omega^2 = \left(\dfrac{n\pi}{L}\right)^2$ 을 고윳값^{eigenvalue}이라 하고, 이 값들에 의해 결정되는 해를 고유함수^{eigenfunction}라 한다.

$$X(x) = X_n(x) = B_n \sin \frac{n\pi x}{L}, \ n = 1, 2, 3, \cdots$$

이제 $\lambda = \omega^2$에 대하여 t에 관한 미분방정식 $Y'(t) + \alpha \omega^2 Y(t) = 0$의 일반해를 구하면 다음과 같다.

$$Y(t) = Ce^{-\alpha \omega^2 t} = Ce^{-\frac{\alpha(n\pi)^2 t}{L^2}}$$

따라서 $n = 1, 2, 3, \cdots$에 대하여 $T(x, t) = X(x)Y(t)$의 일반해는 다음과 같다.

$$T(x, t) = X(x)Y(t) = CB_n \sin \frac{n\pi x}{L} e^{-\frac{\alpha(n\pi)^2 t}{L^2}}$$

$$- D_n \sin \frac{n\pi x}{L} e^{-\frac{\alpha(n\pi)^2 t}{L^2}}$$

여기서 $D_n = CB_n$이다. 중첩 원리에 의해 독립인 해의 합도 해이므로 일반해는 다음과 같이 쓸 수 있다.

$$T(x, t) = \sum_{n=1}^{\infty} D_n \sin \frac{n\pi x}{L} e^{-\frac{\alpha(n\pi)^2 t}{L^2}}, \ n = 1, 2, 3, \cdots, \ D_n \text{은 임의의 실수}$$

이제 초기조건을 만족하는 특수해를 구하면 다음과 같다.

$$T(x, 0) = \sum_{n=1}^{\infty} D_n \sin \frac{n\pi x}{L} = f(x), \ n = 1, 2, 3, \cdots$$

이 식은 $f(x)$의 푸리에 사인급수이므로 계수 D_n은 다음과 같다.

$$D_n = \frac{2}{L} \int_0^L f(x) \sin \frac{n\pi x}{L} dx$$

그러므로 내부 열 발생이 없는 일정한 길이의 막대에서 열전도 미분방정식을 만족하는 해는 다음과 같은 푸리에 급수로 표현된다.

$$T(x, t) = \frac{2}{L} \sum_{n=1}^{\infty} \left(\int_0^L f(x) \sin \frac{n\pi x}{L} dx \right) \sin \frac{n\pi x}{L} e^{-\frac{\alpha(n\pi)^2 t}{L^2}}, \ n = 1, 2, 3, \cdots$$

이 해는 초기 온도 $f(x)$가 특정한 함수로 주어지지 않은 경우이며, 초기온도가 상수 $f(x) = T_0$인 경우와 $f(x) = x$인 경우의 해를 구하면 다음과 같다.

④ $t = 0$ 에서 초기조건이 $f(x) = T_0$, $0 < x < L$ 인 경우 푸리에 계수와 방정식의 해는 다음과 같다.

$$D_n = \frac{2}{L} \int_0^L T_0 \sin \frac{n\pi x}{L} dx = \frac{4T_0}{n\pi}, \ \ n = 1, 3, 5, \cdots$$

$$T(x, t) = \frac{4T_0}{\pi} \sum_{n=1}^{\infty} \frac{1}{n} \sin \frac{n\pi x}{L} e^{-\frac{\alpha(n\pi)^2 t}{L^2}}, \ \ n = 1, 3, 5, \cdots$$

⑤ $t = 0$ 에서 초기조건이 $f(x) = x$, $0 < x < L$ 인 경우 푸리에 계수와 방정식의 해는 다음과 같다.

$$D_n = \frac{2}{L} \int_0^L x \sin \frac{n\pi x}{L} dx = \frac{2L}{n\pi} (-1)^{n+1}, \ \ n = 1, 2, 3, \cdots$$

$$T(x, t) = \frac{4}{\pi} \sum_{n=1}^{\infty} \frac{1}{n} (-1)^{n+1} \sin \frac{n\pi x}{L} e^{-\frac{\alpha(n\pi)^2 t}{L^2}}, \ \ n = 1, 2, 3, \cdots$$

비정상상태 1차원 확산 방정식에서의 푸리에 급수(유한 영역 문제)

열전도와 확산에 의한 물질전달은 매우 유사한 특성을 보인다. 유한한 크기를 갖는 시스템에서 확산에 의한 물질전달 문제에 푸리에 급수를 적용한다. [그림 8.13]과 같이 벽면 양쪽에서 물질 A 가 벽 내부로 확산되는 문제를 생각하자. 벽의 두께는 L 이고 물질 A 의 벽 외부에서의 농도는 C_{As} 로 일정하게 유지되는 것으로 간주한다. 또한 $t = 0$ 에서 벽 내부의 물질 A 의 농도가 C_{A_0} 으로 일정할

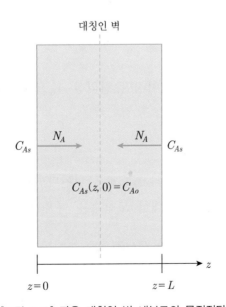

[그림 8.13] 좌우 대칭인 벽 내부로의 물질전달

때, 시간에 따른 벽 내부에서의 물질 A의 농도를 구해 보자. 그림에서 N_A는 물질 A의 플럭스를 의미한다.

유체의 흐름과 화학 반응이 없으면서 확산계수 및 물질의 밀도가 일정하게 유지되면 물질전달 방정식은 다음과 같이 표현된다.

$$\frac{\partial C_A}{\partial t} = D_{AB} \nabla^2 C_A$$

여기서 C_A는 물질 A의 농도, D_{AB}는 물질 A의 물질 B에서의 확산계수이다. 그림과 같이 1차원 물질전달의 경우 위 방정식은 다음과 같이 단순화된다.

$$\frac{\partial C_A}{\partial t} = D_{AB} \frac{\partial^2 C_A}{\partial z^2}$$

이 방정식은 기본적으로 열전도 방정식과 같은 형태이며, 열전도 방정식의 풀이와 같은 방법으로 풀 수 있다. 이때 경계조건 및 초기조건은 다음과 같다.

① $0 < z < L$일 때 $t = 0$, $C_A = C_{A_0}$

② $t > 0$일 때 $z = 0$, $C_A = C_{As}$

③ $t > 0$일 때 $z = L$, $C_A = C_{As}$

무차원 농도를 $Y = \dfrac{C_A - C_{As}}{C_{A_0} - C_{As}}$라 하면 초기조건과 경계조건을 다음과 같이 단순화할 수 있다.

$$\frac{\partial Y}{\partial t} = D_{AB} \frac{\partial^2 Y}{\partial z^2}$$

①′ $0 < z < L$일 때 $t = 0$, $Y = Y_0$ (1이지만 편의상 Y_0으로 놓음)

②′ $t > 0$일 때 $z = 0$, $Y = 0$

③′ $t > 0$일 때 $z = L$, $Y = 0$

농도가 시간만의 함수와 위치만의 함수의 곱으로 표현된다면 $Y(z, t) = Z(z)T(t)$가 된다. 그러면 다음과 같이 $Y(z, t)$의 시간 및 위치에 대한 도함수는 다음과 같다.

$$\frac{\partial Y(z, t)}{\partial t} = \frac{\partial [T(t)Z(z)]}{\partial t} = Z(z) \frac{\partial T(t)}{\partial t}$$

$$\frac{\partial^2 Y(z, t)}{\partial z^2} = \frac{\partial^2 [T(t)Z(z)]}{\partial z^2} = T(t) \frac{\partial^2 Z(z)}{\partial z^2}$$

따라서 이 두 도함수를 원래 방정식에 대입하여 다음 방정식을 얻는다.

$$Z \frac{\partial T}{\partial t} = D_{AB} T \frac{\partial^2 Z}{\partial z^2}$$

이 미분방정식의 양변을 $D_{AB} Z T$로 나누면 다음과 같다.

$$\frac{1}{D_{AB} T} \frac{\partial T}{\partial t} = \frac{1}{Z} \frac{\partial^2 Z}{\partial z^2}$$

좌변은 시간만의 함수로 표현되며, 우변은 위치만의 함수로 표현되므로 시간이 변해도 우변은 변하지 않고, 위치가 변해도 좌변의 값은 변하지 않는다. 따라서 이 방정식을 임의의 상수 $-\lambda^2$과 같다고 하면 다음과 같이 두 상미분방정식이 유도된다.

$$\frac{1}{D_{AB} T} \frac{dT}{dt} = -\lambda^2 \quad \text{또는} \quad \frac{dT}{dt} + D_{AB} \lambda^2 T = 0$$

$$\frac{1}{Z} \frac{d^2 Z}{dz^2} = -\lambda^2 \quad \text{또는} \quad \frac{d^2 Z}{dz^2} + \lambda^2 Z = 0$$

두 상미분방정식의 일반해를 구하면 다음과 같다.

$$T = A e^{-D_{AB} \lambda^2 t}$$

$$Z = B \cos \lambda z + C \sin \lambda z$$

여기서 A, B, C는 임의의 상수이며, 다음과 같은 일반해 $Y(z, t)$를 얻는다.

$$Y(z, t) = Z(z) T(t) = (B' \cos \lambda z + C' \sin \lambda z) e^{-D_{AB} \lambda^2 t}, \quad B' = AB, \quad C' = AC$$

이제 경계조건을 만족하는 두 상수 B', C'을 결정한다. 먼저 $t > 0$에 대하여 $z = 0$, $Y = 0$을 적용하면 $B' = 0$이다. $t > 0$에서 $z = L$, $Y = 0$을 적용할 때 $C' = 0$이면 자명해가 되므로 $\sin \lambda L = 0$이어야 한다. 따라서 이를 만족하려면 다음 식이 성립해야 한다.

$$\lambda = \frac{n \pi}{L}, \quad n = 1, 2, 3, \cdots$$

중첩 원리에 의해 방정식의 일반해 $Y(z, t)$는 다음과 같다.

$$Y(z, t) = Z(z) T(t) = \sum_{n=1}^{\infty} C_n' \sin \frac{n \pi z}{L} e^{-\frac{D_{AB} (n \pi)^2 t}{L^2}}, \quad n = 1, 2, 3, \cdots$$

이제 $0 < z < L$에서 초기조건 $t = 0$, $Y = Y_0$을 적용하여 계수를 결정한다.

$$Y(z, 0) = Z(z)\,T(0) = Y_0 = \sum_{n=1}^{\infty} C_n{}' \sin \frac{n\pi z}{L}, \quad n = 1, 2, 3, \cdots$$

위 식은 Y_0의 푸리에 사인급수이므로 계수 $C_n{}'$은 다음과 같다.

$$C_n{}' = \frac{2}{L} \int_0^L Y_0 \sin \frac{n\pi z}{L}\, dz = \frac{4 Y_0}{n\pi}, \quad n = 1, 3, 5, \cdots$$

따라서 구하는 해는 다음과 같이 푸리에 급수로 표현된다.

$$Y(z, t) = \frac{C_A - C_{As}}{C_{A_0} - C_{As}} - \frac{4 Y_0}{\pi} \sum_{n=1}^{\infty} \frac{1}{n} \sin \frac{n\pi z}{L}\, e^{-\frac{D_{AB}(n\pi)^2 t}{L^2}}, \quad n = 1, 3, 5, \cdots$$

비정상상태 1차원 열전도 문제의 푸리에 변환(무한 영역 문제)

무한히 긴 막대에서의 열전도는 내부 열 발생이 없다고 가정하면 1차원 열전도 문제로서 다음 미분방정식으로 표현된다.

$$\frac{\partial T}{\partial t} = \alpha \frac{\partial^2 T}{\partial x^2}, \quad -\infty < x < \infty, \quad t > 0$$

다음 초기조건에서 이 미분방정식의 해를 구해 보자.

$$T(x, 0) = f(x), \quad f(x) = \begin{cases} 10, & -1 < x < 1 \\ 0, & \text{이외의 곳에서} \end{cases}$$

여기서 α는 막대의 열확산도이다. 이 방정식의 해를 구하기 위해 푸리에 변환을 이용할 수 있다. 온도가 $-\infty < x < \infty$에서 정의되므로 온도 $T(x, t)$의 푸리에 변환을 $U(\omega, t)$로 정의하면 다음과 같다.

$$U(\omega, t) = \mathscr{F}\,[T(x, t)] = \frac{1}{\sqrt{2\pi}} \int_{-\infty}^{\infty} T(x, t)\, e^{-i\omega x}\, dx$$

$$T(x, t) = \frac{1}{\sqrt{2\pi}} \int_{-\infty}^{\infty} U(\omega, t)\, e^{i\omega x}\, d\omega$$

따라서 푸리에 변환을 이용하여 주어진 미분방정식을 표현하면 다음과 같다.

$$\frac{dU(\omega, t)}{dt} + \alpha \omega^2 U(\omega, t) = 0$$

이 미분방정식은 변수분리형이며, 일반해는 다음과 같다.

$$U(\omega, t) = C e^{-\alpha \omega^2 t}$$

한편 푸리에 변환을 이용하여 초기조건을 나타내면 다음과 같다.

$$U(\omega, 0) = \frac{1}{\sqrt{2\pi}} \int_{-\infty}^{\infty} f(x) e^{-i\omega x} dx = \frac{1}{\sqrt{2\pi}} \int_{-1}^{1} 10 e^{-i\omega x} dx$$

$$= \frac{10}{\sqrt{2\pi}} \frac{e^{-i\omega} - e^{i\omega}}{-i\omega} = \frac{20}{\sqrt{2\pi}} \frac{\sin \omega}{\omega}$$

이 초기조건을 이용하여 상수 C를 구하면

$$U(\omega, 0) = C e^{-\alpha \omega^2 0} = C = \frac{20}{\sqrt{2\pi}} \frac{\sin \omega}{\omega}$$

이므로 다음 특수해를 얻는다.

$$U(\omega, t) = \frac{20}{\sqrt{2\pi}} \frac{\sin \omega}{\omega} e^{-\alpha \omega^2 t}$$

이제 푸리에 변환 $U(\omega, t)$의 역변환을 구하면 다음 해를 얻는다.

$$T(x, t) = \frac{1}{\sqrt{2\pi}} \int_{-\infty}^{\infty} U(\omega, t) e^{i\omega x} d\omega$$

$$= \frac{1}{\sqrt{2\pi}} \int_{-\infty}^{\infty} \frac{20}{\sqrt{2\pi}} \frac{\sin \omega}{\omega} e^{-\alpha \omega^2 t} e^{i\omega x} d\omega$$

$$= \frac{10}{\pi} \int_{-\infty}^{\infty} \frac{\sin \omega}{\omega} e^{-\alpha \omega^2 t} e^{i\omega x} d\omega$$

$$= \frac{10}{\pi} \int_{-\infty}^{\infty} \frac{\sin \omega}{\omega} e^{-\alpha \omega^2 t} (\cos \omega x + i \sin \omega x) d\omega$$

이때 $\frac{\sin \omega \sin \omega x}{\omega} e^{-\alpha \omega^2 t}$ 이 ω에 관한 기함수이므로 $\int_{-\infty}^{\infty} \frac{\sin \omega}{\omega} e^{-\alpha \omega^2 t} \sin \omega x\, d\omega = 0$ 이고, 따라서 다음 해를 얻는다.

$$T(x, t) = \frac{10}{\pi} \int_{-\infty}^{\infty} \frac{\sin \omega \cos \omega x}{\omega} e^{-\alpha \omega^2 t} d\omega$$

01 다음 함수의 집합이 주어진 구간에서 직교집합임을 보이고, 정규직교집합을 구하여라.

(1) $\{1,\cos x,\cos 2x,\cos 3x,\cdots\}$, $[0,2\pi]$

(2) $\left\{\sin\dfrac{\pi x}{2},\sin\pi x,\sin\dfrac{3\pi x}{2},\sin 2\pi x,\cdots\right\}$, $[0,4]$

(3) $\{1,\sin x,\cos x,\sin 2x,\cos 2x,\cdots\}$, $[-\pi,\pi]$

(4) $\left\{1,\sin\dfrac{\pi x}{2},\cos\dfrac{\pi x}{2},\sin\pi x,\cos\pi x,\sin\dfrac{3\pi x}{2},\cos\dfrac{3\pi x}{2},\cdots\right\}$, $[-2,2]$

02 구간 $(-\pi,\pi)$에서 정의되는 함수 $f(x)$의 푸리에 급수를 구하여라.

(1) $f(x)=x-1$ (2) $f(x)=1-2x$

(3) $f(x)=1-x^2$ (4) $f(x)=x^3$

(5) $f(x)=x+|x|$ (6) $f(x)=x|x|$

(7) $f(x)=(1-|x|)^2$ (8) $f(x)=e^{|x|}$

(9) $f(x)=|\sin x|$ (10) $f(x)=\begin{cases}0, & -\pi<x<0\\1, & 0\le x<\pi\end{cases}$

(11) $f(x)=\begin{cases}-1, & -\pi<x<0\\2, & 0\le x<\pi\end{cases}$ (12) $f(x)=\begin{cases}0, & -\pi<x<0\\2x, & 0\le x<\pi\end{cases}$

(13) $f(x)=\begin{cases}0, & -\pi<x<0\\\pi-x, & 0\le x<\pi\end{cases}$ (14) $f(x)=\begin{cases}-x, & -\pi<x<0\\0, & 0\le x<\pi\end{cases}$

(15) $f(x)=\begin{cases}0, & -\pi<x<-\dfrac{\pi}{2}\\[4pt] x, & -\dfrac{\pi}{2}\le x<\dfrac{\pi}{2}\\[4pt] 0, & \dfrac{\pi}{2}\le x<\pi\end{cases}$ (16) $f(x)=\begin{cases}x, & -\pi<x<0\\\pi-x, & 0\le x<\pi\end{cases}$

(17) $f(x)=\begin{cases}\pi+x, & -\pi<x<0\\\pi-x, & 0\le x<\pi\end{cases}$ (18) $f(x)=\begin{cases}\pi-x, & -\pi<x<0\\x^2, & 0\le x<\pi\end{cases}$

03 $p>0$에 대하여 구간 $(-p,p)$에서 정의되고 주기 $2p$인 주기함수 $f(x)$의 푸리에 급수를 구하여라.

(1) $f(x)=x$, $p=1$ (2) $f(x)=1-x^2$, $p=1$

(3) $f(x)=x^3$, $p=1$ (4) $f(x)=1-|x|$, $p=2$

(5) $f(x)=x+|x|$, $p=2$ (6) $f(x)=e^x$, $p=1$

(7) $f(x)=\begin{cases}0, & -1<x<0\\1, & 0\le x<1\end{cases}$ (8) $f(x)=\begin{cases}-1, & -1<x<0\\1, & 0\le x<1\end{cases}$

(9) $f(x) = \begin{cases} 0 , & -1 < x < 0 \\ x , & 0 \le x < 1 \end{cases}$

(10) $f(x) = \begin{cases} 1-x , & -1 < x < 0 \\ 0 , & 0 \le x < 1 \end{cases}$

(11) $f(x) = \begin{cases} 1-x , & -1 < x < 0 \\ x , & 0 \le x < 1 \end{cases}$

(12) $f(x) = \begin{cases} 1-x , & -1 < x < 0 \\ 1+x , & 0 \le x < 1 \end{cases}$

(13) $f(x) = \begin{cases} x^2 , & -1 < x < 0 \\ 1-x^2 , & 0 \le x < 1 \end{cases}$

(14) $f(x) = \begin{cases} 0 , & -1 < x < 0 \\ 1 , & 0 \le x < \dfrac{1}{2} \\ -1 , & \dfrac{1}{2} \le x < 1 \end{cases}$

(15) $f(x) = \begin{cases} 0 , & -1 < x < -\dfrac{1}{2} \\ x , & -\dfrac{1}{2} \le x < \dfrac{1}{2} \\ 0 , & \dfrac{1}{2} \le x < 1 \end{cases}$

04 $[0, 1]$에서 정의되는 함수 $f(x)$를 우함수와 기함수로 확장한 푸리에 급수를 각각 구하여라.

(1) $f(x) = 1 - x$

(2) $f(x) = x^2$

(3) $f(x) = e^x$

(4) $f(x) = e^{-x}$

05 구간 $(-\pi, \pi)$에서 정의되는 다음 함수에 대한 복소수 형태의 푸리에 급수를 구하여라.

(1) $f(x) = x - 1$

(2) $f(x) = x^2$

(3) $f(x) = e^x$

(4) $f(x) = x^2 + x - 1$

06 함수 $f(x)$를 푸리에 적분으로 표현하고, 이 적분을 계산하여라.

(1) $f(x) = \begin{cases} x , & -\pi \le x \le \pi \\ 0 , & |x| > \pi \end{cases}$

(2) $f(x) = \begin{cases} x^2 , & -1 \le x \le 1 \\ 0 , & |x| > 1 \end{cases}$

(3) $f(x) = \begin{cases} |x| , & -1 \le x \le 1 \\ 0 , & |x| > 1 \end{cases}$

(4) $f(x) = \begin{cases} -1 , & -1 \le x \le 0 \\ 1 , & 0 < x \le 1 \\ 0 , & |x| > 1 \end{cases}$

(5) $f(x) = \begin{cases} x , & 0 \le x \le 1 \\ 1-x , & 1 < x \le 2 \\ 0 , & x > 2 \end{cases}$

(6) $f(x) = \begin{cases} \cos x , & -\dfrac{\pi}{2} \le x \le \dfrac{\pi}{2} \\ 0 , & |x| > \dfrac{\pi}{2} \end{cases}$

(7) $f(x) = \begin{cases} \cos x , & -\pi \le x \le 0 \\ \sin x , & 0 < x \le \pi \\ 0 , & |x| > \pi \end{cases}$

(8) $f(x) = e^{-|x|}$

07 함수 $f(x)$의 푸리에 변환을 구하여라.

(1) $f(t) = \begin{cases} k , & -a < t < a \\ 0 , & \text{이외의 곳에서} \end{cases}$

(2) $f(t) = \begin{cases} 1-|t| , & -1 < t < 1 \\ 0 , & \text{이외의 곳에서} \end{cases}$

(3) $f(t) = \begin{cases} \cos t, & -\dfrac{\pi}{2} < t < \dfrac{\pi}{2} \\ 0 & , \ \text{이외의 곳에서} \end{cases}$

(4) $f(t) = e^{-t}u(t-2)$

(5) $f(t) = e^{-|t|}$

(6) $f(t) = e^{-|t-2|}$

(7) $f(t) = e^{-|t|+2it}$

(8) $f(t) = \begin{cases} te^{-t}, & t > 0 \\ 0 & , \ t < 0 \end{cases}$

요약

---

1. 주기 2π 인 주기함수의 푸리에 급수

$$f(x) = a_0 + \sum_{n=1}^{\infty} (a_n \sin nx + b_n \cos nx)$$

$$a_0 = \frac{1}{2\pi} \int_{-\pi}^{\pi} f(x)\,dx\;,\;\; a_n = \frac{1}{\pi} \int_{-\pi}^{\pi} f(x) \sin nx\,dx\;,\;\; b_n = \frac{1}{\pi} \int_{-\pi}^{\pi} f(x) \cos nx\,dx$$

---

2. 주기 $2p$ 인 주기함수의 푸리에 급수

$$f(x) = a_0 + \sum_{n=1}^{\infty} \left(a_n \sin \frac{n\pi x}{p} + b_n \cos \frac{n\pi x}{p}\right)$$

$$a_0 = \frac{1}{2p} \int_{-p}^{p} f(x)\,dx\;,\;\; a_n = \frac{1}{p} \int_{-p}^{p} f(x) \sin\left(\frac{n\pi}{p} x\right) dx\;,\;\; b_n = \frac{1}{p} \int_{-p}^{p} f(x) \cos\left(\frac{n\pi}{p} x\right) dx$$

---

3. 주기 2π 인 우함수의 푸리에 급수

$$f(x) = a_0 + \sum_{n=1}^{\infty} b_n \cos nx$$

$$a_0 = \frac{1}{\pi} \int_{0}^{\pi} f(x)\,dx\;,\;\; b_n = \frac{2}{\pi} \int_{0}^{\pi} f(x) \cos nx\,dx$$

---

4. 주기 2π 인 주기함수의 푸리에 급수

$$f(x) = \sum_{n=1}^{\infty} a_n \sin nx\;,\;\; a_n = \frac{2}{\pi} \int_{0}^{\pi} f(x) \sin nx\,dx$$

---

5. 푸리에 급수의 복소수 표현

$$f(x) = \sum_{n=-\infty}^{\infty} c_n e^{inx}\;,\;\; c_n = \frac{1}{2\pi} \int_{-\pi}^{\pi} f(x) e^{-inx}\,dx$$

---

6. 푸리에 적분

$$f(x) = \int_{0}^{\infty} [A(\omega) \sin \omega x + B(\omega) \cos \omega x]\,d\omega$$

$$A(\omega) = \frac{1}{\pi} \int_{-\infty}^{\infty} f(v) \sin \omega v\,dv\;,\;\; B(\omega) = \frac{1}{\pi} \int_{-\infty}^{\infty} f(v) \cos \omega v\,dv$$

7. 푸리에 코사인적분
$f(x) = \displaystyle\int_0^\infty B(\omega) \cos \omega x \, d\omega, \ B(\omega) = \frac{2}{\pi} \int_0^\infty f(v) \cos \omega v \, dv$
8. 푸리에 사인적분
$f(x) = \displaystyle\int_0^\infty A(\omega) \sin \omega x \, d\omega, \ A(\omega) = \frac{2}{\pi} \int_0^\infty f(v) \sin \omega v \, dv$
9. 푸리에 적분의 복소수 형식
$f(x) = \dfrac{1}{2\pi} \displaystyle\int_{-\infty}^\infty \left(\int_{-\infty}^\infty f(v) e^{-iv\omega} \, dv \right) e^{ix\omega} \, d\omega$

특성	푸리에 변환 공식
1. 시간변수의 확대	$\mathscr{F}[f(at)] = \dfrac{1}{|a|} \mathscr{F}[f(t)]_{\omega \to \frac{\omega}{a}}$
2. 시간축의 이동	$\mathscr{F}[f(t-a)] = e^{-i\omega a} F(\omega)$
3. 제1이동정리	$\mathscr{F}[e^{i\omega_0 t} f(t)] = F(\omega - \omega_0)$
4. 도함수의 변환	$\mathscr{F}[f^{(n)}(t)] = (i\omega)^n F(\omega)$
5. 변환의 쌍대성	$f(-\omega) = \mathscr{F}[F(t)]$
6. 델타함수의 변환	$\mathscr{F}[\delta(t-a)] = \dfrac{1}{\sqrt{2\pi}} e^{-ia\omega}$
7. 코사인 변환	$F_c(\omega) = \sqrt{\dfrac{2}{\pi}} \displaystyle\int_0^\infty f(t) \cos \omega t \, dt$
8. 사인 변환	$F_s(\omega) = \sqrt{\dfrac{2}{\pi}} \displaystyle\int_0^\infty f(t) \sin \omega t \, dt$

	$f(t)$	$\mathscr{F}[f(t)]$
1	$\begin{cases} 1, & -a < x < a \\ 0, & \text{이외의 곳에서} \end{cases}$	$\sqrt{\dfrac{2}{\pi}}\ \dfrac{\sin a\omega}{\omega}$
2	$\begin{cases} 1, & a < x < b \\ 0, & \text{이외의 곳에서} \end{cases}$	$\dfrac{e^{-ia\omega} - e^{-ic\omega}}{i\omega\sqrt{2\pi}}$
3	$\begin{cases} k, & 0 < x < a \\ 0, & \text{이외의 곳에서}, \end{cases} a > 0$	$-\dfrac{ik}{\sqrt{2\pi}\ \omega}\left(1 - e^{-ia\omega}\right)$
4	$\dfrac{1}{x^2 + a^2},\ a > 0$	$\sqrt{\dfrac{\pi}{2}}\ \dfrac{e^{-a|\omega|}}{a}$
5	$\begin{cases} x, & 0 < x < b \\ 2x - a, & b < x < 2b \\ 0, & \text{이외의 곳에서} \end{cases}$	$\dfrac{-1 + 2e^{ib\omega} - e^{-2ib\omega}}{\omega^2\sqrt{2\pi}}$
6	$\begin{cases} e^{-kx}, & x > 0 \\ 0, & \text{이외의 곳에서}, \end{cases} k > 0$	$\dfrac{1}{\sqrt{2\pi}\ (k + i\omega)}$
7	$\begin{cases} e^{ikx}, & -a < x < a \\ 0, & \text{이외의 곳에서}, \end{cases} a > 0$	$\sqrt{\dfrac{2}{\pi}}\ \dfrac{\sin k(\omega - b)}{\omega - b}$
8	$e^{-ax^2},\ a > 0$	$\dfrac{1}{\sqrt{2a}}\ e^{-\frac{\omega^2}{4a}}$
9	$\dfrac{\sin ax}{x}$	$\begin{cases} \sqrt{\dfrac{\pi}{2}}, & -a < w < a \\ 0, & \text{이외의 곳에서} \end{cases}$

푸리에 코사인 변환표

10	$\begin{cases} 1, & 0 < x < a \\ 0, & \text{이외의 곳에서} \end{cases}$	$\sqrt{\dfrac{2}{\pi}}\ \dfrac{\sin a\omega}{\omega}$
11	$e^{-ax},\ a > 0$	$\sqrt{\dfrac{2}{\pi}}\ \dfrac{a}{a^2 + \omega^2}$
12	$e^{-ax^2},\ a > 0$	$\dfrac{1}{\sqrt{2a}}\ e^{-\frac{\omega^2}{4a}}$
13	$\begin{cases} \cos x, & 0 < x < a \\ 0, & \text{이외의 곳에서} \end{cases}$	$\dfrac{1}{\sqrt{2\pi}}\left[\dfrac{\sin a(1 - \omega)}{1 - \omega} + \dfrac{\sin a(1 + \omega)}{1 + \omega}\right]$
14	$\dfrac{\sin ax}{x}$	$\sqrt{\dfrac{\pi}{2}}\ u(a - \omega)$

푸리에 사인 변환표		
15	$\begin{cases} 1, \ 0 < x < a \\ 0, \ \text{이외의 곳에서} \end{cases}$	$\sqrt{\dfrac{2}{\pi}} \dfrac{1 - \cos a\omega}{\omega}$
16	$e^{-ax}, \ a > 0$	$\sqrt{\dfrac{2}{\pi}} \dfrac{\omega}{a^2 + \omega^2}$
17	$\dfrac{e^{-ax}}{x}, \ a > 0$	$\sqrt{\dfrac{2}{\pi}} \tan^{-1}\left(\dfrac{\omega}{a}\right)$
18	$x e^{-ax^2}, \ a > 0$	$\dfrac{\omega}{(2a)^{3/2}} e^{-\frac{\omega^2}{4a}}$
19	$\begin{cases} \sin x, \ 0 < x < a \\ 0 \quad, \ \text{이외의 곳에서} \end{cases}$	$\dfrac{1}{\sqrt{2\pi}}\left[\dfrac{\sin a(1-\omega)}{1-\omega} - \dfrac{\sin a(1+\omega)}{1+\omega} \right]$
20	$\dfrac{\cos ax}{x}$	$\sqrt{\dfrac{\pi}{2}} \, u(\omega - a)$

제9장

복소해석

복소함수는 공학 문제를 해결하기 위한 수학적 도구인 벡터와 더불어 문제 해결에 매우 중요한 역할을 담당한다. 복소함수의 다양한 해석적 방법은 실함수와 벡터함수의 해석적 방법과 같은 듯 다른 측면이 있음을 살펴보고, 공학적으로 많이 활용되는 등각사상에 대하여 살펴 본다.

임의의 복소수 $z = x + iy$를 복소평면 위에 표현하는 방법은 이미 0장에서 살펴봤다. 한편 좌표평면 위의 점은 극좌표로 나타낼 수 있으므로 복소평면 위의 복소수를 나타내는 점을 극좌표로 표현할 수 있다. [그림 9.1]과 같이 직교좌표로 표현된 복소평면 위의 점 $P(x, y)$를 극좌표 $P'(r, \theta)$로 나타내 보자.

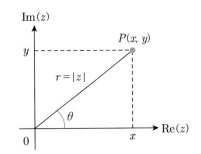

[그림 9.1] 복소평면 위에서의 복소수 z

동경 $|OP| = r$과 편각 θ는

$$r^2 = x^2 + y^2, \ \tan\theta = \frac{y}{x}$$

이고, 직교좌표의 x, y를 동경 r과 편각 θ을 이용하여 나타내면 다음과 같다.

$$x = r\cos\theta, \ y = r\sin\theta$$

그러므로 복소수 $z = x + iy$를 극좌표로 표현하면 다음과 같다.

$$z = r\cos\theta + ir\sin\theta = r(\cos\theta + i\sin\theta)$$

이와 같이 복소수 $z = x + iy$를 극좌표로 나타낸 식을 복소수 z의 극형식$^{\text{polar form}}$이라 한다. 여기서 동경 r과 편각 θ는 각각 다음과 같다.

$$r = |z| = \sqrt{x^2 + y^2}$$
$$\theta = \arg(z) = \tan^{-1}\left(\frac{y}{x}\right)$$

수평축인 양의 실수부 $\mathrm{Re}(z)$ 축을 기준으로 편각 θ가 시계 반대 방향으로 회전할 때 θ는 양의 값을 나타낸다. 오일러 공식에 의해 $e^{i\theta} = \cos\theta + i\sin\theta$ 이므로 복소수 z의 극형식을 다음과 같이 간단히 할 수 있다.

$$z = r\cos\theta + ir\sin\theta = re^{i\theta}$$

사인함수와 코사인함수는 모두 주기 2π 인 주기함수이므로 θ가 복소수 z의 편각이면 $\theta \pm 2\pi$, $\theta \pm 4\pi$, $\cdots$ 역시 z의 편각이다. 즉, 일반적으로 z의 편각은 다음과 같다.

$$\arg(z) = \theta \pm 2n\pi , \ n = 1, 2, 3, \cdots$$

특히 $-\pi < \theta \leq \pi$ 로 제한한 편각을 z의 **주편각**$^{\text{principal argument}}$이라 하며, $\mathrm{Arg}(z)$로 나타낸다. 예를 들어 두 복소수 $z = 1 + i$, $w = \sqrt{3} - i$ 를 복소평면 위에 표시하면 [그림 9.2]와 같으며, z와 w의 일반적인 편각과 주편각은 각각 다음과 같다.

$$\arg(z) = \arg(1 + i) = \frac{\pi}{4} + 2n\pi , \ \mathrm{Arg}(z) = \mathrm{Arg}(1 + i) = \frac{\pi}{4}$$

$$\arg(w) = \arg(\sqrt{3} - i) = -\frac{\pi}{6} + 2n\pi , \ \mathrm{Arg}(w) = \mathrm{Arg}(\sqrt{3} - i) = -\frac{\pi}{6}$$

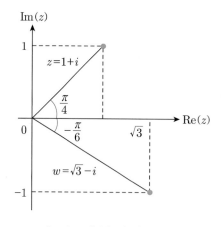

[그림 9.2] 복소수의 주편각

▶ 예제 1

다음 복소수의 주편각을 구한 후, 극형식을 구하여라.

(1) $z = 1 - i$ (2) $z = 1 + i\sqrt{3}$

풀이

주안점 동경 r과 주편각 θ를 구한다.

(1) ❶ 동경을 구한다.

$$r = \sqrt{1^2 + (-1)^2} = \sqrt{2}$$

❷ 주편각을 구한다.

점 $(1, -1)$은 제4사분면에 있으므로

$$\text{Arg}(z) = \theta = \tan^{-1}\left(\frac{-1}{1}\right) = -\frac{\pi}{4}$$

❸ 극형식을 구한다.

$$z = \sqrt{2}\left[\cos\left(-\frac{\pi}{4}\right) + i\sin\left(-\frac{\pi}{4}\right)\right] = \sqrt{2}\,e^{-\frac{\pi i}{4}}$$

(2) ❶ 동경을 구한다.

$$r = \sqrt{1^2 + (\sqrt{3})^2} = 2$$

❷ 주편각을 구한다.

점 $(1, \sqrt{3})$은 제1사분면에 있으므로

$$\text{Arg}(z) = \theta = \tan^{-1}\frac{\sqrt{3}}{1} = \frac{\pi}{3}$$

❸ 극형식을 구한다.

$$z = 2\left(\cos\frac{\pi}{3} + i\sin\frac{\pi}{3}\right) = 2e^{\frac{\pi i}{3}}$$

극형식에 의한 복소수의 연산

복소수 $z = x + iy$의 공액복소수는 $\bar{z} = x - iy$이므로 $\text{Arg}(z) = \theta$라 하면 [그림 9.3]과 같이 극좌표에서 $\bar{z}$의 주편각이 $\text{Arg}(\bar{z}) = -\theta$임을 알 수 있다.

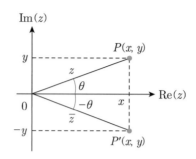

[그림 9.3] 공액복소수의 주편각

따라서 복소수 $z = x + iy$ 의 공액복소수 $\bar{z}$ 의 극형식은 다음과 같다.

$$z_1 = r_1(\cos\theta_1 + i\sin\theta_1), \quad \bar{z} = r(\cos(-\theta) + i\sin(-\theta)) = r(\cos\theta - i\sin\theta)$$

$z_2 = r_2(\cos\theta_2 + i\sin\theta_2)$ 이면 $z_1 = r_1 e^{i\theta_1}$, $z_2 = r_2 e^{i\theta_2}$ 이므로 두 복소수의 곱에 대한 극형식은 다음과 같다.

$$z_1 z_2 = \left(r_1 e^{i\theta_1}\right)\left(r_2 e^{i\theta_2}\right) = r_1 r_2 e^{i(\theta_1 + \theta_2)}$$
$$= r_1 r_2[\cos(\theta_1 + \theta_2) + i\sin(\theta_1 + \theta_2)]$$

같은 방법으로 $z_2 \neq 0$ 에 대하여 두 복소수 z_1, z_2 의 비에 대한 극형식은 다음과 같다.

$$\frac{z_1}{z_2} = \frac{r_1 e^{i\theta_1}}{r_2 e^{i\theta_2}} = \frac{r_1}{r_2}\left(e^{i\theta_1}\right)\left(e^{-i\theta_2}\right) = \frac{r_1}{r_2} e^{i(\theta_1 - \theta_2)}$$
$$= \frac{r_1}{r_2}[\cos(\theta_1 - \theta_2) + i\sin(\theta_1 - \theta_2)]$$

그러므로 두 복소수의 곱과 비에 대한 극형식은 다음과 같다.

① $z_1 z_2 = r_1 r_2 e^{i(\theta_1 + \theta_2)} = r_1 r_2[\cos(\theta_1 + \theta_2) + i\sin(\theta_1 + \theta_2)]$

② $\dfrac{z_1}{z_2} = \dfrac{r_1}{r_2} e^{i(\theta_1 - \theta_2)} = \dfrac{r_1}{r_2}[\cos(\theta_1 - \theta_2) + i\sin(\theta_1 - \theta_2)]$

두 복소수의 곱과 비에 대한 크기와 주편각은 다음과 같다.

③ $|z_1 z_2| = |z_1||z_2|, \quad \left|\dfrac{z_1}{z_2}\right| = \dfrac{|z_1|}{|z_2|}$

④ $\mathrm{Arg}(z_1 z_2) = \mathrm{Arg}(z_1) + \mathrm{Arg}(z_2)$, $\mathrm{Arg}\left(\dfrac{z_1}{z_2}\right) = \mathrm{Arg}(z_1) - \mathrm{Arg}(z_2)$

이때 주편각의 범위는 $-\pi < \mathrm{Arg}(z_1 z_2) \leq \pi$, $-\pi < \mathrm{Arg}\left(\dfrac{z_1}{z_2}\right) \leq \pi$ 임에 유의해야 한다.

▶ 예제 2

다음과 같이 주어진 두 복소수 z_1 , z_2 에 대하여 주편각을 이용한 $z_1 z_2$, $\dfrac{z_1}{z_2}$ 의 극형식을 구하여라.

(1) $|z_1| = 2$, $|z_2| = 1$ 이고 $\mathrm{Arg}(z_1) = \dfrac{\pi}{4}$, $\mathrm{Arg}(z_2) = \dfrac{\pi}{3}$

(2) $|z_1| = \sqrt{2}$, $|z_2| = \sqrt{3}$ 이고 $\mathrm{Arg}(z_1) = -\dfrac{2\pi}{3}$, $\mathrm{Arg}(z_2) = \dfrac{\pi}{2}$

풀이

주안점 주편각은 $-\pi < \theta \leq \pi$ 임에 유의한다.

(1) ❶ 극형식으로 표현한다.

$$z_1 = 2\,e^{\frac{\pi i}{4}} \ , \ z_2 = e^{\frac{\pi i}{3}}$$

❷ 주편각을 구한다.

$\mathrm{Arg}(z_1) = \dfrac{\pi}{4}$, $\mathrm{Arg}(z_2) = \dfrac{\pi}{3}$ 이므로

$$\mathrm{Arg}(z_1 z_2) = \dfrac{\pi}{4} + \dfrac{\pi}{3} = \dfrac{7\pi}{12} \ , \ \mathrm{Arg}\left(\dfrac{z_1}{z_2}\right) = \dfrac{\pi}{4} - \dfrac{\pi}{3} = -\dfrac{\pi}{12}$$

❸ 극형식을 구한다.

$r_1 = 2$, $r_2 = 1$ 에서 $r_1 r_2 = 2$, $\dfrac{r_1}{r_2} = 2$ 이므로

$$z_1 z_2 = 2\,e^{\frac{7\pi i}{12}} = 2\left(\cos\dfrac{7\pi}{12} + i\sin\dfrac{7\pi}{12}\right),$$

$$\dfrac{z_1}{z_2} = 2\,e^{-\frac{\pi i}{12}} = 2\left[\cos\left(-\dfrac{\pi}{12}\right) + i\sin\left(-\dfrac{\pi}{12}\right)\right] = 2\left(\cos\dfrac{\pi}{12} - i\sin\dfrac{\pi}{12}\right)$$

(2) ❶ 극형식으로 표현한다.

$$z_1 = \sqrt{2}\,e^{-\frac{2\pi i}{3}} \ , \ z_2 = \sqrt{3}\,e^{\frac{\pi i}{2}}$$

❷ 주편각을 구한다.

$$\mathrm{Arg}(z_1) = -\frac{2\pi}{3} \ , \ \mathrm{Arg}(z_2) = \frac{\pi}{2} \ 이므로$$

$$\mathrm{Arg}(z_1 z_2) = -\frac{2\pi}{3} + \frac{\pi}{2} = -\frac{\pi}{6} \ , \ \mathrm{Arg}\left(\frac{z_1}{z_2}\right) = -\frac{2\pi}{3} - \frac{\pi}{2} = -\frac{7\pi}{6}$$

$\mathrm{Arg}\left(\dfrac{z_1}{z_2}\right) = -\dfrac{7\pi}{6}$ 는 제2사분면에 있는 편각이지만 주편각은 아니므로 주편각으로 나타내면

$\mathrm{Arg}\left(\dfrac{z_1}{z_2}\right) = \dfrac{5\pi}{6}$ 이다.

❸ 극형식을 구한다.

$$r_1 = \sqrt{2} \ , \ r_2 = \sqrt{3} \ 에서 \ r_1 r_2 = \sqrt{6} \ , \ \frac{r_1}{r_2} = \sqrt{\frac{2}{3}} \ 이므로$$

$$z_1 z_2 = \sqrt{6}\, e^{-\frac{\pi i}{6}} = \sqrt{6}\left[\cos\left(-\frac{\pi}{6}\right) + i\sin\left(-\frac{\pi}{6}\right)\right] = \sqrt{6}\left(\cos\frac{\pi}{6} - i\sin\frac{\pi}{6}\right)$$

$$\frac{z_1}{z_2} = \sqrt{\frac{2}{3}}\, e^{\frac{5\pi i}{6}} = \sqrt{\frac{2}{3}}\left(\cos\frac{5\pi}{6} + i\sin\frac{5\pi}{6}\right)$$

복소수의 거듭제곱과 거듭제곱근

복소수 $z = r(\cos\theta + i\sin\theta) = re^{i\theta}$ 에 대하여 z^2 은 다음과 같다.

$$z^2 = z\,z = \left(re^{i\theta}\right)\left(re^{i\theta}\right) = r^2 e^{2i\theta} = r^2(\cos 2\theta + i\sin 2\theta)$$

계속해서 z^2 에 z 를 곱하면 양의 정수 n 에 대하여 다음을 얻는다.

$$z^n = r^n e^{in\theta} = r^n(\cos n\theta + i\sin n\theta)$$

$z = 1 = (1)e^{0(i\theta)} = 1(\cos 0 + i\sin 0)$ 이며, z 의 역수는

$$\frac{1}{z} = \frac{1}{re^{i\theta}} = \frac{1}{r}e^{-i\theta} = \frac{1}{r}\left[\cos(-\theta) + i\sin(-\theta)\right] = \frac{1}{r}(\cos\theta - i\sin\theta)$$

이므로 다음과 같은 $\dfrac{1}{z}$ 의 n 제곱을 얻는다.

$$\frac{1}{z^n} = \left(\frac{1}{z}\right)^n = \frac{1}{r^n}e^{-in\theta} = \left(\frac{1}{r}\right)^n\left[\cos(-n\theta) + i\sin(-n\theta)\right] = \left(\frac{1}{r}\right)^n(\cos n\theta - i\sin n\theta)$$

즉, 다음이 성립한다.

$$z^{-n} = r^{-n} e^{-in\theta} = r^{-n} [\cos(-n\theta) + i\sin(-n\theta)]$$

그러므로 임의의 정수 n에 대하여 다음 등식이 성립함을 알 수 있다.

$$z^n = r^n (\cos n\theta + i\sin n\theta)$$

특히 $r = 1$, 즉 $z = \cos\theta + i\sin\theta$이면 다음이 성립하며, 이 성질을 드무아브르 공식$^{\text{DeMoivre's formula}}$이라 한다.

$$(\cos\theta + i\sin\theta)^n = \cos n\theta + i\sin n\theta$$

▶ 예제 3

복소수 $z = 1 - i$에 대하여 z^2, z^3, z^4을 각각 구하여라.

풀이

주안점 $z = 1 - i$를 극형식으로 표현한다.

z를 극형식으로 나타내면 $z = \sqrt{2}\, e^{-\frac{i\pi}{4}}$이므로

$$z^2 = \left(\sqrt{2}\, e^{-\frac{i\pi}{4}}\right)^2 = 2\, e^{-\frac{2\pi i}{4}} = 2\left(\cos\frac{\pi}{2} - i\sin\frac{\pi}{2}\right) = -2i,$$

$$z^3 = \left(\sqrt{2}\, e^{-\frac{i\pi}{4}}\right)^3 = 2\sqrt{2}\, e^{-\frac{3\pi i}{4}} = 2\sqrt{2}\left(\cos\frac{3\pi}{4} - i\sin\frac{3\pi}{4}\right) = -2 - 2i,$$

$$z^4 = \left(\sqrt{2}\, e^{-\frac{i\pi}{4}}\right)^4 = 4e^{-\pi i} = 4(\cos\pi - i\sin\pi) = -4$$

자연수 n과 $z \neq 0$인 복소수 z에 대하여 $w^n = z$일 때 w를 z의 n제곱근이라 하며, $w = z^{\frac{1}{n}} = \sqrt[n]{z}$로 나타낸다. 이제 $z = r(\cos\theta + i\sin\theta)$에 대하여 $w = z^{\frac{1}{n}}$을 만족하는 복소수 w를 구하기 위해 $w = \rho(\cos\phi + i\sin\phi)$라 하자. 그러면 $w^n = z$이므로 드무아브르 공식에 의해 다음을 얻는다.

$$[\rho(\cos\phi + i\sin\phi)]^n = \rho^n(\cos n\phi + i\sin n\phi) = r(\cos\theta + i\sin\theta)$$

이때 다음 관계식이 성립한다.

$$\rho^n = r, \ \cos n\phi + i \sin n\phi = \cos\theta + i\sin\theta$$

이 식으로부터 복소수 w의 동경과 편각에 대하여 다음을 만족해야 한다.

$$\rho = r^{\frac{1}{n}}, \ n\phi = \theta + 2k\pi, \ k\text{는 정수}$$

따라서 편각 ϕ는 다음과 같다.

$$\phi = \frac{\theta + 2k\pi}{n}, \ k\text{는 정수}$$

특히 사인함수와 코사인함수는 주기 2π인 주기함수이므로 $k \geq n$인 경우 $w^n - z$의 복소수근 w는 2π의 주기로 반복된다. 즉, $w^n = z$를 만족하는 서로 다른 n개의 복소수근 w_k는 $k = 0, 1, 2, \cdots, n-1$에 대하여 다음이 성립한다.

$$w_k = r^{\frac{1}{n}}\left(\cos\frac{\theta + 2k\pi}{n} + i\sin\frac{\theta + 2k\pi}{n}\right)$$

특히 $w^n = 1$을 만족하는 복소수 w를 n차 단위근$^{\text{root of unity}}$이라 하며, 이 방정식을 만족하는 w는 $k = 0, 1, 2, \cdots, n-1$에 대하여 다음과 같다.

$$w_k = \cos\frac{2k\pi}{n} + i\sin\frac{2k\pi}{n}$$

▶ 예제 4

복소수 $z = 1 + i$에 대하여 다음을 구하여라.

(1) $\sqrt{z}$ (2) $\sqrt[3]{z}$

풀이

주안점 $z = 1 + i$를 극형식으로 표현한다.

(1) ❶ z를 극형식으로 표현한다.

$$z = 1 + i = \sqrt{2}\left(\cos\frac{\pi}{4} + i\sin\frac{\pi}{4}\right)$$

❷ 동경을 구한다.

$w^2 = z$ 라 하면 $\rho = (\sqrt{2})^{\frac{1}{2}} = 2^{\frac{1}{4}}$ 이다.

❸ w 를 구한다.

$k = 0$ 인 경우

$$w_0 = \sqrt[4]{2}\left(\cos\frac{\frac{\pi}{4} + 0\,\pi}{2} + i\sin\frac{\frac{\pi}{4} + 0\,\pi}{2}\right) = \sqrt[4]{2}\left(\cos\frac{\pi}{8} + i\sin\frac{\pi}{8}\right)$$

$k = 1$ 인 경우

$$w_1 = \sqrt[4]{2}\left(\cos\frac{\frac{\pi}{4} + 2\pi}{2} + i\sin\frac{\frac{\pi}{4} + 2\pi}{2}\right) = \sqrt[4]{2}\left(\cos\frac{9\pi}{8} + i\sin\frac{9\pi}{8}\right)$$

(2) ❶ 동경을 구한다.

$w^3 = z$ 라 하면 $\rho = (\sqrt{2})^{\frac{1}{3}} = 2^{\frac{1}{6}}$ 이다.

❷ w 를 구한다.

$k = 0$ 인 경우

$$w_0 = \sqrt[6]{2}\left(\cos\frac{\frac{\pi}{4} + 0\,\pi}{3} + i\sin\frac{\frac{\pi}{4} + 0\,\pi}{3}\right) = \sqrt[6]{2}\left(\cos\frac{\pi}{12} + i\sin\frac{\pi}{12}\right)$$

$k = 1$ 인 경우

$$w_1 = \sqrt[6]{2}\left(\cos\frac{\frac{\pi}{4} + 2\pi}{3} + i\sin\frac{\frac{\pi}{4} + 2\pi}{3}\right) = \sqrt[6]{2}\left(\cos\frac{3\pi}{4} + i\sin\frac{3\pi}{4}\right)$$

$$= \frac{\sqrt[6]{2}}{\sqrt{2}}\,(-1 + i)$$

$k = 2$ 인 경우

$$w_2 = \sqrt[6]{2}\left(\cos\frac{\frac{\pi}{4} + 4\pi}{3} + i\sin\frac{\frac{\pi}{4} + 4\pi}{3}\right) = \sqrt[6]{2}\left(\cos\frac{17\pi}{12} + i\sin\frac{17\pi}{12}\right)$$

복소함수의 연속성과 미분가능성을 살펴보기 위해 이변수함수와 비교해 본다. 이변수함수 $z = f(x, y)$는 [그림 9.4]와 같이 좌표평면 위의 한 점 (x, y)를 실수 z로 대응시키는 규칙이다.

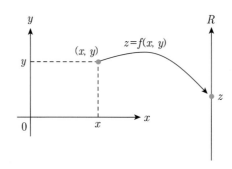

[그림 9.4] 이변수함수의 의미

다음과 같이 평면 위의 주어진 점 (a, b)를 중심으로 반지름의 길이가 r인 원의 내부를 열린 원판이라 한다.

$$D = \{(x, y) \mid (x - a)^2 + (y - b)^2 < r^2, \ r > 0\}$$

열린 원판은 [그림 9.5]와 같이 정점 (a, b)로부터 거리가 r만큼 떨어진 점들의 집합인 원의 경계를 제외한 내부를 나타낸다.

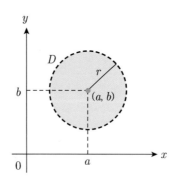

[그림 9.5] 좌표평면에서 열린 원판

한편 두 복소수 $z = x + iy$, $w = u + iv$에 대하여 복소함수 $w = f(z)$는 복소평면인 좌표평면 위의 한 점 (x, y)를 복소평면 위의 점 (u, v)로 대응시키는 규칙을 의미한다.

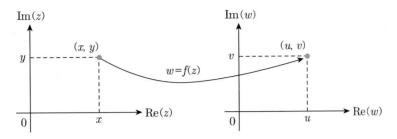

[그림 9.6] 복소함수의 의미

[그림 9.7]과 같이 복소평면 위의 한 정점 (a, b)로부터 거리가 ρ만큼 떨어져 있는 점 (x, y)의 자취는 중심이 z_0이고 반지름의 길이가 ρ인 원을 이루며, 이와 같은 복소수 $z = x + iy$는 다음을 만족한다.

$$|z - z_0| = \rho, \ \rho > 0, \ z_0 = a + ib$$

$|z - z_0| < \rho$를 만족하는 점 z의 집합 D를 z_0의 ρ-근방^{neighborhood} 또는 열린 원판$^{\text{open disk}}$이라 한다.

$$D = \left\{ z \in \mathbb{C} \mid |z - z_0| < \rho, \ \rho > 0 \right\}$$

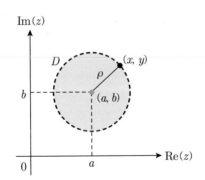

[그림 9.7] 복소평면에서 열린 원판

예를 들어 $|z - (1 + i)| = 1$을 만족하는 복소수 z는 정점 $z_0 = 1 + i$를 중심으로 하고 반지름의 길이가 1인 원의 경계 위의 점이며, $|z - (1 + i)| < 1$을 만족하는 복소수 z는 이 원의 경계를 제외한 내부의 점이다. 또한 복소평면 위의 임의의 공집합이 아닌 부분집합 S에 대하여 점 z_0에 대한 어떤 열린 원판이 S의 점들로만 구성되는 경우, 점 z_0을 S의 내점$^{\text{interior point}}$이라 한다. 반면, 이 열린 원판이 S의 점을 하나도 포함하지 않으면 점 z_0을 S의 외점$^{\text{exterior point}}$이라 하고, 열린 원판이 S의 점과 S의 외부의 점을 모두 포함하면 경계점$^{\text{boundary point}}$이라 한다. 그리고 경계점들로 구성된 집합 bdy(S)를 S의 경계^{boundary}라 하며, [그림 9.8]은 집합 S의 내점, 외점, 경계점을 보여 준다.

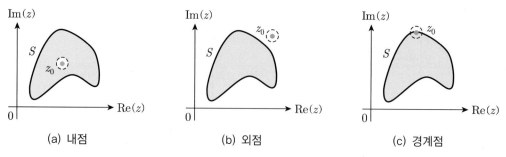

| (a) 내점 | (b) 외점 | (c) 경계점 |

[그림 9.8] 집합의 내점과 외점 및 경계점

[그림 9.9(a)]와 같이 경계점을 포함하지 않고 내점으로만 이루어진 집합을 **열린집합**^{open set}이라 하고, [그림 9.9(b)]와 같이 경계점과 내점으로 구성된 집합을 **닫힌집합**^{closed set}이라 한다.

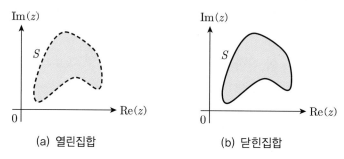

| (a) 열린집합 | (b) 닫힌집합 |

[그림 9.9] 열린집합과 닫힌집합

▶ 예제 5

다음 집합이 나타내는 복소평면 위의 집합을 그린 후, 경계를 구하여라.

(1) $S_1 = \{ z \mid \mathrm{Im}(z) < 2 \}$

(2) $S_2 = \{ z \mid -1 < \mathrm{Re}(z) < 1 \}$

(3) $S_3 = \{ z \mid |z| > 1 \}$

(4) $S_4 = \{ z \mid 1 < |z| < 2 \}$

풀이

각 집합의 경계와 그림은 다음과 같다.

(1) $\mathrm{bdy}(S_1) = \{ x + yi \mid -\infty < x < \infty,\ y = 2 \}$

(2) $\mathrm{bdy}(S_2) = \{ x + yi \mid x = -1 \ 또는 \ x = 1,\ -\infty < y < \infty \}$

(3) $\mathrm{bdy}(S_3) = \{ x + yi \mid x^2 + y^2 = 1 \}$

(4) $\mathrm{bdy}(S_4) = \{ x + yi \mid x^2 + y^2 = 1 \ 또는 \ x^2 + y^2 = 4 \}$

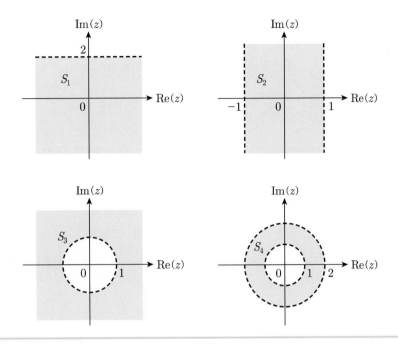

[예제 5]의 네 집합은 모두 열린집합이며 경계를 포함할 경우 S_4는 닫힌집합이지만, 나머지 세 집합은 닫힌집합이 아니다. 특히 집합 S_4와 같이 모든 $z \in S$에 대하여 $|z| < k$인 실수 k가 존재하는 집합 S를 유계하다^{bounded}라고 한다. S의 임의의 두 점 z_1, z_2를 영역 S 안에 완전히 놓이는 유한 개의 선분에 의해 연결할 수 있을 때, 이 영역 S를 연결집합$^{\text{connected set}}$이라 한다.

앞에서 이변수함수와 비교하여 복소함수를 간단히 소개했는데, 이제 복소함수를 정의하자. [그림 9.10]과 같이 z복소평면의 부분집합 D의 각 복소수 z를 w복소평면의 오로지 하나의 복소수 w를 대응시키는 규칙 f를 복소함수$^{\text{complex function}}$라 하며, $w = f(z)$로 나타낸다. 이때 D를 f의 정의역^{domain}, w를 f에 의한 z의 상^{image} 또는 함숫값$^{\text{value of function}}$이라 한다. 그리고 함수 f에 의한 함숫값 w의 집합 $\{w \mid w = f(z),\ z \in S\}$를 f의 치역^{range}이라 한다.

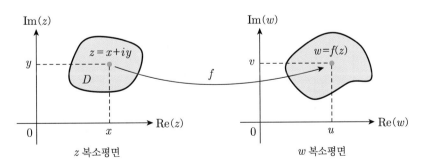

[그림 9.10] 복소함수

예를 들어 $z = x + iy$에 대하여 $w = f(z) = z^2$이라 하면 함숫값 w는 다음과 같다.

$$w = (x + iy)^2 = (x^2 - y^2) + 2xyi$$

따라서 w의 실수부와 허수부는 각각 다음과 같이 이변수함수가 된다.

$$\mathrm{Re}(w) = u(x, y) = x^2 - y^2, \ \mathrm{Im}(w) = v(x, y) = 2xy$$

▶ 예제 6

다음 복소함수 f와 주어진 영역에 대한 $w = f(z)$의 영역을 구하여라.

(1) $f(z) = z^2 + 2z$, 직선 $\mathrm{Re}(z) = 1$ (2) $f(z) = \bar{z}^2$, 원판 $|z| \leq 2$

풀이

주안점 주어진 영역에 대한 두 점 (x, y), (u, v)의 관계를 찾는다.

(1) ❶ $z = x + iy$에 대하여 $f(z)$를 구한다.

$$f(z) = z^2 + 2z = (x + iy)^2 + 2(x + iy) = (x^2 + 2x - y^2) + i(2xy + 2y)$$

❷ u, v를 구한다.

$$u(x, y) = x^2 + 2x - y^2, \ v(x, y) = 2xy + 2y$$

❸ 주어진 영역에서 u, v의 관계를 구한다.
$\mathrm{Re}(z) = x = 1$, $-\infty < y < \infty$ 이므로

$$u = 3 - y^2, \ v = 4y, \ -\infty < u < \infty, \ -\infty < v < \infty$$

$$u = -\frac{v^2}{16} + 3, \ -\infty < v < \infty$$

❹ (u, v)의 자취를 그린다.

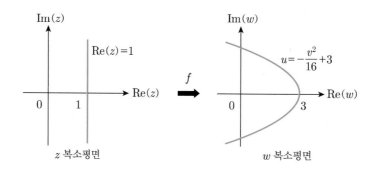

z 복소평면 w 복소평면

(2) ❶ 원판 위의 점을 극형식으로 나타낸다.

$$z = 2(\cos\theta + i\sin\theta),\ -\pi < \theta \leq \pi$$

❷ $\overline{z}$ 와 $f(z)$를 극형식으로 표현한다.

$$\overline{z} = 2(\cos\theta - i\sin\theta),\ f(z) = \overline{z}^2 = 4(\cos2\theta - i\sin2\theta)$$

❸ u, v를 구한다.

$$u(r,\theta) = 4\cos2\theta,\ v(r,\theta) = -4\sin2\theta,\ -\pi < \theta \leq \pi$$

❹ u, v의 관계를 구한다.

$$u^2 + v^2 = (4\cos2\theta)^2 + (-4\sin2\theta)^2 = 4^2,\ -\pi < \theta \leq \pi$$

❺ (u, v)의 자취를 그린다.

w의 영역은 반지름의 길이가 4인 원의 내부이다. 이때 경계는 포함한다.

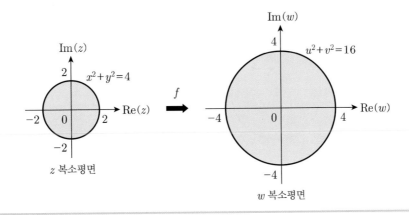

극한과 연속

복소함수 $f(z)$가 z_0의 근방에 있는 z_0을 제외한 모든 점에서 정의된다고 하자. $z \to z_0$일 때 $f(z) \to w_0$인 복소수 w_0이 존재하면 w_0을 $f(z)$의 극한^{limit}이라 하며, 다음과 같이 나타낸다.

$$\lim_{z \to z_0} f(z) = w_0$$

이는 z_0이 아닌 임의의 복소수 z가 z_0에 가까워질 때 $w = f(z)$는 w_0에 한없이 가까워짐을 의미하며, 이 경우 $f(z)$는 w_0에 수렴한다^{converge}라고 한다. 이와 같은 극한의 개념을 엄밀하게 표현하면 임의의 양수 ε에 대하여 다음 관계를 만족하는 양수 δ가 존재함을 의미한다.

$$0 < |z - z_0| < \delta \text{ 일 때, } |f(z) - w_0| < \varepsilon$$

즉, 임의의 양수 ε을 어떻게 택하더라도 [그림 9.11]과 같이 위 관계를 만족하는 양수 δ를 택할 수 있다면 w_0을 $f(z)$의 극한이라 한다.

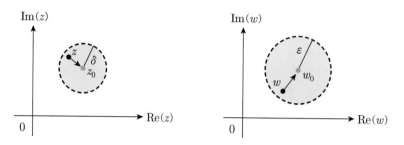

[그림 9.11] 복소함수의 극한의 의미

이때 유의할 점은 이변수함수의 경우와 동일하게 $z \to z_0$인 방법이 [그림 9.12]와 같이 무수히 많으며, 모든 경로에 대한 극한값이 동일하게 w_0일 때에 한하여 $f(z)$의 극한이 존재한다고 하는 것이다.

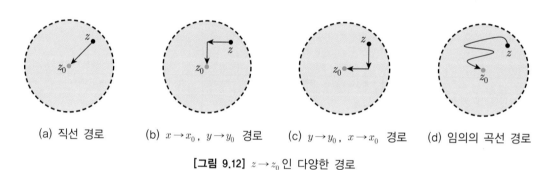

(a) 직선 경로   (b) $x \to x_0$, $y \to y_0$ 경로   (c) $y \to y_0$, $x \to x_0$ 경로   (d) 임의의 곡선 경로

[그림 9.12] $z \to z_0$인 다양한 경로

특히 극한이 $w_0 = f(z_0)$일 때, 즉 다음을 만족할 때 $w = f(z)$는 $z = z_0$에서 **연속**continuous이라 한다.

$$\lim_{z \to z_0} f(z) = f(z_0)$$

복소함수의 극한은 이변수함수의 극한과 동일하게 정의됨을 알 수 있으며, 따라서 다음과 같이 이변수함수의 극한의 성질이 복소함수의 극한에도 성립한다.

정리 1   **복소함수의 극한**

$\lim\limits_{z \to z_0} f(z) = w_1$, $\lim\limits_{z \to z_0} g(z) = w_2$이면 다음이 성립한다.

(1) $\lim\limits_{z \to z_0} [f(z) \pm g(z)] = w_1 \pm w_2$

(2) $\lim_{z \to z_0} \alpha f(z) = \alpha w_1$

(3) $\lim_{z \to z_0} f(z) g(z) = w_1 w_2$

(4) $\lim_{z \to z_0} \dfrac{f(z)}{g(z)} = \dfrac{w_1}{w_2}$ 단, $w_2 \neq 0$

정리 2   **복소함수의 연속성**

두 복소함수 $f(z)$, $g(z)$가 $z = z_0$에서 연속이면 다음이 성립한다.

(1) $\lim_{z \to z_0} [f(z) + g(z)] = f(z_0) + g(z_0)$, 즉 $f(z) + g(z)$는 $z = z_0$에서 연속이다.

(2) $\lim_{z \to z_0} \alpha f(z) = \alpha f(z_0)$, 즉 $\alpha f(z)$는 $z = z_0$에서 연속이다.

(3) $\lim_{z \to z_0} f(z) g(z) = f(z_0) g(z_0)$, 즉 $f(z) g(z)$는 $z = z_0$에서 연속이다.

(4) $\lim_{z \to z_0} \dfrac{f(z)}{g(z)} = \dfrac{f(z_0)}{g(z_0)}$ 단, $g(z_0) \neq 0$, 즉 $\dfrac{f(z)}{g(z)}$는 $z = z_0$에서 연속이다.

[정리 2]의 (1), (2), (3)에 의해 다음과 같은 z에 관한 n차 복소다항식은 모든 복소수에서 연속이다.

$$f(z) = z^n + a_0 z^{n-1} + a_2 z^{n-2} + \cdots + a_{n-1} z + a_n, \ a_i, \ i = 1, 2, \cdots, n \text{은 복소수}$$

두 복소다항식 $p(z)$, $q(z)$에 대한 다음 복소유리함수는 $q(z) \neq 0$인 모든 복소수에서 연속이다.

$$f(z) = \frac{p(z)}{q(z)}$$

▶ 예제 7

다음 극한을 구하여라.

(1) $\lim_{z \to i} (z^2 - 2z + 2 - i)$ (2) $\lim_{z \to 1+i} \dfrac{z^2}{z - 3i}$

풀이

(1) $\lim_{z \to i} (z^2 - 2z + 2 - i) = i^2 - 2i + 2 - i = 1 - 3i$

(2) $\lim_{z \to 1+i} \dfrac{z^2}{z - 3i} = \dfrac{(1+i)^2}{(1+i) - 3i} = \dfrac{1 + 2i + i^2}{1 - 2i} = \dfrac{-4 + 2i}{5}$

도함수

복소함수의 미분가능성과 도함수에 대하여 살펴본다. 실함수의 경우와 동일하게 복소함수 $w = f(z)$ 가 z_0의 근방에서 정의되고 z의 증분 Δz과 w의 증분 Δw를 각각 다음과 같이 정의하자.

$$\Delta z = \Delta x + i \Delta y, \ \Delta w = f(z_0 + \Delta z) - f(z_0)$$

이때 정의역에 있는 임의의 복소수 z에 대하여 다음 극한 $f'(z)$가 존재하면 $f'(z)$를 f의 도함수^{derivative} 라 한다.

$$f'(z) = \lim_{\Delta z \to 0} \frac{\Delta w}{\Delta z} = \lim_{\Delta z \to 0} \frac{f(z + \Delta z) - f(z)}{\Delta z}$$

$w = f(z)$가 $z = z_0$에시 도함수가 존재하면 함수 f는 z_0에서 미분가능^{differential}하다고 한다.

▶ 예제 8

함수 $f(z)$의 도함수가 존재하는 경우 $f'(z)$를 구하여라.

(1) $f(z) = z^2$　　　　　　　　　　　　　(2) $f(z) = |z|^2$

풀이

(1) 임의의 점 z에서 f의 도함수는 다음과 같다.

$$f'(z) = \lim_{\Delta z \to 0} \frac{f(z + \Delta z) - f(z)}{\Delta z} = \lim_{\Delta z \to 0} \frac{(z + \Delta z)^2 - z^2}{\Delta z}$$
$$= \lim_{\Delta z \to 0} (2z + \Delta z) = 2z$$

(2) ❶ $z_0 = x_0 + i y_0$에서 $\dfrac{\Delta w}{\Delta z}$를 구한다.

$$\frac{\Delta w}{\Delta z} = \frac{|z_0 + \Delta z|^2 - |z_0|^2}{\Delta z} = \frac{(z_0 + \Delta z)(\overline{z_0} + \overline{\Delta z}) - z_0 \overline{z_0}}{\Delta z}$$
$$= \overline{z_0} + \overline{\Delta z} + z_0 \frac{\overline{\Delta z}}{\Delta z}$$

❷ $z_0 = 0$이면 $\overline{z_0} = 0$이므로 $\dfrac{\Delta w}{\Delta z} = \overline{\Delta z}$임을 이용한다.

$$f'(0) = \lim_{\Delta z \to 0} \frac{f(z + \Delta z) - f(z)}{\Delta z} = \lim_{\Delta z \to 0} \overline{\Delta z} = 0$$

❸ $\displaystyle\lim_{\Delta z \to 0} \frac{\Delta w}{\Delta z}$ 의 존재성을 파악한다.

$z_0 \neq 0$ 인 경우에 대하여 모든 경로에서 $\Delta z \to 0$ 일 때 극한 $\displaystyle\lim_{\Delta z \to 0} \frac{\Delta w}{\Delta z}$ 가 동일해야 한다.

$z_0 = x_0 + i y_0$ 일 때, 다음 두 경로에 따른 극한이 서로 다름을 살펴볼 수 있다.

ⓐ Δz 가 실수축(x 축)을 따라 $\Delta z \to 0$ 인 경우

그림 (a)와 같이 $z = x + i y_0$ 이므로 수평선 위에서 $f(z)$ 는 다음과 같다.

$$f(z) = |z|^2 = |x|^2 = x^2$$

이때 $\Delta z \to 0$ 이면 $\Delta x \to 0$ 이므로 다음 극한을 얻는다.

$$\lim_{\Delta z \to 0} \frac{\Delta w}{\Delta z} = \lim_{\Delta x \to 0} \frac{(x + \Delta x)^2 - x^2}{\Delta x} = \lim_{\Delta x \to 0} (2x + \Delta x) = 2x$$

ⓑ Δz 가 순허수축(y 축)을 따라 $\Delta z \to 0$ 인 경우

그림 (b)와 같이 $z = x_0 + i y$ 이므로 수직선 위에서 $f(z)$ 는 다음과 같다.

$$f(z) = |z|^2 = |i y|^2 = (i y)(- i y) = y^2$$

이때 $\Delta z \to 0$ 이면 $\Delta y \to 0$ 이므로 다음 극한을 얻는다.

$$\lim_{\Delta z \to 0} \frac{\Delta w}{\Delta z} = \lim_{\Delta y \to 0} \frac{(y + \Delta y)^2 - y^2}{\Delta y} = \lim_{\Delta y \to 0} (2y + \Delta y) = 2y$$

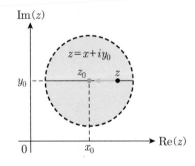

(a) Δz 가 실수축(x 축)을 따라 접근

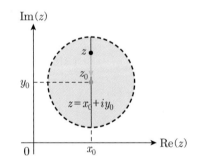

(b) Δz 가 순허수축(y 축)을 따라 접근

❹ 도함수를 구한다.

두 경로에 따른 극한이 서로 다르므로 $z_0 \neq 0$ 이면 $f'(z_0)$ 이 존재하지 않는다.

즉, $f(z) = |z|^2$ 은 $z = 0$ 에서만 도함수 $f'(0)$ 이 존재한다.

해석함수

실함수의 경우와 동일하게 $f(z)$가 어떤 점 z_0에서 미분가능하면 이 점에서 $f(z)$는 연속이다. 한편 z_0의 열린 원판 안에 있는 모든 점에서 $f(z)$가 미분가능하면 $f(z)$를 z_0에서 해석적^{analytic}이라 한다. 특히 복소평면 전체에서 해석적인 함수를 완전함수$^{\text{entire function}}$라 한다. 예를 들어 $f(z) = z^2$은 모든 복소수 z에 대하여 $f'(z) = 2z$가 존재하므로 $f(z)$는 완전함수이고, $f(z) = |z|^2$은 $z = 0$에서만 해석적이다.

실함수와 마찬가지로 복소함수 f가 z_0에서 미분가능하면 이 함수는 z_0에서 연속이고, 복소함수의 미분법은 다음 정리와 같이 실함수의 미분법에 따른다.

정리 3   **복소함수의 미분법**

두 복소함수 $f(z)$, $g(z)$가 미분가능하면 임의의 복소수 c에 대하여 다음이 성립한다.

(1) $\dfrac{d}{dz} c = 0$

(2) $\dfrac{d}{dz} cf(z) = cf'(z)$

(3) $\dfrac{d}{dz} [f(z) \pm g(z)] = f'(z) \pm g'(z)$

(4) $\dfrac{d}{dz} f(z)\, g(z) = f'(z)\, g(z) + f(z) g'(z)$

(5) $\dfrac{d}{dz} \left(\dfrac{f(z)}{g(z)} \right) = \dfrac{f'(z)\, g(z) - f(z)\, g'(z)}{(g(z))^2}$

(6) $\dfrac{d}{dz} f(g(z)) = f'(g(z)) g'(z)$ 합성함수의 도함수

정수 $n(\neq -1)$에 대하여 $\dfrac{d}{dz} z^n = n z^{n-1}$이며, $f(z) = z^n$는 완전함수이다. 복소수 상수 a_k, $k = 1, 2, \cdots, n$에 대하여 다음 형태의 다항식도 완전함수이다.

$$f(z) = z^n + a_1 z^{n-1} + a_2 z^{n-2} + \cdots + a_{n-1} z + a_n$$

따라서 복소유리함수 $f(z) = \dfrac{p(z)}{q(z)}$는 $q(z) = 0$이 되는 z를 포함하지 않는 모든 영역에서 해석적이다.

▶ 예제 9

$f(z) = \dfrac{z^3 + 2z}{z^2 + 4}$ 의 도함수를 구한 후, 이 함수가 해석적이 되도록 하는 최대 영역을 구하여라.

풀이

❶ 도함수를 구한다.

$$f'(z) = \frac{(z^3 + 2z)'(z^2 + 4) - (z^3 + 2z)(z^2 + 4)'}{(z^2 + 4)^2}$$

$$= \frac{(3z^2 + 2)(z^2 + 4) - (z^3 + 2z)(2z)}{(z^2 + 4)^2} = \frac{3z^4 - 2z^3 + 10z^2 + 8}{(z^2 + 4)^2}$$

❷ 해석적인 영역을 구한다.

분모가 0이 아닐 때, 즉 $z^2 + 4 \neq 0$ 에서 $z \neq \pm 2i$ 일 때 f 의 도함수가 존재하므로 f 는
$S = \{z \,|\, z \neq \pm 2i\}$ 에서 해석적이다.

특히 $w = f(z)$ 가 영역 D 의 모든 점에서 미분가능하면 이 함수를 D 에서 해석적이라 한다.
$f(z) = u(x, y) + i\,v(x, y)$ 라 하면 $f'(z)$ 는 다음과 같이 나타낼 수 있다.

$$f'(z) = \lim_{\substack{\Delta x \to 0 \\ \Delta y \to 0}} \frac{u(x + \Delta x, y + \Delta y) + i\,v(x + \Delta x, y + \Delta y) - u(x, y) - i\,v(x, y)}{\Delta x + i\,\Delta y}$$

$$= \lim_{\substack{\Delta x \to 0 \\ \Delta y \to 0}} \frac{(u(x + \Delta x, y + \Delta y) - u(x, y)) + i\,(v(x + \Delta x, y + \Delta y) - v(x, y))}{\Delta x + i\,\Delta y}$$

[예제 8]의 그림 (a)와 같이 y 를 고정하고 Δz 가 실수축을 따라 0에 접근하면 $\Delta z = \Delta x + i\,0$ 이고
$\Delta z = \Delta x \to 0$ 이므로 $f'(z)$ 는 다음과 같다.

$$f'(z) = \lim_{\Delta x \to 0} \frac{u(x + \Delta x, y) - u(x, y)}{\Delta x} + i \lim_{\Delta x \to 0} \frac{v(x + \Delta x, y) - v(x, y)}{\Delta x}$$

따라서 $f'(z)$ 의 실수부와 허수부는 각각 다음과 같다.

$$\mathrm{Re}[f'(z)] = \lim_{\Delta x \to 0} \frac{u(x + \Delta x, y) - u(x, y)}{\Delta x},$$

$$\mathrm{Im}[f'(z)] = \lim_{\Delta x \to 0} \frac{v(x + \Delta x, y) - v(x, y)}{\Delta x}$$

또한 [예제 8]의 그림 (b)와 같이 x를 고정하고 Δz가 순허수축을 따라 0에 접근하면 $\Delta z = 0 + i\Delta y$
이고 $\Delta z = \Delta y \to 0$ 이므로 $f'(z)$는 다음과 같다.

$$f'(z) = \lim_{\Delta y \to 0} \frac{u(x, y+\Delta y) - u(x, y)}{i\Delta y} + i \lim_{\Delta y \to 0} \frac{v(x, y+\Delta y) - v(x, y)}{i\Delta y}$$

$$= (-i) \lim_{\Delta y \to 0} \frac{u(x, y+\Delta y) - u(x, y)}{\Delta y} + \lim_{\Delta y \to 0} \frac{v(x, y+\Delta y) - v(x, y)}{\Delta y}$$

그러므로 이 경로에 대한 $f'(z)$의 실수부와 허수부는 각각 다음과 같다.

$$\text{Re}[f'(z)] = \lim_{\Delta y \to 0} \frac{v(x, y+\Delta y) - v(x, y)}{\Delta y},$$

$$\text{Im}[f'(z)] = (-1) \lim_{\Delta y \to 0} \frac{u(x, y+\Delta y) - u(x, y)}{\Delta y}$$

$w = f(z)$가 미분가능하려면 임의의 경로에서 $\Delta z \to 0$일 때 극한값 $f'(z)$가 동일해야 하므로 두
경로에 따른 도함수가 같아야 한다. 즉, 다음이 성립해야 한다.

$$\text{Re}[f'(z)] = \lim_{\Delta x \to 0} \frac{u(x+\Delta x, y) - u(x, y)}{\Delta x} = \lim_{\Delta y \to 0} \frac{v(x, y+\Delta y) - v(x, y)}{\Delta y},$$

$$\text{Im}[f'(z)] = \lim_{\Delta x \to 0} \frac{v(x+\Delta x, y) - v(x, y)}{\Delta x} = (-1) \lim_{\Delta y \to 0} \frac{u(x, y+\Delta y) - u(x, y)}{\Delta y}$$

이때 $\text{Re}[f'(z)]$의 두 극한은 다음과 같이 각각 $u(x, y)$와 $v(x, y)$의 편도함수이다.

$$\frac{\partial u}{\partial x} = \lim_{\Delta x \to 0} \frac{u(x+\Delta x, y) - u(x, y)}{\Delta x},$$

$$\frac{\partial v}{\partial y} = \lim_{\Delta y \to 0} \frac{v(x, y+\Delta y) - v(x, y)}{\Delta y}$$

$\text{Im}[f'(z)]$의 두 극한은 다음과 같이 각각 $u(x, y)$와 $v(x, y)$의 편도함수이다.

$$\frac{\partial v}{\partial x} = \lim_{\Delta x \to 0} \frac{v(x+\Delta x, y) - v(x, y)}{\Delta x},$$

$$\frac{\partial u}{\partial y} = \lim_{\Delta y \to 0} \frac{u(x, y+\Delta y) - u(x, y)}{\Delta y}$$

따라서 $w = f(z) = u(x, y) + iv(x, y)$가 영역 D에서 해석적이면 D의 모든 점에서 u, v는 다음을
만족한다.

$$\frac{\partial u}{\partial x} = \frac{\partial v}{\partial y} , \ \frac{\partial u}{\partial y} = -\frac{\partial v}{\partial x}$$

이 관계식을 코시-리만 방정식$^{\text{Cauchy-Riemann equation}}$이라 하며, 이 경우 도함수 $f'(z)$는 다음과 같다.

$$f'(z) = \frac{\partial u}{\partial x} + i\frac{\partial v}{\partial x} = \frac{\partial v}{\partial y} - i\frac{\partial u}{\partial y}$$

역으로 영역 D에서 이변수함수 u, v가 연속이고 편미분가능할 때, D의 모든 점에서 u, v가 코시-리만 방정식을 만족하면 $f(z) = u(x, y) + iv(x, y)$는 D에서 해석적이다. 이에 대한 증명은 매우 길고 복잡하므로 생략한다.

▶ 예제 10

다음 함수의 도함수를 구하여라.

(1) $f(z) = z^2 + 2z$ (2) $f(z) = \dfrac{1}{z}$ (3) $f(z) = e^z$

풀이

주안점 $u(x, y)$와 $v(x, y)$와 이들의 편도함수를 구한다.

(1) ❶ $f(z) = u(x, y) + iv(x, y)$ 형태로 표현한다.

$$f(z) = z^2 + 2z = (x + iy)^2 + 2(x + iy) = (x^2 + 2x - y^2) + 2(x + 1)yi$$

❷ $u(x, y)$와 $v(x, y)$를 구한다.

$$u(x, y) = x^2 + 2x - y^2 , \ v(x, y) = 2(x + 1)y$$

❸ 편도함수를 구한다.

$$\frac{\partial u}{\partial x} = 2x + 2 , \ \frac{\partial u}{\partial y} = -2y , \ \frac{\partial v}{\partial x} = 2y , \ \frac{\partial v}{\partial y} = 2(x + 1)$$

❹ 코시-리만 방정식을 만족하는지 점검한다.

$$\frac{\partial u}{\partial x} = 2x + 2 = \frac{\partial v}{\partial y} , \ \frac{\partial u}{\partial y} = -2y = -\frac{\partial v}{\partial x}$$

❺ 도함수 $f'(z)$를 구한다.

$$f'(z) = \frac{\partial u}{\partial x} + i\frac{\partial v}{\partial x} = 2x + 2 + i(2y) = 2(x + iy) + 2 = 2z + 2$$

(2) ❶ $f(z) = u(x, y) + i\,v(x, y)$ 형태로 표현한다.

$$f(z) = \frac{1}{z} = \frac{1}{x + i\,y} = \frac{x}{x^2 + y^2} - i\,\frac{y}{x^2 + y^2}$$

❷ $u(x, y)$와 $v(x, y)$를 구한다.

$$u(x, y) = \frac{x}{x^2 + y^2}\,,\ \ v(x, y) = -\frac{y}{x^2 + y^2}$$

❸ 편도함수를 구한다.

$$\frac{\partial u}{\partial x} = \frac{-x^2 + y^2}{(x^2 + y^2)^2}\,,\ \frac{\partial u}{\partial y} = -\frac{2xy}{(x^2 + y^2)^2}\,,\ \frac{\partial v}{\partial x} = \frac{2xy}{(x^2 + y^2)^2}\,,\ \frac{\partial v}{\partial y} = \frac{-x^2 + y^2}{(x^2 + y^2)^2}$$

❹ 코시−리만 방정식을 만족하는지 점검한다.

$$\frac{\partial u}{\partial x} - \frac{-x^2 + y^2}{(x^2 + y^2)^2} - \frac{\partial v}{\partial y}\,,\ \frac{\partial u}{\partial y} = -\frac{2xy}{(x^2 + y^2)^2} = -\frac{\partial v}{\partial x}$$

❺ 도함수 $f'(z)$를 구한다.

$$f'(z) = \frac{\partial u}{\partial x} + i\,\frac{\partial v}{\partial x} = \frac{-x^2 + y^2}{(x^2 + y^2)^2} + i\,\frac{2xy}{(x^2 + y^2)^2}$$

$$= \frac{1}{(x^2 + y^2)^2}(-x^2 + y^2 + 2xyi) = -\frac{1}{(x^2 + y^2)^2}(x^2 - y^2 - 2xyi)$$

$$= -\frac{(x - i\,y)^2}{(x + i\,y)^2(x - i\,y)^2} = -\frac{1}{(x + i\,y)^2} = -\frac{1}{z^2}$$

(3) ❶ $f(z) = u(x, y) + i\,v(x, y)$ 형태로 표현한다.

$$f(z) = e^z = e^{x + iy} = e^x \cos y + i\,e^x \sin y$$

❷ $u(x, y)$와 $v(x, y)$를 구한다.

$$u(x, y) = e^x \cos y\,,\ v(x, y) = e^x \sin y$$

❸ 편도함수를 구한다.

$$\frac{\partial u}{\partial x} = e^x \cos y\,,\ \frac{\partial u}{\partial y} = -e^x \sin y\,,\ \frac{\partial v}{\partial x} = e^x \sin y\,,\ \frac{\partial v}{\partial y} = e^x \cos y$$

❹ 코시−리만 방정식을 만족하는지 점검한다.

$$\frac{\partial u}{\partial x} = e^x \cos y = \frac{\partial v}{\partial y}\,,\ \frac{\partial u}{\partial y} = -e^x \sin y = -\frac{\partial v}{\partial x}$$

❺ 도함수 $f'(z)$를 구한다.

$$f'(z) = \frac{\partial u}{\partial x} + i\,\frac{\partial v}{\partial x} = e^x \cos y + i\,e^x \sin y = e^x(\cos y + i\sin y) = e^x e^{iy} = e^z$$

한편 z가 극형식 $z = re^{i\theta}$으로 표현되고 $f(re^{i\theta}) = u(r, \theta) + iv(r, \theta)$라 하면 코시–리만 방정식은 다음과 같이 변형된다.

$$\frac{\partial u}{\partial r} = \frac{1}{r}\frac{\partial v}{\partial \theta}, \quad \frac{1}{r}\frac{\partial u}{\partial \theta} = -\frac{\partial v}{\partial r}$$

극형식을 이용한 도함수 $f'(z)$는 다음과 같다.

$$f'(z) = e^{-i\theta}\left(\frac{\partial u}{\partial r} + i\frac{\partial v}{\partial r}\right) = \frac{1}{r}e^{-i\theta}\left(\frac{\partial v}{\partial \theta} - i\frac{\partial u}{\partial \theta}\right)$$

예를 들어 $f(z) = \dfrac{1}{z}$의 도함수를 구하기 위해 극형식 $z = re^{i\theta}$을 사용하면 $f(z)$는 다음과 같이 표현된다.

$$f(z) = \frac{1}{z} = \frac{1}{re^{i\theta}} = \frac{1}{r}e^{-i\theta} = \frac{1}{r}(\cos\theta - i\sin\theta)$$

따라서 $u(r, \theta)$, $v(r, \theta)$는 다음과 같다.

$$u(r, \theta) = \frac{1}{r}\cos\theta, \quad v(r, \theta) = -\frac{1}{r}\sin\theta$$

그러면 다음과 같은 u, v의 편도함수를 얻는다.

$$\frac{\partial u}{\partial r} = -\frac{1}{r^2}\cos\theta, \quad \frac{\partial u}{\partial \theta} = -\frac{1}{r}\sin\theta, \quad \frac{\partial v}{\partial r} = \frac{1}{r^2}\sin\theta, \quad \frac{\partial v}{\partial \theta} = -\frac{1}{r}\cos\theta$$

다음과 같이 u, v는 극형식에 의한 코시–리만 방정식을 만족한다.

$$\frac{\partial u}{\partial r} = -\frac{1}{r^2}\cos\theta = \frac{1}{r}\frac{\partial v}{\partial \theta}, \quad \frac{1}{r}\frac{\partial u}{\partial \theta} = -\frac{1}{r^2}\sin\theta = -\frac{\partial v}{\partial r}$$

그러므로 $f'(z)$는 다음과 같다.

$$f'(z) = e^{-i\theta}\left(-\frac{1}{r^2}\cos\theta + i\frac{1}{r^2}\sin\theta\right) = -\frac{1}{r^2}e^{-i\theta}(\cos\theta - i\sin\theta)$$

$$= -\frac{1}{r^2}e^{-i\theta}e^{-i\theta} = -\frac{1}{r^2}e^{-i(2\theta)} = -\frac{1}{(re^{i\theta})^2} = -\frac{1}{z^2}$$

이는 [예제 10(2)]에서 구한 결과와 동일하다.

두 함수 $u(x,y)$, $v(x,y)$가 연속인 2계 편도함수를 갖고 코시-리만 방정식을 만족하면 $u_x = v_y$, $u_y = -v_x$ 이므로 $\nabla^2 u$는 다음과 같다.

$$\nabla^2 u = \frac{\partial^2 u}{\partial x^2} + \frac{\partial^2 u}{\partial y^2} = \frac{\partial}{\partial x}\left(\frac{\partial u}{\partial x}\right) + \frac{\partial}{\partial y}\left(\frac{\partial u}{\partial y}\right)$$

$$= \frac{\partial}{\partial x}\left(\frac{\partial v}{\partial y}\right) + \frac{\partial}{\partial y}\left(-\frac{\partial v}{\partial x}\right) = \frac{\partial^2 v}{\partial x \partial y} - \frac{\partial^2 v}{\partial y \partial x} = 0$$

여기서 u, v가 연속인 2계 편도함수를 갖고 $v_{xy} = v_{yx}$ 이므로 $\nabla^2 u$의 마지막 등식이 성립한다. 동일한 방법으로 $\nabla^2 v = 0$이 성립하며, 다음 관계를 얻는다.

$$\nabla^2 u = \frac{\partial^2 u}{\partial x^2} + \frac{\partial^2 u}{\partial y^2} = 0, \ \ \nabla^2 v = \frac{\partial^2 v}{\partial x^2} + \frac{\partial^2 v}{\partial y^2} = 0$$

이와 같이 이변수함수 $\phi(x,y)$가 어떤 영역 D에서 연속인 2계 편도함수를 가지며 다음 방정식을 만족하면 함수 ϕ를 조화함수$^{\text{harmonic function}}$라 한다.

$$\frac{\partial^2 \phi}{\partial x^2} + \frac{\partial^2 \phi}{\partial y^2} = 0$$

이때 이 방정식을 라플라스 방정식$^{\text{Laplace equation}}$이라 하며, 영역 D에서 $f(z) = u(x,y) + iv(x,y)$가 해석적이면 두 함수 u, v는 조화함수이다. 영역 D에서 $u(x,y)$가 조화함수일 때, $u(x,y) + iv(x,y)$가 해석함수가 되도록 조화함수 $v(x,y)$를 구할 수 있으며, 이 함수 v를 u의 공액조화함수$^{\text{conjugate harmonic function}}$라 한다.

▶ 예제 11

함수 $u(x,y) = x^3 - 3xy^2$에 대하여 물음에 답하여라.

(1) $u(x,y)$가 조화함수임을 보여라.

(2) $u(x,y)$에 대한 공액조화함수 $v(x,y)$를 구하여라.

(3) $f(z) = u(x,y) + iv(x,y)$의 도함수를 구하여라.

풀이

(1) ❶ $u(x,y)$의 2계 편도함수를 구한다.

$$\frac{\partial u}{\partial x} = 3x^2 - 3y^2, \ \ \frac{\partial^2 u}{\partial x^2} = 6x, \ \ \frac{\partial u}{\partial y} = -6xy, \ \ \frac{\partial^2 u}{\partial y^2} = -6x$$

❷ 조화함수임을 보인다.

$$\frac{\partial^2 u}{\partial x^2} + \frac{\partial^2 u}{\partial y^2} = 6x + (-6x) = 0$$

따라서 $u(x, y)$는 조화함수이다.

(2) ❶ 공액조화함수 $v(x, y)$에 대하여 코시-리만 방정식을 적용한다.

$$\frac{\partial v}{\partial y} = \frac{\partial u}{\partial x} = 3x^2 - 3y^2, \ \frac{\partial v}{\partial x} = -\frac{\partial u}{\partial y} = 6xy$$

❷ 첫 번째 방정식을 이용하여 일반적인 $v(x, y)$를 구한다.

$$v(x, y) = \int \frac{\partial v}{\partial y}\, dy = \int (3x^2 - 3y^2)\, dy = 3x^2 y - y^3 + g(x), \ g(x)는 \ x \ 만의 \ 함수$$

❸ 두 번째 방정식을 이용하여 $v(x, y)$를 구한다.

$\frac{\partial v}{\partial x} = -\frac{\partial u}{\partial y} = 6xy$ 를 만족하므로

$$\frac{\partial v}{\partial x} = 6xy + g'(x) = 6xy, \ 즉 \ g'(x) = 0$$

$$g(x) = C, \ C는 \ 임의의 \ 상수$$

$$v(x, y) = 6xy + C$$

(3) $f(z) = x^3 - 3xy^2 + i(6xy + C)$이므로 도함수 $f'(z)$는 다음과 같다.

$$f'(z) = \frac{\partial u}{\partial x} + i\frac{\partial v}{\partial x} = 3x^2 - 3y^2 + 6yi$$

9.3 복소초월함수

실수 범위에서 정의되는 지수함수를 비롯한 여러 초월함수를 복소수 범위로 확장할 수 있다. 이 절에서는 복소수 범위에서 초월함수를 정의하고 그 성질을 살펴본다.

복소지수함수

복소수 $z = x + iy$를 지수로 갖는 지수함수 $f(z) = e^z$을 **복소지수함수**^{complex exponential function}라 한다.

$z = x + 0i$ 이면 복소지수함수는 통상적으로 알고 있는 실지수함수 $f(x) = e^x$ 이다. 오일러 공식에 의해 복소지수함수는 다음과 같이 정의된다.

$$e^z = e^{x+iy} = e^x e^{iy} = e^x (\cos y + i \sin y)$$

[예제 10(3)]으로부터 $f(z) = e^z$ 은 모든 복소수 z 에 대하여 코시−리만 방정식을 만족하므로 복소평면에서 해석적이며, 다음이 성립함을 살펴봤다.

$$f'(z) = e^z = f(z)$$

모든 실수 x 에 대하여 $e^x > 0$ 이고 $\cos y = 0$, $\sin y = 0$ 을 동시에 만족하는 y 가 존재하지 않으므로 모든 복소수 z 에 대하여 $e^z \neq 0$ 이다. 또한 $z_1 = x_1 + iy_1$, $z_2 = x_2 + iy_2$ 라 하면 다음과 같이 $e^{z_1 + z_2} = e^{z_1} e^{z_2}$ 임을 알 수 있다.

$$
\begin{aligned}
f(z_1 + z_2) &= f((x_1 + x_2) + i(y_1 + y_2)) \\
&= e^{x_1 + x_2} \left[\cos(y_1 + y_2) + i \sin(y_1 + y_2) \right] \\
&= e^{x_1 + x_2} \left[(\cos y_1 \cos y_2 - \sin y_1 \sin y_2) + i(\sin y_1 \cos y_2 + \cos y_1 \sin y_2) \right] \\
&= e^{x_1}(\cos y_1 + i \sin y_1) e^{x_2}(\cos y_2 + i \sin y_2) \\
&= f(z_1) f(z_2)
\end{aligned}
$$

이 관계식에서 z_2 를 $-z_2$ 로 대체하면 $\dfrac{e^{z_1}}{e^{z_2}} = e^{z_1 - z_2}$ 임을 쉽게 살펴볼 수 있다. 그리고 e^z 의 공액복소수는 다음과 같다.

$$\overline{e^z} = \overline{e^x(\cos y + i \sin y)} = e^x(\cos y - i \sin y) = e^{x - iy} = e^{\bar{z}}$$

이를 종합하면 복소지수함수에 대하여 다음 성질이 성립한다.

① 모든 복소수 z 에 대하여 $e^z \neq 0$ 이다.
② 모든 복소수 z 에 대하여 e^z 은 해석적이다.
③ $f'(z) = e^z = f(z)$
④ $\overline{e^z} = e^{\bar{z}}$
⑤ $e^{z_1 + z_2} = e^{z_1} e^{z_2}$
⑥ $\dfrac{e^{z_1}}{e^{z_2}} = e^{z_1 - z_2}$

더욱이 사인함수와 코사인함수가 주기 2π 인 주기함수이므로 임의의 정수 n에 대하여 다음이 성립한다.

$$e^z = e^x(\cos y + i\sin y) = e^x[\cos(y+2n\pi) + i\sin(y+2n\pi)]$$

$$= e^x e^{i(y+2n\pi)} = e^z e^{2n\pi i}$$

즉, 모든 복소수 z와 정수 n에 대하여 다음이 성립하며, 이는 복소지수함수가 주기 $2\pi i$ 인 주기함수임을 의미한다. 함수 $f(z) = e^z$ 이 주기 $2\pi i$ 인 주기함수이므로 순허수축을 따라 폭이 2π 인 무한히 긴 수평 띠 안에서 동일한 함숫값을 취하게 된다. 그러므로 복소평면을 다음과 같이 순허수축을 따라 2π 간격으로 분할하자.

$$(2n-1)\pi < y \le (2n+1)\pi, \ \ n = 0, \pm 1, \pm 2, \cdots$$

그러면 [그림 9.13]과 같이 $-\pi < \mathrm{Arg}(z) \le \pi$ 에 있는 임의의 z에 대하여 다음과 같이 동일한 함숫값을 얻는다. 이때 수평 띠 $-\pi < \mathrm{Arg}(z) \le \pi$ 를 $f(z) = e^z$ 의 주영역$^{\text{principal region}}$이라 한다.

$$f(z) = f(z + 2n\pi i), \ \ n = 0, \pm 1, \pm 2, \cdots$$

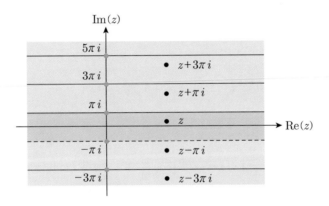

[그림 9.13] 복소지수함수의 주영역과 주기성

특히 e^z 에 대하여 다음 성질이 성립함을 쉽게 살펴볼 수 있다.

정리 4   **복소지수함수의 성질**

복소지수함수 e^z 에 대하여 다음이 성립한다.
(1) $e^z = 1$ 이면 어떤 정수 n에 대하여 $z = 2n\pi i$ 이고, 역도 성립한다.
(2) $e^z = -1$ 이면 어떤 정수 n에 대하여 $z = (2n+1)\pi i$ 이고, 역도 성립한다.
(3) $e^z = e^w$ 이면 어떤 정수 n에 대하여 $z - w = 2n\pi i$ 이고, 역도 성립한다.

▶ 예제 12

다음 방정식을 만족하는 복소수 z와 주영역에 속하는 z를 구하여라.

(1) $e^{2z} = 1$ 　　　　　　　　　　　　　　　　　(2) $e^z = 1+i$

풀이

주안점 $z = x + iy$로 놓고 좌변과 우변을 모두 극형식으로 표현한다.

(1) ❶ 좌변과 우변을 극형식으로 표현한다.

$$e^{2z} = e^{2x}e^{2yi}, \; 1 = e^{0i}$$

❷ 두 식을 등치시키고, x와 y를 구한다.
[정리 4]의 (3)에 의해

$$e^{2x}e^{2yi} = e^{0i}, \; 즉 \; e^{2x} = 1, \; e^{2yi} = e^{0i}$$

$$x = 0, \; 2y = 0 + 2n\pi$$

$$x = 0, \; y = n\pi, \; n = 0, \pm 1, \pm 2, \cdots$$

❸ 방정식의 해 z를 구한다.

$$z = x + iy = n\pi i, \; n = 0, \pm 1, \pm 2, \cdots$$

❹ 주영역의 z를 구한다.
$n = 0$이면 $-\pi < y = 0 < \pi$이므로 $z = x + iy = 0$

(2) ❶ 좌변과 우변을 극형식으로 표현한다.

$$e^z = e^x e^{iy}, \; 1+i = \sqrt{2}\left(\cos\frac{\pi}{4} + i\sin\frac{\pi}{4}\right) = \sqrt{2}\,e^{\frac{\pi i}{4}}$$

❷ 두 식을 등치시키고, x와 y를 구한다.
[정리 4]의 (3)에 의해

$$e^x e^{iy} = \sqrt{2}\,e^{\frac{\pi i}{4}}, \; 즉 \; e^x = \sqrt{2}, \; e^{iy} = e^{\frac{\pi i}{4}}$$

$$x = \ln\sqrt{2} = \frac{1}{2}\ln 2, \; y = \frac{\pi}{4} + 2n\pi, \; n = 0, \pm 1, \pm 2, \cdots$$

❸ 방정식의 해 z를 구한다.

$$z = x + iy = \frac{1}{2}\ln 2 + i\left(\frac{\pi}{4} + 2n\pi\right), \; n = 0, \pm 1, \pm 2, \cdots$$

❹ 주영역의 z를 구한다.

$n = 0$ 이면 $-\pi < y = \dfrac{\pi}{4} < \pi$ 이므로

$$z = x + iy = \frac{1}{2}\ln 2 + \frac{\pi}{4}i$$

복소로그함수

실수 범위에서 로그함수는 $x > 0$ 에 대하여 지수함수의 역함수로 정의한 것과 동일하게 복소로그함수도 역시 복소지수함수의 역함수로 정의된다. 복소로그함수를 정의하기 위해 주어진 $z\,(\neq 0)$에 대하여 $z = e^w$ 을 만족하는 복소수 $w = u + iv$ 를 구해 보자. 복소수 z 의 극형식을 $z = re^{i\theta}$ 이라 하면 다음을 얻는다.

$$z = re^{i\theta} = e^{u+iv} = e^u e^{iv}$$

이때 θ 와 v 가 실수이므로 $|e^{i\theta}| = |e^{iv}| = 1$ 이고 $r = |z| = e^u$, $e^{i\theta} = e^{iv}$ 을 얻는다. 그러므로 [정리 4]의 (3)에 의해 다음을 얻는다.

$$u = \ln r, \ \ v = \theta + 2n\pi, \ \ n \text{은 임의의 정수}$$

따라서 $z = e^w$ 을 만족하는 복소수 w 는 다음과 같다.

$$w = u + iv = \ln r + i(\theta + 2n\pi)$$

특히 z 의 편각은 임의의 정수 n 에 대하여 $\arg(z) = \theta \pm 2n\pi$ 이므로 w 는 다음과 같이 간단히 표현된다.

$$w = \ln r + i\arg(z) = \ln|z| + i\arg(z)$$

이와 같이 정의되는 복소수 w 를 z 의 **복소로그함수**$^{\text{complex logarithmic function}}$라 하며, $w = \ln z$ 로 나타낸다. 즉, 복소수 $z\,(\neq 0)$에 대한 복소로그함수는 다음과 같이 정의한다.

$$\ln z = \ln|z| + i\arg(z)$$

임의의 정수 n 에 대하여 $\arg(z) = \theta \pm 2n\pi$ 이므로 복소로그함수도 무수히 많은 값을 갖는다. e^z 의 주영역이 $-\pi < \mathrm{Arg}(z) \leq \pi$ 이므로 이 범위에서 $w = \ln z$ 의 값을 복소로그함수의 **주치**$^{\text{principal value}}$라 하며, 다음과 같이 나타낸다.

$$\mathrm{Ln}\,z = \ln|z| + i\,\mathrm{Arg}(z), \quad -\pi < \mathrm{Arg}(z) \le \pi$$

이와 같이 정의되는 복소로그함수는 0이 아닌 복소수 z와 w에 대하여 실로그함수와 같이 다음 성질을 갖는다.

① $w = \ln z \Leftrightarrow z = e^w$

② $\ln(zw) = \ln z + \ln w$

③ $\ln \dfrac{z}{w} = \ln z - \ln w$

▶ 예제 13

다음 복소수의 값을 구한 후, 주치를 구하여라.

(1) $\ln(1+i)$ (2) $\ln(-i)$

풀이

(1) $|1+i| = \sqrt{2}$ 이고 $\arg(1+i) = \dfrac{\pi}{4} + 2n\pi$, n은 정수이므로

$$\ln(1+i) = \ln\sqrt{2} + i\left(\frac{\pi}{4} + 2n\pi\right), \quad n = 0, \pm 1, \pm 2, \cdots$$

주치는 $\mathrm{Ln}(1-i) = \ln\sqrt{2} + \dfrac{\pi i}{4}$ 이다.

(2) $|i| = 1$ 이고 $\arg(-i) = -\dfrac{\pi}{2} + 2n\pi$, n은 정수이므로

$$\ln(-i) = \ln 1 + i\left(-\frac{\pi}{2} + 2n\pi\right) = i\left(-\frac{\pi}{2} + 2n\pi\right), \quad n = 0, \pm 1, \pm 2, \cdots$$

주치는 $\mathrm{Ln}(-i) = -\dfrac{\pi i}{2}$ 이다.

▶ 예제 14

두 복소수 $u = 1+i$, $v = 3+i$에 대하여 다음을 구하여라.

(1) $\mathrm{Ln}(uv)$ (2) $\mathrm{Ln}\,\dfrac{u}{v}$

풀이

(1) ❶ uv를 구한다.

$$uv = (1+i)(3+i) = 2+4i$$

❷ uv의 크기와 편각을 구한다.

$$|uv| = \sqrt{2^2+4^2} = 2\sqrt{5}, \quad \arg(uv) = \tan^{-1}2 + 2n\pi$$

❸ $\ln(uv)$를 구한다.

$$\ln(uv) = \ln|uv| + i\arg(uv) = \ln 2\sqrt{5} + i(\tan^{-1}2 + 2n\pi)$$

❹ $\mathrm{Ln}(uv)$를 구한다.

$$\mathrm{Ln}(uv) = \ln 2\sqrt{5} + i(\tan^{-1}2)$$

(2) ❶ $\dfrac{u}{v}$를 구한다.

$$\frac{u}{v} = \frac{1+i}{3+i} = \frac{2}{5} + \frac{i}{5}$$

❷ uv의 크기와 편각을 구한다.

$$\left|\frac{u}{v}\right| = \frac{1}{5}\sqrt{2^2+1^2} = \frac{1}{\sqrt{5}}, \quad \arg\left(\frac{u}{v}\right) = \tan^{-1}\frac{1}{2} + 2n\pi$$

❸ $\ln\dfrac{u}{v}$를 구한다.

$$\ln\frac{u}{v} = \ln\left|\frac{u}{v}\right| + i\arg\left(\frac{u}{v}\right) = \ln\frac{1}{\sqrt{5}} + i\left(\tan^{-1}\frac{1}{2} + 2n\pi\right)$$

$$= -\frac{1}{2}\ln 5 + i\left(\tan^{-1}\frac{1}{2} + 2n\pi\right)$$

❹ $\mathrm{Ln}\dfrac{u}{v}$를 구한다.

$$\mathrm{Ln}\frac{u}{v} = -\frac{1}{2}\ln 5 + i\tan^{-1}\left(\frac{1}{2}\right)$$

실지수함수와 실로그함수 사이에 $e^{\ln x} = x$, $x > 0$이 성립하는 것처럼 0이 아닌 복소수에 대하여 다음이 성립한다.

$$e^{\ln z} = z$$

그러나 실지수함수와 실로그함수 사이에 $\ln e^r = r$이 성립하지만, 복소함수의 경우 $\ln e^z = z$가 성립하지 않는다. $z = x+iy$라 하면 $e^z = e^x e^{iy}$이고 $|e^z| = e^x$, $\arg(e^z) = y \pm 2n\pi$이므로 다음을 얻는다.

$$\ln e^z = \ln|e^z| + i\arg(e^z) = \ln e^x + i(y + 2n\pi)$$
$$= (x + iy) + 2n\pi i = z + 2n\pi i$$

즉, $\ln e^z$은 다음과 같다.

$$\ln e^z = z + 2n\pi i$$

또한 $z = x + iy$, $z \neq 0$ 이라 하면 $|z| = \sqrt{x^2 + y^2}$, $\arg(z) = \tan^{-1}\left(\dfrac{y}{x}\right) + 2n\pi$ 이므로 $\ln z$ 는 다음과 같다.

$$\ln z = \ln\sqrt{x^2 + y^2} + i\left(\tan^{-1}\left(\frac{y}{x}\right) + 2n\pi\right) = \frac{1}{2}\ln(x^2 + y^2) + i\left(\tan^{-1}\left(\frac{y}{x}\right) + 2n\pi\right)$$

$\ln z = u(x, y) + iv(x, y)$라 하면 u와 v는 각각 다음과 같다.

$$u(x, y) = \frac{1}{2}\ln(x^2 + y^2), \quad v(x, y) = \tan^{-1}\left(\frac{y}{x}\right) + 2n\pi$$

그러면 u와 v의 편도함수는

$$\frac{\partial u}{\partial x} = \frac{x}{x^2 + y^2}, \quad \frac{\partial u}{\partial y} = \frac{y}{x^2 + y^2}, \quad \frac{\partial v}{\partial x} = -\frac{y}{x^2 + y^2}, \quad \frac{\partial v}{\partial y} = \frac{x}{x^2 + y^2}$$

이므로 u와 v는 다음과 같이 코시-리만 방정식을 만족한다.

$$\frac{\partial u}{\partial x} = \frac{x}{x^2 + y^2} = \frac{\partial v}{\partial y}, \quad \frac{\partial u}{\partial y} = \frac{y}{x^2 + y^2} = -\frac{\partial v}{\partial x}$$

그러므로 복소로그함수 $f(z) = \ln z$는 해석적이며, $f'(z)$는 다음과 같다.

$$f'(z) = \frac{\partial u}{\partial x} + i\frac{\partial v}{\partial x} = \frac{x}{x^2 + y^2} - i\frac{y}{x^2 + y^2} = \frac{x - iy}{x^2 + y^2}$$
$$= \frac{x - iy}{(x + iy)(x - iy)} = \frac{1}{x + iy} = \frac{1}{z}$$

이를 종합하면 복소로그함수에 대한 또 다른 성질을 얻는다.

④ $e^{\ln z} = z$

⑤ $\ln e^z = z + 2n\pi i$, n은 정수

⑥ $f'(z) = \dfrac{1}{z}$, $z \neq 0$

복소삼각함수

임의의 실수 y에 대하여 오일러 공식을 적용하면 다음과 같다.

$$e^{iy} = \cos y + i \sin y, \ e^{-iy} = \cos y - i \sin y$$

이 식에서 실수 y를 복소수 z로 대체하면 다음이 성립한다.

$$e^{iz} = \cos z + i \sin z, \ e^{-iz} = \cos z - i \sin z$$

두 식으로부터 자연스럽게 복소수 z에 대한 사인함수와 코사인함수를 얻는다.

$$\sin z = \frac{e^{iz} - e^{-iz}}{2i}, \ \cos z = \frac{e^{iz} + e^{-iz}}{2}$$

이와 같이 복소사인함수와 복소코사인함수를 정의하며, z가 실수인 $z = x + 0i$이면 $\sin z$, $\cos z$는 실변수 사인함수, 코사인함수와 일치한다. 특히 $\sin(z + 2n\pi)$는

$$\sin(z + 2n\pi) = \frac{e^{i(z+2n\pi)} - e^{-i(z+2n\pi)}}{2i} = \frac{e^{iz} e^{2n\pi i} - e^{-iz} e^{-2n\pi i}}{2i}$$

$$= \frac{e^{iz} - e^{-iz}}{2i} = \sin z$$

이므로 $\sin z$는 주기 2π인 주기함수이며, 동일한 방법에 의해 $\cos z$ 역시 주기 2π인 주기함수임을 보일 수 있다.

나머지 복소삼각함수는 실변수 삼각함수와 동일하게 다음과 같이 정의한다.

$$\tan z = \frac{\sin z}{\cos z}, \ \cot z = \frac{1}{\tan z}, \ \sec z = \frac{1}{\cos z}, \ \csc z = \frac{1}{\sin z}$$

$\cos z$와 $\sin z$가 완전함수인 복소지수함수 e^{iz}, e^{-iz}의 합과 차로 정의되므로 $\cos z$와 $\sin z$도 완전함수, 즉 모든 복소수 z에 대하여 미분가능하다. 그러나 정수 n에 대하여 $z = \dfrac{\pi}{2} + n\pi$이면 $\cos z = 0$이고, $z = n\pi$이면 $\sin z = 0$이므로 $\tan z$, $\sec z$는 $z = \dfrac{\pi}{2} + n\pi$를 제외한 모든 복소수에서 해석적이고, $\cot z$, $\csc z$는 $z = n\pi$를 제외한 모든 복소수에서 해석적이다. 또한 연쇄법칙에 의해 복소지수함수

에 대하여 다음 도함수를 얻는다.

$$\frac{d}{dz}e^{iz} = ie^{iz}, \quad \frac{d}{dz}e^{-iz} = -ie^{-iz}$$

따라서 복소사인함수와 복소코사인함수의 도함수는 다음과 같다.

$$\frac{d}{dz}(\sin z) = \frac{d}{dz}\left(\frac{e^{iz} - e^{-iz}}{2i}\right) = \frac{e^{iz} + e^{-iz}}{2} = \cos z,$$

$$\frac{d}{dz}(\cos z) = \frac{d}{dz}\left(\frac{e^{iz} + e^{-iz}}{2}\right) = \frac{ie^{iz} - ie^{-iz}}{2} = -\frac{e^{iz} - e^{-iz}}{2i} = -\sin z$$

같은 방법으로 다른 삼각함수들의 도함수를 구하면 다음과 같다.

$$\frac{d}{dz}(\tan z) = \sec^2 z, \quad \frac{d}{dz}(\cot z) = -\csc^2 z,$$

$$\frac{d}{dz}(\sec z) = \sec z \tan z, \quad \frac{d}{dz}(\csc z) = -\csc z \cot z$$

이를 종합하면 다음을 얻는다.

① $\sin z$ 와 $\cos z$ 는 주기 2π 인 주기함수이다.

② $\sin z$ 와 $\cos z$ 는 완전함수이다. 즉, 모든 복소수 z 에 대하여 해석적이다.

③ $\tan z$, $\sec z$ 는 $z = \frac{\pi}{2} + n\pi$ 를 제외한 모든 복소수에 대하여 해석적이다.

④ $\cot z$, $\csc z$ 는 $z = n\pi$ 를 제외한 모든 복소수에 대하여 해석적이다.

⑤ 복소삼각함수의 도함수는 실변수 삼각함수의 도함수와 동일하다.

또한 다음 정리와 같이 삼각함수에서 매우 익숙한 여러 공식이 복소삼각함수에서도 성립한다.

정리 5 복소삼각함수의 성질

복소삼각함수에 대하여 다음이 성립한다.

(1) $\sin(-z) = -\sin z$

(2) $\cos(-z) = \cos z$

(3) $\cos^2 z + \sin^2 z = 1$

(4) $\sin 2z = 2\sin z \cos z$

(5) $\cos 2z = \cos^2 z - \sin^2 z$

(6) $\sin z = \sin x \cosh y + i \cos x \sinh y$

(7) $\cos z = \cos x \cosh y + i \sin x \sinh y$

(8) $\sin (z_1 \pm z_2) = \sin z_1 \cos z_2 \pm \cos z_1 \sin z_2$

(9) $\cos (z_1 \pm z_2) = \cos z_1 \cos z_2 \mp \sin z_1 \sin z_2$

(10) $\sin z = 0$ 과 $\cos z = 0$ 의 근은 실수뿐이다.

▶ 예제 15

$z = 1 + i$ 일 때, $\sin z$ 와 $\cos z$ 를 구하여라.

풀이

주안점 먼저 $e^{i(1+i)}$ 과 $e^{-i(1+i)}$ 을 극형식으로 표현한다.

❶ $e^{i(1+i)}$, $e^{-i(1+i)}$ 을 극형식으로 표현한다.

$$e^{i(1+i)} = e^{-1+i} = e^{-1}(\cos 1 + i \sin 1), \ e^{-i(1+i)} = e^{1-i} = e(\cos 1 - i \sin 1)$$

❷ $\sin z$ 를 구한다.

$$\sin (1+i) = \frac{e^{i(1+i)} - e^{-i(1+i)}}{2i}$$

$$= \frac{1}{2i} [e^{-1}(\cos 1 + i \sin 1) - e(\cos 1 - i \sin 1)]$$

$$= \frac{1}{2i} [(e^{-1} - e)\cos 1 + i(e^{-1} + e)\sin 1]$$

$$= \frac{1}{2} [(e^{-1} + e)\sin 1 - i(e^{-1} - e)\cos 1]$$

❸ $\cos z$ 를 구한다.

$$\cos (1+i) = \frac{e^{i(1+i)} + e^{-i(1+i)}}{2}$$

$$= \frac{1}{2} [e^{-1}(\cos 1 + i \sin 1) + e(\cos 1 - i \sin 1)]$$

$$= \frac{1}{2} [(e^{-1} + e)\cos 1 + i(e^{-1} - e)\sin 1]$$

▶ 예제 16

방정식 $\cos z = 2$ 를 만족하는 z 를 모두 구하여라.

풀이

주안점 $\cos z$ 를 복소지수함수로 표현하고 z 를 구한다.

❶ $\cos z$ 를 복소지수함수로 표현한다.

$$\cos z = \frac{e^{iz} + e^{-iz}}{2} = 2$$

❷ e^{iz} 을 구한다.

e^{iz} 에 대한 이차방정식의 근을 구하면

$$e^{iz} + e^{-iz} = 4$$

$$\left(e^{iz}\right)^2 - 4e^{iz} + 1 = 0, \ \text{즉} \ e^{iz} = 2 \pm \sqrt{3}$$

$$iz = \ln\left(2 \pm \sqrt{3}\,\right)$$

$$z = \frac{1}{i}\ln\left(2 \pm \sqrt{3}\,\right) = -i\ln\left(2 \pm \sqrt{3}\,\right)$$

❸ 모든 z 를 구한다.

$\cos z$ 의 주기는 2π 이므로

$$z = \frac{1}{i}\left(\ln\left(2 \pm \sqrt{3}\,\right) + 2n\pi i\right), \ n \text{은 정수}$$

복소쌍곡선함수

임의의 실수 y 에 대하여 쌍곡사인함수와 쌍곡코사인함수는 다음과 같이 정의한다.

$$\sinh y = \frac{e^y - e^{-y}}{2}, \ \cosh y = \frac{e^y + e^{-y}}{2}$$

이와 마찬가지로 복소수 $z = x + iy$ 에 대한 복소쌍곡사인함수와 복소쌍곡코사인함수를 각각 다음과 같이 정의한다.

$$\sinh z = \frac{e^z - e^{-z}}{2}, \ \cosh z = \frac{e^z + e^{-z}}{2}$$

실수 $z = x + 0\,i$ 에 대한 복소쌍곡사인함수와 복소쌍곡코사인함수는 실변수 쌍곡사인함수와 쌍곡코사인함수가 된다. $z = x + iy$ 에 대하여 $z + 2\pi i = x + i(y + 2\pi)$ 이므로 $\sinh(z + 2n\pi i)$ 를 구하면 다음과 같다.

$$\sinh(z + 2n\pi i) = \frac{e^{z + 2n\pi i} - e^{-(z + 2n\pi i)}}{2} = \frac{e^z e^{2n\pi i} - e^{-z} e^{-2n\pi i}}{2}$$

$$= \frac{e^{iz} - e^{-iz}}{2} = \sinh z$$

즉, $\sinh z$ 는 주기 $2\pi i$ 인 주기함수이며, $\cosh z$ 역시 주기 $2\pi i$ 인 주기함수임을 보일 수 있다. 나머지 복소쌍곡선함수 역시 실변수 쌍곡선함수와 동일한 방법으로 다음과 같이 정의한다.

$$\tanh z = \frac{\sinh z}{\cosh z}, \quad \coth z = \frac{1}{\tanh z}, \quad \operatorname{sech} z = \frac{1}{\cosh z}, \quad \operatorname{csch} z = \frac{1}{\sinh z}$$

$\sinh z$ 와 $\cosh z$ 가 완전함수인 복소지수함수 e^z, e^{-z} 의 합과 차로 정의되므로 $\sinh z$ 와 $\cosh z$ 도 모든 복소수 z 에 대하여 미분가능한 완전함수이며, 도함수는 다음과 같다.

$$\frac{d}{dz}(\sinh z) = \frac{d}{dz}\left(\frac{e^z - e^{-z}}{2}\right) = \frac{e^z + e^{-z}}{2} = \cosh z,$$

$$\frac{d}{dz}(\cosh z) = \frac{d}{dz}\left(\frac{e^z + e^{-z}}{2}\right) = \frac{e^z - e^{-z}}{2} = \sinh z$$

복소쌍곡선함수는 다음과 같이 복소삼각함수와 밀접한 관계가 있음을 알 수 있다.

$$\sinh(iz) = \frac{e^{iz} - e^{-iz}}{2} = i\,\frac{e^{iz} - e^{-iz}}{2i} = i \sin z,$$

$$\cosh(iz) = \frac{e^{iz} + e^{-iz}}{2} = \cos z$$

동일한 방법에 의해 다음이 성립한다.

$$\sin(iz) = \frac{e^{i(iz)} - e^{-i(iz)}}{2i} = -\frac{e^z - e^{-z}}{2i} = i\,\frac{e^z - e^{-z}}{2} = i \sinh z,$$

$$\cos(iz) = \frac{e^{i(iz)} + e^{-i(iz)}}{2} = \frac{e^{-z} + e^z}{2} = \frac{e^z + e^{-z}}{2} = \cosh z$$

복소쌍곡선함수의 정의로부터 다음 항등식이 성립함을 살펴볼 수 있다.

$$\cosh^2 z - \sinh^2 z = 1$$

이를 종합하면 다음과 같다.

① $\sinh z$ 와 $\cosh z$ 는 주기 $2\pi i$ 인 주기함수이다.

② $\sinh z$ 와 $\cosh z$ 는 완전함수이다. 즉, 모든 복소수 z 에 대하여 해석적이다.

③ $\cosh^2 z - \sinh^2 z = 1$

④ $(\sinh z)' = \cosh z$, $(\cosh z)' = \sinh z$

⑤ $\sinh(iz) = i\sin z$, $\cosh(iz) = \cos z$

⑥ $\sin(iz) = i\sinh z$, $\cos(iz) = \cosh z$

▶ 예제 17

다음 방정식을 만족하는 z 를 모두 구하여라.

(1) $\sinh z = 0$ (2) $\cosh z = 0$

풀이

주안점 $\sinh z$, $\cosh z$ 를 복소지수함수로 표현하고 z 를 구한다.

(1) ❶ $\sinh z$ 를 복소지수함수로 표현한다.

$$\sinh z = \frac{e^z - e^{-z}}{2} = 0$$

❷ e^z 에 관한 방정식을 구한다.

$$e^z - e^{-z} = 0,\ e^{2z} - 1 = 0,\ e^{2z} = 1$$

❸ e^{2z} 을 극형식으로 표현한다.

$$e^{2z} = e^{2x}(\cos 2y + i\sin 2y) = 1$$

❹ x 와 y 를 구한다.

$$e^{2x} = 1,\ \cos 2y = 1,\ \sin 2y = 0$$

$$x = 0,\ 2y = 2n\pi,\ \text{즉}\ x = 0,\ y = n\pi$$

❺ 모든 z 를 구한다.

$$z = x + iy = n\pi i,\ n\text{은 정수}$$

(2) ❶ $\cosh z$ 를 복소지수함수로 표현한다.

$$\cosh z = \frac{e^z + e^{-z}}{2} = 0$$

❷ e^z 에 관한 방정식을 구한다.

$$e^z + e^{-z} = 0 \,, \ e^{2z} + 1 = 0 \,, \ e^{2z} = -1$$

❸ e^{2z} 을 극형식으로 표현한다.

$$e^{2z} = e^{2x}(\cos 2y + i \sin 2y) = -1$$

❹ x 와 y 를 구한다.

$$e^{2x} = 1 \,, \ \cos 2y = -1 \,, \ \sin 2y = 0$$

$$x = 0 \,, \ 2y = (2n+1)\pi \,, \ 즉 \ x = 0 \,, \ y = \frac{2n+1}{2}\pi$$

❺ 모든 z 를 구한다.

$$z = x + iy = \left(n + \frac{1}{2}\right)\pi i \,, \ n 은 \ 정수$$

복소지수

일반적으로 양의 실수 a 와 x 에 대하여 x^a 을 다음과 같이 정의한다.

$$x^a = e^{a \ln x}$$

동일한 방법으로 임의의 복소수 a 에 대하여 z 의 **복소지수**complex exponent z^a 을 다음과 같이 정의한다.

$$z^a = e^{a \ln z} \,, \ z \neq 0$$

이때 $\ln z$ 가 무수히 많은 값을 가지므로 z^a 역시 무수히 많은 값을 갖는다. 그러나 z 의 편각을 $-\pi < \mathrm{Arg}(z) \leq \pi$ 로 제한하면 z^a 은 하나의 값만을 취하게 되며, 따라서 $\ln z$ 의 주치 $\mathrm{Ln}\,z$ 를 이용하여 다음과 같이 복소거듭제곱을 표현할 수 있다.

$$z^a = e^{a \mathrm{Ln}\,z} \,, \ z \neq 0$$

이와 같이 정의되는 거듭제곱을 z^a 의 주치라 한다. 한편 $z \neq 0$ 에 대하여 $\mathrm{Ln}\,z$ 가 미분가능하므로

z^a 의 주치 역시 다음과 같이 미분가능하다.

$$(z^a)' = (e^{a \ln z})' = e^{a \ln z}(a \ln z)' = \frac{a}{z} e^{a \ln z} = \frac{a}{z} z^a = a \, z^{z-1}$$

▶ 예제 18

다음 값을 모두 구하고 주치를 구하여라.

(1) 4^i (2) i^i

풀이

주안점 복소지수 z 에 대한 $\mathrm{Ln}\, z$ 를 구한다.

(1) ❶ $\mathrm{Ln}\, z$ 를 구한다.

$$a = i \text{ 이고 } z = 4 \text{ 이며}, \; |z| = 4, \; \mathrm{Arg}\, z = 0 \text{ 이므로 } \mathrm{Ln}\, 4 = \ln 4 + 0i$$

❷ 일반적인 $\ln 4$ 를 구한다.

$$\ln 4 = \ln 4 + i \arg(z) = \ln 4 + 2n\pi i, \; n \text{ 은 정수}$$

❸ 주어진 복소수를 구한다.
임의의 정수 n 에 대하여

$$4^i = e^{i \ln 4} = e^{i(\ln 4 + 2n\pi i)} = e^{-2n\pi} e^{i \ln 4}$$

$$= e^{-2n\pi}[\cos(\ln 4) + i \sin(\ln 4)]$$

❹ 주치를 구한다.

$$4^i = \cos(\ln 4) + i \sin(\ln 4) \approx 0.18346 + 0.98303\, i$$

(2) ❶ $\mathrm{Ln}\, z$ 를 구한다.

$$a = i \text{ 이고 } z = i \text{ 이며}, \; |z| = 1, \; \mathrm{Arg}\, z = \frac{\pi}{2} \text{ 이므로 } \mathrm{Ln}\, i = \ln 1 + \frac{\pi i}{2} = \frac{\pi i}{2}$$

❷ 일반적인 $\ln i$ 를 구한다.

$$\ln i = \ln 1 + i \arg(z) = \left(\frac{1}{2} + 2n\right)\pi i$$

❸ 주어진 복소수를 구한다.
임의의 정수 n 에 대하여

$$i^i = e^{i \ln i} = \exp\left[i^2\left(\frac{\pi}{2} + 2n\pi\right)\right] = \exp\left[-\left(\frac{1}{2} + 2n\right)\pi\right]$$

❹ 주치를 구한다.

$$i^i = e^{-\frac{\pi}{2}} \approx 0.20788$$

복소수의 무한급수

실수 범위에서 무한급수 $\displaystyle\sum_{n=1}^{\infty} a_n$ 을 다음과 같이 부분합의 극한으로 정의했다.

$$\sum_{n=1}^{\infty} a_n = \lim_{n \to \infty} \sum_{k=1}^{n} a_k$$

이때 부분합이 수렴하고 극한이 L 일 때, 급수 $\displaystyle\sum_{n=1}^{\infty} a_n$ 은 합 L 에 수렴한다고 하며, 다음과 같이 나타낸다.

$$\sum_{n=1}^{\infty} a_n = L$$

이와 동일하게 복소수 c_n , $n = 1, 2, \cdots$ 에 대하여 복소수급수^{complex series} $\displaystyle\sum_{n=1}^{\infty} c_n$ 을 정의할 수 있다. $c_n = a_n + i\, b_n$ 이라 하면 n 번째 항까지의 부분합은 다음과 같다.

$$\sum_{k=1}^{n} c_k = \sum_{k=1}^{n} (a_k + i\, b_k) = \sum_{k=1}^{n} a_k + i \sum_{k=1}^{n} b_k$$

$n \to \infty$ 일 때 $\displaystyle\sum_{n=1}^{\infty} c_n$ 이 수렴하기 위한 필요충분조건은 두 실수급수 $\displaystyle\sum_{n=1}^{\infty} a_n$ 과 $\displaystyle\sum_{n=1}^{\infty} b_n$ 이 모두 수렴하는 것이다. 즉, $\displaystyle\sum_{n=1}^{\infty} a_n = A$, $\displaystyle\sum_{n=1}^{\infty} b_n = B$ 이면 복소수급수는 다음과 같다.

$$\sum_{k=1}^{n} c_k = A + i\, B$$

따라서 복소수급수의 비판정법을 비롯한 여러 성질은 두 실수급수를 함께 고려하여 얻을 수 있다. 예를 들어 어떤 복소수 z 에 대하여 $\displaystyle\sum_{n=0}^{\infty} z^n$ 의 수렴성과 합을 구해 보자. 먼저 이 급수의 합을 구하기 위해 다음과 같이 n 번째 항까지 부분합을 생각한다.

$$s_n = \sum_{k=0}^{n} z^k = 1 + z + z^2 + z^3 + \cdots + z^{n-1} + z^n$$

이 부분합의 각 항에 z를 곱하면 다음을 얻는다.

$$z s_n = z + z^2 + z^3 + z^4 + \cdots + z^n + z^{n+1}$$

이제 s_n과 $z s_n$의 차는

$$s_n - z s_n = (1 - z) s_n = 1 - z^{n+1}$$

이므로 $z \neq 1$이면 n번째 항까지 부분합 s_n은 다음과 같다.

$$s_n = \frac{1}{1-z} - \frac{z^{n+1}}{1-z}$$

$|z| < 1$이면 $n \to \infty$일 때 $|z|^{n+1} \to 0$이므로 $z^{n+1} \to 0$이고, 무한급수의 합은 다음과 같다.

$$\sum_{n=0}^{\infty} z^n = \lim_{n \to \infty} \sum_{k=1}^{n} z^k = \lim_{n \to \infty} s_n = \lim_{n \to \infty} \left(\frac{1}{1-z} - \frac{z^{n+1}}{1-z} \right) = \frac{1}{1-z}$$

한편 $|z| \geq 1$, 즉 $z = e^x (\cos y + i \sin y)$이면 드무아브르 공식에 의해 $z^n = e^{nx} (\cos ny + i \sin ny)$이고, z^n에 대한 실수부와 허수부의 무한급수는 각각 다음과 같다.

$$\sum_{n=0}^{\infty} e^{nx} \cos ny, \quad \sum_{n=0}^{\infty} e^{nx} \sin ny$$

이 무한급수는 발산하므로 $|z| \geq 1$일 때 $\sum_{n=0}^{\infty} z^n$은 발산한다. 따라서 $|z| < 1$일 때 $\sum_{n=0}^{\infty} z^n$은 다음과 같이 수렴하며, 이 급수를 기하급수geometric series라 한다.

$$\sum_{n=0}^{\infty} z^n = \frac{1}{1-z}$$

▶ 예제 19

복소수급수 $\displaystyle\sum_{n=0}^{\infty} \frac{(1+i)^n}{n!}$의 수렴성을 판정하여라.

풀이

주안점 비판정법을 이용한다.

❶ 주어진 급수를 a_n으로 놓는다.

$a_n = \dfrac{(1+i)^n}{n!}$ 이라 하자.

❷ 연속인 두 항의 절대비를 구한다.

$$\left| \frac{a_{n+1}}{a_n} \right| = \left| \frac{(1+i)^{n+1}/(n+1)!}{(1+i)^n/n!} \right| = \left| \frac{1+i}{n+1} \right| = \frac{\sqrt{2}}{n+1}$$

❸ 절대비의 극한을 구한다.

$$\lim_{n \to \infty} \left| \frac{a_{n+1}}{a_n} \right| = \lim_{n \to \infty} \frac{\sqrt{2}}{n+1} = 0\,(< 1)$$

❹ 수렴성을 판정한다.
극한이 1보다 작으므로 비판정법에 의해 주어진 복소수급수는 수렴한다.

복소함수의 거듭제곱급수

각 항이 실수인 변수 x를 포함하는 다음 무한급수를 거듭제곱급수라 한다.

$$\sum_{n=0}^{\infty} c_n (x-a)^n = c_0 + c_1(x-a) + c_2(x-a)^2 + \cdots + c_n(x-a)^n + \cdots$$

여기서 a와 c_n, $n = 0, 1, 2, \cdots$은 실수이다. 이와 동일하게 복소수 범위에서 거듭제곱급수$^{\text{power series}}$를 다음과 같이 정의한다.

$$\sum_{n=0}^{\infty} c_n (z-z_0)^n = c_0 + c_1(z-z_0) + c_2(z-z_0)^2 + \cdots + c_n(z-z_0)^n + \cdots$$

여기서 z_0과 c_n, $n = 0, 1, 2, \cdots$은 복소수이며, z_0을 거듭제곱급수의 중심^{center}이라 하고 c_n을 계수^{coefficient}라 한다. 이 거듭제곱급수는 $z = z_0$에서 명백히 수렴하지만, 기하급수와 같이 복소수 z에 따라 거듭제곱급수가 수렴하거나 발산한다. 이때 거듭제곱급수가 수렴하는 z의 영역을 구하기 위해 비판정법을 사용하며, 수렴영역이 $|z - z_0| < \rho$일 때 ρ를 수렴반지름$^{\text{radius of convergence}}$이라 한다.

▶ 예제 20

복소수급수가 수렴하는 영역을 구하여라.

(1) $\displaystyle\sum_{n=0}^{\infty} n!\, z^n$ (2) $\displaystyle\sum_{n=0}^{\infty} \frac{(-1)^n}{n+1}(z-i)^n$ (3) $\displaystyle\sum_{n=0}^{\infty} \frac{z^n}{n!}$

풀이

주안점 비판정법을 이용한다.

(1) ❶ $z = 0$에서 수렴성을 조사한다.

$$\sum_{n=0}^{\infty} n!\, z^n = 1 + z + 2z^2 + 6z^3 + \cdots \text{이므로} \sum_{n=0}^{\infty} n!\, z^n = 1 \text{이고 수렴한다.}$$

❷ $a_n = n!\, z^n$으로 놓고 연속인 두 항의 절대비를 구한다.

$$\left| \frac{a_{n+1}}{a_n} \right| = \left| \frac{(n+1)!\, z^{n+1}}{n!\, z^n} \right| = (n+1)|z|$$

❸ 절대비의 극한을 구한다.

$$\lim_{n \to \infty} \left| \frac{a_{n+1}}{a_n} \right| = |z| \lim_{n \to \infty} (n+1) = \infty \; (> 1)$$

❹ 수렴영역을 구한다.

$|z| > 0$에서 발산하고 $z = 0$일 때만 수렴한다.

(2) ❶ $a_n = \dfrac{(-1)^n}{n+1}(z-i)^n$으로 놓고 연속인 두 항의 절대비를 구한다.

$$\left| \frac{a_{n+1}}{a_n} \right| = \left| \frac{\dfrac{(-1)^{n+1}(z-i)^{n+1}}{n+2}}{\dfrac{(-1)^n(z-i)^n}{n+1}} \right| = |z-i|\, \frac{n+1}{n+2}$$

❷ 절대비의 극한을 구한다.

$$\lim_{n \to \infty} \left| \frac{a_{n+1}}{a_n} \right| = |z-i| \lim_{n \to \infty} \frac{n+1}{n+2} = |z-i|$$

❸ 수렴영역을 구한다.

$|z-i| < 1$에서 수렴한다.

(3) ❶ $a_n = \dfrac{z^n}{n!}$으로 놓고 연속인 두 항의 절대비를 구한다.

$$\left|\frac{a_{n+1}}{a_n}\right| = \left|\frac{\dfrac{z^{n+1}}{(n+1)!}}{\dfrac{z^n}{n!}}\right| = |z|\,\frac{1}{n+1}$$

❷ 절대비의 극한을 구한다.

$$\lim_{n\to\infty}\left|\frac{a_{n+1}}{a_n}\right| = |z|\lim_{n\to\infty}\frac{1}{n+1} = |z|\cdot 0 = 0(<1)$$

❸ 수렴영역을 구한다.

임의의 복소수 z에서 절대비의 극한이 1보다 작으므로 모든 복소수에서 수렴한다.

[예제 20]으로부터 복소수 거듭제곱급수는 중심 z_0에서만 수렴하는 경우, $|z-z_0|<\rho$에서 수렴하거나 또는 모든 복소수 범위에서 수렴함을 알 수 있다. 특히 [예제 20(2)]의 경우 [그림 9.14]와 같이 $z=i$를 중심으로 반지름의 길이가 1인 열린 원판 안의 모든 복소수에서 수렴한다.

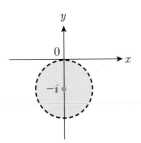

[그림 9.14] 수렴영역

$|z|<1$일 때 기하급수 $\displaystyle\sum_{n=0}^{\infty} z^n$은 다음과 같이 수렴함을 살펴봤다.

$$\sum_{n=0}^{\infty} z^n = \frac{1}{1-z}$$

즉, $z=0$을 중심으로 수렴반지름이 1인 열린 원판 안의 모든 복소수 z에 대하여 다음이 성립한다.

$$f(z) = \frac{1}{1-z} = \sum_{n=0}^{\infty} z^n$$

이와 같이 거듭제곱급수의 중심 z_0에서 수렴반지름이 ρ인 열린 원판 $|z-z_0|<\rho$의 내부 또는 모든 복소수에서 정의되는 복소함수 $f(z)$를 거듭제곱급수로 표현하는 방법을 살펴본다. 먼저 두

거듭제곱급수 $\displaystyle\sum_{n=0}^{\infty} c_n(z-z_0)^n$ 과 $\displaystyle\sum_{n=1}^{\infty} nc_n(z-z_0)^{n-1}$ 이 동일한 수렴반지름을 갖는지 살펴보자.

$\displaystyle\sum_{n=0}^{\infty} c_n(z-z_0)^n$ 에서 $a_n = c_n(z-z_0)^n$ 이라 하면 이웃하는 두 항의 절대비의 극한은 다음과 같다.

$$\lim_{n\to\infty}\left|\frac{a_{n+1}}{a_n}\right| = \lim_{n\to\infty}\left|\frac{c_{n+1}(z-z_0)^{n+1}}{c_n(z-z_0)^n}\right| = |z-z_0|\lim_{n\to\infty}\frac{c_{n+1}}{c_n}$$

이때 $\displaystyle\lim_{n\to\infty}\frac{c_{n+1}}{c_n} = R$, $R \neq 0$ 이라 하면 비판정법에 의해 $|z-z_0|R < 1$, 즉 중심이 z_0 인 열린 원판 $|z-z_0| < \dfrac{1}{R}$ 에서 $\displaystyle\sum_{n=0}^{\infty} c_n(z-z_0)^n$ 은 수렴한다. 마찬가지로 $\displaystyle\sum_{n=1}^{\infty} nc_n(z-z_0)^{n-1}$ 에서 $d_n = nc_n(z-z_0)^n$ 이라 하면 다음 극한을 얻는다.

$$\lim_{n\to\infty}\left|\frac{d_{n+1}}{d_n}\right| = \lim_{n\to\infty}\left|\frac{(n+1)c_{n+1}(z-z_0)^{n+1}}{nc_n(z-z_0)^n}\right| = |z-z_0|\lim_{n\to\infty}\frac{(n+1)c_{n+1}}{nc_n}$$

$$= |z-z_0|\lim_{n\to\infty}\frac{n+1}{n}\lim_{n\to\infty}\frac{c_{n+1}}{c_n} = |z-z_0|R < 1$$

따라서 $\displaystyle\sum_{n=1}^{\infty} nc_n(z-z_0)^{n-1}$ 의 수렴영역은 $|z-z_0| < \dfrac{1}{R}$ 이다. 즉, 거듭제곱급수 $\displaystyle\sum_{n=0}^{\infty} c_n(z-z_0)^n$ 과 $\displaystyle\sum_{n=1}^{\infty} nc_n(z-z_0)^{n-1}$ 은 동일한 수렴반지름을 갖고, 수렴영역은 열린 원판 $|z-z_0| < \dfrac{1}{R}$ 이다.

수렴반지름이 유한하거나 무한한 경우 수렴영역인 열린 원판 안에 있는 z 에 대하여 $f(z)$ 가 다음과 같이 거듭제곱급수로 표현된다고 하자.

$$f(z) = \sum_{n=0}^{\infty} c_n(z-z_0)^n = c_0 + c_1(z-z_0) + c_2(z-z_0)^2 + c_3(z-z_0)^3 + \cdots$$

이제 이 식을 만족하는 계수 c_n 을 결정하기 위해 먼저 주어진 식의 양변에 $z=z_0$ 을 대입하면 $f(z_0) = c_0$ 을 얻는다. 그다음 양변을 반복하여 미분하면 다음과 같다.

$$f'(z) = c_1 + 2c_2(z-z_0) + 3c_3(z-z_0)^2 + \cdots + nc_n(z-z_0)^{n-1} + \cdots,$$

$$f''(z) = 2c_2 + (3!)c_3(z-z_0) + (4)(3)c_4(z-z_0)^2 + \cdots + n(n-1)c_n(z-z_0)^{n-2} + \cdots,$$

$$f'''(z) = (3!)c_3 + (4!)c_4(z-z_0) + \cdots + n(n-1)(n-2)c_n(z-z_0)^{n-3} + \cdots,$$

$$\vdots$$

각 도함수의 양변에 $z = z_0$ 을 대입하면

$$f'(z_0) = c_1, \ f''(z_0) = (2!)c_2, \ f'''(z_0) = (3!)c_3, \ \cdots, \ f^{(n)}(z_0) = (n!)c_n, \ \cdots$$

이므로 거듭제곱급수의 각 계수 c_n 은 다음과 같다.

$$c_0 = f(z_0), \ c_n = \frac{f^{(n)}(z_0)}{n!}, \ n = 1, 2, 3, \cdots$$

따라서 거듭제곱급수의 수렴영역인 열린 원판 안에서 복소함수 $f(z)$는 다음과 같이 표현된다.

$$f(z) = \sum_{n=0}^{\infty} \frac{f^{(n)}(z_0)}{n!} (z - z_0)^n$$

이와 같이 정의되는 거듭제곱급수를 $z = z_0$ 에 관한 복소함수 $f(z)$의 테일러급수$^{\text{Taylor series}}$라 하고, 각 계수 c_n 을 테일러 계수$^{\text{Taylor coefficient}}$라 한다. 특히 다음과 같이 거듭제곱급수의 중심이 $z = 0$ 인 경우 매클로린급수$^{\text{Maclaurin series}}$라 하며, c_n 을 매클로린 계수$^{\text{Maclaurin coefficient}}$라 한다.

$$f(z) = \sum_{n=0}^{\infty} \frac{f^{(n)}(0)}{n!} z^n$$

앞에서 살펴본 기하급수 $\sum_{n=0}^{\infty} z^n$ 은 함수 $f(z) = \dfrac{1}{1-z}$ 의 매클로린급수이며, 열린 원판 $|z| < 1$ 의 내부에서 수렴한다.

▶ 예제 21

복소함수 $f(z) = e^z$ 에 대한 매클로린급수와 수렴영역을 구하여라.

풀이

주안점 $f^{(n)}(z) = f(z) = e^z$ 을 이용하여 $f^{(n)}(0)$을 구한다.

❶ f의 n계 도함수를 구한다.
$f^{(n)}(z) = f(z) = e^z$ 이므로 $f^{(n)}(0) = f(0) = 1$ 이다.

❷ 매클로린 계수 c_n 을 구한다.

$$c_0 = f(0) = 1 \ , \ c_n = \frac{f^{(n)}(0)}{n!} = \frac{1}{n!} \ , \ n = 1, 2, 3, \cdots$$

❸ 매클로린급수를 구한다.

$$f(z) = \sum_{n=0}^{\infty} \frac{1}{n!} z^n$$

❹ 수렴영역을 구한다.

[예제 20(3)]에 의해 수렴영역은 복소평면 전체이다.

[예제 21]로부터 e^{iz}과 e^{-iz}에 대한 매클로린급수를 각각 구하면 다음과 같다.

$$e^{-z} = \sum_{n=0}^{\infty} \frac{1}{n!} (-z)^n$$

$$= 1 - z + \frac{1}{2} z^2 - \frac{1}{3!} z^3 + \frac{1}{4!} z^4 - \frac{1}{5!} z^5 + \frac{1}{6!} z^6 - \frac{1}{7!} z^7 + \frac{1}{8!} z^8 + \cdots,$$

$$e^{iz} = \sum_{n=0}^{\infty} \frac{1}{n!} (iz)^n$$

$$= 1 + iz - \frac{1}{2} z^2 - \frac{i}{3!} z^3 + \frac{1}{4!} z^4 + \frac{i}{5!} z^5 - \frac{1}{6!} z^6 - \frac{i}{7!} z^7 + \frac{1}{8!} z^8 + \cdots,$$

$$e^{-iz} = \sum_{n=0}^{\infty} \frac{1}{n!} (-iz)^n$$

$$= 1 - iz - \frac{1}{2} z^2 + \frac{i}{3!} z^3 + \frac{1}{4!} z^4 - \frac{i}{5!} z^5 - \frac{1}{6!} z^6 + \frac{i}{7!} z^7 + \frac{1}{8!} z^8 + \cdots$$

사인함수와 코사인함수의 정의에 의해 이 함수들의 매클로린급수는 다음과 같다.

① $\sin z = \dfrac{e^{iz} - e^{-iz}}{2i} = \displaystyle\sum_{n=0}^{\infty} \frac{(-1)^n}{(2n+1)!} z^{2n+1}$

② $\cos z = \dfrac{e^{iz} + e^{-iz}}{2} = \displaystyle\sum_{n=0}^{\infty} \frac{(-1)^n}{(2n)!} z^{2n}$

③ $\sinh z = \dfrac{e^z - e^{-z}}{2} = \displaystyle\sum_{n=0}^{\infty} \frac{1}{(2n+1)!} z^{2n+1}$

④ $\cosh z = \dfrac{e^z + e^{-z}}{2} = \displaystyle\sum_{n=0}^{\infty} \frac{1}{(2n)!} z^{2n}$

물론 이 함수들은 완전함수이므로 복소평면의 모든 복소수에 대하여 성립한다. $f(z) = \text{Ln}(1+z)$의 매클로린급수를 구하면

$$\text{Ln}(1+z) = \sum_{n=1}^{\infty} (-1)^{n+1} \frac{1}{n} z^n = z - \frac{1}{2}z^2 + \frac{1}{3}z^3 - \frac{1}{4}z^4 + \cdots$$

이며, 수렴영역은 $|z| < 1$이다. 이 식의 z를 $-z$로 대체하면 다음을 얻는다.

$$\text{Ln}(1-z) = \sum_{n=1}^{\infty} (-1)^{n+1} \frac{1}{n} (-z)^n = -\left(z + \frac{1}{2}z^2 + \frac{1}{3}z^3 + \frac{1}{4}z^4 + \cdots \right)$$

즉, 복소로그함수의 주치에 대한 매클로린급수는 다음과 같다.

⑤ $\text{Ln}(1+z) = \displaystyle\sum_{n=1}^{\infty} (-1)^{n+1} \frac{1}{n} z^n$

⑥ $\text{Ln}(1-z) = -\displaystyle\sum_{n=1}^{\infty} \frac{1}{n} z^n$

9.4 복소함수의 적분

실함수의 적분은 실수들의 집합인 구간에서 정의되지만 복소함수의 적분은 복소평면 위의 점들의 집합 또는 곡선 위에서 정의된다.

복소평면 위의 곡선

7장에서 벡터방정식 또는 매개변수방정식을 이용하여 평면 위의 곡선 C의 자취를 다음과 같이 표현했다.

$$C : \mathbf{r}(t) = x(t)\mathbf{i} + y(t)\mathbf{j} , \ a \le t \le b$$

$$C : x = x(t), \ y = y(t) , \ a \le t \le b$$

복소평면에서 통상적으로 실수축을 x, 허수축을 y로 사용하므로 복소평면 위의 곡선은 다음과 같이 표현된다.

$$C: z(t) = x(t) + i\,y(t), \ \ a \le t \le b$$

또한 매개변수방정식을 이용하여 다음과 같이 표현하기도 한다.

$$C: x = x(t), \ y = y(t), \ \ a \le t \le b$$

t가 a에서 b로 증가함에 따라 곡선 C는 자연스럽게 방향을 가지게 되며, 변수 t가 증가하는 방향을 **양의 방향**$^{\text{positive direction}}$으로 정한다. 따라서 7.4절에서 정의한 방법과 동일하게 매끄러운 곡선, 조각마다 매끄러운 곡선, 닫힌곡선, 단순 닫힌곡선 등을 정의한다. [그림 7.15]는 복소평면 위에서 이와 같은 곡선들을 나타낸 것이다. 예를 들어 $C_1 : z(t) = e^{it}$, $0 \le t \le 2\pi$는 [그림 9.15(a)]와 같이 중심이 원점인 매끄러운 단위원으로 원주 위의 점 $(x(t),\, y(t))$가 시계 반대 방향으로 1회전하는 단순 닫힌곡선이다. 한편 $C_2 : z(t) = e^{it}$, $0 \le t \le 4\pi$는 [그림 9.15(a)]와 동일한 모양을 이루지만 [그림 9.15(b)]와 같이 원주 위의 점 $(x(t),\, y(t))$가 시계 반대 방향으로 2회전하는 단순 닫힌곡선이다.

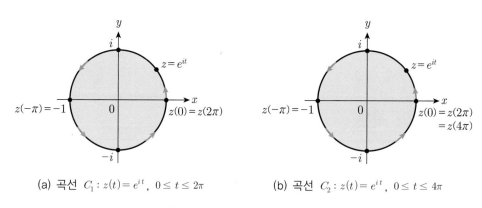

(a) 곡선 $C_1 : z(t) = e^{it}$, $0 \le t \le 2\pi$ (b) 곡선 $C_2 : z(t) = e^{it}$, $0 \le t \le 4\pi$

[**그림 9.15**] C_1과 C_2의 자취

복소함수의 적분

복소함수의 적분을 정의하기에 앞서 특수하지만 간단한 $z = x + i0$, $a \le x \le b$인 경우를 생각하자. 복소함수 $f(z)$는 다음과 같이 실수부와 허수부가 모두 x만의 실함수로 표현된다.

$$f(x) = u(x) + i\,v(x)$$

여기서 $z = x + 0i$, 즉 $z = x$이므로 $f(z)$를 $f(x)$로 나타낼 수 있다. 함수 f는 실수의 집합인 닫힌구간 $[a, b]$에서 복소평면 위로의 함수이며, 이 경우 $f(x)$의 적분을 다음과 같이 정의한다.

$$\int_a^b f(x)\,dx = \int_a^b u(x)\,dx + i\int_a^b v(x)\,dx$$

즉, 실수부와 허수부가 모두 단일변수의 함수로 주어지는 복소함수의 적분은 각각의 적분을 실수부와 허수부로 갖는 복소수이다.

▶ 예제 22

복소함수 $f(x) = \cos x + i\sin x$ 를 $0 \le x \le \dfrac{\pi}{2}$ 에서 적분하여라.

풀이

$$\int_0^{\frac{\pi}{2}} f(x)\,dx = \int_0^{\frac{\pi}{2}} \cos x\,dx + i\int_0^{\frac{\pi}{2}} \sin x\,dx$$
$$= \Big[\sin x\Big]_0^{\frac{\pi}{2}} + i\Big[-\cos x\Big]_0^{\frac{\pi}{2}} = 1 + i$$

$f(x) = \cos x + i\sin x = e^{ix}$ 이므로 [예제 22]의 적분을 실함수의 적분과 동일하게 다음과 같이 구할 수도 있다.

$$\int_0^{\frac{\pi}{2}} f(x)\,dx = \int_0^{\frac{\pi}{2}} e^{ix}\,dx = \Big[\frac{1}{i}e^{ix}\Big]_0^{\frac{\pi}{2}} = \frac{1}{i}\Big(e^{\frac{\pi i}{2}} - 1\Big)$$
$$= -i\Big(-1 + \cos\frac{\pi}{2} + i\sin\frac{\pi}{2}\Big) = -i(-1 + i) = 1 + i$$

복소평면에서의 곡선 $C : z(t) = x(t) + iy(t)$, $a \le t \le b$ 위에서의 적분을 생각하면 7.4절에서 살펴본 선적분을 떠올릴 수 있다. 즉, 복소평면에서의 곡선 C 위에서 복소함수 $f(z)$의 적분을 좌표평면에서의 선적분과 같은 방법으로 정의한 후 $\int_C f(z)\,dz$로 나타낸다. 즉, 적분경로 $C : z(t) = x(t) + iy(t)$, $a \le t \le b$에서 $f(z)$에 대한 적분은 다음과 같이 정의한다.

$$\int_C f(z)\,dz = \int_a^b f(z(t))z'(t)\,dt$$

이때 곡선 C 위에서 $f(z)$의 적분을 복소선적분^{complex line integral}이라 하며, 닫힌곡선 C 위에서 $f(z)$의 적분을 $\oint_C f(z)\,dz$로 나타낸다.

다음 경로에서 $\displaystyle\int_C z^n \, dz$ 를 구하여라.

(1) 반원 $C: x = \cos t, \; y = \sin t, \; 0 \le t \le \pi$

(2) 원 $C: x = \cos t, \; y = \sin t, \; 0 \le t \le 2\pi$

풀이

(1) ❶ 경로 $z(t)$ 를 극형식으로 표현한다.

$$z(t) = x(t) + i\,y(t) = \cos t + i \sin t = e^{it}, \; 0 \le t \le \pi$$

❷ z^n 을 매개변수로 표현하고, $z'(t)$ 를 구한다.

$$z^n = e^{int}, \; z'(t) = i\,e^{it}$$

❸ 복소선적분을 구한다.

ⓐ $n \ne -1$ 일 때

$$\int_C z^n \, dz = \int_0^\pi z^n z'(t)\,dt = \int_0^\pi e^{int}(i\,e^{it})\,dt$$

$$= i\int_0^\pi e^{i(n+1)t}\,dt = \left[\frac{i}{i(n+1)}\,e^{i(n+1)t} \right]_0^\pi = \frac{1}{n+1}\left(e^{i(n+1)\pi} - 1 \right)$$

$e^{i(n+1)\pi} = e^{in\pi}e^{i\pi} = e^{in\pi}(\cos\pi + i\sin\pi) = -e^{in\pi}, \; e^{2n\pi i} = 1, \; e^{(2n+1)\pi i} = -1$
이므로

$$\int_C z^n \, dz = -\frac{1}{n+1}\left(1 + e^{in\pi} \right) = \begin{cases} -\dfrac{2}{2n+1}, & n\text{은 짝수} \\ 0, & n\text{은 홀수}\,(n \ne -1) \end{cases}$$

ⓑ $n = -1$ 일 때

$$\oint_C z^{-1}\,dz = \int_0^\pi e^{-it}(i\,e^{it})\,dt = \int_0^\pi i\,dt = \pi i$$

즉, 구하는 복소선적분은 다음과 같다.

$$\int_C z^n \, dz = -\frac{1}{n+1}\left(1 + e^{in\pi} \right) = \begin{cases} -\dfrac{2}{2n+1}, & n\text{은 짝수} \\ 0, & n\text{은 홀수}\,(n \ne -1) \\ \pi i, & n = -1 \end{cases}$$

(2) ❶ 경로 $z(t)$ 를 극형식으로 표현한다.

$$z(t) = x(t) + i\,y(t) = \cos t + i \sin t = e^{it}, \; 0 \le t \le 2\pi$$

❷ z^n을 매개변수로 표현하고, $z'(t)$를 구한다.

$$z^n = e^{int}, \; z'(t) = i\,e^{it}$$

❸ 복소선적분을 구한다.

ⓐ $n \neq -1$일 때

$$\oint_C z^n dz = \int_0^{2\pi} e^{int}(i\,e^{it})\,dt = i \int_0^{2\pi} e^{i(n+1)t}\,dt$$

$$= \left[\frac{i}{i(n+1)} e^{i(n+1)t} \right]_0^{2\pi} = \frac{1}{n+1}(e^{2(n+1)\pi i} - 1) = 0$$

ⓑ $n = -1$일 때

$$\oint_C z^{-1} dz = \int_0^{2\pi} e^{-it} i\,e^{it}\,dt = \int_0^{2\pi} i\,dt = 2\pi i$$

즉, 구하는 복소선적분은 다음과 같다.

$$\oint_C z^n dz = \begin{cases} 0 & , \; n \neq -1 \\ 2\pi i & , \; n = -1 \end{cases}$$

복소선적분은 실함수의 정적분 또는 벡터함수의 선적분과 동일하게 다음 성질을 갖는다.

정리 6 　복소선적분의 성질

두 함수 f와 g가 어떤 영역 D에서 연속이면 D 안에 완전히 놓이는 곡선 C 위에서 복소선적분은 다음 성질을 갖는다.

(1) 임의의 복소수 α에 대하여 $\displaystyle\int_C \alpha f(z)\,dz = \alpha \int_C f(z)\,dz$ 이다.

(2) $\displaystyle\int_C (f(z) + g(z))\,dz = \int_C f(z)\,dz + \int_C g(z)\,dz$

(3) 경로 C가 D 안에 완전히 놓이는 n개의 경로로 구분되면 $\displaystyle\int_C f(z)\,dz = \sum_{i=1}^n \int_{C_i} f(z)\,dz$ 이다.

(4) 경로 C의 반대 방향을 $-C$라 하면 $\displaystyle\int_{-C} f(z)\,dz = -\int_C f(z)\,dz$ 이다.

(5) 길이가 L인 매끄러운 곡선 C 위에서 f가 연속이고, 이 곡선 위의 모든 점 z에 대하여 $|f(z)| \leq M$이면 $\left| \displaystyle\int_C f(z)\,dz \right| \leq ML$ 이다.

그림과 같이 C_1 과 C_2 로 구분된 경로 C 에서 $\displaystyle\int_C \bar{z}\,dz$ 를 구하여라.

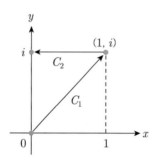

풀이

주안점 두 경로 C_1 과 C_2 위에서 각각 복소선적분을 구한다.

❶ 두 경로 $C_1 : 0 \to 1+i$ 와 $C_2 : 1+i \to i$ 를 양의 방향인 매개변수방정식으로 표현한다.

$$C_1 : z(t) = t + it, \ 0 \leq t \leq 1$$

$$C_2 : z(t) = (2-t) + i, \ 1 \leq t \leq 2$$

❷ 매개변수 t 를 이용하여 각 경로에서 $\bar{z}$ 를 나타내고 $z'(t)$ 를 구한다.

$$C_1 : \bar{z} = t - it, \ z'(t) = 1 + i, \ 0 < t < 1$$

$$C_2 : \bar{z} = (2-t) - i, \ z'(t) = -1, \ 1 < t < 2$$

❸ 두 경로 C_1, C_2 위에서 선적분을 구한다.

$$\int_{C_1} \bar{z}\,dz = \int_0^1 (t - it)(1+i)\,dt = \int_0^1 2t\,dt = \left[t^2\right]_0^1 = 1,$$

$$\int_{C_2} \bar{z}\,dz = \int_1^2 (2-t-i)(-1)\,dt = \int_1^2 (-2 + (1+i)t)\,dt$$

$$= \left[-2t + \frac{1}{2}(1+i)t^2\right]_1^2 = \frac{1}{2}(-1+3i)$$

❹ 경로 C 위에서 선적분을 구한다.

$$\int_C \bar{z}\,dz = \int_{C_1} \bar{z}\,dz + \int_{C_2} \bar{z}\,dz = 1 + \frac{1}{2}(-1+3i) = \frac{1}{2}(1+3i)$$

▶ 예제 25

경로 C는 원 $|z| = R$, $R > 1$ 에서 시계 반대 방향으로 주어진다. 다음 부등식이 성립함을 보여라.

$$\left| \int_C \frac{\operatorname{Ln} z}{z^2} \, dz \right| < \frac{2\pi \, (\pi + \ln R)}{R}$$

풀이

주안점 원 $|z| = R$의 둘레의 길이는 $L = 2\pi R$이다.

❶ $|z|^2 = R$이고, $\operatorname{Ln} z = \ln |z| + i \operatorname{Arg}(z)$, $-\pi < \operatorname{Arg}(z) \leq \pi$ 이다.

❷ $|\operatorname{Ln} z| \leq M$을 만족하는 M을 구한다.

$$|\operatorname{Ln} z| = |\ln |z| + i \operatorname{Arg}(z)| \leq \ln |z| + |i \operatorname{Arg}(z)| < \pi + \ln R$$

❸ [정리 6]의 (5)에 의해 다음을 얻는다.

$$\left| \frac{\operatorname{Ln} z}{z^2} \right| = \frac{|\operatorname{Ln} z|}{|z^2|} < 2\pi R \frac{\pi + \ln R}{R^2} = \frac{2\pi \, (\pi + \ln R)}{R}$$

실함수의 적분에 의한 복소적분

복소평면에서의 곡선 C 위에서 복소적분을 이 곡선 위에서 두 실함수에 대한 선적분의 합으로 구할 수도 있다. 복소함수가 $f(z) = u(x, y) + i v(x, y)$이고 적분경로가 $C \colon z(t) = x(t) + i y(t)$, $a \leq t \leq b$ 이면 $f(z)$와 $z'(t)$는 각각 다음과 같다.

$$f(z(t)) = u(x(t), \, y(t)) + i v(x(t), \, y(t))$$

$$z'(t) = x'(t) + i y'(t)$$

따라서 복소적분의 피적분함수 $f(z(t)) z'(t)$는 다음과 같다.

$$f(z(t)) z'(t) = [u(x(t), \, y(t)) + i v(x(t), \, y(t))] [x'(t) + i y'(t)]$$
$$= [u(x(t), \, y(t)) x'(t) - v(x(t), \, y(t)) y'(t)]$$
$$+ i [v(x(t), \, y(t)) x'(t) + u(x(t), \, y(t)) y'(t)]$$

그러면 곡선 C 위에서 다음 복소적분을 얻는다.

$$\int_C f(z)\,dz = \int_a^b [u(x(t),\,y(t))\,x'(t) - v(x(t),\,y(t))\,y'(t)]\,dt$$

$$+\, i \int_a^b [v(x(t),\,y(t))\,x'(t) + u(x(t),\,y(t))\,y'(t)]\,dt$$

이를 다음과 같이 간단히 표현할 수 있다.

$$\int_C f(z)\,dz = \int_a^b (u\,x' - v\,y')\,dt + i \int_a^b (v\,x' + u\,y')\,dt$$

$$= \int_a^b u\,dx - v\,dy + i \int_a^b v\,dx + u\,dy$$

▶ 예제 26

곡선 $C : z(t) = \cos t + i \sin t$, $0 \le t \le \dfrac{\pi}{2}$ 에 대하여 $\displaystyle\int_C z^2\,dz$ 를 구하여라.

풀이

주안점 먼저 $u(x,\,y)$, $v(x,\,y)$를 구한다.

❶ $u(x,\,y)$, $v(x,\,y)$를 구한다.

$z^2 = (x+iy)^2 = x^2 - y^2 + 2xyi$ 이므로 $u(x,\,y) = x^2 - y^2$, $v(x,\,y) = 2xy$

❷ $x'(t)$, $y'(t)$를 구한다.

$x(t) = \cos t$, $y(t) = \sin t$ 이므로 $x'(t) = -\sin t$, $y'(t) = \cos t$

❸ 곡선 위에서 $u(x,\,y)$, $v(x,\,y)$를 구한다.

$u(x,\,y) = x^2 - y^2 = \cos^2 t - \sin^2 t$, $v(x,\,y) = 2xy = 2\sin t \cos t$

❹ $u\,dx - v\,dy$, $v\,dx + u\,dy$를 구한다.

$u\,x' - v\,y' = (\cos^2 t - \sin^2 t)(-\sin t) - (2\sin t \cos t)(\cos t) = (-3\cos^2 t + \sin^2 t)\sin t$,

$v\,x' + u\,y' = (2\sin t \cos t)(-\sin t) + (\cos^2 t - \sin^2 t)(\cos t) = (\cos^2 t - 3\sin^2 t)\cos t$

❺ 경로 C 위에서 선적분을 구한다.

$$\int_C f(z)\,dz = \int_0^{\frac{\pi}{2}} (u\,x' - v\,y')\,dt + i \int_0^{\frac{\pi}{2}} (v\,x' + u\,y')\,dt$$

$$= \int_0^{\frac{\pi}{2}} (-3\sin t \cos^2 t + \sin^3 t)\, dt + i \int_0^{\frac{\pi}{2}} (\cos^3 t - 3\cos t \sin^2 t)\, dt$$

$$= \left[\frac{4}{3} \cos^3 t - \cos t \right]_0^{\frac{\pi}{2}} + i \left[\sin t - \frac{4}{3} \sin^3 t \right]_0^{\frac{\pi}{2}} = -\frac{1}{3} - \frac{i}{3}$$

물론 다음과 같이 앞에서 적분을 구한 방법에 의해 $f(z(t))z'(t) = (\cos t + i \sin t)^2 (-\sin t + i \cos t)$ 를 구하여 적분하면 [예제 26]의 적분과 동일한 결과를 얻는다.

$$\int_C z^2\, dz = \int_0^{\frac{\pi}{2}} (\cos t + i \sin t)^2 (-\sin t + i \cos t)\, dt$$

$$= \int_0^{\frac{\pi}{2}} (-3\sin t \cos^2 t + \sin^3 t)\, dt + i \int_0^{\frac{\pi}{2}} (\cos^3 t - 3\cos t \sin^2 t)\, dt$$

$$= \left[\frac{4}{3} \cos^3 t - \cos t \right]_0^{\frac{\pi}{2}} + i \left[\sin t - \frac{4}{3} \sin^3 t \right]_0^{\frac{\pi}{2}} = -\frac{1}{3} - \frac{i}{3}$$

한편 미적분학의 기본 정리를 벡터함수뿐만 아니라 복소함수에도 적용할 수 있다.

정리 7　**복소함수에 대한 미적분학의 기본 정리**

함수 f 가 열린 영역 D 에서 연속이고 $z \in D$ 에 대하여 $F'(z) = f(z)$ 이면 D 안에 완전히 놓이는 매끄러운 곡선 $C : z(t) = x(t) + i\, y(t)$, $a \le t \le b$ 에서 다음이 성립한다.

$$\int_C f(z)\, dz = \int_a^b f(z(t))\, z'(t)\, dt = \Big[F(z(t)) \Big]_a^b = F(z(b)) - F(z(a))$$

예를 들어 [예제 26]에서 곡선 C 의 시점과 종점의 좌표는 각각 다음과 같다.

$$z(0) = \cos 0 + i \sin 0 = 1 \,,\ \ z\left(\frac{\pi}{2} \right) = \cos \frac{\pi}{2} + i \sin \frac{\pi}{2} = i$$

$F(z) = \dfrac{1}{3} z^3$ 이면 $F'(z) = z^2$ 이므로 미적분학의 기본 정리에 의해 다음을 얻는다.

$$\int_C z^2\, dz = \left[\frac{1}{3} z^3 \right]_1^i = \frac{1}{3} (i^3 - 1) = -\frac{1}{3} (1 + i)$$

이러한 미적분학의 기본 정리는 곡선 C가 매끄러운 곡선이면 경로에 관계없이 곡선의 종점과 시점에만 의존하고 적분경로에 독립임을 나타낸다.

▶ 예제 27

곡선 C: $z(t) = 1 + e^{it}$, $0 \le t \le \dfrac{\pi}{2}$ 에 대하여 $\displaystyle\int_C \cos 2z \, dz$ 를 구하여라.

풀이

[주안점] 미적분학의 기본 정리를 이용한다.

❶ $F'(z) = \cos 2z$ 를 만족하는 함수 $F(z)$를 구한다.

$F(z) = \dfrac{1}{2} \sin 2z$ 이면 $F'(z) = \cos 2z$ 이다.

❷ 곡선의 시점과 종점의 좌표를 구한다.

$$z(0) = 1 + e^{0i} = 2, \ z\left(\frac{\pi}{2}\right) = 1 + e^{\frac{\pi i}{2}} = 1 + \cos\frac{\pi}{2} + i\sin\frac{\pi}{2} = 1 + i$$

❸ 미적분학의 기본 정리를 이용하여 적분을 구한다.

$$\int_C \cos 2z \, dz = \left[\frac{1}{2}\sin 2z\right]_2^{1+i} = \frac{1}{2}\left[\sin(2 + 2i) - \sin 4\right]$$

코시-구르사 정리

7.4절에서 정의한 바 있는 연결영역을 복소수들의 집합에 적용하자. 복소수들의 집합 R의 임의의 두 점을 양 끝점으로 갖는 경로가 집합 R 안에 완전히 놓일 때 이 집합을 **연결영역**^{connected region}이라 한다. 임의의 열린 원판이나 닫힌 원판은 원판 안의 임의의 두 점을 선택할 때, 이 원판 안에 완전히 놓이는 경로에 의해 연결할 수 있으므로 연결영역이다. 특히 임의의 두 점을 연결하는 모든 경로가 연결영역 안에 놓일 때 이러한 연결영역을 **단순 연결영역**^{simply connected region}이라 한다. 7.4절에서 정의한 것과 동일하게 하나 이상의 구멍이 있는 연결영역을 다중 연결영역이라 한다. 예를 들어 [그림 9.16(a)]는 열린 영역이지만 두 원판 안의 점을 각각 하나씩 택할 때, 두 점을 연결하는 선분이 영역 안에 완전히 놓이지 않으므로 연결영역이 아니다. [그림 9.16(b)]는 열린 원판 안에 임의의 두 점을 택하면 이 두 점을 연결하는 모든 경로가 열린 원판 안에 완전히 놓이므로 단순 연결인 열린 영역이다. 한편 [그림 9.16(c)]는 동심원을 갖는 열린 원판을 나타내며, 두 원 사이 안에서 임의의 두 점을

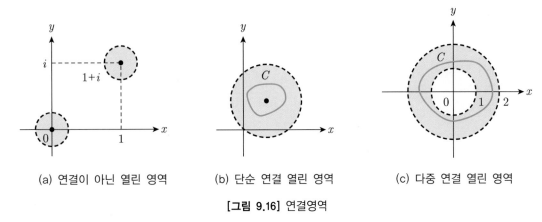

|(a) 연결이 아닌 열린 영역|(b) 단순 연결 열린 영역|(c) 다중 연결 열린 영역|

[그림 9.16] 연결영역

택하면 이 두 점을 집합 안에 완전히 놓이는 경로로 연결할 수 있다. 그러나 영역 안의 두 점 $1+i$와 $-1-i$를 연결할 때 원점을 지나는 선분을 이용할 수 있지만 이 선분은 영역 안에 완전히 놓이지 않으므로 다중 연결된 열린 영역이며 단순연결이 아니다.

이제 단순 연결영역인 열린 원판에서 복소함수의 적분을 살펴본다. 복소함수 $f(z) = u(x, y) + iv(x, y)$가 단순 연결영역인 열린 원판 D에서 해석적이고 $f'(z)$가 D에서 연속이면 두 실함수 u와 v는 D에서 연속이며, 1계 편도함수들 역시 연속이다. 따라서 D 안의 모든 단순 닫힌 경로 C에 대하여 다음을 얻는다.

$$\oint_C u\,dx - v\,dy = -\iint_D (v_x + u_y)\,dx\,dy,$$

$$\oint_C v\,dx + u\,dy = \iint_D (u_x - v_y)\,dx\,dy$$

그러면 선적분에 대한 그린 정리에 의해 다음이 성립한다.

$$\oint_C f(z)\,dz = \oint_C u\,dx - v\,dy + i\oint_C v\,dx + u\,dy$$

$$= -\iint_D (v_x + u_y)\,dx\,dy + i\iint_D (u_x - v_y)\,dx\,dy$$

한편 f가 영역 D에서 해석적이므로 코시-리만 방정식에 의해 다음 등식이 성립한다.

$$u_x = v_y, \ u_y = -v_x$$

따라서 D 안의 모든 단순 닫힌 경로 C에 대하여 $\displaystyle\oint_C f(z)\,dz = 0$이며, 이러한 성질을 코시-구르사 정리$^{\text{Cauchy-Goursat theorem}}$라 한다.

단순연결인 열린 영역 D에서 해석적이고 $f'(z)$가 D에서 연속이면 D 안의 모든 단순 닫힌 경로 C에 대하여 다음이 성립한다.

$$\oint_C f(z)\,dz = 0$$

단순 닫힌 경로의 내부는 단순 연결영역이므로 이 정리를 다음과 같이 변형할 수 있다.

정리 8　따름정리

f가 단순 닫힌 경로 C 위 및 안에 있는 모든 점에서 해석적이면 $\oint_C f(z)\,dz = 0$ 이다.

예를 들어 z^n 이나 e^z, $\sin z$와 $\cos z$는 완전함수이므로 임의의 단순 닫힌 경로 C에서 적분은 다음과 같이 0이다.

$$\oint_C z^n\,dz = 0\,,\quad \oint_C e^z\,dz = 0\,,\quad \oint_C \sin z\,dz = 0\,,\quad \oint_C \cos z\,dz = 0$$

▶ 예제 28

곡선 C가 $|z + 2i| = 1$ 인 원일 때, $\displaystyle\int_C \frac{2z-1}{z^2 + 2iz}\,dz$ 를 구하여라.

풀이

주안점　매개변수를 이용하여 곡선 C를 표현하면 $z(t) = -2i + e^{it}$, $0 \le t \le 2\pi$ 이다.

❶ 피적분함수를 부분분수로 분해한다.

$$f(z) = \frac{2z-1}{z^2 + 2iz} = \frac{i}{2}\frac{1}{z} + \frac{4-i}{2}\frac{1}{z+2i}$$

❷ $f(z)$의 분모가 0이 되는 $z = 0$, $-2i$ 를 제외한 곳에서 해석적인지 살펴본다.

　ⓐ $\dfrac{1}{z}$ 은 $z = 0$ 이 아닌 모든 곳에서 해석적이므로 단순 연결 열린 원판 C의 경계와 내부에서 해석적이고, 따라서 코시-구르사 정리에 의해 다음을 만족한다.

$$\oint_C \frac{i}{2}\frac{1}{z}\,dz = 0$$

ⓑ $\dfrac{1}{z+2i}$ 은 곡선 C 안에서 ($z=-2i$ 일 때) 해석적이지 않으므로 코시–구르사 정리를 적용할

수 없다. $z(t)=-2i+e^{it}$, $z'(t)=ie^{it}$ 이므로

$$\int_C \frac{1}{z+2i}\,dz = \int_0^{2\pi} \frac{1}{z(t)+2i} z'(t)\,dt = \int_0^{2\pi} \frac{1}{e^{it}}(ie^{it})\,dt = \int_0^{2\pi} i\,dt = 2\pi i$$

❸ 적분을 구한다.

$$\oint_C \frac{1}{z+2i}\,dz = \oint_C \left(\frac{i}{2}\frac{1}{z} + \frac{4-i}{2}\frac{1}{z+2i} \right)dz$$

$$= \frac{i}{2}\oint_C \frac{1}{z}\,dz + \frac{4-i}{2}\oint_C \frac{1}{z+2i}\,dz$$

$$= \frac{4-i}{2}(2\pi i) = (1+4i)\pi$$

경로의 독립성

[예제 27]과 같이 함수 f 가 열린 영역 D에서 연속이고 D 안에 완전히 놓이는 매끄러운 곡선 C에서 복소적분은 적분경로와 관계없이 곡선의 종점과 시점에만 의존함을 언급했다. 이제 이와 같이 경로에 독립적인 복소적분을 살펴본다. 함수 f 가 단순 연결 열린 영역 D에서 미분가능하고 [그림 9.17(a)]와 같이 C_1, C_2를 시점 z_0과 종점 z_1을 잇는 조각마다 매끄러운 곡선이라 하자. 그러면 [그림 9.17(b)]와 같이 곡선 C_2의 방향을 반대로 하면 시점 z_1과 종점 z_0을 잇는 새로운 곡선 $-C_2$를 얻으며, 두 곡선 C_1과 $-C_2$는 시점과 종점이 z_0인 단순 닫힌곡선 C를 형성한다.

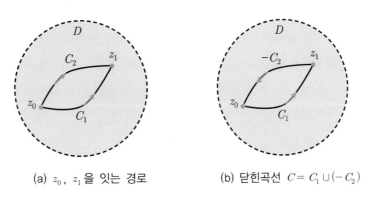

(a) z_0, z_1을 잇는 경로   (b) 닫힌곡선 $C=C_1\cup(-C_2)$

[그림 9.17] 단순 연결 열린 영역

이때 곡선 C는 단순 연결 열린 영역 D 안에 완전히 놓이며, 함수 f가 D에서 미분가능하므로 코시-구르사 정리에 의해 곡선 C 위에서 f의 복소적분은 0이다.

$$\oint_C f(z)\,dz = 0$$

한편 $C = C_1 \cup (-C_2)$이므로 위 적분은 다음과 같이 나타낼 수 있다.

$$\oint_C f(z)\,dz = \int_{C_1} f(z)\,dz + \int_{-C_2} f(z)\,dz = \int_{C_1} f(z)\,dz - \int_{C_2} f(z)\,dz = 0$$

따라서 다음과 같이 시점 z_0과 종점 z_1을 잇는 조각마다 매끄러운 서로 다른 두 경로 C_1, C_2에 대하여 복소선적분의 값은 동일하다.

$$\int_{C_1} f(z)\,dz = \int_{C_2} f(z)\,dz$$

이로써 함수 f가 단순 연결 열린 영역 D에서 미분가능하면 $\oint_C f(z)\,dz$는 시점 z_0과 종점 z_1을 잇는 경로에 관계없이 값이 일정함을 알 수 있다. 이 경우 다음과 같이 표현할 수 있다.

$$\oint_C f(z)\,dz = \int_{z_0}^{z_1} f(z)\,dz$$

경로의 변형 정리

영역 D가 단순 연결 열린 영역이 아니면 함수 f가 D에서 해석적이라 해도 코시-구르사 정리가 성립한다고 할 수 없다. 예를 들어 함수 f가 다중 연결 열린 영역 D에서 해석적이고 [그림 9.18(a)]와 같이 C와 C_1은 D 안의 구멍을 둘러싸는 단순 닫힌곡선이며, 곡선 C_1은 곡선 C의 내부에 있다고 하자. [그림 9.18(b)]와 같이 두 곡선 C와 C_1를 선분 K_1과 선분 K_2로 연결하면 두 개의 단순 닫힌 경로를 얻는다. 윗부분은 K_1과 K_2를 포함하는 C와 C_1로 구성된 양의 방향을 갖는 경로이고, 아랫부분 역시 K_1과 K_2를 포함하는 C와 C_1로 구성된 양의 방향을 갖는 경로이다. 바깥쪽 경로 C는 시계 반대 방향이지만 안쪽 경로 C_1은 시계 방향이다.

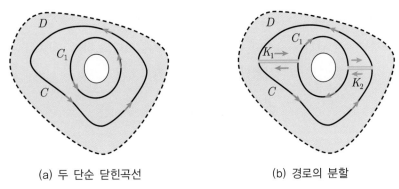

| (a) 두 단순 닫힌곡선 | (b) 경로의 분할 |

[그림 9.18] 다중 연결영역 안의 두 단순 닫힌곡선과 경로의 분할

위쪽 경로를 L_1, 아래쪽 경로를 L_2 라 하면 L_1 과 L_2 는 단순 닫힌 경로이고 D 안에 완전히 놓이므로 코시–구르사 정리에 의해 다음을 얻는다.

$$\oint_{L_1} f(z)\,dz = \oint_{L_2} f(z)\,dz = 0$$

더욱이 두 경로 L_1, L_2 위에서 복소선적분을 합할 때, 두 선분 K_1 과 K_2 에서의 적분은 방향이 서로 반대이므로 K_1, K_2 위에서 적분의 합은 0 이다. 따라서 다음이 성립한다.

$$\oint_{L_1} f(z)\,dz + \oint_{L_2} f(z)\,dz = 0$$

한편 위쪽 경로 L_1 과 아래쪽 경로 L_2 위에서의 적분의 합은 시계 반대 방향인 경로 C 위의 적분과 시계 방향인 경로 C_1 위의 적분의 합과 같으므로 다음을 얻는다.

$$\oint_{L_1} f(z)\,dz + \oint_{L_2} f(z)\,dz = \oint_{C} f(z)\,dz + \oint_{-C_1} f(z)\,dz$$
$$= \oint_{C} f(z)\,dz - \oint_{C_1} f(z)\,dz = 0$$

따라서 다음과 같이 경로 C 위의 적분은 C 의 내부에 있는 경로 C_1 위의 적분과 일치함을 알 수 있다.

$$\oint_{C} f(z)\,dz = \oint_{C_1} f(z)\,dz$$

이로부터 다음 정리를 얻는다.

> **정리 9** 경로의 변형 정리

C와 C_1이 복소평면에서 닫힌 경로이고 C_1이 C의 내부에 있다고 하자. 함수 f가 두 경로 C와 C_1을 포함하는 열린집합에서 해석적이면 다음이 성립한다.

$$\oint_C f(z)\,dz = \oint_{C_1} f(z)\,dz$$

▶ 예제 29

곡선 C가 복소수 z_0을 포함하는 임의의 닫힌 경로일 때, $\displaystyle\int_C \frac{1}{z-z_0}\,dz$를 구하여라.

풀이

> 주안점 곡선 C에 포함되고 $z=z_0$을 둘러싸는 간단한 경로를 생각한다.

❶ 곡선 C에 포함되고 $z=z_0$을 중심으로 충분히 작은 반지름의 길이가 r인 원을 C_1로 놓는다.

$$C_1 : z(t) = a + re^{it},\ 0 \le t \le 2\pi$$

❷ 경로의 변형 정리에 의해 다음이 성립한다.

$$\oint_C \frac{1}{z-z_0}\,dz = \oint_{C_1} \frac{1}{z-z_0}\,dz$$

❸ C_1 위에서 적분을 구한다.

$z'(t) = ire^{it}$ 이므로

$$
\begin{aligned}
\oint_C \frac{1}{z-z_0}\,dz &= \oint_{C_1} \frac{1}{z-z_0}\,dz \\
&= \int_0^{2\pi} \frac{1}{re^{it}}(ire^{it})\,dt \\
&= \int_0^{2\pi} i\,dt = 2\pi i
\end{aligned}
$$

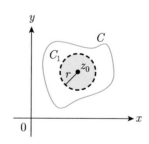

▶ 예제 30

곡선 C가 네 복소수 i, $-i$, $2-i$, $2+i$를 연결하는 정사각형일 때, $\displaystyle\int_C \frac{1}{z-1}\,dz$를 구하여라.

풀이 ·

주안점 곡선 C에 포함되고 $z=1$을 둘러싸는 간단한 경로를 생각한다.

❶ 곡선 C에 포함되고 $z=1$을 중심으로 반지름의 길이가 $\frac{1}{2}$인 원을 C_1로 놓는다.

$$C_1 : z(t) = 1 + \frac{1}{2}e^{it},\ 0 \le t \le 2\pi$$

❷ 경로의 변형 정리에 의해 다음이 성립한다.

$$\oint_C \frac{1}{z-1}\,dz = \oint_{C_1} \frac{1}{z-1}\,dz$$

❸ C_1 위에서 적분을 구한다.

$z'(t) = \dfrac{i}{2}e^{it}$ 이므로

$$
\begin{aligned}
\oint_C \frac{1}{z-1}\,dz &= \oint_{C_1} \frac{1}{z-1}\,dz \\
&= \int_0^{2\pi} \frac{1}{\dfrac{e^{it}}{2}} \frac{i\,e^{it}}{2}\,dt \\
&= \int_0^{2\pi} i\,dt = 2\pi i
\end{aligned}
$$

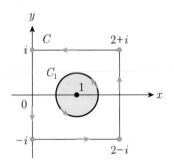

[예제 29]와 [예제 30]의 결과는 코시–구르사 정리에 의해 다음과 같이 일반화할 수 있다. 즉, 단순 닫힌 경로 C의 내부에 있는 임의의 복소수를 z_0이라 하면 자연수 n에 대하여 다음이 성립한다.

$$\oint_C \frac{dz}{(z-z_0)^n} = \begin{cases} 2\pi i\,, & n=1 \\ 0\,, & n \ne 1 \end{cases}$$

지금까지 열린 영역 D의 내부에 구멍이 하나뿐인 경우를 살펴봤다. 두 개 이상의 구멍을 갖는 다중 연결 열린 영역으로 확대하면 다음 정리를 얻는다.

다중연결 열린 영역에 대한 코시-구르사 정리

C, C_i, $i = 1, 2, \cdots, k$ 는 양의 방향을 갖는 단순 닫힌곡선이고, 모든 C_i 가 C 의 내부에서 공유하는 점을 갖지 않는다고 하자. 이때 f 가 모든 단순 닫힌 경로 C_i, $i = 1, 2, \cdots, k$ 의 외부 및 C 의 경계와 내부에 있는 점에서 해석적이면 다음이 성립한다.

$$\oint_C f(z)\,dz = \sum_{i=1}^{k} \oint_{C_i} f(z)\,dz$$

▶ **예제 31**

영역 D 에서 다음 함수의 복소적분을 구하여라.

(1) $f(z) = \dfrac{1}{z^2(z^2 + 9)}$

(2) $g(z) = \dfrac{z - 2}{2z^2 + 5z - 12}$

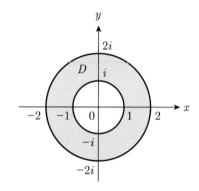

풀이

(1) $f(z)$ 는 $z = 0$, $z = \pm 3i$ 를 제외한 모든 곳에서 해석적이고, 이 세 점은 영역 D 의 외부에 있으므로 $\displaystyle\oint_C \dfrac{dz}{z^2(z^2 + 9)} = 0$ 이다.

(2) ❶ $g(z)$ 를 부분분수로 표현한다.

$$g(z) = \frac{1}{11}\left(\frac{6}{z+4} - \frac{1}{2z-3} \right)$$

❷ $g(z)$ 가 분모가 0이 되는 곳에서 코시-구르사 정리를 적용한다.

$g(z)$ 는 $z = -4$, $\dfrac{3}{2}$ 을 제외한 곳에서 해석적이다.

ⓐ $z = -4$ 는 영역 밖의 점이므로 코시-구르사 정리에 의해 $\displaystyle\oint_C \dfrac{dz}{z+4} = 0$ 이다.

ⓑ $z = \dfrac{3}{2}$ 은 영역 안의 점이므로 $\displaystyle\oint_C \dfrac{dz}{2z-3} = \frac{1}{2}\oint_C \dfrac{dz}{z - \dfrac{3}{2}} = \frac{1}{2}(2\pi i) = \pi i$ 이다.

❸ 적분을 구한다.

$$\oint_C \frac{z-2}{2z^2+5z-12}\,dz = \frac{6}{11}\oint_C \frac{dz}{z+4} - \frac{1}{11}\oint_C \frac{dz}{2z-3}$$

$$= \frac{6}{11}(0) - \frac{1}{11}(\pi i) = -\frac{\pi i}{11}$$

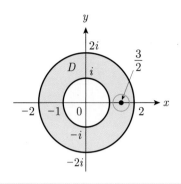

▶ 예제 32

외부 경로 C가 $|z|=2$인 원일 때, $\oint_C \dfrac{dz}{z^2+1}$ 를 구하여라.

풀이

❶ $f(z)$를 부분분수로 표현한다.

$$f(z) = \frac{1}{z^2+1} = \frac{1}{(z+i)(z-i)} = \frac{1}{2i}\left(\frac{1}{z-i} - \frac{1}{z+i}\right)$$

❷ $f(z)$가 해석적인 곳을 파악한다.

$f(z)$의 분모가 0이 되는 $z=\pm i$를 제외한 곳에서 해석적이며, $z=\pm i$는 경로 C의 내부에 놓인다.

❸ $|z-i|=1$인 경로를 C_1, $|z+i|=1$인 경로를 C_2로 놓는다.

C_1에서 $z=-i$가 외부에 있으므로 $\oint_{C_1}\dfrac{dz}{z+i}=0$이고, $z=i$가 내부에 있으므로

$\oint_{C_1}\dfrac{dz}{z-i}=2\pi i$이다.

$$\oint_{C_1}\left(\frac{1}{z-i}-\frac{1}{z+i}\right)dz = 2\pi i$$

C_2에서 $z=i$가 외부에 있으므로 $\oint_{C_2}\dfrac{dz}{z-i}=0$이고, $z=-i$가 내부에 있으므로

$\oint_{C_2}\dfrac{dz}{z+i}=2\pi i$

$$\oint_{C_2}\left(\frac{1}{z-i}-\frac{1}{z+i}\right)dz = -2\pi i$$

❹ 적분을 구한다.

$$\oint_C \frac{dz}{z^2+1} = \frac{1}{2i}\oint_C \left(\frac{1}{z-i} - \frac{1}{z+i}\right)dz$$

$$= \frac{1}{2i}\oint_{C_1} \left(\frac{1}{z-i} - \frac{1}{z+i}\right)dz$$

$$+ \frac{1}{2i}\oint_{C_2} \left(\frac{1}{z-i} - \frac{1}{z+i}\right)dz$$

$$= \frac{1}{2i}(2\pi i - 2\pi i) = 0$$

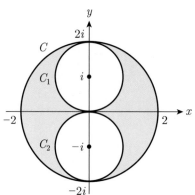

[정리 7]에서 살펴본 복소함수에 대한 미적분학의 기본 정리를 경로적분에 적용해 보자. 함수 f가 단순 연결영역 D에서 해석적이고 매개변수에 의한 다음 경로 C가 D 안에 완전히 놓인다고 하자.

$$z = z(t), \ a \le t \le b$$

이때 D에서 함수 F가 f의 역도함수, 즉 $z \in D$에 대하여 $F'(z) = f(z)$라 하면 다음을 얻는다.

$$\int_C f(z)dz = \int_a^b f(z(t))z'(t)dt = \int_a^b F'(z(t))z'(t)dt$$

$$= \int_a^b \left[\frac{d}{dt}F(z(t))\right]dt = \left[F(z(t))\right]_a^b$$

$$= F(z(b)) - F(z(a)) = F(z_1) - F(z_0)$$

여기서 $z_0 = z(a)$는 경로 C의 시점이고 $z_1 = z(b)$는 종점이다. 따라서 시점 z_0과 종점 z_1을 잇는 매끄러운 임의의 경로 C에 대하여 다음 성질이 성립한다.

정리 11　　**경로적분의 기본 정리**

f가 영역 D에서 연속이고, F는 이 영역에서 f의 역도함수라 하자. 이 영역 안에 완전히 놓이고, 시점이 z_0, 종점이 z_1인 임의의 경로 C에 대하여 다음이 성립한다.

$$\int_C f(z)dz = F(z_1) - F(z_0)$$

▶ 예제 33

그림과 같은 경로 C에 대하여 다음 적분을 구하여라.

(1) $\displaystyle\int_C e^z\,dz$

(2) $\displaystyle\int_C \cos z\,dz$

(3) $\displaystyle\int_C \sinh z\,dz$

(4) $\displaystyle\int_C \frac{1}{z}\,dz$ (단, 주치를 구한다)

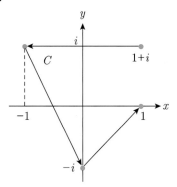

풀이

주안점 경로 C의 시점과 종점은 각각 $z=1+i$, $z=1$ 이다.

(1) $f(z)=e^z$ 의 역도함수는 $F(z)=e^z$ 이므로

$$\int_C e^z\,dz = \int_{1+i}^{1} e^z\,dz = \left[e^z\right]_{1+i}^{1} = e - e^{1+i}$$

$$= e - e(\cos 1 + i\sin 1) = e(1-\cos 1) + i\,e\sin 1$$

(2) $f(z)=\cos z$ 의 역도함수는 $F(z)=\sin z$ 이므로

$$\int_C \cos z\,dz = \int_{1+i}^{1} \cos z\,dz = \left[\sin z\right]_{1+i}^{1} = \sin 1 - \sin(1+i)$$

$$= \sin 1 - \frac{1}{2i}\left[e^{i(1+i)} - e^{-i(1+i)}\right] = \sin 1 - \frac{1}{2i}\left(e^{-1+i} - e^{1-i}\right)$$

$$= \sin 1 - \frac{1}{2i}\left[e^{-1}(\cos 1 + i\sin 1) - e(\cos 1 - i\sin 1)\right]$$

$$= \frac{1}{2}\left[-(e^{-1}+e-2)\sin 1 + i(e^{-1}-e)\cos 1\right]$$

(3) $f(z)=\sinh z$ 의 역도함수는 $F(z)=\cosh z$ 이므로

$$\int_C \sinh z\,dz = \int_{1+i}^{1} \sinh z\,dz = \left[\cosh z\right]_{1+i}^{1} = \cosh 1 - \cosh(1+i)$$

$$= \frac{1}{2}(e+e^{-1}) - \frac{1}{2}\left[e^{1+i} + e^{-(1+i)}\right] = \frac{1}{2}(e+e^{-1}) - \frac{1}{2}\left(e^{1+i} + e^{-1-i}\right)$$

$$= \frac{1}{2}(e+e^{-1}) - \frac{1}{2}\left[e(\cos 1 + i\sin 1) + e^{-1}(\cos 1 - i\sin 1)\right]$$

$$= \frac{1}{2}\left[(e+e^{-1})(1-\cos 1) - i(e-e^{-1})\sin 1\right]$$

(4) $f(z) = \dfrac{1}{z}$ 의 역도함수는 $F(z) = \ln z = \ln |z| + \arg z$ 이므로

$$\int_C \frac{1}{z}\,dz = \int_{1+i}^1 \frac{1}{z}\,dz = \Big[\ln z \Big]_{1+i}^1 = \ln 1 - \ln (1+i)$$

$$= -\mathrm{Ln}|1+i| - i\,\mathrm{Arg}\,(1+i) = -\frac{\pi i}{4} - \ln \sqrt{2}$$

코시의 적분 공식

이제 $f(z)$를 단순 연결영역 D에서 해석적이라 하고, C는 이 영역 안에서 시계 반대 방향을 갖는 조각마다 매끄러운 단순 닫힌곡선이라 하자. C의 내부에 있는 한 점 z_0에 대하여 다음 적분을 구해 보자.

$$I = \oint_C \frac{f(z)}{z - z_0}\,dz$$

이 적분을 구하기 위해 [그림 9.19]와 같이 C 안에 완전히 놓이면서 중심이 z_0, 반지름의 길이가 ρ인 시계 반대 방향의 충분히 작은 원을 C_1이라 하자.

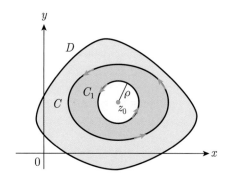

[그림 9.19] 적분 영역

그러면 C와 C_1의 경계와 이들 사이에서 $\dfrac{f(z)}{z - z_0}$는 해석적이므로 다음을 얻는다.

$$\oint_C \frac{f(z)}{z - z_0}\,dz = \oint_{C_1} \frac{f(z)}{z - z_0}\,dz = \oint_{C_1} \frac{f(z) - f(z_0) + f(z_0)}{z - z_0}\,dz$$

$$= \oint_{C_1} \frac{f(z) - f(z_0)}{z - z_0}\,dz + \oint_{C_1} \frac{f(z_0)}{z - z_0}\,dz$$

이때 $f(z_0)$은 상수이고 [예제 29]로부터 $\oint_{C_1} \dfrac{1}{z - z_0} dz = 2\pi i$ 이므로 다음을 얻는다.

$$\oint_C \frac{f(z)}{z - z_0} dz = \oint_{C_1} \frac{f(z) - f(z_0)}{z - z_0} dz + f(z_0) \oint_{C_1} \frac{1}{z - z_0} dz$$

$$= \oint_{C_1} \frac{f(z) - f(z_0)}{z - z_0} dz + 2\pi i f(z_0)$$

한편 $f(z)$는 $z = z_0$을 포함하는 닫힌 경로 C_1에서 연속이므로 $|f(z) - f(z_0)| \leq M$이고, M은 $M = \max_{z \in C_1} |f(z) - f(z_0)|$이다. 따라서 피적분함수는 C_1에서 유계하고, [정리 6]의 (5)로부터 다음을 얻는다.

$$\left| \oint_{C_1} \frac{f(z) - f(z_0)}{z - z_0} dz \right| \leq \oint_{C_1} \frac{|f(z) - f(z_0)|}{|z - z_0|} dz \leq \frac{M}{\rho} 2\pi \rho = 2\pi M$$

특히 $\rho \to 0$이면 $f(z) \to f(z_0)$이고, 따라서 $M \to 0$이므로 $\rho \to 0$이라 하면 $\oint_C \dfrac{f(z)}{z - z_0} dz \to 2\pi i f(z_0)$ 이고, 다음과 같이 요약할 수 있다.

정리 12 **코시의 적분 공식**

f가 단순 연결영역 D 안에서 연속이고 C는 이 영역 안에 놓이는 시계 반대 방향을 갖는 조각마다 매끄러운 단순 닫힌곡선이라 하면 C 안의 임의의 점 z_0에 대하여 다음이 성립한다.

$$\oint_C \frac{f(z)}{z - z_0} dz = 2\pi i f(z_0)$$

▶ 예제 34

주어진 경로 C에 대하여 다음 적분을 구하여라.

(1) $\oint_C \dfrac{e^z}{(z - i)(z - 3)} dz$, C: $|z| = 2$인 원

(2) $\oint_C \dfrac{\cos z}{(z^2 - 4)(z^2 + 4)} dz$, C: 네 꼭짓점이 $3 + i$, $3 - i$, $-3 + i$, $-3 - i$인 직사각형

풀이

(1) ❶ C 안에서 해석적이지 않은 점을 구한다.

피적분함수는 $z = i$와 $z = 3$을 제외한 모든 복소수에 대해 해석적이고, $z = 3$은 C의

외부에 있다.

$z = i$를 제외한 나머지를 $f(z) = \dfrac{e^z}{z-3}$으로 놓는다.

❷ 코시의 적분 공식을 이용하여 적분한다.

$$\oint_C \frac{e^z}{(z-i)(z-3)}\,dz = \oint_C \frac{\dfrac{e^z}{z-3}}{z-i}\,dz = 2\pi i\left[\frac{e^z}{z-3}\right]_{z=i} = -\frac{2\pi i\,e^i}{3-i}$$

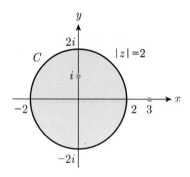

(2) ❶ C 안에서 해석적이지 않은 점을 구한다.

피적분함수는 $z = \pm 2$와 $z = \pm 2i$를 제외한 모든 복소수에 대하여 해석적이고, $z = \pm 2i$는 C의 외부에 있다.

$z^2 - 4$를 제외한 나머지를 $f(z) = \dfrac{\cos z}{z^2+4}$로 놓는다.

❷ $\dfrac{1}{z^2-4}$을 부분분수로 분해한다.

$$\frac{1}{z^2-4} = \frac{1}{4}\left(\frac{1}{z-2} - \frac{1}{z+2}\right)$$

❸ 코시의 적분 공식을 이용하여 적분한다.

$$\begin{aligned}
\oint_C \frac{\cos z\,dz}{(z^2-4)(z^2+4)} &= \frac{1}{4}\oint_C \frac{\cos z}{z^2+4}\left(\frac{1}{z-2} - \frac{1}{z+2}\right)dz \\
&= \frac{1}{4}\oint_C \frac{\cos z}{z^2+4}\frac{1}{z-2}\,dz - \frac{1}{4}\oint_C \frac{\cos z}{z^2+4}\frac{1}{z+2}\,dz \\
&= \frac{1}{4}\left[\frac{\cos z}{z^2+4}\right]_{z=2}(2\pi i) - \frac{1}{4}\left[\frac{\cos z}{z^2+4}\right]_{z=-2}(2\pi i) \\
&= \frac{\pi i}{2}\left(\frac{\cos 2}{8} - \frac{\cos(-2)}{8}\right) = \frac{\pi i}{8}\cos 2
\end{aligned}$$

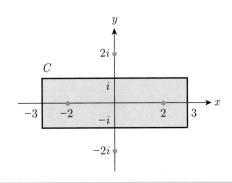

일반적으로 실함수 $f(x)$가 $x = x_0$에서 미분가능하다고 해서 그 점에서 반드시 2계 도함수가 존재하는 것은 아니다. 그러나 복소함수 $f(z)$가 $z = z_0$을 포함하는 열린 원판에서 미분가능하면 모든 고계 도함수가 존재하며, 이 점에서 n계 도함수 $f^{(n)}(z_0)$이 코시의 적분 공식을 통해 다음과 같이 표현된다.

정리 13 **일반화된 코시의 적분 공식**

f가 단순 연결영역 D 안에서 연속이고 C는 이 영역 안에 놓이는 시계 반대 방향을 갖는 조각마다 매끄러운 단순 닫힌곡선이라 하면 C 안의 임의의 점 z_0에 대하여 다음이 성립한다.

$$\oint_C \frac{f(z)}{(z - z_0)^{n+1}}\, dz = \frac{2\pi i}{n!} f^{(n)}(z_0), \quad n = 1, 2, 3, \cdots$$

이 정리는 $f(z_0)$에 대한 코시의 적분 공식을 n번 반복적으로 미분하면 쉽게 얻을 수 있다.

▶ 예제 35

경로 $C \colon |z + i| = 2$에 대하여 다음 적분을 구하여라.

(1) $\displaystyle\oint_C \frac{e^z \sin z}{(z + 2i)^2}\, dz$ 　　　　　(2) $\displaystyle\oint_C \frac{e^{2z}}{(z + 2i)^3}\, dz$

풀이

주안점 피적분함수는 $z = -2i$를 제외한 모든 곳에서 해석적이고, $z = -2i$는 C의 내부에 놓인다.

(1) ❶ $n = 1$이므로 $f(z) = e^z \sin z$로 놓고 $f'(z)$를 구한다.

$$f'(z) = e^z(\cos z + \sin z)$$

❷ 적분을 구한다.

$$\oint_C \frac{e^z \sin z}{(z+2i)^2}\, dz = \frac{2\pi i}{1!} f'(-2i) = 2\pi i\, e^{-2i}[\cos(-2i) + \sin(-2i)]$$

$$= 2\pi i\, e^{-2i}(\cos 2i - \sin 2i)$$

(2) ❶ $n = 2$ 이므로 $f(z) = e^{2z}$ 으로 놓고 $f''(z)$를 구한다.

$$f'(z) = 2e^{2z},\ f''(z) = 4e^{2z}$$

❷ 적분을 구한다.

$$\oint_C \frac{e^{2z}}{(z+2i)^3}\, dz = \frac{2\pi i}{2!} f''(-2i) = 4\pi i\, e^{-4i}$$

9.5 로랑급수와 유수정리

9.3절에서 살펴본 복소함수의 테일러급수와 매클로린급수는 $f(z)$가 $z = z_0$을 중심으로 갖는 열린 원판에서 $f(z)$를 거듭제곱급수로 표현하는 방법을 알려 준다. 이제 $z = z_0$을 중심으로 갖는 두 동심원 에서 해석적인 함수를 거듭제곱급수로 표현하는 방법을 살펴본다.

로랑정리

복소함수 $f(z)$가 $z = z_0$에서 해석적이지 않을 때, 즉 $f(z)$가 미분가능하지 않은 점 $z = z_0$을 **특이점** singular point이라 한다. 그리고 $z = z_0$을 제외한 근방에서 함수 $f(z)$가 미분가능하고 이 함수가 z_0을 제외한 근방 $0 < |z - z_0| < r$, $r > 0$에서 해석적이면 $z = z_0$을 **고립특이점**isolated singular point이라 한다. 예를 들어 $f(z) = \dfrac{1}{z^2 + 9}$은 두 점 $z = \pm 3i$에서 미분가능하지 않으므로 이 두 점은 $f(z)$에 대한 특이점이고, 더욱이 $0 < |z - 3i| < 1$과 $0 < |z + 3i| < 1$에서 $f(z)$가 해석적이므로 $z = 3i$, $-3i$는 이 함수의 고립특이점이다. 또한 $f(z) = \mathrm{Ln}\, z$는 $z = 0$에서 미분가능하지 않으므로 특이점 $z = 0$을 갖는다. 그러나 원점을 포함하는 모든 근방이 음의 실수축 위에 있는 점을 포함하며, 이 점들에서 $\mathrm{Ln}\, z$는 해석적이지 않으므로 $z = 0$은 고립 특이점이 아니다. 한편 $f(z) = \dfrac{1}{\sin \frac{\pi}{z}}$에 대하여 $z = \dfrac{1}{n}$,

$n = \pm 1, \pm 2, \cdots$ 와 $z = 0$은 특이점이다. 이때 $n \to \infty$ 이면 $z = \dfrac{1}{n} \to 0$ 이며, [그림 9.20]과 같이 $z \neq 0$의 특이점들은 자신을 제외한 근방에서 $f(z)$가 해석적이 되도록 할 수 있으므로 고립특이점이다. 그러나 $z = 0$의 모든 근방은 무수히 많은 특이점을 포함하고 있으며, 이러한 점들에서 $f(z)$가 해석적이지 않으므로 $z = 0$은 고립특이점이 아니다.

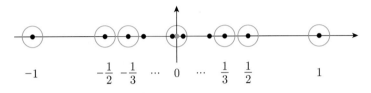

[그림 9.20] $f(z) = \dfrac{1}{\sin(\pi/z)}$ 의 특이점

이와 같이 고립점 $z = z_0$의 모든 근방이 z_0이 아닌 f의 고립점을 적어도 하나 포함하는 경우 $z = z_0$을 비고립특이점^{nonisolated singular point}이라 한다. $z = z_0$이 f의 특이점이라 하면 그 점에서 f는 해석적이지 못하므로 함수 f를 거듭제곱급수로 나타낼 수 없다. 그러나 고립특이점에 대하여 함수 f를 거듭제곱급수로 나타낼 수 있으며, 이제 이러한 경우의 거듭제곱급수를 살펴본다. 예를 들어 $f(z) = \dfrac{\cos z}{z^2}$는 $z = 0$에서 해석적이지 않으므로 매클로린급수로 표현할 수 없다. 그러나 모든 복소수 범위에서 $\cos z$의 매클로린급수가 다음과 같음을 알고 있다.

$$\cos z = 1 - \frac{z^2}{2!} + \frac{z^4}{4!} - \frac{z^6}{6!} + \cdots$$

한편 $z \neq 0$인 모든 복소수 범위, 즉 $0 < |z| < \infty$에서 $f(z)$는 다음과 같이 거듭제곱급수로 표현 가능하다.

$$f(z) = \frac{\cos z}{z^2} = \frac{1}{z^2}\left(1 - \frac{z^2}{2!} + \frac{z^4}{4!} - \frac{z^6}{6!} + \frac{z^8}{8!} - \cdots\right)$$

$$= \frac{1}{z^2} - \frac{1}{2!} + \frac{z^2}{4!} - \frac{z^4}{6!} + \frac{z^6}{8!} - \cdots$$

다시 말해 복소함수 f를 음의 거듭제곱을 이용하여 다음과 같이 표현할 수 있다.

$$f(z) = \sum_{n=1}^{\infty} \frac{a_{-n}}{(z - z_0)^n} + \sum_{n=0}^{\infty} a_n (z - z_0)^n$$

여기서 우변의 첫 번째 급수는 다음 영역에서 수렴한다.

$$\left|\frac{1}{z-z_0}\right| < r_1 \quad \text{또는} \quad |z-z_0| > \frac{1}{r_1} = r$$

두 번째 급수는 $|z-z_0| < R$에서 수렴하므로 $f(z)$는 이 두 조건을 만족하는 영역, 즉 [그림 9.21]과 같은 환형 영역 $r < |z-z_0| < R$, $r < R$에서 수렴한다.

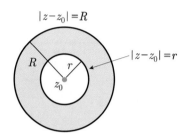

[그림 9.21] 환형 영역 $r < |z-z_0| < R$, $r < R$

이와 같은 환형 영역에서 미분가능한 함수 $f(z)$를 다음과 같이 표현한 거듭제곱급수를 $z = z_0$에 관한 **로랑급수**$^{\text{Laurent series}}$라 한다.

$$f(z) = \sum_{n=-\infty}^{\infty} c_n (z-z_0)^n$$

이때 상수 c_n을 **로랑계수**$^{\text{Laurent coefficient}}$라 한다.

정리 14   **로랑정리**

함수 f가 $r < |z-z_0| < R$, $r < R$인 영역 D에서 해석적이면 D 안의 점 z_0에 대하여 f는 다음과 같이 표현할 수 있다.

$$f(z) = \sum_{n=-\infty}^{\infty} c_n (z-z_0)^n$$

이때 각 정수 n에 대하여 로랑계수 c_n은 다음과 같다.

$$c_n = \frac{1}{2\pi i} \oint_C \frac{f(z)}{(z-z_0)^{n+1}} dz$$

여기서 C는 D 안에 완전히 놓이며, 점 z_0을 둘러싸는 임의의 닫힌 경로이다.

함수 f 에 대한 로랑급수는 유일하게 결정되며, 증명은 생략한다. 예를 들어 [예제 21]에서 살펴본 것처럼 $f(z) = e^z$ 은 모든 복소수 z 에 대하여 다음과 같이 매클로린급수로 표현된다.

$$f(z) = \sum_{n=0}^{\infty} \frac{1}{n!} z^n$$

한편 함수 $f(z) = e^{\frac{1}{z}}$ 은 $0 < |z| < \infty$ 에서 미분가능하고, 이러한 환형에서 다음과 같이 로랑급수로 표현 가능하다.

$$f(z) = \sum_{n=0}^{\infty} \frac{1}{n!} \left(\frac{1}{z}\right)^n = 1 + \frac{1}{z} + \frac{1}{2} \frac{1}{z^2} + \frac{1}{3!} \frac{1}{z^3} + \cdots + \frac{1}{n!} \frac{1}{z^n} + \cdots$$

이 경우 양의 거듭제곱에 대한 항은 나타나지 않는다.

▶ 예제 36

다음 함수를 주어진 점에 관한 로랑급수로 전개하여라.

(1) $f(z) = \dfrac{1}{(z-1)(z-2)}$, $z = 1$ (2) $f(z) = \dfrac{1}{(z-i)^2(z+2i)}$, $z = i$

풀이

(1) ❶ $\dfrac{1}{z-1}$ 은 $z = 1$ 에 관한 식이므로 $\dfrac{1}{z-2}$ 을 $z = 1$ 에 관한 급수로 표현한다.

$$\frac{1}{z-2} = \frac{1}{(z-1)-1} = -\frac{1}{1-(z-1)} = -\sum_{n=0}^{\infty}(z-1)^n$$

❷ 수렴영역을 구한다.

수렴영역은 $|z-1| < 1$ 이다.

❸ 로랑급수를 구한다.

$0 < |z-1| < 1$ 에 대하여

$$f(z) = \frac{1}{(z-1)(z-2)} = \frac{1}{z-1} \frac{1}{z-2}$$

$$= \frac{1}{z-1} \sum_{n=0}^{\infty}(-1)(z-1)^n = -\sum_{n=-1}^{\infty}(z-1)^n$$

(2) ❶ $f(z) = \dfrac{1}{(z-i)^2}$ 은 $z = i$ 에 관한 식이므로 $\dfrac{1}{z+2i}$ 를 $z = i$ 에 관한 급수로 표현한다.

$$\frac{1}{z+2i} = \frac{1}{(z-i)+3i} = \frac{1}{3i}\frac{1}{1+\dfrac{z-i}{3i}} = \frac{1}{3i}\frac{1}{1-\left(-\dfrac{z-i}{3i}\right)}$$

$$= -\frac{i}{3}\sum_{n=0}^{\infty}(-1)^n\left(\frac{z-i}{3i}\right)^n = \frac{i}{3}\sum_{n=0}^{\infty}(-1)^{n+1}\left(\frac{z-i}{3i}\right)^n$$

❷ 수렴영역을 구한다.

수렴영역은 $\left|\dfrac{z-i}{3i}\right| < 1$, 즉 $|z-i| < 3$ 이다.

❸ 로랑급수를 구한다.

$0 < |z-i| < 3$에 대하여

$$f(z) = \frac{1}{(z-i)^2(z+2i)} = \frac{1}{(z-i)^2}\frac{1}{z+2i} = \frac{i}{3}\frac{1}{(z-i)^2}\sum_{n=0}^{\infty}(-1)^{n+1}\left(\frac{z-i}{3i}\right)^n$$

$$= \frac{i}{3}\frac{1}{(3i)^2}\sum_{n=-2}^{\infty}(-1)^{n+1}\left(\frac{z-i}{3i}\right)^n = \frac{i}{27}\sum_{n=-2}^{\infty}(-1)^n\left(\frac{z-i}{3i}\right)^n$$

극과 위수

이제 함수 f 의 고립특이점 $z = z_0$ 에 대하여 $0 < |z - z_0| < R$ 에서 f 의 로랑급수가 다음과 같다고 하자.

$$f(z) = \sum_{n=-\infty}^{\infty}c_n(z-z_0)^n = \sum_{n=1}^{\infty}\frac{c_{-n}}{(z-z_0)^n} + \sum_{n=0}^{\infty}c_n(z-z_0)^n$$

이때 음의 지수를 갖는 급수 $\displaystyle\sum_{n=1}^{\infty}\frac{c_{-n}}{(z-z_0)^n}$ 을 $z = z_0$ 에서 f 의 주요부분^{principal part}이라 한다. 로랑급수 의 특성은 주요부분에 의해 결정되며, 고립특이점은 주요 부분의 항의 개수에 따라 다음과 같이 분류한다.

경우 1 음의 지수를 갖는 모든 항의 계수가 0, 즉 $c_{-n} = 0$ 인 경우

로랑급수가 z_0 에 대한 거듭제곱급수 $f(z) = \displaystyle\sum_{n=0}^{\infty}c_n(z-z_0)^n$ 으로 표현되며, 이때 $f(z_0)$을 로랑급수 의 c_0 으로 정의함으로써 열린 원판 $|z - z_0| < R$ 에서 해석적인 새로운 함수를 얻을 수 있다. 즉,

고립점인 z_0에서 해석적인 함수를 얻을 수 있으므로 $z = z_0$을 제거 가능한 특이점$^{\text{removable singularity}}$이라 한다.

경우 2 음의 지수를 갖는 항이 유한 개인 경우

이 경우 고립점 $z = z_0$을 극점^{pole}이라 하며, 주요부분에서 가장 낮은 지수를 극의 위수^{order}라 한다. 특히 위수 1인 극점을 단순극점$^{\text{simple pole}}$이라 하며, 극점 $z = z_0$의 위수 m이면 다음을 만족하는 극한 L, $L \neq 0$이 존재하고 역도 성립한다.

$$\lim_{z \to z_0} (z - z_0)^m f(z) = L$$

경우 3 음의 지수를 갖는 항이 무한히 많은 경우

이 경우 고립점 $z = z_0$을 진성특이점$^{\text{essential singularity}}$이라 한다.

예를 들어 함수 $f(z) = \dfrac{\sin z}{z}$는 $z = 0$에서 미분가능하지 않으므로 이 점에서 고립점을 갖는다. 한편 $|z| > 0$에서 $f(z)$의 로랑급수는

$$\frac{\sin z}{z} = \frac{1}{z} \sum_{n=0}^{\infty} \frac{(-1)^n}{(2n+1)!} z^{2n+1} = 1 - \frac{z^2}{3!} + \frac{z^4}{5!} - \cdots$$

이므로 함수 $g(z)$를 다음과 같이 정의하면 $g(z)$는 모든 복소수에서 미분가능하고, 따라서 $z = 0$은 제거 가능한 특이점이다.

$$g(z) = \begin{cases} f(z), & z \neq 0 \\ 1, & z = 1 \end{cases}$$

또한 함수 $f(z) = \dfrac{\sin z}{z^3}$의 로랑급수는 $|z| > 0$에서 다음과 같다.

$$\frac{\sin z}{z^3} = \frac{1}{z^3} \sum_{n=0}^{\infty} \frac{(-1)^n}{(2n+1)!} z^{2n+1} = \frac{1}{z^2} - \frac{1}{3!} + \frac{z^2}{5!} - \cdots$$

$f(z)$는 주요부분 $\dfrac{1}{z^2}$을 가지므로 $z = 0$은 위수 2인 극이고, 이 경우 다음 극한을 얻을 수 있다.

$$\lim_{z \to 0} z^2 f(z) = \lim_{z \to 0} z^2 \left(\frac{1}{z^2} - \frac{1}{3!} + \frac{z^2}{5!} - \cdots \right) = \lim_{z \to 0} \left(1 - \frac{z^2}{3!} + \frac{z^4}{5!} - \cdots \right) = 1$$

즉, 위수 2인 극점 $z=0$ 에 대하여 $\lim\limits_{z \to 0} z^2 f(z) = 1$ 이다. 앞에서 살펴본 것처럼 함수 $f(z)=e^{\frac{1}{z}}$ 은 $0 < |z| < \infty$ 에서 미분가능하고, 다음과 같이 양의 거듭제곱에 대한 항은 나타나지 않으며 무수히 많은 주요부분의 항을 갖는다.

$$f(z) = \sum_{n=0}^{\infty} \frac{1}{n!}\left(\frac{1}{z}\right)^n = 1 + \frac{1}{z} + \frac{1}{2}\frac{1}{z^2} + \frac{1}{3!}\frac{1}{z^3} + \cdots + \frac{1}{n!}\frac{1}{z^n} + \cdots$$

따라서 $z=0$ 은 함수 $f(z)=e^{\frac{1}{z}}$ 에 대한 진성특이점이다.

한편 $f(z_0)=0$ 을 만족하는 점 $z=z_0$ 을 함수 f 의 **영점**^{zero}이라 하며, 다음과 같이 $z=z_0$ 에서 처음으로 n 계 도함수 값이 0이 되지 않는 경우 $z=z_0$ 을 위수 n 인 영점이라 한다.

$$f(z_0) = 0, \ f'(z_0) = 0, \ f''(z_0) = 0, \ \cdots, \ f^{(n-1)}(z_0) = 0, \ f^{(n)}(z_0) \neq 0$$

예를 들어 $f(z)=(z-i)^3$ 이면 $f(i)=0$, $f'(i)=0$, $f''(i)=0$, $f'''(i)=6$ 이므로 함수 f 는 $z=i$ 에서 위수 3인 영점을 갖는다. 이와 같이 함수 f 가 $z=z_0$ 에서 위수 n 인 영점을 가지면 $f^{(k)}(z_0)=0$, $k=0, 1, 2, \cdots, n-1$ 이므로 이 함수의 테일러급수는 다음과 같다.

$$f(z) = \sum_{n=0}^{\infty} \frac{f^{(n)}(z_0)}{n!}(z-z_0)^n = \sum_{k=0}^{n-1} \frac{f^{(k)}(z_0)}{k!}(z-z_0)^k + \sum_{k=n}^{\infty} \frac{f^{(k)}(z_0)}{k!}(z-z_0)^k$$

$$= \sum_{k=n}^{\infty} \frac{f^{(k)}(z_0)}{k!}(z-z_0)^k = (z-z_0)^n \sum_{k=0}^{\infty} \frac{f^{(n+k)}(z_0)}{(n+k)!}(z-z_0)^k$$

예를 들어 $f(z)=z^3(e^z-1)$ 의 테일러급수는

$$z^3(e^z-1) = z^3\left(1 + z + \frac{z^2}{2!} + \frac{z^3}{3!} + \cdots - 1\right) = z^4 + \frac{z^5}{2!} + \frac{z^6}{3!} + \cdots$$

과 같으므로 $z=0$ 은 위수 4인 영점이다. 한편 $z=z_0$ 에 관한 열린 원판에서 미분가능한 두 함수 $h(z)$와 $g(z)$에 대하여 $f(z) = \dfrac{h(z)}{g(z)}$ 라 하면 다음 세 가지 경우를 생각할 수 있다.

① $h(z_0) \neq 0$ 이고 $g(z)$가 $z=z_0$ 에서 위수 m 인 영점을 가지면 $f(z)$는 $z=z_0$ 에서 위수 m 인 극점을 갖는다.

② $h(z)$와 $g(z)$가 $z=z_0$ 에서 각각 위수 k 인 영점, 위수 m 인 영점을 갖고 $m > k$ 이면 $f(z)$는 $z=z_0$ 에서 위수 $m-k$ 인 극점을 갖는다.

③ $h(z)$와 $g(z)$가 $z = z_0$에서 각각 위수 k인 극점, 위수 m인 극점을 가지면 함수 $f(z) = h(z)g(z)$는 $z = z_0$에서 위수 $k+m$을 갖는다.

예를 들어 $f(z) = \dfrac{z^2 + z}{(z^2 + 4)(z - 1)^3}$ 의 분모는 $z = \pm 2i$에서 위수 1인 영점을 가지며 $z = 1$에서 위수 3인 영점을 갖지만 이들 세 점은 분자의 영점이 아니다. 따라서 $f(z)$는 $z = \pm 2i$에서 단순극점을, $z = 1$에서 위수 3인 극점을 갖는다. 또한 $f(z) = \dfrac{\sin^2 z}{z^5}$ 의 분자와 분모는 각각 $z = 0$에서 위수 2인 영점, 위수 5인 영점을 가지므로 $f(z)$는 $z = 0$에서 위수 3인 극점을 갖는다.

이를 종합하면 다음 정리로 요약할 수 있다.

정리 15

함수 f가 영역 $0 < |z - z_0| < R$에서 해석적이라 하자.

(1) f가 $z = z_0$에서 제거 가능한 특이점을 가지면 $f(z_0) = c_0$으로 대체한 다음 함수 $g(z)$는 영역 $|z - z_0| < R$에서 해석적이다.

$$g(z) = \begin{cases} f(z), & z \neq z_0 \\ c_0, & z = z_0 \end{cases}$$

(2) f가 $z = z_0$에서 위수 m인 극점을 갖기 위한 필요충분조건은 다음 극한 L, $L \neq 0$이 존재하는 것이다.

$$\lim_{z \to z_0} (z - z_0)^m f(z) = L$$

유수정리

이제 함수 $f(z)$의 로랑급수와 적분 사이의 관계를 살펴보자. $0 < |z - z_0| < R$에서 $f(z)$에 대한 로랑급수가 다음과 같다고 하자.

$$f(z) = \sum_{n = -\infty}^{\infty} c_n (z - z_0)^n$$

이때 C를 이 영역 안에 완전히 놓이면서 점 z_0을 둘러싸는 임의의 닫힌 경로라 하면 [정리 14]에 의해 로랑계수는 다음과 같다.

$$c_n = \frac{1}{2\pi i} \oint_C \frac{f(z)}{(z-z_0)^{n+1}}\, dz$$

특히 $n = -1$이면 로랑계수 c_{-1}은 다음과 같다.

$$c_{-1} = \frac{1}{2\pi i} \oint_C f(z)\, dz$$

따라서 $0 < |z - z_0| < R$인 영역 안에 완전히 놓이면서 점 z_0을 둘러싸는 임의의 닫힌 경로 C에 대하여 다음이 성립한다.

$$\oint_C f(z)\, dz = 2\pi i\, c_{-1}$$

이와 같이 함수 $f(z)$가 $z = z_0$에서 고립특이점을 갖고 $0 < |z - z_0| < R$에서 $f(z)$에 대한 로랑급수가 $f(z) = \sum_{n=-\infty}^{\infty} c_n (z - z_0)^n$일 때, 항 $\frac{1}{z - z_0}$의 계수 c_{-1}을 $z = z_0$에서 f의 유수^{residue}라 하며 $c_{-1} = \operatorname{Res}_{z_0} f(z)$로 나타낸다. 예를 들어 $f(z) = e^{\frac{1}{z}}$의 로랑급수는 다음과 같고, 특이점 $z = 0$에서 유수는 $\operatorname{Res}_0 f(z) = 1$이다.

$$f(z) = e^{\frac{1}{z}} = 1 + \frac{1}{z} + \frac{1}{(2!)\,z^2} + \frac{1}{(3!)\,z^3} + \cdots$$

함수 $f(z) = \frac{\sin z}{z^3}$의 로랑급수는 다음과 같고, 특이점 $z = 0$에서 유수는 $\operatorname{Res}_0 f(z) = 0$이다.

$$\frac{\sin z}{z^3} = \frac{1}{z^2} - \frac{1}{3!} + \frac{z^2}{5!} - \cdots$$

유수를 계산하기 위해 로랑급수를 구해야 하는 번거로움을 극복하기 위한 간편한 방법이 있다. 우선 $f(z)$가 $z = z_0$에서 단순극점을 갖는 경우를 생각하자. 영역 $0 < |z - z_0| < R$에서 $f(z)$에 대한 로랑급수는 다음과 같다.

$$f(z) = \sum_{n=-1}^{\infty} c_n (z - z_0)^n$$

그러므로 $(z - z_0) f(z)$에 대하여 극한 $z \to z_0$을 취하면 $z = z_0$에서 유수 c_{-1}을 얻는다.

$$\lim_{z \to z_0} (z - z_0) f(z) = \lim_{z \to z_0} (z - z_0) \sum_{n=-1}^{\infty} c_n (z - z_0)^n$$

$$= \lim_{z \to z_0} \left(c_{-1} + \sum_{n=0}^{\infty} c_n (z - z_0)^{n+1} \right) = c_{-1}$$

한편 $f(z)$가 $z = z_0$에서 위수 n인 극점을 가지면 $0 < |z - z_0| < R$에서 $f(z)$에 대한 로랑급수는 다음과 같다.

$$f(z) = \sum_{k=-n}^{\infty} c_k (z - z_0)^k$$

이때 양변에 $(z - z_0)^n$을 곱하면 다음을 얻는다.

$$(z - z_0)^n f(z) = (z - z_0)^n \sum_{k=-n}^{\infty} c_k (z - z_0)^k$$

$$= c_{-n} + c_{-n+1}(z - z_0) + \cdots + c_{-2}(z - z_0)^{n-2} + c_{-1}(z - z_0)^{n-1}$$

$$+ c_0 (z - z_0)^n + c_1 (z - z_0)^{n+1} + c_2 (z - z_0)^{n+2} + \cdots$$

c_{-1}이 $(z - z_0)^{n-1}$의 계수이므로 c_{-1}을 구하기 위해 이 식을 $(n-1)$번 연속으로 미분하면

$$\frac{d^{n-1}}{dz^{n-1}} (z - z_0)^n f(z) = (n-1)! \, c_{-1} + n! \, c_0 (z - z_0) + (n+1)! \, c_1 (z - z_0)^2 + \cdots$$

이고, 이 식에 극한 $z \to z_0$을 취하면 다음을 얻는다.

$$\lim_{z \to z_0} \frac{d^{n-1}}{dz^{n-1}} (z - z_0)^n f(z) = \lim_{z \to z_0} \left((n-1)! \, c_{-1} + n! \, c_0 (z - z_0) + (n+1)! \, c_1 (z - z_0)^2 + \cdots \right)$$

$$= (n-1)! \, c_{-1}$$

따라서 유수 c_{-1}은 다음과 같다.

$$c_{-1} = \frac{1}{(n-1)!} \lim_{z \to z_0} \frac{d^{n-1}}{dz^{n-1}} (z - z_0)^n f(z)$$

이때 $n = 1$이면 $(n-1)! = 0! = 1$이므로 $(z - z_0)^{1-1} f(z) = f(z)$이므로 단순극점에 대한 유수는 위수 n이 1인 경우를 나타낸다. 이를 요약하면 다음 정리를 얻는다.

극점에서 유수

함수 $f(z)$가 영역 $0 < |z - z_0| < R$에서 해석적이라 하자.

(1) $f(z)$가 $z = z_0$에서 단순극점을 가지면 $\operatorname{Res}_{z_0} f(z) = \lim\limits_{z \to z_0} (z - z_0) f(z)$이다.

(2) $f(z)$가 $z = z_0$에서 위수 n인 극점을 가지면 $z = z_0$에서 유수는 다음과 같다.

$$\operatorname{Res}_{z_0} f(z) = \frac{1}{(n-1)!} \lim_{z \to z_0} \frac{d^{n-1}}{dz^{n-1}} (z - z_0)^n f(z)$$

▶ **예제 37**

다음 함수의 모든 극점에서 유수를 구하여라.

(1) $f(z) = \dfrac{z+1}{(z-1)^2 (z-i)^3}$ (2) $f(z) = \dfrac{\cos z}{z(z-\pi)^2}$

풀이

주안점 각 극점의 위수를 구한다.

(1) ❶ $f(z)$의 극점을 구한다.

    $z = 1$과 $z = i$는 각각 위수 2인 극점, 위수 3인 극점이다.

❷ $\dfrac{d}{dz}\left((z-1)^2 f(z)\right)$, $\dfrac{d^2}{dz^2}\left((z-i)^3 f(z)\right)$를 구한다.

$$\frac{d}{dz}\left((z-1)^2 f(z)\right) = \frac{d}{dz}\left(\frac{z+1}{(z-i)^3}\right) = -\frac{2z+3+i}{(z-i)^4},$$

$$\frac{d^2}{dz^2}\left((z-i)^3 f(z)\right) = \frac{d^2}{dz^2}\left(\frac{z+1}{(z-1)^2}\right) = -\frac{z+3}{(z-1)^3}$$

❸ 유수를 구한다.

    $z = 1$에서 $f(z)$의 유수는

$$\operatorname{Res}_1 f(z) = \frac{1}{(2-1)!} \lim_{z \to 1} \left(-\frac{2z+3+i}{(z-i)^4}\right) = -\frac{5+i}{(1-i)^4} = \frac{5}{4} + \frac{i}{4}$$

$z = i$에서 $f(z)$의 유수는

$$\operatorname{Res}_i f(z) = \frac{1}{(3-1)!} \lim_{z \to i} \left(-\frac{z+3}{(z-1)^3}\right) = -\frac{3+i}{2(i-1)^3} = -\frac{1}{2} + \frac{i}{4}$$

(2) ❶ $f(z)$의 극점을 구한다.

    $z = 0$에서 단순극점, $z = \pi$는 위수 2인 극점이다.

❷ $z = \pi$ 에서 $\dfrac{d}{dz}\big((z-\pi)^2 f(z)\big)$를 구한다.

$$\frac{d}{dz}\big((z-\pi)^2 f(z)\big) = \frac{d}{dz}\left(\frac{\cos z}{z}\right) = -\frac{\cos z + z\sin z}{z^2}$$

❸ 유수를 구한다.

$z = 0$ 에서 $f(z)$의 유수는

$$\operatorname{Res}_0 f(z) = \lim_{z \to 0} z f(z) = \lim_{z \to 0} \frac{\cos z}{(z-\pi)^2} = \frac{1}{\pi^2}$$

$z = \pi$ 에서 $f(z)$의 유수는

$$\operatorname{Res}_\pi f(z) = \frac{1}{(2-1)!} \lim_{z \to \pi}\left(-\frac{\cos z + z\sin z}{z^2}\right) = -\frac{(-1)}{\pi^2} = \frac{1}{\pi^2}$$

$f(z)$가 $z = z_0$ 에서 제거 가능한 특이점을 가지면 모든 음의 지수를 갖는 항의 계수가 0이므로 $\operatorname{Res}_{z_0} f(z) = 0$ 이다. 그리고 $f(z) = \dfrac{h(z)}{g(z)}$ 가 $z = z_0$ 에서 단순극점을 가지면 $g(z)$는 $z = z_0$ 에서 위수 1인 영점을 갖는다. 즉, $g(z_0) = 0$ 이므로 다음을 얻는다.

$$\operatorname{Res}_{z_0} f(z) = \lim_{z \to z_0} (z - z_0) f(z) = \lim_{z \to z_0} (z - z_0)\frac{h(z)}{g(z)} = \lim_{z \to z_0} \frac{h(z)}{\dfrac{g(z)}{z - z_0}} = \frac{h(z_0)}{g'(z_0)}$$

① f 가 $z = z_0$ 에서 제거 가능한 특이점을 가지면 $\operatorname{Res}_{z_0} f(z) = 0$ 이다.

② $f(z) = \dfrac{h(z)}{g(z)}$ 가 $z = z_0$ 에서 단순극점을 가지면 $\operatorname{Res}_{z_0} f(z) = \dfrac{h(z_0)}{g'(z_0)}$ 이다.

▶ 예제 38

다음 함수의 주어진 극점에서 유수를 구하여라.

(1) $f(z) = \dfrac{\sin z}{z}$, $z = 0$ (2) $f(z) = \dfrac{z - i}{\sin z}$, $z = \pi$

(3) $f(z) = \dfrac{\sin z}{e^{z - \frac{\pi}{3}} - 1}$, $z = \dfrac{\pi}{3}$

풀이

주안점 각 극점의 위수를 구한다.

(1) $z = 0$ 은 제거 가능한 특이점이므로 $\operatorname{Res}_0 f(z) = 0$ 이다.

(2) ❶ $z = \pi$에 대한 사인함수의 거듭제곱급수로 나타낸다.

$$\sin z = (z - \pi) - \frac{1}{3!}(z - \pi)^3 + \frac{1}{5!}(z - \pi)^5 - \cdots$$

❷ 다음 극한을 구한다.

$$\lim_{z \to \pi}(z - \pi)f(z) = \lim_{z \to \pi}(z - \pi)\frac{z - i}{\sin z} = \pi - i\,(\neq 0)$$

❸ $z = \pi$의 위수를 파악한다.

$z = \pi$의 위수는 1이다. 즉, $z = \pi$은 단순극점이다.

❹ 분모를 미분한다.

$$(\sin z)' = \cos z$$

❺ $z = \pi$에서 유수를 구한다.

$$\operatorname{Res}_{\pi} f(z) = \left[\frac{z - i}{\cos z}\right]_{z = \pi} = \frac{\pi - i}{\cos \pi} = -\pi + i$$

(3) ❶ $e^{z - \frac{\pi}{3}}$을 거듭제곱급수로 나타낸다.

$$e^{z - \frac{\pi}{3}} - 1 = \left(z - \frac{\pi}{3}\right) + \frac{\left(z - \frac{\pi}{3}\right)^2}{2} + \frac{\left(z - \frac{\pi}{3}\right)^3}{3!} + \cdots$$

❷ 다음 극한을 구한다.

$$\lim_{z \to \frac{\pi}{3}}\left(z - \frac{\pi}{3}\right)f(z) = \lim_{z \to \frac{\pi}{3}}\left(z - \frac{\pi}{3}\right)\frac{\sin z}{e^{z - \frac{\pi}{3}} - 1} = \frac{\sqrt{3}}{2}\,(\neq 0)$$

❸ $z = \frac{\pi}{3}$의 위수를 파악한다.

$z = \frac{\pi}{3}$의 위수는 1이다. 즉, $z = \frac{\pi}{3}$는 단순극점이다.

❹ 분모를 미분한다.

$$\frac{d}{dz}\left(e^{z - \frac{\pi}{3}} - 1\right) = e^{z - \frac{\pi}{3}}$$

❺ $z = \frac{\pi}{3}$에서 유수를 구한다.

$$\operatorname{Res}_{z_0} f(z) = \left[\frac{\sin z}{e^{z - \frac{\pi}{3}}}\right]_{z = \frac{\pi}{3}} = \frac{\sqrt{3}}{2}$$

로랑정리로부터 단순 연결영역 D와 이 영역 안에 완전히 놓이는 단순 닫힌곡선 C 안의 z_0을 제외한 내부와 경계에서 f가 해석적이면 다음이 성립함을 살펴봤다.

$$\oint_C f(z)\,dz = 2\pi i\, c_{-1} = 2\pi i \operatorname*{Res}_{z_0} f(z)$$

이제 단순 닫힌곡선 C 안에 여러 고립특이점을 갖는 경우의 복소선적분을 생각한다. [그림 9.22]와 같이 곡선 C가 z_1, z_2, $\cdots$, z_n을 포함하는 닫힌 경로이고, 이 점들을 제외한 C의 경계와 내부에서 f가 해석적이라 하자. 그리고 닫힌 경로 C_k, $k = 1, 2, \cdots, n$은 각 고립특이점들을 하나씩만 둘러싸고 교차하지 않으면서 모두 곡선 C 안에 완전히 놓인다고 하자. 그러면 각 특이점 z_k에 대하여 다음을 얻는다.

$$\oint_{C_k} f(z)\,dz = 2\pi i\, c_{-1} = 2\pi i \operatorname*{Res}_{z_k} f(z)$$

따라서 닫힌 경로 C에서 $f(z)$의 선적분은 다음과 같다.

$$\oint_C f(z)\,dz = \sum_{k=1}^{n} \oint_{C_k} f(z)\,dz = 2\pi i \sum_{k=1}^{n} \operatorname*{Res}_{z_k} f(z)$$

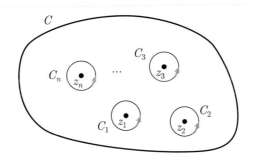

[그림 9.22] 고립특이점이 여러 개인 경우

고립특이점들을 포함하는 닫힌 경로 C 위에서 $f(z)$의 선적분은 각 특이점에 대한 로랑급수에서 $\dfrac{1}{z - z_k}$의 계수만을 이용하여 구할 수 있으며, 이를 코시의 유수정리^{Cauchy's residue theorem}라 한다.

곡선 C가 고립특이점 z_1, z_2, $\cdots$, z_n 을 포함하는 닫힌 경로이고, 이 점들을 제외한 C의 경계와 내부에서 f 가 해석적이면 다음이 성립한다.

$$\oint_C f(z)\,dz = 2\pi i \sum_{k=1}^{n} \operatorname{Res}_{z_k} f(z)$$

▶ 예제 39

주어진 닫힌 경로 C 위에서 다음 적분을 구하여라.

(1) $\displaystyle\oint_C \frac{z+1}{(z-1)^2(z-i)^3}\,dz$, $C\colon |z| < 2$

(2) $\displaystyle\oint_C \frac{\cos z}{z(z-\pi)^2}\,dz$, $C\colon |z| < 4$

풀이

주안점 경로 C의 내부에 있는 각 특이점에서 유수를 구한다.

(1) ❶ 고립특이점이 C 안에 놓임을 파악한다.

피적분함수 $f(z)$의 고립특이점 $z=1$과 $z=i$는 닫힌 경로 C 안에 놓인다.

❷ [예제 37]에서 피적분함수 $f(z)$의 고립특이점에 대한 유수를 구했다.

$$\operatorname{Res}_1 f(z) = \frac{5}{4} + \frac{i}{4}, \ \operatorname{Res}_i f(z) = -\frac{1}{2} + \frac{i}{4}$$

❸ 선적분을 구한다.

$$\oint_C \frac{z+1}{(z-1)^2(z-i)^3}\,dz = 2\pi i\left[\operatorname{Res}_1 f(z) + \operatorname{Res}_i f(z)\right] = 2\pi i\left(\frac{5}{4} + \frac{i}{4} - \frac{1}{2} + \frac{i}{4}\right)$$
$$= \frac{\pi}{2}(-2 + 3i)$$

(2) ❶ 고립특이점이 C 안에 놓임을 파악한다.

피적분함수 $f(z)$의 고립특이점 $z=0$과 $z=\pi$는 닫힌 경로 C 안에 놓인다.

❷ [예제 37]에서 피적분함수 $f(z)$의 고립특이점에 대한 유수를 구했다.

$$\operatorname{Res}_0 f(z) = \frac{1}{\pi^2}, \ \operatorname{Res}_\pi f(z) = \frac{1}{\pi^2}$$

❸ 선적분을 구한다.

$$\oint_C \frac{\cos z}{z(z-\pi)^2}\,dz = 2\pi i\left[\operatorname{Res}_1 f(z) + \operatorname{Res}_i f(z)\right] = 2\pi i\left(\frac{1}{\pi^2} + \frac{1}{\pi^2}\right) = \frac{4i}{\pi}$$

9.2절에서 복소함수 $w = f(z)$는 복소평면 위의 복소수 z를 또 다른 복소평면 위의 복소수 w로 대응시키는 함수임을 살펴봤다. 그러나 실함수의 경우와 동일하게 복소함수의 경우에는 그래프를 그릴 수 없다.

평면변환과 자취

z 평면 위의 복소수 $z = x + iy$ 또는 점 (x, y)를 w 평면 위의 복소수 $w = u(x, y) + i v(x, y)$ 또는 점 (u, v)로의 변환으로 생각할 수 있으며, 복소함수 $w = f(z) = u(x, y) + i v(x, y)$를 사상^{mapping} 또는 평면변환$^{\text{planar transformation}}$이라 한다. [예제 6]에서 살펴본 것처럼 z 평면 안에서 z의 자취는 함수 $w = f(z)$에 의해 w 평면 안에서 어떤 자취를 그리게 된다. 예를 들어 $z = x + iy$에 대하여 복소함수 $f(z) = z^2$을 생각하면 다음을 얻는다.

$$w = z^2 = (x + iy)^2 = x^2 - y^2 + 2ixy$$

따라서 $w = f(z) = u(x, y) + i v(x, y)$라 하면 $u(x, y) = x^2 - y^2$, $v(x, y) = 2xy$이다. 이제 z 평면에서 허수축에 평행한 직선 $x = c$, $-\infty < y < \infty$에 대한 함수 $w = f(z)$의 상을 구해 보자. 그러면 직선 $x = c$ 위의 점들은 $u = c^2 - y^2$, $v = 2cy$에 의해 w 평면 안의 점 (u, v)로 변환된다. 특히 $c \neq 0$이면 변환에서 y를 소거하여 다음을 얻는다.

$$u = c^2 - \frac{v^2}{4c^2}$$

이때 $c = 1$이면 $u = 1 - \dfrac{v^2}{4}$이고 $c = 2$이면 $u = 4 - \dfrac{v^2}{16}$이므로 [그림 9.23]과 같이 z 평면에서 두 수직선 위의 점들은 함수 $f(z) = z^2$에 의해 w 평면에서 포물선 위의 점으로 대응된다. $c = 0$이면 z 평면에서 허수축, 즉 y축은 변환 $u = c^2 - y^2$, $v = 2cy$에 의해 $u = -y^2 \leq 0$, $v = 0$이므로 w 평면에서 양이 아닌 실수축으로 사상한다. 한편 $u = c^2 - \dfrac{v^2}{4c^2}$이고 $c < 0$인 경우 $(-c)^2 = c^2$이므로 (u, v)의 자취는 $c > 0$인 경우와 동일하다. 즉, $c = -1$과 $c = -2$인 경우는 각각 $c = 1$과 $c = 2$인 경우의 자취와 동일하다.

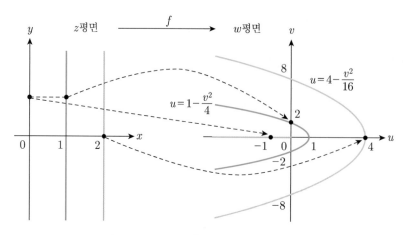

[그림 9.23] $f(z) = z^2$ 에 의한 수직선의 자취

한편 실수축에 평행한 지선 $y = c$ 에 대한 $w = z^2$ 의 상을 구하면 $u = x^2 - c^2$, $v = 2cx$ 이다. 그러므로 $c \ne 0$ 이면 변환에서 x 를 소거하여 다음을 얻는다.

$$u = \frac{v^2}{4c^2} - c^2$$

$c = 0$ 이면 $u = x^2$, $v = 0$ 이므로 f 의 상은 음이 아닌 실수축이 되며, [그림 9.24]는 z 평면에서 실수축에 평행한 직선에 대한 f 의 상을 나타낸다.

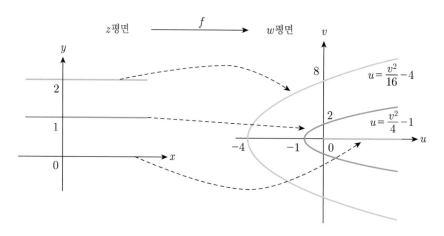

[그림 9.24] $f(z) = z^2$ 에 의한 수평선의 자취

$u = \dfrac{v^2}{4c^2} - c^2$, $c < 0$ 인 경우 $(-c)^2 = c^2$ 이므로 (u, v) 의 자취는 $c > 0$ 인 경우와 동일하다. 즉, $c = -1$, $c = -2$ 인 경우는 각각 $c = 1$, $c = 2$ 인 경우의 자취와 동일하다.

▶ 예제 40

주어진 z 평면의 영역에서 변환 $w = \dfrac{1}{z}$ 의 영역을 구하여라(이 변환을 **반전변환**^{reciprocal transformation}이라 한다).

(1) $D = \{z \mid |z| > 2\}$ (2) $D = \{z \mid \operatorname{Re} z \geq 1\}$

풀이

주안점   역상을 구하는 것이 편리하다.

(1) ❶ 역상을 구한다.

$w = \dfrac{1}{z}$ 이므로 $z = \dfrac{1}{w}$ 이고 $z = x + iy$, $w = u + iv$ 로 놓는다.

❷ x, y 를 구한다.

$$z = x + iy = \frac{1}{u + iv} = \frac{u}{u^2 + v^2} - i\,\frac{v}{u^2 + v^2}$$

$$x = \frac{u}{u^2 + v^2}\,,\ \ y = -\,\frac{v}{u^2 + v^2}$$

❸ u, v 의 관계를 구한다.

$|z| > 2$, 즉 $x^2 + y^2 > 4$ 이므로

$$x^2 + y^2 = \frac{u^2}{(u^2 + v^2)^2} + \frac{(-v)^2}{(u^2 + v^2)^2} = \frac{1}{u^2 + v^2} > 4$$

$$u^2 + v^2 < \frac{1}{4}$$

❹ (u, v) 의 영역을 구한다.

(u, v) 의 영역은 다음과 같이 중심이 $(0, 0)$, 반지름의 길이가 $\dfrac{1}{2}$ 인 원의 내부이다.

$$D' = \left\{ (u, v) \,\middle|\, u^2 + v^2 < \frac{1}{4} \right\}$$

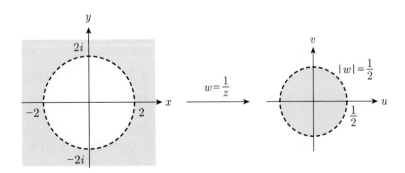

(2) (1)에서 $x = \dfrac{u}{u^2 + v^2}$, $y = -\dfrac{v}{u^2 + v^2}$ 를 구했다.

❶ u , v 의 관계를 구한다.

$\operatorname{Re} z \geq 1$ 에서 $\operatorname{Re} z = \dfrac{u}{u^2 + v^2} \geq 1$, 즉 $u^2 + v^2 \leq u$ 이므로

$$\left(u - \frac{1}{2}\right)^2 + v^2 \leq \frac{1}{4}$$

❷ (u, v) 의 영역을 구한다.

(u, v) 의 영역은 다음과 같이 중심이 $\left(\dfrac{1}{2}, 0\right)$, 반지름의 길이가 $\dfrac{1}{2}$ 인 원의 경계와 내부이다.

$$D' = \left\{ (u, v) \,\middle|\, \left(u - \frac{1}{2}\right)^2 + v^2 \leq \frac{1}{2^2} \right\}$$

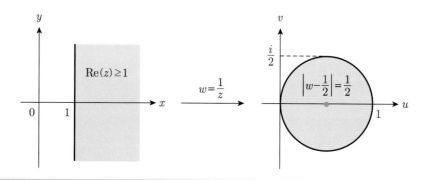

복소함수 $f : D \to D'$ 이 다음과 같이 정의역 D 안의 서로 다른 두 점이 치역 D' 안의 서로 다른 두 점으로 대응하는 함수를 일대일 복소함수$^{\text{one-to-one complex function}}$라 한다.

$$z_1 \neq z_2 ,\ z_1, z_2 \in D \text{이면 } f(z_1) \neq f(z_2)$$

$$\text{또는 } f(z_1) = f(z_2) \text{이면 } z_1 = z_2$$

예를 들어 복소함수 $f(z) = z^2$ 은 $x = c$ 와 $x = -c$ 의 자취가 동일하므로 일대일 함수가 아니다. 지수함수 $f(z) = e^z$ 은 주기 $2\pi i$ 인 주기함수이므로 일대일함수가 아니다. 그러나 두 실수 a , b , $a \neq 0$ 에 대하여 $z_1 \neq z_2$ 이면 $a z_1 + b \neq a z_2 + b$ 이므로 $f(z) = az + b$ 는 일대일 함수이다. 한편 정의역 D 안의 모든 점에 대한 함숫값이 치역 D' 안에 있는 함수 $f : D \to D'$, 즉 다음을 만족하는 함수를 위로의 복소함수$^{\text{onto complex function}}$라 한다.

$$w \in D' \text{이면 } w = f(z)\text{를 만족하는 } z \text{가 } D \text{ 안에 존재한다.}$$

예를 들어 $f(z) = iz$, $D = \{z \,|\, |z| \leq 1\}$이라 하면 $|f(z)| = |iz| = |z| \leq 1$이므로 f의 상은 정의역과 동일한 닫힌 단위원, 즉 $D' = \{w \,|\, |w| \leq 1\}$이다. $w \in D$이면 $w = iz$, 즉 $z = \dfrac{w}{i} = -iw$이고 $|iw| = |w| \leq 1$이므로 역상은 $z = \dfrac{w}{i} \in D$이다. 따라서 함수 $f(z)$는 닫힌 단위원 D에서 D 위로의 함수이다. 이러한 사실을 기하학적으로 살펴보면 [그림 9.25]와 같이 $f(z) = iz$는 단위원 안의 점 z를 시계 반대 방향으로 $\dfrac{\pi}{2}$만큼 회전시키는 변환임을 알 수 있다. 사실 함수 $f(z)$를 극형식으로 표현하면 다음과 같다.

$$f(z) = iz = ire^{i\theta} = e^{\frac{\pi i}{2}} re^{i\theta} = re^{i\left(\theta + \frac{\pi}{2}\right)}$$

따라서 $|f(z)| = r = |z|$이고 $f(z)$의 편각은 z의 편각 θ에 $\dfrac{\pi}{2}$를 더한 것과 같다.

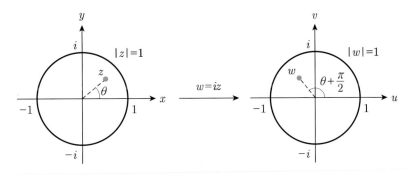

[그림 9.25] 단위원에서 변환 $f(z) = iz$

등각사상

이제 사상 $f: D \to D'$에 대하여 D 안의 임의의 점 z_0에서 만나는 매끄러운 두 곡선을 C_1, C_2라 하자. C_1, C_2가 매끄러운 곡선이므로 z_0에서 각각 접선을 가지며, 이 두 접선의 사잇각 θ를 z_0에서 두 곡선의 사잇각으로 정의한다. D 안의 두 곡선 C_1, C_2가 $w = f(z)$에 의해 w평면의 두 곡선 C_1', C_2'으로 사상하고, $w_0 = f(z_0)$이라 하자. 이때 [그림 9.26]과 같이 D 안의 점 z_0에서 두 곡선 C_1, C_2의 사잇각 θ가 w평면 안의 w_0에서 두 곡선 C_1'과 C_2'의 사잇각과 동일하면 사상 f는 각을 보존한다라 하고, 정의역 D 안에서 시계 반대 방향으로 하는 회전이 치역 D' 안에서 동일하게 시계 반대 방향으로 회전하는 경우, 사상 f는 방향을 보존한다고 한다. [그림 9.26]은 z평면에서 시계 반대 방향으로 C_1에서 C_2로 회전하면 w평면에서 동일하게 시계 반대 방향으로 C_1'에서 C_2'으로 회전하므로 이러한 사상 f는 방향을 보존한다. 특히 사상 $w = f(z)$가 각과 방향을 모두 보존하는 경우, 이 사상 f를 등각사상$^{\text{conformal mapping}}$이라 한다.

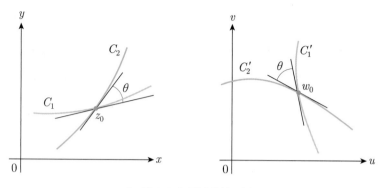

[**그림 9.26**] 등각사상 $f(z)$

사상 $w = f(z)$가 정의역 D에서 해석적이고 $f'(z) \neq 0$이라 하자. 이때 D 안의 매끄러운 곡선 C가 $z = z_0$을 지나면 f가 곡선 C에서 해석적이므로 w평면에서 f의 상 C'도 매끄러운 곡선이고 $f(z_0)$은 곡선 C' 위에 놓인다. 따라서 C 위의 임의의 점 z에 대하여 다음을 얻는다.

$$w - w_0 = f(z) - f(z_0) = \frac{f(z) - f(z_0)}{z - z_0}(z - z_0)$$

한편 9.1절에서 살펴본 바와 같이 두 복소수의 곱에 대한 편각은 각각의 편각의 합이므로 $w - w_0$의 편각은 다음과 같다.

$$\arg(w - w_0) = \arg\left(\frac{f(z) - f(z_0)}{z - z_0}\right) + \arg(z - z_0)$$

이때 $\theta = \arg(z - z_0)$은 [그림 9.27(a)]와 같이 z평면에서 곡선 C 위의 두 점 z와 z_0을 지나는 직선과 양의 실수축이 이루는 사잇각이고, $\phi = \arg(w - w_0)$은 [그림 9.27(b)]와 같이 w평면에서 곡선 C' 위의 두 점 w와 w_0을 지나는 직선과 양의 실수축이 이루는 사잇각이다.

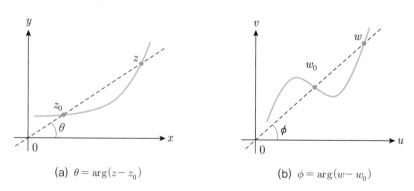

(a) $\theta = \arg(z - z_0)$ (b) $\phi = \arg(w - w_0)$

[**그림 9.27**] $z - z_0$과 $w - w_0$의 편각

이때 f 가 $z = z_0$ 에서 미분가능하므로 $z \to z_0$ 이면 $\dfrac{f(z) - f(z_0)}{z - z_0} \to f'(z_0)$ 이고, 따라서 편각 사이의 관계는 다음과 같다.

$$\phi = \arg[f'(z_0)] + \theta$$

여기서 정의역 D 안에서 $f'(z) \neq 0$, 즉 $f'(z_0) \neq 0$ 이므로 $\arg(f'(z_0)) \neq 0$ 이다. 이제 z_0 을 지나는 또 다른 곡선 C_1 과 이에 대한 상 곡선 C_1' 에 대하여 동일한 방법으로 편각에 대한 다음 식을 얻는다.

$$\phi' = \arg(f'(z_0)) + \theta'$$

따라서 z 평면의 점 z_0 을 지나는 두 곡선의 사잇각과 이에 대응하는 w 평면의 점 w_0 을 지나는 두 곡선의 사잇각이 다음과 같이 동일하다.

$$\phi - \phi' = \theta - \theta'$$

이는 사상 $w = f(z)$ 가 각을 보존함을 의미하며, 특히 편각 $\theta - \theta'$ 은 곡선 C 에서 곡선 C_1 로 회전한 각이고 $\phi - \phi'$ 은 곡선 C' 에서 곡선 C_1' 으로 회전한 각이므로 역시 회전 방향이 보존된다. 이러한 사실을 요약하면 다음 정리와 같다.

정리 18   **등각사상에 대한 기본 정리**

함수 f 가 영역 D 에서 해석함수이고 $f'(z) \neq 0$ 이면 함수 f 는 이 영역에서 등각사상이다.

예를 들어 사상 $f(z) = e^z$ 은 복소평면 안의 모든 점에서 미분가능하고 $f'(z) = e^z \neq 0$ 이므로 f 는 복소평면 전체에서 등각사상이다. 또한 $f(z) = z$ 역시 복소평면 안의 모든 점에서 $f'(z) = 1 \neq 0$ 이므로 복소평면에서 등각사상이지만, $f(z) = z^2$ 은 $z = 0$ 에서 $f'(z) = 2z = 0$ 이고 $z \neq 0$ 이면 $f'(z) \neq 0$ 이므로 $z = 0$ 을 제외한 복소평면 안의 모든 점에서 등각사상이다. 이때 $f(z) = \bar{z}$ 를 극형식으로 표현하면 다음과 같다.

$$f(z) = \bar{z} = \overline{re^{i\theta}} = r(\overline{\cos\theta + i\sin\theta}) = r(\cos\theta - i\sin\theta) = r[\cos(-\theta) + i\sin(-\theta)]$$

따라서 $f(z) = \bar{z}$ 는 z 평면에서의 방향과 반대이므로 등각사상이 아니다.

두 복소함수 $f: D \to D'$, $g: D' \to D''$ 이 등각사상이면 두 사상의 합성 $g \circ f: D \to D''$ 역시 등각사상이다. 즉, 두 등각사상 $f(z)$ 와 $g(z)$ 에 대하여 $(g \circ f)(z)$ 도 등각사상이다.

▶ 예제 41

수직 띠 $x = a$, $-\dfrac{\pi}{2} \leq x \leq \dfrac{\pi}{2}$ 에 대한 등각사상 $w = \sin z$ 의 상을 구하여라.

풀이

주안점 [정리 5]의 (6)을 이용하여 $w = u + iv$ 형태로 표현한다.

❶ u, v를 구한다.

$z = a + iy$ 에 대하여 $u + iv = \sin(a + iy) = \sin a \cosh y + i \cos a \sinh y$ 이므로

$$u = \sin a \cosh y, \quad v = \cos a \sinh y$$

$$\cosh y = \frac{u}{\sin a}, \quad \sinh y = \frac{v}{\cos a}$$

❷ u, v의 관계식을 구한다.

$\cosh^2 y - \sinh^2 y = 1$ 이므로

$$\frac{u^2}{\sin^2 a} - \frac{v^2}{\cos^2 a} = 1$$

❸ (u, v)의 자취를 구한다.

수직 띠 안의 수직선 $z = a + iy$ 에 대한 상은 u절편이 $\pm \sin a$ 인 포물선이다.

ⓐ $-\dfrac{\pi}{2} < a < \dfrac{\pi}{2}$ 이므로 포물선의 u절편은 $u = -1$과 $u = 1$이다.

ⓑ $a = -\dfrac{\pi}{2}$ 이면 $\sin a = -1$, $\cos a = 0$ 이므로 $w = -\cosh y$ 이고 u축에서 구간 $(-\infty, -1]$ 로 사상된다.

ⓒ $a = \dfrac{\pi}{2}$ 이면 $\sin a = 1$, $\cos a = 0$ 이므로 $w = \cosh y$ 이고 u축에서 구간 $[-1, \infty)$로 사상된다.

ⓓ $a = 0$이면 $u = 0$, $v = \sinh y$, $-\infty < y < \infty$ 이므로 y축은 v축으로 사상한다.

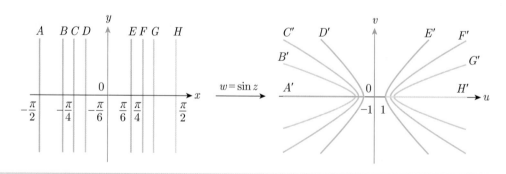

평행이동과 회전

z 평면에서 z 평면 위로의 사상 $w = f(z) = z + z_0$, $z_0 = x_0 + iy_0$ 을 생각하자. 사상 f 는 z 평면 안의 복소수 $z = x + iy$ 를 z 평면 안의 $w = (x + x_0) + i(y + y_0)$ 으로 대응시킨다. 따라서 [그림 9.28] 과 같이 f 는 z 평면의 주어진 영역 안에 있는 각 점을 x 축과 y 축 방향으로 각각 x_0, y_0 만큼씩 평행이동 한 사상을 의미하며, 모양과 크기가 그대로 보존된다.

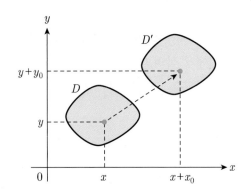

[그림 9.28] 변환 $w = z + z_0$ 의 의미

앞에서 살펴본 것처럼 사상 $f(z) = iz$ 는 z 평면 안의 점을 z 평면 안에서 시계 반대 방향으로 $\frac{\pi}{2}$ 만큼 회전시킨 것을 살펴봤다. 마찬가지로 어떤 복소수 $a = r_0 e^{i\phi}$, $a \neq 0$ 에 대하여 사상 $f(z) = az$ 를 극형식으로 나타내면 다음과 같다.

$$w = f(z) = az = \left(r_0 e^{i\phi}\right)\left(re^{i\theta}\right) = r_0 r e^{i(\theta + \phi)}, \quad z = re^{i\theta}$$

따라서 사상 $f(z) = az$ 는 z 평면 안에서 크기가 r, 편각이 θ 인 점 z 를 z 평면 안에서 크기가 $r_0 r$, 편각인 $\theta + \phi$ 인 점 w 로 회전한 변환을 나타낸다. 이때 $0 < r_0 < 1$ 이면 회전한 모양은 동일하지만

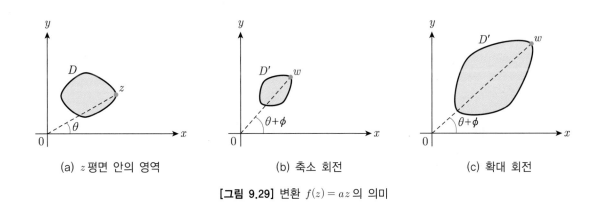

(a) z 평면 안의 영역   (b) 축소 회전   (c) 확대 회전

[그림 9.29] 변환 $f(z) = az$ 의 의미

w 의 크기는 z 의 크기보다 축소되고, $r_0 > 1$ 이면 w 의 크기가 z 의 크기보다 크게 확대된다. [그림 9.29]는 z 평면 안의 영역 D 를 변환 $f(z) = az$ 에 의해 축소 또는 확대하여 회전한 영역 D' 을 나타낸다.

$h(z) = az$, $g(z) = z + z_0$ 에 대하여 $f(z) = (g \circ h)(z) = az + z_0$ 은 a 의 편각 ϕ 만큼 축소 또는 확대하여 회전시킨 후 수평축, 수직축 방향으로 각각 x_0, y_0 만큼씩 평행이동한 사상을 나타낸다.

반전변환 $w = \dfrac{1}{z}$ 의 편각은 $\arg(w) = \arg\left(\dfrac{1}{z}\right) = -\arg(z)$ 이고 $z \neq 0$ 에 대하여 $|w| = \dfrac{1}{|z|}$ 이므로 반전변환은 [그림 9.30(a)]와 같이 원점으로부터 점 z 를 지나 크기가 $\dfrac{1}{|z|}$ 인 점을 x 축에 관하여 대칭이동한 점을 나타낸다. [예제 40]에서 살펴본 것처럼 $w = \dfrac{1}{z}$ 은 단위원 내부의 점은 외부의 점으로 사상하고, 단위원 외부의 점은 내부의 점으로 사상한다. 또한 단위원의 경계에 있는 점 $z = x + iy$ 에 대하여 $x^2 + y^2 = 1$ 이므로 $\dfrac{1}{z}$ 은 다음과 같다.

$$\frac{1}{z} = \frac{1}{x + iy} = \frac{x - iy}{x^2 + y^2} = x - iy$$

따라서 단위원의 경계에 있는 점 z 는 [그림 9.30(b)]와 같이 반전변환에 의해 x 축에 대하여 대칭이동한 단위원의 경계에 있는 점으로 사상한다.

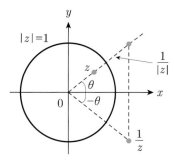

(a) z 의 반전변환 $\dfrac{1}{z}$

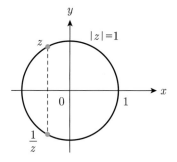

(b) 단위원 위의 점에 대한 변환

[그림 9.30] 반전변환 $f(z) = \dfrac{1}{z}$ 의 의미

▶ 예제 42

다음 영역에 대한 사상 $w = 2i(z - i) + 2 + 2i$ 의 영역을 그려라.

(1) 단위원판 $|z| \leq 1$ (2) $z = 1 + i$ 와 $z = 2 + 4i$ 를 잇는 선분

풀이

주안점 $2i(z-i)+2+2i = 2iz+4+2i$ 이므로 $z \to 2iz \to 2iz+4+2i$ 의 순서, 즉 z 를 2배로 늘려서 $\dfrac{\pi}{2}$ 만큼 회전하고, 수평 방향과 수직 방향으로 각각 4만큼, 2만큼씩 평행이동한다.

(1) 1단계: $z \to 2iz$ 는 단위원을 2배로 늘려서 $\dfrac{\pi}{2}$ 만큼 시계 반대 방향으로 회전한다.

   2단계: $2iz \to 2iz+4+2i$ 는 1단계의 원을 수평 방향과 수직 방향으로 각각 4만큼, 2만큼씩 평행이동한다.

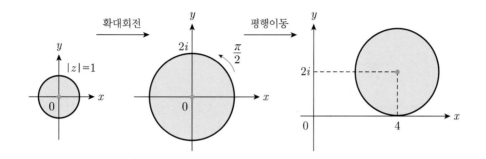

(2) (1)과 동일한 단계를 수행하면 다음을 얻는다.

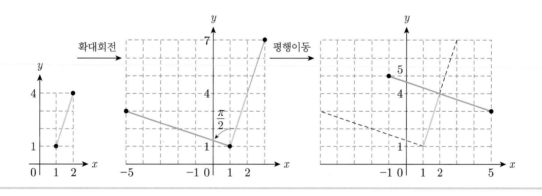

[예제 42]에서 $z = x+iy$ 라 하면 $w = 2i(z-i)+2+2i = 4-2y+2i(x+1)$ 이므로 u, v 는 각각 다음과 같다.

$$u = 4-2y, \quad v = 2(x+1)$$

그러면 $y = \dfrac{4-u}{2}$, $x = \dfrac{v-2}{2}$ 이고 단위원 위의 점에서 $x^2+y^2 = 1$ 이므로 다음과 같이 중심이 $(4, 2)$, 반지름의 길이가 2인 원의 방정식을 얻으며, 이는 [예제 42(1)] 풀이 2단계의 원의 방정식과 일치한다.

$$x^2 + y^2 = \left(\frac{v-2}{2}\right)^2 + \left(\frac{4-u}{2}\right)^2 = 1$$

$$(u-4)^2 + (v-2)^2 = 4$$

또한 z 평면 위의 선분의 식은 $y = 3x - 2$ 이므로 다음과 같은 u, v에 관한 관계식은 [예제 42(2)] 풀이 2단계의 선분의 식과 일치한다.

$$2 - \frac{u}{2} = 3\left(\frac{v}{2} - 1\right) - 2$$

$$v = \frac{1}{3}(14 - u)$$

[예제 40]에서와 같이 반전변환 $w = \dfrac{1}{z}$ 은 원을 원 또는 직선으로 사상하거나 직선을 원 또는 직선으로 사상하는 반면, [예제 42]와 같이 평행이동과 회전 축소 및 확대는 원을 원으로 그리고 직선을 직선으로 사상한다.

선형분수변환

네 복소수 상수 a, b, c, d, $ad - bc \neq 0$ 에 대하여 다음 사상을 선형분수변환linear fractional transformation 이라 한다.

$$f(z) = \frac{az + b}{cz + d}$$

이를 뫼비우스변환Möbius transformation 또는 이중선형변환bilinear transformation 이라고도 한다. 이 변환에 대하여 $ad - bc \neq 0$ 이므로 $f(z)$는 일대일 변환이고, 따라서 역변환은 다음과 같이 선형분수변환이다.

$$z = \frac{dw - b}{-cw + a}$$

앞에서 살펴본 것처럼 선형분수변환은 원을 원 또는 직선으로 사상하고 직선을 원 또는 직선으로 사상한다. 이 변환은 $z = -\dfrac{d}{c}$ 를 제외한 모든 복소평면 위의 점에서 미분가능하고 그 도함수는 다음과 같다.

$$f'(z) = \frac{ad - bc}{(cz + d)^2}$$

따라서 $z \neq -\dfrac{d}{c}$ 이면 $f'(z) \neq 0$ 이므로 선형분수변환 $w = f(z)$ 는 $z = -\dfrac{d}{c}$ 를 제외한 모든 점에서 등각변환, 즉 등각사상에 의한 변환이고, $c \neq 0$ 이면 $f(z)$ 는 $z_0 = -\dfrac{d}{c}$ 에서 단순극점을 갖는다. 따라서 선형분수변환은 c 에 따라 다음과 같이 분류된다.

① $c = 0$ 인 경우 : $w(z) = \dfrac{az + b}{cz + d} = \dfrac{a}{d}z + \dfrac{b}{d}$ 이므로 $z \to \dfrac{a}{d}z \to \dfrac{a}{d}z + \dfrac{b}{d}$ 의 순서로 $w(z)$ 의 자취를 얻는다. 즉, z 를 $\dfrac{a}{d}$ 에 의해 $\arg\left(\dfrac{a}{d}\right)$ 만큼 회전하고 $\dfrac{|a|}{|d|}$ 만큼 축소하거나 확대하여 $\dfrac{b}{d}$ 만큼 수평축과 수직축으로 평행이동한다.

② $c \neq 0$ 인 경우 : 다음 순서에 따라 $w(z)$ 의 자취를 얻을 수 있다.

$$z \to cz \to cz + d \to \frac{1}{cz + d} \to \frac{bc - ad}{c}\frac{1}{cz + d} \to \frac{bc - ad}{c}\frac{1}{cz + d} + \frac{a}{c} = \frac{az + b}{cz + d}$$

이때 처음 두 단계는 확대, 축소하여 회전한 후 평행이동했고, 세 번째 단계에서 반전변환 그리고 네 번째 단계에서 확대, 축소하여 회전하고 마지막으로 평행이동하면 $w(z)$ 의 자취를 얻는다.

한편 이 과정을 거쳐 $w(z)$ 의 자취를 구하는 방법은 매우 번거롭다. 좀 더 쉽게 구하기 위해 z 평면 위의 세 점을 선택하여 이에 대응하는 w 평면 위의 세 점을 결정하는 방법을 많이 사용한다. $ad + bc \neq 0$ 인 변환 $w = \dfrac{az + b}{cz + d}$ 에 의해 z 평면의 세 점 z_1, z_2, z_3 이 각각 w 평면의 세 점 w_1, w_2, w_3 에 대응한다고 하자. 그러면 z_i, $i = 1, 2, 3$ 에 대하여 $w_i = \dfrac{az_i + b}{cz_i + d}$ 이고 다음을 얻는다.

$$w - w_i = \frac{az + b}{cz + d} - \frac{az_i + b}{cz_i + d} = \frac{(ad - bc)(z - z_i)}{(cz + d)(cz_i + d)}, \quad i = 1, 2, 3$$

그러므로 $w - w_1$ 과 $w - w_3$ 은 각각 다음과 같다.

$$w - w_1 = \frac{az + b}{cz + d} - \frac{az_1 + b}{cz_1 + d} = \frac{(ad - bc)(z - z_1)}{(cz + d)(cz_1 + d)},$$

$$w - w_3 = \frac{az + b}{cz + d} - \frac{az_3 + b}{cz_3 + d} = \frac{(ad - bc)(z - z_3)}{(cz + d)(cz_3 + d)}$$

또한 w 대신 w_2 를 대입하여 다음을 얻는다.

$$w_2 - w_1 = \frac{(ad-bc)(z_2-z_1)}{(cz_2+d)(cz_1+d)}, \quad w_2 - w_3 = \frac{(ad-bc)(z_2-z_3)}{(cz_2+d)(cz_3+d)}$$

이제 $\dfrac{w-w_1}{w-w_3}$, $\dfrac{w_2-w_3}{w_2-w_1}$ 을 구하여 그 결과를 곱하면 $ad+bc \neq 0$ 이므로 다음 등식을 얻는다.

$$\frac{(w-w_1)(w_2-w_3)}{(w-w_3)(w_2-w_1)} = \frac{(z-z_1)(z_2-z_3)}{(z-z_3)(z_2-z_1)}$$

w 를 z 에 관하여 정리하면 z 평면의 서로 다른 세 점 z_1, z_2, z_3 을 각각 w 평면의 서로 다른 세 점 w_1, w_2, w_3 에 대응시키는 특별한 사상을 얻을 수 있으며, 이를 세 점 정리$^{\text{three-points theorem}}$ 라 한다.

정리 19　세 점 정리

z 평면 안의 서로 다른 세 점 z_1, z_2, z_3 은 선형분수변환 $w = f(z)$ 에 의해 w 평면에서 각각 서로 다른 세 점 $w_1 = f(z_1)$, $w_2 = f(z_2)$, $w_3 = f(z_3)$ 으로 대응되며, $w = f(z)$ 는 다음 방정식으로 주어진다.

$$\frac{w-w_1}{w-w_3}\frac{w_2-w_3}{w_2-w_1} = \frac{z-z_1}{z-z_3}\frac{z_2-z_3}{z_2-z_1}$$

6개의 점 중에서 어느 하나가 ∞ 이면 이 값이 들어 있는 비의 값을 1로 대체한다. 이 경우 $w = f(z)$ 는 다음 방정식을 만족한다.

(i) $w_3 = \infty$ 인 경우: $\dfrac{w-w_1}{w_2-w_1} = \dfrac{z-z_1}{z-z_3}\dfrac{z_2-z_3}{z_2-z_1}$

(ii) $z_3 = \infty$ 인 경우: $\dfrac{w-w_1}{w-w_3}\dfrac{w_2-w_3}{w_2-w_1} = \dfrac{z-z_1}{z_2-z_1}$

▶ 예제 43

다음과 같이 대응하는 선형분수변환 $w = f(z)$ 를 구하여라.
(1) $f(i) = 1$, $f(0) = i$, $f(1) = -1$
(2) $f(i) = i$, $f(1) = -i$, $f(\infty) = 1$
(3) $f(0) = -1$, $f(1) = -i$, $f(i) = \infty$

풀이

(1) $z_1 = i$, $z_2 = 0$, $z_3 = 1$, $w_1 = 1$, $w_2 = i$, $w_3 = -1$ 이므로

$$\frac{w-1}{w-(-1)}\frac{i-(-1)}{i-1} = \frac{z-i}{z-1}\frac{0-1}{0-i}$$

$$\frac{w-1}{w+1}\frac{i+1}{i-1} = \frac{z-i}{z-1}\frac{1}{i}$$

$$w = -(1+i)z + i$$

(2) $z_1 = i$, $z_2 = 1$, $z_3 = \infty$, $w_1 = i$, $w_2 = -i$, $w_3 = 1$ 이므로

$$\frac{w-i}{w-1}\frac{-i-1}{-i-i} = \frac{z-i}{1-i}$$

$$\frac{w-i}{w-1}\frac{1+i}{2i} = \frac{z-i}{1-i}$$

$$w = \frac{z-(1+i)}{z}$$

(3) $z_1 = 0$, $z_2 = 1$, $z_3 = i$, $w_1 = -1$, $w_2 = -i$, $w_3 = \infty$ 이므로

$$\frac{w-(-1)}{-i-(-1)} = \frac{z-0}{z-i}\frac{1-i}{1-0}$$

$$\frac{w+1}{1-i} = \frac{z}{z-i}(1-i)$$

$$w = -\frac{2iz}{z-i}$$

이제 두 선형분수변환 $w_1 = f_1(z)$, $w_2 = f_2(z)$의 합성 $w = f_2(f_1(z))$를 살펴본다. $a_i d_i + b_i c_i \neq 0$, $i = 1, 2$ 이고 각각의 변환이 다음과 같다고 하자.

$$f_1(z) = \frac{a_1 z + b_1}{c_1 z + d_1}, \quad f_2(z) = \frac{a_2 z + b_2}{c_2 z + d_2}, \quad f(z) = f_2(f_1(z)) = \frac{a z + b}{c z + d}$$

그러면 두 변환의 합성 $f(z)$는 다음과 같다.

$$f(z) = \frac{a z + b}{c z + d} = \frac{(a_2 b_1 + b_2 d_1) + (a_1 a_2 + b_2 c_1) z}{(b_2 c_2 + d_1 d_2) + (a_1 c_2 + c_1 d_2) z}$$

따라서 합성변환의 a, b, c, d는 각각 다음과 같다.

$$a = a_1 a_2 + b_2 c_1, \quad b = a_2 b_1 + b_2 d_1, \quad c = a_1 c_2 + c_1 d_2, \quad d = b_2 c_2 + d_1 d_2$$

이때 w_1, w_2와 w의 계수들로 구성된 행렬을 각각 다음과 같이 나타내자.

$$A_1 = \begin{pmatrix} a_1 & b_1 \\ c_1 & d_1 \end{pmatrix}, \quad A_2 = \begin{pmatrix} a_2 & b_2 \\ c_2 & d_2 \end{pmatrix}, \quad A = \begin{pmatrix} a & b \\ c & d \end{pmatrix}$$

그러면 다음과 같이 $A = A_2 A_1$임을 알 수 있다.

$$A = \begin{pmatrix} a & b \\ c & d \end{pmatrix} = \begin{pmatrix} a_1 a_2 + b_2 c_1 & a_2 b_1 + b_2 d_1 \\ a_1 c_2 + c_1 d_2 & b_1 c_2 + d_1 d_2 \end{pmatrix} = \begin{pmatrix} a_2 & b_2 \\ c_2 & d_2 \end{pmatrix} \begin{pmatrix} a_1 & b_1 \\ c_1 & d_1 \end{pmatrix} = A_2 A_1$$

따라서 $f_1(z)$, $f_2(z)$의 합성은 각각의 계수행렬의 곱을 계수행렬로 갖는 선형분수변환이다. 즉, 선형분수변환 $f_1(z)$, $f_2(z)$의 계수행렬을 각각 A_1, A_2라 하면 합성변환 $w = f_2(f_1(z))$의 계수행렬은 $A = A_2 A_1$이다.

▶ 예제 44

두 변환 $f(z) = \dfrac{2z+1}{z-1}$, $g(z) = \dfrac{3z-i}{iz+2}$에 대하여 합성변환 $g(f(z))$, $f(g(z))$를 구하여라.

풀이

주안점 두 변환의 계수행렬을 곱한다.

❶ $f(z)$와 $g(z)$의 각 계수행렬 A, B를 구한다.

$$A = \begin{pmatrix} 2 & 1 \\ 1 & -1 \end{pmatrix}, \quad B = \begin{pmatrix} 3 & -i \\ i & 2 \end{pmatrix}$$

❷ AB, BA를 구한다.

$$BA = \begin{pmatrix} 3 & -i \\ i & 2 \end{pmatrix} \begin{pmatrix} 2 & 1 \\ 1 & -1 \end{pmatrix} = \begin{pmatrix} 6-i & 3+i \\ 2+2i & -2+i \end{pmatrix},$$

$$AB = \begin{pmatrix} 2 & 1 \\ 1 & -1 \end{pmatrix} \begin{pmatrix} 3 & -i \\ i & 2 \end{pmatrix} = \begin{pmatrix} 6+i & 2-2i \\ 3-i & -2-i \end{pmatrix}$$

❸ 합성변환을 구한다.

$$g(f(z)) = \frac{(6-i)z + (3+i)}{(2+2i)z - (2-i)}, \quad f(g(z)) = \frac{(6+i)z + (2-2i)}{(3-i)z - (2+i)}$$

화학 분야와 관련된 복소해석은 매우 제한적이며, 여기서는 유체역학 분야에서의 적용 사례 일부를 소개한다.

유체 흐름의 속도 퍼텐셜과 유선함수

7.5절에서 언급한 것처럼 비회전 흐름에서는 정의상 $\nabla \times \mathbf{v} = 0$이 성립하며, $\mathbf{v} = \nabla\phi$로 표현할 수 있으면 스칼라 함수 ϕ가 존재하고 이 함수는 속도 퍼텐셜이다. 실제로 비회전 흐름이 유지되려면 마찰이 없는 비점성 유동이어야 하며, 이에 따라 속도 퍼텐셜은 비점성, 비회전 흐름인 경우에 가능하다. 속도($\mathbf{v}$)는 3차원 직교좌표계에서 다음과 같이 속도 퍼텐셜(ϕ)로 표현할 수 있다.

$$\mathbf{v} = \nabla\phi = \frac{\partial\phi}{\partial x}\mathbf{i} + \frac{\partial\phi}{\partial y}\mathbf{j} + \frac{\partial\phi}{\partial z}\mathbf{k} = u\mathbf{i} + v\mathbf{j} + w\mathbf{k}$$

이를 성분으로 나타내면 다음과 같다.

$$u = \frac{\partial\phi}{\partial x}, \ v = \frac{\partial\phi}{\partial y}, \ w = \frac{\partial\phi}{\partial z}$$

이때 속도 퍼텐셜(ϕ)이 일정한 선, 즉 상수 c에 대하여 $\phi(x, y) = c$를 만족하는 등고선을 등퍼텐셜선 equipotential line이라 한다.

이제 정상 흐름에서 유체 입자의 궤적을 의미하는 유선streamline을 살펴본다. 유선은 다음과 같은 연속방정식을 만족하는 비압축성 유체의 정상상태 2차원 흐름, 즉 비압축성으로 밀도가 일정하고 정상상태이면 연속방정식은 2차원 흐름에서 다음과 같이 정의된다.

$$\nabla \cdot \mathbf{v} = \frac{\partial u}{\partial x} + \frac{\partial v}{\partial y} = 0$$

이 연속방정식은 다음과 같이 정의되는 함수 $\psi(x, y)$에 대하여 성립한다.

$$u = \frac{\partial\psi}{\partial y}, \ v = -\frac{\partial\psi}{\partial x} \ \text{또는} \ \mathbf{v} = u\mathbf{i} + v\mathbf{j} = \frac{\partial\psi}{\partial y}\mathbf{i} - \frac{\partial\psi}{\partial x}\mathbf{j}$$

$$\frac{\partial}{\partial x}\left(\frac{\partial\psi}{\partial y}\right) + \frac{\partial}{\partial y}\left(-\frac{\partial\psi}{\partial x}\right) = 0$$

이때 상수 c에 대하여 $\psi(x,y)=c$가 성립하는 함수를 유선함수^{streamline function}라 하며, 유선함수에서는 $d\psi=0$이 된다. 또한 두 유선 사이를 흐르는 유체의 유량은 두 유선에 대한 함숫값의 차와 같다. 통상적으로 위쪽 유선함숫값이 크면 우측으로, 아래쪽 유선함숫값이 크면 좌측으로 흐르는 것으로 정의한다. 비점성이고 비압축성 유체의 2차원 흐름에서 유선과 속도 퍼텐셜 사이에 다음 관계가 성립한다.

① 직교좌표계: $u=\dfrac{\partial \phi}{\partial x}=\dfrac{\partial \psi}{\partial y}$, $v=\dfrac{\partial \phi}{\partial y}=-\dfrac{\partial \psi}{\partial x}$

② 극좌표계: $v_r=\dfrac{\partial \phi}{\partial r}=\dfrac{1}{r}\dfrac{\partial \psi}{\partial \theta}$, $v_\theta=\dfrac{1}{r}\dfrac{\partial \phi}{\partial \theta}=-\dfrac{\partial \psi}{\partial r}$ 단, $r=\sqrt{x^2+y^2}$, $\theta=\tan^{-1}\left(\dfrac{y}{x}\right)$

속도 퍼텐셜과 유선함수는 다음 관계식이 성립하므로 서로 직교한다.

$$d\phi(x,y)=\frac{\partial \phi}{\partial x}dx+\frac{\partial \phi}{\partial y}dy=0=u\,dx+v\,dy,\ \ 즉\ \frac{dy}{dx}=-\frac{u}{v}$$

$$d\psi(x,y)=\frac{\partial \psi}{\partial x}dx+\frac{\partial \psi}{\partial y}dy=0=-v\,dx+u\,dy,\ \ 즉\ \frac{dy}{dx}=\frac{v}{u}$$

$$\left(\frac{dy}{dx}\right)_\phi\times\left(\frac{dy}{dx}\right)_\psi=-1$$

이 식은 코시-리만 방정식이므로 이를 실수부와 허수부로 하는 복소함수는 해석적이며 라플라스 방정식을 만족한다. 이는 비점성 유체를 가정했고 유체의 회전(curl = 0)이 **0** 이므로 당연한 결과이기도 하다. 따라서 유체 흐름을 나타내는 속도 퍼텐셜과 유선함수를 복소함수로 표현하지 않을 이유가 없다. 관습적으로 속도 퍼텐셜을 실수부로, 유선함수를 허수부로 놓으며 이 경우 속도벡터는 다음과 같이 $f'(z)$를 구해 계산할 수 있다.

$$f'=\frac{\partial \phi}{\partial x}+i\frac{\partial \psi}{\partial x}=\frac{\partial \psi}{\partial y}-i\frac{\partial \phi}{\partial y}=u-iv$$

이제 복소함수를 사용하지 않는 상태에서 간단한 유체의 흐름에 대해 살펴보자. [그림 9.31(a)]와 같이 흐름 방향이 수평인 유체의 경우 속도는 $\mathbf{v}=U\mathbf{i}$로 나타낼 수 있으며, 이를 속도 퍼텐셜과 유선함수로 표현하면 다음과 같다.

$$u=U=\frac{\partial \phi}{\partial x}=\frac{\partial \psi}{\partial y},\ \ v=0=\frac{\partial \phi}{\partial y}=-\frac{\partial \psi}{\partial x}$$

이때 수평 방향의 속도 식을 적분하고 적분상수를 무시하면 $\phi=Ux$, $\psi=Uy$이며, [그림 9.31(a)]에서 수직 방향 선(x)과 수평 방향 선(y)으로 표시된다. 이때 x는 속도 퍼텐셜인 상수이고 y는 유선함수 인 상수이다. 한편 [그림 9.31(b)]는 z 방향으로 설치된 단위길이를 갖는 파이프로부터 유체가 xy 평면 에서 방사상으로 유량 Q로 흐르는 것을 나타낸 것이다. 이 경우 유체가 방사상으로 흐르므로 극좌표를 사용하는 것이 편리하고, 임의의 반경 r을 통과하는 유체의 유속은 다음과 같다.

$$v_r = \frac{Q}{2\pi b r} = \frac{m}{r} = \frac{1}{r}\frac{\partial \psi}{\partial \theta} = \frac{\partial \phi}{\partial r}, \quad v_\theta = 0 = -\frac{\partial \psi}{\partial r} = \frac{1}{r}\frac{\partial \phi}{\partial \theta}$$

여기서 $m = \dfrac{Q}{2\pi b}$ 이다. 같은 방법으로 방사 방향의 속도 식을 적분한 후 적분상수를 무시하면 속도 퍼텐셜과 유선함수는 각각 $\phi = m\ln r$, $\psi = m\theta$ 이다. 따라서 유선함수는 방사 방향의 선(θ)이고 속도 퍼텐셜은 원(r)이며, θ와 r은 상수이다. 이때 중심이 유체의 배출원이면 $+$ 부호를, 소멸점이면 $-$ 부호를 갖는다.

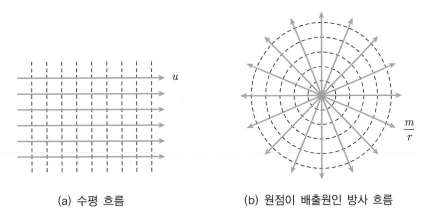

(a) 수평 흐름   (b) 원점이 배출원인 방사 흐름

[그림 9.31] 수평류와 방사형 흐름에서의 속도 퍼텐셜과 유선

복소함수를 이용하여 유체의 흐름을 표현할 수 있으며, 이를 위해 다음과 같이 속도 퍼텐셜과 유선함수 를 각각 실수부와 허수부로 정의한다.

$$f(z) = \phi(x, y) + i\psi(x, y), \quad z = x + iy$$

때때로 이 함수를 극형식 $z = x + iy = re^{i\theta} = r(\cos\theta + i\sin\theta)$로 표현하면 더 유용하다. 먼저 [그림 9.31(a)]에 대하여 위에서 정의된 속도 퍼텐셜과 유선함수를 사용하여 $f(z)$를 정의하면 다음과 같다.

$$f(z) = Uz = Ux + iUy$$

속도를 구하기 위해 복소함수의 도함수를 구하면

$$f' = \frac{\partial \phi}{\partial x} + i\frac{\partial \psi}{\partial x} = \frac{\partial \psi}{\partial y} - i\frac{\partial \phi}{\partial y} = u - iv$$

이며, 이때 $f' = U$ 이므로 실수부만 존재하고, 따라서 $u = U$, $v = 0$ 이다. 또한 배출원이 원점일 때 배출원인 [그림 9.31(b)]의 경우를 복소함수로 표현하면 $f(z) = m\ln z$ 가 된다. 그러면 $\phi = m\ln r$, $\psi = m\theta$ 이므로 다음을 얻는다.

$$f(z) = \phi + i\psi = m\ln r + im\theta = m(\ln r + i\theta) = m\ln(re^{i\theta}) = m\ln z$$

이 경우 속도를 구하면 $v = f'(z) = (m\ln z)' = \dfrac{m}{z}$ 이다. 한편 유체의 배출원이 원점이 아닌 임의의 점 $z_0 = x_0 + iy_0$ 이면 $f(z) = m\ln(z - z_0)$ 이 된다.

위에서 살펴본 수평 흐름과 원점에 위치한 선 배출원의 방사 흐름을 중첩한 경우에 대하여 살펴보자. 두 흐름을 합하여 표시할 수 있으므로 복소함수로 나타내면 다음과 같다.

$$f(z) = Uz + m\ln z = (Ux + m\ln r) + i(Uy + m\theta)$$

이에 따라 속도 퍼텐셜과 유선함수는 각각 $\phi = Ux + m\ln r$, $\psi = Uy + m\theta$ 이고, 유선은 [그림 9.32 (a)]와 같다.

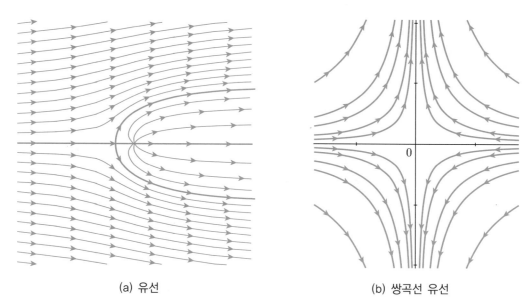

(a) 유선   (b) 쌍곡선 유선

[그림 9.32] 수평류와 선 배출원이 중첩된 흐름

속도를 구하기 위해 복소함수의 도함수를 구하면 다음을 얻는다.

$$f'(z) = U + \frac{m}{z}, \quad u = U + \frac{mx}{x^2+y^2}, \quad v = -\frac{my}{x^2+y^2}$$

마지막으로 복소함수 $f(z) = \frac{1}{2}z^2$ 으로 표현되는 유체의 흐름에 대하여 속도 퍼텐셜과 유선을 구해 보자. $f(z) = \frac{1}{2}z^2 = \frac{1}{2}(x^2-y^2) + ixy$ 이므로 속도 퍼텐셜과 유선함수는 각각 다음과 같이 표현된다.

$$\phi = \frac{1}{2}(x^2-y^2), \quad \psi = xy$$

이때 유선 $xy = c$ 를 그림으로 나타내면 [그림 9.32(b)]와 같은 쌍곡선함수가 되며, 속도 퍼텐셜은 이와 수직인 쌍곡선으로 표시된다. 또한 속도는 $f'(z) = z = x + iy$ 이므로 $u = x$, $v = -y$ 이다. 특히 임의의 각을 갖는 구석에서의 유체 흐름은 복소함수로 표현하는 것이 더 편리하다. 구석을 흐르는 유체에 대하여 복소함수를 다음과 같이 정의하면 속도 퍼텐셜과 유선함수는 각각 다음이 된다.

$$f(z) = Az^n = Ar^n e^{in\theta} = Ar^n(\cos n\theta + i\sin n\theta)$$

여기서 A 와 n 은 상수이고 $\phi = Ar^n\cos n\theta$, $\psi = Ar^n\sin n\theta$ 이다. 이때 복소함수의 n 과 구석이 이루는 각(β)의 관계는 $\beta = \frac{\pi}{n}$ 로 표시되며, [그림 9.33]은 각각 $(n, \beta) = (3, 60°)$, $\left(\frac{3}{2}, 120°\right)$, $(1, 0°)$ 에 대한 유선을 나타낸다.

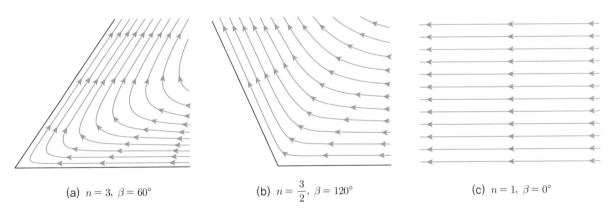

(a) $n = 3$, $\beta = 60°$ (b) $n = \frac{3}{2}$, $\beta = 120°$ (c) $n = 1$, $\beta = 0°$

[그림 9.33] 구석의 각(β)과 n 의 값에 따라 형성되는 유선의 형태

01 다음 복소수를 $x + iy$ 형태로 나타내어라.

(1) $1 + i + 3i^3 + i^4$

(2) $(2 + 3i)(3 - 2i)$

(3) $i^3(1 + 2i)^2$

(4) $(1 + i)^2(1 - i)^2$

(5) $\dfrac{1 + 2i}{(1 + i)(2 - i)}$

(6) $\dfrac{(2 - i)(1 + i)}{(2 + i)^2}$

(7) $\dfrac{4i}{(2 + i)(2 - i)}$

(8) $\dfrac{i}{(1 - 2i)(2 + i)}$

(9) $2 e^{\frac{\pi i}{4}}$

(10) $\ln(-2 + 2i)$

(11) $\ln(1 - \sqrt{3}\, i)$

(12) $\cos\left(\dfrac{\pi}{2} + 2i\right)$

02 $z_1 = 2 + 3i$, $z_2 = 1 - 2i$ 일 때, 다음을 구하여라.

(1) $z_1 z_2$

(2) $(z_1 - z_2)^2$

(3) $\dfrac{z_1}{z_1 + z_2}$

(4) $z_1^2\, \overline{z_1^2}$

(5) $\mathrm{Re}\left(\dfrac{1}{z_1}\right)$

(6) $\mathrm{Re}\left(z_2^2 - 2z_1\right)$

(7) $\mathrm{Im}\left(z_1^2 + i\right)$

(8) $\mathrm{Im}\left(z_1^2 + \overline{z_2^2}\right)$

03 다음 복소수를 주편각을 이용한 극형식으로 나타내어라.

(1) 2

(2) -2

(3) $-2i$

(4) $1 + i$

(5) $-\sqrt{3} + i$

(6) $\dfrac{1}{2 + 2i}$

04 다음 복소수를 $x + iy$ 형태로 나타내어라.

(1) $\cos\dfrac{2\pi}{3} + i\sin\dfrac{2\pi}{3}$

(2) $2\left(\cos\dfrac{\pi}{4} + i\sin\dfrac{\pi}{4}\right)$

(3) $2\left(\cos\dfrac{\pi}{2} + i\sin\dfrac{\pi}{2}\right)$

(4) $4\left(\cos\dfrac{5\pi}{6} + i\sin\dfrac{5\pi}{6}\right)$

05 두 복소수 z_1, z_2에 대하여 $z_1 z_2$, $\dfrac{z_1}{z_2}$를 $x + iy$ 형태로 나타내어라.

(1) $z_1 = \cos\dfrac{\pi}{4} + i\sin\dfrac{\pi}{4}$, $z_2 = \cos\dfrac{3\pi}{4} - i\sin\dfrac{3\pi}{4}$

(2) $z_1 = 2\left(\cos\dfrac{\pi}{2} + i\sin\dfrac{\pi}{2}\right)$, $z_2 = \sqrt{2}\left(\cos\dfrac{\pi}{3} + i\sin\dfrac{\pi}{3}\right)$

06 다음을 계산하여라.

(1) $(1 + i\sqrt{3})^5$

(2) $(-2 - 2i)^3$

(3) $\left(\cos\dfrac{\pi}{3} + i\sin\dfrac{\pi}{3}\right)^7$

(4) $(-i)^{\frac{1}{3}}$

(5) $(1 - i)^{\frac{1}{2}}$

(6) $(1 - i\sqrt{3})^{\frac{1}{2}}$

07 함수 $f(z)$가 해석적이 되는 점을 구하여라.

(1) $f(z) = |z|^2$

(2) $f(z) = \overline{z^2}$

(3) $f(z) = \dfrac{\bar{z}}{z}$

(4) $f(z) = z^2 + \bar{z}$

(5) $f(z) = z + \dfrac{1}{z - 1}$

(6) $f(z) = \dfrac{z - 1}{z^2 + 2z + 2}$

(7) $f(z) = \dfrac{z^2 - 2 + i}{z^2 - 2z + iz}$

(8) $f(z) = \dfrac{z - 1}{z^2 + i}$

08 다음 방정식을 만족하는 주영역 안의 값 z를 구하여라.

(1) $e^{2z} = -1$

(2) $e^{2z} = 1 + 2i$

(3) $e^z = 1 - i\sqrt{3}$

09 다음 복소수의 모든 값과 주치를 구하여라.

(1) $\ln(1 - i)$

(2) $\ln i$

(3) $\ln(1 + i\sqrt{3})$

(4) $\ln(-1)$

10 다음 거듭제곱급수의 수렴반지름과 수렴영역을 구하여라.

(1) $\displaystyle\sum_{n=0}^{\infty} \dfrac{(z - 1 + i)^n}{n!}$

(2) $\displaystyle\sum_{n=0}^{\infty} \dfrac{(z - i)^n}{n}$

(3) $\displaystyle\sum_{n=0}^{\infty} \dfrac{(2n)!}{(n!)^2} (z - i)^n$

(4) $\displaystyle\sum_{n=0}^{\infty} \dfrac{(z + i)^n}{n^2}$

(5) $\displaystyle\sum_{n=0}^{\infty} \dfrac{(z - 1 + i)^n}{n^n}$

(6) $\displaystyle\sum_{n=0}^{\infty} \dfrac{n!}{n^n} (z - 2i)^n$

11 주어진 경로 C 위에서 다음 적분을 구하여라.

(1) $\displaystyle\int_C (z^2 - iz + 1)\,dz$, $C: x = t + 2$, $y = 1 - 2t$, $0 \le t \le 2$인 직선

(2) $\displaystyle\int_C (z + i)\,dz$, $C: x = e^t$, $y = e^{2t}$, $0 \le t \le 1$인 포물선

(3) $\displaystyle\int_C z(\operatorname{Re} z)\,dz$, $C: x = t$, $y = 2t^2$, $0 \le t \le 1$인 포물선

(4) $\displaystyle\int_C z\,dz$, $C: x = \cos^3\theta$, $y = \sin^3\theta$, $0 \le \theta \le 2\pi$인 성망형 곡선

(5) $\displaystyle\int_C (z + 1)\,dz$, $C: x = \theta - \sin\theta$, $y = 1 - \cos\theta$, $0 \le \theta \le 2\pi$인 파선

12 미적분학의 기본 정리를 이용하여 주어진 경로 C 위에서 다음 적분을 구하여라.

(1) $\displaystyle\int_C (z^2 + 2iz - i)\,dz$, $C: 2 + i + e^{it}$, $0 \le t \le \pi$

(2) $\displaystyle\int_C iz^2\,dz$, $C: \cos t + 2i\sin t$, $0 \le t \le \dfrac{\pi}{2}$

(3) $\displaystyle\int_C (z - 1 + 2i)^2\,dz$, $C: t + 2it^2$, $0 \le t \le 1$

(4) $\displaystyle\int_C (z^2 + 4)\,dz$ 인 직선, $C: z = 0 \to z = 1 + i$ 인 직선

(5) $\displaystyle\int_C \sin z\,dz$, $C: z = 1 + i \to -1 - i$ 인 직선

(6) $\displaystyle\int_C z e^z\,dz$, $C: z = 1 \to \pi i$ 인 곡선

13 다음 닫힌 곡선 C 위에서 다음 적분을 구하여라.

(1) $\displaystyle\oint_C \dfrac{z^2 + 4}{z + 2}\,dz$, $C: |z| = 1$

(2) $\displaystyle\oint_C \dfrac{z}{z^2 + 9}\,dz$, $C: |z| = 2$

(3) $\displaystyle\oint_C \dfrac{e^z}{z^2 + 2z + 5}\,dz$, $C: |z| = 2$

(4) $\displaystyle\oint_C \sin\dfrac{1}{z}\,dz$, $C: |z - 1 - 2i| = 1$

(5) $\displaystyle\oint_C \dfrac{1}{z}\,dz$, $C:$ 네 점 $(2, 0)$, $(0, 2)$, $(-2, 0)$, $(0, -2)$를 잇는 평행사변형

(6) $\displaystyle\oint_C \dfrac{1}{z - i}\,dz$, $C: |z - i| = 2$

(7) $\displaystyle\oint_C \dfrac{1}{(z - i)^3}\,dz$, $C: |z - i| = 1$

(8) $\displaystyle\oint_C \dfrac{1}{z(z + 2i)^2}\,dz$, $C: |z| = 1$

(9) $\displaystyle\oint_C \dfrac{z^2}{z - 2i}\,dz$, $C: |z| = 2$

(10) $\displaystyle\oint_C \dfrac{e^z}{(z - 2)(z + 4)}\,dz$, $C: |z| = 3$

(11) $\displaystyle\oint_C \dfrac{z^2 - 4z + 4}{z + i}\,dz$, $C: |z| = 2$

(12) $\displaystyle\oint_C \frac{z+2i}{(2z-1)(2z+i)}\,dz$, $C: |z| = 2$

(13) $\displaystyle\oint_C \frac{\cos z}{z^3 + z}\,dz$, $C: \left|z - \dfrac{i}{2}\right| = 1$

(14) $\displaystyle\oint_C \frac{\operatorname{Ln}(z^2 - 1)}{z - i}\,dz$, $C: |z - i| = 1$

(15) $\displaystyle\oint_C \frac{e^z \cos z}{(z+2)(z^2+1)}\,dz$, $C:$ 네 점 $1+2i$, $1-2i$, $-1+2i$, $-1-2i$ 를 잇는 직사각형

(16) $\displaystyle\oint_C \frac{e^z}{(z-1)(z-3)}\,dz$, $C: |z| = 2$

(17) $\displaystyle\oint_C \frac{1}{z^2(z^2+9)}\,dz$, $C: 1 \le |z| \le 2$

(18) $\displaystyle\oint_C \frac{z-2}{2z^2 + 5z - 12}\,dz$, $C: 1 \le |z| \le 2$

(19) $\displaystyle\oint_C \frac{i\,e^{z+1}}{z^2}\,dz$, $C: |z| = 1$

(20) $\displaystyle\oint_C \frac{z+1}{z^2(z+2)}\,dz$, $C: |z| = 1$

(21) $\displaystyle\oint_C \frac{\cos z - \sin z}{(z+i)^4}\,dz$, $C: |z| = 2$

(22) $\displaystyle\oint_C \frac{z-1}{z(z-2)^2(z-4)^3}\,dz$, $C: |z - 3| = 2$

14 다음 함수의 매클로린급수를 구하여라.

(1) $\dfrac{1}{z+1}$ (2) $\dfrac{1}{iz+1}$ (3) $\dfrac{1}{2z-1}$

(4) $\dfrac{z}{z+1}$ (5) $\dfrac{z+1}{z-1}$ (6) $\operatorname{Ln}(1+iz)$

(7) $\operatorname{Ln}\dfrac{1+z}{1-z}$ (8) $e^{-\frac{z}{2}}$ (9) e^{-z^2}

(10) $\cos(iz)$ (11) $\cos\dfrac{1}{z}$ (12) $\sin(\pi z)$

15 주어진 점에 관하여 다음 함수의 로랑급수를 구하여라.

(1) $\dfrac{1}{2+iz}$, $z = i$ (2) $\dfrac{1}{z^2 - 3z + 2}$, $z = 1$

(3) $\dfrac{1}{z(z-3)}$, $z=3$

(4) $\dfrac{1}{(z-i)^2(z-3i)}$, $z=i$

(5) $\dfrac{1}{1+z^2}$, $z=-i$

(6) $\dfrac{1}{z(z^2+1)}$, $z=0$

(7) $\dfrac{\cos(iz)}{z}$, $z=0$

(8) $z^2\sin\dfrac{i}{z}$, $z=0$

(9) $\dfrac{\sin z^2}{z^4}$, $z=0$

(10) $e^{\frac{1}{z+i}}$, $z=-i$

---

16 다음 함수의 극점을 구하고, 각 극점의 위수와 그에 대한 유수를 구하여라.

(1) $\dfrac{1}{z+i}$

(2) $\dfrac{z+1}{z^2-2z}$

(3) $\dfrac{2}{(z-1)(z+i)^2}$

(4) $\dfrac{e^z}{z^2+\pi^2}$

(5) $\dfrac{\sin z}{\left(z-\dfrac{\pi}{2}\right)^2}$

(6) $\dfrac{\sin z}{z^3}$

(7) $\dfrac{\cos z}{z^3}$

(8) $\dfrac{1}{\cos\pi z}$

(9) $\dfrac{1-e^{2z}}{z^4}$

(10) $\dfrac{e^{2\pi z}}{(z+i)^4}$

---

17 피적분함수의 모든 특이점을 포함하는 단순 닫힌 경로 C에서 다음 적분을 구하여라.

(1) $\displaystyle\oint_C \dfrac{z}{z-1}\,dz$

(2) $\displaystyle\oint_C \dfrac{dz}{z^3-4z}$

(3) $\displaystyle\oint_C \dfrac{z}{z^4-1}\,dz$

(4) $\displaystyle\oint_C \dfrac{e^{-z^2}}{\sin 3z}\,dz$

(5) $\displaystyle\oint_C \dfrac{e^z}{z^3}\,dz$

(6) $\displaystyle\oint_C \dfrac{dz}{z^2+2iz}$

(7) $\displaystyle\oint_C \dfrac{e^z}{z(z-\pi i)^2}\,dz$

(8) $\displaystyle\oint_C \dfrac{\cos z}{z}\,dz$

(9) $\displaystyle\oint_C \dfrac{\sin(\pi z)}{z^2}\,dz$

(10) $\displaystyle\oint_C \dfrac{\sin z}{z^2 e^z}\,dz$

(11) $\displaystyle\oint_C \dfrac{e^z}{z^2+1}\,dz$

(12) $\displaystyle\oint_C \dfrac{e^z}{z^2(z^2+\pi^2)}\,dz$

(13) $\displaystyle\oint_C \dfrac{e^{iz}+\sin z}{(z-\pi)^2}\,dz$

(14) $\displaystyle\oint_C \dfrac{\cos 2z\sin z}{z^2+1}\,dz$

(15) $\displaystyle\oint_C \dfrac{z^2+1}{(z-1)(z^2+4)}\,dz$

---

18 주어진 z 평면 위의 곡선 또는 직선에 대한 $w=f(z)$의 상을 구하여라.

(1) $w=\dfrac{1}{z}$, $C:\ y=2x$

(2) $w=z^2$, $C:\ y=x-1$

(3) $w=\dfrac{1}{z-i}$, $C:\ y=2$

(4) $w=\dfrac{z}{\bar{z}}$, $C:\ y=\dfrac{1}{x}$

(5) $w = \dfrac{1}{z}$, $C : x^2 + y^2 = 1$

(6) $w = \dfrac{1}{z}$, $C : y = x$

(7) $w = iz$, $C : x^2 + y^2 = 1$

(8) $w = e^z$, $C : x = 1$

(9) $w = e^z$, $C : y = \dfrac{\pi}{2}$

(10) $w = \cos z$, $C : x = \dfrac{\pi}{4}$

19 z 평면의 세 점이 w 평면의 세 점으로 사상하는 선형분수변환을 구하여라.

(1) $z = 0 \rightarrow w = i$, $z = i \rightarrow w = -i$, $z = 1 \rightarrow w = 1$

(2) $z = i \rightarrow w = 2$, $z = -1 \rightarrow w = -i$, $z = 0 \rightarrow w = 1$

(3) $z = 1 \rightarrow w = \infty$, $z = i \rightarrow w = i$, $z = 0 \rightarrow w = 1$

(4) $z = -1 \rightarrow w = 1$, $z = \infty \rightarrow w = i$, $z = 1 \rightarrow w = 0$

1. 복소수 z의 극형식 표현

$$z = r\cos\theta + i\,r\sin\theta = re^{i\theta},\ \ r = |z| = \sqrt{x^2+y^2},\ \ \theta = \arg(z) = \tan^{-1}\left(\frac{y}{x}\right)$$

2. 코시-리만 방정식과 도함수

$$\text{코시-리만 방정식: } \frac{\partial u}{\partial x} = \frac{\partial v}{\partial y},\ \ \frac{\partial u}{\partial y} = -\frac{\partial v}{\partial x}$$

$$\text{도함수: } f'(z) = \frac{\partial u}{\partial x} + i\frac{\partial v}{\partial x} = \frac{\partial v}{\partial y} - i\frac{\partial u}{\partial y}$$

3. $z = z_0$에 관한 복소함수 $f(z)$의 테일러급수와 $z = 0$에 관한 복소함수 $f(z)$의 매클로린급수

$$f(z) = \sum_{n=0}^{\infty} \frac{f^{(n)}(z_0)}{n!}(z-z_0)^n,\ \ f(z) = \sum_{n=0}^{\infty} \frac{f^{(n)}(0)}{n!}z^n$$

4. 복소평면 안의 곡선 C 위에서 복소함수 $f(z)$의 복소선적분

$$\int_C f(z)\,dz = \int_a^b f(z(t))\,z'(t)\,dt = \int_a^b u\,dx - v\,dy + i\int_a^b v\,dx + u\,dy$$

5. 코시-구르사 정리
   단순연결인 열린 영역 D에서 해석적이고 $f'(z)$가 D에서 연속이면 D 안의 모든 단순 닫힌 경로 C에 대하여
$\displaystyle\oint_C f(z)\,dz = 0$이 성립한다.

6. 코시의 적분공식
f가 단순 연결영역 D 안에서 연속이고 C는 이 영역 안에 놓이는 시계 반대 방향을 갖는 조각마다 매끄러운 단순 닫힌 곡선이라 하면 C 안의 임의의 점 z_0에 대하여 다음이 성립한다.

$$\oint_C \frac{f(z)}{z-z_0}\,dz = 2\pi i f(z_0)$$

$$\oint_C \frac{f(z)}{(z-z_0)^{n+1}}\,dz = \frac{2\pi i}{n!}f^{(n)}(z_0),\ \ n = 1, 2, 3, \cdots$$

7. 로랑급수

$$f(z) = \sum_{n=-\infty}^{\infty} c_n(z-z_0)^n,\ \ c_n = \frac{1}{2\pi i}\oint_C \frac{f(z)}{(z-z_0)^{n+1}}\,dz$$

8. 고립특이점($z = z_0$)

　　로랑급수에서 $n = 1$이면 단순극점, $n = m$이면 위수 m인 특이점, $n = \infty$이면 진성특이점이다.

9. 위수 m인 특이점을 갖기 위한 필요충분조건

$$\lim_{z \to z_0} (z - z_0)^m f(z) = L$$

10. 유수정리

　　(1) $f(z)$가 $z = z_0$에서 단순극점을 가지면 $\operatorname{Res}_{z_0} f(z) = \lim_{z \to z_0} (z - z_0) f(z)$

　　(2) $f(z)$가 $z = z_0$에서 위수 n인 극점을 가지면 $\operatorname{Res}_{z_0} f(z) = \dfrac{1}{(n-1)!} \lim_{z \to z_0} \dfrac{d^{n-1}}{dz^{n-1}} (z - z_0)^n f(z)$

11. 코시의 유수정리

　　곡선 C가 고립특이점 z_1, z_2, $\cdots$, z_n을 포함하는 닫힌 경로이고 이 점들을 제외한 C의 경계와 내부에서

　　f가 해석적이면 $\displaystyle\oint_C f(z) \, dz = 2\pi i \sum_{k=1}^{n} \operatorname{Res}_{z_k} f(z)$이다.

12. 기본 변환

　　평행이동: $f(z) = z + b$

　　회전 축소 및 확대: $f(z) = az$

　　선형변환: $f(z) = az + b$

　　반전변환: $f(z) = \dfrac{1}{z}$

13. 선형분수변환

$$f(z) = \frac{az + b}{cz + d}, \ ad - bc \neq 0$$

14. 세 점 정리

　　선형분수변환 $w = f(z)$에 의해 z_1, z_2, z_3이 각각 w_1, w_2, w_3으로 대응될 때, $w = f(z)$의 방정식은

$$\frac{w - w_1}{w - w_3} \frac{w_2 - w_3}{w_2 - w_1} = \frac{z - z_1}{z - z_3} \frac{z_2 - z_3}{z_2 - z_1}$$

　　$w_3 = \infty$, $z_3 = \infty$인 경우의 $w = f(z)$의 방정식은

　　(i) $w_3 = \infty$인 경우: $\dfrac{w - w_1}{w_2 - w_1} = \dfrac{z - z_1}{z - z_3} \dfrac{z_2 - z_3}{z_2 - z_1}$

　　(ii) $z_3 = \infty$인 경우: $\dfrac{w - w_1}{w - w_3} \dfrac{w_2 - w_3}{w_2 - w_1} = \dfrac{z - z_1}{z_2 - z_1}$

15. 합성변환

　　선형분수변환 $f_1(z)$, $f_2(z)$의 계수행렬을 A_1, A_2라 하면 합성변환 $w = f_2(f_1(z))$의 계수행렬은

　　$A = A_2 A_1$이다.

참고문헌

1. 이명섭외 8인 역서, 화공수학, ㈜ 사이텍미디어, 1998, 원저, Richard G. Rice, Duong D. Do, Applied Mathematics and Modeling for Chemical Engineers, John wiley & Sons, 1995

2. 이재원외 2인, 공업수학, 경문사, 2000

3. Anders Vretblad, Fourier Analysis and Its Applications, Springer-Verlag, 2000

4. Arvind Varma, Massimo Morbidelli, mathematical methods in chemical engineering, oxford university press, 1997

5. David C. Lay, Steven R. Lay, Judi J. McDonald, Linear Algebra and Its Applications, 5th edition, Pearson Education, Inc, 2016

6. Donald R. Coughanowr, Steven E. LeBlanc, Process Systems Analysis and Control, 3rd Edition, McGraw-Hill's chemical engineering series, 2009

7. Faith A. Morrison, An introduction to fluid mechanics, Cambridge University Press, 2013

8. Frank M. White, Fluid mechanics, 8th edition, McGraw-Hill Education, 2016

9. Grant B. Gustafson, Differential Equations and Linear Algebra, A Course for Science and Engineering, http://www.math.utah.edu/~gustafso/)

10. Hom, L. W., Kinetics of Chlorine Disinfection in an Ecosystem, J. Sanit. Eng. Div., ASCE, 1972, 98, 183-194

11. Hsin-i Wu, A case study of type 2 diabetes self-management, BioMedical Engineering OnLine, 2005, 4:4

12. Lawrence R. Thorne, An Innovative Approach to Balancing Chemical-Reaction Equations: A Simplified Matrix-Inversion Technique for Determining The Matrix Null Space, Chem. Educator 2010, 15, 304-308

13. Ruel V. Chuchill외 2, Complex Variables and Applications 3th. McGraw-Hill, 1974

14. Theodore L. Bergman, Fundamentals of Heat and Mass Transfer 8th. Wiley, 2017

15. Varma and Morbidelli, Principles of Heat Transfer 7th Edition Kreith, Mathematical Methods in Chemical Engineering (PDFDrive), 1997

16. Vitaly Alexandrov, Introduction to Chemical Engineering Mathematics, Department of Chemical and Biomolecular Engineering, University of Nebraska-Lincoln, July 22, 2020

17. Weber, Walter Jr. and Francis A. DiGiano, Process dynamics in environmental systems, New York, Wiley 1996

18. Yuko Uno, Emiyu Ogawa, Eitaro Aiyoshi, Tsunenori Arai, A Three-Compartment Pharmacokinetic Model to Predict the Interstitial Concentration of Talaporfin Sodium in the Myocardium for Photodynamic Therapy: A Method Combining Measured Fluorescence and Analysis of the Compartmental Origin of the Fluorescence, Bioengineering 2019, 6, 1

19. Yunus A. Cengel, Afshin J. Ghajar, Heat and mass transfer, fundamentals and applications, 5th edition, McGraw-Hill Education, 2015

찾아보기